당신도 이번에 반드시 합격합니다!

찐합격 저자직강

소방시설관리사 1차

I 초스피드기억법 + 본문 및 과년도

소방공학박사
우석대학교 소방방재학과 교수 공하성 지음

BM (주)도서출판 성안당

■ 도서 A/S 안내

성안당에서 발행하는 모든 도서는 저자와 출판사, 그리고 독자가 함께 만들어 나갑니다.

좋은 책을 펴내기 위해 많은 노력을 기울이고 있습니다. 혹시라도 내용상의 오류나 오탈자 등이 발견되면 "좋은 책은 나라의 보배"로서 우리 모두가 함께 만들어 간다는 마음으로 연락주시기 바랍니다. 수정 보완하여 더 나은 책이 되도록 최선을 다하겠습니다.

성안당은 늘 독자 여러분들의 소중한 의견을 기다리고 있습니다. 좋은 의견을 보내주시는 분께는 성안당 쇼핑몰의 포인트(3,000포인트)를 적립해 드립니다.

잘못 만들어진 책이나 부록 등이 파손된 경우에는 교환해 드립니다.

저자 문의 : Ch http://pf.kakao.com/_iCdixj
Daum cafe.daum.net/firepass
NAVER cafe.naver.com/fireleader

본서 기획자 e-mail : coh@cyber.co.kr(최옥현)

홈페이지 : http://www.cyber.co.kr 전화 : 031) 950-6300

머리말

Believe in the Lord Jesus, and you will be saved.

산업의 급격한 발전과 함께 건축물이 대형화 · 고층화되고, 각종 석유화학제품들의 범람으로 날로 대형화되어 가고 있는 각종 화재는 막대한 재산과 생명을 빼앗아 가고 있습니다. 이를 사전에 예방하고 초기에 진압하기 위해서는 소방에 관한 체계적이고 전문적인 지식을 습득한 Engineer와 자동화 · 과학화된 System에 의해서만 가능할 것입니다.

이에 전문 Engineer가 되기 위하여 소방시설관리사 및 각종 소방분야 시험에 응시하고자 하는 많은 수험생들과 소방공무원 · 현장 실무자들을 위해 본서를 집필하게 되었습니다. 저자가 공부할 때 사용했던 초스피드 기억법을 그대로 수록하여 본문을 최대한 간략화하였고, 소방시설관리사의 출제경향을 완전분석하여 출제가능한 문제들만 최대한 많이 수록하였습니다.

저자는 본 초스피드 기억법을 정리해 가면서 하루에 5시간씩 30일 동안 공부했던 기억이 납니다. 여러분도 이 책을 활용한다면 30일만에 충분히 가능하다고 생각됩니다.

참고로 해답의 근거를 다음과 같이 약자로 표기하여 신뢰성을 높였습니다.

- 기본법 : 소방기본법
- 기본령 : 소방기본법 시행령
- 기본규칙 : 소방기본법 시행규칙
- 소방시설법 : 소방시설 설치 및 관리에 관한 법률
- 소방시설법 시행령 : 소방시설 설치 및 관리에 관한 법률 시행령
- 소방시설법 시행규칙 : 소방시설 설치 및 관리에 관한 법률 시행규칙
- 화재예방법 : 화재의 예방 및 안전관리에 관한 법률
- 화재예방법 시행령 : 화재의 예방 및 안전관리에 관한 법률 시행령
- 화재예방법 시행규칙 : 화재의 예방 및 안전관리에 관한 법률 시행규칙
- 공사업법 : 소방시설공사업법
- 공사업령 : 소방시설공사업법 시행령
- 공사업규칙 : 소방시설공사업법 시행규칙
- 위험물법 : 위험물안전관리법
- 위험물령 : 위험물안전관리법 시행령
- 위험물규칙 : 위험물안전관리법 시행규칙
- 건축령 : 건축법 시행령
- 위험물기준 : 위험물안전관리에 관한 세부기준
- 건축물방화구조규칙 : 건축물의 피난 · 방화구조 등의 기준에 관한 규칙
- 건축물설비기준규칙 : 건축물의 설비기준 등에 관한 규칙
- 다중이용업소법 : 다중이용업소의 안전관리에 관한 특별법
- 다중이용업소법 시행령 : 다중이용업소의 안전관리에 관한 특별법 시행령
- 다중이용업소법 시행규칙 : 다중이용업소의 안전관리에 관한 특별법 시행규칙
- 초고층재난관리법 : 초고층 및 지하연계 복합건축물 재난관리에 관한 특별법
- 초고층재난관리법 시행령 : 초고층 및 지하연계 복합건축물 재난관리에 관한 특별법 시행령
- 초고층재난관리법 시행규칙 : 초고층 및 지하연계 복합건축물 재난관리에 관한 특별법 시행규칙
- 화재안전성능기준 : NFPC
- 화재안전기술기준 : NFTC

이 책에는 잘못된 부분이 있을 수 있으며, 잘못된 부분에 대해서는 발견 즉시 성안당(www.cyber.co.kr) 또는 예스미디어(www.ymg.kr)에 올리도록 하겠으며, 새로운 책이 나올 때마다 늘 수정 · 보완하도록 하겠습니다.

이 책의 집필에 도움을 준 이종화 교수님 · 김혜원님에게 감사드리며, 끝으로 이 책에 대한 모든 영광을 그분께 돌려 드립니다.

공하성 올림

이 책의 공부방법

소방시설관리사의 가장 효율적인 공부방법을 소개합니다. 본 책으로 이대로만 공부하면 반드시 한번에 합격할 수 있을 것입니다.

첫째, 요점노트를 읽고 숙지한다.
(요점노트에서 출제될 확률이 높기 때문에 항상 휴대하고 다니며 틈날 때마다 눈에 익힌다.)

둘째, 초스피드 기억법을 읽고 숙지한다.
(특히 혼동되면서 중요한 내용들은 기억법을 적용하여 쉽게 암기할 수 있도록 하였으므로 꼭 기억한다.)

셋째, 본 책의 출제문제 수를 파악하고, 시험 때까지 5번 정도 반복하여 공부할 수 있도록 1일 공부 분량을 정한다.
(이때 너무 무리하지 않도록 1주일에 하루 정도는 쉬는 것으로 하여 계획을 짜는 것이 좋다.)

넷째, 본문은 부담 없이 1번 정도 읽은 후, 책에 보너스로 제공된 해설가리개로 문제의 해설을 가린 다음 처음부터 차근차근 문제를 풀어나간다.
(해설을 보며 암기할 사항이 요점노트에 있으면 그것을 다시 한번 보고 혹시 요점노트에 없으면 요점노트의 여백에 기록한다.)

다섯째, 책을 3번 정도 반복한 후에는 모의고사를 보듯이 최근 기출문제를 풀어 본다.
(평균 70점이 넘으면 자신감을 가지고 공부하며 그 이하의 경우는 좀 더 분발하여 더 열심히 공부한다.)

여섯째, 시험 전날에는 책 전체를 한 번 쭉 훑어보며 문제와 답만 체크(check)하며 보도록 한다.
(가능한 한 시험 전날에는 책 전체 내용을 밤을 새우더라도 꼭 점검하기를 바란다. 시험 전날 본 문제가 의외로 많이 출제된다.)

일곱째, 시험장에 갈 때에도 책, 특히 요점노트는 반드시 지참한다.
(가능한 한 대중교통을 이용하여 시험장으로 향하며 가는 동안에도 요점노트를 계속 본다.)

여덟째, 시험장에 도착해서는 책을 다시 한번 훑어본다.

※ 마지막 5분까지 최선을 다하면 반드시 한번에 합격할 수 있습니다.

출제경향분석

제 1 편 소방안전관리론 및 화재역학

1. 연소 및 소화	20%(5문제)
2. 화재예방관리	20%(5문제)
3. 건축물 소방안전기준	20%(5문제)
4. 인원수용 및 피난계획	16%(4문제)
5. 화재역학	24%(6문제)

제 2 편 소방관련법령

1. 소방기본법령	20%(5문제)
2. 소방시설 설치 및 관리에 관한 법령 / 화재의 예방 및 안전관리에 관한 법령	20%(5문제)
3. 소방시설공사업법령	20%(5문제)
4. 위험물안전관리법령	20%(5문제)
5. 다중이용업소의 안전관리에 관한 특별법령	20%(5문제)

제 3 편 소방수리학 · 약제화학 및 소방전기

1. 소방수리학	28%(7문제)
2. 약제화학	28%(7문제)
3. 소방전기	28%(7문제)
4. 소방관련 전기공사재료 및 전기제어	16%(4문제)

제 4 편 소방시설의 구조 원리

1. 소방기계시설의 구조 원리	60%(15문제)
2. 소방전기시설의 구조 원리	40%(10문제)

제 5 편 위험물의 성질 · 상태 및 시설기준

1. 위험물의 성질 · 상태	40%(10문제)
2. 위험물의 시설기준	60%(15문제)

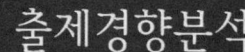

1 시행지역

(1) **시행지역** : 서울, 부산, 대구, 인천, 광주, 대전 6개 지역

(2) 시험지역 및 시험장소는 인터넷 원서접수시 수험자가 직접 선택

2 시험과목 및 시험방법

(1) **시험과목** : 「소방시설 설치 및 관리에 관한 법률 시행령」 부칙 제6조

구 분	시험과목
제1차 시험	• 소방안전관리론(연소 및 소화, 화재예방관리, 건축물소방안전기준, 인원수용 및 피난계획에 관한 부분으로 한정) 및 화재역학(화재의 성질·상태, 화재하중, 열전달, 화염확산, 연소속도, 구획화재, 연소생성물 및 연기의 생성·이동에 관한 부분으로 한정) • 소방수리학·약제화학 및 소방전기(소방관련 전기공사재료 및 전기제어에 관한 부분으로 한정) • 소방관련 법령(「소방기본법」, 「소방기본법 시행령」, 「소방기본법 시행규칙」, 「소방시설공사업법」, 「소방시설공사업법 시행령」, 「소방시설공사업법 시행규칙」, 「소방시설 설치 및 관리에 관한 법률」, 「소방시설 설치 및 관리에 관한 법률 시행령」, 「소방시설 설치 및 관리에 관한 법률 시행규칙」, 「화재의 예방 및 안전관리에 관한 법률」, 「화재의 예방 및 안전관리에 관한 법률 시행령」, 「화재의 예방 및 안전관리에 관한 법률 시행규칙」, 「위험물안전관리법」, 「위험물안전관리법 시행령」, 「위험물안전관리법 시행규칙」, 「다중이용업소의 안전관리에 관한 특별법」, 「다중이용업소의 안전관리에 관한 특별법 시행령」, 「다중이용업소의 안전관리에 관한 특별법 시행규칙」) • 위험물의 성질·상태 및 시설기준 • 소방시설의 구조원리(고장진단 및 정비를 포함)
제2차 시험	• 소방시설의 점검실무행정(점검절차 및 점검기구 사용법 포함) • 소방시설의 설계 및 시공

※ 시험과 관련하여 법률 등을 적용하여 정답을 구해야 하는 문제는 **시험시행일 현재 시행 중인 법률** 등을 적용하여 그 정답을 구해야 함

(2) **시험방법** : 「소방시설 설치 및 관리에 관한 법률 시행령」 제38조

① **제1차 시험** : 객관식 4지 선택형

② **제2차 시험** : 논문형을 원칙으로 하되, 기입형 포함 가능

※ 1차 시험 문제지 및 가답안은 모두 공개, 2차 시험은 문제지만 공개하고 답안 및 채점기준은 비공개

3 시험시간 및 시험방법

구 분	시험과목		시험시간	문항수	시험방법
제1차 시험	5개 과목		09:30~11:35(125분) (09:00까지 입실)	과목별 25문항 (총 125문항)	4지 택일형
	4개 과목(일부 면제자)		09:30~11:10(100분) (09:00까지 입실)		
제2차 시험	1교시	소방시설의 점검실무행정	09:30~11:00(90분) (09:00까지 입실)	과목별 3문항 (총 6문항)	논문형 원칙 (기입형 포함 가능)
	2교시	소방시설의 설계 및 시공	11:50~13:20(90분) (11:20까지 입실)		

※ 1·2차 시험 분리시행

4 응시자격 및 결격사유

(1) **응시자격** : 「소방시설 설치 및 관리에 관한 법률 시행령」 부칙 제6조

① **소방기술사**·위험물기능장·건축사·건축기계설비기술사·건축전기설비기술사 또는 공조냉동기계기술사

② **소방설비기사** 자격을 취득한 후 **2년** 이상 소방청장이 정하여 고시하는 소방에 관한 실무경력(이하 "**소방실무경력**"이라 함)이 있는 사람

③ **소방설비산업기사** 자격을 취득한 후 **3년** 이상 소방실무경력이 있는 사람

④ 「국가과학기술 경쟁력 강화를 위한 이공계지원 특별법」 제2조 제1호에 따른 이공계(이하 "**이공계**"라 함) 분야를 전공한 사람으로서 다음의 어느 하나에 해당하는 사람

㉠ 이공계 분야의 박사학위를 취득한 사람

㉡ 이공계 분야의 석사학위를 취득한 후 2년 이상 소방실무경력이 있는 사람

㉢ 이공계 분야의 학사학위를 취득한 후 3년 이상 소방실무경력이 있는 사람

⑤ 소방안전공학(소방방재공학, 안전공학을 포함) 분야를 전공한 후 다음의 어느 하나에 해당하는 사람

㉠ 해당 분야의 석사학위 이상을 취득한 사람

㉡ 2년 이상 소방실무경력이 있는 사람

⑥ **위험물산업기사** 또는 **위험물기능사** 자격을 취득한 후 **3년** 이상 소방실무경력이 있는 사람

⑦ **소방공무원**으로 **5년** 이상 근무한 경력이 있는 사람

⑧ 소방안전관련학과의 학사학위를 취득한 후 3년 이상 소방실무경력이 있는 사람

⑨ **산업안전기사** 자격을 취득한 후 **3년** 이상 소방실무경력이 있는 사람

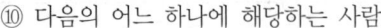

⑩ 다음의 어느 하나에 해당하는 사람
   ㉠ 특급 소방안전관리대상물의 소방안전관리자로 2년 이상 근무한 실무경력이 있는 사람
   ㉡ 1급 소방안전관리대상물의 소방안전관리자로 3년 이상 근무한 실무경력이 있는 사람
   ㉢ 2급 소방안전관리대상물의 소방안전관리자로 5년 이상 근무한 실무경력이 있는 사람
   ㉣ 3급 소방안전관리대상물의 소방안전관리자로 7년 이상 근무한 실무경력이 있는 사람
   ㉤ 10년 이상 소방실무경력이 있는 사람
   ※ ㉠~㉣은 선임경력만 인정 / ㉤은 선임, 보조선임 둘 다 인정

응시자격 관련 참고사항

- **대학졸업자란?**
  고등교육법 제2조 제1호부터 제6호의 학교[대학, 산업대학, 교육대학, 전문대학, 원격대학(방송대학, 통신대학, 방송통신대학 및 사이버대학), 기술대학] 학위 및 평생교육법 제4조 제4항 및 「학점인정 등에 관한 법률」 제7조와 제9조 등에 의거한 학위 인정
- 소방안전공학분야 및 소방안전관련학과의 인정범위, 소방실무경력의 인정범위 및 경력기간 산정방법은 소방시설관리사 홈페이지 참조
  ※ 응시자격 경력산정 서류심사 기준일은 제1차 시험일

※ **시험에서 부정한 행위를 한 응시자에 대하여는** 그 시험을 정지 또는 무효로 하고, 그 처분이 있은 날부터 **2년간 시험 응시자격을 정지**(법 제26조)

(2) **결격사유** : 「소방시설 설치 및 관리에 관한 법률」 제27조
다음의 어느 하나에 해당하는 사람
① 피성년후견인
② 「소방시설 설치 및 관리에 관한 법률」, 「소방기본법」, 「화재의 예방 및 안전관리에 관한 법률」, 「소방시설공사업법」 또는 「위험물안전관리법」을 위반하여 금고 이상의 실형을 선고받고 그 집행이 끝나거나(**집행이 끝난 것으로 보는 경우를 포함**) 집행이 면제된 날부터 2년이 지나지 아니한 사람
③ 「소방시설 설치 및 관리에 관한 법률」, 「소방기본법」, 「화재의 예방 및 안전관리에 관한 법률」, 「소방시설공사업법」 또는 「위험물안전관리법」을 위반하여 금고 이상의 형의 집행유예를 선고받고 그 유예기간 중에 있는 사람
④ 「소방시설 설치 및 관리에 관한 법률」 제28조에 따라 자격이 취소(제27조 제1호에 해당하여 자격이 취소된 경우는 제외)된 날부터 2년이 지나지 아니한 사람
   ※ 최종합격자 발표일을 기준으로 결격사유에 해당하는 사람은 소방시설관리사 시험에 응시할 수 없음(법 제25조 제3항)

5 합격자 결정

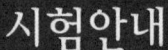

(1) **제1차 시험** : 과목당 100점을 만점으로 하여 **모든 과목의 점수가 40점** 이상, **전 과목 평균 60점** 이상 득점한 자

(2) **제2차 시험** : 과목당 100점을 만점으로 하되, 시험위원의 채점점수 중 최고점수와 최저점수를 제외한 점수가 **모든 과목에서 40점** 이상, **전 과목 평균 60점** 이상을 득점한 자

6 시험의 일부(과목) 면제 사항

「소방시설 설치 및 관리에 관한 법률 시행령」 제38조 및 부칙 제6조

(1) 제1차 시험의 면제

① 제1차 시험에 합격한 자에 대하여는 다음 회의 시험에 한하여 제1차 시험을 면제한다. 단, 면제받으려는 시험의 응시자격을 갖춘 경우로 한정함

※ 전년도 1차 시험에 합격한 자에 한하여 1차 시험 면제

② 별도 제출서류 없음(원서접수시 자격정보시스템에서 자동 확인)

(2) 제1차 시험과목의 일부 면제

면제대상	면제과목
소방기술사 자격을 취득한 후 15년 이상 소방실무경력이 있는 자	소방수리학·약제화학 및 소방전기(소방관련 전기공사재료 및 전기제어에 관한 부분에 한정)
소방공무원으로 15년 이상 근무한 경력이 있는 사람으로서 5년 이상 소방청장이 정하여 고시하는 소방관련 업무 경력이 있는 자	다음의 소방관련법령 • 「소방기본법」, 같은 법 시행령 및 같은 법 시행규칙 • 「소방시설공사업법」, 같은 법 시행령 및 같은 법 시행규칙 • 「소방시설 설치 및 관리에 관한 법률」, 같은 법 시행령 및 같은 법 시행규칙 • 「화재의 예방 및 안전관리에 관한 법률」, 같은 법 시행령 및 같은 법 시행규칙 • 「위험물안전관리법」, 같은 법 시행령 및 같은 법 시행규칙 • 「다중이용업소의 안전관리에 관한 특별법」, 같은 법 시행령 및 같은 법 시행규칙

※ 면제 대상을 모두 충족하는 사람은 본인이 선택한 한 과목만 면제받을 수 있음

(3) 제2차 시험과목의 일부 면제

면제대상	면제과목
소방기술사·위험물기능장·건축사·건축기계설비기술사·건축전기설비기술사·공조냉동기계기술사	**소방시설의 설계 및 시공**
소방공무원으로 5년 이상 근무한 경력이 있는 사람	**소방시설의 점검실무행정** (점검절차 및 점검기구 사용법 포함)

※ 면제 대상을 모두 충족하는 사람은 본인이 선택한 한 과목만 면제받을 수 있음

(4) 일부과목 면제서류 제출

대상별 제출서류

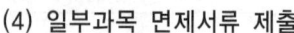

면제대상	제출서류
소방기술사 자격을 취득한 후 15년 이상 소방실무경력이 있는 사람	• 서류심사신청서(공단 소정양식) 1부 • 경력(재직)증명서 1부 • 4대 보험 가입증명서 중 선택하여 1부 ※ 개인정보 제공 동의서상 행정정보공동이용 조회에 동의시, 제출 불필요 • 소방실무경력관련 입증서류
소방공무원으로 15년 이상 근무한 경력이 있는 사람으로서 5년 이상 소방청장이 정하여 고시하는 **소방관련 업무 경력**이 있는 사람	• 서류심사신청서(공단 소정양식) 1부 • 소방공무원 재직(경력)증명서 1부 • 5년 이상 **소방업무가 명기**된 경력(재직)증명서 1부
소방기술사 · 위험물기능장 · 건축사 · 건축기계설비기술사 · 건축전기설비기술사 또는 공조냉동기계기술사	• 서류심사신청서(공단 소정양식) 1부 • 건축사 자격증 사본(원본지참 제시) 1부 ※ 국가기술자격취득자는 자동조회(제출 불필요)
소방공무원으로 5년 이상 근무한 사람	• 서류심사신청서(공단 소정양식) 1부 • 재직증명서 또는 경력증명서 원본 1부

※ 1차 시험 합격 예정자 대상 응시자격 서류심사와 별도

7 응시원서 접수

(1) 접수방법

① 큐넷 소방시설관리사 자격시험 홈페이지(http://www.Q-Net.or.kr)를 통한 인터넷 접수만 가능

※ 인터넷 활용 불가능자의 내방접수(공단지부 · 지사)를 위해 원서접수 도우미 지원

※ 단체접수는 불가함

② 인터넷 원서접수시 최근 6개월 이내에 촬영한 탈모 상반신 여권용 사진을 파일(JPG, JPEG 파일, 사이즈 : 150×200 이상, 300DPI 권장, 200KB 이하)로 첨부하여 인터넷 회원가입 후 접수(기존 큐넷 회원의 경우 마이페이지에서 사진 수정 등록)

③ 원서접수 마감시각까지 수수료를 결제하고, 수험표를 출력하여야 접수 완료

(2) 수험표 교부

① 수험표는 인터넷 원서접수가 정상적으로 처리되면 출력 가능

② 수험표 분실시 시험 당일 아침까지 인터넷으로 재출력 가능

③ 수험표에는 시험일시, 입실시간, 시험장 위치(교통편), 수험자 유의사항 등이 기재되어 있음

※ 「SMART Q-Finder」 도입으로 시험 전일 18:00부터 시험실 확인 가능

(3) 원서접수 완료(결제완료) 후 접수내용 변경방법 : 원서접수기간 내에는 취소 후 재접수가 가능하나, 원서접수기간 종료 후에는 접수내용 변경 및 재접수 불가

(4) 시험 일부(과목) 면제자 원서접수방법

① **일반응시자 및 제1차 시험 면제자**(전년도 제1차 시험 합격자)는 별도의 제출서류 없이 **큐넷 홈페이지에서 바로 원서접수 가능**

② 제1차 시험 및 제2차 시험 일부과목 면제에 해당하는 **소방기술사 자격취득 후 소방실무경력자, 건축사 자격취득자, 소방공무원**은 면제근거서류를 시행기관(서울・부산・대구・광주・대전지역본부, 인천지사)에 제출하여 **심사 및 승인을 받은 후 원서접수 가능**

8 수험자 유의사항

(1) 제1・2차 시험 공통 수험자 유의사항

① 수험원서 또는 제출서류 등의 허위작성・위조・기재오기・누락 및 연락불능의 경우에 발생하는 불이익은 전적으로 수험자 책임임

※ Q-Net의 회원정보에 반드시 연락 가능한 전화번호로 수정

※ 알림서비스 수신동의시에 시험실 사전 안내 및 합격축하 메시지 발송

② 수험자는 시험시행 전까지 시험장 위치 및 교통편을 확인하여야 하며(**단, 시험실 출입은 할 수 없음**), 시험 당일 교시별 입실시간까지 신분증, 수험표, 필기구를 지참하고 해당 시험실의 지정된 좌석에 착석하여야 함

※ 매 교시 **시험 시작 이후 입실 불가**

※ 수험자 입실 완료 시각 20분 전 교실별 좌석 배치도 부착

※ 신분증 인정범위는 관련 규정에 따라 변경될 수 있으므로 자세한 사항은 큐넷 소방시설관리사 홈페이지 공지사항 참조

※ **신분증(증명서)에는 사진, 성명, 주민번호(생년월일), 발급기관이 반드시 포함(없는 경우 불인정)**

※ **원본이 아닌 화면 캡쳐본, 녹화・촬영본, 복사본 등은 신분증으로 불인정**

※ **신분증 미지참자는 응시 불가**

③ 본인이 원서접수시 선택한 시험장이 아닌 다른 시험장이나 지정된 시험실 좌석 이외에는 응시할 수 없음

④ 시험시간 중에는 화장실 출입이 불가하고 종료시까지 퇴실할 수 없음

※ '시험 포기 각서' 제출 후 퇴실한 수험자는 다음 교(차)시 재입실・응시 불가 및 당해 시험 무효 처리

※ 단, 설사/배탈 등 긴급사항 발생으로 중도 퇴실시, 해당 교시 재입실이 불가하고, 시험시간 종료 전까지 시험본부에 대기

⑤ 결시 또는 기권, 답안카드(답안지) 제출 불응한 수험자는 해당 교시 이후 시험에 응시할 수 없음

⑥ 시험 종료 후 감독위원의 답안카드(답안지) 제출지시에 불응한 채 계속 답안카드(답안지)를 작성하는 경우 당해 시험은 **무효 처리**하고 부정행위자로 처리될 수 있으니 유의하시기 바람

⑦ 수험자는 감독위원의 지시에 따라야 하며, 부정한 행위를 한 수험자에게는 **당해 시험을 무효**로 하고, 그 처분일로부터 **2년간 시험에 응시할 수 없음**(소방시설 설치 및 관리에 관한 법률 제26조)

⑧ 시험실에는 벽시계가 구비되지 않을 수 있으므로 **손목시계를 준비**하여 시간관리를 하시기 바라며, **스마트워치** 등 전자·통신기기는 시계대용으로 사용할 수 없음

※ 시험시간은 타종에 의하여 관리되며, 교실에 비치되어 있는 시계 및 감독위원의 시간안내는 단순 참고사항이며 시간관리의 책임은 수험자에게 있음

※ 손목시계는 시각만 확인할 수 있는 단순한 것을 사용하여야 하며, 스마트워치 등 부정행위에 활용될 수 있는 일체의 시계 착용을 금함

⑨ 전자계산기는 필요시 1개만 사용할 수 있고 공학용 및 재무용 등 데이터 저장기능이 있는 전자계산기는 **수험자 본인**이 반드시 메모리(SD카드 포함)를 제거, 삭제(리셋, 초기화)하고 시험위원이 초기화 여부를 확인할 경우에는 협조하여야 함. 메모리(SD카드 포함) 내용이 제거되지 않은 계산기는 사용 불가하며 사용시 부정행위로 처리될 수 있음

※ 단, 메모리(SD카드 포함) 내용이 제거되지 않은 계산기는 사용 불가

※ **시험일 이전에 리셋 점검하여 계산기 작동 여부 등 사전확인 및 재설정(초기화 이후 세팅) 방법 숙지**

⑩ 시험시간 중에는 **통신기기 및 전자기기**[휴대용 전화기, 휴대용 개인정보 단말기(PDA), 휴대용 멀티미디어 재생장치(PMP), 휴대용 컴퓨터, 휴대용 카세트, 디지털 카메라, 음성파일 변환기(MP3), 휴대용 게임기, 전자사전, 카메라펜, 시각표시 외의 기능이 부착된 시계, 스마트워치 등]를 일체 휴대할 수 없으며, **금속(전파)탐지기** 수색을 통해 시험 도중 관련 **장비를 소지·착용하다가 적발될 경우 실제 사용 여부와 관계없이 당해 시험을 정지(퇴실) 및 무효(0점) 처리하며 부정행위자로 처리될 수 있음을 유의하기 바람**

※ 전자·통신기기(전자계산기 등 소지를 허용한 물품 제외)의 시험장 반입 원칙적 금지

※ 휴대폰은 전원 OFF하여 시험위원 지시에 따라 보관

⑪ 시험 당일 시험장 내에는 주차공간이 없거나 협소하므로 대중교통을 이용하여 주시고, 교통 혼잡이 예상되므로 미리 입실할 수 있도록 하시기 바람

⑫ 시험장은 전체가 금연구역이므로 흡연을 금지하며, 쓰레기를 함부로 버리거나 시설물이 훼손되지 않도록 주의 바람

⑬ 가답안 발표 후 의견제시 사항은 반드시 정해진 기간 내에 제출하여야 함

⑭ 접수 취소시 시험응시 수수료 환불은 정해진 규정 이외에는 환불받을 수 없음을 유의하시기 바람

⑮ 기타 시험 일정, 운영 등에 관한 사항은 큐넷 소방시설관리사 홈페이지의 시행공고를 확인하시기 바라며, 미확인으로 인한 불이익은 수험자의 귀책임

⑯ 응시편의 제공을 요청하고자 하는 수험자는 소방시설관리사 국가자격시험 시행계획 공고문의 "장애인 등 유형별 편의 제공사항"을 확인하여 주기 바람

※ 편의 제공을 요구하지 않거나 해당 증빙서류를 제출하지 않은 응시편의 제공 대상 수험자는 일반수험자와 동일한 조건으로 응시하여야 함(응시편의 제공 불가)

(2) 제1차 시험 수험자 유의사항

① 답안카드에 기재된 '**수험자 유의사항 및 답안카드 작성시 유의사항**'을 준수하시기 바람

② 수험자 교육시간에 감독위원 안내 또는 방송(유의사항)에 따라 답안카드에 수험번호를 기재 마킹하고, 배부된 시험지의 인쇄상태를 확인하여야 함

③ 답안카드는 국가전문자격 공통 표준형으로 문제번호가 1번부터 125번까지 인쇄되어 있고, 답안 마킹시에는 반드시 시험문제지의 문제번호와 **동일한 번호에 마킹**하여야 함

※ 답안카드 견본을 큐넷 소방시설관리사 홈페이지 공지사항에 공개

④ 답안카드 기재 · 마킹시에는 **반드시 검은색 사인펜을 사용**하여야 함

※ 지워지는 펜 사용 불가

⑤ 채점은 전산 자동 판독 결과에 따르므로 유의사항을 지키지 않거나(검은색 사인펜 미사용) 수험자의 부주의(답안카드 기재 · 마킹착오, 불완전한 마킹 · 수정, 예비마킹 등)로 판독 불능, 중복판독 등 불이익이 발생할 경우 **수험자 책임**으로 이의제기를 하더라도 받아들여지지 않음

※ 답안을 잘못 작성했을 경우, 답안카드 교체 및 수정테이프 사용 가능(단, 답안 이외 수험번호 등 인적사항은 수정 불가)하며 재작성에 따른 시험시간은 별도로 부여하지 않음

※ 수정테이프 이외 수정액 및 스티커 등은 사용 불가

(3) 제2차 시험 수험자 유의사항

① 국가전문자격 주관식 답안지 표지에 기재된 '**답안지 작성시 유의사항**'을 준수하시기 바람

② 수험자 인적사항 · 답안지 등 작성은 반드시 **검은색 필기구만 사용**하여야 함(그 외 연필류, 유색 필기구, 2가지 이상 혼합사용 등으로 작성한 답항 등으로 작성한 **답항은 채점하지 않으며 0점 처리**)

※ 필기구는 본인 지참으로 별도 지급하지 않음

※ 지워지는 펜 사용 불가

③ **답안지의 인적사항 기재란 외의 부분에 특성인임을 암시하거나** 답안과 관련 없는 특수한 표시를 하는 경우, **답안지 전체를 채점하지 않으며 0점 처리**함

④ 답안 정정시에는 반드시 정정 부분을 두 줄(=)로 긋고 다시 기재하거나 수정테이프를 사용하여 수정하며, 수정액 등을 사용했을 경우 채점상의 불이익을 받을 수 있으므로 사용하지 마시기 바람

9 시행기관

기관명	담당부서	주 소	우편번호	연락처
서울지역본부	전문자격시험부	서울 동대문구 장안벚꽃로 279	02512	02-2137-0552
부산지역본부	필기시험부	부산 북구 금곡대로 441번길26	46519	051-330-1815
대구지역본부	필기시험부	대구 달서구 성서공단로 213	42704	053-580-2376
광주지역본부	필기시험부	광주 북구 첨단벤처로 82	61008	062-970-1763
대전지역본부	필기시험부	대전 중구 서문로 25번길1	35000	042-580-9133
인천지사	필기시험부	인천 남동구 남동서로 209	21634	032-820-8684

10 합격예정자 발표 및 응시자격 서류 제출

(1) 합격(예정)자 발표

구 분	발표내용	발표방법
제1차 시험	• 개인별 합격 여부 • 과목별 득점 및 총점	• 소방시설관리사 홈페이지[**60일간**] • ARS(유료)(1666-0100)[**4일간**]
제2차 시험		

※ 제1차 시험 합격예정자의 응시자격 서류 제출 등에 관한 자세한 사항은 소방시설관리사 홈페이지(http://www.Q-Net.or.kr/site/sbsiseol)에 추후 공지

※ 제2차 시험 합격자에 대하여 소방청에서 신원조회를 실시하며, 신원조회 결과 결격사유에 해당하는 자에 대해서는 제1차 시험 및 제2차 시험 합격을 취소

(2) 응시자격 서류 제출(경력 산정 기준일 : 1차 시험 시행일)

제출대상 : 제1차 시험 합격예정자

※ 제2차 시험 일부과목 면제자와 동일 기간에 서류 접수·심사 실시

※ 응시자격 증명서류 제출 대상자가 제출기간 내에 서류를 제출하지 않거나 심사 후 부적격자일 경우 제1차 시험 합격예정을 취소

※ 제1차 시험 일부과목 면제자 중 면제 증명서류를 제출한 제1차 시험 합격예정자는 서류 제출이 불필요

차 례

♣ 초스피드 기억법

1 소방안전관리론 및 화재역학

CONTENTS

차 례

CONTENTS

차 례

CONTENTS

차 례

좋은 습관 3가지

1. 남보다 먼저 하루를 계획하라.
2. 메모를 생활화하라.
3. 항상 웃고 남을 칭찬하라.

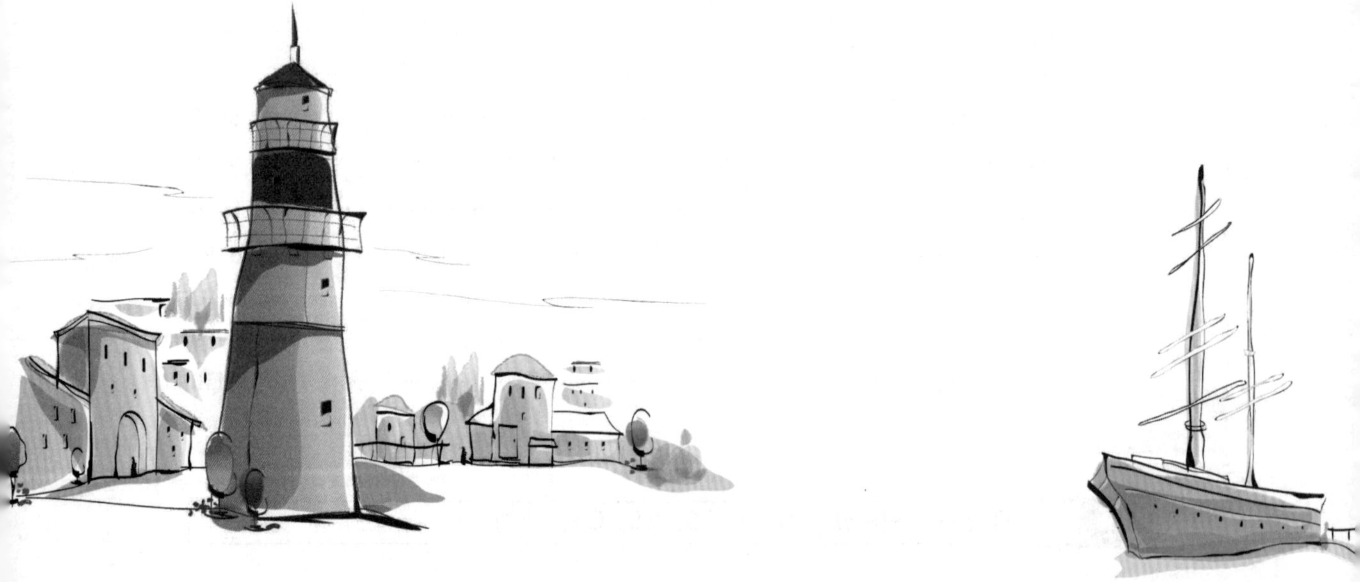

소방시설관리사
1차

초스피드 기억법

제 1 편 소방안전관리론 및 화재역학

제 2 편 소방관련법령

제 3 편 소방수리학 · 약제화학 및 소방전기

제 4 편 소방시설의 구조 원리

제 5 편 위험물의 성질 · 상태 및 시설기준

길을 걷다가 돌이 나타나면 약자는 그것을 걸림돌이라고 말하고, 강자는 그것을 디딤돌이라고 말한다.

- 토마스 칼라일 -

상대성 원리

아인슈타인이 '상대성 원리'를 발견하고 강연회를 다니기 시작했다. 많은 단체 또는 사람들이 그를 불렀다.

30번 이상의 강연을 한 어느날이었다. 전속 운전기사가 아인슈타인에게 장난스럽게 이런말을 했다.

"박사님! 전 상대성 원리에 대한 강연을 30번이나 들었기 때문에 이제 모두 암송할 수 있게 되었습니다. 박사님은 연일 강연하시느라 피곤하실텐데 다음번에는 제가 한번 강연하면 어떨까요?"

그 말을 들은 아인슈타인은 아주 재미있어 하면서 순순히 그 말에 응하였다.

그래서 다음 대학을 향해 가면서 아인슈타인과 운전기사는 옷을 바꿔입었다.

운전기사는 아인슈타인과 나이도 비슷했고 외모도 많이 닮았다.

이때부터 아인슈타인은 운전을 했고 뒷자석에는 운전기사가 앉아 있게 되었다.

학교에 도착하여 강연이 시작되었다.

가짜 아인슈타인 박사의 강의는 정말 훌륭했다. 말 한마디, 얼굴 표정, 몸의 움직임까지도 진짜 박사와 흡사했다.

성공적으로 강연을 마친 가짜 박사는 많은 박수를 받으며 강단에서 내려오려고 했다. 그 때 문제가 발생했다. 그 대학의 교수가 질문을 한 것이다.

가슴이 '쿵'하고 내려앉은 것은 가짜 박사보다 진짜 박사쪽이었다.

운전기사 복장을 하고 있으니 나서서 질문에 답할 수도 없는 상황이었다.

그런데 단상에 있던 가짜 박사는 조금도 당황하지 않고 오히려 빙그레 웃으며 이렇게 말했다.

"아주 간단한 질문이오. 그 정도는 제 운전기사도 답할 수 있습니다."

그러더니 진짜 아인슈타인 박사를 향해 소리쳤다.

"여보게나? 이 분의 질문에 대해 어서 설명해 드리게나!"

그말에 진짜 박사는 안도의 숨을 내쉬며 그 질문에 대해 차근차근 설명해 나갔다.

인생을 살면서 아무리 어려운 일이 닥치더라도 결코 당황하지 말고 침착하고 지혜롭게 대처하는 여러분들이 되시길 바랍니다.

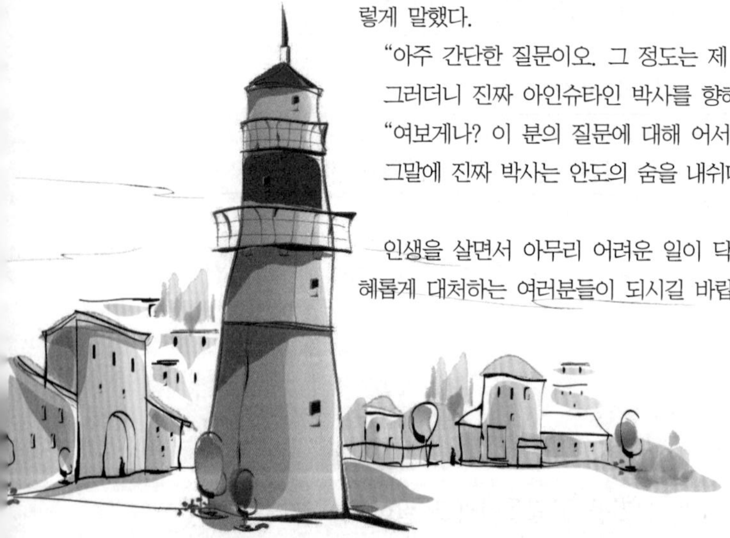

제1편
소방안전관리론 및 화재역학

제1장 소방안전관리론

1 화재의 발생현황(눈을 크게 뜨고 보라!)

① 원인별 : 부주의 > 전기적 요인 > 기계적 요인 > 화학적 요인 > 교통사고 > 가스누출

② 장소별 : 근린생활시설 > 공동주택 > 공장 및 창고 > 복합건축물 > 업무시설 > 숙박시설 > 교육연구시설

③ 계절별 : 겨울 > 봄 > 가을 > 여름

2 화재의 종류

구 분 \ 등 급	A급	B급	C급	D급	K급
화재종류	일반화재	유류화재	전기화재	금속화재	주방화재
표시색	백색	황색	청색	무색	–

• 최근에는 색을 표시하지 않음

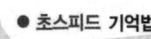

● 초스피드 기억법

백황청무(**백**색 **황**새가 **청**나라 **무**서워 한다.)

3 연소의 색과 온도

색	온 도[℃]
암적색(진홍색)	700~750
적색	850
휘적색(주황색)	925~950
황적색	1100
백적색(백색)	1200~1300
휘백색	1500

* 불꽃의 색상 중 낮은 온도에서 높은 온도의 순서 : 암적색 < 황적색 < 백적색 < 휘백색

● 초스피드 기억법

진7(**진출**), 적8(**저팔**개), 주9(**주**먹**구**구), 휘백5, 암황백휘

Key-Point

※ 화재
자연 또는 인위적인 원인에 의하여 불이 물체를 연소시키고, 인명과 재산의 손해를 주는 현상

※ 일반화재
연소 후 재를 남기는 가연물

※ 유류화재
연소 후 재를 남기지 않는 가연물

※ 전기화재가 아닌 것
① 승압
② 고압전류

Key Point

※ 단락
두 전선의 피복이 녹아서 전선과 전선이 서로 접촉되는 것

※ 누전
전류가 전선 이외의 다른 곳으로 흐르는 것

4 전기화재의 발생원인

❶ **단락**(합선)에 의한 발화
❷ **과부하**(과전류)에 의한 발화
❸ **절연저항 감소**(누전)로 인한 발화
❹ 전열기기 과열에 의한 발화
❺ 전기불꽃에 의한 발화
❻ 용접불꽃에 의한 발화
❼ 낙뢰에 의한 발화

※ 폭발한계와 같은 의미
① 폭발범위
② 연소한계
③ 가연한계
④ 가연범위

5 공기 중의 폭발한계(익사천리로 나와야 한다.)

가 스	하한계[vol%]	상한계[vol%]
아세틸렌(C_2H_2)	2.5	81
수소(H_2)	4	75
일산화탄소(CO)	12	75
암모니아(NH_3)	15	25
메탄(CH_4)	5	15
에탄(C_2H_6)	3	12.4
프로판(C_3H_8)	2.1	9.5
부탄(C_4H_{10})	1.8	8.4

● **초스피드 기억법**

수475(**수사** 후 **치료**하세요.)
부18(**부**자의 **일**반적인 **팔**자)

※ 분진폭발을 일으키지 않는 물질
① 시멘트
② 석회석
③ 탄산칼슘($CaCO_3$)
④ 생석회(CaO)

기억법 분시석탄칼생

6 폭발의 종류(물 흐르듯 나와야 한다.)

폭발 종류	설 명
분해폭발	아세틸렌, 과산화물, 다이너마이트
분진폭발	밀가루, 담뱃가루, 석탄가루, 먼지, 전분, 금속분
중합폭발	염화비닐, 시안화수소
분해·중합폭발	산화에틸렌
산화폭발	압축가스, 액화가스

● **초스피드 기억법**

분해과다아
중염시

※ 폭굉
화염의 전파속도가 음속보다 빠르다.

7 연소속도

폭 발	폭 굉
0.1~10m/s	1000~3500m/s

Key Point

8 가연물이 될 수 없는 물질(불연성 물질)

구 분	설 명
주기율표의 0족 원소	헬륨(He), 네온(Ne), 아르곤(Ar), 크립톤(Kr), 크세논(Xe), 라돈(Rn)
산소와 더이상 반응하지 않는 물질	물(H_2O), 이산화탄소(CO_2), 산화알루미늄(Al_2O_3), 오산화인(P_2O_5)
흡열반응 물질	질소(N_2)

* 질소
복사열을 흡수하지 않는다.

● 초스피드 기억법

질흡(**진흙**탕)

9 점화원이 될 수 없는 것

1. 흡착열
2. 기화열
3. 융해열

* 점화원과 같은 의미
① 발화원
② 착화원

● 초스피드 기억법

흡기 융점없(호**흡기**의 **융점**은 **없**다.)

10 연소의 형태(다 외웠는가? 훌륭하다!)

연소형태	설 명
표면연소	숯, 코크스, 목탄, 금속분
분해연소	아스팔트, 플라스틱, 중유, 고무, 종이, 목재, 석탄
증발연소	황, 왁스, 파라핀, 나프탈렌, 가솔린, 등유, 경유, 알코올, 아세톤
자기연소	나이트로글리세린, 나이트로셀룰로오스(질화면), TNT, 피크린산
액적연소	벙커C유
확산연소	메탄(CH_4), 암모니아(NH_3), 아세틸렌(C_2H_2), 일산화탄소(CO), 수소(H_2)

● 초스피드 기억법

아플 중고종목 분석(**아플**땐 **중고종목**을 **분석**해.)
자나T피

11 연소와 관계되는 용어

발화점	인화점	연소점
가연성 물질에 불꽃을 접하지 아니하였을 때 연소가 가능한 **최저온도**	휘발성 물질에 불꽃을 접하여 연소가 가능한 **최저온도**	어떤 인화성 액체가 공기 중에서 열을 받아 점화원의 존재하에 **지속**적인 연소를 일으킬 수 있는 온도

* 물질의 발화점
① 황린
: 30~50℃
② 황화인 · 이황화탄소
: 100℃
③ 나이트로셀룰로오스
: 180℃

Key Point

● 초스피드 기억법

연지(**연지** 곤지)

12 물의 잠열

구 분	설 명
융해잠열	80cal/g
기화(증발)잠열	539cal/g
0℃의 **물** 1g이 100℃의 수증기로 되는 데 필요한 열량	639cal
0℃의 **얼음** 1g이 100℃의 수증기로 되는 데 필요한 열량	719cal

● 초스피드 기억법

융8(**왕파**리), 5기(**오기**가 생겨서)

＊ 융해잠열
고체에서 액체로 변할 때의 잠열

＊ 기화잠열
액체에서 기체로 변할 때의 잠열

13 증기비중

$$증기비중=\frac{분자량}{29}$$

여기서, 29 : 공기의 평균 분자량

14 증기－공기밀도

$$증기-공기밀도=\frac{P_2 d}{P_1}+\frac{P_1-P_2}{P_1}$$

여기서, P_1 : 대기압
P_2 : 주변온도에서의 증기압
d : 증기밀도

15 일산화탄소의 영향

농 도	영 향
0.2%	1시간 호흡시 생명에 위험을 준다.
0.4%	1시간 내에 사망한다.
1%	2~3분 내에 실신한다.

＊ 일산화탄소
화재시 인명피해를 주는 유독성 가스

16 스테판－볼츠만의 법칙

$$Q=aAF(T_1^{\ 4}-T_2^{\ 4})$$

여기서, Q : 복사열〔W/s〕
a : 스테판－볼츠만 상수〔$W/m^2 \cdot K^4$〕
F : 기하학적 factor

A : 단면적[m^2]
T_1 : 고온[K]
T_2 : 저온[K]

※ 스테판-볼츠만의 법칙 : 복사체에서 발산되는 복사열은 복사체의 절대온도의 4제곱에 비례한다.

● 초스피드 기억법

복스4(**복수** 하기전에 **사**과)

17 보일 오버(Boil over)

① 중질유의 탱크에서 장시간 조용히 연소하다 탱크 내의 잔존기름이 갑자기 분출하는 현상
② 유류탱크에서 탱크바닥에 물과 기름의 **에멀전**이 섞여 있을 때 이로 인하여 화재가 발생하는 현상
③ 연소유면으로부터 100℃ 이상의 열파가 탱크 저부에 고여 있는 물을 비등하게 하면서 연소유를 탱크 밖으로 비산시키며 연소하는 현상

18 열전달의 종류

① 전도
② 복사 : 전자파의 형태로 열이 옮겨지며, 가장 크게 작용한다.
③ 대류

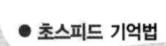

● 초스피드 기억법

전복열대(**전복**은 **열대**어다.)

19 열에너지원의 종류(이 내용은 자다가도 말할 수 있어야 한다.)

(1) 전기열

① 유도열 : 도체주위의 자장에 의해 발생
② 유전열 : **누설전류**(절연감소)에 의해 발생
③ 저항열 : 백열전구의 발열
④ 아크열
⑤ 정전기열
⑥ 낙뢰에 의한 열

(2) 화학열

① 연소열 : 물질이 완전히 산화되는 과정에서 발생

Key Point

※ 에멀전
물의 미립자가 기름과 섞여서 기름의 증발능력을 떨어뜨려 연소를 억제하는 것

※ 자연발화의 형태
1. 분해열
① 셀룰로이드
② 나이트로셀룰로오스
2. 산화열
① 건성유(정어리유, 아마인유, 해바라기유)
② 석탄
③ 원면
④ 고무분말
3. 발효열
① 먼지
② 곡물
③ 퇴비
4. 흡착열
① 목탄
② 활성탄

기억법 자먼곡발퇴(자네 먼곳에서 오느라 발이 불어텄나.)

Key Point

② 분해열
③ 용해열 : **농황산**
④ 자연발열(자연발화) : 어떤 물질이 외부로부터 열의 공급을 받지 아니하고 온도가 상승하는 현상
⑤ 생성열

● 초스피드 기억법

연분용 자생화(연분홍 자생화)

20 자연발화의 방지법

① 습도가 높은 곳을 피할 것(건조하게 유지할 것)
② 저장실의 **온도**를 **낮출 것**
③ 통풍이 잘 되게 할 것
④ 퇴적 및 수납시 열이 쌓이지 않게 할 것

● 초스피드 기억법

자발습높피

※ 샤를의 법칙
압력이 일정할 때 기체의 부피는 절대온도에 비례한다.

21 보일-샤를의 법칙

기체가 차지하는 부피는 **압력**에 **반비례**하며, **절대온도**에 **비례**한다.

$$\frac{P_1 V_1}{T_1} = \frac{P_2 V_2}{T_2}$$

여기서, P_1, P_2 : 기압[atm]
V_1, V_2 : 부피[m^3]
T_1, T_2 : 절대온도[K]

※ 무염착화
가연물이 재로 덮힌 숯불모양으로 불꽃 없이 착화하는 현상

※ 발염착화
가연물이 불꽃을 발생하면서 착화하는 현상

22 목재 건축물의 화재진행과정

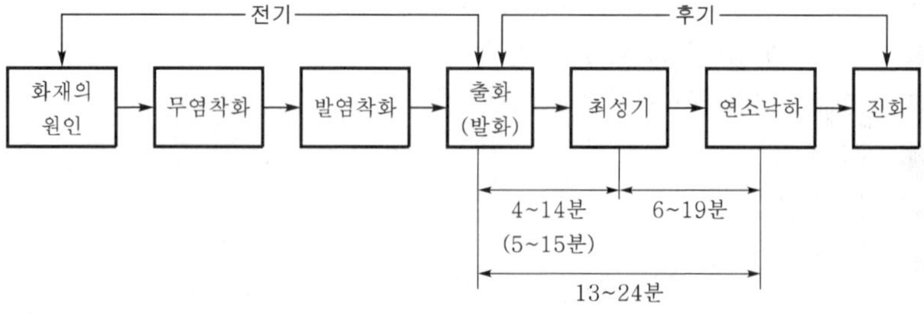

Key Point

23 건축물의 화재성상(다 중요! 참 중요!)

(1) 목재 건축물

① 화재성상 : 고온 단기형

② 최고온도 : 1300℃

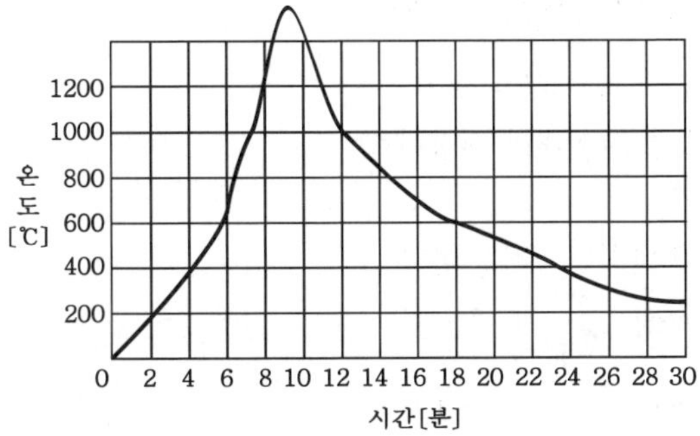

● 초스피드 기억법

고단목(**고단**할 땐 **목**캔디가 최고야!)

(2) 내화 건축물

① 화재성상 : 저온 장기형

② 최고온도 : 900~1000℃

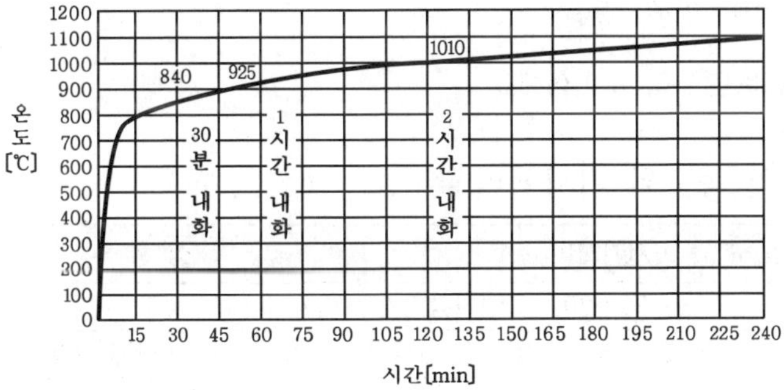

※ 내화 건축물의 표준온도
① 30분 후 : 840℃
② 1시간 후 : 925~950℃
③ 2시간 후 : 1010℃

24 플래시 오버(Flash over)

(1) 정의

① 폭발적인 착화현상

② 순발적인 연소확대현상

③ 화재로 인하여 실내의 온도가 급격히 상승하여 화재가 순간적으로 실내 전체에 확산되어 연소되는 현상

(2) 발생시점

성장기~최성기(성장기에서 최성기로 넘어가는 분기점)

Key Point

(3) 실내온도 : 약 800~900℃

● 초스피드 기억법

내플89(**내풀팔고** 네플쓰자.)

※ 플래시 오버와 같은 의미
① 순발연소
② 순간연소

25 플래시 오버에 영향을 미치는 것

1. 개구율(창문 등의 개구부 크기)
2. 내장재료의 종류(실내의 내장재료)
3. 화원의 크기
4. 실의 내표면적(실의 넓이 · 모양)

● 초스피드 기억법

내화플개(**내화**구조를 **풀게**나.)

※ 연기의 형태
1. 고체 미립자계 : 일반적인 연기
2. 액체 미립자계
① 담배연기
② 훈소연기

26 연기의 이동속도

구 분	설 명
수평방향	0.5~1m/s
수직방향	2~3m/s
계단실 내의 수직이동속도	3~5m/s

● 초스피드 기억법

연직23(**연**구**직**은 **이상**해.)

27 연기의 농도와 가시거리(아주 중요! 정말 중요!)

감광계수[m^{-1}]	가시거리[m]	상 황
0.1	20~30	연기**감**지기가 작동할 때의 농도
0.3	5	건물 내부에 **익**숙한 사람이 피난에 지장을 느낄 정도의 농도
0.5	3	**어**두운 것을 느낄 정도의 농도
1	1~2	앞이 거의 **보**이지 않을 정도의 농도
10	0.2~0.5	화재 **최**성기 때의 농도
30	–	출화실에서 연기가 **분**출할 때의 농도

● 초스피드 기억법

0123 감
035 익
053 어
112 보
100205 최
30 분

28 공간적 대응

❶ 도피성
❷ 대항성 : 내화성능 · 방염성능 · 초기소화 대응 등의 화재사상의 저항능력
❸ 회피성

● 초스피드 기억법

도대회공(**도**에서 **대회**를 개최하는 것은 **공**무방해이다.)

29 건축물 내부의 연소확대방지를 위한 방화계획

❶ 수평구획(면적단위)
❷ 수직구획(층단위)
❸ 용도구획(용도단위)

● 초스피드 기억법

연수용(**연수용** 건물)

30 내화구조 · 불연재료(진짜 중요!)

내화구조	불연재료
① 철근콘크리트조 ② 석조 ③ 연와조	① 콘크리트 · 석재 ② 벽돌 · 기와 ③ 석면판 · 철강 ④ 알루미늄 · 유리 ⑤ 모르타르 · 회

● 초스피드 기억법

철석연내(**철썩** 소리가 나더니 **연내** 무너졌다.)

31 내화구조의 기준(피난 · 방화구조 3조)

내화구분	기 준
벽 · 바닥	철골 · 철근콘크리트조로서 두께가 10cm 이상인 것
기둥	철골을 두께 5cm 이상의 콘크리트로 덮은 것
보	두께 5cm 이상의 콘크리트로 덮은 것

● 초스피드 기억법

벽바내1(**벽**을 **바**라보면 **내일**이 보인다.)

Key Point

✽회피성
불연화 · 난연화 · 내장제한 · 구획의 세분화 · 방화훈련(소방훈련) · 불조심 등 출화유발 · 확대 등을 저감시키는 예방조치 강구사항을 말한다.

✽내화구조
공동주택의 각 세대간의 경계벽의 구조

Key Point

※ 방화구조
화재시 건축물의 인접 부분으로의 연소를 차단할 수 있는 구조

※ 방화문
① 직접 손으로 열 수 있을 것
② 자동으로 닫히는 구조(자동폐쇄장치)일 것

※ 주요 구조부
건물의 주요 골격을 이루는 부분

32 방화구조의 기준(피난 · 방화구조 4조)

구조내용	기 준
• **철망모르타르** 바르기	두께 2cm 이상
• 석고판 위에 시멘트모르타르를 바른 것 • 회반죽을 바른 것 • 시멘트모르타르 위에 타일을 붙인 것	두께 2.5cm 이상
• 심벽에 흙으로 맞벽치기 한 것	그대로 모두 인정함

33 방화문의 구분(건축령 64조)

60분+방화문	60분 방화문	30분 방화문
연기 및 불꽃을 차단할 수 있는 시간이 60분 이상이고, 열을 차단할 수 있는 시간이 30분 이상인 방화문	연기 및 불꽃을 차단할 수 있는 시간이 60분 이상인 방화문	연기 및 불꽃을 차단할 수 있는 시간이 30분 이상 60분 미만인 방화문

34 주요 구조부(정말 중요!)

❶ 주계단(옥외계단 제외)
❷ 기둥(사이기둥 제외)
❸ 바닥(최하층 바닥 제외)
❹ 지붕틀(차양 제외)
❺ 벽
❻ 보(작은보 제외)

● 초스피드 기억법

벽보지 바주기

35 피난행동의 성격

❶ 계단 보행속도
❷ 군집 보행속도 ─┬─ 자유보행 : 0.5~2m/s
　　　　　　　　　└─ 군집보행 : 1m/s
❸ 군집 유동계수

● 초스피드 기억법

계단 군보유(그 **계단**은 **군**이 **보유**하고 있다.)

36 피난동선의 특성

❶ 가급적 **단순형태**가 좋다.
❷ **수평동선**과 **수직동선**으로 구분한다.
❸ 가급적 상호 반대방향으로 다수의 출구와 연결되는 것이 좋다.
❹ 어느 곳에서도 2개 이상의 방향으로 피난할 수 있으며, 그 말단은 화재로부터 안전한 장소이어야 한다.

37 제연방식

❶ 자연제연방식 : **개구부** 이용
❷ 스모크타워 제연방식 : **루프 모니터** 이용
❸ 기계제연방식
- 제1종 기계제연방식 : **송풍기+배연기**
- 제2종 기계제연방식 : **송풍기**
- 제3종 기계제연방식 : **배연기**

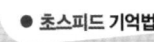

● 초스피드 기억법

송2(**송이**버섯), **배**3(**배삼**룡)

38 제연구획(NFPC 501 4·7조, NFTC 501 2.1.2.2, 2.4.2)

구 분	설 명
제연경계의 폭	0.6m 이상
제연경계의 수직거리	2m 이내
예상제연구역~배출구의 수평거리	10m 이내

39 건축물의 안전계획

(1) 피난시설의 안전구획

안전구획	설 명
1차 안전구획	**복**도
2차 안전구획	**부**실(계단전실)
3차 안전구획	**계**단

● 초스피드 기억법

복부계(**복부**인 **계**하나 더 하세요.)

(2) 패닉(Panic)현상을 일으키는 피난형태

❶ H형
❷ CO형

＊피난동선
'**피난경로**'라고도 부른다.

＊제연방법
① 희석
② 배기
③ 차단

＊모니터
창살이나 넓은 유리창이 달린 지붕 위의 구조물

＊패닉현상
인간이 극도로 긴장되어 돌출행동을 하는 것

Key Point

● 초스피드 기억법

패H(피해), Panic C(Panic C)

40 적응 화재

화재의 종류	적응 소화기구
A급	• 물 • 산 · 알칼리
AB급	• 포
BC급	• 이산화탄소 • 할론 • 1, 2, 4종 분말
ABC급	• 3종 분말 • 강화액

41 주된 소화작용(참 중요!)

소화제	주된 소화작용
• **물**	• **냉**각효과
• 포 • 분말 • 이산화탄소	• 질식효과
• **할**론	• **부**촉매효과(연쇄반응**억**제)

● 초스피드 기억법

물냉(**물냉**면)
할부억(**할**아**버**지 **억**지부리지 마세요.)

※ 질식효과
공기 중의 산소농도를 16%(10~15%) 이하로 희박하게 하는 방법

※ 할론 1301
① 할론 약제 중 소화효과가 가장 좋다.
② 할론 약제 중 독성이 가장 약하다.
③ 할론 약제 중 오존파괴지수가 가장 높다.

42 분말 소화약제

종 별	소화약제	약제의 착색	적응 화재	비 고
제1종	중탄산나트륨 ($NaHCO_3$)	백색	BC급	**식**용유 및 지방질유의 화재에 적합
제2종	중탄산칼륨 ($KHCO_3$)	담자색 (담회색)	BC급	–
제3종	제1인산암모늄 ($NH_4H_2PO_4$)	담홍색	ABC급	**차**고 · **주**차장에 적합
제4종	중탄산칼륨＋요소 ($KHCO_3+(NH_2)_2CO$)	회(백)색	BC급	–

※ 중탄산나트륨
'**탄산수소나트륨**'이라고도 부른다.

※ 중탄산칼륨
'**탄산수소칼륨**'이라고도 부른다.

● 초스피드 기억법

1식분(**일식 분**식)
3차주(**삼**보컴퓨터 **차주**)

제2장 화재역학

43 확산화염의 형태

1. 제트화염
2. 누출액체화재
3. 산불화재

Key Point

※ 확산화염
연료와 산소가 서로 반대쪽으로부터 반응대로 확산하는 화염

44 열유속(열류, Heat flux)

열유속	설 명
$1kW/m^2$	노출된 피부에 통증을 줄 수 있는 열유속의 최소값
$4kW/m^2$	화상을 입힐 수 있는 값
$10\sim20kW/m^2$	물체가 발화하는 데 필요한 값

※ 열유속
흐름의 경로에 있어서 단위면적당 열의 유동속도

45 일반적인 화염확산속도

확산유형		확산속도
훈소		0.001~0.01cm/s
두꺼운 고체의 측면 또는 하향확산		0.1cm/s
숲이나 산림부스러기를 통한 바람에 의한 확산		1~30cm/s
두꺼운 고체의 상향확산		1~100cm/s
액면에서의 수평확산(표면화염)		
예혼합화염	층류	10~100cm/s
	폭굉	약 10^5cm/s

※ 훈소
산소와 고체연료 간의 느린 연소과정

46 화재성장의 3요소

1. 발화(Ignition)
2. 연소속도(Burning rate)
3. 화염확산(Flame spread)

Key Point

47 탄화수소계 연료

구 분	온 도
난류화염	800℃
층류화염	1800~2000℃
단열화염	2000~2300℃

48 플래시 오버(Flash over)가 일어나기 위한 조건의 온도계산 방법

❶ Babraukas(바브라카스)의 방법
❷ McCaffrey(맥케프레이)의 방법
❸ Thomas(토마스)의 방법

＊ 플래시 오버
실 전체가 화염에 휩싸이는 급격한 화재 성상현상으로 일반적으로 연기의 온도가 500~600℃일 때 일어난다.

49 원자량

물 질	원자량
수소(H)	1
탄소(C)	12
산소(O)	16

50 연기배출시 고려사항

❶ 화재의 크기
❷ 건물의 높이
❸ 지붕의 형태
❹ 지붕 전체의 압력분포

＊ 연기
화학적으로 더 이상 반응하지 않는 가스로서 화재시 방출된다.

51 연기제어시스템의 설계변수 고려사항

❶ 누설면적
❷ 기상자료
❸ 압력차
❹ 공기흐름
❺ 연기제어시스템 내의 개방문 수

제2편

소방관련법령

1 기 간(30분만 눈에 불을 켜고 보라!)

(1) 1일

제조소 등의 변경신고(위험물법 6조)

(2) 2일

① 소방시설공사 착공 · 변경신고처리(공사업규칙 12조)
② 소방공사감리자 지정 · 변경신고처리(공사업규칙 15조)
③ 다중이용업 조치명령 미이행업소 공개사항 삭제(다중이용업령 18조)

(3) 3일

① 하자보수기간(공사업법 15조)
② 소방시설업 등록증 분실 등의 재발급(공사업규칙 4조)
③ 다중이용업소 안전시설 등의 완비증명서 재발급(다중이용업규칙 11조)
④ 소방시설 등의 자체점검 면제 또는 연기신청(소방시설법 시행규칙 22조)
⑤ 소방안전관리자 선임연기신청서 관계인 통보(화재예방법 시행규칙 14조)

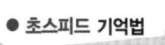

● 초스피드 기억법

3하등분재(**상하**이에서 **동**생이 **분재**를 가져왔다.)

(4) 4일

건축허가 등의 동의요구서류 보완(소방시설법 시행규칙 3조)

(5) 5일

① 일반적인 건축허가 등의 동의여부 회신(소방시설법 시행규칙 3조)
② 소방시설업 등록증 변경신고 등의 재발급(공사업규칙 6조)

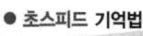

● 초스피드 기억법

5변재(**오**이로 **변제**해.)

(6) 7일

① 옮긴 물건 등의 보관기간(화재예방법 시행령 17조)
② 건축허가 등의 취소통보(소방시설법 시행규칙 3조)
③ 소방공사 감리원의 배치통보일(공사업규칙 17조)
④ 소방공사 감리결과 통보 · 보고일(공사업규칙 19조)

● 초스피드 기억법

감 배7(**감 배치**)

Key Point

✽ 제조소
위험물을 제조할 목적으로 지정수량 이상의 위험물을 취급하기 위하여 허가를 받은 장소

✽ 건축허가 등의 동의요구
① 소방본부장
② 소방서장

✽ 소방시설업
① 소방시설설계업
② 소방시설공사업
③ 소방공사감리업
④ 방염처리업

✽ 종합점검과 작동점검
① 종합점검 : 소방시설 등의 작동점검을 포함하여 설비별 주요 구성부품의 구조기준이 화재안전기준에 적합한지 여부를 점검하는 것
② 작동점검 : 소방시설 등을 인위적으로 조작하여 화재안전기준에서 정하는 성능이 있는지를 점검하는 것

Key Point

※ 화재예방강화지구
화재발생 우려가 크거나 화재가 발생할 경우 피해가 클 것으로 예상되는 지역에 대하여 화재의 예방 및 안전관리를 강화하기 위해 지정·관리하는 지역

※ 위험물안전관리자와 소방안전관리자
① 위험물안전관리자 : 제조소 등에서 위험물의 안전관리에 관한 직무를 수행하는 사람
② 소방안전관리자 : 특정소방대상물에서 화재가 발생하지 않도록 관리하는 사람

(7) 10일

1. 화재예방강화지구 안의 소방훈련·교육 통보일(화재예방법 시행령 20조)
2. 50층 이상(지하층 제외) 또는 200m 이상인 아파트의 건축허가 등의 동의여부회신(소방시설법 시행규칙 3조)
3. 30층 이상(지하층 포함) 또는 120m 이상의 건축허가 등의 동의여부 회신(소방시설법 시행규칙 3조)
4. 연면적 **10만**m^2 이상의 건축허가 등의 동의여부 회신(소방시설법 시행규칙 3조)
5. 소방안전교육 통보일(화재예방법 시행규칙 40조)
6. 소방기술자의 **실무교육** 통지일(공사업규칙 26조)
7. 소방기술자 **실무교육기관** 교육계획의 변경보고일(공사업규칙 35조)
8. 소방기술자 **실무교육기관** 지정사항 변경보고일(공사업규칙 33조)
9. **소방시설업**의 등록신청서류 보완일(공사업규칙 2조 2)
10. 제조소 등의 재발급 완공검사합격확인증 제출일(위험물령 10조)

(8) 14일

1. 옮긴 물건 등을 보관하는 경우 **공고**기간(화재예방법 시행령 17조)
2. 소방기술자 실무교육기관 휴폐업신고일(공사업규칙 34조)
3. **제**조소 등의 용도**폐**지 신고일(위험물법 11조)
4. 위험물안전관리자의 **선임신고**일(위험물법 15조)
5. 소방안전관리자의 **선임신고**일(화재예방법 26조)
6. 다중이용업 허가관청의 통보일(다중이용업법 7조)

● **초스피드 기억법**

14제폐선(**일사**천리로 **제패**하여 **성**공하라.)

(9) 15일

1. 소방기술자 **실**무교육기관 신청서류 **보**완일(공사업규칙 31조)
2. 소방시설업 등록증 발급(공사업규칙 3조)

● **초스피드 기억법**

실 15보(**실**제 **일**과는 **오**전에 **보**라!)

(10) 20일

소방안전관리자의 **강**습실시 공고일(화재예방법 시행규칙 25조)

● **초스피드 기억법**

강2(**강의**)

(11) 30일

1. 소방시설업 등록사항 변경신고(공사업규칙 6조)
2. 위험물안전관리자의 **재선임**(위험물법 15조)
3. 소방안전관리자의 **재선임**(화재예방법 시행규칙 14조)
4. **도급계약** 해지(공사업법 23조)
5. 소방시설공사 중요사항 변경시의 신고일(공사업규칙 12조)
6. 소방기술자 실무교육기관 지정서 발급(공사업규칙 32조)
7. 소방안전관리자의 **실무교육** 통보일(화재예방법 시행규칙 29조)
8. 소방시설업 등록증 지위승계 신고시 서류제출(공사업규칙 7조)
9. 소방공사감리자 변경서류제출(공사업규칙 15조)
10. **승계**(위험물법 10조)
11. 위험물안전관리자의 직무대행(위험물법 15조)
12. 탱크시험자의 변경신고일(위험물법 16조)
13. 다중이용업 휴·폐업 등의 통보(다중이용업법 7조)

(12) 90일

1. 소방시설업 등록신청 자산평가액·기업진단보고서 유효기간(공사업규칙 2조)
2. 위험물 임시저장기간(위험물법 5조)
3. 소방시설관리사 시험공고일(소방시설법 시행령 42조)

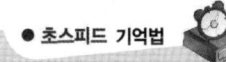

● **초스피드 기억법**

등유9(**등유 구**해와.)

2 횟수

(1) 월 1회 이상 : 소방용수시설 및 지리조사(기본규칙 7조)

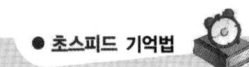

● **초스피드 기억법**

월1지(**월**요**일**이 **지**났다.)

(2) 연 1회 이상

1. 화재예방강화지구 안의 화재안전조사·훈련·교육(화재예방법 시행령 20조)
2. 특정소방대상물의 소방훈련·교육(화재예방법 시행규칙 36조)
3. 제조소 등의 정기점검(위험물규칙 64조)
4. 종합점검(특급 소방안전관리대상물은 반기별 1회 이상)(소방시설법 시행규칙 〔별표 3〕)
5. 작동점검(소방시설법 시행규칙 〔별표 3〕)

Key-Point

＊ 소방용수시설
① 소화전
② 급수탑
③ 저수조

＊ 종합점검자의 자격
① 소방시설관리업자 : 소방시설관리사
② 소방안전관리자 : 소방시설관리사·소방기술사

Key Point

● 초스피드 기억법

연1정종(연일 정종술을 마셨다.)

(3) 2년마다 1회 이상

1. 소방대원의 소방교육 · 훈련(기본규칙 9조)
2. 실무교육(화재예방법 시행규칙 29조)

● 초스피드 기억법

실2(실리)

3 담당자(모두 시험에 썩! 잘 나온다.)

(1) 소방대장

소방활동구역의 설정(기본법 23조)

● 초스피드 기억법

대구활(대구의 활동)

(2) 소방본부장 · 소방서장

1. 소방용수시설 및 지리조사(기본규칙 7조)
2. 건축허가 등의 동의(소방시설법 6조)
3. 소방안전관리자 · 소방안전관리보조자의 선임신고(화재예방법 26조)
4. 소방훈련의 지도 · 감독(화재예방법 37조)
5. 소방시설의 자체점검결과 보고(소방시설법 23조)
6. 소방계획의 작성 · 실시에 관한 지도 · 감독(화재예방법 시행령 27조)
7. 소방안전교육 실시(화재예방법 시행규칙 40조)
8. 소방시설공사의 착공신고 · 완공검사(공사업법 13 · 14조)
9. 소방공사 감리결과보고서 제출(공사업법 20조)
10. 소방공사 감리원의 배치통보(공사업규칙 17조)

(3) 소방본부장 · 소방서장 · 소방대장

1. 소방활동 종사명령(기본법 24조)
2. 강제처분(기본법 25조)
3. 피난명령(기본법 26조)

● 초스피드 기억법

소대종강피(소방대의 종강파티)

＊ 소방활동구역
화재, 재난 · 재해, 그 밖의 위급한 상황이 발생한 현장에 정하는 구역

＊ 소방본부장 · 소방서장
소방시설공사의 착공신고 · 완공검사

＊ 소방본부장과 소방대장
① 소방본부장 : 시 · 도에서 화재의 예방 · 경계 · 진압 · 조사 · 구조 · 구급 등의 업무를 담당하는 부서의 장
② 소방대장 : 소방본부장 또는 소방서장 등 화재, 재난 · 재해, 그 밖의 위급한 상황이 발생한 현장에서 소방대를 지휘하는 사람

(4) 시 · 도지사

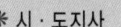

1. 제조소 등의 설치허가(위험물법 6조)
2. 소방업무의 지휘 · 감독(기본법 3조)
3. 소방체험관의 설립 · 운영(기본법 5조)
4. 소방업무에 관한 세부적인 종합계획수립 및 소방업무 수행(기본법 6조)
5. 소방시설업의 지위승계(공사업법 7조)
6. 제조소 등의 승계(위험물법 10조)
7. 소방력의 기준에 따른 계획수립(기본법 8조)
8. 화재예방강화지구의 지정(화재예방법 18조)
9. 소방시설관리업의 **등록**(소방시설법 29조)
10. 탱크시험자의 **등록**(위험물법 16조)
11. 소방시설관리업의 과징금부과(소방시설법 36조)
12. 탱크안전 성능검사(위험물법 8조)
13. 제조소 등의 **완공검사**(위험물법 9조)
14. 제조소 등의 용도 폐지(위험물법 11조)
15. 예방규정의 제출(위험물법 17조)

● **초스피드 기억법**

허시승화예(농구선수 **허**재가 **차 시승**장에서 나와 **화해**했다.)

(5) 시 · 도지사 · 소방본부장 · 소방서장

1. 소방시설업의 감독(공사업법 31조)
2. 탱크시험자에 대한 명령(위험물법 23조)
3. 무허가장소의 위험물 조치명령(위험물법 24조)
4. 소방기본법령상 과태료부과(기본법 56조)
5. 제조소 등의 수리 · 개조 · 이전명령(위험물법 14조)

● **초스피드 기억법**

감무시소과(**감**나**무** 아래에 있는 **시소**에서 **과**일 먹기)

(6) 소방청장

1. 소방업무에 관한 종합계획의 수립 · 시행(기본법 6조)
2. 방염성능 검사(소방시설법 21조)
3. 소방박물관의 설립 · 운영(기본법 5조)
4. 한국소방안전원의 정관 변경(기본법 43조)
5. 한국소방안전원의 **감독**(기본법 48조)

Key-Point

＊ 시 · 도지사
제조소 등의 완공검사

＊ 소방체험관
화재현장에서의 피난 등을 체험할 수 있는 체험관

＊ 소방력 기준
행정안전부령

＊ 위험물
인화성 또는 발화성 등의 성질을 가지는 것으로서 대통령령으로 정하는 물질

＊ 한국소방안전원
소방기술과 안전관리 기술의 향상 및 홍보, 그 밖의 교육훈련 등 행정기관이 위탁하는 업무를 수행하는 기관

Key-Point

❻ 소방대원의 소방교육 · 훈련 정하는 것(기본규칙 9조)
❼ 소방박물관의 설립 · 운영(기본규칙 4조)
❽ 소방용품의 형식승인(소방시설법 37조)
❾ 우수품질제품 인증(소방시설법 43조)
❿ 시공능력평가의 공시(공사업법 26조)
⓫ 실무교육기관의 지정(공사업법 29조)
⓬ 소방기술자의 실무교육 필요사항 제정(공사업규칙 26조)

* 우수품질인증
형식승인의 대상이 되는 소방용품 중 품질이 우수하다고 인정되는 소방용품에 대하여 인증

● 초스피드 기억법

검방청(**검**사는 **방청**객)

(7) 소방청장 · 소방본부장 · 소방서장(소방관서장)

❶ 119 종합상황실의 설치 · 운영(기본법 4조)
❷ 소방활동(기본법 16조)
❸ 소방대원의 소방교육 · 훈련 실시(기본법 17조)
❹ 특정소방대상물의 화재안전조사(화재예방법 7조)
❺ 화재안전조사 결과에 따른 조치명령(화재예방법 14조)
❻ 화재의 예방조치(화재예방법 17조)
❼ 옮긴 물건 등을 보관하는 경우 공고기간(화재예방법 시행령 17조)
❽ 화재예방강화지구의 화재안전조사(화재예방법 18조)
❾ 화재위험경보발령(화재예방법 20조)
❿ 화재예방강화지구 안의 화재안전조사 · 소방훈련 및 교육(화재예방법 시행령 20조)
⓫ 다중이용업소의 소방안전교육대상 통지(다중이용업규칙 5조)
⓬ 소방안전관리자의 실무교육(화재예방법 48조)
⓭ 소방안전관리자의 강습(화재예방법 48조)

* 119 종합상황실
화재 · 재난 · 재해 · 구조 · 구급 등이 필요한 때에 신속한 소방활동을 위한 정보를 수집 · 분석과 판단 · 전파, 상황관리, 현장 지휘 및 조정 · 통제 등의 업무수행

● 초스피드 기억법

종청소(**종**로**구 청소**), 실강(**실강**이 벌이지 말고 원망해라.)

(8) 소방청장 · 시 · 도지사 · 소방본부장 · 소방서장

❶ 「소방시설 설치 및 관리에 관한 법령」상 과태료 부과권자(소방시설법 61조)
❷ 「화재의 예방 및 안전관리에 관한 법령」상 과태료 부과권자(화재예방법 52조)
❸ 제조소 등의 출입 · 검사권자(위험물법 22조)

Key Point

4 관련법령

(1) 대통령령

1. 소방장비 등에 대한 국고보조 기준(기본법 9조)
2. 불을 사용하는 설비의 관리사항 정하는 기준(화재예방법 17조)
3. 특수가연물 저장 · 취급(화재예방법 17조)
4. 방염성능 기준(소방시설법 20조)
5. 건축허가 등의 동의대상물의 범위(소방시설법 6조)
6. 소방시설관리업의 등록기준(소방시설법 29조)
7. 화재의 예방조치(화재예방법 17조)
8. 소방시설업의 업종별 영업범위(공사업법 4조)
9. 소방공사감리의 종류 및 대상에 따른 감리원 배치, 감리의 방법(공사업법 16조)
10. 위험물의 정의(위험물법 2조)
11. 탱크안전성능검사의 내용(위험물법 8조)
12. 제조소 등의 위험물안전관리자의 자격(위험물법 15조)

(2) 행정안전부령

1. 119 종합상황실의 설치 · 운영에 관하여 필요한 사항(기본법 4조)
2. 소방박물관(기본법 5조)
3. 소방력 기준(기본법 8조)
4. 소방용수시설의 기준(기본법 10조)
5. 소방대원의 소방교육 · 훈련 실시규정(기본법 17조)
6. 소방신호의 종류와 방법(기본법 18조)
7. 국고보조대상사업 소방활동장비 및 설비의 종류와 규격(기본령 2조)
8. 소방용품의 형식승인의 방법(소방시설법 37조)
9. 우수품질제품 인증에 관한 사항(소방시설법 43조)
10. 소방공사감리원의 세부적인 배치기준(공사업법 18조)
11. 시공능력평가 및 공시방법(공사업법 26조)
12. 실무교육기관 지정방법 · 절차 · 기준(공사업법 29조)
13. 탱크안전성능검사의 실시 등에 관한 사항(위험물법 8조)

● 초스피드 기억법

용력기박

※ 특수가연물
화재가 발생하면 불길이 빠르게 번지는 물품

※ 방염성능
화재의 발생초기단계에서 화재확대의 매개체를 단절시키는 성질

※ 소방신호의 목적
① 화재예방
② 소화활동
③ 소방훈련

※ 시공능력의 평가기준
① 소방시설공사 실적
② 자본금

Key Point

✻ 조례
지방자치단체가 고유사무와 위임사무 등을 지방의회의 결정에 의하여 제정하는 것

✻ 지정수량
제조소 등의 설치허가 등에 있어서 최저의 기준이 되는 수량

(3) 시 · 도의 조례

❶ 소방**체**험관(기본법 5조)
❷ 지정수량 **미**만의 위험물 취급(위험물법 4조)

● 초스피드 기억법

시체미(**시체**는 **미**가 없다.)

5 인가 · 승인 등(꼭! 외워야 할지니라.)

(1) 인가

한국소방안전원의 **정**관변경(기본법 43조)

● 초스피드 기억법

인정(**인정**사정)

(2) 승인

한국소방안전원의 **사**업계획 및 예산(기본령 10조)

● 초스피드 기억법

승사(**성사**)

(3) 등록

❶ 소방시설관리업(소방시설법 29조)
❷ 소방시설업(공사업법 4조)
❸ 탱크안전성능시험자(위험물법 16조)

✻ 소방시설업 종류
① 소방시설설계업
② 소방시설공사업
③ 소방공사감리업
④ 방염처리업

✻ 방염처리업
① 섬유류 방염업
② 합성수지류 방염업
③ 합판 · 목재류 방염업

✻ 승계
직계가족으로부터 물려 받음.

(4) 신고

❶ 위험물안전관리자의 **선**임(위험물법 15조)
❷ 소방안전관리자 · 소방안전관리보조자의 **선**임(화재예방법 26조)
❸ 제조소 등의 **승**계(위험물법 10조)
❹ 제조소 등의 용도폐지(위험물법 11조)

● 초스피드 기억법

신선승(**신선**이 **승**천했다.)

Key Point

(5) 허가

제조소 등의 설치(위험물법 6조)

● 초스피드 기억법

허제(농구선수 **허재**)

6 용어의 뜻

(1) 소방대상물

건축물 · 차량 · 선박(매어둔 것) · 선박건조구조물 · 산림 · 인공구조물 · 물건(기본법 2조)

비교

위험물의 저장 · 운반 · 취급에 대한 적용 제외(위험물법 3조)
① 항공기 ② 선박 ③ 철도 ④ 궤도

(2) 소방시설(소방시설법 2조)

1. 소화설비
2. 경보설비
3. 소화용수설비
4. 소화활동설비
5. 피난구조설비

● 초스피드 기억법

소경소피(**소경**이 **소피**본다.)

(3) 소방용품(소방시설법 2조)

소방시설 등을 구성하거나 소방용으로 사용되는 제품 또는 기기로서 **대통령령**으로 정하는 것

(4) 관계지역(기본법 2조)

소방대상물이 있는 **장소** 및 그 **이웃지역**으로서 화재의 예방 · 경계 · 진압, 구조 · 구급 등의 활동에 필요한 지역

(5) 무창층(소방시설법 시행령 2조)

지상층 중 개구부의 면적의 합계가 해당 층의 바닥면적의 $\frac{1}{30}$ 이하가 되는 층

＊ 인공구조물
전기설비, 기계설비 등의 각종 설비를 말한다.

＊ 소화설비
물, 그 밖의 소화약제를 사용하여 소화하는 기계 · 기구 또는 설비

＊ 소화용수설비
화재를 진압하는 데 필요한 물을 공급하거나 저장하는 설비

＊ 소화활동설비
화재를 진압하거나 인명구조활동을 위하여 사용하는 설비

Key Point

※ 개구부
화재시 쉽게 피난할 수 있는 출입문, 창문 등을 말한다.

※ 자위소방대
빌딩 · 공장 등에 설치한 사설소방대

※ 자체소방대
다량의 위험물을 저장 · 취급하는 제조소에 설치하는 소방대

※ 주택(주거)
해뜨기 전 또는 해진 후에는 화재안전조사를 할 수 없다.

(6) **개구부**(소방시설법 시행령 2조)

1. 개구부의 크기가 지름 50cm 이상의 원이 통과할 수 있을 것
2. 해당 층의 바닥면으로부터 개구부 밑부분까지의 높이가 1.2m 이내일 것
3. 개구부는 **도로** 또는 **차량**이 진입할 수 있는 **빈터**를 향할 것
4. 화재시 건축물로부터 쉽게 피난할 수 있도록 개구부에 창살, 그 밖의 장애물이 설치되지 않을 것
5. 내부 또는 외부에서 **쉽게** 부수거나 열 수 있을 것

(7) **피난층**(소방시설법 시행령 2조)

곧바로 지상으로 갈 수 있는 출입구가 있는 층

7 특정소방대상물의 소방훈련의 종류(화재예방법 37조)

1. 소화훈련
2. 피난훈련
3. 통보훈련

● 초스피드 기억법

소피통훈(**소**의 **피**는 **통** **훈**기가 없다.)

8 특정소방대상물의 관계인과 소방안전관리대상물의 소방안전관리자의 업무(화재예방법 24조)

특정소방대상물(관계인)	소방안전관리대상물(소방안전관리자)
① 피난시설 · 방화구획 및 방화시설의 관리 ② 소방시설 · 그 밖의 소방관련시설의 관리 ③ **화기취급**의 감독 ④ 소방안전관리에 필요한 업무 ⑤ 화재발생시 초기대응	① 피난시설 · 방화구획 및 방화시설의 관리 ② 소방시설, 그 밖의 소방관련시설의 관리 ③ **화기취급**의 감독 ④ 소방안전관리에 필요한 업무 ⑤ **소방계획서**의 작성 및 시행(대통령령으로 정하는 사항 포함) ⑥ **자위소방대** 및 **초기대응체계**의 구성 · 운영 · 교육 ⑦ 소방훈련 및 교육 ⑧ 소방안전관리에 관한 업무수행에 관한 기록 · 유지 ⑨ 화재발생시 초기대응

9 제조소 등의 설치허가 제외장소(위험물법 6조)

1. 주택의 난방시설(공동주택의 **중앙난방시설**을 제외)을 위한 **저장소** 또는 **취급소**
2. 지정수량 20배 이하의 농예용 · 축산용 · 수산용 난방시설 또는 건조시설을 위한 **저장소**

● 초스피드 기억법

농축수2

Key Point

10 제조소 등 설치허가의 취소와 사용정지(위험물법 12조)

❶ **변경허가**를 받지 아니하고 제조소 등의 위치 · 구조 또는 설비를 변경한 경우
❷ **완공검사**를 받지 아니하고 제조소 등을 사용한 경우
❸ **안전조치 이행명령**을 따르지 아니한 때
❹ **수리 · 개조** 또는 **이전**의 **명령**에 **위반**한 경우
❺ **위험물안전관리자**를 선임하지 아니한 경우
❻ 안전관리자의 직무를 대행하는 **대리자**를 지정하지 아니한 경우
❼ **정기점검**을 하지 아니한 경우
❽ **정기검사**를 받지 아니한 경우
❾ **저장 · 취급기준 준수명령**에 위반한 경우

11 소방시설업의 등록기준(공사업법 4조)

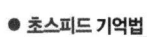

❶ 기술인력
❷ 자본금

● 초스피드 기억법

기자등(**기자**가 **등**장했다.)

12 소방시설업의 등록취소(공사업법 9조)

❶ 거짓, 그 밖의 **부정한 방법**으로 등록을 한 경우
❷ **등록결격사유**에 해당된 경우(단, 등록결격사유가 된 법인이 그 사유가 발생한 날부터 3개월 이내에 그 사유를 해소한 경우 제외)
❸ 영업정지기간 중에 소방시설공사 등을 한 경우

13 하도급 범위(공사업법 22조)

(1) 도급을 받은 자는 소방시설의 설계, 시공, 감리를 제3자에게 하도급할 수 없다(단, 시공의 경우에는 대통령령으로 정하는 바에 따라 도급받은 소방시설공사의 일부를 다른 공사업자에게 하도급할 수 있다).

(2) 하수급인은 제3자에게 다시 하도급 불가

(3) **소방시설공사의 시공을 하도급 할 수 있는 경우**(공사업령 12조 ①항)

❶ 주택건설사업
❷ 건설업
❸ 전기공사업
❹ 정보통신공사업

14 소방기술자의 의무(공사업법 27조)

2 이상의 업체에 취업금지(1개 업체에 취업)

＊소방시설업의 종류
① 소방시설설계업 : 소방시설공사에 기본이 되는 공사계획 · 설계도면 · 설계설명서 · 기술계산서 등을 작성하는 영업
② 소방시설공사업 : 설계도서에 따라 소방시설을 신설 · 증설 · 개설 · 이전 · 정비하는 영업
③ 소방공사감리업 : 소방시설공사가 설계도서 및 관계법령에 따라 적법하게 시공되는지 여부의 확인과 기술지도를 수행하는 영업
④ 방염처리업 : 방염대상물품에 대하여 방염처리하는 영업

＊소방기술자
① 소방시설관리사
② 소방기술사
③ 소방설비기사
④ 소방설비산업기사
⑤ 위험물기능장
⑥ 위험물산업기사
⑦ 위험물기능사

Key-Point

15 소방대(기본법 2조)

❶ 소방공무원
❷ 의무소방원
❸ 의용소방대원

16 의용소방대의 설치(기본법 37조, 의용소방대법 2조)

❶ 특별시 ❷ 광역시, 특별자치시·도, 특별자치도 ❸ 시
❹ 읍 ❺ 면

✽ 의용소방대의 설치권자
① 시·도지사
② 소방서장

17 무기 또는 5년 이상의 징역(위험물법 33조)

제조소 등 허가를 받지 않고 지정수량 이상의 위험물을 저장 또는 취급하는 장소에서 위험물을 유출·방출 또는 확산시켜 사람을 **사망**에 이르게 한 사람

18 무기 또는 3년 이상의 징역(위험물법 33조)

제조소 등 허가를 받지 않고 지정수량 이상의 위험물을 저장 또는 취급하는 장소에서 위험물을 유출·방출 또는 확산시켜 사람을 **상해**에 이르게 한 사람

중요

10년 이하의 징역·금고 또는 1억원 이하의 벌금	7년 이하의 금고 또는 7천만원 이하의 벌금
업무상 과실로 위험물을 유출·방출 또는 확산시켜 사람을 사상에 이르게 한 사람	업무상 과실로 제조소 등 허가를 받지 않고 지정수량 이상의 위험물을 저장 또는 취급하는 장소에서 위험물을 유출·방출 또는 확산시켜 위험을 발생시킨 사람

19 1년 이상 10년 이하의 징역(위험물법 33조)

제조소 등 허가를 받지 않고 지정수량 이상의 위험물을 저장 또는 취급하는 장소에서 위험물을 유출·방출 또는 확산시켜 사람의 생명·신체 또는 재산에 대하여 **위험**을 발생시킨 사람

20 5년 이하의 징역 또는 1억원 이하의 벌금(위험물법 34조 2)

제조소 등의 설치허가를 받지 아니하고 제조소 등을 설치한 자

✽ 벌금
범죄의 대가로서 부과하는 돈

21 5년 이하의 징역 또는 5000만원 이하의 벌금

❶ 소방자동차의 출동 방해(기본법 50조)
❷ 사람 구출 방해(기본법 50조)
❸ 소방용수시설 또는 비상소화장치의 효용 방해(기본법 50조)
❹ 소방시설에 폐쇄·차단 등의 행위를 한 자(소방시설법 56조)

✽ 소방용수시설
화재진압에 사용하기 위한 물을 공급하는 시설

22 벌칙(소방시설법 56조)

5년 이하의 징역 또는 5천만원 이하의 벌금	7년 이하의 징역 또는 7천만원 이하의 벌금	10년 이하의 징역 또는 1억원 이하의 벌금
소방시설 폐쇄·차단 등의 행위를 한 자	**소방시설 폐쇄·차단** 등의 행위를 하여 사람을 **상해**에 이르게 한 자	**소방시설 폐쇄·차단** 등의 행위를 하여 사람을 **사망**에 이르게 한 자

Key Point

23 3년 이하의 징역 또는 3000만원 이하의 벌금

① 화재안전조사 결과에 따른 조치명령 위반자(화재예방법 50조)
② 소방시설관리업 무등록자(소방시설법 57조)
③ **형식승인**을 받지 않은 소방용품 제조·수입자(소방시설법 57조)
④ **제품검사**·합격표시를 하지 않은 소방용품 판매·진열(소방시설법 57조)
⑤ 거짓이나 그 밖의 **부정한 방법**으로 제품검사 전문기관의 지정을 받은 자(소방시설법 57조)
⑥ 제품검사를 받지 않은 자(소방시설법 57조)
⑦ 소방활동에 필요한 소방대상물 및 토지의 강제처분을 방해한 자(기본법 51조)
⑧ 저장소 또는 제조소 등이 아닌 장소에서 지정수량 이상의 위험물을 저장·취급한 사람(위험물법 34조 3)
⑨ 소방시설업 무등록자(공사업법 35조)
⑩ **부정한 청탁**을 받고 재물 또는 재산상의 이익을 취득하거나 부정한 청탁을 하면서 재물 또는 재산상의 이익을 제공한 자(공사업법 35조)

● **초스피드 기억법**

무330(**무**더위에는 **삼**계탕이 제일로 좋다.)

24 1년 이하의 징역 또는 1000만원 이하의 벌금

① 소방시설의 **자체점검** 미실시자(소방시설법 58조)
② **소방시설관리사증** 대여(소방시설법 58조)
③ **소방시설관리업**의 등록증 대여(소방시설법 58조)
④ 제조소 등의 정기점검기록 허위 작성(위험물법 35조)
⑤ **자체소방대**를 두지 않고 제조소 등의 허가를 받은 사람(위험물법 35조)
⑥ **위험물 운반용기**의 검사를 받지 않고 유통시킨 사람(위험물법 35조)
⑦ 제조소 등의 긴급사용정지 위반자(위험물법 35조)
⑧ 영업정지처분 위반자(공사업법 36조)
⑨ 허위 감리자(공사업법 36조)
⑩ 공사감리자 미지정자(공사업법 36조)
⑪ 설계, 시공, 감리를 하도급한 자(공사업법 36조)
⑫ 소방시설업자가 아닌 사람에게 **소방시설공사** 등을 도급한 관계인(공사업법 36조)
⑬ 소방시설공사업법을 위반하여 설계나 시공을 한 자(공사업법 36조)

＊소방시설관리업
소방안전관리업무의 대행 또는 소방시설 등의 점검 및 유지·관리업

＊감리
소방시설공사에 관한 발주자의 권한을 대행하여 소방시설공사가 설계도서와 관계법령에 따라 적법하게 시공되는지를 확인하고, 품질·시공관리에 대한 기술지도를 하는 영업

25 1500만원 이하의 벌금(위험물법 36조)

① **위험물의 저장·취급**에 관한 중요기준 위반
② 제조소 등의 무단 변경
③ **제조소** 등의 **사용정지** 명령 위반
④ **안전관리자**를 **미선임**한 관계인
⑤ 대리자를 미지정한 관계인
⑥ 탱크시험자의 업무정지명령 위반
⑦ **무허가장소**의 위험물 조치 명령 위반

Key Point

26 1000만원 이하의 벌금(위험물법 37조)

❶ **위험물 취급**에 관한 안전관리와 감독하지 않은 자
❷ **위험물 운반**에 관한 중요기준 위반
❸ 위험물운반자 요건을 갖추지 아니한 위험물운반자
❹ **위험물 운송규정**을 위반한 위험물운송자
❺ 관계인의 **출입 · 검사**를 방해하거나 **비밀누설**

* 관계인
① 소유자
② 관리자
③ 점유자

27 300만원 이하의 벌금

❶ 관계인의 **화재안전조사**를 정당한 사유없이 거부 · 방해 · 기피(화재예방법 50조)
❷ 위탁받은 업무에 종사하거나 종사하였던 사람의 **비밀누설**(소방시설법 59조, 화재예방법 50조)
❸ 방염성능검사 합격표시 위조 및 거짓시료 제출(소방시설법 59조)
❹ 소방안전관리자, 총괄소방안전관리자 또는 소방안전관리보조자 미선임(화재예방법 50조)
❺ 소방안전관리자에게 불이익한 처우를 한 관계인(화재예방법 50조)
❻ 다른 자에게 자기의 성명이나 상호를 사용하여 소방시설공사 등을 수급 또는 시공하게 하거나 소방시설업의 등록증 · 등록수첩을 빌려준 사람(공사업법 37조)
❼ 감리원 미배치자(공사업법 37조)
❽ 소방기술인정 자격수첩을 빌려준 사람(공사업법 37조)
❾ **2 이상**의 업체에 취업한 사람(공사업법 37조)
❿ 관계인의 업무를 방해하거나 비밀누설(공사업법 37조)
⓫ 화재의 예방조치명령 위반(화재예방법 50조)

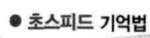

● 초스피드 기억법

비3(**비상**)

28 100만원 이하의 벌금

❶ **피난명령** 위반(기본법 54조)
❷ 위험시설 등에 대한 긴급조치 방해(기본법 54조)
❸ 소방활동을 하지 않는 관계인(기본법 54조)
❹ 거짓보고 또는 자료 미제출자(공사업법 38조)
❺ 관계공무원의 출입 또는 검사 · 조사를 거부 · 방해 또는 기피한 자(공사업법 38조)
❻ 위험시설 등에 정당한 사유없이 **물**의 **사용**이나 **수도**의 **개폐장치**의 사용 또는 조작을 하지 못하게 하거나 **방해**한 자(기본법 54조)
❼ 소방대의 생활안전활동을 방해한 자(기본법 54조)

● 초스피드 기억법

피1(차일**피일**)

Key Point

29 500만원 이하의 과태료

① **화재** 또는 **구조·구급**이 필요한 상황을 **거짓**으로 알린 사람(기본법 56조)
② 정당한 사유없이 화재, 재난·재해, 그 밖의 위급한 상황을 소방본부, 소방서 또는 관계행정기관에 알리지 아니한 관계인(기본법 56조)
③ **위험물의 임시저장** 미승인(위험물법 39조)
④ 위험물의 운반에 관한 세부기준 위반(위험물법 39조)
⑤ 제조소 등의 지위 승계 허위신고(위험물법 39조)
⑥ **예방규정 미준수**(위험물법 39조)
⑦ **제조소** 등의 **점검결과**를 기록·보존하지 아니한 자(위험물법 39조)
⑧ **위험물**의 **운송기준** 미준수자(위험물법 39조)
⑨ 제조소 등의 폐지 허위신고(위험물법 39조)

30 300만원 이하의 과태료

① 소방시설을 화재안전기준에 따라 설치·관리하지 아니한 자(소방시설법 61조)
② **피난시설·방화구획** 또는 **방화시설**의 **폐쇄·훼손·변경** 등의 행위를 한 자(소방시설법 61조)
③ 임시소방시설을 설치·관리하지 아니한 자(소방시설법 61조)
④ 방염대상물품을 방염성능기준 이상으로 설치하지 아니한 자(소방시설법 61조)
⑤ 관계인의 소방안전관리 업무 미수행(화재예방법 52조)
⑥ 관계인의 거짓 자료제출(소방시설법 61조)
⑦ **소방훈련** 및 **교육** 미실시자(화재예방법 52조)
⑧ 소방시설의 점검결과 미보고(소방시설법 61조)
⑨ 공무원의 출입 또는 검사를 거부·방해 또는 기피한 자(소방시설법 61조)

31 200만원 이하의 과태료

① 소방용수시설·소화기구 및 설비 등의 설치명령 위반(화재예방법 52조)
② 특수가연물의 저장·취급 기준 위반(화재예방법 52조)
③ 한국 119 청소년단 또는 이와 유사한 명칭을 사용한 자(기본법 56조)
④ 소방활동구역 출입(기본법 56조)
⑤ 소방자동차의 출동에 지장을 준 자(기본법 56조)
⑥ 한국소방안전원 또는 이와 유사한 명칭을 사용한 자(기본법 56조)
⑦ 관계서류 미보관자(공사업법 40조)
⑧ 소방기술자 미배치자(공사업법 40조)
⑨ 하도급 미통지자(공사업법 40조)

Key Point

⑩ 완공검사를 받지 아니한 자(공사업법 40조)
⑪ 방염성능기준 미만으로 방염한 자(공사업법 40조)
⑫ 관계인에게 지위승계 · 행정처분 · 휴업 · 폐업 사실을 거짓으로 알린 자(공사업법 40조)

32 건축허가 등의 동의대상물(소방시설법 시행령 7조)

① 연면적 $400m^2$(학교시설 : $100m^2$, **수련시설 · 노유자시설** : $200m^2$, **정신의료기관 · 장애인 의료재활시설** : $300m^2$) 이상
② **6층** 이상인 건축물
③ 차고 · 주차장으로서 바닥면적 $200m^2$ 이상(자동차 20대 이상)
④ **항공기격납고, 관망탑, 항공관제탑, 방송용 송수신탑**
⑤ 지하층 또는 무창층의 바닥면적 $150m^2$ 이상(공연장은 $100m^2$ 이상)
⑥ **위험물저장 및 처리시설**
⑦ 전기저장시설, 풍력발전소
⑧ 공동주택 · 숙박시설
⑨ 조산원, 산후조리원, 의원(입원실 또는 인공신장실이 있는 것)
⑩ 결핵환자나 한센인이 24시간 생활하는 노유자시설
⑪ **지하구**
⑫ 요양병원(의료재활시설 제외)
⑬ 노인주거복지시설 · 노인의료복지시설 및 재가노인복지시설, 학대피해노인 전용쉼터, 아동복지시설, 장애인거주시설
⑭ 정신질환자 관련시설(공동생활가정을 제외한 재활훈련시설과 종합시설 중 24시간 주거를 제공하지 않는 시설 제외)
⑮ 노숙인자활시설, 노숙인재활시설 및 노숙인요양시설
⑯ 공장 또는 창고시설로서 지정수량의 **750배 이상**의 특수가연물을 저장 · 취급하는 것
⑰ 가스시설로서 지상에 노출된 탱크의 저장용량의 합계가 100t 이상인 것

● **초스피드 기억법**

2자(이자)

33 관리의 권원이 분리된 특정소방대상물의 소방안전관리(화재예방법 35조, 화재예방법 시행령 35조)

① 복합건축물(지하층을 제외한 11층 이상 또는 연면적 3만m^2 이상인 건축물)
② 지하가
③ **도매시장, 소매시장** 및 **전통시장**

※ 항공기격납고
항공기를 안전하게 보관하는 장소

※ 복합건축물
하나의 건축물 안에 둘 이상의 특정소방대상물로서 용도가 복합되어 있는 것

34 소방안전관리자의 자격(화재예방법 시행령 [별표 4])

(1) 특급 소방안전관리대상물의 소방안전관리자 선임조건

자 격	경 력	비 고
• 소방기술사 • 소방시설관리사	경력 필요 없음	특급 소방안전관리자 자격증을 받은 사람
• 1급 소방안전관리자(소방설비기사)	5년	
• 1급 소방안전관리자(소방설비산업기사)	7년	
• 소방공무원	20년	
• 소방청장이 실시하는 특급 소방안전관리대상물의 소방안전관리에 관한 시험에 합격한 사람	경력 필요 없음	

(2) 1급 소방안전관리대상물의 소방안전관리자 선임조건

자 격	경 력	비 고
• 소방설비기사 · 소방설비산업기사	경력 필요 없음	1급 소방안전관리자 자격증을 받은 사람
• 소방공무원	7년	
• 소방청장이 실시하는 1급 소방안전관리대상물의 소방안전관리에 관한 시험에 합격한 사람	경력 필요 없음	
• 특급 소방안전관리대상물의 소방안전관리자 자격이 인정되는 사람		

(3) 2급 소방안전관리대상물의 소방안전관리자 선임조건

자 격	경 력	비 고
• 위험물기능장 · 위험물산업기사 · 위험물기능사	경력 필요 없음	2급 소방안전관리자 자격증을 받은 사람
• 소방공무원	3년	
• 소방청장이 실시하는 2급 소방안전관리대상물의 소방안전관리에 관한 시험에 합격한 사람	경력 필요 없음	
• 「기업활동 규제완화에 관한 특별조치법」에 따라 소방안전관리자로 선임된 사람(소방안전관리자로 선임된 기간으로 한정)		
• 특급 또는 1급 소방안전관리대상물의 소방안전관리자 자격이 인정되는 사람		

(4) 3급 소방안전관리대상물의 소방안전관리자 선임조건

자 격	경 력	비 고
• 소방공무원	1년	3급 소방안전관리자 자격증을 받은 사람
• 소방청장이 실시하는 3급 소방안전관리대상물의 소방안전관리에 관한 시험에 합격한 사람	경력 필요 없음	
• 「기업활동 규제완화에 관한 특별조치법」에 따라 소방안전관리자로 선임된 사람(소방안전관리자로 선임된 기간으로 한정)		
• 특급 소방안전관리대상물, 1급 소방안전관리대상물 또는 2급 소방안전관리대상물의 소방안전관리자 자격이 인정되는 사람		

Key Point

＊특급 소방안전관리대상물(동식물원, 철강 등 불연성 물품 저장·취급창고, 지하구, 위험물제조소 등 제외)

① 50층 이상(지하층 제외) 또는 지상 200m 이상 아파트
② 30층 이상(지하층 포함) 또는 지상 120m 이상(아파트 제외)
③ 연면적 10만m^2 이상인 것

＊1급 소방안전관리대상물(동식물원, 철강 등 불연성 물품 저장·취급창고, 지하구, 위험물제조소 등 제외)

① 30층 이상(지하층 제외) 또는 지상 120m 이상인 아파트
② 연면적 15000m^2 이상인 것(아파트, 연립주택 제외)
③ 11층 이상(아파트 제외)
④ 가연성 가스를 1000t 이상 저장·취급하는 시설

＊2급 소방안전관리대상물

① 지하구
② 가연성 가스를 100~1000t 미만 저장·취급하는 시설
③ 옥내소화전설비·스프링클러설비
④ 물분무 등 소화설비 설치대상물(호스릴 방식 제외)
⑤ 목조건축물(국보·보물)
⑥ 의무관리대상 공동주택(옥내소화전설비 또는 스프링클러설비가 설치된 것)

Key Point

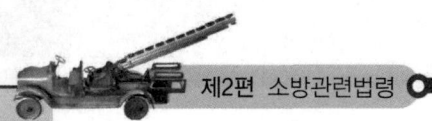

＊ 방염
연소하기 쉬운 건축물의 실내장식물 등 또는 그 재료에 어떤 방법을 가하여 연소하기 어렵게 만든 것

＊ 잔염시간
버너의 불꽃을 제거한 때부터 불꽃을 올리며 연소하는 상태가 그칠 때까지의 시간

＊ 잔진시간(잔신시간)
버너의 불꽃을 제거한 때부터 불꽃을 올리지 않고 연소하는 상태가 그칠 때까지의 시간

35 특정소방대상물의 방염

(1) 방염성능기준 이상 적용 특정소방대상물(소방시설법 시행령 30조)

❶ 체력단련장, 공연장 및 종교집회장
❷ 문화 및 집회시설
❸ 종교시설
❹ 운동시설(수영장은 제외)
❺ 의원, 치과의원, 한의원, 조산원, 산후조리원
❻ 의료시설(종합병원, 정신의료기관)
❼ 교육연구시설 중 합숙소
❽ 노유자시설
❾ 숙박이 가능한 수련시설
❿ 숙박시설
⓫ 방송국 및 촬영소
⓬ 다중이용업소(단란주점영업, 유흥주점영업, 노래연습장의 영업장 등)
⓭ 층수가 11층 이상인 것(아파트는 제외)

(2) 방염대상물품(소방시설법 시행령 31조)

제조 또는 가공 공정에서 방염처리를 한 물품	건축물 내부의 천장이나 벽에 부착하거나 설치하는 것
① 창문에 설치하는 **커튼류**(블라인드 포함) ② 카펫 ③ **벽지류**(두께 2mm **미만**인 **종이벽지 제외**) ④ **전시용 합판 · 목재** 또는 **섬유판** ⑤ **무대용 합판 · 목재** 또는 **섬유판** ⑥ **암막 · 무대막**(영화상영관 · 가상체험 체육시설업의 **스크린** 포함) ⑦ 섬유류 또는 합성수지류 등을 원료로 하여 제작된 소파 · 의자(단란주점영업, 유흥주점영업 및 노래연습장업의 영업장에 설치하는 것만 해당)	① 종이류(두께 2mm **이상**), **합성수지류** 또는 **섬유류**를 주원료로 한 물품 ② **합판**이나 **목재** ③ 공간을 구획하기 위하여 설치하는 **간이칸막이** ④ **흡음재**(흡음용 커튼 포함) 또는 **방음재**(방음용 커튼 포함) ※ 가구류(옷장, 찬장, 식탁, 식탁용 의자, 사무용 책상, 사무용 의자, 계산대)와 너비 10cm 이하인 반자돌림대, 내부 마감재료 제외

(3) 방염성능기준(소방시설법 시행령 31조)

❶ 버너의 불꽃을 올리며 연소하는 상태가 그칠 때까지의 시간 20초 이내
❷ 버너의 불꽃을 올리지 않고 연소하는 상태가 그칠 때까지의 시간 30초 이내
❸ 탄화한 면적 50cm² 이내(길이 20cm 이내)
❹ 불꽃의 접촉횟수는 3회 이상
❺ 최대 연기밀도 400 이하

Key Point

● 초스피드 기억법

올2(올리다.)

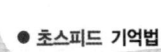

36 자체소방대의 설치제외 대상인 일반취급소(위험물규칙 73조)

1. **보일러 · 버너**로 위험물을 소비하는 일반취급소
2. **이동저장탱크**에 위험물을 주입하는 일반취급소
3. **용기**에 위험물을 옮겨 담는 일반취급소
4. **유압장치 · 윤활유순환장치**로 위험물을 취급하는 일반취급소
5. **광산안전법의 적용을 받는** 일반취급소

37 소화활동설비(소방시설법 시행령 〔별표 1〕)

1. 연결송수관설비
2. 연결살수설비
3. 연소방지설비
4. 무선통신보조설비
5. 제연설비
6. 비상콘센트설비

● 초스피드 기억법

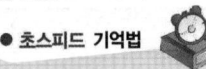

3연 무제비콘(3년에 한 번은 제비가 콘도에 오지 않는다.)

38 소화설비(소방시설법 시행령 〔별표 4〕)

(1) 소화설비의 설치대상

종 류	설치대상
• 소화기구	① 연면적 $33m^2$ 이상 ② 국가유산 ③ 가스시설 ④ 터널 ⑤ 지하구 ⑥ 발전시설 중 전기저장시설
• 주거용 주방자동소화장치	① 아파트 등 ② 오피스텔

● 초스피드 기억법

아자(아자!)

※ 광산안전법
광산의 안전을 유지하기 위해 제정해 놓은 법

※ 연소방지설비
지하구에 헤드를 설치하여 지하구의 화재시 소방자동차에 의해 물을 공급받아 헤드를 통해 방사하는 설비

※ 제연설비
화재시 발생하는 연기를 감지하여 화재의 확대 및 연기의 확산을 막기 위한 설비

※ 주거용 주방자동소화장치
가스레인지 후드에 고정설치하여 화재시 100℃의 열에 의해 자동으로 소화약제를 방출하며 가스자동차단, 화재경보 및 가스누출 경보 기능을 함

Key Point

(2) 옥내소화전설비의 설치대상

설치대상	조 건
① 차고 · 주차장	• 200m^2 이상
② 근린생활시설 ③ 업무시설(금융업소 · 사무소)	• 연면적 1500m^2 이상
④ 문화 및 집회시설, 운동시설 ⑤ 종교시설	• 연면적 3000m^2 이상
⑥ 특수가연물 저장 · 취급	• 지정수량 750배 이상
⑦ 터널길이	• 1000m 이상

(3) 옥외소화전설비의 설치대상

설치대상	조 건
① 목조건축물	• 국보 · 보물
② 지상 1 · 2층	• 바닥면적 합계 9000m^2 이상
③ 특수가연물 저장 · 취급	• 지정수량 750배 이상

● 초스피드 기억법

지9외(지구의)

(4) 스프링클러설비의 설치대상

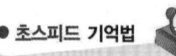

설치대상	조 건
① 문화 및 집회시설(동 · 식물원 제외) ② 종교시설(주요구조부가 목조인 것 제외) ③ 운동시설[물놀이형 시설, 바닥(불연재료), 관람석 없는 운동시설 제외]	• 수용인원 – 100명 이상 • 영화상영관 – 지하층 · 무창층 500m^2(기타 1000m^2) • 무대부 ① 지하층 · 무창층 · 4층 이상 300m^2 이상 ② 1~3층 500m^2 이상
④ 판매시설 ⑤ 운수시설 ⑥ 물류터미널	• 수용인원 500명 이상 • 바닥면적 합계 5000m^2 이상
⑦ 조산원, 산후조리원 ⑧ 정신의료기관 ⑨ 종합병원, 병원, 치과병원, 한방병원 및 요양병원 ⑩ 노유자시설 ⑪ 수련시설(숙박 가능한 곳) ⑫ 숙박시설	• 바닥면적 합계 600m^2 이상
⑬ 지하상가	• 연면적 1000m^2 이상
⑭ 지하층 · 무창층(축사 제외) ⑮ 4층 이상	• 바닥면적 1000m^2 이상
⑯ 10m 넘는 랙식 창고	• 바닥면적 합계 1500m^2 이상
⑰ 창고시설(물류터미널 제외)	• 바닥면적 합계 5000m^2 이상

※ 노유자시설
① 아동관련시설
② 노인관련시설
③ 장애인관련시설

※ 랙식 창고
① 물품보관용 랙을 설치하는 창고시설
② 선반 또는 이와 비슷한 것을 설치하고 승강기에 의하여 수납을 운반하는 장치를 갖춘 것

Key-Point

설치대상	조 건
⑱ 기숙사 ⑲ 복합건축물	• 연면적 5000m^2 이상
⑳ 6층 이상	모든 층
㉑ 공장 또는 창고시설	• 특수가연물 저장 · 취급－지정수량 1000배 이상 • 중 · 저준위 방사성 폐기물의 저장시설 중 소화수를 수집 · 처리하는 설비가 있는 저장시설
㉒ 지붕 또는 외벽이 불연재료가 아니거나 내화구조가 아닌 공장 또는 창고시설	• 물류터미널(⑥에 해당하지 않는 것) ① 바닥면적 합계 2500m^2 이상 ② 수용인원 250명 • 창고시설(물류터미널 제외)－바닥면적 합계 2500m^2 이상 • 지하층 · 무창층 · 4층 이상(⑭ · ⑮에 해당하지 않는 것)－바닥면적 500m^2 이상 • 랙식 창고(⑯에 해당하지 않는 것)－바닥면적 합계 750m^2 이상 • 특수가연물 저장 · 취급(㉑에 해당하지 않는 것)－지정수량 500배 이상
㉓ 교정 및 군사시설	• 보호감호소, 교도소, 구치소 및 그 지소, 보호관찰소, 갱생보호시설, 치료감호시설, 소년원 및 소년분류심사원의 수용거실 • 보호시설(외국인보호소는 보호대상자의 생활공간으로 한정) • 유치장
㉔ 발전시설	• 전기저장시설

(5) 물분무등소화설비의 설치대상

＊ 물분무등소화설비
① 물분무소화설비
② 미분무소화설비
③ 포소화설비
④ 이산화탄소 소화설비
⑤ 할론소화설비
⑥ 분말소화설비
⑦ 할로겐화합물 및 불활성기체 소화설비
⑧ 강화액소화설비

설치대상	조 건
① 차고 · 주차장(50세대 미만 연립주택 및 다세대주택 제외)	• 바닥면적 합계 200m^2 이상
② 전기실 · 발전실 · 변전실 ③ 축전지실 · 통신기기실 · 전산실	• 바닥면적 300m^2 이상
④ 주차용 건축물	• 연면적 800m^2 이상
⑤ 기계식 주차장치	• 20대 이상
⑥ 항공기격납고	• 전부(규모에 관계없이 설치)
⑦ 중 · 저준위 방사성 폐기물의 저장시설(소화수를 수집 · 처리하는 설비 미설치)	• 이산화탄소 소화설비, 할론소화설비, 할로겐화합물 및 불활성기체 소화설비 설치
⑧ 터널	• 예상교통량, 경사도 등 터널의 특성을 고려하여 행정안전부령으로 정하는 터널
⑨ 지정문화유산(문화유산자료 제외) ⑩ 천연기념물 등(자연유산자료 제외)	• 소방청창이 국가유산청장과 협의하여 정하는 것

Key Point

39 비상경보설비의 설치대상(소방시설법 시행령 〔별표 4〕)

설치대상	조 건
① 지하층 · 무창층	• 바닥면적 150m^2(공연장 100m^2) 이상
② 전부	• 연면적 400m^2 이상
③ 터널	• 길이 500m 이상
④ 옥내작업장	• 50인 이상 작업

※ 인명구조기구와 피난기구

1. 인명구조기구
   ① 방열복
   ② 방화복(안전모, 보호장갑, 안전화 포함)
   ③ 공기호흡기
   ④ 인공소생기

기억법 방공인(방공인)

2. 피난기구
   ① 완강기
   ② 피난사다리
   ③ 구조대
   ④ 소방청장이 정하여 고시하는 화재안전기준으로 정하는 것(미끄럼대, 피난교, 공기안전매트, 피난용 트랩, 다수인 피난장비, 승강식 피난기, 간이 완강기, 하향식 피난구용 내림식 사다리)

※ 제연설비

화재시 발생하는 연기를 감지하여 방염 및 제연함은 물론 화재의 확대, 연기의 확산을 막아 연기로 인한 탈출로 차단 및 질식으로 인한 인명피해를 줄이는 등 피난 및 소화활동상 필요한 안전설비

40 인명구조기구의 설치장소(소방시설법 시행령 〔별표 4〕)

1. 지하층을 포함한 **7층** 이상의 **관광호텔**[방열복, 방화복(안전모, 보호장갑, 안전화 포함), 인공소생기, 공기호흡기]
2. 지하층을 포함한 **5층** 이상의 **병원**[방열복, 방화복(안전모, 보호장갑, 안전화 포함), 공기호흡기]

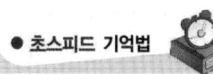

● 초스피드 기억법

5병(**오병**이어의 기적)

41 제연설비의 설치대상(소방시설법 시행령 〔별표 4〕)

설치대상	조 건
① 문화 및 집회시설, 운동시설 ② 종교시설	• 바닥면적 200m^2 이상
③ 기타	• 1000m^2 이상
④ 영화상영관	• 수용인원 **100명** 이상
⑤ 터널	• 예상교통량, 경사도 등 터널의 특성을 고려하여 행정안전부령으로 정하는 터널
⑥ 특별피난계단 ⑦ 비상용 승강기의 승강장 ⑧ 피난용 승강기의 승강장	• 전부

42 소방용품 제외대상(소방시설법 시행령 6조)

1. 주거용 주방자동소화장치용 소화약제
2. 가스자동소화장치용 소화약제
3. 분말자동소화장치용 소화약제
4. 고체에어로졸 자동소화장치용 소화약제
5. 소화약제 외의 것을 이용한 간이소화용구
6. 휴대용 비상조명등
7. 유도표지

⑧ 벨용 푸시버튼스위치
⑨ 피난밧줄
⑩ 옥내소화전함
⑪ 방수구

43 화재예방강화지구의 지정지역(화재예방법 18조)

① **시장**지역
② **공장 · 창고**가 밀집한 지역
③ **목조건물**이 밀집한 지역
④ 노후 · 불량 건축물이 밀집한 지역
⑤ **위험물의 저장** 및 **처리시설**이 **밀집**한 지역
⑥ **석유화학제품**을 생산하는 공장이 있는 지역
⑦ **「산업입지 및 개발에 관한 법률」**에 따른 산업단지
⑧ **소방시설 · 소방용수시설** 또는 **소방출동로**가 **없는** 지역
⑨ **「물류시설의 개발 및 운영에 관한 법률」**에 따른 물류단지
⑩ **소방청장, 소방본부장** 또는 **소방서장**(소방관서장)이 화재예방강화지구로 지정할 필요가 있다고 인정하는 지역

※ 화재예방강화지구
시 · 도지사가 화재발생 우려가 크거나 화재가 발생할 경우 피해가 클 것으로 예상되는 지역에 대하여 화재의 예방 및 안전관리를 강화하기 위해 지정 · 관리하는 지역

44 근린생활시설(소방시설법 시행령 〔별표 2〕)

면 적	적용장소
150m² 미만	• 단란주점
300m² 미만	• 종교집회장 • 공연장 • 비디오물 감상실업 • 비디오물 소극장업
500m² 미만	• 탁구장 • 서점 • 볼링장 • 체육도장 • 금융업소 • 사무소 • 부동산 중개사무소 • 학원
1000m² 미만	• 자동차 영업소 • 슈퍼마켓 • 일용품
전부	• 의원 · 이용원 • 독서실 • 안마원(안마시술소 포함) • 휴게음식점 · 일반음식점 • 제과점 • 기원

※ 의원과 병원
① 의원 : 근린생활시설
② 병원 : 의료시설

Key Point

● 초스피드 기억법

종3(중세시대)

※ 업무시설
오피스텔

45 업무시설(소방시설법 시행령 〔별표 2〕)

면 적	적용장소
전부	• 주민자치센터(동사무소) • 경찰서 • 소방서 • 우체국 • 보건소 • 공공도서관 • 국민건강보험공단 • 금융업소 · **오피스텔** · 신문사

46 위험물(위험물령 〔별표 1〕)

위험물	설 명
과산화수소	농도 36wt% 이상
황	순도 60wt% 이상
질산	비중 1.49 이상

● 초스피드 기억법

3과(**삼가** 인사올립니다.)
질49(**제**일 **싸구**려.)

※ 소방시설공사업의 보조기술인력
① 전문공사업: 2명 이상
② 일반공사업: 1명 이상

47 소방시설공사업(공사업령 〔별표 1〕)

구 분	전 문	일 반
자본금	• 법인 : **1억원** 이상 • 개인 : **1억원** 이상	• 법인 : **1억원** 이상 • 개인 : **1억원** 이상
영업범위	• 특정소방대상물	• 연면적 10000m^2 미만 • **위험물제조소** 등

※ 소방용수시설
화재진압에 사용하기 위한 물을 공급하는 시설

48 소방용수시설의 설치기준(기본규칙 〔별표 3〕)

100m 이하	140m 이하
• 주거지역 • 공업지역 • 상업지역	• 기타지역

● 초스피드 기억법

주공 100상(**주공**아파트에 **백상**어가 그려져 있다.)

49 소방용수시설의 저수조의 설치기준(기본규칙 〔별표 3〕)

구 분	설 명
낙차	4.5m 이하
수심	0.5m 이상
투입구의 길이 또는 지름	60cm 이상

① 소방펌프자동차가 **쉽게 접근**할 수 있도록 할 것

② 흡수에 지장이 없도록 **토사** 및 **쓰레기** 등을 제거할 수 있는 설비를 갖출 것

③ 저수조에 물을 공급하는 방법은 **상수도**에 연결하여 **자동**으로 **급수**되는 구조일 것

50 소방신호표(기본규칙 〔별표 4〕)

신호방법 / 종 별	타종신호	사이렌신호
경계신호	**1타**와 **연 2타**를 반복	**5초** 간격을 두고 **30초**씩 **3회**
발화신호	**난타**	**5초** 간격을 두고 **5초**씩 **3회**
해제신호	상당한 간격을 두고 **1타**씩 반복	**1분**간 **1회**
훈련신호	**연 3타** 반복	**10초** 간격을 두고 **1분**씩 **3회**

Key Point

＊ 경계신호
화재예방상 필요하다고 인정되거나 화재위험경보시 발령

＊ 발화신호
화재가 발생한 때 발령

＊ 해제신호
소화활동이 필요없다고 인정되는 때 발령

＊ 훈련신호
훈련상 필요하다고 인정되는 때 발령

제3편
소방수리학 · 약제화학 및 소방전기

제1장 소방수리학

1 유체의 종류

유체 종류	설 명
실제 유체	점성이 있으며, 압축성인 유체
이상 유체	점성이 없으며, 비압축성인 유체
압축성 유체	기체와 같이 체적이 변화하는 유체
비압축성 유체	액체와 같이 체적이 변화하지 않는 유체

● 초스피드 기억법

실점있압(실점이 있는 사람만 압박해!), 기압(기압)

※ 유체
외부 또는 내부로부터 어떤 힘이 작용하면 움직이려는 성질을 가진 액체와 기체상태의 물질

2 열량

$$Q = rm + mC\Delta T$$

여기서, Q : 열량[cal]
r : 융해열 또는 기화열[cal/g]
m : 질량[g]
C : 비열[cal/g · ℃]
ΔT : 온도차[℃]

※ 비열
1g의 물체를 1℃만큼 온도 상승시키는 데 필요한 열량[cal]

3 유체의 단위(다 시험에 잘 나온다.)

① $1N = 10^5 dyne$
② $1N = 1kg \cdot m/s^2$
③ $1dyne = 1g \cdot cm/s^2$
④ $1Joule = 1N \cdot m$
⑤ $1kg_f = 9.8N = 9.8kg \cdot m/s^2$
⑥ $1P(poise) = 1g/cm \cdot s = 1dyne \cdot s/cm^2$
⑦ $1cP(centipoise) = 0.01g/cm \cdot s$
⑧ $1stokes(St) = 1cm^2/s$
⑨ $1atm = 760mmHg = 1.0332kg_f/cm^2$
$= 10.332mH_2O(mAq)$
$= 14.7PSI(lb_f/in^2)$
$= 101.325kPa(kN/m^2)$
$= 1013mbar$

4 체적탄성계수

$$K = -\frac{\Delta P}{\Delta V/V}$$

여기서, K : 체적탄성계수[Pa]
ΔV : 체적의 변화(체적의 차)[m^3]
ΔP : 가해진 압력[Pa]
V : 처음 체적[m^3]
$\Delta V/V$: 체적의 감소율

중요 압축률

$$\beta = \frac{1}{K}$$

여기서, β : 압축률[1/Pa]
K : 체적탄성계수[Pa]

5 절대압(꼭! 알아야 한다.)

① 절대압=대기압+게이지압(계기압)
② 절대압=대기압−진공압

● 초스피드 기억법

절대게(절대로 개입하지 마라.)
절대 − 진(절대로 마이너지진이 남지 않는다.)

6 동점성 계수(동점도)

$$\nu = \frac{\mu}{\rho}$$

여기서, ν : 동점도[cm^2/s]
μ : 일반점도[g/cm · s]
ρ : 밀도[g/cm^3]

7 비중량

$$\gamma = \rho g$$

여기서, γ : 비중량[N/m^3]
ρ : 밀도[kg/m^3]
g : 중력가속도(9.8m/s^2)

Key Point

＊ 체적탄성계수
① 등온압축

$K=P$

② 단열압축

$K=kP$

여기서,
K: 체적탄성계수[Pa]
P: 절대압력[Pa]
k: 단열지수

＊ 절대압
완전진공을 기준으로 한 압력

기억법 절진(절전)

＊ 게이지압(계기압)
국소대기압을 기준으로 한 압력

＊ 동점도
유체의 저항을 측정하기 위한 절대점도의 값

＊ 비중량
단위체적당 중량

＊ 비체적
단위질량당 체적

Key Point

❶ 물의 비중량

$1g_f/cm^3=1000kg_f/m^3=9800N/m^3=9.8kN/m^3$

❷ 물의 밀도

$\rho=1g/cm^3=1000kg/m^3=1000N \cdot s^2/m^4=102kg_f \cdot s^2/m^4$

8 이상기체 상태방정식

$$PV=nRT=\frac{m}{M}RT, \quad \rho=\frac{PM}{RT}$$

여기서, P : 압력〔atm〕
V : 부피〔m^3〕
n : 몰수$\left(\frac{m}{M}\right)$
R : 0.082(atm · m^3/kmol · K)
T : 절대온도(273+℃)〔K〕
m : 질량〔kg〕
M : 분자량
ρ : 밀도〔kg/m^3〕

＊ 몰수

$$n=\frac{m}{M}$$

여기서, n : 몰수
M : 분자량
m : 질량〔kg〕

9 물체의 무게

$$W=\gamma V$$

여기서, W : 물체의 **무**게〔N〕
γ : **비**중량〔N/m^3〕
V : 물체가 잠긴 **체**적〔m^3〕

● 초스피드 기억법

무비체(**무비**카메라 가진 사람을 **체**포하라!)

10 열역학의 법칙(이 내용들이 환하면 그대는 '열역학' 박사!)

열역학 제0법칙 (열평형의 법칙)	① 온도가 높은 물체와 낮은 물체를 접촉시키면 온도가 높은 물체에서 낮은 물체로 열이 이동하여 두 물체의 **온도**는 **평형**을 이루게 된다. ② 어떤 두 물체 A와 B가 제3의 물체 C와 각각 열형평상태에 있을 때, 두 물체 A와 B도 서로 열평형상태이다.
열역학 제1법칙 (에너지보존의 법칙)	기체의 공급에너지는 **내부에너지**와 외부에서 한 일의 합과 같다.
열역학 제2법칙	① 자발적인 변화는 **비가역적**이다. ② 열은 스스로 **저온**에서 **고온**으로 절대로 흐르지 않는다. ③ 열을 완전히 일로 바꿀 수 있는 **열기관**을 만들 수 **없다**.
열역학 제3법칙	순수한 물질이 1atm하에서 결정상태이면 엔트로피는 0K에서 0이다.

＊ 비가역적

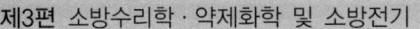

어떤 물질에 열을 가한 후 식히면 다시 원래의 상태로 되돌아 오지 않는 것

● **초스피드 기억법**

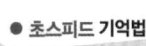

열1내(열받으면 일낸다.)
열비 저고 2(열이나 비에 강한 저고리)

11 엔트로피(ΔS)

가역 단열과정	비가역 단열과정
$\Delta S = 0$	$\Delta S > 0$

여기서, ΔS : 엔트로피[J/K]

등엔트로피 과정=가역 단열과정

● **초스피드 기억법**

가0(가영이)

12 유량

$$Q = AV = \left(\frac{\pi D^2}{4}\right)V$$

여기서, Q : 유량[m^3/s]
A : 단면적[m^2]
V : 유속[m/s]
D : 직경(지름)[m]

13 베르누이 방정식(Bernoulli's equation)

$$\frac{V^2}{2g} + \frac{p}{\gamma} + Z = 일정$$

(속도수두) (압력수두) (위치수두)

여기서, V : 유속[m/s]
p : 압력([kN/m^2] 또는 [kPa])
Z : 높이[m]
g : 중력가속도(9.8m/s^2)
γ : 비중량[kN/m^3]

※ 베르누이 방정식에 의해 2개의 공 사이에 기류를 불어 넣으면(**속도**가 증가하여) **압력**이 **감소**하므로 2개의 공은 **달라붙는다**.

Key Point

※ 엔트로피
어떤 물질의 정렬상태를 나타내는 수치

※ 유량
관 내를 흘러가는 유체의 양

※ 베르누이 방정식의 적용 조건
① 정상 흐름
② 비압축성 흐름
③ 비점성 흐름
④ 이상유체

기억법 **베정비이**(배를 정비해서 이곳을 떠나라!)

Key Point

14 토리첼리의 식(Torricelli's theorem)

$$V = \sqrt{2gH}$$

여기서, V : 유속〔m/s〕
g : 중력가속도(9.8m/s^2)
H : 높이〔m〕

✻ 수압기
파스칼의 원리를 이용한 대표적 기계

기억법 파수(파수꾼)

15 파스칼의 원리(Principle of Pascal)

$$\frac{F_1}{A_1} = \frac{F_2}{A_2}, \quad P_1 = P_2$$

여기서, F_1, F_2 : 가해진 힘〔kg$_f$〕
A_1, A_2 : 단면적〔m^2〕
P_1, P_2 : 압력〔Pa〕 또는 〔N/m^2〕

✻ 레이놀즈수
층류와 난류를 구분하기 위한 계수

16 레이놀즈수(Reynolds number)(잊지 말라!)

구 분	레이놀즈수
층류	$Re < 2100$
천이영역(임계영역)	$2100 < Re < 4000$
난류	$Re > 4000$

$$Re = \frac{DV\rho}{\mu} = \frac{DV}{\nu}$$

여기서, Re : 레이놀즈수
D : 내경〔m〕
V : 유속〔m/s〕
ρ : 밀도〔kg/m^3〕
μ : 점도〔g/cm · s〕
ν : 동점성계수$\left(\frac{\mu}{\rho}\right)$〔cm^2/s〕

✻ 레이놀즈수
① 층류

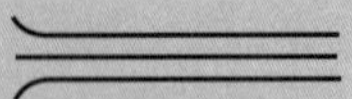

② 천이영역

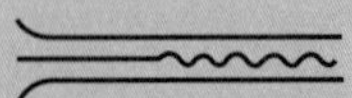

③ 난류

17 관마찰계수

$$f = \frac{64}{Re}$$

여기서, f : 관마찰계수
Re : 레이놀즈수

구 분	설 명
층류	**레이놀즈수**에만 관계되는 계수
천이영역(임계영역)	**레이놀즈수**와 관의 **상대조도**에 관계되는 계수
난류	관의 **상대조도**에 **무관한** 계수

※ 마찰계수(f)는 파이프의 **조도**와 **레이놀즈**에 관계가 있다.

18 다르시 - 바이스바하 공식(Darcy - Weisbach's formula)

$$H = \frac{\Delta P}{\gamma} = \frac{f l V^2}{2 g D}$$

여기서, H : 마찰손실〔m〕
ΔP : 압력차(〔kPa〕 또는 〔kN/m²〕)
γ : 비중량(물의 비중량 9.8kN/m³)
f : 관마찰계수
l : 길이〔m〕
V : 유속〔m/s〕
g : 중력가속도(9.8m/s²)
D : 내경〔m〕

＊ 다르시-바이스바하 공식
곧고 긴 관에서의 손실수두 계산

19 수력반경(hydraulic radius)

$$R_h = \frac{A}{l} = \frac{1}{4}(D-d)$$

여기서, R_h : 수력반경〔m〕
A : 단면적〔m²〕
l : 접수길이〔m〕
D : 관의 외경〔m〕
d : 관의 내경〔m〕

＊ 수력반경
면적을 접수길이(둘레길이)로 나눈 것

20 무차원의 물리적 의미(따르고 닳도록 보라!)

명 칭	물리적 의미
레이놀즈(Reynolds)수	관성력/점성력
프루드(Froude)수	관성력/중력
마하(Mach)수	관성력/탄성력
웨버(Weber)수	**관**성력/**표**면장력
오일러(Euler)수	압축력/관성력

● **초스피드 기억법**

웨관표(**왜관**행 **표**)

＊ 무차원
단위가 없는 것

Key Point

※ 위어의 종류
① V-notch 위어
② 4각 위어
③ 예봉위어
④ 광봉위어

※ 시차액주계
유속 및 두 지점의 압력을 측정하는 장치

※ 단위
① 1HP=0.746kW
② 1PS=0.735kW

21 유체계측기기

정압 측정	동압(유속) 측정	유량 측정
① 피에조미터 ② 정압관	① 피토관 ② 피토-정압관 ③ 시차액주계 ④ 열선속도계	① 벤투리미터 ② 위어 ③ 로터미터 ④ 오리피스

● 초스피드 기억법

조정(조정)
속토시 열(속이 따뜻한 토시는 열이 난다.)
벤위로 오량(벤치 위로 오양이 보인다.)

22 시차액주계

$$p_A + \gamma_1 h_1 = p_B + \gamma_2 h_2 + \gamma_3 h_3$$

여기서, p_A : 점 A의 압력([kPa] 또는 [kN/m²])
p_B : 점 B의 압력([kPa] 또는 [kN/m²])
γ_1, γ_2, γ_3 : 비중량(물의 비중량 9.8kN)
h_1, h_2, h_3 : 높이[m]

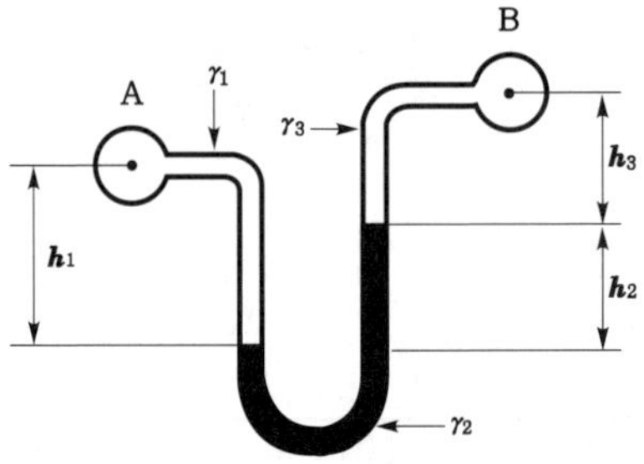

‖ 시차액주계 ‖

※ **시차액주계의 압력계산 방법** : 경계면에서 내려올 때 **더하고**, 올라갈 때 **뺀다.**

23 펌프의 동력

① 전동력

$$P = \frac{0.163QH}{\eta}K$$

여기서, P : 전동력[kW]
Q : 유량[m³/min]
H : 전양정[m]
K : 전달계수
η : 효율

② 축동력

$$P = \frac{0.163\,QH}{\eta}$$

여기서, P : 축동력〔kW〕
Q : 유량〔m^3/min〕
H : 전양정〔m〕
η : 효율

③ 수동력

$$P = 0.163\,QH$$

여기서, P : 수동력〔kW〕
Q : 유량〔m^3/min〕
H : 전양정〔m〕

24 원심펌프

벌류트펌프	터빈펌프
안내깃이 없고, **저양정**에 적합한 펌프	안내깃이 있고, **고양정**에 적합한 펌프

● 초스피드 기억법

저벌(**저벌**관)

※ 안내깃=안내날개=가이드 베인

25 펌프의 운전

(1) 직렬운전

① 토출량 : Q
② 양정 : $2H$(토출량 : $2P$)

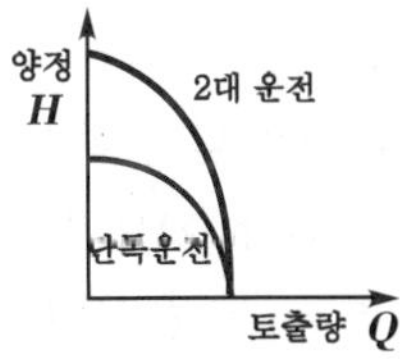

∥ 직렬운전 ∥

● 초스피드 기억법

정2직(**정**이 든 **직**장)

(2) 병렬운전

① 토출량 : $2Q$
② 양정 : H(토출량 : P)

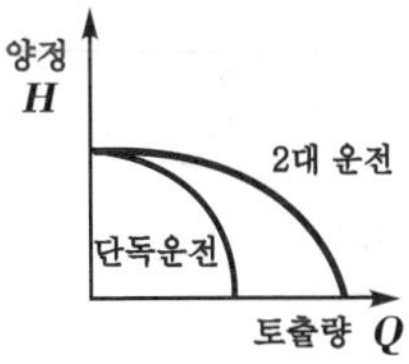

∥ 병렬운전 ∥

Key Point

＊ 펌프의 동력
① 전동력 : 전달계수와 효율을 모두 고려한 동력
② **축**동력 : **전**달계수를 고려하지 않은 동력

기억법 **축전**(축전)

③ **수**동력 : **전**달계수와 **효**율을 고려하지 않은 동력

기억법 **효전수**(**효**를 **전수**해 주세요.)

＊ 원심펌프
소화용수펌프

기억법 **소원**(소원)

＊ 안내날개
임펠러의 바깥쪽에 설치되어 있으며, 임펠러에서 얻은 물의 속도에너지를 압력에너지로 변환시키는 역할을 한다.

＊ 펌프
전동기로부터 에너지를 받아 액체 또는 기체를 수송하는 장치

Key Point

✻ 공동현상
① 소화펌프의 흡입고가 클 때 발생
② 펌프의 흡입측 배관 내의 물의 정압이 기존의 증기압보다 낮아져서 물이 흡입되지 않는 현상

26 공동현상(정말 잊지 말라.)

(1) 공동현상의 발생현상

❶ 펌프의 **성**능저하
❷ 관 **부**식
❸ **임**펠러의 손상(수차의 날개 손상)
❹ **소**음과 진동발생

● 초스피드 기억법

공성부임소(**공**하**성**이 **부임**한다는 **소**리를 들었다.)

(2) 공동현상의 방지대책

❶ 펌프의 흡입수두를 작게 한다.
❷ 펌프의 마찰손실을 작게 한다.
❸ 펌프의 임펠러속도(회전수)를 작게 한다.
❹ 펌프의 설치위치를 수원보다 낮게 한다.
❺ 양흡입펌프를 사용한다(펌프의 흡입측을 가압한다).
❻ 관 내의 물의 정압을 그 때의 증기압보다 높게 한다.
❼ 흡입관의 구경을 크게 한다.
❽ 펌프를 2대 이상 설치한다.

✻ 수격작용
흐르는 물을 갑자기 정지시킬 때 수압이 급상승하는 현상

27 수격작용의 방지대책

❶ 관로의 **관**경을 **크**게 한다.
❷ 관로 내의 **유**속을 **낮**게 한다(관로에서 일부 고압수를 방출한다).
❸ 조압수조(Surge tank)를 설치하여 적정압력을 유지한다.
❹ **플라이휠**(Fly wheel)을 설치한다.
❺ 펌프 송출구(토출측) 가까이에 밸브를 설치한다.
❻ 펌프 송출구에 **수격**을 **방지**하는 **체크밸브**를 달아 역류를 막는다.
❼ 에어챔버(Air chamber)를 설치한다.
❽ 회전체의 **관성 모멘트**를 **크게** 한다.

● 초스피드 기억법

수방관크 유낮(**소방관**은 **크**고, **유**부남은 **작**다.)

제2장 약제화학

28 산소농도

공기 중의 산소농도	소화에 필요한 공기 중의 산소농도
21vol%	10~15vol%(16vol% 이하)

29 연소의 3요소

1. 가연물질(연료)
2. 산소공급원(산소)
3. 점화원(온도)

● 초스피드 기억법

연3 가산점(**연**소의 **3**요소를 알면 **가산점**을 준다.)

30 공기포(기계포) 소화약제의 특징(자다가도 말할 수 있어야 한다.)

약제의 종류	특 징
단백포	① 흑갈색이다. ② 냄새가 지독하다. ③ 포안정제로서 **제1철염**으로 첨가한다. ④ 다른 포약제에 비해 **부식성**이 **크다**.
수성막포	① 안전성이 좋아 장기보관이 가능하다. ② 내약품성이 좋아 **타약제**와 **겸용**사용이 가능하다. ③ 석유류 표면에 신속히 피막을 형성하여 유류증발을 억제한다. ④ 일명 AFFF(Aqueous Film Forming Foam)라고 한다. ⑤ **표**면장력 · **점**성이 **작**기 때문에 가연성 기름의 표면에서 쉽게 피막을 형성한다.
내알코올형포	① 알코올류 위험물(**메탄올**)의 소화에 사용 ② 수용성 유류화재(**아세트알데하이드**, **에스터류**)에 사용 ③ **가연성 액체**에 사용
합성계면활성제포	① **고팽창포**(1%, 1.5%, 2%형) ② **유동성**이 좋다. ③ 카바이드 저장소에는 부적합하다.

● 초스피드 기억법

수표점작(**수표점**유율이 **작**년과 같다.)

Key Point

✻ 공기의 구성성분
① 산소 : 21%
② 질소 : 78%
③ 아르곤 : 1%

✻ 연소
가연물이 공기 중의 산소와 반응하여 열과 빛을 동반하며 산화하는 현상

✻ 점성
물질의 끈끈한 성질

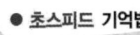

✻ 표면장력
액체표면에 있는 분자가 표면에 접선인 방향으로 끌어당기는 힘

Key Point

31 팽창비

저발포	고발포
20배 이하	① 제1종 기계포 : 80~250배 미만 ② 제2종 기계포 : 250~500배 미만제 ③ 3종 기계포 : 500~1000배 미만

● 초스피드 기억법

저2(**저이**가 누구래요?), 고81

※ 혼합장치의 종류
① 차압혼합방식
② 관로혼합방식
③ 압입혼합방식
④ 펌프혼합방식

32 포소화약제의 혼합장치

(1) 프레져 프로포셔너 방식(차압혼합방식)

1. 가압송수관 도중에 **공기포소화 원액혼합조**(P.P.T)와 혼합기를 접속하여 사용하는 방법
2. **격막방식 휨탱크**를 사용하는 에어휨 혼합방식

(2) 라인 프로포셔너 방식(관로혼합방식)

1. 펌프와 발포기의 중간에 설치된 벤투리관의 **벤투리작용**에 의하여 포소화약제를 흡입 · 혼합하는 방식
2. 급수관의 배관 도중에 **흡입기**를 설치하여 그 흡입관에서 포소화약제를 흡입 · 혼합하는 방식

● 초스피드 기억법

라벤(**라벤**더 향)

(3) 프레져 사이드 프로포셔너 방식(압입혼합방식)

1. 소화원액 가압펌프(**압입용 펌프**)를 별도로 사용하는 방식
2. 펌프 토출관에 압입기를 설치하여 포소화약제 **압입용 펌프**로 포소화약제를 압입시켜 혼합하는 방식

● 초스피드 기억법

프사압(**프**랑**스**의 **압**력)

(4) 펌프 프로포셔너 방식

(5) 압축공기포 믹싱챔버방식

33 기체의 용해도

① 온도가 일정할 때 압력이 증가하면 용해도는 증가한다.
② 온도가 낮고 압력이 높을수록(저온 · 고압) 용해되기 쉽다.

34 할론소화약제

① **부촉매 효과**가 우수하다.
② 금속에 대한 **부식성**이 **적다**.
③ 전기절연성이 우수하다(전기의 불량도체이다).
④ 인체에 대한 독성이 있다(할론 1301은 할론 중 독성이 가장 적다).
⑤ 가연성 액체화재에 대해 소화속도가 빠르다.

35 할론소화약제의 약칭 및 분자식

종 류	약 칭	분자식
Halon 1011	CB	CH_2ClBr
Halon 104	CTC	CCl_4
Halon 1211	BCF	CF_2ClBr
Halon 1301	BTM	CF_3Br
Halon 2402	FB	$C_2F_4Br_2$

중요 할론소화약제의 명명법

Halon 1 3 0 1

- 탄소원자수(C) → 1
- 불소원자수(F) → 3
- 염소원자수(Cl) → 0
- 브로민원자수(Br) → 1

※ 수소원자의 수=(첫 번째 숫자×2)+2－나머지 숫자의 합

● 초스피드 기억법

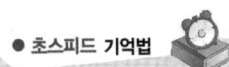

할탄불염브(**할**머니! **탄불**에 **염**색약 **뿌**렸어?)

※ 용해도
용액 100g 중에 기체(액체)가 녹는 비율

※할로젠원소
① 불소 : F
② 염소 : Cl
③ 브로민(취소) : Br
④ 아이오딘(옥소) : I

※브로민(Br)
'**취소**'라고도 부른다.

Key Point

※상온
평상시의 온도

※상압
평상시의 압력

※방진작용
가연물의 표면에 부착되어 차단을 나타내는 것

※부촉매작용
'**연소억제작용**'이라고도 부른다.

36 상온 · 상압하에서의 소화약제 상태

기체상태	액체상태
① 할론 1211 ② 할론 1301	① 할론 1011 ② 할론 104 ③ 할론 2402 ④ CO_2

● 초스피드 기억법

2기할3(비둘기 할머니 삼삼해.)

37 충전가스

질소(N_2)	이산화탄소(CO_2)
분말소화설비, 할론소화설비	기타설비

● 초스피드 기억법

질충분할(질소가 충분할 것)

38 제3종 분말의 소화작용

1. 열분해에 의한 냉각작용
2. 발생한 불연성 가스에 의한 질식작용
3. 메타인산(HPO_3)에 의한 방진작용 : A급 화재에 적응
4. 유리된 NH_4^+의 부촉매작용
5. 분말운무에 의한 열방사의 차단효과

● 초스피드 기억법

메A(메아리)

중요 입자크기(입도)

20~25μm의 입자로 미세도의 분포가 골고루 되어 있어야 한다.

Key Point

제3장 소방전기

1 직류회로

39 전력

$$P = VI = I^2R = \frac{V^2}{R} \text{ [W]}$$

여기서, P : 전력[W], V : 전압[V]
I : 전류[A], R : 저항[Ω]

40 줄의 법칙(Joule's law)

$$H = 0.24Pt = 0.24\,VIt = 0.24\,I^2Rt = 0.24\frac{V^2}{R}t \text{ [cal]}$$

여기서, H : 발열량[cal], P : 전력[W], t : 시간[s]
V : 전압[V], I : 전류[A], R : 저항[Ω]

41 전열기의 용량

$$860P\eta t = M(T_2 - T_1)$$

여기서, P : 용량[kW], η : 효율
t : 소요시간[h], M : 질량[l]
T_2 : 상승후 온도[℃], T_1 : 상승전 온도[℃]

42 단위환산

1. 1W = 1J/s
2. 1J = 1N · m
3. 1kg = 9.8N
4. 1Wh = 860cal
5. 1BTU = 252cal

43 물질의 종류

물 질	종 류
도체	구리(Cu), 알루미늄(Al), 백금(Pt), 은(Ag)
반도체	실리콘(Si), 게르마늄(Ge), 탄소(C), 아산화동
절연체	유리, 플라스틱, 고무, 페놀수지

※ 전력
전기장치가 행한 일

※ 줄의 법칙
전류의 열작용

※ 옴의 법칙

$$I = \frac{V}{R} \text{ [A]}$$

여기서, I : 전류[A]
V : 전압[V]
R : 저항[Ω]

※ 전압

$$V = \frac{W}{Q} \text{ [V]}$$

여기서, V : 전압[V]
W : 일[J]
Q : 전기량[C]

※ 실리콘
'**규소**'라고도 부른다.

Key Point

● 초스피드 기억법

반실계탄아(반듯하고 실하게 탄생한 아기)

44 여러 가지 법칙

법 칙	설 명
플레밍의 오른손 법칙	도체운동에 의한 유기기전력의 방향 결정 기억법 방유도오(방에 우유를 도로 갖다 놓게!)
플레밍의 왼손 법칙	전자력의 방향 결정 기억법 왼전(왠 전쟁이냐?)
렌츠의 법칙	전자유도현상에서 코일에 생기는 유도기전력의 방향 결정 기억법 렌유방(오렌지가 유일한 방법이다.)
패러데이의 법칙	유기기전력의 크기 결정 기억법 패유크(폐유를 버리면 큰일난다.)
앙페르의 법칙	전류에 의한 자계의 방향을 결정하는 법칙 기억법 앙전자(양전자)

* 플레밍의 오른손 법칙
발전기에 적용

기억법 오발(오발탄)

* 플레밍의 왼손 법칙
전동기에 적용

* 앙페르의 법칙
'암페어의 오른나사 법칙'이라고도 한다.

45 전지의 작용

전지의 작용	현 상
국부작용	① 전극의 불순물로 인하여 기전력이 감소하는 현상 ② 전지를 쓰지 않고 오래두면 못쓰게 되는 현상
분극작용 (성극작용)	① 일정한 전압을 가진 전지에 부하를 걸면 단자전압이 저하하는 현상 ② 전지에 부하를 걸면 양극 표면에 수소가스가 생겨 전류의 흐름을 방해하는 현상

* 전류의 3대 작용
① 발열작용(열작용)
② 자기작용
③ 화학작용

기억법 발전자화(발전체가 자화됐다.)

● 초스피드 기억법

불못국(불못에 들어가면 국물도 없다.)
성분단수(성분이 나빠서 단수시켰다.)

2 정전계

46 정전용량

* 정전용량
'커패시턴스(Capacitance)'라고도 부른다.

$$C = \frac{\varepsilon A}{d} \text{ [F]}$$

Key Point

여기서, A : 극판의 면적〔m^2〕
d : 극판 간의 간격〔m〕
ε : 유전율〔F/m〕($\varepsilon=\varepsilon_0 \cdot \varepsilon_s$)

47 정전계와 자기

정전계	자 기
(1) 정전력 $F=\dfrac{Q_1 Q_2}{4\pi\varepsilon r^2}=QE$〔N〕 여기서, F : 정전력〔N〕 Q_1, Q_2 : 전하〔C〕 ε : 유전율〔F/m〕($\varepsilon=\varepsilon_0 \cdot \varepsilon_s$) r : 거리〔m〕 E : 전계의 세기〔V/m〕 ※ **진공의 유전율** : $\varepsilon_0=8.855\times10^{-12}$〔F/m〕	**(1) 자기력** $F=\dfrac{m_1 m_2}{4\pi\mu r^2}=mH$〔N〕 여기서, F : 자기력〔N〕 m_1, m_2 : 자하〔Wb〕 μ : 투자율〔H/m〕($\mu=\mu_0 \cdot \mu_s$) r : 거리〔m〕 H : 자계의 세기〔A/m〕 ※ **진공의 투자율** : $\mu_0=4\pi\times10^{-7}$〔H/m〕
(2) 전계의 세기 $E=\dfrac{Q}{4\pi\varepsilon r^2}$〔V/m〕 여기서, E : 전계의 세기〔V/m〕 Q : 전하〔C〕 ε : 유전율〔F/m〕($\varepsilon=\varepsilon_0 \cdot \varepsilon_s$) r : 거리〔m〕	**(2) 자계의 세기** $H=\dfrac{m}{4\pi\mu r^2}$〔AT/m〕 여기서, H : 자계의 세기〔AT/m〕 m : 자하〔Wb〕 μ : 투자율〔H/m〕($\mu=\mu_0 \cdot \mu_s$) r : 거리〔m〕
(3) P점에서의 전위 $V_P=\dfrac{Q}{4\pi\varepsilon r}$〔V〕 여기서, V_P : P점에서의 전위〔V〕 Q : 전하〔C〕 ε : 유전율〔F/m〕($\varepsilon=\varepsilon_0 \cdot \varepsilon_s$) r : 거리〔m〕	**(3) P점에서의 자위** $U_m=\dfrac{m}{4\pi\mu r}$〔AT〕 여기서, U_m : P점에서의 자위〔AT〕 m : 자극의 세기〔Wb〕 μ : 투자율〔H/m〕($\mu=\mu_0 \cdot \mu_s$) r : 거리〔m〕
(4) 전속밀도 $D=\varepsilon_0\varepsilon_s E$〔$C/m^2$〕 여기서, D : 전속밀도〔C/m^2〕 ε_0 : 진공의 유전율〔F/m〕 ε_s : 비유전율(단위 없음) E : 전계의 세기〔V/m〕	**(4) 자속밀도** $B=\mu_0\mu_s H$〔Wb/m^2〕 여기서, B : 자속밀도〔Wb/m^2〕 μ_0 : 진공의 투자율〔H/m〕 μ_s : 비투자율(단위 없음) H : 자계의 세기〔AT/m〕

※ 정전력
전하 사이에 작용하는 힘

※ 자기력
자석이 금속을 끌어당기는 힘

※ 전속밀도
단면을 통과하는 전속의 수

※ 자속밀도
자속으로서 자기장의 크기 및 철의 내부의 자기적인 상태를 표시하기 위하여 사용한다.

Key Point

※ 정전에너지
콘덴서를 충전할 때 발생하는 에너지, 다시 말하면 콘덴서를 충전할 때 짧은 시간이지만 콘덴서에 나타나는 역전압과 반대로 전류를 흘리는 것이므로 에너지가 주입되는데 이 에너지를 말한다.

정전계	자 기
(5) 정전에너지	**(5) 코일에 축적되는 에너지**
$W=\frac{1}{2}QV=\frac{1}{2}CV^2=\frac{Q^2}{2C}$ [J]	$W=\frac{1}{2}LI^2=\frac{1}{2}IN\phi$ [J]
여기서, W : 정전에너지[J] Q : 전하[C] V : 전압[V] C : 정전용량[F]	여기서, W : 코일의 축적에너지[J] L : 자기인덕턴스[H] I : 전류[A] N : 코일권수 ϕ : 자속[Wb]
(6) 에너지밀도	**(6) 단위체적당 축적되는 에너지**
$W_0=\frac{1}{2}ED=\frac{1}{2}\varepsilon E^2=\frac{D^2}{2\varepsilon}$ [J/m^3]	$W_m=\frac{1}{2}BH=\frac{1}{2}\mu H^2=\frac{B^2}{2\mu}$ [J/m^3]
여기서, W_0 : 에너지밀도[J/m^3] E : 전계의 세기[V/m] D : 전속밀도[C/m^2] ε : 유전율[F/m]($\varepsilon=\varepsilon_0 \cdot \varepsilon_s$)	여기서, W_m : 단위체적당 축적에너지[J/m^3] B : 자속밀도[Wb/m^2] H : 자계의 세기[AT/m] μ : 투자율[H/m]($\mu=\mu_0 \cdot \mu_s$)

※ 자기
자기력이 생기는 원인이 되는 것. 즉, 자석이 금속을 끌어당기는 성질을 말한다.

3 자 기

48 자석이 받는 회전력

$$T=MH\sin\theta=mHl\sin\theta \text{ [N·m]}$$

여기서, T : 회전력[N · m]
M : 자기모멘트[Wb · m]
H : 자계의 세기[AT/m]
θ : 이루는 각[rad]
m : 자극의 세기[Wb]
l : 자석의 길이[m]

※ 자기력
자속을 발생시키는 원동력. 즉, 철심에 코일을 감고 전류를 흘릴 때 이 코일권수와 전류의 곱을 말한다.

49 자기력

$$F=NI=Hl=R_m\phi \text{ [AT]}$$

여기서, F : 자기력[AT]
N : 코일 권수
I : 전류[A]
H : 자계의 세기[AT/m]
l : 자로의 길이[m]
R_m : 자기저항[AT/Wb]
ϕ : 자속[Wb]

Key Point

50 자계

(1) 무한장 직선전류의 자계

$$H = \frac{I}{2\pi r} \text{[AT/m]}$$

여기서, H : 자계의 세기[AT/m], I : 전류[A], r : 거리[m]

(2) 원형 코일 중심의 자계

$$H = \frac{NI}{2a} \text{[AT/m]}$$

여기서, H : 자계의 세기[AT/m], N : 코일권수, I : 전류[A], a : 반지름[m]

(3) 무한장 솔레노이드에 의한 자계

① 내부 자계 : $Hi = nI$[AT/m]

② 외부 자계 : $He = 0$

여기서, n : 1m당 권수, I : 전류[A]

● 초스피드 기억법

무솔 외0(**무솔**을 익히려면 **외워**라!)

(4) 환상 솔레노이드에 의한 자계

① 내부 자계 : $H_i = \frac{NI}{2\pi a}$[AT/m]

② 외부 자계 : $He = 0$

여기서, N : 코일권수, I : 전류[A], a : 반지름[m]

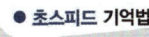

● 초스피드 기억법

환솔 외0(**한솔**에 취직하려면 **외워**라!)

51 유도기전력

$$e = -N\frac{d\phi}{dt} = -L\frac{di}{dt} = Bl\,v\sin\theta \text{[V]}$$

여기서, e : 유기기전력[V]
N : 코일권수
$d\phi$: 자속의 변화량[Wb]
dt : 시간의 변화량[s]
L : 자기 인덕턴스[H]
di : 전류의 변화량[A]

*** 원형 코일**
코일 내부의 자장의 세기는 모두 같다.

*** 솔레노이드**
도체에 코일을 일정하게 감아놓은 것

*** 유도기전력**
전자유도에 의해 발생된 기전력으로서 '**유기기전력**'이라고도 부른다.

*** 자속**
자극에서 나오는 전체의 자기력선의 수

Key Point

B : 자속밀도〔Wb/m^2〕
l : 도체의 길이〔m〕
v : 도체의 이동속도〔m/s〕
θ : 이루는 각〔rad〕

※ 상호인덕턴스
1차 전류의 시간변화량과 2차 유도전압의 비례상수

※ 결합계수
누설자속에 의한 상호인덕턴스의 감소비율

52 상호인덕턴스

$$M = K\sqrt{L_1 L_2} \text{ 〔H〕}$$

여기서, M : 상호인덕턴스〔H〕
K : 결합계수
L_1, L_2 : 자기인덕턴스〔H〕

- 이상결합 · 완전결합시 : $K=1$
- 두 코일 직교시 : $K=0$

● 초스피드 기억법

1이완상(**일**반적인 **이완상**태)
0직상(**영**문도 없이 **직상**층에서 발화했다.)

4 교류회로

※ 순시값
교류의 임의의 시간에 있어서 전압 또는 전류의 값

※ 평균값
순시값의 반주기에 대하여 평균을 취한 값

※ 실효값
교류의 크기를 교류와 동일한 일을 하는 직류의 크기로 바꿔 나타냈을 때의 값. 일반적으로 사용되는 값이다.

53 순시값 · 평균값 · 실효값

순시값	평균값	실효값
$v = V_m \sin\omega t$ $= \sqrt{2}\, V \sin\omega t$〔V〕	$V_{av} = \frac{2}{\pi} V_m = 0.637 V_m$〔V〕	$V = \frac{V_m}{\sqrt{2}} = 0.707 V_m$〔V〕
여기서, v : 전압의 순시값〔V〕 V_m : 전압의 최대값〔V〕 ω : 각주파수〔rad/s〕 t : 주기〔s〕 V : 실효값〔V〕	여기서, V_{av} : 전압의 평균값〔V〕 V_m : 전압의 최대값〔V〕	여기서, V : 전압의 실효값〔V〕 V_m : 전압의 최대값〔V〕

● 초스피드 기억법

평637(**평**소에 **육상**선수는 **칠**칠맞다.)
실707(**실**제로 **칠공**주는 **칠**면조를 좋아한다.)

Key Point

54 RLC의 접속

회로의 종류		위상차(θ)	전류(I)	역률 및 무효율
직렬회로	$R-L$	$\theta=\tan^{-1}\dfrac{\omega L}{R}$	$I=\dfrac{V}{Z}=\dfrac{V}{\sqrt{R^2+{X_L}^2}}$	$\cos\theta=\dfrac{R}{\sqrt{R^2+{X_L}^2}}$ $\sin\theta=\dfrac{X_L}{\sqrt{R^2+{X_L}^2}}$
	$R-C$	$\theta=\tan^{-1}\dfrac{1}{\omega CR}$	$I=\dfrac{V}{Z}=\dfrac{V}{\sqrt{R^2+{X_C}^2}}$	$\cos\theta=\dfrac{R}{\sqrt{R^2+{X_C}^2}}$ $\sin\theta=\dfrac{X_C}{\sqrt{R^2+{X_C}^2}}$
	$R-L-C$	$\theta=\tan^{-1}\dfrac{X_L-X_C}{R}$	$I=\dfrac{V}{Z}=\dfrac{V}{\sqrt{R^2+(X_L-X_C)^2}}$	$\cos\theta=\dfrac{R}{Z}$ $\sin\theta=\dfrac{X_L-X_C}{Z}$
병렬회로	$R-L$	$\theta=\tan^{-1}\dfrac{R}{\omega L}$	$I=YV=\sqrt{\left(\dfrac{1}{R}\right)^2+\left(\dfrac{1}{X_L}\right)^2}\cdot V$	$\cos\theta=\dfrac{X_L}{\sqrt{R^2+{X_L}^2}}$ $\sin\theta=\dfrac{R}{\sqrt{R^2+{X_L}^2}}$
	$R-C$	$\theta=\tan^{-1}\omega CR$	$I=YV=\sqrt{\left(\dfrac{1}{R}\right)^2+\left(\dfrac{1}{X_C}\right)^2}\cdot V$	$\cos\theta=\dfrac{X_C}{\sqrt{R^2+{X_C}^2}}$ $\sin\theta=\dfrac{R}{\sqrt{R^2+{X_C}^2}}$
	$R-L-C$	$\theta=\tan^{-1}R\left(\dfrac{1}{X_C}-\dfrac{1}{X_L}\right)$	$I=YV=\sqrt{\left(\dfrac{1}{R}\right)^2+\left(\dfrac{1}{X_C}-\dfrac{1}{X_L}\right)^2}\cdot V$	$\cos\theta=\dfrac{\frac{1}{R}}{Y}$ $\sin\theta=\dfrac{\frac{1}{X_C}-\frac{1}{X_L}}{Y}$

여기서, θ : 이루는 각[°], R : 저항[Ω], I : 전류[A], ω : 각주파수[rad/s]
C : 커패시턴스, Z : 임피던스[Ω], L : 리액턴스[Ω], V : 전압[V]
X_L : 유도 리액턴스[Ω], X_C : 용량 리액턴스[Ω], Y : 어드미턴스[℧]
$\cos\theta$: 역률, $\sin\theta$: 무효율

※ 저항(R)
동상

※ 인덕턴스(L)
전압이 전류보다 90° 앞선다.

※ 커패시턴스(C)
전압이 전류보다 90° 뒤진다.

55 전력

구 분	단 상	3상
유효전력	$P=VI\cos\theta=I^2R$[W] 여기서, P : 유효전력[W] V : 전압[V] I : 전류[A] θ : 이루는 각[rad] R : 저항[Ω]	$P=3V_PI_P\cos\theta=\sqrt{3}\,V_lI_l\cos\theta$ $=3{I_P}^2R$[W] 여기서, P : 유효전력[W] V_P, I_P : 상전압[V]·상전류[A] V_l, I_l : 선간전압[V]·선전류[A] R : 저항[Ω]

※ 유효전력
전원에서 부하로 실제 소비되는 전력

Key Point

※ 무효전력
실제로는 아무런 일을 하지 않아 부하에서는 전력으로 이용될 수 없는 전력

※ 피상전력
교류의 부하 또는 전원의 용량을 표시하는 전력

구 분	단 상	3상
무효전력	$P_r = VI\sin\theta = I^2X$ [Var] 여기서, P_r : 무효전력[Var] V : 전압[V] I : 전류[A] θ : 이루는 각[rad] X : 리액턴스[Ω]	$P_r = 3V_PI_P\sin\theta = \sqrt{3}\,V_lI_l\sin\theta = 3I_P^2X$ [Var] 여기서, P_r : 무효전력[Var] V_P, I_P : 상전압[V] · 상전류[A] V_l, I_l : 선간전압[V] · 선전류[A] X : 리액턴스[Ω]
피상전력	$P_a = VI = \sqrt{P^2 + P_r^{\,2}} = I^2Z$ [VA] 여기서, P_a : 피상전력[VA] V : 전압[V] I : 전류[A] P : 유효전력[W] P_r : 무효전력[Var] Z : 임피던스[Ω]	$P_a = 3V_PI_P = \sqrt{3}\,V_lI_l = \sqrt{P^2 + P_r^{\,2}} = 3I_P^2Z$ [VA] 여기서, P_a : 피상전력[VA] V_P, I_P : 상전압[V] · 상전류[A] V_l, I_l : 선간전압[V] · 선전류[A] Z : 임피던스[Ω]

56 Y결선 · △결선

※ 선간전압
부하에 전력을 공급하는 선들 사이의 전압

※ 선전류
3상 교류회로에서 단자로부터 유입 또는 유출되는 전류

구 분	선간전압	선전류
Y결선	$V_l = \sqrt{3}\,V_P$ 여기서, V_l : 선간전압[V] V_P : 상전압[V]	$I_l = I_P$ 여기서, I_l : 선전류[A] I_P : 상전류[A]
△결선	$V_l = V_P$ 여기서, V_l : 선간전압[V] V_P : 상전압[V]	$I_l = \sqrt{3}\,I_P$ 여기서, I_l : 선전류[A] I_P : 상전류[A]

57 분류기 · 배율기

※ 분류기
전류계의 측정범위를 확대하기 위해 전**류**계와 **병**렬로 접속하는 저항

기억법 **분류병**(**분류**하여 **병**에 담아)

※ 배율기
전압계의 측정범위를 확대하기 위해 전**압**계와 **직**렬로 접속하는 저항

기억법 **배압직**(**배** 에 **압**정이 **직**접 꽂혔다.)

분류기	배율기
$I_0 = I\left(1 + \dfrac{R_A}{R_S}\right)$ [A] 여기서, I_0 : 측정하고자 하는 전류[A] I : 전류계의 최대눈금[A] R_A : 전류계 내부저항[Ω] R_S : 분류기 저항[Ω]	$V_0 = V\left(1 + \dfrac{R_m}{R_v}\right)$ [V] 여기서, V_0 : 측정하고자 하는 전압[V] V : 전압계의 최대눈금[V] R_v : 전압계 내부저항[Ω] R_m : 배율기 저항[Ω]

Key Point

제4장 소방관련 전기공사재료 및 전기제어

1 소방관련 전기공사재료

58 전선 단면적의 계산

전기방식	전선 단면적
단상 2선식	$A=\dfrac{35.6LI}{1000e}$
3상 3선식	$A=\dfrac{30.8LI}{1000e}$

여기서, A : 전선의 단면적〔mm^2〕
L : 선로길이〔m〕
I : 전부하전류〔A〕
e : 각 선간의 전압강하〔V〕

※ 소방펌프 : 3상 3선식, 기타 : 단상 2선식

● 초스피드 기억법

33펌(**삼삼**하게 **펌**프질한다.)

＊ 예비전원
상용전원 고장시 또는 용량부족시 최소한의 기능을 유지하기 위한 전원

59 축전지의 비교표

구 분	연축전지	알칼리축전지
기전력	2.05~2.08V	1.32V
공칭전압	2.0V	1.2V
공칭용량	10Ah	5Ah
충전시간	길다	짧다
수 명	5~15년	15~20년
종 류	클래드식, 페이스트식	소결식, 포켓식

＊ 기전력
전류를 연속해서 흘리기 위해 전압을 연속적으로 만들어 주는 힘

● 초스피드 기억법

연2 10(**연이**어 **열**차가 온다.)

Key Point

※ 제연설비와 배연설비

① 제연설비 : 화재실의 연기를 배출함과 동시에 신선한 공기를 공급하는 설비

② 배연설비 : 화재실의 연기를 배출하는 설비

※ $l$pm

'liter per minute'의 약자이다.

※ 슬립

유도전동기의 회전자 속도에 대한 고정자가 만든 회전자계의 늦음의 정도를 말하며, 평상운전에서 슬립은 4~8% 정도되며 슬립이 클수록 회전속도는 느려진다.

※ 역률개선용 전력용 콘덴서

전동기와 병렬로 연결

60 전동기의 용량

일반설비의 전동기 용량산정	제연설비(배연설비)의 전동기 용량산정
$P\eta t = 9.8KHQ$	$P = \dfrac{P_T Q}{102 \times 60\eta}K$
여기서, P : 전동기 용량〔kW〕 η : 효율 t : 시간〔s〕 K : 여유계수 H : 전양정〔m〕 Q : 양수량〔m^3〕	여기서, P : 배연기 동력〔kW〕 P_T : 전압(풍압)〔mmAq, mmH_2O〕 Q : 풍량〔m^3/min〕 K : 여유율 η : 효율

※ **단위환산**

① $1l\text{pm} = 10^{-3}\text{m}^3/\text{min}$

② $1\text{mmAq} = 10^{-3}\text{m}$

③ $1\text{HP} = 0.746\text{kW}$

61 전동기의 속도

동기속도	회전속도
$N_S = \dfrac{120f}{P}$〔rpm〕	$N = \dfrac{120f}{P}(1-S)$〔rpm〕
여기서, N_S : 동기속도〔rpm〕 P : 극수 f : 주파수〔Hz〕	여기서, N : 회전속도〔rpm〕 P : 극수 f : 주파수〔Hz〕 S : 슬립

62 역률개선용 전력용 콘덴서의 용량

$$Q_C = P\left(\frac{\sin\theta_1}{\cos\theta_1} - \frac{\sin\theta_2}{\cos\theta_2}\right) = P\left(\frac{\sqrt{1-\cos\theta_1{}^2}}{\cos\theta_1} - \frac{\sqrt{1-\cos\theta_2{}^2}}{\cos\theta_2}\right)\text{〔kVA〕}$$

여기서, Q_C : 콘덴서의 용량〔kVA〕

P : 유효전력〔kW〕

$\cos\theta_1$: 개선 전 역률

$\cos\theta_2$: 개선 후 역률

$\sin\theta_1$: 개선 전 무효율($\sin\theta_1 = \sqrt{1-\cos\theta_1{}^2}$)

$\sin\theta_2$: 개선 후 무효율($\sin\theta_2 = \sqrt{1-\cos\theta_2{}^2}$)

Key Point

63 자가발전설비

발전기의 용량	발전기용 차단용량
$P_n > \left(\frac{1}{e}-1\right)X_L P$ 〔kVA〕 여기서, P_n : 발전기 정격출력〔kVA〕 e : 허용전압강하 X_L : 과도 리액턴스 P : 기동용량〔kVA〕	$P_s = \frac{1.25P_n}{X_L}$ 〔kVA〕 여기서, P_s : 발전기용 차단용량〔kVA〕 P_n : 발전기 용량〔kVA〕 X_L : 과도 리액턴스

● 초스피드 기억법

발차125(**발**에 물이 **차**면 **일**일**이** **오**도록 하라.)

64 조명

$$FUN = AED$$

여기서, F : 광속〔lm〕
U : 조명률
N : 등개수
A : 단면적〔m^2〕
E : 조도〔lx〕
D : 감광보상률$\left(D=\frac{1}{M}\right)$
M : 유지율

65 실지수

$$K = \frac{XY}{H(X+Y)}$$

여기서, X : 가로의 길이〔m〕
Y : 세로의 길이〔m〕
H : 작업대에서 광원까지의 높이(광원의 높이)〔m〕

※ 감광보상률
먼지 등으로 인하여 빛이 감소되는 것을 보상해 주는 비율

※ 실지수(방지수)
방의 크기와 모양에 대한 광속의 이용척도를 나타내는 수치

Key Point

2 전기제어

66 제어량에 의한 분류

분 류	종 류
프로세스제어 (Process control)	온도, 압력, 유량, 액면 기억법 프온압유액(프레온의 압력으로 우유액이 쏟아졌다.)
서보기구 (Servo mechanism)	위치, 방위, 자세 기억법 서위방자(스위스는 방자하다.)
자동조정 (Automatic regulation)	전압, 전류, 주파수, 회전속도, 장력

※ 불대수
임의의 회로에서 일련의 기능을 수행하기 위한 가장 최적의 방법을 결정하기 위하여 이를 수식적으로 표현하는 방법

67 불대수의 정리

논리합	논리곱	비 고
$X+0=X$	$X\cdot 0=0$	−
$X+1=1$	$X\cdot 1=X$	−
$X+X=X$	$X\cdot X=X$	−
$X+\overline{X}=1$	$X\cdot \overline{X}=0$	−
$X+Y=Y+X$	$X\cdot Y=Y\cdot X$	교환법칙
$X+(Y+Z)=(X+Y)+Z$	$X(YZ)=(XY)Z$	결합법칙
$X(Y+Z)=XY+XZ$	$(X+Y)(Z+W)$ $=XZ+XW+YZ+YW$	분배법칙
$X+XY=X$	$X+\overline{X}Y=X+Y$	흡수법칙
$(\overline{X+Y})=\overline{X}\cdot\overline{Y}$	$(\overline{X\cdot Y})=\overline{X}+\overline{Y}$	드모르간의 정리

※ 논리회로
집적회로를 논리기호를 사용하여 알기 쉽도록 표현해 놓은 회로

※ 진리표
논리대수에 있어서 ON, OFF 또는 동작, 부동작의 상태를 1과 0으로 나타낸 표

68 시퀀스회로와 논리회로

<table>
<tr><th>명 칭</th><th>시퀀스회로</th><th>논리회로</th><th>진리표</th></tr>
<tr><td>AND 회로</td><td>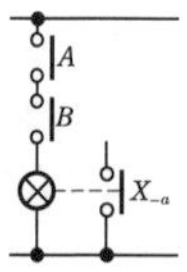
</td><td>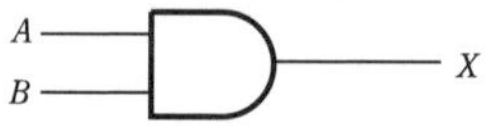

$X=A\cdot B$
입력신호 A, B가 동시에 1일 때만 출력신호 X가 1이 된다.</td><td><table><tr><th>A</th><th>B</th><th>X</th></tr><tr><td>0</td><td>0</td><td>0</td></tr><tr><td>0</td><td>1</td><td>0</td></tr><tr><td>1</td><td>0</td><td>0</td></tr><tr><td>1</td><td>1</td><td>1</td></tr></table></td></tr>
</table>

<table>
<tr><th>명 칭</th><th>시퀀스회로</th><th>논리회로</th><th>진리표</th></tr>
<tr><td>OR
회로</td><td>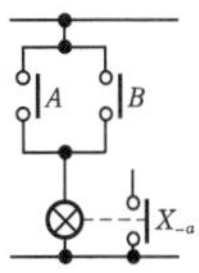</td><td>
$X=A+B$
입력신호 A, B 중 어느 하나라도 1이면 출력신호 X가 1이 된다.</td><td><table><tr><th>A</th><th>B</th><th>X</th></tr><tr><td>0</td><td>0</td><td>0</td></tr><tr><td>0</td><td>1</td><td>1</td></tr><tr><td>1</td><td>0</td><td>1</td></tr><tr><td>1</td><td>1</td><td>1</td></tr></table></td></tr>
<tr><td>NOT
회로</td><td>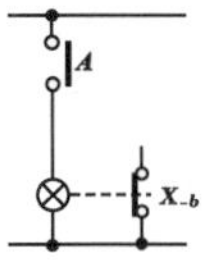</td><td>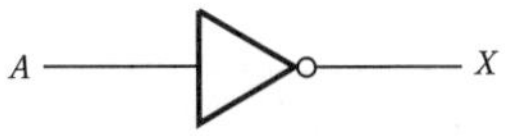
$X=\overline{A}$
입력신호 A가 0일 때만 출력신호 X가 1이 된다.</td><td><table><tr><th>A</th><th>X</th></tr><tr><td>0</td><td>1</td></tr><tr><td>1</td><td>0</td></tr></table></td></tr>
<tr><td>NAND
회로</td><td>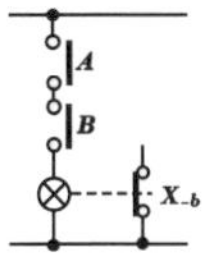</td><td>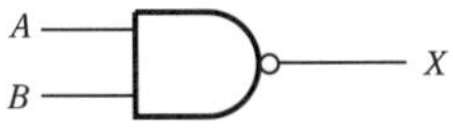
$X=\overline{A \cdot B}$
입력신호 A, B가 동시에 1일 때만 출력신호 X가 0이 된다. (AND 회로의 부정)</td><td><table><tr><th>A</th><th>B</th><th>X</th></tr><tr><td>0</td><td>0</td><td>1</td></tr><tr><td>0</td><td>1</td><td>1</td></tr><tr><td>1</td><td>0</td><td>1</td></tr><tr><td>1</td><td>1</td><td>0</td></tr></table></td></tr>
<tr><td>NOR
회로</td><td>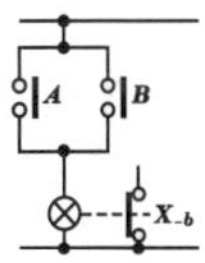</td><td>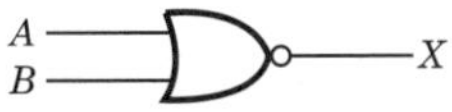
$X=\overline{A+B}$
입력신호 A, B가 동시에 0일 때만 출력신호 X가 1이 된다. (OR회로의 부정)</td><td><table><tr><th>A</th><th>B</th><th>X</th></tr><tr><td>0</td><td>0</td><td>1</td></tr><tr><td>0</td><td>1</td><td>0</td></tr><tr><td>1</td><td>0</td><td>0</td></tr><tr><td>1</td><td>1</td><td>0</td></tr></table></td></tr>
<tr><td>Exclusive
OR
회로</td><td>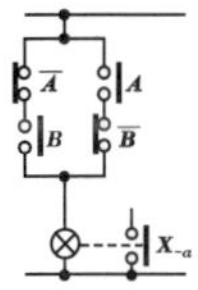</td><td>
$X=A \oplus B=\overline{A}B+A\overline{B}$
입력신호 A, B 중 어느 한쪽만이 1이면 출력신호 X가 1이 된다.</td><td><table><tr><th>A</th><th>B</th><th>X</th></tr><tr><td>0</td><td>0</td><td>0</td></tr><tr><td>0</td><td>1</td><td>1</td></tr><tr><td>1</td><td>0</td><td>1</td></tr><tr><td>1</td><td>1</td><td>0</td></tr></table></td></tr>
<tr><td>Exclusive
NOR
회로</td><td>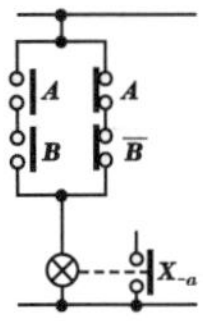</td><td>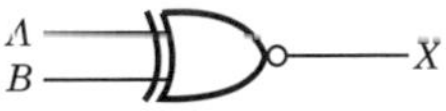
$X=\overline{A \oplus B}=AB+\overline{A}\,\overline{B}$
입력신호 A, B가 동시에 0이거나 1일 때만 출력신호 X가 1이 된다.</td><td><table><tr><th>A</th><th>B</th><th>X</th></tr><tr><td>0</td><td>0</td><td>1</td></tr><tr><td>0</td><td>1</td><td>0</td></tr><tr><td>1</td><td>0</td><td>0</td></tr><tr><td>1</td><td>1</td><td>1</td></tr></table></td></tr>
</table>

Key Point

※ 논리회로
집적회로를 논리기호를 사용하여 알기 쉽도록 표현해 놓은 회로

※ 진리표
논리대수에 있어서 ON, OFF 또는 동작, 부동작의 상태를 1과 0으로 나타낸 표

Key-Point

제1장 소화설비(기계분야)

1 소화기의 사용온도

종 류	사용온도
• 강화액 • 분말	−20~40℃ 이하
• 그 밖의 소화기	0~40℃ 이하

● 초스피드 기억법

강분24온(강변에서 이사온 나)

※ 소화기 설치거리
① 소형소화기 : 20m 이내
② 대형소화기 : 30m 이내

※ 이산화탄소 소화기
고압·액상의 상태로 저장한다.

2 각 설비의 주요사항(암기하여 두어야 한다.)

구 분	드렌처설비	스프링클러설비	소화용수설비	옥내소화전설비	옥외소화전설비	포소화설비, 물분무소화설비, 연결송수관설비
방수압	0.1 MPa 이상	0.1~1.2 MPa 이하	0.15 MPa 이상	0.17~0.7 MPa 이하	0.25~0.7 MPa 이하	0.35 MPa 이상
방수량	80l /min 이상	80l /min 이상	800l /min 이상 (가압송수 장치 설치)	130l /min 이상 (30층 미만 : **최대 2개**, 30층 이상 : **최대 5개**)	350l /min 이상 (**최대 2개**)	75l /min 이상 (포워터 스프링클러 헤드)
방수 구경	–	–	–	40mm	65mm	–
노즐 구경	–	–	–	13mm	19mm	–

3 수원의 저수량(참 중요!)

① 드렌처설비

$$Q = 1.6N$$

여기서, Q : 수원의 저수량[m^3]
N : 헤드의 설치개수

② 스프링클러설비 : 폐쇄형

$$Q = 1.6N \text{ (1~29층 이하)}$$
$$Q = 3.2N \text{ (30~49층 이하)}$$
$$Q = 4.8N \text{ (50층 이상)}$$

※ 드렌처설비
건물의 창, 처마 등 외부화재에 의해 연소·파손하기 쉬운 부분에 설치하여 외부 화재의 영향을 막기 위한 설비

※ 폐쇄형 헤드
정상상태에서 방수구를 막고 있는 감열체가 일정온도에서 자동적으로 파괴·용해 또는 이탈됨으로써 분사구가 열려지는 헤드

Key-Point

여기서, Q : 수원의 저수량[m³]
N : 폐쇄형 헤드의 기준개수(설치개수가 기준개수보다 적으면 그 설치개수)

③ **스프링클러설비** : 창고시설(라지드롭형)

$$Q=3.2N \text{(일반 창고)}$$
$$Q=9.6N \text{(랙식 창고)}$$

여기서, Q : 수원의 저수량[m³]
N : 가장 많은 방호구역의 설치개수(최대 30개)

중요 폐쇄형 헤드의 기준개수

특정소방대상물		폐쇄형 헤드의 기준개수
지하가 · 지하역사		30
11층 이상		30
10층 이하	공장(특수가연물), 창고시설	30
10층 이하	판매시설(백화점 등), 복합건축물(판매시설이 설치된 것)	30
10층 이하	근린생활시설, 운수시설, 복합건축물(판매시설 미설치)	20
10층 이하	8m 이상	20
10층 이하	8m 미만	10
공동주택(아파트 등)		10(각 동이 주차장으로 연결된 주차장 : 30)

④ **옥내소화전설비**

$$Q=2.6N \text{(1~29층 이하, } N \text{: 최대 2개)}$$
$$Q=5.2N \text{(30~49층 이하, } N \text{: 최대 5개)}$$
$$Q=7.8N \text{(50층 이상, } N \text{: 최대 5개)}$$

여기서, Q : 수원의 저수량[m³]
N : 가장 많은 층의 소화전 개수

⑤ **옥외소화전설비**

$$Q=7N$$

여기서, Q : 수원의 저수량[m³]
N : 옥외소화전 설치개수(최대 2개)

4 가압송수장치(펌프방식) (합격이 눈앞에 있소이다.)

① **스프링클러설비**

$$H=h_1+h_2+\underline{10}$$

✱ **수원**
물을 공급하는 곳

✱ **스프링클러설비**
스프링클러헤드를 이용하여 건물 내의 화재를 자동적으로 진화하기 위한 소화설비

Key Point

여기서, H : 전양정〔m〕
h_1 : 배관 및 관부속품의 마찰손실수두〔m〕
h_2 : 실양정(흡입양정+토출양정)〔m〕

● 초스피드 기억법

스10(**서열**)

＊ 물분무소화설비
물을 안개모양(분무) 상태로 살수하여 소화하는 설비

② 물분무소화설비

$$H = h_1 + h_2 + h_3$$

여기서, H : 필요한 낙차〔m〕
h_1 : 물분무헤드의 설계압력환산수두〔m〕
h_2 : 배관 및 관부속품의 마찰손실수두〔m〕
h_3 : 실양정(흡입양정+토출양정)〔m〕

③ 옥내소화전설비

$$H = h_1 + h_2 + h_3 + \underline{17}$$

여기서, H : 전양정〔m〕
h_1 : 소방호스의 마찰손실수두〔m〕
h_2 : 배관 및 관부속품의 마찰손실수두〔m〕
h_3 : 실양정(흡입양정+토출양정)〔m〕

＊ 소방호스의 종류
① 고무내장 호스
② 소방용 아마 호스
③ 소방용 젖는 호스

● 초스피드 기억법

내17(**내일 칠**해.)

④ 옥외소화전설비

$$H = h_1 + h_2 + h_3 + \underline{25}$$

여기서, H : 전양정〔m〕
h_1 : 소방호스의 마찰손실수두〔m〕
h_2 : 배관 및 관부속품의 마찰손실수두〔m〕
h_3 : 실양정(흡입양정+토출양정)〔m〕

● 초스피드 기억법

외25(**왜이**래**요**?)

＊ 포소화설비
차고, 주차장, 비행기 격납고 등 물로 소화가 불가능한 장소에 설치하는 소화설비로서 물과 포원액을 일정비율로 혼합하여 이것을 발포기를 통해 거품을 형성하게 하여 화재 부위에 도포하는 방식

⑤ 포소화설비

$$H = h_1 + h_2 + h_3 + h_4$$

여기서, H : 펌프의 양정〔m〕
h_1 : 방출구의 설계압력환산수두 또는 노즐선단의 방사압력환산수두〔m〕
h_2 : 배관의 마찰손실수두〔m〕
h_3 : 소방호스의 마찰손실수두〔m〕
h_4 : 낙차〔m〕

Key Point

5 옥내소화전설비의 배관구경

구 분	가지배관	주배관 중 수직배관
호스릴	25mm 이상	32mm 이상
일반	40mm 이상	50mm 이상
연결송수관 겸용	65mm 이상	100mm 이상

※ **순환배관** : 체절운전시 수온의 상승 방지

● 초스피드 기억법

가4(가사 일)
주5(주5일 근무)

※ 가지배관
헤드에 직접 물을 공급하는 배관

6 헤드수 및 유수량(다 외웠으면 신통하다.)

❶ 옥내소화전설비

배관구경〔mm〕	40	50	65	80	100
유수량〔l/min〕	130	260	390	520	650
옥내소화전수	1개	2개	3개	4개	5개

❷ 연결살수설비

배관구경〔mm〕	32	40	50	65	80
살수헤드수	1개	2개	3개	4~5개	6~10개

❸ 스프링클러설비

급수관구경〔mm〕	25	32	40	50	65	80	90	100	125	150
폐쇄형 헤드수	2개	3개	5개	10개	30개	60개	80개	100개	160개	161개 이상

※ 연결살수설비
실내에 개방형 헤드를 설치하고 화재시 현장에 출동한 소방자동차에서 실외에 설치되어 있는 송수구에 물을 공급하여 개방형 헤드를 통해 방사하여 화재를 진압하는 설비

7 유속

설 비		유 속
옥내소화전설비		4m/s 이하
스프링클러설비	가지배관	6m/s 이하
	기타의 배관	10m/s 이하

● 초스피드 기억법

6가스유(육교에 갔어유.)

※ 유속
유체(물)의 속도

Key Point

※ 체절운전
펌프의 성능시험을 목적으로 펌프 토출측의 개폐밸브를 닫은 상태에서 펌프를 운전하는 것

8 펌프의 성능

① 체절운전시 정격토출압력의 140%를 초과하지 않을 것
② 정격토출량의 150%로 운전시 정격토출압력의 65% 이상이 되어야 한다.

9 옥내소화전함

① 소화전용 배관이 통과하는 부분의 구경은 32mm 이상
② 문의 면적 : 0.5m^2 이상(짧은 변의 길이가 500mm 이상)

● 초스피드 기억법

5내(오네 가네)

※ 옥외소화전함 설치기구

옥외소화전 개수	소화전함 개수
10개 이하	5m 이내마다 1개 이상
11~30개 이하	11개 이상 소화전함 분산 설치
31개 이상	소화전 3개마다 1개 이상

10 옥외소화전함의 설치거리

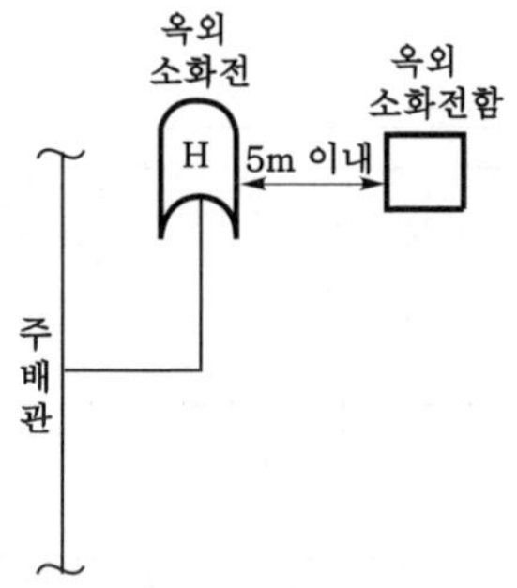

‖옥외소화전~옥외소화전함의 설치거리‖

※ 스프링클러헤드
화재시 가압된 물이 내뿜어져 분산됨으로써 소화기능을 하는 헤드이다. 감열부의 유무에 따라 폐쇄형과 개방형으로 나눈다.

11 스프링클러헤드의 배치기준(다 외웠으면 장하다.)

설치장소의 최고 주위온도	표시온도
39℃ 미만	79℃ 미만
39~64℃ 미만	79~121℃ 미만
64~106℃ 미만	121~162℃ 미만
106℃ 이상	162℃ 이상

● 초스피드 기억법

39 79
64 121
106 162

Key Point

12 헤드의 배치형태

① 정방형(정사각형)

$$S = 2R\cos 45°, \ L = S$$

여기서, S : 수평헤드간격
R : 수평거리
L : 배관간격

② 장방형(직사각형)

$$S = \sqrt{4R^2 - L^2}, \ S' = 2R$$

여기서, S : 수평헤드간격
R : 수평거리
L : 배관간격
S' : 대각선헤드간격

중요

수평거리(R)

설치장소	설치기준
무대부 · 특수가연물(창고 포함)	수평거리 1.7m 이하
기타구조(창고 포함)	수평거리 2.1m 이하
내화구조(창고 포함)	수평거리 2.3m 이하
공동주택(아파트) 세대 내	수평거리 2.6m 이하

● 초스피드 기억법

무특 17
기 1
내 3
공아 26

13 스프링클러헤드 설치장소

① 위험물 취급장소
② 복도
③ 슈퍼마켓
④ 소매시장
⑤ 특수가연물 취급장소
⑥ 보일러실
⑦ 거실
⑧ 불연재료인 천장과 반자 사이가 2m 이상인 부분

*** 무대부**
노래, 춤, 연극 등의 연기를 하기 위해 만들어 놓은 부분

*** 랙식 창고**
① 물품보관용 랙을 설치하는 창고시설
② 선반 또는 이와 비슷한 것을 설치하고 승강기에 의하여 수납을 운반하는 장치를 갖춘 것

Key Point

● 초스피드 기억법

위스복수소 특보거(**위스**키는 **복**잡한 **수소**로 만들었다는 **특보**가 **거**실의 TV에서 흘러나왔다.)

14 압력챔버 · 리타딩챔버

압력챔버	리타딩챔버
모터펌프를 가동시키기 위하여 설치	① 오작동(오보) 방지 ② 안전밸브의 역할 ③ 배관 및 압력스위치의 손상보호

※ 압력챔버
펌프의 게이트밸브(Gate valve) 2차측에 연결되어 배관 내의 압력이 감소하면 압력스위치가 작동되어 충압펌프(Jockey pump) 또는 주펌프를 작동시킨다. **'기동용 수압개폐장치'** 또는 **'압력탱크'**라고도 부른다.

※ 리타딩챔버
화재가 아닌 배관 내의 압력불균형 때문에 일시적으로 흘러들어온 압력수에 의해 압력스위치가 작동되는 것을 방지하는 부품

15 스프링클러설비의 비교(잘 구분이 되는가?)

구분 \ 방식	습 식	건 식	준비작동식	부압식	일제살수식
1차측	가압수	가압수	가압수	가압수	가압수
2차측	가압수	압축공기	대기압	부압	대기압
밸브종류	습식 밸브 (자동경보밸브, 알람체크밸브)	건식 밸브	준비작동식 밸브	준비작동식 밸브	일제개방밸브 (델류즈밸브)
헤드종류	폐쇄형 헤드	폐쇄형 헤드	폐쇄형 헤드	폐쇄형 헤드	개방형 헤드

16 고가수조 · 압력수조

고가수조에 필요한 설비	압력수조에 필요한 설비
① 수위계 ② 배수관 ③ 급수관 ④ 맨홀 ⑤ **오**버플로관	① 수위계 ② 배수관 ③ 급수관 ④ 맨홀 ⑤ **급기관** ⑥ **압력계** ⑦ **안전장치** ⑧ **자동식 공기압축기**

※ 오버플로관
필요 이상의 물이 공급될 경우 이 물을 외부로 배출시키는 관

● 초스피드 기억법

고오(Go!)
기압안자(**기아자**동차)

17 배관의 구경

40mm 이상	50mm 이상
① **교**차배관 ② **청**소구(청소용)	**수직**배수배관

※ 교차배관
수평주행배관에서 가지배관에 이르는 배관

Key Point

● 초스피드 기억법

교4청(**교사**는 **청**소 안하냐?)
수오(**수호**천사)

18 행거의 설치

3.5m 이내마다 설치	4.5m 이내마다 설치	8cm 이상
가지배관	① 교차배관 ② 수평주행배관	헤드와 행거 사이의 간격

※ **시험배관 : 유수검지장치**(유수경보장치)의 기능점검

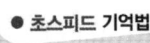

● 초스피드 기억법

교4(**교사**), 행8(**해파**리)

19 기울기(진짜로 중요하데이~)

기울기	구 분
$\frac{1}{100}$ 이상	연결살수설비의 수평주행배관
$\frac{2}{100}$ 이상	물분무소화설비의 배수설비
$\frac{1}{250}$ 이상	습식 · 부압식 설비 외의 설비의 가지배관
$\frac{1}{500}$ 이상	습식 · 부압식 설비 외의 설비의 수평주행배관

20 설치높이

0.5~1m 이하	0.8~1.5m 이하	1.5m 이하
① **연**결송수관설비의 송수구 ② **연**결살수설비의 송수구 ③ **소**화**용**수설비의 채수구 기억법 연소용 51(**연소용 오일**은 잘 탄다.)	① **제**어밸브(수동식 개방밸브) ② **유**수검지장치 ③ **일**제개방밸브 기억법 제유일 85(**제**가 **유일**하게 팔았어요.)	① **옥내**소화전설비의 방수구 ② **호**스릴함 ③ **소**화기 기억법 옥내호소 5(**옥내**에서 **호소**하시오.)

＊ 행거
천장 등에 물건을 달아매는 데 사용하는 철재

＊ 습식 설비
습식 밸브의 1차측 및 2차측 배관 내에 항상 가압수가 충수되어 있다가 화재발생시 열에 의해 헤드가 개방되어 소화하는 방식

＊ 부압식 스프링클러설비
가압송수장치에서 준비작동식 유수검지장치의 1차측까지는 항상 정압의 물이 가압되고, 2차측 폐쇄형 스프링클러헤드까지는 소화수가 부압으로 되어 있다가 화재시 감지기의 작동에 의해 정압으로 변하여 유수가 발생하면 작동하는 스프링클러설비

Key Point

✽ 케이블트레이
케이블을 수용하기 위한 관로로 사용되며 윗부분이 개방되어 있다.

✽ 포워터 스프링클러헤드
포디플렉터가 있다.

✽ 포헤드
포디플렉터가 없다.

✽ 고정포방출구
포를 주입시키도록 설계된 탱크 등에 반영구적으로 부착된 포소화설비의 포방출장치

21 물분무소화설비의 수원

특정소방대상물	토출량	최소기준	비 고
컨베이어벨트	$10l/\text{min}\cdot\text{m}^2$	없음	벨트부분의 바닥면적
절연유 봉입변압기	$10l/\text{min}\cdot\text{m}^2$	없음	표면적을 합한 면적(바닥면적 제외)
특수가연물	$10l/\text{min}\cdot\text{m}^2$	최소 50m^2	최대 방수구역의 바닥면적 기준
케이블트레이 · 덕트	$12l/\text{min}\cdot\text{m}^2$	없음	투영된 바닥면적
차고 · 주차장	$20l/\text{min}\cdot\text{m}^2$	최소 50m^2	최대 방수구역의 바닥면적 기준
위험물 저장탱크	$37l/\text{min}\cdot\text{m}$	없음	위험물탱크 둘레길이(원주길이) : 위험물규칙 〔별표 6〕 Ⅱ

※ 모두 20분간 방수할 수 있는 양 이상으로 하여야 한다.

22 포소화설비의 적응대상

‖ 특정소방대상물에 따른 헤드의 종류 ‖

특정소방대상물	설비 종류
• 차고 · 주차장	• 포워터 스프링클러설비 • 포헤드 설비 • 고정포 방출설비 • 압축공기포 소화설비
• 항공기 격납고 • 공장 · 창고(특수가연물 저장 · 취급)	• 포워터 스프링클러설비 • 포헤드 설비 • 고정포 방출설비 • 압축공기포 소화설비
• 완전개방된 옥상 주차장(주된 벽이 없고 기둥뿐이거나 주위가 위해방지용 철주 등으로 둘러싸인 부분) • **지상 1층**으로서 지붕이 없는 차고 · 주차장 • 고가 밑의 주차장(주된 벽이 없고 기둥뿐이거나 주위가 위해방지용 철주 등으로 둘러싸인 부분)	• 호스릴포 소화설비 • 포소화전 설비
• 발전기실 • 엔진펌프실 • 변압기 • 전기케이블실 • 유압설비	• 고정식 압축공기포 소화설비(바닥면적 합계 300m^2 미만)

23 고정포방출구 방식

$$Q = A \times Q_1 \times T \times S$$

여기서, Q : 포소화약제의 양〔l〕
A : 탱크의 액표면적〔m^2〕
Q_1 : 단위포 소화수용액의 양〔l/m^2 · 분〕
T : 방출시간〔분〕
S : 포소화약제의 사용농도

24 고정포방출구(위험물안전관리에 관한 세부기준 133조)

탱크의 종류	포방출구
고정지붕구조(콘루프탱크)	• Ⅰ형 방출구 • Ⅱ형 방출구 • Ⅲ형 방출구(표면하 주입식 방출구) • Ⅳ형 방출구(반표면하 주입식 방출구)
부상덮개부착 고정지붕구조	• Ⅱ형 방출구
<u>부</u>상지붕구조(플루팅루프탱크)	• <u>특</u>형 방출구

● 초스피드 기억법

부특(**보트**)

25 CO_2 설비의 특징

1. 화재진화 후 깨끗하다.
2. **심부화재**에 적합하다.
3. 증거보존이 양호하여 화재원인 조사가 쉽다.
4. 방사시 **소음**이 **크다**.

26 CO_2 설비의 가스압력식 기동장치(NFTC 106 2.3.2.3.1, 2.3.2.3.3)

구 분	기 준
비활성기체 충전압력	6MPa 이상(21℃ 기준)
기동용 가스용기의 체적	5l 이상
기동용 가스용기의 안전장치의 압력	내압시험압력의 **0.8배**~내압시험압력 이하
기동용 가스용기 및 해당용기에 사용하는 밸브의 견디는 압력	25MPa 이상

27 약제량 및 개구부 가산량(꿈에라도 안 외울 생각은 마라!)

<u>저</u>장량[kg] = <u>약</u>제량[kg/m³] × <u>방</u>호구역체적[m³] + <u>개</u>구부면적[m²] × 개구부가<u>산</u>량[kg/m²]

● 초스피드 기억법

저약방개산(**저약방**에서 **계산**해.)

Key Point

＊ Ⅰ형 방출구
고정지붕구조의 탱크에 상부포주입법을 이용하는 것으로서 방출된 포가 액면 아래로 몰입되거나 액면을 뒤섞지 않고 액면상을 덮을 수 있는 통계단 또는 미끄럼판 등의 설비 및 탱크 내의 위험물증기가 외부로 역류되는 것을 저지할 수 있는 구조·기구를 갖는 포방출구

＊ Ⅱ형 방출구
고정지붕구조 또는 부상덮개부착 고정지붕구조의 탱크에 상부포주입법을 이용하는 것으로서 방출된 포가 탱크 옆판의 내면을 따라 흘러내려가면서 액면 아래로 몰입되거나 액면을 뒤섞지 않고 액면상을 덮을 수 있는 반사판 및 탱크 내의 위험물증기가 외부로 역류되는 것을 저지할 수 있는 구조·기구를 갖는 포방출구

＊특형 방출구
부상지붕구조의 탱크에 상부포주입법을 이용하는 것으로서 부상지붕의 부상부분상에 높이 0.9m 이상의 금속제의 칸막이를 탱크 옆판의 내측로부터 1.2m 이상 이격하여 설치하고 탱크 옆판과 칸막이에 의하여 형성된 환상부분에 포를 주입하는 것이 가능한 구조의 반사판을 갖는 포방출구

Key Point

＊ 심부화재
가연물의 내부 깊숙한 곳에서 연소하는 화재

1 CO_2 소화설비(심부화재)(NFPC 106 5조, NFTC 106 2.2.1.2.1, 2.2.1.2.2)

방호대상물	약제량	개구부 가산량 (자동폐쇄장치 미설치시)
전기설비(55m^3 이상), 케이블실	1.3kg/m^3	10kg/m^2
전기설비(55m^3 미만)	1.6kg/m^3	
서고, 박물관, 목재가공품창고, 전자제품창고	2.0kg/m^3	
석탄창고, 면화류창고, 고무류, 모피창고, 집진설비	2.7kg/m^3	

● 초스피드 기억법

서박목전(선박이 **목전**에 보인다.)
석면고모집(**석면**은 **고모집**에 있다.)

2 할론 1301(NFPC 107 5조, NFTC 107 2.2.1.1)

방호대상물	약제량	개구부 가산량 (자동폐쇄장치 미설치시)
차고 · 주차장 · 전기실 · 전산실 · 통신기기실	0.32~0.64kg/m^3	2.4kg/m^2
사류 · 면화류	0.52~0.64kg/m^3	3.9kg/m^2

● 초스피드 기억법

차주전통할(**전통활**)
할사면(**할**아버지 **사면**)

＊ 전역방출방식
소화약제 공급장치에 배관 및 분사헤드 등을 설치하여 밀폐 방호구역 전체에 소화약제를 방출하는 방식

3 분말소화설비(전역방출방식)(NFPC 108 6조, NFTC 108 2.3.2.1)

종 별	약제량	개구부 가산량(자동폐쇄장치 미설치시)
제1종	0.6kg/m^3	4.5kg/m^2
제2 · 3종	0.36kg/m^3	2.7kg/m^2
제4종	0.24kg/m^3	1.8kg/m^2

＊ 호스릴방식
소화수 또는 소화약제 저장용기 등에 연결된 호스릴을 이용하여 사람이 직접 화점에 소화수 또는 소화약제를 방출하는 방식

28 호스릴방식

1 CO_2 소화설비(NFPC 106 5조, 10조, NFTC 106 2.2.1.4, 2.7.4.2)

약제 종별	약제 저장량	약제 방사량(20℃)
CO_2	90kg	60kg/min

❷ **할론소화설비**(NFPC 107 5조, 10조, NFTC 107 2.2.1.3, 2.7.4.4)

약제 종별	약제량	약제 방사량(20℃)
할론 1301	45kg	35kg/min
할론 1211	50kg	40kg/min
할론 2402	50kg	45kg/min

Key Point

＊ 할론설비의 약제량 측정법
① 중량측정법
② 액위측정법
③ 비파괴검사법

❸ **분말소화설비**(NFPC 108 6조, 11조, NFTC 108 2.3.2.3, 2.8.4.4)

약제 종별	약제 저장량	약제 방사량(20℃)
제1종 분말	50kg	45kg/min
제2 · 3종 분말	30kg	27kg/min
제4종 분말	20kg	18kg/min

29 할론소화설비의 저장용기('안 외워도 되겠지'하는 용감한 사람이 있다.)(NFPC 107 10조, NFTC 107 2.1.2.1, 2.1.2.2, 2.7.1.3)

<table>
<tr><th colspan="2">구 분</th><th>할론 1211</th><th>할론 1301</th></tr>
<tr><td colspan="2">저장압력</td><td>1.1MPa 또는 2.5MPa</td><td>2.5MPa 또는 4.2MPa</td></tr>
<tr><td colspan="2">방출압력</td><td>0.2MPa</td><td>0.9MPa</td></tr>
<tr><td rowspan="2">충전비</td><td>가압식</td><td rowspan="2">0.7~1.4 이하</td><td rowspan="2">0.9~1.6 이하</td></tr>
<tr><td>축압식</td></tr>
</table>

30 할론 1301(CF_3Br)의 특징

❶ 여과망을 설치하지 않아도 된다.
❷ **제3류 위험물**에는 사용할 수 없다.

＊ 여과망
이물질을 걸러내는 망

31 호스릴방식(NFPC 102 7조, NFTC 102 2.4.2.1, NFPC 105 12조, NFTC 105 2.9.3.5, NFPC 106 10조, NFTC 106 2.7.4.1, NFTC 107 10조, NFTC 107 2.7.4.1, NFPC 108 11조, NFTC 108 2.8.4.1)

수평거리 15m 이하	수평거리 20m 이하	수평거리 25m 이하
분말 · 포 · CO_2 소화설비	할론소화설비	옥내소화전설비

＊ 호스릴방식
소화수 또는 소화약제 저장용기 등에 연결된 호스릴을 이용하여 사람이 직접 화점에 소화수 또는 소화약제를 방출하는 방식

● **초스피드 기억법**

호할20(**호**텔의 **할**부**이**자가 **영**아니네.)
호옥25(**홍옥이오**!)

32 분말소화설비의 배관(NFPC 108 9조, NFTC 108 2.6)

❶ 전용
❷ 강관 : **아연도금**에 의한 **배관용 탄소강관**
❸ 동관 : 고정압력 또는 최고 사용압력의 **1.5배** 이상의 압력에 견딜 것

Key Point

✻ 토너먼트방식 적용 설비
① 분말소화설비
② 할론소화설비
③ 이산화탄소 소화설비
④ 할로겐화합물 및 불활성기체 소화설비

✻ 토너먼트방식
가스계 소화설비에 적용하는 방식으로 용기로부터 노즐까지의 마찰손실을 일정하게 유지하기 위한 방식

✻ 가압식
소화약제의 방출원이 되는 압축가스를 압력봄베 등의 별도의 용기에 저장했다가 가스의 압력에 의해 방출시키는 방식

④ 밸브류 : **개폐위치** 또는 **개폐방향**을 표시한 것
⑤ 배관의 관부속 및 밸브류 : 배관과 동등 이상의 강도 및 내식성이 있는 것

33 압력조정장치(압력조정기)의 압력(NFPC 108 5조, NFTC 108 2.2.3, NFPC 107 4조, NFTC 107 2.1.5)

할론소화설비	분말소화설비
2MPa 이하	2.5MPa 이하

※ **정압작동장치**의 **목적** : 약제를 적절히 보내기 위해

● 초스피드 기억법

분압25(분압이오.)

34 분말소화설비 가압식과 축압식의 설치기준(NFPC 108 5조, NFTC 108 2.2.4)

구 분 / 사용가스	가압식	축압식
질소(N_2)	40l/kg 이상	10l/kg 이상
이산화탄소(CO_2)	20g/kg+배관청소 필요량 이상	20g/kg+배관청소 필요량 이상

35 약제 방사시간(NFPC 106 8조, NFTC 106 2.5.2, NFPC 107 10조, NFTC 107 2.7, NFPC 108 11조, NFTC 108 2.8, 위험물안전관리에 관한 세부기준 134~136조)

<table>
<tr><th colspan="2" rowspan="2">소화설비</th><th colspan="2">전역방출방식</th><th colspan="2">국소방출방식</th></tr>
<tr><th>일반건축물</th><th>위험물제조소</th><th>일반건축물</th><th>위험물제조소</th></tr>
<tr><td colspan="2">할론소화설비</td><td>10초 이내</td><td rowspan="2">30초 이내</td><td>10초 이내</td><td rowspan="4">30초 이내</td></tr>
<tr><td colspan="2">분말소화설비</td><td>30초 이내</td><td rowspan="3">30초 이내</td></tr>
<tr><td rowspan="2">CO_2 소화설비</td><td>표면화재</td><td>1분 이내</td><td rowspan="2">60초 이내</td></tr>
<tr><td>심부화재</td><td>7분 이내</td></tr>
</table>

● 초스피드 기억법

심7(심취하다.)

Key Point

제2장 피난구조설비(기계분야)

36 피난사다리의 분류

- 피난사다리
  - 고정식 사다리
    - 수납식
    - 신축식
    - 접는식(접어개기식)
  - 올림식 사다리
  - 내림식 사다리
    - 체인식
    - 와이어식
    - 접는식(접어개기식)

● 초스피드 기억법

고수접신(**고수**의 **접시**)

※ **올림식 사다리**
① 사다리 상부지점에 안전장치 설치
② 사다리 하부지점에 미끄럼방지장치 설치

37 피난기구의 적응성(NFTC 301 2.1.1)

구 분 ＼ 층 별	3층
● 노유자시설	● 피난교 ● 구조대 ● 미끄럼대 ● 다수인 피난장비 ● 승강식 피난기

※ **피난기구의 종류**
① 완강기
② 피난사다리
③ 구조대
④ 소방청장이 정하여 고시하는 화재안전기준으로 정하는 것(미끄럼대, 피난교, 공기안전매트, 피난용 트랩, 다수인 피난장비, 승강식 피난기, 간이 완강기, 하향식 피난구용 내림식 사다리)

제3장 소화활동설비 및 소화용수설비(기계분야)

38 제연구역의 구획(NFPC 501 4조, NFTC 501 2.1.1)

1. 1제연구역의 면적은 1000m^2 이내로 할 것
2. 거실과 통로는 각각 **제연구획**할 것
3. 통로상의 제연구역은 보행중심선의 길이가 60m를 초과하지 않을 것
4. 1제연구역은 직경 60m 원 내에 들어갈 것
5. 1제연구역은 2개 이상의 층에 미치지 않을 것

● 초스피드 기억법

제10006(충북 **제천**에 **육**교 있음)

Key Point

※ 제연구획에서 제연경계의 폭은 0.6m 이상, 수직거리는 2m 이내이어야 한다.

39 제연설비의 풍속(잊지 말라!)(NFPC 501 9조, 10조, NFTC 501 2.6.2.2, 2.7.1)

15m/s 이하	20m/s 이하
배출기의 흡입측 풍속	① 배출기 배출측 풍속 ② 유입 풍도안의 풍속

※ 연소방지설비 : **지하구**에 설치한다.

● 초스피드 기억법

5입(옷 입어.)

＊ 연소방지설비
지하구의 화재시 지하구의 진입이 곤란하므로 지상에 설치된 송수구를 통하여 소방펌프차로 가압수를 공급하여 설치된 지하구 내의 살수헤드에서 방수가 이루어져 화재를 소화하기 위한 연결살수설비의 일종이다.

40 연결살수설비 헤드의 설치간격(NFPC 503 6조, NFTC 503 2.3.2.2)

스프링클러헤드	살수헤드
2.3m 이하	3.7m 이하

※ 연결살수설비에서 하나의 송수구역에 설치하는 개방형 헤드수는 **10개** 이하로 하여야 한다.

● 초스피드 기억법

살37(**살상**은 **칠**거지악 중의 하나다.)

＊ 지하구
지하의 케이블 통로

41 연결송수관설비의 설치순서(NFTC 502 2.1.1.8.1, 2.1.1.8.2)

습 식	건 식
송수구 → 자동배수밸브 → 체크밸브	송수구 → 자동배수밸브 → 체크밸브 → 자동배수밸브

● 초스피드 기억법

송자체습(**송자**는 **채식**주의자)

＊ 연결송수관설비
건물 외부에 설치된 송수구를 통하여 소화용수를 공급하고, 이를 건물 내에 설치된 방수구를 통하여 화재발생장소에 공급하여 소방관이 소화할 수 있도록 만든 설비

42 연결송수관설비의 방수구(NFPC 502 6조, NFTC 502 2.3.1.3)

1. **층**마다 설치(**아파트**인 경우 3층부터 설치)
2. **11층** 이상에는 **쌍구형**으로 설치(**아파트**인 경우 **단구형** 설치 가능)
3. 방수구는 **개폐기능**을 가진 것일 것
4. 방수구의 결합금속구는 구경 65mm로 한다.
5. 방수구는 바닥에서 0.5~1m 이하에 설치한다.

＊ 방수구의 설치장소
비교적 연소의 우려가 적고 접근이 용이한 계단실과 같은 곳

Key Point

43 수평거리 및 보행거리(다 외웠으면 용타!)

수평거리 · 보행거리	설 명
수평거리 10m 이하 (NFPC 501 7조, NFTC 501 2.4.2)	예상제연구역
수평거리 15m 이하 (NFPC 105 12조, NFTC 105 2.9.3.5, NFPC 106 10조, NFTC 106 2.7.4.1, NFPC 108 11조, NFTC 108 2.8.4.1)	① 분말호스릴 ② 포호스릴 ③ CO_2 호스릴
수평거리 20m 이하 (NFPC 107 10조, NFTC 107 2.7.4.1)	할론 호스릴
수평거리 25m 이하 (NFPC 102 7조, NFTC 102 2.4.2.1, NFPC 105 12조, NFTC 105 2.9.3.5, NFPC 502 6조, NFTC 502 2.3.1.2.3)	① 옥내소화전 방수구 ② 옥내소화전 호스릴 ③ 포소화전 방수구 ④ 연결송수관 방수구(지하가) ⑤ 연결송수관 방수구(지하층 바닥면적 $3000m^2$ 이상)
수평거리 40m 이하(NFPC 109 6조, NFTC 109 2.3.1)	옥외소화전 방수구
수평거리 50m 이하(NFPC 502 6조, NFTC 502 2.3.1.2.3)	연결송수관 방수구(사무실)
보행거리 30m 이하(NFPC 101 4조, NFTC 101 2.1.1.4.2)	대형소화기
보행거리 20m 이하(NFPC 101 4조, NFTC 101 2.1.1.4.2)	소형소화기

용어

수평거리와 보행거리

수평거리	보행거리
직선거리로서 반경을 의미하기도 한다.	걸어선 간 거리

● 초스피드 기억법

호15(호일 오려.)
옥호25(오후에 이사 오세요.)

* 수평거리

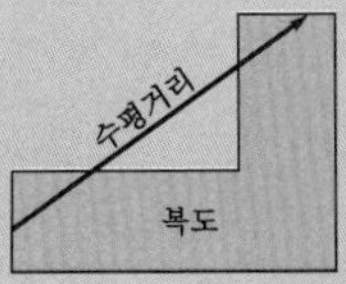

* 보행거리

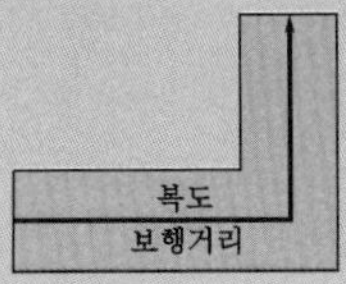

제4장 경보설비의 구조 원리

44 경보설비의 종류

경보설비
- 자동화재탐지설비 · 시각경보기
- 자동화재속보설비
- 가스누설경보기
- 비상방송설비
- 비상경보설비(비상벨설비, 자동식 사이렌설비)
- 누전경보기
- 단독경보형 감지기
- 통합감시시설
- 화재알림설비

* 자동화재탐지설비
① 감지기
② 수신기
③ 발신기
④ 중계기
⑤ 음향장치
⑥ 표시등
⑦ 전원
⑧ 배선

Key-Point

● 초스피드 기억법

경자가비누단(경자가 비누를 단독으로 쓴다.)

45 고정방법(NFPC 203 7조, NFTC 203 2.4.3.12.2, 2.4.3.12.3)

구 분	정온식 감지선형 감지기
단자부와 마감고정금구	10cm 이내
굴곡반경	5cm 이상

46 감지기의 부착높이(NFPC 203 7조, NFTC 203 2.4.1)

부착높이	감지기의 종류
8~15m 미만	• 차동식 분포형 • 이온화식 1종 또는 2종 • 광전식(스포트형 · 분리형 · 공기흡입형) 1종 또는 2종 • 연기복합형 • 불꽃감지기
15~20m 미만	• 이온화식 1종 • 광전식(스포트형 · 분리형 · 공기흡입형) 1종 • 연기복합형 • 불꽃감지기

※ 연기복합형 감지기
이온화식+광전식을 겸용한 것으로 두 가지 기능이 동시에 작동되면 신호를 발함.

● 초스피드 기억법

차분815(차분히 815 광복절을 맞이하자!)

47 반복시험 횟수

횟 수	기 기
1000회	속보기
2000회	중계기
2500회	유도등
5000회	전원스위치 · 발신기
6000회	감지기
10000회	비상조명등 · 스위치접점, 기타의 설비 및 기기(수신기)

※ 속보기
감지기 또는 P형 발신기로부터 발신하는 신호나 중계기를 통하여 송신된 신호를 수신하여 관계인에게 화재발생을 경보함과 동시에 소방관서에 자동적으로 전화를 통한 해당 특정소방대상물의 위치 및 화재발생을 음성으로 통보하여 주는 것

● 초스피드 기억법

속1
중2(중이염)
5전발(오기가 생기면 전을 부쳐 먹고 발장구치자.)

48 대상에 따른 음압

음 압	대 상
40dB 이하	• 유도등 · 비상조명등의 소음
60dB 이상	• 고장표시장치용 • 전화용 부저 • 단독경보형 감지기(건전지 교체 **음성안내**)
70dB 이상	• 가스누설경보기(단독형 · 영업용) • 누전경보기 • 단독경보형 감지기(건전지 교체 **음향경보**)
85dB 이상	• 단독경보형 감지기(화재경보음)
90dB 이상	• 가스누설경보기(공업용) • 자동화재탐지설비의 음향장치

● 초스피드 기억법

유비음4 (**유비**는 **음**식 중 **사**발면을 좋아한다.)
고전음6 (**고전음**악을 **유**창하게 해.)
9공자

※ 유도등
평상시에 상용전원에 의해 점등되어 있다가, 비상시에 비상전원에 의해 점등된다.

※ 비상조명등
평상시에 소등되어 있다가 비상시에 점등된다.

49 수평거리 · 보행거리 · 수직거리

① 수평거리

수평거리	기 기
25m 이하	• 발신기 • 음향장치(확성기) • 비상콘센트(지하상가 또는 지하층 바닥면적 합계 3000m^2 이상)
50m 이하	• 비상콘센트(기타)

● 초스피드 기억법

발음2비지(**발음**이 **비**슷하**지**.)

※ 수평거리
최단거리 · 직선거리 또는 반경을 의미한다.

② 보행거리

보행거리	기 기
15m 이하	• 유도표지
20m 이하	• 복도**통**로유도등 • 거실**통**로유도등 • 3종 연기감지기
30m 이하	• 1 · 2종 연기감지기

※ 보행거리
걸어서 가는 거리

Key Point

● 초스피드 기억법

보통2(보통이 아니네요!)
3무(상무)

③ 수직거리

수직거리	기 기
15m 이하	• 1 · 2종 연기감지기
10m 이하	• 3종 연기감지기

50 비상전원 용량

설비의 종류	비상전원 용량
• 자동화재탐지설비 • 비상경보설비 • 자동화재속보설비	10분 이상
• 유도등 • 비상조명등 • 비상콘센트설비 • 옥내소화전설비(30층 미만) • 제연설비 • 특별피난계단의 계단실 및 부속실 제연설비(30층 미만) • 스프링클러설비(30층 미만) • 연결송수관설비(30층 미만)	20분 이상
• 무선통신보조설비의 증폭기	30분 이상
• 옥내소화전설비(30~49층 이하) • 특별피난계단의 계단실 및 부속실 제연설비(30~49층 이하) • 연결송수관설비(30~49층 이하) • 스프링클러설비(30~49층 이하)	40분 이상
• 유도등 · 비상조명등(지하상가 및 11층 이상) • 옥내소화전설비(50층 이상) • 특별피난계단의 계단실 및 부속실 제연설비(50층 이상) • 연결송수관설비(50층 이상) • 스프링클러설비(50층 이상)	60분 이상

※ 비상전원
상용전원 정전시에 사용하기 위한 전원

※ 예비전원
상용전원 고장시 또는 용량부족시 최소한의 기능을 유지하기 위한 전원

51 주위온도 시험

주위온도	기 기
−(35±2)℃~(70±2)℃	경종(옥내 · 옥외형), 발신기(옥내 · 옥외형)
−(20±2)℃~(55±2)℃	변류기(옥외형)
−(10±2)℃~(50±2)℃	경종(옥내형), 가스누설경보기(분리형), 속보기
−(10±2)℃~(55±2)℃	발신기(옥내형), 변류기(옥내형)

※ 변류기
누설전류를 검출하는 데 사용하는 기기

Key Point

52 스포트형 감지기의 바닥면적

(단위 : m^2)

부착높이 및 소방대상물의 구분		감지기의 종류				
		차동식 · 보상식 스포트형		정온식 스포트형		
		1종	2종	특종	1종	2종
4m 미만	내화구조	90	70	70	60	20
	기타구조	50	40	40	30	15
4m 이상 8m 미만	내화구조	45	35	35	30	–
	기타구조	30	25	25	15	–

※ 정온식 스포트형 감지기
일국소의 주위온도가 일정한 온도 이상이 되는 경우에 작동하는 것으로서 외관이 전선으로 되어 있지 않은 것

53 연기감지기의 바닥면적

(단위 : m^2)

부착높이	감지기의 종류	
	1종 및 2종	3종
4m 미만	150	50
4~20m 미만	75	설치할 수 없다.

※ 연기감지기
화재시 발생하는 연기를 이용하여 작동하는 것으로서 주로 계단, 경사로, 복도, 통로, 엘리베이터, 전산실, 통신기기실에 쓰인다.

54 절연저항시험(절대!절대!중요!)

절연저항계	절연저항	대 상
직류 250V	0.1MΩ 이상	• 1경계구역의 절연저항
직류 500V	5MΩ 이상	• 누전경보기 • 가스누설경보기 • 수신기 • 자동화재속보설비 • 비상경보설비 • 유도등(교류입력측과 외함간 포함) • 비상조명등(교류입력측과 외함간 포함)
	20MΩ 이상	• 경종 • 발신기 • 중계기 • 비상콘센트 • 기기의 절연된 선로간 • 기기의 충전부와 비충전부간 • 기기의 교류입력측과 외함간(유도등 · 비상조명등 제외)
	50MΩ 이상	• 감지기(정온식 감지선형 감지기 제외) • 가스누설경보기(10회로 이상) • 수신기(10회로 이상)
	1000MΩ 이상	• 정온식 감지선형 감지기

※ 경계구역
소방대상물 중 화재신호를 발신하고 그 신호를 수신 및 유효하게 제어할 수 있는 구역

※ 정온식 감지선형 감지기
일국소의 주위온도가 일정한 온도 이상이 되는 경우에 작동하는 것으로서 외관이 전선으로 되어 있는 것

Key Point

55 소요시간

기 기	시 간
• P형 · P형 복합식 · R형 · R형 복합식 · GP형 · GP형 복합식 · GR형 · GR형 복합식 수신기 • 중계기	5초 이내
비상방송설비	10초 이하
가스누설경보기	60초 이내
축적형 수신기	• 축적시간 : 30~60초 이하 • 화재표시감지시간 : 60초

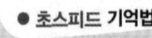

● 초스피드 기억법

시중5(시중을 드시오!), 6가(육체미가 아름답다.)

56 설치높이

기 기	설치높이
기타기기	0.8~1.5m 이하
시각경보장치	2~2.5m 이하(단, 천장의 높이가 2m 이하이면 천장에서 0.15m 이내에 설치)

● 초스피드 기억법

시25(CEO)

57 누전경보기의 설치방법(NFPC 205 4조, NFTC 205 2.1.1)

정격전류	경보기 종류
60A 초과	1급
60A 이하	1급 또는 2급

※ 변류기의 설치
① 옥외인입선의 제1 지점의 부하측
② 제2종의 접지선측

① 변류기는 옥외인입선의 **제1지점**의 **부하측** 또는 **제2종**의 **접지선측**의 점검이 쉬운 위치에 설치할 것

② 옥외전로에 설치하는 변류기는 **옥외형**으로 설치할 것

● 초스피드 기억법

1부접2누(일부는 접이식 의자에 누워 있다.)

58 누전경보기

공칭작동전류치	감도조정장치의 조정범위
200mA 이하	1A 이하(1000mA)
기억법 누공2(누구나 공짜이면 좋아해.)	기억법 누감1(누가 감히 일부러 그럴까?)

참고

검출누설전류 설정치 범위

경계전로	제2종 접지선
100~400mA	400~700mA

제5장 피난구조설비 및 소화활동설비(전기분야)

59 설치높이(NFPC 303 5조, 6조, 8조, NFTC 303 2.2, 2.3)

유도등 · 유도표지	설치높이
• 복도통로유도등 • 계단통로유도등 • 통로유도표지	1m 이하
• 피난구유도등 • 거실통로유도등	1.5m 이상

● 초스피드 기억법

계복1, 피유15상

60 설치개수

복도 · 거실 통로유도등	유도표지	객석유도등
$\text{개수} \geq \frac{\text{보행거리}}{20} - 1$	$\text{개수} \geq \frac{\text{보행거리}}{15} - 1$	$\text{개수} \geq \frac{\text{직선부분 길이}}{4} - 1$

● 초스피드 기억법

통2
유15
객4

Key Point

※ 공칭작동전류치
누전경보기를 작동시키기 위하여 필요한 누설전류의 값으로서 제조자에 의하여 표시된 값

※ 조도
① 객석유도등 : 0.2lx 이상
② 통로유도등 : 1lx 이상
③ 비상조명등 : 1lx 이상

※ 통로유도등
백색바탕에 녹색문자

※ 피난구유도등
녹색바탕에 백색문자

Key Point

※ 풀박스
배관이 긴 곳 또는 굴곡부분이 많은 곳에서 시공을 용이하게 하기 위하여 배선 도중에 사용하여 전선을 끌어들이기 위한 박스

61 비상콘센트 전원회로의 설치기준(NFPC 504 4조, NFTC 504 2.1)

구 분	전 압	용 량	플러그접속기
단상교류	220V	1.5kVA 이상	접지형 2극

❶ 1전용회로에 설치하는 비상콘센트는 10개 이하로 할 것

❷ 풀박스는 1.6mm 이상의 철판을 사용할 것

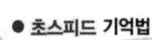

● 초스피드 기억법

단2(단위), 16철콘, 접2(접이식)

제6장 소방전기시설

62 감지기의 적응장소

※ 린넨슈트
병원, 호텔 등에서 세탁물을 구분하여 실로 유도하는 통로

정온식 스포트형 감지기	연기감지기
① 영사실 ② 주방 · 주조실 ③ 용접작업장 ④ 건조실 ⑤ 조리실 ⑥ 스튜디오 ⑦ 보일러실 ⑧ 살균실	① 계단 · 경사로 ② 복도 · 통로 ③ 엘리베이터 승강로 ④ 린넨슈트 ⑤ 파이프덕트 ⑥ 전산실 ⑦ 통신기기실

● 초스피드 기억법

영주용건 정조스 보살(**영주**의 **용건**이 **정**말 **죠스**와 **보살**을 만나는 것이냐?)

63 전원의 종류

❶ 상용전원

❷ 비상전원 : 상용전원 정전 때를 대비하기 위한 전원

❸ 예비전원 : 상용전원 고장시 또는 용량부족시 최소한의 기능을 유지하기 위한 전원

64 부동충전방식의 2차 전류

$$2차\ 전류 = \frac{축전지의\ 정격용량}{축전지의\ 공칭용량} + \frac{상시부하}{표준전압} \text{〔A〕}$$

65 부동충전방식의 축전지의 용량

$$C = \frac{1}{L} KI \text{〔Ah〕}$$

여기서, C : 축전지용량
L : 용량저하율(보수율)
K : 용량환산시간〔h〕
I : 방전전류〔A〕

66 금속제 옥내소화전설비, 자동화재탐지설비의 공사방법(NFTC 102 2.7.2)

1. 금속제 가요전선관공사
2. 합성수지관공사
3. 금속관공사
4. 금속덕트공사
5. 케이블공사

● 초스피드 기억법

옥자가 합금케(**옥자**가 **합금**을 **캐**냈다.)

67 경계구역

(1) 경계구역의 설정기준

1. 1경계구역이 2개 이상의 **건축물**에 미치지 않을 것
2. 1경계구역이 2개 이상의 **층**에 미치지 않을 것
3. 1경계구역의 면적은 600m² 이하로 하고, 1변의 길이는 50m 이하로 할 것

● 초스피드 기억법

경600

(2) 1경계구역 높이 : 45m 이하

Key Point

※ 부동충전방식
축전지와 부하를 충전기에 병렬로 접속하여 충전과 방전을 동시에 행하는 방식

※ 용량저하율(보수율)
축전지의 용량저하를 고려하여 축전지의 용량산정시 여유를 주는 계수로서, 보통 0.8을 적용한다.

※ 경계구역
화재신호를 발신하고 그 신호를 수신 및 유효하게 제어할 수 있는 구역

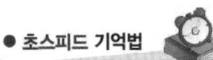

※ 지하구
지하의 케이블 통로

Key Point

68 대상에 따른 전압

전 압	대 상
0.5V	누전경보기의 전압강하 최대치
60V 미만	약전류회로(NFPC 203 11조, NFTC 203 2.8.1.6)
60V 초과	접지단자 설치(수신기 형식승인 및 제품검사의 기술기준 3조)
300V 이하	• 전원변압기의 1차 전압 • 유도등 · 비상조명등의 사용전압
600V 이하	누전경보기의 경계전로전압

● 초스피드 기억법

5경전, 변3(변상해), 누6(누룩)

제5편 위험물의 성질 · 상태 및 시설기준

제1장 위험물의 성질 · 상태

1 위험물의 일반 사항(술술 나오도록 외우자!)

위험물	성 질	소화방법
제1류	강산화성 물질(산화성 고체) 기억법 1강산(일류, 강산)	물에 의한 **냉각소화** (단, **무기과산화물**은 **마른모래** 등에 의한 질식소화)
제2류	**환원성 물질**(가연성 고체)	물에 의한 **냉각소화** (단, **금속분**은 **마른모래** 등에 의한 **질식소화**)
제3류	**금수성 물질 및 자연발화성 물질**	**마른모래** 등에 의한 질식소화 (단, **칼륨** · **나트륨**은 연소확대 방지)
제4류	인화성 물질(인화성 액체) 기억법 4인(싸인해.)	포 · 분말 · CO_2 · 할론소화약제에 의한 **질식소화**
제5류	폭발성 물질(자기반응성 물질) 기억법 5폭자(오폭으로 자멸하다.)	화재초기에만 대량의 물에 의한 **냉각소화** (단, 화재가 진행되면 자연진화되도록 기다릴 것)
제6류	**산화성 물질**(산화성 액체)	마른모래 등에 의한 **질식소화** (단, **과산화수소**는 다량의 **물**로 **희석소화**)

2 물질에 따른 저장방법

물 질	저장방법
황린, 이황화탄소(CS_2)	물속
나이트로셀룰로오스	알코올 속
칼륨(K), 나트륨(Na), 리튬(Li)	석유류(등유) 속
아세틸렌(C_2H_2)	다이메틸프로마미드(DMF), 아세톤

Key Point

※ 금수성 물질
① 금속칼슘
② 탄화칼슘

※ 마른모래
예전에는 '**건조사**'라고 불렸다.

Key Point

● 초스피드 기억법

황물이(**황**토색 **물이** 나온다.)

※ 주수소화
물을 뿌려 소화하는 것

3 주수소화시 위험한 물질

구 분	설 명
무기과산화물	산소 발생
금속분 · 마그네슘 · 알루미늄 · 칼륨 · 나트륨	수소 발생
가연성 액체의 유류화재	연소면(화재면) 확대

● 초스피드 기억법

무산(**무산**됐다.)

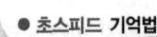

※ 최소 정전기 점화에너지(최소발화에너지)
국부적으로 온도를 높이는 전기불꽃과 같은 점화원에 의해 점화될 때의 에너지 최소값

4 최소 정전기 점화에너지

가연성 가스	최소 정전기 점화에너지
수소(H_2)	0.02mJ
① 메탄(CH_4) ② 에탄(C_2H_6) ③ 프로판(C_3H_8) ④ 부탄(C_4H_{10})	0.3mJ

● 초스피드 기억법

002점수(국제전화 **002**의 **점수**)

제2장 위험물의 시설기준

5 도로(위험물규칙 2조)

1. 도로법에 의한 도로
2. 임항교통시설의 도로
3. 사도
4. 일반교통에 이용되는 너비 2m 이상의 도로(자동차의 통행이 가능한 것)

6 위험물제조소의 안전거리(위험물규칙 〔별표 4〕)

안전거리	대 상
3m 이상	• 7~35kV 이하의 특고압가공전선
5m 이상	• 35kV를 초과하는 특고압가공전선
10m 이상	• **주거용**으로 사용되는 것
20m 이상	• 고압가스 **제조**시설(용기에 충전하는 것 포함) • 고압가스 **사용**시설(1일 $30m^3$ 이상 용적 취급) • 고압가스 **저장**시설 • 액화산소 **소비**시설 • 액화석유가스 제조 · 저장시설 • 도시가스 공급시설
30m 이상	• 학교 • 병원급 의료기관 • 공연장, • 영화상영관 ─ 300명 이상 수용시설 • 아동복지시설, • 노인복지시설, • 장애인복지시설, • 한부모가족 복지시설, • 어린이집, • 성매매 피해자 등을 위한 지원시설, • 정신건강증진시설, • 가정폭력피해자 보호시설 ─ **20명** 이상 수용시설
50m 이상	• 지정문화유산 • 천연기념물 등

7 위험물제조소의 게시판 설치기준(위험물규칙 〔별표 4〕 Ⅲ)

위험물	주의사항	비 고
• 제1류 위험물(알칼리금속의 과산화물) • 제3류 위험물(금수성 물질)	물기엄금	**청색**바탕에 **백색**문자
• 제2류 위험물(인화성 고체 제외)	화기주의	**적색**바탕에 **백색**문자
• 제2류 위험물(인화성 고체) • 제3류 위험물(자연발화성 물질) • 제4류 위험물 • 제5류 위험물	화기엄금	
• 제6류 위험물	별도의 표시를 하지 않는다.	

8 위험물제조소 방유제의 용량(위험물규칙 〔별표 4〕 Ⅸ)

1개의 탱크	2개 이상의 탱크
방유제용량 = 탱크용량 × 0.5	방유제용량 = 탱크최대용량 × 0.5 + 기타 탱크용량의 합 × 0.1

Key Point

＊ 안전거리
건축물의 외벽 또는 이에 상당하는 인공구조물의 외측으로부터 해당 제조소의 외벽 또는 이에 상당하는 인공구조물의 외측까지의 수평거리

＊ 방유제
위험물의 유출을 방지하기 위하여 위험물 옥외탱크저장소의 주위에 철근콘크리트 또는 흙으로 둑을 만들어 놓은 것

Key Point

※ 보유공지
위험물을 취급하는 건축물, 그 밖의 시설의 주위에 마련해 놓은 안전을 위한 빈터

※ 지정수량
제조소 등의 설치허가 등에 있어서 최저의 기준이 되는 수량

9 보유공지

❶ 옥내저장소의 보유공지(위험물규칙 〔별표 5〕)

위험물의 최대수량	공지너비	
	내화구조	기타구조
지정수량의 5배 이하	–	0.5m 이상
지정수량의 5배 초과 10배 이하	1m 이상	1.5m 이상
지정수량의 10배 초과 20배 이하	2m 이상	3m 이상
지정수량의 20배 초과 50배 이하	3m 이상	5m 이상
지정수량의 50배 초과 200배 이하	5m 이상	10m 이상
지정수량의 200배 초과	10m 이상	15m 이상

❷ 옥외저장소의 보유공지(위험물규칙 〔별표 11〕)

위험물의 최대수량	공지의 너비
지정수량의 10배 이하	3m 이상
지정수량의 11~20배 이하	5m 이상
지정수량의 21~50배 이하	9m 이상
지정수량의 51~200배 이하	12m 이상
지정수량의 200배 초과	15m 이상

❸ 옥외탱크저장소의 보유공지(위험물규칙 〔별표 6〕)

위험물의 최대수량	공지의 너비
지정수량의 500배 이하	3m 이상
지정수량의 501~1000배 이하	5m 이상
지정수량의 1001~2000배 이하	9m 이상
지정수량의 2001~3000배 이하	12m 이상
지정수량의 3001~4000배 이하	15m 이상
지정수량의 4000배 초과	당해 탱크의 수평단면의 **최대지름**(가로형인 경우에는 긴 변)과 **높이** 중 **큰 것**과 같은 거리 이상(단, 30m 초과의 경우에는 **30m 이상**으로 할 수 있고, 15m 미만의 경우에는 **15m 이상**)

※ 수압시험
탱크에 높은 압력의 물 등을 가하여 탱크의 내압력 및 누설을 검사하는 시험

※ 충수시험
탱크에 물 등의 액체를 일정량 채워 탱크의 이상유무를 확인하는 시험

10 옥외저장탱크의 외부구조 및 설비(위험물규칙 〔별표 6〕 Ⅵ)

압력탱크	압력탱크 외의 탱크
수압시험(최대 상용압력의 **1.5배**의 압력으로 **10분**간 실시)	**충수시험**

비교

지하탱크저장소의 수압시험(위험물규칙 〔별표 8〕)

압력탱크	압력탱크 외
최대 상용압력의 1.5배 압력	70kPa의 압력
10분간 실시	

11 옥외탱크저장소의 방유제(위험물규칙 〔별표 6〕 Ⅸ)

구 분	설 명
높이	0.5~3m 이하
탱크	10기(모든 탱크용량이 20만 l 이하, 인화점이 70~200℃ 미만은 20기) 이하
면적	80000m² 이하
용량	① 1기 : **탱크용량**×110% 이상 ② 2기 이상 : **탱크최대용량**×110% 이상

12 수치(아주 중요!)

수 치	설 명
0.15m 이상	**레버**의 길이(위험물규칙 〔별표 10〕) 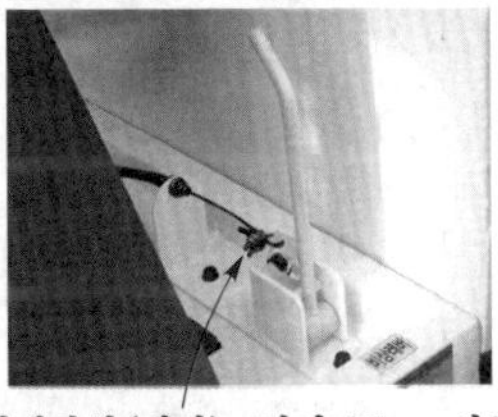 수동폐쇄장치(레버) : 길이 15cm 이상 ‖ 이동저장탱크 배출밸브 수동폐쇄장치 레버 ‖
0.2m 이상	CS_2 옥외탱크저장소의 누께(위험물규칙 〔별표 6〕)
0.3m 이상	지하탱크저장소의 철근콘크리트조 **뚜껑** 두께(위험물규칙 〔별표 8〕)
0.5m 이상	① **옥내탱크저장소**의 탱크 등의 **간격**(위험물규칙 〔별표 7〕) ② 지정수량 **100배** 이하의 지하탱크저장소의 상호간격(위험물규칙 〔별표 8〕)
0.6m 이상	지하탱크저장소의 철근 콘크리트 뚜껑 크기(위험물규칙 〔별표 8〕)
1m 이내	이동탱크저장소 측면틀 탱크 상부 **네 모퉁**이에서의 위치(위험물규칙 〔별표 10〕)
1.5m 이하	황 옥외저장소의 **경계표시** 높이(위험물규칙 〔별표 11〕)
2m 이상	주유취급소의 **담** 또는 **벽**의 높이(위험물규칙 〔별표 13〕)
4m 이상	주유취급소의 **고정주유설비**와 **고정급유설비** 사이의 **이격거리**(위험물규칙 〔별표 13〕)
5m 이내	주유취급소의 주유관의 길이(위험물규칙 〔별표 13〕)
6m 이하	옥외저장소의 **선반** 높이(위험물규칙 〔별표 11〕)
50m 이내	이동탱크저장소의 **주입설비**의 길이(위험물규칙 〔별표 10〕)

Key Point

＊ 압력탱크의 최대 상용압력
46.7kPa 이상

＊ 고정주유설비와 고정급유설비
① 고정주유설비 : 펌프기기 및 호스기기로 되어 위험물을 자동차 등에 직접 주유하기 위한 설비로서 현수식 포함
② 고정급유설비 : 펌프기기 및 호스기기로 되어 위험물을 용기에 채우거나 이동저장탱크에 주입하기 위한 설비로서 현수식 포함

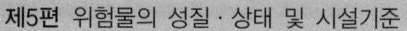

Key Point

✱ 셀프용 고정주유설비
고객이 직접 자동차 등의 연료탱크 또는 용기에 위험물을 주입하는 고정주유설비

✱ 방파판의 설치 제외
칸막이로 구획된 부분의 용량이 2000ℓ 미만인 부분

✱ 준특정 옥외탱크저장소
옥외탱크저장소 중 저장 · 취급하는 액체위험물의 최대수량이 50만~100만ℓ 미만인 것

✱ 특정 · 준특정 옥외탱크저장소
옥외탱크저장소 중 저장 · 취급하는 액체위험물의 최대수량이 50만ℓ 이상인 것

13 용량 (절대 중요 !)

용 량	설 명
100ℓ 이하	① 셀프용 고정주유설비 **휘발유 주유량**의 상한(위험물규칙 〔별표 13〕) ② 셀프용 고정주유설비 **급유량**의 상한(위험물규칙 〔별표 13〕)
400ℓ 이상	이송취급소 **기자재창고 포소화약제** 저장량(위험물규칙 〔별표 15〕 Ⅳ)
600ℓ 이하	① 간이 탱크저장소의 탱크용량(위험물규칙 〔별표 9〕) ② 셀프용 고정주유설비 **경유** 주유량의 상한(위험물규칙 〔별표 13〕)
1900ℓ 미만	**알킬알루미늄** 등을 저장 · 취급하는 이동저장탱크의 용량(위험물규칙 〔별표 10〕 Ⅹ)
2000ℓ 미만	이동저장탱크의 방파판 설치 제외(위험물규칙 〔별표 10〕 Ⅱ)
2000ℓ 이하	주유취급소의 폐유 탱크용량(위험물규칙 〔별표 13〕)
4000ℓ 이하	이동저장탱크의 칸막이 설치(위험물규칙 〔별표 10〕 Ⅱ) 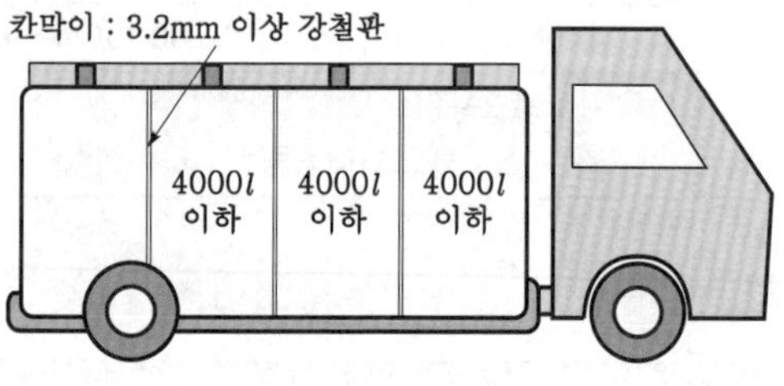 ▮ 이동저장탱크 ▮
40000ℓ 이하	일반취급소의 지하전용탱크의 용량(위험물규칙 〔별표 16〕 Ⅶ) 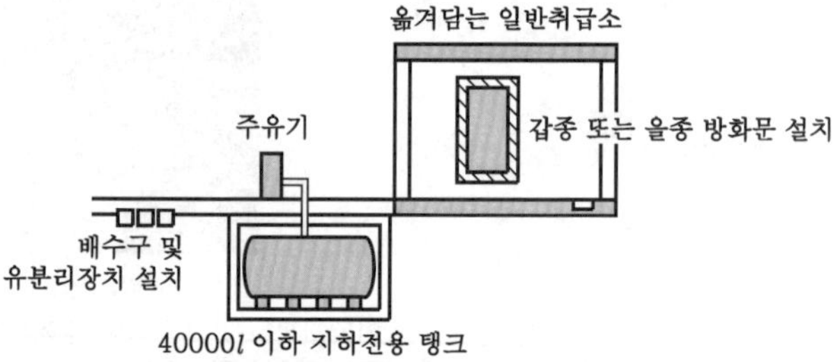 ▮ 지하전용탱크 ▮
60000ℓ 이하	**고속국도** 주유취급소의 특례(위험물규칙 〔별표 13〕)
50만~100만ℓ 미만	**준특정 옥외탱크저장소**의 용량(위험물규칙 〔별표 6〕 Ⅴ)
100만ℓ 이상	① **특정 옥외탱크저장소**의 용량(위험물규칙 〔별표 6〕 Ⅳ) ② 옥외저장탱크의 **개폐상황확인장치** 설치(위험물규칙 〔별표 6〕 Ⅸ)
1000만ℓ 이상	옥외저장탱크의 **간막이둑** 설치용량(위험물규칙 〔별표 6〕 Ⅸ)

14 온도(아주 중요 !)

온 도	설 명
15℃ 이하	**압력탱크 외**의 **아세트알데하이드**의 온도(위험물규칙 〔별표 18〕 Ⅲ)
21℃ 미만	① 옥외저장탱크의 **주입구 게시판** 설치(위험물규칙 〔별표 6〕 Ⅵ) ② 옥외저장탱크의 **펌프설비 게시판** 설치(위험물규칙 〔별표 6〕 Ⅵ)

Key Point

온 도	설 명
30℃ 이하	**압력탱크 외**의 **다이에틸에터 · 산화프로필렌**의 온도(위험물규칙 〔별표 18〕 Ⅲ)
38℃ 이상	**보일러** 등으로 위험물을 소비하는 일반취급소(위험물규칙 〔별표 16〕)
40℃ 미만	이동탱크저장소의 **원동기** 정지(위험물규칙 〔별표 18〕 Ⅳ)
40℃ 이하	① **압력탱크**의 **다이에틸에터 · 아세트알데하이드**의 온도(위험물규칙 〔별표 18〕 Ⅲ) ② **보냉장치**가 **없는 다이에틸에터 · 아세트알데하이드**의 온도(위험물규칙 〔별표 18〕 Ⅲ)
40℃ 이상	① 지하탱크저장소의 배관 **윗부분** 설치제외(위험물규칙 〔별표 8〕) ② **세정작업**의 일반취급소(위험물규칙 〔별표 16〕) ③ 이동저장탱크의 **주입구 주입호스** 결합 제외(위험물규칙 〔별표 18〕 Ⅳ)
55℃ 미만	옥내저장소의 **용기수납** 저장온도(위험물규칙 〔별표 18〕 Ⅲ)
70℃ 미만	**옥내저장소** 저장창고의 **배출설비** 구비(위험물규칙 〔별표 5〕) 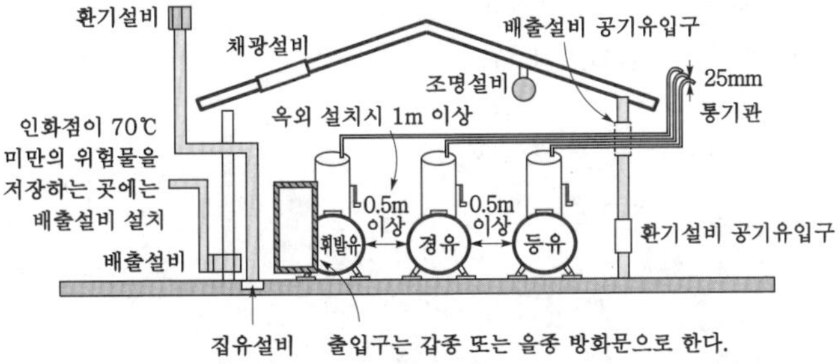 간이탱크저장소
70℃ 이상	① 옥내저장탱크의 **외벽 · 기둥 · 바닥**을 **불연재료**로 할 수 있는 경우(위험물규칙 〔별표 7〕) ② **열처리작업** 등의 일반취급소(위험물규칙 〔별표 16〕)
100℃ 이상	**고인화점** 위험물(위험물규칙 〔별표 4〕 Ⅺ)
200℃ 이상	옥외저장탱크의 **방유제** 거리확보 제외(위험물규칙 〔별표 6〕 Ⅸ)

※ 보냉장치
저온을 유지하기 위한 장치

15 주유취급소의 게시판(위험물규칙 〔별표 13〕)

주유 중 엔진 정지 : **황색**바탕에 **흑색**문자

중요

표시방식

구 분	표시방식
옥외탱크저장소 · 컨테이너식 이동탱크저장소	**백색**바탕에 **흑색**문자
주유취급소	**황색**바탕에 **흑색**문자
물기엄금	**청색**바탕에 **백색**문자
화기엄금 · 화기주의	**적색**바탕에 **백색**문자

※ 불연재료
화재시 불에 녹거나 열에 의해 빨갛게 되는 경우는 있어도 연소현상을 일으키지 않는 재료

※ 고인화점 위험물
인화점이 100℃ 이상인 제4류 위험물

Key Point

16 주유취급소의 특례기준(위험물규칙 〔별표 13〕)

① 항공기
② 철도
③ 고속국도
④ 선박
⑤ 자가용

* 위험물의 혼재기준 꼭 기억하세요.

17 위험물의 혼재기준(위험물규칙 〔별표 19〕 부표 2)

① 제1류 위험물+제6류 위험물
② 제2류 위험물+제4류 위험물
③ 제2류 위험물+제5류 위험물
④ 제3류 위험물+제4류 위험물
⑤ 제4류 위험물+제5류 위험물

● 초스피드 기억법

1-6
2-4, 5
3-4
4-5

소방시설관리사 1차

Part 1 소방안전관리론 및 화재역학

할 수 있다는 믿음을 가지면 그런 능력이 없을지라도 결국에는 할 수 있는 능력을 갖게 된다.

- 간디(Mahatma Gandhi) -

출제경향분석

PART 01 소방안전관리론 및 화재역학

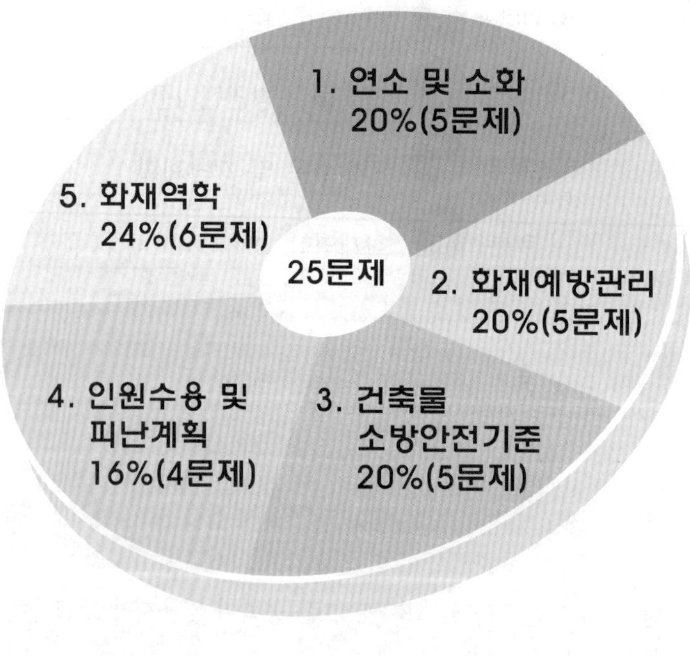

CHAPTER

01 연소 및 소화

1 연소

출제확률 16% (4문제)

1 연소

(1) 연소의 정의

가연물이 공기 중에 있는 산소와 반응하여 **열**과 **빛**을 동반하며 급격히 산화반응하는 현상

(2) 연소의 색과 온도

연소의 색과 온도

색	온 도[℃]
암적색(진홍색)	700~750
적색	850
휘적색(주황색)	925~950 문01 보기③
황적색	1100
백적색(백색)	1200~1300
휘백색	1500

★★★

문제 01 보통 화재에서 주황색의 불꽃온도는 섭씨 몇 도 정도인가?

09회 문 07
05회 문 16
04회 문 21

① 525℃ ② 750℃
③ 925℃ ④ 1075℃

유사문제부터 풀어보세요. 실력이 팍!팍! 올라갑니다.

해설 ③ 주황색 : 925~950℃

답 ③

(3) 연소물질의 온도

연소물질의 온도

상 태	온도[℃]
목재화재	1200~1300
연강 용해, 촛불	1400
전기용접 불꽃	3000~4000
아세틸렌 불꽃	3300

(4) 연소의 3요소

가연물, 산소공급원, 점화원을 연소의 3요소라 한다.

기억법 연3 가산점(연소의 3요소를 알면 가산점을 준다.)

Key Point

* **연소**
응고상태 또는 기체상태의 연료가 관계된 자발적인 발열반응 과정

* **산화반응**
물질이 산소와 화합하여 반응하는 것

* **산화속도**
연소속도와 직접 관계된다.

* **연소속도**
산화속도

* **가연물**
가연물질

Key Point

※ 활성화에너지
가연물이 처음 연소하는 데 필요한 열

① 가연물

㈎ 가연물의 구비조건

㉠ **열전도율**이 작을 것 [문02 보기②]

㉡ 발열량이 클 것 [문02 보기④]

㉢ **산화반응**이면서 **발열반응**할 것

㉣ **활성화에너지**가 작을 것 [문02 보기③]

㉤ 산소와 화학적으로 친화력이 클 것 [문02 보기①]

㉥ 표면적이 넓을 것

㉦ 연쇄반응을 일으킬 수 있을 것

★★★
문제 02 가연물이 연소하기 쉬운 조건으로 틀린 것은?
[07회 문 24]
① 산소와 친화력이 클 것
② 열전도율이 작을 것
③ 활성화에너지가 클 것 (작을)
④ 발열량이 클 것

답 ③

※ 프레온
불연성 가스

㈏ 가연물이 될 수 없는 물질(불연성 물질)

특 징	불연성 물질
주기율표의 0족 원소	• 헬륨(He) • 네온(Ne) • 아르곤(Ar) • 크립톤(Kr) • 크세논(Xe) • 라돈(Rn)
산소와 더 이상 반응하지 않는 물질	• 물(H_2O) • 이산화탄소(CO_2) • 산화알루미늄(Al_2O_3) • 오산화인(P_2O_5)
흡열반응 물질	• 질소(N_2)

※ 질소
복사열을 흡수하지 않는다.

※ 공기의 구성 성분
① 산소 : 21%
② 질소 : 78%
③ 아르곤 : 1%

② 산소공급원 : 공기 중의 산소 외에 다음의 위험물이 포함된다.

㉠ 제1류 위험물

㉡ 제5류 위험물

㉢ 제6류 위험물

• **산소공급원** : 산소, 공기, 바람, 산화제

※ 점화원이 될 수 없는 것
① 기화열
② 융해열
③ 흡착열

※ 나화
불꽃이 있는 연소상태

③ 점화원

㉠ 자연발화

㉡ 단열압축

㉢ 나화 및 고온표면

㉣ 충격마찰

㉤ 전기불꽃

㉥ 정전기불꽃

Key Point

(5) 연소의 4요소(4면체적 요소)

① **가연물**(연료)

② **산소공급원**(산소, 산화제, 공기, 바람)

③ **점화원**(온도)

④ **순조로운 연쇄반응** : **불꽃연소**와 관계

> • **불꽃연소**
> ① 증발연소 ② 분해연소 ③ 확산연소 ④ 예혼합기연소(예혼합연소)

* **불꽃연소**
  숨뭉치가 서서히 타는 것

> **중요** **불꽃연소의 특징**
> ① 가연성 성분의 기체상태 연소
> ② **연쇄반응**이 일어난다.
> ③ 연소시 **발열량**이 매우 **크다**.

* **PVC film 제조**
  정전기 발생에 의한 화재위험이 크다.

(6) 정전기

① 정전기의 방지대책

㉠ **접지**를 한다.

㉡ 공기의 상대습도를 **70%** 이상으로 한다. 문03 보기③

㉢ 공기를 **이온화**한다.

㉣ **도체물질**을 사용한다. 문03 보기④

> **중요** **정전기 발생요건**
> ① 자동차가 장시간 주행하는 경우 문03 보기①
> ② 위험물 옥외탱크에 석유류를 주입하는 경우 문03 보기②
> ③ 부도체를 마찰시키는 경우 문03 보기④

★★★
문제 03 정전기의 발생이 가장 적은 것은?
04회 문 25
① 자동차가 장시간 주행하는 경우
② 위험물 옥외탱크에 석유류를 주입하는 경우
③ 공기 중 습도가 높은 경우
④ 부도체를 마찰시키는 경우

해설 공기 중의 상대습도를 **70%** 이상으로 하면 정전기가 발생되지 않는다.

답 ③

② 정전기의 발화과정

전하의 발생 → 전하의 축적 → 방전 → 발화

> • **정전기** : 가연성 물질을 발화시킬 수가 있다.

Key Point

※ 목재의 연소형태
증발연소
↓
분해연소
↓
표면연소

※ 불꽃연소
① 증발연소
② 분해연소
③ 확산연소
④ 예혼합기연소

※ 작열연소
표면연소

※ 질화도
① 정의 : 나이트로셀룰로오스의 질소의 함유율
② 질화도가 높을수록 위험하다.

2 연소의 형태

(1) 고체의 연소

① 표면연소 : **숯, 코크스, 목탄, 금속분** 등이 열분해에 의하여 가연성 가스를 발생하지 않고 그 물질 자체가 연소하는 현상

기억법 **표숯코목탄금**

표면연소 = 응축연소 = 작열연소 = 직접연소

중요 **작열연소**
① 연쇄반응이 존재하지 않음
② 순수한 **숯**이 타는 것
③ 불꽃연소에 비하여 발열량이 크지 않다.

② 분해연소 : **석탄, 종이, 플라스틱, 목재, 고무** 등의 연소시 열분해에 의하여 발생된 가스와 산소가 혼합하여 연소하는 현상

기억법 **분석종플 목고**

③ 증발연소 : **황, 왁스, 파라핀, 나프탈렌** 등을 가열하면 고체에서 액체로, 액체에서 기체로 상태가 변하여 그 기체가 연소하는 현상

기억법 **증황왁파나**

④ 자기연소 : 제5류 위험물인 **나이트로글리세린, 나이트로셀룰로오스**(질화면), TNT, **나이트로화합물(피크린산), 질산에스터류(셀룰로이드)** 등이 열분해에 의해 산소를 발생하면서 연소하는 현상 문04 보기②

★★★
문제 04 자기연소를 일으키는 가연물질로만 짝지어진 것은?

19회 문 02
19회 문 24
10회 문 22
09회 문 05
09회 문 23

① 나이트로셀룰로오스, 황, 등유
② 질산에스터류, 셀룰로이드, 나이트로화합물
③ 셀룰로이드, 발연황산, 목탄
④ 질산에스터류, 황린, 염소산칼륨

해설 ② 자기연소 : 질산에스터류, 셀룰로이드, 나이트로화합물

답 ②

자기연소 = 내부연소

(2) 액체의 연소

액체연소	설 명
분해연소	**중유**, **아스팔트**와 같이 점도가 높고 비휘발성인 액체가 고온에서 열분해에 의해 가스로 분해되어 연소하는 현상
액적연소	**벙커C유**와 같이 가열하고 점도를 낮추어 버너 등을 사용하여 액체의 입자를 안개형태로 분출하여 연소하는 현상
증발연소	**가솔린**, **등유**, **경유**, **알코올**, **아세톤** 등과 같이 액체가 열에 의해 증기가 되어 그 증기가 연소하는 현상
분무연소	물질의 입자를 분산시켜 공기의 접촉면적을 넓게 하여 연소하는 현상

(3) 기체의 연소

기체연소	설 명
확산연소	**메탄**(CH_4), **암모니아**(NH_3), **아세틸렌**(C_2H_2), **일산화탄소**(CO), **수소**(H_2) 등과 같이 기체연료가 공기 중의 산소와 혼합되면서 연소하는 현상
예혼합기연소	기체연료에 공기 중의 산소를 미리 혼합한 상태에서 연소하는 현상

용어

임계온도와 임계압력

임계온도	임계압력
아무리 큰 압력을 가해도 액화하지 않는 최저온도	임계온도에서 액화하는 데 필요한 압력

3 연소와 관계되는 용어

(1) 발화점(Ignition point)

가연성 물질에 불꽃을 접하지 아니하였을 때 연소가 가능한 최저온도

- 탄화수소계의 분자량이 클수록 발화온도는 일반적으로 낮다.

(2) 인화점(Flash point)

① 휘발성 물질에 **불꽃**을 접하여 연소가 가능한 **최저온도**

② 가연성 증기 발생시 연소범위의 **하한계**에 이르는 **최저온도**

③ 가연성 증기를 발생하는 액체가 공기와 혼합하여 기상부에 다른 불꽃이 닿았을 때 연소가 일어나는 **최저온도**

④ **위험성 기준**의 척도

중요 인화점

① 가연성 액체의 발화와 깊은 관계가 있다.

② 연료의 조성, 점도, 비중에 따라 달라진다.

Key Point

※ 확산연소
화염의 안정범위가 넓고 조작이 용이하며 역화의 위험이 없는 연소

※ 예혼합기연소
'예혼합연소'라고도 한다.

※ 임계온도
압력조건에 관계없이 그 값이 일정하다.

※ 발화점과 같은 의미
착화점

※ 인견
고체물질 중 발화온도가 높다.

※ 발화점이 낮아지는 경우
① 열전도율이 낮을 때
② 분자구조가 복잡할 때
③ 습도가 낮을 때

※ 물질의 발화점
① 황린 : 30~50℃
② 황화인·이황화탄소 : 100℃
③ 나이트로셀룰로오스 : 180℃

Key Point

(3) 연소점(Fire point)

① 인화점보다 10℃ 높으며 연소를 **5초** 이상 지속할 수 있는 온도

② 어떤 인화성 액체가 공기 중에서 열을 받아 점화원의 존재하에 **지속적**인 연소를 일으킬 수 있는 온도 문05 보기③

③ 가연성 액체에 점화원을 가져가서 인화된 후에 점화원을 제거하여도 가연물이 **계속** 연소되는 **최저온도**

★★★

문제 05 어떤 물질이 공기 중에서 열을 받아 지속적인 연소를 일으킬 수 있는 온도를 무엇이라 하는가?

15회 문 02
14회 문 06
02회 문 24

① 발화점 ② 발열점

③ 연소점 ④ 가연점

해설

③ 연소점 : 지속적인 연소를 일으킬 수 있는 온도

답 ③

(4) 비중(Specific gravity)

물 4℃를 기준으로 했을 때의 물체의 무게

(5) 비점(Boiling point)

액체가 끓으면서 증발이 일어날 때의 온도

(6) 비열(Specific heat)

단 위	정 의
1cal	1g의 물체를 1℃만큼 온도 상승시키는 데 필요한 열량
1BTU	1lb의 물체를 1°F만큼 온도 상승시키는 데 필요한 열량
1chu	1lb의 물체를 1℃만큼 온도 상승시키는 데 필요한 열량

(7) 융점(Melting point)

대기압하에서 고체가 용융하여 액체가 되는 온도

(8) 잠열(Latent heat)

어떤 물질이 고체, 액체, 기체로 상태를 변화하기 위해 필요로 하는 열

중요 물의 잠열

잠열 및 열량	설 명
80cal/g	융해잠열
539cal/g	기화(증발)잠열
639cal	0℃의 물 1g이 100℃의 수증기로 되는 데 필요한 열량
719cal	0℃의 얼음 1g이 100℃의 수증기로 되는 데 필요한 열량

기억법 기53, 융8

※ 1BTU
252cal

※ lb
파운드

※ 융점
'녹는점'이라고도 한다.

※ 열량

$Q = rm + mC\Delta T$

여기서,
Q : 열량[cal]
r : 융해열 또는 기화열[cal/g]
m : 질량[g]
C : 비열[cal/g · ℃]
ΔT : 온도차[℃]

Key Point

(9) 점도(Viscosity)

액체의 점착과 응집력의 효과로 인한 흐름에 대한 저항을 측정하는 기준

(10) 온도

온도단위	설 명
섭씨[℃]	1기압에서 물의 빙점을 0℃, 비점을 100℃로 한 것
화씨[°F]	대기압에서 물의 빙점을 32°F, 비점을 212°F로 한 것
켈빈온도[K]	1기압에서 물의 빙점을 273.18K, 비점을 373.18K로 한 것
랭킨온도[°R]	온도차를 말할 때는 화씨와 같으나 0°F가 459.71°R로 한 것

(11) 증기비중(Vapor specific gravity) 문06 보기②

$$\text{증기비중} = \frac{\text{분자량}}{29}$$

여기서, 29 : 공기의 평균분자량

★★★

문제 06 CO_2의 증기비중은? (단, 분자량 CO_2 : 44, N_2 : 28, O_2 : 32)

19회 문 05
08회 문 81
07회 문 02

① 0.8 ② 1.5
③ 1.8 ④ 2.0

해설

② $\text{증기비중} = \frac{\text{분자량}}{29} = \frac{44}{29} \fallingdotseq 1.5$

답 ②

※ 증기비중과 같은 의미
가스비중

(12) 증기－공기밀도(Vapor－Air density)

어떤 온도에서 액체와 평형상태에 있는 증기와 공기의 혼합물의 증기밀도

$$\text{증기－공기밀도} = \frac{P_2 d}{P_1} + \frac{P_1 - P_2}{P_1}$$

여기서, P_1 : 대기압
P_2 : 주변온도에서의 증기압
d : 증기밀도

※ 증기밀도

$$\text{증기밀도} = \frac{\text{분자량}}{22.4}$$

여기서, 22.4 : 어떤 물질 1몰의 부피[l]

※ 증기압
비점이 낮은 액체일수록 증기압이 높다.

4 위험물질의 위험성

① 비등점(비점)이 낮아질수록 위험하다.
② 융점이 낮아질수록 위험하다.
③ 점성이 낮아질수록 위험하다.
④ 비중이 낮아질수록 위험하다.

※ 비중이 무거운 순서
① Halon 2402
② Halon 1211
③ Halon 1301
④ CO_2

Key Point

용어

용 어	설 명
비등점	액체가 끓어오르는 온도. '**비점**'이라고도 한다.
융점	녹는 온도. '**융해점**'이라고도 한다.
점성	끈끈한 성질
비중	어떤 물질과 표준물질과의 질량비

5 연소의 온도 및 문제점

(1) 연소온도에 영향을 미치는 요인

① 공기비
② 산소농도
③ 연소상태
④ 연소의 발열량
⑤ 연소 및 공기의 현열
⑥ 화염전파의 열손실

※ 공기비
① 고체 : 1.4~2.0
② 액체 : 1.2~1.4
③ 기체 : 1.1~1.3

※ 연소
빛과 열을 수반하는 산화반응

(2) 연소속도에 영향을 미치는 요인

① 압력
② 촉매 [문07 보기③]
③ 산소의 농도 [문07 보기②]
④ 가연물의 온도 [문07 보기④]
⑤ 가연물의 입자

※ 촉매
반응을 촉진시키는 것

★★
문제 07 연소속도를 결정하는 인자가 아닌 것은?
22회 문 20
17회 문 09
10회 문 15

① 비중량
관계 없음
② 산소농도
③ 촉매
④ 온도

답 ①

(3) 연소상의 문제점

백-파이어(Back-fire) ; 역화	리프트(Lift)	블로-오프(Blow-off)
가스가 노즐에서 나가는 속도가 연소속도보다 느리게 되어 버너 내부에서 연소하게 되는 현상 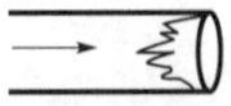 ▮ 백-파이어 ▮ 혼합가스의 유출속도 <연소속도	가스가 노즐에서 나가는 속도가 연소속도보다 빠르게 되어 불꽃이 버너의 노즐에서 떨어져서 연소하게 되는 현상 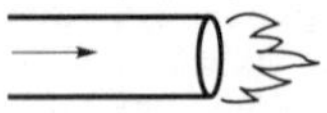 ▮ 리프트 ▮ 혼합가스의 유출속도 >연소속도	리프트 상태에서 불이 꺼지는 현상 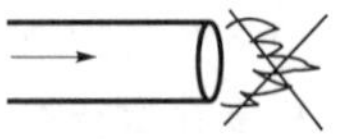 ▮ 블로-오프 ▮

※ 리프트
버너내압이 높아져서 분출속도가 빨라지는 현상

6 연소생성물의 종류 및 특성

(1) 일산화탄소(CO)

① 화재시 흡입된 일산화탄소(CO)의 화학적 작용에 의해 **헤모글로빈**(Hb)이 혈액의 **산소운**반작용을 저해하여 사람을 질식·사망하게 한다.

② 산소와의 결합력이 극히 강하여 질식작용에 의한 독성을 나타낸다.

기억법 일산운(**일산**에 **운**전해서 가자!)

‖ 일산화탄소의 영향 ‖

농 도	영 향
0.2%	1시간 호흡시 생명에 위험을 준다. 문08 보기②
0.4%	1시간 내에 사망한다.
1%	2~3분 내에 실신한다.

★★★
문제 08 일산화탄소(CO)를 1시간 정도 마셨을 때 생명에 위험을 주는 위험농도는?
19회 문 19 / 16회 문 16 / 15회 문 11

① 0.1%　　② 0.2%
③ 0.3%　　④ 0.4%

해설 ② 0.2% : 1시간 정도 마셨을 때 생명에 위험을 준다.

답 ②

중요 고체가연물 연소시 생성물질

① CO　② CO_2　③ SO_2
④ NH_3　⑤ HCN　⑥ HCl

(2) 이산화탄소(CO_2)

연소가스 중 **가장 많은 양**을 차지하고 있으며 가스 그 자체의 독성은 거의 없으나 다량이 존재할 경우, 사람의 호흡속도를 증가시키고, 이로 인하여 화재가스에 혼합된 유해가스의 혼입을 증가시켜 위험을 가중시키는 가스 문09 보기②

기억법 이많(**이만**큼)

★★★
문제 09 연소가스 중 가장 많은 양을 차지하고 있으며 가스 그 자체의 독성은 거의 없으나 다량이 존재할 경우, 사람의 호흡속도를 증가시키고, 이로 인하여 화재가스에 혼합된 유해가스의 흡입을 증가시켜 위험을 가중시키는 가스는?
14회 문 14

① CO　　② CO_2
③ SO_2　　④ NH_3

해설 ② CO_2 : 화재가스에 혼합된 유해가스의 흡입을 증가시켜 위험을 가중시키는 가스

답 ②

Key Point

※ 연소생성물
① 열
② 연기
③ 불꽃
④ 가연성 가스

※ 일산화탄소
① 화재시 인명피해를 주는 유독성 가스
② 인체의 폐에 큰 자극을 줌.
③ 연기로 인한 의식불명 또는 질식을 가져오는 유해성분

※ 임계점
액화 CO_2를 가열하여 액체와 기체의 밀도가 서로 같아질 때의 온도

Key Point

※ 두부
'머리'를 말한다.

※ 용해도
포화용액 가운데 들어 있는 용질의 농도

※ 농황산
용해열

※ 연소시 HCl 발생물질
Cl성분이 있는 물질

※ 연소시 SO_2 발생물질
S성분이 있는 물질

※ 질소함유 플라스틱 연소시 발생가스
N성분이 있는 물질

| 이산화탄소의 영향 |

농 도	영 향
1%	공중위생상의 상한선이다. 문10 보기①
2%	수 시간의 흡입으로는 증상이 없다.
3%	호흡수가 증가되기 시작한다. 문10 보기②
4%	두부에 압박감이 느껴진다. 문10 보기③
6%	호흡수가 현저하게 증가한다.
8%	호흡이 곤란해진다. 문10 보기④
10%	2~3분 동안에 의식을 상실한다.
20%	사망한다.

• 이산화탄소는 온도가 낮을수록, 압력이 높을수록 용해도는 증가한다.

★★

문제 10 **화재시 탄산가스의 농도로 인한 중독작용의 설명으로 적합하지 않은 것은?**
05회 문 04
① 농도가 1%인 경우 : 공중위생상의 상한선이다.
② 농도가 3%인 경우 : 호흡수가 증가되기 시작한다.
③ 농도가 4%인 경우 : 두부에 압박감이 느껴진다.
④ 농도가 6%인 경우 : 호흡이 곤란해진다.
8%

답 ④

중요 **PVC 연소시 생성가스**
① HCl(염화수소) : 부식성 가스
② CO_2(이산화탄소)
③ CO(일산화탄소)

(3) 포스겐($COCl_2$)

독성이 매우 강한 가스로서 소화제인 **사염화탄소**(CCl_4)를 화재시에 사용할 때도 발생한다.

기억법 독강 소사포

(4) 황화수소(H_2S)

① **달걀 썩는 냄새**가 나는 특성이 있다.
② **황분**이 포함되어 있는 물질의 불완전연소에 의하여 발생하는 가스이다.
③ **자극성**이 있다.

기억법 황달자

중요 가연성 가스 + 독성 가스

① 황화수소(H_2S)
② 암모니아(NH_3)

(5) 아크롤레인(CH_2CHCHO)

독성이 매우 높은 가스로서 **석유제품**, **유지** 등이 연소할 때 생성되는 가스

기억법 아석유

(6) 암모니아(NH_3)

① 나무, **페**놀수지, **멜**라민수지 등의 **질소함유물**이 연소할 때 발생하며, 냉동시설의 **냉매**로 쓰인다.
② **눈 · 코 · 폐** 등에 매우 **자**극성이 큰 가연성 가스

기억법 암페멜냉자

중요 인체에 영향을 미치는 연소생성물

① 일산화탄소(CO) · 이산화탄소(CO_2) · 황화수소(H_2S)
② 아황산가스(SO_2) · 암모니아(NH_3) · 시안화수소(HCN)
③ 염화수소(HCl) · 이산화질소(NO_2) · 포스겐($COCl_2$)

7 유류탱크, 가스탱크에서 발생하는 현상

(1) 블래비(BLEVE : Boiling Liquid Expanding Vapour Explosion)

과열상태의 탱크에서 내부의 액화가스가 분출하여 기화되어 폭발하는 현상

블래비(BLEVE)

(2) 보일오버(Boil over)

① 중질유의 탱크에서 장시간 조용히 연소하다 탱크 내의 잔존기름이 갑자기 분출하는 현상 문11 보기①
② 유류탱크에서 탱크 바닥에 물과 기름의 **에멀전**(emulsion)이 섞여 있을 때 이로 인하여 화재가 발생하는 현상
③ 연소유면으로부터 100℃ 이상의 열파가 탱크 저부에 고여 있는 물을 비등하게 하면서 연소유를 탱크 밖으로 비산시키며 연소하는 현상

Key Point

＊ 연소시 HCN 발생물질
① 요소
② 멜라닌
③ 아닐린
④ Poly urethane (폴리우레탄)

＊ 아황산가스
$S + O_2 \rightarrow SO_2$

＊ 유류탱크에서 발생하는 현상
① 보일오버
② 오일오버
③ 프로스오버
④ 슬롭오버

＊ 보일오버의 발생 조건
① 화염이 된 탱크의 기름이 열파를 형성하는 기름일 것
② 탱크 일부분에 물이 있을 것
③ 탱크 밑부분의 물이 증발에 의하여 거품을 생성하는 고점도를 가질 것

＊ 에멀전
물의 미립자가 기름과 섞여서 기름의 증발능력을 떨어뜨려 연소를 억제하는 것

＊ 열파
열의 파장

Key Point

④ 유류탱크의 화재시 탱크 저부의 물이 뜨거운 열류층에 의하여 수증기로 변하면서 급작스런 부피팽창을 일으켜 유류가 탱크 외부로 분출하는 현상
⑤ 탱크 저부의 물이 급격히 증발하여 탱크 밖으로 화재를 동반하며 방출하는 현상

★★★
문제 11 **중질유의 탱크에서 장시간 조용히 연소하다 탱크 내의 잔존기름이 갑자기 분출하는 현상을 무엇이라고 하는가?**

① 보일오버(Boil over) ② 플래시오버(Flash over)
③ 슬롭오버(Slop over) ④ 프로스오버(Froth over)

해설 ① **보일오버** : 탱크 내의 잔존기름이 갑자기 분출하는 현상

답 ①

(3) 오일오버(Oil over)

저장탱크 내에 저장된 유류저장량이 내용적의 **50%** 이하로 충전되어 있을 때 화재로 인하여 탱크가 폭발하는 현상

(4) 프로스오버(Froth over) 문12 보기④

물이 점성의 뜨거운 기름 표면 아래에서 끓을 때 화재를 수반하지 않고 용기가 넘치는 현상

★★★
문제 12 **유류 저장탱크 내부의 물이 점성을 가진 뜨거운 기름의 표면 아래에서 끓을 때 화재를 수반하지 않고 기름이 넘치는 현상은?**

19회 문 06
19회 문 13
17회 문 06
16회 문 04
16회 문 14
11회 문 16
10회 문 11
08회 문 24
06회 문 15
04회 문 03
03회 문 23

① 슬롭오버(Slop over) ② 플레임오버(Flame over)
③ 보일오버(Boil over) ④ 프로스오버(Froth over)

해설 ④ **프로스오버** : 물이 기름 표면 아래에서 끓을 때 **화재**를 **수반**하지 **않고** 기름이 넘치는 현상

답 ④

(5) 슬롭오버(Slop over)

① 물이 연소유의 뜨거운 표면에 들어갈 때 기름 표면에서 화재가 발생하는 현상
② 유화제로 소화하기 위한 물이 수분의 급격한 증발에 의하여 액면이 거품을 일으키면서 열유층 밑의 냉유가 급히 열팽창하여 기름의 일부가 불이 붙은 채 탱크벽을 넘어서 일출하는 현상

8 열전달의 종류

(1) 전도(Conduction)

① **정의** : 하나의 물체가 다른 물체와 **직접 접촉**하여 열이 이동하는 현상
② **전도의 예** : 티스푼을 통해 커피의 열이 손에 전달되는 것

※ 슬롭오버
① 연소유면의 온도가 100℃ 이상일 때 발생
② 연소유면의 폭발적 연소로 탱크 외부까지 화재가 확산
③ 소화시 외부에서 뿌려지는 물에 의하여 발생

※ 유화제
물을 기름화재에 사용할 수 있도록 거품을 일으키는 물질을 섞은 것

※ 열의 전도와 관계있는 것
① 온도차
② 자유전자
③ 분자의 병진운동

※ 열의 전달
전도, 대류, 복사가 모두 관여된다.

$$\mathring{Q} = \frac{kA(T_2 - T_1)}{l}$$

여기서, $\mathring{Q}$: 전도열〔W〕
k : 열전도율〔W/m · K〕
A : 단면적〔m^2〕
$T_2 - T_1$: 온도차〔K〕
l : 벽체 두께〔m〕

(2) 대류(Convection)

① 정의 : 유체의 흐름에 의하여 열이 이동하는 현상
② 대류의 예 : 난로에 의해 방안의 공기가 데워지는 것

$$\mathring{Q} = Ah(T_2 - T_1)$$

여기서, $\mathring{Q}$: 대류열〔W〕
h : 열전달률〔W/m^2 · ℃〕
$T_2 - T_1$: 온도차〔℃〕

(3) 복사(Radiation)

① 정의 : 전자파의 형태로 열이 옮겨지는 현상으로서, 높은 온도에서 낮은 온도로 열이 이동한다.
② 복사의 예 : 태양의 열이 지구에 전달되어 따뜻함을 느끼는 것

$$\mathring{Q} = aAF(T_1^4 - T_2^4)$$ 문13 보기①

여기서, $\mathring{Q}$: 복사열〔W〕
a : 스테판-볼츠만 상수〔W/m^2 · K^4〕
A : 단면적〔m^2〕
T_1 : 고온〔K〕
T_2 : 저온〔K〕
F : 기하학적 Factor

중요

스테판-볼츠만의 법칙
복사체에서 발산되는 복사열은 복사체의 절대온도의 **4제곱**에 비례한다.

기억법 복스4(**복수**하기 전에 **사**과)

★★★
문제 13 스테판-볼츠만의 법칙으로 온도차이가 있는 두 물체(흑체)에서 저온(T_2)의 물체가 고온(T_1)의 물체로부터 흡수하는 복사열 Q에 대한 식으로 옳은 것은? (단, a : 스테판-볼츠만 상수, A : 단면적, F : 기하학적 Factor, T_1, T_2 : 물체의 절대온도)

19회 문 16
18회 문 13
14회 문 11
08회 문 16
05회 문 08

① $Q = aAF(T_1^4 - T_2^4)$
② $Q = aAF(T_2^4 - T_1^4)$
③ $Q = aA/F(T_1^4 - T_2^4)$
④ $Q = aA/F(T_2^4 - T_1^4)$

해설
① $Q = aAF(T_1^4 - T_2^4)$

답 ①

Key Point

※ 유체
액체 또는 기체

※ 열전달의 종류
① 전도
② 대류
③ 복사

※ 열전도와 관계있는 것
① 열전도율
② 밀도
③ 비열
④ 온도

※ 복사
화재시 열의 이동에 가장 크게 작용하는 방식

Key Point

9 열에너지원(Heat energy sources)의 종류

(1) 기계열

기계열	설 명
압축열 문14 보기㉡	기체를 급히 압축할 때 발생되는 열
마찰열 문14 보기㉡	두 고체를 마찰시킬 때 발생되는 열
마찰스파크	고체와 금속을 마찰시킬 때 불꽃이 일어나는 것

기억법 기압마

(2) 전기열

전기열	설 명
유도열 문14 보기㉠	도체 주위에 변화하는 **자장**이 존재하거나 도체가 자장 사이를 통과하여 전위차가 발생하고 이 전위차에서 전류의 흐름이 일어나 도체의 저항에 의하여 열이 발생하는 것
유전열	**누설전류**에 의해 절연능력이 감소하여 발생되는 열
저항열	도체에 전류가 흐르면 도체물질의 원자구조 특성에 따르는 **전기저항** 때문에 전기에너지의 일부가 열로 변하는 발열
아크열 문14 보기㉠	스위치의 ON/OFF에 의해 발생하는 것
정전기열	정전기가 방전할 때 발생되는 열
낙뢰에 의한 열	번개에 의해 발생되는 열

(3) 화학열

화학열	설 명
연소열 문14 보기㉢	어떤 물질이 완전히 **산화**되는 과정에서 발생하는 열
용해열	어떤 물질이 액체에 **용해**될 때 발생하는 열(**농황산, 묽은 황산**)
분해열	화합물이 **분해**할 때 발생하는 열
생성열	발열반응에 의한 화합물이 **생성**할 때의 열
자연발열(자연발화) 문14 보기㉢	어떤 물질이 외부로부터 열의 공급을 받지 아니하고 온도가 상승하는 현상

기억법 화연용분생자

★★★
문제 14 물질을 연소시키는 열에너지원의 종류와 발생되는 열원의 연결이 옳은 것을 모두 고른 것은?

24회 문 06
21회 문 02
18회 문 19
17회 문 03
16회 문 09

㉠ 전기적 에너지 – 유도열, 아크열
㉡ 기계적 에너지 – 마찰열, 압축열
㉢ 화학적 에너지 – 연소열, 자연발열

① ㉠　　② ㉠, ㉡
③ ㉡, ㉢　　④ ㉠, ㉡, ㉢

해설 ④ ㉠㉡㉢ 모두 맞음

답 ④

※ 기계적 착화원
① 단열압축
② 충격
③ 마찰

※ 저항열
백열전구의 발열

※ 화약류
① 무연화약
② 도화선
③ 초안폭약

※ 자연발화의 형태
1. 분해열
 ① 셀룰로이드
 ② 나이트로셀룰로오스
2. 산화열
 ① 건성유(정어리유, 아마인유, 해바라기유)
 ② 석탄
 ③ 원면
 ④ 고무분말
3. 발효열
 ① 퇴비
 ② 먼지
 ③ 곡물
4. 흡착열
 ① 목탄
 ② 활성탄

기억법
자분산발흡
분셀나
발퇴먼곡
흡목활

중요 **자연발화의 방지법**

① **습도**가 **높은 곳**을 **피할 것**(건조하게 유지할 것)
② 저장실의 온도를 낮출 것(주위온도를 낮게 유지)
③ 통풍이 잘 되게 할 것
④ 퇴적 및 수납시 열이 쌓이지 않게 할 것(열의 축적 방지)
⑤ 발열반응에 정촉매작용을 하는 물질을 피할 것

기억법 **자발습높피**

비교

자연발화 조건

(1) **열전도율**이 **작을 것**
(2) 발열량이 클 것
(3) 주위의 온도가 높을 것
(4) 표면적이 넓을 것

10 기체의 부피에 관한 법칙

(1) 보일의 법칙(Boyle's law)

온도가 일정할 때 기체의 부피는 절대압력에 반비례한다.

$$P_1 V_1 = P_2 V_2$$

여기서, P_1, P_2 : 기압〔atm〕
V_1, V_2 : 부피〔m^3〕

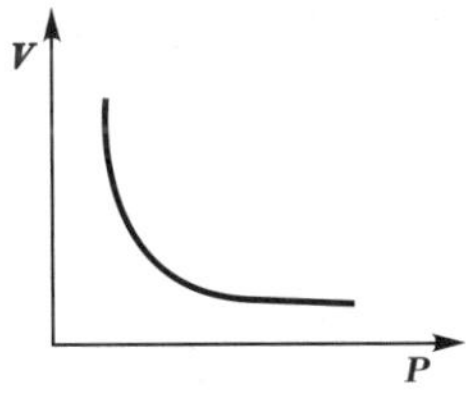

| 보일의 법칙 |

(2) 샤를의 법칙(Charl's law)

압력이 일정할 때 기체의 부피는 절대온도에 비례한다.

$$\frac{V_1}{T_1} = \frac{V_2}{T_2}$$

여기서, V_1, V_2 : 부피〔m^3〕
T_1, T_2 : 절대온도〔K〕

Key Point

＊ 자연발화
어떤 물질이 외부로부터 열의 공급을 받지 아니하고 온도가 상승하는 현상

＊ 건성유
① 동유
② 아마인유
③ 들기름

※ 건성유 : 자연발화가 일어나기 쉽다.

＊ 물질의 발화점

물질의 종류	발화점
• 황린	30~50℃
• 황화인 • 이황화탄소	100℃
• 나이트로셀룰로오스	180℃

＊ 기압
기체의 압력

＊ 절대온도
① 켈빈온도
K=273+℃
② 랭킨온도
°R=460+°F

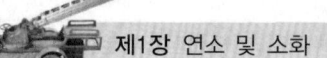

Key Point

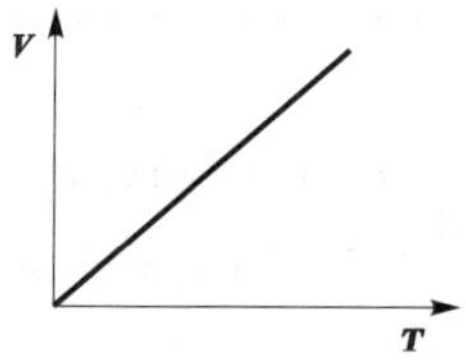

‖ 샤를의 법칙 ‖

※ 보일-샤를의 법칙
★ 꼭 기억하세요 ★

(3) 보일-샤를의 법칙(Boyle-Charl's law)

기체가 차지하는 부피는 압력에 반비례하며, 절대온도에 비례한다. 문15 보기③

$$\frac{P_1 V_1}{T_1} = \frac{P_2 V_2}{T_2}$$

여기서, P_1, P_2 : 기압[atm]
V_1, V_2 : 부피[m^3]
T_1, T_2 : 절대온도[K]

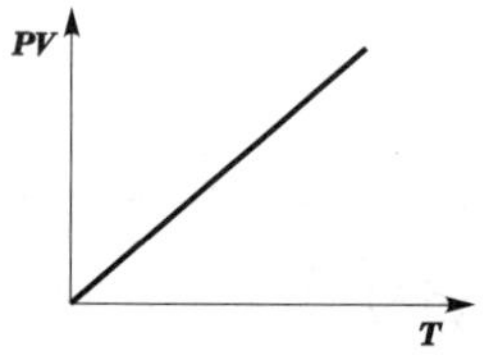

‖ 보일-샤를의 법칙 ‖

★★★
문제 15 "기체가 차지하는 부피는 압력에 반비례하며 절대온도에 비례한다."와 가장 관련이 있는 법칙은?

19회 문 26
17회 문 26
13회 문 29
11회 문 95

① 보일의 법칙　　② 샤를의 법칙
③ 보일-샤를의 법칙　　④ 줄의 법칙

해설
③ **보일-샤를의 법칙** : 기체가 차지하는 부피는 **압력**에 **반비례**하여 **절대온도**에 **비례**한다.

답 ③

※ 이상기체 상태방정식
★ 꼭 기억하세요 ★

(4) 이상기체 상태방정식

$$PV = nRT$$ 문16 보기③

여기서, P : 기압[atm]
V : 부피[m^3]
n : 몰수$\left(n = \frac{W(\text{질량 [kg]})}{M(\text{분자량})}\right)$
R : 기체상수(0.082atm · m^3/kmol · K)
T : 절대온도[K]

※ 몰수
아보가드로수에 해당하는 물질의 입자수 또는 원자수

Key Point

★★★
문제 16 소화약제로 사용된 4℃의 물이 모두 200℃ 과열수증기로 변화하였다면, 물은 약 몇 배 팽창하였는가? (단, 화재실은 대기압상태로 화재발생 전·후 압력의 변화는 없으며, 과열수증기는 이상기체로 가정한다. 4℃에서의 물의 밀도=1g/cm³, H 및 O의 원자량은 각각 1과 16이다.)

(200℃: T, 대기압상태: P, 1g/cm³: m)

24회 문 38
19회 문 89
18회 문 22
18회 문 30
16회 문 30
15회 문 06
14회 문 30
13회 문 03
11회 문 36
11회 문 47
04회 문 45

① 1700 ② 1928
③ 2156 ④ 2383

해설 (1) 기호

- T : 200℃=(273+200℃)K
- P : 1atm(대기압상태이므로)
- m : 1g(단서에서 밀도=1g/cm³이므로 질량 m은 1cm³당 1g)
- M : 18g/mol(H_2O : 1×2+16=18g/mol)
- 4℃에서 물의 부피[l] : $1cm^3=10^{-6}m^3=10^{-6}\times 10^3 l=10^{-3}l$ ($1m^3=1000l=10^3 l$)

(2) 이상기체상태 방정식

$$PV=nRT$$

여기서, P : 기압〔atm〕
V : 부피〔l〕
n : 몰수$\left(n=\dfrac{m(\text{질량〔g〕})}{M(\text{분자량〔g/mol〕})}\right)$
R : 기체상수(0.082l·atm/K·mol)
T : 절대온도(273+℃)〔K〕

$PV=\dfrac{m}{M}RT$에서 200℃에서의 물의 부피

$$V=\frac{mRT}{PM}=\frac{1\text{g}\times 0.082l\cdot\text{atm/K}\cdot\text{mol}\times(273+200℃)\text{K}}{1\text{atm}\times 18\text{g/mol}}=2.154l$$

$$\frac{200℃(\text{물부피})}{4℃(\text{물부피})}=\frac{2.154l}{10^{-3}l}=2154\text{배}$$

∴ 근사값인 2156배 정답

답 ③

※ 이상기체 상태방정식

$PV=nRT$

여기서,
P : 기압〔atm〕
V : 부피〔l〕
n : 몰수
$\left(n=\dfrac{m(\text{질량〔g〕})}{M(\text{분자량〔g/mol〕})}\right)$
R : 기체상수
(0.082l·atm/K·mol)
T : 절대온도(273+℃)〔K〕

Key Point

2 소화

출제확률 4% (1문제)

1 소화의 정의

물질이 연소할 때 연소의 3요소 중 일부 또는 전부를 제거하여 연소가 계속될 수 없도록 하는 것을 말한다.

2 소화의 원리

물리적 소화	화학적 소화
① 화재를 **냉각**시켜 소화하는 방법 ② 화재를 **강풍**으로 불어 소화하는 방법 ③ **혼합물성**의 **조성변화**를 시켜 소화하는 방법	① **분말소화약제**로 소화하는 방법 ② **할론소화약제**로 소화하는 방법 ③ **할로겐화합물** 소화약제

• **아르곤**(Ar) : 불연성 가스이지만 소화효과는 기대할 수 없다.

3 소화의 형태

(1) 냉각소화

① **점화원**을 냉각시켜 소화하는 방법

② **증발잠열**을 이용하여 열을 빼앗아 가연물의 온도를 떨어뜨려 화재를 진압하는 소화 문17 보기①

③ 다량의 물을 뿌려 소화하는 방법

④ 가연성 물질을 발화점 이하로 냉각

• 물의 소화효과를 크게 하기 위한 방법 : **무상주수**(분무상 방사)

★★★

문제 17 화재시 물질의 비열과 증발잠열을 활용하여 소화하는 방법은?

20회 문 02 / 18회 문 07 / 16회 문 25 / 16회 문 37 / 15회 문 05 / 15회 문 34 / 14회 문 08 / 13회 문 34 / 13회 문 35 / 08회 문 08 / 07회 문 16 / 06회 문 03

① 냉각소화
② 제거소화
③ 질식소화
④ 억제소화

해설 ① 냉각소화 : 화재시 물질의 비열과 증발잠열을 활용하여 소화

답 ①

(2) 질식소화

① 공기 중의 산소농도를 **16%**(10~15% 또는 12~15%) 이하로 희박하게 하여 소화하는 방법 문18 보기③

※ **연소의 3요소**
① 가연물질(연료)
② 산소공급원(산소)
③ 점화원(온도)

※ **가연물이 완전연소시 발생물질**
① 물(H_2O)
② 이산화탄소(CO_2)

※ **불연성 가스**
① 수증기(H_2O)
② 질소(N_2)
③ 아르곤(Ar)
④ 이산화탄소(CO_2)

※ **공기 중의 산소농도**
약 21%

※ **소화약제의 방출수단**
① 가스압력(CO_2, N_2 등)
② 동력(전동기 등)
③ 사람의 손

Key Point

② 산화제의 농도를 낮추어 연소가 지속될 수 없도록 함.

③ **산소공급**을 **차단**하는 소화방법

중요 공기 중 산소농도

구 분	산소농도
체적비 (부피백분율)	약 21%
중량비 (중량백분율)	약 23%

★★★
문제 18 질식소화시 공기 중의 산소농도는 몇 % 이하 정도인가?

18회 문 07
16회 문 25
16회 문 37
15회 문 05
14회 문 08
13회 문 34
03회 문 13

① 3~5
② 5~8
③ 12~15
④ 15~18

해설 ③ **질식소화** : 공기 중의 산소농도를 **16%**(10~15% 또는 12~15%) 이하로 희박하게 하여 소화하는 방법

답 ③

※ **질식소화**
공기 중의 산소농도 16% (12~15%) 이하

(3) 제거소화

가연물을 제거하여 소화하는 방법

중요 제거소화의 예

① 산불의 확산방지를 위하여 **산림**의 **일부**를 **벌채**한다.
② 화학반응기의 화재시 원료공급관의 **밸브**를 **잠근다**.
③ 유류탱크 화재시 **옥외소화전**을 사용하여 **탱크외벽**에 **주수**(注水)한다.
④ 금속화재시 불활성 물질로 가연물을 덮어 미연소부분과 분리한다.
⑤ 전기화재시 신속히 **전원**을 **차단**한다.
⑥ 목재를 **방염**처리하여 가연성 기체의 생성을 억제 · 차단한다.

(4) 화학소화(부촉매효과) = 억제소화

① 연쇄반응을 차단하여 소화하는 방법
② 화학적인 방법으로 화재 억제
③ 염(炎) 억제작용 문19 보기③

• **화학소화** : 할로젠화 탄화수소는 원자수의 비율이 클수록 소화효과가 좋다.

※ **화학소화(억제소화)**
할론소화제의 주요 소화원리 문19 보기③

Key Point

★

문제 19 할론소화제의 주요 소화원리는?

11회 문 38
08회 문 08
07회 문 08
07회 문 16
07회 문 31
06회 문 03

① 냉각소화 ② 질식소화
③ 염(炎) 억제작용 ④ 차단소화

해설

③ **할론소화제**의 주요 소화원리는 **염(炎) 억제작용**이다.

답 ③

※ 희석소화
아세톤, 알코올, 에터, 에스터, 케톤류

(5) 희석소화

기체, 고체, 액체에서 나오는 분해가스나 증기의 농도를 낮춰 소화하는 방법 문20 보기④

기억법 희고기액

중요 희석소화의 예

① **아세톤**에 **물**을 다량으로 섞는다.
② 폭약 등의 **폭풍**을 이용한다.
③ **불연성 기체**를 화염 속에 투입하여 **산소**의 **농도**를 **감소**시킨다.

★★★

문제 20 기체, 고체, 액체에서 나오는 분해가스나 증기의 농도를 낮추어 연소를 중지시키는 소화방법은?

18회 문 07
16회 문 25
16회 문 37
15회 문 05
15회 문 34
14회 문 08
13회 문 34
08회 문 08
06회 문 03

① 냉각소화 ② 질식소화
③ 제거소화 ④ 희석소화

해설

④ 희석소화 : 기체·고체·액체에서 나오는 분해가스나 증기의 농도를 낮추어 연소를 중지시키는 소화방법

답 ④

※ 유화소화
중유

(6) 유화소화

① **물**을 무상으로 방사하거나 **포소화약제**를 방사하여 유류 표면에 **유화층**의 막을 형성시켜 공기의 접촉을 막아 소화하는 방법
② 물의 미립자가 기름과 섞여서 기름의 증발능력을 떨어뜨려 연소를 억제하는 것

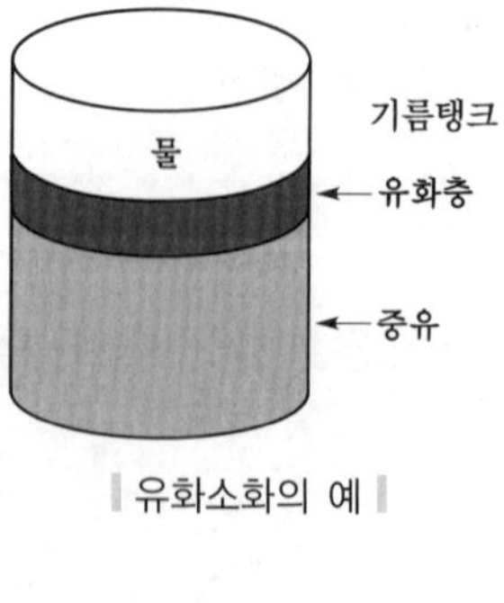

‖ 유화소화의 예 ‖

(7) 피복소화

비중이 공기의 **1.5배** 정도로 무거운 소화약제를 방사하여 가연물의 구석구석까지 침투 · 피복하여 소화하는 방법

Key Point

✽ **피복소화**
이산화탄소 소화약제

‖ 소화약제의 소화형태 ‖

소화약제의 종류		냉각소화	질식소화	화학소화(부촉매효과)	희석소화	유화소화	피복소화
물	봉상	○	–	○	○	–	–
	무상	○	○	○	○	○	–
강화액	봉상	○	–	○	–	–	–
	무상	○	○	○	–	○	–
포	화학포	○	○	–	–	○	–
	기계포	○	○	–	–	○	–
분말		○	○	○	–	–	–
이산화탄소		○	○	–	–	–	○
산 · 알칼리		○	○	–	–	○	–
할론		○	○	○	–	–	–
간이 소화약제	팽창질석 · 진주암	–	○	–	–	–	–
	마른 모래	–	○	–	–	–	–

4 물의 주수형태

구 분	봉상주수	무상주수
정의	대량의 물을 뿌려 소화하는 것	안개처럼 분무상으로 방사하여 소화하는 것
주된 효과	**냉각소화**	**질식효과**

- **무상주수** : 물의 소화효과를 가장 크게 하기 위한 방법

중요 물의 주수형태

구 분	봉상주수	적상주수	무상주수
방사형태	막대모양의 굵은 물줄기	물방울 (직경 0.5~6mm)	물방울 (직경 0.1~1mm)
적응화재	• **일반화재**	• **일반화재**	• **일반화재** • **유류화재** • **전기화재**

Key Point

※ 포
AB급

※ CO_2 · 할론
BC급

※ 주된 소화효과
① 이산화탄소 : 질식효과
② 분말 : 질식효과
③ 물 : 냉각효과
④ 할론 : 부촉매효과

※ 방진효과
가연물의 표면에 부착되어 차단효과를 나타내는 것

※ 포소화기
① 내통 : 황산알루미늄 ($Al_2(SO_4)_3$)
② 외통 : 중탄산소다 ($NaHCO_3$)

5 소화방법

(1) 적응화재

화재의 종류	적응 소화기구
A급	• 물 • 산알칼리
AB급	• 포
BC급	• 이산화탄소 • 할론 • 1, 2, 4종 분말
ABC급	• 3종 분말 • 강화액

(2) 소화기구

소화제	소화작용
• 포 • 산알칼리	• 냉각효과 • 질식효과 • 유화효과
• 이산화탄소	• 냉각효과 • 질식효과 • 피복효과
• 물	• 냉각효과 • 질식효과 • 희석효과 • 유화효과
• 할론	• 냉각효과 • 질식효과 • 부촉매효과(억제작용)
• 강화액	• 냉각효과 • 질식효과 • 부촉매효과(억제작용) • 유화효과
• 분말	• 냉각효과 • 질식효과 • 부촉매효과(억제작용) • 차단효과(분말운무) • 방진효과

① 산알칼리소화기

$$2NaHCO_3 + H_2SO_4 \rightarrow Na_2SO_4 + 2CO_2 + 2H_2O$$

② 강화액소화기

$$K_2CO_3 + H_2SO_4 \rightarrow K_2SO_4 + H_2O + CO_2$$

③ 포소화기

$$\underset{(외통)}{6NaHCO_3} + \underset{(내통)}{Al_2(SO_4)_3 \cdot 18H_2O} \rightarrow 3Na_2SO_4 + 2Al(OH)_3 + 6CO_2 + 18H_2O$$

④ 할론소화기 : 연쇄반응억제, 질식효과

할론 1301 농도	증 상
6%	• 현기증 • 맥박수 증가 • 가벼운 지각 이상 • 심전도는 변화 없음
9%	• 불쾌한 현기증 • 맥박수 증가 • 심전도는 변화 없음
10%	• 가벼운 현기증과 지각 이상 • 혈압이 내려간다. • 심전도 파고가 낮아진다.
12~15%	• 심한 현기증과 지각 이상 • 심전도 파고가 낮아진다.

• 할론 1301 : 소화효과가 가장 좋고 독성이 가장 약하다.

⑤ 분말소화기 : 질식효과

종 별	소화약제	약제의 착색	화학반응식	적응화재
제1종	중탄산나트륨 ($NaHCO_3$)	백색	$2NaHCO_3 \rightarrow Na_2CO_3+CO_2+H_2O$	BC급
제2종	중탄산칼륨 ($KHCO_3$)	담자색	$2KHCO_3 \rightarrow K_2CO_3+CO_2+H_2O$	
제3종	인산암모늄 ($NH_4H_2PO_4$)	담홍색	$NH_4H_2PO_4 \rightarrow HPO_3+NH_3+H_2O$ 문21 보기①③④	ABC급
제4종	중탄산칼륨+요소 ($KHCO_3+(NH_2)_2CO$)	회(백색)	$2KHCO_3+(NH_2)_2CO \rightarrow K_2CO_3+2NH_3+2CO_2$	BC급

★★★

문제 21 제3종 분말소화약제가 열분해될 때 생성되는 물질이 아닌 것은?

18회 문 33
17회 문 34
16회 문 35
13회 문 39

① NH_3

② CO_2
제1·2·4종 분말소화약제 생성물

③ HPO_3

④ H_2O

답 ②

중요 제3종 분말약제의 열분해반응식

온 도	열분해반응식
190℃	$NH_4H_2PO_4 \rightarrow H_3PO_4 + NH_3$
215℃	$2H_3PO_4 \rightarrow H_4P_2O_7 + H_2O$
300℃	$H_4P_2O_7 \rightarrow 2HPO_3 + H_2O$
250℃	$2HPO_3 \rightarrow P_2O_5 + H_2O$

Key Point

※ 할론약제
① 부촉매 효과 크기
I>Br>Cl>F
② 전기음성도(친화력) 크기
F>Cl>Br>I

※ 분말약제의 소화 효과
① 냉각효과(흡열반응)
② 질식효과(CO_2, NH_3, H_2O)
③ 부촉매효과(NH_4^+)
④ 차단효과(분말운무)
⑤ 방진효과(HPO_3)

Key Point

(3) 소화기의 설치장소

① 통행 또는 피난에 지장을 주지 않는 장소
② 사용시 방출이 용이한 장소
③ 사람들의 눈에 잘 띄는 장소
④ 바닥으로부터 1.5m 이하의 위치에 설치

* 무창층
지상층 중 개구부의 면적의 합계가 그 층의 바닥면적의 1/30 이하가 되는 층

• 지하층 및 무창층에는 CO_2와 **할론** 1211의 사용을 제한하고 있다.

6 유기화합물의 성질

* 공유결합
전자를 서로 한 개씩 갖는 것

① **공유결합**으로 구성되어 있다.
② 연소되어 **물**과 **탄산가스**를 생성한다.
③ 물에 녹는 것보다 **유기용매**에 녹는 것이 많다.
④ 유기화합물 상호간의 반응속도는 비교적 느리다.

CHAPTER 02 화재예방관리

1 화재의 성격과 원인 및 피해

출제확률 12% (3문제)

1 화재의 성격과 원인

(1) 화재의 정의

① 자연 또는 인위적인 원인에 의하여 불이 물체를 연소시키고, 인명과 재산의 손해를 주는 현상

② 불이 그 사용목적을 넘어 다른 곳으로 연소하여 사람들에게 예기치 않은 경제상의 손해를 발생시키는 현상

③ 사람의 의도에 반(反)하여 출화 또는 방화에 의하여 불이 발생하고 확대되는 현상

④ 불을 사용하는 사람의 부주의와 불안정한 상태에서 발생되는 것

⑤ 실화, 방화로 발생하는 연소현상을 말하며 사람에게 유익하지 못한 해로운 불

⑥ 사람의 의사에 반한, 즉 대부분의 사람이 원치 않는 상태의 불 문01 보기①

⑦ 소화의 필요성이 있는 불 문01 보기②

⑧ 소화에 효과가 있는 어떤 물건(소화시설)을 사용할 필요가 있다고 판단되는 불 문01 보기④

★★★

문제 01 화재의 정의로서 옳지 않은 것은?

13회 문 05

유사문제부터 풀어보세요. 실력이 팍!팍! 올라갑니다.

① 사람의 의사에 반한, 즉 대부분의 사람이 원치 않는 상태의 불

② 소화의 필요성이 있는 불

③ 소화의 경제적 필요성이 있는 불
'이로운 불'로서 화재가 아니다.

④ 소화에 효과가 있는 어떤 물건을 사용할 필요가 있다고 판단되는 불

답 ③

(2) 화재의 발생현황

① 원인별 : 부주의 > 전기적 요인 > 기계적 요인 > 화학적 요인 > 교통사고 > 가스누출

② 장소별 : 근린생활시설 > 공동주택 > 공장 및 창고 > 복합건축물 > 업무시설 > 숙박시설 > 교육연구시설

③ 계절별 : 겨울>봄>가을>여름

• 화재의 특성 : 우발성, 확대성, 불안정성

Key Point

❋ 화재
자연 또는 인위적인 원인에 의하여 불이 물체를 연소시키고, 인간의 신체·재산·생명에 손해를 주는 현상

❋ 일반화재
연소 후 재를 남기는 가연물

❋ 유류화재
연소후 재를 남기지 않는 가연물

❋ 화재발생요인
① 취급에 관한 지식 결여
② 기기나 기구 등의 정격미달
③ 사전교육 및 관리 부족

❋ 경제발전과 화재 피해의 관계
경제발전속도 < 화재피해속도

❋ 화재피해의 감소 대책
① 예방
② 경계(발견)
③ 진압

❋ 화재의 특성
① 우발성 : 화재가 돌발적으로 발생
② 확대성
③ 불안정성

Key Point

2 화재의 종류

▌화재의 구분▐

화재종류	표시색	적응물질
일반화재(A급) 문02 보기①	백색	• 일반가연물(목재)
유류화재(B급) 문02 보기②	황색	• 가연성 액체(유류) • 가연성 가스(가스)
전기화재(C급) 문02 보기③	청색	• 전기설비(전기)
금속화재(D급) 문02 보기④	무색	• 가연성 금속
주방화재(K급)	–	• 식용유화재

- 최근에는 색을 표시하지 않음
- **A급 화재** : 합성수지류, 섬유류에 의한 화재

★★★
문제 02 국내의 A급화재, B급화재, C급화재, D급화재를 표시색과 가연물에 따른 화재분류로 바르게 연결한 것은?

19회 문 09
16회 문 19
15회 문 03
14회 문 03
13회 문 06
10회 문 31

① A급화재 – 적색화재 – 일반화재 (백색)
② B급화재 – 백색화재 – 유류화재 (황색)
③ C급화재 – 청색화재 – 전기화재
④ D급화재 – 황색화재 – 금속화재 (무색)

답 ③

(1) 일반화재

목재 · 종이 · 섬유류 · 합성수지 등의 일반가연물에 의한 화재

(2) 유류화재

제4류 위험물(특수인화물, 석유류, 알코올류, 동식물유류)에 의한 화재

구 분	설 명
특수인화물	**다이에틸에터 · 이황화탄소** 등으로서 인화점이 **–20℃** 이하인 것
제1석유류	**아세톤 · 휘발유 · 콜로디온** 등으로서 인화점이 **21℃** 미만인 것
제2석유류	**등유 · 경유** 등으로서 인화점이 **21~70℃** 미만인 것
제3석유류	**중유 · 크레오소트유** 등으로서 인화점이 **70~200℃** 미만인 것
제4석유류	**기어유 · 실린더유** 등으로서 인화점이 **200~250℃** 미만인 것
알코올류	포화 1가 알코올(변성알코올 포함)

(3) 가스화재

구 분	설 명
가연성 가스	폭발하한계가 **10%** 이하 또는 폭발상한계와 하한계의 차이가 **20%** 이상인 것
압축가스	산소(O_2), 수소(H_2)
용해가스	**아세틸렌**(C_2H_2)
액화가스	액화석유가스(LPG), 액화천연가스(LNG)

✻ LPG
액화석유가스로서 주성분은 프로판(C_3H_8)과 부탄(C_4H_{10})이다.

✻ LNG
액화천연가스로서 주성분은 메탄(CH_4)이다.

✻ **프로판의 액화압력**
7기압

Key Point

(4) 전기화재

전기화재의 발생원인은 다음과 같다.

① 단락(합선)에 의한 발화
② 과부하(과전류)에 의한 발화
③ 절연저항 감소(누전)에 의한 발화
④ 전열기기 과열에 의한 발화
⑤ 전기불꽃에 의한 발화
⑥ 용접불꽃에 의한 발화
⑦ 낙뢰에 의한 발화

• **승압 · 고압전류** : 전기화재의 주요원인이라 볼 수 없다.

중요 **전기화재 발생가능성이 높은 것**

① 코드 접촉부 문03 보기①
② 전기장판 문03 보기②
③ 전열기 문03 보기③

★

문제 03 **전기화재의 발생가능성이 가장 낮은 부분은?**
19회 문 09

① 코드 접촉부 ② 전기장판
③ 전열기 ④ 배선차단기

해설 배선차단기(배선용 차단기)는 전기화재의 발생가능성이 가장 낮다.

• **배선용 차단기** : 저압배선용 과부하차단기, MCCB라고 부른다.

답 ④

(5) 금속화재

① 금속화재를 일으킬 수 있는 위험물

구 분	설 명
제1류 위험물	무기과산화물
제2류 위험물	금속분(알루미늄(Al), 마그네슘(Mg))
제3류 위험물	황린(P_4), 칼슘(Ca), 칼륨(K), 나트륨(Na)

② 금속화재의 특성 및 적응소화제

㉠ 물과 반응하면 주로 **수소**(H_2), **아세틸렌**(C_2H_2) 등 가연성 가스를 발생하는 **금수성 물질**이다.

㉡ 금속화재를 일으키는 분진의 양은 30~80mg/l 이다.

㉢ **알킬알루미늄**에 적당한 소화제는 **팽창질석, 팽창진주암**이다.

※ **누전**
전기가 도선 이외에 다른 곳으로 유출되는 것

※ **역률 · 배선용 차단기**
화재의 전기적 발화요인과 무관 또는 관계 적음 문03 보기④

※ **풍상(風上)**
① 화재진행에 직접적인 영향
② 비화연소현상의 발전

Key Point

(6) 산불화재

산불화재의 형태는 다음과 같다.

구 분	설 명
수간화 형태	나무기둥 부분부터 연소하는 것
수관화 형태	나뭇가지 부분부터 연소하는 것
지중화 형태	썩은 나무의 유기물이 연소하는 것
지표화 형태	지면의 낙엽 등이 연소하는 것

3 가연성 가스의 폭발한계

(1) 폭발한계

① 정의 : 가연성 물질이 기체상태에서 공기와 혼합하여 일정농도 범위 내에서 연소가 일어나는 범위를 말하며, **하한계**와 **상한계**로 표시한다.

② 공기 중의 폭발한계 (상온, 1atm)

가 스	하한계[vol%]	상한계[vol%]
아세틸렌(C_2H_2)	2.5	81 문04 보기③
수소(H_2)	4	75 문04 보기①
일산화탄소(CO)	12	75
에터($C_2H_5OC_2H_5$)	1.7	48 문04 보기④
이황화탄소(CS_2)	1	50 문04 보기②
에틸렌(CH_2=CH_2)	2.7	36
암모니아(NH_3)	15	25
메탄(CH_4)	5	15
에탄(C_2H_6)	3	12.4
프로판(C_3H_8)	2.1	9.5
부탄(C_4H_{10})	1.8	8.4
휘발유(C_5H_{12}~C_9H_{20})	1.2	7.6

※ 폭발한계와 같은 의미
① 폭발범위
② 연소한계
③ 연소범위
④ 가연한계
⑤ 가연범위

※ vol%
어떤 공간에 차지하는 부피를 백분율로 나타낸 것

※ 연소가스
열분해 또는 연소할 때 발생

★★★
문제 04 다음 물질의 증기가 공기와 혼합기체를 형성하였을 때 폭발한계 중 폭발상한계가 가장 높은 혼합비를 형성하는 물질은?

18회 문 05
16회 문 11
12회 문 01
11회 문 05
10회 문 02
10회 문 21
09회 문 10

① 수소(H_2)
② 이황화탄소(CS_2)
③ 아세틸렌(C_2H_2)
상한계가 81vol%로서 가장 높다.
④ 에터((C_2H_5)$_2$O)

답 ③

휘발유=가솔린

③ 폭발한계와 위험성

㉠ 하한계가 낮을수록 위험하다.

㉡ 상한계가 높을수록 위험하다.

㉢ 연소범위가 넓을수록 위험하다.

㉣ 연소범위의 하한계는 그 물질의 인화점에 해당된다.

㉤ 연소범위는 주위온도와 관계가 깊다.

㉥ 압력상승시 하한계는 불변, 상한계만 상승한다.

중요 **연소범위**

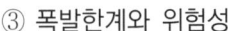

① 공기와 혼합된 가연성 기체의 체적농도로 표시된다.

② 가연성 기체의 종류에 따라 다른 값을 갖는다.

③ 온도가 낮아지면 좁아진다.

④ 압력이 상승하면 넓어진다.

⑤ 불활성 기체를 첨가하면 좁아진다.

⑥ **일산화탄소**(CO), **수소**(H_2)는 압력이 상승하면 좁아진다.

⑦ 가연성 기체라도 점화원이 존재하에 그 농도 범위 내에 있을 때 발화한다.

④ 위험도(Degree of hazards)

$$H = \frac{U-L}{L}$$

여기서, H : 위험도

U : 폭발상한계

L : 폭발하한계

⑤ 혼합가스의 폭발하한계 : 가연성 가스가 혼합되었을 때 폭발하한계는 르 샤틀리에 법칙에 의하여 다음과 같이 계산된다.

$$\frac{100}{L} = \frac{V_1}{L_1} + \frac{V_2}{L_2} + \frac{V_3}{L_3} + \cdots\cdots + \frac{V_n}{L_n}$$

여기서, L : 혼합가스의 폭발하한계〔vol%〕

L_1, L_2, L_3, L_n : 가연성 가스의 폭발하한계〔vol%〕

V_1, V_2, V_3, V_n : 가연성 가스의 용량〔vol%〕

4 폭발(Explosion)

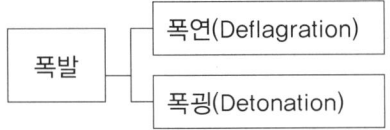

- 폭발
  - 폭연(Deflagration)
  - 폭굉(Detonation)

Key Point

＊ 폭발의 종류

1. 물리적 폭발
   ① 분진폭발
   ② 미스트폭발
   ③ 고체폭발
   ④ 증기폭발
2. 화학적 폭발
   ① 산화폭발
   ② 분해폭발
   ③ 중합폭발

＊ 분진폭발을 일으키지 않는 물질

① <u>시</u>멘트

② <u>석</u>회석

③ <u>탄</u>산<u>칼</u>슘($CaCO_3$)

④ <u>생</u>석회(CaO) = 산화칼슘

기억법

분시석탄칼생

※ 분진폭발을 일으키지 않는 물질 = 물과 반응하여 가연성 기체를 발생하지 않는 것

Key Point

(1) 폭연(Deflagration)

구 분	폭 연	폭 굉
정의	① 급격한 압력의 증가로 인해 격렬한 음향을 발하며 팽창하는 현상 ② 발열반응으로 연소의 전파속도가 음속보다 느린 현상 문05 보기① 화염전파속도 < 음속	폭발 중에서도 격렬한 폭발로서 **화염**의 **전파속도**가 **음속보다 빠른 경우**로 파면선단에 충격파(압력파)가 진행되는 현상 문05 보기②④ 화염전파속도 > 음속
연소속도	1~10m/s	1000~3500m/s

※ **음속**
소리의 속도로서 약 340m/s이다.

※ **폭굉의 연소속도**
1000~3500m/s

☆☆☆

문제 05 **폭연(Deflagration)에 대한 설명으로 옳은 것은?**

18회 문 10
17회 문 04
16회 문 23
15회 문 08
06회 문 22
03회 문 14

① 발열반응으로 연소의 전파속도가 음속보다 느린 현상 → 폭굉에 관한 설명
② 중요한 가열기구는 충격파에 의한 충격압력 → 폭굉에 관한 설명
③ 혼합비가 연소범위 상한보다 약간 높은 곳에서 발생
연소범위 내
④ 발열반응으로 연소의 전파속도가 음속보다 빠른 현상 → 폭굉에 관한 설명

답 ①

(2) 폭발의 종류

폭발종류	물 질
분해폭발	• 과산화물 · 아세틸렌 문06 보기③ • 다이너마이트
분진폭발	• 밀가루 · 담뱃가루 • 석탄가루 · 먼지 • 전분 · 금속분
중합폭발	• 염화비닐 문06 보기④ • 시안화수소 문06 보기②
분해 · 중합폭발	• 산화에틸렌
산화폭발	• 압축가스, 액화가스 문06 보기①

※ **분해폭발**
산화에틸렌, 아세틸렌, 에틸렌 등의 분해성 가스와 다이아조화합물 같은 자기 분해성 고체가 분해하면서 폭발하는 현상

※ **분진폭발**
미분탄, 소맥분, 플라스틱의 분말 같은 가연성 고체가 미분말로 되어 공기 중에 부유한 상태로 폭발농도 이상으로 있을 때 착화원이 존재함으로써 발생하는 폭발현상

☆☆☆

문제 06 **폭발의 종류와 해당 폭발이 일어날 수 있는 물질의 연결이 옳은 것은?**

19회 문 06
19회 문 13
18회 문 02
17회 문 06
16회 문 04
16회 문 14
13회 문 07
11회 문 16
10회 문 11
09회 문 06
08회 문 24
06회 문 15
04회 문 03
03회 문 23

① 산화폭발－가연성가스
② 분진폭발－시안화수소
중합
③ 중합폭발－아세틸렌
분해
④ 분해폭발－염화비닐
중합

답 ①

Key Point

중요 폭발발생 원인

물리적 · 기계적 원인	화학적 원인
압력방출에 의한 폭발	① 증기운(Vapor cloud)폭발 ② 분해폭발 ③ 석탄분진의 폭발

5 열과 화상

(1) 사람의 피부는 열로 인하여 화상을 입는 수가 있는데 화상은 다음의 4가지로 분류한다.

화상분류	설 명
1도 화상	화상의 부위가 분홍색으로 되고, **가벼운 부음**과 통증을 수반하는 화상(홍반성 화상 등으로 변화가 피부의 표층에 나타나는 것으로 환부가 빨갛게 되며 가벼운 통증을 수반하는 단계) 문07 보기①
2도 화상	화상의 부위가 분홍색으로 되고, **분비액**이 많이 분비되는 화상
3도 화상	① 화상의 부위가 벗겨지고, 검게 되는 화상 ② 생체 내의 조직이나 세포가 국부적으로 죽는 괴사가 진행되는 단계 문07 보기④
4도 화상	전기화재에서 입은 화상으로서 피부가 탄화되고, 뼈까지 도달되는 화상

(2) 전도열 · 대류열 · 복사열 문07 보기②

열적 손상으로 인한 화상을 일으킬 수 있다.

(3) 마취성, 자극성, 독성 및 부식성 연소생성물

열적 손상 및 연소가스에 의한 손상을 일으킨다. 문07 보기③

*** 화상**
불에 의해 피부에 상처를 입게 되는 것

*** 2도 화상**
화상의 부위가 분홍색으로 되고, 분비액이 많이 분비되는 화상의 정도

*** 탄화**
불에 의해 피부가 검게 된 후 부스러지는 것

★

문제 07 화재시 열적 손상에 관한 설명으로 옳지 않은 것은?

21회 문 07
14회 문 02
13회 문 08

① 1도 화상은 홍반성 화상 등의 변화가 피부의 표층에 나타나는 것으로 환부가 빨갛게 되며 가벼운 통증을 수반하는 단계이다.

② 대류열과 복사열은 열적 손상으로 인한 화상을 일으킬 수 있다.

③ 마취성, 자극성, 독성 및 부식성 연소생성물은 열적 손상만을 일으킨다.
열적 손상 및 연소가스에 의한 손상을

④ 3도 화상은 생체 내의 조직이나 세포가 국부적으로 죽는 괴사가 진행되는 단계이다.

답 ③

Key Point

2 불 및 연기의 이동과 특성

출제확률 8% (2문제)

1 불의 성상

※ 플래시오버
① 폭발적인 착화현상
② 순발적인 연소확대 현상
③ 옥내화재가 서서히 진행하여 열이 축적되었다가 일시에 화염이 크게 발생하는 상태 문08 보기③
④ 가연성 가스가 동시에 연소되면서 급격한 온도상승 유발
⑤ 가연성 가스가 일시에 인화하여 화염이 충만하는 단계

(1) 플래시오버(Flash Over)

구 분	설 명
정의	화재로 인하여 실내의 온도가 급격히 상승하여 화재가 순간적으로 실내 전체에 확산되어 연소되는 현상으로 일반적으로 **순발연소**라고도 한다.
발생시간	화재발생 후 **5~6분**경
발생시점	**성장기~최성기**(성장기에서 최성기로 넘어가는 분기점)
실내온도	약 **800~900℃**

• **플래시오버 포인트**(Flash Over Point) : 내화건축물에서 최성기로 보는 시점

★★★
문제 08 플래시오버(Flash-Over)를 설명한 것은 어느 것인가?

15회 문 24
13회 문 20
11회 문 07
11회 문 13
09회 문 01
08회 문 23
02회 문 13

① 도시가스의 폭발적 연소를 말한다. → 해당 없음
② 휘발유 등 가연성 액체가 넓게 흘러서 발화한 상태를 말한다.
→ 유류화재에 대한 설명
③ 옥내화재가 서서히 진행하여 열이 축적되었다가 일시에 화염이 크게 발생하는 상태를 말한다.
④ 화재층의 불이 상부층으로 옮아 붙는 현상을 말한다. → 수직확산현상에 대한 설명

답 ③

(2) 플래시오버에 영향을 미치는 것

① 개구율
② 내장재료(내장재료의 제성상, 실내의 내장재료)
③ 화원의 크기
④ 실의 내표면적(실의 넓이 · 모양)

(3) 플래시오버의 발생시간과 내장재의 관계

① 벽보다 천장재가 크게 영향을 받는다.
② 가연재료가 난연재료보다 빨리 발생한다.
③ 열전도율이 적은 내장재가 빨리 발생한다.
④ 내장재의 두께가 얇은 쪽이 빨리 발생한다.

※ 가연재료
불에 잘 타는 성능을 가진 건축재료

※ 난연재료
불에 잘 타지 않는 성능을 가진 건축재료

(4) 플래시오버시간(FOT)

① 열의 **발생속도**가 빠르면 FOT는 짧아진다.
② 개구율이 크면 FOT는 짧아진다.
③ 개구율이 너무 크게 되면 FOT는 길어진다.
④ 실내부의 FOT가 짧은 순서는 **천장, 벽, 바닥**의 순이다.
⑤ 열전도율이 작은 내장재가 발생시각을 빠르게 한다.

중요 플래시오버(Flash Over)현상과 관계 있는 것

① 복사열
② 분해연소
③ 화재성장기

Key Point

※ F·O
'플래시오버(Flash Over)'를 말한다.

(5) 화재의 성장-온도곡선

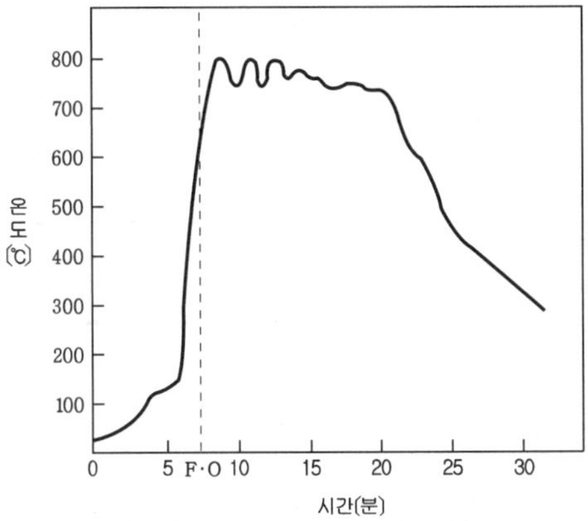

▌화재의 성장과 실내온도 변화▐

2 연기의 성상

(1) 연기

① 정의 : 가연물 중 완전연소되지 않은 고체 또는 액체의 미립자가 떠돌아 다니는 상태

② 입자크기 : 0.01~99μm

μm=미크론=마이크로 미터

(2) 연기의 이동속도

구 분	이동속도
수평방향	0.5~1m/s
수직방향	2~3m/s 문09 보기①
계단실 내의 수직이동속도	3~5m/s

• 화재초기의 연소속도는 평균 0.75~1m/min씩 **원형**의 모양을 그리면서 확대해 나간다.

※ 연기
탄소 및 타르입자에 의해 연소가스가 눈에 보이는 것

※ 연기의 형태
1. 고체 미립자계
 : 일반적인 연기
2. 액체 미립자계
 ① 담배연기
 ② 훈소연기

※ 피난한계거리
연기로부터 2~3m 거리 유지

★★★
문제 09 연기가 자기 자신의 열에너지에 의해서 유동할 때 수직방향에서의 유동속도는 몇 m/s 정도 되는가?

17회 문 18
13회 문 24

① 2~3 ② 5~6
③ 8~9 ④ 11~12

해설 ① 연기의 **수직방향** 유동속도 : 2~3m/s

답 ①

Key Point

(3) 연기의 전달현상

① 연기의 유동확산은 **벽** 및 **천장**을 따라서 진행한다.
② 연기의 농도는 상층으로부터 점차적으로 하층으로 미친다.
③ 연기의 유동은 건물 내외의 **온도차**에 영향을 받는다.
④ 연기는 공기보다 고온이므로 **천장**의 **하면**을 따라 이동한다.
⑤ 수직공간에서 확산속도가 빠르고 그 흐름에 따라 화재 **최상층**부터 차례로 충만해 간다.

• 화재초기의 연기량은 화재성숙기의 발연량보다 많다.

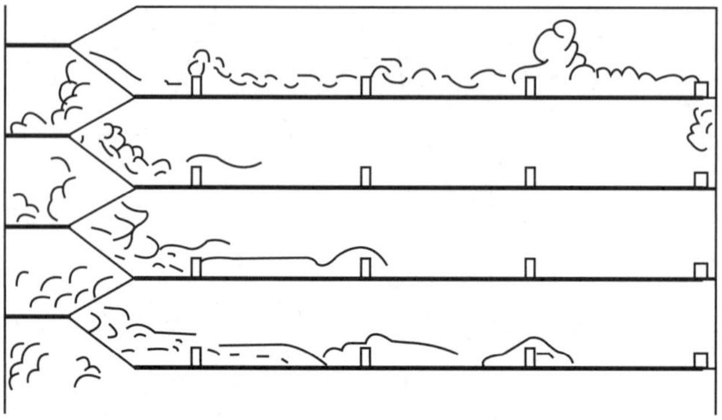

| 연기의 전달현상 |

(4) 연기의 농도와 가시거리

감광계수[m^{-1}]	가시거리[m]	상 황
0.1 (문10 보기①)	20~30	연기감지기가 작동할 때의 농도(연기감지기가 작동하기 직전의 농도)
0.3 (문10 보기②)	5	건물 내부에 익숙한 사람이 피난에 지장을 느낄 정도의 농도
0.5	3	어두운 것을 느낄 정도의 농도
1 (문10 보기③)	1~2	앞이 거의 보이지 않을 정도의 농도
10	0.2~0.5	화재 최성기 때의 농도
30	–	출화실에서 연기가 분출할 때의 농도

기억법
0123 감
035 익
053 어
112 보
100205 최
30 분

※ 일산화탄소의 증가와 산소의 감소
연기가 인체에 영향을 미치는 요인 중 가장 중요한 요인

※ 연기의 발생속도
연소속도×발연계수

※ 감광계수
연기의 농도에 의해 빛이 감해지는 계수

※ 가시거리
방해를 받지 않고 눈으로 어떤 물체를 볼 수 있는 거리

※ 출화실
화재가 발생한 집 또는 방

Key Point

★★★

문제 10 가시거리의 한계치를 연기의 농도로 환산한 감광계수[m^{-1}]와 가시거리[m]에 관한 설명으로 옳은 것은?

13회 문 23
11회 문 03

① 감광계수 0.1은 연기감지기가 작동할 정도이다.

② 감광계수 0.3은 가시거리 2이다.
5

③ 감광계수 1은 어두침침한 것을 느끼는 정도이다.
0.5

④ 감광계수로 표시한 연기의 농도와 가시거리는 비례관계를 갖는다.
반비례

답 ①

(5) 연기로 인한 사람의 투시거리에 영향을 주는 요인

① 연기농도(주된 요인)

② 연기의 흐름속도

③ 보는 표시의 휘도, 형상, 색

중요 연기(Smoke)

① 연소생성물이 눈에 보이는 것을 **연기**라고 한다.

② 수직으로 연기가 이동하는 속도는 수평으로 이동하는 속도보다 빠르다.

③ 연기 중 **액체미립자계**만 유독성이다.

④ 연기는 **대류**에 의하여 전파된다.

(6) 연기를 이동시키는 요인

① **연돌**(굴뚝)**효과** 문11 보기①

② 외부에서의 **풍력**의 영향

③ 온도상승에 의한 증기**팽창**(온도상승에 따른 기체팽창) 문11 보기②

④ 건물 내에서의 강제적인 공기이동(공조설비)

⑤ 건물 내외의 **온도차**(기후조건)

⑥ 비중차

⑦ **부력** 문11 보기④

* **굴뚝효과와 관계 있는 것**
① 화재실의 온도
② 건물의 높이
③ 건물 내외의 온도차

★

문제 11 화재시 연기를 이동시키는 추진력으로 옳지 않은 것은?

18회 문 25
09회 문 02
07회 문 07
04회 문 09

① 굴뚝효과　　② 팽창

③ 중력　　④ 부력
연기의 이동과 관계없음

답 ③

Key Point

용어

연돌(굴뚝)효과(Stack effect)

① 건물 내의 연기가 압력차에 의하여 순식간에 이동하여 상층부로 상승하거나 외부로 배출되는 현상

② 실내 · 외 공기 사이의 **온도**와 **밀도**의 **차이**에 의해 공기가 건물의 수직방향으로 이동하는 현상

- **중성대** : 건물 내의 기류는 중성대의 **하부**에서 **상부** 또는 **상부**에서 **하부**로 이동한다.

(7) 연기를 이동시키지 않는 방호조치

① 계단에는 반드시 **전실**을 만든다.

② 고층부의 **드래프트효과**(Draft effect)를 감소시킨다.

③ 전용실 내에 **에스컬레이터**를 설치한다.

④ 가능한 한 각층의 엘리베이터 홀은 구획한다.

※ 드래프트효과
화재시 열에 의해 공기가 상승하며 연소가스가 건물 외부로 빠져나가고 신선한 공기가 흡입되어 순환하는 것

(8) 연기가 인체에 미치는 영향

① 질식사(생리적 유해성) 문12 보기㉢

② 시력장애(시각적 유해성) 문12 보기㉠

③ 인지능력감소(심리적 유해성) 문12 보기㉡

- **공기**의 **양**이 **부족**할 경우 짙은 연기가 생성된다.

※ 연기의 이동과 관계 있는 것
① 굴뚝효과
② 비중차
③ 공조설비

※ 연기
① 고체미립자계 : 무독성
② 액체미립자계 : 유독성

※ 검은 연기생성
탄소를 많이 함유한 경우

문제 12 연소생성물 중 연기가 인간에 미치는 유해성을 모두 고른 것은?
19회 문 18

> ㉠ 시각적 유해성
> ㉡ 심리적 유해성
> ㉢ 생리적 유해성

① ㉠, ㉡　　② ㉠, ㉢
③ ㉡, ㉢　　④ ㉠, ㉡, ㉢

해설 ④ 모두 맞음

답 ④

1 건축물의 화재성상

출제확률 5% (1문제)

1 목재건축물

(1) 열전도율

목재의 열전도율은 콘크리트보다 적다.

- 철근콘크리트에서 철근의 허용응력을 위태롭게 하는 최저온도는 600℃이다.

(2) 열팽창률

목재의 열팽창률은 벽돌 · 철재 · 콘크리트보다 적으며, 벽돌 · 철재 · 콘크리트 등은 열팽창률이 비슷하다.

(3) 수분함유량

목재의 수분함유량이 15% 이상이면 고온에 장시간 접촉해도 착화하기 어렵다. 문01 보기②

문제 01 목재가 고온에 장시간 접촉해도 착화하기 어려운 수분함유량은 최소 몇 % 이상인가?

14회 문 04

① 10 ② 15 ③ 20 ④ 25

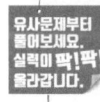

유사문제부터 풀어보세요. 실력이 팍!팍! 올라갑니다.

해설 ② 목재의 수분함유량이 15% 이상이면 고온에 장시간 접촉해도 착화하기 어렵다.

답 ②

(4) 목재의 연소에 영향을 주는 인자

① 비중 ② 비열 ③ 열전도율 ④ 수분함량
⑤ 온도 ⑥ 공급상태 ⑦ 목재의 비표면적

(5) 목재의 상태와 연소속도

목재의 상태 \ 연소속도	빠르다	느리다
형 상	사각형	둥근 것
표 면	거친 것	매끈한 것
두 께	얇은 것	두꺼운 것
굵 기	가는 것	굵은 것
색	흑 색	백 색
내화성	없는 것	있는 것
건조상태	수분이 적은 것	수분이 많은 것

- 작고 엷은 가연물은 입자표면에서 전도율의 방출이 적기 때문에 잘 탄다.

Key Point

※ 석면, 암면
열전도율이 가장 적다.

※ 철근콘크리트
① 철근의 허용응력
: 600℃
② 콘크리트의 탄성
: 500℃

※ 목재건축물
① 화재성상
: 고온단기형
② 최고온도
: 1300℃

목재건축물
=목조건축물

※ 내화건축물
① 화재성상
: 저온장기형
② 최고온도
: 900~1000℃

Key Point

＊ 무염착화
가연물이 재로 덮힌 숯불모양으로 불꽃없이 착화하는 현상

＊ 발염착화
가연물이 불꽃이 발생되면서 착화하는 현상

＊ 건축물의 화재성상
① 실(室)의 규모
② 내장재료
③ 공기유입부분의 형태

＊ 일반가연물의 연소 생성물
① 수증기
② 이산화탄소(CO_2)
③ 일산화탄소(CO)

＊ 출화
'화재'를 의미한다.

＊ 탄화심도
발화부에 가까울수록 깊어지는 경향이 있다.

＊ 목조건축물
처음에는 백색연기 발생
문03 보기①

(6) 목재의 연소과정

목재의 가열→ 100℃ 갈색	수분의 증발→ 160℃ 흑갈색	목재의 분해→ 220~260℃ 분해가 급격히 일어난다.	탄화 종료→ 300~350℃	발화→ 420~470℃

(7) 목재건축물의 화재진행과정 문02 보기③

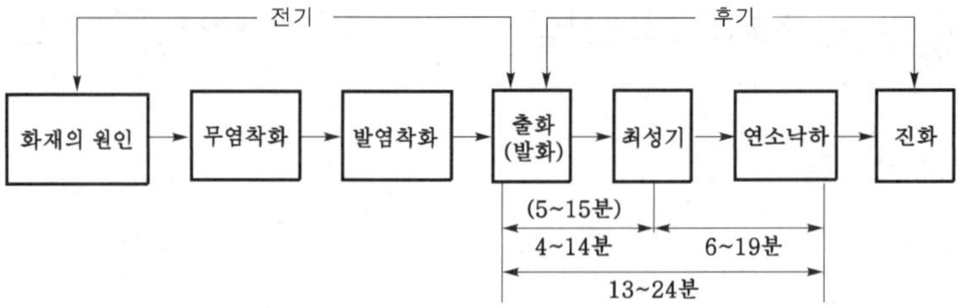

최성기=성기=맹화

☆☆
문제 02 목조건축물의 화재진행상황에 관한 설명으로 알맞은 것은?
17회 문 25
13회 문 11
10회 문 03
02회 문 01

① 화원－무염착화－출화－소화
② 화원－발염착화－출화－소화
③ 화원－무염착화－발염착화－출화－성기－소화
④ 화원－무염착화－출화－성기－소화

답 ③

(8) 출화의 구분

옥내출화	옥외출화
① **천장 속·벽 속** 등에서 **발염착화**한 때 ② 가옥 구조시에는 천장판에 **발염착화**한 때 ③ 불연벽체나 칸막이의 불연천장인 경우 실내에서는 그 뒤판에 **발염착화**한 때	① **창·출입구** 등에 **발염착화**한 때 ② 목재사용 가옥에서는 **벽·추녀밑**의 판자나 목재에 **발염착화**한 때

용어

도괴방향법	탄화심도비교법
출화가옥의 기둥 등은 발화부를 향하여 파괴하는 경향이 있으므로 이곳을 출화부로 추정하는 원칙	탄소화합물이 분해되어 탄소가 되는 깊이, 즉 나무를 예로 들면 나무가 불에 탄 깊이를 측정하여 출화부를 추정하는 원칙

(9) 목재건축물의 표준온도곡선

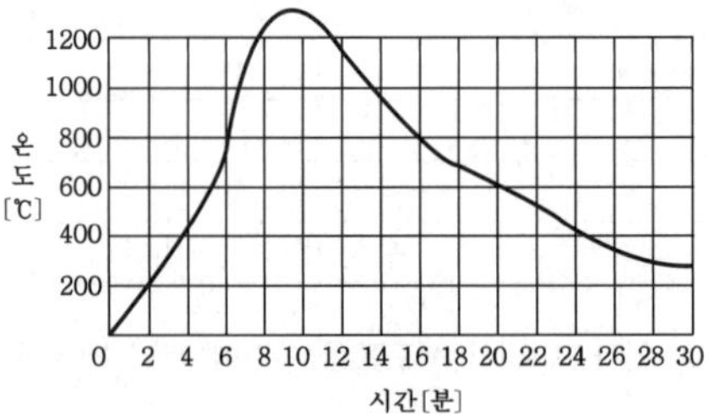

Key Point

중요 최성기의 상태

① 온도는 국부적으로 1200~1300℃ 정도가 된다.
② 상층으로 완전히 연소되고 농연은 건물 전체에 충만된다.
③ 유리가 타서 녹아 떨어지는 상태가 목격된다.

(10) 목조건물화재의 일반현상

① 처음에는 백색연기가 발생하며 차차 흑색연기가 창·환기구 등으로 분출된다. 문03 보기①

② 차차 연기량이 많아지고 지붕, 처마 등에서 연기가 새어 나온다. 문03 보기②

③ 옥내에서 탈 때, 타는 소리가 요란하다. 문03 보기③

④ 결국은 화염이 외부에 나타난다. 문03 보기④

문제 03 목조건물화재의 일반현상이 아닌 것은?
06회 문 04

① 처음에는 흑색연기가 창·환기구 등으로 분출된다.
② 차차 연기량이 많아지고 지붕, 처마 등에서 연기가 새어 나온다.
③ 옥내에서 탈 때, 타는 소리가 요란하다.
④ 결국은 화염이 외부에 나타난다.

해설 ① 처음에는 **백색연기**가 발생하며 차차 **흑색연기**가 창·환기구 등으로 분출된다.

답 ①

(11) 목재건축물의 화재원인

구 분	설 명
접염	건축물과 건축물이 연결되어 불이 옮겨 붙는 것
비화	불씨가 날라가서 다른 건축물에 옮겨 붙는 것
복사열	복사파에 의해 열이 높은 온도에서 낮은 온도로 이동하는 것

목재건축물=목조건축물

(12) 훈소

구 분	설 명
훈소	불꽃없이 연기만 내면서 타다가 어느 정도 시간이 경과 후 발열될 때의 연소상태
훈소흔	목재에 남겨진 흔적

※ **목조건물**
'목재건축물'과 같은 의미

※ **접염**
농촌의 목재건축물에서 주로 발생한다.

※ **복사열**
열이 높은 온도에서 낮은 온도로 이동하는 것

Key Point

※ 성장기
공기의 유통구가 생기면 연소속도는 급격히 진행되어 실내는 순간적으로 화염이 가득하게 되는 시기

※ 건축물의 화재성상
① 내화건축물
  : 저온장기형
② 목재건축물
  : 고온단기형

※ 내화건축물의 표준온도
① 30분 후 : 840℃
문04 보기②
② 1시간 후: 925~950℃
③ 2시간 후 : 1010℃

2 내화건축물

(1) 내화건축물의 내화진행과정

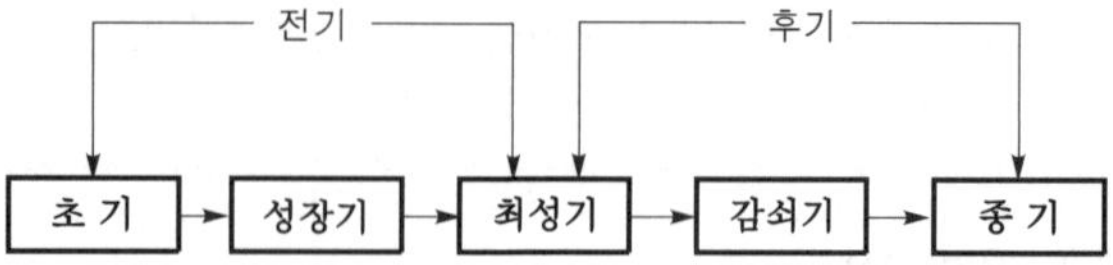

(2) 내화건축물의 표준온도곡선

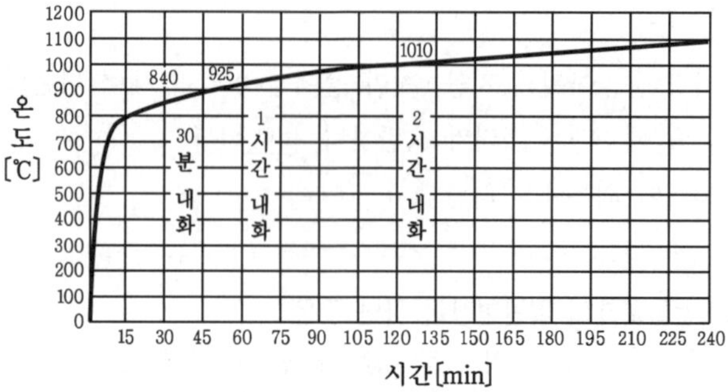

• 내화건축물의 화재시 1시간 경과된 후의 화재온도는 약 925~950℃이다.

★★★
문제 04 내화구조 건물의 표준화재 온도곡선에서 화재발생 후 30분 경과시의 내부온도는 약 몇 ℃인가?

18회 문 11
14회 문 04
05회 문 02

① 500　　② 840
③ 950　　④ 1010

해설
② 30분 후 : 840℃

답 ②

2 건축물의 내화성상

출제확률 10% (3문제)

1 건축방재의 기본적인 사항

(1) 공간적 대응

공간적 대응	설 명
대항성	• 내화성능 · 방연성능 · 초기 소화대응 등의 화재사상의 저항능력 문05 보기④
회피성	• 불연화 · 난연화 · 내장제한 · 구획의 세분화 · 방화훈련(소방훈련) · 불조심 등 출화유발 · 확대 등을 저감시키는 예방조치 강구 문05 보기①②
도피성	• 화재가 발생한 경우 안전하게 피난할 수 있는 시스템 문05 보기③

★★★
문제 05 (17회 문 13, 15회 문 18, 13회 문 09, 12회 문 10)

건축방재의 계획에 있어서 건축의 설비적 대응과 공간적 대응이 있다. 공간적 대응 중 대항성에 대한 설명으로 맞는 것은?

① 불연화, 난연화, 내장제한, 구획의 세분화로 예방조치강구 → 회피성
② 방화훈련(소방훈련), 불조심 등 출화유발, 대응을 저감시키는 조치 → 회피성
③ 화재가 발생한 경우보다 안전하게 계단으로부터 피난할 수 있는 공간적 시스템 → 도피성
④ 내화성능, 방연성능, 초기 소화대응 등의 화재사상의 저항능력 → 대항성

답 ④

(2) 설비적 대응

제연설비 · 방화문 · 방화셔터 · 자동화재탐지설비 · 스프링클러설비 등에 의한 대응

2 건축물의 방재기능(건축물을 지을 때 내 · 외부 및 부지 등의 방재계획을 고려한 계획)

계 획	설 명
부지선정, 배치계획	소화활동에 지장이 없도록 적합한 건물배치를 하는 것
평면계획	방연구획과 제연구획을 설정하여 화재예방 · 소화 · 피난 등을 유효하게 하기 위한 계획
단면계획	불이나 연기가 다른 층으로 이동하지 않도록 구획하는 계획
입면계획	불이나 연기가 다른 건물로 이동하지 않도록 구획하는 계획으로 입면계획의 가장 큰 요소는 **벽**과 **개구부**이다.
재료계획	불연성능 · 내화성능을 가진 재료를 사용하여 화재를 예방하기 위한 계획

Key Point

✻ 공간적 대응
① 대항성
② 회피성
③ 도피성

✻ 건축물의 방재기능 설정요소
① 부지선정, 배치계획
② 평면계획
③ 단면계획
④ 입면계획
⑤ 재료계획

✻ 건축물 내부의 연소 확대방지를 위한 방화계획
① 수평구획(면적단위)
② 수직구획(층단위)
③ 용도구획(용도단위)

Key Point

※ 내화구조
1. 정의
① 수리하여 재사용할 수 있는 구조
② 화재시 쉽게 연소되지 않는 구조
③ 화재에 대하여 상당한 시간 동안 구조상 내력이 감소되지 않는 구조
2. 종류
① 철근콘크리트조
② 연와조
③ 석조

※ 석조
돌로 만든 것

※ 방화구조
1. 정의
화재시 건축물의 인접부분에로의 연소를 차단할 수 있는 구조
2. 구조
① 철망모르타르 바르기
② 회반죽 바르기

※ 내화성능이 우수한 순서
① 내화재료 문06 보기①
② 불연재료 문06 보기②
③ 준불연재료 문06 보기④
④ 난연재료 문06 보기③

※ 모르타르
시멘트와 모래를 섞어서 물에 갠 것

3 건축물의 내화구조와 방화구조

(1) 내화구조의 기준(피난 · 방화구조 3조)

내화구분		기 준
벽	모든 벽	① 철골 · 철근콘크리트조로서 두께가 10cm 이상인 것 ② 골구를 철골조로 하고 그 양면을 두께 4cm 이상의 철망모르타르로 덮은 것 ③ 두께 5cm 이상의 콘크리트 블록 · 벽돌 또는 석재로 덮은 것 ④ 석조로서 철재에 덮은 콘크리트블록의 두께가 5cm 이상인 것 ⑤ 벽돌조로서 두께가 19cm 이상인 것 ⑥ 고온 · 고압의 증기로 양생된 경량기포 콘크리트패널 또는 경량기포 콘크리트블록조로서 두께가 10cm 이상인 것
	외벽 중 비내력벽	① 철골 · 철근콘크리트조로서 두께가 7cm 이상인 것 ② 골구를 철골조로 하고 그 양면을 두께 3cm 이상의 철망모르타르로 덮은 것 ③ 두께 4cm 이상의 콘크리트 블록 · 벽돌 또는 석재로 덮은 것 ④ 석조로서 두께가 7cm 이상인 것
기둥(작은 지름이 25cm 이상인 것)		① 철골을 두께 6cm 이상의 철망모르타르로 덮은 것 ② 두께 7cm 이상의 콘크리트블록 · 벽돌 또는 석재로 덮은 것 ③ 철골을 두께 5cm 이상의 콘크리트로 덮은 것
바닥		① 철골 · 철근콘크리트조로서 두께가 10cm 이상인 것 ② 석조로서 철재에 덮은 콘크리트블록 등의 두께가 5cm 이상인 것 ③ 철재의 양면을 두께 5cm 이상의 철망모르타르로 덮은 것
보		① 철골을 두께 6cm 이상의 철망모르타르로 덮은 것 ② 두께 5cm 이상의 콘크리트로 덮은 것

• 공동주택의 각 세대간의 경계벽의 구조는 **내화구조**이다.

문제 06 다음에 열거한 건축재료 중 화재에 대한 내화성능이 가장 우수한 것은 어떤 재료로 시공한 건축물인가?

08회 문 21
07회 문 22
05회 문 21

① 내화재료 ② 불연재료
③ 난연재료 ④ 준불연재료

해설 내화성능이 우수한 순서
내화재료 > 불연재료 > 준불연재료 > 난연재료

답 ①

(2) 방화구조의 기준(피난 · 방화구조 4조)

구조내용	기 준
• 철망모르타르 바르기	바름두께가 2cm 이상인 것
• 석고판 위에 시멘트모르타르 또는 회반죽을 바른 것 • 시멘트모르타르 위에 타일을 붙인 것	두께의 합계가 2.5cm 이상인 것
• 심벽에 흙으로 맞벽치기 한 것	모두 해당

Key Point

중요 **직통계단의 설치거리**(건축령 34조)

구 분	보행거리
일반건축물	30m 이하
16층 이상인 공동주택	40m 이하
내화구조 또는 불연재료로 된 건축물	50m 이하

4 건축물의 방화문과 방화벽

(1) 방화문의 구분(건축령 64조)

60분+방화문	60분 방화문	30분 방화문
연기 및 불꽃을 차단할 수 있는 시간이 60분 이상이고, 열을 차단할 수 있는 시간이 30분 이상인 방화문 문07 보기㉠	연기 및 불꽃을 차단할 수 있는 시간이 60분 이상인 방화문 문07 보기㉡	연기 및 불꽃을 차단할 수 있는 시간이 30분 이상 60분 미만인 방화문

✽ 방화문
① 손으로 직접 열 수 있을 것
② 자동으로 닫히는 구조(자동폐쇄장치)일 것

✽ 주요 구조부(건축법 2조)
① 내력**벽**
② **보**(작은 보 제외)
③ **지**붕틀(차양 제외)
④ **바**닥(최하층 바닥 제외)
⑤ **주**계단(옥외계단 제외)
⑥ **기**둥(사이기둥 제외)

기억법
벽보지 바주기

★★★
문제 07 14회 문 20
건축법 시행령에서 정하고 있는 방화문의 구분에 관한 기준으로 (　　)에 들어갈 내용으로 옳은 것은?

> 방화문은 다음과 같이 구분한다.
> • 60분+방화문 : 연기 및 불꽃을 차단할 수 있는 시간이 (㉠) 이상이고, 열을 차단할 수 있는 시간이 30분 이상인 방화문
> • 60분 방화문 : 연기 및 불꽃을 차단할 수 있는 시간이 (㉡) 이상인 방화문

① ㉠ : 30분, ㉡ : 30분　　② ㉠ : 30분, ㉡ : 60분
③ ㉠ : 60분, ㉡ : 60분　　④ ㉠ : 60분, ㉡ : 30분

해설
③ ㉠ 60분+방화문 : 연기 및 불꽃 차단 **60분** 이상, 열차단 **30분** 이상
㉡ 60분 방화문 : 연기 및 불꽃 차단 **60분** 이상

답 ③

용어

방화문
화재시 상당한 시간 동안 연소를 차단할 수 있도록 하기 위하여 방화구획선상 또는 방화벽의 개구부 부분에 설치하는 것

(2) 방화벽의 구조(건축령 57조, 피난·방화구조 21조)

대상건축물	구획단지	방화벽의 구조
주요 구조부가 내화구조 또는 불연재료가 아닌 연면적 1000m² 이상인 건축물	연면적 1000m² 미만마다 구획	• **내화구조**로서 홀로 설 수 있는 구조일 것 • 방화벽의 양쪽끝과 위쪽끝을 건축물의 외벽면 및 지붕면으로부터 0.5m 이상 튀어나오게 할 것 • 방화벽에 설치하는 출입문의 너비 및 높이는 각각 2.5m 이하로 하고 해당 출입문에는 60분+방화문 또는 60분 방화문을 설치할 것

Key Point

※ 불연재료
① 콘크리트
② 석재
③ 벽돌
④ 기와
⑤ 석면판
⑥ 철강
⑦ 알루미늄
⑧ 유리
⑨ 모르타르
⑩ 회

※ 건축물의 최하층
반드시 내화구조로 된 바닥·벽 및 60분+방화문 또는 60분 방화문으로 구획

중요 **불연·준불연재료·난연재료**(건축령 2조, 피난·방화구조 5~7조)

구 분	불연재료	준불연재료	난연재료
정의	불에 타지 않는 재료	불연재료에 준하는 방화성능을 가진 재료	불에 잘 타지 않는 성능을 가진 재료
종류	① 콘크리트 문08 보기④ ② 석재 ③ 벽돌 문08 보기③ ④ 기와 문08 보기① ⑤ 유리(그라스울) ⑥ 철강 ⑦ 알루미늄 ⑧ 모르타르 ⑨ 회	① 석고보드 ② 목모시멘트판	① 난연합판 ② 난연플라스틱판

★★★
문제 08 불연재료가 아닌 것은?
08회 문 21
07회 문 22

① 기와
② 연와조
내화구조
③ 벽돌
④ 콘크리트

답 ②

용어

간벽
외부에 접하지 아니하는 건물 내부공간을 분할하기 위하여 설치하는 벽

5 건축물의 방화구획

(1) 방화구획의 기준(건축령 46조, 피난·방화구조 14조)

대상건축물	대상규모	층 및 구획방법		구획부분의 구조
주요 구조부가 내화구조 또는 불연재료로 된 건축물	연면적 $1000m^2$ 넘는 것	• 10층 이하	• 바닥면적 $1000m^2$ 이내마다	• 내화구조로 된 바닥·벽 • 60분+방화문, 60분 방화문 • 자동방화셔터
		• 매 층마다	다만, 지하 1층에서 지상으로 직접 연결하는 경사로 부위는 제외	
		• 11층 이상	• 바닥면적 $200m^2$ 이내마다(실내마감을 불연재료로 한 경우 $500m^2$ 이내마다)	

• 스프링클러, 기타 이와 유사한 자동식 소화설비를 설치한 경우 바닥면적은 위의 **3배** 면적으로 산정한다.
• **필로티**나 그 밖의 비슷한 구조의 부분을 주차장으로 사용하는 경우 그 부분은 건축물의 다른 부분과 구획할 것

Key Point

> **중요** **대규모건축물의 방화벽 등**(건축령 57조 ③항)
> 연면적이 $1000m^2$ 이상인 목조의 건축물은 국토교통부령이 정하는 바에 따라 그 구조를 **방화구조**로 하거나 **불연재료**로 하여야 한다.

(2) 건축물 내부의 연소확대방지를 위한 방화구획

① 층 또는 면적별 구획
② 승강기의 승강로 구획
③ 위험용도별 구획
④ 방화댐퍼 설치

- **방화구획의 종류** : 층단위, 용도단위, 면적단위

(3) 방화구획용 방화댐퍼의 기준(피난 · 방화구조 14조)

화재로 인한 연기 또는 불꽃을 감지하여 자동적으로 닫히는 구조로 할 것(단, 주방 등 연기가 항상 발생하는 부분에는 온도를 감지하여 자동적으로 닫히는 구조로 할 수 있다.)

(4) 개구부에 설치하는 방화설비(피난 · 방화구조 23조)

① 60분+방화문 또는 60분 방화문
② 창문 등에 설치하는 **드렌처**(Drencher)
③ 환기구멍에 설치하는 불연재료로 된 방화커버 또는 그물눈 2mm 이하인 금속망
④ 해당 창문 등과 연소할 우려가 있는 다른 건축물의 부분을 차단하는 내화구조나 불연재료로 된 벽 · 담장, 기타 이와 유사한 방화설비

(5) 건축물의 방화계획시 피난계획

① 공조설비
② 건물의 층고
③ 옥내소화전의 위치
④ 화재탐지와 통보

(6) 건축물의 방화계획과 직접적인 관계가 있는 것

① 건축물의 층고
② 건물과 소방대와의 거리
③ 계단의 폭

6 피난계단의 설치기준(건축령 35조)

층 및 용도		계단의 종류	비 고
• 5~10층 이하 • 지하 2층 이하	판매시설	피난계단 또는 특별피난계단 중 1개소 이상은 특별피난계단	–
• 11층 이상 • 지하 3층 이하		특별피난계단	• 공동주택은 **16층** 이상 • **지하 3층** 이하의 바닥면적이 $400m^2$ 미만인 층은 제외

＊ 승강기
'엘리베이터'를 말한다.

＊ 방화구획의 종류
① 층단위
② 용도단위
③ 면적단위

＊ 드렌처
화재발생시 열에 의해 창문의 유리가 깨지지 않도록 창문에 물을 방사하는 장치

＊ 공조설비
'공기조화설비'를 말한다.

＊ 피난계획
2방향의 통로확보

＊ 특별피난계단의 구조
화재발생시 인명피해 방지를 위한 건축물

Key Point

중요 피난계단과 특별피난계단

피난계단	특별피난계단
계단의 출입구에 방화문이 설치되어 있는 계단이다.	건물 각 층으로 통하는 문은 방화문이 달리고 내화구조의 벽체나 연소우려가 없는 창문으로 구획된 피난용 계단으로 반드시 부속실을 거쳐서 계단실과 연결된다.

* 화재하중

$$q = \frac{\Sigma G_t H_t}{HA} = \frac{\Sigma Q}{4500A}$$

여기서,

q : 화재하중[kg/m²]

G_t : 가연물의 양[kg]

H_t : 가연물의 단위중량당 발열량[kcal/kg]

H : 목재의 단위중량당 발열량[kcal/kg]

A : 바닥면적[m²]

ΣQ : 가연물의 전체 발열량[kcal]

7 건축물의 화재하중

(1) 화재하중

① 가연물 등의 연소시 건축물의 붕괴 등을 고려하여 설계하는 하중

② 화재실 또는 화재구획의 단위면적당 가연물의 양

③ 일반건축물에서 가연성의 건축구조재와 가연성 수용물의 양으로서 건물화재시 **발열량** 및 **화재위험성**을 나타내는 용어

④ 건물화재에서 가열온도의 정도를 의미한다.

⑤ 건물의 내화설계시 고려되어야 할 사항이다.

⑥ 단위면적당 건물의 가연성 구조를 포함한 양으로 정한다.

(2) 건축물의 화재하중

건축물의 용도	화재하중[kg/m²] 문09 보기③
호텔	5~15
병원	10~15
사무실	10~20
주택 · 아파트	30~60
점포(백화점)	100~200
도서관	250
창고	200~1000

문제 09 화재하중(Fire load)을 나타내는 단위는?

18회 문 14
17회 문 10
16회 문 24
14회 문 09
13회 문 19
12회 문 16
12회 문 20

① kcal/kg

② ℃/m²

③ kg/m²

④ kg/kcal

해설 ③ 화재하중 단위 : **kg/m²** 또는 N/m²

답 ③

• **화재하중**의 **감소방법** : 내장재의 불연화

(3) 화재강도(Fire intensity)에 영향을 미치는 인자

① 가연물의 비표면적
② 화재실의 구조
③ 가연물의 배열상태

8 개구부와 내화율

개구부의 종류	설치장소	내화율
A급	건물과 건물 사이	3시간 이상
B급	계단 · 엘리베이터	1시간 30분 이상
C급	복도 · 거실	45분 이상
D급	건물의 외부와 접하는 곳	1시간 30분 이상

3 방화안전관리

출제확률 5% (1문제)

1 화점의 관리

① 화기사용장소의 한정
② 화기사용책임자의 선정
③ 화기사용시간의 제한
④ 가연물 · 위험물의 보관
⑤ 모닥불 · 흡연 등의 처리

2 연소방지(방배연)설비

① 방화문, 방화셔터　② 방화댐퍼　③ 방연수직벽
④ 제연설비　⑤ 기타 급기구 등

3 초기소화설비와 본격소화설비

초기소화설비	본격소화설비
① 소화기류	① 소화용수설비
② 물분무소화설비 문10 보기②	② 연결송수관설비 문10 보기④
③ 옥내소화전설비 문10 보기①	③ 연결살수설비
④ 스프링클러설비	④ 비상용 엘리베이터
⑤ CO_2 소화설비	⑤ 비상콘센트설비
⑥ 할론소화설비	⑥ 무선통신보조설비
⑦ 분말소화설비 문10 보기③	
⑧ 포소화설비	

Key Point

✻ 화재강도
열의 집중 및 방출량을 상대적으로 나타낸 것 즉, 화재의 온도가 높으면 화재강도는 커진다.

✻ 개구부
화재발생시 쉽게 피난할 수 있는 출입문 또는 창문 등을 말한다.

✻ 가정불화
방화의 동기유형으로 가장 큰 비중 차지

✻ 화점
화재의 원인이 되는 불이 최초로 존재하고 발생한 곳

✻ 방화문, 방화셔터
화재시 열, 연기를 차단하여 화재의 연소확대를 방지하기 위한 설비

✻ 방화댐퍼
화재시 연소를 방지하기 위한 설비

✻ 방연수직벽
화재시 연기의 유동을 방지하기 위한 설비

✻ 제연설비
화재시 실내의 연기를 배출하고 신선한 공기를 불어 넣어 피난을 용이하게 하기 위한 설비

Key Point

★★★
문제 10 초기소화용으로 사용되는 소화설비가 아닌 것은?
07회 문 05
① 옥내소화전설비 ② 물분무설비
③ 분말소화설비 ④ 연결송수관설비
본격소화설비

답 ④

4 특정소방대상물의 관계인과 소방안전관리대상물의 소방안전관리자의 업무(화재예방법 24조)

특정소방대상물(관계인)	소방안전관리대상물(소방안전관리자)
① 피난시설 · 방화구획 및 방화시설의 관리 ② 소방시설, 그 밖의 소방관련시설의 관리 ③ **화기취급**의 감독 ④ 소방안전관리에 필요한 업무 ⑤ 화재발생시 초기대응	① 피난시설 · 방화구획 및 방화시설의 관리 ② 소방시설, 그 밖의 소방관련시설의 관리 ③ **화기취급**의 감독 ④ 소방안전관리에 필요한 업무 ⑤ **소방계획서**의 작성 및 시행(대통령령으로 정하는 사항 포함) ⑥ **자위소방대** 및 **초기대응체계**의 구성 · 운영 · 교육 ⑦ 소방훈련 및 교육 ⑧ 소방안전관리에 관한 업무수행에 관한 기록 · 유지 ⑨ 화재발생시 초기대응

* **화재예방활동의 3E**
① Education : 교육 · 홍보
② Enforcement : 법규의 시행 · 관리 · 단속
③ Engineering : 기술 · 안전시설

* **피난교의 폭**
60cm 이상

* **거실**
거주, 집무, 작업, 집회, 오락, 기타 이와 유사한 목적을 위하여 사용하는 것

* **소방의 주된 목적**
재해방지

5 소방훈련

(1) 실시방법에 의한 분류
① 기초훈련
② 부분훈련
③ 종합훈련
④ 도상훈련 : **화재진압작전도**에 의하여 실시하는 훈련

(2) 대상에 의한 분류
① 자체훈련
② 지도훈련
③ 합동훈련

6 인명구조활동

인명구조활동시 주의하여야 할 사항은 다음과 같다.
① 요(要)구조자 위치확인
② 필요한 장비장착

③ 세심한 주의로 명확한 판단
④ 용기와 정확한 판단

• 고층건축물 : 11층 이상 또는 높이 31m 초과

7 방재센터

방재센터는 다음의 기능을 갖추고 있어야 한다.

① 방재센터는 피난인원의 유도를 위하여 **피난층**으로부터 가능한 한 **같은 위치**에 설치한다.
② 방재센터는 연소위험이 없도록 **충분한 면적**을 갖도록 한다.
③ 소화설비 등의 기동에 대하여 **감시제어기능**을 갖추어야 한다.

중요 방재센터 내의 설비, 기기

① C.R.T 표시장치
② 소화펌프의 원격기동장치
③ 비상전원장치

8 안전관리

안전관리에 대한 내용은 다음과 같다.

① 무사고상태를 유지하기 위한 활동
② 인명 및 재산을 보호하기 위한 활동
③ 손실의 최소화를 위한 활동

중요 안전관리 관련색

표시색	안전관리 상황
녹색	• 안전 · 구급
백색	• 안내
황색	• 주의
적색	• 위험방화

Key Point

※ 방재센터
화재를 사전에 예방하고 초기에 진압하기 위해 모든 소방시설을 제어하고 비상방송 등을 통해 인명을 대피시키는 총체적 지휘본부

※ C.R.T 표시장치
화재의 발생을 감시하는 모니터

※ 비상조명장치
조도 1lx 이상

※ 화재부위 온도측정
① 열전대
② 열반도체

Key Point

＊ 가연성 가스 누출시
배기팬 작동금지

9 피난기구

① 완강기 문11 보기①
② 피난사다리
③ 구조대 문11 보기③④
④ 소방청장이 정하여 고시하는 화재안전기준으로 정하는 것(미끄럼대, 피난교, 공기안전매트, 피난용 트랩, 다수인 피난장비, 승강식 피난기, 간이 완강기, 하향식 피난구용 내림식 사다리)

★
문제 11 **화재발생시 피난기구로서 직접 활용할 수 없는 것은?**

09회 문 11
09회 문 70

① 완강기
② 무선통신보조장치
소화활동설비
③ 수직구조대
④ 구조대

답 ②

10 소방용 배관

① 배관용 탄소강관
② 압력배관용 탄소강관
③ 이음매 없는 동 및 동합금관
④ 배관용 스테인리스강관 또는 일반배관용 스테인리스강관
⑤ 덕타일 주철관

CHAPTER

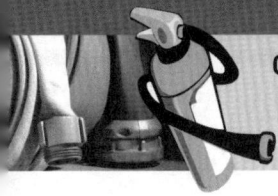

04 인원수용 및 피난계획

1 인원수용 및 피난계획

출제확률 16% (4문제)

1 피난행동의 특성

(1) 재해발생시의 피난행동

① 비교적 평상상태에서의 행동

② 긴장상태에서의 행동

③ 패닉(Panic)상태에서의 행동

> 중요
>
> **패닉(Panic)의 발생원인**
>
> ① 연기에 의한 시계제한
>
> ② 유독가스에 의한 호흡장애
>
> ③ 외부와 단절되어 고립

(2) 피난행동의 성격

① 계단보행속도

② 군집보행속도

㉠ 자유보행 : 아무런 제약을 받지 않고 걷는 속도로서 보통 0.5~2m/s이다.

㉡ 군집보행 : 후속 보행자의 제약을 받아 후속 보행속도에 동조하여 걷는 속도로서 보통 1m/s이다.

③ 군집유동계수 : 협소한 출구에서의 출구를 통과하는 일정한 인원을 단위폭, 단위시간으로 나타낸 것으로 평균적으로 1.33인/m · s이다.

2 건축물의 방화대책

(1) 피난대책의 일반적인 원칙

① 피난경로는 **간단명료**하게 한다.

② 피난구조설비는 **고정식 설비**를 위주로 설치한다.

③ 피난수단은 **원시적 방법**에 의한 것을 원칙으로 한다.

④ **2방향**의 피난통로를 확보한다. 문01 보기②

⑤ 피난통로를 **완전불연화**한다.

⑥ **화재층**의 **피난**을 **최우선**으로 고려한다. 문01 보기①

⑦ 피난시설 중 피난로는 **복도** 및 **거실**을 가리킨다. 문01 보기③

⑧ 인간의 **본능적 행동**을 무시하지 않도록 고려한다. 문01 보기④

⑨ 계단은 **직통계단**으로 한다.

Key Point

※ 패닉상태
인간이 극도로 긴장되어 돌출행동을 할 수 있는 상태

※ 피난행동의 성격
① 계단 보행속도
② 군집 보행속도
③ 군집 유동계수

※ 군집보행속도
① 자유보행 : 0.5~2m/s
② 군집보행 : 1.0m/s

Key Point

★

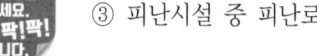

문제 01 피난대책으로 부적합한 것은?

02회 문 23

유사문제부터 풀어보세요. 실력이 팍!팍! 올라갑니다.

① 화재층의 피난을 최우선으로 고려한다.
② 피난동선은 2방향 피난을 가장 중시한다.
③ 피난시설 중 피난로는 출입구 및 계단을 가리킨다.
(복도, 거실)
④ 인간의 본능적 행동을 무시하지 않도록 고려한다.

답 ③

※ **피난동선**
복도·통로·계단과 같은 피난전용의 통행 구조로서 '피난경로'라고도 부른다.

(2) 피난동선의 특성

① 가급적 **단순형태**가 좋다.
② **수평동선**과 **수직동선**으로 구분한다.
③ 가급적 상호 반대방향으로 다수의 출구와 연결되는 것이 좋다.
④ 어느 곳에서도 2개 이상의 방향으로 피난할 수 있으며 그 말단은 화재로부터 안전한 장소이어야 한다.

(3) 화재발생시 인간의 피난특성

피난특성	설 명
귀소본능	① 피난시 **평소**에 사용하는 **문**, 길, **통로**를 사용하거나 자신이 왔었던 길로 **되돌아가려는** 본능 ② **친숙한 피난경로**를 선택하려는 행동 ③ 무의식 중에 **평상시** 사용하는 **출입구**나 **통로**를 사용하려는 행동 ④ 화재시 본능적으로 원래 왔던 길 또는 늘 사용하는 경로로 탈출하려고 하는 것
지광본능	① 화재시 연기 및 정전 등으로 시야가 흐려질 때 어두운 곳에서 개구부, 조명부 등의 **밝은 빛**을 따르려는 본능 ② **밝은 쪽**을 지향하는 행동 ③ 화재의 공포감으로 인하여 **빛**을 따라 외부로 달아나려고 하는 행동
퇴피본능	① 반사적으로 **위험**으로부터 **멀리**하려는 본능 ② 화염, 연기에 대한 공포감으로 **발화**의 **반대방향**으로 이동하려는 행동 ③ 화재가 발생하면 확인하려 하고, 그것이 비상사태로 확인되면 **화재**로부터 **멀어지려고** 하는 본능 ④ 연기, 불의 **차폐물**이 있는 곳으로 도망가거나 숨는다. ⑤ **발화점**으로부터 조금이라도 **먼 곳**으로 피난한다.
추종본능	① 많은 사람이 달아나는 방향으로 쫓아가려는 행동 ② 화재시 **최초**로 **행동**을 **개시**한 사람을 따라 전체가 움직이려는 행동
좌회본능	**좌측통행**을 하고 **시계반대방향**으로 회전하려는 행동
폐쇄공간 지향본능	가능한 **넓은 공간**을 찾아 **이동**하다가 위험성이 높아지면 의외의 좁은 공간을 찾는 본능
초능력본능	비상시 **상상**도 **못할 힘**을 내는 본능
공격본능	**이상심리현상**으로서 구조용 헬리콥터를 부수려고 한다든지 무차별적으로 주변 사람과 구조인력 등에게 공격을 가하는 본능
패닉(Panic) 현상	인간의 비이성적인 또는 부적합한 **공포반응행동**으로서 무모하게 높은 곳에서 뛰어내리는 행위라든지, 몸이 굳어서 움직이지 못하는 행동

Key Point

• **피난로온도의 기준** : 사람의 어깨높이

(4) 방화진단의 중요성

① 화재발생위험의 배제
② 화재확대위험의 배제
③ 피난통로의 확보

(5) 제연방식

① **자연제연방식** : 개구부(건물에 설치된 창)를 통하여 연기를 자연적으로 배출하는 방식 문02 보기②

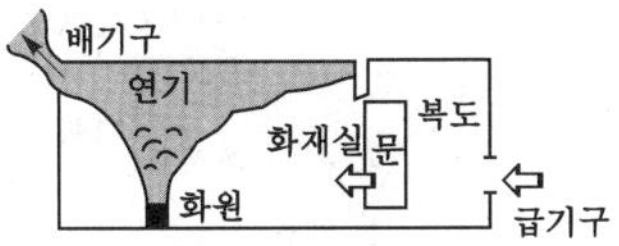

▌자연제연방식▐

★★
문제 02 제연방식에는 자연제연과 기계제연 2종류가 있다. 다음 중 자연제연과 관계가 깊은 것은?

19회 문 21
17회 문 20
15회 문 14
14회 문 21
09회 문114
06회 문 21

① 스모크타워　② 건물에 설치된 창
③ 배연기, 송풍기 설치　④ 배연기 설치

해설 ② **자연제연방식** : **건물**에 **설치**된 **창**을 통한 연기의 자연배출방식

답 ②

② **스모크타워 제연방식** : **루프모니터**를 설치하여 제연하는 방식 문02 보기①

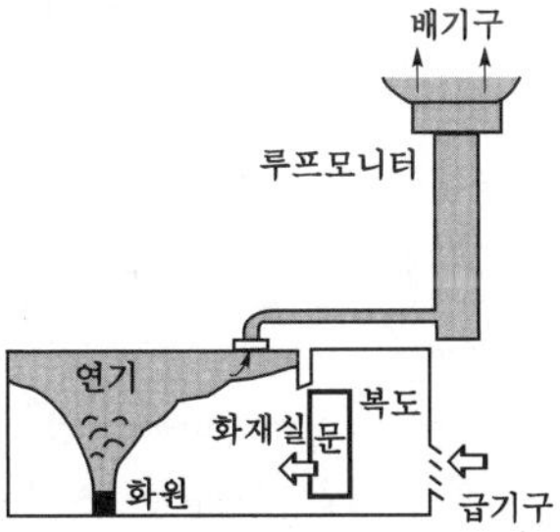

▌스모크타워 제연방식▐

③ **기계제연방식**(강제제연방식)

㉠ 제1종 기계제연방식 : **송풍기**와 **배연기**(배풍기)를 설치하여 급기와 배기를 하는 방식으로 **장치**가 **복잡**하다. 문02 보기③

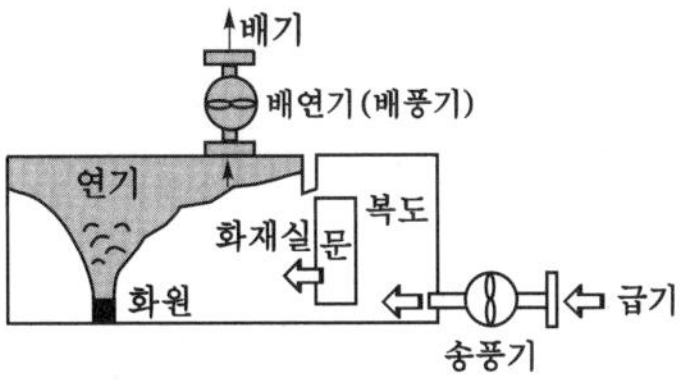

▌제1종 기계제연방식▐

※ **개구부**
화재시 쉽게 피난 할 수 있는 문이나 창문 등을 말한다.

※ **스모크타워 제연방식**
① 고층빌딩에 적당하다.
② 제연샤프트의 굴뚝효과를 이용한다.
③ 모든 층의 일반 거실화재에 이용할 수 있다.
④ 제연통의 제연구는 바닥에서 윗쪽에 설치하고 급기통의 급기구는 바닥부분에 설치한다.

※ **루프모니터**
창살이나 넓은 유리창이 달린 지붕 위의 구조물

※ **기계제연방식**
① 제1종 : 송풍기 +배연기
② 제2종 : 송풍기
③ 제3종 : 배연기

Key Point

㉡ 제2종 기계제연방식 : **송풍기**만 설치하여 급기와 배기를 하는 방식으로 **역류**의 **우려**가 있다.

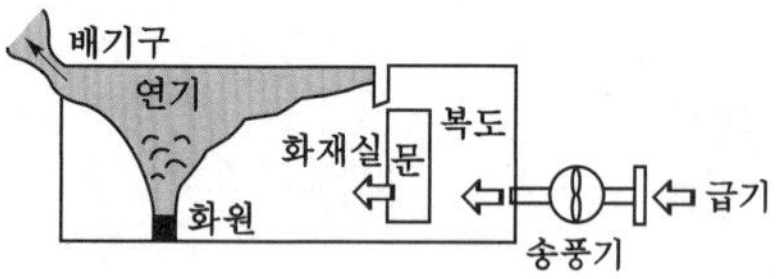

| 제2종 기계제연방식 |

㉢ 제3종 기계제연방식 : **배연기**(배풍기)만 설치하여 급기와 배기를 하는 방식으로 가장 많이 사용한다. 문02 보기④

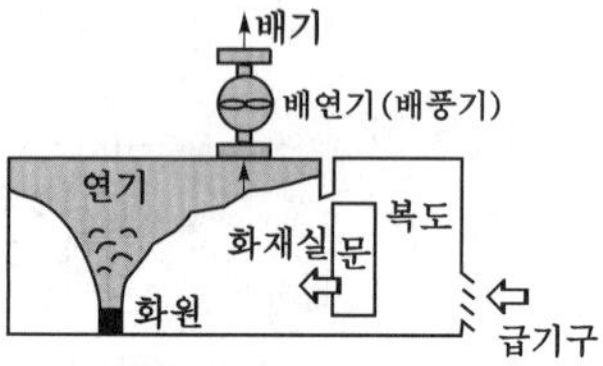

| 제3종 기계제연방식 |

※ 기계제연방식과 같은 의미
① 강제제연방식
② 기계식 제연방식

(6) 제연방법

제연방법	설 명
희석(Dilution) 문03 보기①	외부로부터 신선한 공기를 대량 불어 넣어 연기의 양을 일정 농도 이하로 낮추는 것
배기(Exhaust) 문03 보기②	건물 내의 압력차에 의하여 연기를 외부로 배출시키는 것
차단(Confinement) 문03 보기③	연기가 일정한 장소 내로 들어오지 못하도록 하는 것

※ 건축물의 제연방법
① 연기의 희석
② 연기의 배기
③ 연기의 차단

※ 희석
가장 많이 사용된다.

★★
문제 03 건축물의 제연방법과 가장 관계가 먼 것은?
① 연기의 희석
② 연기의 배기
③ 연기의 차단
④ 연기의 가압
건축물의 제연방법과 관계가 없다.

답 ④

(7) 제연구획

구 분	설 명
제연경계의 폭	0.6m 이상
제연경계의 수직거리	2m 이내
예상제연구역~배출구의 수평거리	10m 이내

※ 수평거리와 같은 의미
① 유효반경
② 직선거리

3 건축물의 안전계획

(1) 피난시설의 안전구획

안전구획	위 치
1차 안전구획	복도
2차 안전구획	부실(계단전실)
3차 안전구획	계단

※ 제연계획
제연을 위해 승강기용 승강로 이용금지

※ 부실(계단부속실)
계단으로 들어가는 입구의 부분

Key Point

(2) 피난형태

형 태	피난방향	상 황
X형 문04 보기③	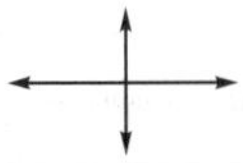	**확실한 피난통로**가 보장되어 신속한 피난이 가능하다.
Y형	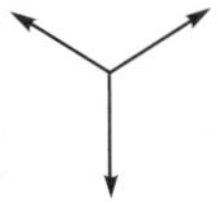	
CO형	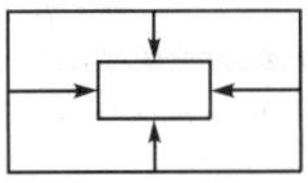	피난자들의 집중으로 **패닉**(Panic)**현상**이 일어날 수가 있다.
H형	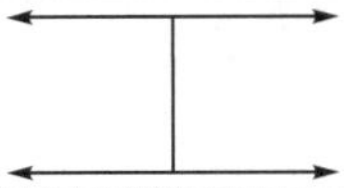	

＊ 패닉현상
① CO형
② H형

★★★
문제 04 다음 중 확실한 피난로가 보장되는 피난형태는?

① Z형　　② H형
③ X형　　④ T형

해설 ③ X형 : 확실한 피난통로가 보장되어 신속한 피난가능

답 ③

(3) 피뢰설비

피뢰설비는 **돌출부**, **피뢰도선**, **접지전극**으로 구성되어 있다.

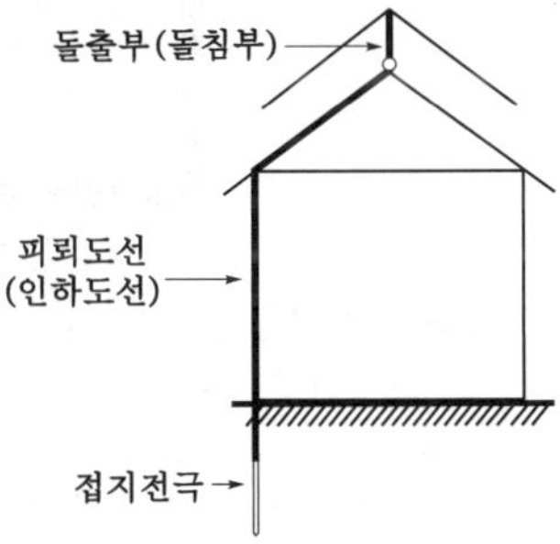

‖ 피뢰설비 ‖

(4) 방폭구조의 종류

구 분	설 명
내압(耐壓) 방폭구조(d) 문05 보기①	폭발성 가스가 용기 내부에서 폭발하였을 때 용기가 그 압력에 견디거나 또는 외부의 폭발성 가스에 인화될 우려가 없도록 한 구조 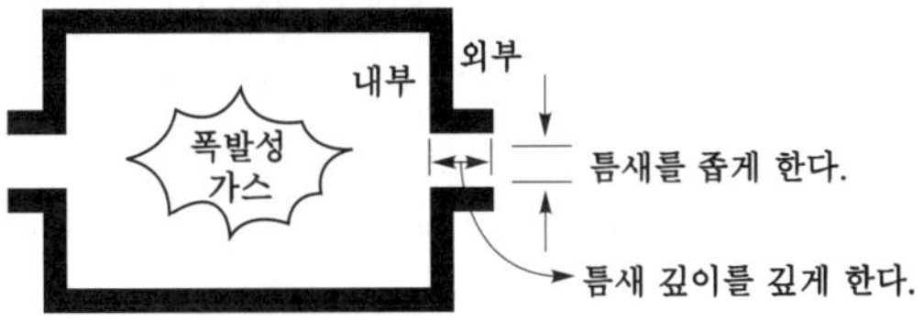 ‖ 내압(耐壓) 방폭구조 ‖

＊ 방폭구조
폭발성 가스가 있는 장소에서 사용하더라도 주위에 있는 폭발성 가스에 영향을 받지 않는 구조

＊ 내압(耐壓) 방폭구조
가장 많이 사용된다.

Key Point

※ 내압(內壓) 방폭구조 (압력방폭구조)
'내부압력 방폭구조'라 고도 부른다.

※ 안전증 방폭구조
'안전증가 방폭구조'라 고도 부른다.

※ 유입 방폭구조
전기불꽃 발생부분을 기름 속에 넣은 것

※ 본질안전 방폭구조
회로의 전압·전류를 제한하여 폭발성 가스가 점화되지 않도록 만든 구조

구 분	설 명
내압(內壓) 방폭구조 (압력방폭구조, p) 문05 보기③	용기 내부에 질소 등의 보호용 가스를 충전하여 외부에서 폭발성 가스가 침입하지 못하도록 한 구조 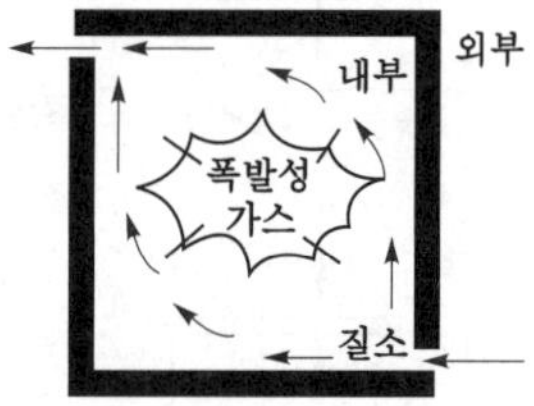 ▌내압(內壓) 방폭구조(압력방폭구조)▐
안전증 방폭구조(e) 문05 보기④	기기의 정상운전중에 폭발성 가스에 의해 점화원이 될 수 있는 전기불꽃 또는 고온이 되어서는 안 될 부분에 기계적, 전기적으로 특히 안전도를 증가시킨 구조  ▌안전증 방폭구조▐
유입 방폭구조(o)	전기불꽃, 아크 또는 고온이 발생하는 부분을 기름 속에 넣어 폭발성 가스에 의해 인화가 되지 않도록 한 구조  ▌유입 방폭구조▐
본질안전 방폭구조(i) 문05 보기②	① 폭발성 가스가 단선, 단락, 지락 등에 의해 발생하는 전기불꽃, 아크 또는 고온에 의하여 점화되지 않는 것이 확인된 구조 ② 정상상태에서 위험분위기가 지속적으로 또는 장기적으로 존재하는 배관 내부에 적합한 방폭구조 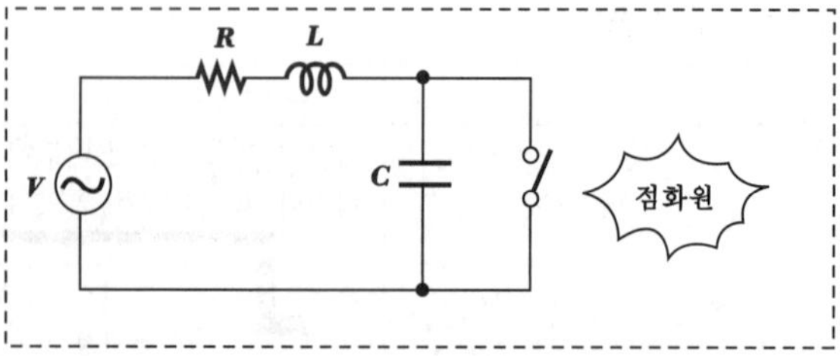 ▌본질안전 방폭구조▐

구 분	설 명
특수 방폭구조(s)	위에서 설명한 구조 이외의 방폭구조로서 폭발성 가스에 의해 점화되지 않는 것이 시험 등에 의하여 확인된 구조 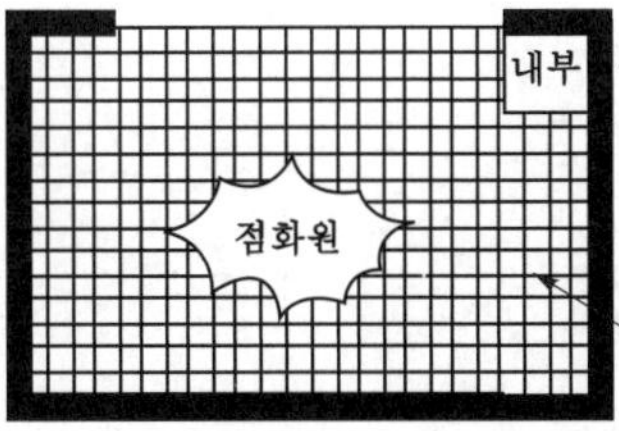 ‖ 특수 방폭구조 ‖

Key Point

＊ 특수 방폭구조
① 사입 방폭구조
② 협극 방폭구조

★★
문제 05 정상상태에서 위험분위기가 지속적으로 또는 장기적으로 존재하는 배관 내부에 적합한 방폭구조는?

12회 문 06
08회 문 02

① 내압 방폭구조
② 본질안전 방폭구조
③ 압력 방폭구조
④ 안전증 방폭구조

답 ②

CHAPTER

05 화재역학

Key Point

1 화재성상

출제확률 24% (6문제)

1 화재의 형태

(1) 확산화염(Diffusion flames)

연료가스와 산소가 농도차에 의해서 반응대로 이동하면서 진행되는 연소

> **중요 확산화염의 형태**
> ① 제트화염
> ② 누출액체화재
> ③ 산불화재

(2) 훈소(Smoldering)

① 공기 중의 산소와 고체연료 사이에서 발생되는 상대적으로 느리게 진행되는 연소

② 400~1000℃의 온도로 진행속도가 0.001~0.01cm/s 정도로 나타나는 고체의 산화과정 문01 보기①

※ 훈소
불꽃없이 연기만 내면서 타다가 어느 정도 시간이 경과한 후 발열될 때의 연소상태

★★★

문제 01 훈소의 일반적인 진행속도[cm/s] 범위로 옳은 것은?

12회 문 05
06회 문 07

유사문제부터 풀어보세요. 실력이 팍!팍! 올라갑니다.

① 0.001~0.01
② 0.05~0.5
③ 0.1~1
④ 10~100

해설 ① 훈소의 일반적인 진행속도 : 0.001~0.01cm/s

답 ①

(3) 자연발화(Spontaneous combustion)

공기 중에 노출된 연료에 서서히 산화반응이 일어나는 연소과정

(4) 예혼합화염(Premixed flames)

점화되기 전에 연료와 공기가 미리 혼합되어 있는 상태에서 연소가 일어나는 과정

Key Point

2 열전달

1 전도 · 대류 · 복사

(1) 전도(단층벽)

① 열유동률 문02 보기①

$$\overset{\circ}{q}=\frac{kA(T_2-T_1)}{l}$$

여기서, $\overset{\circ}{q}$: 열유동률(열흐름률)([W], [J/s])

k : 열전도도(열전도율)[W/m · K]

A : 전열면적(열전달부분의 면적)[m^2]

$T_1 \cdot T_2$: 각 벽면의 온도([℃] 또는 [K])

l : 벽 두께[m]

★★★

문제 02 열전도율 1.4kcal/m · h · ℃ (k), 두께 10cm (l), 면적 30m² (A)인 콘크리트 벽체가 있다. 벽체의 내측온도는 30℃ (T_2), 외측온도는 −5℃ (T_1)일 때, 벽체를 통한 손실열량 ($\overset{\circ}{Q}$)[kcal/h]은? (단, 푸리에(Fourier)법칙을 이용하여 구한다.)

19회 문 10
19회 문 17
16회 문 27
11회 문 23
07회 문 17

① 14700
② −15400
③ 16200
④ 17500

해설 (1) 기호

- k : 1.4kcal/m · h · ℃
- l : 10cm=0.1m(1m=100cm이므로)
- A : 30m²
- T_2 : 30℃
- T_1 : −5℃
- $\overset{\circ}{Q}$: ?

(2) $\overset{\circ}{Q}=\frac{kA(T_2-T_1)}{l}$

$=\frac{1.4\text{kcal/m} \cdot \text{h} \cdot ℃ \times 30\text{m}^2 \times (30-(-5))℃}{0.1\text{m}}$

$=14700\text{kcal/h}$

답 ①

※ **전도**
하나의 물체가 다른 물체와 직접 접촉하여 열이 이동하는 현상

※ **대류**
액체 또는 기체의 흐름에 의하여 열이 이동하는 현상

※ **복사**
전자파의 형태로 열이 옮겨지는 현상으로서, 높은 온도에서 낮은 온도로 열이 이동한다.

Key Point

② 단위면적당 열유동률(열유속)

$$\mathring{q}'' = \frac{k(T_2 - T_1)}{l}$$

여기서, $\mathring{q}''$: 단위면적당 열유동률〔W/m²〕
k : 열전도도(열전도율)〔W/m·K〕
$T_1 \cdot T_2$: 각 벽면의 온도(〔℃〕 또는 〔K〕)
l : 벽 두께〔m〕

열류(Heat Flux)=열유속=단위면적당 열유동률

(2) 전도(혼합식벽)

$$\mathring{q} = \frac{A(T_h - T_c)}{\dfrac{1}{h_h} + \dfrac{l_1}{k_1} + \dfrac{l_2}{k_2} + \dfrac{1}{h_c}}$$

여기서, $\mathring{q}$: 열유동률(열흐름률)(〔W〕, 〔J/s〕)
A : 전열면적〔m²〕
T_h : 내부온도〔℃〕
T_c : 외부온도〔℃〕
$h_h \cdot h_c$: 내·외부표면의 대류전열계수〔W/m²·K〕
$l_1 \cdot l_2$: 벽 두께〔m〕
$k_1 \cdot k_2$: 열전도도〔W/m·K〕

*** 열전도도**
어떤 물질이 열을 전달할 수 있는 능력의 정도

(3) 열침투시간

$$t_p \approx \frac{l^2}{16\alpha}$$

여기서, t_p : 열침투시간〔s〕
l : 두께(침투거리)〔m〕
α : 열확산도〔m²/s〕$\left(\alpha = \dfrac{k}{\rho c}\right)$
k : 열전도율〔W/m·K〕
ρ : 밀도〔kg/m³〕
c : 비열〔J/kg·K〕

Key Point

※ 대류전열계수
'열손실계수' 또는 '열전달률'이라고도 부른다.

(4) 대류열류

$$\overset{\circ}{q}'' = h(T_2 - T_1)$$

여기서, $\overset{\circ}{q}''$: 대류열류[W/m²]

h : 대류전열계수[W/m² · ℃]

$T_2 - T_1$: 온도차[℃]

(5) 복사열(복사 수열량)

$$\overset{\circ}{q}'' = F_{12}\varepsilon\sigma T^4$$

여기서, $\overset{\circ}{q}''$: 복사열[W/m²]

F_{12} : 배치계수(형상계수)

ε : 복사능(방사율)[$1-e^{(-kl)}$]

k : 흡수계수(absorption coefficient)[m^{-1}]

l : 화염두께[m]

σ : 스테판-볼츠만 상수(5.667×10^{-8}W/m² · K⁴)

T : 온도[K]

※ 복사능
동일한 온도에서 흑체에 의해 방출되는 에너지와 물체의 표면에 의해 방출되는 복사에너지의 비로서 '방사율' 또는 '복사율'이라고도 부른다.

※ 흑체
모든 파장의 복사열을 완전히 흡수하는 물체

(6) 열유속(열류, Heat flux)

열유속	설 명
1kW/m²	노출된 피부에 통증을 줄 수 있는 열유속의 최소값
4kW/m²	화상을 입힐 수 있는 값 문03 보기②
10~20kW/m²	물체가 발화하는 데 필요한 값

※ 열유속과 같은 의미
① 열류
② 단위면적당 열유동률
③ 순열류

★★
문제 03 화재시 노출피부에 대한 화상을 입힐 수 있는 최소 열유속으로 옳은 것은?

① 1kW/m²
② 4kW/m²
③ 10kW/m²
④ 15kW/m²

해설 ② 화상을 입힐 수 있는 최소 열유속 : 4kW/m²

답 ②

Key Point

3 화염확산

1 일반적인 화염확산속도

확산유형		확산속도
훈소		0.001~0.01cm/s
두꺼운 고체의 측면 또는 하향확산		0.1cm/s
숲이나 산림 부스러기를 통한 바람에 의한 확산		1~30cm/s
두꺼운 고체의 상향확산		1~100cm/s
액면에서의 수평확산(표면화염)		1~100cm/s
예혼합화염	층류	10~100cm/s
예혼합화염	폭굉	약 10^5cm/s

※ **예혼합화염**
연소하기 전에 이미 가연물과 산화제가 혼합되어 있는 것

※ **폭굉**
폭발 중에서도 격렬한 폭발로서 화염의 전파속도가 음속보다 빠른 경우로, 파면선단에 충격파(압력파)가 진행되는 현상

2 고체연료의 발화시간

두꺼운 물체(두께(l)>2mm)

$$t_{ig} = C(k\rho c)\left[\frac{T_{ig} - T_s}{\mathring{q}''}\right]^2$$

여기서, t_{ig} : 발화시간[s]
C : 상수(열손실이 없는 경우(보온상태, 단열상태) : $\frac{\pi}{4}$, 열손실이 있는 경우 $\frac{2}{3}$)
k : 열전도도[W/m · K]
ρ : 밀도[kg/m^3]
c : 비열[kJ/kg · K]
T_{ig} : 발화온도([℃] 또는 [K])
T_s : 초기온도([℃] 또는 [K])
$\mathring{q}''$: 열류(순열류)[kW/m^2]

얇은 물체(두께(l)≦2mm)

$$t_{ig} = \rho c l \, \frac{[T_{ig} - T_s]}{\mathring{q}''}$$

여기서, t_{ig} : 발화시간[s]
ρ : 밀도[kg/m^3]
c : 비열[kJ/kg · K]
l : 두께[m]
T_{ig} : 발화온도([℃] 또는 [K])
T_s : 초기온도([℃] 또는 [K])
$\mathring{q}''$: 열류(순열류)[kW/m^2]

Key Point

★★
문제 04 20회 문 05

고체가연물의 한 쪽 면이 가열되고 있는 조건에서 점화시간에 관한 설명으로 옳지 않은 것은?

① 얇은 가연물이 두꺼운 가연물보다 빨리 점화된다.
② 밀도가 높을수록 점화하기까지의 시간이 짧아진다.
길어진다.
③ 가연물의 발화점이 낮을수록 점화하기까지의 시간이 짧아진다.
④ 비열이 클수록 점화하기까지의 시간이 길어진다.

답 ②

3 측면의 화염확산속도

(1) 두꺼운 물체와 얇은 물체

두꺼운 물체(두께(l)>2mm)	얇은 물체(두께(l)≦ 2mm)
$$t_{ig}=C(k\rho c)\left[\frac{T_{ig}-T_s}{\mathring{q}''}\right]^2$$ 여기서, t_{ig} : 발화시간[s] C : 상수(열손실이 없는 경우(보온상태, 단열상태) : $\frac{\pi}{4}$, 열손실이 있는 경우 $\frac{2}{3}$) k : 열전도도[W/m·K] ρ : 밀도[kg/m^3] c : 비열[kJ/kg·K] T_{ig} : 발화온도([℃] 또는 [K]) T_s : 표면온도([℃] 또는 [K]) $\mathring{q}''$: 열류(순열류)[kW/m^2]	$$t_{ig}=\rho c l\,\frac{[T_{ig}-T_s]}{\mathring{q}''}$$ 여기서, t_{ig} : 발화시간[s] ρ : 밀도[kg/m^3] c : 비열[kJ/kg·K] l : 두께[m] T_{ig} : 발화온도([℃] 또는 [K]) T_s : 초기온도([℃] 또는 [K]) $\mathring{q}''$: 열류(순열류)[kW/m^2]

(2) 화염확산속도

$$V=\frac{\delta_f}{t_{ig}}$$

여기서, V : 화염확산속도[m/s]
δ_f : 가열거리[m]
t_{ig} : 발화시간[s]

✻ 열전도도
'열전도율'이라고도 부른다.

✻ 비열
일정량의 물질을 일정 온도로 상승시키는 데 필요한 열량

✻ 발화
어떤 물질이 연소를 지속하는 것

✻ 화염
가스 또는 증기의 연소상태

Key Point

4 연소속도

1 화재성장의 3요소

① 발화(Ignition)
② 연소속도(Burning rate)
③ 화염확산(Flame spread)

※ 연소속도
화재가 번져나가는 속도로서 '산화속도'와 관계가 있다.

2 에너지 방출속도

※ 열방출속도
연소에 의하여 열에너지가 발생되는 속도로서 '에너지 방출속도'라고도 부른다.

(1) 에너지 방출속도(열방출속도, 화재크기) 문05 보기①

$$\mathring{Q} = \mathring{m}'' A \Delta H \eta$$

여기서, $\mathring{Q}$: 에너지 방출속도[kW], $\mathring{m}''$: 단위면적당 연소속도[$g/m^2 \cdot s$]
ΔH : 연소열[kJ/g], A : 연소관여 면적[m^2]
η : 연소효율

★★
문제 05 19회 문 23 / 14회 문 12 / 08회 문 25
면적이 0.12m^2(A)인 합판이 완전연소시 열방출량($\mathring{Q}$)[kW]은? (단, 평균질량 감소율은 1800$g/m^2 \cdot min$($\mathring{m}''$), 연소열은 25kJ/g(ΔH), 연소효율은 50%(η)로 가정한다.)

① 45 ② 270
③ 450 ④ 2700

해설 (1) 기호
- A : 0.12m^2
- $\mathring{m}''$: 1800$g/m^2 \cdot min$=1800$g/m^2 \cdot 60s$=30$g/m^2 \cdot s$(1min=60s)
- ΔH : 25kJ/g
- η : 50%=0.5
- $\mathring{Q}$: ?

(2) 열방출량 $\mathring{Q}$는
$\mathring{Q} = \mathring{m}'' A \Delta H \eta = 30g/m^2 \cdot s \times 0.12m^2 \times 25kJ/g \times 0.5 ≒ 45kW$

답 ①

(2) 단위면적당 연소속도

$$\mathring{m}'' = \frac{\mathring{q}''}{L_v}$$

※ 기화열
어떤 물질이 기체로 변화하는 데 필요한 열량

여기서, $\mathring{m}''$: 단위면적당 연소속도[$g/m^2 \cdot s$]
$\mathring{q}''$: 열류(순열류)[kW/m^2]
L_v : 기화열[kJ/g]

Key Point

용어

연소속도(Burning rate)
화재발생시 단위시간당 소비되는 고체 또는 액체의 질량[$g/m^2 \cdot s$]

5 구획화재

1 탄화수소계 연료

구 분	온 도
난류 화염온도	800℃
층류 화염온도	1800~2000℃
단열 화염온도	2000~2300℃

2 실질적인 응용

(1) 감지기 동작을 위한 화재크기(에너지 방출속도)

$r > 0.18H$인 경우	$r \leq 0.18H$인 경우
$\overset{\circ}{Q} = r\left[H\dfrac{(T_L - T_\infty)}{5.38}\right]^{\frac{3}{2}}$	$\overset{\circ}{Q} = \left[\dfrac{(T_L - T_\infty)}{16.9}\right]^{\frac{3}{2}} \cdot H^{\frac{5}{2}}$
여기서, $\overset{\circ}{Q}$: 감지기 동작을 위한 화재크기[kW] r : 감지기의 수평거리(반경)[m] H : 천장높이[m] T_L : 감지기의 작동온도 등급[℃] T_∞ : 주위온도(실내온도)[℃]	여기서, $\overset{\circ}{Q}$: 감지기 동작을 위한 화재크기[kW] r : 감지기의 수평거리(반경)[m] H : 천장높이[m] T_L : 감지기의 작동온도 등급[℃] T_∞ : 주위온도(실내온도)[℃]

(2) 최고 가스온도

$r > 0.18H$인 경우	$r \leq 0.18H$인 경우
$T_{max} = \dfrac{5.38\left(\dfrac{\overset{\circ}{Q}}{r}\right)^{\frac{2}{3}}}{H} + T_\infty$	$T_{max} = \dfrac{16.9\,\overset{\circ}{Q}^{\frac{2}{3}}}{H^{\frac{5}{3}}} + T_\infty$
여기서, T_{max} : 최고 가스온도[℃] $\overset{\circ}{Q}$: 화재크기[kW] r : 수평거리(반경)[m] H : 천장높이[m] T_∞ : 주위온도(실내온도)[℃]	여기서, T_{max} : 최고 가스온도[℃] $\overset{\circ}{Q}$: 화재크기[kW] r : 수평거리(반경)[m] H : 천장높이[m] T_∞ : 주위온도(실내온도)[℃]

＊층류와 난류

① 층류 : 규칙적으로 운동하면서 흐르는 유체

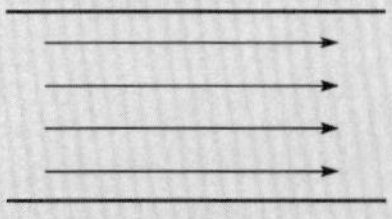

② 난류 : 불규칙적으로 운동하면서 흐르는 유체

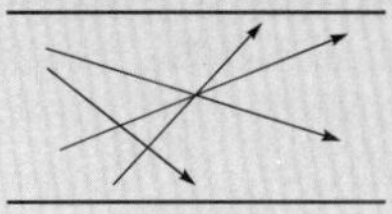

＊수평거리

'반경' 또는 '최단거리'라고도 표현할 수 있다.

Key Point

※ 에너지 방출속도
연소에 의하여 열에너지가 발생되는 속도로서 '열방출속도'라고도 부른다.

※ 플래시 오버
화재로 인하여 실내의 온도가 급격히 상승하여 화재가 순간적으로 실내 전체에 확산되어 연소되는 현상으로 일반적으로 '순발연소'라고도 한다.

(3) 연료의 화염높이 문06 보기①

$$l_F = 0.23\mathring{Q}^{\frac{2}{5}} - 1.02D$$

여기서, l_F : 연료의 화염높이〔m〕
$\mathring{Q}$: 에너지 방출속도〔kW〕
D : 직경〔m〕

★★
문제 06 연료층의 직경이 1m(D)인 목재의 화염높이(l_F)〔m〕는? (단, 목재의 에너지 방출속도는 130kW($\mathring{Q}$)이다.)

① 0.59　　② 2.89
③ 3.68　　④ 4.34

해설 (1) 기호
- D : 1m
- l_F : ?
- $\mathring{Q}$: 130kW

(2) **목재**의 **화염높이** l_F는

$$l_F = 0.23\mathring{Q}^{\frac{2}{5}} - 1.02D$$
$$= 0.23 \times (130\text{kW})^{\frac{2}{5}} - 1.02 \times 1\text{m}$$
$$\fallingdotseq 0.59\text{m}$$

답 ①

중요 **플래시오버(Flash over)의 발생상황**
① 열류의 증가에 따른 물질의 급속한 발화와 화염확산
② 과농도 연료가스가 충분히 축적된 후 이들의 갑작스러운 공기로의 노출
③ 연소속도의 증가에 따른 실 전체로의 갑작스러운 화염

(4) 연기의 온도상승

$$\Delta T = 6.85\left[\frac{\mathring{Q}^2}{A_o\sqrt{H_o}\cdot h\cdot A_T}\right]^{\frac{1}{3}}$$

여기서, ΔT : 연기의 온도상승〔℃〕
$\mathring{Q}$: 화재크기〔kW〕
A_o : 개구부면적〔m^2〕
H_o : 개구부높이〔m〕
h : 열손실계수(대류전열계수)〔$kW/m^2 \cdot$ ℃〕
A_T : 구획실 내부 표면적〔m^2〕

- A_T = 벽면적+바닥면적+천장면적−개구부면적

Key Point

※ 열손실계수
'대류전열계수' 또는 '열전달률'이라고도 부른다.

(5) 열손실계수

$t \leq t_p$ 인 경우(매우 두꺼운 경우)	$t > t_p$ 인 경우
$h=\sqrt{\frac{k\rho c}{t}}$	$h=\frac{k}{l}$
여기서, h : 열손실계수(대류전열계수) $k\rho c$: 열관성〔$kW^2 \cdot s/m^4 \cdot ℃^2$〕 t : 발화 후 시간〔s〕 t_p : 열침투시간〔s〕 k : 열전도도〔kW/m·K〕 l : 벽 두께〔m〕	여기서, h : 열손실계수(대류전열계수) k : 열전도도〔kW/m·K〕 l : 벽 두께〔m〕

• **열관성** : 어떤 물질의 열저항능력

중요 **플래시오버(Flash over)가 일어나기 위한 조건의 온도계산 방법**

① Babraukas(바브라카스)의 방법
② McCaffrey(맥케프레이)의 방법
③ Thomas(토마스)의 방법

(6) Flash over에 필요한 에너지 방출률 문07 보기④

$$\mathring{Q}_{Fo}=624\sqrt{A_o\sqrt{H_o}\cdot h\cdot A_T}$$

여기서, $\mathring{Q}_{Fo}$: Flash over에 필요한 에너지 방출률〔kW〕
A_o : 개구부면적〔m^2〕
H_o : 개구부높이〔m〕
h : 열손실계수(대류전열계수)〔$kW/m^2 \cdot ℃$〕
A_T : 구획실 내부표면적〔m^2〕

※ 개구부
화재발생시 쉽게 피난할 수 있는 출입문 또는 창문 등을 말한다.

★★
문제 07 **플래시오버(Flash over)가 발생하기 위해 필요한 열량에 관한 설명으로 옳지 않은 것은?**

① 열량은 환기구 높이의 4제곱근에 비례한다.
② 열량은 단면적의 제곱근에 비례한다.
③ 열량은 열손실계수의 제곱근에 비례한다.
④ 열량은 접촉면의 표면적에 비례한다.
표면적의 제곱근에 비례한다.

답 ④

Key Point

※ 연소생성물
① 열
② 연기
③ 불꽃
④ 가연성 가스

※ 수율
연소연료의 단위질량당 각 생성물의 질량

6 연소생성물

1 수율

(1) 원자량

물 질	원자량
수소(H)	1
탄소(C)	12
산소(O)	16

(2) 수율

$$y_{CO_2} = \frac{m_{CO_2}}{m}$$

여기서, y_{CO_2} : 수율(양론수율)
m_{CO_2} : 생성된 CO_2의 질량(분자량)
m : 연소된 연료의 질량(분자량)

- **수율** : 연소연료의 단위질량당 각 생성물의 질량

2 독성학의 허용농도

(1) TLV(Threshold Limit Values) : 허용한계농도

독성 물질의 섭취량과 인간에 대한 그 반응 정도를 나타내는 관계에서 손상을 입히지 않는 농도 중 가장 큰 값 문08 보기①

TLV 농도표시법	정 의
TLV−TWA(시간가중 평균농도)	매일 일하는 근로자가 하루에 8시간씩 근무할 경우 근로자에게 노출되어도 아무런 영향을 주지 않는 최고 평균농도
TLV−STEL(단시간 노출허용농도)	단시간 동안 노출되어도 유해한 증상이 나타나지 않는 최고 허용농도
TLV−C(최고 허용한계농도)	단 한순간이라도 초과하지 않아야 하는 농도

★★
문제 08 다음 중 TLV(Threshold Limit Values)에 관한 설명으로 옳은 것은?
① 독성 물질의 섭취량과 인간에 대한 그 반응정도를 나타내는 관계에서 손상을 입히지 않는 농도 중 가장 큰 값
② 실험쥐의 50%를 사망시킬 수 있는 물질의 양
③ 실험쥐의 50%를 사망시킬 수 있는 물질의 농도
④ 실험쥐의 50%를 15분 이내에 사망시킬 수 있는 허용농도

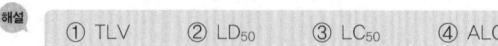

해설 ① TLV ② LD_{50} ③ LC_{50} ④ ALC

답 ①

(2) LD_{50}(Lethal Dose) : **반수치사량** 문08 보기②
실험쥐의 50%를 사망시킬 수 있는 물질의 양

(3) LC_{50}(Lethal Concentration) : **반수치사농도** 문08 보기③
실험쥐의 50%를 사망시킬 수 있는 물질의 농도

(4) ALC(Approximate Lethal Concentration) : **치사농도** 문08 보기④
실험쥐의 50%를 15분 이내에 사망시킬 수 있는 허용농도

3 연기

(1) 감광계수

$$K_s = \frac{\mathring{m}_{물질} D_m}{\mathring{V}} = \frac{\mathring{m}''_{물질} A D_m}{\mathring{V}}$$

여기서, K_s : 감광계수[m^{-1}]
$\mathring{m}_{물질}$: 물질의 연소속도[g/s]
$\mathring{D}_m$: 질량광학밀도[m^2/g]
$\mathring{V}$: 연기의 부피흐름속도[m^3/s]
$\mathring{m}''_{물질}$: 단위면적당 물질의 연소속도[g/m^2·s]
A : 연소관여 면적[m^2]

(2) 연기의 연소속도

$$\mathring{m}_{연기} = \mathring{m}_{공기} + \mathring{m}_{물질} = \mathring{m}_{공기} + \mathring{m}''_{물질} A$$

여기서, $\mathring{m}_{연기}$: 연기의 연소속도[g/s]
$\mathring{m}_{공기}$: 공기의 연소속도[g/s]
$\mathring{m}_{물질}$: 물질의 연소속도[g/s]
$\mathring{m}''_{물질}$: 단위면적당 물질의 연소속도[g/m^2·s]
A : 연소관여 면적[m^2]

(3) 연기의 부피흐름속도

$$\mathring{V} = \frac{\mathring{m}_{연기}}{\rho} = \frac{V}{t}$$

여기서, $\mathring{V}$: 연기의 부피흐름속도[m^3/s]
$\mathring{m}_{연기}$: 연기의 연소속도[g/s]
ρ : 연기밀도[g/m^3]
V : 실의 체적[m^3]
t : 시간[s]

(4) 한계가시거리(연기가시도)

$$L_v = \frac{C_v}{K_s}$$

여기서, L_v : 한계가시거리(연기가시도)[m]
C_v : 물체의 조명도에 의존되는 계수
K_s : 감광계수[m^{-1}]

Key Point

✻ LOAEL(최소 독성 농도)
인간이 가스에 노출되었을 때 독성 또는 생리적 변화가 관찰되는 최소 농도

✻ 감광계수
연기의 농도에 의해 빛이 감해지는 계수

✻ 연기의 이동과 관계 있는 것
① 굴뚝효과
② 비중차
③ 공조설비

✻ 연기
① 고체미립자계 : 무독성
② 액체미립자계 : 유독성

✻ 연소속도
화재발생시 단위시간당 소비되는 고체 또는 액체의 질량 [g/m^2·s]

✻ 가시거리
방해받지 않고 눈으로 어떤 물체를 볼 수 있는 거리

Key Point

7 연기의 생성 및 이동

1 연기의 이동

(1) 건물 내의 연기이동 요인

① 연돌(굴뚝)효과
② 화재에 의해 직접 생성되는 **부력**
③ 외부의 바람과 공기이동의 영향(바람에 의해 생긴 압력차)
④ 화재로 인한 팽창의 영향
⑤ 건물 내의 **공기취급시스템**(Air handling system에 의한 압력차)

* **굴뚝효과와 관계 있는 것**
① 화재실의 온도
② 건물의 높이
③ 건물 내외의 온도차

* **굴뚝효과**
① 건물 내의 연기가 압력차에 의하여 순식간에 상승하여 상층부 또는 외부로 이동하는 현상
② 수직의 폐쇄공간에서 대류에 의한 고온 화재생성물의 상승이동 현상

(2) 연기발생량

$$Q=\frac{A(H-y)\times 60}{\frac{20A}{P_f\sqrt{g}}\left(\frac{1}{\sqrt{y}}-\frac{1}{\sqrt{H}}\right)}$$

여기서, Q : 연기발생량[m^3/min], A : 바닥면적[m^2], H : 실의 높이[m]
y : 바닥과 천장 아래 연기층 아랫부분 간의 거리[m](깨끗한 공기층의 높이)
P_f : 화재경계의 길이[m], g : 중력가속도(9.8m/s^2)

중요 화재경계의 길이(P_f)

큰 화염	중간 화염	작은 화염
P_f=12m	P_f=6m	P_f=4m

(3) 연기생성률 문09 보기③

$$\mathring{M}=0.188P_f\,y^{\frac{3}{2}}$$

여기서, $\mathring{M}$: 연기생성률[kg/s], P_f : 화재경계의 길이[m]
y : 바닥과 천장 아래 연기층 아랫부분 간의 거리[m](깨끗한 공기층의 높이)

★

문제 09 (16회 문 18)

구획실 내 화염(가로 2m, 세로 2m)에서 발생되는 연기발생량[kg/s]을 힌클리(Hinkley) 공식을 이용해 계산하면 약 얼마인가? (단, 청결층(Clear layer)의 높이 1.8m, 공기의 밀도 1.22kg/m^3, 외기의 온도 290K, 화염의 온도 1100K, 중력가속도 9.81m/s^2이다.)

(연기발생량[kg/s]: M, 1.8m: y)

① 3.15　　② 3.32　　③ 3.63　　④ 3.87

해설 (1) 기호

- M : ?
- y : 1.8m

(2) **연기생성률** M은

$M=0.188\times P\times y^{\frac{3}{2}}=0.188\times 8\text{m}\times(1.8\text{m})^{\frac{3}{2}}\fallingdotseq 3.63\text{kg/s}$

답 ③

Key Point

2 연기제어시스템

(1) 문 개방에 필요한 전체 힘

$$F = F_{dc} + \frac{K_d W A \Delta P}{2(W-d)}$$

여기서, F : 문 개방에 필요한 전체 힘〔N〕
F_{dc} : 자동폐쇄장치나 경첩 등을 극복할 수 있는 힘〔N〕
K_d : 상수(SI 단위 : 1)
W : 문의 폭〔m〕
A : 문의 면적〔m^2〕
ΔP : 차압〔Pa〕
d : 문 손잡이에서 문의 가장자리까지의 거리〔m〕

(2) 누설틈새면적(누설면적)

직렬상태 문10 보기③	병렬상태
$A = \frac{1}{\sqrt{\frac{1}{A_1^2} + \frac{1}{A_2^2} + \cdots}}$	$A = A_1 + A_2 + \cdots$
여기서, A : 전체 누설틈새면적〔m^2〕 A_1, A_2 : 각 실의 누설틈새면적〔m^2〕	여기서, A : 전체 누설틈새면적〔m^2〕 A_1, A_2 : 각 실의 누설틈새면적〔m^2〕
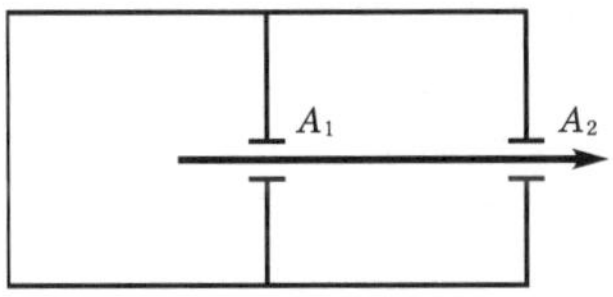	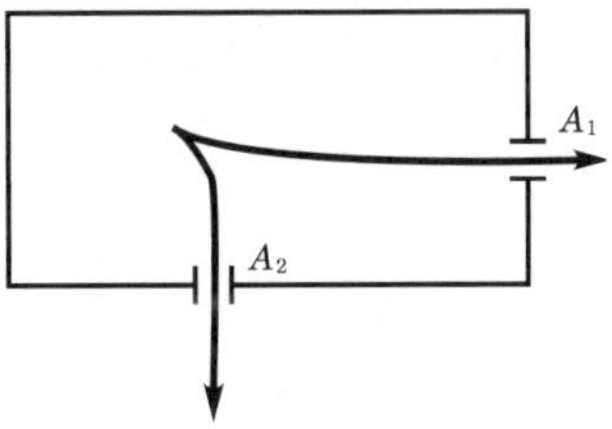

※ **자동폐쇄장치**
미리 정해진 온도, 온도상승률, 연기 또는 다른 연소생성물의 감지결과로서 작동되었을 때 출입문 또는 창문이 폐쇄되도록 출입문 또는 창문에 부착된 장치

※ **차압**
일정한 기압의 차이

★★★
문제 10 개구면적 0.4m^2와 0.4m^2가 직렬로 연결되었을 때의 유효누설면적은?
(A_1: 0.4m^2, A_2: 0.4m^2, A: 유효누설면적)

19회 문111
15회 문126
12회 문121
11회 문108

① 0.1m^2
② 0.2m^2
③ 0.3m^2
④ 0.4m^2

해설 (1) 기호
- A_1, A_2 : 0.4m^2
- A : ?

(2) 유효누설면적(A)

$$A = \frac{1}{\sqrt{\frac{1}{A_1^2} + \frac{1}{A_2^2}}} = \frac{1}{\sqrt{\frac{1}{0.4^2} + \frac{1}{0.4^2}}} \fallingdotseq 0.3m^2$$

답 ③

Key Point

중요 **연기 배출시 고려사항**

① 화재의 크기
② 건물의 높이
③ 지붕의 형태
④ 지붕 전체의 압력분포

(3) 문의 상하단부 압력차 문11 보기③

$$\Delta P = 3460\left(\frac{1}{T_o} - \frac{1}{T_i}\right) \cdot H$$

여기서, ΔP : 문의 상하단부 압력차〔Pa〕
T_o : 외부온도(대기온도)〔K〕
T_i : 내부온도(화재실 온도)〔K〕
H : 중성대에서 상단부까지의 높이〔m〕

※ 대기
지구를 둘러싸고 있는 공기

※ 중성대
건물에서 내부압력이 대기압과 동일한 지점

★★★

문제 11 **문의 상단부와 하단부의 누설면적이 동일하다고 할 때 중성대에서 상단부까지의 높이가 1.49m(H)인 문의 상단부와 하단부의 압력차(ΔP)〔Pa〕는? (단, 화재실의 온도는 600℃(T_2), 외부온도는 25℃(T_o)이다.)**

① 7.39
② 9.39
③ 11.39
④ 13.39

해설 (1) **기호**

- H : 1.49m
- ΔP : ?
- T_2 : 600℃
- T_o : 25℃

(2) 문의 **상하단부 압력차**

$$\Delta P = 3460\left(\frac{1}{T_o} - \frac{1}{T_i}\right) \cdot H$$

여기서, ΔP : 문의 상하단부 압력차〔Pa〕
T_o : 외부온도(대기온도)〔K〕
T_i : 내부온도(화재실온도)〔K〕
H : 중성대에서 상단부까지의 높이〔m〕

문의 **상하단부 압력차** ΔP는

$$\Delta P = 3460\left(\frac{1}{T_o} - \frac{1}{T_i}\right) \cdot H = 3460\left[\frac{1}{(273+25)\text{K}} - \frac{1}{(273+600)\text{K}}\right] \times 1.49\text{m}$$
$$= 11.39\text{Pa}$$

답 ③

Key Point

(4) 연기제어시스템의 설계변수 고려사항

① 누설면적
② 기상자료
③ 압력차
④ 공기흐름
⑤ 연기제어시스템 내의 개방문 수

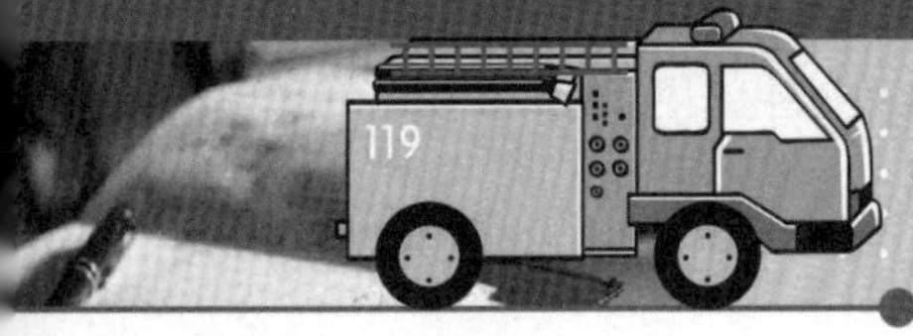

출제예상문제

(화재역학)

출제확률 

(6문제)

1. 화재성상

★

01 다음 중 화재의 형태가 아닌 것은?

① 확산화염　② 훈소
③ 인화　④ 예혼합화염

해설 **화재의 형태**

(1) **확산화염**(Diffusion flames)
연료가스와 **산소**가 **농도차**에 의해서 반응대로 이동하면서 진행되는 연소

중요

확산화염의 형태
① 제트화염
② 누출액체화재
③ 산불화재

(2) **훈소**(Smoldering)
① 공기 중의 산소와 고체연료 사이에서 발생되는 상대적으로 느리게 진행되는 연소
② **400~1000℃**의 온도로 진행속도가 **0.001~0.01cm/s** 정도로 나타나는 고체의 산화과정

(3) **자연발화**(Spontaneous combustion)
공기 중에 노출된 연료가 **서서히 산화반응**이 일어나는 연소과정

(4) **예혼합화염**(Premixed flames)
점화되기 전에 연료와 공기가 **미리 혼합**되어 있는 상태에서 연소가 일어나는 과정

답 ③

★

02 훈소의 일반적인 진행속도는?

① 0.001~0.01cm/s
② 0.001~0.01m/s
③ 0.001~0.01cm/min
④ 0.001~0.01m/min

해설 **문제 9 참조**

답 ①

2. 열전달

★

03 폴리우레탄폼의 벽을 통한 단위면적당 열유동률(Heat flux)은? (단, 벽의 두께는 0.05m, 각 벽면의 온도는 40℃와 20℃, $k=0.034$W/m · K)

($\mathring{q}$: 열유동률, l: 0.05m, T_2: 40℃, T_1: 20℃)

① 0.034W/m^2
② 0.38W/m^2
③ 0.68W/m^2
④ 13.6W/m^2

해설 **전도**(단층벽)

(1) **기호**

- $\mathring{q}$: ?
- l : 0.05m
- T_2 : 40℃
- T_1 : 20℃
- k : 0.034W/m · K

(2) **열유동률**

$$\mathring{q}=\frac{kA(T_2-T_1)}{l}$$

여기서, $\mathring{q}$: 열유동률(열흐름률)[W, J/s]
k : 열전도도(열전도율)[W/m · K]
A : 전열면적(열전달부분의 면적)[m²]
$T_2 \cdot T_1$: 각 벽면의 온도([℃] 또는 [K])
l : 벽 두께[m]

(3) **단위면적당 열유동률**(열유속)

$$\mathring{q}''=\frac{k(T_2-T_1)}{l}$$

여기서, $\mathring{q}''$: 단위면적당 열유동률[W/m²]
k : 열전도도(열전도율)[W/m · K]
$T_2 \cdot T_1$: 각 벽면의 온도([℃] 또는 [K])
l : 벽 두께[m]

열류(Heat flux)= 열유속= 단위면적당 열유동률

단위면적당 열유동률 q''는

$$\mathring{q}'' = \frac{k(T_2 - T_1)}{l}$$

$$= \frac{0.034\text{W/m}\cdot\text{K} \times (40-20)\text{K}}{0.05\text{m}}$$

$$= 13.6\text{W/m}^2$$

답 ④

★

04 열이 50mm(l) 두께의 콘크리트벽을 관통하는 데 걸리는 시간(t_p)은? (단, 콘크리트의 열확산도는 $5.7\times10^{-7}\text{m}^2/\text{s}$($\alpha$)이다.)

① 12.4s ② 130s

③ 274s ④ 375s

해설 **열침투시간**

$$t_p \approx \frac{l^2}{16\alpha}$$

여기서, t_p : 열침투시간[s]

l : 두께(침투거리)[m]

α : 열확산도[m²/s]$\left(\alpha = \frac{k}{\rho c}\right)$

k : 열전도율[W/m · K]

ρ : 밀도[kg/m³]

c : 비열[J/kg · K]

열침투시간 $\approx \frac{l^2}{16\alpha}$

$$= \frac{(50\text{mm})^2}{16\times(5.7\times10^{-7}\text{m}^2/\text{s})}$$

$$= \frac{(50\times10^{-3}\text{m})^2}{16\times(5.7\times10^{-7}\text{m}^2/\text{s})}$$

$$\fallingdotseq 274\text{s}$$

답 ③

★

05 난류화염으로부터 20℃(T_1)의 벽으로 전달되는 대류열류($\mathring{q}''$)는? (단, h=5W/m² · ℃, 평균시간 최대 화염온도는 800℃(T_2)이다.)

① 1.9kW/m² ② 2.9kW/m²

③ 3.9kW/m² ④ 4.9kW/m²

해설 (1) 기호

- T_1 : 20℃
- $\mathring{q}$: ?
- h : 5W/m² · ℃
- T_2 : 800℃

(2) **대류열류**

$$\mathring{q}'' = h(T_2 - T_1)$$

여기서, $\mathring{q}''$: 대류열류[W/m²]

h : 대류전열계수[W/m² · ℃]

$T_2 - T_1$: 온도차[℃]

대류열류 $\mathring{q}''$는

$$\mathring{q}'' = h(T_2 - T_1)$$

$$= 5\text{W/m}^2\cdot℃ \times (800-20)℃$$

$$= 3900\text{W/m}^2$$

$$= 3.9\text{kW/m}^2$$

답 ③

★

06 높이 1m, 너비 0.5m, 두께 0.5m(l)의 목재화재화염으로부터 3m 떨어져 있으며 k는 0.8m⁻¹이고, F_{12}는 0.017, 화염온도가 800℃(T)일 때 복사열($\mathring{q}''$)은? (단, 스테판-볼츠만 상수는 $5.667\times10^{-8}\text{W/m}^2\cdot\text{K}^4$($\sigma$)이다.)

① 0.017kW/m² ② 0.167kW/m²

③ 0.333kW/m² ④ 0.42kW/m²

해설 (1) 기호

- l : 0.5m
- k : 0.8m⁻¹
- F_{12} : 0.017
- T : 273+℃=273+800=1073K
- $\mathring{q}''$: ?
- σ : $5.667\times10^{-8}\text{W/m}^2\cdot\text{K}^4$

(2) **복사열**(복사 수열량)

$$\mathring{q}'' = F_{12}\varepsilon\sigma T^4$$

여기서, $\mathring{q}''$: 복사열[W/m²]

F_{12} : 배치계수(형상계수)

ε : 복사능(방사율)[$1-e^{(-kl)}$]

k : 흡수계수(absorption coefficient)〔m^{-1}〕
l : 화염두께(침투거리)〔m〕
σ : 스테판-볼츠만 상수 ($5.667 \times 10^{-8} W/m^2 \cdot K^4$)
T : 온도〔K〕

복사능 ε는

$\varepsilon = 1 - e^{(-kl)} = 1 - e^{(-0.8m^{-1} \times 0.5m)} \fallingdotseq 0.33$

온도 T는

$T = 273 + ℃ = 273 + 800℃ = 1073K$

복사열 $\mathring{q}''$는

$$\mathring{q}'' = F_{12} \varepsilon \sigma T^4$$
$$= 0.017 \times 0.33 \times 5.667 \times 10^{-8} W/m^2 \cdot K^4 \times (1073K)^4$$
$$\fallingdotseq 420W/m^2$$
$$= 0.42kW/m^2$$

답 ④

★

07 화재가 발생하여 벽의 온도가 40℃, 방사율은 0.8이라고 가정할 때 벽으로부터의 복사 수열량〔W/m²〕은? (단, 스테판-볼츠만 상수는 5.667 ×10⁻⁸W/m² · K⁴이다.)

(underlined annotations: 40℃ → T, 0.8 → ε, 복사 수열량 → $\mathring{q}''$, $5.667 \times 10^{-8} W/m^2 \cdot K^4$ → σ)

① 420
② 435
③ 520
④ 535

해설 **문제 6 참조**

(1) **기호**

- T : 40℃
- ε : 0.8
- $\mathring{q}''$: ?
- σ : $5.667 \times 10^{-8} W/m^2 \cdot K^4$
- F_{12}(배치계수)는 주어지지 않은 경우 1로 본다.

(2) **온도 T는**

$T = 273 + ℃ = 273 + 40℃ = 313K$

복사 수열량 $\mathring{q}''$는

$$\mathring{q}'' = F_{12} \varepsilon \sigma T^4$$
$$= 1 \times 0.8 \times 5.667 \times 10^{-8} W/m^2 \cdot K^4 \times (313K)^4$$
$$\fallingdotseq 435W/m^2$$

답 ②

★

08 노출된 피부에 통증을 줄 수 있는 열유속의 최소값은?

① $1kW/m^2$
② $2kW/m^2$
③ $3kW/m^2$
④ $4kW/m^2$

해설 **열유속**(열류, Heat flux)

열유속	설 명
$1kW/m^2$	노출된 피부에 통증을 줄 수 있는 열유속의 최소값
$4kW/m^2$	화상을 입힐 수 있는 값
$10 \sim 20kW/m^2$	물체가 발화하는 데 필요한 값

답 ①

3. 화염확산

★

09 층류 예혼합화염의 일반적인 화염의 확산속도〔cm/s〕는?

① 0.001~0.01
② 0.1
③ 1~10
④ 10~100

해설 일반적인 **화염확산속도**

확산유형		확산속도
훈소		0.001~0.01cm/s
두꺼운 고체의 측면 또는 하향확산		0.1cm/s
숲이나 산림 부스러기를 통한 바람에 의한 확산		1~30cm/s
두꺼운 고체의 상향확산		1~100cm/s
액면에서의 수평확산(표면화염)		1~100cm/s
예혼합화염	층류	10~100cm/s
예혼합화염	폭굉	약 10^5cm/s

답 ④

☆

10 초기온도가 20℃이고 열류가 25kW/m², 0.5in 두께의 합판에 대한 발화시간(s)은? (단, T_{ig} : 350℃, k : 0.15×10⁻³kW/m · K, ρ : 640kg/m³, c : 2.9kJ/kg · K)

(20℃ : T_∞, 25kW/m² : $\mathring{q}''$, 발화시간 : t_{ig})

① 1　　② 12

③ 38　　④ 54

해설 **고체연료의 발화시간**

(1) **기호**

- T_∞ : 20℃
- $\mathring{q}''$: 25kW/m²
- t_{ig} : ?
- T_{ig} : 350℃
- k : 0.15×10^{-3}kW/m · K
- ρ : 640kg/m³
- c : 2.9kJ/kg · K

(2) **두꺼운 물체**(두께(l)>2mm)

$$t_{ig}=C(k\rho c)\left[\frac{T_{ig}-T_s}{\mathring{q}''}\right]^2$$

여기서, t_{ig} : 발화시간[s]

C : 상수(열손실이 없는 경우(보온상태, 단열상태) : $\frac{\pi}{4}$, 열손실이 있는 경우 : $\frac{2}{3}$)

k : 열전도도[W/m · K]

ρ : 밀도[kg/m³]

c : 비열[kJ/kg · K]

T_{ig} : 발화온도([℃] 또는 [K])

T_s : 초기온도([℃] 또는 [K])

$\mathring{q}''$: 열류(순열류)[kW/m²]

(3) **얇은 물체**(두께(l) ≦ 2mm)

$$t_{ig}=\rho c\,l\frac{[T_{ig}-T_s]}{\mathring{q}''}$$

여기서, t_{ig} : 발화시간[s]

ρ : 밀도[kg/m³]

c : 비열[kJ/kg · K]

l : 두께[m]

T_{ig} : 발화온도([℃] 또는 [K])

T_s : 초기온도([℃] 또는 [K])

$\mathring{q}''$: 열류(순열류)[kW/m²]

1in=2.54cm 이므로

$$0.5\text{in}=0.5\text{in}\times\frac{2.54\text{cm}}{1\text{in}}=1.27\text{cm}=12.7\text{mm}$$

2mm를 초과하는 두꺼운 물체이므로

발화시간 t_{ig}는

$$t_{ig}=C(k\rho c)\left[\frac{T_{ig}-T_\infty}{\mathring{q}''}\right]^2$$

$$=\frac{\pi}{4}(0.15\times10^{-3}\text{kW/m}\cdot\text{K})(640\text{kg/m}^3)(2.9\text{kJ/kg}\cdot\text{K})\left[\frac{(350-20)\text{K}}{25\text{kW/m}^2}\right]^2 ≒ 38\text{s}$$

- 문제에서 특별한 조건이 없는 경우 **상수**(C)는 $\frac{\pi}{4}$를 적용한다.

답 ③

☆

11 초기온도가 20℃이고 열류가 25kW/m²인 0.5mm 두께의 합판이 단열면 위에 부착되어 있을 때 발화시간(s)은? (단, T_{ig} : 350℃, k : 0.15×10⁻³kW/m · K, ρ : 640kg/m³, c : 2.9 kJ/kg · K)

(20℃ : T_s, 25kW/m² : $\mathring{q}''$, 0.5mm : l, 발화시간 : t_{ig})

① 1　　② 12

③ 38　　④ 54

해설 **문제 10 참조**

(1) **기호**

- T_s : 20℃
- $\mathring{q}''$: 25kW/m²
- l : 0.5mm
- t_{ig} : ?
- T_{ig} : 350℃
- k : 0.15×10^{-3}kW/m · K
- ρ : 640kg/m³
- c : 2.9kJ/kg · K

(2) **2mm 이하**인 **얇은 물체**이므로

발화시간 t_{ig}는

$$t_{ig}=(\rho cl)\frac{[T_{ig}-T_s]}{\mathring{q}''}$$

$= 640\text{kg/m}^3 \times 2.9\text{kJ/kg} \cdot \text{K} \times 0.5\text{mm} \times \dfrac{(350-20)\text{K}}{25\text{kW/m}^2}$

$= 640\text{kg/m}^3 \times 2.9\text{kJ/kg} \cdot \text{K} \times (0.5\times10^{-3})\text{m} \times \dfrac{(350-20)\text{K}}{25\text{kW/m}^2}$

$\fallingdotseq 12\text{s}$

답 ②

★

12 **실온이 20℃이고, 화염으로부터 50kW/m² ($\mathring{q}''$)의 열유속이 두께 5mm인 마분지로 된 성냥에 가열거리 1.5mm (δ_f)로 가해질 때 하향확산속도 (V)〔mm/s〕는? (단, k : 0.2W/m·K, ρ : 550kg/m³, c : 2.5J/g·℃, ϕ : 12kW²/m³, T_{ig} : 350℃, T_s : 120℃)**

① 0.33

② 1.5

③ 4.57

④ 5

해설 **측면**의 **화염확산속도**

(1) **기호**

- $\mathring{q}''$: 50kW/m²
- δ_f : 1.5mm
- V : ?
- k : 0.2W/m·K
- ρ : 550kg/m³
- c : 2.5J/g·℃
- T_{ig} : 350℃
- T_s : 120℃

(2) **두꺼운 물체**(두께(l) > 2mm)

$$t_{ig} = C(k\rho c)\left[\frac{T_{ig}-T_s}{\mathring{q}''}\right]^2$$

여기서, t_{ig} : 발화시간〔s〕
C : 상수(열손실이 없는 경우(보온상태, 단열상태) : $\frac{\pi}{4}$, 열손실이 있는 경우 : $\frac{2}{3}$)
k : 열전도도〔W/m·K〕
ρ : 밀도〔kg/m³〕
c : 비열〔kJ/kg·K〕
T_{ig} : 발화온도(〔℃〕 또는 〔K〕)
T_s : 표면온도(〔℃〕 또는 〔K〕)
$\mathring{q}''$: 열류(순열류)〔kW/m²〕

(3) **얇은 물체**(두께(l) ≦ 2mm)

$$t_{ig} = \rho c l \frac{[T_{ig}-T_s]}{\mathring{q}''}$$

여기서, t_{ig} : 발화시간〔s〕
ρ : 밀도〔kg/m³〕
c : 비열〔kJ/kg·K〕
l : 두께〔m〕
T_{ig} : 발화온도(〔℃〕 또는 〔K〕)
T_s : 표면온도(〔℃〕 또는 〔K〕)
$\mathring{q}''$: 열류(순열류)〔kW/m²〕

두께가 2mm를 **초과**하는 **두꺼운 물체**이므로 **발화시간** t_{ig}는

$t_{ig} = C(k\rho c)\left[\dfrac{T_{ig}-T_s}{\mathring{q}''}\right]^2$

$= \dfrac{\pi}{4}(0.2\text{W/m}\cdot\text{K})(550\text{kg/m}^3)(2.5\text{J/g}\cdot℃)\left[\dfrac{(350-120)\text{K}}{50\text{kW/m}^2}\right]^2$

$= \dfrac{\pi}{4}(0.2\times10^{-3}\text{kW/m}\cdot\text{K})(550\text{kg/m}^3)(2.5\text{kJ/kg}\cdot℃)\left[\dfrac{(350-120)\text{K}}{50\text{kW/m}^2}\right]^2$

$\fallingdotseq 4.57\text{s}$

- 문제에서 특별한 조건이 없는 경우 **상수**(C)는 $\dfrac{\pi}{4}$를 적용한다.

$$V = \frac{\delta_f}{t_{ig}}$$

여기서, V : 화염확산속도〔m/s〕
δ_f : 가열거리〔m〕
t_{ig} : 발화시간〔s〕

화염확산속도 V는

$V = \dfrac{\delta_f}{t_{ig}} = \dfrac{1.5\text{mm}}{4.57\text{s}} \fallingdotseq 0.33\text{mm/s}$

답 ①

★

13 실온이 20℃이고 화염의 열유속은 50kW/m² ($\mathring{q}''$) 이고, 두께 5mm인 마분지로 된 성냥에 화염이 열분해 경계면으로부터 20cm (δ_f) 확대될 때 상향확산속도〔cm/s〕는? (단, k : 0.2W/m·K, ρ : 550kg/m³, c : 2.5J/g·℃, ϕ : 12kW²/m³, T_{ig} : 350℃, T_s : 120℃)

① 0.33　② 4.38
③ 7.79　④ 40

해설 (1) 기호

- $\mathring{q}''$: 50kW/m²
- δ_f : 20cm
- k : 0.2W/m·K
- ρ : 550kg/m³
- c : 2.5J/g·℃
- T_{ig} : 350℃
- T_s : 120℃

(2) 문제 12에서 **발화시간(t_{ig})**은 **4.57s**이므로

화염확산속도 V는

$$V = \frac{\delta_f}{t_{ig}} = \frac{20\text{cm}}{4.57\text{s}} \fallingdotseq 4.38\text{cm/s}$$

답 ②

★

14 열손실이 있는 두께 10mm의 팽창 플라스틱의 벽 안쪽면이 착화되었다. 화염의 열류는 25kW/m² ($\mathring{q}''$) 이고 수초 후 화염이 발화점으로부터 1.5m (δ_f) 진행되었을 때 화염의 상향확산속도〔m/s〕는? (단, $k\rho c$: 0.32〔(kW/m²·K)²·s〕, T_{ig} : 390℃, T_s : 120℃)

① 0.01　② 0.06
③ 1　④ 6

해설 문제 12 참조

(1) 기호

- $\mathring{q}''$: 25kW/m²
- δ_f : 1.5m
- $k\rho c$: 0.32[(kW/m²·K)²·s]
- T_{ig} : 390℃
- T_s : 120℃

(2) 두께 2mm를 **초과**하는 **두꺼운 물체**이므로

발화시간 t_{ig}는

$$t_{ig} = C(k\rho c)\left[\frac{T_{ig} - T_s}{\mathring{q}''}\right]^2$$

$$= \frac{2}{3} \times 0.32\,[(\text{kW/m}^2\cdot\text{K})^2\cdot\text{s}] \times \left[\frac{(390-120)\text{K}}{25\text{kW/m}^2}\right]^2$$

$$\fallingdotseq 25\text{s}$$

- 열손실이 있으므로 **상수(C)**는 $\frac{2}{3}$를 적용한다.

화염확산속도 V는

$$V = \frac{\delta_f}{t_{ig}} = \frac{1.5\text{m}}{25\text{s}} \fallingdotseq 0.06\text{m/s}$$

답 ②

4. 연소속도

★

15 화재성장의 3요소가 아닌 것은?

① 발화　② 연소속도
③ 화염확산　④ 열전달

해설 **화재성장**의 **3요소**

(1) 발화(Ignition)
(2) 연소속도(Burning Rate)
(3) 화염확산(Flame Spread)

답 ④

★

16 직경 1m (A)의 액면화재(Pool fire)에서 휘발유의 에너지 방출속도〔kW〕($\mathring{Q}$)는? (단, $\mathring{m}''$: 11g/m²·s, ΔH_c : 15kJ/g)

① 0.785　② 18
③ 130　④ 1887

해설 (1) 기호

- A : (1m)²
- $\mathring{Q}$: ?
- $\mathring{m}''$: 11g/m²·s
- ΔH_c : 15kJ/g

(2) **에너지 방출속도**(열방출속도, 화재크기)

$$\mathring{Q} = \mathring{m}'' A \, \Delta H_c \eta$$

여기서, $\mathring{Q}$: 에너지 방출속도〔kW〕
$\mathring{m}''$: 단위면적당 연소속도〔g/m² · s〕
ΔH_c : 연소열〔kJ/g〕
A : 연소관여 면적〔m²〕
η : 연소효율

연소관여 면적 A는

$$A = \frac{\pi}{4} D^2 = \frac{\pi}{4} \times (1\text{m})^2 \fallingdotseq 0.785\text{m}^2$$

에너지 방출속도 $\mathring{Q}$는

$$\mathring{Q} = \mathring{m}'' A \, \Delta H_c \eta$$
$$= 11\text{g/m}^2 \cdot \text{s} \times 0.785\text{m}^2 \times 15\text{kJ/g}$$
$$\fallingdotseq 130\text{kJ/s}$$
$$= 130\text{kW}$$

- 1J/s=1W이므로 130kJ/s=130kW이다.
- η (연소효율)는 주어지지 않으면 생략한다.

답 ③

★
17 직경 1m의 액면화재(Pool fire)에서 휘발유의 열류(Heat flux)〔kW/m²〕는? (단, $\mathring{m}''$: 55g/m² · s, L_v : 0.33kJ/g, ΔH_c : 43.75kJ/g)

① 18 ② 44
③ 55 ④ 78

해설 (1) **기호**

- $\mathring{q}''$: ?
- $\mathring{m}''$: 55g/m² · s
- L_v : 0.33kJ/g
- ΔH_c : 43.75kJ/g

(2) **단위면적당 연소속도**

$$\mathring{m}'' = \frac{\mathring{q}''}{L_v}$$

여기서, $\mathring{m}''$: 단위면적당 연소속도〔g/m² · s〕
$\mathring{q}''$: 열류(순열류)〔kW/m²〕
L_v : 기화열〔kJ/g〕

열류 $\mathring{q}''$는

$$\mathring{q}'' = \mathring{m}'' L_v$$
$$= 55\text{g/m}^2 \cdot \text{s} \times 0.33\text{kJ/g}$$
$$\fallingdotseq 18\text{kJ/m}^2 \cdot \text{s} = 18\text{kW/m}^2$$

답 ①

★
18 직경 2m의 액면화재(Pool fire)에서 n-Hexane의 열방출속도〔kW〕는? (단, $\mathring{m}''$: 65g/m² · s, ΔH_c : 43.8kJ/g, 연소효율 : 0.85)

① 5578
② 6488
③ 7599
④ 8944

해설 **문제 16 참조**

(1) **기호**

- D : 2m
- $\mathring{Q}$: ?
- $\mathring{m}''$: 65g/m² · s
- ΔH_c : 43.8kJ/g
- η : 0.85

(2) **연소관여 면적** A는

$$A = \frac{\pi}{4} D^2 = \frac{\pi}{4} \times (2\text{m})^2 \fallingdotseq 3.14\text{m}^2$$

열방출속도(에너지 방출속도) $\mathring{Q}$는

$$\mathring{Q} = \mathring{m}'' A \, \Delta H_c \eta$$
$$= 65\text{g/m}^2 \cdot \text{s} \times 3.14\text{m}^2 \times 43.8\text{kJ/g} \times 0.85$$
$$\fallingdotseq 7599\text{kJ/s} = 7599\text{kW}$$

- 1J/s=1W이므로 7599kJ/s=7599kW

답 ③

★
19 발화 후 화재는 화염확산에 의해 건물 전체로 확산하는데, 재료나 물품에 대한 일반적인 연소속도의 단위는?

① kW
② g/m² · s
③ kJ
④ m²/s

해설 **연소속도**(Burning rate) : 화재발생시 단위시간당 소비되는 고체 또는 액체의 질량〔**g/m² · s**〕

답 ②

5. 구획화재

★ 20
탄화수소계 연료에서 난류화염온도는 일반적으로 보통 크기의 화재에서 약 몇 ℃ 정도가 되는가?

① 500　② 600
③ 700　④ 800

해설 탄화수소계 연료

구 분	온 도
난류화염	800℃
층류화염	1800~2000℃
단열화염	2000~2300℃

답 ④

★ 21
바닥에서 천장까지의 높이가 10m(H)인 공장 건물의 평면천장에 6m 간격으로 감지기(등급 60℃(T_L))가 설치되어 있다면 화염축에서 가장 먼 거리에 있는 감지기가 동작하기 위한 최소 화재크기($\mathring{Q}$)〔kW〕는? (단, 실내온도는 20℃(T_∞)이다.)

① 0.18　② 4.24
③ 272　④ 2718

해설 (1) 기호

- H : 10m
- T_L : 60℃
- $\mathring{Q}$: ?
- T_∞ : 20℃

(2)

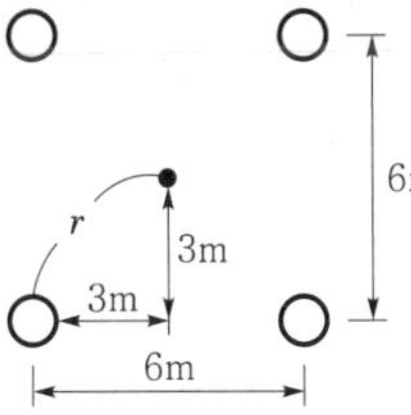

피타고라스 정리에 의해

$r=\sqrt{3^2+3^2} \fallingdotseq 4.24\text{m}$

(3) **감지기 동작**을 위한 **화재크기**(에너지 방출속도)

① $r > 0.18H$인 경우

$$\mathring{Q}=r\left[H\frac{(T_L-T_\infty)}{5.38}\right]^{\frac{3}{2}}$$

② $r \leq 0.18H$인 경우

$$\mathring{Q}=\left[\frac{(T_L-T_\infty)}{16.9}\right]^{\frac{3}{2}}\cdot H^{\frac{5}{2}}$$

여기서, $\mathring{Q}$: 감지기 동작을 위한 화재크기〔kW〕
r : 감지기의 수평거리(반경)〔m〕
H : 천장높이〔m〕
T_L :감지기의 작동온도 등급〔℃〕
T_∞ : 주위온도(실내온도)〔℃〕

$r=4.24\text{m}$ 이면

$r > 0.18H$ 인 경우이므로

4.24m>0.18×10m
4.24m>1.8m

화재크기 $\mathring{Q}$는

$$\mathring{Q}=r\left[H\frac{(T_L-T_\infty)}{5.38}\right]^{\frac{3}{2}}$$

$$=4.24\text{m}\times\left[10\text{m}\times\frac{(60-20)℃}{5.38}\right]^{\frac{3}{2}}$$

$\fallingdotseq 2718\text{kW}$

답 ④

★ 22
바닥에서 천장까지의 높이가 15m(H)인 큰 구획실의 평면천장에 3m 간격으로 정온식 스포트형 감지기가 설치되어 있다면 구획실의 중앙에서 화재가 발생하였을 때 최소 화재크기($\mathring{Q}$)〔MW〕는? (단, 감지기 작동온도 등급 : 70℃(T_L), 주위온도 : 20℃(T_∞))

① 2.718　② 4.435
③ 2718　④ 4435

해설 문제 21 참조

(1) 기호

- H : 15m
- $\mathring{Q}$: ?
- T_L : 70℃
- T_∞ : 20℃

(2)

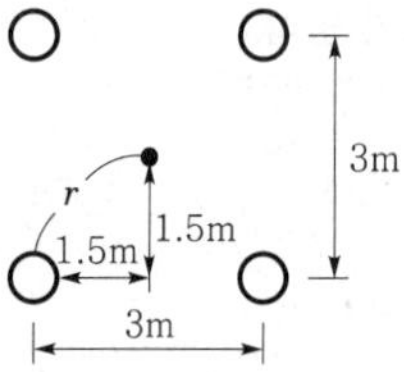

피타고라스 정리에 의해

$r = \sqrt{1.5^2 + 1.5^2} \fallingdotseq 2.12\text{m}$

$r = 2.12\text{m}$ 이면

$r \leqq 0.18H$ 인 경우이므로

2.12m≦0.18×15m

2.12m≦2.7m

화재크기 $\mathring{Q}$는

$$\mathring{Q} = \left[\frac{(T_L - T_\infty)}{16.9}\right]^{\frac{3}{2}} \cdot H^{\frac{5}{2}}$$

$$= \left[\frac{(70-20)℃}{16.9}\right]^{\frac{3}{2}} \times 15\text{m}^{\frac{5}{2}}$$

$$\fallingdotseq 4435\text{kW}$$

$$= 4.435 \times 10^3\text{kW}$$

$$= 4.435\text{MW}$$

답 ②

★ 23 어떤 건물의 높이가 4m(H)일 때 400kW($\mathring{Q}$) 화재의 바로 위 천장의 최고 가스온도(T_{max})〔℃〕는? (단, 주위온도는 20℃(T_∞), $r \leqq 0.18H$인 경우이다.)

① 20　② 71

③ 91　④ 111

해설 (1) **기호**

- H : 4m
- $\mathring{Q}$: 400kW
- T_{max} : ?
- T_∞ : 20℃

(2) **최고 가스온도**

① $r > 0.18H$ 인 경우

$$T_{max} = \frac{5.38\left(\frac{\mathring{Q}}{r}\right)^{\frac{2}{3}}}{H} + T_\infty$$

② $r \leqq 0.18H$ 인 경우

$$T_{max} = \frac{16.9\mathring{Q}^{\frac{2}{3}}}{H^{\frac{5}{3}}} + T_\infty$$

여기서, T_{max} : 최고 가스온도〔℃〕

$\mathring{Q}$: 화재크기〔kW〕

r : 수평거리(반경)〔m〕

H : 천장높이〔m〕

T_∞ : 주위온도(실내온도)〔℃〕

최고 가스온도 T_{max}는

$$T_{max} = \frac{16.9\mathring{Q}^{\frac{2}{3}}}{H^{\frac{5}{3}}} + T_\infty$$

$$= \frac{16.9 \times (400\text{kW})^{\frac{2}{3}}}{4^{\frac{5}{3}}} + 20℃$$

$$\fallingdotseq 111℃$$

답 ④

★ 24 연료층의 직경이 1m(D)인 목재의 화염높이(l_F)〔m〕는? (단, 목재의 에너지 방출속도는 130kW($\mathring{Q}$)이다.)

① 0.59　② 2.89

③ 3.68　④ 4.34

해설 (1) **기호**

- D : 1m
- l_F : ?
- $\mathring{Q}$: 130kW

(2) **연료의 화염높이**

$$l_F = 0.23\mathring{Q}^{\frac{2}{5}} - 1.02D$$

여기서, l_F : 연료의 화염높이〔m〕

$\mathring{Q}$: 에너지 방출속도〔kW〕

D : 직경〔m〕

목재의 화염높이 l_F는

$$l_F = 0.23\mathring{Q}^{\frac{2}{5}} - 1.02D$$

$$= 0.23 \times (130\text{kW})^{\frac{2}{5}} - 1.02 \times 1\text{m}$$

$$\fallingdotseq 0.59\text{m}$$

답 ①

★

25 **다음 중 플래시오버(Flash over)가 발생할 수 있는 상황이 아닌 것은?**

① 열류의 증가에 따른 물질의 급속한 발화와 화염확산

② 과농도 연료가스가 충분히 축적된 후 이들의 갑작스러운 공기로의 노출

③ 연소속도의 증가에 따른 실 전체로의 갑작스러운 화염

④ 개방된 실내조건에서 화재가 급속하게 증가
밀폐된

해설 **플래시오버**(Flash over)의 **발생상황**

(1) 열류의 증가에 따른 물질의 급속한 발화와 화염확산

(2) 과농도 연료가스가 충분히 축적된 후 이들의 갑작스러운 공기로의 노출

(3) 연소속도의 증가에 따른 실 전체로의 갑작스러운 화염

답 ④

★

26 **실의 크기가 4m×4m×3m, 환기구의 크기가 1m×2m이다. 구조체는 석고보드이며 화재는 500kW로 일정하다. 석고보드가 매우 두껍다고 가정할 때 발화 후 100초일 때의 연기의 온도상승〔℃〕은? (단, 석고보드의 $k\rho c$=0.6kW^2 · s/m^4 · ℃^{2}이고, McCaffrey 식을 이용하라.)**

(A_o: 1m×2m, $\mathring{Q}$: 500kW, t: 100초, ΔT: 연기의 온도상승)

① 55 ② 107

③ 168 ④ 215

해설 (1) **기호**

- A_o : 1m×2m
- $\mathring{Q}$: 500kW
- t : 100초
- ΔT : ?
- $k\rho c$: 0.6kW^2 · s/m^4 · ℃^{2}

(2) **연기**의 **온도상승**

$$\Delta T = 6.85\left[\frac{\mathring{Q}^2}{A_o\sqrt{H_o}\cdot h\cdot A_T}\right]^{\frac{1}{3}}$$

여기서, ΔT : 연기의 온도상승〔℃〕

$\mathring{Q}$: 화재크기〔kW〕

A_o : 개구부면적〔m^2〕

H_o : 개구부높이〔m〕

h : 열손실계수(대류전열계수)〔kW/m^2 · ℃〕

A_T : 구획실 내부표면적〔m^2〕

개구부면적 A_o는

$A_o = 1\times 2 = 2\text{m}^2$

구획실 내부표면적 A_T는

A_T =벽면적+바닥면적+천장면적-개구부면적

$= (4\times 3)\text{m}^2\times 4$개$ + (4\times 4)\text{m}^2 + (4\times 4)\text{m}^2 - (1\times 2)\text{m}^2 = 78\text{m}^2$

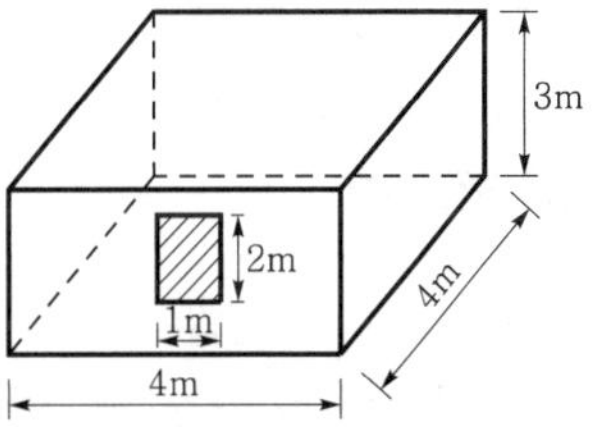

$t \leq t_p$인 경우(매우 두꺼운 경우)

$$h = \sqrt{\frac{k\rho c}{t}}$$

$t > t_p$인 경우

$$h = \frac{k}{l}$$

여기서, h : 열손실계수(대류전열계수)

$k\rho c$: 열관성〔kW^2 · s/m^4 · ℃^{2}〕

t : 발화 후 시간〔s〕

t_p : 열침투시간〔s〕

k : 열전도도〔kW/m · K〕

l : 벽 두께〔m〕

- **열관성** : 어떤 물질의 열저항능력

열손실계수 h는

$h = \sqrt{\dfrac{k\rho c}{t}}$

$= \sqrt{\dfrac{0.6\text{kW}^2\cdot\text{s/m}^4\cdot ℃^2}{100\text{s}}}$

$= 0.0775\text{kW/m}^2\cdot ℃$

연기의 온도상승 ΔT는

$$\Delta T = 6.85\left[\frac{\mathring{Q}^2}{A_o\sqrt{H_o} \cdot h \cdot A_T}\right]^{\frac{1}{3}}$$

$$= 6.85\left[\frac{(500\text{kW})^2}{(2\text{m}^2 \times \sqrt{2\text{m}}) \times 0.0775\text{kW/m}^2 \cdot ℃ \times 78\text{m}^2}\right]^{\frac{1}{3}}$$

$≒ 168℃$

답 ③

★

27 **플래시오버(Flash over)가 일어나기 위한 조건의 온도계산방법에 사용되지 않는 것은?**

① Babraukas의 방법

② Stomer의 방법
해당 없음

③ McCaffrey의 방법

④ Thomas의 방법

해설 **플래시오버**(Flash over)가 일어나기 위한 **조건**의 **온도계산** 방법

(1) Babraukas의 방법

(2) McCaffrey의 방법

(3) Thomas의 방법

답 ②

★

28 **실의 크기가 4m×4m×2.8m, 문의 크기가 0.8m×2m이다. 구조체는 석고보드이며, 화재는 750kW로 일정하다. 석고보드의 두께가 0.016m라고 할 때 플래시오버(Flash over)가 일어나기 위한 에너지 방출률(kW)은? (단, k=5×10-4kW/m·℃, 플래시오버 조건의 ΔT=500℃이고, McCaffrey 식을 이용하며, $t > t_p$의 경우이다.)**

(A_o: 0.8m×2m, l: 0.016m, $\mathring{Q}_{Fo}$: 에너지 방출률)

① 1.6

② 75.2

③ 620

④ 1410

해설 **문제 26 참조**

(1) **기호**

- A_o : 0.8m×2m
- l : 0.016m
- $\mathring{Q}_{Fo}$: ?
- R : 5×10^{-4}kW/m·℃

(2) Flash over에 필요한 **에너지 방출률**

$$\mathring{Q}_{Fo} = 624\sqrt{A_o\sqrt{H_o} \cdot h \cdot A_T}$$

여기서, $\mathring{Q}_{Fo}$: Flash over에 필요한 에너지 방출률[kW]

A_o : 개구부면적[m^2]

H_o : 개구부높이[m]

h : 열손실계수(대류전열계수)[kW/m^2·℃]

A_T : 구획실 내부표면적[m^2]

개구부면적 A_o는

$A_o = 0.8 \times 2 = 1.6\text{m}^2$

구획실 내부표면적 A_T는

A_T = 벽면적+바닥면적+천장면적−개구부면적

$= (4\times2.8)\text{m}^2 \times 4개 + (4\times4)\text{m}^2 + (4\times4)\text{m}^2 - (0.8\times2)\text{m}^2$

$= 75.2\text{m}^2$

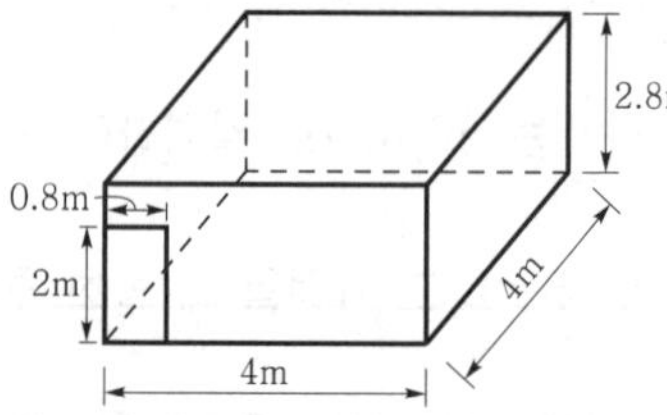

$t > t_p$ 의 경우이므로

열손실계수 h는

$$h = \frac{k}{l}$$

$$= \frac{5\times10^{-4}\text{kW/m}\cdot℃}{0.016\text{m}}$$

$≒ 0.03\text{kW/m}^2\cdot℃$

Flash over에 필요한 **에너지 방출률** $\mathring{Q}_{Fo}$는

$$\mathring{Q}_{Fo} = 624\sqrt{A_o\sqrt{H_o} \cdot h \cdot A_T}$$

$$= 624\sqrt{1.6\text{m}^2 \times \sqrt{2\text{m}} \times 0.03\text{kW/m}^2\cdot℃ \times 75.2\text{m}^2}$$

$≒ 1410\text{kW}$

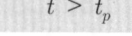

답 ④

6. 연소생성물

★

29 탄소, 산소, 수소로 구성된 물질이 그 중량비가 탄소 54%, 수소 6%, 산소 40%일 때 물질연소시 생성되는 CO_2의 최고 양론수율은?

① 0.23　② 0.54
③ 1　④ 1.97

해설 **원자량**

물 질	원자량
수소(H)	1
탄소(C)	12
산소(O)	16

화학식을 구하면

- 탄소(C)$=\dfrac{중량비(중량구성비)}{원자량}=\dfrac{54}{12}=4.5$
- 수소(H)$=\dfrac{중량비(중량구성비)}{원자량}=\dfrac{6}{1}=6$
- 산소(O)$=\dfrac{중량비(중량구성비)}{원자량}=\dfrac{40}{16}=2.5$

그러므로 화학식은 $C_{4.5}H_6O_{2.5}$ 또는 4.5로 나누면 $CH_{1.33}O_{0.56}$

$CH_{1.33}O_{0.56}$의 분자량$=12+1\times1.33+16\times0.56$
$\fallingdotseq 22.3$

완전연소 반응식

$CH_{1.33}O_{0.56}+1.06O_2 \rightarrow CO_2+0.67H_2O$

$$y_{CO_2}=\frac{m_{CO_2}}{m}$$

여기서, y_{CO_2} : 수율(양론수율)
m_{CO_2} : 생성된 CO_2의 질량(분자량)
m : 연소된 연료의 질량(분자량)

CO_2의 **최고 양론수율** y_{CO_2}는

$$y_{CO_2}=\frac{생성된\ CO_2의\ 분자량}{연소된\ 연료의\ 분자량}=\frac{12+(16\times2)}{22.3}\fallingdotseq 1.97$$

- **수율** : 연소연료의 단위질량당 각 생성물의 질량

답 ④

★

30 독성 물질의 섭취량과 인간에 대한 그 반응 정도를 나타내는 관계에서 손상을 입히지 않는 농도 중 가장 큰 값을 무엇이라 하는가?

① TLV　② NOAEL
③ LD_{50}　④ LC_{50}

해설 **독성학**의 **허용농도**

(1) **TLV**(Threshold Limit Values) : **허용한계농도**
독성 물질의 섭취량과 인간에 대한 그 반응 정도를 나타내는 관계에서 손상을 입히지 않는 농도 중 가장 큰 값

TLV 농도표시법	정 의
TLV-TWA (시간가중 평균농도)	매일 일하는 근로자가 하루에 8시간씩 근무할 경우 근로자에게 노출되어도 아무런 영향을 주지 않는 최고 평균농도
TLV-STEL (단시간 노출허용농도)	단시간 동안 노출되어도 유해한 증상이 나타나지 않는 최고 허용농도
TLV-C (최고 허용한계농도)	단 한순간이라도 초과하지 않아야 하는 농도

(2) **LD_{50}**(Lethal Dose) : **반수치사량**
실험쥐의 50%를 사망시킬 수 있는 물질의 양

(3) **LC_{50}**(Lethal Concentration) : **반수치사농도**
실험쥐의 50%를 사망시킬 수 있는 물질의 농도

(4) **ALC**(Approximate Lethal Concentration) : **치사농도**
실험쥐의 50%를 **15분** 이내에 사망시킬 수 있는 허용농도

답 ①

★

31 연소관여 면적이 2.4m²(A)인 폴리스티렌의 연소속도가 38g/m²·s($\mathring{m}''$)이다. 공기가 창문을 통하여 500g/s($\mathring{m}_{공기}$)로 유입될 때 연기의 감광계수는? (단, 폴리스티렌의 연기밀도는 1kg/m³(ρ), 질량광학밀도는 0.335m²/g(D_m)이다.)

① $1m^{-1}$　② $34.1m^{-1}$
③ $44.2m^{-1}$　④ $51.7m^{-1}$

해설 (1) 기호

- A : 2.4m²
- $\mathring{m}''$: 38g/m²·s
- $\mathring{m}_{공기}$: 500g/s
- ρ : 1kg/m³
- D_m : 0.335m²/g

(2) 감광계수

$$K_s = \frac{\mathring{m}_{물질} D_m}{\mathring{V}} = \frac{\mathring{m}''_{물질} A D_m}{\mathring{V}}$$

여기서, K_s : 감광계수(m⁻¹)
$\mathring{m}_{물질}$: 연소속도(g/s)
D_m : 질량광학밀도(m²/g)
$\mathring{V}$: 연기의 부피흐름속도(m³/g)
$\mathring{m}''_{물질}$: 단위면적당 물질의 연소속도(g/m²·s)
A : 연소관여 면적(m²)

$$\mathring{m}_{연기} = \mathring{m}_{공기} + \mathring{m}_{물질} = \mathring{m}_{공기} + \mathring{m}''_{물질} A$$

여기서, $\mathring{m}_{연기}$: 연기의 연소속도(g/s)
$\mathring{m}_{공기}$: 공기의 연소속도(g/s)
$\mathring{m}_{물질}$: 물질의 연소속도(g/s)
$\mathring{m}''_{물질}$: 단위면적당 물질의 연소속도(g/m²·s)
A : 연소관여 면적(m²)

연기의 **연소속도** $\mathring{m}_{연기}$는

$$\mathring{m}_{연기} = \mathring{m}_{공기} + \mathring{m}''_{생성물} A = 500\text{g/s} + 38\text{g/m}^2\cdot\text{s} \times 2.4\text{m}^2 ≒ 591\text{g/s}$$

$$\mathring{V} = \frac{\mathring{m}_{연기}}{\rho} = \frac{V}{t}$$

여기서, $\mathring{V}$: 연기의 부피흐름속도(m³/s)
$\mathring{m}_{연기}$: 연기의 연소속도(g/s)
ρ : 연기밀도(g/m³)
V : 실의 체적(m³)
t : 시간(s)

연기의 **부피흐름속도** V는

$$\mathring{V} = \frac{\mathring{m}_{연기}}{\rho} = \frac{591\text{g/s}}{1\text{kg/m}^3} = \frac{591\text{g/s}}{1{,}000\text{g/m}^3} = 0.591\text{m}^3/\text{s}$$

연기의 **감광계수** K_s는

$$K_s = \frac{\mathring{m}''_{물질} A D_m}{\mathring{V}} = \frac{38\text{g/m}^2\cdot\text{s} \times 2.4\text{m}^2 \times 0.335\text{m}^2/\text{g}}{0.591\text{m}^3/\text{s}} ≒ 51.7\text{m}^{-1}$$

답 ④

32 감광계수가 51.7m⁻¹(K_s)일 때 한계가시거리(L_v)(m)는? (단, C_v : 1~4)

① 0.019~0.077m
② 0.19~0.77m
③ 1.9~7.7m
④ 10~30m

해설 (1) 기호

- K_s : 51.7m⁻¹
- L_v : ?
- C_v : 1~4

(2) 한계가시거리

$$L_v = \frac{C_v}{K_s}$$

여기서, L_v : 한계가시거리(연기가시도)(m)
C_v : 물체의 조명도에 의존되는 계수
K_s : 감광계수(m⁻¹)

한계가시거리 L_v는

$$L_v = \frac{C_v}{K_s} = \frac{(1\sim4)}{51.7\text{m}^{-1}} ≒ 0.019\sim0.077\text{m}$$

답 ①

33 1g/s($\mathring{m}_{물질}$) 속도의 훈소화재가 발생하고 있는 40m³(V)의 실에서 연기의 질량광학밀도는 0.33 m²/g(D_m)이었다. 1시간 후의 연기가시도(L_v)(m)는? (단, $C_v = 1\sim4$이고 연기는 실 전체에 균일하게 분포되어 있다.)

① 0.011~0.022
② 0.022~0.033
③ 0.033~0.133
④ 0.133~0.276

해설 문제 31 · 32 참조

(1) 기호

- $\mathring{m}_{물질}$: 1g/s
- V : 40m³
- D_m : 0.33m²/g
- L_v : ?
- C_v : 1~4

(2) **연기**의 **부피흐름속도** $\mathring{V}$는

$$\mathring{V}=\frac{V}{t}=\frac{40\text{m}^3}{1\text{h}}=\frac{40\text{m}^3}{3600\text{s}}\fallingdotseq 0.011\text{m}^3/\text{s}$$

감광계수 K_s는

$$K_s=\frac{\mathring{m}_{물질}D_m}{\mathring{V}}$$

$$=\frac{1\text{g/s}\times 0.33\text{m}^2/\text{g}}{0.011\text{m}^3/\text{s}}=30\text{m}^{-1}$$

연기가시도(한계가시거리) L_v는

$$L_v=\frac{C_v}{K_s}=\frac{1\sim 4}{30\text{m}^{-1}}\fallingdotseq 0.033\sim 0.133\text{m}$$

답 ③

7. 연기의 생성 및 이동

★

34 건물 내의 연기이동에 관여하지 않는 것은?

① 연돌(굴뚝)효과

② 화재에 의해 직접 생성되는 중력
해당 없음

③ 외부의 바람과 공기이동의 영향

④ Air handling system

해설 **건물 내의 연기이동 요인**

(1) **연돌**(굴뚝)**효과**

(2) 화재에 의해 직접 생성되는 **부력**

(3) 외부의 바람과 공기이동의 영향(바람에 의해 생긴 압력차)

(4) 화재로 인한 팽창의 영향

(5) 건물 내의 공기취급시스템(Air handling system에 의한 압력차)

답 ②

★

35 실의 크기가 20m×10m×5m인 곳에서 큰 화재가 발생하여 t초 후에 깨끗한 공기 층 $y=2\text{m}$가 되었다면 상부의 배연구로부터 몇 m³/min의 연기를 배출해야 청결층의 높이가 유지되겠는가?
(20m×10m: A, 5m: H, m³/min: Q)

① 1100 ② 1200

③ 1300 ④ 1500

해설 **연기발생량**

$$Q=\frac{A(H-y)\times 60}{\frac{20A}{P_f\sqrt{g}}\left(\frac{1}{\sqrt{y}}-\frac{1}{\sqrt{H}}\right)}$$

여기서, Q : 연기발생량[m³/min]
A : 바닥면적[m²]
H : 실의 높이[m]
y : 바닥과 천장 아래 연기층 아랫부분 간의 거리(깨끗한 공기층의 높이)[m]
P_f : 화재경계의 길이[m]
g : 중력가속도(9.8m/s²)

바닥면적 A는

$$A=(20\times 10)\text{m}^2=200\text{m}^2$$

P_f의 값

큰 화염	중간 화염	작은 화염
P_f=12m	P_f=6m	P_f=4m

연기발생량 Q는

$$Q=\frac{A(H-y)\times 60}{\frac{20A}{P_f\sqrt{g}}\left(\frac{1}{\sqrt{y}}-\frac{1}{\sqrt{H}}\right)}$$

$$=\frac{200\text{m}^2\times(5-2)\text{m}\times 60}{\frac{20\times 200\text{m}^2}{12\text{m}\sqrt{9.8\text{m/s}^2}}\left(\frac{1}{\sqrt{2\text{m}}}-\frac{1}{\sqrt{5\text{m}}}\right)}$$

$$\fallingdotseq 1300\text{m}^3/\text{min}$$

답 ③

★

36 큰 화염의 화재에서 청결층 y=2m인 경우 연기생성률[kg/s]은?
(연기생성률: $\mathring{M}$)

① 6.38 ② 7.38

③ 8.39 ④ 9.38

해설 문제 35 참조

(1) 기호

- y : 2m
- $\mathring{M}$: ?

(2) **연기생성률**

$$\mathring{M}=0.188P_f\,y^{\frac{3}{2}}$$

여기서, $\mathring{M}$: 연기생성률〔kg/s〕
P_f : 화재경계의 길이〔m〕
y : 바닥과 천장 아래 연기층 아랫부분 간의 거리(깨끗한 공기층의 높이)〔m〕

연기생성률 $\mathring{M}$은

$$\mathring{M}=0.188P_f\,y^{\frac{3}{2}}$$
$$=0.188\times 12\text{m}\times 2\text{m}^{\frac{3}{2}}$$
$$\fallingdotseq 6.38\text{kg/s}$$

답 ①

★ 37 급기가압에 의한 62Pa ΔP의 차압이 걸려있는 실에 문의 크기가 1m×2m A일 때 문 개방에 필요한 힘 F〔N〕은? (단, 자동폐쇄장치나 경첩 등을 극복할 수 있는 힘은 44N F_{dc}이고, 문의 손잡이는 문가장자리에서 10cm d 위치에 있다.)

① 90.4 ② 100.7
③ 112.9 ④ 130.6

해설 (1) **기호**

- ΔP : 62Pa
- A : 1m×2m
- F : ?
- F_{dc} : 44N
- d : 10cm

(2) **문 개방**에 필요한 **전체 힘**

$$F=F_{dc}+\frac{K_d\,WA\Delta P}{2(W-d)}$$

여기서, F : 문 개방에 필요한 전체 힘〔N〕
F_{dc} : 자동폐쇄장치나 경첩 등을 극복할 수 있는 힘〔N〕
K_d : 상수(SI 단위 : 1)
W : 문의 폭〔m〕
A : 문의 면적〔m²〕
ΔP : 차압〔Pa〕
d : 문손잡이에서 문의 가장자리까지의 거리〔m〕

문 개방에 필요한 **힘** F는

$$F=F_{dc}+\frac{K_d\,WA\Delta P}{2(W-d)}$$
$$=44\text{N}+\frac{1\times 1\text{m}\times(1\times 2)\text{m}^2\times 62\text{Pa}}{2(1\text{m}-10\text{cm})}$$
$$=44\text{N}+\frac{1\times 1\text{m}\times 2\text{m}^2\times 62\text{Pa}}{2(1\text{m}-0.1\text{m})}$$
$$\fallingdotseq 112.9\text{N}$$

답 ③

★ 38 누설면적 0.02m² A_1와 0.2m² A_2가 직렬로 연결되어 있을 때 유효 누설면적 A〔m²〕은?

① 0.019 ② 0.029
③ 0.19 ④ 0.29

해설 (1) **기호**

- A_1 : 0.02m²
- A_2 : 0.2m²
- A : ?

유효 누설면적 A는

$$A=\frac{1}{\sqrt{\frac{1}{A_1^{\,2}}+\frac{1}{A_2^{\,2}}}}$$
$$=\frac{1}{\sqrt{\frac{1}{0.02^2}+\frac{1}{0.2^2}}}$$
$$=0.019\text{m}^2$$

참고

누설틈새면적
(1) 직렬상태

$$A=\frac{1}{\sqrt{\frac{1}{A_1^{\,2}}+\frac{1}{A_2^{\,2}}+\cdots}}$$

여기서, A : 전체 누설틈새면적〔m²〕
A_1, A_2 : 각 실의 누설틈새면적〔m²〕

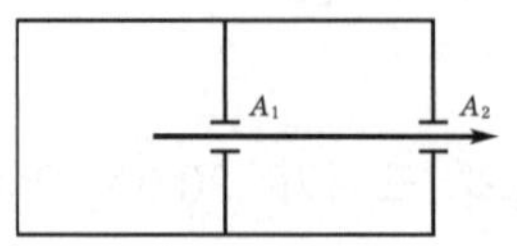

(2) 병렬상태

$$A = A_1 + A_2 + \cdots$$

여기서, A : 전체 누설틈새면적[m²]

A_1, A_2 : 각 실의 누설틈새면적[m²]

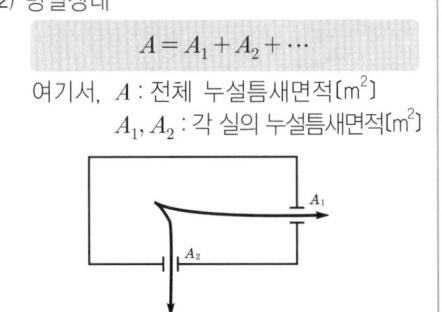

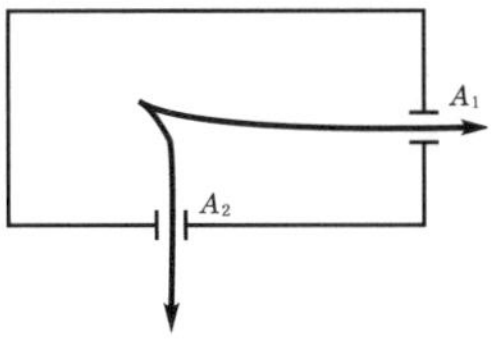

답 ①

★

39 **A실에 대한 개구면적은 A_1, A_2, A_3 : 0.02m², A_4, A_5, A_6 : 0.03m²이다. 총 틈새면적[m²]은 얼마인가?**

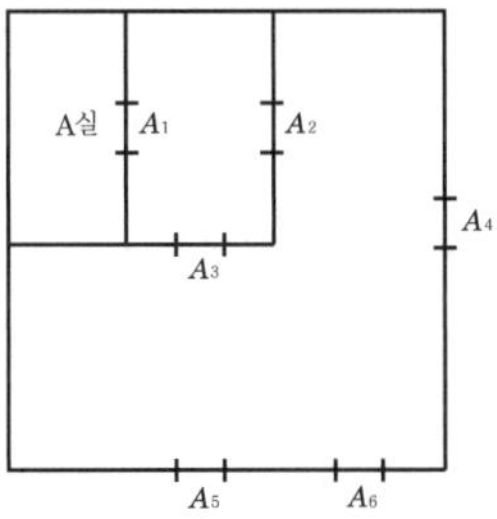

① 0.02
② 0.04
③ 0.07
④ 0.09

해설 **문제 38 참조**

$A_2 \sim A_3$는 병렬상태이므로

$$A_2 \sim A_3 = A_2 + A_3 = 0.02 + 0.02 = 0.04\text{m}^2$$

$A_4 \sim A_6$는 병렬상태이므로

$$A_4 \sim A_6 = A_4 + A_5 + A_6 = 0.03 + 0.03 + 0.03 = 0.09\text{m}^2$$

문제의 그림을 다음과 같이 변형할 수 있다.

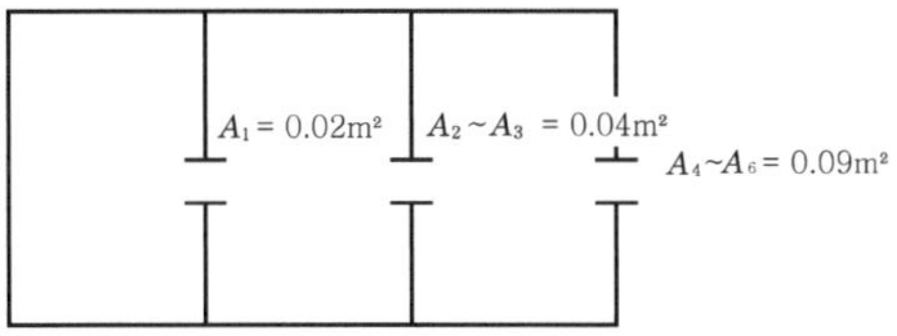

$A_1 \sim A_6$는 직렬상태이므로

$$A_1 \sim A_6 = \frac{1}{\sqrt{\dfrac{1}{{A_1}^2} + \dfrac{1}{(A_2 \sim A_3)^2} + \dfrac{1}{(A_4 \sim A_6)^2}}} = \frac{1}{\sqrt{\dfrac{1}{0.02^2} + \dfrac{1}{0.04^2} + \dfrac{1}{0.09^2}}} = 0.017 ≒ 0.02\text{m}^2$$

답 ①

★

40 **연기의 효과적인 배출을 위해 필수적으로 고려하여야 할 요소가 아닌 것은?**

① 화재의 크기
② 건물의 높이
③ 지붕의 재질
해당 없음
④ 지붕 전체의 압력분포

해설 **연기배출시 고려사항**

(1) 화재의 크기
(2) 건물의 높이
(3) 지붕의 형태
(4) 지붕 전체의 압력분포

답 ③

★

41 **연기제어시스템의 설계변수로서 고려해야 할 사항이 아닌 것은?**

① 누설면적
② 압력차
③ 공기흐름
④ 비중
해당 없음

해설 **연기제어시스템의 설계변수** 고려사항

(1) 누설면적
(2) 기상자료
(3) 압력차
(4) 공기흐름
(5) 연기제어시스템 내의 개방문 수

답 ④

42 문의 상단부와 하단부의 누설면적이 동일하다고 할 때 중성대에서 상단부까지의 높이가 1.49m(H)인 문의 상단부와 하단부의 압력차〔Pa〕(ΔP)는? (단, 화재실의 온도는 600℃(T_i), 외부온도는 25℃(T_o)이다.)

① 7.39
② 9.39
③ 11.39
④ 13.39

해설 (1) **기호**

- H : 1.49m
- ΔP : ?
- T_i : 600℃
- T_o : 25℃

(2) 문의 **상하단부 압력차**

$$\Delta P = 3460\left(\frac{1}{T_o} - \frac{1}{T_i}\right) \cdot H$$

여기서, ΔP : 문의 상하단부 압력차〔Pa〕
T_o : 외부온도(대기온도)〔K〕
T_i : 내부온도(화재실온도)〔K〕
H : 중성대에서 상단부까지의 높이〔m〕

문의 상하단부 압력차 ΔP는

$$\Delta P = 3460\left(\frac{1}{T_o} - \frac{1}{T_i}\right) \cdot H$$

$$= 3460\left(\frac{1}{(273+25)\text{K}} - \frac{1}{(273+600)\text{K}}\right) \times 1.49\text{m} = 11.39\text{Pa}$$

답 ③

소방시설관리사 1차

Part 2 소방관련법령

성공한 사람들이 도달한 높은 봉우리는 단숨에 올라간 것이 아니라 다른 사람들이 자고 있는 동안 한 걸음 한 걸음 힘들여 올라간 것이다.

- R 브라우닝(Robert Browning) -

출제경향분석

CHAPTER 01 소방기본법령

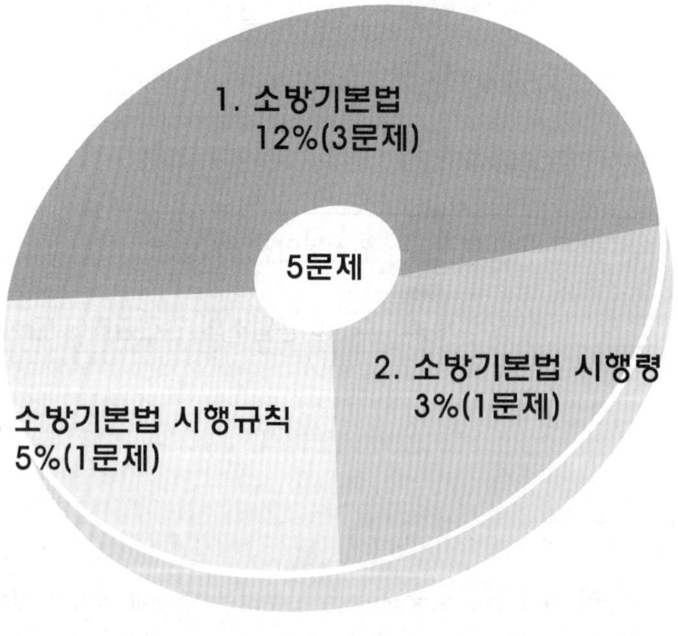

CHAPTER 01 소방기본법령

1 소방기본법

출제확률 12% (3문제)

1 용어(기본법 2조)

소방대상물	소방대
① 건축물 ② 차량 ③ 선박(매어둔 것) ④ 선박건조구조물 ⑤ 인공구조물 ⑥ 물건 ⑦ 산림	① 소방공무원 ② 의무소방원 ③ 의용소방대원

Key Point

＊ **관계인**
① 소유자
② 관리자
③ 점유자

2 소방용수시설(기본법 10조)

① 종류 : **소화전 · 급수탑 · 저수조**
② 기준 : **행정안전부령**
③ 설치 · 유지 · 관리 : **시 · 도**(단, 수도법에 의한 소화전은 일반수도사업자가 관할소방서장과 협의하여 설치) 문01 보기③

★★★
문제 01 17회 문 52 **소방기본법령상 소방활동에 필요한 소방용수시설을 설치하고 유지 · 관리하여야 하는 자는? (단, 권한의 위임 등 기타사항은 고려하지 않음)**

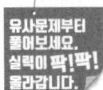

유사문제부터 풀어보세요. 실력이 팍!팍! 올라갑니다.

① 소방본부장 · 소방서장　　② 시장 · 군수
③ 시 · 도지사　　④ 소방청장

해설
③ 설치 · 유지 · 관리 : 시 · 도지사

답 ③

3 소방활동구역의 설정(기본법 23조)

(1) **설정권자** : 소방대장

(2) **설정구역**
- 화재현장
- 재난 · 재해 등의 위급한 상황이 발생한 현장

＊ **증표 제시**
위급한 상황에서도 증표는 반드시 내보여야 한다.

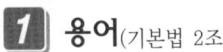

Key Point

＊ 의용소방대원
비상근

＊ 비상근
평상시 근무하지 않고 필요에 따라 소집되어 근무하는 형태

＊ 한국소방안전원의 정관변경
소방청장의 인가

4 의용소방대 및 한국소방안전원

(1) 의용소방대의 설치(의용소방대법 2~14조)

① **설치권자** : 시 · 도지사, 소방서장
② **설치장소** : 특별시 · 광역시 · 특별자치시 · 도 · 특별자치도 · 시 · 읍 · 면
③ **의용소방대**의 **임명** : 그 지역의 주민 중 희망하는 사람
④ **의용소방대원**의 **직무** : 소방업무 보조
⑤ **의용소방대**의 **경비부담자** : 시 · 도지사

(2) 한국소방안전원의 업무(기본법 41조)

① 소방기술과 안전관리에 관한 **교육** 및 **조사 · 연구**
② 소방기술과 안전관리에 관한 각종 **간행물**의 **발간**
③ 화재예방과 안전관리의식의 고취를 위한 **대국민 홍보**
④ 소방업무에 관하여 **행정기관**이 **위탁**하는 **사업**
⑤ 소방안전에 관한 **국제협력**
⑥ **회원**에 대한 **기술지원** 등 정관이 정하는 사항

5 벌칙

＊ 벌금과 과태료
(1) **벌금**
범죄의 대가로서 부과하는 돈
(2) **과태료**
지정된 기한 내에 어떤 의무를 이행하지 않았을 때 부과하는 돈

＊ 500만원 이하의 과태료(기본법 56조)
① 화재 또는 구조 · 구급이 필요한 상황을 거짓으로 알린 사람
② 정당한 사유없이 화재, 재난 · 재해, 그 밖의 위급한 상황을 소방본부, 소방서 또는 관계행정기관에 알리지 아니한 관계인

(1) 5년 이하의 징역 또는 5000만원 이하의 벌금(기본법 50조)

① 소방자동차의 출동 방해
② 사람구출 방해
③ 소방용수시설 또는 비상소화장치의 효용방해
④ **위력**을 사용하여 출동한 소방대의 화재진압 · 인명구조 또는 구급활동을 방해하는 행위를 한 사람
⑤ 소방대가 화재진압 · 인명구조 또는 구급활동을 위하여 현장에 출동하거나 현장에 출입하는 것을 고의로 **방해**하는 행위를 한 사람
⑥ 출동한 소방대원에게 **폭행** 또는 **협박**을 행사하여 화재진압 · 인명구조 또는 구급활동을 방해하는 행위를 한 사람 문02 보기④
⑦ 출동한 소방대의 **소방장비**를 **파손**하거나 그 **효용**을 해하여 화재진압 · 인명구조 또는 구급활동을 방해하는 행위를 한 사람

★★★

문제 02 소방기본법령상 벌칙에 관한 설명이다. (　　)에 들어갈 내용으로 옳은 것은?

22회 문 53
18회 문 51
15회 문 51
14회 문 53
14회 문 66
11회 문 70

> 정당한 사유 없이 출동한 소방대원에게 폭행 또는 협박을 행사하여 화재진압 · 인명구조 또는 구급활동을 방해하는 행위를 한 사람은 (㉠)년 이하의 징역 또는 (㉡)천만원 이하의 벌금에 처한다.

① ㉠ : 3, ㉡ : 3　　② ㉠ : 3, ㉡ : 5
③ ㉠ : 5, ㉡ : 3　　④ ㉠ : 5, ㉡ : 5

해설
④ 소방대원 **폭행** : **5년 이하**의 징역 또는 **5천만원** 이하의 벌금

답 ④

(2) 3년 이하의 징역 또는 3000만원 이하의 벌금(기본법 51조)

소방활동에 필요한 소방대상물 및 토지의 강제처분을 방해한 자

(3) 200만원 이하의 과태료(기본법 56조)

① 한국119청소년단 또는 이와 유사한 명칭을 사용한 자
② 소방활동구역 출입
③ 소방자동차의 출동에 지장을 준 자
④ 한국소방안전원 또는 이와 유사한 명칭을 사용한 자

2 소방기본법 시행령

출제확률 3% (1문제)

1 국고보조의 대상 및 기준(기본령 2조)

(1) 국고보조의 대상

① 소방활동장비와 설비의 구입 및 설치 문03 보기②
㈎ 소방자동차
㈏ 소방 헬리콥터 · 소방정 문03 보기③
㈐ 소방전용통신설비 · 전산설비
㈑ 방화복
② 소방관서용 청사

(2) 소방활동장비 및 설비의 종류와 규격 : 행정안전부령 문03 보기①

(3) 대상사업의 기준보조율 :「보조금 관리에 관한 법률 시행령」에 따름 문03 보기④

★★★
문제 03 소방기본법령상 국고보조 대상사업의 범위와 기준보조율에 관한 설명으로 옳은 것은?
18회 문 52

① 국고보조 대상사업의 범위에 따른 소방활동장비 및 설비의 종류와 규격은 대통령령으로 정한다.
행정안전부령
② 방화복 등 소방활동에 필요한 소방장비의 구입 및 설치는 국고보조 대상사업의 범위에 해당한다.
③ 소방헬리콥터 및 소방정의 구입 및 설치는 국고보조 대상사업의 범위에 해당하지 않는다.
해당한다.
④ 국고보조 대상사업의 기준보조율은「보조금 관리에 관한 법률 시행규칙」에
시행령
서 정하는 바에 따른다.

답 ②

＊ 국고보조
국가가 소방장비의 구입 등 시·도의 소방업무에 필요한 경비의 일부를 보조

Key Point

※ **소방활동구역**
화재, 재난·재해, 그 밖의 위급한 상황이 발생한 현장에 정하는 구역

2 소방활동구역 출입자(기본령 8조)

① **소유자**·**관리자** 또는 **점유자**
② **전기**·**가스**·**수도**·**통신**·**교통**의 업무에 종사하는 자로서 원활한 **소방활동**을 위하여 필요한 자
③ **의사**·**간호사**, 그 밖의 구조·구급업무에 종사하는 자
④ **취재인력** 등 보도업무에 종사하는 자
⑤ **수사업무**에 종사하는 자
⑥ **소방대장**이 소방활동을 위하여 **출입**을 **허가**한 **자**

3 소방기본법 시행규칙

출제확률 5% (1문제)

※ **종합상황실**
화재·재난·재해·구조·구급 등이 필요한 때에 신속한 소방활동을 위한 정보를 수집·분석과 판단·전파, 상황관리, 현장 지휘 및 조정·통제 등의 업무수행

1 종합상황실 실장의 보고 화재(기본규칙 3조)

① 사망자 **5명** 이상 화재
② 사상자 **10명** 이상 화재 문04 보기①
③ 이재민 **100명** 이상 화재
④ 재산피해액 **50억원** 이상 화재 문04 보기②
⑤ **관광호텔**, 층수가 **11층** 이상인 건축물, **지하상가**, **시장**, **백화점**
⑥ **5층** 이상 또는 객실 **30실** 이상인 **숙박시설**
⑦ **5층** 이상 또는 병상 **30개** 이상인 **종합병원**·**정신병원**·**한방병원**·**요양소**
⑧ 1000t 이상인 선박(항구에 매어둔 것), **철도차량**, **항공기**, **발전소** 또는 **변전소** 문04 보기④
⑨ 지정수량 **3000배** 이상의 위험물 제조소·저장소·취급소
⑩ 연면적 **15000m^2** 이상인 **공장** 또는 **화재예방강화지구**에서 발생한 화재 문04 보기③
⑪ **가스** 및 **화약류**의 폭발에 의한 화재
⑫ **관공서**·**학교**·**정부미 도정공장**·**문화재**·**지하철** 또는 지하구의 **화재**
⑬ 다중이용업소의 화재

★ **문제 04** (20회 문 54) **소방기본법령상 소방본부의 종합상황실 실장이 소방청의 종합상황실에 보고하여야 하는 화재가 아닌 것은?**

① 사상자가 10인 이상 발생한 화재
② 재산피해액이 30억원 이상 발생한 화재 (50억원)
③ 연면적 15000m^2 이상인 공장에서 발생한 화재
④ 항구에 매어둔 총 톤수가 1000t 이상인 선박에서 발생한 화재

답 ②

Key Point

※ 소방용수시설의 설치 · 유지 · 관리
시 · 도지사

2 소방용수시설

(1) 소방용수시설 및 지리조사(기본규칙 7조)

① 조사자 : 소방본부장 · 소방서장

② 조사일시 : 월 1회 이상

③ 조사내용

㈎ 소방용수시설

㈏ 도로의 **폭 · 교통상황**

㈐ 도로주변의 **토지 고저**

㈑ 건축물의 **개황**

④ 조사결과 : 2년간 보관

기억법 월1지(월요일이 지났다)

(2) 소방용수시설의 설치기준(기본규칙 〔별표 3〕)

거리기준	지역
100m 이하	• 공업지역 • 상업지역 • 주거지역
140m 이하	• 기타지역

(3) 소방용수시설의 저수조의 설치기준(기본규칙 〔별표 3〕)

① 낙차 : 4.5m 이하 문05 보기④

② 수심 : 0.5m 이상 문05 보기③

③ 투입구의 길이 또는 지름 : 60cm 이상

④ 소방 펌프 자동차가 **쉽게 접근**할 수 있도록 할 것 문05 보기①

⑤ 흡수에 지장이 없도록 **토사** 및 **쓰레기** 등을 제거할 수 있는 설비를 갖출 것 문05 보기②

⑥ 저수조에 물을 공급하는 방법은 **상수도**에 연결하여 **자동**으로 **급수**되는 구조일 것

기억법 수5(수호천사)

※ 토사
흙과 모래

★★★

문제 05 소방기본법령상 소방용수시설 중 저수조의 설치기준으로 옳지 않은 것은?

16회 문 51
10회 문 57
08회 문 66
04회 문 57

① 소방펌프자동차가 쉽게 접근할 수 있도록 할 것

② 흡수에 지장이 없도록 토사 및 쓰레기 등을 제거할 수 있는 설비를 갖출 것

③ 흡수부분의 수심이 0.5미터 이상일 것

④ 지면으로부터의 낙차가 5.5미터 이하일 것
4.5미터

답 ④

Key Point

3 소방교육 훈련(기본규칙 9조)

실 시	**2년**마다 **1회** 이상 실시
기 간	**2주** 이상
정하는 자	소방청장
종 류	① 화재진압훈련 ② 인명구조훈련 ③ 응급처치훈련 ④ 인명대피훈련 ⑤ 현장지휘훈련

4 소방신호

* 소방신호의 종류
① 경계신호
② 발화신호
③ 해제신호
④ 훈련신호

(1) 소방신호의 종류(기본규칙 10조)

소방신호 종류	설 명
경계신호	화재예방상 필요하다고 인정되거나 화재위험경보시 발령
발화신호 문06 보기①	화재가 발생한 경우 발령
해제신호 문06 보기③	소화활동이 필요없다고 인정되는 경우 발령
훈련신호 문06 보기④	훈련상 필요하다고 인정되는 경우 발령

(2) 소방신호표(기본규칙 〔별표 4〕)

신호방법 / 종 별	타종신호	사이렌 신호
경계신호	**1타**와 연 **2타**를 반복	**5초** 간격을 두고 **30초**씩 **3회**
발화신호	**난타**	**5초** 간격을 두고 **5초**씩 **3회**
해제신호	상당한 간격을 두고 **1타**씩 반복	**1분** 간 **1회**
훈련신호	**연 3타** 반복	**10초** 간격을 두고 **1분**씩 **3회**

★★
문제 06 22회 문 54 16회 문 52 10회 문 67

소방기본법령상 화재예방, 소방활동 또는 소방훈련을 위하여 사용되는 소방신호의 종류로 명시되지 않은 것은?

① 발화신호
② 위기신호
해당 없음
③ 해제신호
④ 훈련신호

답 ②

집중력 이렇게 높여라

아침에 꼭 챙겨 먹는다 심장에서 뿜어내는 혈액의 20%가 뇌로 간다. 뇌의 에너지 소모량이 그만큼 많다는 뜻. 특히 대뇌의 노동 강도가 높은 시험 당일엔 탄수화물 중심의 충분한 아침 식사로 포도당을 공급해야 한다.

틈틈이 스트레칭을 한다 긴장으로 굳은 몸을 풀어주고 혈액순환을 활발하게 해 두뇌 회전을 돕는다.

초콜릿이나 사탕·꿀물을 준비한다 곡류의 포도당이 소화 과정을 통해 뇌세포에 이용되기까지는 시간이 걸린다. 따라서 시험을 보기 전 또는 쉬는 시간에 당분을 섭취해 포도당을 보완한다.

기름진 음식을 절제한다 소화가 느리고 피로와 졸음을 유발한다.

커피·콜라 같은 카페인 음료를 피한다 카페인이 두뇌 회전을 돕기는 하지만 방광을 자극해 시험 도중 오줌이 마려울 수 있다

눈 지압을 하고 멀리 보며 쉰다 손바닥을 비벼 따뜻하게 한 뒤 눈을 2~3초 댄다. 눈 주위 뼈를 시계 방향으로 꾹꾹 눌러준다. 눈의 긴장을 풀고 두통까지 가라앉힌다.

철분을 섭취한다 뇌는 포도당과 함께 산소가 필요하다. 철분은 혈액 중 헤모글로빈의 원료가 된다. 오징어·쇠간·날걀 노른자 등에 많이 들어있다.

비타민 B군을 섭취한다 두뇌 기능과 신체의 활력 증진에 꼭 필요한 비타민이다. 피로회복에도 도움을 준다. 만성피로에 지친 수험생이 장기적으로 복용해도 좋다.

출제경향분석

CHAPTER 02 소방시설 설치 및 관리에 관한 법령

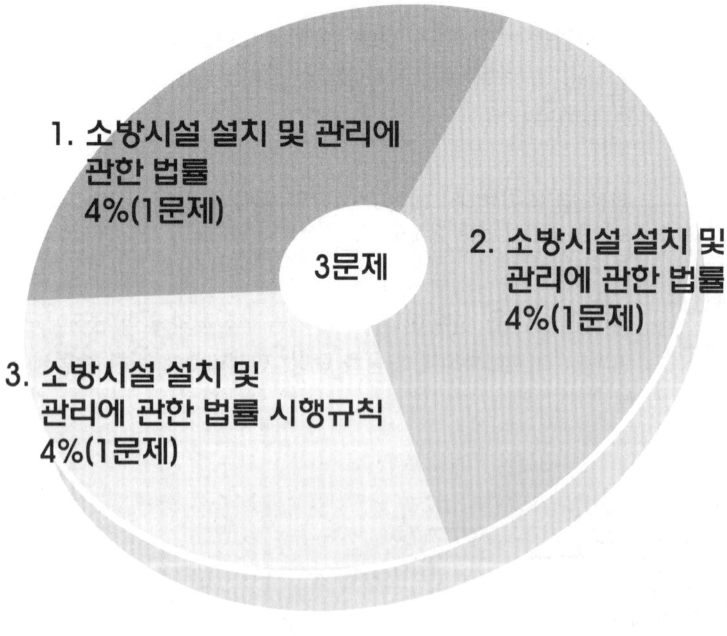

CHAPTER

02 소방시설 설치 및 관리에 관한 법령

1 소방시설 설치 및 관리에 관한 법률

출제확률 4% (1문제)

Key Point

1 건축허가 등의 동의(소방시설법 6조)

① 건축허가 등의 동의권자 : **소방본부장 · 소방서장**

② 건축허가 등의 동의대상물의 범위 : **대통령령**

※ 건축물의 동의 범위
대통령령

2 변경강화기준 적용 설비(소방시설법 13조)

① 소화기구 문01 보기①

② 비상경보설비

③ 자동화재탐지설비

④ 자동화재속보설비

⑤ 피난구조설비

⑥ 소방시설(공동구 설치용, 전력 및 통신사업용 지하구) 문01 보기④

⑦ **노유자시설, 의료시설**에 설치하여야 하는 소방시설(소방시설법 시행령 13조)

공동구, 전력 및 통신사업용 지하구	노유자시설에 설치하여야 하는 소방시설	의료시설에 설치하여야 하는 소방시설
① 소화기 ② 자동소화장치 ③ 자동화재탐지설비 ④ 통합감시시설 ⑤ 유도등 및 연소방지설비	① 간이스프링클러설비 ② 자동화재탐지설비 ③ 단독경보형 감지기	① 스프링클러설비 ② 간이스프링클러설비 ③ 자동화재탐지설비 문01 보기③ ④ 자동화재속보설비

☆☆
문제 01 21회 문 60 12회 문 66 09회 문 63

유사문제부터 풀어보세요. 실력이 팍!팍! 올라갑니다.

소방시설 설치 및 관리에 관한 법령상 화재안전기준 또는 대통령령이 변경되어 그 기준이 강화되는 경우 기존의 특정소방대상물의 소방시설에 대하여 강화된 기준을 적용하는 소방시설로 옳지 않은 것은?

① 소화기구

② 노유자시설에 설치하는 비상콘센트설비
해당 없음

③ 의료시설에 설치하는 자동화재탐지설비

④ 「국토의 계획 및 이용에 관한 법률」에 따른 공동구에 설치하여야 하는 소방시설

답 ②

3 방염(소방시설법 20 · 21조)

① 방염성능기준 : **대통령령**

② 방염성능검사 : **소방청장**

※ 방염성능기준
대통령령

※ 방염성능
화재의 발생 초기단계에서 화재 확대의 매개체를 **단절**시키는 성질

Key Point

4 벌칙

(1) **벌칙**(소방시설법 56조)

5년 이하의 징역 또는 5천만원 이하의 벌금	7년 이하의 징역 또는 7천만원 이하의 벌금	10년 이하의 징역 또는 1억원 이하의 벌금
소방시설 폐쇄·차단 등의 행위를 한 자	**소방시설 폐쇄·차단** 등의 행위를 하여 사람을 **상해**에 이르게 한 자	**소방시설 폐쇄·차단** 등의 행위를 하여 사람을 **사망**에 이르게 한 자

*** 300만원 이하의 벌금**
방염성능검사 합격표시 위조

(2) **3년 이하의 징역 또는 3000만원 이하의 벌금**(소방시설법 57조)

① 특정소방대상물의 소방시설 등이 화재안전기준에 따라 설치 또는 유지·관리되어 있지 아니하여 필요한 조치를 명하였으나 정당한 사유 없이 위반한 자 문02 보기①
② **소방시설관리업** 무등록자 문02 보기③
③ **형식승인**을 받지 않은 소방용품 제조·수입자 문02 보기②
④ **제품검사**를 받지 않은 자
⑤ 거짓이나 그 밖의 **부정한 방법**으로 제품검사 전문기관의 지정을 받은 자
⑥ 소방용품을 판매·진열하거나 소방시설공사에 사용한 자
⑦ 구매자에게 명령을 받은 사실을 알리지 아니하거나 필요한 조치를 하지 아니한 자

(3) **1년 이하의 징역 또는 1000만원 이하의 벌금**(소방시설법 58조)

① 소방시설의 **자체점검** 미실시자 문02 보기④
② **소방시설관리사증** 대여
③ **소방시설관리업**의 등록증 대여

★★★

문제 02 (19회 문 64, 17회 문 63, 16회 문 55, 13회 문 66)

소방시설 설치 및 관리에 관한 법령상 벌칙 중 1년 이하의 징역 또는 1천만원 이하의 벌금에 처하는 경우에 해당하는 것은 어느 것인가?

① 특정소방대상물의 소방시설 등이 화재안전기준에 따라 설치 또는 유지·관리되어 있지 아니하여 필요한 조치를 명하였으나 정당한 사유 없이 위반한 자
② 소방용품의 형식승인을 받지 아니하고 소방용품을 제조하거나 수입한 자
③ 소방시설관리업의 등록을 하지 아니하고 영업을 한 자
(①~③: 3년 이하의 징역 또는 3000만원 이하의 벌금)
④ 특정소방대상물의 소방시설 등에 대하여 스스로 점검을 하지 아니하거나 관리업자 등으로 하여금 정기적으로 점검하게 하지 아니한 자

답 ④

(4) **300만원 이하의 과태료**(소방시설법 61조)

① 소방시설을 화재안전기준에 따라 설치·관리하지 아니한 자
② **피난시설·방화구획** 또는 **방화시설**의 **폐쇄·훼손·변경** 등의 행위를 한 자
③ 임시소방시설을 설치·관리하지 아니한 자
④ 방염대상물품을 방염성능기준 이상으로 설치하지 아니한 자

Key Point

2 소방시설 설치 및 관리에 관한 법률 시행령

출제확률 4% (1문제)

1 무창층(소방시설법 시행령 2조)

(1) 무창층의 뜻

지상층 중 기준에 의한 개구부의 면적의 합계가 해당 층의 바닥면적의 $\frac{1}{30}$ 이하가 되는 층 문03 보기①

(2) 무창층의 개구부의 기준

① 개구부의 크기가 지름 50cm 이상의 원이 통과할 수 있을 것 문03 보기②

② 해당 층의 바닥면으로부터 개구부 밑부분까지의 높이가 1.2m 이내일 것 문03 보기④

③ 개구부는 **도로** 또는 **차량**이 진입할 수 있는 **빈터**를 향할 것 문03 보기③

④ 화재시 건축물로부터 **쉽게 피난**할 수 있도록 개구부에 창살, 그 밖의 장애물이 설치되지 않을 것

⑤ 내부 또는 외부에서 **쉽게 부수거나 열 수** 있을 것

※ **피난층**
곧바로 지상으로 갈 수 있는 출입구가 있는 층

★★★
문제 03 무창층에 대한 설명 중 틀린 것은?
10회 문 56

① 무창층이란 개구부 면적의 합계가 바닥면적의 1/30 이하가 되는 층
② 개구부의 크기가 지름 50cm 이상의 원이 통과할 수 있을 것
③ 개구부는 도로 또는 차량이 진입할 수 있는 빈터를 향할 것
④ 해당 층의 바닥면으로부터 개구부 밑부분까지의 높이가 1.5m 이내일 것
1.2m

답 ④

2 소방용품 제외 대상(소방시설법 시행령 6조)

① 주거용 주방자동소화장치용 소화약제
② 가스자동소화장치용 소화약제
③ 분말자동소화장치용 소화약제
④ 고체에어로졸자동소화장치용 소화약제
⑤ 소화약제 외의 것을 이용한 간이소화용구
⑥ 휴대용 비상조명등
⑦ 유도표지
⑧ 벨용 푸시버튼스위치
⑨ 피난밧줄
⑩ 옥내소화전함

※ **소방용품**
① 소화기
② 소화약제
③ 방염도료

Key Point

⑪ 방수구
⑫ 안전매트
⑬ 방수복

※ 건축허가 등의 동의 대상물
★꼭 기억하세요★

3 건축허가 등의 동의대상물(소방시설법 시행령 7조)

① 연면적 400m²(학교시설 : 100m², 수련시설 · 노유자시설 : 200m², 정신의료기관 · 장애인의료재활시설 : 300m²) 이상 문04 보기①②③
② **6층** 이상인 건축물
③ 차고 · 주차장으로서 바닥면적 200m² 이상(자동차 **20대** 이상) 문04 보기④
④ **항공기격납고, 관망탑, 항공관제탑, 방송용 송수신탑**
⑤ 지하층 또는 무창층의 바닥면적 150m²(공연장은 100m²) 이상
⑥ **위험물저장 및 처리시설**
⑦ **결핵환자**나 **한센인**이 24시간 생활하는 **노유자시설**
⑧ **지하구**
⑨ 전기저장시설, 풍력발전소
⑩ 공동주택 · 숙박시설
⑪ 조산원, 산후조리원, 의원(입원실 또는 인공신장실이 있는 것)
⑫ 요양병원(의료재활시설 제외)
⑬ 노인주거복지시설 · 노인의료복지시설 및 재가노인복지시설, 학대피해노인 전용쉼터, 아동복지시설, 장애인거주시설
⑭ 정신질환자 관련시설(공동생활가정을 제외한 재활훈련시설과 종합시설 중 24시간 주거를 제공하지 않는 시설 제외)
⑮ 노숙인자활시설, 노숙인재활시설 및 노숙인요양시설
⑯ 공장 또는 창고시설로서 지정하는 수량의 750배 이상의 특수가연물을 저장 · 취급하는 것
⑰ 가스시설로서 지상에 노출된 탱크의 저장용량의 합계가 100t 이상인 것

★★★
문제 04 **소방시설 설치 및 관리에 관한 법령상 건축허가 등의 동의대상물에 해당하는 것은?**

22회 문 61
20회 문 59
17회 문 61
16회 문 60
15회 문 59
13회 문 61
09회 문 68
02회 문 65

① 수련시설로서 연면적이 200제곱미터인 건축물
② 「정신건강증진 및 정신질환자 복지서비스 지원에 관한 법률」에 따른 정신의료기관으로서 연면적이 200제곱미터인 건축물 (200 → 300)
③ 「장애인복지법」에 따른 장애인 의료재활시설로서 연면적이 200제곱미터인 건축물 (200 → 300)
④ 승강기 등 기계장치에 의한 주차시설로서 자동차 10대 이하를 주차할 수 있는 시설 (10대 이하 → 200대 이상)

답 ①

Key Point

4 방염

(1) 방염성능기준 이상 적용 특정소방대상물(소방시설법 시행령 30조)

① 체력단련장, 공연장 및 종교집회장 문05 보기③
② 문화 및 집회시설
③ 종교시설
④ 운동시설(수영장 제외) 문05 보기②
⑤ 의료시설(종합병원, 정신의료기관)
⑥ 의원, 치과의원, 한의원, 조산원, 산후조리원
⑦ 교육연구시설 중 합숙소 문05 보기①
⑧ 노유자시설
⑨ 숙박이 가능한 수련시설
⑩ 숙박시설
⑪ 방송국 및 촬영소 문05 보기④
⑫ 다중이용업소(단란주점영업, 유흥주점영업, 노래연습장의 영업장 등)
⑬ 층수가 11층 이상인 것(아파트 제외)

> **11층** 이상 : '고층건축물'에 해당된다.

*** 다중이용업**
① 휴게음식점영업 · 일반음식점영업 100m²(지하층은 66m² 이상)
② 단란주점영업
③ 유흥주점영업
④ 비디오물감상실업
⑤ 비디오물소극장업 및 복합영상물제공업
⑥ 게임제공업
⑦ 노래연습장업
⑧ 복합유통게임 제공업
⑨ 영화상영관
⑩ 학원 · 목욕장업 수용인원 100명 이상

★★★
문제 05 **소방시설 설치 및 관리에 관한 법령상 방염성능기준 이상의 실내장식물 등을 설치하여야 하는 특정소방대상물에 해당하지 않는 것은? (단, 11층 미만인 특정소방대상물임)**

19회 문 65
16회 문 67
14회 문 61
13회 문 60
09회 문 12
02회 문 68

① 교육연구시설 중 합숙소
② 건축물의 옥내에 있는 수영장 (수영장 제외)
③ 근린생활시설 중 종교집회장
④ 방송통신시설 중 촬영소

답 ②

(2) 방염대상물품(소방시설법 시행령 31조)

제조 또는 가공 공정에서 방염처리를 한 물품	건축물 내부의 천장이나 벽에 부착하거나 설치하는 것
① 창문에 설치하는 **커튼류**(블라인드 포함) ② 카펫 ③ **벽지류**(두께 2mm **미만**인 **종이벽지 제외**) ④ **전시용 합판 · 목재** 또는 **섬유판** ⑤ **무대용 합판 · 목재** 또는 **섬유판** ⑥ **암막 · 무대막**(영화상영관 · 가상체험 체육시설업의 **스크린** 포함) ⑦ 섬유류 또는 합성수지류 등을 원료로 하여 제작된 소파 · 의자(단란주점영업, 유흥주점영업 및 노래연습장업의 영업장에 설치하는 것만 해당)	① 종이류(두께 **2mm 이상**), **합성수지류** 또는 **섬유류**를 주원료로 한 물품 ② **합판**이나 **목재** ③ 공간을 구획하기 위하여 설치하는 **간이칸막이** ④ **흡음재**(흡음용 커튼 포함) 또는 **방음재**(방음용 커튼 포함) • 가구류(옷장, 찬장, 식탁, 식탁용 의자, 사무용 책상, 사무용 의자, 계산대)와 너비 10cm 이하인 반자돌림대, 내부마감재료 제외

Key Point

※ 잔염시간과 잔진시간

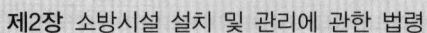

(1) 잔염시간
버너의 불꽃을 제거한 때부터 불꽃을 올리며 연소하는 상태가 그칠 때까지의 시간
문06 보기①

(2) 잔진시간(잔신시간)
버너의 불꽃을 제거한 때부터 불꽃을 올리지 아니하고 연소하는 상태가 그칠 때까지의 시간
문06 보기②

(3) **방염성능기준**(소방시설법 시행령 31조)

① 잔염시간 : **20초** 이내 문06 보기①

② 잔<u>진</u>시간(잔신시간) : **<u>3</u>0초** 이내 문06 보기②

> 기억법 3진(<u>삼진</u>아웃)

③ 탄화길이 : **20cm** 이내 문06 보기③

④ 탄화면적 : **50cm^2** 이내 문06 보기③

⑤ 불꽃 접촉 횟수 : **3회** 이상 문06 보기④

⑥ 최대 연기밀도 : **400** 이하

★★★
문제 06 소방시설 설치 및 관리에 관한 법령상 특정소방대상물에 설치 또는 부착하는 방염대상물의 <u>방염성능기준</u>으로 옳지 <u>않은</u> 것은? (단, 고시는 제외함)

20회 문 64
17회 문 62
16회 문 63
12회 문 58
10회 문 72
09회 문 55

① 버너의 불꽃을 제거한 때부터 불꽃을 올리며 연소하는 상태가 그칠 때까지 시간은 20초 이내일 것

② 버너의 불꽃을 제거한 때부터 불꽃을 올리지 아니하고 연소하는 상태가 그칠 때까지 시간은 30초 이내일 것

③ 탄화한 면적은 50cm^2 이내, 탄화한 길이는 <u>30cm</u> 이내일 것
20cm

④ 불꽃에 의하여 완전히 녹을 때까지 불꽃의 접촉횟수는 3회 이상일 것

답 ③

※ 소화활동설비
화재를 진압하거나 인명구조활동을 위하여 사용하는 설비

5 소화활동설비(소방시설법 시행령 〔별표 1〕)

① **<u>연</u>결송수관**설비

② **<u>연</u>결살수**설비

③ **<u>연</u>소방지**설비

④ **<u>무</u>선통신보조**설비

⑤ **<u>제</u>연**설비

⑥ **<u>비</u>상 <u>콘</u>센트** 설비

> 기억법 3연무제비콘

6 근린생활시설(소방시설법 시행령 〔별표 2〕)

Key Point

※ 근린생활시설
사람이 생활을 하는데 필요한 여러 가지 시설

면 적	적용장소
$150m^2$ 미만	• 단란주점
$300m^2$ 미만	• 종교시설 • 공연장 • 비디오물 감상실업 • 비디오물 소극장업
$500m^2$ 미만	• 탁구장 • 테니스장 • 체육도장 • 사무소 • 학원 • 당구장 • 서점 • 볼링장 • 금융업소 • 부동산 중개사무소 • 골프연습장 문07 보기③
$1000m^2$ 미만	• 자동차영업소 • 슈퍼마켓 • 일용품 • 의료기기 판매소 • 의약품 판매소
전부	• 기원 • 이용원 · 미용원 · 목욕장 및 세탁소 • 휴게음식점 · 일반음식점, 제과점 • 독서실 • 안마원(안마시술소 포함) • 조산원(산후조리원 포함) • 의원, 치과의원, 한의원, 침술원, 접골원

기억법 종3(중세시대)

★★★
문제 07 소방시설 설치 및 관리에 관한 법령상 특정소방대상물 중 근린생활시설에 해당하는 것은?

18회 문 63 / 14회 문 67 / 13회 문 58 / 12회 문 68 / 09회 문 73 / 08회 문 55 / 06회 문 58 / 05회 문 63 / 05회 문 69 / 02회 문 54

① ~~유흥주점~~ → 위락시설
② 마약진료소 → 의료시설
③ 같은 건축물에 해당 용도로 쓰는 바닥면적의 합계가 300제곱미터인 골프연습장
④ 같은 건축물에 해당 용도로 쓰는 바닥면적의 합계가 500제곱미터인 운전학원 → 항공기 및 자동차 관련 시설

답 ③

Key Point

※ 무대부
노래·춤·연극 등의 연기를 하기 위해 만들어 놓은 부분

※ 랙식 창고
① 물품보관용 랙을 설치하는 창고시설
② 선반 또는 이와 비슷한 것을 설치하고 승강기에 의하여 수납을 운반하는 장치를 갖춘 것

※ 복합건축물
하나의 건축물 안에 2 이상의 용도로 사용되는 것

7 스프링클러설비의 설치대상(소방시설법 시행령 〔별표 4〕)

설치대상	조 건
① 문화 및 집회시설, 운동시설 ② 종교시설	• 수용인원 – **100명** 이상 • 영화상영관 – 지하층 · 무창층 **500m²**(기타 **1000m²**) 이상 • 무대부 ① 지하층 · 무창층 · **4층** 이상 **300m²** 이상 ② 1~3층 **500m²** 이상
③ 판매시설 ④ 운수시설 ⑤ 물류터미널	• 수용인원 – **500명** 이상 • 바닥면적 합계 **5000m²** 이상
⑥ 노유자시설 ⑦ 정신의료기관 ⑧ 수련시설(숙박 가능한 것) ⑨ 종합병원, 병원, 치과병원, 한방병원 및 요양병원(정신병원 제외) ⑩ 숙박시설	• 바닥면적 합계 **600m²** 이상 문08 보기③
⑪ 지하층 · 무창층 · 4층 이상	• 바닥면적 **1000m²** 이상
⑫ 창고시설(물류터미널 제외)	• 바닥면적 합계 **5000m²** 이상 – 전층
⑬ 지하상가	• 연면적 **1000m²** 이상 문08 보기④
⑭ **10m** 넘는 랙식 창고	• 연면적 **1500m²** 이상
⑮ 복합건축물 ⑯ 기숙사	• 연면적 **5000m²** 이상 – 전층 문08 보기①
⑰ **6층** 이상	• 전층 문08 보기②
⑱ 보일러실 · 연결통로	• 전부
⑲ 특수가연물 저장 · 취급	• 지정수량 **1000배** 이상
⑳ 발전시설 중 전기저장시설	• 전부

★★★

문제 08 **스프링클러설비를 설치하여야 하는 특정소방대상물로서 틀린 것은?**
08회 문 75

① 복합건축물 또는 교육연구시설 내에 있는 학생수용을 위한 기숙사로서 연면적 5000m² 이상인 경우에는 전층
② 층수가 6층 이상인 특정소방대상물의 경우에는 전층
③ 정신의료기관 및 숙박시설이 있는 수련시설로서 연면적 500m²(600m²) 이상인 경우에는 전층
④ 지하상가로서 연면적 1000m² 이상인 것

답 ③

Key Point

8 인명구조기구의 설치장소(소방시설법 시행령 [별표 4])

① 지하층을 포함한 **7층** 이상의 **관광호텔**[방열복, 방화복(안전모, 보호장갑, 안전화 포함), 인공소생기, 공기호흡기]

② 지하층을 포함한 **5층** 이상의 **병원**[방열복, 방화복(안전모, 보호장갑, 안전화 포함), 공기호흡기]

기억법 5병(오병이어의 기적)

3 소방시설 설치 및 관리에 관한 법률 시행규칙

출제확률 4% (1문제)

1 건축허가 등의 동의(소방시설법 시행규칙 3조)

내 용	날 짜	
• 동의요구 서류보완	**4일** 이내 문09 보기㉡	
• 건축허가 등의 취소통보	**7일** 이내 문09 보기㉢	
• 동의여부 회신	**5일** 이내	기타 문09 보기㉠
	10일 이내	① **50층** 이상(지하층 제외) 또는 지상으로부터 높이 200m 이상인 아파트 ② **30층** 이상(지하층 포함) 또는 높이 **120m** 이상(아파트 제외) ③ 연면적 **10만**m^2 이상(아파트 제외)

* 건축허가 등의 동의 요구
① 소방본부장
② 소방서장

★★★

문제 09 16회 문 61 **소방시설 설치 및 관리에 관한 법령상 건축허가 등의 동의요구에 대한 조문의 내용이다. ( ) 안에 들어갈 숫자가 바르게 나열된 것은?**

> 소방본부장 또는 소방서장은 건축허가 등의 동의요구서류를 접수한 날부터 (㉠)일(허가를 신청한 건축물 등이 화재의 예방 및 안전관리에 관한 법률 시행령 [별표 4] 제1호 가목의 어느 하나에 해당하는 경우에는 10일) 이내에 건축허가 등의 동의여부를 회신하여야 하고, 동의요구서 및 첨부서류의 보완이 필요한 경우에는 (㉡)일 이내의 기간을 정하여 보완을 요구할 수 있다. 건축허가 등의 동의를 요구한 기관이 그 건축허가 등을 취소하였을 때에는 취소한 날부터 (㉢)일 이내에 건축물 등의 시공지 또는 소재지를 관할하는 소방본부장 또는 소방서장에게 그 사실을 통보하여야 한다.

① ㉠ 5, ㉡ 4, ㉢ 7
② ㉠ 5, ㉡ 5, ㉢ 7
③ ㉠ 7, ㉡ 3, ㉢ 7
④ ㉠ 7, ㉡ 4, ㉢ 5

Key Point

해설
㉠ 일반적인 건축허가 등의 **동의여부 회신** : **5일**
㉡ 건축허가 등의 동의요구 **서류보완** : **4일**
㉢ 건축허가 등의 **취소통보** : **7일**

답 ①

2 소방시설 등의 자체점검(소방시설법 시행규칙 23조, [별표 3])

(1) 소방시설 등의 자체점검결과

① 점검결과 자체 보관 : **2년**

② 자체점검 실시결과 보고서 제출

구 분	제출기간	제출처
관리업자 또는 소방안전관리자로 선임된 소방시설관리사 · 소방기술사	10일 이내	관계인
관계인	15일 이내	소방본부장 · 소방서장

(2) 소방시설 등 자체점검의 점검대상, 점검자의 자격, 점검횟수 및 시기

점검구분	정 의	점검대상	점검자의 자격 (주된 인력)	점검횟수 및 점검시기
작동점검	소방시설 등을 인위적으로 조작하여 정상적으로 작동하는지를 점검하는 것	① 간이스프링클러설비 · 자동화재탐지설비	• 관계인 • 소방안전관리자로 선임된 소방시설관리사 또는 소방기술사 • 소방시설관리업에 등록된 기술인력 중 소방시설관리사 또는 「소방시설공사업법 시행규칙」에 따른 특급 점검자	• 작동점검은 **연 1회** 이상 실시하며, 종합점검대상은 종합점검(최초점검 제외)을 받은 달부터 **6개월**이 되는 달에 실시 • 종합점검대상 외의 특정소방대상물은 사용승인일이 속하는 달의 말일까지 실시
		② ①에 해당하지 아니하는 특정소방대상물	• 소방시설관리업에 등록된 기술인력 중 소방시설관리사 • 소방안전관리자로 선임된 소방시설관리사 또는 소방기술사	
		③ 작동점검 제외대상 • 특정소방대상물 중 소방안전관리자를 선임하지 않는 대상 • 위험물제조소 등 • 특급 소방안전관리대상물		

✻ 작동점검
소방시설 등을 인위적으로 조작하여 정상작동 여부를 점검하는 것

점검 구분	정 의	점검대상	점검자의 자격 (주된 인력)	점검횟수 및 점검시기
종합 점검	소방시설 등의 작동점검을 포함하여 소방시설 등의 설비별 주요 구성 부품의 구조기준이 화재안전기준과 「건축법」 등 관련 법령에서 정하는 기준에 적합한지 여부를 점검하는 것 (1) 최초점검 : 특정소방대상물의 소방시설이 신설된 경우 건축물을 사용할 수 있게 된 날부터 60일 이내에 점검하는 것 (2) 그 밖의 종합점검 : 최초점검을 제외한 종합점검	④ 소방시설 등이 신설된 경우에 해당하는 특정소방대상물 ⑤ **스프링클러설비**가 설치된 특정소방대상물 ⑥ **물분무등소화설비**(호스릴 방식의 물분무등소화설비만을 설치한 경우는 제외)가 설치된 연면적 **5000m²** 이상인 특정소방대상물(위험물제조소 등 제외) ⑦ 다중이용업의 영업장이 설치된 특정소방대상물로서 연면적이 **2000m²** 이상인 것 ⑧ **제연설비**가 설치된 터널 ⑨ **공공기관** 중 연면적(터널·지하구의 경우 그 길이와 평균 폭을 곱하여 계산된 값)이 **1000m²** 이상인 것으로서 옥내소화전설비 또는 자동화재탐지설비가 설치된 것(단, 소방대가 근무하는 공공기관 제외) 중요 **종합점검** ① 공공기관 : 1000m² ② 다중이용업 : 2000m² ③ 물분무등(호스릴 ×) : 5000m²	• 소방시설관리업에 등록된 기술인력 중 **소방시설관리사** • 소방안전관리자로 선임된 **소방시설관리사** 또는 **소방기술사**	〈점검횟수〉 ㉠ 연 1회 이상(특급 소방안전관리대상물은 반기에 1회 이상) 실시 ㉡ ㉠에도 불구하고 소방본부장 또는 소방서장은 소방청장이 소방안전관리가 우수하다고 인정한 특정소방대상물에 대해서는 3년의 범위에서 소방청장이 고시하거나 정한 기간 동안 종합점검을 면제할 수 있다(단, 면제기간 중 화재가 발생한 경우는 제외). 〈점검시기〉 ㉠ ④에 해당하는 특정소방대상물은 건축물을 사용할 수 있게 된 날부터 60일 이내 실시 ㉡ ㉠을 제외한 특정소방대상물은 건축물의 사용승인일이 속하는 달에 실시(단, 학교의 경우 해당 건축물의 사용승인일이 1월에서 6월 사이에 있는 경우에는 6월 30일까지 실시할 수 있다) ㉢ 건축물 사용승인일 이후 ⑦에 따라 종합점검 대상에 해당하게 된 경우에는 그 다음 해부터 실시 ㉣ 하나의 대지경계선 안에 2개 이상의 자체점검대상 건축물 등이 있는 경우 그 건축물 중 사용승인일이 가장 빠른 연도의 건축물의 사용승인일을 기준으로 점검할 수 있다.

Key Point

✻ **종합점검**
소방시설 등의 작동점검을 포함하여 설비별 주요구성부품의 구조기준이 화재안전기준에 적합한지 여부를 점검하는 것

출제경향분석

CHAPTER 03 화재의 예방 및 안전관리에 관한 법령

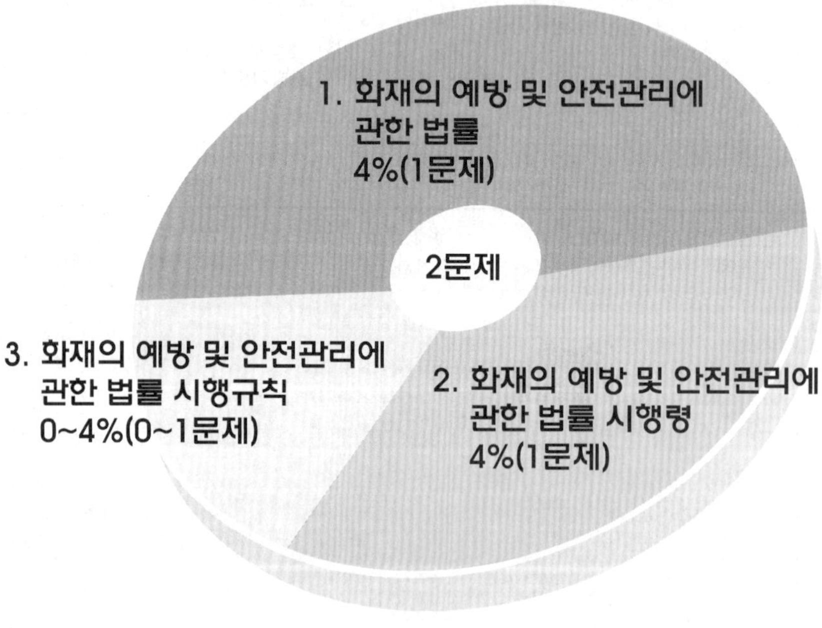

CHAPTER

03 화재의 예방 및 안전관리에 관한 법령

1 화재의 예방 및 안전관리에 관한 법률

출제확률 4% (1문제)

1 화재안전조사 및 조치명령 등

(1) 화재안전조사(화재예방법 7조)

① 실시자 : 소방청장 · 소방본부장 · 소방서장(**소방관서장**)

② 관계인의 승낙이 필요한 곳 : **주거**(주택)

(2) 화재안전조사 결과에 따른 조치명령(화재예방법 14조)

① 명령권자 : **소방관서장**(소방청장 · 소방본부장 · 소방서장) 문01 보기②

② 명령사항

㈎ 화재안전조사 조치명령

㈏ **개수**명령

㈐ **이전**명령

㈑ **제거**명령

㈒ **사용**의 **금지** 또는 제한명령, 사용폐쇄

㈓ **공사**의 **정지** 또는 중지명령

Key Point

✽ **화재안전조사**
소방대상물, 관계지역 또는 관계인에 대하여 소방시설 등이 소방관계법령에 적합하게 설치 · 관리되고 있는지, 소방대상물에 화재의 발생위험이 있는지 등을 확인하기 위하여 실시하는 현장조사 · 문서열람 · 보고요구 등을 하는 활동

★★

문제 01 소방관련법령상 소방대상물의 개수명령에 대한 명령권자는?

① 시 · 도지사 ② 소방청장

③ 소방대장 ④ 국토교통부장관

해설

② 개수명령에 대한 명령권자 : 소방관서장(소방청장, 소방본부장, 소방서장)

답 ②

2 화재예방강화지구(화재예방법 18조)

(1) 지정권자 : 시 · 도지사

(2) 지정지역

① **시장**지역 문02 보기①

② **공장** · **창고** 등이 밀집한 지역

③ **목조건물**이 밀집한 지역

④ 노후 · 불량 건축물이 밀집한 지역 문02 보기④

⑤ **위험물**의 **저장** 및 **처리시설**이 **밀집**한 지역

⑥ **석유화학제품**을 생산하는 공장이 있는 지역 문02 보기③

✽ **화재예방강화지구**
화재발생 우려가 크거나 화재가 발생할 경우 피해가 클 것으로 예상되는 지역에 대하여 화재의 예방 및 안전관리를 강화하기 위해 지정 · 관리하는 지역

Key Point

⑦ 「산업입지 및 개발에 관한 법률」에 따른 **산업단지**
⑧ **소방시설 · 소방용수시설** 또는 **소방출동로**가 **없는** 지역
⑨ 「물류시설의 개발 및 운영에 관한 법률」에 따른 물류단지
⑩ **소방관서장**이 화재예방강화지구로 지정할 필요가 있다고 인정하는 지역

★★★
문제 02 화재의 예방 및 안전관리에 관한 법령상 시 · 도지사가 화재예방강화지구로 지정하여 관리할 수 있는 지역이 아닌 것은? (단, 소방관서장이 화재예방강화지구로 지정할 필요가 있다고 인정하는 지역은 고려하지 않음)

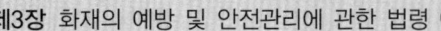

23회 문 58
17회 문 53
16회 문 54
10회 문 71
03회 문 53
02회 문 53

유사문제부터 풀어보세요. 실력이 팍!팍! 올라갑니다.

① 시장지역
② 상업지역
해당 없음
③ 석유화학제품을 생산하는 공장이 있는 지역
④ 노후 · 불량건축물이 밀집한 지역

답 ②

(3) 화재안전조사
소방관서장

✽ 소방관서장
소방청장, 소방본부장 또는 소방서장

3 특정소방대상물의 소방안전관리(화재예방법 24조)

(1) 소방안전관리업무 대행자
소방시설관리업을 등록한 자(소방시설관리업자)

✽ 소방안전관리자
특정소방대상물에서 화재가 발생하지 않도록 관리하는 사람

(2) 소방안전관리자의 선임
① 선임신고 : **14일** 이내
② 신고대상 : **소방본부장 · 소방서장**

(3) 특정소방대상물의 관계인과 소방안전관리대상물의 소방안전관리자의 업무(화재예방법 24조 ⑤항)

특정소방대상물(관계인)	소방안전관리대상물(소방안전관리자)
① 피난시설 · 방화구획 및 방화시설의 관리 문03 보기② ② 소방시설, 그 밖의 소방관련시설의 관리 문03 보기③ ③ **화기취급**의 감독 문03 보기④ ④ 소방안전관리에 필요한 업무 ⑤ 화재발생시 초기대응	① 피난시설 · 방화구획 및 방화시설의 관리 ② 소방시설, 그 밖의 소방관련시설의 관리 ③ **화기취급**의 감독 ④ 소방안전관리에 필요한 업무 ⑤ **소방계획서**의 작성 및 시행(대통령령으로 정하는 사항 포함) 문03 보기① ⑥ **자위소방대** 및 **초기대응체계**의 구성 · 운영 · 교육 ⑦ 소방훈련 및 교육 ⑧ 소방안전관리에 관한 업무수행에 관한 기록 · 유지 ⑨ 화재발생시 초기대응

Key Point

★★★
문제 03 소방안전관리대상물을 제외한 특정소방대상물에 관계인의 업무가 아닌 것은?
12회 문 70
① 소방계획서의 작성 및 시행
② 피난시설, 방화구획 및 방화시설의 관리
③ 소방시설이나 그 밖의 소방관련시설의 관리
④ 화기취급의 감독

해설 ① 소방안전관리자의 업무

답 ①

중요 **관리의 권원이 분리된 특정소방대상물의 소방안전관리**(화재예방법 35조)
1. 복합건축물(지하층을 제외한 11층 이상 또는 연면적 30000m^2 이상)
2. 지하가
3. **대통령령**이 정하는 특정소방대상물

4 특정소방대상물의 소방훈련(화재예방법 37조)

(1) 소방훈련의 종류
① **소화**훈련
② **통보**훈련
③ **피난**훈련

(2) 소방훈련의 지도 · 감독 : 소방본부장 · 소방서장 문04 보기③

★★
문제 04 다음 중 특정소방대상물의 관계인이 실시하는 소방훈련을 지도 · 감독할 수 있는 사람은?
① 소방청장 ② 시 · 도지사
③ 소방본부장 또는 소방서장 ④ 한국소방안전원장

해설 ③ 소방훈련의 지도 · 감독 : 소방본부장 · 소방서장

답 ③

5 벌칙

(1) 3년 이하의 징역 또는 3000만원 이하의 벌금(화재예방법 50조)
① **화재안전조사 결과**에 따른 조치명령을 정당한 사유 없이 위반한 자
② **소방안전관리자 선임명령** 등을 정당한 사유 없이 위반한 자
③ 화재예방안전진단 결과에 따라 보수 · 보강 등의 조치명령을 정당한 사유 없이 위반한 자
④ 거짓이나 그 밖의 부정한 방법으로 진단기관으로 지정을 받은 자

※ 특정소방대상물
건축물 등의 규모 · 용도 및 수용인원 등을 고려하여 소방시설을 설치하여야 하는 소방대상물로서 대통령령으로 정하는 것

Key Point

(2) 1년 이하의 징역 또는 1000만원 이하의 벌금(화재예방법 50조)

① **관계인**의 정당한 업무를 방해하거나, 조사업무를 수행하면서 취득한 자료나 알게 된 **비밀**을 다른 사람 또는 기관에게 제공 또는 누설하거나 목적 외의 용도로 사용한 자
② **소방안전관리자 자격증**을 다른 사람에게 빌려 주거나 빌리거나 이를 알선한 자
③ **진단기관**으로부터 화재예방안전진단을 받지 아니한 자

(3) 300만원 이하의 벌금(화재예방법 50조)

① 화재안전조사를 정당한 사유 없이 거부·방해 또는 기피한 자 문05 보기④
② 화재발생 위험이 크거나 소화활동에 지장을 줄 수 있다고 인정되는 행위나 물건에 대한 금지 또는 제한 명령을 정당한 사유 없이 따르지 아니하거나 방해한 자
③ 소방안전관리자, 총괄소방안전관리자 또는 소방안전관리보조자를 선임하지 아니한 자 문05 보기①
④ 소방시설·피난시설·방화시설 및 방화구획 등이 법령에 위반된 것을 발견하였음에도 필요한 조치를 할 것을 요구하지 아니한 소방안전관리자
⑤ **소방안전관리자**에게 불이익한 처우를 한 관계인 문05 보기②
⑥ 업무를 수행하면서 알게 된 비밀을 이 법에서 정한 목적 외의 용도로 사용하거나 다른 사람 또는 기관에 제공하거나 누설한 자

(4) 300만원 이하의 과태료(화재예방법 52조)

① 정당한 사유 없이 **화재예방강화지구** 및 이에 준하는 대통령령으로 정하는 장소에서의 금지 명령에 해당하는 행위를 한 자
② 다른 안전관리자가 소방안전관리자를 겸한 자
③ 소방안전관리업무를 하지 아니한 특정소방대상물의 관계인 또는 소방안전관리대상물의 소방안전관리자
④ 소방안전관리업무의 지도·감독을 하지 아니한 자
⑤ 건설현장 소방안전관리대상물의 소방안전관리자의 업무를 하지 아니한 소방안전관리자
⑥ 피난유도 안내정보를 제공하지 아니한 자
⑦ **소방훈련** 및 **교육**을 하지 아니한 자
⑧ 화재예방안전진단 결과를 제출하지 아니한 자

★★★
문제 05 **화재의 예방 및 안전관리에 관한 법령, 소방시설 설치 및 관리에 관한 법령 과태료의 부과대상인 자는?**

18회 문 51
15회 문 51
14회 문 53
14회 문 66
11회 문 70

① 소방안전관리자를 선임하지 아니한 자 → 300만원 이하의 벌금
② 소방안전관리자에게 불이익한 처우를 한 관계인 → 300만원 이하의 벌금
③ 방염대상물품을 방염성능기준 이상으로 설치하지 아니한 자
→ 300만원 이하의 과태료
④ 화재안전조사를 정당한 사유없이 거부·방해 또는 기피한 자
→ 300만원 이하의 벌금

답 ③

*** 300만원 이하의 과태료**
방염대상물품을 방염성능기준 이상으로 설치하지 아니한 자
문05 보기③

Key Point

(5) **200만원 이하의 과태료**(화재예방법 52조)

① 불을 사용할 때 지켜야 하는 사항 및 특수가연물의 저장 및 취급 기준을 위반한 자
② 소방설비 등의 설치명령을 정당한 사유 없이 따르지 아니한 자
③ 기간 내에 **선임신고**를 하지 아니하거나 **소방안전관리자**의 **성명** 등을 게시하지 아니한 자
④ 기간 내에 선임신고를 하지 아니한 자
⑤ 기간 내에 소방훈련 및 교육 결과를 제출하지 아니한 자

(6) **100만원 이하의 과태료**(화재예방법 52조)

실무교육을 받지 아니한 **소방안전관리자** 및 **소방안전관리보조자**

✻ **100만원 이하의 과태료**
실무교육 미이수 소방안전관리자

2 화재의 예방 및 안전관리에 관한 법률 시행령

출제확률 4% (1문제)

1 화재예방강화지구 안의 화재안전조사 · 소방훈련 및 교육(화재예방법 시행령 20조)

① 실시자 : **소방청장 · 소방본부장 · 소방서장**(소방관서장)
② 횟수 : **연 1회** 이상
③ 훈련 · 교육 : **10일 전** 통보

✻ **화재예방강화지구**
화재발생 우려가 크거나 화재가 발생할 경우 피해가 클 것으로 예상되는 지역에 대하여 화재의 예방 및 안전관리를 강화하기 위해 지정 · 관리하는 지역

2 관리의 권원이 분리된 특정소방대상물(화재예방법 35조, 화재예방법 시행령 35조)

① 복합건축물(지하층을 제외한 11층 이상 또는 연면적 3만m^2 이상인 건축물) 문06 보기①
② 지하가 문06 보기②
③ **도매시장, 소매시장, 전통시장** 문06 보기④

✻ **지하가**
지하의 인공구조물 안에 설치된 상점 및 사무실, 그 밖에 이와 비슷한 시설이 연속하여 지하도에 접하여 설치된 것과 그 지하도를 합한 것

★★
문제 06 다음 중 관리의 권원이 분리된 특정소방대상물이 아닌 것은?
10회 문 60

① 복합건축물
② 지하가
③ 권원이 분리된 3개 동의 16층 이상 공동주택
해당 없음
④ 전통시장

답 ③

Key Point

3 벽 · 천장 사이의 거리(화재예방법 시행령 〔별표 1〕)

종 류	벽 · 천장 사이의 거리
건조설비	0.5m 이상
보일러	0.6m 이상

※ **특수가연물**
화재가 발생하면 불길이 빠르게 번지는 물품

4 특수가연물(화재예방법 시행령 〔별표 2〕)

① 면화류
② 나무껍질 및 대팻밥
③ 넝마 및 종이 부스러기
④ 사류
⑤ 볏짚류
⑥ 가연성 고체류
⑦ 석탄 · 목탄류
⑧ 가연성 액체류
⑨ 목재가공품 및 나무 부스러기
⑩ 고무류 · 플라스틱류

※ **사류**
실과 누에고치

5 소방안전관리자

(1) 소방안전관리자 및 소방안전관리보조자를 선임하는 특정소방대상물(화재예방법 시행령 〔별표 4〕)

※ **특급 소방안전관리 대상물**
① 50층 이상(지하층 제외) 또는 지상 200m 이상 아파트
② 30층 이상(지하층 포함) 또는 지상 120m 이상(아파트 제외)
③ 연면적 10만m^2 이상(아파트 제외)

소방안전관리대상물	특정소방대상물
특급 소방안전관리대상물 (**동식물원, 철강 등 불연성 물품 저장 · 취급창고, 지하구, 위험물제조소 등** 제외)	• **50층** 이상(지하층 제외) 또는 지상 **200m** 이상 **아파트** • **30층** 이상(지하층 포함) 또는 지상 **120m** 이상(아파트 제외) • 연면적 **10만m^2** 이상(아파트 제외)
1급 소방안전관리대상물 (**동식물원, 철강 등 불연성 물품 저장 · 취급창고, 지하구, 위험물제조소 등** 제외)	• **30층** 이상(지하층 제외) 또는 지상 **120m** 이상 **아파트** • 연면적 **15000m^2** 이상인 것(아파트 및 연립주택 제외) • **11층** 이상(아파트 제외) • 가연성 가스를 **1000t** 이상 저장 · 취급하는 시설
2급 소방안전관리대상물	• 지하구 문07 보기② • 가스제조설비를 갖추고 도시가스사업 허가를 받아야 하는 시설 또는 가연성 가스를 **100~1000t** 미만 저장 · 취급하는 시설 문07 보기①④ • **옥내소화전설비 · 스프링클러설비** 설치대상물 • **물분무등소화설비** 설치대상물(호스릴방식의 물분무등소화설비만을 설치한 경우 제외) • 공동주택(옥내소화전설비 또는 스프링클러설비가 설치된 공동주택 한정) • 목조건축물(국보 · 보물) 문07 보기③
3급 소방안전관리대상물	• **자동화재탐지설비** 설치대상물 • **간이스프링클러설비**(주택 전용 간이스프링클러설비 제외) 설치대상물

Key Point

※ 1급 소방안전관리 대상물
① 11층 이상(아파트 제외)
② 연면적 $15000m^2$ 이상(아파트 · 연립주택 제외)
③ 가연성 가스 1000t 이상

★★★
문제 07 화재의 예방 및 안전관리에 관한 법령상 소방안전관리자를 선임하여야 하는 2급 소방안전관리대상물이 아닌 것은? (단, 「공공기관의 소방안전관리에 관한 규정」을 적용받는 특정소방대상물은 제외함)

20회 문 65
18회 문 69
15회 문 65
14회 문 62
11회 문 57
02회 문 74

① 가연성 가스를 1000t 이상 저장·취급하는 시설
100t 이상 1000t 미만
② 지하구
③ 국보로 지정된 목조건축물
④ 가스제조설비를 갖추고 도시가스사업의 허가를 받아야 하는 시설

답 ①

(2) **소방안전관리자**(화재예방법 시행령 〔별표 4〕)

① **특급 소방안전관리대상물의 소방안전관리자 선임조건**

자 격	경 력	비 고
• 소방기술사 문08 보기④ • 소방시설관리사 문08 보기③	경력 필요 없음	특급 소방안전관리자 자격증을 받은 사람
• 1급 소방안전관리자(소방설비기사)	5년	
• 1급 소방안전관리자(소방설비산업기사) 문08 보기①	7년	
• 소방공무원 문08 보기②	20년	
• 소방청장이 실시하는 특급 소방안전관리대상물의 소방안전관리에 관한 시험에 합격한 사람	경력 필요 없음	

② **1급 소방안전관리대상물의 소방안전관리자 선임조건**

자 격	경 력	비 고
• 소방설비기사 · 소방설비산업기사	경력 필요 없음	1급 소방안전관리자 자격증을 받은 사람
• 소방공무원	7년	
• 소방청장이 실시하는 1급 소방안전관리대상물의 소방안전관리에 관한 시험에 합격한 사람	경력 필요 없음	
• 특급 소방안전관리대상물의 소방안전관리자 자격이 인정되는 사람		

③ **2급 소방안전관리대상물의 소방안전관리자 선임조건**

자 격	경 력	비 고
• 위험물기능장 · 위험물산업기사 · 위험물기능사	경력 필요 없음	2급 소방안전관리자 자격증을 받은 사람
• 소방공무원	3년	
• 소방청장이 실시하는 2급 소방안전관리대상물의 소방안전관리에 관한 시험에 합격한 사람	경력 필요 없음	
• 「기업활동 규제완화에 관한 특별조치법」에 따라 소방안전관리자로 선임된 사람(소방안전관리자로 선임된 기간으로 한정)		
• **특급** 또는 **1급** 소방안전관리대상물의 소방안전관리자 자격이 인정되는 사람		

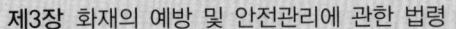

Key Point

④ 3급 소방안전관리대상물의 소방안전관리자 선임조건

자 격	경 력	비 고
• 소방공무원	1년	3급 소방안전관리자 자격증을 받은 사람
• 소방청장이 실시하는 3급 소방안전관리대상물의 소방안전관리에 관한 시험에 합격한 사람	경력 필요 없음	
• 「기업활동 규제완화에 관한 특별조치법」에 따라 소방안전관리자로 선임된 사람(소방안전관리자로 선임된 기간으로 한정)		
• **특급** 소방안전관리대상물, **1급** 소방안전관리대상물 또는 **2급** 소방안전관리대상물의 소방안전관리자 자격이 인정되는 사람		

※ **소방안전관리자 소방공무원 선임조건**
① 특급 : 20년
② 1급 : 7년
③ 2급 : 3년
④ 3급 : 1년

★★★
문제 08 **화재의 예방 및 안전관리에 관한 법령상 특급 소방안전관리대상물의 소방안전관리자로 선임할 수 없는 사람은?**

18회 문 60
15회 문 65
14회 문 62
11회 문 57
02회 문 74

① 소방설비산업기사 자격을 취득한 후 5년간 1급 소방안전관리대상물의 소방안전관리자로 근무한 실무경력이 있는 사람 (7년 이상)
② 소방공무원으로 25년간 근무한 경력이 있는 사람
③ 소방시설관리사의 자격이 있는 사람
④ 소방기술사의 자격이 있는 사람

답 ①

3 화재의 예방 및 안전관리에 관한 법률 시행규칙

출제확률  (0~1문제)

1 소방훈련 · 교육 및 강습 · 실무교육

※ **특정소방대상물의 소방훈련 · 교육**
연 1회 이상

(1) 근무자 및 거주자의 소방훈련 · 교육(화재예방법 시행규칙 36조)

① 실시횟수 : **연 1회** 이상
② 실시결과 기록부 보관 : **2년**

소방안전관리자의 **재선임** : **30일** 이내

(2) 소방안전관리자의 강습(화재예방법 시행규칙 25조)

① 실시자 : **소방청장**(위탁 : 한국소방안전원장)
② 실시공고 : **20일** 전

(3) 소방안전관리자의 실무교육(화재예방법 시행규칙 29조)

① 실시자 : **소방청장**(위탁 : 한국소방안전원장)
② 실시 : **2년**마다 **1회** 이상
③ 교육통보 : **30일** 전

(4) 소방안전관리업무의 강습교육과목 및 교육시간(화재예방법 시행규칙 〔별표 5〕)

① 교육과정별 과목 및 시간

구 분	교육과목	교육시간
특급 소방안전 관리자	• 소방안전관리자 제도 • 화재통계 및 피해분석 • 직업윤리 및 리더십 • 소방관계법령 • 건축 · 전기 · 가스 관계법령 및 안전관리 • 위험물안전관계법령 및 안전관리 • 재난관리 일반 및 관련법령 • 초고층재난관리법령 • 소방기초이론 • 연소 · 방화 · 방폭공학 • 화재예방 사례 및 홍보 • 고층건축물 소방시설 적용기준 • 소방시설의 종류 및 기준 • 소방시설(소화설비, 경보설비, 피난구조설비, 소화용수설비, 소화활동설비)의 구조 · 점검 · 실습 · 평가 • 공사장 안전관리 계획 및 감독 • 화기취급감독 및 화재위험작업 허가 · 관리 • 종합방재실 운용 • 피난안전구역 운영 • 고층건축물 화재 등 재난사례 및 대응방법 • 화재원인 조사실무 • 위험성 평가기법 및 성능위주 설계 • 소방계획 수립 이론 · 실습 · 평가(피난약자의 피난계획 등 포함) • 자위소방대 및 초기대응체계 구성 등 이론 · 실습 · 평가 • 방재계획 수립 이론 · 실습 · 평가 • 재난예방 및 피해경감계획 수립 이론 · 실습 · 평가 • 자체점검 서식의 작성 실습 · 평가 • 통합안전점검 실시(가스, 전기, 승강기 등) • 피난시설, 방화구획 및 방화시설의 관리 • 구조 및 응급처치 이론 · 실습 · 평가 • 소방안전 교육 및 훈련 이론 · 실습 · 평가 • 화재시 초기대응 및 피난 실습 · 평가 • 업무수행기록의 작성 · 유지 실습 · 평가 • 화재피해 복구 • 초고층 건축물 안전관리 우수사례 토의 • 소방신기술 동향 • 시청각 교육	160시간

Key Point

※ 소방안전관리자 교육시간
① 특급 : 160시간
② 1급 : 80시간
③ 공공기관 : 40시간
④ 2급 : 40시간
⑤ 3급 : 24시간
⑥ 건설현장 : 24시간
⑦ 업무대행감독자 : 16시간

※ 소방안전관리자
특정소방대상물에서 화재가 발생하지 않도록 관리하는 사람

Key Point

※ 형성평가(시험)를 보지 않는 것
① 공공기관 소방안전관리자
② 업무대행감독자
③ 건설현장 소방안전관리자

1급 소방안전 관리자	• 소방안전관리자 제도 • 소방관계법령 • 건축관계법령 • 소방학개론 • 화기취급감독 및 화재위험작업 허가 · 관리 • 공사장 안전관리 계획 및 감독 • 위험물 · 전기 · 가스 안전관리 • 종합방재실 운영 • 소방시설의 종류 및 기준 • 소방시설(소화설비, 경보설비, 피난구조설비, 소화용수설비, 소화활동설비)의 구조 · 점검 · 실습 · 평가 • 소방계획 수립 이론 · 실습 · 평가(피난약자의 피난계획 등 포함) • 자위소방대 및 초기대응체계 구성 등 이론 · 실습 · 평가 • 작동점검표 작성 실습 · 평가 • 피난시설, 방화구획 및 방화시설의 관리 • 구조 및 응급처치 이론 · 실습 · 평가 • 소방안전 교육 및 훈련 이론 · 실습 · 평가 • 화재시 초기대응 및 피난 실습 · 평가 • 업무수행기록의 작성 · 유지 실습 · 평가 • 형성평가(시험)	80시간
공공기관 소방안전 관리자	• 소방안전관리자 제도 • 직업윤리 및 리더십 • 소방관계법령 • 건축관계법령 • 공공기관 소방안전규정의 이해 • 소방학개론 • 소방시설의 종류 및 기준 • 소방시설(소화설비, 경보설비, 피난구조설비, 소화용수설비, 소화활동설비)의 구조 · 점검 · 실습 · 평가 • 소방안전관리 업무대행 감독 • 공사장 안전관리 계획 및 감독 • 화기취급감독 및 화재위험작업 허가 · 관리 • 위험물 · 전기 · 가스 안전관리 • 소방계획 수립 이론 · 실습 · 평가(피난약자의 피난계획 등 포함) • 자위소방대 및 초기대응체계 구성 등 이론 · 실습 · 평가 • 작동점검표 및 외관점검표 작성 실습 · 평가 • 피난시설, 방화구획 및 방화시설의 관리 • 응급처치 이론 · 실습 · 평가 • 소방안전 교육 및 훈련 이론 · 실습 · 평가 • 화재시 초기대응 및 피난 실습 · 평가 • 업무수행기록의 작성 · 유지 실습 · 평가 • 공공기관 소방안전관리 우수사례 토의 • 형성평가(수료)	40시간

2급 소방안전 관리자	• 소방안전관리자 제도 • 소방관계법령(건축관계법령 포함) • 소방학개론 • 화기취급감독 및 화재위험작업 허가 · 관리 • 위험물 · 전기 · 가스 안전관리 • 소방시설의 종류 및 기준 • 소방시설(소화설비, 경보설비, 피난구조설비)의 구조 · 원리 · 점검 · 실습 · 평가 • 소방계획 수립 이론 · 실습 · 평가(피난약자의 피난계획 등 포함) • 자위소방대 및 초기대응체계 구성 등 이론 · 실습 · 평가 • 작동점검표 작성 실습 · 평가 • 피난시설, 방화구획 및 방화시설의 관리 • 응급처치 이론 · 실습 · 평가 • 소방안전 교육 및 훈련 이론 · 실습 · 평가 • 화재시 초기대응 및 피난 실습 · 평가 • 업무수행기록의 작성 · 유지 실습 · 평가 • 형성평가(시험)	40시간
3급 소방안전 관리자	• 소방관계법령 • 화재일반 • 화기취급감독 및 화재위험작업 허가 · 관리 • 위험물 · 전기 · 가스 안전관리 • 소방시설(소화기, 경보설비, 피난구조설비)의 구조 · 점검 · 실습 · 평가 • 소방계획 수립 이론 · 실습 · 평가(업무수행기록의 작성 · 유지 실습 · 평가 및 피난약자의 피난계획 등 포함) • 작동점검표 작성 실습 · 평가 • 응급처치 이론 · 실습 · 평가 • 소방안전 교육 및 훈련 이론 · 실습 · 평가 • 화재시 초기대응 및 피난 실습 · 평가 • 형성평가(시험)	24시간
업무대행 감독자	• 소방관계법령 • 소방안전관리 업무대행 감독 • 소방시설 유지 · 관리 • 화기취급감독 및 위험물 · 전기 · 가스 안전관리 • 소방계획 수립 이론 · 실습 · 평가(업무수행기록의 작성 · 유지 및 피난약자의 피난계획 등 포함) • 자위소방대 구성운영 등 이론 · 실습 · 평가 • 응급처치 이론 · 실습 · 평가 • 소방안전 교육 및 훈련 이론 · 실습 · 평가 • 화재시 초기대응 및 피난 실습 · 평가 • 형성평가(수료)	16시간
건설현장 소방안전 관리자	• 소방관계법령 • 건설현장 관련 법령 • 건설현장 화재일반 • 건설현장 위험물 · 전기 · 가스 안전관리 • 임시소방시설의 구조 · 점검 · 실습 · 평가 • 화기취급감독 및 화재위험작업 허가 · 관리 • 건설현장 소방계획 이론 · 실습 · 평가 • 초기대응체계 구성 · 운영 이론 · 실습 · 평가 • 건설현장 피난계획 수립 • 건설현장 작업자 교육훈련 이론 · 실습 · 평가 • 응급처치 이론 · 실습 · 평가 • 형성평가(수료)	24시간

Key Point

② 교육과정별 교육시간 운영 편성기준

구 분	시간 합계	이론(30%)	실무(70%)	
			일반(30%)	실습 및 평가(40%)
특급 소방안전관리자	160시간 문09 보기④	48시간	48시간	64시간
1급 소방안전관리자	80시간	24시간	24시간	32시간
2급 및 공공기관 소방안전관리자	40시간	12시간	12시간	16시간
3급 소방안전관리자	24시간	7시간	7시간	10시간
업무대행감독자	16시간	5시간	5시간	6시간
건설현장 소방안전관리자	24시간	7시간	7시간	10시간

★

문제 09 21회 문 67 16회 문 59 11회 문 64

화재의 예방 및 안전관리에 관한 법령상 특급 소방안전관리대상물의 소방안전관리에 관한 강습교육 과정별 교육시간 운영편성기준 중 특급 소방안전관리자에 관한 강습교육시간으로 옳은 것은?

① 이론 : 16시간, 실무 : 64시간
② 이론 : 24시간, 실무 : 56시간
③ 이론 : 32시간, 실무 : 48시간
④ 이론 : 48시간, 실무 : 112시간

답 ④

2 한국소방안전원의 시설기준(화재예방법 시행규칙 〔별표 10〕)

① 사무실 : 60m^2 이상
② 강의실 : 100m^2 이상
③ 실습 · 실험실 : 100m^2 이상

＊ 한국소방안전원의 시설기준

사무실	기 타
60m^2 이상	100m^2 이상

기억법
6사(육사)

승리의 원리

서부 영화를 보면 대개 어떻습니까?

어느 술집에서, 카우보이 모자를 쓴 선한 총잡이가 담배를 물고 탁자에 앉아 조용히 술잔을 기울이고 있습니다.

곧이어 그 뒤에 등장하는 악한 총잡이가 양다리를 벌리고 섰습니다.

손은 벌써 허리춤에 찬 권총 가까이 대고 이렇게 소리를 지르죠.

“야, 이 비겁자야! 어서 총을 뽑아라. 내가 본때를 보여줄 테다.”

여전히 침묵이 흐르고 주위 사람들은 숨을 죽이고 이들을 지켜봅니다.

그러다가 일순간 총성이 울려 퍼지고 한 총잡이가 쓰러집니다.

물론 각본에 따라 이루어지는 일이지만, 쓰러진 총잡이는 등을 보이고 앉아 있던 선한 총잡이가 아니라 금방이라도 총을 뽑을 것처럼 떠들어대던 악한 총잡이입니다.

승리는 침묵 속에서 준비한 자의 것입니다. 서두르는 사람이 먼저 쓰러지게 되어 있거든요.

무슨 일을 하든 조용히 준비하는 사람이 승리합니다.

• 도서출판 규장의 「지하철 사랑의 편지」 중에서 •

출제경향분석

CHAPTER 04 소방시설공사업법령

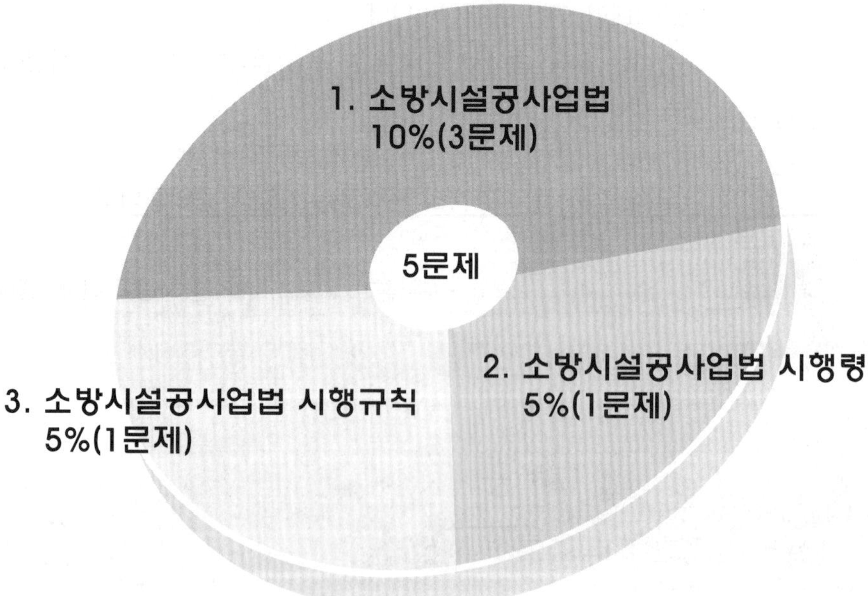

CHAPTER 04 소방시설공사업법령

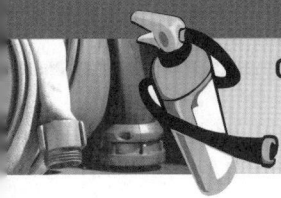

1 소방시설공사업법

출제확률 10% (3문제)

1 소방시설업의 종류(공사업법 2조)

소방시설설계업 문01 보기①	소방시설공사업 문01 보기②	소방공사감리업 문01 보기③	방염처리업
소방시설공사에 기본이 되는 공사계획·설계도면·설계설명서·기술계산서 등을 작성하는 영업	설계도서에 따라 소방시설을 신설·증설·개설·이전·정비하는 영업	소방시설공사가 설계도서 및 관계법령에 따라 적법하게 시공되는지 여부의 확인과 기술지도를 수행하는 영업	방염대상물품에 대하여 방염처리하는 영업

★★

문제 01 다음 중 소방시설업의 종류가 아닌 것은 어느 것인가?

19회 문 55
13회 문 55
06회 문 58

유사문제부터 풀어보세요. 실력이 팍!팍! 올라갑니다.

① 소방시설설계업
② 소방시설공사업
③ 소방공사감리업
④ 소방시설관리업
해당 없음

답 ④

2 소방시설업(공사업법 2·4·6·7조)

① 등록권자 ┐
② 등록사항변경 ├ **시·도지사**
③ 지위승계 ┘
④ 등록기준 ┬ **자본금(개인은 자산평가액)**
　　　　　└ **기술인력**
⑤ 종류 ┬ **소방시설 설계업**
　　　├ **소방시설 공사업**
　　　├ **소방공사 감리업**
　　　└ **방염처리업**
⑥ 업종별 영업범위 : **대통령령**

Key Point

✻ 소방시설업 등록기준
① 자본금
② 기술인력

✻ 소방시설업의 영업범위
대통령령

Key Point

3 등록결격사유 및 등록취소

(1) **소방시설업의 등록결격사유**(공사업법 5조)

① 피성년후견인 [문02 보기①]

② 금고 이상의 실형을 선고받고 그 집행이 끝나거나(집행이 끝난 것으로 보는 경우 포함) 면제된 날부터 **2년**이 지나지 아니한 사람 [문02 보기③]

③ 금고 이상의 형의 집행유예를 선고받고 그 유예기간 중에 있는 사람 [문02 보기②]

④ 시설업의 등록이 취소된 날부터 **2년**이 지나지 아니한 자 [문02 보기④]

⑤ **법인**의 **대표자**가 위 ①~④에 해당되는 경우

⑥ **법인**의 **임원**이 위 ②~④에 해당되는 경우

★★★
문제 02 다음 중 소방시설업의 등록을 할 수 있는 사람은?
[10회 문 59]

① 피성년후견인

② 금고 이상의 실형의 집행유예를 선고받고 그 유예기간 중에 있는 사람

③ 소방기본법에 따른 금고 이상의 형의 집행유예선고를 받고 그 유예기간이 종료된 후 2년이 지나지 아니한 사람

④ 등록하고자 하는 소방시설업의 등록이 취소된 날부터 2년이 지나지 아니한 사람

해설 ③ 유예기간이 종료됐으므로 등록 가능

답 ③

✱ **소방시설업 등록 취소**
① 부정한 방법
② 등록결격사유
③ 영업정지 기간 중 공사

(2) **소방시설업의 등록취소**(공사업법 9조)

① **거짓**, 그 밖의 **부정한 방법**으로 등록을 한 경우 [문03 보기①]

② **등록결격사유**에 해당된 경우(단, 등록결격사유가 된 법인이 그 사유가 발생한 날부터 **3개월** 이내에 그 사유를 해소한 경우 제외) [문03 보기②]

③ 영업정지 기간 중에 소방시설공사 등을 한 경우 [문03 보기④]

중요 **착공신고 · 완공검사 등**(공사업법 13 · 14 · 15조)

① 소방시설공사의 착공신고 ┐
② 소방시설공사의 완공검사 ┘ **소방본부장 · 소방서장**

③ 하자보수 기간 : **3일** 이내

Key Point

★★
문제 03 소방시설공사업법령상 소방시설업의 등록을 반드시 취소해야 하는 경우에 해당하지 않는 것은?
14회 문 56

① 거짓이나 그 밖의 부정한 방법으로 등록한 경우
② 법인의 대표자가 위험물안전관리법에 따른 금고 이상의 형의 집행유예를 선고받고 그 유예기간 중에 있어서 등록의 결격사유에 해당하는 경우
③ 등록을 한 후 정당한 사유 없이 1년이 지날 때까지 영업을 시작하지 아니한 때의 경우 → 6개월 이내의 영업정지
④ 영업정지처분을 받고 영업정지기간 중에 새로운 설계·시공 또는 감리를 한 경우

답 ③

4 소방공사감리 및 하도급

(1) 소방공사감리(공사업법 16 · 18 · 20조)

① 감리의 종류와 방법 : **대통령령**
② 감리원의 세부적인 배치기준 : **행정안전부령**
③ 공사감리결과
　(가) 서면통지 ─ **관계인**, **도급인**, **건축사**
　(나) 결과보고서 제출 : **소방본부장 · 소방서장**

※ **도급인**
공사를 발주하는 사람

※ **도급계약의 해지**
30일 이상

(2) 하도급범위(공사업법 21 · 22조)

① 도급받은 소방시설공사의 일부를 다른 공사업자에게 하도급할 수 있다. 하수급인은 제3자에게 다시 하도급 불가
② 소방시설공사의 시공을 하도급할 수 있는 경우(공사업령 12조 ①항)
　(가) 주택건설사업
　(나) 건설업
　(다) 전기공사업
　(라) 정보통신공사업

중요 **소방기술자의 의무**(공사업법 27조)
소방기술자는 동시에 2 이상의 업체에 **취업**하여서는 **아니 된다**(1개 업체에 취업).

Key Point

5 권한의 위탁(공사업법 33조)

업 무	위 탁	권 한
• 실무교육	• 한국소방안전원 문04 보기③ • 실무교육기관	• 소방청장
• 소방기술과 관련된 자격 · 학력 · 경력의 인정 • 소방기술자 양성 · 인정 교육훈련 업무	• 소방시설업자협회 • 소방기술과 관련된 법인 또는 단체	• 소방청장
• 시공능력평가	• 소방시설업자협회	• 소방청장 • 시 · 도지사

★★

문제 04 소방기술자의 실무교육에 관한 업무는 어디에 위탁할 수 있는가?

① 소방청
② 소방기술심의위원회
③ 한국소방안전원
④ 한국소방산업기술원

해설 ③ 실무교육 권한 위탁 : 한국소방안전원

답 ③

* 3년 이하의 징역
소방시설업 미등록자

* 300만원 이하의 벌금
① 등록증 · 등록수첩 빌려준 자
② 다른 자에게 자기의 성명이나 상호를 사용하여 소방시설공사 등을 수급 또는 시공하게 한 자
③ 감리원 미배치자
④ 소방기술인정 자격수첩 빌려준 자
⑤ 2 이상의 업체 취업한 자
⑥ 소방시설업자나 관계인 감독시 관계인의 업무를 방해하거나 비밀누설

6 벌칙

(1) 3년 이하의 징역 또는 3000만원 이하의 벌금(공사업법 35조)

① 소방시설업 무등록자
② 부정한 청탁을 받고 재물 또는 재산상의 이익을 취득하거나 부정한 청탁을 하면서 재물 또는 재산상의 이익을 제공한 자

(2) 1년 이하의 징역 또는 1000만원 이하의 벌금(공사업법 36조)

① 영업정지처분 위반자
② 거짓 감리자
③ 공사감리자 미지정자
④ 소방시설 설계 · 시공 · 감리 하도급자
⑤ 소방시설공사 재하도급자
⑥ 소방시설업자가 아닌 자에게 소방시설공사 등을 도급한 관계인

(3) 100만원 이하의 벌금(공사업법 38조)

① 거짓보고 또는 자료 미제출자
② 관계공무원의 출입 또는 검사 · 조사를 거부 · 방해 또는 기피한 자

2 소방시설공사업법 시행령

출제확률 5% (1문제)

1 소방시설공사의 하자보수보증기간(공사업령 6조)

보증 기간	소방시설
2년	① 유도등 · 피난기구 ② 비상조명등 · 비상경보설비 · 비상방송설비 문05 보기㉠ ③ 무선통신보조설비
3년	① 자동소화장치 ② 옥내 · 외소화전설비 문05 보기㉡ ③ 스프링클러 설비 ④ 물분무등소화설비 · 소화용수설비 ⑤ 자동화재탐지설비 · 소화활동설비(무선통신보조설비 제외) 문05 보기㉢㉣ ⑥ 화재알림설비

★★★

문제 05 소방시설공사업법령상 소방시설별 하자보수보증기간이 3년으로 규정되어 있는 소방시설을 모두 고른 것은?

22회 문 55
18회 문 56
14회 문 57
10회 문 61
09회 문 57
08회 문 64
06회 문 73
03회 문 74

㉠ 비상방송설비
㉡ 옥내소화전설비
㉢ 무선통신보조설비
㉣ 자동화재탐지설비

① ㉠, ㉡ ② ㉠, ㉢
③ ㉡, ㉣ ④ ㉢, ㉣

해설
㉠ 비상방송설비 : 2년
㉢ 무선통신보조설비 제외

답 ③

2 소방시설업

(1) 소방시설설계업(공사업령 〔별표 1〕)

종 류	기술인력	영업범위
전문	• 주된 기술인력 : **1명** 이상 • 보조기술인력 : **1명** 이상	• 모든 특정소방대상물
일반	• 주된 기술인력 : **1명** 이상 • 보조기술인력 : **1명** 이상	• **아파트**(기계분야 제연설비 제외) • 연면적 30000m²(공장 10000m²) 미만(기계분야 제연설비 제외) • **위험물 제조소** 등

Key Point

✽ 하자보수 보증기간 (2년)
① 유도등 · 피난기구
② 비상경보설비 · 비상조명등 · 비상방송설비
③ 무선통신 보조설비

✽ 소방시설설계업의 보조기술인력

업 종	보조기술 인력
전문 설계업	1명 이상
일반 설계업	1명 이상

Key Point

* 소방시설공사업의 보조기술인력

업 종	보조기술인력
전문 공사업	2명 이상
일반 공사업	1명 이상

(2) **소방시설공사업**(공사업령 〔별표 1〕)

종 류	기술인력	자본금	영업범위
전문	• 주된 기술인력 : 소방기술사 또는 기계 · 전기분야 소방설비기사 각 1명(기계 · 전기분야 자격을 함께 취득한 사람 1명) 이상 문06 보기① • 보조기술인력 : **2명** 이상	• 법인 : **1억원** 이상 • 개인 : **1억원** 이상	• 특정소방대상물
일반	• 주된 기술인력 : **1명** 이상 • 보조기술인력 : **1명** 이상	• 법인 : **1억원** 이상 • 개인 : **1억원** 이상	• 연면적 $10000m^2$ 미만 • 위험물제조소 등

★★★

문제 06 **전문소방시설공사업에서 주된 기술인력으로 소방설비기사 자격자는 기계분야와 전기분야로 구분하여 각각 몇 명 이상이어야 하는가?**

① 기계분야 : 1명 이상, 전기분야 : 1명 이상
② 기계분야 : 2명 이상, 전기분야 : 1명 이상
③ 기계분야 : 2명 이상, 전기분야 : 2명 이상
④ 기계분야 : 3명 이상, 전기분야 : 3명 이상

해설

① 전문소방시설공사업(기계 1명, 전기 1명)

답 ①

(3) **소방공사감리업**(공사업령 〔별표 1〕)

종 류	기술인력	영업범위
전문	• 소방기술사 **1명** 이상 • **특급**감리원 **1명** 이상 • **고급**감리원 **1명** 이상 • **중급**감리원 **1명** 이상 • **초급**감리원 **1명** 이상	• 모든 특정소방대상물
일반	• **특급**감리원 **1명** 이상 • **고급** 또는 **중급**감리원 **1명** 이상 • **초급**감리원 **1명** 이상	• **아파트**(기계분야 제연설비 제외) • 연면적 $30000m^2$(공장 $10000m^2$) 미만(기계분야 제연설비 제외) • **위험물 제조소** 등

(4) **방염처리업**(공사업령 〔별표 1〕)

업종별 \ 항 목	실험실	영업범위
섬유류 방염업	1개 이상 갖출 것	**커튼 · 카펫** 등 섬유류를 주된 원료로 하는 방염대상물품을 제조 또는 가공 공정에서 방염처리
합성수지류 방염업		**합성수지류**를 주된 원료로 하는 방염대상물품을 제조 또는 가공 공정에서 방염처리
합판 · 목재류 방염업		**합판** 또는 **목재류**를 제조 · 가공 공정 또는 설치 현장에서 방염처리

Key Point

3 소방시설공사업법 시행규칙

출제확률 5% (1문제)

1 소방시설업(공사업규칙 3·4·6·7조)

내 용		날 짜
• 등록증 재발급	지위승계·분실 등	**3일** 이내
	변경 신고 등	**5일** 이내
• 등록서류보완		**10일** 이내
• 등록증 발급		**15일** 이내 문07 보기④
• 등록사항 변경신고 • 지위승계 신고시 서류제출		**30일** 이내

※ 소방시설업
① 소방시설설계업
② 소방시설공사업
③ 소방공사감리업
④ 방염처리업

소방시설업 등록신청 자산평가액·기업진단보고서 : 신청일 **90일** 이내에 작성한 것

★★★
문제 07 (07회 문 54) 시·도지사는 등록신청을 받은 소방시설업의 업종별 자본금·기술인력이 소방시설업의 업종별 등록기준에 적합하다고 인정되는 경우에는 등록신청을 받은 날부터 며칠 이내에 소방시설업 등록증 및 소방시설업 등록수첩을 발급하여야 하는가?

① 3　　② 5
③ 10　　④ 15

해설
④ 등록증 발급 : 15일

답 ④

2 공사 및 공사감리자

(1) 소방시설공사(공사업규칙 12조)

내 용	날 짜
• 착공·변경신고처리	**2일** 이내
• 중요사항 변경시의 신고	**30일** 이내

(2) 소방공사감리자(공사업규칙 15조)

내 용	날 짜
• 지정·변경신고처리	**2일** 이내
• 변경서류 제출	**30일** 이내

3 공사감리원

(1) 소방공사감리원의 세부배치기준(공사업규칙 16조)

감리대상	책임감리원
일반공사감리대상	• **주1회** 이상 방문감리 • 담당감리현장 **5개** 이하로서 연면적 총합계 **100000**m^2 이하

※ 소방공사감리의 종류
① 상주공사감리 : 연면적 30000m^2 이상
② 일반공사감리

Key Point

(2) **소방공사 감리원의 배치 통보**(공사업규칙 17조)

① 통보대상 : **소방본부장 · 소방서장**

② 통보일 : 배치일로부터 **7일** 이내

＊ 시공능력평가자
시공능력평가 및 공사에 관한 업무를 위탁받은 법인으로서 소방청장의 허가를 받아 설립된 법인

4 소방시설공사 시공능력평가의 신청 · 평가(공사업규칙 22 · 23조)

제출일	내 용
① 매년 **2월 15일**	• 공사실적증명서류 • 소방시설업 등록수첩 사본 • 소방기술자 보유현황 • 신인도 평가신고서
② 매년 **4월 15일**(법인) ③ 매년 **6월 10일**(개인)	• 법인세법 · 소득세법 신고서 • 재무제표 • 회계서류 • 출자, 예치 · 담보 금액확인서
④ 매년 **7월 31일**	• 시공능력평가의 공시

비교

실무교육기관

보고일	내 용
매년 **1월말**	• 교육실적보고
다음연도 **1월말**	• 실무교육대상자 관리 및 교육실적보고
매년 **11월 30일**	• 다음 연도 교육계획 보고

＊ 소방기술자의 실무교육
① 실무교육실시 : 2년마다 1회 이상
② 실무교육 통지 : 10일 전

5 실무교육

(1) **소방기술자의 실무교육**(공사업규칙 26조)

① 실무교육실시 : **2년**마다 **1회** 이상

② 실무교육 통지 : **10일** 전

③ 실무교육 필요사항 : **소방청장**

(2) **소방기술자 실무교육기관**(공사업규칙 31~35조)

내 용	날 짜
• 교육계획의 변경보고 • 지정사항 변경보고	**10일** 이내
• 휴 · 폐업 신고	**14일** 전까지
• 신청서류 보완	**15일** 이내
• 지정서 발급	**30일** 이내

6 시공능력평가의 산정식(공사업규칙 〔별표 4〕)

① **시공능력평가액**=실적평가액+자본금평가액+기술력평가액+경력평가액±신인도평가액

② **실적평가액**=연평균공사실적액

③ **자본금평가액**=(실질자본금×실질자본금의 평점+소방청장이 지정한 금융회사 또는 소방산업공제 조합에 출자 · 예치 · 담보한 금액)$\times \frac{70}{100}$

④ **기술력평가액**=전년도 공사업계의 기술자 1인당 평균생산액×보유기술인력가중치합계 $\times \frac{30}{100}$+전년도 기술개발투자액

⑤ **경력평가액**=실적평가액×공사업경영기간 평점$\times \frac{20}{100}$

⑥ **신인도평가액**=(실적평가액+자본금평가액+기술력평가액+경력평가액)×신인도 반영 비율 합계

★★★

문제 08 소방시설공사업자의 시공능력평가액은 산정식에 의하여 평가액을 산정하고 나서 몇 원 미만의 숫자는 버리는가?

① 1000원　　② 10000원

③ 100000원　　④ 1000000원

해설

- 100000원 미만의 숫자는 버린다.

답 ③

Key Point

※ **시공능력평가 및 공사방법**

행정안전부령

※ **시공능력평가의 산정식**

소방시설공사업자의 시공능력평가는 100000원 미만의 숫자는 버린다.

문08 보기③

출제경향분석

CHAPTER 05 위험물안전관리법령

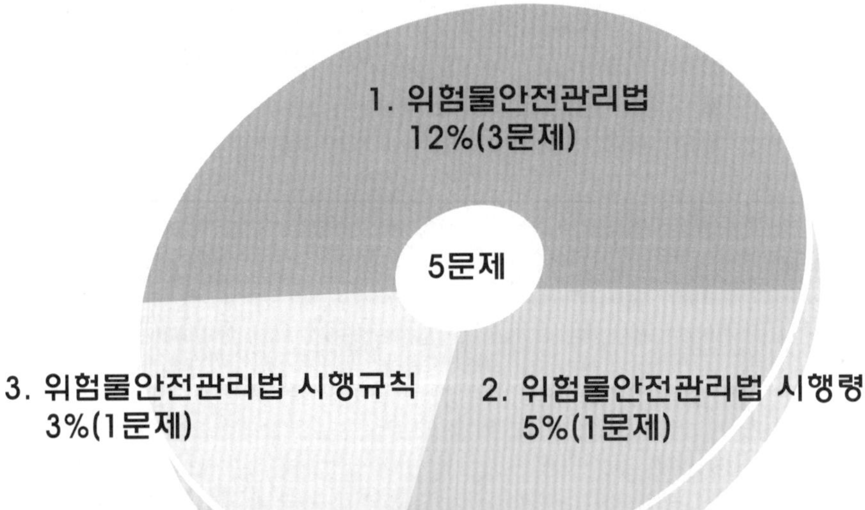

CHAPTER

05 위험물안전관리법령

1 위험물안전관리법

출제확률 12% (3문제)

Key Point

1 위험물

(1) 위험물의 저장 · 운반 · 취급에 대한 적용 제외(위험물법 3조)

① 항공기 ② 선박 ③ 철도(기차) ④ 궤도

비교

소방대상물

- 건축물
- 차량
- 선박(매어둔 것)
- 선박건조구조물
- 인공구조물
- 물건
- 산림

(2) 위험물(위험물법 4 · 5조)

① 지정수량 미만인 위험물의 저장 · 취급 : **시 · 도의 조례**

② 위험물의 임시저장기간 : **90일** 이내

2 제조소

(1) 제조소 등의 설치허가(위험물법 6조)

① 설치허가자 : **시 · 도지사**

② 설치허가 제외장소

㈎ **주택**의 난방시설(**공동주택**의 **중앙난방시설**은 **제외**)을 위한 **저장소** 또는 **취급소**

문01 보기①

㈏ 지정수량 **20배** 이하의 **농예용 · 축산용 · 수산용** 난방시설 또는 건조시설의 **저장소**

문01 보기②④

★★

문제 01 위험물안전관리법령상 시 · 도지사의 허가를 받아야 설치할 수 있는 제조소 등은?

19회 문 66
18회 문 68
18회 문 72
17회 문 67
17회 문 68
14회 문 68

① 주택의 난방시설을 위한 취급소
② 축산용으로 필요한 건조시설을 위한 지정수량 20배 이하의 저장소
③ 공동주택의 중앙난방시설을 위한 저장소
제외
④ 농예용으로 필요한 난방시설을 위한 지정수량 20배 이하의 저장소

유사문제부터 풀어보세요. 실력이 팍!팍! 올라갑니다.

답 ③

③ 제조소 등의 변경신고 : 변경하고자 하는 날의 **1일** 전까지

※ **위험물 임시저장 기간**
90일 이내

※ **완공검사**(위험물법 9)
① 제조소 등 : 시 · 도지사
② 소방시설공사 : 소방본부장 · 소방서장

Key Point

※ 제조소 등의 승계
30일 이내에 시·도지사에게 신고

※ 과징금
위반행위에 대한 제재로서 부과하는 금액

※ 과징금 부과권자
시·도지사 문02 보기㉠

※ 예방규정
제조소 등의 화재예방과 화재 등 재해발생시의 비상조치를 위한 규정

(2) 제조소 등의 시설기준(위험물법 6조)

① 제조소 등의 **위치**
② 제조소 등의 **구조**
③ 제조소 등의 **설비**

(3) 제조소 등의 승계 및 용도폐지(위험물법 10·11조)

제조소 등의 승계	제조소 등의 용도폐지
① 신고처 : **시·도지사** ② 신고기간 : **30일** 이내	① 신고처 : **시·도지사** ② 신고일 : **14일** 이내

3 과징금(소방시설법 36조·공사업법 10조·위험물법 13조)

3000만원 이하	2억원 이하
• 소방시설관리업 영업정지 처분 갈음	• 제조소 사용정지 처분 갈음 문02 보기㉡ • 소방시설업(설계업·감리업·공사업·방염업) 영업정지 처분 갈음

문제 02 ☆ 위험물안전관리법령상 과징금처분에 관한 조문이다. ( ) 안에 들어갈 내용은?

23회 문 68
17회 문 70

(㉠)은(는) 위험물안전관리법 제12조 각 호의 어느 하나에 해당하는 경우로서 제조소 등에 대한 사용의 정지가 그 이용자에게 심한 불편을 주거나 그 밖에 공익을 해칠 우려가 있는 때에는 사용정지처분에 갈음하여 (㉡) 이하의 과징금을 부과할 수 있다.

① ㉠ : 소방청장, ㉡ : 1억원　　② ㉠ : 소방청장, ㉡ : 2억원
③ ㉠ : 시·도지사, ㉡ : 1억원　　④ ㉠ : 시·도지사, ㉡ : 2억원

해설
㉠ **제조소 등의 과징금** 부과권자 : **시·도지사**
㉡ **제조소 등의 과징금** 부과금액 : **2억원**

답 ④

4 위험물 안전관리자(위험물법 15조)

(1) 선임신고

① 소방안전관리자
② 위험물 안전관리자
→ 14일 이내에 **소방본부장·소방서장**에게 **신고**

(2) 제조소 등의 안전관리자의 자격 : 대통령령

날 짜	내 용
14일 이내	• 위험물 안전관리자의 선임신고
30일 이내	• 위험물 안전관리자의 재선임 • 위험물 안전관리자의 직무대행

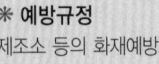

중요 **예방규정**(위험물법 17조)
예방규정의 제출자 : **시·도지사**

5 벌칙

(1) **1년 이하의 징역 또는 1000만원 이하의 벌금**(위험물법 35조)

① 제조소 등의 정기점검기록 허위 작성

② **자체소방대**를 두지 않고 제조소 등의 허가를 받은 자

③ **위험물 운반용기**의 검사를 받지 않고 유통시킨 자

④ 제조소 등의 긴급 사용정지 위반자

(2) **500만원 이하의 과태료**(위험물법 39조)

① 위험물의 임시저장 미승인

② 위험물의 운반에 관한 세부기준 위반

③ 제조소 등의 지위 승계 허위신고 · 미신고

④ 예방규정을 준수하지 아니한 자

⑤ **제조소** 등의 **점검결과** 기록보존 아니한 자

⑥ **위험물**의 **운송기준** 미준수자

⑦ 제조소 등의 폐지 허위 신고

Key Point

✻ 1000만원 이하의 벌금

① 위험물 취급에 관한 안전관리와 감독하지 않은 자

② 위험물 운반에 관한 중요기준 위반

③ 위험물안전관리자 또는 그 대리자가 참여하지 아니한 상태에서 위험물을 취급한 자

④ 변경한 예방규정을 제출하지 아니한 관계인으로서 제조소 등의 설치 허가를 받은 자

⑤ 관계인의 정당업무 방해 또는 출입 · 검사 등의 비밀누설

⑥ 운송규정을 위반한 위험물운송자

2 위험물안전관리법 시행령

출제확률 5% (1문제)

1 예방규정을 정하여야 할 제조소 등(위험물령 15조)

① 10배 이상의 **제조소 · 일반취급소** 문03 보기②

② 100배 이상의 **옥외저장소** 문03 보기①

③ 150배 이상의 **옥내저장소** 문03 보기④

④ 200배 이상의 **옥외탱크저장소** 문03 보기③

⑤ **이송취급소**

⑥ **암반탱크저장소**

✻ **예방규정**

제조소 등의 화재예방과 화재 등 재해발생 시의 비상조치를 위한 규정

★★★

문제 03 위험물안전관리법령상 관계인이 예방규정을 정하여야 하는 제조소 등이 아닌 것은?

19회 문 70
16회 문 68
15회 문 69
15회 문 71
13회 문 70
11회 문 87

① 지정수량의 100배의 위험물을 저장하는 옥외저장소

② 지정수량의 10배의 위험물을 취급하는 제조소

③ 지정수량의 100배의 위험물을 저장하는 옥외탱크저장소
200배

④ 지정수량의 150배의 위험물을 저장하는 옥내저장소

답 ③

Key Point

중요 **제조소 등의 재발급 완공검사합격확인증 제출**(위험물령 10조)

(1) 제출일 : **10일** 이내

(2) 제출대상 : **시 · 도지사**

2 위험물

(1) 운송책임자의 감독 · 지원을 받는 위험물(위험물령 19조)

① 알킬알루미늄 문04 보기②

② 알킬리튬 문04 보기①

③ 알킬리튬 · 알킬알루미늄이 함유된 물질 문04 보기④

★

문제 04 다음 중 위험물 운송책임자의 감독 · 지원을 받아 운송하지 않아도 되는 위험물은?

① 알킬리튬

② 알킬알루미늄

③ 알루미늄
해당 없음

④ 알킬알루미늄이 함유된 물질

답 ③

※ 가연성 고체
고체로서 화염에 의한 발화의 위험성 또는 인화의 위험성을 판단하기 위하여 고시로 정하는 시험에서 고시로 정하는 성질과 상태를 나타내는 것

※ 자연발화성
어떤 물질이 외부로부터 열의 공급을 받지 아니하고 온도가 상승하는 성질

※ 금수성
물의 접촉을 피하여야 하는 것

(2) 위험물(위험물령 〔별표 1〕)

유 별	성 질	품 명	
제1류	산화성 고체	• 아염소산염류 • 과염소산염류 • 무기과산화물	• 염소산염류 • 질산염류
제2류	가연성 고체	• 황화인 • 황	• 적린 • 마그네슘
제3류	자연발화성 물질 및 금수성 물질	• 황린 • 칼륨 • 나트륨	
제4류	인화성 액체	• 특수인화물 • 알코올류	• 석유류 • 동식물유류
제5류	자기반응성 물질	• 셀룰로이드 • 유기과산화물 • 나이트로화합물 • 나이트로소화합물 • 아조화합물	
제6류	산화성 액체	• 과염소산 • 과산화수소 • 질산	

Key Point

중요 **제4류 위험물**(위험물령 〔별표 1〕)

성 질	품 명		지정수량	대표물질
인화성 액체	특수인화물		50l	• 다이에틸에터 • 이황화탄소
	제1석유류	비수용성	200l	• 휘발유 • 콜로디온
		수용성	400l	• 아세톤
	알코올류		400l	• 변성알코올
	제2석유류	비수용성	1000l	• 등유 • 경유
		수용성	2000l	• 아세트산
	제3석유류	비수용성	2000l	• 중유 • 크레오소트유
		수용성	4000l	• 글리세린
	제4석유류		6000l	• 기어유 • 실린더유
	동식물유류		10000l	• 아마인유

(3) **위험물**(위험물령 〔별표 1〕)

① **과산화수소** : 농도 **36wt%** 이상

② **황** : 순도 **60wt%** 이상 문05 보기①

③ **질산** : 비중 **1.49** 이상

★★

문제 05 다음 중 위험물안전관리법 시행령에서 정하는 위험물로 볼 수 없는 것은?

18회 문 78 / 18회 문 80 / 16회 문 78 / 16회 문 84 / 15회 문 80 / 15회 문 81 / 14회 문 79 / 13회 문 78 / 13회 문 79 / 12회 문 71 / 09회 문 82 / 02회 문 80

① 황은 순도가 50(60)중량퍼센트 이상인 것을 말한다.

② 철분은 철의 분말로서 53마이크로미터(μm)의 표준체를 통과하는 것이 50중량퍼센트(wt%) 미만인 것은 제외한다.

③ 인화성 고체는 고형알코올, 그 밖에 1기압에서 인화점이 40℃ 미만인 고체를 말한다.

④ 제1석유류는 1기압에서 인화점이 21℃ 미만인 것을 말한다.

해설

① 50중량퍼센트〔wt/%〕→ 60중량퍼센트〔wt/%〕

답 ①

※ 철분
철의 분말로서 53마이크로미터의 표준체를 통과하는 것이 50중량퍼센트 미만인 것은 제외

※ 인화성 고체
고형알코올, 그 밖에 1기압에서 인화점이 40℃ 미만인 고체

※ 제1석유류
1기압에서 인화점이 21℃ 미만인 것

Key Point

※ 판매취급소
점포에서 위험물을 용기에 담아 판매하기 위하여 지정수량의 **40배** 이하의 위험물을 취급하는 장소

3 위험물 탱크 안전성능시험자의 기술능력 · 시설 · 장비(위험물령 〔별표 7〕)

기술능력(필수인력)	시 설	장비(필수장비)
• 위험물기능장 · 산업기사 · 기능사 **1명** 이상 • 비파괴검사기술사 **1명** 이상 · 초음파비파괴검사 · 자기비파괴검사 · 침투비파괴검사별로 기사 또는 산업기사 각 **1명** 이상	전용 사무실	• 영상초음파시험기 ┐ • 방사선투과시험기 ├ 택 1 및 초음파시험기 ┘ • 자기탐상시험기 • 초음파두께측정기

3 위험물안전관리법 시행규칙

출제확률 3% (1문제)

※ 제조소 등
① 제조소
② 저장소
③ 취급소

1 제조소 등의 변경허가 신청서류(위험물규칙 7조)

① 제조소 등의 **완공검사합격확인증**
② 제조소 등의 **위치 · 구조** 및 설비에 관한 **도면**
③ 소화설비(**소화기구 제외**)를 설치하는 제조소 등의 설계도서
④ **화재예방**에 관한 조치사항을 기재한 서류

2 제조소 등의 완공검사 신청시기(위험물규칙 20조)

① **지하탱크**가 있는 **제조소**
해당 지하탱크를 매설하기 전
② **이동탱크저장소**
이동저장탱크를 완공하고 상치장소를 확보한 후
③ **이송취급소**
이송배관공사의 전체 또는 일부를 완료한 후(지하 · 하천 등에 매설하는 것은 이송배관을 매설하기 전)

• 제조소 등의 정기점검 횟수 : **연 1회** 이상

3 위험물의 운송책임자(위험물규칙 52조)

① 기술자격을 취득하고 **1년** 이상 경력이 있는 사람
② 안전교육을 수료하고 **2년** 이상 경력이 있는 사람

4 특정 · 준특정 옥외탱크저장소(위험물규칙 65조)

옥외탱크저장소 중 저장 또는 취급하는 액체위험물의 최대수량이 **50만** l 이상인 것

Key Point

5 특정옥외탱크저장소의 구조안전점검기간(위험물규칙 65조)

점검기간	조 건
11년 이내	최근의 정밀정기검사를 받은 날부터
12년 이내	완공검사합격확인증을 발급받은 날부터
13년 이내	최근의 정밀정기검사를 받은 날부터(연장신청을 한 경우)

6 자체소방대의 설치제외대상인 일반취급소(위험물규칙 73조)

※ **자체소방대의 설치**
광산안전법의 적용을 받지 않는 일반취급소

① **보일러 · 버너**로 위험물을 소비하는 일반취급소 문06 보기②
② **이동저장탱크**에 위험물을 주입하는 일반취급소 문06 보기③
③ **용기**에 위험물을 옮겨 담는 일반취급소 문06 보기①
④ **유압장치 · 윤활유순환장치**로 위험물을 취급하는 일반취급소
⑤ **광산안전법**의 **적용을 받는** 일반취급소

★
문제 06 20회 문 68
위험물안전관리법령상 자체소방대의 설치 의무가 있는 제4류 위험물을 취급하는 일반취급소는? (단, 지정수량은 3천배 이상임)
① 용기에 위험물을 옮겨 담는 일반취급소
② 보일러 그 밖에 이와 유사한 장치로 위험물을 소비하는 일반취급소
③ 이동저장탱크 그 밖에 이와 유사한 것에 위험물을 주입하는 일반취급소
④ 세정을 위하여 위험물을 취급하는 일반취급소
해당 없음

답 ④

출제경향분석

CHAPTER 06 다중이용업소의 안전관리에 관한 특별법령

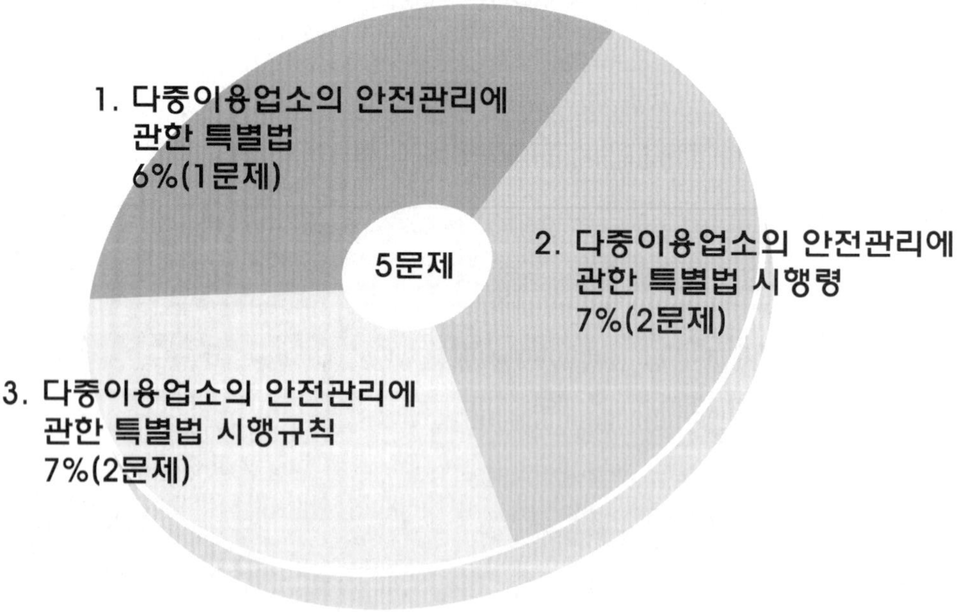

CHAPTER

06 다중이용업소의 안전관리에 관한 특별법령

1 다중이용업소의 안전관리에 관한 특별법

출제확률 6% (1문제)

Key Point

1 다중이용업 허가관청의 통보(다중이용업법 7조)

(1) **통보일** : 14일 이내

(2) **통보대상** : 소방본부장 · 소방서장

(3) **통보사항**

① 다중이용업주의 성명 및 주소

② 다중이용업소의 상호 및 주소

③ 다중이용업의 업종 및 영업장 면적

※ **다중이용법**
불특정 다수인이 이용하는 영업 중 화재 등 재난발생시 생명·신체·재산상의 피해가 발생할 우려가 높은 것으로서 대통령령이 정하는 영업

2 다중이용업의 실내장식물(다중이용업법 10조)

(1) **재료**

불연재료 또는 **준불연재료**(너비 10cm 이하 반자돌림대 제외) 문01 보기①

☆☆

문제 01 다음 중 불연재료 또는 준불연재료로 다중이용업소에 설치 또는 교체하는 실내장식물에 해당되지 않는 것은?

19회 문 61
15회 문 62
12회 문 14
12회 문 67
04회 문 60
02회 문 64

유사문제부터 풀어보세요. 실력이 팍!팍! 올라갑니다.

① 너비 10cm 이하의 반자돌림대
제외

② 흡음용 커튼

③ 합판과 목재

④ 두께 2mm 이상의 종이벽지

답 ①

(2) **방염성능기준 이상 설치**

설 비	면적기준
• 기타설비	$\frac{3}{10}$ 이하
• 스프링클러설비 • 간이스프링클러설비	$\frac{5}{10}$ 이하

3 다중이용업소의 화재위험평가(다중이용업법 15조)

(1) **실시권한**

소방청장 · 소방본부장 · 소방서장

※ **화재위험평가**
다중이용업소가 밀집한 지역 또는 건축물에 대하여 화재의 가능성과 화재로 인한 불특정 다수인의 생명·신체·재산상의 피해 및 주변에 미치는 영향을 예측·분석하고 이에 대한 대책을 강구하는 것

Key Point

(2) 평가지역

① 2000m^2 내에 다중이용업소 50개 이상

② 5층 이상 건물에 다중이용업소 10개 이상

③ 하나의 건축물에 다중이용업소 바닥면적 합계 1000m^2 이상

※ 등록취소
① 등록결격사유에 해당
② 거짓·부정한 방법으로 등록
③ 1년 이내에 2회 업무정지 처분을 받고 다시 업무정지 처분 사유
④ 등록증·명의 대여

4 등록취소 또는 6월 이내의 업무정지(다중이용업법 17조)

등록취소	등록취소 또는 6월 이내의 업무정지
① 등록결격사유 ② 거짓, 그 밖에 부정한 방법으로 등록 ③ **1년** 이내에 **2회** 업무정지처분을 받고 다시 업무정지처분 사유 ④ **등록증·명의** 대여	① 등록결격사유 ② 거짓, 그 밖에 부정한 방법으로 등록 ③ **1년** 이내에 **2회** 업무정지처분을 받고 다시 업무정지처분 사유 ④ **등록증·명의** 대여 ⑤ 등록기준 미달 ⑥ 다른 평가서 복제 ⑦ 평가서 미보존 ⑧ **하도급** ⑨ 평가서 허위 작성·부실 작성 ⑩ 등록 후 **2년** 이내 업무 미개시·**2년** 이상 무실적

※ 과태료
지정된 기한 내에 어떤 의무를 이행하지 않았을 때 부과하는 돈

5 300만원 이하의 과태료(다중이용업법 25조)

① **소방안전교육**을 받지 아니한 사람

② 안전시설 미설치자

③ 실내장식물 미설치자

④ 피난시설·방화구획·방화시설의 폐쇄·훼손·변경

⑤ **피난안내도** 미비치

⑥ **피난안내영상물** 미상영

⑦ 다중이용업주의 안전시설 등에 대한 정기점검 등을 위반하여 다음의 어느 하나에 해당하는 자

　㉠ 안전시설 등을 점검(위탁하여 실시하는 경우 포함)하지 아니한 자

　㉡ 정기점검결과서를 작성하지 아니하거나 거짓으로 작성한 자

　㉢ 정기점검결과서를 보관하지 아니한 자

⑧ 화재배상책임보험 **미가입** 문02 보기①

⑨ **다중이용업주·소방청장·소방본부장·소방서장**에게 미통지한 보험회사

⑩ 다중이용업주와의 화재배상책임보험 계약체결 거부한 **보험회사** 문02 보기②

⑪ 임의로 계약을 해제·해지한 **보험회사** 문02 보기④

⑫ **소방안전관리업무** 태만

⑬ **비상구**에 **추락** 등의 **방지**를 위한 장치를 기준에 따라 갖추지 아니한 자

⑭ 보고 또는 즉시보고를 하지 아니하거나 거짓으로 한 자

Key Point

★
문제 02 **다중이용업소의 안전관리에 관한 특별법령상 화재배상책임보험의 가입과 관련하여 과태료 부과대상에 해당하지 않는 것은?**

① 화재배상책임보험에 가입하지 않은 다중이용업주
② 정당한 사유 없이 계약체결을 거부한 보험회사
③ 화재배상책임보험 외의 보험가입을 권유한 보험회사
해당 없음
④ 임의로 계약을 해제 또는 해지한 보험회사

답 ③

2 다중이용업소의 안전관리에 관한 특별법 시행령

출제확률 7% (2문제)

1 다중이용업(다중이용업령 2조, 다중이용업규칙 2조)

(1) 휴게음식점영업 · 일반음식점영업 · 제과점영업 : $100m^2$ 이상(지하층은 $66m^2$ 이상)
(2) 단란주점영업 · 유흥주점영업
(3) 영화상영관 · 비디오물감상실업 · 비디오물소극장업 및 복합영상물제공업 문03 보기①
(4) 학원 수용인원 **300명** 이상
(5) 학원 수용인원 **100~300명** 미만
　① **기숙사**가 있는 학원
　② 2 **이상** 학원 수용인원 **300명** 이상
　③ **다중이용업**과 **학원**이 함께 있는 것
(6) **목욕장업**
(7) 게임제공업, 인터넷 컴퓨터게임시설제공업 · 복합유통게임제공업
(8) 노래연습장업 문03 보기②
(9) 산후조리업 문03 보기③
(10) **고시원업**
(11) 전화방업
(12) 화상대화방업
(13) 수면방업
(14) 콜라텍업
(15) 방탈출카페업
(16) 키즈카페업
(17) 만화카페업
(18) 권총사격장(실내사격장에 한함)

※ 다중이용법
불특정 다수인이 이용하는 영업 중 화재 등 재난발생시 생명·신체·재산상의 피해가 발생할 우려가 높은 것으로서 대통령령으로 정하는 영업

Key Point

※ 연도별 계획수립
전년도 12월 31일까지

※ 집행계획 제출
매년 1월 31일까지

※ 다중이용업소의 안전시설 등
1. 소방시설
① 소화설비
• 소화기
• 자동확산소화기
• 간이스프링클러설비(캐비닛형 간이스프링클러설비 포함)
② 피난구조설비
• 유도등
• 유도표지
• 비상조명등
• 휴대용 비상조명등
• 피난기구(미끄럼대 · 피난사다리 · 구조대 · 완강기 · 다수인 피난장비 · 승강식 피난기)
• 피난유도선
③ 경보설비
• 비상벨설비 또는 자동화재탐지설비
• 가스누설경보기
2. 그 밖의 안전시설
① 창문(단, 고시원업의 영업장에만 설치)
② 영상음향차단장치(단, 노래반주기 등 영상음향장치를 사용하는 영업장에만 설치)
③ 누전차단기

(19) 가상체험 체육시설업(실내에 **1개** 이상의 별도의 구획된 실을 만들어 골프종목의 운동이 가능한 시설을 경영하는 영업으로 한정)

(20) 안마시술소

★★★
문제 03 다중이용업소의 안전관리에 관한 특별법령상 다중이용업에 해당하지 않는 것은?

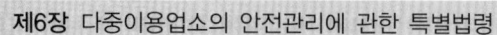

19회 문 72
16회 문 08
12회 문 64
09회 문 59
07회 문 66

① 비디오물감상실업　　② 노래연습장업
③ 산후조리업　　④ 노인의료복지업
해당 없음

답 ④

2 안전관리계획 · 안전관리집행계획(다중이용업령 7 · 8조)

구 분	안전관리계획	안전관리집행계획
수립자	소방청장	소방본부장
수립시기	전년도 12월 31일까지	전년도 **12월 31일**까지
제출시기	-	매년 **1월 31일**까지

3 다중이용업소의 안전시설 등(다중이용업령 〔별표 1의 2〕)

시 설		종 류
소방시설	소화설비	• 소화기 • 자동확산소화기 • 간이스프링클러설비(캐비닛형 간이스프링클러설비 포함)
	피난구조설비	• 유도등 • 유도표지 • 비상조명등 • 휴대용 비상조명등 문04 보기① • 피난기구(미끄럼대 · 피난사다리 · 구조대 · 완강기 · 다수인 피난장비 · 승강식 피난기) • 피난유도선
	경보설비	• 비상벨설비 또는 자동화재탐지설비 • 가스누설경보기
그 밖의 안전시설		• 창문(단, 고시원업의 영업장에만 설치) 문04 보기④ • 영상음향차단장치(단, 노래반주기 등 영상음향장치를 사용하는 영업장에만 설치) 문04 보기② • 누전차단기 문04 보기③

Key Point

★★

문제 04 다중이용업소의 안전관리에 관한 특별법령상 안전시설 등의 구분(소방시설, 비상구, 영업장 내부피난통로, 그 밖의 안전시설) 중 '그 밖의 안전시설'에 해당하지 않는 것은?

21회 문 75
16회 문 72
09회 문 60

① 휴대용 비상조명등
소방시설(피난구조설비)

② 영상음향차단장치

③ 누전차단기

④ 창문

답 ①

4 화재위험유발지수(다중이용업령 〔별표 4〕)

등 급	평가점수
A	80 이상
B	60~79 이하
C	40~59 이하
D	20~39 이하
E	20 미만

5 평가대행자가 갖추어야 할 기술인력 · 시설 · 장비기준(다중이용업령 〔별표 5〕)

기술인력	시설 및 장비
① 소방기술사 **1명** 이상 ② 소방기술사 · 소방설비기사 또는 소방설비산업기사 자격을 가진 사람 2명 이상 ③ 소방기술과 관련된 자격 · 학력 및 경력을 인정받은 사람으로서 자격수첩을 발급받은 사람 2명 이상 (②, ③ 택 1)	① **화재모의시험**이 가능한 **컴퓨터 1대** 이상 ② 화재모의시험을 위한 **프로그램**

3 다중이용업소의 안전관리에 관한 특별법 시행규칙

출제확률 7% (2문제)

1 소방안전교육 대상자(다중이용업규칙 5조)

(1) 영업을 하는 **다중이용업주**

(2) 다중이용업주 외에 해당 영업장을 관리하는 **종업원 1명** 이상

(3) 국민연금 가입의무 대상자인 **종업원 1명** 이상

※ 소방안전교육 대상자
① 다중이용업주
② 영업관리 종업원 1명 이상
③ 국민연금 가입의무 대상자 종업원 1명 이상
④ 다중이용업을 하려는 자

Key Point

＊ 소방안전교육시간
4시간 이내

＊ 신규교육 인정
신규교육을 받은 후 2년 이내

(4) 다중이용업을 하려는 자

소방안전교육시간	신규교육인정
4시간 이내	신규교육을 받은 후 2년 이내

2 안전점검자의 자격 등(다중이용업규칙 14조)

안전점검자의 자격	점검주기	점검방법
① 다중이용업주 · 소방안전관리자 ② 소방시설관리사 ③ 소방기술사 · 소방설비기사 · 소방설비산업기사 ④ 소방시설관리업자	매분기별 **1회** 이상	안전시설 등의 작동 및 유지 · 관리 상태를 점검

3 소방안전교육시설(다중이용업규칙 〔별표 1〕)

시 설	바닥면적
사무실	$60m^2$ 이상
강의실	$100m^2$ 이상
실습실 · 체험실	

4 비상구 등의 설치기준(다중이용업규칙 〔별표 2〕)

설치위치	영업장 주출입구의 **반대방향**
비상구 등 규격	가로 **75cm** 이상, 세로 **150cm** 이상
문의 열림방향	피난방향
문의 재질	내화구조인 경우 **방화문**

＊ 비상구 등 규격
가로 75cm 이상, 세로 150cm 이상

5 평가대행자의 행정처분 기준(다중이용업규칙 〔별표 3〕)

행정처분	위반사항
1차 경고	① 평가대행자의 **기술인력 부족** ② 평가서 미보존 ③ 등록 후 **2년** 이상 미실적 ④ 평가대행자의 장비가 부족한 경우
1차 업무정지 3월	타 평가서 복제
1차 업무정지 6월	① **1개월** 이상 시험장비 없는 경우 ② **하도급** ③ 화재위험평가서 허위작성 문05 보기①

＊ 1차 경고
① 평가대행자의 기술인력 부족
② 평가서 미보존
③ 등록 후 2년 이상 미실적
④ 장비가 부족한 경우

행정처분	위반사항
2차 업무정지 1월	① 평가대행자의 기술인력 부족 ② 장비 부족 ③ 평가서 미보존
2차 업무정지 6월	타 평가서 복제
1차 등록취소	① 기술인력 · 장비 전혀 없는 경우 ② 업무정지 처분 기간 중 **신규**로 대행업무를 한 경우 ③ **등록결격사유**에 해당하는 경우 ④ **거짓**, 그 밖의 **부정한 방법**으로 등록 문05 보기③ ⑤ **최근 1년 이내 2회 업무정지 처분 받고 재업무정지 처분** 받은 때 문05 보기④ ⑥ **등록증 대여** 문05 보기②

☆☆☆

문제 05 17회 문 73

다중이용업소의 안전관리에 관한 특별법령상 화재위험 평가대행자의 등록을 반드시 취소해야 하는 사유에 해당하지 않는 것은?

① 평가서를 허위로 작성하거나 고의 또는 중대한 과실로 평가서를 부실하게 작성한 경우 → 1차 업무정지 : 6월
② 다른 사람에게 등록증이나 명의를 대여한 경우
③ 거짓이나 그 밖의 부정한 방법으로 등록한 경우
④ 최근 1년 이내에 2회의 업무정지처분을 받고 다시 업무정지처분 사유에 해당하는 행위를 한 경우

답 ①

칭찬 10계명

1. 칭찬할 일이 생겼을 때 즉시 칭찬하라.
2. 잘한점을 구체적으로 칭찬하라.
3. 가능한 한 공개적으로 칭찬하라.
4. 결과보다는 과정을 칭찬하라.
5. 사랑하는 사람을 대하듯 칭찬하라.
6. 거짓없이 진실한 마음으로 칭찬하라.
7. 긍정적인 눈으로 보면 칭찬할 일이 보인다.
8. 일이 잘 풀리지 않을 때 더욱 격려하라.
9. 잘못된 일이 생기면 관심을 다른 방향으로 유도하라.
10. 가끔식 자기 자신을 칭찬하라.

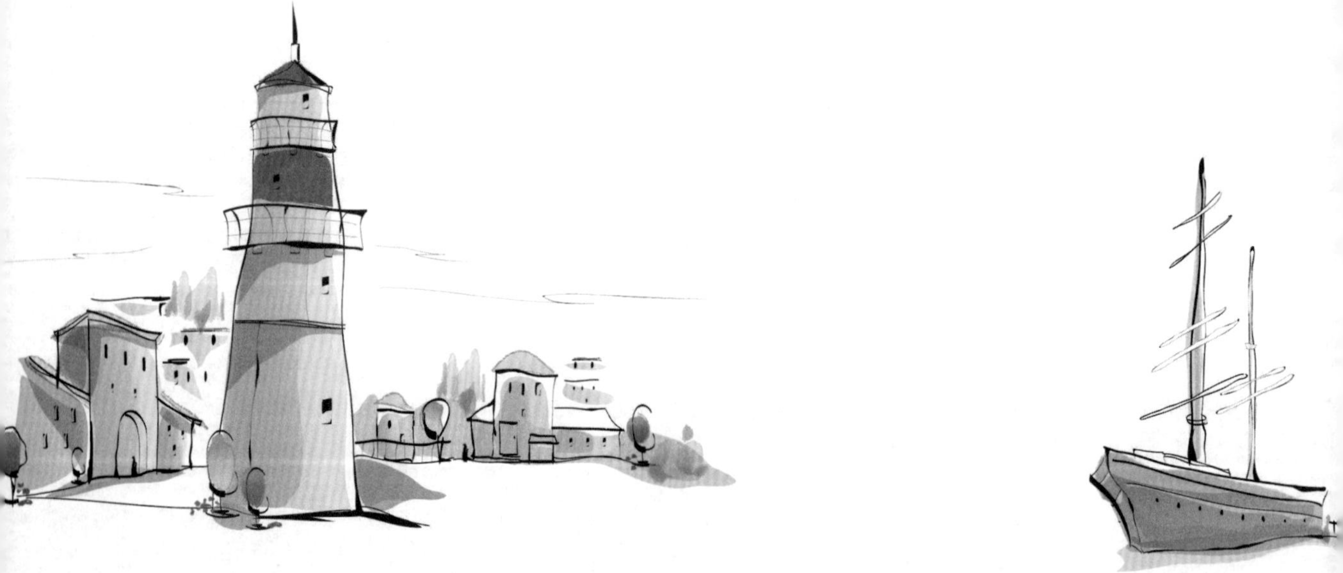

소방시설관리사
1차

Part 3

소방수리학 · 약제화학 및 소방전기

기회는 일어나는 것이 아니라 만들어 내는 것이다.

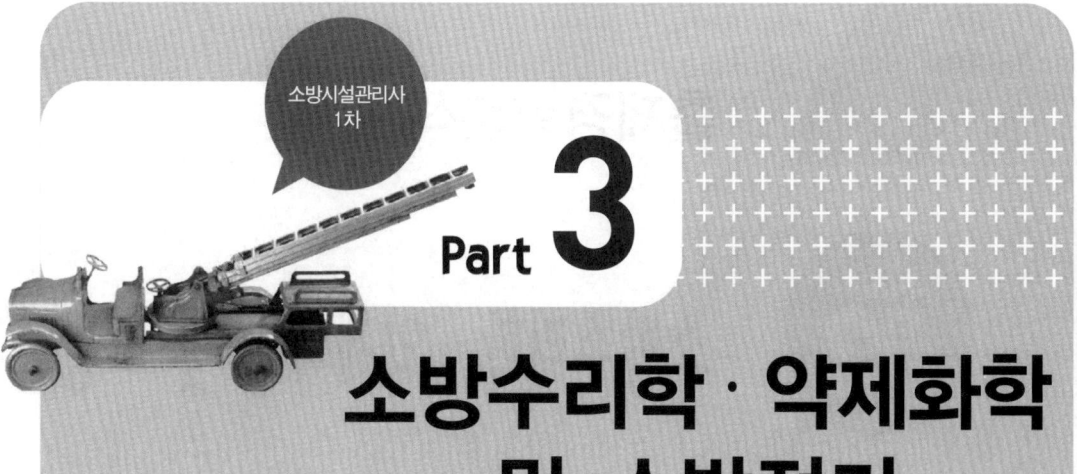

- 크리스 그로서(Chris Grosser) -

출제경향분석

PART 03 소방수리학 · 약제화학 및 소방전기

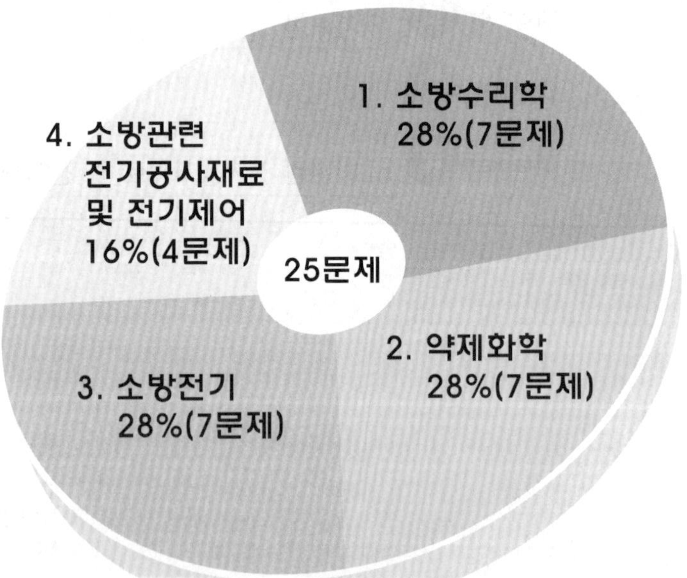

CHAPTER

01 소방수리학

1. 유체의 일반적 성질

출제확률 6.5% (2문제)

1 유체의 정의

1 유체

외부 또는 내부로부터 어떤 힘이 작용하면 움직이려는 성질을 가진 액체와 기체상태의 물질

2 실제 유체

점성이 **있**으며, **압축성**인 유체

기억법 실점있압(**실점**이 **있**는 사람만 **압**박해)

※ **실제 유체**
유동시 마찰이 존재하는 유체 문01 보기②

※ **압축성 유체**
기체와 같이 체적이 변화하는 유체

기억법
기압

★★
문제 01 **실제유체란 어느 것인가?**
07회 문 41

유사문제부터 풀어보세요. 실력이 팍!팍! 올라갑니다.

① 이상유체를 말한다.
② 유동시 마찰이 존재하는 유체를 말한다.
③ 마찰전단응력이 존재하지 않는 유체를 말한다.
④ 비점성 유체를 말한다.

해설 실제 유체
(1) 유동시 **마찰**이 **존재**하는 유체
(2) 점성이 있으며, **압축성**인 유체

답 ②

3 이상유체

점성이 없으며, **비압축성**인 유체

※ **비압축성 유체**
액체와 같이 체적이 변화하지 않는 유체

2 유체의 단위와 차원

차 원	중력단위[차원]	절대단위[차원]
길이	m[L]	m[L]
시간	s[T]	s[T]
운동량	N・s[FT]	kg・m/s[MLT^{-1}]
힘	N[F]	kg・m/s^2[MLT^{-2}]
속도	m/s[LT^{-1}]	m/s[LT^{-1}]
가속도	m/s^2[LT^{-2}]	m/s^2[LT^{-2}]

Key Point

※ 무차원
단위가 없는 것

※ 절대온도
① 켈빈온도
K=273+℃
② 랭킨온도
°R=460+℉

※ 일

$W = JQ$

여기서,
W : 일[J]
J : 열의 일당량[J/cal]
Q : 열량[cal]

차 원	중력단위[차원]	절대단위[차원]
질량	$N \cdot s^2/m[FL^{-1}T^2]$	$kg[M]$
압력	$N/m^2[FL^{-2}]$	$kg/m \cdot s^2[ML^{-1}T^{-2}]$
밀도	$N \cdot s^2/m^4[FL^{-4}T^2]$	$kg/m^3[ML^{-3}]$
비중	무차원	무차원
비중량	$N/m^3[FL^{-3}]$	$kg/m^2 \cdot s^2[ML^{-2}T^{-2}]$
비체적	$m^4/N \cdot s^2[F^{-1}L^4T^{-2}]$	$m^3/kg[M^{-1}L^3]$

1 온도

$$℃ = \frac{5}{9}(°F - 32)$$

$$°F = \frac{9}{5}℃ + 32$$

2 힘

$1N = 10^5 dyne$, $1N = 1kg \cdot m/s^2$ 문02 보기①, $1dyne = 1g \cdot cm/s^2$ 문02 보기④,
$1kg_f = 9.8N = 9.8kg \cdot m/s^2$

★★★
문제 02 다음 중 단위가 틀린 것은?

① $1N = 1kg \cdot m/s^2$
② $1J = 1N \cdot m$
③ $1W = 1J/s$
④ $1dyne = 1kg \cdot m$ ($1g \cdot cm/s^2$)

답 ④

3 열량

$1kcal = 3.968BTU = 2.205CHU$,
$1BTU = 0.252kcal$, $1CHU = 0.4535kcal$

중요 열량

$$Q = mC\Delta T + rm$$ 문03 보기①

여기서, Q : 열량[kcal]
m : 질량[kg]
C : 비열(물의 비열 1kcal/kg · ℃)
ΔT : 온도차[℃]
r : 기화열(물의 기화열 539kcal/kg)

Key Point

★★★
문제 03 16회 문 38 / 10회 문 35

20℃의 물소화약제 0.4kg을 사용하여 거실의 화재를 소화하였다. 이 물소화약제 0.4kg이 기화하는 데 흡수한 열량은 몇 kcal인가?

(20℃ → ΔT, 0.4kg → m, 열량 → Q)

① 247.6　　② 212.6
③ 251.6　　④ 223.6

해설 (1) 기호

- ΔT : 20℃
- m : 0.4kg
- Q : ?

(2) 열량 Q는

$Q = mC\Delta T + rm = 0.4 \times 1 \times (100-20) + 539 \times 0.4 = 247.6\text{kcal}$

답 ①

4 일

W(일)$=F$(힘)$\times S$(거리)
$1\text{J} = 1\text{N} \cdot \text{m} = 1\text{kg} \cdot \text{m}^2/\text{s}^2$
$9.8\text{N} \cdot \text{m} = 9.8\text{J} = 2.34\text{cal}$
$1\text{cal} = 4.184\text{J}$

5 일률

$1\text{kW} = 1000\text{N} \cdot \text{m/s}$
$1\text{PS} = 75\text{kg} \cdot \text{m/s} = 0.735\text{kW}$
$1\text{HP} = 76\text{kg} \cdot \text{m/s} = 0.746\text{kW}$
$1\text{W} = 1\text{J/s}$

6 압력

$$p = \gamma h, \quad p = \frac{F}{A}$$

여기서, p : 압력〔kPa〕
γ : 비중량〔kN/m³〕
h : 높이〔m〕
F : 힘〔kN〕
A : 단면적〔m²〕

중요 **표준대기압**

$1\text{atm}(1기압) = 760\text{mmHg}(76\text{cmHg}) = 1.0332\text{kg}_f/\text{cm}^2(10332\text{kg}_f/\text{m}^2)$
$= 10.332\text{mH}_2\text{O}(\text{mAq})(10332\text{mmH}_2\text{O})$
$= 14.7\text{psi}(\text{lb}_f/\text{in}^2)$
$= 101.325\text{kPa}(\text{kN/m}^2)(101325\text{Pa})$
$= 1013\text{mbar}$

＊ 대기
지구를 둘러싸고 있는 공기

＊ 대기압
대기에 의해 누르는 압력

＊ 표준대기압
해수면에서의 대기압

＊ 국소대기압
한정된 일정한 장소에서의 대기압으로, 지역의 고도와 날씨에 따라 변함

＊ 압력
단위면적당 작용하는 힘

＊ 물속의 압력

$$P = P_0 + \gamma h$$

여기서,
P : 물속의 압력〔kPa〕
P_0 : 대기압(101.325kPa)
γ : 물의 비중량(9800N/m³)
h : 물의 깊이〔m〕

Key Point

※ 절대압
완전진공을 기준으로 한 압력
① 절대압=대기압+게이지압(계기압) 문04 보기②
② 절대압=대기압-진공압

※ 게이지압(계기압)
국소대기압을 기준으로 한 압력

※ 25℃의 물의 점도
1cp=0.01g/cm·s

※ 동점성계수
유체의 저항을 측정하기 위한 절대점도의 값

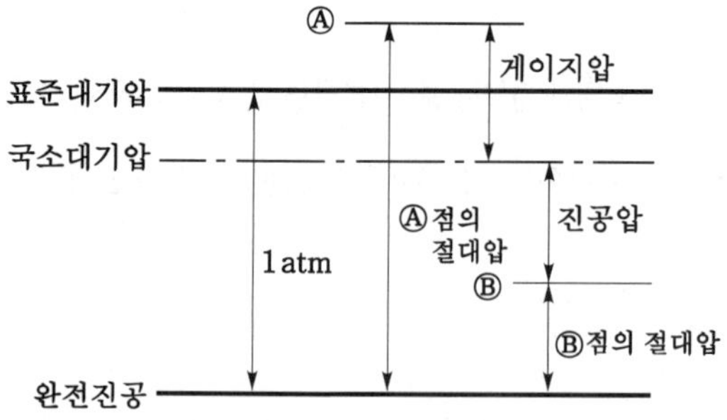

| 압력 측정의 기준 |

- 물에 있어서 압력이 증가하면 **비등점**(비점)이 높아진다.

★★
문제 04 게이지압력이 <u>1225.86kPa</u>인 용기에서 대기의 압력이 <u>105.9kPa</u>이었다면, 이 용기의 <u>절대압력</u>〔kPa〕은?

18회 문 48 / 14회 문 30 / 11회 문 43 / 11회 문 47 / 08회 문 09 / 05회 문 28 / 04회 문 37

① 1225.86　　② 1331.76
③ 1119.95　　④ 1442

해설 **절**대압=**대**기압+**게**이지압(계기압)=105.9+1225.86=1331.76kPa

기억법 **절대게**

답 ②

7 부피

1gal=3.785l
1barrel=42gallon
1m^3=1000l

8 점도

1p=1g/cm·s=1dyne·s/cm^2
1cp=0.01g/cm·s
1stokes=1cm^2/s(동점도)

중요 **동점성계수**

$$\nu = \frac{\mu}{\rho}$$

여기서, ν : 동점성계수〔cm^2/s〕
μ : 점성계수〔g/cm·s〕
ρ : 밀도〔g/cm^3〕

Key Point

✻ 비중
물 4℃를 기준으로 했을 때의 물체의 무게

9 비중

$$s = \frac{\rho}{\rho_w} = \frac{\gamma}{\gamma_w}$$

여기서, s : 비중
ρ : 어떤 물질의 밀도〔kg/m³〕
ρ_w : 물의 밀도(1000kg/m³ 또는 1000N·s²/m⁴)
γ : 어떤 물질의 비중량〔N/m³〕
γ_w : 물의 비중량(9800N/m³)

✻ 비중량
단위체적당 중량

✻ 물의 비중량
9800N/m³

10 비중량

$$\gamma = \rho g = \frac{W}{V}$$ 문05 보기②

여기서, γ : 비중량〔kN/m³〕
ρ : 밀도〔kg/m³〕
g : 중력가속도(9.8m/s²)
W : 중량〔kN〕
V : 체적〔m³〕

★★
문제 05 유체의 비중량 γ, 밀도 ρ 및 중력가속도 g와의 관계는?
19회 문 32
17회 문 31
16회 문 30

① $\gamma = \rho/g$ ② $\gamma = \rho g$
③ $\gamma = g/\rho$ ④ $\gamma = \rho/g^2$

해설

$$\gamma = \rho g = \frac{W}{V}$$

답 ②

✻ 비체적
단위질량당 체적

11 비체적

$$V_s = \frac{1}{\rho}$$

여기서, V_s : 비체적〔m³/kg〕
ρ : 밀도〔kg/m³〕

✻ 물의 밀도
ρ=1g/cm³
=1000kg/m³
=1000N·s²/m⁴

12 밀도

$$\rho = \frac{m}{V}$$

여기서, ρ : 밀도〔kg/m³〕
m : 질량〔kg〕
V : 부피〔m³〕

Key Point

※ 몰수

$$n = \frac{m}{M}$$

여기서, n : 몰수
M : 분자량
m : 질량〔kg〕

※ 완전기체
$P = \rho RT$를 만족시키는 기체

※ 공기의 기체상수
R_{air} =287J/kg·K
=287N·m/kg·K
=53.3lb$_f$·ft/lb·R

중요 **이상기체 상태방정식**

$$PV = nRT = \frac{m}{M}RT, \ \rho = \frac{PM}{RT}$$

여기서, P : 압력〔atm〕, V : 부피〔m^3〕,
n : 몰수$\left(\frac{m}{M}\right)$, R : 0.082(atm·m^3/kmol·K),
T : 절대온도(273+℃)〔K〕, m : 질량〔kg〕,
M : 분자량, ρ : 밀도〔kg/m^3〕

$$PV = mRT, \ \rho = \frac{P}{RT}$$ 문06 보기②

여기서, P : 압력〔N/m^2〕, V : 부피〔m^3〕,
m : 질량〔kg〕, R : $\frac{8314}{M}$〔N·m/kg·K〕,
T : 절대온도(273+℃)〔K〕, ρ : 밀도〔kg/m^3〕

$$PV = mRT$$

여기서, P : 압력〔Pa〕, V : 부피〔m^3〕,
m : 질량〔kg〕, $R(N_2)$: 296J/kg·K,
T : 절대온도(273+℃)〔K〕

★★
문제 06 압력 784.55kPa, 온도 20℃의 CO_2 기체 8kg을 수용한 용기의 체적은 얼마인가?
(P, K, m, V)
(단, CO_2의 기체상수 R = 0.188kJ/kg·K)

19회 문 89 / 18회 문 22 / 18회 문 30 / 16회 문 30 / 15회 문 06 / 14회 문 30 / 13회 문 03 / 11회 문 36 / 11회 문 47

① 0.34m^3
② 0.56m^3
③ 2.4m^3
④ 19.3m^3

해설 (1) **기호**

- P : 784.55kPa=784.55kJ/m^3(1kPa=1kJ/m^3이므로)
- K : 273+20=293K
- m : 8kg
- V : ?
- R : 0.188kJ/kg·K

(2) **절대온도** K는
K = 273 + ℃ = 273 + 20 = 293K
$PV = mRT$에서
체적 V는

$$V = \frac{mRT}{P} = \frac{8\text{kg} \times 0.188\text{kJ/kg} \cdot \text{K} \times 293\text{K}}{784.55\text{kJ/m}^3} ≒ 0.56\text{m}^3$$

답 ②

3 체적탄성계수

유체에서 작용한 **압력**과 **길이**의 **변형률**간의 비례상수를 말하며, 체적탄성계수가 클수록 압축하기 힘들다.

$$K = -\frac{\Delta P}{\Delta V / V}$$

여기서, K : 체적탄성계수[Pa], ΔP : 가해진 압력[Pa], $\Delta V/V$: 체적의 감소율
ΔV : 체적의 변화(체적의 차)[m^3], V : 처음 체적[m^3]

등온압축	단열압축
$K = P$	$K = kP$
여기서, K : 체적탄성계수[Pa], P : 압력[Pa], k : 단열지수	

Key Point

＊ 체적탄성계수
① 등온압축
$K = P$
② 단열압축
$K = kP$
여기서,
K : 체적탄성계수[Pa]
P : 절대압력[Pa]
k : 단열지수

중요 **압축률**

$$\beta = \frac{1}{K}$$

여기서, β : 압축률[1/kPa]
K : 체적탄성계수[Pa]

＊ 압축률
① 체적탄성계수의 역수
② 단위압력변화에 대한 체적의 변형도
③ 압축률이 적은 것은 압축하기 어렵다.

4 힘의 작용

1 수평면에 작용하는 힘

$$F = \gamma h A$$

여기서, F : 수평면에 작용하는 힘[kN]
γ : 비중량[kN/m^3]
h : 깊이[m]
A : 면적[m^2]

2 부력

$$F_B = \gamma V$$

여기서, F_B : 부력[kN]
γ : 비중량[kN/m^3]
V : 물체가 잠긴 체적[m^3]

• **부력**은 그 물체에 의해서 배제된 액체의 무게와 같다. 문07 보기②

＊ 부력
정지된 유체에 잠겨 있거나 떠 있는 물체가 유체에 의해 수직 상방으로 받는 힘

＊ 비중량
단위체적당 중량

Key Point

★★
문제 07 유체 속에 잠겨진 물체에 작용되는 부력은?
18회 문 49
05회 문 50

① 물체의 중량보다 크다.
② 그 물체에 의하여 배제된 액체의 무게와 같다.
③ 물체의 중력과 같다.
④ 유체의 비중량과 관계가 있다.

해설 **부력**은 그 물체에 의하여 배제된 액체의 무게와 같다.

용어

부력(Buoyant force)
정지된 유체에 잠겨 있거나 떠 있는 물체가 유체에 의해 수직상방으로 받는 힘

답 ②

3 물체의 무게

$$W = \gamma V$$

여기서, W : 물체의 무게[kN]
γ : 비중량[kN/m^3]
V : 물체가 잠긴 체적[m^3]

• 부력의 크기는 물체의 무게와 같지만 방향이 반대이다.

5 뉴턴의 법칙

1 뉴턴의 운동법칙

① 제1법칙(관성의 법칙) : 물체가 외부에서 작용하는 힘이 없으면, 정지해 있는 물체는 계속 정지해 있고, 운동하고 있는 물체는 계속 운동상태를 유지하려는 성질이다.
② 제2법칙(가속도의 법칙) : 물체에 힘을 가하면 힘의 방향으로 가속도가 생기고 물체에 가한 힘은 **질량**과 **가속도**에 **비례**한다.

$$F = ma$$

여기서, F : 힘[N]
m : 질량[kg]
a : 가속도[m/s^2]

＊관성
물체가 현재의 운동상태를 계속 유지하려는 성질

＊ $F = \dfrac{Wg}{g_c}$

여기서,
F : 힘[N]
W : 중량[N]
g : 중력가속도(9.8m/s^2)
g_c : 중력가속도[m/s^2]

＊ $F = mg$

문08 보기①

여기서,
F : 힘[N]
m : 질량[kg]
g : 중력가속도(9.8m/s^2)

Key Point

☆

문제 08 <u>200그램</u>의 무게는 몇 <u>뉴턴</u>〔Newton〕인가? (단, 중력가속도는 $\underline{980\text{cm/s}^2}$라고 한다.)
(200그램: m, 뉴턴: F, 980cm/s²: g)

① 1.96 ② 193
③ 19600 ④ 196000

해설 (1) 기호
- m : 200g=0.2kg(1kg=1000g이므로)
- F : ?
- g : 980cm/s²=9.8m/s²(1m=100cm이므로)

(2) $F = mg = 0.2\text{kg} \times 9.8\text{m/s}^2 = 1.96\text{kg}\cdot\text{m/s}^2 = 1.96\text{N}$

$$1\text{N} = 1\text{kg}\cdot\text{m/s}^2$$

답 ①

③ 제3법칙(작용 · 반작용의 법칙) : 물체에 힘을 가하면 다른 물체에는 반작용이 일어나고, 힘의 크기와 작용선은 서로 같으나 방향이 서로 반대이다.

2 뉴턴의 점성법칙

① **층류** : 전단응력은 원관 내에 유체가 흐를 때 **중심선**에서 0이고, **선형분포**에 **비례**하여 변화한다.

$$\tau = \frac{p_A - p_B}{l} \cdot \frac{r}{2}$$

여기서, τ : 전단응력〔N/m²〕
$p_A - p_B$: 압력강하〔N/m²〕
l : 관의 길이〔m〕
r : 반경〔m〕

- 전단응력은 흐름의 **중심**에서는 0이고, 벽면까지 직선적으로 상승하며 **반지름**에 **비례**하여 변한다.

② **난류** : 전단응력은 **점성계수**와 **속도구배**(속도변화율, 속도기울기)에 비례한다.

$$\tau = \mu \frac{du}{dy}$$

여기서, τ : 전단응력〔N/m²〕 문09 보기①
μ : 점성계수〔N · s/m²〕 문09 보기③
$\frac{du}{dy}$: 속도구배(속도기울기)$\left[\frac{1}{\text{s}}\right]$ 문09 보기②

- 유체에 전단응력이 작용하지 않으면 유동이 빨라진다.

* **점성**
운동하고 있는 유체에 서로 인접하고 있는 층 사이에 미끄럼이 생겨 마찰이 발생하는 성질

* **층류와 난류**
① 층류 : 규칙적으로 운동하면서 흐르는 유체

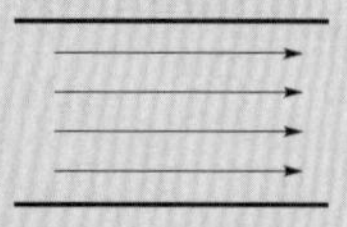

② 난류 : 불규칙적으로 운동하면서 흐르는 유체

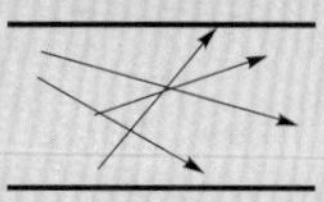

Key Point

※ 뉴턴유체와 비뉴턴 유체
① 뉴턴유체 : 뉴턴의 점성법칙을 만족하는 유체
② 비뉴턴유체 : 뉴턴의 점성법칙을 만족하지 않는 유체

※ 완전기체의 엔탈피
온도만의 함수이다.

※ 엔트로피(ΔS)
① 가역단열과정 : $\Delta S = 0$
② 비가역단열과정 : $\Delta S > 0$

문제 09 다음 중 Newton의 점성법칙과 관계없는 것은?

19회 문 28
16회 문 26
06회 문 46

① 전단응력　② 속도구배　③ 점성계수　④ 압력

해설 Newton의 **점성법칙**

$$\tau = \mu \frac{du}{dy}$$

여기서, τ : 전단응력[N/m^2], μ : 점성계수[N·s/m^2],
$\frac{du}{dy}$: 속도구배(속도기울기)

답 ④

③ 뉴턴유체 : 점성계수가 속도구배와 관계없이 일정하다(속도구배와 전단응력의 변화가 **원점**을 통하는 **직선적**인 **관계**를 갖는다).

6 열역학의 법칙

1 열역학 제0법칙(열평형의 법칙)

① 온도가 높은 물체와 낮은 물체를 접촉시키면 온도가 높은 물체에서 낮은 물체로 열이 이동하여 두 물체의 온도는 평형을 이루게 된다.
② 어떤 두 물체 A와 B가 제3의 물체 C와 각각 열평형상태에 있을 때, 두 물체 A와 B도 서로 열평형상태이다. 문10 보기①

2 열역학 제1법칙(에너지보존의 법칙)

기체의 공급에너지는 내부에너지와 외부에서 한 일의 합과 같다.

중요 Gibbs의 자유에너지

$$G = H - TS$$

여기서, G : Gibbs의 자유에너지, H : 엔탈피, T : 온도, S : 엔트로피

3 열역학 제2법칙

① 외부에서 열을 가하지 않는 한 열은 항상 **고온**에서 **저온**으로 **흐른다**(열은 스스로 저온에서 고온으로 절대로 흐르지 않는다).
② 자발적인 변화는 **비가역적**이다(자연계에서 일어나는 모든 변화는 비가역적이다).
③ 열을 완전히 일로 바꿀 수 있는 **열기관**은 만들 수 **없다**(흡수한 열 전부를 일로 바꿀 수 없다).

Key Point

4 열역학 제3법칙

1atm에서 결정상태이면 그 엔트로피는 0K에서 0이다(절대 영(0)도에 있어서는 모든 순수한 고체 또는 액체의 엔트로피 등압비열의 증가량은 0이 된다).

중요 **카르노사이클의 순서**

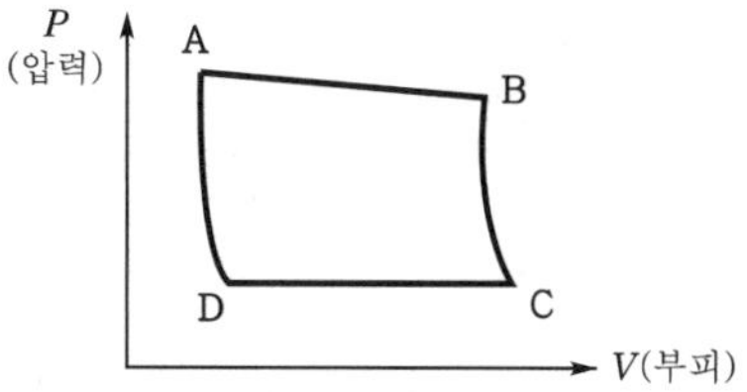

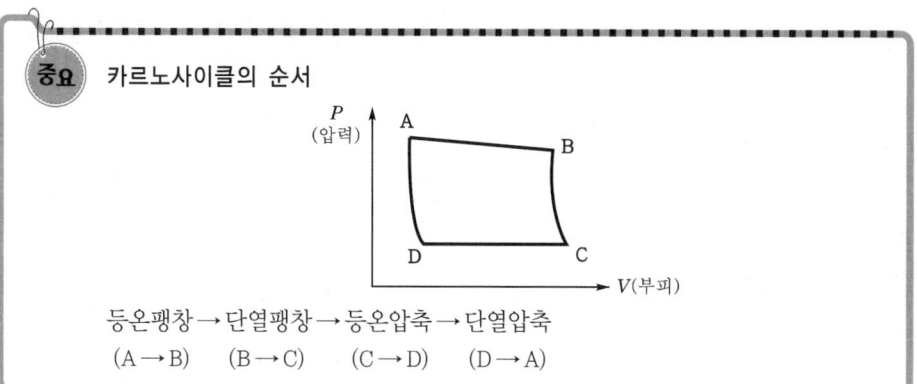

등온팽창 → 단열팽창 → 등온압축 → 단열압축
(A → B) (B → C) (C → D) (D → A)

★★★
문제 10 **다음에서 설명하고 있는 열역학 법칙은?**

> 어떤 두 물체 A와 B가 제3의 물체 C와 각각 열평형상태에 있을 때, 두 물체 A와 B도 서로 열평형상태이다.

① 열역학 제0법칙
② 열역학 제1법칙
③ 열역학 제2법칙
④ 열역학 제3법칙

해설 ① 열역학 제0법칙 : 열평형의 법칙

답 ①

✻ 가역과정
등엔트로피과정
① 마찰이 없는 노즐에서의 팽창
② 마찰이 없는 관 내의 흐름
③ Carnot(카르노)의 순환

✻ 비가역과정
수직충격파는 비가역과정이다.

출제예상문제

(유체의 일반적 성질)

출제확률 6.5% (2문제)

★

01 이상유체란 무엇을 가리키는가?

① 점성이 없고 비압축성인 유체
② 점성이 없고 $PV = RT$를 만족시키는 유체
③ 비압축성 유체
④ 점성이 없고 마찰손실이 없는 유체

해설

① 이상유체 : 점성이 없으며, 비압축성인 유체

비교

실제유체
(1) 유동시 **마찰**이 **존재**하는 유체
(2) 점성이 있으며, **압축성**인 유체

답 ①

★

02 이상유체에 대한 설명 중 적합한 것은?

① 비압축성 유체로서 점성의 법칙을 만족시킨다.
② 비압축성 유체로서 점성이 없다.
③ 압축성 유체로서 점성이 있다.
④ 점성유체로서 비압축성이다.

해설 문제 1 참조

② **이상유체** : 점성이 없으며, 비압축성인 유체

답 ②

★

03 질량 M, 길이 L, 시간 T로 표시할 때 운동량의 차원은 어느 것인가?

① [MLT]　　② $[ML^{-1}T]$
③ $[MLT^{-2}]$　　④ $[MLT^{-1}]$

해설

차 원	중력단위[차원]	절대단위[차원]
운동량	N·s[FT]	kg·m/s$[MLT^{-1}]$
힘	N[F]	kg·m/$s^2$$[MLT^{-2}]$
압력	N/$m^2$$[FL^{-2}]$	kg/m·$s^2$$[ML^{-1}T^{-2}]$
밀도	N·s^2/$m^4$$[FL^{-4}T^2]$	kg/$m^3$$[ML^{-3}]$
비중량	N/$m^3$$[FL^{-3}]$	kg/m^2·$s^2$$[ML^{-2}T^{-2}]$
비체적	m^4/N·$s^2$$[F^{-1}L^4T^{-2}]$	m^3/kg$[M^{-1}L^3]$

답 ④

★

04 단위가 틀린 것은?

① $1N = 1kg \cdot m/s^2$
② $1J = 1N \cdot m$
③ $1W = 1J/s$
④ $1dyne = 1kg/cm^2$ (1g·cm/s^2)

답 ④

★

05 열은 에너지의 한 형태로서 기계적 일이 열로 변화하고, 반대로 열이 기계적 일로도 변화할 수 있는데, 열량 Q는 변화하는 기계적 일과 같은데 M.K.S 절대단위로 J은 얼마인가?

① 4.18kJ/kcal　　② 4.18kcal
③ 3.75kJ/kcal　　④ 3.75kJ

해설

• 열의 일당량 : 4.18kJ/kcal

답 ①

★

06 탄산가스 5kg(m)을 일정한 압력으로 10℃(ΔT)하에서 50℃(ΔT)까지 가열하는 데 필요한 열량(Q)〔kcal〕은? (이때 정압비열은 0.19kcal/kg·℃(C)이다.)

① 9.5　　② 38
③ 47.4　　④ 58

해설 (1) 기호

- m : 5kg
- ΔT : (50−10)℃
- Q : ?
- C : 0.19kcal/kg · ℃

(2) 열량

$$Q = mC\Delta T + rm$$

여기서, Q : 열량[kcal]
m : 질량[kg]
C : 비열[kcal/kg · ℃]
ΔT : 온도차[℃]
r : 기화열[kcal/kg]

열량 Q는

$Q = mC\Delta T$
$= 5\text{kg} \times 0.19\text{kcal/kg} \cdot ℃ \times (50-10)℃$
$= 38\text{kcal}$

- 온도변화만 있고 기화는 되지 않았으므로 공식에서 rm은 **무시**

답 ②

☆

07 탄산가스 5kg(m)을 일정압력하에 10℃(ΔT)에서 80℃(ΔT)까지 가열하는 데 68kcal(Q)의 열량을 소비하였다. 이때 정압비열(C)은 얼마인가?

① 0.1943kcal/kg · ℃
② 0.2943kcal/kg · ℃
③ 0.3943kcal/kg · ℃
④ 0.4943kcal/kg · ℃

해설 문제 6 참조

(1) 기호

- m : 5kg
- ΔT : (80−10)℃
- Q : 68kcal
- C : ?

(2) 열량 Q는

$Q = mC\Delta T$에서

정압비열 C는

$$C = \frac{Q}{m\Delta T} = \frac{68\text{kcal}}{5\text{kg} \times (80-10)℃}$$
$$≒ 0.1943\text{kcal/kg} \cdot ℃$$

답 ①

☆

08 20℃(ΔT)의 물분무소화약제 0.4kg(m)을 사용하여 거실의 화재를 소화하였다. 이 약제가 기화하는 데 흡수한 양(Q)은 몇 kcal인가?

① 247.6
② 212.5
③ 251.6
④ 223.5

해설 문제 6 참조

(1) 기호

- ΔT : (100−20)℃
- m : 0.4kg
- Q : ?

(2) 열량 Q는

$Q = mC\Delta T + rm$
$= 0.4\text{kg} \times 1\text{kcal/kg} \cdot ℃ \times (100-20)℃$
$+ 539\text{kcal/kg} \times 0.4\text{kg} = 247.6\text{kcal}$

참고

물의 비열	물의 기화열
1kcal/kg · ℃	539kcal/kg

답 ①

☆

09 탄산가스 2kg(m)을 일정압력하에 10℃(ΔT)에서 80℃(ΔT)까지 가열하는 데 68kcal(Q)의 열량을 소비하였다. 이때 정압비열(C)은 얼마인가?

① 0.1943kcal/kg · ℃
② 0.2943kcal/kg · ℃
③ 0.3943kcal/kg · ℃
④ 0.4857kcal/kg · ℃

해설 (1) 기호

- m : 2kg
- ΔT : (80−10)℃
- Q : 68kcal
- C : ?

(2) 열량

$$Q = mC_P\Delta T + rm$$

여기서, Q : 열량[kcal]
m : 질량[kg]
C_P : 정압비열[kcal/kg · ℃]

ΔT : 온도차[℃]

r : 기화열[kcal]

열량 Q는

$Q = mC_P\Delta T$에서

정압비열 C_P는

$$C_P = \frac{Q}{m\Delta T} = \frac{68\text{kcal}}{2\text{kg} \times (80-10)℃} \fallingdotseq 0.4857\text{kcal/kg} \cdot ℃$$

참고

정압비열과 정적비열

정압비열	정적비열
압력을 일정하게 유지하고 단위질량의 개체 온도를 1℃ 높이는 데 필요한 열량	**체적**을 일정하게 유지하고 단위질량의 개체 온도를 1℃ 높이는 데 필요한 열량

답 ④

★

10 표준대기압 1atm으로서 옳지 않은 것은?

① 101.325kPa ② 760mmHg

③ 10.33mAq ④ 2.0bar

해설

$$\begin{aligned}1\text{atm} &= 760\text{mmHg}(76\text{cmHg}) \\ &= 1.0332\text{kg}_f/\text{cm}^2 \\ &= 10.332\text{mH}_2\text{O}(\text{mAq})(10332\text{mmAq}) \\ &= 14.7\text{psi}(\text{lb}_f/\text{in}^2) \\ &= 101.325\text{kPa}(\text{kN/m}^2)(101325\text{Pa}) \\ &= 1.013\text{bar}(1013\text{mbar})\end{aligned}$$

답 ④

★

11 표준대기압 1atm의 표시방법 중 틀린 것은?

① 101.325kPa ② 10.332mAq

③ 0.98bar ④ 760mmHg

1.013bar

해설 문제 10 참조

답 ③

★

12 다음의 단위환산 중 옳지 않은 것은?

① 1atm = 1013mbar = 760mmHg

② 10mAq = 735.5mmHg

③ 1bar = 750mmHg

④ 1Pa = 75mmHg

해설 문제 10 참조

$$101325\text{Pa} = 760\text{mmHg}$$

$$\frac{1\text{Pa}}{101325\text{Pa}} \times 760\text{mmHg} \fallingdotseq 7.5 \times 10^{-3}\text{mmHg}$$

답 ④

★

13 소방펌프차가 화재현장에 출동하여 그 곳에 설치되어 있는 정호에 물을 흡입하였다. 이때 진공계가 45cmHg를 표시하였다면 수면에서 펌프까지의 높이는 몇 m 인가?

① 6.12 ② 0.61

③ 5.42 ④ 0.54

해설 문제 10 참조

$$760\text{mmHg} = 76\text{cmHg} = 10.332\text{mH}_2\text{O}$$

$$\frac{45\text{cmHg}}{76\text{cmHg}} \times 10.332\text{mH}_2\text{O} \fallingdotseq 6.12\text{mH}_2\text{O}$$

답 ①

★

14 스프링클러설비에서 펌프양정이 100m이고 고가수조에서 펌프까지의 자연낙차가 50m일 때 펌프기동용 압력스위치의 조정압력은 다음 중 어느 것이 가장 적당한 것인가?

① 펌프 정지압력 1MPa, 기동압력 0.6MPa

② 펌프 정지압력 1MPa, 기동압력 0.5MPa

③ 펌프 정지압력 0.8MPa, 기동압력 0.5MPa

④ 펌프 정지압력 0.8MPa, 기동압력 0.6MPa

해설 문제 10 참조

$$10.332\text{mH}_2\text{O} = 101.325\text{kPa} = 0.101325\text{MPa}$$

$$\text{펌프 정지압력} = \frac{100\text{mH}_2\text{O}}{10.332\text{mH}_2\text{O}} \times 0.101325\text{MPa} \fallingdotseq 1\text{MPa}$$

$$\text{기동압력} = \frac{50\text{mH}_2\text{O}}{10.332\text{mH}_2\text{O}} \times 0.101325\text{MPa} \fallingdotseq 0.5\text{MPa}$$

답 ②

★
15 물올림 중인 어느 수평회전축 원심펌프에서 흡입구측에 설치된 연성계가 460mmHg를 가리키고 있었다면 이 펌프의 이론흡입양정은 얼마인가? (단, 대기압은 절대압력으로 101.4kPa이라고 한다.)

① 약 6.3m ② 약 5.8m
③ 약 4.6m ④ 약 4.1m

해설 문제 10 참조

$$760\text{mmHg} = 101.4\text{kPa} = 10.34\text{mH}_2\text{O}$$

$$\frac{460\text{mmHg}}{760\text{mmHg}} \times 10.34\text{mH}_2\text{O} \fallingdotseq 6.3\text{mH}_2\text{O}$$

답 ①

★
16 $24.85mH_2O$의 단위는 kPa로 환산하면 얼마나 되는가?

① 102.6 ② 202.6
③ 243.5 ④ 252.4

해설 문제 10 참조

$$10.332\text{mH}_2\text{O} = 101.325\text{kPa}$$

$$\frac{24.85\text{mH}_2\text{O}}{10.332\text{mH}_2\text{O}} \times 101.325\text{kPa} \fallingdotseq 243.5\text{kPa}$$

답 ③

★
17 수두 100mmAq로 표시되는 압력은 몇 Pa인가?

① 9.8 ② 98
③ 980 ④ 9800

해설 문제 10 참조

$$10.332\text{mAq} = 101.325\text{kPa}$$

$$10332\text{mmAq} = 101325\text{Pa}$$

$$\frac{100\text{mmAq}}{10332\text{mmAq}} \times 101325\text{Pa} \fallingdotseq 980\text{Pa}$$

답 ③

★
18 수압 4903.46kPa의 물 50N이 받는 압력에너지는 얼마인가? (단, 게이지압력이 0일 때 압력에너지는 없다고 한다.)

① 25N·m
② 250N·m
③ 2500N·m
④ 25000N·m

해설 문제 10 참조

$$101.325\text{kPa} = 10.332\text{mH}_2\text{O}$$

단위를 보고 계산하면

$$50\text{N} \times \frac{4903.46\text{kPa}}{101.325\text{kPa}} \times 10.332\text{mH}_2\text{O}$$
$$= 25000\text{N} \cdot \text{m}$$

답 ④

★
19 1atm 4℃에서의 물의 비중량은? (단, 중력의 가속도(g)는 $9.8m/s^2$이다.)

① 9.8 ② 5.1
③ 2.5 ④ 1.7

해설

$$9800\text{N/m}^3 = 9.8\text{kN/m}^3$$

답 ①

★
20 어떤 유체의 밀도가 $842.8N \cdot s^2/m^4$이다. (ρ) 이 액체의 비체적은 몇 m^3/kg인가? (V_s)

① 1.186×10^{-5} ② 1.186×10^{-3}
③ 2.03×10^{-3} ④ 2.03×10^{-5}

해설 (1) 기호

- ρ : $842.8N \cdot s^2/m^4$
- V_s : ?

(2) 비체적

$$V_s = \frac{1}{\rho}$$

여기서, V_s : 비체적([m^3/kg] 또는 [$m^4/N \cdot s^2$])
ρ : 밀도([kg/m^3] 또는 [$N \cdot s^2/m^4$])

비체적 V_s는

$$V_s = \frac{1}{\rho}$$
$$= \frac{1}{842.8\text{N} \cdot \text{s}^2/\text{m}^4} \fallingdotseq 1.186 \times 10^{-3}\text{m}^4/\text{N} \cdot \text{s}^2$$
$$= 1.186 \times 10^{-3}\text{m}^3/\text{kg}$$

- $1m^3/kg = 1m^4/N \cdot s^2$
- $1kg/m^3 = 1N \cdot s^2/m^4$

답 ②

☆
21 무게가 44100N인 어떤 기름의 체적이 5.36m³이다. 이 기름의 비중량은 얼마인가?
(W: 44100N, V: 5.36m³, γ: 비중량)

① $1.19kN/m^3$ ② $8.23kN/m^3$
③ $1190kN/m^3$ ④ $8400kN/m^3$

해설 (1) 기호
- W : 44100N
- V : $5.36m^3$
- γ : ?

(2) 비중량

$$\gamma = \rho g = \frac{W}{V}$$

여기서, γ : 비중량[N/m³]
ρ : 밀도[N·s²/m⁴]
g : 중력가속도(9.8m/s²)
W : 중량(무게)[N]
V : 체적[m³]

비중량 γ은

$$\gamma = \frac{W}{V} = \frac{44100N}{5.36m^3} \fallingdotseq 8230N/m^3 = 8.23kN/m^3$$

답 ②

☆
22 수은의 비중은 13.55이다. 수은의 비체적 m³/kg은?
(s: 13.55, V_s: 비체적)

① 13.55 ② $\frac{1}{13.55} \times 10^{-3}$
③ $\frac{1}{13.55}$ ④ 13.55×10^{-3}

해설 문제 20 참조
(1) 기호
- s : 13.55
- V_s : ?

(2) 비중

$$s = \frac{\rho}{\rho_w} = \frac{\gamma}{\gamma_w}$$

여기서, s : 비중
ρ : 어떤 물질의 밀도[kg/m³]
ρ_w : 물의 밀도(1000kg/m³)
γ : 어떤 물질의 비중량[N/m³]
γ_w : 물의 비중량(9800N/m³)

비중 s는

$s = \frac{\rho}{\rho_w}$ 에서

수은의 밀도 ρ는

$$\rho = s \cdot \rho_w = 13.55 \times 1000kg/m^3 = 13550kg/m^3$$

비체적 V_s는

$$V_s = \frac{1}{\rho} = \frac{1}{13550} = \frac{1}{13.55} \times 10^{-3} m^3/kg$$

답 ②

☆
23 240mmHg의 압력은 계기압력으로 몇 kPa인가? (단, 대기압의 크기는 760mmHg이고, 수은의 비중은 13.6이다.)

① -31.58 ② -70.72
③ -69.33 ④ -85.65

해설

절대압=대기압+게이지압(계기압)

게이지압=절대압 − 대기압
=240mmHg − 760mmHg
=− 520mmHg

760mmHg=101.325kPa

$$\frac{-520mmHg}{760mmHg} \times 101.325kPa \fallingdotseq -69.33kPa$$

- 수은의 비중은 본 문제를 해결하는 데 관계없다.

비교
절대압=대기압−진공압

답 ③

☆
24 대기압의 크기는 760mmHg이고, 수은의 비중은 13.6일 때, 250mmHg의 압력은 계기압력으로 몇 kPa인가?

① -31.58 ② -70.68
③ -67.99 ④ -85.65

해설 절대압=대기압+게이지압

게이지압=절대압−대기압
=250mmHg−760mmHg
=−510mmHg

760mmHg = 101.325kPa

$\frac{-510\text{mmHg}}{760\text{mmHg}} \times 101.325\text{kPa} = -67.99\text{kPa}$

• '−'는 **진공상태**를 의미한다.

답 ③

☆

25 국소대기압이 750mmHg이고, 계기압력이 29.42kPa일 때 절대압력은 몇 kPa인가?

① 129.41 ② 12.94
③ 102.61 ④ 10.26

해설 **절대압**=대기압+계기압

$= \left(\frac{750\text{mmHg}}{760\text{mmHg}} \times 101.325\text{kPa} \right) + 29.42\text{kPa}$

$\fallingdotseq 129.41\text{kPa}$

계기압=게이지압

답 ①

☆

26 소방자동차에 설치된 펌프에 흡입되는 물의 압력을 진공계로 재어보니 75mmHg이었다. 이때 기압계는 760mmHg를 가리키고 있다고 할 때 절대압력은 몇 kPa인가?

① 913.3 ② 9.133
③ 91.33 ④ 0.9133

해설 **절대압**=대기압−진공압
=760mmHg−75mmHg=685mmHg

760mmHg=101.325kPa 이므로

$\frac{685\text{mmHg}}{760\text{mmHg}} \times 101.325\text{kPa} \fallingdotseq 91.33\text{kPa}$

답 ③

☆

27 포아즈(P)는 유체의 점도를 나타낸다. 다음 중 점도의 단위로서 옳게 표시된 것은?

① g/cm · s ② m^2/s
③ g · cm/s ④ $cm/g \cdot s^2$

해설 $1\text{P} = 1\text{g/cm} \cdot \text{s} = 1\text{dyne} \cdot \text{s/cm}^2$

답 ①

☆

28 점성계수의 단위로는 포아즈(poise)를 사용하는데 다음 중 포아즈는 어느 것인가?

① cm^2/s ② $newton \cdot s/m^2$
③ $dyne \cdot s^2/cm^2$ ④ $dyne \cdot s/cm^2$

해설 문제 27 참조

④ $1\text{poise} = 1\text{g/cm} \cdot \text{s} = 1\text{dyne} \cdot \text{s/cm}^2$

답 ④

☆

29 $9.8N \cdot s/m^2$는 몇 poise인가?

① 9.8 ② 98
③ 980 ④ 9800

해설 $1\text{m}^2 = 10^4\text{cm}^2$
$1\text{N} = 10^5\text{dyne}$이므로
$9.8\text{N} = 9.8 \times 10^5\text{dyne}$
$1\text{poise} = 1\text{dyne} \cdot \text{s/cm}^2$이므로

$9.8\text{N} \cdot \text{s/m}^2 = \frac{9.8\text{N} \cdot \text{s}}{1\text{m}^2} \times \frac{1\text{m}^2}{10^4\text{cm}^2} \times \frac{9.8 \times 10^5\text{dyne}}{9.8\text{N}}$

$= 98\text{dyne} \cdot \text{s/cm}^2 = 98\text{poise}$

• 점도의 단위는 'poise' 또는 'P'를 사용한다.

답 ②

☆

30 점성계수가 0.9poise이고 밀도가 $931N \cdot s^2/m^4$인 유체의 동점성계수는 몇 stokes인가?
(μ: 0.9poise, ρ: $931N \cdot s^2/m^4$, ν: 동점성계수)

① 9.66×10^{-2} ② 9.66×10^{-4}
③ 9.66×10^{-1} ④ 9.66×10^{-3}

해설 (1) 기호

• μ : 0.9P=0.9g/cm · s
• ρ : $931\text{N} \cdot \text{s}^2/\text{m}^4 = 0.931\text{g/cm}^3$
• ν : ?

(2)

$$1\text{g/cm}^3 = 1000\text{N} \cdot \text{s}^2/\text{m}^4$$

$$\frac{931\text{N} \cdot \text{s}^2/\text{m}^4}{1000\text{N} \cdot \text{s}^2/\text{m}^4} \times 1\text{g/cm}^3 = 0.931\text{g/cm}^3$$

(3) **동점성계수**

$$\nu = \frac{\mu}{\rho}$$

여기서, ν : 동점성계수[cm^2/s]
μ : 점성계수[g/cm · s]
ρ : 밀도[g/cm^3]

동점성계수 ν는

$$\nu = \frac{\mu}{\rho} = \frac{0.9\text{g/cm} \cdot \text{s}}{0.931\text{g/cm}^3} = 0.966\text{cm}^2/\text{s} = 9.66 \times 10^{-1}\text{cm}^2/\text{s} = 9.66 \times 10^{-1}\text{stokes}$$

답 ③

★

31 기체상수 $\underline{R}$의 값 중 $\underline{l \cdot \text{atm/gmol} \cdot \text{K}}$의 단위에 맞는 수치는?

① 0.082 ② 62.36
③ 10.73 ④ 1.987

해설 **기체상수** R는

$$R = 0.082\text{atm} \cdot \text{m}^3/\text{kmol} \cdot \text{K} = 0.082\text{atm} \cdot l/\text{gmol} \cdot \text{K}$$

답 ①

★

32 $\underset{m}{\underline{\text{1kg}}}$의 이산화탄소가 기화하는 경우 $\underset{n}{\underline{\text{체적}}}$은 약 몇 l인가?

① 22.4 ② 224
③ 509 ④ 535

해설 (1) **기호**

- m : 1kg=1000g
- n : ?

(2) **몰수**

$$n = \frac{m}{M}$$

여기서, n : 몰수
m : 질량[kg]
M : 분자량[g/mol]

기체 1gmole의 부피는 **22.4l**이므로

몰수 n은

$$n = \frac{m}{M} = \frac{1000\text{g}}{44\text{g/mol}} \times 22.4l \fallingdotseq 509l$$

• CO_2 분자량 : **44g/mol**, **1kg=1000g**

답 ③

★

33 $\underset{m}{\underline{\text{1kg}}}$의 액체탄산가스를 $\underset{\text{K}}{\underline{15℃}}$에서 대기 중에 방출하면 몇 l 의 $\underset{V}{\underline{\text{가스체}}}$로 되는가?

① 34 ② 443
③ 534 ④ 434

해설 (1) **기호**

- m : 1kg
- K : (273+15)
- V : ?

(2) **절대온도** K는

K = 273 + ℃ = 273 + 15 = 288K

(3) **이상기체 상태방정식**

$$PV = nRT = \frac{m}{M}RT$$

여기서, P : 압력[atm]
V : 체적[m^3]
m : 몰수$\left(\frac{m}{M}\right)$
R : 0.082atm · m^3/kmol · K
T : 절대온도(273+℃)[K]
m : 질량[kg]
M : 분자량

$PV = nRT = \frac{m}{M}RT$ 에서

부피 V는

$$V = \frac{mRT}{PM} = \frac{1\text{kg} \times 0.082\text{atm} \cdot \text{m}^3/\text{kmol} \cdot \text{K} \times 288\text{K}}{1\text{atm} \times 44} = 0.5367\text{m}^3 = 536.7l$$

$1\text{m}^3 = 1000l$이므로 $0.5367\text{m}^3 = 536.7l$

탄산가스(CO_2)의 순도를 **99.5%**로 계산하면

$V = 536.7l \times 0.995 \fallingdotseq 534l$

답 ③

★

34 압력이 P일 때, 체적 V인 유체에 압력을 ΔP만큼 증가시켰을 경우 체적이 ΔV만큼 감소되었다면 이 유체의 체적탄성계수(K)는 어떻게 표현할 수 있는가?

① $K=-\dfrac{\Delta V}{\Delta P/\Delta V}$

② $K=-\dfrac{\Delta P}{\Delta V/V}$

③ $K=-\dfrac{\Delta P}{\Delta V/P}$

④ $K=-\dfrac{V}{\Delta V/P}$

해설 **체적탄성계수**

$$K=-\frac{\Delta P}{\Delta V/V}$$

여기서, K : 체적탄성계수〔kPa〕
ΔP : 가해진 압력〔kPa〕
$\Delta V/V$: 체적의 감소율
ΔV : 체적의 변화(체적의 차)〔m^3〕
V : 처음 체적〔m^3〕

- **체적탄성계수** : 어떤 압력으로 누를 때 이를 떠받치는 힘의 크기를 의미하며, 체적탄성계수가 클수록 압축하기 힘들다.

답 ②

★

35 물의 체적탄성계수가 245×10^4kPa(K)일 때 물의 체적을 1%($\Delta V/V$) 감소시키기 위해서는 몇 kPa의 압력(ΔP)을 가하여야 하는가?

① 20000 ② 24500
③ 30000 ④ 34500

해설 문제 34 참조
(1) 기호
- K : 245×10^4kPa
- $\Delta V/V$: 1%=0.01
- ΔP : ?

(2) 체적탄성계수 K는

$K=-\dfrac{\Delta P}{\Delta V/V}$에서

가해진 압력 ΔP는

$\Delta P \fallingdotseq \Delta V/V\cdot K$
$=0.01\times245\times10^4\text{kPa}=24500\text{kPa}$

답 ②

★

36 배관 속의 물에 압력을 가했더니 물의 체적이 0.5%($\Delta V/V$) 감소하였다. 이때 가해진 압력(ΔP)〔kPa〕은 얼마인가? (단, 물의 압축률은 5.098×10^{-7}〔1/kPa〕(β)이다.)

① 9806 ② 2501
③ 3031 ④ 3502

해설 문제 34 참조
(1) 기호
- $\Delta V/V$: 0.5%=0.005
- ΔP : ?
- β : 5.098×10^{-7}〔1/kPa〕

(2) 압축률

$$\beta=\frac{1}{K}$$

여기서, β : 압축률〔1/kPa〕
K : 체적탄성계수〔kPa〕

압축률 β는

$\beta=\dfrac{1}{K}$에서 $K=\dfrac{1}{\beta}$

체적탄성계수 K는

$K=-\dfrac{\Delta P}{\Delta V/V}$에서

가해진 압력 ΔP는

$\Delta P=\Delta V/V\cdot K$
$=\Delta V/V\cdot\dfrac{1}{\beta}$
$=0.005\times\dfrac{1}{5.098\times10^{-7}〔1/\text{kPa}〕}$
$\fallingdotseq 9806\text{kPa}$

답 ①

★

37 상온, 상압의 물의 부피를 2%($\Delta V/V$) 압축하는 데 필요한 압력(ΔP)은 몇 kPa인가? (단, 상온, 상압 시 물의 압축률은 4.844×10^{-7}〔1/kPa〕(β))

① 19817 ② 21031
③ 39625 ④ 41287

해설 **문제 34, 36 참조**

(1) **기호**

- $\Delta V/V$: 2%=0.02
- ΔP : ?
- β : 4.844×10^{-7}〔1/kPa〕

(2) $\beta = \dfrac{1}{K}$

$K = -\dfrac{\Delta P}{\Delta V/V}$ 에서

가해진 압력 ΔP는

$$\Delta P = \Delta V/V \cdot K$$
$$= \Delta V/V \cdot \frac{1}{\beta}$$
$$= 0.02 \times \frac{1}{4.844\times10^{-7}〔1/\mathrm{kPa}〕}$$
$$≒ 41287\mathrm{kPa}$$

답 ④

★

38 **이상기체를 등온압축시킬 때 체적탄성계수는? (단, P : 절대압력, k : 비열비, V : 비체적)**

① P　　② V
③ kP　　④ kV

해설 **체적탄성계수**

등온압축	단열압축
$K = P$ 여기서, K : 체적탄성계수〔Pa〕 P : 절대압력〔Pa〕	$K = kP$ 여기서, K : 체적탄성계수〔Pa〕 k : 단열지수 P : 절대압력〔Pa〕

답 ①

★

39 **유체의 압축률에 대한 서술로서 맞지 않는 것은?**

① 체적탄성계수의 역수에 해당한다.
② 체적탄성계수가 클수록 압축하기 힘들다.
③ 압축률은 단위압력변화에 대한 체적의 변형도를 말한다.
④ 체적의 감소는 밀도의 감소(증가)와 같은 의미를 갖는다.

해설 **밀도**

$$\rho = \frac{m}{V}$$

여기서, ρ : 밀도〔$\mathrm{kg/m^3}$〕
m : 질량〔kg〕
V : 체적〔$\mathrm{m^3}$〕

답 ④

★

40 **압축률에 대한 설명으로서 틀린 것은?**

① 압축률은 체적탄성계수의 역수이다.
② 유체의 체적감소는 밀도의 감소(증가)와 같은 의미를 가진다.
③ 압축률은 단위압력변화에 대한 체적의 변형도를 뜻한다.
④ 압축률이 적은 것은 압축하기 어렵다.

해설 **문제 39 참조**

답 ②

★

41 **비중이 1.03(s)인 바닷물에 전체 부피의 15%가 밖에 떠 있는 빙산이 있다. 이 빙산의 비중은(s_s)?**

① 0.875　　② 0.927
③ 1.927　　④ 0.155

해설 (1) **기호**

- s : 1.03
- V : (100−15)%
- s_s : ?

(2) 잠겨 있는 **체적**(부피)**비율**

$$V = \frac{s_s}{s}$$

여기서, V : 잠겨 있는 체적(부피)비율
s_s : 어떤 물질의 비중(빙산의 비중)
s : 표준물질의 비중(바닷물의 비중)

빙산의 **비중** s_s 는

$$s_s = s \cdot V$$
$$= 1.03 \times 0.85$$
$$≒ 0.875$$

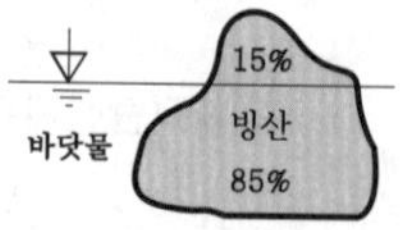

답 ①

☆
42 바닷속을 잠수함이 항진하고 있는데 그 위에 빙산이 떠 있다. 잠수함에 미치는 압력의 변화는?

① 빙산이 없을 때와 같다.
② 빙산이 있으면 압력이 작아진다.
③ 빙산이 있으면 압력이 커진다.
④ 잠수함이 정지하고 있을 때와 항진하고 있을 때 차이가 있다.

해설 빙산이 떠 있다 할지라도 잠수함에 미치는 압력의 변화는 없다.

답 ①

Key Point

2. 유체의 운동과 법칙

출제확률 5.5% (1문제)

1 흐름의 상태

1 정상류와 비정상류

정상류(Steady flow)	비정상류(Unsteady flow)
유체의 흐름의 특성이 **시간**에 따라 변하지 않는 흐름 문01 보기② $\frac{\partial V}{\partial t}=0,\ \frac{\partial \rho}{\partial t}=0,\ \frac{\partial p}{\partial t}=0,\ \frac{\partial T}{\partial t}=0$ 여기서, V : 속도〔m/s〕, ρ : 밀도〔kg/m^3〕 p : 압력〔kPa〕, T : 온도〔℃〕 t : 시간〔s〕	유체의 흐름의 특성이 **시간**에 따라 변하는 흐름 문01 보기① $\frac{\partial V}{\partial t}\neq 0,\ \frac{\partial \rho}{\partial t}\neq 0,\ \frac{\partial p}{\partial t}\neq 0,\ \frac{\partial T}{\partial t}\neq 0$ 여기서, V : 속도〔m/s〕, ρ : 밀도〔kg/m^3〕 p : 압력〔kPa〕, T : 온도〔℃〕 t : 시간〔s〕

※ 정상류
① 직관로 속에 일정한 유속을 가진 물
② 시간에 따라 유체의 속도변화가 없는 것

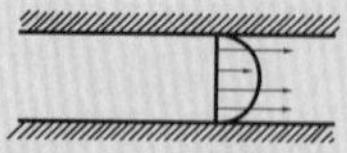

※ 압력
단위면적당 작용하는 힘

☆

문제 01 흐르는 유체에서 정상류란 어떤 것을 지칭하는가?

11회 문 42
02회 문 49

유사문제부터 풀어보세요. 실력이 팍!팍! 올라갑니다.

① 흐름의 임의의 점에서 흐름의 특성이 시간에 따라 일정하게 변하는 흐름
② 흐름의 임의의 점에서 흐름의 특성이 시간에 따라 변하지 않는 흐름
③ 임의의 시각에 유로 내 모든 점의 속도벡터가 일정한 흐름
→ 균일류(Uniform flow)
④ 임의의 시각에 유로 내 각점의 속도벡터가 다른 흐름
→ 비균일류(Non-uniform flow)

해설 **정상류**와 **비정상류**

정상류(Steady flow)	비정상류(Unsteady flow)
유체의 흐름의 특성이 **시간**에 따라 변하지 않는 흐름	유체의 흐름의 특성이 **시간**에 따라 변하는 흐름

답 ②

---

2 점성유체와 비점성유체

점성유체(Viscous fluid)	비점성유체(Inviscous fluid)
유체 유동시 **마찰저항**이 **존재**하는 유체	유체 유동시 마찰저항이 존재(유발)하지 않는 유체

Key Point

3 유선, 유적선, 유맥선

구 분	설 명
유선(Stream line)	유동장의 한 선상의 모든 점에서 그은 접선이 그 점의 속도방향과 일치되는 선이다.
유적선(Path line)	한 유체입자가 일정한 기간 내에 움직여 간 경로를 말한다.
유맥선(Streak line)	모든 유체입자의 **순간적인 부피를** 말하며, 연소하는 물질의 체적 등을 말한다.

기억법 유속일, 맥연(매연)

* 유동장
여러 개의 유선군으로 이루어져 있는 흐름영역

2 연속방정식(Continuity equation)

유체의 흐름이 정상류일 때 임의의 한 점에서 속도, 온도, 압력, 밀도 등의 평균값이 시간에 따라 변하지 않으며 그림과 같이 임의의 점 1과 점 2에서의 단면적, 밀도, 속도를 곱한 값은 같다.

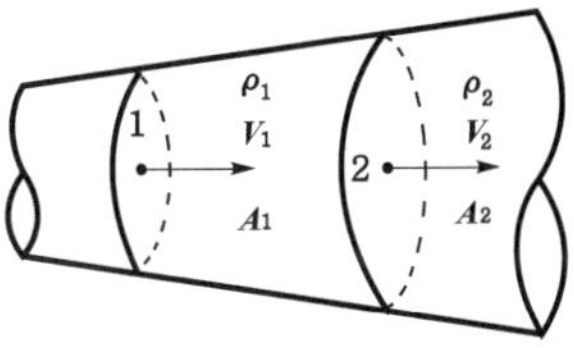

| 연속방정식 |

* 연속방정식
질량보존(질량불변)의 법칙의 일종
① $d(\rho VA)=0$
② $\rho dA=C$
③ $\frac{dA}{A}=\frac{d\rho}{\rho}=\frac{dV}{V}=0$

1 질량유량(Mass flowrate)

$$\overline{m}=A_1V_1\rho_1=A_2V_2\rho_2$$ 문02 보기③

여기서, $\overline{m}$: 질량유량[kg/s]
A_1, A_2 : 단면적[m^2]
V_1, V_2 : 유속[m/s]
ρ_1, ρ_2 : 밀도[kg/m^3]

* 유속
유체의 속도

★★
문제 02 질량유량 300kg/s($\overline{m}$)의 물이 관로 내를 흐르고 있다. 내경이 350mm인 관에서 320mm(ρ)의 관으로 물이 흐를 때 320mm인 관의 평균유속(V)은 얼마인가?

11회 문 47
09회 문 38
05회 문 30
03회 문 27

① 3.120m/s ② 37.32m/s ③ 3.732m/s ④ 31.20m/s

해설 (1) 기호
- $\overline{m}$: 300kg/s
- ρ : 320mm
- V : ?

(2) $\overline{m}=AV\rho$ 에서
평균유속 V는

$$V=\frac{\overline{m}}{A\rho}=\frac{300\text{kg/s}}{\frac{\pi}{4}(0.32\text{m})^2\times1000\text{kg/m}^3}\fallingdotseq3.732\text{m/s}$$

물의 밀도(ρ)= 1000kg/m^3

답 ③

Key Point

2 중량유량(Weight flowrate)

$$G = A_1 V_1 \gamma_1 = A_2 V_2 \gamma_2$$

여기서, G : 중량유량[N/s]
A_1, A_2 : 단면적[m^2]
V_1, V_2 : 유속[m/s]
γ_1, γ_2 : 비중량[N/m^3]

※ 유량
관내를 흘러가는 유체의 양

3 유량(Flowrate)=체적유량

$$Q = A_1 V_1 = A_2 V_2,\ A_1 = \frac{\pi D_1^2}{4},\ A_2 = \frac{\pi D_2^2}{4} V$$

여기서, Q : 유량[m^3/s]
A_1, A_2 : 단면적[m^2]
V_1, V_2 : 유속[m/s]
D_1, D_2 : 직경(지름)[m]

• 공기가 관속으로 흐르고 있을 때는 **체적유량**으로 **표시**하기 **곤란**하다.

※ 비압축성 유체
① 액체와 같이 체적이 변화하지 않는 유체
② 유체의 속도나 압력의 변화에 관계없이 밀도가 일정하다.

4 비압축성 유체

압력을 받아도 체적변화를 일으키지 아니하는 유체이다.

$$\frac{V_1}{V_2} = \frac{A_2}{A_1} = \left(\frac{D_2}{D_1}\right)^2$$ 문03 보기④

여기서, V_1, V_2 : 유속[m/s]
A_1, A_2 : 단면적[m^2]
D_1, D_2 : 직경[m]

★★
문제 03 [13회 문 27]
안지름 25cm(D_1)의 관에 비중이 0.998의 물이 5m/s(V_1)의 유속으로 흐른다. 하류에서 파이프의 내경이 10cm(D_2)로 축소되었다면 이 부분에서의 유속(V_2)은 얼마인가?

① 25.0m/s ② 12.5m/s
③ 3.125m/s ④ 31.25m/s

해설 (1) **기호**

• D_1 : 25cm
• V_1 : 5m/s
• D_2 : 10cm
• V_2 : ?

(2) $\frac{V_1}{V_2} = \frac{A_2}{A_1} = \left(\frac{D_2}{D_1}\right)^2$에서

$$V_2 = \left(\frac{D_1}{D_2}\right)^2 \times V_1 = \left(\frac{25\text{cm}}{10\text{cm}}\right)^2 \times 5\text{m/s} = 31.25\text{m/s}$$

답 ④

Key Point

3 오일러의 운동방정식과 베르누이 방정식

1 오일러의 운동방정식(Euler equation of motion)

오일러의 운동방정식을 유도하는 데 사용된 가정은 다음과 같다.

① **정상유동**(정상류)일 경우
② 유체의 **마찰**이 **없을 경우**(점성마찰이 없을 경우)
③ 입자가 **유선**을 따라 **운동**할 경우

2 베르누이 방정식(Bernoulli's equation)

그림과 같이 유체흐름이 관의 단면 1과 2를 통해 정상적으로 유동하는 이상유체라면 에너지보존법칙에 의해 다음과 같은 식이 성립된다.

• **베르누이 방정식** : 같은 유선상에 있는 임의의 두 점 사이에 일어나는 관계이다.

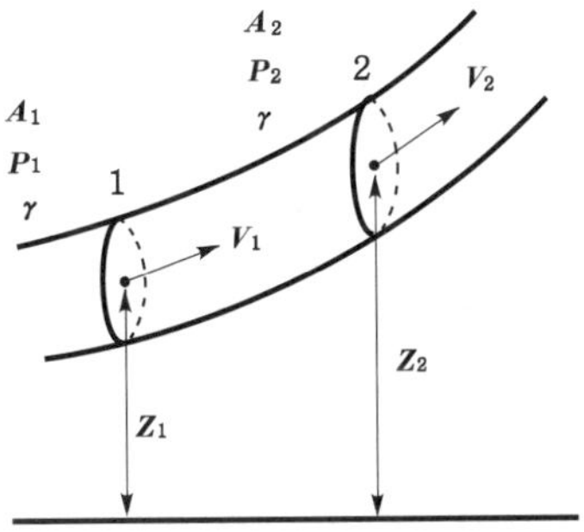

‖ 베르누이 방정식 ‖

(1) 이상유체

$$\frac{V_1^{\ 2}}{2g} + \frac{p_1}{\gamma} + Z_1 = \frac{V_2^{\ 2}}{2g} + \frac{p_2}{\gamma} + Z_2 = \text{일정(또는 } H\text{)}$$

↑ (속도수두) [문04 보기④]　↑ (압력수두) [문04 보기③]　↑ (위치수두) [문04 보기①]

여기서, V_1, V_2 : 유속〔m/s〕
p_1, p_2 : 압력(〔kPa〕 또는 〔kN/m²〕)
Z_1, Z_2 : 높이〔m〕
g : 중력가속도(9.8m/s²)
γ : 비중량〔kN/m³〕
H : 전수두〔m〕

※ 베르누이 방정식
수두 각 항의 단위는 m이다.

속도수두	압력수두
동압으로 환산	정압으로 환산

※ 베르누이 방정식의 적용 조건
① 정상흐름
② 비압축성 흐름
③ 비점성 흐름
④ 이상유체

기억법
베정비이
(배를 정비해서 이곳을 떠나라)

※ 전압
전압=동압+정압

※ 운동량
운동량=질량×속도
(〔kg·m/s〕 또는 〔N·s〕)

Key Point

★★★

문제 04 이상유체 흐름에서 베르누이 방정식의 전수두(Total head)를 구성하는 수두가 아닌 것은?

19회 문 26
18회 문 44
17회 문 26
17회 문 29
17회 문115
16회 문 28
14회 문 27
13회 문 28
13회 문 32
12회 문 27
12회 문 37
10회 문106
09회 문 48

① 위치수두
② 마찰손실수두
③ 압력수두
④ 속도수두

해설

전수두=속도수두+압력수두+위치수두

답 ②

(2) 비압축성 유체(수정 베르누이 방정식)

$$\frac{{V_1}^2}{2g} + \frac{p_1}{\gamma} + Z_1 = \frac{{V_2}^2}{2g} + \frac{p_2}{\gamma} + Z_2 + \Delta H$$

↑ (속도수두) ↑ (압력수두) ↑ (위치수두)

여기서, V_1, V_2 : 유속〔m/s〕
p_1, p_2 : 압력(〔kPa〕 또는 〔kN/m^2〕)
Z_1, Z_2 : 높이〔m〕
g : 중력가속도(9.8m/s^2)
γ : 비중량〔kN/m^3〕
ΔH : 손실수두〔m〕

4 운동량 방정식

※ 운동량 방정식의 가정
① 유동단면에서의 유속은 일정하다.
② 정상유동이다.

1 운동량 보정계수(수정계수)

$$\beta = \frac{1}{AV^2}\int_A v^2 dA$$ 문05 보기④

여기서, β : 운동량 보정계수, A : 단면적〔m^2〕,
dA : 미소단면적〔m^2〕, V : 유속〔m/s〕

※ 보정계수
수정계수

2 운동에너지 보정계수(수정계수)

$$\alpha = \frac{1}{AV^3}\int_A v^3 dA$$ 문05 보기③

여기서, α : 운동에너지 보정계수, A : 단면적〔m^2〕,
dA : 미소단면적〔m^2〕, V : 유속〔m/s〕

Key Point

문제 05 단면 A를 통과하는 유체의 속도를 변수 V라 하고 미소단면적을 dA라 하면 운동에너지 수정계수(α)는 어떻게 표시할 수 있는가?

① $\alpha = \dfrac{1}{A^3V^3}\displaystyle\int_A v^3 dA$　　② $\alpha = \dfrac{1}{A^3V}\displaystyle\int_A v^3 dA$

③ $\alpha = \dfrac{1}{AV^3}\displaystyle\int_A v^3 dA$　　④ $\alpha = \dfrac{1}{AV^2}\displaystyle\int_A v^2 dA$

해설 운동량 방정식

운동량 수정계수	운동에너지 수정계수
$\beta = \dfrac{1}{AV^2}\displaystyle\int_A v^2 dA$	$\alpha = \dfrac{1}{AV^3}\displaystyle\int_A v^3 dA$

답 ③

3 운동에너지

$$E_k = \frac{1}{2}mV^2$$

여기서, E_k : 운동에너지[kg · m²/s²]
m : 질량[kg]
V : 유속[m/s]

- 이상기체의 내부에너지는 **온도**만의 함수이다.

※ 에너지
일을 할 수 있는 능력

※ 에너지선
수력구배선보다 속도수두만큼 위에 있다.

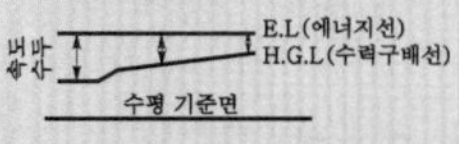

4 힘

$$F = \rho QV$$ 문06 보기④

여기서, F : 힘[kg_f]
ρ : 밀도(물의 밀도 1000N · s²/m⁴)
Q : 유량[m³/s]
V : 유속[m/s]

문제 06 [08회 문 44] 물이 10m/s(V)의 속도로 가로 50cm×50cm(A)의 고정된 평판에 수직으로 작용하고 있다. 이때 평판에 작용하는 힘은(F)?

① 2450N　　② 2500N
③ 8500N　　④ 25000N

해설 (1) 기호

- V : 10m/s
- A : (0.5×0.5)m²(1m=100cm이므로)

Key Point

(2) 유량 Q는

$Q = AV = (0.5\times0.5)\text{m}^2\times10\text{m/s} = 2.5\text{m}^3/\text{s}$

힘 F는

$F = \rho QV = 1000\text{N}\cdot\text{s}^2/\text{m}^4\times2.5\text{m}^3/\text{s}\times10\text{m/s} \fallingdotseq 25000\text{N}$

물의 밀도(ρ) = $1000\text{N}\cdot\text{s}^2/\text{m}^4$

답 ④

5 토리첼리의 식과 파스칼의 원리

1 토리첼리의 식(Torricelli's theorem)

$$V = \sqrt{2gH}$$

여기서, V : 유속〔m/s〕

g : 중력가속도(9.8m/s²)

H : 높이〔m〕

＊ 유속
유체의 속도

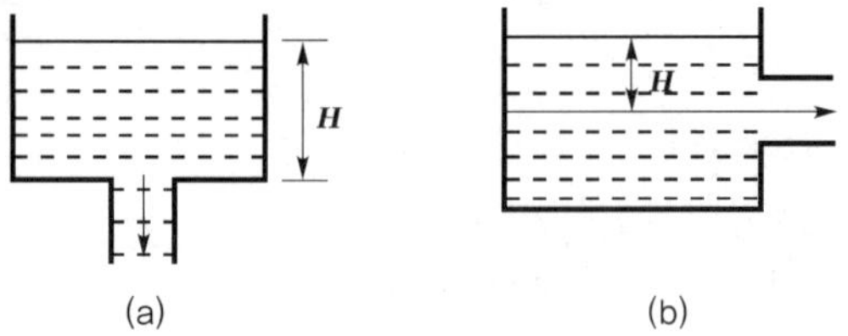

▮ 유속 ▮

2 파스칼의 원리(principle of Pascal)

＊ 파스칼의 원리
밀폐용기에 들어 있는 유체압력의 크기는 변하지 않으며 모든 방향으로 전달된다.

$$\frac{F_1}{A_1} = \frac{F_2}{A_2},\ p_1 = p_2$$

여기서, F_1, F_2 : 가해진 힘〔kN〕

A_1, A_2 : 단면적〔m²〕

p_1, p_2 : 압력(〔kPa〕 또는 〔kN/m²〕)

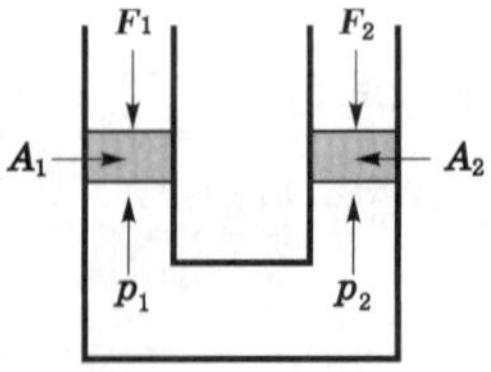

▮ 파스칼의 원리 ▮

• **수압기** : 파스칼의 원리를 이용한 대표적 기계 문07 보기④

Key Point

★★
문제 07 수압기는 다음 어느 정리를 응용한 것인가?
18회 문 50
① 토리첼리의 정리 ② 베르누이의 정리
③ 아르키메데스의 정리 ④ 파스칼의 정리

해설 **수압기** : **파스칼**의 **원리**를 이용한 대표적 기계

기억법 **수파**

- **파스칼의 원리** : 밀폐용기에 들어있는 유체압력의 크기는 변하지 않으며 모든 방향으로 전달된다.

답 ④

6 표면장력과 모세관현상

1 표면장력(Surface tension)

액체와 공기의 경계면에서 액체분자의 응집력이 액체분자와 공기분자 사이에 작용하는 부착력보다 크게 되어 액체표면적을 축소시키기 위해 발생하는 힘

$$\sigma = \frac{\Delta p D}{4}$$

여기서, σ : 표면장력〔N/m〕
Δp : 압력차〔Pa〕
D : 내경〔m〕

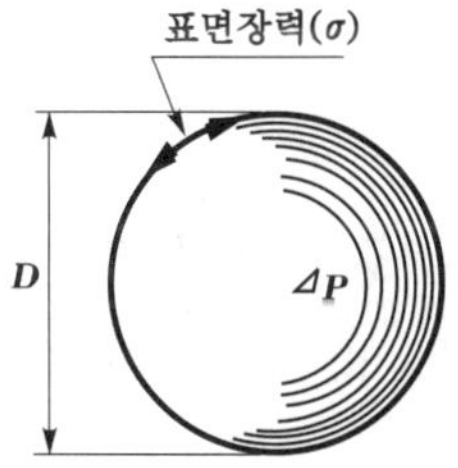

‖ 표면장력 ‖

2 모세관현상(Capillarity in tube)

액체와 고체가 접촉하면 상호 **부착**하려는 **성질**을 갖는데 이 **부착력**과 액체의 **응집력**의 **상대적 크기**에 의해 일어나는 현상

$$h = \frac{4\sigma \cos\theta}{\gamma D}$$ 문08 보기①

여기서, h : 상승높이〔m〕
σ : 표면장력〔N/m〕
θ : 각도
γ : 비중량(물의 비중량 9800N/m^3)
D : 관의 내경〔m〕

✱ **표면장력**
① 단위 : dyne/cm, N/m
② 차원 : $[FL^{-1}]$

✱ **응집력과 부착력**
① 응집력 : 같은 종류의 분자끼리 끌어 당기는 성질
② 부착력 : 다른 종류의 분자끼리 끌어 당기는 성질

✱ **모세관현상**
액체 속에 가는 관을 넣으면 액체가 상승 또는 하강하는 현상

Key Point

＊ 응집력<부착력
액면이 상승한다.

＊ 응집력>부착력
액면이 하강한다.

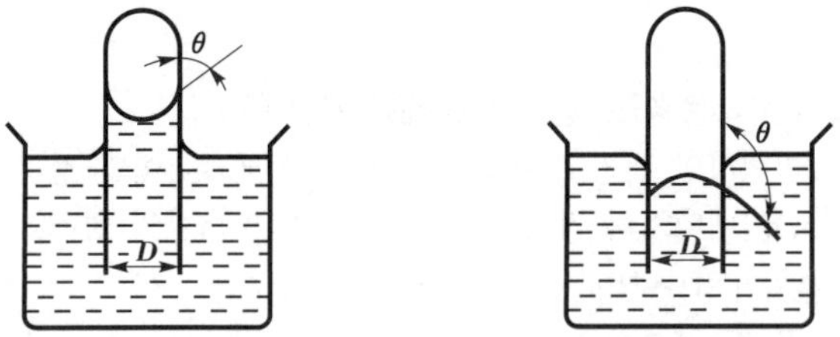

(a) 물(H_2O) 응집력<부착력　　(b) 수은(Hg) 응집력>부착력

| 모세관현상 |

★★
문제 08 15회 문 33 / 10회 문 39

모세관현상으로 인해 물이 상승할 때, 그 상승높이에 관한 설명으로 옳지 않은 것은?

① 관의 직경에 비례한다.
반비례
② 표면장력에 비례한다.
③ 물의 비중량에 반비례한다.
④ 수면과 관의 접촉각이 커질수록 감소한다.

해설 ④ 접촉각(θ)이 커질수록 상승높이는 감소하므로 옳다.

답 ①

7 이상기체의 성질

1 보일의 법칙(Boyle's law)

온도가 일정할 때 기체의 부피는 절대압력에 반비례한다.

$$P_1 V_1 = P_2 V_2$$

여기서, P_1, P_2 : 기압[atm]
V_1, V_2 : 부피[m^3]

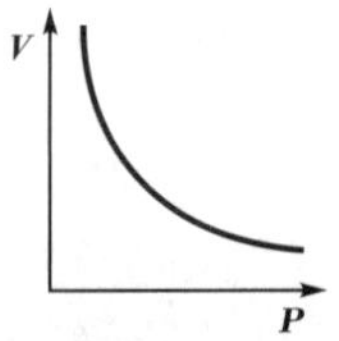

| 보일의 법칙 |

2 샤를의 법칙(Charl's law)

압력이 일정할 때 기체의 부피는 절대온도에 비례한다. 문09 보기①

$$\frac{V_1}{T_1} = \frac{V_2}{T_2}$$

여기서, V_1, V_2 : 부피[m³]
T_1, T_2 : 절대온도[K]

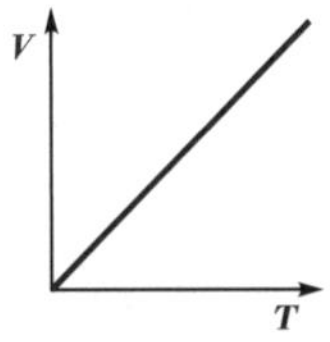

▌샤를의 법칙▌

★★
문제 09 0℃의 기체가 몇 ℃가 되면 부피가 2배로 되는가? (단, 압력의 변화는 없을 경우임)

13회 문 29

① 273　　② −273
③ 546　　④ 136.5

해설 **절대온도** K는
K = 273 + ℃ = 273 + 0 = 273K
샤를의 법칙

$$\frac{V_1}{T_1} = \frac{V_2}{T_2}$$

$$T_2 = T_1 \times \frac{V_2}{V_1} = 273\text{K} \times \frac{2}{1} = 546\text{K}$$

K = 273 + ℃
온도 ℃는
℃ = K − 273 = 546 − 273 = 273℃

답 ①

3 보일-샤를의 법칙(Boyle-Charl's law)

기체가 차지하는 부피는 압력에 반비례하며, 절대온도에 비례한다.

$$\frac{P_1 V_1}{T_1} = \frac{P_2 V_2}{T_2}$$

여기서, P_1, P_2 : 기압[atm]
V_1, V_2 : 부피[m³]
T_1, T_2 : 절대온도[K]

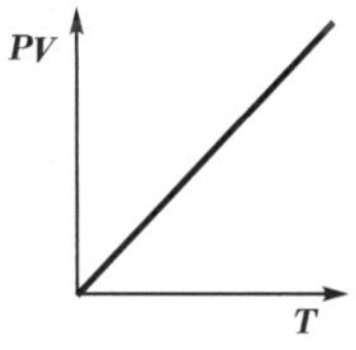

▌보일-샤를의 법칙▌

Key Point

※ 절대온도
① 켈빈온도
K=273+℃
② 랭킨온도
°R=460+°F

※ 보일-샤를의 법칙
☆ 꼭 기억하세요 ☆

※ 기압
기체의 압력

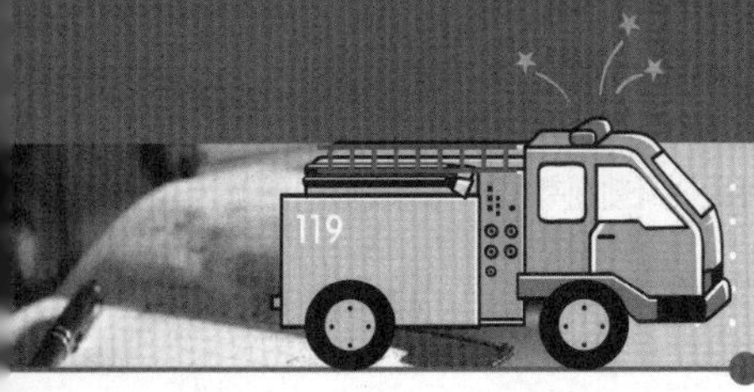

출제예상문제

(유체의 운동과 법칙)

출제확률 

(1문제)

★

01 **유선에 대한 설명 중 옳게 된 것은?**

① 한 유체입자가 일정한 기간 내에 움직여 간 경로를 말한다.

② 모든 유체입자의 순간적인 부피를 말하며, 연소하는 물질의 체적 등을 말한다.

③ 유동장의 한 선상의 모든 점에서 그은 접선이 그 점에서의 속도방향과 일치되는 선이다.

④ 유동장의 모든 점에서 속도벡터에 수직한 방향을 갖는 접선이다.

해설 **유선, 유적선, 유맥선**

구 분	설 명
유선 (Stream line)	유동장의 한 선상의 모든 점에서 그은 접선이 그 점에서 **속도방향**과 **일**치되는 선이다. **보기 ③**
유적선 (Path line)	한 유체입자가 일정한 기간 내에 움직여 간 경로를 말한다. **보기 ①**
유맥선 (Streak line)	모든 유체입자의 순간적인 부피를 말하며, 연소하는 물질의 체적 등을 말한다. **보기 ②**

기억법 **유속일**

답 ③

★

02 **유선에 대한 설명 중 맞는 것은?**

① 한 유체입자가 일정한 기간 내에 움직여 간 경로를 말한다.

② 모든 유체입자의 순간적인 부피를 말하며, 연소하는 물질의 체적 등을 말한다.

③ 유동장의 한 선상의 모든 점에서 그은 접선이다.

④ 유동장의 모든 점에서 속도벡터에 수직인 방향을 갖는 선이다.

해설 **문제 1 참조**

③ **유**선 : 유동장의 한 선상의 모든 점에서 그은 접선이 그 점에서 **속**도방향과 **일**치되는 선이다.

기억법 **유속일**

답 ③

★★

03 **유체흐름의 연속방정식과 관계없는 것은?**

① 질량불변의 법칙

② $Q = AV$

③ $G = \gamma AV$

④ $Re = \dfrac{DV\rho}{\mu}$ → 레이놀즈수와는 무관

해설 **연속방정식**

(1) 질량불변의 법칙(질량보존의 법칙)

(2) 질량유량($\overline{m} = AV\rho$)

(3) 중량유량($G = AV\gamma$)

(4) 유량($Q = AV = \dfrac{\pi D^2}{4}V$)

답 ④

★★

04 **비중이 0.01(s)인 유체가 지름 30cm(D)인 관 내를 98N/s(G)로 흐른다. 이때의 평균유속(V)은 몇 m/s인가?**

① 13.54

② 14.15

③ 17.32

④ 20.15

해설 (1) **기호**

- s : 0.01
- D : 30cm=0.3m(1m=100cm이므로)
- G : 98N/s
- V : ?

(2) **비중**

$$s = \frac{\gamma}{\gamma_w}$$

여기서, s : 비중
γ : 어떤 물질의 비중량[N/m³]
γ_w : 물의 비중량(9800N/m³)

비중 s는

$s = \frac{\gamma}{\gamma_w}$에서

유체의 **비중량** γ는

$\gamma = \gamma_w \cdot s = 9800\text{N/m}^3 \times 0.01 = 98\text{N/m}^3$

(3) **중량유량**

$$G = AV\gamma = \frac{\pi}{4}D^2V\gamma$$

여기서, G : 중량유량[N/s]
A : 단면적[m²]
V : 유속[m/s]
γ : 비중량[N/m³]
D : 직경(지름)[cm]

중량유량 G는

$G = AV\gamma$ 에서

평균유속 V는

$$V = \frac{G}{A\gamma} = \frac{98\text{N/s}}{\frac{\pi}{4}(0.3\text{m})^2 \times 98\text{N/m}^3} ≒ 14.15\text{m/s}$$

답 ②

★

05 그림과 같이 지름이 300mm에서 200mm(D)로 축소된 관으로 물이 흐르고 있는데, 이때 중량유량을 1274N/s(G)로 하면 작은 관의 평균속도(V)는 얼마인가?

① 3.840m/s
② 4.140m/s
③ 6.240m/s
④ 18.3m/s

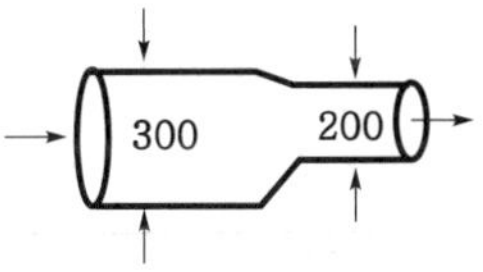

해설 문제 4 참조

(1) 기호

- A : $\frac{\pi}{4}D^2 = \frac{\pi}{4}(0.2\text{m})^2$
- D : 200mm=0.2m(1m=1000mm이므로)
- G : 1274N/s
- V : ?

(2) **중량유량** G는

$G = AV\gamma$ 에서

평균속도 V는

$$V = \frac{G}{A\gamma} = \frac{G}{\frac{\pi}{4}D^2\gamma} = \frac{1274\text{N/s}}{\frac{\pi}{4}(0.2\text{m})^2 \times 9800\text{N/m}^3} ≒ 4.14\text{m/s}$$

- 물의 비중량(γ)=**9800N/m³**

답 ②

★

06 물이 단면적 A인 배관 속을 흐를 때 유속 U 및 그 유량 Q와의 관계를 나타내는 것으로서 옳은 것은?

① $U = \frac{A}{Q}$ ② $U = A^2Q$
③ $Q = \frac{U}{A}$ ④ $Q = UA$

해설 **유량**(체적유량)

$$Q = AV = \left(\frac{\pi}{4}D^2\right)V$$

여기서, Q : 유량[m³/s]
A : 단면적[m²]
V : 유속[m/s]
D : 직경(지름)[m]

- 유속의 기호는 'V' 또는 'U'로 표시한다.

$\therefore Q = UA$

답 ④

★

07 지름 100mm(D)인 관 속에 흐르고 있는 물의 평균속도는 3m/s(V)이다. 이때 유량(Q)은 몇 m³/min인가?

① 0.2355 ② 1.4
③ 2.355 ④ 14.13

해설 문제 6 참조

(1) 기호

- A : $\frac{\pi}{4}D^2 = \frac{\pi}{4}(0.1\text{m})^2$
- D : 100mm=0.1m(1m=1000mm이므로)
- V : 3m/s
- Q : ?

유량 Q는

$$Q = AV = \left(\frac{\pi}{4}D^2\right)V$$

$$= \frac{\pi}{4}(0.1\text{m})^2 \times 3\text{m/s} = 0.0235\text{m}^3/\text{s}$$

$$= 0.235\text{m}^3/\frac{1}{60}\text{min} = 0.0235 \times 60\text{m}^3/\text{min}$$

$$\fallingdotseq 1.4\text{m}^3/\text{min}$$

- 1min=60s

답 ②

★

08 안지름 100mm(D)인 파이프를 통해 5m/s(V)의 속도로 흐르는 물의 유량(Q)은 몇 m^3/min인가?

① 23.55　② 2.355

③ 0.517　④ 5.170

해설 문제 6 참조

(1) 기호

- A : $\frac{\pi}{4}D^2 = \frac{\pi}{4}(0.1\text{m})^2$
- D : 100mm=0.1m(1m=1000mm이므로)
- V : 5m/s
- Q : ?

(2) 유량 Q는

$$Q = AV = \left(\frac{\pi}{4}D^2\right)V$$

$$= \frac{\pi}{4}(0.1\text{m})^2 \times 5\text{m/s} = 0.0392\text{m}^3/\text{s}$$

$$= 0.0392\text{m}^3/\frac{1}{60}\text{min} = 0.0392 \times 60\text{m}^3/\text{min}$$

$$\fallingdotseq 2.355\text{m}^3/\text{min}$$

답 ②

★

09 정상류의 흐름량이 2.4m^3/min(Q)이고 관내경이 100mm(D)일 때, 평균유속(V)은 다음 중 어느 것인가? (단, 마찰손실은 무시한다.)

① 약 3m/s　② 약 4.7m/s

③ 약 5.1m/s　④ 약 6m/s

해설 문제 6 참조

(1) 기호

- Q : 2.4m^3/min
- A : $\frac{\pi}{4}D^2 = \frac{\pi}{4}(0.1\text{m})^2$
- D : 100mm=0.1m(1m=1000mm이므로)
- V : ?

(2) 유량 Q는

$Q = AV$에서

평균유속 V는

$$V = \frac{Q}{A} = \frac{Q}{\frac{\pi}{4}D^2}$$

$$= \frac{2.4\text{m}^3/\text{min}}{\frac{\pi}{4}(0.1\text{m})^2} = \frac{2.4\text{m}^3/60\text{s}}{\frac{\pi}{4}(0.1\text{m})^2} \fallingdotseq 5.1\text{m/s}$$

답 ③

★

10 내경 20mm인 배관 속을 매분 $30l$(Q)의 물이 흐르다가 내경이 10mm(D)로 축소된 배관을 흐를 때 그 유속(V)은 몇 m/s인가?

① 4.54　② 5.87

③ 6.37　④ 7.08

해설 문제 6 참조

(1) 기호

- Q : $30l = 0.03\text{m}^3$/min($1000l = 1\text{m}^3$이므로)
- A : $\frac{\pi}{4}D^2 = \frac{\pi}{4}(0.01\text{m})^2$
- D : 10mm=0.01m(1m=1000mm이므로)
- V : ?

(2) 유량 Q는

$Q = AV$에서

유속 V는

$$V = \frac{Q}{A} = \frac{Q}{\frac{\pi}{4}D^2}$$

$$= \frac{0.03\text{m}^3/\text{min}}{\frac{\pi}{4}(0.01\text{m})^2} = \frac{0.03\text{m}^3/60\text{s}}{\frac{\pi}{4}(0.01\text{m})^2}$$

$$\fallingdotseq 6.37\text{m/s}$$

답 ③

★

11 구경 40mm(A)인 소방용 호스로 $160l$/분(Q)씩 소화약제인 물을 방사하고 있다. 이때의 물의 유속(V)〔m/s〕은 얼마나 되겠는가?

① 0.64　② 1.06

③ 2.12　④ 3.12

해설 문제 6 참조

(1) 기호

- A : $\frac{\pi}{4}(0.04m)^2$(1m=1000mm이므로)
- Q : $160l = 0.16m^3/60s$($1000l = 1m^3$이므로)
- V : ?

(2) 유량 Q는

$Q = AV$에서

유속 V는

$$V = \frac{Q}{A} = \frac{Q}{\frac{\pi}{4}D^2}$$

$$= \frac{160l/\text{min}}{\frac{\pi}{4}(0.04\text{m})^2} = \frac{0.16\text{m}^3/60\text{s}}{\frac{\pi}{4}(0.04\text{m})^2}$$

$$\fallingdotseq 2.12\text{m/s}$$

$$1000l = 1\text{m}^3$$

답 ③

★★
12 다음 중 비압축성 유체란 어느 것을 말하는가?

① 관 내에 흐르는 가스이다.
② 관 내에 워터해머를 일으키는 물질이다.
③ 배의 순환시 옆으로 갈라지며 유동하는 것이다.
④ 압력을 받아도 체적변화를 일으키지 아니하는 유체이다.

해설 유체

압축성 유체	비압축성 유체
기체와 같이 체적이 변화하는 유체	**액체**와 같이 체적이 변하지 않는 유체

기억법 압기비액

답 ④

★★
13 오일러 방정식을 유도하는 데 관계가 없는 가정은 어느 것인가?

① 정상유동할 때
② 유선따라 입자가 운동할 때
③ 유체의 마찰이 없을 때
④ 비압축성 유체일 때
해당 없음

해설 **오**일러 **방정식**의 유도시 가정

(1) **정상유동**(정상류)일 경우 보기 ①
(2) **유**체의 **마찰이 없을 경우** 보기 ③
(3) 입자가 **유선**을 따라 **운동**할 경우 보기 ②

기억법 오방정유마운

비교

운동량 방정식의 가정
(1) 유동단면에서의 **유속**은 **일정**하다.
(2) **정상유동**이다.

답 ④

★
14 오일러의 방정식을 유도하는 데 필요하지 않은 사항은?

① 정상류
② 유체입자는 유선에 따라 움직인다.
③ 비압축성 유체이다.
해당 없음
④ 유체마찰이 없다.

해설 문제 13 참조

답 ③

★
15 내경의 변화가 없는 곧은 수평배관 속에서, 비압축성 정상류의 물흐름에 관계되는 설명 중 옳은 것은?

① 물의 속도수두는 배관의 모든 부분에서 같다.
② 물의 압력수두는 배관의 모든 부분에서 같다.
③ 물의 속도수두와 압력수두의 총합은 배관의 모든 부분에서 같다.
④ 배관의 어느 부분에서도 물의 위치에너지는 존재하지 않는다.

해설 베르누이 방정식

$$\frac{V^2}{2g} + \frac{p}{\gamma} + Z = \text{일정}$$

(속도수두)(압력수두)(위치수두)

여기서, $V(v)$: 유속[m/s]

p : 압력([kPa] 또는 [kN/m^2])

Z : 높이[m]

g : 중력가속도(9.8m/s^2)

γ : 비중량[kN/m^3]

• 물의 **속도수두**와 **압력수두**의 **총합**은 배관의 모든 부분에서 같다.

답 ③

16 층류흐름에 작용되는 베르누이 방정식에 관한 설명으로 맞는 것은?

① 비정상상태의 흐름에 대해 적용된다.

② 동일한 유선상이 아니더라도 흐름유체의 임의점에 대해 사용된다.

③ 점성유체의 마찰효과가 충분히 고려된다.

④ 압력수두, 속도수두, 위치수두의 합이 일정함을 표시한다.

해설 문제 15 참조

④ 베르누이 방정식

$$\frac{V^2}{2g}+\frac{p}{\gamma}+Z=\text{일정}$$

↑ ↑ ↑

(속도수두)(압력수두)(위치수두)

답 ④

17 베르누이의 정리로서 $\left[H=\frac{U_1^2}{2g}+\frac{p_1}{\gamma}+Z_1=\frac{U_2^2}{2g}+\frac{P_2}{\gamma}+Z_2=\text{일정}\right]$의 식이 있다. 이 중에서 $\frac{U^2}{2g}$은 무엇을 나타내는가?

① 압력수두

② 위치수두

③ 속도수두

④ 전수두

해설 문제 15 참조

• 유속의 기호는 'V' 또는 'U'로 나타낸다.

답 ③

18 다음 설명 중 옳은 것은?

① 유체의 속도는 압력에 비례한다.

② 유체의 속도는 빠르면 압력이 커진다.

③ 유체의 속도는 압력과 관계가 없다.

④ 유체의 속도가 빠르면 압력이 작아진다.

해설 문제 15 참조

베르누이 식

$$\frac{V^2}{2g}+\frac{P}{\gamma}+Z=\text{일정}$$

• 유체의 속도가 빠르면 압력이 작아진다.

답 ④

19 다음 중 베르누이 방정식과 관계없는 것은? (단, γ : 비중량, V : 유속, Z : 위치수두, A : 단면적, P : 압력)

① $\frac{P_1}{\gamma}+\frac{V_1^{\ 2}}{2g}+Z_1=\frac{P_2}{\gamma}+\frac{V_2^{\ 2}}{2g}+Z_2$

② $\frac{dA}{A}+\frac{d\rho}{\rho}+\frac{dV}{V}=0$ → 연속방정식

③ $\frac{p}{\gamma}+\left(\frac{V^2}{2g}\right)+Z=C$

④ $\frac{dp}{A}+d\left(\frac{V^2}{2g}\right)+dV=0$

해설 베르누이 방정식

(1) $\frac{p_1}{\gamma}+\frac{V_1^2}{2g}+Z_1=\frac{p_2}{\gamma}+\frac{V_2^2}{2g}+Z_2$

(2) $\frac{p}{\gamma}+\left(\frac{V^2}{2g}\right)+Z=C$

(3) $\frac{dp}{A}+d\left(\frac{V^2}{2g}\right)+dV=0$

답 ②

★

20 다음 그림과 같이 2개의 가벼운 공 사이로 빠른 기류를 불어 넣으면 2개의 공은 어떻게 되겠는가?

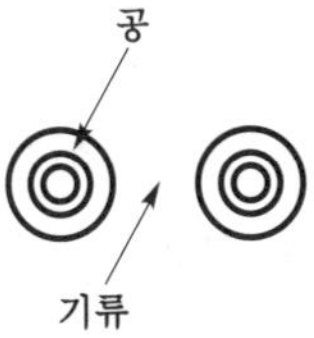

① 베르누이 법칙에 따라 달라붙는다.
② 베르누이 법칙에 따라 벌어진다.
③ 뉴턴의 법칙에 따라 달라붙는다.
④ 뉴턴의 법칙에 따라 벌어진다.

해설 베르누이 법칙에 의해 2개의 공 사이에 기류를 불어 넣으면 **속도**가 **증가**하여 **압력**이 **감소**하므로 2개의 공은 **달라붙는다**.

답 ①

★★

21 운동량 방정식 $\Sigma F = \rho Q(V_2 - V_1)$을 유도하는 데 필요한 가정은 어느 것인가?

〔보기〕 a : 단면에서의 평균유속은 일정하다.
b : 정상유동이다.
c : 균속도 운동이다.
d : 압축성 유체이다.
e : 마찰이 없는 유체이다.

① a, b　　② a, e
③ a, c　　④ c, e

해설 **운동량 방정식**의 가정
(1) 유동단면에서의 **유속**은 **일정**하다.
(2) **정상유동**이다.

비교

베르누이 방정식의 적용조건
(1) **정**상흐름
(2) **비**압축성 흐름
(3) **비**점성 흐름
(4) **이**상유체

기억법 **베정비이**

답 ①

★★

22 내경 27mm(D)의 배관 속을 정상류의 물이 매분 150리터(Q)로 흐를 때 속도수두(H)는 몇 m인가? (단, 중력가속도는 $9.8m/s^2$(g)이다.)

① 1.904　　② 0.974
③ 0.869　　④ 0.635

해설 문제 6 참조
(1) 기호
- A : $\frac{\pi}{4}D^2 = \frac{\pi}{4}(0.027m)^2$
- D : 27mm=0.027m(1m=1000mm)
- Q : $150l/min = 0.15m^3/min$
- H : ?
- g : $9.8m/s^2$

(2) 유량 Q는
$Q = AV$에서
유속 V는

$$V = \frac{Q}{A} = \frac{Q}{\frac{\pi}{4}D^2}$$

$$= \frac{0.15m^3/min}{\frac{\pi}{4}(0.027m)^2} = \frac{0.15m^3/60s}{\frac{\pi}{4}(0.027m)^2}$$

$$\fallingdotseq 4.37m/s$$

(3) 속도수두

$$H = \frac{V^2}{2g}$$

여기서, H : 속도수두〔m〕
V : 유속〔m/s〕
g : 중력가속도($9.8m/s^2$)

속도수두 H는

$$H = \frac{V^2}{2g} = \frac{(4.37m/s)^2}{2 \times 9.8m/s^2} \fallingdotseq 0.974m$$

답 ②

★

23 내경 28mm(D)인 어느 배관 내에 120l/min(Q)의 유량으로 물이 흐르고 있을 때 이 물의 속도수두(H)는 얼마인가?

① 약 0.54m　　② 약 0.2m
③ 약 0.4m　　④ 약 1.08m

해설 문제 6 참조

(1) 기호

- A : $\frac{\pi}{4}D^2 = \frac{\pi}{4}(0.028\text{m})^2$
- D : 28mm=0.028m(1m=1000mm)
- Q : 120l/min=0.12m³/60s (1m³=1000l, 1min=60s)
- H : ?

(2) 유량 Q는

$Q = AV$에서

유속 V는

$$V = \frac{Q}{A} = \frac{0.12\text{m}^3/60\text{s}}{\frac{\pi}{4}(0.028\text{m})^2} \fallingdotseq 3.25\text{m/s}$$

(3) 속도수두 H는

$$H = \frac{V^2}{2g} = \frac{(3.25\text{m/s})^2}{2\times 9.8\text{m/s}^2} \fallingdotseq 0.54\text{m}$$

답 ①

★★★

24 관 내의 물의 속도가 12m/s(V), 압력이 102.97kPa(p)이다. 속도수두(H_1)와 압력수두(H_2)는? (단, 중력가속도는 9.8m/s²(g)이다.)

① 7.35m, 9.52m　② 7.5m, 10m

③ 7.35m, 10.5m　④ 7.5m, 9.52m

해설 (1) 기호

- V : 12m/s
- p : 102.97kPa
- H_1 : ?
- H_2 : ?
- g : 9.8m/s²

(2) 속도수두

$$H = \frac{V^2}{2g}$$

여기서, H : 속도수두[m]

V : 유속[m/s]

g : 중력가속도(9.8m/s²)

속도수두 H_1는

$$H_1 = \frac{V^2}{2g} = \frac{(12\text{m/s})^2}{2\times 9.8\text{m/s}^2} \fallingdotseq 7.35\text{m}$$

(3) 압력수두

$$H = \frac{p}{\gamma}$$

여기서, H : 압력수두[m]

p : 압력[N/m²]

γ : 비중량(물의 비중량 9800N/m³)

1kPa=1kN/m²

압력수두 H_2는

$$H_2 = \frac{p}{\gamma} = \frac{102.97\text{kN/m}^2}{9.8\text{kN/m}^3} = 10.5\text{m}$$

- 물의 비중량(γ) $= 9800\text{N/m}^3 = 9.8\text{kN/m}^3$

답 ③

★★★

25 파이프 내 물의 속도가 9.8m/s(V), 압력이 98kPa(P)이다. 이 파이프가 기준면으로부터 3m(Z) 위에 있다면 전수두(H)는 몇 m인가?

① 13.5　② 16

③ 16.7　④ 17.9

해설 (1) 기호

- V : 9.8m/s
- P : 98kPa
- Z : 3m
- H : ?

(2) 전수두

$$H = \frac{V^2}{2g} + \frac{P}{\gamma} + Z$$

여기서, H : 전수두[m]

V : 유속[m/s]

g : 중력가속도(9.8m/s²)

P : 압력[kN/m²]

γ : 비중량(물의 비중량 9.8kN/m³)

Z : 높이[m]

1kPa=1kN/m²

$$H = \frac{V^2}{2g} + \frac{P}{\gamma} + Z$$

$$= \frac{(9.8\text{m/s})^2}{2\times 9.8\text{m/s}^2} + \frac{98\text{kN/m}^2}{9.8\text{kN/m}^3} + 3\text{m} = 17.9\text{m}$$

답 ④

★

26 유속이 13.0m/s인 물의 흐름 속에 피토관을 흐름의 방향으로 두었을 때 자유표면과의 높이차 Δh는 몇 m인가?
(V: 13.0m/s)

① 19.6　　② 16.9
③ 8.62　　④ 6.82

해설 문제 25 참조

(1) 기호

- V : 13.0m/s
- Δh : ?

(2) 높이차 Δh는

$$\Delta h = \frac{V^2}{2g} = \frac{(13.0\text{m/s})^2}{2\times 9.8\text{m/s}^2} \fallingdotseq 8.62\text{m}$$

답 ③

★

27 유속 4.9m/s의 속도로 소방호스의 노즐로부터 물이 방사되고 있을 때 피토관의 흡입구를 Vena contracta 위치에 갖다 대었다고 하자. 이때 피토관의 수직부에 나타나는 수주의 높이는 몇 m인가? (단, 중력가속도는 9.8m/s²이다.)
(V: 4.9m/s, H: 높이, g: 9.8m/s²)

① 1.225　　② 1.767
③ 2.687　　④ 3.696

해설 문제 25 참조

(1) 기호

- V : 4.9m/s
- H : ?
- g : 9.8m/s^2

(2) 수주의 높이 H는

$$H = \frac{V^2}{2g} = \frac{(4.9\text{m/s})^2}{2\times 9.8\text{m/s}^2} = 1.225\text{m}$$

- Vena contracta : 소방호스 노즐의 끝부분에서 직각으로 굽어진 부분을 의미한다.

답 ①

★★

28 물이 흐르는 파이프 안에 A점은 지름이 2m, 압력은 196.14kPa, 속도는 2m/s이다. A점보다 2m 위에 있는 B점은 지름이 1m, 압력이 98.07kPa이다. 이때 물은 어느 방향으로 흐르는가?
(D_A: 2m, P_A: 196.14kPa, V_A: 2m/s, D_B: 1m, P_B: 98.07kPa)

① B에서 A로 흐른다.
② A에서 B로 흐른다.
③ 흐르지 않는다.
④ 알 수 없다.

해설 문제 25 참조

(1) 기호

- P_A : 196.14kPa
- V_A : 2m/s
- D_A : 2m
- D_B : 1m
- P_B : 98.07kPa

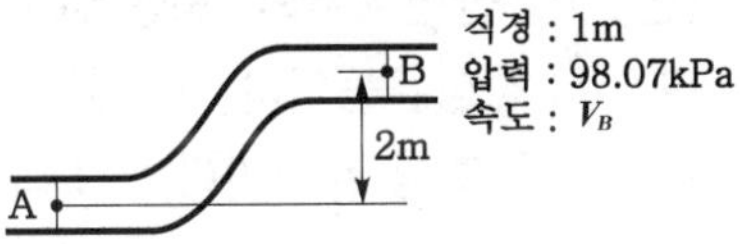

(2) 비압축성 유체

$$\frac{V_1}{V_2} = \frac{A_2}{A_1} = \left(\frac{D_2}{D_1}\right)^2$$

여기서, V_1, V_2 : 유속[m/s]
A_1, A_2 : 단면적[m^2]
D_1, D_2 : 직경(지름)[m]

$\frac{V_1}{V_2} = \frac{A_2}{A_1} = \left(\frac{D_2}{D_1}\right)^2$에서

$$\frac{V_A}{V_B} = \left(\frac{D_B}{D_A}\right)^2$$

속도 V_B는

$$V_B = \left(\frac{D_A}{D_B}\right)^2 \times V_A = \left(\frac{2\text{m}}{1\text{m}}\right)^2 \times 2\text{m/s}$$
$$= 8\text{m/s}$$

- 1kPa=1kN/m²
- 물의 비중량(γ)=9800N/m³=9.8kN/m³

A점의 **전수두** H_A는

$$H_A = \frac{{V_A}^2}{2g} + \frac{p_A}{\gamma} + Z_A$$

$$= \frac{(2\text{m/s})^2}{2\times 9.8\text{m/s}^2} + \frac{196.14\text{kN/m}^2}{9.8\text{kN/m}^3} + 0\text{m}$$

$$\fallingdotseq 20.2\text{m}$$

B점의 **전수두** H_B는

$$H_B = \frac{{V_B}^2}{2g} + \frac{p_B}{\gamma} + Z_B$$

$$= \frac{(8\text{m/s})^2}{2\times 9.8\text{m/s}^2} + \frac{98.07\text{kN/m}^2}{9.8\text{kN/m}^3} + 2\text{m}$$

$$\fallingdotseq 15.27\text{m}$$

- A점의 수두가 높으므로 물은 A에서 B로 흐른다.

답 ②

★★
29 운동량 방정식 $\Sigma F = \rho Q(V_2 - V_1)$을 유도하는 데 필요한 가정은 어느 것인가? (단, a : 단면에서의 평균유속은 일정하다. b : 정상유동이다. c : 균속도 운동이다. d : 압축성 유체이다. e : 마찰이 없는 유체이다.)

① a, b　　② a, e
③ a, c　　④ c, e

해설 **운동량 방정식**의 가정
(1) 유동단면에서의 **유속**은 **일정**하다.
(2) **정상유동**이다.

기억법 **운방유일정**

답 ①

★
30 이상기체의 내부에너지에 대한 줄의 법칙에 맞는 것은?

① 내부에너지는 위치만의 함수이다.
② 내부에너지는 압력만의 함수이다.
③ 내부에너지는 엔탈피만의 함수이다.
④ 내부에너지는 온도만의 함수이다.

해설
④ 이상기체의 내부에너지는 온도만의 함수이다.

답 ④

★★
31 에너지선에 대한 다음 설명 중 맞는 것은?

① 수력구배선보다 속도수두만큼 위에 있다.
② 수력구배선보다 압력수두만큼 위에 있다.
③ 수력구배선보다 속도수두만큼 아래에 있다.
④ 항상 수평선이다.

해설
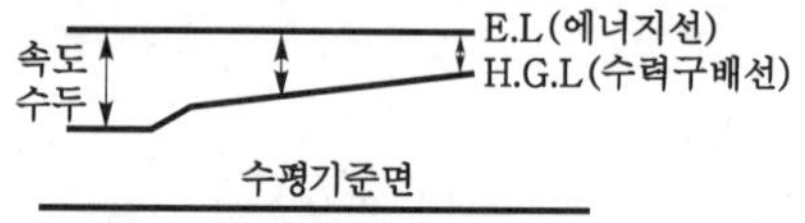

① 에너지선은 수력구배선보다 속도수두만큼 위에 있다.

중요

수력기울기선(HGL)	에너지선
관로중심에서의 **위치수두**에 **압력수두**를 더한 높이점을 연결한 선	관로중심에서의 **압력수두, 속도수두, 위치수두**를 모두 더한 높이점을 연결한 선

수력기울기선=수력구배선

답 ①

★★★
32 지름이 5cm(D)인 소방노즐에서 물제트가 40m/s(V)의 속도로 건물벽에 수직으로 충돌하고 있다. 벽이 받는 힘(F)은 몇 N인가?

① 2300　　② 2500
③ 3120　　④ 3220

해설 (1) **기호**
- D : 5cm
- V : 40m/s
- F : ?

(2) **유량**

$$Q = AV = \left(\frac{\pi}{4}D^2\right)V$$

여기서, Q : 유량[m³/s]
A : 단면적[m²]
V : 유속[m/s]
D : 지름[m]

유량 Q는

$$Q = AV$$
$$= \frac{\pi}{4}(0.05\text{m})^2 \times 40\text{m/s} = 0.078\text{m}^3/\text{s}$$

(3) 힘

$$F = \rho QV$$

여기서, F : 힘[N]
ρ : 밀도(물의 밀도 1000N · s²/m⁴)
Q : 유량[m³/s]
V : 유속[m/s]

힘 F는

$$F = \rho QV$$
$$= 1000\text{N} \cdot \text{s}^2/\text{m}^4 \times 0.078\text{m}^3/\text{s} \times 40\text{m/s}$$
$$\fallingdotseq 3120\text{N}$$

물의 밀도(ρ) = **1000N · s²/m⁴**

답 ③

★★
33 높이가 4.5m(H)되는 탱크의 밑변에 지름이 10cm인 구멍이 뚫렸다. 이 곳으로 유출되는 물의 유속[m/s](V)은?

① 4.5
② 6.64
③ 9.39
④ 14.0

해설 (1) 기호
- H : 4.5m
- V : ?

(2) 유속

$$V = \sqrt{2gH}$$

여기서, V : 유속[m/s]
g : 중력가속도(9.8m/s²)
H : 높이[m]

유속 V는

$$V = \sqrt{2gH}$$
$$= \sqrt{2 \times 9.8\text{m/s}^2 \times 4.5\text{m}} \fallingdotseq 9.39\text{m/s}$$

답 ③

★★
34 옥내소화전의 노즐을 통해 방사되는 방사압력이 166.72kPa이다. 이때 노즐의 순간 유속 V는?

① 1.82m/s ② 18.25m/s
③ 57.7m/s ④ 5.77m/s

해설 문제 33 참조

101.325kPa=10.332m

유속 V는

$$166.72\text{kPa} = \frac{166.72\text{kPa}}{101.325\text{kPa}} \times 10.332\text{m} \fallingdotseq 17\text{m}$$
$$V = \sqrt{2gH}$$
$$= \sqrt{2 \times 9.8\text{m/s}^2 \times 17\text{m}} \fallingdotseq 18.25\text{m/s}$$

답 ②

★★★
35 내경 20cm(D)인 배관에 정상류로 흐르는 물의 동압을 측정하였더니 9.8kPa이었다. 이 물의 유량(Q)은? (단, 계산의 편의상 중력가속도는 10m/s²(g), π의 값은 3, $\sqrt{20}$ 의 값은 4.5로 하며, 물의 밀도는 1kg/l 이다.)

① 2400l/min
② 6300l/min
③ 8100l/min
④ 9800l/min

해설 문제 32, 33 참조

(1) 기호
- D : 20cm
- Q : ?
- g : 10m/s²

(2) 101.325kPa=10.332m

$$9.8\text{kPa} = \frac{9.8\text{kPa}}{101.325\text{kPa}} \times 10.332\text{m} \fallingdotseq 1\text{m}$$

유속 V는

$$V = \sqrt{2gH}$$
$$= \sqrt{2 \times 10\text{m/s}^2 \times 1\text{m}}$$
$$\fallingdotseq 4.5\text{m/s}$$

유량 Q는

$$Q = AV = \left(\frac{\pi}{4}D^2\right)V$$

$$= \frac{3}{4}(0.2\text{m})^2 \times 4.5\text{m/s} = 0.135\text{m}^3/\text{s}$$

$$0.135\text{m}^3/\text{s} = 0.135\text{m}^3/\frac{1}{60}\text{min}$$

$$= 0.135 \times 60\text{m}^3/\text{min}$$

$$= 8.1\text{m}^3/\text{min}$$

$$= 8100l/\text{min}$$

- 1min=60s이므로 $1\text{s} = \frac{1}{60}\text{min}$
- $1\text{m}^3 = 1000l$ 이므로 $8.1\text{m}^3/\text{min} = 8100l/\text{min}$

답 ③

★★

36 다음 그림과 같이 수조에서 노즐을 통하여 물이 유출될 때 유출속도 m/s는?
V

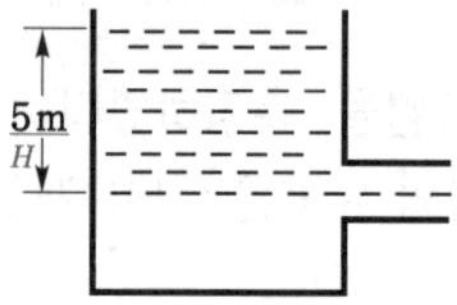

① 4.4　② 6.8
③ 8.5　④ 9.9

해설 문제 33 참조

(1) 기호

- V : ?
- H : 5m

(2) 유출속도 V는

$$V = \sqrt{2gH}$$

$$= \sqrt{2 \times 9.8\text{m/s}^2 \times 5\text{m}} ≒ 9.9\text{m/s}$$

답 ④

★

37 수직방향으로 15m/s의 속도로 내뿜는 물의 분류는 공기저항을 무시할 때 몇 m까지 상승하겠는가?
(V: 15m/s, H: 몇 m)

① 15
② 11.5
③ 7.5
④ 3.06

해설 문제 33 참조

(1) 기호

- V : 15m/s
- H : ?

(2) 속도 V는

$V = \sqrt{2gH}$ 에서

$$V^2 = (\sqrt{2gH})^2$$

$$V^2 = 2gH$$

$$\frac{V^2}{2g} = H$$

$$H = \frac{V^2}{2g}$$

상승높이 H는

$$H = \frac{V^2}{2g} = \frac{(15\text{m/s})^2}{2 \times 9.8\text{m/s}^2} ≒ 11.5\text{m}$$

답 ②

★★

38 물이 노즐을 통해서 대기로 방출된다. 노즐입구(入口)에서의 압력이 계기압력으로 P[kPa]이라면 방출속도는 몇 m/s인가?
(V)

(단, 마찰손실이 전혀 없고, 속도는 무시하며, 중력가속도는 9.8m/s²이다.)
(g)

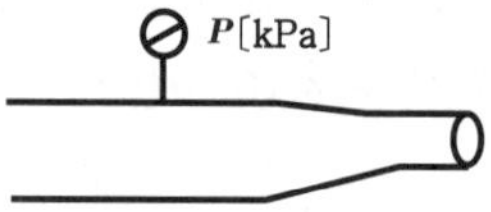

① $19.6P$
② $19.6\sqrt{P}$
③ $1.4\sqrt{P}$
④ $1.4P$

해설 문제 33 참조

(1) 기호

- V : ?
- g : 9.8m/s²

(2) 101.325kPa=10.332mH₂O

$$H = \frac{P[\text{kPa}]}{101.325\text{kPa}} \times 10.332\text{m} ≒ 0.1P$$

방출속도 V는

$$V = \sqrt{2gH}$$

$$= \sqrt{2 \times 9.8\text{m/s}^2 \times 0.1P} = 1.4\sqrt{P}$$

답 ③

★★
39 그림과 같은 물탱크에 수면으로부터 6m(H)되는 지점에 지름 15cm(D)가 되는 노즐을 부착하였을 경우 출구속도(V)와 유량(Q)을 계산하면?

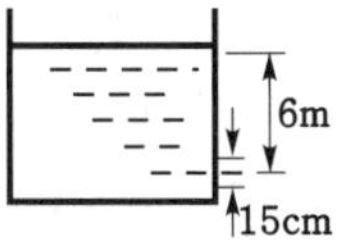

① 10.84m/s, 0.766m³/s
② 7.67m/s, 0.766m³/s
③ 10.84m/s, 0.191m³/s
④ 7.67m/s, 0.191m³/s

해설 **문제 33 참조**

(1) **기호**

- H : 6m
- D : 15cm
- V : ?
- Q : ?

(2) **출구속도** V는

$$V = \sqrt{2gH}$$
$$= \sqrt{2 \times 9.8\text{m/s}^2 \times 6\text{m}}$$
$$\fallingdotseq 10.84\text{m/s}$$

(3) **유량**

$$Q = AV = \left(\frac{\pi}{4}D^2\right)V$$

여기서, Q : 유량[m³/s]
A : 단면적[m²]
V : 유속[m/s]
D : 지름[m]

유량 Q는

$$Q = AV$$
$$= \left(\frac{\pi}{4}D^2\right)V$$
$$= \frac{\pi}{4}(0.15\text{m})^2 \times 10.84\text{m/s}$$
$$\fallingdotseq 0.191\text{m}^3/\text{s}$$

- 100cm=1m이므로 15cm=0.15m

답 ③

★★
40 피스톤 A_2의 반지름이 A_1의 2배일 때 힘 F_1과 F_2 사이의 관계로서 옳은 것은?

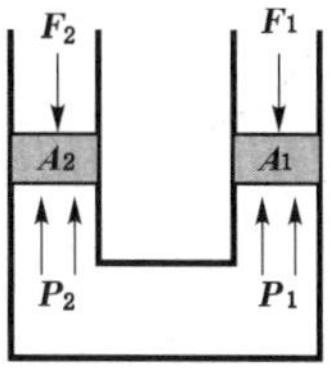

① $F_1 = 2F_2$
② $F_2 = 2F_1$
③ $F_2 = 4F_1$
④ $F_1 = 4F_2$

해설 **파스칼의 원리**

$$\frac{F_1}{A_1} = \frac{F_2}{A_2},\ p_1 = p_2$$

여기서, F_1, F_2 : 가해진 힘[N]
A_1, A_2 : 단면적[m²]
p_1, p_2 : 압력[Pa] 또는 [N/m²]

$$r_2 = 2r_1$$

여기서, r : 반지름[m]

파스칼의 원리에서

$$\frac{F_1}{A_1} = \frac{F_2}{A_2}$$

$$\frac{F_1}{\pi {r_1}^2} = \frac{F_2}{\pi {r_2}^2}$$

$r_2 = 2r_1$ 를 적용하면

$$\frac{F_1}{\pi {r_1}^2} = \frac{F_2}{\pi (2r_1)^2}$$

$$\frac{F_1}{\pi {r_1}^2} = \frac{F_2}{\pi 4{r_1}^2},\ F_2 = 4F_1$$

참고

단면적

$$A = \pi r^2 = \frac{\pi}{4}D^2$$

여기서, A : 단면적[m²]
r : 반지름[m]
D : 지름[m]

답 ③

★★
41 이상기체의 성질을 틀리게 나타낸 그래프는?

①
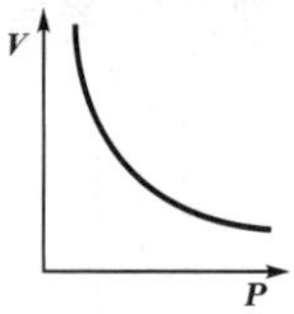

②
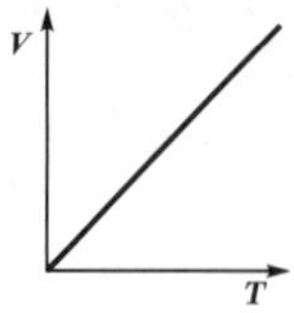

③
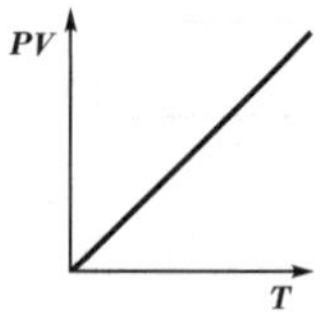

④
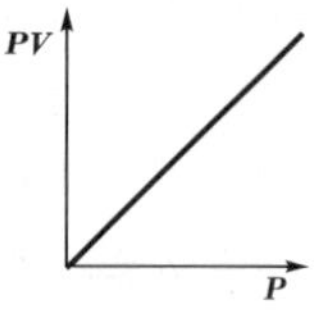

해설 **이상기체**의 **성질**

(1) **보일의 법칙** : 온도가 일정할 때 기체의 부피는 절대압력에 반비례한다.

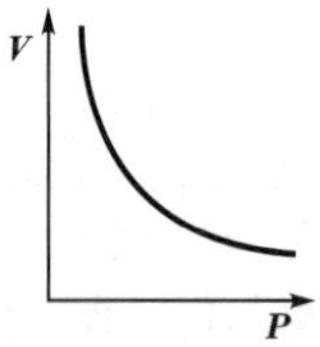

$$P_1V_1 = P_2V_2$$

여기서, P_1, P_2 : 기압〔atm〕
V_1, V_2 : 부피〔m^3〕

(2) **샤를의 법칙** : 압력이 일정할 때 기체의 부피는 절대온도에 비례한다.

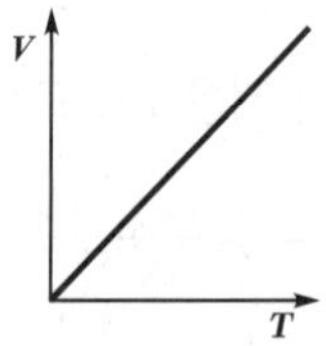

$$\frac{V_1}{T_1} = \frac{V_2}{T_2}$$

여기서, V_1, V_2 : 부피〔m^3〕
T_1, T_2 : 절대온도〔K〕

(3) **보일-샤를의 법칙** : 기체가 차지하는 부피는 압력에 반비례하며, 절대온도에 비례한다.

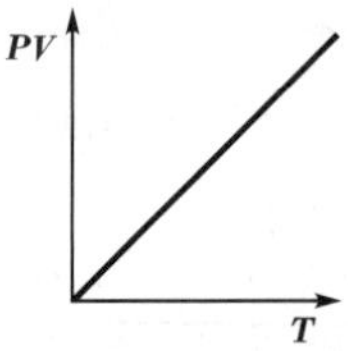

$$\frac{P_1V_1}{T_1} = \frac{P_2V_2}{T_2}$$

여기서, P_1, P_2 : 기압〔atm〕
V_1, V_2 : 부피〔m^3〕
T_1, T_2 : 절대온도〔K〕

답 ④

Key Point

3. 유체의 유동과 계측

출제확률 5.5% (1문제)

1 점성유동

1 층류와 난류

구 분	층 류	난 류
흐름	정상류	비정상류
레이놀즈수	2100 이하	4000 이상
손실수두	다르시-바이스바하의 식 $H=\frac{flV^2}{2gD}$ [m] 여기서, H : 마찰손실(손실수두)[m] f : 관마찰계수 l : 길이[m] V : 유속[m/s] g : 중력가속도(9.8m/s²) D : 내경[m]	패닝의 법칙 $H=\frac{2flV^2}{gD}$ [m] 여기서, H : 마찰손실수두[m] f : 관마찰계수 l : 길이[m] V : 유속[m/s] g : 중력가속도(9.8m/s²) D : 내경[m]
전단응력	$\tau=\frac{p_A-p_B}{l}\cdot\frac{r}{2}$ [N/m²] 여기서, τ : 전단응력[N/m²] p_A-p_B : 압력강하[N/m²] l : 관의 길이[m] r : 반경[m]	$\tau=\mu\frac{du}{dy}$ [N/m²] 여기서, τ : 전단응력[N/m²] μ : 점성계수[N·s/m²] $\frac{du}{dy}$: 속도구배(속도기울기) $\left[\frac{1}{s}\right]$ du : 속도의 변화[m/s] dy : 거리의 변화[m]
평균속도	$V=0.5\,U_{max}$ 여기서, V : 평균속도 U_{max} : 최대속도	$V=0.8\,U_{max}$ 여기서, V : 평균속도 U_{max} : 최대속도
전이길이	$L_t=0.05Re\,D$ [m] 여기서, L_t : 전이길이 Re : 레이놀즈수 D : 직경[m]	$L_t=40\sim50\,D$ [m] 여기서, L_t : 전이길이 D : 직경[m]
관마찰계수	$f=\frac{64}{Re}$ 여기서, f : 관마찰계수 Re : 레이놀즈수	$f=0.3164Re^{-0.25}$ 여기서, f : 관마찰계수 Re : 레이놀즈수

※ **전이길이**
유체의 흐름이 완전발달된 흐름이 될 때의 길이

※ **전이길이와 같은 의미**
① 입구길이
② 조주거리

※ **레이놀즈수**
원관유동에서 중요한 무차원수
① 층류 : $Re<2100$
② 천이영역(임계영역) : $2100<Re<4000$
③ 난류 : $Re>4000$

Key Point

(1) 층류(Laminar flow)

규칙적으로 운동하면서 흐르는 유체

- 층류일 때 생기는 저항은 난류일 때보다 작다.

(2) 난류(Turbulent flow)

불규칙적으로 운동하면서 흐르는 유체

(3) 레이놀즈수(Reynolds number)

층류와 **난류**를 **구분**하기 위한 계수

$$Re = \frac{DV\rho}{\mu} = \frac{DV}{\nu}$$

여기서, Re : 레이놀즈수
D : 내경[m]
V : 유속[m/s]
ρ : 밀도[kg/m^3]
μ : 점도[kg/m·s]
ν : 동점성계수$\left(\frac{\mu}{\rho}\right)$[m^2/s]

※ 점도와 같은 의미
점성계수

용어

임계 레이놀즈수

상임계 레이놀즈수	하임계 레이놀즈수
층류에서 **난류**로 변할 때의 레이놀즈수 (4000)	**난류**에서 **층류**로 변할 때의 레이놀즈수 (2100)

(4) 관마찰계수

$$f = \frac{64}{Re}$$ 문01 보기②

여기서, f : 관마찰계수
Re : 레이놀즈수

★★
문제 01 관로에서 레이놀즈수가 1850일 때 마찰계수 f의 값은?
12회 문 29
03회 문 48

① 0.1851 ② 0.0346 ③ 0.0214 ④ 0.0185

유사문제부터 풀어보세요. 실력이 팍!팍! 올라갑니다.

해설 (1) 기호
- Re : 1850
- f : ?

(2) 관마찰계수 f는

$$f = \frac{64}{Re} = \frac{64}{1850} ≒ 0.0346$$

답 ②

① 층류 : **레이놀즈수**에만 관계되는 계수
② 천이영역(임계영역) : **레이놀즈수**와 관의 **상대조도**에 관계되는 계수
③ 난류 : 관의 **상대조도**에 **무관**한 계수

(5) 국부속도

$$V = U_{max}\left[1 - \left(\frac{r}{r_0}\right)^2\right]$$

여기서, V : 국부속도〔cm/s〕
U_{max} : 중심속도〔cm/s〕
r_0 : 반경〔cm〕
r : 중심에서의 거리〔cm〕

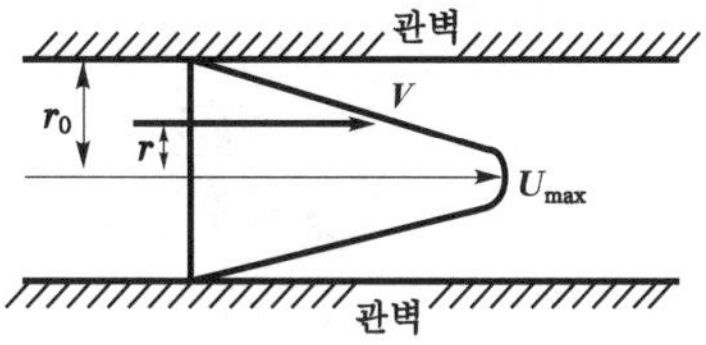

‖ 국부속도 ‖

- 두 개의 평행한 고정평판 사이에 점성유체가 층류로 흐를 때 속도는 **중심**에서 **최대**가 된다.

(6) 마찰손실

① 다르시-바이스바하의 식(Darcy-Weisbach formula) : 층류

$$H = \frac{\Delta p}{\gamma} = \frac{flV^2}{2gD}$$

여기서, H : 마찰손실(수두)〔m〕
Δp : 압력차(〔Pa〕 또는 〔N/m^2〕),
γ : 비중량(물의 비중량 9800N/m^3)
f : 관마찰계수,
l : 길이〔m〕
V : 유속〔m/s〕,
g : 중력가속도(9.8m/s^2)
D : 내경〔m〕

중요 관의 상당관길이

$$L_e = \frac{KD}{f}$$ 문02 보기④

여기서, L_e : 관의 상당관길이〔m〕
K : 손실계수
D : 내경〔m〕
f : 마찰손실계수

Key Point

✻ **레이놀즈수**
층류와 난류를 구분하기 위한 계수

✻ **배관의 마찰손실**
1. 주손실
관로에 의한 마찰손실
2. 부차적 손실
① 관의 급격한 확대 손실
② 관의 급격한 축소 손실
③ 관부속품에 의한 손실

✻ **Darcy 방정식**
곧고 긴 관에서의 손실수두 계산

✻ **상당관길이**
관부속품과 같은 손실수두를 갖는 직관의 길이

✻ **상당관길이와 같은 의미**
① 상당길이
② 등가길이
③ 직관장길이

Key Point

☆☆
문제 02 관로문제의 해석에서 어떤 두 변수가 같아야 등가의 관이 되는가?

① 전수두와 유량
② 길이와 유량
③ 길이와 지름
④ 관마찰계수와 지름

해설

$$L_e = \frac{KD}{f}$$

• 관마찰계수와 지름이 같아야 등가의 관이 된다.

답 ④

② 패닝의 법칙(Fanning's law) : 난류

$$H = \frac{2fl\,V^2}{gD}$$

여기서, H : 마찰손실〔m〕
f : 관마찰계수
l : 길이〔m〕
V : 유속〔m/s〕
g : 중력가속도(9.8m/s^2)
D : 내경〔m〕

※ 마찰손실과 같은 의미
수두손실

③ 하겐-포아젤의 법칙(Hargen-Poiselle's law) : 층류

수평원통관 속의 층류의 흐름에서 **유량, 관경, 점성계수, 길이, 압력강하** 등의 관계식이다.

$$H = \frac{32\mu l\,V}{D^2\gamma}$$

여기서, H : 마찰손실〔m〕
μ : 점도〔kg/m·s〕 또는 〔N·s/m^2〕
l : 길이〔m〕
V : 유속〔m/s〕
D : 내경〔m〕
γ : 비중량(물의 비중량 9800N/m^3)

※ 하겐-포아젤의 법칙
일정한 유량의 물이 층류로 원관에 흐를 때의 손실수두계산

참고

다르시-웨버의 식	하겐-포아젤의 법칙
곧고 긴 관에서의 손실수두계산	일정한 유량의 물이 층류로 원관에 흐를 때의 손실수두계산(수평원관 속에서 층류의 흐름이 있을 때 손실수두계산)

$$\Delta P = \frac{128\mu Q l}{\pi D^4}$$ 문03 보기①

여기서, ΔP : 압력차(압력강하)〔kPa〕 또는 〔kN/m^2〕
μ : 점도〔kg/m · s〕 또는 〔$N \cdot s/m^2$〕
Q : 유량〔m^3/s〕
l : 길이〔m〕
D : 내경〔m〕

문제 03 (15회 문 27, 11회 문 26) **물이 원형관 내에서 층류 상태로 흐르고 있다. 관지름이 3배로(D) 커질 때 수두손실은 처음의 몇 배로(H) 변화하는가? (단, 관지름 증가에 따른 유속변화 이외의 모든 물리량은 변하지 않는다.)**

① $\frac{1}{81}$ ② $\frac{1}{9}$ ③ 9 ④ 81

해설 (1) 기호
- D : 3배
- H : ?

(2) 손실수두 H는

$$H = \frac{128\mu Ql}{\pi D^4} \propto \frac{1}{D^4} = \frac{1}{3^4} = \frac{1}{81}$$

답 ①

④ 하겐-윌리엄스의 식(Hargen-William's formula)

$$\Delta P_m = 6.053 \times 10^4 \times \frac{Q^{1.85}}{C^{1.85} \times D^{4.87}} \times L \fallingdotseq 6.174 \times 10^4 \times \frac{Q^{1.85}}{C^{1.85} \times D^{4.87}} \times L$$

여기서, ΔP_m : 압력손실〔MPa〕
C : 조도
D : 관의 내경〔mm〕
Q : 관의 유량〔l/min〕
L : 배관길이〔m〕

(7) 돌연축소 · 확대관에서의 손실 문04 보기④

돌연축소관에서의 손실	돌연확대관에서의 손실
$H = K\frac{V_2^{\,2}}{2g}$	$H = K\frac{(V_1 - V_2)^2}{2g}$
여기서, H : 손실수두〔m〕 K : 손실계수 V_2 : 축소관 유속〔m/s〕 g : 중력가속도($9.8m/s^2$)	여기서, H : 손실수두〔m〕 K : 손실계수 V_1 : 축소관 유속〔m/s〕 V_2 : 확대관 유속〔m/s〕 g : 중력가속도($9.8m/s^2$)
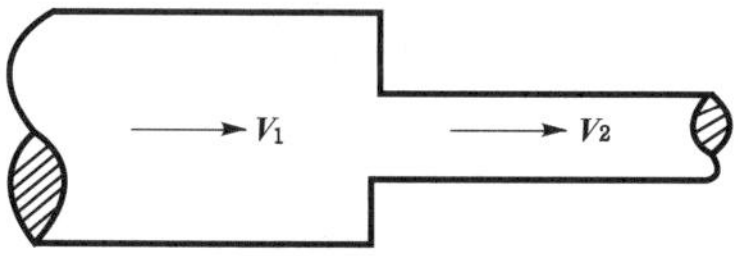 ∥돌연축소관∥	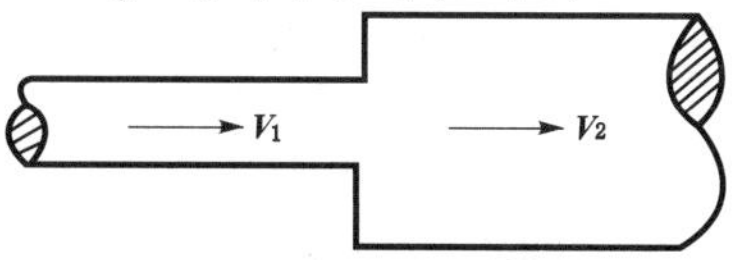 ∥돌연확대관∥

Key Point

＊ 하겐-윌리엄스식의 적용
① 유체 종류 : 물
② 비중량 : $9800N/m^3$
③ 온도 : 7.2~24℃
④ 유속 : 1.5~5.5m/s

＊ 조도
① 흑관(건식) · 주철관 : 100
② 흑관(습식) · 백관(아연도금강관) : 120
③ 동관 : 150

＊ 축소, 확대노즐

축소부분	확대부분
언제나 아음속이다.	초음속이 가능하다.

Key Point

★★

문제 04 개방된 큰 탱크의 바닥에 있는 오리피스로부터 물이 8m/s의 속도로 흘러나올 때의 탱크 내 물의 높이는 약 몇 m인가? (단, 유체의 점성효과는 무시되며, 중력가속도는 9.8m/s²이다.)

(8m/s: V, 높이: H, 9.8m/s²: g)

① 0.27　② 1.27　③ 2.27　④ 3.27

해설 (1) **기호**

- V : 8m/s
- H : ?
- g : 9.8m/s²

(2) 물의 **높이** H는

$$H = K\frac{V^2}{2g} = \frac{(8\text{m/s})^2}{2\times 9.8\text{m/s}^2} \fallingdotseq 3.27\text{m}$$

- K(손실계수) : 주어지지 않았으므로 무시

답 ④

※ 항력
유속의 제곱에 비례한다.
① 마찰항력
② 압력항력

2 항력과 양력

항 력	양 력
유동속도와 **평행방향**으로 작용하는 성분의 힘	유동속도와 **직각방향**으로 작용하는 성분의 힘
$D = C\frac{AV^2\rho}{2}$	$L = C\frac{AV^2\rho}{2}$
여기서, D : 항력[kg·m/s²] C : 항력계수(무차원수) A : 면적[m²] V : 유동속도[m/s] ρ : 밀도[kg/m³]	여기서, L : 양력[kg·m/s²] C : 양력계수(무차원수) A : 면적[m²] V : 유동속도[m/s] ρ : 밀도[kg/m³]

※ 수력반경
면적을 접수길이(둘레길이)로 나눈 것

※ 상대조도

$$상대조도 = \frac{\varepsilon}{4R_h}$$

여기서,
ε : 조도계수
R_h : 수력반경[m]

※ 원관의 수력반경

$$R_h = \frac{d}{4}$$

여기서,
R_h : 수력반경[m]
d : 지름[m]

3 수력반경과 수력도약

(1) 수력반경(Hydraulic radius)

$$R_h = \frac{A}{l} = \frac{1}{4}(D-d)$$ 문05 보기④

여기서, R_h : 수력반경[m]
A : 단면적[m²]
l : 접수길이[m]
D : 관의 외경[m]
d : 관의 내경[m]

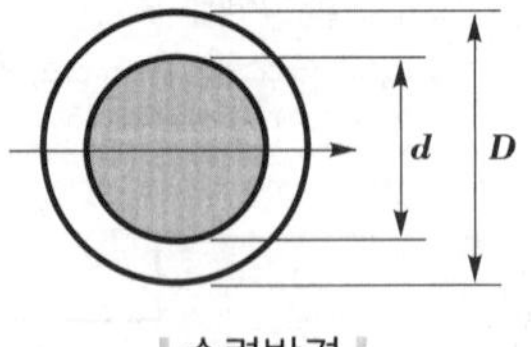

| 수력반경 |

- 수력반경 = 수력반지름 = 등가반경

Key Point

비교

수력직경

$$D' = 4R_h$$

여기서, D' : 수력직경〔m〕
R_h : 수력반경〔m〕

★★
문제 05 다음 중 수력반경을 올바르게 나타낸 것은?

19회 문 33
15회 문 29
04회 문 34

① 접수길이를 면적으로 나눈 것
② 면적을 접수길이의 제곱으로 나눈 것
③ 면적의 제곱근
④ 면적을 접수길이로 나눈 것

해설 **수력반경**(Hydraulic radius)

$$R_h = \frac{A}{l} = \frac{1}{4}(D-d)$$

여기서, R_h : 수력반경〔m〕, A : 단면적〔m^2〕, l : 접수길이〔m〕,
D : 관의 외경〔m〕, d : 관의 내경〔m〕

• **수력반경** : 면적을 접수길이(둘레길이)로 나눈 것

답 ④

(2) 수력도약(Hydraulic jump)

개수로에 흐르는 액체의 **운동에너지**가 갑자기 **위치에너지**로 변할 때 일어난다.

2 차원해석

| 무차원수의 물리적 의미와 유동의 중요성 |

명 칭	물리적인 의미	유동의 중요성
레이놀즈(Reynolds)수	관성력/점성력	모든 유체유동
프루드(Froude)수	관성력/중력	자유표면유동
마하(Mach)수	관성력/압축력$\left(\frac{V}{C}\right)$	압축성 유동
코우시스(Cauchy)수	관성력/탄성력$\left(\frac{\rho V^2}{k}\right)$	압축성 유동
웨버(Weber)수	관성력/표면장력	표면장력
오일러(Euler)수	압축력/관성력	압력차에 의한 유동

* **무차원수**
단위가 없는 것

Key Point

3 유체계측

1 정압측정

※ 정압관 · 피에조미터
유동하고 있는 유체의 정압 측정 문06 보기②

정압관(Static tube)	피에조미터(Piezometer)
측면에 작은 구멍이 뚫어져 있고, 원통모양의 선단이 막혀 있다.	매끄러운 표면에 수직으로 작은 구멍이 뚫어져서 액주계와 연결되어 있다.

• **마노미터**(Mano meter) : 유체의 압력차를 측정할 수 있는 계기

★
문제 06 정압관은 다음 어떤 것을 측정하기 위해 사용하는가?

19회 문 34
17회 문 28
12회 문 42
11회 문 27
09회 문 32
02회 문 50

① 유동하고 있는 유체의 속도 ② 유동하고 있는 유체의 정압
③ 정지하고 있는 유체의 정압 ④ 전압력

해설 **유동**하고 있는 **유체**의 **정압** 측정

정압관	피에조미터
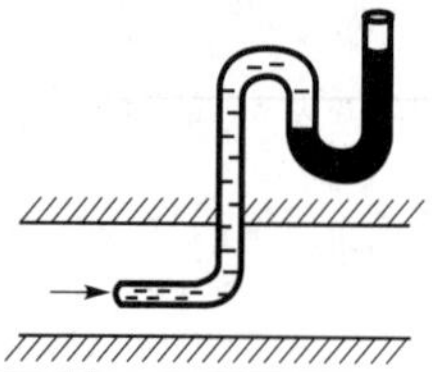	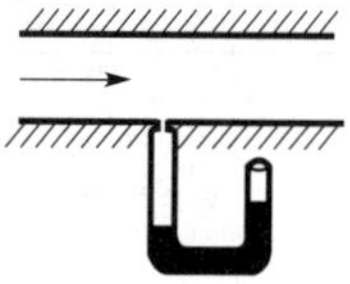

답 ②

2 동압(유속) 측정

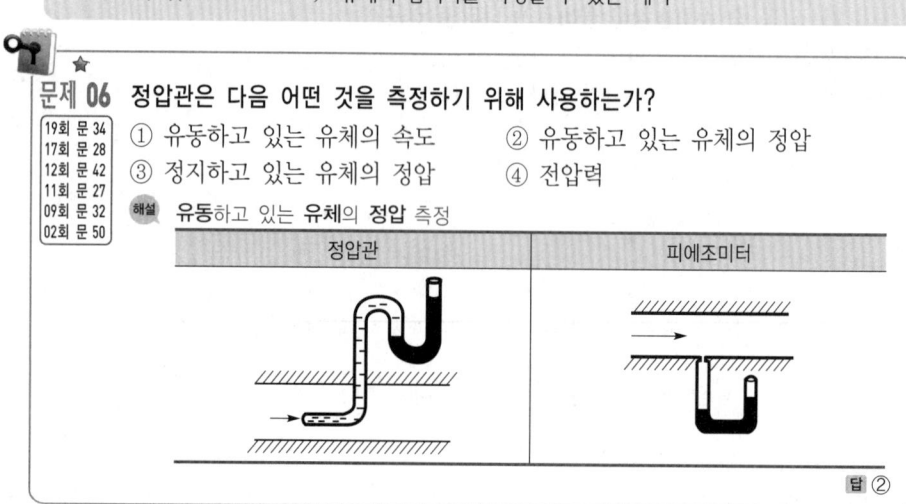

(1) 시차액주계(Differential manometer)

유속 및 **두 지점의 압력**을 측정하는 장치

$$p_A + \gamma_1 h_1 = p_B + \gamma_2 h_2 + \gamma_3 h_3$$

여기서, p_A : 점 A의 압력([kPa] 또는 [kN/m²])
p_B : 점 B의 압력([kPa] 또는 [kN/m²])
$\gamma_1, \gamma_2, \gamma_3$: 비중량[kN/m³]
h_1, h_2, h_3 : 높이[m]

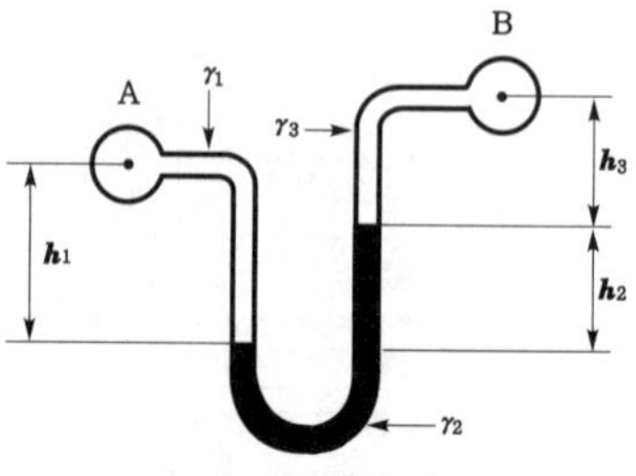

| 시차액주계 |

• **시차액주계의 압력계산방법** : 경계면에서 내려가면 더하고, 올라가면 뺀다.

※ 부르동관
금속의 탄성변형을 기계적으로 확대시켜 유체의 압력을 측정하는 계기

※ 전압
전압=동압+정압

※ 비중량
① 물 : 9.8kN/m³
② 수은 : 133.28kN/m³

※ 동압(유속) 측정
① 시차액주계
② 피토관
③ 피토-정압관
④ 열선속도계

(2) **피토관(Pitot tube)**

유체의 **국부속도**를 측정하는 장치이다.

$$V = C\sqrt{2gH}$$

여기서, V : 유속[m/s]
C : 측정계수
g : 중력가속도(9.8m/s²)
H : 높이[m]

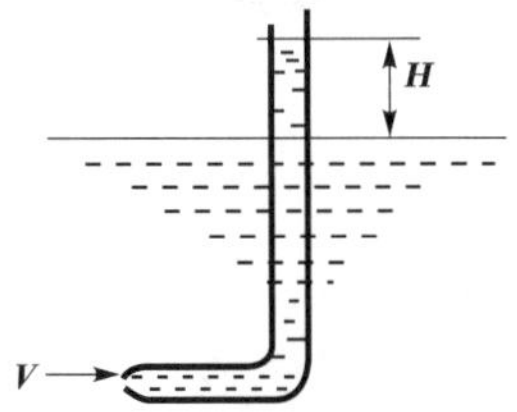

‖ 피토관 ‖

(3) **피토－정압관(Pitot－static tube)**

피토관과 정압관이 결합되어 **동압**(유속)을 **측정**한다.

(4) **열선속도계(Hot－wire anemometer)**

난류유동과 같이 매우 빠른 유속 측정에 사용한다.

3 유량 측정

(1) **벤투리미터(Venturi meter)**

고가이고 유량・유속의 손실이 적은 유체의 유량 측정 장치이다.

$$Q = C_v \frac{A_2}{\sqrt{1-m^2}} \sqrt{\frac{2g(\gamma_s - \gamma)}{\gamma} R}$$

여기서, Q : 유량[m³/s]
C_v : 속노계수
A_2 : 출구면적[m²]
g : 중력가속도(9.8m/s²)
γ_s : 비중량(수은의 비중량 133.28kN/m³)
γ : 비중량(물의 비중량 9.8kN/m³)
R : 마노미터 읽음[m]
m : 개구비$\left(\frac{A_2}{A_1} = \left(\frac{D_2}{D_1}\right)^2\right)$
A_1 : 입구면적[m²]
D_1 : 입구직경[m]
D_2 : 출구직경[m]

Key Point

*** 파이프 속을 흐르는 수압 측정**
① 부르동압력계
② 마노미터
③ 시차압력계

*** 유량 측정**
① 벤투리미터
② 오리피스
③ 위어
④ 로터미터
⑤ 노즐
⑥ 마노미터

*** 로켓**
외부유체의 유동에 의존하지 않고 추력이 만들어지는 유체기관

Key Point

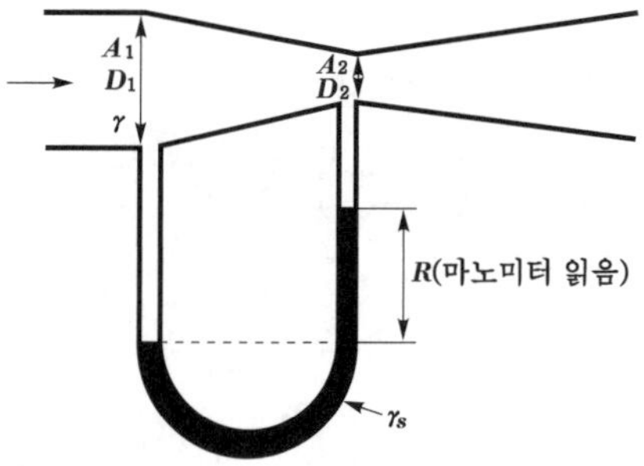

벤투리미터

※ 오리피스
두 점간의 압력차를 측정하여 유속 및 유량을 측정하는 기구

※ 오리피스의 조건
① 유체의 흐름이 정상류일 것
② 유체에 대한 압축·전도 등의 영향이 적을 것
③ 기포가 없을 것
④ 배관이 수평상태일 것

※ V-notch 위어
① $H^{\frac{5}{2}}$에 비례한다.
② 개수로의 소유량 측정에 적합하다.

※ 위어의 종류
① V-notch 위어
② 4각 위어
③ 예봉 위어
④ 광봉 위어

(2) 오리피스(Orifice)

저가이나 압력손실이 크다.

$$\Delta p = p_2 - p_1 = R(\gamma_s - \gamma)$$

여기서, Δp : U자관 마노미터의 압력차([kPa] 또는 [kN/m^2])
p_2 : 출구압력([kPa] 또는 [kN/m^2])
p_1 : 입구압력([kPa] 또는 [kN/m^2])
R : 마노미터 읽음[m]
γ_s : 비중량(수은의 비중량 133.28kN/m^3)
γ : 비중량(물의 비중량 9.8kN/m^3)

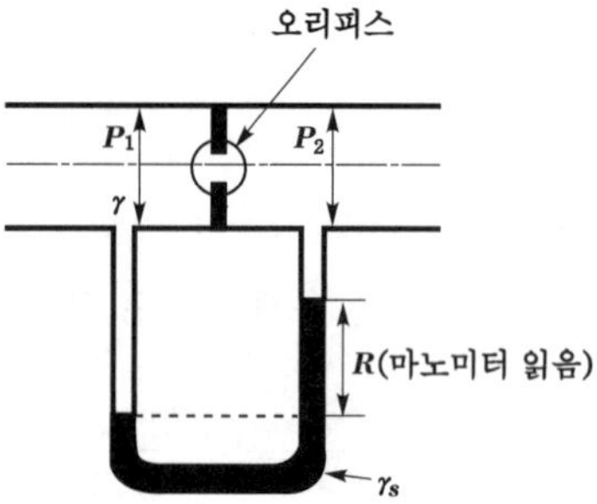

오리피스

(3) 위어(Weir)

개수로의 **유량측정**에 사용되는 장치이다.

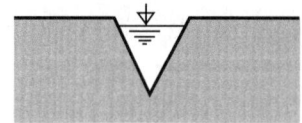

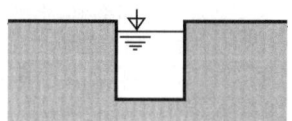

(a) 직각 3각 위어(V-notch 위어) (b) 4각 위어

위어의 종류

(4) 로터미터(Rotameter)

유량을 **부자**(Float)에 의해서 **직접 눈으로 읽을 수 있는 장치**이다. 문07 보기④

Key Point

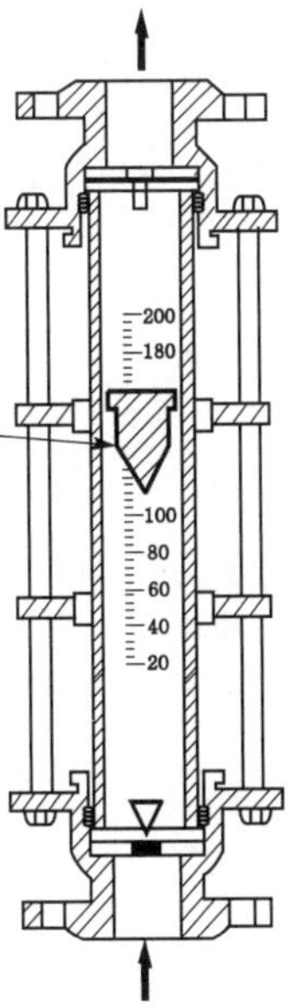

로터미터

★★

문제 07 다음의 유량측정장치 중 유체의 유량을 직접 볼 수 있는 것은?

19회 문 34
17회 문 28
12회 문 42
11회 문 27

① 오리피스미터
② 벤투리미터
③ 피토관
④ 로터미터

해설 **로터미터**(Rotameter) : 유량을 **부자**(Float)에 의해서 직접 눈으로 읽을 수 있는 장치

답 ④

※ **로터미터**
측정범위가 넓다.

(5) **노즐**(Nozzle)

벤투리미터와 유사하다.

출제예상문제
(유체의 유동과 계측)

출제확률 

(1문제)

★★
01 **다음 중 무차원군인 것은?**

① 비열　　　　② 열량
③ 레이놀즈수　　④ 밀도

해설 ① 비열[kcal/kg · ℃]
② 열량[kcal]
③ 레이놀즈수(무차원군)
④ 밀도[kg/m^3]

- **무차원군** : 단위가 없는 것

답 ③

★★★
02 **레이놀즈수가 얼마일 때를 통상 층류라고 하는가?**

① 2100 이하
② 3100~4000
③ 3000
④ 4000 이상

해설 **레이놀즈수**

구 분	설 명
층류	$Re < 2100$
천이영역(임계영역)	$2100 < Re < 4000$
난류	$Re > 4000$

답 ①

★
03 **원관 내를 흐르는 층류흐름에서 유체의 점도에 의한 마찰손실을 어떻게 나타내는가?**

① 레이놀즈수에 비례한다.
② 레이놀즈수에 반비례한다.
③ 레이놀즈수의 제곱에 비례한다.
④ 레이놀즈수의 제곱에 반비례한다.

해설 **레이놀즈수**

$$Re = \frac{DV\rho}{\mu} = \frac{DV}{\nu}$$

여기서, Re : 레이놀즈수
D : 내경[m]
V : 유속[m/s]
ρ : 밀도[kg/m^3]
μ : 점도[kg/m · s]
ν : 동점성계수$\left(\frac{\mu}{\rho}\right)$[$cm^2/s$]

점도 μ는

$$\mu = \frac{DV\rho}{Re} \propto \frac{1}{Re}$$

- 유체의 점도는 레이놀즈수에 **반비례**한다.

답 ②

★
04 **동점성계수가 $\underset{\nu}{\underline{0.8 \times 10^{-6} m^2/s}}$인 어느 유체가 내경 $\underset{D}{\underline{20cm}}$인 배관 속을 평균유속 $\underset{V}{\underline{2m/s}}$로 흐른다면 이 유체의 $\underset{Re}{\underline{레이놀즈수}}$는 얼마인가?**

① 3.5×10^5
② 5.0×10^5
③ 6.5×10^5
④ 7.0×10^5

해설 **문제 3 참조**

(1) **기호**

- ν : $0.8 \times 10^{-6} m^2/s$
- D : 20cm=0.2(1m=100cm이므로)
- V : 2m/s
- Re : ?

(2) $Re = \frac{DV\rho}{\mu} = \frac{DV}{\nu}$

레이놀즈수 Re는

$$Re = \frac{DV}{\nu} = \frac{0.2m \times 2m/s}{0.8 \times 10^{-6} m^2/s} = 5.0 \times 10^5$$

- 100cm=1m이므로 20cm=0.2m

답 ②

★★

05 직경이 2cm(D)의 수평원관에 평균속도 0.5 m/s(V)로 물이 흐르고 있다. 이때 레이놀즈수(Re)를 구하면?(단, 0℃ 물의 동점성계수는 $1.7887\times10^{-6}\text{m}^2/\text{s}$($\nu$)이고, 0℃ 물이 흐르고 있을 때임)

① 3581　　② 5590

③ 11180　　④ 12000

해설 문제 3 참조

(1) 기호

- D : 2cm=0.02m(1m=100cm이므로)
- V : 0.5m/s
- Re : ?
- ν : $1.7887\times10^{-6}\text{m}^2/\text{s}$

(2) 레이놀즈수 Re는

$$Re=\frac{DV}{\nu}$$

$$=\frac{0.02\text{m}\times0.5\text{m/s}}{1.7887\times10^{-6}\text{m}^2/\text{s}}\fallingdotseq 5590$$

2cm=0.02m

- **레이놀즈수** : 층류와 난류를 구분하기 위한 계수

답 ②

★★

06 지름이 10cm(D)인 원관 속에 비중이 0.85인 기름이 $0.01\text{m}^3/\text{s}$(Q)로 흐르고 있다. 이 기름의 동점성계수가 $1\times10^{-4}\text{m}^2/\text{s}$($\nu$)일 때 이 흐름의 상태($Re$)는?

① 층류　　② 난류

③ 천이구역　　④ 비정상류

해설 문제 3 참조

(1) 기호

- D : 10cm=0.1(1m=100cm이므로)
- Q : $0.01\text{m}^3/\text{s}$
- ν : $1\times10^{-4}\text{m}^2/\text{s}$
- Re : ?

(2) 유량

$$Q=AV=\left(\frac{\pi}{4}D^2\right)V$$

여기서, Q : 유량[m^3/s]

A : 단면적[m^2]

V : 유속[m/s]

D : 지름[m]

유량 Q는

$Q=AV$에서

유속 V는

$$V=\frac{Q}{A}=\frac{Q}{\frac{\pi}{4}D^2}=\frac{0.01\text{m}^3/\text{s}}{\frac{\pi}{4}(0.1\text{m})^2}\fallingdotseq 1.27\text{m/s}$$

(3) 레이놀즈수 Re는

$$Re=\frac{DV}{\nu}=\frac{0.1\text{m}\times1.27\text{m/s}}{1\times10^{-4}\text{m}^2/\text{s}}=1270$$

10cm=0.1m

- 비중은 적용하지 않는 것에 주의할 것
- $Re<2100$이므로 **층류**이다.

답 ①

★

07 동점성계수가 $1.15\times10^{-6}\text{m}^2/\text{s}$($\nu$)인 물이 지름 30mm($D$)의 관 내를 흐르고 있다. 층류가 기대될 수 있는 최대의 유량은(Q)?

① $4.69\times10^{-5}\text{m}^3/\text{s}$

② $5.69\times10^{-5}\text{m}^3/\text{s}$

③ $4.69\times10^{-7}\text{m}^3/\text{s}$

④ $5.69\times10^{-7}\text{m}^3/\text{s}$

해설 문제 3, 6 참조

(1) 기호

- ν : $1.15\times10^{-6}\text{m}^2/\text{s}$
- D : 30mm=0.03(1m=1000mm이므로)
- Q : ?

(2) 레이놀즈수 Re는

$Re=\frac{DV}{\nu}$에서

층류의 최대 레이놀즈수 **2100**을 적용하면

$$2100=\frac{0.03\text{m}\times V}{1.15\times10^{-6}\text{m}^2/\text{s}}$$

유속 $V=0.08\text{m/s}$

(3) **최대유량** Q는

$Q = AV$

$= \frac{\pi \times 0.03\text{m}^2}{4} \times 0.08\text{m/s}$

$\fallingdotseq 5.69 \times 10^{-5}\text{m}^3/\text{s}$

• 1000mm=1m이므로 30mm=0.03m

참고

레이놀즈수

구 분	설 명
층류	Re<2100
천이영역(임계영역)	2100<Re<4000
난류	Re>4000

답 ②

★★

08 비중 0.9인 기름의 점성계수는 0.0392N·s/m^2이다. 이 기름의 동점성계수는 얼마인가? (단, 중력가속도는 9.8m/s^2)

① $4.1\times10^{-4}\text{m}^2/\text{s}$ ② $4.3\times10^{-5}\text{m}^2/\text{s}$
③ $6.1\times10^{-4}\text{m}^2/\text{s}$ ④ $6.3\times10^{-5}\text{m}^2/\text{s}$

해설 (1) **기호**

• s : 0.9
• μ : 0.0392N·s/m^2
• ν : ?
• g : 9.8m/s

(2) **비중**

$$s = \frac{\rho}{\rho_w}$$

여기서, s : 비중
ρ : 어떤 물질의 밀도[N·s^2/m^4]
ρ_w : 물의 밀도(1000N·s^2/m^4 =1000kg/m^3)

기름의 밀도 ρ는

$\rho = \rho_w \times s = 1000\text{N}\cdot\text{s}^2/\text{m}^4 \times 0.9$

$= 900\text{N}\cdot\text{s}^2/\text{m}^4$

(3) **동점성계수**

$$\nu = \frac{\mu}{\rho}$$

여기서, ν : 동점성계수[m^2/s]
μ : 점성계수[N·s/m^2]
ρ : 밀도[N·s^2/m^4]

동점성계수 ν는

$\nu = \frac{\mu}{\rho}$

$= \frac{0.0392\text{N}\cdot\text{s/m}^2}{900\text{N}\cdot\text{s}^2/\text{m}^4} \fallingdotseq 4.3\times10^{-5}\text{m}^2/\text{s}$

답 ②

★

09 하임계 레이놀즈수에 대하여 옳게 설명한 것은 어느 것인가?

① 난류에서 층류로 변할 때의 가속도
② 층류에서 난류로 변할 때의 임계속도
③ 난류에서 층류로 변할 때의 레이놀즈수
④ 층류에서 난류로 변할 때의 레이놀즈수

해설 **임계 레이놀즈수**

상임계 레이놀즈수	하임계 레이놀즈수
층류에서 난류로 변할 때의 레이놀즈수(**4000**)	난류에서 층류로 변할 때의 레이놀즈수(**2100**)

답 ③

★★

10 파이프 내의 흐름에 있어서 마찰계수(f)에 대한 설명으로 옳은 것은?

① f는 파이프의 조도와 레이놀즈에 관계가 있다.
② f는 파이프 내의 조도에는 전혀 관계가 없고 압력에만 관계가 있다.
③ 레이놀즈수에는 전혀 관계없고 조도에만 관계가 있다.
④ 레이놀즈수와 마찰손실수두에 의하여 결정된다.

해설 **관마찰계수**

구 분	설 명
층류	레이놀즈수에만 관계되는 계수
천이영역(임계영역)	레이놀즈수와 관의 상대조도에 관계되는 계수
난류	관의 상대조도에 무관한 계수

• 마찰계수(f)는 파이프의 **조도**와 **레이놀즈**에 관계가 있다.

답 ①

★
11 다음 중 관마찰계수는 어느 것인가?

① 절대조도와 관지름의 함수
② 절대조도와 상대조도의 관계
③ 레이놀즈수와 상대조도의 함수
④ 마하수와 코시수의 함수

해설 **문제 10 참조**

• 관마찰계수(f)는 레이놀즈수와 상대조도의 함수이다.

답 ③

★
12 원관 내를 흐르는 층류흐름에서 마찰손실은?

① 레이놀즈수에 비례한다.
② 레이놀즈수에 반비례한다.
③ 레이놀즈수의 제곱에 비례한다.
④ 레이놀즈수의 제곱에 반비례한다.

해설 **관마찰계수**

$$f = \frac{64}{Re}$$

여기서, f : 관마찰계수
Re : 레이놀즈수

관마찰계수 f는

$$f = \frac{64}{Re} \propto \frac{1}{Re}$$

• 마찰손실은 레이놀즈수에 **반비례**한다.

답 ②

★
13 Reynolds수(Re)가 1200인 유체가 매끈한 원관 속을 흐를 때 관마찰계수(f)는 얼마인가?

① 0.0254 ② 0.00128
③ 0.0059 ④ 0.053

해설 **문제 12 참조**

(1) **기호**

• Re : 1200
• f : ?

(2) **층류**일 때 **관마찰계수** f는

$$f = \frac{64}{Re} = \frac{64}{1200} ≒ 0.053$$

답 ④

★★★
14 관로(소화배관)의 다음과 같은 변화 중 부차적 손실에 해당되지 않는 것은?

① 관벽의 마찰
② 급격한 확대
③ 급격한 축소
④ 부속품의 설치

해설 **배관**의 **마찰손실**

구 분	종 류
주손실	관로에 의한 마찰손실
부차적 손실	① **관**의 급격한 **확**대손실 ② 관의 급격한 **축**소손실 ③ 관 **부**속품에 의한 손실

기억법 **부관확축**

답 ①

★★
15 배관 내를 흐르는 유체의 마찰손실에 대한 설명 중 옳은 것은?

① 유속과 관길이에 비례하고 지름에 반비례한다.
② 유속의 제곱과 관길이에 비례하고 지름에 반비례한다.
③ 유속의 제곱근과 관길이에 비례하고 지름에 반비례한다.
④ 유속의 제곱과 관길이에 비례하고 지름의 제곱근에 반비례한다.

해설 **다르시-웨버**의 **식**

$$H = \frac{\Delta P}{\gamma} = \frac{flV^2}{2gD}$$

여기서, H : 마찰손실〔m〕
ΔP : 압력차(〔kPa〕 또는 〔kN/m^2〕)
γ : 비중량(물의 비중량 9.8kN/m^3)
f : 관마찰계수
l : 길이〔m〕
V : 유속〔m/s〕
g : 중력가속도(9.8m/s^2)
D : 내경〔m〕

- 유체의 마찰손실은 유속의 **제곱**과 관길이에 **비례**하고 지름에 **반비례**한다.

답 ②

★
16 배관 속을 흐르는 유체의 손실수두에 관한 사항으로서 다음 중 옳은 것은?

① 관의 길이에 반비례한다.
② 관의 내경의 제곱에 반비례한다.
③ 유속의 제곱에 비례한다.
④ 유체의 밀도에 반비례한다.

해설 문제 15 참조

③ 유체의 마찰손실은 유속의 제곱과 관길이에 비례하고 지름에 반비례한다.

답 ③

★★
17 소화설비배관 중 내경이 15cm(D)이고, 길이가 1000m(l)의 곧은 배관(아연강관)을 통하여 50l/s(Q)의 물이 흐른다. 마찰손실수두(H)를 구하면 몇 m인가? (단, 마찰계수는 0.02(f)이다.)

① 17.01 ② 44.5
③ 54.5 ④ 60.5

해설 문제 15 참조

(1) 기호

- D : 15cm=0.15m(100cm=1m이므로)
- l : 1000m
- Q : 50l/s=0.05m^3/s(1000l=1m^{3}이므로)
- H : ?
- f : 0.02

(2) 유량

$$Q = AV = \left(\frac{\pi}{4}D^2\right)V$$

여기서, Q : 유량[m^3/s]
A : 단면적[m^2]
V : 유속[m/s]
D : 지름(내경)[m]

유속 V는

$$V = \frac{Q}{A} = \frac{Q}{\frac{\pi}{4}D^2}$$

$$= \frac{0.05\text{m}^3/\text{s}}{\frac{\pi}{4}(0.15\text{m})^2} ≒ 2.83\text{m/s}$$

(3) 다르시-웨버의 식

$$H = \frac{flV^2}{2gD}$$

$$= \frac{0.02 \times 1000\text{m} \times (2.83\text{m/s})^2}{2 \times 9.8\text{m/s}^2 \times 0.15\text{m}} ≒ 54.5\text{m}$$

- [문제]에서 특별한 조건이 없는 한 층류로 보고 다르시-웨버의 식$\left(H = \frac{flV^2}{2gD}\right)$을 적용하면 된다. 패닝의 법칙$\left(H = \frac{2flV^2}{gD}\right)$은 난류라고 주어진 경우에만 적용한다.

답 ③

★
18 지름이 150mm(D)인 관을 통해 소방용수가 흐르고 있다. 유속 5m/s(V) A점과 B점 간의 길이가 500m(l) 일 때 A, B점 간의 수두손실을 10m(H)라고 하면, 이 관의 마찰계수(f)는 얼마인가?

① 0.00235
② 0.00315
③ 0.00351
④ 0.00472

해설 문제 15 참조

(1) 기호

- D : 150mm=0.15m(1000mm=1m이므로)
- V : 5m/s
- l : 500m
- H : 10m
- f : ?

$H = \frac{flV^2}{2gD}$에서

관마찰계수 f는

$$f = \frac{2gDH}{lV^2} = \frac{2 \times 9.8\text{m/s}^2 \times 0.15\text{m} \times 10\text{m}}{500\text{m} \times (5\text{m/s})^2}$$

$$≒ 0.00235$$

- 1000mm=1m이므로 150mm=0.15m

답 ①

★

19 직경 7.5cm(D)인 원관을 통하여 3m/s(V)의 유속으로 물을 흘려 보내려 한다. 관의 길이가 200m(l)이면 압력강하(ΔP)는 몇 kPa인가? (단, 마찰계수 f=0.03이다.)

① 122 ② 360
③ 734 ④ 135

해설 문제 15 참조

(1) 기호

- D : 7.5cm=0.075m(100cm=1m이므로)
- V : 3m/s
- l : 200m
- ΔP : ?
- f : 0.03

(2) 다르시-웨버식

$H=\dfrac{\Delta P}{\gamma}=\dfrac{flV^2}{2gD}$ 에서

압력강하 ΔP는

$$\Delta P=\frac{flV^2\gamma}{2gD}$$

$$=\frac{0.03\times 200\text{m}\times(3\text{m/s})^2\times 9.8\text{kN/m}^3}{2\times 9.8\text{m/s}^2\times 0.075\text{m}}$$

$=360\text{kN/m}^2$

$=360\text{kPa}$

$1\text{kN/m}^2=1\text{kPa}$

답 ②

★

20 관 내에서 유체가 흐를 경우 유동이 난류라면 수두손실은?

① 속도에 정비례한다.
② 속도의 제곱에 반비례한다.
③ 지름의 제곱에 반비례하고 속도에 정비례한다.
④ 대략 속도의 제곱에 비례한다.

해설 패닝의 법칙 : 난류

$$H=\frac{2flV^2}{gD}$$

여기서, H : 수두손실[m]
f : 관마찰계수
l : 길이[m]
V : 유속[m/s]
g : 중력가속도(9.8m/s²)
D : 내경[m]

- 수두손실은 속도(유속)의 **제곱**에 비례한다.

답 ④

★

21 어느 일정길이의 배관 속을 매분 200l의 물이 흐르고 있을 때의 마찰손실압력이 0.02MPa이었다면 물흐름이 매분 300l로 증가할 경우 마찰손실압력은 얼마가 될 것인가? (단, 마찰손실 계산은 하겐-윌리엄스 공식을 따른다고 한다.)

① 0.03MPa ② 0.04MPa
③ 0.05MPa ④ 0.06MPa

해설 하겐-윌리엄스 공식

$$\Delta P_m=6.053\times 10^4\times\frac{Q^{1.85}}{C^{1.85}\times D^{4.87}}\times L$$

여기서, ΔP_m : 압력손실[MPa]
C : 조도
D : 관의 내경[mm]
Q : 관의 유량[l/min]
L : 배관길이[m]

$\Delta P_m=6.053\times 10^4\times\dfrac{Q^{1.85}}{C^{1.85}\times D^{4.87}}\times L$ 에서

$\Delta P_m\propto Q^{1.85}$

비례식으로 풀면

$0.02\text{MPa} : (200l/\text{min})^{1.85}=x : (300l/\text{min})^{1.85}$

$$x=\frac{(300l/\text{min})^{1.85}}{(200l/\text{min})^{1.85}}\times 0.02\text{MPa}\fallingdotseq 0.04\text{MPa}$$

답 ②

★★

22 물소화설비에서 배관 내 정상류의 흐름에 대한 마찰손실계산은 하겐-윌리엄스 공식이라고 불리는 실험식이 주로 사용되지만 이 식도 모든 유속에 대해 정확한 결과를 주는 것이 아니고 사용할 수 있는 유속의 적정범위가 있다. 그것은 어떤 범위의 유속인가?

① 약 0.5m/s~약 7.0m/s
② 약 1.0m/s~약 6.0m/s
③ 약 1.2m/s~약 6.0m/s
④ 약 1.5m/s~약 5.5m/s

해설 **하겐-윌리엄스 공식**의 적용범위
(1) 유체의 종류 : **물**
(2) 비중량 : **9.8kN/m³**
(3) 온도 : **7.2~24℃**
(4) 유속 : **1.5~5.5m/s**

답 ④

★
23 **오리피스헤드가 6cm이고 실제 물의 유출속도가 9.7m/s(V)일 때 손실수두(H)는? (단, K=0.25이다.)**

① 0.6m ② 1.2m
③ 1.5m ④ 2.4m

해설 (1) **기호**
- V : 9.7m/s
- H : ?
- K : 0.25

(2) **손실수두**

$$H=K\frac{V^2}{2g}$$

여기서, H : 손실수두[m]
K : 손실계수
V : 유출속도[m/s]
g : 중력가속도(9.8m/s²)

손실수두 H는

$$H=K\frac{V^2}{2g}=0.25\times\frac{(9.7\text{m/s})^2}{2\times9.8\text{m/s}^2}=1.2\text{m}$$

답 ②

★
24 **수면의 수직 하부 H에 위치한 오리피스에서 유출되는 물의 속도수두는 어떻게 표시되는가? (단, 속도계수는 C_V이고, 오리피스에서 나온 직후의 유속은 $U=C_V\sqrt{2gH}$로 표시된다.)**

① C_V/H ② $C_V^{\ 2}/H$
③ $C_V^{\ 2}H$ ④ C_VH

해설 **속도수두**

$$H=\frac{V^2}{2g}$$

여기서, H : 속도수두[m]
$V(U)$: 유속[m/s]
g : 중력가속도(9.8m/s²)

속도수두 H는

$$H=\frac{U^2}{2g}=\frac{(C_V\sqrt{2gH})^2}{2g}=\frac{C_V^{\ 2}\times2gH}{2g}=C_V^{\ 2}H$$

답 ③

★
25 **항력에 관한 설명 중 틀린 것은 어느 것인가?**

① 항력계수는 무차원수이다.
② 물체가 받는 항력은 마찰항력과 압력항력이 있다.
③ 항력은 유체의 밀도에 비례한다.
④ 항력은 유속에 비례한다.
(의 제곱에 비례)

해설 **항력**

$$D=C\frac{AV^2\rho}{2}$$

여기서, D : 항력[kg·m/s²]
C : 항력계수(무차원수)
A : 면적[m²]
V : 유속[m/s]
ρ : 밀도[kg/m³]

답 ④

★★
26 **내경이 d, 외경이 D인 동심 2중관에 액체가 가득차 흐를 때 수력반경 R_h는?**

① $\frac{1}{6}(D-d)$ ② $\frac{1}{6}(D+d)$
③ $\frac{1}{4}(D-d)$ ④ $\frac{1}{4}(D+d)$

해설 **수력반경**

$$R_h=\frac{A}{l}=\frac{1}{4}(D-d)$$

여기서, R_h : 수력반경[m]
A : 단면적[m²]
l : 접수길이[m]
D : 관의 외경[m]
d : 관의 내경[m]

- **수력반경** : 면적을 접수길이(둘레길이)로 나눈 것

답 ③

★
27 지름 d인 판에 액체가 가득차 흐를 때 수력반경 R_h은 어떻게 표시되는가?

① $2d$ ② $\frac{d}{4}$
③ $\frac{1}{2}d$ ④ $\frac{1}{4}d^2$

해설 문제 26 참조

$$수력반경 = \frac{단면적}{접수길이} = \frac{\frac{\pi}{4}d^2}{\pi d} = \frac{d}{4}$$

답 ②

★★★
28 치수가 30cm×20cm인 4각 단면 관에 물이 가득차 흐르고 있다. 이 관의 수력반경은 몇 cm인가?
(A: 30cm×20cm, R_h: 수력반경)

① 3 ② 6
③ 20 ④ 25

해설 문제 26 참조
(1) 기호
- A : (30×20)cm^2
- R_h : ?

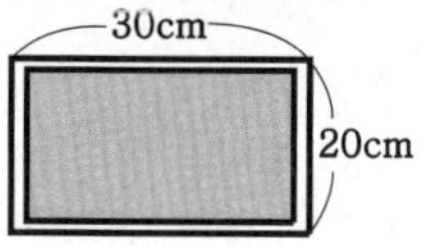

(2) 수력반경 R_h는

$$R_h = \frac{A}{l}$$
$$= \frac{(30\times20)\text{cm}^2}{(30\times2면)\text{cm}+(20\times2면)\text{cm}} = 6\text{cm}$$

답 ②

★
29 직사각형 수로의 깊이가 4m, 폭이 8m인 수력반경은 몇 m인가?
(R_h: 수력반경)

① 2 ② 4
③ 6 ④ 8

해설 문제 26 참조
(1) 기호
- A : (4×8)m^2
- R_h : ?

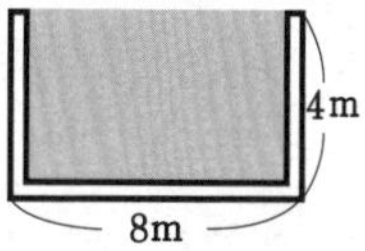

(2) 수력반경 R_h는

$$R_h = \frac{A}{l} = \frac{(4\times8)\text{m}^2}{8\text{m}+(4\times2면)\text{m}} = 2\text{m}$$

- **수로** : 물을 보내는 통로

답 ①

★
30 단면이 5cm×5cm인 관 내로 유체가 흐를 때 조도계수 $\varepsilon=0.0008\text{m}$일 때 상대조도는?
(A: 5cm×5cm)

① 0.008
② 0.016
③ 0.020
④ 0.040

해설 문제 26 참조
(1) 기호
- A : 5cm×5cm
- ε : 0.0008m
- 상대조도 : ?

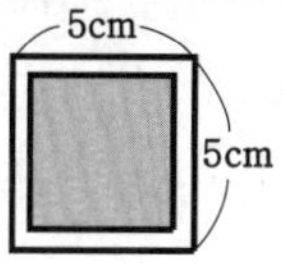

(2) 수력반경 R_h는

$$R_h = \frac{A}{l} = \frac{(5\times5)\text{cm}^2}{(5\times2면)\text{cm}+(5\times2면)\text{cm}}$$
$$= 1.25\text{cm}$$

(3) 상대조도

$$상대조도 = \frac{\varepsilon}{4R_h}$$

여기서, ε : 조도계수
R_h : 수력반경〔m〕

$$상대조도 = \frac{\varepsilon}{4R_h} = \frac{0.08\text{cm}}{4\times1.25\text{cm}} = 0.016$$

답 ②

★★★
31 **프루드(Froude)수의 물리적인 의미는?**

① 관성력/탄성력 ② 관성력/중력
③ 관성력/압력 ④ 관성력/점성력

해설

② 프루드수=관성력/중력

무차원수의 물리적 의미

명 칭	물리적 의미
레이놀즈(Reynolds)수	관성력 / 점성력
프루드(Froude)수	**관**성력 / **중**력
마하(Mach)수	관성력 / 압축력
웨버(Weber)수	관성력 / 표면장력
오일러(Euler)수	압축력 / 관성력

기억법 **프관중**

답 ②

★★★
32 **다음 그림과 같이 시차액주계의 압력차(Δp)는?**

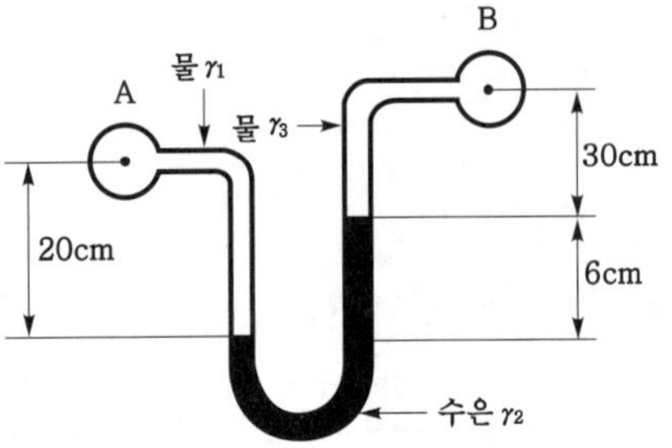

① 8.976kPa ② 0.897kPa
③ 89.76kPa ④ 0.089kPa

해설 **시차액주계**

$$p_A + \gamma_1 h_1 - \gamma_2 h_2 - \gamma_3 h_3 = p_B$$

여기서, p_A : 점 A의 압력([kPa] 또는 [kN/m^2])
p_B : 점 B의 압력([kPa] 또는 [kN/m^2])
$\gamma_1, \gamma_2, \gamma_3$: 비중량[kN/m^3]
h_1, h_2, h_3 : 높이[m]

$$p_A - p_B = -\gamma_1 h_1 + \gamma_2 h_2 + \gamma_3 h_3$$
$$= (-9.8\text{kN/m}^3 \times 0.2\text{m})$$
$$+ (133.28\text{kN/m}^3 \times 0.06\text{m})$$
$$+ (9.8\text{kN/m}^3 \times 0.3\text{m})$$
$$\fallingdotseq 8.976\text{kN/m}^2 = 8.976\text{kPa}$$

- 물의 비중량 = 9.8kN/m^3
- 수은의 비중량 = 133.28kN/m^3

참고

시차액주계의 압력계산방법
경계면을 기준으로 내려오면 더하고, 올라가면 뺀다.

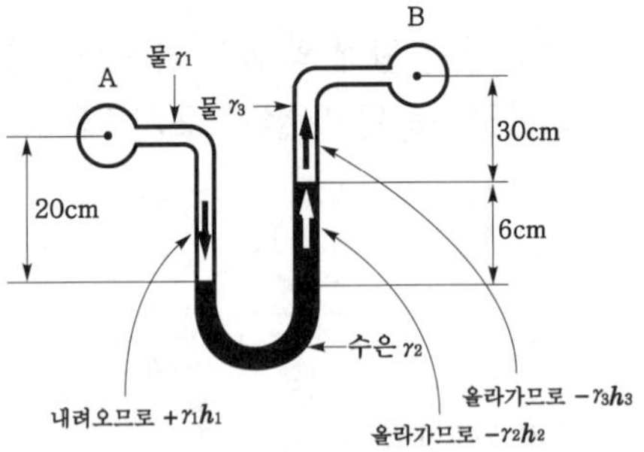

| 압력계산방법 |

답 ①

★
33 **그림과 같이 액주계에서 $\gamma_1 = 9.8\text{kN/m}^3$, $\gamma_2 = 133.28\text{kN/m}^3$, $h_1 = 500\text{mm}$, $h_2 = 800\text{mm}$일 때 관 중심 A의 게이지압(P_A)은 얼마인가?**

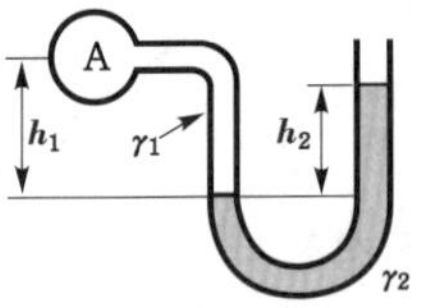

① 101.7kPa ② 109.6kPa
③ 126.4kPa ④ 131.7kPa

해설 **문제 32 참조**

(1) **기호**

- γ_1 : 9.8kN/m^3
- γ_2 : 133.28kN/m^3
- h_1 : 500mm
- h_2 : 800mm
- P_A : ?

(2) $p_A + \gamma_1 h_1 - \gamma_2 h_2 = 0$

$$p_A = -\gamma_1 h_1 + \gamma_2 h_2$$
$$= (-9.8\text{kN/m}^3 \times 0.5\text{m})$$
$$+ (133.28\text{kN/m}^3 \times 0.8\text{m})$$
$$= 101.7\text{kN/m}^2 = 101.7\text{kPa}$$

1kN/m^2=1kPa

답 ①

★★
34 유체를 측정할 수 있는 계측기기가 아닌 것은?

① 마노미터
② 오리피스미터
③ 크로마토그래피 → 물질분석기기
④ 벤투리미터

해설 **유체측정기기**
(1) 마노미터
(2) 오리피스미터
(3) 벤투리미터
(4) 로터미터
(5) 위어
(6) 노즐(유동노즐)

답 ③

★★
35 배관 내에 유체가 흐를 때 유량을 측정하기 위한 것으로 관련이 없는 것은?

① 오리피스미터 ② 벤투리미터
③ 위어 ④ 로터미터
개수로의 유량 측정

해설 **배**관 내의 **유**량 측정
(1) **마**노미터 : 직접 측정은 불가능
(2) **오**리피스미터
(3) **벤**투리미터
(4) **로**터미터
(5) **유**동노즐(노즐)

기억법 **배유마오벤로**

답 ③

★
36 관로의 유량을 측정하기 위하여 오리피스를 설치한다. 유량을 오리피스에서 생기는 압력차(Δp)에 의하여 계산하면 얼마인가? (단, 액주계 액체의 비중은 2.50(s), 흐르는 유체의 비중은 0.85(s), 마노미터의 읽음은 400mm(R)이다.)

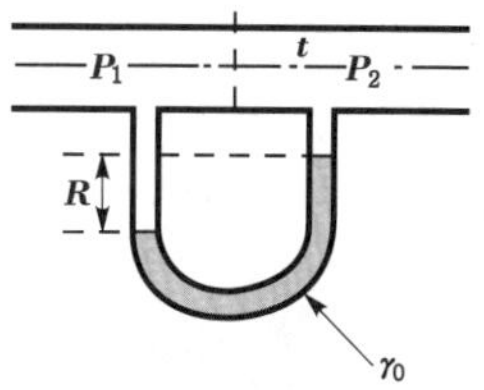

① 9.8kPa ② 63.24kPa
③ 6.468kPa ④ 98.0kPa

해설 (1) **기호**

- Δp : ?
- 액주계 액체 s : 2.5
- 흐르는 유체 s : 0.85
- R : 400mm

(2) **비중**

$$s = \frac{\gamma}{\gamma_w}$$

여기서, s : 비중
γ : 어떤 물질의 비중량[kN/m^3]
γ_w : 물의 비중량(9.8kN/m^3)

액주계 액체의 비중

$$s = \frac{\gamma}{\gamma_w}$$

$$\gamma = \gamma_w \cdot s = 9.8\text{kN/m}^3 \times 2.5 = 24.5\text{kN/m}^3$$

흐르는 유체의 비중

$$s = \frac{\gamma}{\gamma_w}$$

$$\gamma = \gamma_w \cdot s$$
$$= 9.8\text{kN/m}^3 \times 0.85 = 8.33\text{kN/m}^3$$

물의 비중량(γ_w)
$= 9800\text{N/m}^3 = 9.8\text{kN/m}^3$

(3) **오리피스**

$$\Delta p = p_2 - p_1 = R(\gamma_s - \gamma)$$

여기서, Δp : U자관 마노미터의 압력차[kPa]
p_2 : 출구압력[kPa]
p_1 : 입구압력[kPa]
R : 마노미터 읽음[m]
γ_s : 비중량(수은의 비중량 133.28kN/m^3)
γ : 비중량(물의 비중량 9.8kN/m^3)

압력차 Δp는

$$\Delta p = R(\gamma_s - \gamma)$$
$$= 0.4\text{m} \times (24.5 - 8.33)\text{kN/m}^3$$
$$= 6.468\text{kN/m}^2 = 6.468\text{kPa}$$

$1\text{kN/m}^2 = 1\text{kPa}$

답 ③

★

37 V-notch 위어를 통하여 흐르는 유량은?

① $H^{-1/2}$에 비례한다.

② $H^{1/2}$에 비례한다.

③ $H^{3/2}$에 비례한다.

④ $H^{5/2}$에 비례한다.

해설 V-notch **위어**의 유량 Q는

$$Q = \frac{8}{15}\sqrt{2g}\tan\frac{\theta}{2}H^{\frac{5}{2}}$$

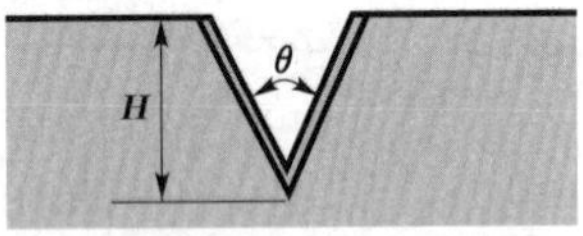

V-notch 위어=직각 3각 위어

답 ④

★

38 파이프 내를 흐르는 유체의 유량을 파악할 수 있는 기능을 갖지 않는 것은?

① 벤투리미터

② 사각 위어

개수로의 유량 측정

③ 오리피스미터

④ 로터미터

해설 **파이프 내의 유량 측정**

(1) **벤**투리미터

(2) **오**리피스미터

(3) **로**터미터

기억법 **파유로오벤**

답 ②

4. 유체의 정역학 및 열역학

출제확률 6.5% (2문제)

1 평면에 작용하는 힘

1 수평면에 작용하는 힘

$$F = \gamma h A$$

여기서, F : 수평면에 작용하는 힘〔N〕
γ : 비중량(물의 비중량 9800N/m^3)
h : 표면에서 수문중심까지의 수직거리〔m〕
A : 수문의 단면적〔m^2〕

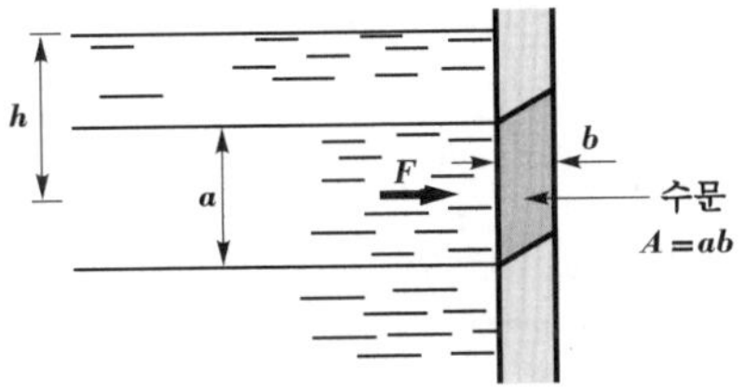

| 수평면에 작용하는 힘 |

2 경사면에 작용하는 힘

$$F = \gamma y \sin\theta A$$

여기서, F : 경사면에 작용하는 힘(전압력)〔N〕
γ : 비중량(물의 비중량 9800N/m^3)
y : 표면에서 수문중심까지의 경사거리〔m〕
θ : 각도
A : 수문의 단면적〔m^2〕

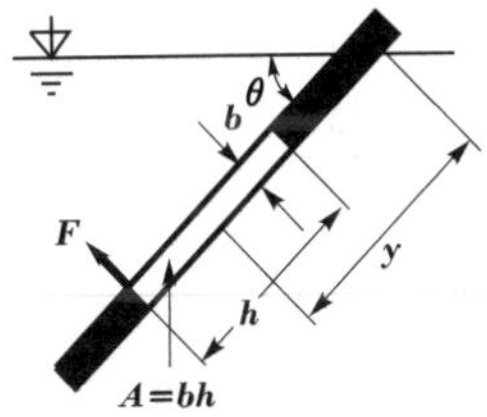

| 경사면에 작용하는 힘 |

Key Point

＊ 열역학
에너지, 열(Heat), 일(Work), 엔트로피와 과정의 자발성을 다루는 물리학

＊ 물의 비중량
9800N/m^3 = 9.8kN/m^3

＊ 수문
저수지 또는 수로에 설치하여 물의 양을 조절하는 문

Key Point

※ 관성능률
① 어떤 물체를 회전시키려 할 때 잘 돌아가지 않으려는 성질
② 각 운동상태의 변화에 대하여 그 물체가 지니고 있는 저항적 성질

중요 **작용점 깊이**

명 칭	구형(Rectangle)
형태	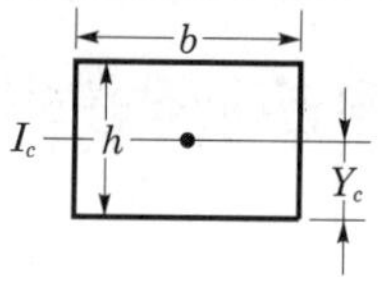
A(면적)	$A=bh$
y_c (중심위치)	$y_c=y$
I_c (관성능률)	$I_c=\frac{bh^3}{12}$

$$y_p=y_c+\frac{I_c}{Ay_c}$$ 문01 보기④

여기서, y_p : 작용점 깊이(작용위치)〔m〕
y_c : 중심위치〔m〕
I_c : 관성능률$\left(I_c=\frac{bh^3}{12}\right)$
A : 단면적〔m²〕($A=bh$)

★★
문제 01 11회 문 46

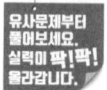

유사문제부터 풀어보세요. 실력이 팍!팍! 올라갑니다.

그림과 같이 수압을 받는 수문($\underset{bh}{\underline{3m\times4m}}$)이 수압에 의해 넘어지지 않게 하기 위한 최소 $\underline{y}$의 값은 얼마인가?

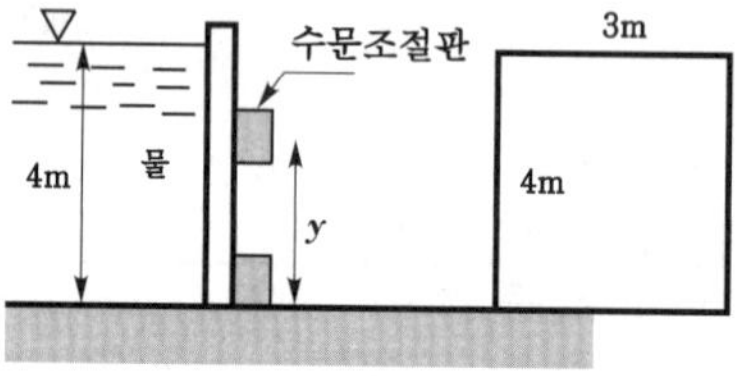

① 2.67m
② 2m
③ 1.84m
④ 1.34m

해설 (1) **기호**

- bh : 3m×4m
- y : ?

(2) $y_P=y_C+\frac{I_C}{Ay_C}=y+\frac{\frac{bh^3}{12}}{(bh)y}=2+\frac{\frac{3\times4^3}{12}}{3\times4\times2}≒2.667\text{m}$

$y'=(4-2.667)\text{m}≒1.34\text{m}$

답 ④

Key Point

2 운동량의 법칙

1 평판에 작용하는 힘

$$F = \rho A(V-u)^2$$

여기서, F : 평판에 작용하는 힘[N]
ρ : 밀도(물의 밀도 $1000\text{N}\cdot\text{s}^2/\text{m}^4$)
V : 액체의 속도[m/s]
u : 평판의 이동속도[m/s]

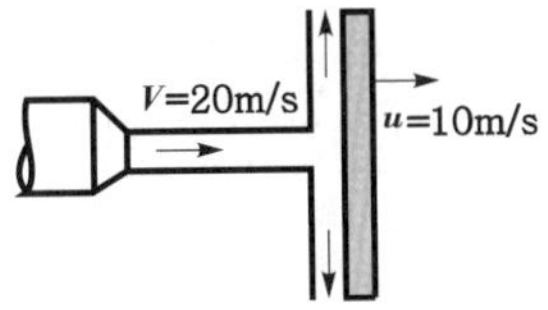

▮ 평판에 작용하는 힘 ▮

중요 경사 고정평판에 충돌하는 분류

$$Q_1 = \frac{Q}{2}(1+\cos\theta)$$

$$Q_2 = \frac{Q}{2}(1-\cos\theta)$$

여기서, $Q_1 \cdot Q_2$: 분류 유량[m^3/s]
Q : 전체 유량[m^3/s]
θ : 각도

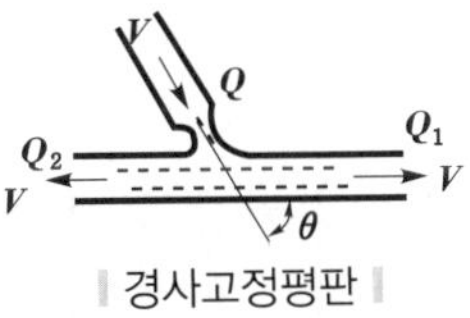

▮ 경사고정평판 ▮

2 고정곡면판에 미치는 힘

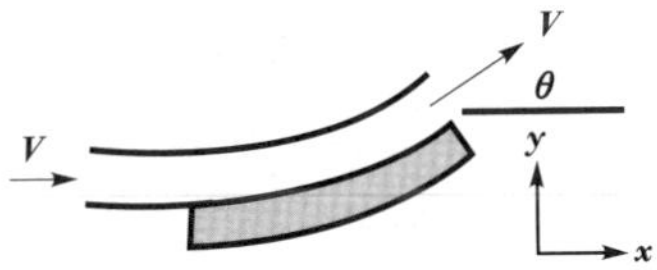

▮ 고정곡면판에 미치는 힘 ▮

(1) 곡면판이 받는 x 방향의 힘

$$F_x = \rho QV(1-\cos\theta)$$ 문02 보기①

여기서, F_x : 곡면판이 받는 x 방향의 힘[N], ρ : 밀도[$\text{N}\cdot\text{s}^2/\text{m}^4$],
Q : 유량[m^3/s], V : 속도[m/s], θ : 유출방향

＊ **물의 밀도**
① 1000kg/m^3
② $1000\text{N}\cdot\text{s}^2/\text{m}^4$

＊ **힘**(기본식)

$$F = \rho QV$$

여기서,
F : 힘[N]
ρ : 밀도(물의 밀도 $1000\text{N}\cdot\text{s}^2/\text{m}^4$)
Q : 유량[m^3/s]
V : 유속[m/s]

Key Point

문제 02 그림과 같은 고정곡면판이 있다. x 축 방향에 미치는 힘 F_x의 식은?

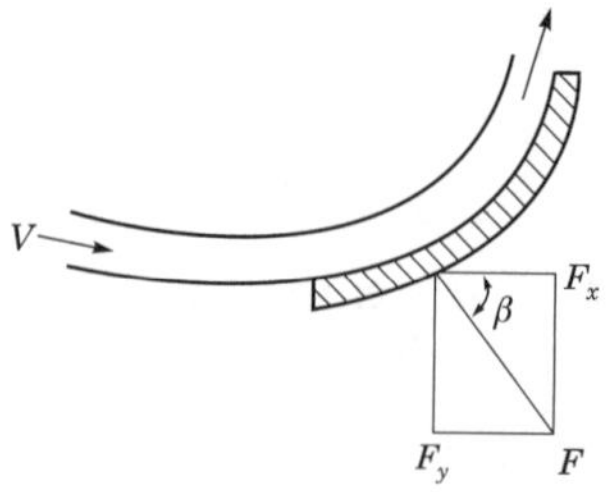

① $\rho QV(1-\cos\beta)$
② $\rho QV(1-\sin\beta)$
③ $-\rho QV\cos\beta$
④ $-\rho QV\sin\beta$

해설 **고정곡면판**에 미치는 **힘**
$F_x = \rho QV(1-\cos\beta)$

답 ①

(2) 곡면판이 받는 y 방향의 힘

$$F_y = \rho QV\sin\theta$$

여기서, F_y : 곡면판이 받는 y 방향의 힘〔N〕
ρ : 밀도〔$N\cdot s^2/m^4$〕
Q : 유량〔m^3/s〕
V : 속도〔m/s〕
θ : 유출방향

3 탱크가 받는 추력

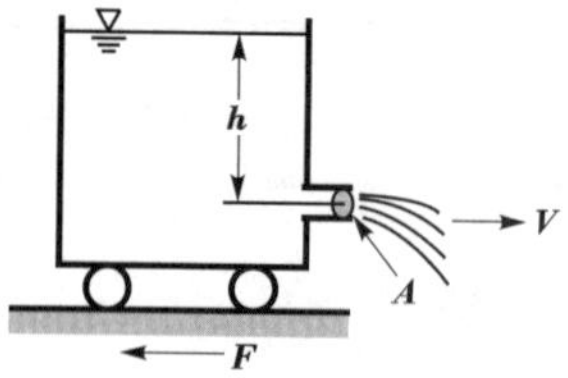

| 탱크가 받는 추력 |

기본식	변형식
$F = \rho QV$	$F = 2\gamma Ah$
여기서, F : 힘〔N〕 ρ : 밀도(물의 밀도 $1000N\cdot s^2/m^4$) Q : 유량〔m^3/s〕 V : 유속〔m/s〕	여기서, F : 힘〔N〕 γ : 비중량(물의 비중량 $9800N/m^3$) A : 단면적〔m^2〕 h : 높이〔m〕

※ 추력
뉴턴의 제2운동법칙과 제3운동법칙을 설명하는 반작용의 힘

※ 물의 밀도
$1000N\cdot s^2/m^4$

※ 물의 비중량
$9800N/m^3$

Key Point

3 열역학

1 열역학의 기초

(1) 엔탈피

$$H = U + PV$$ 문03 보기①

여기서, H : 엔탈피〔kJ/kg〕, U : 내부에너지〔kJ/kg〕,
P : 압력〔kPa〕, V : 비체적〔m^3/kg〕

또는

$$H = (U_2 - U_1) + (P_2V_2 - P_1V_1)$$

여기서, H : 엔탈피〔J〕, $U_2 \cdot U_1$: 내부에너지〔J〕,
$P_2 \cdot P_1$: 압력〔Pa〕, $V_2 \cdot V_1$: 부피〔m^3〕

※ 엔탈피
어떤 물질이 가지고 있는 총에너지

※ 비체적
밀도의 반대개념으로 단위질량당 체적을 말한다.

★★
문제 03 14회 문 26
압력 0.1MPa(P), 온도 60℃ 상태의 R-134a의 내부에너지(U)〔kJ/kg〕를 구하면?
(단, 이때 h=454.99kJ/kg(H), v=0.26791m^3/kg(V)이다.)

① 428.20kJ/kg ② 454.27kJ/kg
③ 454.96kJ/kg ④ 26336kJ/kg

해설 (1) 기호
- P : 0.1MPa
- U : ?
- H : 454.99kJ/kg
- V : 0.26791m^3/kg

(2)
$$H = U + PV$$

여기서, H : 엔탈피〔kJ/kg〕
U : 내부에너지〔kJ/kg〕
P : 압력〔kPa〕
V : 비체적〔m^3/kg〕

내부에너지 U는
$U = H - PV = 454.99\text{kJ/kg} - 0.1 \times 10^3\text{kPa} \times 0.26791\text{m}^3/\text{kg} = 428.2\text{kJ/kg}$

답 ①

(2) 열과 일

① 열

$$Q = (U_2 - U_1) + W$$

여기서, Q : 열〔kJ〕
$U_2 - U_1$: 내부에너지 변화〔kJ〕
W : 일〔kJ〕

- W(일)이 필요로 하면 '−'값을 적용한다.
- Q(열)이 계 밖으로 손실되면 '−'값을 적용한다.

Key Point

② 일

$$ {}_1W_2 = \int_1^2 PdV = P(V_2 - V_1) $$

여기서, W : 상태가 1에서 2까지 변화할 때의 일〔kJ〕
P : 압력〔kPa〕
dV, $(V_2 - V_1)$: 체적변화〔m^3〕

③ 정압비열과 정적비열

정압비열	정적비열
$$C_P = \frac{KR}{K-1}$$ 여기서, C_P : 단위질량당 정압비열〔kJ/K〕 R : 기체상수〔kJ/kg · K〕 K : 비열비	$$C_V = \frac{R}{K-1}$$ 여기서, C_V : 단위질량당 정적비열〔kJ/K〕 R : 기체상수〔kJ/kg · K〕 K : 비열비

비교

폴리트로픽 비열

$$ C_n = C_V \frac{n-K}{n-1} $$

여기서, C_n : 폴리트로픽 비열〔kJ/K〕
C_V : 정적비열〔kJ/K〕
n : 폴리트로픽 지수
K : 비열비

2 이상기체

(1) 기본사항

① 이상기체 상태방정식

$$ \rho = \frac{P}{RT} $$

여기서, ρ : 밀도〔kg/m^3〕
P : 압력〔Pa〕
R : 기체상수(287J/kg · K)
T : 절대온도(273+℃)〔K〕

② 기체상수

$$ R = C_P - C_V = \frac{\overline{R}}{M} $$

여기서, R : 기체상수〔kJ/kg · K〕
C_P : 정압비열〔kJ/kg · K〕
C_V : 정적비열〔kJ/kg · K〕
$\overline{R}$: 일반기체상수〔kJ/kmol · K〕
M : 분자량〔kg/kmol〕

※ 비열비

$$ K = \frac{C_P}{C_V} $$

여기서,
K : 비열비
C_P : 정압비열〔kJ/K〕
C_V : 정적비열〔kJ/K〕

※ 비열비
기체분자들의 정압비열과 정적비열의 비

※ 이상기체 상태방정식

$$ PV = mRT $$

여기서,
P : 압력〔kJ/m^3〕
V : 체적〔m^3〕
m : 질량〔kg〕
R : 기체상수〔kJ/kg · K〕
T : 절대온도(273+℃)〔K〕

※ 공기의 기체상수
① 287J/kg · K
② 287N · m/kg · K

중요 기체상수

기체상수(가스상수)	일반기체상수
$R = \frac{8314}{M}$ J/kg · K 여기서, R : 기체상수(가스상수)[J/kg · K] M : 분자량[kg/kmol]	$\overline{R} = 8.314$kJ/mol · K 여기서, $\overline{R}$: 일반기체상수[kJ/mol · K]

(2) 정압과정

구 분	공 식
① 비체적과 온도	$\frac{v_2}{v_1} = \frac{T_2}{T_1}$ 여기서, $v_1 \cdot v_2$: 변화 전후의 비체적[m^3/kg] $T_1 \cdot T_2$: 변화 전후의 온도(273+℃)[K]
② 절대일(압축일)	${}_1W_2 = P(V_2 - V_1) = mR(T_2 - T_1)$ 여기서, ${}_1W_2$: 절대일[kJ], P : 압력[kJ/m^3] $V_1 \cdot V_2$: 변화 전후의 체적[m^3], m : 질량[kg] R : 기체상수[kJ/kg · K], $T_1 \cdot T_2$: 변화 전후의 온도(273+℃)[K]
③ 공업일	${}_1W_{t2} = 0$ 여기서, ${}_1W_{t2}$: 공업일[kJ]
④ 내부에너지 변화	$U_2 - U_1 = C_V(T_2 - T_1) = \frac{R}{K-1}(T_2 - T_1) = \frac{P}{K-1}(V_2 - V_1)$ 여기서, $U_2 - U_1$: 내부에너지 변화[kJ], C_V : 정적비열[kJ/K] $T_1 \cdot T_2$: 변화 전후의 온도(273+℃)[K], R : 기체상수[kJ/kg · K] K : 비열비, P : 압력[kJ/m^3] $V_1 \cdot V_2$: 변화 전후의 체적[m^3]
⑤ 엔탈피	$h_2 - h_1 = C_P(T_2 - T_1) = m\frac{KR}{K-1}(T_2 - T_1) = K(U_2 - U_1)$ 여기서, $h_2 - h_1$: 엔탈피[kJ], C_P : 정압비열[kJ/K] $T_1 \cdot T_2$: 변화 전후의 온도(273+℃)[K], m : 질량[kg] K : 비열비, R : 기체상수[kJ/kg · K] $U_2 - U_1$: 내부에너지 변화[kJ]
⑥ 열량	${}_1q_2 = C_P(T_2 - T_1)$ 여기서, ${}_1q_2$: 열량[kJ] C_P : 정압비열[kJ/K] $T_1 \cdot T_2$: 변화 전후의 온도(273+℃)[K]

Key Point

※ 원자량

원 소	원자량
H	1
C	12
N	14
O	16
F	19
Cl	35.5
Br	80

※ 정압과정
압력이 일정한 상태에서의 과정

$\frac{v}{T}$ = 일정

여기서,
v : 비체적[m^4/N · s^2]
T : 절대온도[K]

Key Point

※ 정적과정
비체적이 일정한 상태에서의 과정

$$\frac{P}{T}=\text{일정}$$

여기서,
P : 압력[N/m²]
T : 절대온도[K]

※ 정적과정(엔트로피 변화)

$$\Delta S=C_v \ln\frac{T_2}{T_1}$$

여기서,
ΔS : 엔트로피의 변화[J/kg·K]
C_v : 정적비열[J/kg·K]
$T_1 \cdot T_2$: 온도변화(273+℃)[K]

※ 엔탈피와 엔트로피
① 엔탈피 : 어떤 물질이 가지고 있는 총 에너지
② 엔트로피 : 어떤 물질의 정렬상태를 나타낸다.

(3) 정적과정

구 분	공 식
① 압력과 온도	$\frac{P_2}{P_1}=\frac{T_2}{T_1}$ 여기서, $P_1 \cdot P_2$: 변화 전후의 압력[kJ/m³] $T_1 \cdot T_2$: 변화 전후의 온도(273+℃)[K]
② 절대일(압축일)	${}_1W_2=0$ 여기서, ${}_1W_2$: 절대일[kJ]
③ 공업일	${}_1W_{t2}=-V(P_2-P_1)=V(P_1-P_2)=mR(T_1-T_2)$ 여기서, ${}_1W_{t2}$: 공업일[kJ] V : 체적[m³] $P_1 \cdot P_2$: 변화 전후의 압력[kJ/m³] R : 기체상수[kJ/kg·K] m : 질량[kg] $T_1 \cdot T_2$: 변화 전후의 온도(273+℃)[K]
④ 내부에너지 변화	$U_2-U_1=C_V(T_2-T_1)=\frac{mR}{K-1}(T_2-T_1)=\frac{V}{K-1}(P_2-P_1)$ 여기서, U_2-U_1 : 내부에너지 변화[kJ] C_V : 정적비열[kJ/K] $T_1 \cdot T_2$: 변화 전후의 온도(273+℃)[K] m : 질량[kg] R : 기체상수[kJ/kg·K] K : 비열비 V : 체적[m³] $P_1 \cdot P_2$: 변화 전후의 압력[kJ/m³]
⑤ 엔탈피	$h_2-h_1=C_P(T_2-T_1)=m\frac{KR}{K-1}(T_2-T_1)=K(U_2-U_1)$ 여기서, h_2-h_1 : 엔탈피[kJ] C_P : 정압비열[kJ/K] $T_1 \cdot T_2$: 변화 전후의 온도(273+℃)[K] m : 질량[kg] K : 비열비 R : 기체상수[kJ/kg·K] U_2-U_1 : 내부에너지 변화[kJ]
⑥ 열량	${}_1q_2=U_2-U_1$ 여기서, ${}_1q_2$: 열량[kJ] U_2-U_1 : 내부에너지 변화[kJ]

(4) 등온과정

구 분	공 식
① 압력과 비체적	$\frac{P_2}{P_1}=\frac{v_2}{v_1}$ 여기서, $P_1 \cdot P_2$: 변화 전후의 압력[kJ/m³] $v_1 \cdot v_2$: 변화 전후의 비체적[m³/kg]
② 절대일(압축일)	$_1W_2=P_1V_1\ln\frac{V_2}{V_1}$ $=mRT\ln\frac{V_2}{V_1}$ $=mRT\ln\frac{P_1}{P_2}$ $=P_1V_1\ln\frac{P_1}{P_2}$ 여기서, $_1W_2$: 절대일[kJ] $P_1 \cdot P_2$: 변화 전후의 압력[kJ/m³] $V_1 \cdot V_2$: 변화 전후의 체적[m³] m : 질량[kg] R : 기체상수[kJ/kg · K] T : 절대온도(273+℃)[K]
③ 공업일	$_1W_{t2}={_1W_2}$ 여기서, $_1W_{t2}$: 공업일[kJ] $_1W_2$: 절대일[kJ]
④ 내부에너지 변화	$U_2-U_1=0$ 여기서, U_2-U_1 : 내부에너지 변화[kJ]
⑤ 엔탈피	$h_2-h_1=0$ 여기서, h_2-h_1 : 엔탈피[kJ]
⑥ 열량	$_1q_2={_1W_2}$ 여기서, $_1q_2$: 열량[kJ] $_1W_2$: 절대일[kJ]

등온과정=등온변화=등온팽창

Key Point

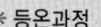

※ 등온과정
온도가 일정한 상태에서의 과정

$Pv=$ 일정

여기서,
P : 압력[N/m²]
v : 비체적[m⁴/N · s²]

※ 등온팽창(등온과정)
① 내부에너지 변화량

$\Delta U=U_2-U_1=0$

② 엔탈피 변화량

$\Delta H=H_2-H_1=0$

※ 등온과정(엔트로피 변화)

$\Delta S=R\ln\frac{V_2}{V_1}$

여기서,
ΔS : 엔트로피 변화 [J/kg · K]
R : 공기의 가스정수 (287J/kg · K)
$V_1 \cdot V_2$: 체적변화[m³]

Key Point

※ 단열변화
손실이 없는 상태에서의 과정

$PV^k=$ 일정

여기서,
P : 압력〔N/m²〕
V : 비체적〔m⁴/N·s²〕
k : 비열비

(5) 단열변화

구 분	공 식
① 온도, 비체적과 압력	$\frac{T_2}{T_1}=\left(\frac{v_1}{v_2}\right)^{K-1}=\left(\frac{P_2}{P_1}\right)^{\frac{K-1}{K}}$ $\frac{P_2}{P_1}=\left(\frac{v_1}{v_2}\right)^K$ 여기서, $T_1 \cdot T_2$: 변화 전후의 온도(273+℃)〔K〕 $v_1 \cdot v_2$: 변화 전후의 비체적〔m^3/kg〕 $P_1 \cdot P_2$: 변화 전후의 압력〔kJ/m^3〕 K : 비열비
② 절대일(압축일)	${}_1W_2=\frac{1}{K-1}(P_1V_1-P_2V_2)=\frac{mR}{K-1}(T_1-T_2)=C_V(T_1-T_2)$ 여기서, ${}_1W_2$: 절대일〔kJ〕 K : 비열비 $P_1 \cdot P_2$: 변화 전후의 압력〔kJ/m^3〕 $V_1 \cdot V_2$: 변화 전후의 체적〔m^3〕 m : 질량〔kg〕 R : 기체상수〔kJ/kg·K〕 $T_1 \cdot T_2$: 변화 전후의 온도(273+℃)〔K〕 C_V : 정적비열〔kJ/K〕
③ 공업일	${}_1W_{t2}=-C_P(T_2-T_1)=C_P(T_1-T_2)=m\frac{KR}{K-1}(T_1-T_2)$ 여기서, ${}_1W_{t2}$: 공업일〔kJ〕 C_P : 정압비열〔kJ/K〕 $T_1 \cdot T_2$: 변화 전후의 온도(273+℃)〔K〕 m : 질량〔kg〕 K : 비열비 R : 기체상수〔kJ/kg·K〕
④ 내부에너지 변화	$U_2-U_1=C_V(T_2-T_1)=\frac{mR}{K-1}(T_2-T_1)$ 여기서, U_2-U_1 : 내부에너지 변화〔kJ〕 C_V : 정적비열〔kJ/K〕 $T_1 \cdot T_2$: 변화 전후의 온도(273+℃)〔K〕 m : 질량〔kg〕 R : 기체상수〔kJ/kg·K〕 K : 비열비
⑤ 엔탈피	$h_2-h_1=C_P(T_2-T_1)=m\frac{KR}{K-1}(T_2-T_1)$ 여기서, h_2-h_1 : 엔탈피〔kJ〕 C_P : 정압비열〔kJ/K〕 $T_1 \cdot T_2$: 변화 전후의 온도(273+℃)〔K〕 m : 질량〔kg〕 K : 비열비 R : 기체상수〔kJ/kg·K〕
⑥ 열량	${}_1q_2=0$ 여기서, ${}_1q_2$: 열량〔kJ〕

(6) 폴리트로픽 변화

구 분	공 식
① 온도, 비체적과 압력	$\dfrac{P_2}{P_1}=\left(\dfrac{v_1}{v_2}\right)^n$ $\dfrac{T_2}{T_1}=\left(\dfrac{v_1}{v_2}\right)^{n-1}=\left(\dfrac{P_2}{P_1}\right)^{\frac{n-1}{n}}$ 여기서, $P_1 \cdot P_2$: 변화 전후의 압력〔kJ/m³〕 $v_1 \cdot v_2$: 변화 전후의 비체적〔m³〕 $T_1 \cdot T_2$: 변화 전후의 온도(273+℃)〔K〕 n : 폴리트로픽 지수
② 절대일(압축일)	${}_1W_2=\dfrac{1}{n-1}(P_1V_1-P_2V_2)=\dfrac{mR}{n-1}(T_1-T_2)$ $=\dfrac{mRT_1}{n-1}\left(1-\dfrac{T_2}{T_1}\right)=\dfrac{mRT_1}{n-1}\left[1-\left(\dfrac{P_2}{P_1}\right)^{\frac{n-1}{n}}\right]$ 여기서, ${}_1W_2$: 절대일〔kJ〕 n : 폴리트로픽 지수 $P_1 \cdot P_2$: 변화 전후의 압력〔kJ/m³〕 $V_1 \cdot V_2$: 변화 전후의 체적〔m³〕 m : 질량〔kg〕 $T_1 \cdot T_2$: 변화 전후의 온도(273+℃)〔K〕 R : 기체상수〔kJ/kg · K〕
③ 공업일	${}_1W_{t2}=R(T_1-T_2)=\left(\dfrac{1}{n-1}+1\right)=m\dfrac{nRT_1}{n-1}\left[1-\left(\dfrac{P_2}{P_1}\right)^{\frac{n-1}{n}}\right]$ 여기서, ${}_1W_{t2}$: 공업일〔kJ〕 R : 기체상수〔kJ/kg · K〕 $T_1 \cdot T_2$: 변화 전후의 온도(273+℃)〔K〕 n : 폴리트로픽 지수 m : 질량〔kg〕 $P_1 \cdot P_2$: 변화 전후의 압력〔kJ/m³〕
④ 내부에너지 변화	$U_2-U_1=C_V(T_2-T_1)=\dfrac{mR}{K-1}(T_2-T_1)$ 여기서, U_2-U_1 : 내부에너지 변화〔kJ〕 C_V : 정적비열〔kJ/K〕 $T_1 \cdot T_2$: 변화 전후의 온도(273+℃)〔K〕 m : 질량〔kg〕 R : 기체상수〔kJ/kg · K〕 K : 비열비

Key Point

＊ 폴리트로픽 변화

등압변화 (정압변화)	PV^n = 정수 ($n=0$)
등온변화	PV^n = 정수 ($n=1$)
단열변화	PV^n = 정수 ($n=K$)
정적변화	PV^n = 정수 ($n=\infty$)

여기서,
P : 압력〔kJ/m³〕
V : 체적〔m³〕
n : 폴리트로픽 지수
K : 비열비

＊ 폴리트로픽 과정 (일)

$$W=\frac{P_1V_1}{n-1}\left(1-\frac{T_2}{T_1}\right)$$

여기서,
W : 일〔kJ〕
P_1 : 압력〔kPa〕
V_1 : 체적〔m³〕
$T_2 \cdot T_1$: 절대온도〔K〕
n : 폴리트로픽 지수

＊ 폴리트로픽 과정 (엔트로피 변화)

$$\Delta S=C_n\ln\frac{T_2}{T_1}$$

여기서,
ΔS : 엔트로피 변화〔kJ/K〕
C_n : 폴리트로픽 비열〔kJ/K〕

Key Point

구 분	공 식
⑤ 엔탈피	$h_2-h_1=C_P(T_2-T_1)=m\frac{KR}{K-1}(T_2-T_1)=K(U_2-U_1)$ 여기서, h_2-h_1 : 엔탈피〔kJ〕 C_P : 정압비열〔kJ/K〕 $T_1 \cdot T_2$: 변화 전후의 온도(273+℃)〔K〕 K : 비열비 m : 질량〔kg〕 R : 기체상수〔kJ/kg·K〕 U_2-U_1 : 내부에너지 변화〔kJ〕
⑥ 열량	$_1q_2=m\frac{KR}{K-1}(T_2-T_1)-m\frac{nR}{n-1}(T_2-T_1)$ $=C_V\left(\frac{n-K}{n-1}\right)(T_2-T_1)=C_n(T_2-T_1)$ 여기서, $_1q_2$: 열량〔kJ〕 m : 질량〔kg〕 K : 비열비 R : 기체상수〔kJ/kg·K〕 $T_1 \cdot T_2$: 변화 전후의 온도(273+℃)〔K〕 C_V : 정적비열〔kJ/K〕 n : 폴리트로픽 지수 C_n : 폴리트로픽 비열〔kJ/K〕

※ 카르노사이클
두 개의 가역단열과정과 두 개의 가역등온 과정으로 이루어진 열기관의 가장 이상적인 사이클

3 카르노사이클

(1) 열효율

$$\eta=1-\frac{T_L}{T_H}=1-\frac{Q_L}{Q_H}$$ 문04 보기③

여기서, η : 카르노사이클의 열효율
T_L : 저온(273+℃)〔K〕
T_H : 고온(273+℃)〔K〕
Q_L : 저온열량〔kJ〕
Q_H : 고온열량〔kJ〕

★★
문제 04 500℃와 20℃의 두 열원 사이에 설치되는 열기관이 가질 수 있는 최대의 이론 열효율은 약 몇 %인가?
(500℃: T_H, 20℃: T_L, 열효율: η)

① 48 ② 58
③ 62 ④ 96

해설 (1) 기호
- T_H : 500℃
- T_L : 20℃
- η : ?

Key Point

(2)
$$\eta = 1 - \frac{T_L}{T_H}$$

여기서, η : 열효율
T_H : 고온(273+℃)〔K〕
T_L : 저온(273+℃)〔K〕

열효율 η는

$$\eta = \frac{1-T_L}{T_H} = 1 - \frac{(273+20)\mathrm{K}}{(273+500)\mathrm{K}} \fallingdotseq 0.62 = 62\%$$

답 ③

(2) 출력일

$$W = Q_H\left(1 - \frac{T_L}{T_H}\right)$$

여기서, W : 출력(일)〔kJ〕
Q_H : 고온열량〔kJ〕
T_L : 저온(273+℃)〔K〕
T_H : 고온(273+℃)〔K〕

(3) 성능계수(COP ; Coefficient Of Performance)

냉동기의 성능계수	열펌프의 성능계수
$\beta = \frac{Q_L}{Q_H - Q_L} = \frac{T_L}{T_H - T_L}$ 여기서, β : 냉동기의 성능계수 Q_L : 저열〔kJ〕 Q_H : 고열〔kJ〕 T_L : 저온〔K〕 T_H : 고온〔K〕	$\beta = \frac{Q_H}{Q_H - Q_L} = \frac{T_H}{T_H - T_L}$ 여기서, β : 열펌프의 성능계수 Q_L : 저열〔kJ〕 Q_H : 고열〔kJ〕 T_L : 저온〔K〕 T_H : 고온〔K〕

※ **성능계수**
냉동기 또는 난방기(열펌프)에서 성능을 표시하는 지수

※ **성능계수와 같은 의미**
① 성적계수
② 동작계수

4 열전달

(1) 전도

① 열전달량

$$\mathring{q} = \frac{kA(T_2 - T_1)}{l}$$ 문05 보기④

여기서, $\mathring{q}$: 열전달량〔W〕
k : 열전도율〔W/m · ℃〕
A : 단면적〔m^2〕
$T_2 - T_1$: 온도차〔℃〕
l : 벽체두께〔m〕

열전달량 = 열전달률 = 열유동률 = 열흐름률

※ **전도**
하나의 물체가 다른 물체와 직접 접촉하여 열이 이동하는 현상

※ **열전도율과 같은 의미**
열전도도

※ **열전도율**
어떤 물질이 열을 전달할 수 있는 능력의 정도

Key Point

☆

문제 05 면적이 12m²(A), 두께가 10mm(l)인 유리의 열전도율이 0.8W/m·℃(k)이다. 어느 차가운 날 유리의 바깥쪽 표면온도는 -1℃(T_1)이며 안쪽 표면온도는 3℃(T_2)이다. 이 경우 유리를 통한 열전달량($\mathring{q}$)은 몇 W인가?

19회 문 10
19회 문 17
16회 문 27
11회 문 23

① 3780
② 3800
③ 3820
④ 3840

해설 (1) 기호

- A : 12m²
- l : 10mm
- k : 0.8W/m·℃
- T_1 : -1℃
- T_2 : 3℃
- $\mathring{q}$: ?

(2) 열전달량

$$\mathring{q}=\frac{kA(T_2-T_1)}{l}$$

여기서, $\mathring{q}$: 열전달량〔W〕
k : 열전도율〔W/m·℃〕
A : 단면적〔m²〕
(T_2-T_1) : 온도차〔℃〕
l : 벽체두께〔m〕

열전달량 $\mathring{q}$는

$$\mathring{q}=\frac{kA(T_2-T_1)}{l}$$
$$=\frac{0.8\text{W/m}\cdot℃\times 12\text{m}^2\times(3-(-1))℃}{10\text{mm}}$$
$$=\frac{0.8\text{W/m}\cdot℃\times 12\text{m}^2\times(3-(-1))℃}{0.01\text{m}}=3840\text{W}$$

답 ④

② 단위면적당 열전달량

$$\mathring{q}''=\frac{k(T_2-T_1)}{l}$$

여기서, $\mathring{q}''$: 단위면적당 열전달량〔W/m²〕
k : 열전도율〔W/m·K〕
T_2-T_1 : 온도차(〔℃〕 또는 K〕)
l : 두께〔m〕

＊ 단위면적당 열전달량과 같은 의미
① 단위면적당 열유동률
② 열유속
③ 순열류
④ 열류(Heat flux)

Key Point

※ 대류
액체 또는 기체의 흐름에 의하여 열이 이동하는 현상

※ 대류전열계수
'열손실계수' 또는 '열전달률'이라고도 부른다.

(2) 대류

① 대류열류

$$\mathring{q} = Ah(T_2 - T_1)$$

여기서, $\mathring{q}$: 대류열류[W]
A : 대류면적[m^2]
h : 대류전열계수[$W/m^2 \cdot ℃$]
$T_2 - T_1$: 온도차[℃]

② 단위면적당 대류열류

$$\mathring{q}'' = h(T_2 - T_1)$$ 문06 보기①

여기서, $\mathring{q}''$: 대류열류[W/m^2]
h : 대류전열계수[$W/m^2 \cdot C$]
$T_2 - T_1$: 온도차[℃]

★★★
문제 06 화재실 내부에 발생한 난류화염에 벽체가 노출되었다. 화염으로부터 벽체에 전달되는 대류열유속[W/m^2]($\mathring{q}''$)은 얼마인가? (단, 대류열전달계수는 $7W/m^2 \cdot ℃$(h), 난류 화염의 온도는 900℃(T_2), 벽체의 온도는 30℃(T_1), 벽체면적은 $2m^2$(A)이다.)

19회 문 17 / 17회 문 24 / 16회 문 27 / 13회 문 18 / 11회 문 23 / 07회 문 04 / 07회 문 17

① 6090 ② 6510
③ 12180 ④ 13020

해설 (1) 기호
- $\mathring{q}''$: ?
- h : $7W/m^2 \cdot ℃$
- $(T_2 - T_1)$: $(900-30)℃$
- A : $2m^2$

(2) 대류열류 $\mathring{q}''$는

$\mathring{q}'' = h(T_2 - T_1) = 7W/m^2 \cdot ℃ \times (900-30)℃ = 6090W/m^2$

- 대류열유속의 단위에 m^2가 이미 있으므로 벽체면적(A)은 적용할 필요 없음

답 ①

※ 복사
전자파의 형태로 열이 옮겨지는 현상으로서, 높은 온도에서 낮은 온도로 열이 이동한다.

※ 복사열과 같은 의미
복사에너지

(3) 복사

① 복사열

$$\mathring{q} = AF_{12}\varepsilon\sigma T^4$$

여기서, $\mathring{q}$: 복사열[W]
A : 단면적[m^2]
F_{12} : 배치계수(형상계수)
ε : 복사능(방사율)[$1-e^{(-kl)}$]
k : 흡수계수(Absorption coefficient)[m^{-1}]
l : 화염두께[m]
σ : 스테판-볼츠만 상수($5.667 \times 10^{-8} W/m^2 \cdot K^4$)
T : 온도[K]

Key Point

※ 복사능
동일한 온도에서 흑체에 의해 방출되는 에너지와 물체의 표면에 의해 방출되는 복사에너지의 비로서 '방사율' 또는 '복사율'이라고도 부른다.

※ 흑체(Black body)
① 모든 파장의 복사열을 완전히 흡수하는 물체
② 복사에너지를 투과나 반사없이 모두 흡수하는 것

※ 열복사 현상에 대한 이론적인 설명
① 키르히호프의 법칙(Kirchhoff의 법칙)
② 스테판-볼츠만의 법칙(Stefan-Boltzmann의 법칙)
③ 플랑크의 법칙(Plank의 법칙)

② 단위면적당 복사열

$$\mathring{q}'' = F_{12}\varepsilon\sigma T^4$$

여기서, $\mathring{q}''$: 단위면적당 복사열[W/m^2]
F_{12} : 배치계수(형상계수)
ε : 복사능(방사율)[$1-e^{(-kl)}$]
k : 흡수계수(absorption coefficient)[m^{-1}]
l : 화염두께[m]
σ : 스테판-볼츠만 상수($5.667\times10^{-8}W/m^2\cdot K^4$)
T : 온도[K]

완전흑체 $\varepsilon=1$

중요 흑체방사도

$$\varepsilon=\sigma T_0^{\ 4}t$$

여기서, ε : 흑체방사도
σ : Stefan-Baltzman 상수($5.667\times10^{-8}W/m^2\cdot K^4$)
T_0 : 상수
t : 시간[s]

출제예상문제

(유체의 정역학 및 열역학)

출제확률 6.5% (2문제)

★★

01 다음 그림과 같은 탱크에 물이 들어 있다. A-B면(5m×3m)에 작용하는 힘은?

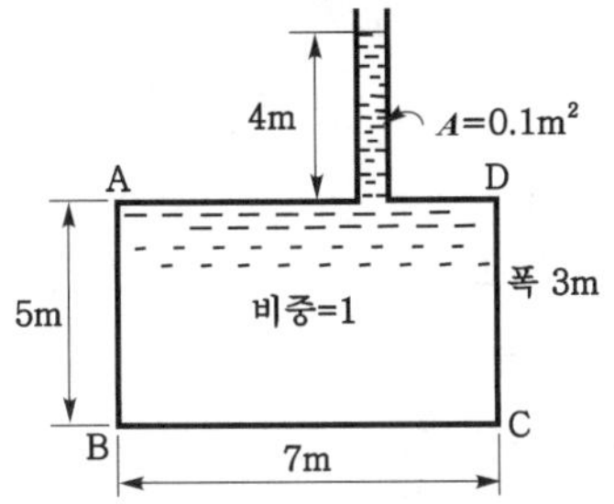

① 0.95kN ② 10kN

③ 95kN ④ 955kN

해설 (1) **기호**

- A : 5m×3m
- F : ?

(2) **전압력**(작용하는 힘)

$$F=\gamma y \sin\theta A=\gamma h A$$

여기서, F : 전압력〔N〕

γ : 비중량(물의 비중량 9800N/m^3)

y : 표면에서 수문중심까지의 경사거리〔m〕

h : 표면에서 수문중심까지의 수직거리〔m〕

A : 단면적〔m^2〕

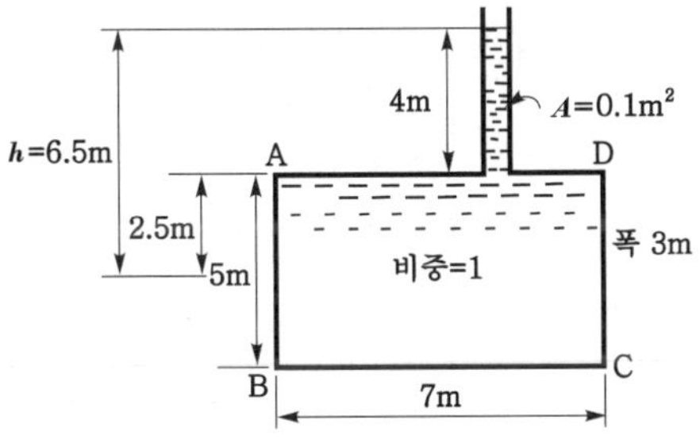

작용하는 힘 F는

$F=\gamma h A$

$=9800\text{N/m}^3\times 6.5\text{m}\times(5\text{m}\times 3\text{m})$

$\fallingdotseq 955000\text{N}$

$=955\text{kN}$

답 ④

★★

02 그림과 같은 수문이 열리지 않도록 하기 위하여 그 하단 A점에서 받쳐 주어야 할 최소 힘 F_p는 몇 kN인가? (단, 수문의 폭 : 1m, 유체의 비중량 : 9800N/m^3)

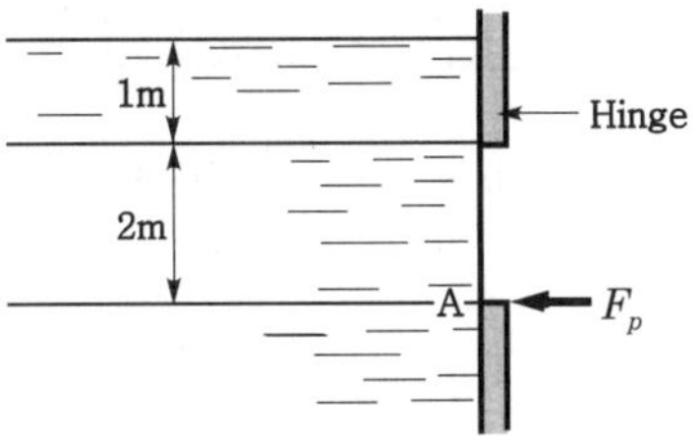

① 43 ② 27

③ 23 ④ 13

해설 (1) **기호**

- F : ?
- b : 1m
- γ : 9800N/m^3

(2) **전압력**

$$F=\gamma y \sin\theta A=\gamma h A$$

여기서, F : 전압력〔N〕

γ : 비중량(물의 비중량 9800N/m^3)

y : 표면에서 수문중심까지의 경시거리〔m〕

h : 표면에서 수문중심까지의 수직거리〔m〕

A : 수문의 단면적〔m^2〕

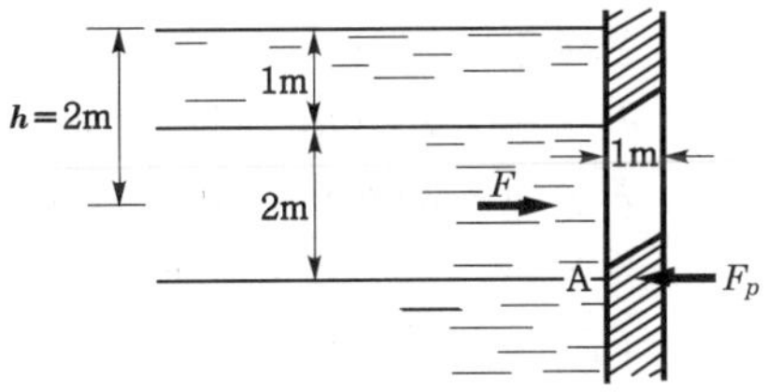

전압력 F는

$F=\gamma h A$

$=9800\text{N/m}^3\times 2\text{m}\times(2\times 1)\text{m}^2$

$=39200\text{N}=39.2\text{kN}$

(3) **작용점 깊이**

명 칭	구형(Rectangle)
형 태	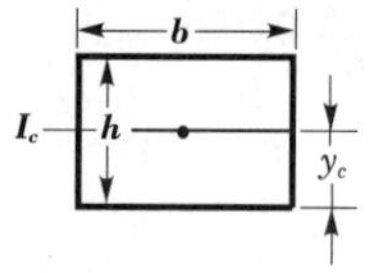
A(면적)	$A=bh$
y_c(중심위치)	$y_c=y$
I_c(관성능률)	$I_c=\frac{bh^3}{12}$

$$y_p=y_c+\frac{I_c}{Ay_c}$$

여기서, y_p : 작용점 깊이(작용위치)[m]

y_c : 중심위치[m]

I_c : 관성능률$\left(I_c=\frac{bh^3}{12}\right)$

A : 단면적[m²]$(A=bh)$

작용점 깊이 y_p는

$$y_p=y_c+\frac{I_c}{Ay_c}$$

$$=y+\frac{\frac{bh^3}{12}}{(bh)y}$$

$$=2\text{m}+\frac{\frac{1\text{m}\times(2\text{m})^3}{12}}{(1\times2)\text{m}^2\times2\text{m}}\fallingdotseq2.17\text{m}$$

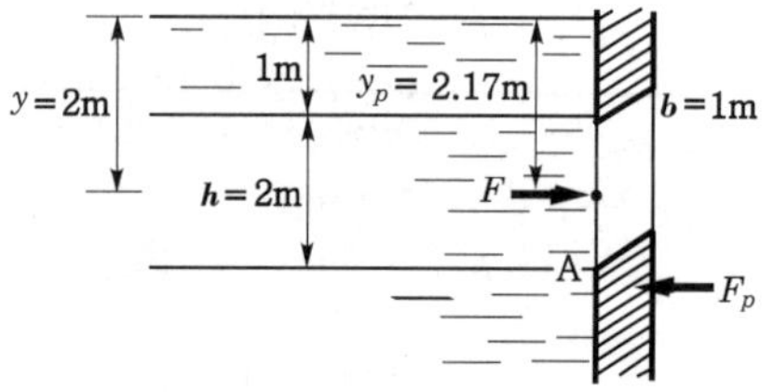

A지점 모멘트의 합이 0이므로

$\Sigma M_A=0$

$F_p\times2\text{m}-F\times(2.17-1)\text{m}=0$

$F_p\times2\text{m}-39.2\text{kN}\times(2.17-1)\text{m}=0$

$F_p\times2\text{m}=39.2\text{kN}\times(2.17-1)\text{m}$

$F_p\times2\text{m}\fallingdotseq45.86\text{kN}\cdot\text{m}$

$F_p=\frac{45.86\text{kN}\cdot\text{m}}{2\text{m}}\fallingdotseq23\text{kN}$

답 ③

★★

03 **직경 2m의 원형 수문이 그림과 같이 수면에서 3m 아래에 30°(θ) 각도로 기울어져 있을 때 수문의 자중을 무시하면 수문이 받는 힘(F)은 몇 kN인가?**

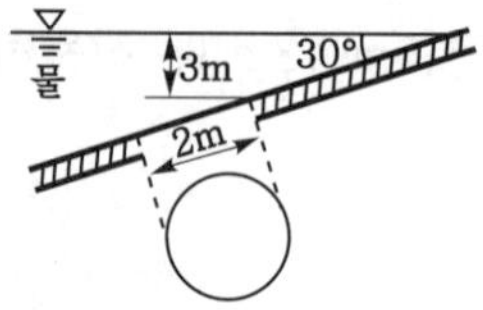

① 107.7　　② 94.2

③ 78.5　　④ 62.8

해설 (1) **기호**

- θ : 30°
- F : ?

(2)

$$F=\gamma y\sin\theta A=\gamma hA$$

여기서, F : 힘[N]

γ : 비중량(물의 비중량 9800N/m³)

y : 표면에서 수문중심까지의 경사거리[m]

θ : 각도

A : 수문의 단면적[m²]

h : 표면에서 수문중심까지의 수직거리[m]

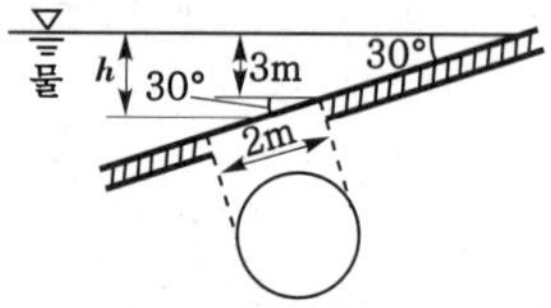

$$h=3\text{m}+y_c\sin\theta$$

여기서, h : 표면에서 수문중심까지의 수직거리[m]

y_c : 수문의 반경[m]

θ : 각도

$h=3\text{m}+(1\text{m}\times\sin30°)=3.5\text{m}$

힘 F는

$F=\gamma hA$

$=9800\text{N/m}^3\times3.5\text{m}\times\left(\frac{\pi}{4}D^2\right)$

$=9800\text{N/m}^3\times3.5\text{m}\times\frac{\pi}{4}(2\text{m})^2$

$\fallingdotseq107700\text{N}$

$=107.7\text{kN}$

답 ①

★★★

04 그림과 같이 $\underset{\theta}{\underline{30^\circ}}$로 경사진 원형수문에 작용하는 $\underset{F}{\underline{힘}}$은 몇 kN인가?

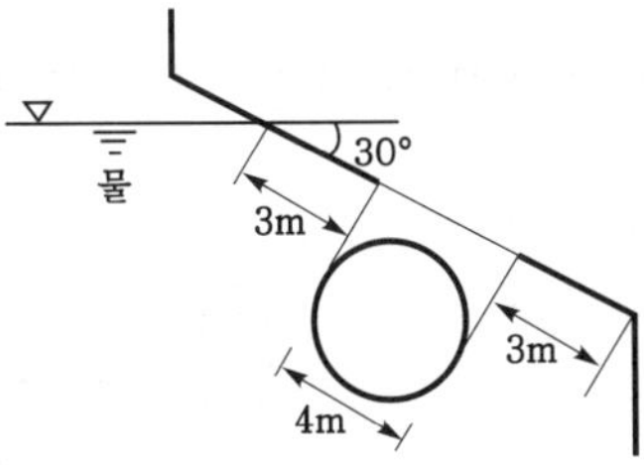

① 2.5
② 24.5
③ 31.4
④ 308

해설 (1) **기호**

- θ : 30°
- F : ?

(2) **힘** F

$$F=\gamma y \sin\theta A=\gamma h A$$

여기서, F : 힘〔N〕
γ : 비중량(물의 비중량 9800N/m^3)
y : 표면에서 수문중심까지의 경사거리〔m〕
h : 표면에서 수문중심까지의 수직거리〔m〕
A : 수문의 단면적〔m^2〕

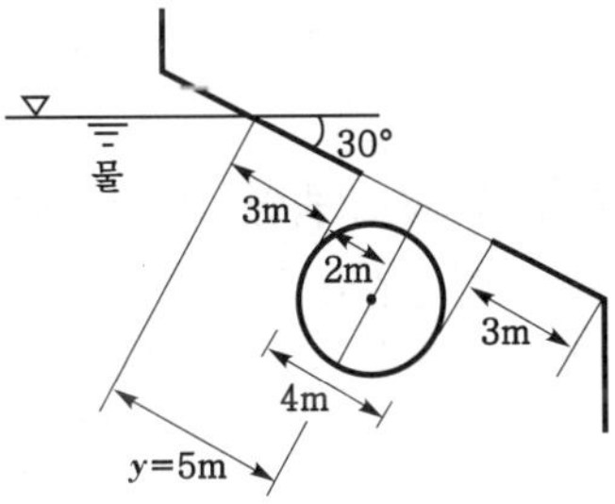

힘 F는

$F=\gamma y \sin\theta A$

$=9800\text{N/m}^3\times 5\text{m}\times \sin 30^\circ \times\left(\dfrac{\pi}{4}D^2\right)$

$=9800\text{N/m}^3\times 5\text{m}\times \sin 30^\circ \times \dfrac{\pi}{4}(4\text{m})^2$

$\fallingdotseq 308000\text{N}$

$=308\text{kN}$

답 ④

★★★

05 그림과 같이 $\underset{\theta}{\underline{60^\circ}}$ 기울어진 $\underset{A}{\underline{4\text{m}\times 8\text{m}}}$의 수문이 A지점에서 힌지(Hinge)로 연결되어 있을 때 이 수문을 열기 위한 최소 $\underline{힘\ F}$는 몇 kN인가?

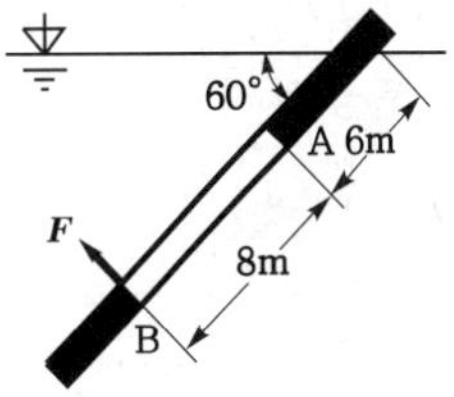

① 1450
② 1540
③ 1590
④ 1650

해설 (1) **기호**

- θ : 60°
- A : 4m×8m
- F : ?

(2) **전압력**

$$F=\gamma y \sin\theta A=\gamma h A$$

여기서, F : 전압력〔N〕
γ : 비중량(물의 비중량 9800N/m^3)
y : 표면에서 수문 중심까지의 경사거리〔m〕
h : 표면에서 수문 중심까지의 수직거리〔m〕
A : 수문의 단면적〔m^2〕

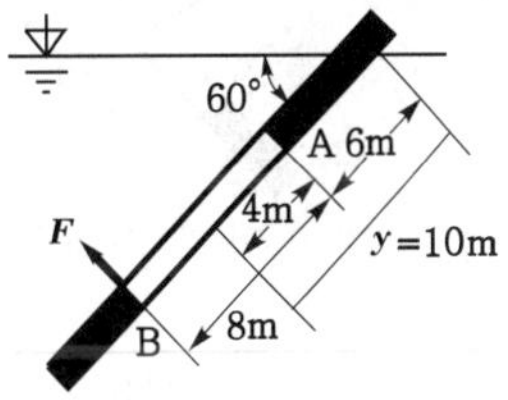

전압력 F는

$F=\gamma y \sin\theta A$

$=9800\text{N/m}^3\times 10\text{m}\times \sin 60^\circ \times (4\times 8)\text{m}^2$

$\fallingdotseq 2716000\text{N}$

(3) **작용점 깊이**

명 칭	구형(Rectangle)
형 태	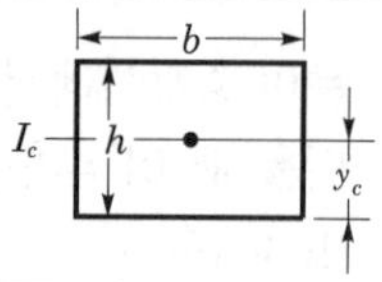
A(면적)	$A = bh$
y_c(중심 위치)	$y_c = y$
I_c(관성능률)	$I_c = \frac{bh^3}{12}$

$$y_p = y_c + \frac{I_c}{A y_c}$$

여기서, y_p : 작용점 깊이(작용위치)〔m〕
y_c : 중심위치〔m〕
I_c : 관성능률$\left(I_c = \frac{bh^3}{12}\right)$
A : 단면적〔m^2〕($A = bh$)

작용점 깊이 y_p는

$$y_p = y_c + \frac{I_c}{A y_c}$$

$$= y + \frac{\frac{bh^3}{12}}{(bh)y}$$

$$= 10\text{m} + \frac{\frac{4\text{m}\times(8\text{m})^3}{12}}{(4\times8)\text{m}^2\times10\text{m}} \fallingdotseq 10.53\text{m}$$

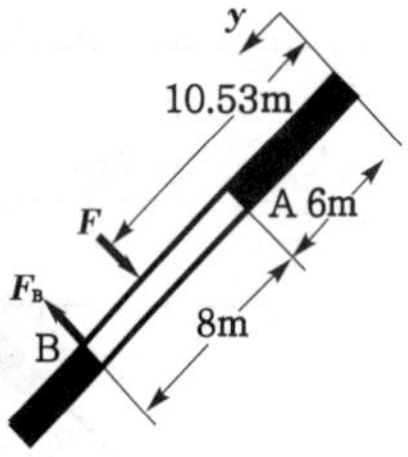

A지점 모멘트의 합이 0이므로

$\Sigma M_A = 0$

$F_B\times8\text{m} - F\times(10.53-6)\text{m} = 0$

$F_B\times8\text{m} - 2716000\text{N}\times(10.53-6)\text{m} = 0$

$F_B\times8\text{m} = 2716000\text{N}\times(10.53-6)\text{m}$

$F_B\times8\text{m} = 12303480\text{N}\cdot\text{m}$

$F_B = \frac{12303480\text{N}\cdot\text{mm}}{8\text{m}} \fallingdotseq 1540000\text{N}$

$= 1540\text{kN}$

답 ②

★

06 그림과 같이 평판이 $\underline{u}$=10m/s의 속도로 움직이고 있다. 노즐에서 $\underset{V}{\underline{\text{20m/s}}}$의 속도로 분출된 분류(면적 $\underset{A}{\underline{0.02\text{m}^2}}$)가 평판에 수직으로 충돌할 때 평판이 받는 $\underset{F}{\underline{\text{힘}}}$은 얼마인가?

① 1kN
② 2kN
③ 3kN
④ 4kN

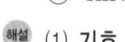

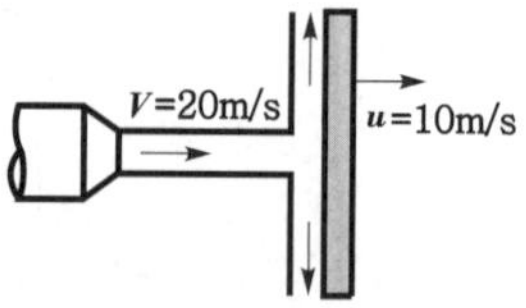

해설 (1) **기호**

- u : 10m/s
- V : 20m/s
- A : 0.02m^2
- F : ?

(2) **평판**에 **작용**하는 **힘**

$$F = \rho A(V-u)^2$$

여기서, F : 평판에 작용하는 힘〔N〕
ρ : 밀도(물의 밀도 1000N·s^2/m^4)
V : 액체의 속도〔m/s〕
u : 평판의 이동속도〔m/s〕

평판에 **작용**하는 **힘** F는

$F = \rho A(V-u)^2$

$= 1000\text{N}\cdot\text{s}^2/\text{m}^2\times0.02\text{m}^2\times[(20-10)\text{m/s}]^2$

$= 2000\text{N}$

$= 2\text{kN}$

답 ②

★

07 다음 그림에서의 $\underline{Q_1}$의 양을 $\underline{\text{옳게}}$ 나타낸 식은?

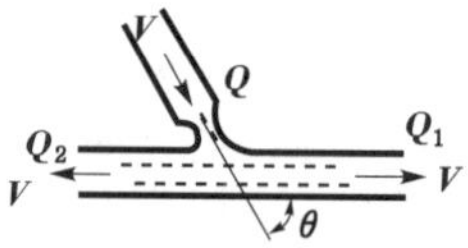

① $Q_1 = \frac{Q}{2}(1-\cos\theta)$

② $Q_1 = \frac{Q}{2}(1+\cos\theta)$

③ $Q_1 = \frac{\rho Q}{2}\sin\theta$

④ $Q_1 = \frac{\rho Q}{2}\cos\theta$

해설 **경사고정평판**에 충돌하는 분류

$$Q_1 = \frac{Q}{2}(1+\cos\theta)$$

$$Q_2 = \frac{Q}{2}(1-\cos\theta)$$

여기서, $Q_1 \cdot Q_2$: 분류 유량[m^3/s]

Q : 전체 유량[m^3/s]

θ : 각도

답 ②

★★

08 **그림과 같이 속도 V인 유체가 정지하고 있는 곡면 깃에 부딪혀 θ의 각도로 유동방향이 바뀐다. 유체가 곡면에 가하는 힘의 x, y 성분의 크기를 $|F_x|$와 $|F_y|$라 할 때, $|F_y|/|F_x|$는? (단, 유동 단면적은 일정하고 $0° < \theta < 90°$이다.)**

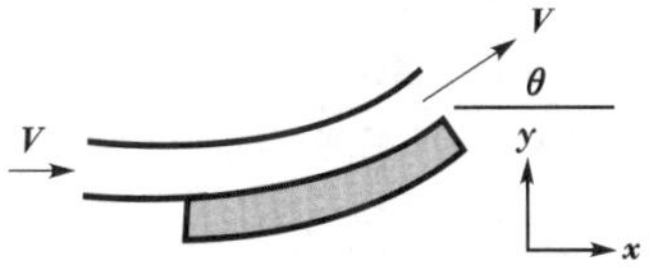

① $\dfrac{1-\cos\theta}{\sin\theta}$ ② $\dfrac{\sin\theta}{1-\cos\theta}$

③ $\dfrac{1-\sin\theta}{\cos\theta}$ ④ $\dfrac{\cos\theta}{1-\sin\theta}$

해설 (1) **힘**(기본식)

$$F = \rho QV$$

여기시, F : 힘[N]

ρ : 밀도(물의 밀도 1000N · s^2/m^4)

Q : 유량[m^3/s]

V : 유속[m/s]

(2) **곡면판이 받는 x 방향의 힘**

$$F_x = \rho QV(1-\cos\theta)$$

여기서, F_x : 곡면판이 받는 x 방향의 힘[N]

ρ : 밀도[N · s^2/m^4]

Q : 유량[m^3/s]

V : 속도[m/s]

θ : 유출방향

(3) **곡면판이 받는 y 방향의 힘**

$$F_y = \rho QV\sin\theta$$

여기서, F_y : 곡면판이 받는 y 방향의 힘[N]

ρ : 밀도[N · s^2/m^4]

Q : 유량[m^3/s]

V : 속도[m/s]

θ : 유출방향

$$\frac{|F_y|}{|F_x|} = \frac{\rho QV\sin\theta}{\rho QV(1-\cos\theta)} = \frac{\sin\theta}{1-\cos\theta}$$

답 ②

★★

09 **그림과 같이 수조차의 탱크 측벽에 지름이 25cm인 노즐을 달아 깊이 h=3m만큼 물을 실었다. 차가 받는 추력 F는 몇 kN인가? (단, 노면과의 마찰은 무시한다.)**

(25cm → D, h=3m → H, 추력 F)

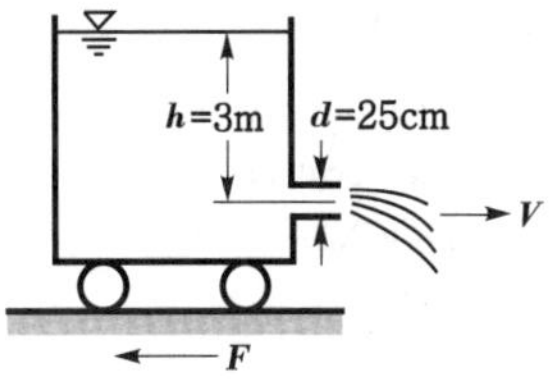

① 2.89 ② 5.21

③ 1.79 ④ 4.56

해설 (1) **기호**

- D : 25cm
- H : 3m
- F : ?

(2) **유속**

$$V = \sqrt{2gH}$$

여기서, V : 유속[m/s]

g : 중력가속도(9.8m/s^2)

H : 높이[m]

유속 V는

$$V = \sqrt{2gH} = \sqrt{2 \times 9.8\mathrm{m/s^2} \times 3\mathrm{m}} ≒ 7.668\mathrm{m/s}$$

(3) **유량**

$$Q = AV$$

여기서, Q : 유량[m^3/s]

A : 단면적[m^2]

V : 유속[m/s]

유량 Q는

$$Q = AV$$
$$= \frac{\pi}{4}D^2V$$
$$= \frac{\pi}{4} \times (25\text{cm})^2 \times 7.668\text{m/s}$$
$$= \frac{\pi}{4} \times (0.25\text{m})^2 \times 7.668\text{m/s}$$
$$\fallingdotseq 0.376\text{m}^3/\text{s}$$

(4) **힘**

$$F = \rho Q V$$

여기서, F : 힘[N]
ρ : 밀도(물의 밀도 1000N·s²/m⁴)
Q : 유량[m³/s]
V : 유속[m/s]

차가 받는 추력(힘) F는

$$F = \rho Q V$$
$$= 1000\text{N}\cdot\text{s}^2/\text{m}^4 \times 0.376\text{m}^3/\text{s} \times 7.668\text{m/s}$$
$$\fallingdotseq 2890\text{N}$$
$$= 2.89\text{kN}$$

답 ①

★
10 **다음 그림과 같은 수조차의 탱크측벽에 설치된 노즐에서 분출하는 분수의 힘에 의해 그 반작용으로 분류 반대방향으로 수조차가 힘 F를 받아서 움직인다. 속도계수 : C_v, 수축계수 : C_c, 노즐의 단면적 : A, 비중량 : γ, 분류의 속도 : V로 놓고 노즐에서 유량계수 $C = C_v \cdot C_c = 1$로 놓으면 F는 얼마인가?**

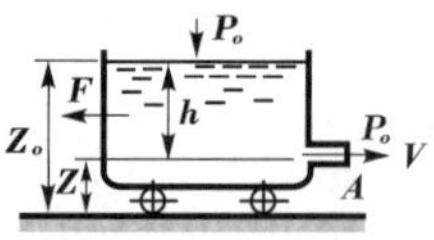

① $F \fallingdotseq \gamma A h$
② $F \fallingdotseq 2\gamma A h$
③ $F \fallingdotseq 1/2\gamma A h$
④ $F \fallingdotseq \gamma \sqrt{Ah}$

해설 **반작용의 힘**

$$F = 2\gamma A h$$

여기서, F : 힘[N]
γ : 비중량(물의 비중량 9800N/m³)
A : 단면적[m²]
h : 높이[m]

답 ②

★
11 **어떤 기체 1kg이 압력 50kPa(P_1), 체적 2.0m³(V_1)의 상태에서 압력 1000kPa(P_2), 체적이 0.2m³(V_2)의 상태로 변화하였다. 이때 내부에너지의 변화가 없다고 하면 엔탈피(Enthalpy)(H)의 증가량은 몇 kJ인가?**

① 100
② 115
③ 120
④ 0

해설 (1) **기호**

- P_1 : 50kPa
- V_1 : 2.0m³
- P_2 : 1000kPa
- V_2 : 0.2m³
- H : ?

(2)
$$H = (U_2 - U_1) + (P_2V_2 - P_1V_1)$$

여기서, H : 엔탈피[J]
$U_2 \cdot U_1$: 내부에너지[J]
$P_2 \cdot P_1$: 압력[Pa]
$V_2 \cdot V_1$: 부피[m³]

내부에너지의 변화가 없으므로 엔탈피 H는

$$H = (P_2V_2 - P_1V_1)$$
$$= 1000\text{kPa} \times 0.2\text{m}^3 - 50\text{kPa} \times 2.0\text{m}^3$$
$$= 100\text{kJ}$$

답 ①

★
12 **0.5kg의 어느 기체를 압축하는 데 15kJ(W)의 일을 필요로 하였다. 이때 12kJ(Q)의 열이 계 밖으로 손실 전달되었다. 내부에너지의 변화($U_2 - U_1$)는 몇 kJ인가?**

① −27
② 27
③ 3
④ −3

해설 (1) 기호

- W : 15kJ
- Q : 12kJ
- $U_2 - U_1$: ?

(2) 열

$$Q = (U_2 - U_1) + W$$

여기서, Q : 열[kJ]

$U_2 - U_1$: 내부에너지 변화[kJ]

W : 일[kJ]

내부에너지 변화 $U_2 - U_1$**은**

$$U_2 - U_1 = Q - W$$
$$= (-12\text{kJ}) - (-15\text{kJ}) = 3\text{kJ}$$

- W(일)이 필요로 하면 '−'값을 적용한다.
- Q(열)이 계 밖으로 손실되면 '−'값을 적용한다.

답 ③

★

13 초기 체적 0인 풍선을 지름 60cm까지 팽창시키는 데 필요한 일의 양은 몇 kJ인가? (단, 풍선 내부의 압력은 표준대기압 상태로 일정하고, 풍선은 구(球)로 가정한다.)

① 11.46　② 13.18

③ 114.6　④ 121.8

해설 (1) 기호

- D : 60cm=0.6m(1m=100cm이므로)
- W : ?
- P : 101.325kPa(표준대기압이므로)

(2)

$$W = P(V_2 - V_1)$$

여기서, W : 일[kJ]

P : 압력[kPa]

$V_2 - V_1$: 체적변화[m³]

일 W**는**

$$W = P(V_2 - V_1) = P\left(\frac{\pi D_2^3}{6} - \frac{\pi D_1^3}{6}\right)$$
$$= 101.325\,\text{kPa}\left(\frac{\pi \times (60\text{cm})^3}{6} - 0\right)$$
$$= 101.325\,\text{kPa}\left(\frac{\pi \times (0.6\text{m})^3}{6} - 0\right)$$
$$≒ 11.46\,\text{kJ}$$

- 풍선(구)의 체적$=\dfrac{\pi D_2^3}{6}$

여기서, D_2 : 팽창시킨 구의 지름[m]

- $\dfrac{\pi D_1^3}{6} = 0$: 초기 체적이 0이므로

답 ①

★

14 어느 용기에서 압력(P)과 체적(V)의 관계는 다음과 같다. $P = (50V + 10) \times 10^2$ kPa, 체적이 2m³에서 4m³로 변하는 경우 일량은 몇 MJ인가? (단, 체적 V의 단위는 m³이다.)

① 30　② 32

③ 34　④ 36

해설

$$_1W_2 = \int_1^2 p\,dv$$
$$= \int_1^2 (50V + 10) \times 10^2 dv$$
$$= \left[\left(\frac{1}{2} \times 50V^2 + 10V\right) \times 10^2\right]_1^2$$
$$= \left[\left(\frac{1}{2} \times 50 \times 4^2 + 10 \times 4\right) - \left(\frac{1}{2} \times 50 \times 2^2 + 10 \times 2\right)\right] \times 10^2$$
$$= 32000\text{kJ} = 32\text{MJ}$$

답 ②

★★★

15 피토관의 두 구멍 사이에 차압계를 연결하였다. 이 피토관을 풍동실험에 사용했는데 ΔP가 700Pa이었다. 풍동에서의 공기속도는 몇 m/s인가? (단, 풍동에서의 압력과 온도는 각각 98kPa과 20℃이고 공기의 기체상수는 287J/kg · K이다.)

① 32.53　② 34.67

③ 36.85　④ 38.94

해설 (1) 기호

- ΔP : 700Pa
- V : ?
- P : 98kPa
- T : (273+20)K
- R : 287J/kg · K

(2) **이상기체 상태방정식**

$$\rho = \frac{P}{RT}$$

여기서, ρ : 밀도[kg/m^3]
P : 압력[Pa]
R : 기체상수(287J/kg·K)
T : 절대온도(273+℃)[K]

밀도 ρ는

$$\rho = \frac{P}{RT}$$

$$= \frac{98\text{kPa}}{287\text{J/kg}\cdot\text{K}\times(273+20)\text{K}}$$

$$= \frac{(98\times10^3)\text{Pa}}{287\text{J/kg}\cdot\text{K}\times(273+20)\text{K}}$$

$$\fallingdotseq 1.165\text{kg/m}^3$$

(3) **공기의 속도**

$$V = C\sqrt{\frac{2\Delta P}{\rho}}$$

여기서, V : 공기의 속도[m/s]
C : 보정계수
ΔP : 압력[Pa]
ρ : 밀도[kg/m^3]

공기의 속도 V는

$$V = C\sqrt{\frac{2\Delta P}{\rho}} = \sqrt{\frac{2\times700\text{Pa}}{1.165\text{kg/m}^3}}$$

$$\fallingdotseq 34.67\text{m/s}$$

답 ②

★★
16 **풍동에서 유속을 측정하기 위하여 피토 정압관을 사용하였다. 이때 비중이 0.8(s)인 알코올의 높이 차이가 10cm(H)가 되었다. 압력이 101.3kPa(P)이고, 온도가 20℃(T)일 때 풍동에서 공기의 속도(V)는 몇 m/s인가? (단, 공기의 기체상수는 287N·m/kg·K이다.)**

① 26.5 ② 28.5
③ 29.4 ④ 36.1

해설 (1) **기호**

- s : 0.8
- H : 10cm
- P : 101.3kPa
- T : (273+20)K
- V : ?

(2) **공기의 밀도**

$$\rho = \frac{P}{RT}$$

여기서, ρ : 밀도[kg/m^3]
P : 압력[Pa]
R : 기체상수(공기기체상수 287N·m/kg·K)
T : 절대온도(273+℃)[K]

공기의 밀도 ρ는

$$\rho = \frac{P}{RT}$$

$$= \frac{101.3\text{kPa}}{287\text{N}\cdot\text{m/kg}\cdot\text{K}\times(287+20)\text{K}}$$

$$= \frac{101.3\times10^3\text{Pa}}{287\text{N}\cdot\text{m/kg}\cdot\text{K}\times(273+20)\text{K}}$$

$$\fallingdotseq 1.2\text{kg/m}^3$$

(3) **비중**

$$s = \frac{\rho}{\rho_w}$$

여기서, s : 비중
ρ : 어떤 물질의 밀도[kg/m^3]
ρ_w : 표준 물질의 밀도(물의 밀도 1000kg/m^3)

알코올의 밀도 ρ는

$$\rho = s\cdot\rho_w = 0.8\times1000\text{kg/m}^3 = 800\text{kg/m}^3$$

(4) **공기의 속도**

$$V = C\sqrt{2g\,\Delta H\left(\frac{\rho_s}{\rho}-1\right)}$$

여기서, V : 공기의 속도[m/s]
C : 보정계수
g : 중력가속도(9.8m/s^2)
ΔH : 높이차[m]
ρ_s : 어떤 물질의 밀도[kg/m^3]
ρ : 공기의 밀도[kg/m^3]

공기의 속도 V는

$$V = C\sqrt{2g\,\Delta H\left(\frac{\rho_s}{\rho}-1\right)}$$

$$= \sqrt{2\times9.8\text{m/s}^2\times10\text{cm}\times\left(\frac{800\text{kg/m}^3}{1.2\text{kg/m}^3}-1\right)}$$

$$= \sqrt{2\times9.8\text{m/s}^2\times0.1\text{m}\times\left(\frac{800\text{kg/m}^3}{1.2\text{kg/m}^3}-1\right)}$$

$$\fallingdotseq 36.1\text{m/s}$$

답 ④

★★★
17 온도 20℃, 압력 5bar에서 비체적이 0.2 m³/kg인 이상기체가 있다. 이 기체의 기체상수는 몇 kJ/kg · K인가?

(5bar: P, 0.2: V_s, 기체상수: R)

① 0.341 ② 3.41
③ 34.1 ④ 341

해설 (1) 기호

- P : 5bar
- V_s : $0.2\text{m}^3/\text{kg}$
- R : ?

(2) 표준대기압

$1\text{atm}=760\text{mmHg}=1.0332\text{kg}_f/\text{cm}^2$
$=10.332\text{mH}_2\text{O(mAq)}$
$=14.7\text{psi(lb}_f/\text{in}^2)$
$=101.325\text{kPa(kN/m}^2)$
$=1013\text{mbar}$

$101.325\text{kN/m}^2=1013\text{mbar}$이므로
$101325\text{N/m}^2=1.013\text{bar}$

$$5\text{bar}=\frac{5\text{bar}}{1.013\text{bar}}\times 101325\text{N/m}^2$$
$$\fallingdotseq 500123\text{N/m}^2$$

(3)
$$PV=mRT$$

여기서, P : 압력[N/m²]
V : 부피[m³]
m : 질량[kg]
R : $\frac{8314}{M}$ [N · m/kg · K]
T : 절대온도(273+℃)[K]

위 식을 변형하면

$$PV_s=RT$$

여기서, P : 압력[N/m²]
V_s : 비체적[m³/kg]
R : 기체상수[N · m/kg · K]
T : 절대온도(273+℃)[K]

기체상수 R는

$$R=\frac{PV_s}{T}$$
$$=\frac{500123\text{N/m}^2\times 0.2\text{m}^3/\text{kg}}{(273+20)\text{K}}$$
$$\fallingdotseq 341\text{N}\cdot\text{m/kg}\cdot\text{K}$$
$$=341\text{J/kg}\cdot\text{K}$$
$$=0.341\text{kJ/kg}\cdot\text{K}$$

답 ①

★
18 온도 60℃, 압력 100kPa인 산소가 지름 10mm인 관 속을 흐르고 있다. 임계 레이놀즈가 2100인 층류로 흐를 수 있는 최대 평균속도[m/s]와 유량[m³/s]은? (단, 점성계수는 $\mu=23\times10^{-6}$kg/m · s이고, 기체상수는 $R=260$N · m/kg · K이다.)

(100kPa: P, 10mm: D, 2100: Re, 평균속도: V_{max}, 유량: Q)

① 4.18, 3.28×10^{-4} ② 41.8, 32.8×10^{-4}
③ 3.18, 24.8×10^{-4} ④ 3.18, 2.48×10^{-4}

해설 (1) 기호

- P : 100kPa
- D : 10mm=0.01m(1000mm=1m이므로)
- Re : 2100
- V_{max} : ?
- Q : ?
- μ : 23×10^{-6}kg/m · s
- R : 260N · m/kg · K

(2) 밀도

$$\rho=\frac{P}{RT}$$

여기서, ρ : 밀도[kg/m³]
P : 압력[Pa]
R : 기체상수[N · m/kg · K]
T : 절대온도(273+℃)[K]

밀도 ρ는

$$\rho=\frac{P}{RT}=\frac{100\text{kPa}}{260\text{N}\cdot\text{m/kg}\cdot\text{K}\times(273+60)\text{K}}$$
$$=\frac{100\times10^3\text{Pa}}{260\text{N}\cdot\text{m/kg}\cdot\text{K}\times(273+60)\text{K}}$$
$$\fallingdotseq 1.155\text{kg/m}^3$$

(3) 최대 평균속도

$$V_{max}=\frac{Re\mu}{D\rho}$$

여기서, V_{max} : 최대 평균속도[m/s]
Re : 레이놀즈수
μ : 점성계수[kg/m · s]

D : 직경(관경)〔m〕
ρ : 밀도〔kg/m^3〕

최대 평균속도 V_{max}는

$$V_{max} = \frac{Re\mu}{D\rho} = \frac{2100 \times 23 \times 10^{-6}\text{kg/m} \cdot \text{s}}{10\text{mm} \times 1.155\text{kg/m}^3}$$
$$= \frac{2100 \times 23 \times 10^{-6}\text{kg/m} \cdot \text{s}}{0.01\text{m} \times 1.155\text{kg/m}^3}$$
$$\fallingdotseq 4.18\text{m/s}$$

(4) **유량**

$$Q = AV$$

여기서, Q : 유량〔m^3/s〕
A : 단면적〔m^2〕
V : 유속〔m/s〕

유량 Q는

$$Q = AV = \frac{\pi D^2}{4} V$$
$$= \frac{\pi \times (10\text{mm})^2}{4} \times 4.18\text{m/s}$$
$$= \frac{\pi \times (0.01\text{m})^2}{4} \times 4.18\text{m/s}$$
$$\fallingdotseq 3.28 \times 10^{-4}\ \text{m}^3\text{/s}$$

답 ①

★★
19 처음에 온도, 비체적이 각각 $\underline{T_1}$, $\underline{v_1}$인 이상기체 1kg을 압력을 P로 일정하게 유지한 채로 가열하여 온도를 $\underline{4T_1}$까지 상승시킨다. 이상기체가 <u>한 일</u>은 얼마인가?

① Pv_1　　② $2Pv_1$
③ $3Pv_1$　　④ $4Pv_1$

해설 **정압과정**시의 비체적과 온도와의 관계

$$\frac{v_2}{v_1} = \frac{T_2}{T_1}$$

여기서, v_1 : 변화 전의 비체적〔m^3/kg〕
v_2 : 변화 후의 비체적〔m^3/kg〕
T_1 : 변화 전의 온도(273+℃)〔K〕
T_2 : 변화 후의 온도(273+℃)〔K〕

$T_2 = 4T_1$ 이므로

변화 후의 **비체적** v_2는

$$v_2 = v_1 \times \frac{T_2}{T_1} = v_1 \times \frac{4T_1}{T_1} = 4v_1$$

$$_1W_2 = P(v_2 - v_1)$$

여기서, $_1W_2$: 외부에서 한 일〔J/kg〕
P : 압력〔Pa〕
v_1 : 변화 전의 비체적〔m^3/kg〕
v_2 : 변화 후의 비체적〔m^3/kg〕

외부에서 **한 일** $_1W_2$는

$$_1W_2 = P(v_2 - v_1) = P(4v_1 - v_1) = 3Pv_1$$

답 ③

★★
20 처음의 온도, 비체적이 각각 $\underline{T_1}$, $\underline{v_1}$인 이상기체 1kg을 압력 P로 일정하게 유지한 채로 가열하여 온도를 $\underline{3T_1}$까지 상승시킨다. 이상기체가 <u>한 일</u>은 얼마인가?

① Pv_1　　② $2Pv_1$
③ $3Pv_1$　　④ $4Pv_1$

해설 (1) 압력이 P로 일정하므로
등압과정

$$\frac{v_2}{v_1} = \frac{T_2}{T_1}$$

여기서, $v_1 \cdot v_2$: 비체적〔m^3/kg〕
$T_1 \cdot T_2$: 절대온도(273+℃)〔K〕

$$\frac{v_2}{v_1} = \frac{T_2}{T_1}$$
$$\frac{v_2}{v_1} = \frac{3T_1}{T_1}$$
$$\frac{v_2}{v_1} = 3$$
$$v_2 = 3v_1$$

(2) **일**

$$_1W_2 = PdV = P(v_2 - v_1)$$

여기서, $_1W_2$: 일〔J〕
P : 압력(〔Pa〕, 〔N/m^2〕)
dV : 비체적의 변화량〔m^3/kg〕
$v_1 \cdot v_2$: 비체적〔m^3/kg〕

일 $_1W_2$는

$$_1W_2 = PdV = P(v_2 - v_1)$$
$$= P(3v_1 - v_1) = 2Pv_1$$

답 ②

☆

21 압력이 $\underset{P}{\underline{300\text{kPa}}}$, 체적 $\underset{dV}{\underline{1.66\text{m}^3}}$인 상태의 가스를 정압하에서 열을 방출시켜 체적을 $\underline{1/2}$로 만들었다. 기체가 $\underset{{}_1W_2}{\underline{\text{한 일}}}$은 몇 kJ인가?

① 249　　② 129

③ 981　　④ 399

해설 (1) 기호

- P : 300kPa
- dV : $\left(1.66-\dfrac{1.66}{2}\right)\text{m}^3$
- ${}_1W_2$: ?

(2)

$$ {}_1W_2 = PdV $$

여기서, ${}_1W_2$: 일〔J〕

P : 압력(〔Pa〕, 〔N/m²〕)

dV : 체적의 변화량〔m³〕

일 ${}_1W_2$는

$$ \begin{aligned} {}_1W_2 &= PdV \\ &= 300\text{kPa}\times\left(1.66-\frac{1.66}{2}\right)\text{m}^3 \\ &= 300\text{kN/m}^2\times\left(1.66-\frac{1.66}{2}\right)\text{m}^3 \\ &= 249\text{kN}\cdot\text{m} \\ &= 249\text{kJ} \end{aligned} $$

답 ①

☆

22 20℃의 공기(기체상수 $\underline{R=0.287\text{kJ/kg}\cdot\text{K}}$, 정압비열 $\underline{C_P=1.004\text{kJ/kg}\cdot\text{K}}$) $\underset{m}{\underline{3\text{kg}}}$이 압력 $\underset{P}{\underline{0.1\text{MPa}}}$에서 등압팽창하여 부피가 $\underline{2\text{배}}$로 되었다. 이때 공급된 $\underset{{}_1q_2}{\underline{\text{열량}}}$은 약 몇 kJ인가?

① 252　　② 883

③ 441　　④ 1765

해설 **정압과정**

(1) 기호

- R : 0.287kJ/kg · K
- C_P : 1.004kJ/kg · K
- m : 3kg
- P : 0.1MPa
- ${}_1q_2$: ?

(2) **이상기체 상태방정식**

$$ PV = mRT $$

여기서, P : 압력〔kPa〕

V : 체적(부피)〔m³〕

m : 질량〔kg〕

R : 기체상수〔kJ/kg · K〕

T : 절대온도(273+℃)〔K〕

체적(부피) V는

$$ \begin{aligned} V &= \frac{mRT}{P} \\ &= \frac{3\text{kg}\times 0.287\text{kJ/kg}\cdot\text{K}\times(273+20)\text{K}}{0.1\text{MPa}} \\ &= \frac{3\text{kg}\times 0.287\text{kJ/kg}\cdot\text{K}\times(273+20)\text{K}}{(0.1\times10^3)\text{kPa}} \\ &\fallingdotseq 2.52\text{m}^3 \end{aligned} $$

- 1MPa=10^3kPa이므로 0.1MPa=(0.1×10^3)kPa
- 1MPa=10^6Pa
- 1kPa=10^3Pa

부피가 **2배**가 되었으므로

$V_2 = 2V_1 = 2\times 2.52\text{m}^3 = 5.04\text{m}^3$

(3) **절대일**

$$ {}_1W_2 = P(V_2 - V_1) = R(T_2 - T_1) $$

여기서, ${}_1W_2$: 절대일〔kJ〕

P : 압력〔kPa〕

V_1 : 원래체적〔m³〕

V_2 : 팽창된 체적〔m³〕

R : 기체상수〔kJ/kg · K〕

$T_2 - T_1$: 온도차(273+℃)〔K〕

온도차 $T_2 - T_1$은

$$ \begin{aligned} T_2 - T_1 &= \frac{P(V_2 - V_1)}{R} \\ &= \frac{(0.1\times10^3)\text{kPa}\times(5.04-2.52)\text{m}^3}{0.287\text{kJ/kg}\cdot\text{K}} \\ &\fallingdotseq 878.05\text{K} \end{aligned} $$

(4) **열량**

$$ {}_1q_2 = C_p(T_2 - T_1) $$

여기서, ${}_1q_2$: 열량〔kJ〕

C_p : 정압비열〔kJ/kg · K〕

$T_2 - T_1$: 온도차(273+℃)〔K〕

열량 ${}_1q_2$는

$$ \begin{aligned} {}_1q_2 &= C_p(T_2 - T_1) \\ &= 1.004\text{kJ/kg}\cdot\text{K}\times 878.05\text{K} \\ &\fallingdotseq 883\text{kJ} \end{aligned} $$

답 ②

★★★
23 체적 2m³(V), 온도 20℃(T)의 기체 1kg(m)을 정압하에서 체적을 5m³(V_2)로 팽창시켰다. 가한 열량($_1q_2$)은 약 몇 kJ인가? (단, 기체의 정압비열은 2.06kJ/kg·K(C_P), 기체상수는 0.488 kJ/kg·K(R)으로 한다.)

① 954 ② 905
③ 889 ④ 863

해설 **정압과정**

(1) **기호**

- V : 2m³
- T : (273+20)K
- m : 1kg
- V_2 : 5m³
- $_1q_2$: ?
- C_P : 2.06kJ/kg·K
- R : 0.488kJ/kg·K

(2) **이상기체 상태방정식**

$$PV = mRT$$

여기서, P : 압력[kJ/m³]
V : 체적[m³]
m : 질량[kg]
R : 기체상수[kJ/kg·K]
T : 절대온도(273+℃)[K]

압력 P는

$$P = \frac{mRT}{V} = \frac{1\text{kg} \times 0.488\text{kJ/kg}\cdot\text{K} \times (273+20)\text{K}}{2\text{m}^3} ≒ 71.49\text{kJ/m}^3$$

(3) **절대일**

$$_1W_2 = P(V_2 - V_1) = R(T_2 - T_1)$$

여기서, $_1W_2$: 절대일[kJ]
P : 압력[kJ/m³]
V_1 : 원래 체적[m³]
V_2 : 팽창된 체적[m³]
R : 기체상수[kJ/kg·K]
$T_2 - T_1$: 온도차(273+℃)[K]

온도차 $T_2 - T_1$은

$$T_2 - T_1 = \frac{P(V_2 - V_1)}{R} = \frac{71.49\text{kJ/m}^3 \times (5-2)\text{m}^3}{0.488\text{kJ/kg}\cdot\text{K}} ≒ 439.5\text{K}$$

(4) **열량**

$$_1q_2 = C_P(T_2 - T_1)$$

여기서, $_1q_2$: 열량[kJ]
C_P : 정압비열[kJ/kg·K]
$T_2 - T_1$: 온도차(273+℃)[K]

열량 $_1q_2$은

$$_1q_2 = C_P(T_2 - T_1) = 2.06\text{kJ/kg}\cdot\text{K} \times 439.5\text{K} ≒ 905\text{kJ}$$

답 ②

★
24 CO 5kg을 일정한 압력하에 25℃(T_1)에서 60℃(T_2)로 가열하는 데 필요한 열량(q)은 몇 kJ인가? (단, 정압비열은 0.837kJ/kg·℃(C_p)이다.)

① 105 ② 146
③ 251 ④ 356

해설 (1) **기호**

- T_1 : (273+25)K
- T_2 : (273+60)K
- q : ?
- C_p : 0.837kJ/kg·℃

(2)

$$q = C_p(T_2 - T_1)$$

여기서, q : 열량[kJ/kg]
C_p : 정압비열[kJ/kg·℃]
$T_2 - T_1$: 온도차(273+℃)[K]

열량 q는

$$q = C_p(T_2 - T_1) = 0.837\text{kJ/kg} \times (333-298)\text{K} = 29.295\text{kJ/kg}$$

5kg이므로

$29.295\text{kJ/kg} \times 5\text{kg} ≒ 146\text{kJ}$

용어

정압비열
압력이 일정할 때의 비열

답 ②

★

25 공기 10kg이 정적과정으로 20℃에서 250℃ (T_1, T_2)까지 온도가 변하였다. 이 경우 엔트로피의 (ΔS) 변화는 얼마인가? (단, 공기의 $C_v = 0.717$ kJ/kg · K이다.)

① 약 2.39kJ/K ② 약 3.07kJ/K
③ 약 4.15kJ/K ④ 약 5.81kJ/K

해설 (1) 기호

- T_1 : (273−120)K
- T_2 : (273+250)K
- ΔS : ?
- C_v : 0.717kJ/kg · ℃

(2) 정적과정

$$\Delta S = C_v \ln \frac{T_2}{T_1}$$

여기서, ΔS : 엔트로피의 변화[J/kg · K]
C_v : 정적비열[J/kg · K]
$T_1 \cdot T_2$: 온도변화(273+℃)[K]

엔트로피 변화 ΔS는

$$\Delta S = C_v \ln \frac{T_2}{T_1}$$
$$= 0.717\text{kJ/kg} \cdot \text{K} \times \ln \frac{(273+250)\text{K}}{(273+20)\text{K}}$$
$$= 0.415\text{kJ/kg} \cdot \text{K}$$

공기 10kg이므로
$0.415\text{kJ/kg} \cdot \text{K} \times 10\text{kg} = 4.15\text{kJ/K}$

- **엔트로피** : 어떤 물질의 정렬상태를 나타낸다.

답 ③

★

26 어떤 이상기체가 체적 V_1, 압력 P_1으로부터 체적 V_2, 압력 P_2까지 등온팽창하였다. 이 과정 중에 일어난 내부에너지의 변화량 $\Delta U = U_2 - U_1$과 엔탈피의 변화량 $\Delta H = H_2 - H_1$을 맞게 나타낸 관계식은?

① $\Delta U > 0$, $\Delta H < 0$
② $\Delta U < 0$, $\Delta H > 0$
③ $\Delta U > 0$, $\Delta H > 0$
④ $\Delta U = 0$, $\Delta H = 0$

해설 **등온팽창(등온과정)**

(1) 내부에너지 변화량

$$\Delta U = U_2 - U_1 = 0$$

(2) 엔탈피 변화량

$$\Delta H = H_2 - H_1 = 0$$

비교

등압팽창(정압과정)

(1) 내부에너지 변화량

$$\Delta U = U_2 - U_1 = C_v(T_2 - T_1)$$

여기서, ΔU : 내부에너지 변화량[J]
C_v : 정적비열[J/K]
$T_2 - T_1$: 온도차[K]

(2) 엔탈피 변화량

$$\Delta H = H_2 - H_1 = C_p(T_2 - T_1)$$

여기서, ΔH : 엔탈피 변화량[J]
C_p : 정압비열[J/K]
$T_2 - T_1$: 온도차[K]

답 ④

★★

27 1kg의 (m) 공기가 온도 18℃에서 (T) 등온변화를 하여 체적의 증가가 0.5m³, 엔트로피의 증가가 0.2135kJ/kg · K였다면 (ΔS), 초기의 압력은 (P) 약 몇 kPa인가? (단, 공기의 기체상수 $R =$ 0.287kJ/kg · K이다.)

① 204.4 ② 132.6
③ 184.4 ④ 231.6

해설 (1) 기호

- m : 1kg
- T : (273+18)K
- ΔS : 0.2135kJ/kg · K
- P : ?
- R : 0.287kJ/kg · K

(2) 등온변화

$$\Delta S = R \ln \frac{V_2}{V_1}$$

여기서, ΔS : 엔트로피의 변화[J/kg · K]
R : 공기의 가스정수(287J/kg · K)
$V_1 \cdot V_2$: 체적변화[m³]

체적의 증가가 $0.5m^3$이므로 이것을 식으로 표현하면

$$V_2 = V_1 + 0.5$$

$$\Delta S = R \ln \frac{V_2}{V_1}$$

$$\frac{V_2}{V_1} = e^{\left(\frac{\Delta S}{R}\right)}$$

$$\frac{(V_1+0.5)}{V_1} = e^{\left(\frac{0.2135\text{kJ/kg}\cdot\text{K}}{287\text{J/kg}\cdot\text{K}}\right)}$$

$$\frac{(V_1+0.5)}{V_1} = e^{\left(\frac{213.5\text{J/kg}\cdot\text{K}}{287\text{J/kg}\cdot\text{K}}\right)}$$

$$\frac{(V_1+0.5)}{V_1} = 2.1$$

$$V_1 + 0.5 = 2.1 V_1$$

$$2.1 V_1 - V_2 = 0.5$$

$$1.1 V_1 = 0.5$$

$$V_1 = \frac{0.5}{1.1} = 0.454\text{m}^3$$

$$PV = mRT$$

여기서, P : 압력[Pa]
V : 부피[m³]
m : 질량[kg]
R : 공기의 가스정수(287J/kg·K)
T : 절대온도(273+℃)[K]

압력 P는

$$P = \frac{mRT}{V}$$

$$= \frac{1\text{kg} \times 287\text{J/kg}\cdot\text{K} \times (273+18)\text{K}}{0.454\text{m}^3}$$

$$≒ 184400\text{Pa}$$

$$= 184.4\text{kPa}$$

답 ③

★★
28 초기온도와 압력이 50℃(T_1), 600kPa(P_1)인 완전가스를 100kPa(P_2)까지 가역 단열팽창하였다. 이때 온도(T_2)는 몇 K인가? (단, 비열비는 1.4(K))

① 194　② 294
③ 467　④ 539

해설 (1) 기호

- T_1 : 50℃
- P_1 : 600kPa
- P_2 : 100kPa
- T_2 : ?
- K : 1.4

(2) **단열변화**시의 온도와 압력과의 관계

$$\frac{T_2}{T_1} = \left(\frac{P_2}{P_1}\right)^{\frac{K-1}{K}}$$

여기서, T_1 : 변화 전의 온도(273+℃)[K]
T_2 : 변화 후의 온도(273+℃)[K]
P_1 : 변화 전의 압력[Pa]
P_2 : 변화 후의 압력[Pa]
K : 비열비

변화 후의 온도 T는

$$T_2 = T_1 \times \left(\frac{P_2}{P_1}\right)^{\frac{K-1}{K}}$$

$$= (273+50)\text{K} \times \left(\frac{100 \times 10^3\text{Pa}}{600 \times 10^3\text{Pa}}\right)^{\frac{1.4-1}{1.4}}$$

$$≒ 194\text{K}$$

답 ①

★
29 온도 30℃(T_1), 최초 압력 98.67kPa(P_1)인 공기 1kg(m)을 단열적으로 986.7kPa(P_2)까지 압축한다. 압축일(${}_1W_2$)은 몇 kJ인가? (단, 공기의 비열비는 1.4(K), 기체상수 R=0.287kJ/kg·K이다.)

① 100.23　② 187.43
③ 202.34　④ 321.84

해설 (1) 기호

- T_1 : 30℃
- P_1 : 98.67kPa
- m : 1kg
- ${}_1W_2$: ?
- K : 1.4
- R : 0.287kJ/kg·K

(2) **단열변화**시의 온도와 압력과의 관계

$$\frac{T_2}{T_1}=\left(\frac{P_2}{P_1}\right)^{\frac{K-1}{K}}$$

여기서, T_1 : 변화 전의 온도(273+℃)[K]
T_2 : 변화 후의 온도(273+℃)[K]
P_1 : 변화 전의 압력[Pa]
P_2 : 변화 후의 압력[Pa]
K : 비열비

변화 후의 **온도** T_2는

$$T_2=T_1\times\left(\frac{P_2}{P_1}\right)^{\frac{K-1}{K}}$$

$$=(273+30)\text{K}\times\left(\frac{986.7\text{kPa}}{98.67\text{kPa}}\right)^{\frac{1.4-1}{1.4}}$$

$$≒585\text{K}$$

$$_1W_2=\frac{mR}{K-1}(T_1-T_2)$$

여기서, $_1W_2$: 압축일[J]
m : 질량[kg]
R : 기체상수(0.287kJ/kg · K)
T_1 : 변화 전의 온도(273+℃)[K]
T_2 : 변화 후의 온도(273+℃)[K]

압축일 $_1W_2$는

$$_1W_2=\frac{mR}{K-1}(T_1-T_2)$$

$$=\frac{1\text{kg}\times 0.287\text{kJ/kg}\cdot\text{K}}{1.4-1}[(273+30)-585]$$

$$=-202.34\text{kJ}$$

∴ 202.34kJ

답 ③

★

30 폴리트로픽 지수(n)가 1인 과정은?

① 단열과정
② 정압과정
③ 등온과정
④ 정적과정

해설 **폴리트로픽 변화**

PV^n=정수 ($n=0$)	등압변화(정압변화)
PV^n=정수 ($n=1$)	등온변화
PV^n=정수 ($n=k$)	단열변화
PV^n=정수 ($n=\infty$)	정적변화

답 ③

★★

31 압력 P_1=100kPa, 온도 T_1=400K, 체적 V_1=1.0m^{3}인 밀폐기(Closed system)의 이상기체가 $PV^{1.4}_{\ n}$=상수인 폴리트로픽 과정(Polytropic process)을 거쳐 압력 P_2=400kPa까지 압축된다. 이 과정에서 기체가 한 일은 약 몇 kJ인가?

(W)

① −100
② −120
③ −140
④ −160

해설 (1) **기호**

- P_1 : 100kPa
- T_1 : 400K
- V_1 : 1.0m^3
- n : 1.4
- P_2 : 400kPa
- W : ?

(2) **폴리트로픽 과정**

① **절대온도**

$$\frac{T_2}{T_1}=\left(\frac{P_2}{P_1}\right)^{\frac{n-1}{n}}$$

여기서, $T_2 \cdot T_1$: 절대온도[K]
$P_2 \cdot P_1$: 압력[kPa]
n : 폴리트로픽 지수

② **일**

$$W=\frac{P_1V_1}{n-1}\left(1-\frac{T_2}{T_1}\right)$$

여기서, W : 일[kJ]
P_1 : 압력[kPa]
V_1 : 체적[m^3]
n : 폴리트로픽 지수
$T_2 \cdot T_1$: 절대온도[K]

일 W는

$$W=\frac{P_1V_1}{n-1}\left(1-\frac{T_2}{T_1}\right)$$

$$=\frac{P_1V_1}{n-1}\left(1-\left(\frac{P_2}{P_1}\right)^{\frac{n-1}{n}}\right)$$

$$=\frac{100\text{kPa}\times 1.0\text{m}^3}{1.4-1}\left(1-\left(\frac{400\text{kPa}}{100\text{kPa}}\right)^{\frac{1.4-1}{1.4}}\right)$$

$$≒-120\text{kJ}$$

답 ②

★

32 완전가스의 폴리트로픽 과정에 대한 엔트로피 변화량을 나타낸 것은? (단, C_p : 정압비열, C_v : 정적비열, C_n : 폴리트로픽 비열이다)

① $C_p \ln \frac{T_2}{T_1}$　　② $C_n \ln \frac{T_2}{T_1}$

③ $R \ln \frac{P_1}{P_2}$　　④ $C_v \ln \frac{T_2}{T_1}$

해설 **폴리트로픽 과정**의 **엔트로피 변화량**

$$\Delta S = C_n \ln \frac{T_2}{T_1}$$

여기서, ΔS : 엔트로피 변화〔kJ/K〕
C_n : 폴리트로픽 비열〔kJ/K〕
$T_1 \cdot T_2$: 절대온도(273+℃)〔K〕

답 ②

★★★

33 Carnot 사이클이 1000K의 고온 열원과
T_H
400K의 저온 열원 사이에서 작동할 때 사
T_L
이클의 열효율은 얼마인가?
η

① 20%　　② 40%

③ 60%　　④ 80%

해설 (1) **기호**

- T_H : 1000K
- T_L : 400K
- η : ?

(2)

$$\eta = 1 - \frac{T_L}{T_H}$$

여기서, η : 카르노 사이클의 효율
T_L : 저온(273+℃)〔K〕
T_H : 고온(273+℃)〔K〕

효율 η는

$$\eta = 1 - \frac{T_L}{T_H} = 1 - \frac{400\text{K}}{1000\text{K}} = 0.6 = 60\%$$

답 ③

★

34 카르노 사이클에서 고온 열저장소에서 받은 열량이 Q_H이고 저온 열저장소에서 방출된 열량이 Q_L일 때, 카르노 사이클의 열효율 η는?

① $\eta = \frac{Q_L}{Q_H}$　　② $\eta = \frac{Q_H}{Q_L}$

③ $\eta = 1 - \frac{Q_L}{Q_H}$　　④ $\eta = 1 - \frac{Q_H}{Q_L}$

해설 (1)

$$\eta = 1 - \frac{T_L}{T_H}$$

여기서, η : 카르노 사이클의 효율
T_L : 저온(273+℃)〔K〕
T_H : 고온(273+℃)〔K〕

(2)

$$\eta = 1 - \frac{Q_L}{Q_H}$$

여기서, η : 카르노 사이클의 효율
Q_L : 저온 열량
Q_H : 고온 열량

답 ③

★

35 800K의 고온 열원과 400K의 저온 열원
T_H　　T_L
사이에서 작동하는 Carnot 사이클에 공급하는 열량이 사이클당 400kJ이라 할 때 1
Q_H
사이클당 외부에 하는 일은 얼마인가?
W

① 100kJ

② 200kJ

③ 300kJ

④ 400kJ

해설 (1) **기호**

- T_H : 800K
- T_L : 400K
- Q_H : 400kJ
- W : ?

(2)

$$\frac{W}{Q_H} = 1 - \frac{T_L}{T_H}$$

여기서, W : 출력(일)〔kJ〕
Q_H : 열량〔kJ〕
T_L : 저온〔K〕
T_H : 고온〔K〕

출력(일) W는

$$W = Q_H\left(1 - \frac{T_L}{T_H}\right)$$
$$= 400\text{kJ}\left(1 - \frac{400\text{K}}{800\text{K}}\right) = 200\text{kJ}$$

답 ②

★★ **36** 냉동실로부터 300K의 대기로 열을 배출(T_H)하는 가역 냉동기의 성능계수가 4(β)이다. 냉동실 온도는(T_L)?

① 225K ② 240K
③ 250K ④ 270K

해설 (1) **기호**

- T_H : 300K
- β : 4
- T_L : ?

(2) **냉동기의 성능계수**

$$\beta = \frac{Q_L}{Q_H - Q_L} = \frac{T_L}{T_H - T_L}$$

여기서, β : 냉동기의 성능계수
Q_L : 저열〔K〕
Q_H : 고열〔kJ〕
T_L : 저온〔K〕
T_H : 고온〔K〕

$$\beta = \frac{T_L}{T_H - T_L}$$
$$\beta(T_H - T_L) = T_L$$
$$\beta T_H - \beta T_L = T_L$$
$$\beta T_H = T_L + \beta T_L$$
$$\beta T_H = T_L(1+\beta)$$
$$\frac{\beta T_H}{1+\beta} = T_L$$
$$T_L = \frac{\beta T_H}{1+\beta} = \frac{4 \times 300\text{K}}{1+4} = 240\text{K}$$

성능계수 ＝ 성적계수 ＝ 동작계수

비교

열펌프의 성능계수

$$\beta = \frac{Q_H}{Q_H - Q_L} = \frac{T_H}{T_H - T_L}$$

여기서, β : 열펌프의 성능계수
Q_L : 저열〔kJ〕
Q_H : 고열〔kJ〕
T_L : 저온〔K〕
T_H : 고온〔K〕

답 ②

★★ **37** 두께 4mm(l)의 강 평판에서 고온측 면의 온도가 100℃(T_2)이고 저온측 면의 온도가 80℃(T_1)이며 단위 면적(1m^2)에 대해 매분 30000kJ($\mathring{q}$)의 전열을 한다고 하면 이 강판의 열전도율(K)은 몇 W/m · ℃인가?

① 100 ② 105
③ 110 ④ 115

해설 (1) **기호**

- l : 4mm＝0.004m(1000mm＝1m이므로)
- T_2 : 100℃
- T_1 : 80℃
- $\mathring{q}$: 30000kJ/min
- K : ?

(2) **전도**

$$\mathring{q} = \frac{kA(T_2 - T_1)}{l}$$

여기서, $\mathring{q}$: 열전달량(〔J/s〕, 〔W〕)
k : 열전도율〔W/m · ℃〕
A : 단면적〔m^2〕
$T_2 - T_1$: 온도차(〔℃〕 또는 〔K〕)

열전도율 K는

$$K = \frac{\mathring{q}l}{A(T_2 - T_1)}$$
$$= \frac{30000\text{kJ/min} \times 4\text{mm}}{1\text{m}^2(100-80)℃}$$
$$= \frac{30000 \times 10^3\text{J}/60\text{s} \times 0.004\text{m}}{1\text{m}^2(100-80)℃}$$
$$= 100\text{W/m} \cdot ℃$$

- 1min = 60s
- 1kJ = 10^3J
- 1mm = 0.001m

답 ①

★★★
38 열전도도가 0.08W/m·K(k)인 단열재의 내부면의 온도(고온)가 75℃(T_2), 외부면의 온도(저온)가 20℃(T_1)이다. 단위면적당 열손실을 200 W/m²($\mathring{q}''$)로 제한하려면 단열재의 두께(l)는?

① 22.0 mm
② 45.5 mm
③ 55.0 mm
④ 80.0 mm

해설 (1) 기호

- k : 0.08W/m·K
- T_2 : 75℃
- T_1 : 20℃
- $\mathring{q}''$: 200W/m²
- l : ?

(2) 절대온도

$$T = 273 + ℃$$

여기서, T : 절대온도[K]
℃ : 섭씨온도[℃]

절대온도 T는

$T_2 = 273 + 75℃ = 348$K

$T_1 = 273 + 20℃ = 293$K

(3) 전도

$$\mathring{q}'' = \frac{k(T_2 - T_1)}{l}$$

여기서, $\mathring{q}''$: 단위면적당 열량[W/m²]
k : 열전도율[W/m·K]
$T_2 - T_1$: 온도차([℃] 또는 [K])
l : 두께[m]

두께 l은

$$l = \frac{k(T_2 - T_1)}{\mathring{q}''}$$

$$= \frac{0.08\text{W/m}\cdot\text{K} \times (348 - 293)\text{K}}{200\text{W/m}^2}$$

$$= 0.022\text{m} = 22\text{mm}$$

$$= 22.0\text{mm}$$

답 ①

★
39 전도는 서로 접촉하고 있는 물체의 온도차에 의하여 발생하는 열전달현상이다. 다음 중 단위면적당의 열전달률[W/m²]을 설명한 것 중 옳은 것은?

① 전열면에 직각인 방향의 온도기울기에 비례한다.
② 전열면과 평행한 방향의 온도기울기에 비례한다.
③ 전열면에 직각인 방향의 온도기울기에 반비례한다.
④ 전열면과 평행한 방향의 온도기울기에 반비례한다.

해설 전도

$$\mathring{q}'' = \frac{k(T_2 - T_1)}{l}$$

여기서, $\mathring{q}''$: 단위면적당 열량[W/m²]
k : 열전도율[W/m·K]
$T_2 - T_1$: 온도차([℃] 또는 [K])
l : 두께[m]

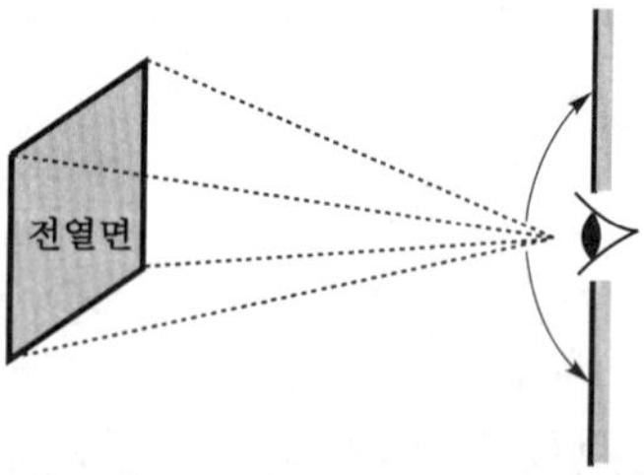

- 단위면적당의 **열전달률**($\mathring{q}''$)은 전열면에 **직각**인 방향의 **온도기울기**에 **비례**한다.

답 ①

★

40 그림과 같이 대칭인 물체를 통하여 1차원 열전도가 생긴다. 열발생률은 없고 $A(x)=1-x$, $T(x)=300(1-2x-x^3)$, $Q=300\text{W}$인 조건에서 열전도율을 구하면? (k)
(단, A, T, x의 단위는 각각 m², K, m이다.)

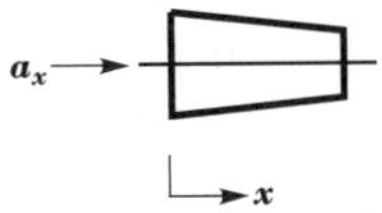

① $\dfrac{1}{(1-x)(2+3x^2)}$ [W/m · K]

② $\dfrac{1}{(1-x)(2x-x^3)}$ [W/m · K]

③ $\dfrac{1}{(1+x)(2x-x^3)}$ [W/m · K]

④ $\dfrac{1}{(1+x)(2+3x^2)}$ [W/m · K]

해설 (1) 기호

- A : $1-x$
- T : $300(1-2x-x^3)$
- Q : 300W
- k : ?

(2)

$$Q=-kA\frac{dT}{dx}$$

여기서, Q : 열전도열량[W]
k : 열전도율[W/m · K]
A : 단면적[m²]
T : 절대온도[K]

$$T(x)=300(1-2x-x^3)$$

$$\frac{dT}{dx}=300(-2-3x^2)=-300(2+3x^2)$$

열전도율 k는

$$k=-\frac{Q}{A}\frac{dx}{dT}$$

$$=-\frac{300}{(1-x)}\times\frac{1}{-300(2+3x^2)}$$

$$=\frac{1}{(1-x)(2+3x^2)}$$

$$=\frac{1}{(1-x)(2+3x^2)}\text{[W/m · K]}$$

답 ①

★★

41 지름 5cm인 구가 대류에 의해 열을 외부 공기로 방출한다. 이 구는 50W의 전기히터에 의해 내부에서 가열되고 있다면 구 표면과 공기 사이의 온도차가 30℃라면 공기와 구 사이의 대류 열전달계수는 얼마인가? (r: 5cm, $\mathring{q}$: 50W, T_2-T_1: 30℃, h: 대류 열전달계수)

① 111W/m² · ℃

② 212W/m² · ℃

③ 313W/m² · ℃

④ 414W/m² · ℃

해설 (1) 기호

- r : 2.5cm(지름이 5cm이므로)
- $\mathring{q}$: 50W
- T_2-T_1 : 30℃
- h : ?

(2) 대류열

$$\mathring{q}=Ah(T_2-T_1)$$

여기서, $\mathring{q}$: 대류열류[W]
A : 대류면적[m²]
h : 대류전열계수[W/m² · ℃]
T_2-T_1 : 온도차[℃]

대류 열전달계수 h는

$$h=\frac{\mathring{q}}{A(T_2-T_1)}=\frac{\mathring{q}}{4\pi r^2(T_2-T_1)}$$

$$=\frac{50\text{W}}{4\pi(0.025\text{m})^2\times30℃}$$

$$\fallingdotseq 212\text{W/m}^2\cdot℃$$

- 구의 면적 $=4\pi r^2$
  여기서, r : 반지름[m]

답 ②

★

42 **실제표면에 대한 복사를 연구하는 것은 매우 어려우므로 이상적인 표면인 흑체의 표면을 도입하는 것이 편리하다. 다음 흑체를 설명한 것 중 잘못된 것은?**

① 흑체는 방향, 파장의 길이에 관계없이 에너지를 흡수 또는 방사한다.

② 흑체에서 방출된 총복사는 파장과 온도만의 함수이고 방향과는 관계없다.

③ 일정한 온도와 파장에서 흑체보다 더 많은 에너지를 방출하는 표면은 없다.

④ 흑체가 방출하는 단위면적당 복사에너지는 온도와 무관하다.
온도의 4제곱에 비례한다.

해설 **복사열**(단위면적당 복사에너지)

$$\mathring{q}'' = F_{12}\varepsilon\sigma T^4$$

여기서, $\mathring{q}''$: 복사열〔W/m²〕
F_{12} : 배치계수(형상계수)
ε : 복사능(방사율)〔$1-e^{(-kl)}$〕
k : 흡수계수(Absorption coefficient)〔m⁻¹〕
l : 화염두께〔m〕
σ : 스테판-볼츠만 상수 ($5.667\times10^{-8}\text{W/m}^2\cdot\text{K}^4$)
T : 온도〔K〕

중요

흑체(Black body)
복사에너지를 투과나 반사없이 모두 흡수하는 것

답 ④

★★

43 **완전흑체로 가정한 흑연의 표면 온도가 450℃이다. 단위면적당 방출되는 복사에너지〔kW/m²〕는? (단, Stefan-Boltzmann 상수 σ=5.67×10⁻⁸W/m²·K⁴이다.)**
($\varepsilon=1$, T, q'')

① 2.325 ② 15.5
③ 21.4 ④ 2325

해설 (1) 기호
- ε=1(완전흑체이므로)
- T : 450℃
- q'' : ?
- σ : $5.67\times10^{-8}\text{W/m}^2\cdot\text{K}^4$

(2)
$$q'' = \varepsilon\sigma T^4$$

여기서, q'' : 복사에너지〔W/m²〕
ε : 복사능(완전흑체 $\varepsilon=1$)
σ : Stefan Boltzmann 상수 (5.67×10^{-8} W/m²·K⁴)
T : 온도(273+℃)〔K〕

복사에너지 q''는

$$q'' = \varepsilon\sigma T^4 = 1\times(5.67\times10^{-8}\text{W/m}^2\cdot\text{K}^4)\times(273+450)^4 \fallingdotseq 15500\text{W/m}^2 = 15.5\text{kW/m}^2$$

답 ②

★★

44 **판의 온도 T가 시간 t에 따라 $T_0t^{1/4}$으로 변하고 있다. 여기서 상수 T_0는 절대온도이다. 이 판의 흑체방사도는 시간에 따라 어떻게 변하는가? (단, σ는 스테판-볼츠만 상수이다.)**

① $\sigma T_0^{\,4}$

② $\sigma T_0^{\,4}t$

③ σT_0t^2

④ σT_0t^4

해설
$$\varepsilon = \sigma T_0^{\,4}t$$

여기서, ε : 흑체방사도
σ : Stefan-Baltzman 상수 ($5.667\times10^{-8}\text{W/m}^2\cdot\text{K}^4$)
T_0 : 상수
t : 시간〔s〕

- **흑체(Black body)** : 복사에너지를 투과나 반사없이 모두 흡수하는 것

답 ②

★
45 열복사현상에 대한 이론적인 설명과 거리가 먼 것은?

① Fourier의 법칙
해당 없음
② Kirchhoff의 법칙
③ Stefan-Boltzmann의 법칙
④ Planck의 법칙

해설 **열복사 현상**에 대한 **이론적**인 **설명**
(1) 키르히호프의 법칙(Kirchhoff의 법칙)
(2) 스테판-볼츠만의 법칙(Stefan-Boltzmann의 법칙)
(3) 플랑크의 법칙(Planck의 법칙)

답 ①

Key Point

5. 유체의 마찰 및 펌프의 현상

출제확률 4% (1문제)

1 유체의 마찰

1 배관(Pipe)

※ 스케줄 번호
① 저압배관 : 40 이상
② 고압배관 : 80 이상

배관의 **두께**는 스케줄 번호(Schedule No)로 표시한다. 문01 보기③

$$\text{Schedule No} = \frac{\text{내부 작업압력}}{\text{재료의 허용응력}} \times 1000$$

★

문제 01 스케줄 번호는 다음 중 배관의 무엇을 나타내는가?

① 배관의 길이
② 배관의 구경
③ 배관의 두께
④ 배관의 재질

해설 ③ 스케줄 번호 : 배관의 두께

답 ③

2 관부속품(Pipe fitting)

※ 티
배관부속품 중 압력손실이 가장 크다.

용 도	관부속품
2개의 관 연결	플랜지(Flange), 유니언(Union), 커플링(Coupling), 니플(Nipple), 소켓(Socket)
관의 방향 변경	Y지관, 엘보(Elbow), 티(Tee), 십자(Cross)
관의 직경 변경	리듀서(Reducer), 부싱(Bushing)
유로 차단	플러그(Plug), 밸브(Valve), 캡(Cap)
지선 연결	Y지관, 티(Tee), 십자(Cross)

3 배관부속류에 상당하는 직관길이

관이음쇠 밸브	티(측류)	45° 엘보	게이트밸브	유니언
	상당직관길이			
50mm	3m	1.2m	0.39m	극히 작다

- 직관길이가 길수록 압력손실이 크다.

Key Point

2 펌프의 양정

1 흡입양정

수원에서 펌프중심까지의 수직거리

- NPSH(Net Positive Suction Head) : 흡입양정

※ 최대 NPSH
대기압수두－유효 NPSH

중요

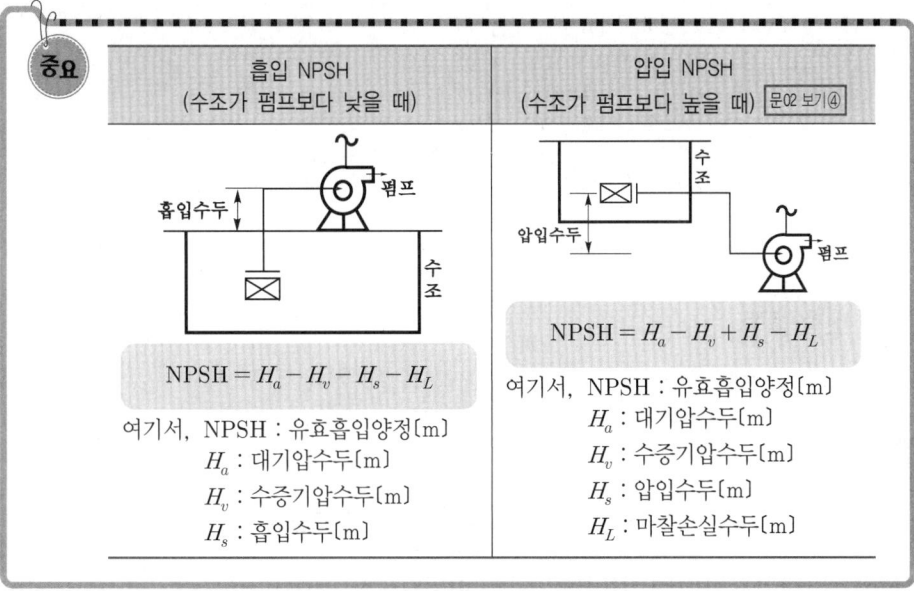

<table>
<tr><th>흡입 NPSH
(수조가 펌프보다 낮을 때)</th><th>압입 NPSH
(수조가 펌프보다 높을 때) 문02 보기④</th></tr>
<tr><td>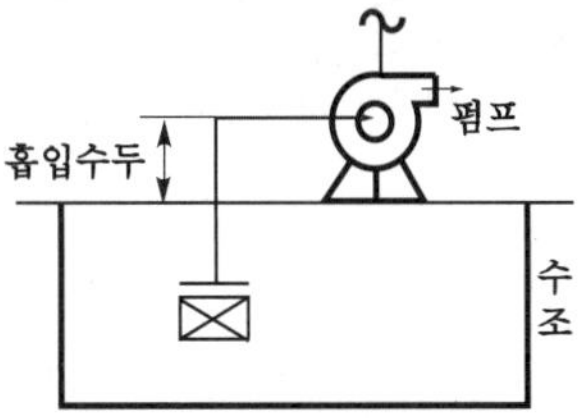

$$NPSH = H_a - H_v - H_s - H_L$$
여기서, NPSH : 유효흡입양정〔m〕
H_a : 대기압수두〔m〕
H_v : 수증기압수두〔m〕
H_s : 흡입수두〔m〕</td><td>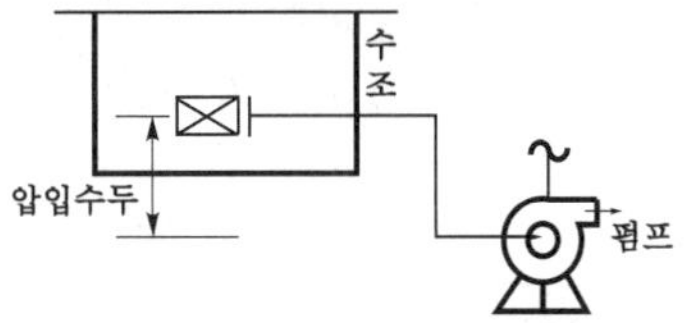

$$NPSH = H_a - H_v + H_s - H_L$$
여기서, NPSH : 유효흡입양정〔m〕
H_a : 대기압수두〔m〕
H_v : 수증기압수두〔m〕
H_s : 압입수두〔m〕
H_L : 마찰손실수두〔m〕</td></tr>
</table>

★★★
문제 02 설계기준온도는 25℃이고, 25℃에서의 수증기압은 0.015MPa (H_v), 펌프 흡입배관에서의 마찰손실수두는 2m (H_L)일 때 펌프의 유효흡입양정(NPSH)은 몇 m인가?

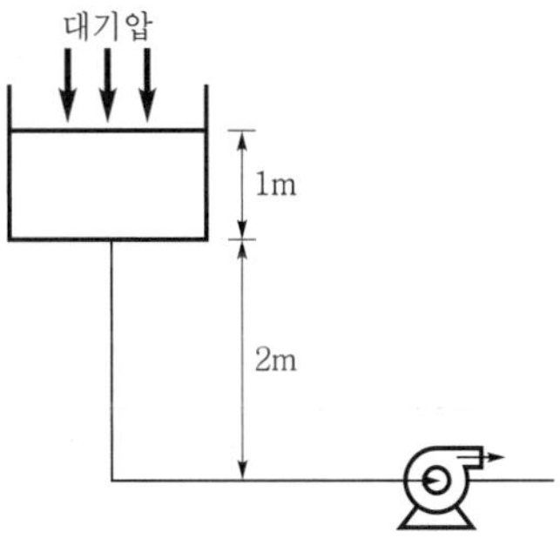

① 6.83m ② 7.83m ③ 8.83m ④ 9.83m

해설 (1) 기호

- H_v : 0.015MPa
- H_L : 2m
- NPSH : ?

Key Point

(2) **표준대기압**

1atm=760mmHg=1.0332kg$_f$/cm^2
=10.332mH$_2$O(mAq)
=14.7PSI(1b$_f$/in^2)
=101.325kPa(kN/m^2)
=1013mbar

1MPa ≒ 100m 이므로

대기압수두(H_a) : 10.332m
(문제에 주어지지 않았을 때는 **표준대기압**을 적용한다)
수증기압수두(H_v) : 0.015MPa=1.5m
압입수두(H_s) : 1m+2m=3m
(펌프중심~수원까지의 수직거리)
마찰손실수두(H_L) : 2m
수조가 펌프보다 높으므로 **압입 NPSH**는
NPSH$= H_a - H_v + H_s - H_L = 10.332\text{m} - 1.5\text{m} + 3\text{m} - 2\text{m} = 9.832 ≒ 9.83\text{m}$

답 ④

2 토출양정

펌프의 중심에서 송출높이까지의 수직거리

※ **실양정과 전양정**
$\dfrac{전양정(H)}{실양정(H_a)} = 1.2 \sim 1.5$

3 실양정

수원에서 송출높이까지의 수직거리로서 **흡입양정**과 **토출양정**을 합한 값

4 전양정

실양정에 직관의 마찰손실수두와 관부속품의 마찰손실수두를 합한 값

3 펌프의 동력

1 전동력

※ **동력**
단위시간에 한 일

※ **단위**
① 1HP=0.746kW
② 1PS=0.735kW

일반적인 전동기의 동력(용량)을 말한다.

$$P = \frac{\gamma Q H}{1000\eta} K$$

여기서, P : 전동력[kW]
γ : 비중량(물의 비중량 9800N/m^3)
Q : 유량[m^3/s]
H : 전양정[m]
K : 전달계수
η : 효율

또는,

$$P=\frac{0.163\,QH}{\eta}K$$ 문03 보기②

여기서, P : 전동력[kW]
Q : 유량[m^3/min]
H : 전양정[m]
K : 전달계수
η : 효율

★★
문제 03 17회 문108 / 13회 문 33 / 12회 문 26 / 08회 문102

유사문제부터 풀어보세요. 실력이 팍!팍! 올라갑니다.

전양정 80m(H), 토출량 500l/min(Q)인 소화펌프가 있다. 펌프효율 65%(η), 전달계수 1.1(K)인 경우 전동기 용량(P)은 얼마가 적당한가?

① 10kW ② 11kW
③ 12kW ④ 13kW

해설 (1) 기호
- H : 80m
- Q : 500l/min=0.5m^3/min
- η : 65%=0.65
- K : 1.1
- P : ?

(2) **전동기**의 **용량** P는

$$P=\frac{0.163QH}{\eta}K=\frac{0.163\times0.5\text{m}^3/\text{min}\times80\text{m}}{0.65}\times1.1 \fallingdotseq 11\text{kW}$$

$$500l/\text{min}=0.5\text{m}^3/\text{min}$$

답 ②

2 축동력

전달계수(K)를 고려하지 않은 동력이다.

$$P=\frac{\gamma QH}{1000\eta}$$

여기서, P : 축동력[kW]
γ : 비중량(물의 비중량 9800N/m^3)
Q : 유량[m^3/s]
H : 전양정[m]
η : 효율

또는,

$$P=\frac{0.163\,QH}{\eta}$$

여기서, P : 축동력[kW]
Q : 유량[m^3/min]
H : 전양정[m]
η : 효율

Key Point

※ 효율
전동기가 실제가 행한 유효한 일

※ 역률
전원에서 공급된 전력이 부하에서 유효하게 이용되는 비율

※ 펌프의 동력
① 전동력 : 전달계수와 효율을 모두 고려한 동력
② 축동력 : 전달계수를 고려하지 않은 동력
③ 수동력 : 전달계수와 효율을 고려하지 않은 동력

Key Point

3 수동력

전달계수(K)와 효율(η)을 고려하지 않은 동력이다.

$$P = \frac{\gamma QH}{1000}$$

여기서, P : 수동력〔kW〕
γ : 비중량(물의 비중량 9800N/m^3)
Q : 유량〔m^3/s〕
H : 전양정〔m〕

또는,

$$P = 0.163\,QH$$

여기서, P : 수동력〔kW〕
Q : 유량〔m^3/min〕
H : 전양정〔m〕

※ 비중량
단위체적당 중량

4 압축비

$$K = \sqrt[\varepsilon]{\frac{p_2}{p_1}}$$ 문04 보기①

여기서, K : 압축비
ε : 단수
p_1 : 흡입측 압력〔MPa〕
p_2 : 토출측 압력〔MPa〕

※ 단수
'임펠러개수'를 말한다.

★★
문제 04 18회 문106

스프링클러 소화설비용 펌프의 흡입측 압력이 0.25MPa(P_1)이었고, 토출측 압력이 0.96MPa(P_2)로 나타났다면 압축비를 1.4(K)로 할 때 펌프의 단수(ε)는?

① 4 ② 3
③ 2 ④ 1

해설 (1) 기호

- P_1 : 0.25MPa
- P_2 : 0.96MPa
- K : 1.4
- ε : ?

(2) $K = \sqrt[\varepsilon]{\frac{p_2}{p_1}}$

$1.4 = \sqrt[\varepsilon]{\frac{0.96\text{MPa}}{0.25\text{MPa}}}$

$\therefore\ \varepsilon = 4$

답 ①

4 펌프의 종류

1 원심펌프(Centrifugal pump)

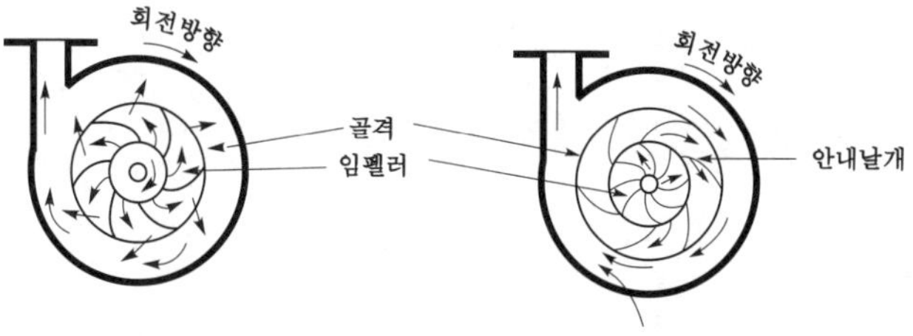

(a) 볼류트펌프 (b) 터빈펌프

‖ 원심펌프 ‖

(1) 종류

볼류트펌프(Volute pump)	터빈펌프(Turbine pump)
저양정과 많은 토출량에 적용, **안내날개**가 **없다.** 문05 보기③	**고양정**과 적은 토출량에 적용, **안내날개**가 **있다.**

(2) 특징

① 구조가 간단하고 송수하는 양이 크다.

② 토출양정이 작고, 배출이 연속적이다.

★★★

문제 05 회전차의 외주에 접해서 안내깃이 없고 저양정에 적합한 펌프는?

10회 문 33
09회 문 39
03회 문118
02회 문 42

① 디퓨저펌프 ② 피스톤펌프

③ 볼류트펌프 ④ 기어펌프

해설 **원심 펌프**

볼류트펌프	터빈펌프
안내깃이 없고, 저양정에 적합한 펌프	안내깃이 있고, 고양정에 적합한 펌프

안내깃=안내날개=가이드베인

답 ③

2 왕복펌프(Reciprocating pump)

토출측의 밸브를 닫은 채(Shut off) 운전해서는 안 된다.

(1) 종류

① 다이어프램펌프(Diaphragm pump)

Key Point

* **원심펌프**
소화용수펌프

* **볼류트펌프**
안내날개(가이드베인)가 없다.

* **터빈펌프**
안내날개(가이드베인)가 있다.

* **펌프의 비속도값**
축류펌프>볼류트펌프>터빈펌프

* **원심력과 양력**
① 원심력 : 원심펌프에서 양정을 만들어 내는 힘
② 양력 : 축류펌프에서 양정을 만들어 내는 힘

* **펌프의 연결**
1. 직렬 연결
① 양수량(토출량, 유량) : Q
② 양정 : $2H$
(토출압 : $2P$)
2. 병렬 연결(토출량, 유량)
① 양수량 : $2Q$
② 양정 : H
(토출압 : P)

Key Point

② 피스톤펌프(Piston pump)
③ 플런저펌프(Plunger pump)

(2) 특징

① 구조가 복잡하고, 송수하는 양이 적다.
② 토출양정이 크고, 배출이 불연속적이다.

• **Nash 펌프** : 유독성 가스를 수용하는 데 적합한 펌프

3 회전펌프

펌프의 회전수를 일정하게 하였을 때 토출량이 증가함에 따라 양정이 감소하다가 어느 한도 이상에서는 급격히 감소하는 펌프이다.

(1) 종류

① 기어펌프(Gear pump)
② 베인펌프(Vane pump) : **회전속도**의 범위가 가장 넓고, **효율**이 가장 높다.

(2) 특징

① **소유량, 고압**의 **양정**을 요구하는 경우에 적합하다.
② **구조**가 **간단**하고 취급이 용이하다.
③ 송출량의 변동이 적다.
④ 비교적 점도가 높은 유체에도 성능이 좋다.

5 펌프설치시의 고려사항

① 실내의 펌프배열은 운전보수에 편리하게 한다.
② 펌프실은 될 수 있는 한 흡수원을 가깝게 두어야 한다.
③ 펌프의 기초중량은 보통 펌프중량의 **3~5배**로 한다.
④ 홍수시의 전동기를 위한 **배수설비**를 갖추어 안전을 고려한다.

※ **다익팬(시로코팬)**
송풍기의 일종으로 풍압이 낮으나 비교적 큰 풍량을 얻을 수 있다.

※ **축류식 Fan**
효율이 가장 높으며 큰 풍량에 적합하다.

※ **공동현상**
소화펌프의 흡입고가 클 때 발생

6 관 내에서 발생하는 현상

1 공동현상(Cavitation)

펌프의 흡입측 배관 내의 물의 정압이 기존의 증기압보다 낮아져서 기포가 발생되어 물이 흡입되지 않는 현상이다.

Key Point

(1) 공동현상의 발생현상

① 소음과 진동 발생

② 관부식

③ **임펠러**의 **손상**(수차의 날개를 해친다.) 문06 보기③

④ 펌프의 성능 저하

★★

문제 06 공동현상이 발생하여 가장 크게 영향을 미치는 것은?

16회 문 34
12회 문 35
11회 문104
08회 문 07
08회 문 27
03회 문112
02회 문 35
02회 문120

① 수차의 축을 해친다.

② 수차의 흡축관을 해친다.

③ 수차의 날개를 해친다.

④ 수차의 배출관을 해친다.

해설 **공동현상**의 **발생현상**

(1) 소음과 진동 발생

(2) 관 부식

(3) 임펠러의 손상(수차의 날개 손상)

(4) 펌프의 성능 저하

답 ③

(2) 공동현상의 발생원인

① 펌프의 흡입수두가 클 때(소화펌프의 흡입고가 클 때)

② 펌프의 마찰손실이 클 때

③ 펌프의 임펠러속도가 클 때

④ 펌프의 설치위치가 수원보다 높을 때

⑤ 관 내의 수온이 높을 때(물의 온도가 높을 때)

⑥ 관 내의 물의 정압이 그때의 증기압보다 낮을 때

⑦ 흡입관의 구경이 작을 때

⑧ 흡입거리가 길 때

⑨ 유량이 증가하여 펌프물이 과속으로 흐를 때

(3) 공동현상의 방지대책

① 펌프의 흡입수두를 작게 한다.

② 펌프의 마찰손실을 작게 한다. 문07 보기③

③ 펌프의 **임펠러속도**(회전수)를 작게 한다.

④ 펌프의 설치위치를 수원보다 낮게 한다. 문07 보기②

⑤ 양흡입 펌프를 사용한다(펌프의 흡입측을 가압한다). 문07 보기④

⑥ 관내의 물의 정압을 그때의 증기압보다 높게 한다.

⑦ 흡입관의 구경을 크게 한다.

⑧ 펌프를 2개 이상 설치한다.

※ 임펠러
수차에서 물을 회전시키는 바퀴를 의미하는 것으로서, '수차날개'라고도 한다.

Key Point

☆☆☆

문제 07 펌프의 <u>공동현상</u>(Cavitation)의 <u>방지방법</u>이 <u>아닌</u> 것은?

12회 문 35
11회 문104
08회 문 07
08회 문 27
03회 문112

① 수조의 밑부분에 배수밸브 및 배수관을 설치해 둔다.
→ 맥동현상에 대한 방지대책 내용
② 펌프의 설치위치를 수조의 수위보다 낮게 한다.
③ 흡입관로의 마찰손실을 줄인다.
④ 양흡입펌프를 선정한다.

답 ①

2 수격작용(Water hammering)

※ 수격작용
흐르는 물을 갑자기 정지시킬 때 수압이 급상승하는 현상

배관 속의 물흐름을 급히 차단하였을 때 동압이 정압으로 전환되면서 일어나는 쇼크(Shock) 현상으로, 다시 말하면 배관 내를 흐르는 유체의 유속을 급격하게 변화시키므로 압력이 상승 또는 하강하여 **관로**의 **벽면**을 **치는 현상**이다.

※ 조압수조
배관 내에 적정압력을 유지하기 위하여 설치하는 일종의 물탱크를 말한다.

(1) 수격작용의 발생원인

① 펌프가 갑자기 정지할 때
② 밸브를 급히 개폐할 때
③ 정상운전시 유체의 압력변동이 생길 때

※ 플라이휠
펌프의 회전속도를 일정하게 유지하기 위하여 펌프축에 설치하는 장치

※ 에어챔버
공기가 들어있는 칸으로서 '공기실'이라고도 부른다.

(2) 수격작용의 방지대책

① 관의 관경(직경)을 크게 한다.
② 관 내의 유속을 낮게 한다(관로에서 일부 고압수를 방출한다).
③ 조압수조(Surge tank)를 관선에 설치한다.
④ **플라이휠**(Fly wheel)을 설치한다.
⑤ 펌프 송출구(토출측) 가까이에 밸브를 설치한다.
⑥ 펌프 송출구에 **수격**을 **방지**하는 **체크밸브**를 달아 역류를 막는다.
⑦ 에어챔버(Air chamber)를 설치한다.
⑧ 회전체의 **관성 모멘트**를 **크게** 한다.

3 맥동현상(Surging)

유량이 단속적으로 변하여 펌프 입출구에 설치된 진공계·압력계가 흔들리고 진동과 소음이 일어나며 펌프의 토출유량이 변하는 현상이다.

※ 맥동현상이 발생하는 펌프

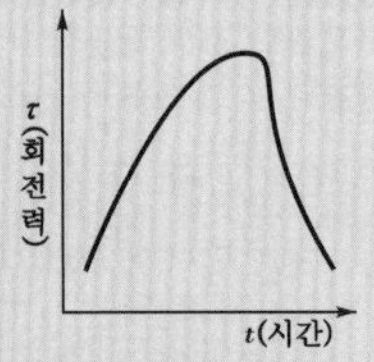

(1) 맥동현상의 발생원인

① 배관 중에 **수조**가 있을 때 문08 보기②
② 배관 중에 **기체상태**의 부분이 있을 때 문08 보기③
③ **유량조절밸브**가 배관 중 수조의 위치 **후방**에 있을 때 문08 보기①
④ 펌프의 특성곡선이 **산모양**이고 운전점이 그 **정상부**일 때
⑤ 펌프의 특성곡선이 우향 강하 구배일 때 문08 보기④

Key Point

★★★

문제 08 **관의 서징(Surging) 발생조건으로 적당하지 않은 것은?**

17회 문 33
09회 문 30
02회 문 48

① 유량조절밸브가 배관 중 수조의 위치 후방에 있을 때
② 배관 중에 수조가 있을 때
③ 배관 중에 기체상태의 부분이 있을 때
④ 펌프의 입상곡선이 우향 강하 구배일 때
특성곡선

해설 **서징**의 **발생조건**
(1) 배관 중에 수조가 있을 때
(2) 배관 중에 **기체상태**의 부분이 있을 때
(3) 유량조절밸브가 배관 중 수조의 **위치 후방**에 있을 때
(4) 펌프의 특성곡선이 **산모양**이고 운전점이 그 **정상부**일 때
(5) 펌프의 특성곡선이 우향 강하 구배일 때

서징(Surging)= 맥동현상

답 ④

(2) 맥동현상의 방지대책

① 배관 중의 불필요한 수조를 없앤다.
② 배관 내의 기체(공기)를 제거한다.
③ 유량조절밸브를 배관 중 수조의 전방에 설치한다.
④ 운전점을 고려하여 적합한 펌프를 선정한다.
⑤ 풍량 또는 토출량을 줄인다.

출제예상문제

(유체의 마찰 및 펌프의 현상)

출제확률 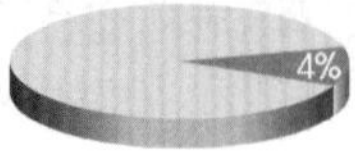

(1문제)

★

01 **동일구경, 동일재질의 배관부속류 중 압력손실이 가장 큰 것은 어느 것인가?**

① 티(측류) ② 45° 엘보
③ 게이트밸브 ④ 유니언

해설 배관부속류에 상당하는 **직관길이**

관 이음쇠 밸브	티 (측류)	45° 엘보	게이트 밸브	유니언
	상당직관길이			
50mm	3m	1.2m	0.39m	극히 작다.

티(측류)>45° 엘보>게이트밸브>유니언

- 직관길이가 길수록 압력손실이 크다.

답 ①

★

02 **완전개방상태에서 동일한 유량이 흘러갈 때 압력손실이 가장 큰 밸브는?**

① 글로브밸브 ② 앵글밸브
③ 볼밸브 ④ 게이트밸브

해설 **등가길이**

종류 / 호칭경	볼밸브	글로브 밸브	앵글 밸브	게이트 밸브
40mm	13.8m	13.5m	6.5m	0.3m

- 등가길이가 길수록 압력손실이 크다(시중에 답이 틀린 책들이 참 많다. 주의하라!!).

답 ③

★★

03 **NPSH가 3.5m(H_s-H_L)인 펌프가 그림과 같이 설치되어 있을 때 펌프 흡입구와 풋밸브 상단까지의 흡입가능높이는 최대 몇 m인가? (단, 수증기압은 0.0018MPa(H_v)이고, 대기압은 0.1MPa(H_a)이다.)**

① 7.85
② 6.88
③ 6.32
④ 5.94

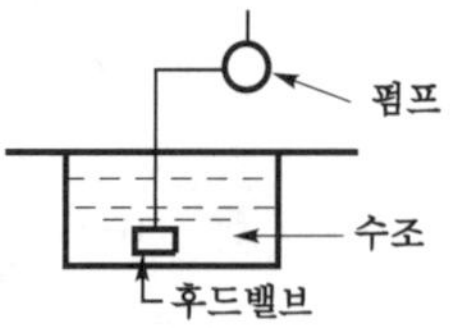

해설 (1) **기호**

- $H_s - H_L$: 3.5m
- NPSH : ?
- H_v : 0.0018MPa
- H_a : 0.1MPa

(2) **유효흡입양정**(흡입가능높이)

$$NPSH = H_a - H_v - H_s - H_L$$

여기서, NPSH : 유효흡입양정[m]
H_a : 대기압수두[m]
H_v : 수증기압수두[m]
H_s : 흡입수두[m]
H_L : 마찰손실수두[m]

흡입가능높이 NPSH는

$$NPSH = H_a - H_v - H_s - H_L$$
$$= 0.1MPa - 0.0018MPa - 3.5m$$
$$= 10m - 0.18m - 3.5m$$
$$= 6.32m$$

- 1MPa=100m이므로 0.1MPa=10m

답 ③

★

04 **운전하고 있는 펌프의 압력계는 출구에서 0.35MPa이고, 흡입구에서는 －0.02MPa이다. 펌프의 전양정은?**

① 37m ② 35m
③ 33m ④ 31m

해설

1MPa=100m

펌프의 전양정=입구압력+출구압력

$$= 0.02MPa + 0.35MPa$$
$$= 0.37MPa$$
$$= 37m$$

- -0.02MPa에서 '−'는 단지 진공상태의 압력을 의미하며, 계산에는 적용하지 않는다.

답 ①

★★★

05 **물분무소화설비의 가압송수장치로서 전동기 구동형의 펌프를 사용하였다. 펌프의 토출량 800l/min(Q), 양정 50m(H), 효율 65%(η), 전달계수 1.1(K)인 경우 전동기 용량(P)은 얼마가 적당한가?**

① 10마력
② 15마력
③ 20마력
④ 25마력

해설 (1) **기호**

- Q : 800l/min=0.8m³/min
- H : 50m
- η : 65%=0.65
- K : 1.1
- P : ?

(2) **전동력**(전동기의 용량)

$$P=\frac{0.163\,QH}{\eta}K$$

여기서, P : 전동력[kW]
Q : 유량[m³/min]
H : 전양정[m]
K : 전달계수
η : 효율

전동기의 **용량** P는

$$P=\frac{0.163QH}{\eta}K$$
$$=\frac{0.163\times 0.8\text{m}^3/\text{min}\times 50\text{m}}{0.65}\times 1.1$$
$$\fallingdotseq 11\text{kW}$$

$1\text{HP}=0.746\text{kW}$ 이므로

$$\frac{11\text{kW}}{0.746\text{kW}}\times 1\text{HP}\fallingdotseq 15\text{HP}$$

같은 식

$$P=\frac{\gamma QH}{1000\eta}K$$

여기서, P : 전동력[kW]
γ : 비중량(물의 비중량 9800N/m³)
Q : 유량[m³/s]
H : 전양정[m]
K : 전달계수
η : 효율

답 ②

★★

06 **펌프로서 지하 5m에 있는 물을 지상 50m의 물탱크까지 1분간에 1.8m³(Q)를 올리려면 몇 마력[PS](P)이 필요한가? (단, 펌프의 효율 $\eta=0.6$, 관로의 전손실수두(全損失水頭)를 10m, 동력전달계수를 1.1(K)이라 한다.)**

① 47.7
② 53.3
③ 63.3
④ 73.3

해설 **문제 5 참조**

(1) **기호**

- H : 5m+50m+10m
- Q : 1.8m³/min
- P : ?
- η : 0.6
- K : 1.1

(2) **전동기**의 **용량** P는

$$P=\frac{0.163QH}{\eta}K$$
$$=\frac{0.163\times 1.8\text{m}^3/\text{min}\times 65\text{m}}{0.6}\times 1.1$$
$$=34.96\text{kW}$$

$1\text{PS}=0.735\text{kW}$ 이므로

$$\frac{34.96\text{kW}}{0.735\text{kW}}\times 1\text{PS}\fallingdotseq 47.7\text{PS}$$

답 ①

★

07 유량 $\underset{Q}{\underline{2m^3/min}}$, 전양정 $\underset{H}{\underline{25m}}$인 원심펌프를 설계하고자 할 때 펌프의 $\underset{P}{\underline{축동력}}$은 몇 kW인가? (단, 펌프의 전효율은 $\underset{\eta}{\underline{0.78}}$, 펌프와 전동기의 전달계수는 $\underset{K}{\underline{1.1}}$이다.)

① 9.52 ② 10.47

③ 11.52 ④ 13.47

해설 문제 5 참조

(1) 기호

- Q : 2m³/min
- H : 2.5m
- P : ?
- η : 0.78
- K : 1.1

(2) 펌프의 축동력 P는

$$P = \frac{0.163QH}{\eta}$$

$$= \frac{0.163 \times 2\text{m}^3/\text{min} \times 25\text{m}}{0.78} ≒ 10.47\text{kW}$$

- **축동력** : 전달계수(K)를 고려하지 않은 동력

답 ②

★★

08 단면적이 $\underset{A}{\underline{0.3m^2}}$인 원관 속을 유속 $\underset{V}{\underline{2.8m/s}}$, 압력 39.23kPa의 물이 흐르고 있다. $\underset{P}{\underline{수동력}}$은 몇 PS인가?

① 50 ② 0.84

③ 56 ④ 4200

해설 (1) 기호

- A : 0.3m²
- V : 2.8m/s
- P : ?

(2) 유량

$$Q = AV$$

여기서, Q : 유량[m³/s]

A : 단면적[m²]

V : 유속[m/s]

유량 Q는

$$Q = AV$$

$$= 0.3\text{m}^2 \times 2.8\text{m/s} = 0.84\text{m}^3/\text{s}$$

전양정 H는

$$H = 39.23\text{kPa} = 4\text{m}$$

문제 5 참조

(3) 펌프의 수동력 P는

$$P = \frac{\gamma QH}{1000}$$

$$= \frac{9800\text{N/m}^3 \times 0.84\text{m}^3/\text{s} \times 4\text{m}}{1000}$$

$$= 32.93\text{kW}$$

$1\text{PS} = 0.735\text{kW}$이므로

$$\frac{32.93\text{kW}}{0.735\text{kW}} \times 1\text{PS} ≒ 50\text{PS}$$

- **수동력** : 전달계수(K)와 효율(η)을 고려하지 않은 동력

답 ①

★★★

09 어떤 수평관 속에 물이 2.8m/s의 속도와 45.11kPa의 압력으로 흐르고 있다. 이 물의 유량이 $\underset{Q}{\underline{0.95m^3/s}}$일 때 $\underset{P}{\underline{수동력}}$은 얼마인가?

① 25.5 PS ② 32.5 PS

③ 53.4 PS ④ 58.3 PS

해설 (1) 기호

- Q : 0.95m³/s
- P : ?

101.325kPa=10.332m

(2) 전양정 H는

$$H = 45.11\text{kPa}$$

$$= \frac{45.11\text{kPa}}{101.325\text{kPa}} \times 10.332\text{m}$$

$$≒ 4.6\text{m}$$

펌프의 수동력 P는

$$P = \frac{\gamma QH}{1000}$$

$$= \frac{9800\text{N/m}^3 \times 0.95\text{m}^3/\text{s} \times 4.6\text{m}}{1000}$$

$$= 42.83\text{kW}$$

$1\text{PS} = 0.735\text{kW}$

이므로

$$\frac{42.83\text{kW}}{0.735\text{kW}} \times 1\text{PS} ≒ 58.3\text{PS}$$

물의 비중량(γ) = $9800\,\mathrm{N/m^3}$

답 ④

★★★

10 동일펌프 내에서 회전수를 변경시켰을 때 유량과 회전수의 관계로서 옳은 것은?

① 유량은 회전수에 비례한다.
② 유량은 회전수 제곱에 비례한다.
③ 유량은 회전수 세제곱에 비례한다.
④ 유량은 회전수 평방근에 비례한다.

해설

(1) 유량(토출량) $Q' = Q\left(\dfrac{N'}{N}\right)^1$

(2) 양정 $H' = H\left(\dfrac{N'}{N}\right)^2$

(3) 동력(축동력) $P' = P\left(\dfrac{N'}{N}\right)^3$

여기서, $Q \cdot Q'$: 변화 전후의 유량(토출량) 〔$\mathrm{m^3/min}$〕
$H \cdot H'$: 변화 전후의 양정〔m〕
$P \cdot P'$: 변화 전후의 동력(축동력)〔kW〕
$N \cdot N'$: 변화 전후의 회전수〔rpm〕

• 유량은 **회전수**에 **비례**한다.

답 ①

★★★

11 펌프에 대한 설명 중 틀린 것은?

① 가이드베인이 있는 원심펌프(터빈펌프)를 볼류트펌프(Volute pump)라 한다.
② 기어펌프는 회전식 펌프의 일종이다.
③ 플런저펌프는 왕복식 펌프이다.
④ 터빈펌프는 고양정, 양수량이 많을 때 사용하면 적합하다.

해설 중요

원심펌프

① **볼류트펌프** : 안내깃이 없고, **저양정**에 적합한 펌프

② **터빈펌프** : 안내깃이 있고, **고양정**에 적합한 펌프

안내깃=안내날개=가이드베인

답 ①

★★

12 다음 펌프 중 토출측의 밸브를 닫은 채(Shut off) 운전해서는 안 되는 것은?

① 터빈펌프 ② 왕복펌프
③ 볼류트펌프 ④ 사류펌프

해설 **왕복펌프**

(1) **다**이어프램펌프
(2) **피**스톤펌프
(3) **플**런저펌프

기억법 **왕다피플**

• **왕복펌프** : 토출측의 밸브를 닫은 채 운전하면 펌프의 압력에 의해 펌프가 손상된다.

답 ②

★

13 다음 중 왕복식 펌프에 속하는 것은?

① 플런저펌프(Plunger pump)
② 기어펌프(Gear pump)
③ 볼류트펌프(Volute pump)
④ 에어리프트(Air lift)

해설 **문제 12 참조**

① **왕복펌프** : 다이어프램펌프, 피스톤펌프, 플런저 펌프

답 ①

★

14 펌프의 회전수를 일정하게 하였을 때 토출량이 증가함에 따라 양정이 감소하다가 어느 한도 이상에서는 급격히 감소하는 것은 어떤 종류의 펌프인가?

① 왕복펌프 ② 회전펌프
③ 볼류트펌프 ④ 피스톤펌프

해설 **회전펌프**

(1) **기어펌프**

(2) **베인펌프** : 회전속도범위가 가장 넓고, 효율이 가장 높은 펌프

> • **회전펌프** : 펌프의 회전수를 일정하게 하였을 때 토출량이 증가함에 따라 양정이 감소하다가 어느 한도 이상에서는 급격히 감소하는 펌프

답 ②

★

15 **다음 중 회전속도의 범위가 가장 넓고, 효율이 가장 높은 펌프는 어느 것인가?**

① 베인펌프

② 반지름방향 피스톤펌프

③ 축방향 피스톤펌프

④ 내접 기어펌프

해설 **문제 14 참조**

> ① **베인펌프** : 회전속도범위가 넓고 효율이 가장 높은 펌프

답 ①

★

16 **다음 중 소방펌프로의 사용이 부적합한 것은?**

① 수중펌프 ② 다단 볼류트펌프

③ 터빈펌프 ④ 케스톤 캐시펌프

해설 ① 수중펌프는 소방펌프로 부적합하다.

> • **소방펌프** : 원심펌프(볼류트펌프, 터빈펌프)가 가장 적합하다.

답 ①

★★★

17 **다음 중 성능이 같은 두 대의 펌프(토출량 Q〔l/ min〕)를 직렬연결하였을 경우 전유량은?**

① Q ② $1.5Q$

③ $2Q$ ④ $3Q$

해설 **펌프의 연결**

직렬연결	병렬연결
① 양수량(토출량, 유량) : Q ② 양정 : $2H$ (토출압 : $2P$)	① 양수량(토출량, 유량) : $2Q$ ② 양정 : H (토출압 : P)

답 ①

★

18 **토출량과 토출압력이 각각 Q〔l/min〕, P〔MPa〕이고, 특성곡선이 서로 같은 두 대의 소화펌프를 병렬연결하여 두 펌프를 동시 운전하였을 경우 총 토출량과 총 토출압력은 각각 어떻게 되는가? (단, 토출측 배관의 마찰손실은 무시한다.)**

① 총 토출량 Q〔l/min〕, 총 토출압 P〔MPa〕

② 총 토출량 $2Q$〔l/min〕, 총 토출압 $2P$〔MPa〕

③ 총 토출량 Q〔l/min〕, 총 토출압 $2P$〔MPa〕

④ 총 토출량 $2Q$〔l/min〕, 총 토출압 P〔MPa〕

해설 **문제 17 참조**

답 ④

★

19 **다음의 송풍기 특성 중 축류식 Fan의 특징은 무엇인가?**

① 효율이 가장 높으며, 큰 풍량에 적합하다.

② 풍압이 변해도 풍량은 변하지 않는다.

③ 임펠러는 원심펌프와 비슷한 구조이다.

④ 기체를 나사의 공간에 흡입하여 압축해서 압력을 높인다.

해설 **축류식 Fan**

효율이 가장 높으며, 큰 풍량에 적합하다.

비교

> **회전식 Fan**
> 기체를 나사의 공간에 흡입하여 압축해서 압력을 높이는 Fan

답 ①

★★★

20 **공동현상 발생요건이 아닌 것은?**

① 흡입거리가 길다.

② 물의 온도가 높다.

③ 유량이 증가하여 펌프물이 과속으로 흐른다.

④ 회전수를 낮추어 비교회전도가 적다.

해설 회전수를 낮추면 공동현상이 발생되지 않는다.

중요

> **공동현상의 발생원인**
> ① 펌프의 흡입수두가 클 때(소화펌프의 흡입고가 클 때)

② 펌프의 마찰손실이 클 때
③ 펌프의 임펠러속도가 클 때
④ 펌프의 설치위치가 수원보다 높을 때
⑤ 관 내의 수온이 높을 때(물의 온도가 높을 때) 보기 ②
⑥ 관 내의 물의 정압이 그때의 증기압보다 낮을 때
⑦ 흡입관의 구경이 작을 때
⑧ 흡입거리가 길 때 보기 ①
⑨ 유량이 증가하여 펌프물이 과속으로 흐를 때 보기 ③

답 ④

★

21 다음 중 펌프의 흡입고가 클 때 발생될 수 있는 현상은?

① 공동현상(Cavitation)
② 서징현상(Surging)
③ 비회전상태
④ 수격현상(Water hammering)

해설 **공동현상**(Cavitation)은 펌프의 흡입고가 클 때 발생된다.

- **공동현상** : 펌프의 흡입측 배관 내 물의 정압이 기존의 증기압보다 낮아져서 **기**포가 발생되어 물이 흡입되지 않는 현상

기억법 공기

답 ①

★★★

22 다음 중 공동현상(캐비테이션)의 예방대책이 아닌 것은?

① 펌프의 설치위치를 수원보다 낮게 한다.
② 펌프의 임펠러속도를 가속한다.
작게 하여야 한다.
③ 펌프의 흡입측을 가압한다.
④ 펌프의 흡입측 관경을 크게 한다.

해설 **공동현상**의 **방지대책**
(1) 펌프의 흡입수두를 작게 한다.
(2) 펌프의 마찰손실을 작게 한다.
(3) 펌프의 임펠러속도(회전수)를 작게 한다. 보기 ②
(4) 펌프의 설치위치를 수원보다 낮게 한다. 보기 ①
(5) **양흡입펌프**를 사용한다(펌프의 흡입측을 가압한다). 보기 ③
(6) 관 내 물의 정압을 그때의 증기압보다 높게 한다.
(7) 흡입관의 **구경**을 **크게** 한다. 보기 ④
(8) 펌프를 **2대** 이상 설치한다.

답 ②

★

23 다음 중 원심펌프의 공동현상(Cavitation) 방지대책과 거리가 먼 것은?

① 펌프의 설치위치를 낮춘다.
② 펌프의 회전수를 높인다.
③ 흡입관의 구경을 크게 한다.
④ 단흡입 펌프는 양흡입으로 바꾼다.

해설 문제 22 참조

② 펌프의 회전수를 작게 하여야 한다.

답 ②

★

24 다음 설명 중에서 펌프의 공동현상(Cavitation)을 방지하기 위한 방법에 맞지 않는 것은?

① 펌프의 흡입관경을 크게 한다.
② 펌프의 회전수를 크게 한다.
작게
③ 양흡입 펌프를 사용한다.
④ 펌프의 위치를 낮추어 흡입고를 적게 한다.

해설 문제 22 참조

- **공동현상**(Cavitation) : 펌프의 흡입측 배관 내의 물의 정압이 기존의 증기압보다 낮아져서 기포가 발생되어 물이 흡입되지 않는 현상

답 ②

★★★

25 배관 내에 흐르는 물이 수격현상(Water hammer)을 일으키는 수가 있는데 이를 방지하기 위한 조치와 관계없는 것은?

① 관 내 유속을 적게 한다.
② 펌프에 플라이휠을 부착한다.
③ 에어챔버를 설치한다.
④ 흡수양정을 작게 한다.
해당 없음

해설 **수격작용**의 **방지대책**

(1) 관로의 **관경**을 크게 한다.
(2) 관로 내의 유속을 낮게 한다(관로에서 일부 고압수를 방출한다).
(3) 조압수조(Surge tank)를 설치하여 적정압력을 유지한다.
(4) **플라이휠**(Fly wheel)을 설치한다.
(5) 펌프 송출구(토출측) 가까이에 밸브를 설치한다.
(6) 펌프 송출구에 수격을 방지하는 체크밸브를 달아 역류를 막는다.
(7) **에어챔버**(Air chamber)를 설치한다.
(8) 회전체의 관성 모멘트를 크게 한다.

기억법 **수방관플에**

답 ④

★

26 **펌프 운전 중 발생하는 수격작용의 발생을 예방하기 위한 방법에 해당되지 않는 것은?**

① 서지탱크를 관로에 설치한다.
② 회전체의 관성 모멘트를 크게 한다.
③ 펌프 송출구에 체크밸브를 달아 역류를 막는다. → 해당 없음
④ 관로에서 일부 고압수를 방출한다.

해설 **문제 25 참조**

답 ③

★

27 **펌프나 송풍기 운전시 서징현상이 발생될 수 있는데 이 현상과 관계가 없는 것은?**

① 서징이 일어나면 진동과 소음이 일어난다.
② 펌프에서는 워터해머보다 더 빈번하게 발생한다.
적거나 그와 비슷하게 발생한다.
③ 펌프의 특성곡선이 산모양이고 운전점이 그 정상부일 때 발생하기 쉽다.
④ 풍량 또는 토출량을 줄여 서징을 방지할 수 있다.

답 ②

CHAPTER

02 약제화학

1 소화약제

출제확률 28% (7문제)

1 물소화약제

(1) 물이 소화작업에 사용되는 이유

① 가격이 싸다. ② 쉽게 구할 수 있다.
③ 열흡수가 매우 크다. ④ 사용방법이 비교적 간단하다.

• 물은 **극성공유결합**을 하고 있으므로 다른 소화약제에 비해 비등점(비점)이 높다.

(2) 주수형태

봉상주수	적상주수	무상주수
물이 가늘고 긴 물줄기모양을 형성하면서 방사되는 형태	물이 물방울모양을 형성하면서 방사되는 형태	물이 안개 또는 구름모양을 형성하면서 방사되는 형태

• 물소화기는 **자동차**에 설치하기에는 **부적합**하다.

(3) 물소화약제의 성질

① 비열이 크다. ② 표면장력이 크다.
③ 열전도계수가 크다. ④ **점도**가 낮다.

• 물의 기화잠열(증발잠열) : 539cal/g

(4) 물의 동결방지제

① **에틸렌글리콜** : 가장 많이 사용한다. 문01 보기①
② 프로필렌글리콜 문01 보기②
③ 글리세린 문01 보기④

• 수용액의 소화약제 : 검정의 석출, 용액의 분리 등이 생기지 않을 것

★★★
문제 01 소화용수로 사용되는 물의 동결방지제로 사용하지 않는 것은?

① 에틸렌글리콜 ② 프로필렌글리콜
③ 질소 ④ 글리세린

해설
③ **질소**는 물의 동결방지제로 사용하지 않는다.

답 ③

Key Point

※ 물(H_2O)
① 기화잠열(증발잠열) : 539cal/g
② 융해열 : 80cal/g

※ 극성공유결합
전자가 이동하지 않고 공유하는 결합 중 이온결합형태를 나타내는 것

※ 주수형태
① 봉상주수 : 옥내 · 외소화전
② 적상주수 : 스프링클러헤드
③ 무상주수 : 물분무헤드

※ 물분무설비의 부적합물질
① 마그네슘(Mg)
② 알루미늄(Al)
③ 아연(Zn)
④ 알칼리금속 과산화물

Key Point

※ 부촉매효과 소화약제
① 물
② 강화액
③ 분말
④ 할론

(5) Wet water

물의 침투성을 높여주기 위해 Wetting agent가 첨가된 물로서 이의 특징은 다음과 같다.

① 물의 표면장력을 저하하여 침투력을 좋게 한다.
② 연소열의 흡수를 향상시킨다.
③ 다공질 표면 또는 심부화재에 적합하다.
④ 재연소방지에도 적합하다.

- Wetting agent : 주수소화시 물의 표면장력에 의해 연소물의 침투속도를 향상시키기 위해 첨가하는 침투제

2 포소화약제

※ 포소화약제
가연성 기체에 화재적응성이 가장 낮다.
① 냉각작용
② 질식작용

※ 알코올포 사용온도
0~40℃(5~30℃) 이하

(1) 포소화약제의 구비조건

① **유동성**이 있어야 한다. 문02 보기②
② **안정성**을 가지고 내열성이 있어야 한다. 문02 보기②
③ 독성이 적어야 한다.
④ 화재면에 부착하는 성질이 커야 한다(응집성과 안정성이 있을 것). 문02 보기③
⑤ 바람에 견디는 힘이 커야 한다.

- **유동점** : 포소화약제가 액체상태를 유지할 수 있는 최저의 온도

★★

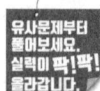

문제 02 포소화약제가 갖추어야 할 조건이 아닌 것은?

09회 문 43

유사문제부터 풀어보세요. 실력이 팍!팍! 올라갑니다.

① 부착성이 있을 것
② 유동성을 가지고 내열성이 있을 것
③ 응집성과 안정성이 있을 것
④ 파포성을 가지고 기화가 용이할 것
가지지 않을 것

답 ④

※ 파포성
포가 파괴되는 성질

(2) 포소화약제의 유류화재 적응성

① 유류표면으로부터 **기포**의 **증발**을 **억제** 또는 **차단**한다.
② 포가 유류표면을 덮어 기름과 **공기**와의 **접촉**을 **차단**한다.
③ 수분의 **증발잠열**을 이용한다.

- 포소화약제 저장조의 약제 충전시는 **밑부분**에서 서서히 주입시킨다.

※ 화학포 소화약제의 저장방식
① 1약제 건식 설비
② 2약제 건식 설비
③ 2약제 습식 설비

(3) 화학포 소화약제

① **1약제 건식 설비** : 내약제(B제)인 **황산알루미늄**($Al_2(SO_4)_3$)과 외약제(A제)인 **탄산수소나트륨**($NaHCO_3$)을 **하나**의 **저장탱크**에 저장했다가 물과 혼합해서 방사하는 방식

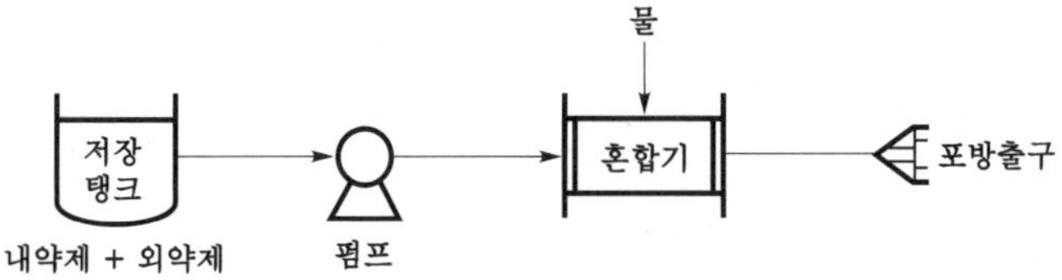

| 1약제 건식 설비 |

② **2약제 건식 설비** : 내약제인 **황산알루미늄**($Al_2(SO_4)_3$)과 외약제인 **탄산수소나트륨**($NaHCO_3$)을 각각 **다른 저장탱크**에 저장했다가 물과 혼합해서 방사하는 방식

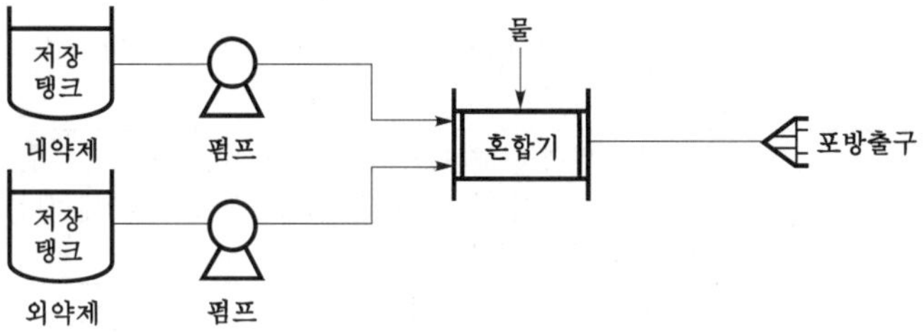

| 2약제 건식 설비 |

- **화학포** : 침투성이 좋지 않다.

③ **2약제 습식 설비** : 내약제 수용액과 외약제 수용액을 각각 **다른 저장탱크**에 저장했다가 혼합기로 혼합해서 방사하는 방식

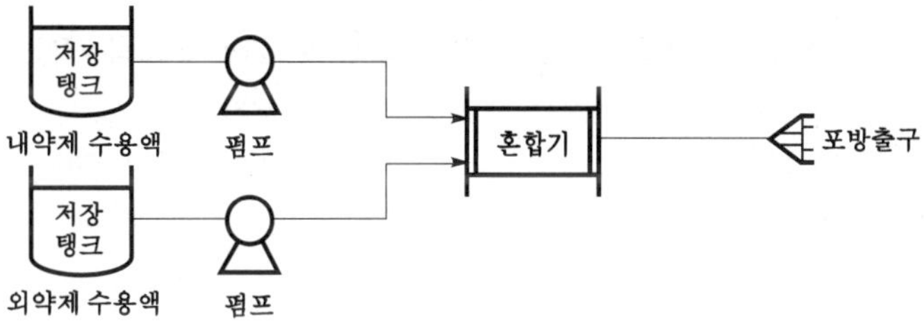

| 2약제 습식 설비 |

- **2약제 습식 설비** : 화학포소화설비에서 가장 많이 사용된다.

(4) 기계포(공기포) 소화약제

① **특징**

㉠ 유동성이 크다.

㉡ 고체표면에 접착성이 우수하다.

㉢ 넓은 면적의 **유류화재**에 적합하다.

㉣ 약제탱크의 용량이 작아질 수 있다.

㉤ **혼합기구**가 **복잡**하다.

- **공기포** : 수용성의 인화성 액체 및 모든 가연성 액체의 화재에 탁월한 효과가 있다.

Key Point

※ 황산알루미늄과 같은 의미
황산반토

※ 탄산수소나트륨과 같은 의미
① 중조
② 중탄산소다
③ 중탄산나트륨

※ 기포안정제
① 가수분해단백질
② 사포닝
③ 젤라틴
④ 카세인
⑤ 소다회
⑥ 염화제1철

※ 2약제 습식의 혼합비
물 1l에 분말 120g

※ 포헤드
공기포를 형성하는 곳

※ 포약제의 pH
6~8

※ 규정농도
용액 1l 속에 포함되어 있는 용질의 g당량수

※ 몰농도
용액 1l 속에 포함되어 있는 용질의 g수

※ 비중
① 내알코올형포
: 0.9~1.2 이하
② 합성계면활성제포
: 0.9~1.2 이하
③ 수성막포
: 1.0~1.15 이하
④ 단백포
: 1.1~1.2 이하

Key Point

✻ 과포화용액
용질이 용해도 이상으로 불안정한 상태

✻ 단백포
옥외저장탱크의 측벽에 설치하는 고정포방출구용

✻ 수성막포
유류화재 진압용으로 가장 뛰어나며 일명 Light water라고 부른다.
문03 보기②

✻ 수성막포 적용대상
① 항공기격납고
② 유류저장탱크
③ 옥내주차장의 폼헤드용

✻ 수성막포의 특징
① 점성이 작다.
② 표면장력이 작다.

‖ 공기포 소화약제의 특징 ‖

약제의 종류	특 징
단백포	① **흑갈색**이다. ② **냄새**가 **지독**하다. ③ 포안정제로서 **제1철염**을 첨가한다. ④ 다른 포약제에 비해 **부식성**이 **크다**.
수성막포	① 안전성이 좋아 장기보관이 가능하다. ② 내약품성이 좋아 **타약제**와 **겸용**사용이 가능하다. ③ 석유류 표면에 신속히 피막을 형성하여 유류증발을 억제한다. ④ 일명 AFFF(Aqueous Film Forming Foam)라고 한다. ⑤ 점성 및 표면장력이 작기 때문에 가연성 기름의 표면에서 쉽게 피막을 형성한다.
내알코올형포	① 알코올류 위험물(**메탄올**)의 소화에 사용한다. ② 수용성 유류화재(**아세트알데하이드, 에스터류**)에 사용한다. ③ **가연성 액체**에 사용한다.
불화단백포	① 소화성능이 가장 우수하다. ② 단백포와 수성막포의 결점인 열안정성을 보완시킨다. ③ **표면하 주입방식**에도 적합하다.
합성계면 활성제포	① **저발포**와 **고발포**를 임의로 발포할 수 있다. ② **유동성**이 좋다. ③ 카바이트 저장소에는 부적합하다.

★★★
문제 03 <u>유류화재</u> 진압용으로 가장 뛰어난 소화력을 가진 포소화약제는?

13회 문 04 / 09회 문 31 / 08회 문 40 / 05회 문111 / 04회 문 30

① 단백포 ② 수성막포
③ 고팽창포 ④ 웨트워터(Wet water)

해설 ② 수성막포 : 유류화재 진압용

답 ②

중요

(1) **단백포**의 장 · 단점

장 점	단 점
① **내열성**이 우수하다. ② **유면봉쇄성**이 우수하다.	① 소화기간이 길다. ② 유동성이 좋지 않다. ③ 변질에 의한 저장성 불량하다. ④ 유류오염의 문제가 있다.

(2) **수성막포**의 장 · 단점

장 점	단 점
① 석유류 표면에 신속히 **피막**을 **형성**하여 유류증발을 억제한다.	① 가격이 비싸다. ② 내열성이 좋지 않다.

장 점	단 점
② **안전성**이 좋아 장기보존이 가능하다. ③ **내약품성**이 좋아 타약제와 겸용사용도 가능하다. ④ **내유염성**이 우수하다.	③ 부식방지용 저장설비가 요구된다.

(3) **합성계면활성제포**의 장 · 단점

장 점	단 점
① **유동성**이 우수하다. ② **저장성**이 우수하다.	① 적열된 기름탱크 주위에는 효과가 적다. ② 가연물에 양이온이 있을 경우 발포성능이 저하된다. ③ 타약제와 겸용시 소화효과가 좋지 않을 수 있다.

② **저발포용 소화약제(3%, 6%형)**

㉠ 단백포 소화약제

㉡ 수성막포 소화약제

㉢ 내알코올형포 소화약제

㉣ 불화단백포 소화약제

㉤ 합성계면활성제포 소화약제

③ **고발포용 소화약제(1%, 1.5%, 2%형)**

합성계면활성제포 소화약제

- **포헤드** : 기계포를 형성하는 곳

④ **팽창비**

저발포	고발포
• 20배 이하	• 제1종 기계포 : 80~250배 미만 • 제2종 기계포 : 250~500배 미만 • 제3종 기계포 : 500~1000배 미만

중요

① **팽창비**

$$\text{팽창비} = \frac{\text{방출된 포의 체적}[l]}{\text{방출 전 포수용액의 체적}[l]}$$ 문04 보기③

② **발포배율**

$$\text{발포배율} = \frac{\text{내용적(용량, 부피)}}{\text{전체 중량} - \text{빈 시료용기의 중량}}$$

Key Point

✻ 표면하 주입방식
① 불화단백포
② 수성막포

✻ 내유염성
포가 기름에 의해 오염되기 어려운 성질

✻ 적열
열에 의해 빨갛게 달구어진 상태

✻ 포수용액
포원액+물

Key Point

★★
문제 04 포소화약제의 팽창비에 대한 정의 중 알맞은 것은?

19회 문 38
18회 문 26
17회 문 36
13회 문 37
07회 문106
05회 문110

① 팽창비=용량/전체 중량
② 팽창비=용량/빈 시료용기의 중량
③ 팽창비=방출된 포의 체적/방출 전 포수용액의 체적
④ 팽창비=방출 전 포수용액의 체적/방출된 포의 체적

해설

$$③\ 팽창비=\frac{방출된\ 포의\ 체적}{방출\ 전\ 포수용액의\ 체적}$$

답 ③

※ **포혼합장치 설치 목적**
일정한 혼합비를 유지하기 위해서

※ **포소화약제 혼합장치의 유량 허용범위**
50~200%

(5) 포소화약제의 혼합장치

① **펌프 프로포셔너 방식**(Pump proportioner ; **펌프혼합방식**) : 펌프의 **토출관**과 **흡입관** 사이의 배관 도중에 설치한 흡입기에 펌프에서 토출된 물의 일부를 보내고 **농도조정밸브**에서 조정된 포소화약제의 필요량을 포소화약제 탱크에서 펌프 흡입측으로 보내어 약제를 혼합하는 방식

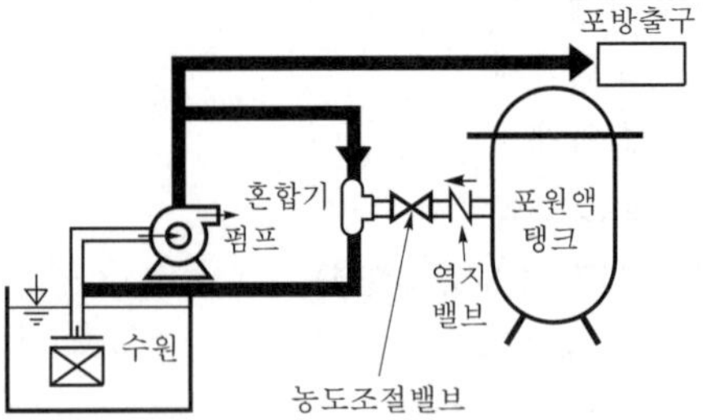

| 펌프 프로포셔너 방식 |

※ **프레져 프로포셔너 방식**
① 가압송수관 도중에 공기포소화 원액혼합조(P.P.T)와 혼합기를 접속하여 사용하는 방법
② 격막방식 휨탱크를 사용하는 에어휨 혼합방식

② **프레져 프로포셔너 방식**(Pressure proportioner ; **차압혼합방식**) : 펌프와 발포기의 중간에 설치된 벤투리관의 **벤투리작용**과 펌프 가압수의 **포소화약제 저장탱크**에 대한 압력에 의하여 포소화약제를 흡입·혼합하는 방식

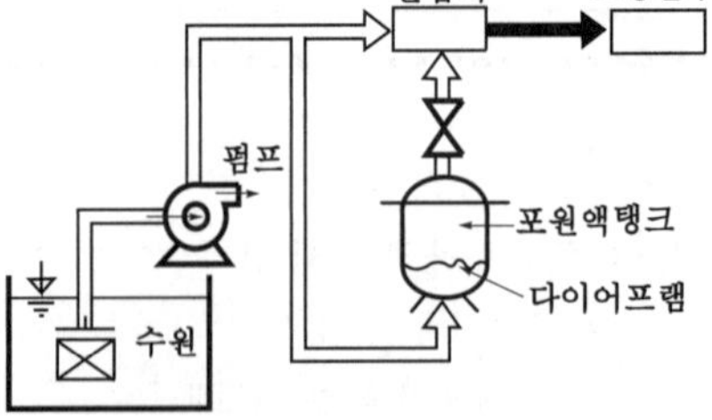

| 프레져 프로포셔너 방식 |

※ **라인 프로포셔너 방식**
급수관의 배관도중에 포소화약제 흡입기를 설치하여 그 흡입관에서 소화약제를 흡입하

③ **라인 프로포셔너 방식**(Line proportioner ; **관로혼합방식**) : 펌프와 발포기의 중간에 설치된 벤투리관의 **벤투리작용**에 의하여 포소화약제를 흡입·혼합하는 방식 문05 보기①

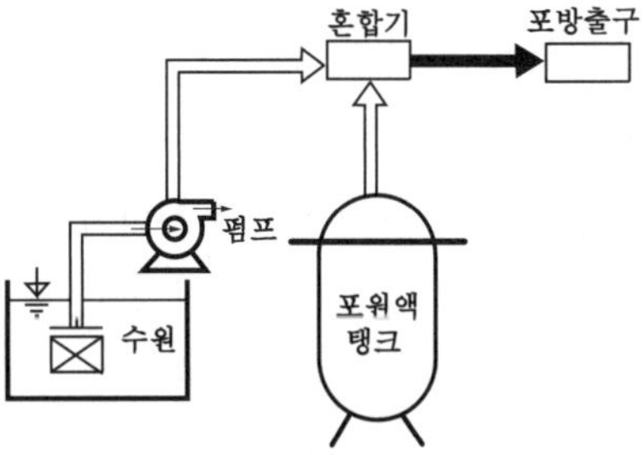

‖ 라인 프로포셔너 방식 ‖

④ **프레져 사이드 프로포셔너 방식**(Pressure side proportioner ; **압입혼합방식**) : 펌프 **토출관**에 압입기를 설치하여 포소화약제 **압입용 펌프**로 포소화약제를 압입시켜 혼합하는 방식

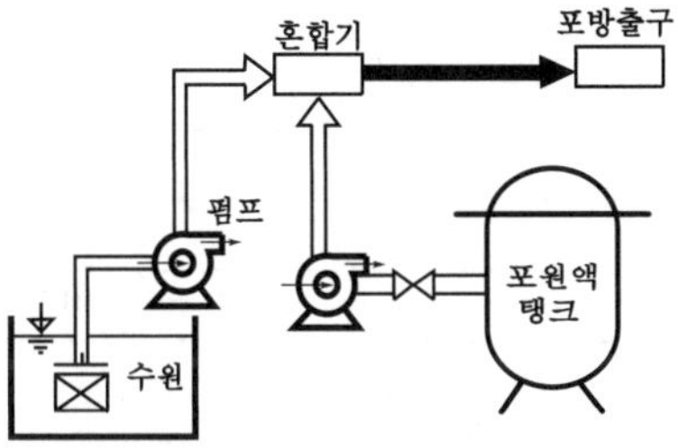

‖ 프레져 사이드 프로포셔너 방식 ‖

⑤ **압축공기포 믹싱챔버방식** : 포수용액에 공기를 강제로 주입시켜 **원거리 방수**가 가능하고 물 사용량을 줄여 **수손피해**를 **최소화**할 수 있는 방식

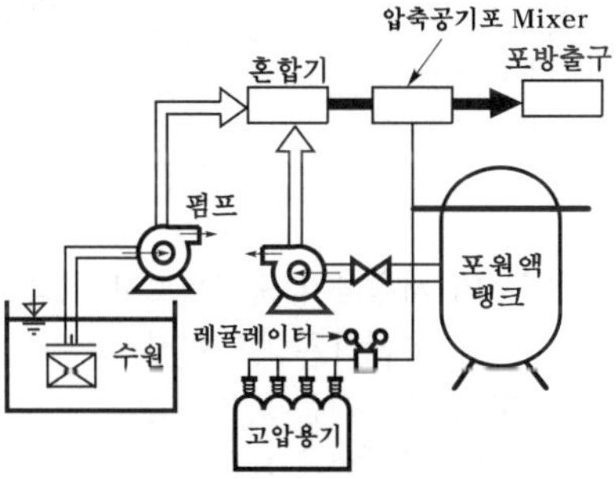

‖ 압축공기포 믹싱챔버방식 ‖

★★★
문제 05 (19회 문 41, 15회 문106, 09회 문 27, 07회 문 32)

포소화약제의 혼합장치 설치방식 중 펌프와 발포기의 중간에 설치된 벤추리관의 벤추리작용에 따라 포소화약제를 흡입·혼합하는 방식으로 옳은 것은?

① 라인 프로포셔너방식　② 펌프 프로포셔너방식
③ 압축공기포 믹싱챔버방식　④ 프레져사이드 프로포셔너방식

해설

① 라인 프로포셔너방식 : 벤추리관의 벤추리작용에 따라 포소화약제를 흡입·혼합하는 방식

• 벤추리=벤투리

답 ①

Key Point

여 혼합하는 방식

＊프레져 사이드 프로포셔너 방식
소화원액 가압펌프(압입용 펌프)를 별도로 사용하는 방식

3 이산화탄소 소화약제

(1) 이산화탄소 소화약제의 성상

① 대기압, 상온에서 **무색, 무취**의 기체이며 화학적으로 안정되어 있다.

② 기체상태의 가스비중은 **1.51**로 공기보다 무겁다.

③ 31℃에서 액체와 증기가 동일한 밀도를 갖는다.

• CO_2 소화기는 밀폐된 공간에서 소화효과가 크다.

‖ 이산화탄소의 물성 ‖

구 분	물 성
임계압력	72.75atm
임계온도	31℃
3중점	−56.3℃
승화점(비점)	−78.5℃
허용농도	0.5%
수분	0.05% 이하(함량 99.5% 이상)

• CO_2의 고체상태 : **−80℃, 1기압**

(2) 이산화탄소 소화약제의 충전비

‖ CO_2 소화약제의 충전비 ‖

저장용기 문06 보기①		기동용기(소화기용 용기)
저압식	1.1~1.4 이하	1.5 이상
고압식	1.5~1.9 이하	

★★

문제 06 이산화탄소 소화약제의 저장용기 충전비로서 적합하게 짝지어져 있는 것은?

10회 문109
04회 문 31

① 저압식은 1.1 이상, 고압식은 1.5 이상
② 저압식은 1.4 이상, 고압식은 2.0 이상
③ 저압식은 1.9 이상, 고압식은 2.5 이상
④ 저압식은 2.3 이상, 고압식은 3.0 이상

해설

① CO_2 **저장용기** 충전비 : 저압식 **1.1~1.4** 이하, 고압식 **1.5~1.9** 이하

답 ①

• 고압가스 용기 : **40℃** 이하의 온도변화가 작은 장소에 설치한다.

(3) 이산화탄소 소화약제의 저장과 방출

① 이산화탄소는 상온에서 용기에 **액체상태**로 저장한 후 방출시에는 기체화된다.

② 이산화탄소의 증기압으로 **완전방출**이 가능하다.

③ 20℃에서의 CO_2 저장용기의 내압력은 충전비와 관계가 있다.

④ 이산화탄소의 방출시 용기 내의 온도는 급강하하지만, 압력은 변하지 않는다.

Key Point

※ CO_2 소화작용
산소와 더 이상 반응하지 않는다.
① 질식작용 : 주효과
② 냉각작용
③ 피복작용(비중이 크기 때문)

※ 일산화탄소(CO)
소화약제가 아니다.

※ 임계압력
임계온도에서 액화하는 데 필요한 압력

※ 임계온도
아무리 큰 압력을 가해도 액화하지 않는 최저온도

※ 3중점
고체, 액체, 기체가 공존하는 온도

※ CO_2의 상태도

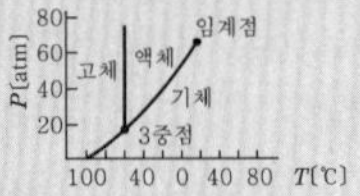

※ 기체의 용해도
① 온도가 일정할 때 압력이 증가하면 용해도는 증가한다.
② 온도가 낮고 압력이 높을수록(저온 · 고압) 용해되기 쉽다.

4 할론소화약제

(1) 할론소화약제의 특성

① 전기의 불량도체이다(**전기절연성**이 크다).
② 금속에 대한 **부식성**이 **적다.**
③ 화학적 **부촉매효과**에 의한 연소억제작용이 뛰어나 소화능력이 크다.
④ **가연성 액체화재**에 대하여 소화속도가 매우 크다.

(2) 할론소화약제의 구비조건

① 증발잔유물이 없어야 한다.
② 기화되기 쉬워야 한다.
③ **저비점 물질**이어야 한다.
④ **불연성**이어야 한다.

(3) 할론소화약제의 성상

① 할론인 F, Cl, Br, I 등은 화학적으로 안정되어 있으며, 소화성능이 우수하여 할론소화약제로 사용된다.
② 소화약제는 할론 1011, 할론 104, 할론 1211, 할론 1301, 할론 2402 등이 있다.

• 충전된 질소의 일부가 할론 1301에 용해되어도 액체 할론 1301의 용액은 증가하지 않는다.

▌할론소화약제의 물성▐

구 분 \ 종 류	할론 1301	할론 2402
임계압력	39.1atm(3.96MPa)	33.9atm(3.44MPa)
임계온도	67℃	214.5℃
임계밀도	750kg/m^3	790kg/m^3
증발잠열	119kJ/kg	105kJ/kg
분자량	148.95	259.9

★★★
문제 07 할론소화약제 중 상온상압에서 액체상태인 것은 다음 중 어느 것인가?

19회 문 37
09회 문 09
06회 문 27

① 할론 2402
② 할론 1301
③ 할론 1211
④ 할론 1400

해설
① 상온상압에서 **액체상태**
②, ③ 상온상압에서 **기체상태**
④ 할론 1400 : 이런 약제는 없다.

답 ①

Key Point

✽ 할론소화작용
① 부촉매(억제)효과 : 주효과
② 질식효과

✽ 할론소화약제
난연성능 우수

✽ 증발성 액체소화약제
인체에 대한 독성이 적은 것도 있고 심한 것도 있다.

✽ 저비점 물질
끓는점이 낮은 물질

✽ 할로젠원소
① 불소 : F
② 염소 : Cl
③ 브로민(취소) : Br
④ 아이오딘(옥소) : I

✽ 상온에서 기체상태
① 할론 1301
문07 보기②
② 할론 1211
문07 보기③
③ 탄산가스(CO_2)

✽ 상온에서 액체상태
① 할론 1011
② 할론 104
③ 할론 2402
문07 보기①

(4) 할론소화약제의 명명법

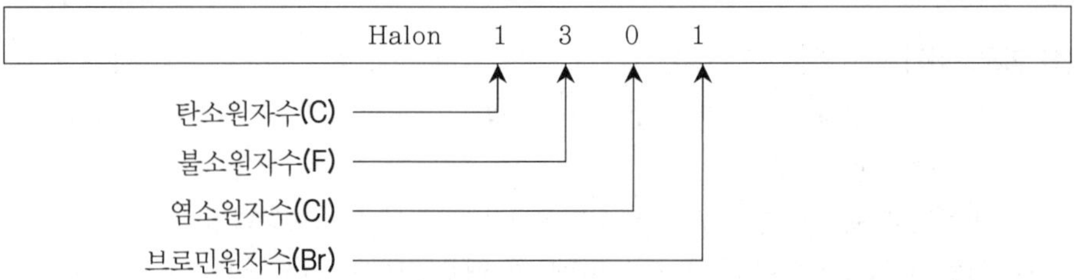

• 수소원자의 수=(첫번째 숫자×2)+2−나머지 숫자의 합

‖ 할론소화약제 ‖

종 류	약 칭	분자식	충전비
Halon 1011	CB	CH_2ClBr	−
Halon 104	CTC	CCl_4	−
Halon 1211	BCF	CF_2ClBr	0.7~1.4 이하
Halon 1301	BTM	CF_3Br	0.9~1.6 이하
Halon 2402	FB	$C_2F_4Br_2$	0.51~0.67 미만(가압식)
			0.67~2.75 이하(축압식)

중요 액체 할론 1211의 부식성이 큰 순서

알루미늄>청동>니켈>구리

(5) 할론소화약제의 저장용기(NFPC 107 4조, NFTC 107 2.1)

① **방호구역 외**의 장소에 설치할 것
② 온도가 **40℃** 이하이고, 온도변화가 작은 곳에 설치할 것
③ 직사광선 및 빗물이 침투할 우려가 없는 곳에 설치할 것
④ 방화문 구획된 실에 설치할 것
⑤ 용기의 설치장소에는 해당 용기가 표시된 곳임을 표시하는 표지를 설치할 것
⑥ 용기간의 간격은 점검에 지장이 없도록 **3cm** 이상의 간격을 유지할 것
⑦ 저장용기와 집합관을 연결하는 연결배관에는 **체크밸브**를 설치할 것

• 이산화탄소 소화약제 저장용기의 기준과 동일하다.

중요 할론소화약제의 측정법

① 압력측정법
② 비중측정법
③ 액위측정법
④ 중량측정법
⑤ 비파괴 검사법

Key Point

＊ 할론소화약제
① 부촉매효과 크기
I > Br > Cl > F
② 전기음성도(친화력) 크기
F > Cl > Br > I

＊ 휴대용 소화기
① Halon 1211
② Halon 2402

＊ Halon 1211
① 약간 달콤한 냄새가 있다.
② 전기전도성이 없다.
③ 공기보다 무겁다.
④ 알루미늄(Al)이 부식성이 크다.

＊ 할론 1011 · 104
독성이 강하여 소화약제로 사용하지 않는다.

＊ 할론 1301
① 소화성능이 가장 좋다.
② 독성이 가장 약하다.
③ 오존층 파괴지수가 가장 높다.
④ 비중은 약 5.1배이다.

＊ 증발잠열
① 할론 1301 : 119kJ/kg
② 아르곤 : 156kJ/kg
③ 질소 : 199kJ/kg
④ 이산화탄소 : 574kJ/kg

Key Point

5 분말소화약제

(1) 분말소화약제의 종류

분말약제의 가압용 가스로는 **질소**(N_2)가 사용된다.

| 분말소화약제 |

종 별	분자식	착 색	적응화재	충전비 〔l/kg〕	저장량	순도(함량)
제1종 문08 보기①	중탄산나트륨 ($NaHCO_3$)	백색	BC급	0.8	50kg	90% 이상
제2종 문08 보기②	중탄산칼륨 ($KHCO_3$)	담자색 (담회색)	BC급	1.0	30kg	92% 이상
제3종 문08 보기③	제1인산암모늄 ($NH_4H_2PO_4$)	담홍색	ABC급	1.0	30kg	75% 이상
제4종 문08 보기④	중탄산칼륨+요소 ($KHCO_3+(NH_2)_2CO$)	회(백)색	BC급	1.25	20kg	–

✱ **제1종 분말**
식용유 및 지방질유의 화재에 적합

✱ **제3종 분말**
차고 · 주차장에 적합

✱ **제4종 분말**
소화성능이 가장 우수

★★★

문제 08 분말소화약제의 종별에 따른 주성분 및 화재적응성을 나열한 것으로 옳지 <u>않은</u> 것은?

20회 문 01
19회 문 35
18회 문 33
17회 문 34
16회 문 35
15회 문 37
14회 문 34
14회 문111
13회 문 39
06회 문117

① 제1종－중탄산나트륨－B, C급
② 제2종－중탄산칼륨－B, C급
③ 제3종－제1인산암모늄－A, B, C급
④ 제4종－인산+요소－A, B, C급 (B, C)

해설 ④ 인산+요소 → 중탄산칼륨+요소

답 ④

중요 충진가스(입력원)

구분	사용설비
질소(N_2)	• **분**말소화설비(축압식) • **할**론소화설비
이산화탄소(CO_2)	• 기타설비

기억법 **질충분할**(**질**소가 **충분할** 것)

✱ **충전비**
0.8 이상

(2) 제2종 분말소화약제의 성상

구 분	설 명
비중	• 2.14
함유수분	• 0.2% 이하
소화효능	• 전기화재, 기름화재
조성	• $KHCO_3$ 97%, 방습가공제 3%

Key Point

(3) 제3종 분말소화약제의 소화작용

① 열분해에 의한 **냉각작용**

② 발생한 불연성 가스에 의한 **질식작용**

③ 메타인산(HPO_3)에 의한 **방진작용**

④ 유리된 NH_4^+의 **부촉매작용**

⑤ 분말운무에 의한 **열방사**의 **차단효과**

* 방진작용
가연물의 표면에 부착되어 차단효과를 나타내는 것

• 제3종 분말소화약제가 A급 화재에도 적용되는 이유 : **인산분말암모늄계**가 열에 의해 분해되면서 생성되는 불연성의 용융물질이 가연물의 표면에 부착되어 **차단효과**를 보여주기 때문이다.

(4) 분말소화약제의 미세도

① 20~25μm의 입자로 미세도의 분포가 골고루 되어 있어야 한다.

② 입도가 너무 미세하거나 너무 커도 소화성능이 저하된다. 문09 보기④

* 미세도
입자크기를 의미하는 것으로서 '입도'라고도 부른다.

• μm : **미크론** 또는 **마이크로미터**라고 읽는다.

★★

문제 09 분말소화약제 분말입도의 소화성능에 대하여 옳은 것은?

11회 문 39
09회 문 42

① 미세할수록 소화성능이 우수하다.

② 입도가 클수록 소화성능이 우수하다.

③ 입도와 소화성능과는 관련이 없다.

④ 입도가 너무 미세하거나 너무 커도 소화성능은 저하된다.

해설 ④ 분말소화약제의 분말입도가 너무 미세하거나 너무 커도 소화성능은 저하된다.

답 ④

(5) 수분함유율

$$M = \frac{W_1 - W_2}{W_1} \times 100\%$$

여기서, M : 수분함유율〔%〕

W_1 : 원시료의 중량〔g〕

W_2 : 24시간 건조후의 시료중량〔g〕

* 원시료
원래상태의 시험재료

출제예상문제

(약제화학)

출제확률 28% (7문제)

1. 물소화약제

★★★

01 물의 기화잠열은 얼마인가?

① 80cal/g
② 100cal/g
③ 539cal/g
④ 639cal/g

해설 물(H_2O)

기화잠열(증발잠열)	융해열
539cal/g 보기 ③	80cal/g

참고

기화열과 융해열

기화열(증발열)	융해열
100℃의 물 1g이 수증기로 변화하는 데 필요한 열량	0℃의 얼음 1g이 물로 변화하는 데 필요한 열량

기억법 기53, 융8

답 ③

★

02 물의 기화열이 539cal란 어떤 의미인가?

① 0℃의 물 1g이 얼음으로 변화하는 데 539cal의 열량이 필요하다.
② 0℃의 얼음 1g이 물로 변화하는 데 539cal의 열량이 필요하다.
③ 0℃의 물 1g이 100℃의 물로 변화하는 데 539cal의 열량이 필요하다.
④ 100℃의 물 1g이 수증기로 변화하는 데 539cal의 열량이 필요하다.

해설 문제 1 참조

답 ④

★

03 다음 중 소화용수로 사용되는 물의 동결방지제로 부적합한 것은?

① 글리세린 ② 염화나트륨
③ 에틸렌글리콜 ④ 프로필렌글리콜

해설 ② 염화나트륨 : **부식**의 **우려**가 있으므로 물의 동결방지제로 부적합하다.

물의 동결방지제

(1) **에**틸렌글리콜 : 가장 많이 사용한다. 보기 ③
(2) **프**로필렌글리콜 보기 ④
(3) **글**리세린 보기 ①

기억법 동에프글

답 ②

★

04 Wet water에 대한 설명이다. 옳지 않은 것은?

① 물의 표면장력을 저하하여 침투력을 좋게 한다.
② 연소열의 흡수를 향상시킨다.
③ 다공질 표면 또는 심부화재에 적합하다.
④ 재연소방지에는 부적합하다.
적합

해설 Wet water : 물의 침투성을 높여 주기 위해 Wetting agent가 첨가된 물로서 이의 특징은 다음과 같다.

(1) 물의 표면장력을 저하하여 **침투력**을 좋게 한다. 보기 ①
(2) **연소열**의 **흡수**를 향상시킨다. 보기 ②
(3) **다공질 표면** 또는 **심부화재**에 적합하다. 보기 ③
(4) **재연소방지**에도 적합하다. 보기 ④

• Wetting agent : 주수소화시 물의 표면장력에 의해 연소물의 침투속도를 향상시키기 위해 첨가하는 침투제

답 ④

★
05 주수소화시 물의 표면장력에 의해 연소물의 침투속도를 향상시키기 위해 첨가제를 사용한다. 적합한 것은?

① Ethylene oxide
② Sodium carboxy methyl cellulose
③ Wetting agents
④ Viscosity agents

해설 문제 4 참조

답 ③

★★
06 물분무소화설비를 소화목적으로 채택하는 경우 가장 적합하지 않은 곳은?

① 변압기
② 윤활유 배관
③ 엔진실
④ 마그네슘 저장실

해설 **물**과 **반응**하여 발화하는 물질

위험물	종 류
제2류 위험물	• 금속분(**수소화마그네슘**) 보기 ④
제3류 위험물	• **칼륨** • **나트륨** • **알킬알루미늄**

기억법 물마칼나알

답 ④

★
07 소화약제의 공통적인 성질로 옳지 않은 것은?

① 현저한 독성이 없어야 한다.
② 현저한 부식성이 없어야 한다.
③ 분말상태의 소화약제는 굳거나 덩어리지지 않아야 한다.
④ 수용액의 소화약제는 검정의 석출, 용액의 분리 등이 생겨야 한다.
생기지 않아야 한다.

답 ④

2. 포소화약제

★
08 공기포 소화약제가 화학포 소화약제보다 우수한 점으로 옳지 않은 것은?

① 혼합기구가 복잡하지 않다.
복잡하다.
② 유동성이 크다.
③ 고체 표면에 접착성이 우수하다.
④ 넓은 면적의 유류화재에 적합하다.

해설 **공기포 소화약제**의 **특징**
(1) **유동성**이 크다. 보기 ②
(2) 고체표면에 **접착성**이 **우수**하다. 보기 ③
(3) 넓은 면적의 **유류화재**에 적합하다. 보기 ④
(4) **혼합기구**가 **복잡**하다. 보기 ①
(5) 약제탱크의 용량이 작아질 수 있다.

답 ①

★
09 포말소화약제로 사용되지 않는 것은?

① 화학포
② 알코올포
③ 단백포
④ 강화액
해당 없음

해설 **포말소화약제**
(1) 화학포
(2) 공기포(기계포) ─ 단백포
├ 수성막포
├ 내알코올형포(알코올포)
├ 불화단백포
└ 합성계면활성제포

답 ④

★
10 공기포 소화약제에 해당되지 않는 것은?

① 내알코올포 소화약제
② 합성계면활성제포 소화약제
③ 수성막포 소화약제
④ 화학포 소화약제
해당 없음

해설 문제 9 참조

답 ④

★
11 공기포에 관한 설명 중 옳지 못한 것은 어느 것인가?

① 공기포는 어느 가연성 액체보다 밀도가 작다.
② 공기포는 가연물과 공기와의 접촉차단에 의한 질식소화기능을 가지고 있다.
③ 공기포는 수용성의 인화성 액체를 제외(인화성 액체 및) 한 모든 가연성 액체의 화재에 탁월한 소화효과가 있다.
④ 공기포는 화원으로부터 방사되는 복사열을 차단하기 때문에 불의 확산을 예방하는 데도 유용하다.

해설 ③ **공기포**는 수용성의 인화성 액체 및 모든 가연성 액체의 화재에 탁월한 소화효과가 있다.

답 ③

★
12 화학포 소화약제의 주성분으로서 다음 중 옳은 것은?

① 황산알루미늄과 탄산수소나트륨
② 황산암모늄과 중탄산소다
③ 황산나트륨과 탄산소다
④ 황산알루미늄과 탄산나트륨

해설

외약제(A제)	내약제(B제)
탄산수소나트륨 ($NaHCO_3$)	**황산알루미늄** ($Al_2(SO_4)_3$)

탄산수소나트륨=중탄산나트륨=중탄산소다

기억법 A탄수, B황알

답 ①

★
13 화학포 소화약제에 관한 설명 중 옳지 않은 것은 어느 것인가?

① A제에는 탄산수소나트륨을 사용한다.
② B제에는 황산알루미늄을 사용한다.
③ 포안정제를 사용하여 포를 안정시킨다.
④ 화학반응된 물질은 침투성이 좋은 장점이 있다.

해설 **포소화약제**의 **단점**

공기포	화학포
혼합기구가 복잡하다.	침투성이 좋지 않다.

답 ④

★
14 화학포의 습식 혼합방식에서 물과 분말의 혼합비는 다음 중 어느 것인가?

① 물 1l에 분말 100g
② 물 1l에 분말 120g
③ 물 1l에 분말 140g
④ 물 1l에 분말 160g

해설 ② 물 1l에 대해 A약제와 B약제를 각각 **120g**씩 혼합한다.

답 ②

★
15 단백포 소화약제의 설명 중 틀린 것은?

① 약제의 사용형태는 주로 저발포형 약제로 사용된다.
② 한랭지역 등에서는 유동성이 감소한다.
③ 침전물을 발생시킨다.
④ 다른 포약제에 비해 부식성이 적다.

해설 **단백포 소화약제**
(1) **흑갈색**이다.
(2) **냄새**가 **지독**하다.
(3) 포안정제로서 **제1철염**을 첨가한다.
(4) 다른 포약제에 비해 **부식성**이 **크다**.

참고

단백포의 장단점

장 점	단 점
① **내열성**이 우수하다. ② **유면봉쇄성**이 우수하다.	① 소화시간이 길다. ② 유동성이 좋지 않다. ③ 변질에 의한 저장성이 불량하다. ④ 유류오염의 문제가 있다.

기억법 단부크

답 ④

★
16 **유류화재 진압용으로 가장 뛰어난 소화력을 가진 포는?**

① 단백포
② 수성막포
③ 고팽창포
④ 웨트워터(Wet water)

해설 **수성막포**(AFFF)
유류화재 진압용으로 가장 뛰어나며 일명 Light water라고 부른다. 표면장력이 작기 때문에 가연성 기름의 표면에서 쉽게 피막을 형성한다.

- **표면장력** : 액체표면에서 접선방향으로 끌어당기는 힘

기억법 수유

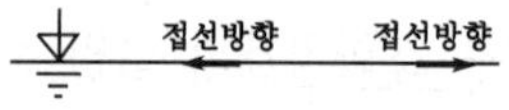

| 표면장력 예시 |

답 ②

★
17 **다음 포소화약제 중 유류화재의 소화시 가장 성능이 우수한 것은?**

① 단백포
② 수성막포
③ 합성계면활성제포
④ 내알코올포

해설 문제 16 참조

② 수성막포 : 유류화재 진압용

답 ②

★
18 **공기포 계면활성제가 첨가된 약제로서 일명 Light water라고 불리우는 약제는?**

① 단백포 소화약제
② 수성막포 소화약제
③ 합성계면활성제포 소화약제
④ 수용성 액체용 포 소화약제

해설 문제 16 참조

답 ②

★
19 **발명된 기름화재용 포원액 중 가장 뛰어난 소화액을 가진 소화액으로서 원액이든 수용액이든 장기보존성이 좋고 무독하여 CO_2 가스 등과 병용이 가능한 소화액은?**

① 불화단백포
② 수성막포
③ 단백포
④ 알코올형포

해설 문제 16 참조

참고

수성막포의 장단점

장 점	단 점
① 석유류 표면에 신속히 **피막**을 **형성**하여 유류증발을 억제한다. ② **안전성**이 좋아 장기보존이 가능하다. ③ **내약품성**이 좋아 타 약제와 겸용사용도 가능하다. ④ **내유염성**이 우수하다.	① 가격이 비싸다. ② 내열성이 좋지 않다. ③ 부식방지용 저장설비가 요구된다.

- **내유염성** : 포가 기름에 의해 오염되기 어려운 성질

답 ②

★
20 **다음은 수성막포(AFFF)의 장점을 설명한 것이다. 옳지 않은 것은?**

① 석유류 표면장력을 현저히 증가시킨다.
　표면에 신속히 피막을 형성한다.
② 석유류 표면에 신속히 피막을 형성하여 유류증발을 억제한다.
③ 안전성이 좋아 장기보관이 가능하다.
④ 내약품성이 좋아 타약제와 겸용사용도 가능하다.

해설 문제 19 참조

답 ①

★

21 산이나 알코올과 같은 수용성의 위험물에 유효한 화학포 소화약제 또는 공기포 원액은?

① 화학포 소화약제의 1약식의 것
② 공기포 원액의 3%형
③ 화학포 소화약제의 2약식의 것
④ 공기포 원액 중 내알코올형

해설 **내알코올형포**(알코올포)
(1) 알코올류 위험물(**메탄올**)의 소화에 사용
(2) 수용성 유류화재(**아세트알데하이드, 에스터류**)에 사용
(3) **가연성 액체**에 사용

메탄올=메틸알코올

기억법 **내알 메아에가**

답 ④

★

22 알코올형 포소화약제의 적응대상에 관한 설명으로 옳지 않은 것은?

① 가연성 액체저장탱크 소화에 적응한다.
② 수용성 알코올류 액체저장탱크 소화에 적응한다.
③ 액화가스의 방호용으로 적합하다.
적합하지 않다.
④ 에스터류 액체저장탱크 방호용으로 적합하다.

해설 **문제 21 참조**

답 ③

★

23 다음의 포소화약제 중 표면하 주입방식(Sub-surface injection method)에 사용할 수 있는 것은?

① 단백포
② 불화단백포
③ 합성계면활성제포
④ 알코올포

해설 **표면하 주입방식**(SSI)
(1) **불**화단백포
(2) **수**성막포

• **표면하 주입방식** : 포를 직접 기름 속으로 주입하여 포가 기름 속을 부상하여 유면 위로 퍼지게 하는 방식

기억법 **표불수**

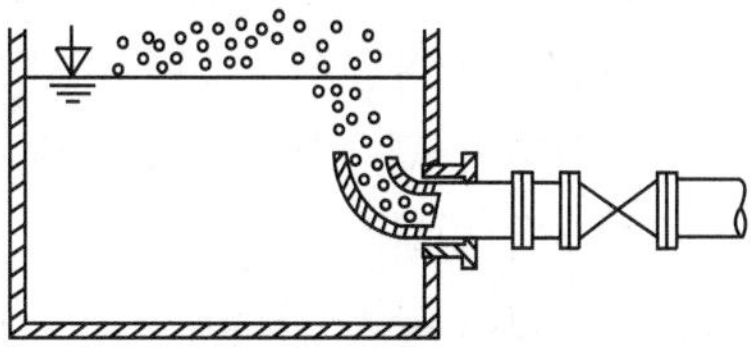

‖ 표면하 주입방식 ‖

답 ②

★★★

24 다음 중 성분상으로 분류할 때 고팽창포 원액(High expansion foam concentrates)은 어느 것인가?

① 단백포
② 불화단백포
③ 내알코올형포
④ 합성계면활성제포

해설

구 분	저발포용	고발포용
혼합비	• 3%형 • 6%형	• 1%형 • 1.5%형 • 2%형
포소화약제	• 단백포 • 수성막포 • 내알코올형포 • 불화단백포 • 합성계면활성제포	• **합**성계면활성제포

기억법 **고합**

답 ④

★

25 합성계면활성제포의 고발포형으로 사용할 수 없는 합성계면활성제포 소화약제는 어느 것인가?

① 1%형 ② 1.5%형
③ 2%형 ④ 2.5%형

해설 **문제 24 참조**

답 ④

★

26 다음의 합성계면활성제포의 단점 중 옳지 않은 것은?

① 적열된 기름탱크 주위에는 효과가 적다.
② 가연물에 양이온이 있을 경우, 발포성능이 저하된다.
③ 타약제와 겸용시 소화효과가 좋지 않을 경우가 있다.
④ 유동성이 좋지 않다.

해설 **합성계면활성제포**의 **장단점**

장 점	단 점
① **유동성**이 **우수**하다. ② **저장성**이 우수하다.	① 적열된 기름탱크 주위에는 효과가 적다. ② 가연물에 양이온이 있을 경우 발포성능이 저하된다. ③ 타약제와 겸용시 소화효과가 좋지 않을 수가 있다.

• **적열** : 열에 의해 빨갛게 달구어진 상태

기억법 합유우

답 ④

★★★

27 소화약제 중 저발포란 다음 중 어느 것을 말하는가?

① 팽창비가 20 이하의 포
② 팽창비가 120 이하의 포
③ 팽창비가 250 이하의 포
④ 팽창비가 500 이하의 포

해설 **팽창비**

저발포	고발포
• **20배** 이하	• 제1종 기계포 : **80~250배** 미만 • 제2종 기계포 : **250~500배** 미만 • 제3종 기계포 : **500~1000배** 미만

• **고발포** : 80~1000배 미만

기억법 저2, 고81

답 ①

★

28 소화약제로 사용되는 합성계면활성제포 소화약제의 성분에 관한 설명이다. 다음의 합성계면활성제포 소화약제의 팽창에 관한 설명 중 가장 적합한 것은?

① 발포기구에 따라 30~800배로 팽창한다.
② 발포기구에 따라 60~900배로 팽창한다.
③ 발포기구에 따라 80~1000배로 팽창한다.
④ 발포기구에 따라 100~1500배로 팽창한다.

해설 문제 27 참조

• 합성계면활성제포 : 고발포용 소화약제(80~1000배 미만)

답 ③

★★★

29 내용적 2000ml의 비커에 포를 가득 채웠더니 중량이 850g이었다. 그런데 비커 용기의 중량은 450g이었다. 이때 비커 속에 들어 있는 포의 팽창비는 얼마나 되겠는가? (단, 포수용액의 밀도는 $1.15g/cm^3$이다.)

① 5배　　② 6배
③ 7배　　④ 8배

해설

$$\text{발포배율} = \frac{\text{내용적(용량)}}{\text{전체 중량} - \text{빈 시료용기의 중량}}$$

$$= \frac{2000ml}{850g - 450g} = 5\text{배}$$

단서조건의 밀도를 적용하면
5배×1.15=5.75≒6배

참고

동일한 식

$$\text{발포배율(팽창비)} = \frac{\text{방출된 포의 체적}(l)}{\text{방출 전 포수용액의 체적}(l)}$$

답 ②

★

30 공기포 소화약제의 혼합방법 중 비례혼합 방식의 경우 그 유량의 허용범위는?

① 100~150%　　② 50~200%
③ 50~100%　　④ 100~200%

해설 공기포 소화약제의 비례혼합방식의 유량허용범위 : 50~ 200%

답 ②

★★★
31 **펌프와 발포기의 중간에 설치된 벤투리관의 벤투리작용에 의하여 포소화약제를 흡입 · 혼합하는 방식은?**

① 펌프 프로포셔너 방식
② 라인 프로포셔너 방식
③ 프레져 프로포셔너 방식
④ 프레져 사이드 프로포셔너 방식

해설 **라인 프로포셔너 방식**(관로혼합방식)
(1) 펌프와 발포기의 중간에 설치된 벤투리관의 **벤투리작용**에 의하여 포소화약제를 흡입 · 혼합하는 방식
(2) 급수관의 배관 도중에 포소화약제 **흡입기**를 설치하여 그 흡입관에서 소화약제를 흡입 · 혼합하는 방식

기억법 **라벤흡**

답 ②

★
32 **펌프와 발포기의 배관 도중에 벤투리관을 설치하여 벤투리작용에 의하여 포소화약제를 혼합하는 방식은?**

① 펌프 프로포셔너(Pump proportioner) 방식
② 프레져 프로포셔너(Pressure proportioner) 방식
③ 라인 프로포셔너(Line proportioner) 방식
④ 프레져 사이드 프로포셔너(Pressure side proportioner) 방식

해설 **문제 31 참조**

답 ③

★
33 **다음은 포소화설비의 혼합방식에 관한 것이다. 소화원액 가압펌프를 별도로 사용하는 방식은?**

① 흡입혼합(Suction proportioner) 방식
② 펌프혼합(Pump proportioner) 방식
③ 압입혼합(Pressure side proportioner) 방식
④ 차압혼합(Pressure proportioner) 방식

해설 **프레져 사이드 프로포셔너 방식**(압입혼합방식)
(1) **소화원액 가압펌프**(압입용 펌프)를 별도로 사용하는 방식
(2) 펌프 토출관에 **압입기**를 설치하여 포소화약제 **압입용 펌프**로 포소화약제를 압입시켜 혼합하는 방식

기억법 **프사가압**

답 ③

★
34 **포소화약제의 혼합방식으로 압입기가 있으며 대규모 유류저장소 및 제조소 등에 쓰이는 방식은 어느 것인가?**

① 펌프 프로포셔너 방식
② 프레져 프로포셔너 방식
③ 라인 프로포셔너 방식
④ 프레져 사이드 프로포셔너 방식

해설 **문제 33 참조**

답 ④

★
35 **공기포 시스템의 혼합장치 중 펌프의 토출관에 압입기를 설치하여 포소화약제 압입용 펌프로 공기포 소화원액을 압입시켜 혼합하는 방식은?**

① Pump proportioner
② Pressure proportioner
③ Line proportioner
④ Pressure side proportioner

해설 **문제 33 참조**

① 펌프 프로포셔너(Pump proportioner)
② 프레져 프로포셔너(Pressure proportioner)
③ 라인 프로포셔너(Line proportioner)
④ 프레져 사이드 프로포셔너(Pressure side proportioner)

답 ④

3. 이산화탄소 소화약제

★
36 이산화탄소의 질식 및 냉각효과에 대한 설명 중 부적합한 것은?

① 이산화탄소의 비중은 산소보다 무거우므로 가연물과 산소의 접촉을 방해한다.
② 액체 이산화탄소가 기화되어 기체상태인 탄산가스로 변화하는 과정에서 많은 열을 흡수한다.
③ 이산화탄소는 불연성의 가스로서 가연물의 연소를 방해 또는 억제한다(산소의 농도를 16% 이하로 제어한다).
④ 이산화탄소는 산소와 반응하며(더 이상 반응하지 않는다.) 이때 가연물의 연소열을 흡수하므로 이산화탄소는 냉각효과를 나타낸다.

답 ④

★★★
37 비점이 -78.5℃인 소화약제는?

① 이산화탄소 ② 할론
③ 질소 ④ 산알칼리

해설 **이산화탄소의 물성**

구 분	물 성
임계압력	72.75atm
임계온도	31℃
3중점	-**56**.3℃(약 -56℃)
승화점(**비**점)	-**78**.5℃
허용농도	0.5%
수분	0.05% 이하(함량 99.5% 이상)

기억법 이356, 비이78

답 ①

★
38 이산화탄소(CO_2)의 3중점은?

① 31℃
② 60℃
③ -56℃
④ 0℃

해설 문제 37 참조

• **3중점** : 고체, 액체, 기체가 공존하는 온도

답 ③

★★★
39 액체에 대한 기체의 용해도에 대한 설명으로 적합한 것은?

① 압력상승에 따라 용해도는 증가한다.
② 압력상승에 따라 용해도는 감소한다.
③ 온도의 증가에 따라 용해도는 증가한다.
④ 용해도는 압력 및 온도와 무관하다.

해설 **기체의 용해도**

(1) 온도가 일정할 때 압력이 증가하면 **용해도**는 **증가**한다.
(2) 온도가 낮고 압력이 높을수록(**저온** · **고압**) 용해되기 쉽다.

• 기체의 용해도는 압력상승에 따라 증가한다.

기억법 기저온고

답 ①

★
40 기체의 용해도의 설명으로 적합한 것은?

① 압력상승에 따라 증가한다.
② 압력상승에 따라 감소한다.
③ 용해도는 온도와 압력에 무관하다.
④ 온도상승에 따라 증가한다.

해설 문제 39 참조

답 ①

★
41 다음 중 이산화탄소의 물에 대한 용해도는?

① 온도가 높고 압력이 낮을수록 용해되기 쉽다.
② 온도가 낮고 압력이 높을수록 용해되기 쉽다.
③ 온도, 압력이 높을수록 용해되기 쉽다.
④ 온도, 압력이 낮을수록 용해되기 쉽다.

해설 문제 39 참조

답 ②

★
42 다음 중 기체가 가장 액화하기 쉬운 것은 어떤 상태일 때인가?

① 고온, 고압의 상태
② 고온, 저압의 상태
③ 저온, 고압의 상태
④ 저온, 저압의 상태

해설 문제 39 참조

답 ③

★★★
43 이산화탄소 소화약제를 소화기용 용기에 충전시 충전비는 얼마 이상으로 하여야 하는가?

① 1.5 ② 1.4
③ 1.3 ④ 1.0

해설 CO_2 충전비

저장용기		기동용기
저압식	1.1~1.4 이하	1.5 이상
고압식	1.5~1.9 이하	

기동용기=소화기용 용기

기억법 C저14, C기15

답 ①

★
44 이산화탄소 소화약제의 저장용기 충전비로서 적합하게 짝지어져 있는 것은?

① 저압식은 1.1 이상, 고압식은 1.5 이상
② 저압식은 1.4 이상, 고압식은 2.0 이상
③ 저압식은 1.9 이상, 고압식은 2.5 이상
④ 저압식은 2.3 이상, 고압식은 3.0 이상

해설 문제 43 참조

답 ①

★
45 탄산가스 소화설비의 약제 저장 및 배관 내 이송상태에 대한 설명 중 옳은 것은? (단, 고압식의 경우이다.)

① 용기 내의 CO_2가 방출을 개시할 때는 대부분이 액체로, 배관이송 과정에서는 기체의 비율이 증가하면서 흐른다.
② 용기 내의 CO_2는 전량 액체로 방출되어 배관내에서 기체와 액체상태로 분리되어 흐른다.
③ 용기 내의 CO_2는 전량 기체로 방출되어 배관 내를 흐른다.
④ 용기 내부에서 방출될 때 상당한 부분이 미세한 드라이아이스가 되어 배관내부로 흐른다.

해설 CO_2 소화약제

(1) 상온에서 용기에 **액체상태**로 저장한 후 방출시에는 **기체화**된다.
(2) 방출시 용기 내의 온도는 급강하하나, 압력은 변하지 않는다.
(3) 용기 내의 CO_2가 방출을 개시할 때는 대부분이 **액체**로, 배관이송 과정에서는 **기체**의 비율이 증가하면서 흐른다.

답 ①

★
46 탄산가스를 용기 내에 저장하는 경우 가스가 일부 방출되고 나면?

① 압력이 떨어진다.
② 압력이 올라간다.
③ 압력은 변하지 않는다.
④ 압력의 변화를 알 수 없다.

해설 문제 45 참조

③ 탄산가스 일부 방출시 용기 내의 압력은 변하지 않는다.

답 ③

★
47 이산화탄소 소화약제의 저장용기 설치방법 중 옳지 않은 것은?

① 저장용기는 반드시 방호구역 내의 장소에 설치한다.
② 온도가 40℃ 이하이고 온도의 변화가 적은 곳에 설치한다.
③ 방화문이 구획된 곳에 설치한다.
④ 용기간의 간격은 점검에 지장이 없도록 3cm 이상의 간격을 유지한다.

해설 **이산화탄소 소화약제 저장용기**의 **설치기준**(NFPC 106 4조, NFTC 106 2.1)

(1) **방호구역 외**의 장소에 설치(단, 방호구역 내에 설치할 경우에는 피난 및 조작이 용이하도록 **피난구 부근**에 설치) 보기 ①

(2) 온도가 **40℃ 이하**이고, 온도변화가 작은 곳에 설치 보기 ②

(3) **직사광선** 및 **빗물**이 침투할 우려가 없는 곳에 설치

(4) **방화문**으로 구획된 실에 설치 보기 ③

(5) 용기의 설치장소에는 해당 용기가 설치된 곳임을 표시하는 표지를 할 것

(6) 용기간의 간격은 점검에 지장이 없도록 **3cm 이상**의 간격 유지 보기 ④

(7) 저장용기와 집합관을 연결하는 연결배관에는 **체크밸브** 설치(단, 저장용기가 하나의 방호구역만을 담당하는 경우 제외)

• 할론소화약제의 저장용기 기준과 같다.

답 ①

4. 할론소화약제

★

48 난연성능이 가장 좋은 것은?

① Na　② Mg

③ Ca　④ 할론가스

해설 **할론가스**는 소화약제로서 난연성능이 우수하다.

• **난연성능** : 불에 잘 타지 않는 성질

답 ④

★★★

49 컴퓨터실의 소화설비로 적합한 설비는?

① 준비작동식 스프링클러설비

② 건식 스프링클러설비

③ 물분무설비

④ Halon 1301 설비

해설 **Halon 1301 설비**

(1) B급(유류화재)

(2) C급(전기화재)

중요

적응화재

화재의 종류	적응 소화기구
A급	• 물 • 산알칼리
AB급	• 포
BC급	• 이산화탄소 • 할론(Halon 1301 등) • 1, 2, 4종 분말
ABC급	• 3종 분말 • 강화액

답 ④

★

50 증발성 액체소화약제의 화학적 공통 특징 사항이 아닌 것은?

① 화학적 부촉매효과에 의한 연소억제작용이 커서 소화능력이 크다.

② 금속에 대한 부식성이 적다.

③ 전기의 불량도체이다.

④ 인체에 대한 독성이 심하다.

해설 **할론소화약제**(증발성 액체소화약제)

(1) **부촉매효과**가 우수하다.

(2) 금속에 대한 **부식성**이 **적다.**

(3) **전기절연성**이 우수하다.

(4) 인체에 대한 **독성**이 심한 것도 있고 적은 것도 있다.

(5) 가연성 액체화재에 대해 **소화속도**가 **빠르다.**

답 ④

★

51 할론소화약제의 특성을 바르게 기술한 것은?

① 가연성 액체화재에 대하여 소화속도가 매우 크다.

② 설비 전체로서의 중량 또는 용적이 매우 크다.

③ 전기절연성이 적다.

④ 일반 금속에 대하여 부식성이 크다.

해설 **문제 50 참조**

답 ①

★★
52 다음 원소 중 할로젠원소가 아닌 것은?

① 염소　② 브로민
③ 네온　④ 아이오딘

해설 **할로젠원소**

(1) 불소 : F
(2) 염소 : Cl
(3) 브로민(취소) : Br
(4) 아이오딘(옥소) : I

기억법 FClBrI

답 ③

★
53 다음의 소화약제 중 증발잠열〔kJ/kg〕이 가장 큰 것은 어느 것인가?

① 질소　② 할론 1301
③ 이산화탄소　④ 아르곤

해설 **증발잠열**

약 제	증발잠열
할론 1301	**119kJ/kg**
아르곤	**156kJ/kg**
질소	**199kJ/kg**
이산화탄소	**574kJ/kg**

• 시중의 다른 책들은 대부분 틀린 답을 제시하고 있다. 주의하라!!

참고

할론소화약제의 물성

구분 \ 종류	할론 1301	할론 2402
임계압력	39.1atm (3.96MPa)	33.9atm (3.44MPa)
임계온도	67℃	214.5℃
임계밀도	$750kg/m^3$	$790kg/m^3$
증발잠열	119kJ/kg	105kJ/kg
분자량	148.95	259.9

답 ③

★★
54 다음 소화약제 중 상온 · 상압하에서 액체인 것은 어느 것인가?

① 탄산가스　② Halon 1301
③ Halon 2402　④ Halon 1211

해설 **상온**에서의 **상태**

기체상태	액체상태
① 할론 1301 ② 할론 1211 ③ **탄**산가스(CO_2)	① 할론 1011 ② 할론 104 ③ 할론 2402

기억법 132탄기

답 ③

★★★
55 할론소화약제를 구성하는 할로젠족 원소의 화재에 대한 소화효과를 큰 것부터 나열한 것 중 옳은 것은?

① F > Cl > Br > I
② F > Br > Cl > I
③ I > Br > Cl > F
④ Cl > Br > I > F

해설 **할론소화약제**

부촉매효과 (**소화능력**) 크기	전기음성도 (**친화력**) 크기
I > Br > Cl > F	F > Cl > Br > I

• 아이오딘(옥소) : I　• 브로민(취소) : Br
• 염소 : Cl　• 불소 : F

기억법 부소IBCF

참고

전기음성도
원자가 화학결합을 할 때 전자를 끌어당기는 능력

답 ③

★
56 소화능력이 가장 큰 할로젠원소는 어느 것인가?

① F　② Cl
③ Br　④ I

해설 문제 55 참조

답 ④

★
57 연쇄반응의 억제작용이 제일 약한 할론원소는?

① 취소(Br)　② 염소(Cl)
③ 불소(F)　④ 옥소(I)

해설 문제 55 참조

연쇄반응의 억제작용=부촉매효과

답 ③

☆

58 할로젠원소들 중 화학적 반응력(친화력)이 큰 순서 옳은 것은?

① F > Cl > Br > I

② F > Br > Cl > I

③ I > Br > Cl > F

④ I > Cl > Br > F

해설 문제 55 참조

답 ①

☆

59 다음 기호 중 Halon 1211을 화학기호로 옳게 표시한 것은?

① $CBrF_3$ ② $CBrClF_2$

③ $CBrF_2 \cdot CBrF_2$ ④ CBr

해설

종 류	약 칭	분자식
Halon 1011	CB	CH_2ClBr
Halon 104	CTC	CCl_4
Halon 1211	BCF	CF_2ClBr ($CBrClF_2$)
Halon 1301	BTM	CF_3Br
Halon 2402	FB	$C_2F_4Br_2$

중요

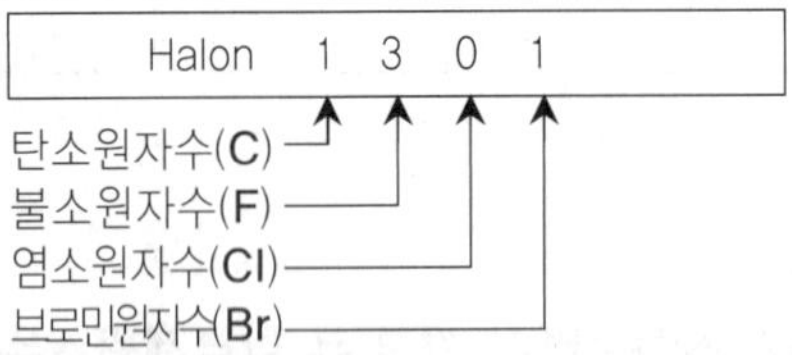

• 수소원자의 수=(첫 번째 숫자×2)+2－나머지 숫자의 합

답 ②

☆

60 다음 증발성 액체소화약제 중 할론 2402의 분자식은?

① CH_2ClBr ② CBr_2F_2

③ $CBrF_3$ ④ $C_2Br_2F_4$

해설 문제 59 참조

답 ④

☆

61 액체상태의 할론 1211 소화약제에 대하여 부식성이 가장 큰 금속은?

① 구리

② 청동

③ 니켈

④ 알루미늄

해설 **액체할론 1211**의 부식성이 큰 순서
알루미늄 > 청동 > 니켈 > 구리

답 ④

☆

62 할론 1211의 성질에 관한 다음의 설명 중 옳지 못한 것은?

① 약간 달콤한 냄새가 있다.

② 전기의 전도성이 없다.

③ 공기보다 무겁다.

④ 증기압이 크지 않아서 소화기용으로는 사용하지 않는다.

해설 **할론 1211**의 **성질**

(1) 약간 달콤한 냄새가 있다.
(2) 전기의 전도성이 없다.
(3) 공기보다 무겁다.
(4) 증기압이 크지 않아서 **휴대용 소화기**로 사용한다.

답 ④

☆☆

63 다음 할론소화약제 중 독성이 가장 약한 것은?

① 할론 1211

② 할론 1301

③ 할론 1011

④ 할론 2402

해설 **할론 1301**의 **성질**

(1) 소화성능이 가장 좋다.
(2) 독성이 가장 약하다.
(3) 오존층 파괴지수가 가장 높다.
(4) 비중은 약 **5.1배**이다.
(5) 무색, 무취의 **비전도성**이며 상온에서 **기체**이다.

기억법 13독약

답 ②

★

64 기체상태의 할론 1301은 공기보다 몇 배 무거운가? (단, 할론 1301의 분자량은 149이고, 공기는 79%의 질소, 21%의 산소로만 구성되어 있다고 한다.)

① 약 5.05배 ② 약 5.10배
③ 약 5.17배 ④ 약 5.25배

해설 할론 1301의 비중은 원칙적으로 약 5.1배인데, 조건에 의해 계산하면

$$\text{증기비중} = \frac{\text{기체의 분자량}}{\text{공기의 평균분자량}}$$

$$= \frac{149}{28.84} \fallingdotseq 5.17\text{배}$$

공기 : $O_2(32) \times 0.21 = 6.72$
질소 : $N_2(28) \times 0.79 = 22.12$
} 28.84

답 ③

★

65 다음은 질소가스가 함께 충전되어 있는 할론 1301 저장용기 속의 열역학적 상태에 관한 설명이다. 옳지 못한 것은?

① 용기 속의 총 압력은 할론 1301의 분압과 질소분압의 합과 거의 같다.
② 충전된 질소의 일부가 할론 1301에 용해됨으로써 액체할론 1301의 용액은 약간 증가한다.
③ 약제 방출시는 할론 1301 속에 용해된 질소가스의 급격한 증발로 인하여 액체의 온도가 강하한다.
④ 약제가 전량 용기 밖으로 빠져 나올 순간까지는 질소와 약제의 증발로 인해 내부의 증기압은 변하지 않는다.

해설
② 충전된 질소의 일부가 할론 1301에 용해되어도 액체할론 1301의 용액은 증가하지 않는다.

답 ②

5. 분말소화약제

★

66 분말소화설비에서 분말약제의 가압용 가스로서 적당한 것은?

① 질소 ② 산소
③ 아르곤 ④ 프레온

해설 **충전가스(압력원)**

질소(N_2)	• **분**말소화설비(축압식) • **할**론소화설비
이산화탄소(CO_2)	• 기타설비

기억법 질충분할(**질**소가 **충분할** 것)

답 ①

★★★

67 차고 · 주차장에 설치하여야 하는 분말소화약제로 적당한 것은?

① 제1종 ② 제2종
③ 제3종 ④ 제4종

해설 **분말소화약제**

제**1**종 분말	제3종 분말
식용유 및 **지**방질유의 화재에 적합	차고 · 주차장에 적합

기억법 1분식지

답 ③

★★★

68 제3종 분말소화약제의 색상은?

① 백색 ② 담자색
③ 담홍색 ④ 회색

해설 **분말소화약제**

종 별	주성분	착 색
제1종	중탄산나트륨 ($NaHCO_3$)	**백**색
제2종	중탄산칼륨 ($KHCO_3$)	**담자**색(담회색)
제3종	제1인산암모늄 ($NH_4H_2PO_4$)	담**홍**색
제4종	중탄산칼륨＋요소 ($KHCO_3 + (NH_2)_2CO$)	**회**(백)색

제1인산암모늄=인산암모늄

기억법 백담자 홍회

답 ③

★
69 다음 소화약제 중 담홍색으로 착색하여 사용하도록 되어 있는 약제는 어느 것인가?

① 탄산나트륨
② 인산암모늄
③ 중탄산나트륨
④ 중탄산칼륨

해설 문제 68 참조

답 ②

★★★
70 분말소화약제 중 어느 종류의 화재에도 적응성이 가장 뛰어난 소화약제는?

① 제1종 분말약제
② 제2종 분말약제
③ 제3종 분말약제
④ 제4종 분말약제

해설

종 별	적응화재
제1종($NaHCO_3$)	BC급
제2종($KHCO_3$)	BC급
제3종($NH_4H_2PO_4$)	ABC급
제4종($KHCO_3+(NH_2)_2CO$)	BC급

답 ③

★
71 다음 분말소화약제 중 어느 종류의 화재에도 적응성이 있는 약제는 어느 것인가?

① $NaHCO_3$ ② $KHCO_3$
③ $NH_4H_2PO_4$ ④ Na_2CO_3

해설 문제 70 참조

• 제3종 분말의 주성분 : **제1인산암모늄**($NH_4H_2PO_4$)은 ABC급 어느 종류의 화재에도 적응성이 있다.

답 ③

★★
72 주성분이 인산염류인 제3종 분말소화약제는 일반화재에 적합하다. 그 이유로서 적합한 것은?

① 열분해생성물인 CO_2가 열을 흡수하므로 냉각에 의하여 소화된다.
② 열분해생성물인 수증기가 산소를 차단하여 탈수작용을 한다.
③ 열분해생성물인 메타인산(HPO_3)이 산소의 방진역할을 하므로 소화를 한다.
④ 열분해생성물인 암모니아가 부촉매작용을 하므로 소화가 된다.

해설 제3종 분말의 **소화작용**
(1) 열분해에 의한 **냉각작용**
(2) 발생한 불연성 가스에 의한 **질식작용**
(3) **메**타인산(HPO_3)에 의한 **방진작용** : A급 화재에 적응 보기 ③
(4) 유리된 NH_4^+의 **부촉매작용**
(5) 분말운무에 의한 열방사의 **차단효과**

• **방진작용** : 가연물의 표면에 부착되어 차단효과를 나타내는 것

기억법 3분메

답 ③

★
73 인산암모늄을 기제로 한 분말소화약제의 소화작용과 직접 관련되지 않는 것은?

① 유리된 NH_4^+의 부촉매작용
② 열분해에 의한 냉각작용
③ 발생된 불연성 가스에 의한 질식작용
④ 수산기에 작용하여 연소의 계속에 필요한 연쇄반응차단효과

해설 문제 72 참조

• **기제** : 분말소화약제에 넣는 성분

답 ④

★

74 **인산 제1암모늄계 분말약제가 A급 화재에도 좋은 소화효과를 보여 주는 이유는 무엇인가?**

① 인산암모늄계 분말약제가 열에 의해 분해되면서 생성되는 물질이 특수한 냉각효과를 보여 주기 때문이다.

② 인산암모늄계 분말약제가 열에 의해 분해되면서 생성되는 다량의 불연성 가스가 질식효과를 보여 주기 때문이다.

③ 인산분말암모늄계가 열에 의해 분해되면서 생성되는 불연성의 용융물질이 가연물의 표면에 부착되어 차단효과를 보여 주기 때문이다.

④ 인산 제1암모늄계 분말약제가 열에 의해 분해되어 생성되는 물질이 강력한 연쇄반응 차단효과를 보여 주기 때문이다.

해설 문제 72 참조

답 ③

★

75 **다음은 제2종 분말약제의 소화약제상 성상을 나타낸 것이다. 틀린 것은?**

① 비중 : 2.14

② 함유수분 : 1% 이하

③ 소화효능 : 전기화재, 기름화재

④ 조성 : $KHCO_3$ 97%, 방습가공제 3%

해설 **제2종 분말소화약제**의 성상

구 분	설 명
비중	**2.14**
함유수분	**0.2%** 이하
소화효능	**전기화재, 기름화재**
조성	• $KHCO_3$ **97%** • 방습가공제 **3%**

답 ②

★★★

76 **분말소화약제로서 소화효과가 가장 큰 것은?**

① 입자크기 10~15미크론

② 입자크기 15~20미크론

③ 입자크기 20~25미크론

④ 입자크기 25~40미크론

해설 **미세도**(입도=입자크기)

(1) **20~25μm**의 입자로 미세도의 분포가 골고루 되어 있어야 한다.

(2) 입도가 너무 미세하거나 너무 커도 소화성능이 저하된다.

• **μm** : **'미크론'** 또는 **'마이크로 미터'**라고 읽는다.

답 ③

★

77 **최적의 소화효과를 낼 수 있는 분말소화약제의 입도는 몇 미크론인가?**

① 5~10 ② 10~20

③ 20~25 ④ 30~40

해설 **문제 76 참조**

• **입도** : 입자크기

답 ③

★

78 **분말소화약제의 분말입도와 소화성능에 대하여 옳은 것은?**

① 미세할수록 소화성능이 우수하다.

② 입도가 클수록 소화성능이 우수하다.

③ 입도와 소화성능과는 관련이 없다.

④ 입도가 너무 미세하거나 너무 커도 소화성능이 저하된다.

해설 **문제 76 참조**

답 ④

★

79 **분말소화약제에서 미세도와 소화성능과의 관계를 옳게 설명한 것은?**

① 분말의 미세도가 작아야 한다.

② 분말의 미세도가 커야 한다.

③ 25~35mesh가 가장 좋다.

④ 미세도의 분포가 골고루 되어 있어야 한다.

해설 **문제 76 참조**

• **mesh** : 가로 · 세로 1인치(25.4mm) 안에 얽혀져 있는 구멍의 수

답 ④

1. 직류회로

출제확률 5% (1문제)

Key Point

※ 전자의 질량
9.109×10^{-31}kg

※ 양자의 질량
1.672×10^{-27}kg

※ 전자 · 양자의 전기량
1.602×10^{-19}C

1 전자와 양자

양자는 양전기(+), 전자는 음전기(−)를 가지고 있으며, **같은 종류**의 전기는 **반발**하고 **다른 종류**의 전기는 **흡인**한다.

구 분	설 명
전자의 질량	$m_e = 9.109 \times 10^{-31}$kg
양자의 질량	$m_p = 1.672 \times 10^{-27}$kg(전자의 1840배)
중성자의 질량	$m_p = 1.672 \times 10^{-27}$kg
전자와 양자의 전기량	$e = 1.602 \times 10^{-19}$C

$$1\text{eV} = 1.602 \times 10^{-19}\text{J}$$ 문01 보기②

문제 01 1eV는 몇 J인가?

① 1J ② 1.602×10^{-19}J
③ 9.1095×10^{-31}J ④ 1.602×10^{19}J

해설
- **1eV** : 전자에 1V의 전위차를 가했을 때, 전자에 주어지는 에너지의 단위

답 ②

2 전기회로의 전압과 전류

※ 전류
① 전자의 이동
② 단위시간당 전기의 양

※ 전류
$I = \frac{Q}{t}$[A]
여기서, I : 전류[A]
Q : 전기량[C]
t : 시간[s]

1 전류와 전압

(1) 전류

① 전류의 방향

전자의 **이동**과 **반대방향**으로 (+)에서 (−)로 흐른다고 간주한다.

② 전류

$$I = \frac{Q}{t} \text{[A]}$$ 문02 보기④

여기서, I : 전류[A], Q : 전기량[C], t : 시간[s]

따라서, 1초 동안에 1C의 전기량이 이동하였다면 전류의 세기는 1A가 된다.

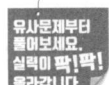

★★
문제 02 단면적이 5cm²인 도체구가 있다. 이 단면을 3s 동안에 30C의 전하가 이동하면 전류는 몇 A가 되는가?
18회 문 76

유사문제부터 풀어보세요. 실력이 팍!팍! 올라갑니다.

① 20 ② 2
③ 90 ④ 10

해설 전류 $I=\dfrac{Q}{t}=\dfrac{30}{3}=10\text{A}$

• **단면적**은 적용하지 않는 것에 주의할 것

답 ④

(2) 전압

$$V=\frac{W}{Q}\,[\text{V}], \quad W=QV\,[\text{J}]$$

여기서, V : 전압[V]
W : 일[J]
Q : 전기량[C]

중요 **기전력과 전압**

$E=IR+Ir$
$E=V+Ir$
$E-Ir=V$
$V=E-Ir$

여기서, E : 기전력[V]
V : 전압[V]
r : 전지의 내부저항[Ω]
R : 저항[Ω]

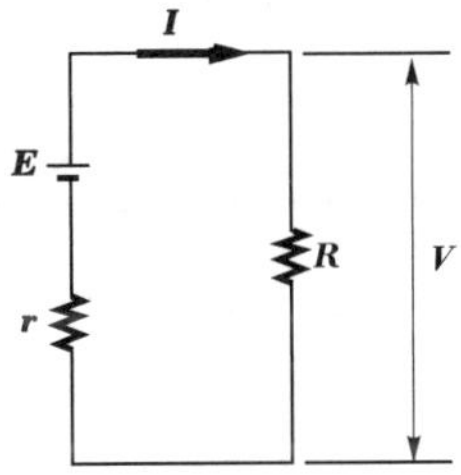

| 기전력과 전압 |

2 옴의 법칙

(1) 옴의 법칙

전류는 전압에 비례하고 저항에 반비례한다. 문03 보기③

$$I=\frac{V}{R}\,[\text{A}], \quad I=G\cdot V\,[\text{A}]$$

여기서, I : 전류[A], V : 전압[V], R : 저항[Ω], G : 컨덕턴스[℧]

$V=I\cdot R\,[\text{V}]$, $V=\dfrac{I}{G}\,[\text{V}]$

$R=\dfrac{V}{I}\,[\Omega]$, $G=\dfrac{1}{R}=\dfrac{I}{V}\,[℧,\ \text{S},\ \Omega^{-1}]$

• **컨덕턴스(Conductance)** : 저항의 역수로 전류의 흐르는 정도를 나타내며 기호는 G, 단위는 ℧(모우 ; Mho), S(지멘스 ; Siemens), Ω^{-1}로 나타낸다.

Key Point

※ 전압과 기전력
1. 전압
전기적인 압력
2. 기전력
① 전압을 연속적으로 만들어 주는 힘
② 1C의 전기량이 이동할 때 1J의 일을 하는 두 점간의 전위차

※ 기전력

$E=\dfrac{W}{Q}\,[\text{V}]$

여기서, E : 기전력[V]
W : 일[J]
Q : 전기량[C]

※ 옴의 법칙

$I=\dfrac{V}{R}\,[\text{A}]$

여기서, I : 전류[A]
V : 전압[V]
R : 저항[Ω]

※ 컨덕턴스

$G=\dfrac{1}{R}\,[℧,\ \text{S},\ \Omega^{-1}]$

여기서,
G : 콘덕턴스[℧]
R : 저항[Ω]

Key Point

★

문제 03 옴의 법칙에서 전류는?

[17회 문 44]

① 저항에 비례하고 전압에 반비례한다.

② 저항에 비례하고 전압에도 비례한다.

③ 저항에 반비례하고 전압에 비례한다.

④ 저항에 반비례하고 전압에도 반비례한다.

해설 $I=\frac{V}{R}$ [A]에서 전류는 저항에 반비례하고 전압에 비례한다.

- 분모에 있으면 반비례, 분자에 있으면 비례한다고 생각하면 된다.
- $I=\frac{V(\text{비례})}{R(\text{반비례})}$

답 ③

※ 전압강하
저항에 전류가 흐를 때 저항 양단에 생기는 전위차

(2) 전압강하

$$V_2 = V_1 - IR \text{ [V]}$$

여기서, E : 기전력[V]
r : 전지의 내부저항[Ω]
R : 저항[Ω]
R_L : 부하[Ω]

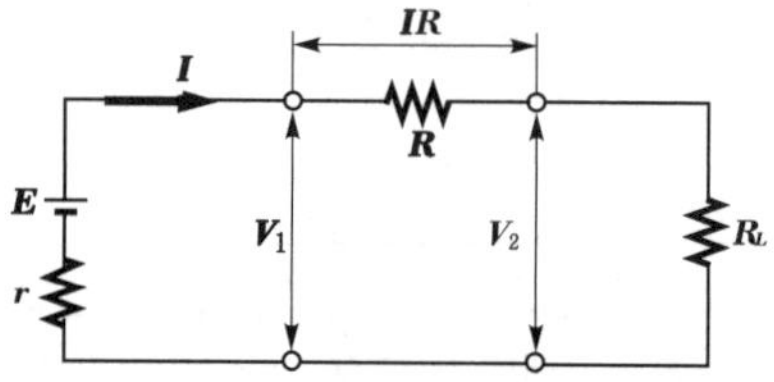

| 전압강하 |

중요

$$V=\frac{R}{r+R}E$$

$$R=\frac{V}{E-V}r$$

여기서, V : 전압[V]
R : 저항[Ω]
r : 내부저항[Ω]
E : 기전력[V]

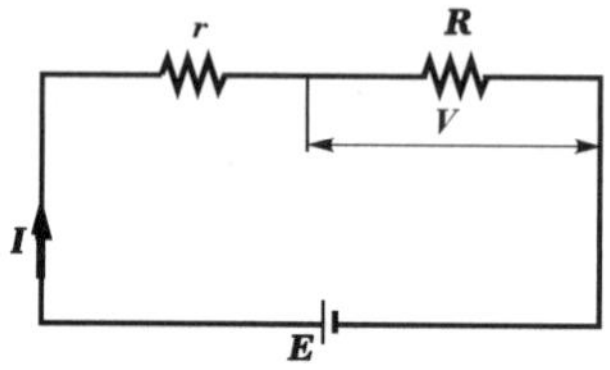

| 단자전압 |

3 저항의 접속

※ 저항 n개의 직렬 접속

$$R_0=nR$$

여기서,
R_0 : 합성저항[Ω]
n : 저항의 개수
R : 1개의 저항[Ω]

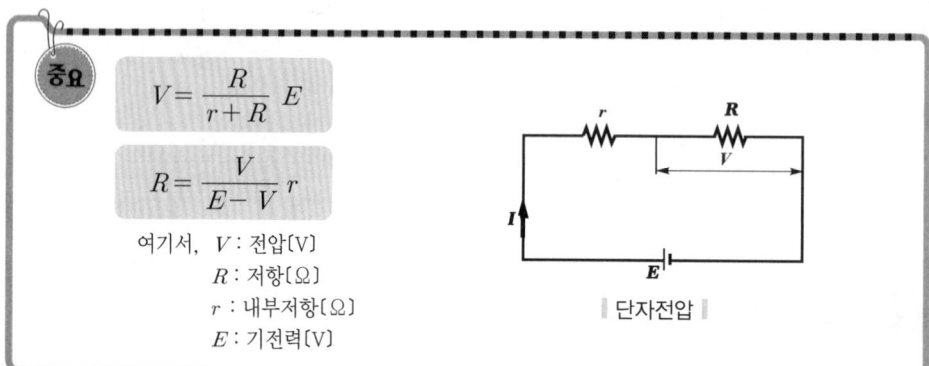

(1) 직렬접속(Series connection)

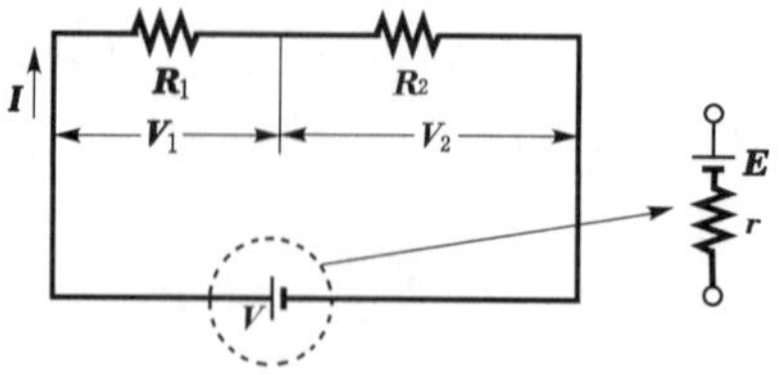

| 직렬접속 |

① 합성저항

$$R_0 = R_1 + R_2 [\Omega]$$

여기서, R_0 : 합성저항[Ω], $R_1 \cdot R_2$: 각각의 저항[Ω]

② R[Ω]인 저항 n개를 직렬로 접속한 합성저항

$$R_0 = nR$$

여기서, R_0 : 합성저항[Ω], n : 저항의 개수, R : 1개의 저항[Ω]

③ 각 저항에 걸리는 전압

$$V_1 = \frac{R_1}{R_1 + R_2} V [\mathrm{V}]$$

$$V_2 = \frac{R_2}{R_1 + R_2} V [\mathrm{V}]$$

여기서, V_1 : R_1에 걸리는 전압[V]
V_2 : R_2에 걸리는 전압[V]
V : 전체 전압[V]
$R_1 \cdot R_2$: 각각의 저항[Ω]

비교

컨덕턴스의 직렬접속

$$E_1 = \frac{G_2}{G_1 + G_2} E$$

$$E_2 = \frac{G_1}{G_1 + G_2} E$$

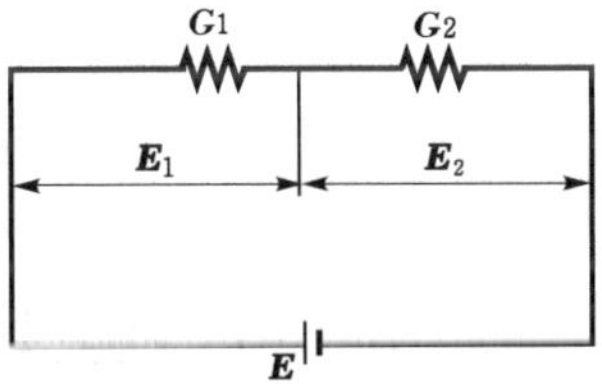

(2) 병렬접속

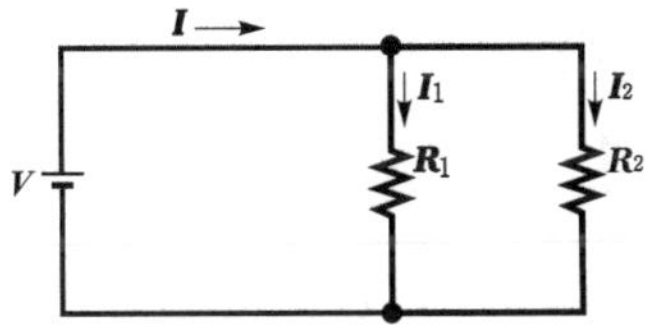

| 병렬접속 |

① 합성저항

$$R_0 = \frac{V}{I} = \frac{V}{V\left(\frac{1}{R_1} + \frac{1}{R_2}\right)} = \frac{1}{\frac{1}{R_1} + \frac{1}{R_2}} [\Omega]$$

Key Point

＊ **직렬접속**

$$V_1 = \frac{R_1}{R_1 + R_2} V [\mathrm{V}]$$

$$V_2 = \frac{R_2}{R_1 + R_2} V [\mathrm{V}]$$

＊ **저항 n개의 병렬 접속**

$$R_0 = \frac{R}{n}$$

여기서,
R_0 : 합성저항[Ω]
n : 저항의 개수
R : 1개의 저항[Ω]

Key Point

※ 병렬접속

$I_1 = \dfrac{R_2}{R_1 + R_2} I$ [A]

$I_2 = \dfrac{R_1}{R_1 + R_2} I$ [A]

※ 휘트스톤브리지
0.5~10^5Ω의 중저항 측정

※ 메거
10^6Ω 이상의 고저항 측정

※ 휘트스톤브리지 식
$PR = QX$

※ 등가회로
서로 다른 회로라도 전기적으로는 같은 작용을 하는 회로

※ 검류계
미약한 전류를 측정하기 위한 계기

※ 전위차계
0.1Ω 이하의 저저항 측정

② R[Ω]인 저항 n개를 병렬로 접속한 합성저항

$$R_0 = \frac{R}{n}$$

여기서, R_0 : 합성저항[Ω], n : 저항의 개수, R : 1개의 저항[Ω]

③ 각 저항에 흐르는 전류

$V = \dfrac{R_1 R_2}{R_1 + R_2} I$ [V]에서

$$I_1 = \frac{V}{R_1} = \frac{R_2}{R_1 + R_2} I \text{ [A]}, \quad I_2 = \frac{V}{R_2} = \frac{R_1}{R_1 + R_2} I \text{ [A]}$$

여기서, I_1 : R_1에 흐르는 전류[A]
I_2 : R_2에 흐르는 전류[A]
I : 전체 전류[A]
$R_1 \cdot R_2$: 각각의 저항[Ω]

4 휘트스톤브리지(Wheatstone bridge)

검류계 G의 지시치가 0이면 브리지가 평형되었다고 하며 c, d점 사이의 전위차가 0이다.

$$I_1 P = I_2 Q, \; I_1 X = I_2 R$$

∴ $PR = QX$ (마주보는 변의 곱은 서로 같다.)

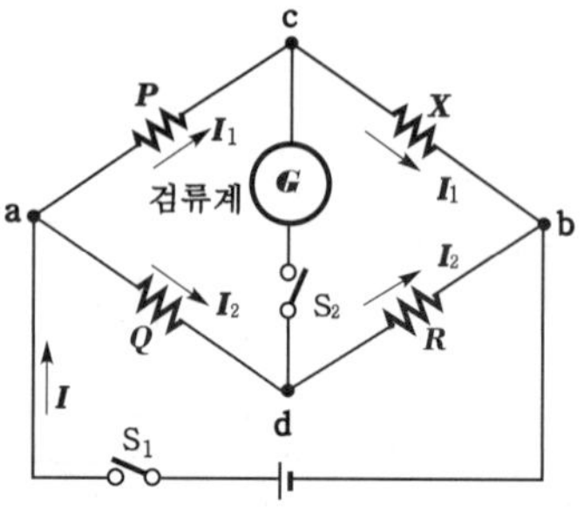

‖ 휘트스톤브리지 ‖

중요

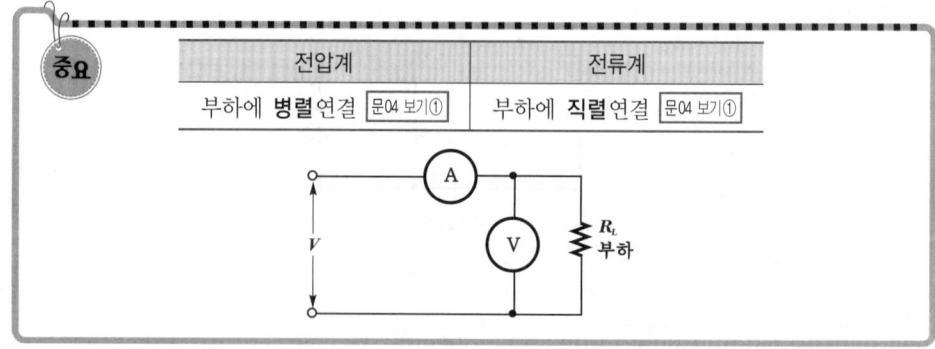

전압계	전류계
부하에 **병렬**연결 문04 보기①	부하에 **직렬**연결 문04 보기①

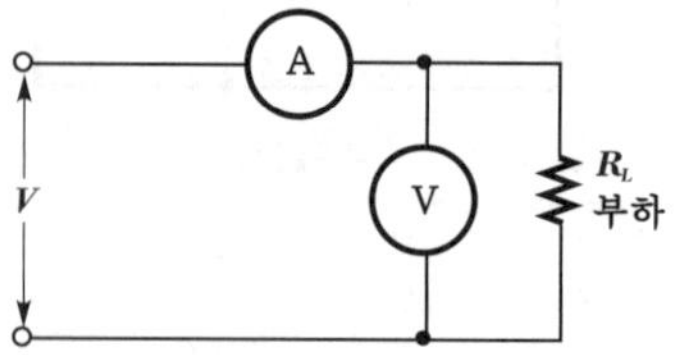

Key Point

★★
문제 04 부하의 전압과 전류를 측정할 때 전압계와 전류계를 연결하는 방법이 옳게 된 것은 어느 것인가?

① 전압계는 병렬연결, 전류계는 직렬연결한다.
② 전압계는 직렬연결, 전류계는 병렬연결한다.
③ 전압계와 전류계는 모두 직렬연결한다.
④ 전압계와 전류계는 모두 병렬연결한다.

해설 ① **전압계**는 **병렬**연결, **전류계**는 **직렬**연결한다.

답 ①

5 키르히호프의 법칙(Kirchhoff's law)

* 키르히호프의 법칙
① 제1법칙(전류법칙)
div $I=0$ 또는
$\Sigma I=0$
② 제2법칙(전압법칙)
$\Sigma E=\Sigma IR$

(1) **제 1 법칙**(전류평형의 법칙 = 전류법칙) 문05 보기③

① **"회로망 중의 한 점에서 흘러 들어오는 전류의 대수합과 나가는 전류의 대수합은 같다."**는 법칙

② **"회로망의 임의의 접속점에 유입되는 여러 전류의 총합은 0이다."**라는 법칙

$$I_1+I_2+I_3+I_4+\cdots+I_n=0 \text{ 또는 } \Sigma I=0$$

$I_1+I_2=I_3$
이 식을 변형하면
$I_1+I_2-I_3=0$

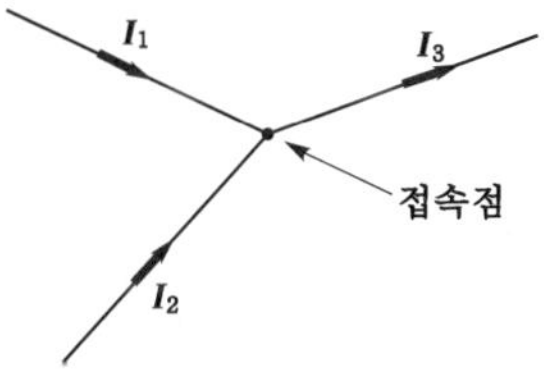

키르히호프의 제1법칙

★★★
문제 05 그림에서 i_5 전류의 크기[A]는?

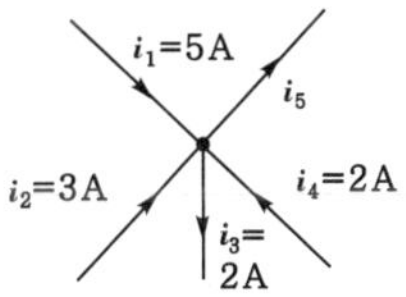

① 3 ② 5 ③ 8 ④ 12

해설
$i_1+i_2+i_4=i_3+i_5$
$i_1+i_2-i_3+i_4-i_5=0$
$i_1+i_2-i_3+i_4=i_5$
$i_5=i_1+i_2-i_3+i_4=5+3-2+2=8\text{A}$

답 ③

Key Point

※ 회로망
복잡한 전기회로에서 회로가 구성하는 일정한 망

※ 폐회로
회로망 중에서 닫혀진 회로

※ 전력
1초 동안에 전기가 하는 일의 양

※ 전력량
일정한 시간 동안 전기가 하는 일의 양

※ 전류의 3대 작용
① 발열작용(열작용)
② 자기작용
③ 화학작용

(2) 제 2 법칙(전압평형의 법칙=전압법칙)

"회로망 중의 임의의 폐회로의 기전력의 대수합과 전압강하의 대수합은 같다."는 법칙

$$E_1 + E_2 + E_3 + \cdots + E_n = IR_1 + IR_2 + IR_3 + \cdots + IR_n$$

또는

$$\Sigma E = \Sigma IR$$

$E_1 - E_2 = I_1 R_1 - I_2 R_2$

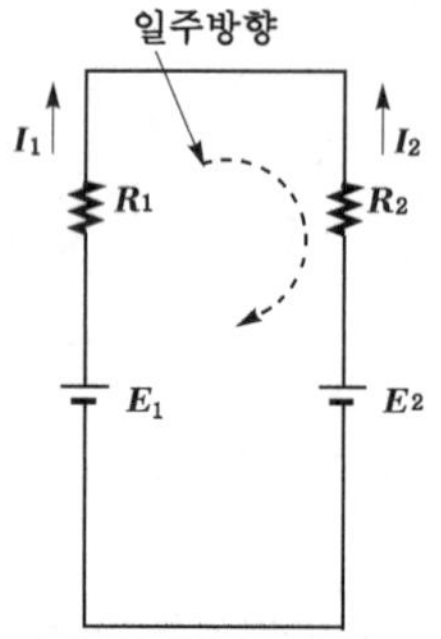

▌키르히호프의 제2법칙▐

> **중요**
> **키르히호프의 전압법칙 이용**
> ① **집중정수회로**에 적용
> ② 회로소자의 **선형 · 비선형**에 관계없이 적용
> ③ 회로소자의 **시변 · 시불변성**에 **적용**을 **받지 않음**

3 전력과 열량

1 전력과 전력량

(1) 전력

옴의 법칙에서

$V = IR, \ I = \dfrac{V}{R}$ 이므로

전력 P 는

$$P = VI = I^2 R = \frac{V^2}{R} \text{ [W]}$$ 문06 보기③

여기서, P : 전력[W], V : 전압[V],
I : 전류[A], R : 저항[Ω]

Key Point

문제 06 부하저항 $R\Omega$에 5A의 전류가 흐를 때 소비전력이 500W이었다. 부하저항 R은 몇 Ω인가?

19회 문 45 / 16회 문 47 / 08회 문 35 / 04회 문 29 / 02회 문 44

① 5　　② 10
③ 20　　④ 100

해설 $P=I^2R$에서

저항 $R=\dfrac{P}{I^2}=\dfrac{500}{5^2}=20\,\Omega$

답 ③

(2) 전력량

옴의 법칙 $V=IR$에서

$$W=VIt=I^2Rt=Pt\,[\mathrm{J}]$$

여기서, W : 전력량[J], P : 전력[W], V : 전압[V],
I : 전류[A], t : 시간[s], R : 저항[Ω]

2 전류의 발열작용(열작용) - 줄의 법칙

① 열량

$H=I^2Rt\,[\mathrm{J}]$

$H=0.24\,I^2Rt\,[\mathrm{cal}]$ (1J=0.24cal)가 된다.

이것을 줄의 법칙(Joule's law)이라 한다.

② 전열기의 용량

$$860P\eta t=M(T_2-T_1)$$

여기서, P : 용량[kW], η : 효율, t : 소요시간[h], M: 질량 [l],
T_2 : 상승후 온도[℃], T_1 : 상승전 온도[℃]

• 열회로의 **열량**은 전기회로의 **전기량**에 해당된다.

참고

열량

$$H=0.24Pt=m(T_2-T_1)$$ 문07 보기③

여기서, H : 열량[cal]
m : 질량[g]
P : 전력[W]
T_2 : 상승후 온도[℃]
t : 시간[s]
T_1 : 상승전 온도[℃]

*** 전류의 발열작용**
전열기에 전류를 흘리면 열이 발생하는 현상

*** 줄의 법칙**

$H=0.24I^2Rt\,[\mathrm{cal}]$

여기서, H : 발열량[cal]
I : 전류[A]
R : 저항[Ω]
t : 시간[s]

*** 마력과 와트의 관계**
1HP=746W

Key Point

☆☆☆

문제 07 500W 전열기를 5분간 사용하면 20℃의 물 1kg을 몇 ℃로 올릴 수 있는가?

18회 문 38
15회 문 41
13회 문 41
10회 문 42
08회 문 36
04회 문 38

① 36 ② 46 ③ 56 ④ 66

해설 $H=0.24Pt=m(T_2-T_1)$에서

$0.24Pt=m(T_2-T_1)$

$\frac{0.24Pt}{m}=T_2-T_1$

$\frac{0.24Pt}{m}+T_1=T_2$

$\therefore\ T_2=\frac{0.24Pt}{m}+T_1=\frac{0.24\times500\times5\times60}{1\times10^3}+20=56℃$

답 ③

중요 단위

- 1 W=1J/s
- 1J=1N · m
- 1J=0.24cal=10^7erg
- 1BTU=0.252kcal=252cal
- 1N=10^5dyne
- 1kg=9.8N
- 1kWh=3.6×10^6J=860kcal

4 전기저항

1 고유저항

* **고유저항**
전류의 흐름을 방해하는 물질의 고유한 성질

* **고유저항의 MKS 단위**
Ω · m 문08 보기①

(1) 고유저항

$$R=\rho\frac{l}{A}=\rho\frac{l}{\pi r^2}\,[\Omega]$$

여기서, R : 저항[Ω], ρ : 고유저항[Ω · m],
A : 도체의 단면적[m^2], l : 도체의 길이[m],
r : 도체의 반지름[m]

단위는 Ω · m, Ω · cm, Ω · mm^2/m로 나타낸다.
($1\Omega\cdot m=10^2\Omega\cdot cm=10^6\Omega\cdot mm^2/m$)

위 식에서 고유저항 ρ는

$$\rho=\frac{R[\Omega]\cdot A[m^2]}{l[m]}=\frac{RA}{l}[\Omega\cdot m]$$

☆☆

문제 08 MKS 단위계로 고유저항의 단위는?

18회 문 35
17회 문 43
16회 문 45
08회 문 36

① Ω · m ② Ω · mm^2/m ③ μΩ · cm ④ Ω · cm

해설 **고유저항의 단위** : Ω · m, Ω · cm, Ω · mm^2/m
여기서는 MKS 단위계이므로 Ω · m가 해당된다.

답 ①

Key Point

※ 도전율
고유저항의 역수. 단위는 ℧/m, 기호는 σ로 나타낸다.

※ 컨덕턴스
저항의 역수. 단위는 ℧, 기호는 G로 나타낸다.

※ 허용전류
전선에 안전하게 흐를 수 있는 최대전류

※ 저항의 온도계수
온도변화에 의한 저항의 변화를 비율로 나타낸 것

(2) 도전율

$$\sigma = \frac{1}{\rho} = \frac{1}{\frac{RA}{l}} = \frac{l}{RA}\left[\frac{℧}{\mathrm{m}}\right]$$

단위는 $\frac{℧}{\mathrm{m}} = \frac{1}{\Omega \cdot \mathrm{m}} = \frac{\Omega^{-1}}{\mathrm{m}}$로 나타낸다.

- **도전율** : 전해액의 농도에 비례하고 고유저항에 반비례한다.

2 저항의 온도계수

① 도체의 저항

$$R_2 = R_1[1+\alpha_{t_1}(t_2-t_1)][\Omega]$$ 문09 보기④

여기서, R_1 : t_1[℃]에 있어서의 도체의 저항[Ω]
R_2 : t_2[℃]에 있어서의 도체의 저항[Ω]
t_1 : 상승 전의 온도[℃]
t_2 : 상승 후의 온도[℃]
α_{t_1} : t_1[℃]에서의 저항온도계수

★★★
문제 09 (02회 문 45) **20℃에서 저항온도계수 α_{20}= 0.004인 저항선의 저항이 100Ω이다. 이 저항선의 온도가 80℃로 상승될 때 저항은 몇 Ω이 되겠는가?**

① 24 ② 48 ③ 72 ④ 124

해설 $R_2 = R_1[1+\alpha_{t_1}(t_2-t_1)] = 100[1+0.004(80-20)] = 124\,\Omega$

답 ④

② t_1[℃]에 있어서의 저항 온도계수

$$\alpha_{t_1} = \frac{1}{234.5+t_1}\,[1/℃]$$

여기서, α_{t_1} : t_1[℃]에서의 저항온도계수
t_1 : 상승 전의 온도[℃]

비교

온도가 올라가면 저항이 감소하는 물질

구 분	설 명
반도체(Semiconductor)	**규소, 게르마늄, 탄소, 아산화동** 등
전해질(Electrolyte)	물에 용해하여 전류를 잘 흐를 수 있게 할 수 있는 물질. 소금, 황산(H_2SO_4)

※ 온도상승시 저항감소 물질
① 규소
② 게르마늄
③ 탄소
④ 아산화동

- 금속체의 전기저항 : **온도상승**에 따라 **증가**한다.

Key Point

3 여러 가지 저항

구 분	설 명
여러 가지 물질의 고유저항	① **도체**(Conductor) : $10^{-4}\Omega \cdot m$ 이하. 구리(Cu), 은(Ag), 백금(Pt), 수은(Hg) ② **반도체**(Semiconductor) : $10^{-4} \sim 10^{6}\Omega \cdot m$. 게르마늄(Ge), 규소(Si), 탄소(C), 아산화동 ③ **절연체**(Insulator) : $10^{4}\Omega \cdot m$ 이상. 고무, 유리, 페놀수지
전해질 (Electrolyte)	소금, 황산(H_2SO_4) 등과 같이 물에 용해되어 전류를 잘 흐르게 할 수 있는 물질을 **전해질**이라 하고, 이 전해질의 용액을 **전해액**이라 한다.

5 여러 가지 효과

1 열전효과(Thermoelectric effect)

*** 열전효과**
① 제에벡효과
② 펠티에효과
③ 톰슨효과

*** 열기전력에 관한 법칙**
① 제에벡효과
② 중간온도의 법칙
③ 중간금속의 법칙

효 과	설 명
제에벡효과(Seebeck effect) = 제벡효과	① 다른 종류의 금속선으로 된 폐회로의 두 접합점의 **온도**를 달리하였을 때 전기(**열기전력**)가 발생하는 효과 ② 이종 금속을 접합하여 **폐회로**를 만든 후 두 접합점의 온도를 다르게 하여 **열전류**를 얻는 열전현상 문10 보기②
펠티에효과(Peltier effect)	두 종류의 금속으로 된 회로에 **전류**를 통하면 각 접속점에서 열의 흡수 또는 발생이 일어나는 현상
톰슨효과(Thomson effect)	① 균질의 철사에 **온도구배**가 있을 때 여기에 전류가 흐르면 열의 흡수 또는 발생이 일어나는 현상 ② 동종 금속도선의 두 점 간에 온도차를 주고 고온쪽에서 저온쪽으로 **전류**를 흘리면, 줄열 이외에 도선 속에서 **열**이 발생하거나 흡수가 일어나는 현상

★

문제 10 **이종 금속을 접합하여 폐회로를 만든 후 두 접합점의 온도를 다르게 하여 열전류를 얻는 열전현상으로 옳은 것은?**

① 펠티에효과(Peltier effect)
② 제벡효과(Seebeck effect)
③ 톰슨효과(Thomson effect)
④ 핀치효과(Pinch effect)

해설
② 제백효과 : 이종 금속을 접합하여 폐회로를 만든 후 두 접합점의 온도를 다르게 하여 열전류를 얻는 열전현상

답 ②

중요 **열전효과를 이용한 것**
① 열전대전류계
② 열전온도계
③ 열전발전

2 여러 가지 효과

효 과	설 명
홀효과(Hall effect)	전류가 흐르고 있는 도체에 **자계**를 가하면 도체 측면에는 정부의 전하가 나타나 두 면간에 전위차가 발생하는 현상
핀치효과(Pinch effect)	전류가 **도선 중심**으로 흐르려고 하는 현상
압전기효과(Piezoelectric effect)	**수정, 전기석, 로셸염** 등의 결정에 전압을 가하면 일그러짐이 생기고, 반대로 압력을 가하여 일그러지게 하면 전압을 발생하는 현상

6 전류의 화학작용과 전지

1 패러데이의 법칙(Faraday's law)

① 전기분해에 의해서 석출되는 물질의 양은 전해액을 통과한 총 전기량에 비례한다.
② 전기량이 일정할 때 석출되는 물질의 양은 **화학당량**(Chemical equivalent)에 비례한다.

2 전지

(1) 전지의 종류

1차 전지	2차 전지
한 번 방전하면 재차 사용할 수 없는 전지(건전지)	방전방향과 반대방향으로 충전하여 몇 번이고 계속 사용할 수 있는 전지(납 · 알칼리축전지)

(2) 망가니즈(르클랑셰)건전지

① **양극** : 탄소(C)
② **음극** : 아연(Zn)
③ **전해액** : 염화암모늄 용액(NH_4Cl+H_2O)
④ **감극제** : 이산화망가니즈(MnO_2)

중요 수은도금과 전기도금

수은도금	전기도금
전지의 **국부작용**을 **방지**하는 방법	황산용액에 **양극**으로 **구리막대**, **음극**으로 **은막대**를 두고 전기를 통하면 은막대가 구리색이 나는 것

Key Point

＊ 홀효과
반드시 외부에서 자계를 가할 때만 일어나는 효과

＊ 화학당량
어떤 원소의 원자량을 원자가로 나눈 값
$\left(\text{화학당량}=\frac{\text{원자량}}{\text{원자가}}\right)$

＊ 전지
화학변화에 의해서 생기는 에너지, 열, 빛 등의 물리적인 에너지를 전기에너지로 변환하는 장치

＊ 분극(성극)작용
① 전지에 부하를 걸면 양극 표면에 수소가스가 생겨 전류의 흐름을 방해하는 현상
② 일정한 전압을 가진 전지에 부하를 걸면 단자전압이 저하되는 현상

＊ 감극제
분극작용을 막기 위해 쓰이는 물질

＊ 국부작용
① 전지의 전극에 사용하고 있는 아연판이 불순물에 의한 전지작용으로 인해 자기방전하는 현상
② 전지를 쓰지 않고 오래두면 못쓰게 되는 현상

Key Point

(3) 연(납)축전지

2차 전지의 대표적인 것이 연축전지(Lead storage battery)이다.

① **양극** : 이산화납(PbO_2)

② **음극** : 납(Pb)

③ **전해액** : 묽은 황산($2H_2SO_4=H_2SO_4+H_2O$) 문11 보기②

④ **비중** : 1.2~1.3

⑤ **화학반응식**

$$\underset{(+)}{PbO_2} + \underset{(전해액)}{2H_2SO_4} + \underset{(-)}{Pb} \underset{충전}{\overset{방전}{\rightleftarrows}} \underset{(+)}{PbSO_4} + \underset{(물)}{2H_2O} + \underset{(-)}{PbSO_4}$$

★ **문제 11** 납축전지의 전해액으로 옳은 것은?

① $Cd(OH)_2$　② H_2SO_4

③ $PbSO_4$　④ MnO_2

해설 ② $2H_2SO_4 = H_2SO_4+H_2O$

답 ②

중요 연축전지

(1) 충방전시의 물질

구 분	충전시	방전시
양극물질	**과산화연**(PbO_2)	**황산연**($PbSO_4$)
음극물질	**연**(Pb)	

(2) 충방전시의 색

구 분	충전시	방전시
양극판	적갈색	회백색
음극판	회백색	

※ 전리
전리에 녹아 양이온과 음이온으로 분리되는 현상. 황산구리($CuSO_4$)

※ 전지의 내부저항
작을수록 좋다.

(4) 표준전지

표준전지로서 현재에 사용되고 있는 것은 **클라크전지, 웨스턴전지** 등이 있다. 문12 보기②

① **양극** : 수은(Hg)

② **음극** : Cd아말감

③ **전해액** : 황산카드뮴($CdSO_4$)

④ **기전력** : 20℃에서 1.0183V

⑤ **내부저항** : 500Ω 이내

※ 표준전지
① 클라크전지
② 웨스턴전지

※ 공칭용량

연축전지	알칼리 축전지
10Ah	5Ah

★ **문제 12** 표준전지로서 현재에 사용되고 있는 것은?
06회 문 47

① 다니엘전지　② 클라크전지　③ 카드뮴전지　④ 태양열전지

해설 ② **표준전지** : 클라크전지, 웨스턴전지

답 ②

(5) 전지의 접속

① 직렬접속

기전력이 각각 E_1, E_2, E_3〔V〕이고 내부저항이 r_1, r_2, r_3〔Ω〕인 전지를 직렬로 연결하고 외부저항 R〔Ω〕의 저항을 접속할 때 흐르는 전류 I는 키르히호프 제2법칙에 의해

$$E_1+E_2+E_3 = Ir_1+Ir_2+Ir_3+IR = I(r_1+r_2+r_3+R)$$

$$\therefore\ I = \frac{E_1+E_2+E_3}{r_1+r_2+r_3+R}\text{〔A〕}$$

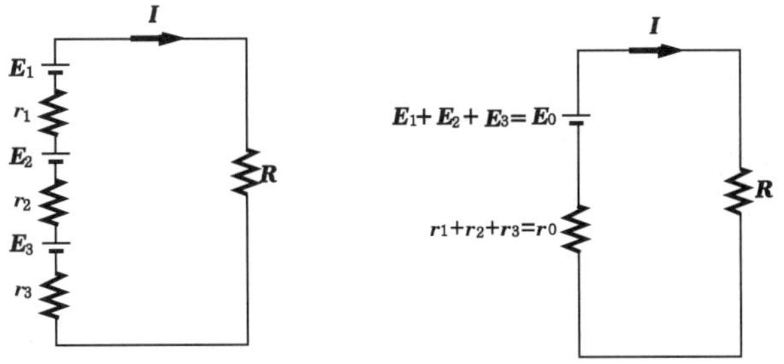

전지의 직렬접속과 등가회로

그러므로 같은 전지 n개를 직렬로 접속하면 $E_0=nE$, $r_0=nr$이므로

$$nE = I(nr+R)$$

$$\therefore\ I = \frac{nE}{nr+R}\text{〔A〕}$$

② 병렬접속

같은 전지 m개를 병렬로 접속하면 $E_0=E$, $r_0=\frac{r}{m}$이므로

$$E = I\left(\frac{r}{m}+R\right)$$

$$\therefore\ I = \frac{E}{\frac{r}{m}+R}\text{〔A〕}$$

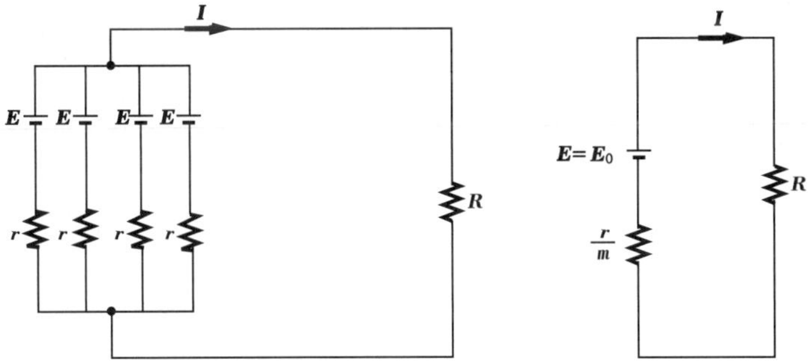

전지의 병렬접속과 등가회로

Key Point

✽ 전지의 접속

① 직렬접속

$$I=\frac{nE}{nr+R}\text{〔A〕}$$

② 병렬접속

$$I=\frac{E}{\frac{r}{m}+R}\text{〔A〕}$$

③ 직 · 병렬접속

$$I=\frac{nE}{\frac{n}{m}r+R}\text{〔A〕}$$

여기서,
I : 전류〔A〕
n : 직렬연결개수
m : 병렬연결개수
r : 내부저항〔Ω〕
R : 외부저항〔Ω〕

Key Point

③ 직 · 병렬접속

같은 전지 n개를 직렬로 접속한 것을 m줄 만들어 이 m줄을 병렬로 접속하면

$E_0 = nE, \quad r_0 = \frac{n}{m} r$이므로

$$nE = I\left(\frac{n}{m} r + R\right)$$

$$\therefore\ I = \frac{nE}{\frac{n}{m} r + R}$$

※ 단위의 배수
① 메가(M) : 10^6
② 킬로(k) : 10^3
③ 센티(c) : 10^{-2}
④ 밀리(m) : 10^{-3}
⑤ 마이크로(μ) : 10^{-6}
⑥ 피코(p) : 10^{-12}

‖ 단위의 배수 ‖

명 칭	기 호	크 기	명 칭	기 호	크 기
테라	T	10^{12}	데시	d	10^{-1}
기가	G	10^{9}	센티	c	10^{-2}
메가	M	10^{6}	밀리	m	10^{-3}
킬로	k	10^{3}	마이크로	μ	10^{-6}
헥토	h	10^{2}	나노	n	10^{-9}
데카	D	10^{1}	피코	p	10^{-12}

출제예상문제

(직류회로)

출제확률 

(1문제)

★

01 전자의 전기량〔C〕은?

① 약 9.109×10^{-31}

② 약 1.672×10^{-27}

③ 약 1.602×10^{-19}

④ 약 6.24×10^{18}

해설

구 분	설 명
• **전자**와 **양자**의 **전기량**	$e=1.602\times10^{-19}$C
• **전자**의 **질량**	$m_e=9.109\times10^{-31}$kg
• **양자**의 **질량** • **중성자**의 **질량**	$m_p=1.672\times10^{-27}$kg (전자의 1840배)

답 ③

★

02 $\underset{I}{\text{10A}}$의 전류가 $\underset{t}{\text{5분간}}$ 도선에 흘렀을 때 도선 단면을 지나는 $\underset{Q}{\text{전기량}}$은 몇 C인가?

① 3000C

② 50C

③ 2C

④ 0.033C

해설 (1) **기호**

- I : 10A
- t : 5분=5×60=300초(1분=60초이므로)
- Q : ?

(2) **전류**

$$I=\frac{Q}{t}\text{〔A〕}$$

여기서, I : 전류〔A〕
Q : 전기량〔C〕
t : 시간〔s〕

전기량 Q는

$Q=It=10\times(5\times60)=3000$C

1분=60s

답 ①

★

03 기전력 1V의 정의는?

① 1C의 전기량이 이동할 때 1J의 일을 하는 두 점간의 전위차

② 1A의 전류가 이동할 때 1J의 일을 하는 두 점간의 전위차

③ 2C의 전기량이 이동할 때 1J의 일을 하는 두 점간의 전위차

④ 2A의 전류가 이동할 때 1J의 일을 하는 두 점간의 전위차

해설

$$V=\frac{W}{Q}\text{〔A〕}$$

여기서, V : 전압〔V〕
W : 일〔J〕
Q : 전기량〔C〕

또는

$$E=\frac{W}{Q}\text{〔V〕}$$

여기서, E : 기전력〔V〕
W : 일〔J〕
Q : 전기량〔C〕

$E=\dfrac{W\text{〔J〕}}{Q\text{〔C〕}}$〔V〕 에서

- **1V** : 1C의 전기량이 이동할 때 1J의 일을 하는 두 점간의 전위차

답 ①

★

04 금속도체의 전기저항은 일반적으로 어떤 관계가 있는가?

① 온도의 상승에 따라 증가한다.

② 온도의 상승에 따라 감소한다.

③ 온도에 관계없이 일정하다.

④ 저온에서는 온도의 상승에 따라 증가하고, 고온에서는 온도의 상승에 따라 감소한다.

해설 **금속도체**의 전기저항은 **온도상승**에 따라 **증가**한다.

비교

온도상승시 저항감소물질

구 분	종 류
반도체	• 규소, 게르마늄 • 탄소, 아산화동 등
전해질	• 소금 · 황산(H_2SO_4)

답 ①

★

05 2Ω의 저항 10개를 직렬로 연결했을 때는 병렬로 했을 때의 몇 배인가?

(2Ω: R, 10개: n)

① 10 ② 50

③ 100 ④ 200

해설 (1) **기호**

- R : 2Ω
- n : 10개

(2) 저항 n개의 **직렬접속**

$$R_0 = nR$$

여기서, R_0 : 합성저항[Ω]
n : 저항의 개수
R : 1개의 저항[Ω]

직렬연결 $R_0 = nR$
$= 10 \times 2 = 20\,\Omega$

(3) 저항 n개의 **병렬접속**

$$R_0 = \frac{R}{n}$$

여기서, R_0 : 합성저항[Ω]
n : 저항의 개수
R : 1개의 저항[Ω]

병렬연결 $R_0 = \frac{R}{n}$
$= \frac{2}{10} = 0.2\,\Omega$

(4) $\frac{직렬연결}{병렬연결} = \frac{20}{0.2} = 100$배

- 문제의 지문 중에서 **먼저 나온 말을 분자**, **나중**에 **나온 말**을 **분모**로 하여 계산하면 된다. 쉬운가?

답 ③

★

06 일정전압의 직류전원에 저항을 접속하여 전류를 흘릴 때 저항값을 10% 감소시키면 흐르는 전류는 본래 저항에 흐르는 전류에 비해 어떤 관계를 가지는가?

① 10% 감소 ② 10% 증가

③ 11% 감소 ④ 11% 증가

해설 (1) **저항값**을 **10% 감소**시키므로
$R_2 = (1-0.1)\ R_1 = 0.9R_1$이 되어

$$I = \frac{V}{R}\text{[A]}$$

여기서, I : 전류[A]
V : 전압[V]
R : 저항[Ω]

(2) $I_2 = \frac{V}{0.9R_1} = \frac{1}{0.9}I_1 = 1.11I_1 = (1+0.11)I_1$

∴ **11%** 증가한다.

답 ④

★

07 일정전압의 직류전원에 저항을 접속하고 전류를 흘릴 때 이 전류값을 20% 증가시키기 위해서는 저항값을 몇 배로 하여야 하는가?

① 1.25배 ② 1.20배

③ 0.83배 ④ 0.80배

해설 (1) **전류값**을 **20% 증가**시키므로
$I_2 = (1+0.2)I_1 = 1.2I_1$이 되어

$$R_1 = \frac{V}{I_1}\text{[Ω]}$$

여기서, R_1 : 저항[Ω]
V : 전압[V]
I_1 : 전류[A]

(2) $R_2 = \frac{V}{1.2I_1}$
$= \frac{R_1}{1.2}$
$\fallingdotseq 0.83R_1$

∴ 저항값을 **0.83배**로 하면 전류값은 **20% 증가**한다.

답 ③

★
08 지멘스(Siemens)는 무엇의 단위인가?

① 자기저항　　② 리액턴스
③ 컨덕턴스　　④ 도전율

해설 **컨덕턴스**의 **단위**
(1) ℧(모우 ; Mho)
(2) S(지멘스 ; Siemens)
(3) Ω^{-1}

답 ③

★★
09 그림과 같은 회로에서 R의 값은?

① $\dfrac{E}{E-V}\cdot r$

② $\dfrac{V}{E-V}\cdot r$

③ $\dfrac{E-V}{E}\cdot r$

④ $\dfrac{E-V}{V}\cdot r$

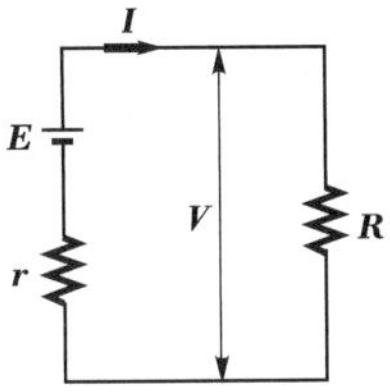

해설 문제의 **그림**을 보기 쉽게 **변형**하면

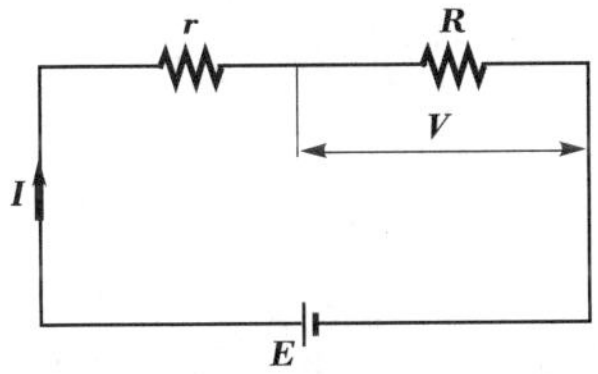

$$V=\frac{R}{r+R}E$$

여기서, V : 전압〔V〕, R : 저항〔Ω〕,
r : 내부저항〔Ω〕, E : 기전력〔V〕

$V=\dfrac{R}{r+R}E$에서

$$\frac{V(r+R)}{R}=E$$

$$\frac{V}{E}(r+R)=R$$

$$\frac{V}{E}r+\frac{V}{E}R=R$$

$$\frac{V}{E}r=R-\frac{V}{E}R$$

$$\frac{V}{E}r=\frac{E}{E}R-\frac{V}{E}R$$

$$\frac{V}{E}r=R\left(\frac{E-V}{E}\right)$$

$$\frac{\cancel{E}}{E-V}\cdot\frac{V}{\cancel{E}}r=R$$

$$\therefore\ R=\frac{V}{E-V}\cdot r〔\Omega〕$$

답 ②

★
10 그림과 같은 회로에서 G_2 양단의 전압 강하 E_2는?

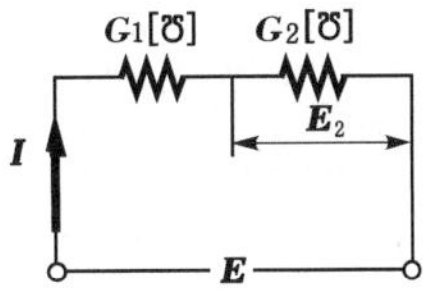

① $\dfrac{G_2}{G_1+G_2}\cdot E$

② $\dfrac{G_1}{G_1+G_2}\cdot E$

③ $\dfrac{G_1G_2}{G_1+G_2}\cdot E$

④ $\dfrac{G_1+G_2}{G_1G_2}\cdot E$

해설

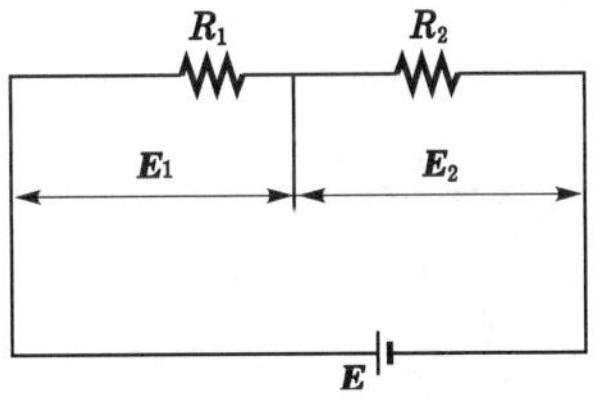

$$E_1=\frac{R_1}{R_1+R_2}E〔V〕$$

$$E_2=\frac{R_2}{R_1+R_2}E〔V〕에서$$

G_1, G_2는 **저항**의 **역수**인 **컨덕턴스**이므로

$$E_1=\frac{G_2}{G_1+G_2}E〔V〕,\quad E_2=\frac{G_1}{G_1+G_2}E〔V〕$$

답 ②

★
11 그림에서 a, b단자에 200V(V)를 가할 때 저항 2Ω(R_1)에 흐르는 전류 I_1[A]는?

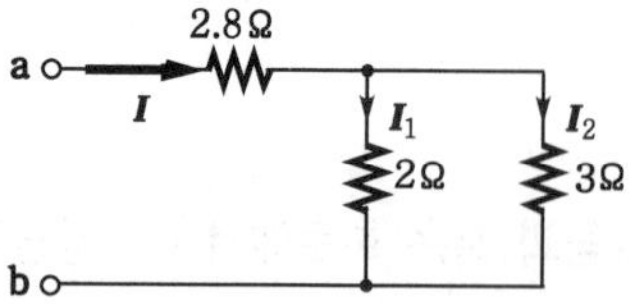

① 40 ② 30
③ 20 ④ 10

해설 (1) 기호
- V : 200V
- R_1 : 2Ω
- I_1 : ?
- R_2 : 3Ω
- R_s : 2.8Ω

(2)
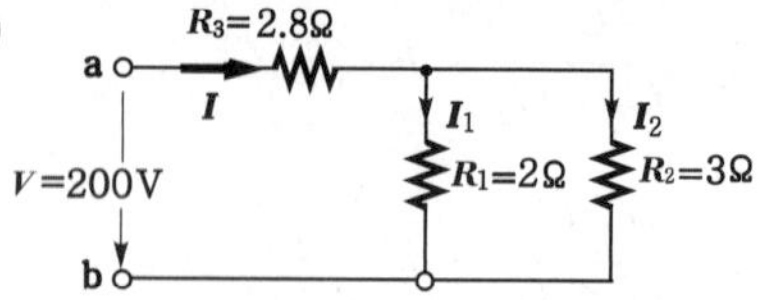

$$R = R_3 + \frac{R_1 \times R_2}{R_1 + R_2} = 2.8 + \frac{2 \times 3}{2+3} = 4\,\Omega$$

$$I = \frac{V}{R}$$

여기서, I : 전류[A]
V : 전압[V]
R : 저항[Ω]

전류 I는

$$I = \frac{V}{R} = \frac{200}{4} = 50\text{A}$$

$$I_1 = \frac{R_2}{R_1 + R_2} I = \frac{3}{2+3} \times 50 = 30\text{A}$$

$$I_2 = \frac{R_1}{R_1 + R_2} I = \frac{2}{2+3} \times 50 = 20\text{A}$$

답 ②

★
12 2A(I)의 전류가 흐를 때 단자전압이 1.4V(V), 또 3A(I)의 전류가 흐를 때 단자전압이 1.1V(V)라고 한다. 이 전지의 기전력(E)[V] 및 내부저항(r)[Ω]은?

① 2, 0.3 ② 3, 0.8
③ 4, 1.3 ④ 6, 2.8

해설 (1) 기호
- I : 2A, 3A
- V : 1.4V, 1.1V
- E : ?
- r : ?

(2) 단자전압

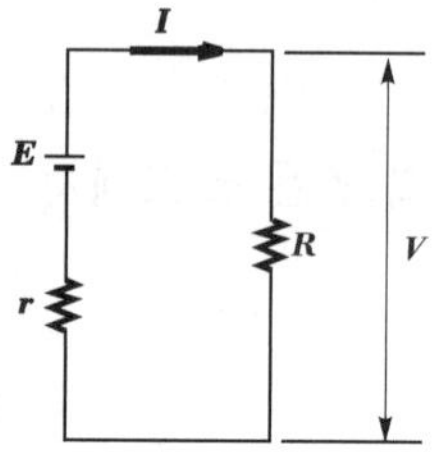

$$E = IR + I_r$$

$$E = V + Ir$$
$$E - Ir = V$$

$$V = E - Ir$$

여기서, V : 단자전압[V]
E : 기전력[V]
I : 전류[A]
r : 내부저항[Ω]
R : 외부저항[Ω]

$V = E - Ir$
$1.4 = E - 2r$ ……………… ㉠
$-$ $1.1 = E - 3r$ ……………… ㉡
$0.3 = r$
∴ $r = 0.3\,\Omega$

r의 값을 식 ㉠에 적용하면
$1.4 = E - 2r$
$1.4 = E - 2 \times 0.3$
∴ $E = 2$V

답 ①

★
13 어떤 전지의 외부회로저항은 5Ω(R)이고 전류는 8A(I)가 흐른다. 외부회로에 5Ω 대신 15Ω(R)의 저항을 접속하면 전류는 4A(I)로 떨어진다. 이때 전지의 기전력(E)은 몇 V인가?

① 80 ② 50
③ 15 ④ 20

해설 문제 12 참조

(1) 기호

- R : 5Ω, 15Ω
- I : 8A, 4A
- E : ?

(2) $E = IR + Ir = I(R+r)$에서

$E = 8(5+r) = 40+8r$ ……………… ㉠

$E = 4(15+r) = 60+4r$ ……………… ㉡

$$\begin{array}{rl} & E = 40+8r \\ - & E = 60+4r \\ \hline & 0 = -20+4r \end{array}$$

$20 = 4r$

$4r = 20$

$r = \frac{20}{4} = 5$

$\therefore\ r = 5\,\Omega$

r의 값을 식 ㉠에 적용하면

$E = 8(5+r)$

$= 8(5+5) = 80\text{V}$

답 ①

★

14 두 개의 저항 R_1, R_2를 직렬연결하면 10Ω, 병렬연결하면 2.4Ω이 된다. 두 저항 값은 각각 몇 〔Ω〕인가?

① 2와 8 ② 3과 7

③ 4와 6 ④ 5와 5

해설 (1) 직렬연결

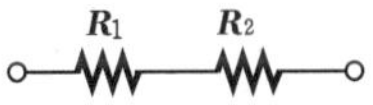

$R_1 + R_2 = 10\,\Omega$ ……………… ㉠

(2) 병렬연결

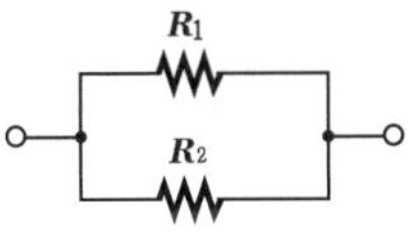

$\frac{R_1 R_2}{R_1 + R_2} = 2.4\,\Omega$ ……………… ㉡

식 ㉡에서

$R_1 R_2 = 2.4(R_1 + R_2) = 2.4 \times 10 = 24\,\Omega$

$R_2 = \frac{24}{R_1}$ ……………… ㉢

식 ㉢을 식 ㉠에 적용하면

$R_1 + R_2 = 10$

$R_1 + \frac{24}{R_1} = 10$

$R_1^{\ 2} + \frac{24R_1}{R_1} = 10R_1$

$R_1^{\ 2} - 10R_1 + \frac{24R_1}{R_1} = 0$

$R_1^{\ 2} - 10R_1 + 24 = 0$

〈인수분해 공식〉

$(x+a)(x+b) = x^2 + (a+b)x + ab$

$R_1^2 - (4+6)R_1 + (4\times 6)$

또는

$R_1^2 - (6+4)R_1 + (6\times 4)$

$\therefore\ R_1 = 4\,\Omega$ 또는 $6\,\Omega$

$R_1 = 4$일 경우

$R_1 + R_2 = 10$

$4 + R_2 = 10$

$R_2 = 10 - 4 = 6$

$R_1 = 6$일 경우

$R_1 + R_2 = 10$

$6 + R_2 = 10$

$R_2 = 10 - 6 = 4$

$\therefore\ R_2 = 6\,\Omega$ 또는 $4\,\Omega$

오랜만에 인수분해를 푸는 소감이 어떤가?

답 ③

★★

15 그림과 같은 회로에서 a, b 양단간의 합성 저항값〔Ω〕은?

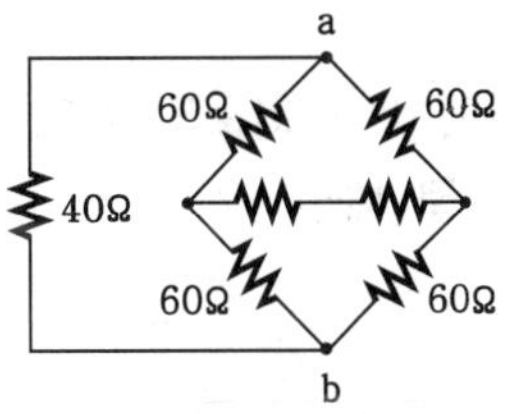

① 10 ② 24

③ 30 ④ 40

해설 **휘트스톤브리지**이므로 다음과 같이 변형할 수 있다.

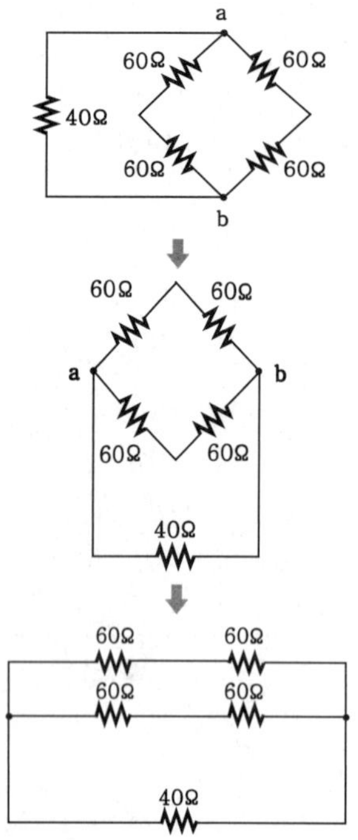

평형회로이므로

$60+60=120\,\Omega$

$60+60=120\,\Omega$

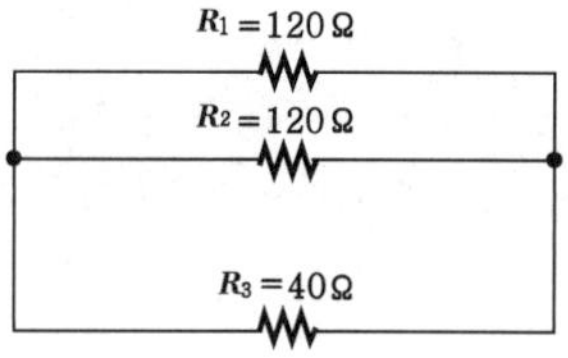

$$\therefore\ R_{ab}=\frac{1}{\dfrac{1}{R_1}+\dfrac{1}{R_2}+\dfrac{1}{R_3}}=\frac{1}{\dfrac{1}{120}+\dfrac{1}{120}+\dfrac{1}{40}}$$

$$=24\,\Omega$$

답 ②

★

16 그림에서 ab회로의 저항은 cd회로의 저항의 몇 배인가?

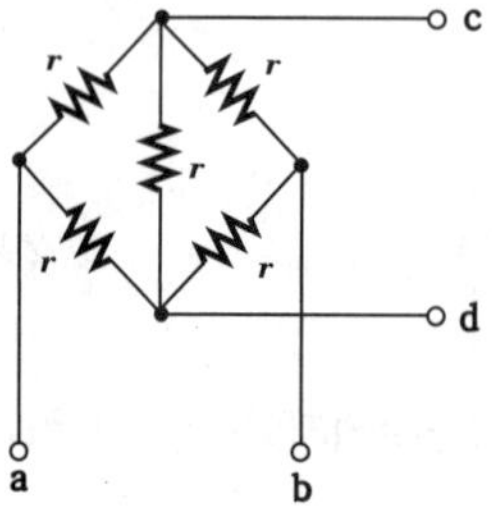

① 1배　　② 2배

③ 3배　　④ 4배

해설 (1) **휘트스톤브리지**이므로

단자 ab에서 본 회로의 **합성저항** R_{ab}는

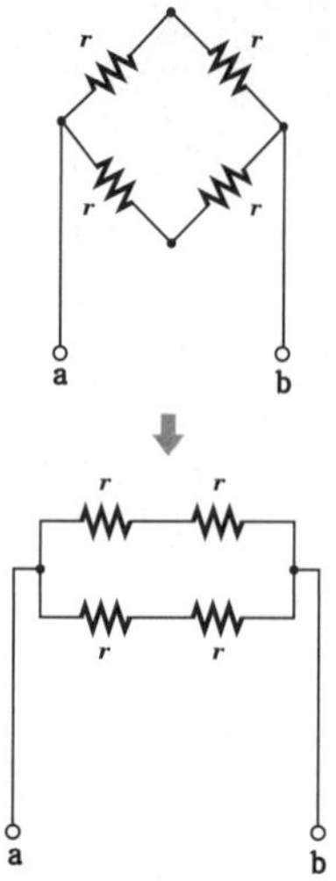

$$R_{ab}=\frac{2r\times 2r}{2r+2r}=\frac{4r^2}{4r}=r\,[\Omega]$$

(2) **단자** cd에서 본 **회**로의 **합성저항** R_{cd}는

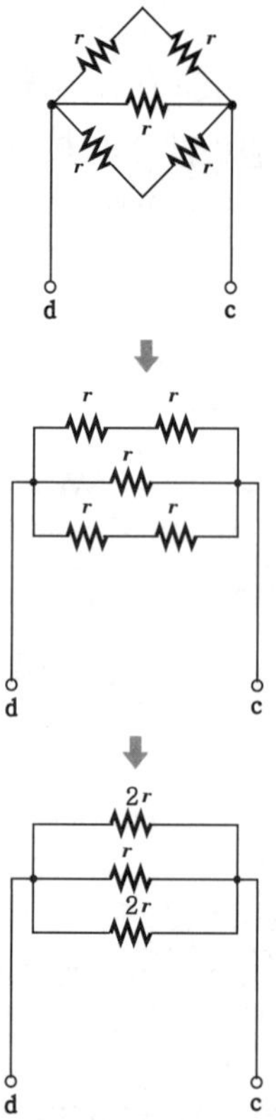

$$R_{cd}=\frac{1}{\dfrac{1}{2r}+\dfrac{1}{r}+\dfrac{1}{2r}}=\frac{r}{2}\,[\Omega]$$

$$\frac{R_{ab}}{R_{cd}} = \frac{r}{\frac{r}{2}} = 2\text{배}$$

• 문제의 지문 중에서 **먼저 나온 말**을 분자, **나중**에 **나온 말**을 **분모**로 하여 계산하면 된다. 쉬운가?

답 ②

★

17 **키르히호프의 전압법칙의 적용에 대한 서술 중 옳지 않은 것은?**

① 이 법칙은 집중정수회로에 적용된다.

② 이 법칙은 회로소자의 선형, 비선형에는 관계를 받지 않고 적용된다.

③ 이 법칙은 회로소자의 시변, 시불변성에 구애를 받지 않는다.

④ 이 법칙은 선형소자로만 이루어진 회로에 적용된다. → 중첩의 원리에 대한 설명

해설 **키르히호프**의 **전압법칙** 적용

(1) **집중정수회로**에 적용

(2) 회로소자의 **선형**, **비선형**에 관계없이 **적용**

(3) 회로소자의 **시변**, **시불변성**에 **적용**을 **받지 않음**

답 ④

★

18 **그림과 같은 회로망에서 전류를 계산하는데 옳게 표시된 식은?**

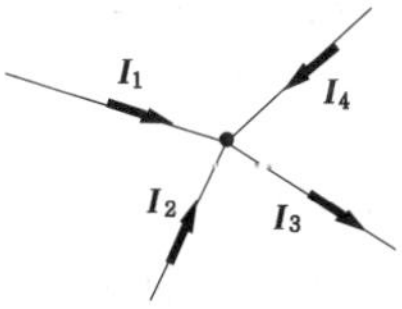

① $I_1 + I_2 + I_3 + I_4 = 0$

② $I_1 + I_2 - I_3 + I_4 = 0$

③ $I_1 + I_4 = I_2 + I_3$

④ $I_1 + I_2 - I_4 = I_3$

해설 **키르히호프**의 **제1법칙**(전류평형의 법칙)

$$I_1 + I_2 + I_3 + \cdots + I_n = 0$$
또는 $\Sigma I = 0$

회로망 중의 한점에서 흘러 들어오는 전류의 대수합과 나가는 전류의 대수합은 같다.

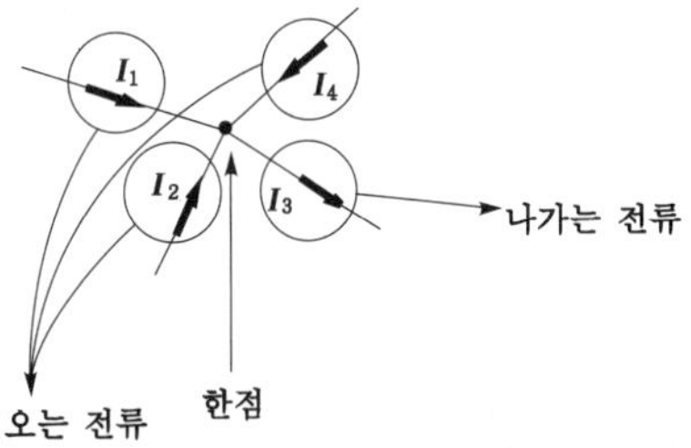

$I_1 + I_2 + I_4 = I_3$

$\therefore \ I_1 + I_2 - I_3 + I_4 = 0$

답 ②

★

19 **저항값이 일정한 저항에 가해지고 있는 전압을 3배로 하면 소비전력은 몇 배가 되는가?**

① $\frac{1}{3}$배　　② 9배

③ 6배　　④ 3배

해설 **전력**

$$P = VI = I^2R = \frac{V^2}{R}\ \text{[W]}$$

여기서 P : 전력[W]
V : 전압[V]
I : 전류[A]
R : 저항[Ω]

$P = \frac{V^2}{R}$ 에서

전력은 **전압**의 **제곱**에 **비례**하므로

$$P' = \frac{(3V)^2}{R} = 9\frac{V^2}{R} \propto 9\text{배}$$

답 ②

★★★

20 **정격전압에서 1kW의 전력을 소비하는 저항에 정격의 70%의 전압을 가할 때의 전력[W]은?**

① 490　　② 580

③ 640　　④ 860

해설 **문제 19 참조**

$P = \frac{V^2}{R}$ 에서

$$R = \frac{V^2}{P} = \frac{V^2}{1000}\ [\Omega]$$

정격의 **70%**의 전압을 인가하면

$$P' = \frac{(0.7V)^2}{R} = \frac{(0.7V)^2}{\frac{V^2}{1000}} = 1000 \times 0.7^2$$

$$= 490\text{W}$$

답 ①

★★★
21 정격전압에서 500W 전력을 소비하는 저항에 정격전압의 90% 전압을 가할 때의 전력은 몇 W인가?

① 350　　② 385
③ 405　　④ 450

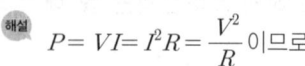

해설 $P = VI = I^2R = \frac{V^2}{R}$ 이므로

$R = \frac{V^2}{P} = \frac{V^2}{500}$ [Ω]

정격의 **90%**의 전압을 인가하면

$$P' = \frac{(0.9V)^2}{R} = \frac{(0.9V)^2}{\frac{V^2}{500}} = 500 \times 0.9^2 = 405\text{W}$$

답 ③

★
22 100V, 100W의 전구와 100V, 200W의 전구가 그림과 같이 직렬 연결되어 있다면 100W의 전구와 200W의 전구가 실제 소비하는 전력의 비는 얼마인가?

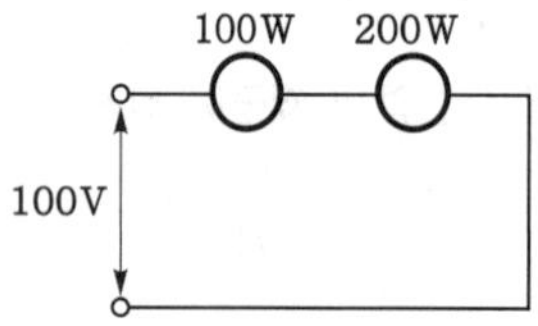

① 4 : 1　　② 1 : 2
③ 2 : 1　　④ 1 : 1

해설 문제 19 참조

$P = \frac{V^2}{R}$ 에서

전력을 저항으로 환산하면 다음 그림이 된다.

(1) 100W

$$R_{100} = \frac{V^2}{P} = \frac{100^2}{100} = 100\,\Omega$$

(2) 200W

$$R_{200} = \frac{V^2}{P} = \frac{100^2}{200} = 50\,\Omega$$

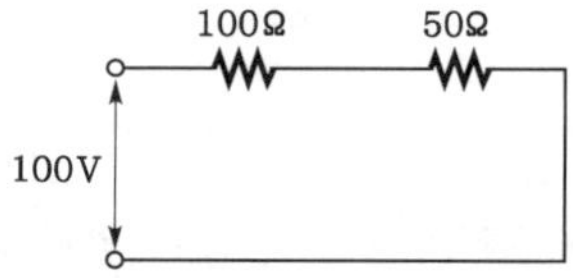

전류가 **일정**하므로

$P = I^2R \propto R$

∴ 2 : 1

중요

(1) $P = \frac{V^2}{R}$ 식 적용

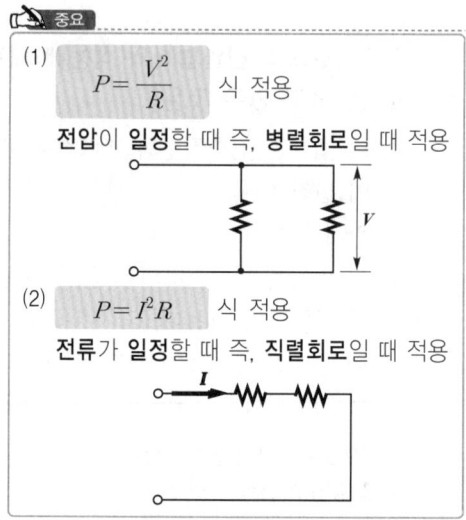

전압이 **일정**할 때 즉, **병렬회로**일 때 적용

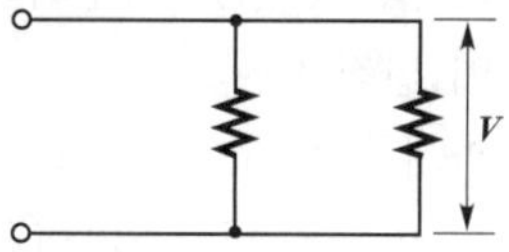

(2) $P = I^2R$ 식 적용

전류가 **일정**할 때 즉, **직렬회로**일 때 적용

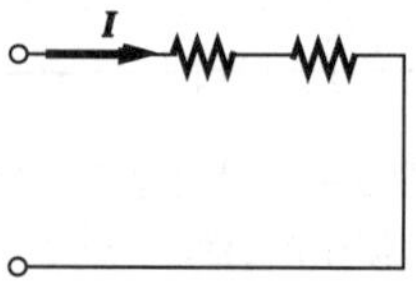

답 ③

★
23 정격 120V, 30W와 120V, 60W인 백열전구 2개를 직렬로 연결하여 210V의 전압을 가하면 전구의 밝기는 어떻게 되는가? (단, 전구의 밝기는 소비전력에 비례하는 것으로 한다.)

① 60W 전구가 30W 전구보다 밝아진다.
② 30W 전구가 60W 전구보다 밝아진다.
③ 둘 다 밝기가 변함이 없다.
④ 둘 다 같이 어두워진다.

해설 문제 22 참조

$P = \frac{V^2}{R}$ 에서

전력을 저항으로 환산하면 다음 그림과 같다.

(1) 30W

$$R_{30} = \frac{V^2}{P} = \frac{120^2}{30} = 480\,\Omega$$

(2) 60W

$$R_{60} = \frac{V^2}{P} = \frac{120^2}{60} = 240\,\Omega$$

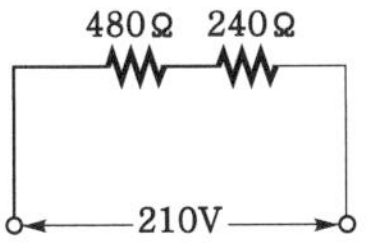

전력을 저항으로 환산한 등가회로에서 **전류**가 **일정**하므로 $P=I^2R \propto R$이 된다.
그러므로 **30W 전구**가 60W 전구보다 **밝아진다.**

답 ②

24 5A의 전류를 흘렸을 때 전력이 10kW인 저항에 10A의 전류를 흘렸다면 전력은 몇 kW로 되겠는가?

(5A: I, 10kW: P, 10A: I, 전력: P)

① 20 ② 40
③ 1/20 ④ 1/40

해설 (1) **기호**

- I : 5A, 10A
- P : 10kW, ?

(2)

$$P=I^2R$$

여기서, P : 전력〔W〕
I : 전류〔A〕
R : 저항〔Ω〕

$P=I^2R \propto I^2$

비례식으로 풀면

$10 : 5^2 = P : 10^2$

$5^2P = 10 \times 10^2$

$P=\dfrac{10\times 10^2}{5^2}=40\text{kW}$

답 ②

25 그림과 같은 회로에서 I=10A, G=4℧, G_L=6℧일 때 G_L에서 소비전력은 몇 W인가?

(소비전력: P_2)

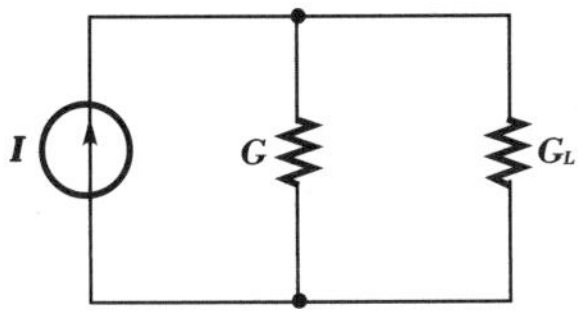

① 100 ② 10
③ 4 ④ 6

해설 (1) **기호**

- I : 10A
- G : 4℧
- G_L : 6℧
- P_2 : ?

(2) **저항**

$$R=\frac{1}{G}$$

여기서, R : 저항〔Ω〕
G : 컨덕턴스〔℧〕

$R_1=\dfrac{1}{G}=\dfrac{1}{4}=0.25\,\Omega$

$R_2=\dfrac{1}{G_L}=\dfrac{1}{6}\fallingdotseq 0.1667\,\Omega$

(3) **전류분배법칙**에서

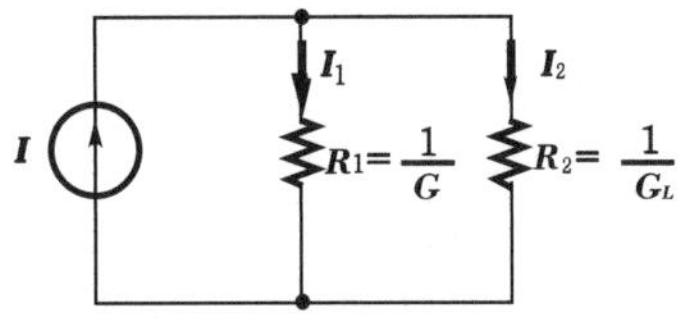

$I_1=\dfrac{R_2}{R_1+R_2}I$〔A〕

$$I_2=\frac{R_1}{R_1+R_2}I\text{〔A〕}$$ 에서

$I_2=\dfrac{R_1}{R_1+R_2}I$

$=\dfrac{0.25}{0.25+0.1667}\times 10 \fallingdotseq 6\text{A}$

(4) **전력**

$$P=I^2R=\frac{V^2}{R}$$

여기서, P : 전력(소비전력)〔W〕
I : 전류〔A〕
R : 저항〔Ω〕

G_L에서의 **소비전력** P_2는

$P_2={I_2}^2R_2=6^2\times 0.1667 \fallingdotseq 6\text{W}$

답 ④

26 어떤 저항에 100V의 전압을 가하니 2A의 전류가 흐르고 300cal의 열량이 발생하였다. 전류가 흐른 시간〔s〕은?

(100V: V, 2A: I, 300cal: H, 시간: t)

① 12.5 ② 6.25
③ 1.5 ④ 3

해설 (1) 기호

- V : 100V
- I : 2A
- H : 300cal
- t : ?

(2) 열량

$$H=0.24Pt=0.24I^2Rt=0.24VIt\text{[cal]}$$

여기서, H : 발열량[cal]
I : 전류[A]
R : 저항[Ω]
V : 전압[V]
P : 전력[W]
t : 시간[s]

시간 t는

$$\therefore t=\frac{H}{0.24VI}=\frac{300}{0.24\times100\times2}=6.25\text{s}$$

답 ②

★
27 도전율의 단위는?

① $\frac{m}{℧}$　② $\frac{\Omega}{m^2}$
③ $\frac{1}{J\cdot m}$　④ $\frac{℧}{m}$

해설 **도전율**

$$\sigma=\frac{1}{\rho}=\frac{1}{\frac{RA}{l}}=\frac{l}{RA}\text{[℧/m]}$$

여기서, σ : 도전율[℧/m]
ρ : 고유저항[Ω · m]
R : 저항[Ω]
A : 도체의 단면적[m²]
l : 도체의 길이[m]

도전율은 **고유저항**의 **역수**로

$\sigma=\frac{1}{\rho}$에서

도전율의 단위는

$\frac{℧}{m}=\frac{1}{\Omega\cdot m}=\frac{\Omega^{-1}}{m}$이다.

답 ④

★
28 1Ω · m는 몇 Ω · cm인가?

① 10^{-1}　② 10^{-2}
③ 10　④ 10^2

해설 1Ω · m$=10^2$Ω · cm
$=10^6$Ω · mm²/m

- 1m$=$100cm$=10^2$cm
- 1m$=$1000mm$=10^3$mm

답 ④

★
29 열회로의 열량은 전기회로의 무엇에 상당하는가?

① 전류　② 전압
③ 전기량　④ 열저항

해설 열회로의 열량은 전기회로의 **전기량**에 해당된다.

답 ③

★★
30 1BTU는 몇 cal인가?

① 250　② 252
③ 242　④ 232

해설

1W=1J/s
1N=10^5dyne
1J=1N · m
1kg=9.8N
1J=0.24cal=10^7erg
1kWh=3.6×10^6J=860kcal
1BTU=0.252kcal=252cal

답 ②

★
31 전력량 1kWh를 열량으로 환산하면 몇 kcal인가?

① 4186kcal　② 3600kcal
③ 1163kcal　④ 860kcal

해설 문제 30 참조
줄의 법칙

$$H=0.24Pt\text{[cal]}$$

여기서, H : 발열량[kcal]
P : 전력[kW]
t : 시간[s]

$H = 0.24Pt = 0.24 \times 1 \times 3600 \fallingdotseq 860$kcal

- 1h=3600s

답 ④

★★

32 **1kWh의 전력량은 몇 J인가?**

① 1 ② 60
③ 1000 ④ 3.6×10^6

해설 **문제 30 참조**

$1\text{kWh} = 1 \times 10^3\text{Wh}$
$= 3600 \times 10^3\text{Ws}$
$= 3.6 \times 10^6\text{Ws}$
$= 3.6 \times 10^6\text{J}$

답 ④

★

33 **10^6cal의 열량은 어느 정도의 전력량에 상당하는가?**

① 0.06kWh ② 1.16kWh
③ 0.27kWh ④ 4.17kWh

해설 **1kWh=860kcal**이므로
비례식으로 풀면
$1 : 860 \times 10^3 = W : 10^6$
$860 \times 10^3 W = 1 \times 10^6$
$\therefore W = \dfrac{1 \times 10^6}{860 \times 10^3} = 1.16\text{kWh}$

답 ②

★

34 **200W는 몇 cal/s인가?**

① 약 0.2389 ② 약 0.8621
③ 약 47.78 ④ 약 71.67

해설

1W=1J/s
1J=0.2389cal=0.24cal
1W=1J/s=0.2389cal/s

비례식으로 풀면
$1 : 0.2389 = 200 : x$
$0.2389 \times 200 = x$
$\therefore x = 200 \times 0.2389 = 47.78$cal/s

- **1J**은 일반적으로 0.24cal이지만 좀 더 정확히 말하면 **0.2389cal**이다.

답 ③

★

35 **500g의 중량에 작용하는 힘은?**

① 9.8N ② 4.9N
③ 9.8×10^4dyne ④ 4.9×10^4dyne

해설 1kg=9.8N 이므로
비례식으로 풀면
$1 : 9.8 = 0.5 : F$
$9.8 \times 0.5 = F$
$\therefore F = 9.8 \times 0.5 = 4.9\text{N}$

답 ②

★

36 **1kg · m/s는 몇 W인가? (여기서, kg은 중량이다.)**

① 1 ② 0.98
③ 9.8 ④ 98

해설 **문제 30 참조**

1kg=9.8N

1J=1N · m

1kg · m=9.8N · m=9.8J
∴ 1kg · m/s=9.8J/s=9.8W

답 ③

★

37 **도체의 고유저항과 관계 없는 것은?**

① 온도 ② 길이
③ 단면적 ④ 단면적의 모양
무관

해설 (1) **고유저항**

$$R = \rho \frac{l}{A} = \rho \frac{l}{\pi r^2} [\Omega]$$

여기서, R : 저항[Ω]
ρ : 고유저항[Ω · m]
A : 도체의 단면적[m^2]
l : 길이[m]
r : 반지름[m]

(2) **저항**의 **온도계수**

$$R_2 = R_1[1 + \alpha_{t_1}(t_2 - t_1)] [\Omega]$$

여기서, t_1 : 상승 전의 온도[℃]
t_2 : 상승 후의 온도[℃]
α_{t_1} : t_1[℃]에서의 온도계수

R_1 : t_1〔℃〕에 있어서의 도체의 저항〔Ω〕
R_2 : t_2〔℃〕에 있어서의 도체의 저항〔Ω〕

(3) 고유저항 ρ는 **온도, 길이, 단면적, 저항**에 관계된다.

답 ④

38 전선을 균일하게 3배의 길이로 당겨 늘였을 때 전선의 체적이 불변이라면 저항은 몇 배가 되겠는가?

① 3배 ② 6배
③ 9배 ④ 12배

해설

$R=\rho\frac{l}{A}$에서 체적이 불변하므로

길이를 3배로 늘리면 단면적은 $\frac{1}{3}$배가 되어

$$R'=\rho\frac{3l}{\frac{A}{3}}=\rho\frac{l}{A}\times 9=9R$$

답 ③

39 다음 중 지름이 3.2mm(r), 길이가 500m(l)인 경동선의 상온에서의 저항(R)〔Ω〕은 대략 얼마인가? (단, 상온에서의 고유저항은 1/55Ω·mm²/m(ρ)이다.)

① 1.13 ② 2.26
③ 3.3 ④ 3.8

해설 (1) 기호

- r : 3.2mm
- l : 500mm
- R : ?
- ρ : $\frac{1}{55}$ Ω·mm²/m

(2) **저항**

$$R=\rho\frac{l}{A}〔\Omega〕$$

여기서, R : 저항〔Ω〕
ρ : 고유저항〔Ω·m〕
A : 도체의 단면적〔mm²〕
L : 도체의 길이〔m〕
r : 반지름〔mm〕

저항 R는

$$R=\rho\frac{l}{A}=\rho\frac{l}{\pi r^2}=\frac{1}{55}\times\frac{500}{\pi\times 1.6^2}\fallingdotseq 1.13\,\Omega$$

답 ①

40 어떤 전기기기의 권선저항이 사용 전에 1.06Ω(R_1)이었으나 운전 직후 1.17Ω(R_2)으로 되었다면, 이 경우 운전중 권선의 온도(t_2)〔℃〕는 얼마인가? (단, 주위온도는 20℃(t_1), 권선의 온도계수는 0.0041〔1/℃〕(α_{t1})이다.)

① 25.3 ② 35.3
③ 45.3 ④ 55.3

해설 (1) 기호

- R_1 : 1.06Ω
- R_2 : 1.17Ω
- t_2 : ?
- t_1 : 20℃
- α_{t1} : 0.0041〔1/℃〕

(2)

$$R_2=R_1[1+\alpha_{t1}(t_2-t_1)]〔\Omega〕$$

여기서, t_1 : 상승 전의 온도〔℃〕
t_2 : 상승 후의 온도〔℃〕
α_{t1} : t_1〔℃〕에서의 온도계수
R_1 : t_1〔℃〕에 있어서의 도체의 저항〔Ω〕
R_2 : t_2〔℃〕에 있어서의 도체의 저항〔Ω〕

상승 후의 온도 t_2는

$$R_2=R_1[1+\alpha_{t_1}(t_2-t_1)]$$

$$1+\alpha_{t_1}(t_2-t_1)=\frac{R_2}{R_1}$$

$$\alpha_{t_1}(t_2-t_1)=\frac{R_2}{R_1}-1$$

$$t_2-t_1=\frac{\frac{R_2}{R_1}-1}{\alpha_{t_1}}$$

$$t_2=\frac{\frac{R_2}{R_1}-1}{\alpha_{t_1}}+t_1$$

$$t_2=\frac{R_2-R_1}{\alpha_{t1}R_1}+t_1=\frac{1.17-1.06}{0.0041\times 1.06}+20$$

$$\fallingdotseq 45.3\,℃$$

답 ③

★

41 **'회로망의 임의의 접속점에 유입하는 여러 전류의 총합은 0이다.'라는 것은?**

① 쿨롱의 법칙
② 옴의 법칙
③ 패러데이의 법칙
④ 키르히호프의 법칙

해설 **키르히호프**의 **제1법칙**

(1) 회로망 중의 한 점에서 흘러 들어오는 전류의 대수합과 나가는 전류의 대수합은 같다.
(2) 회로망의 임의의 접속점에 유입되는 여러 전류의 총합은 0이다.

$$I_1+I_2+I_3+I_4+\cdots+I_n=0 \text{ 또는 } \Sigma I=0$$

비교

키르히호프의 제2법칙
회로망 중의 임의의 폐회로의 기전력의 대수합과 전압강하의 대수합은 같다.

$$E_1+E_2+E_3+\cdots+E_n$$
$$=IR_1+IR_2+IR_3+\cdots+IR_n$$

또는

$$\Sigma E=\Sigma IR$$

답 ④

★

42 **공간도체 중의 정상전류밀도 I, 공간전하밀도 ρ일 때 키르히호프의 전류법칙을 나타내는 관계식은?**

① $\text{div}I=-\dfrac{\partial\rho}{\partial A}$　　② $\text{div}I=0$

③ $\text{div}I=\dfrac{\partial\rho}{\partial A}$　　④ $I=0$

해설 **키르히호프**의 **법칙**

(1) **전류법칙** : $\text{div}I=0$ 또는 $\Sigma I=0$
(2) **전압법칙** : $\Sigma E=\Sigma IR$

답 ②

★★

43 **전류의 열작용과 관계가 있는 것은 어느 것인가?**

① 키르히호프의 법칙
② 줄의 법칙
③ 플레밍의 법칙
④ 전류의 옴의 법칙

해설 **줄**의 **법칙**

$$H=0.24I^2Rt\text{[cal]}$$

여기서, H : 발열량[cal]
I : 전류[A]
R : 저항[Ω]
t : 시간[s]

중요

전류의 3대 작용
① 발열작용(열작용)
② 자기작용
③ 화학작용

답 ②

★

44 **다음 중 열전효과를 이용한 것이 아닌 것은?**

① 열전대전류계
② 열전온도계
③ 열선전류계
　열전효과와 무관
④ 열전발전

해설 **열전효과**를 **이용**한 것

(1) 열전대전류계
(2) 열전온도계
(3) 열전발전

답 ③

★

45 **다른 종류의 금속선으로 된 폐회로의 두 접합점의 온도를 달리하였을 때 전기가 발생하는 효과는?**

① 톰슨효과
② 핀치효과
③ 펠티에효과
④ 제에벡효과

해설 **열전효과**(Thermoelectric effect)

효 과	설 명
제에벡효과 (Seebeck effect) : 제벡효과	① 다른 종류의 금속선으로 된 폐회로의 두 접합점의 온도를 달리하였을 때 **전기(열기전력)**가 발생하는 효과 ② 이종 금속을 접합하여 **폐회로**를 만든 후 두 접합점의 온도를 다르게 하여 **열전류**를 얻는 열전현상

효 과	설 명
펠티에효과 (Peltier effect)	**두 종류**의 **금속**으로 된 회로에 **전류**를 통하면 각 접속점에서 열의 흡수 또는 발생이 일어나는 현상
톰슨효과 (Thomson effect)	① 균질의 철사에 **온도구배**가 있을 때 여기에 전류가 흐르면 열의 흡수 또는 발생이 일어나는 현상 ② 동종 금속도선의 두 점 간에 온도차를 주고 고온쪽에서 저온쪽으로 **전류**를 흘리면, 줄열 이외에 도선 속에서 **열**이 발생하거나 흡수가 일어나는 현상

답 ④

★
46 **두 종류의 금속으로 된 회로에 전류를 통하면 각 접속점에서 열의 흡수 또는 발생이 일어나는 현상은?**

① 톰슨효과　　② 제에벡효과
③ 볼타효과　　④ 펠티에효과

해설 문제 45 참조

답 ④

★
47 **균질의 철사에 온도구배가 있을 때 여기에 전류가 흐르면 열의 흡수 또는 발생을 수반하는데, 이 현상은?**

① 톰슨효과　　② 핀치효과
③ 펠티에효과　　④ 제에벡효과

해설 문제 45 참조

답 ①

★
48 **열기전력에 관한 법칙이 아닌 것은?**

① 파센의 법칙
해당 없음
② 제에벡의 효과
③ 중간온도의 법칙
④ 중간금속의 법칙

해설 **열기전력**에 관한 **법칙**
(1) 제에벡효과
(2) 중간온도의 법칙
(3) 중간금속의 법칙

참고

파센의 **법칙**(Paschen's law)
가스방전시에 가스압력과 전극 사이의 간격 및 방전개시전압에 대한 실험법칙

답 ①

★
49 **전류가 흐르고 있는 도체에 자계를 가하면 도체 측면에는 정부의 전하가 나타나 두 면간에 전위차가 발생하는 현상은?**

① 핀치효과　　② 톰슨효과
③ 홀효과　　④ 제에벡효과

해설 **홀효과**(Hall effect)
(1) 전류가 흐르고 있는 도체에 **자계**를 가하면 도체 측면에는 정부의 전하가 나타나 두면 간에 **전위차**가 발생하는 현상
(2) 반드시 **외부**에서 **자계**를 가할 때만 일어나는 효과

답 ③

★
50 **다음 현상 가운데서 반드시 외부에서 자계를 가할 때만 일어나는 효과는?**

① Seebeck효과　　② Pinch효과
③ Hall효과　　④ Petier효과

해설 문제 49 참조

답 ③

★
51 **DC전압을 가하면 전류는 도선 중심쪽으로 흐르려고 한다. 이런 현상을 무엇이라고 하는가?**

① Skin효과　　② Pinch효과
③ 압전기효과　　④ Peltier효과

해설

핀치효과 (Pinch effect)	압전기효과 (Piezoelectric effect)
전류가 **도선 중심**으로 흐르려고 하는 현상	수정, 전기석, 로셸염 등의 결정에 전압을 가하면 일그러짐이 생기고, 반대로 압력을 가하여 일그러지게 하면 전압을 발생하는 현상

답 ②

★★
52 전지를 쓰지 않고 오래 두면 못쓰게 되는 까닭은?

① 성극작용 ② 분극작용
③ 국부작용 ④ 전해작용

해설

국부작용	분극(성극)작용
① 전지의 전극에 사용하고 있는 아연판이 **불순물**에 의한 전지작용으로 인해 자기방전하는 현상 ② 전지를 쓰지 않고 오래두면 못쓰게 되는 현상	① 전지에 부하를 걸면 양극표면에 수소가스가 생겨 전류의 흐름을 방해하는 현상 ② 일정한 전압을 가진 전지에 부하를 걸면 단자전압이 저하되는 현상

답 ③

★
53 일정한 전압을 가진 전지에 부하를 걸면 단자전압이 저하한다. 그 원인은?

① 이온화 경향
② 분극작용
③ 전해액의 변색
④ 주위온도

해설 문제 52 참조

답 ②

★
54 전지에서 자체방전현상이 일어나는 것은 다음 중 어느 것과 가장 관련이 있는가?

① 전해액 농도
② 전해액 온도
③ 이온화 경향
④ 불순물

해설 문제 52 참조

④ 전지에서 자체방전현상이 일어나는 것은 전지내의 **불순물** 때문이다.

답 ④

★
55 전지의 국부작용을 방지하는 방법은?

① 감극제
② 완전밀폐
③ 니켈도금
④ 수은도금

해설

수은도금	전기도금
전지의 **국부작용**을 방지하기 위해 **아연판**에 **도금**하는 것	① 금속 표면에 다른 종류의 금속을 부착시켜 내마멸성을 갖게 하는 방법 ② 황산용액에 **양극**으로 **구리막대**, **음극**으로 **은막대**를 두고 전기를 통하면 은막대가 구리색이 나는 것

답 ④

★
56 황산용액에 양극으로 구리막대, 음극으로 은막대를 두고 전기를 통하면 은막대는 구리색이 난다. 이를 무엇이라 하는가?

① 전기도금 ② 이온화 현상
③ 전기분해 ④ 분극작용

해설 문제 55 참조

답 ①

★
57 망가니즈건전지의 전해액은?

① NH_4Cl ② $NaOH$
③ MnO_2 ④ $CuSO_4$

해설 **망가니즈**(르클랑세)**건전지**

(1) **양극** : 탄소(C)
(2) **음극** : 아연(Zn)
(3) **전해액** : 염화암모늄용액(NH_4Cl+H_2O)
(4) **감극제** : 이산화망가니즈(MnO_2)

답 ①

★
58 르클링세진지의 진해액은?

① H_2SO_4 ② $CuSO_4$
③ NH_4Cl ④ KOH

해설 문제 57 참조

답 ③

★
59 망가니즈건전지의 감극제로 사용되는 것은 어느 것인가?

① 수은 ② 수소
③ 아연 ④ 이산화망가니즈

해설 문제 57 참조

답 ④

★
60 전지에서 분극작용에 의한 전압강하를 방지하기 위하여 사용되는 감극제는?

① H_2O ② H_2SO_4
③ $CdSO_4$ ④ MnO_2

해설 **감극제**(Depolarizer) : 분극작용을 막기 위한 물질로 MnO_2, O_2 등이 있다.

답 ④

★
61 다음 중 설명이 잘못된 것은?

① 납축전지의 전해액의 비중은 1.2 정도이다.
② 납축전지의 격리판은 양극과 음극의 단락 보호용이다.
③ 전지의 내부저항은 클수록 좋다.
작을수록
④ 전지의 용량은 Ah로 표시하며 10시간 방전율을 많이 쓴다.

답 ③

★★
62 다음 식은 납축전지의 기본 화학반응식이다. 방전후 생성되는 부산물을 □안에 채우면?

$$PbO_2 + 2H_2SO_4 + Pb \rightleftharpoons 2PbSO_4 + \square$$
(+) (전해액) (−)

① $2H_2O$ ② HO
③ $2H_2O_2$ ④ $2HO_2$

해설 **납축전지의 화학반응식**

$$PbO_2 + 2H_2SO_4 + Pb \underset{\text{충전}}{\overset{\text{방전}}{\rightleftharpoons}} PbSO_4 + 2H_2O + PbSO_4$$
(+) (전해액) (−) ⬇ (+) (물) (−)

$$PbO_2 + 2H_2SO_4 + Pb \underset{\text{충전}}{\overset{\text{방전}}{\rightleftharpoons}} 2PbSO_4 + 2H_2O$$
(+) (전해액) (−)

답 ①

★★★
63 연축전지가 방전하면 양극물질(P) 및 음극물질(N)은 어떻게 변하는가?

① P : 과산화연, N : 연
② P : 과산화연, N : 황산연
③ P : 황산연, N : 연
④ P : 황산연, N : 황산연

해설

구 분	충전시	방전시
양극물질	과산화연(PbO_2)	황산연($PbSO_4$)
음극물질	연(Pb)	

연축전지 = 납축전지

답 ④

★
64 납축전지의 양극재료는?

① $Pb(OH)_2$ ② Pb
③ $PbSO_4$ ④ PbO_2

해설 **문제 63 참조**

- 문제에서 충전시 또는 방전시라는 말이 없으면 **충전시**로 답하면 된다.

답 ④

★
65 납축전지의 방전이 끝나면 그 양극(+극)은 어느 물질로 되는지 다음에서 적당한 것을 고르면?

① Pb ② PbO
③ PbO_2 ④ $PbSO_4$

해설 **문제 63 참조**

답 ④

★
66 납축전지의 충전 후의 비중은?

① 1.18 이하 ② 1.2~1.3
③ 1.4~1.5 ④ 1.5 이상

해설 **연(납)축전지**
(1) **양극** : 이산화납(PbO_2)
(2) **음극** : 납(Pb)
(3) **전해액** : 묽은 황산($2H_2SO_4 = H_2SO_4 + H_2O$)
(4) **비중** : 1.2~1.3

답 ②

★★
67 충분히 방전했을 때의 양극판의 빛깔은 무슨 색인가?

① 황색 ② 청색
③ 적갈색 ④ 회백색

해설

구 분	충전시	방전시
양극판	적갈색	회백색
음극판	회백색	회백색

답 ④

★
68 전해액에서 도전율은 다음 중 어느 것에 의하여 증가하는가?

① 전해액의 고유저항
② 전해액의 유효단면적
③ 전해액의 농도
④ 전해액의 빛깔

해설

$$\sigma = \frac{1}{\rho}$$

여기서, σ : 도전율 $\left[\frac{℧}{\text{m}}\right]$, ρ : 고유저항[Ω · m]

도전율은 **전해액의 농도에 비례**하고 **고유저항에 반비례**한다.

- **전해액** : 전류를 잘 흐르게 하는 용액

답 ③

★
69 알칼리축전지의 공칭용량은 얼마인가?

① 2Ah
② 4Ah
③ 5Ah
④ 10Ah

해설 **공칭용량**

연축전지	알칼리축전지
10Ah	5Ah

답 ③

Key Point

2. 정전계

출제확률 4% (1문제)

1 콘덴서와 정전용량

1 정전계의 발생

※ 정전력
전하 사이에 작용하는 힘

※ 정전기
물체 위에 머물고 있는 전하

※ 대전
어떤 물질이 전기의 성질을 띠는 현상

※ 전하
물질이 가지고 있는 전기의 양, 자하와 구별

(1) 정전력

정(+)전하와 부(−)전하, 두 전하 사이에 작용하는 힘을 **정전력**(electrostatic force)이라 하고, **같은 전하**끼리는 **반발**하고 **다른 전하**끼리는 **흡인**한다.

- **톰슨의 정리** : 정전계는 전계에너지가 최소로 되는 전하분포의 전계이다.

(2) 정전유도

대전체 A에 대전되지 않은 도체 B를 가까이 하면 A에 가까운 쪽에는 다른 종류의 전하가, 먼쪽에는 같은 종류의 전하가 나타나는데 이 현상을 **정전유도**(Electrostatic induction)라고 한다.

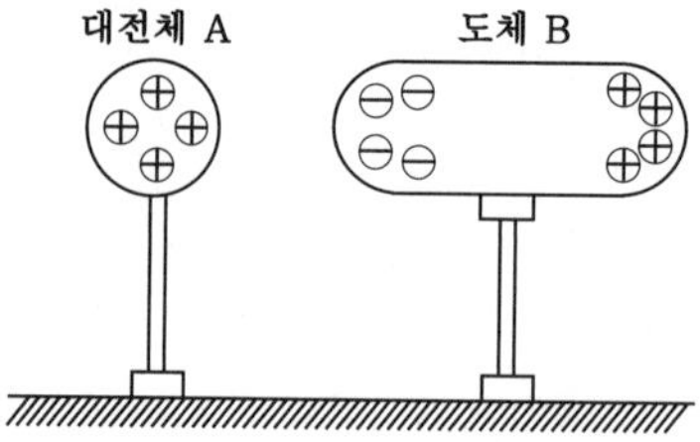

▎정전유도 ▎

- 정전유도에 의하여 작용하는 힘 : **흡인력**

2 정전용량 및 콘덴서

※ 콘덴서
2개의 도체 사이에 절연물을 넣어서 정전용량을 가지게 한 소자. 커패시터(Capacitor)라고도 함

※ 전기량
전하가 가지고 있는 전기의 양

(1) 정전용량

콘덴서가 전하를 축적할 수 있는 능력을 **정전용량**(Electrostatic capacity)이라 하며, 기호는 C, 단위는 F(Farad)로 나타낸다.

$$Q = CV \text{ [C]}$$,

$$C = \frac{Q}{V} = \frac{\varepsilon A}{d} \text{ [F]} \quad \text{또는} \quad C = \frac{\varepsilon S}{d}$$ 문어 보기③

여기서, Q : 전하(전기량)[C], C : 정전용량[F],
V : 전압[V], A 또는 S : 극판의 면적[m^2],
d : 극판간의 간격[m], ε : 유전율[F/m] $\varepsilon = \varepsilon_0 \cdot \varepsilon_s$,
ε_0 : 진공의 유전율[F/m], ε_s : 비유전율(단위 없음)

문제 01 정전용량(Farad)과 같은 단위는?

19회 문 46
17회 문 49
16회 문 42
15회 문 45
14회 문 49
12회 문 49
05회 문 37

① V/m ② C/A
③ C/V ④ N · m

해설

$$C = \frac{Q}{V}$$

여기서, C : 정전용량[F]
V : 전압[V]
Q : 전기량(전하)[C]

$C\text{[F]} = \frac{Q\text{[C]}}{V\text{[V]}}$

답 ③

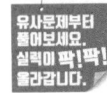

유사문제부터 풀어보세요. 실력이 팍!팍! 올라갑니다.

위 식에서 콘덴서가 큰 정전용량을 얻기 위해서는
① 극판의 면적(A)을 넓게
② 극판간의 간격(d)을 좁게
③ 비유전율(ε_s)이 큰 절연물을 사용하면 된다.

- **지구**는 정전용량이 커서 **전위**가 거의 **일정**하다.

중요 역수관계

구 분	역 수
저항	컨덕턴스
리액턴스	서셉턴스
임피던스	어드미턴스
정전용량	엘라스턴스

(2) 콘덴서의 접속

① 직렬접속

㉠ 각 콘덴서의 전압

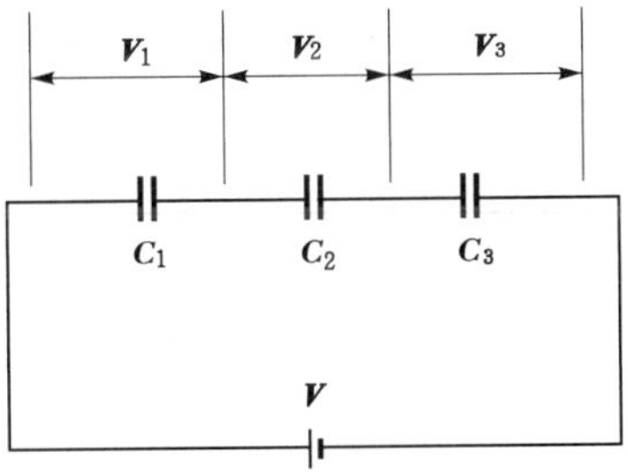

| 직렬접속 |

$$V_1 = \frac{Q}{C_1}\text{[V]}, \quad V_2 = \frac{Q}{C_2}\text{[V]}, \quad V_3 = \frac{Q}{C_3}\text{[V]}$$

Key Point

＊ 유전율
콘덴서에서 유전체를 삽입하였을 때의 정전용량(C)과, 유전체가 없는 진공중에 있어서의 정전용량(C_0)의 비 $\left(\varepsilon = \frac{C}{C_0}\right)$

＊ 비유전율
물질의 유전율과 진공의 유전율과의 비(공기중 또는 진공중 $\varepsilon_s = 1$)

＊ 콘덴서의 접속
① 직렬접속

$$C = \frac{C_1 C_2}{C_1 + C_2}\text{[F]}$$

② 병렬접속

$$C = C_1 + C_2\text{[F]}$$

여기서,
C : 합성정전용량[F]
C_1, C_2 : 각각의 정전용량[F]

Key Point

여기서, V_1 : C_1에 걸리는 전압[V]
V_2 : C_2에 걸리는 전압[V]
V_3 : C_3에 걸리는 전압[V]
Q : 전하(전기량)[C]
$C_1 \cdot C_2 \cdot C_3$: 각각의 정전용량[F]

㉡ 합성정전용량

$$C = \frac{1}{\frac{1}{C_1}+\frac{1}{C_2}+\frac{1}{C_3}} \text{[F]}$$

여기서, C : 합성정전용량[F]
$C_1 \cdot C_2 \cdot C_3$: 각각의 정전용량[F]

＊ 엘라스턴스

$$l = \frac{1}{C} = \frac{V}{Q}$$

여기서,
l : 엘라스턴스 $\left[\frac{1}{\text{F}}\right]$
C : 정전용량[F]
V : 전위차(전압)[V]
Q : 전기량(전하)[C]

② 병렬접속

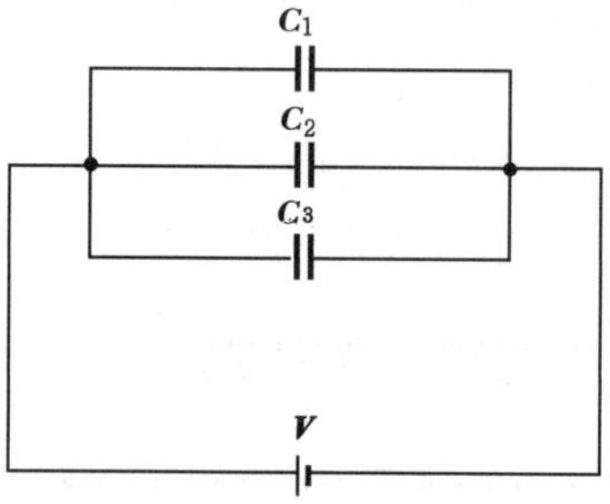

‖ 병렬접속 ‖

㉠ 각 콘덴서에 축적되는 전하

$Q_1 = C_1 V$[C], $Q_2 = C_2 V$[C], $Q_3 = C_3 V$[C]

여기서, $Q_1 \cdot Q_2 \cdot Q_3$: 각 콘덴서에 축적되는 전하[C]
$C_1 \cdot C_2 \cdot C_3$: 각각의 정전용량[F]
V : 전압[V]

㉡ 합성정전용량

$$C = C_1 + C_2 + C_3 \text{[F]}$$

여기서, C : 합성정전용량[F]
$C_1 \cdot C_2 \cdot C_3$: 각각의 정전용량[F]

중요 **(1) 각각의 전기량**

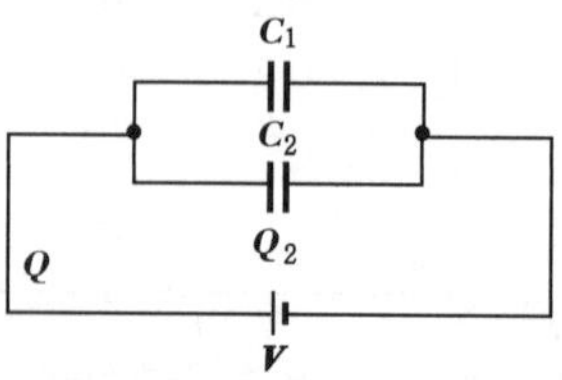

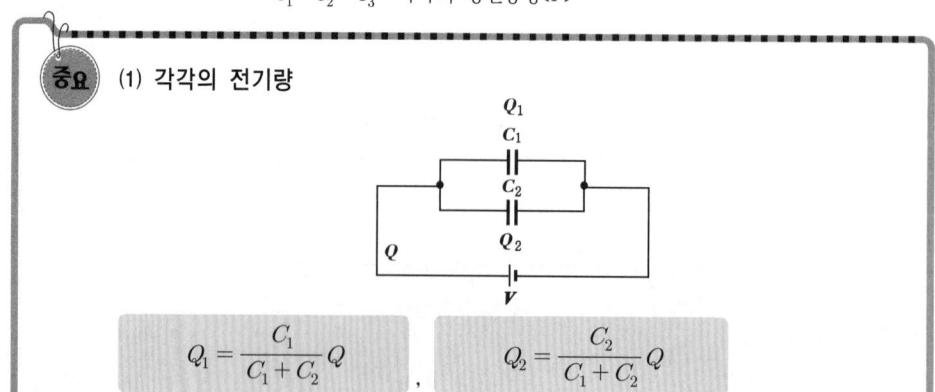

$$Q_1 = \frac{C_1}{C_1 + C_2} Q, \quad Q_2 = \frac{C_2}{C_1 + C_2} Q$$

Key Point

여기서, Q_1 : C_1의 전기량[C]
Q_2 : C_2의 전기량[C]
$C_1 \cdot C_2$: 각각의 정전용량[F]
Q : 전체 전기량[C]

(2) 각각의 전압

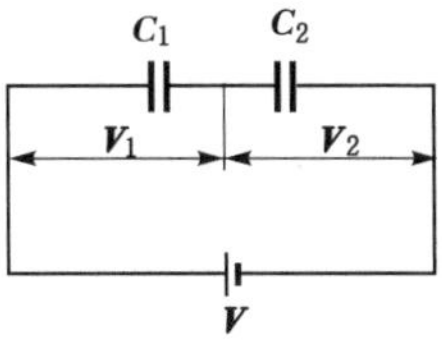

$$V_1 = \frac{C_2}{C_1 + C_2} V, \quad V_2 = \frac{C_1}{C_1 + C_2} V$$

여기서, V_1 : C_1에 걸리는 전압[V]
V_2 : C_2에 걸리는 전압[V]
$C_1 \cdot C_2$: 각각의 정전용량[F]
V : 전체 전압[V]

2 전 계

1 전계의 세기

(1) 쿨롱의 법칙(Coulom's law)

$$F = \frac{1}{4\pi\varepsilon} \cdot \frac{Q_1 Q_2}{r^2} = 9 \times 10^9 \times \frac{Q_1 Q_2}{\varepsilon_s r^2} \text{[N]}$$

여기서, F : 두 전하 사이에 작용하는 힘[N]
ε : 유전율[F/m]
$\varepsilon = \varepsilon_0 \cdot \varepsilon_s$
ε_0 : 진공의 유전율[F/m]
ε_s : 비유전율(단위 없음)

위 식에서 ε_0는

$$\varepsilon_0 = \frac{10^7}{4\pi C^2} = 8.855 \times 10^{-12} \text{F/m}$$ 문02 보기②

여기서, ε_0 : 진공의 유전율[F/m]
C : 광(光)속도($C = 3 \times 10^8$m/s)

※ 쿨롱의 법칙

$$F = \frac{Q_1 Q_2}{4\pi\varepsilon r^2}$$

여기서,
F : 정전력[N]
Q_1, Q_2 : 전하[C]
ε : 유전율[F/m]
r : 거리[m]

※ 진공의 유전율(ε_0)

8.855×10^{-12}F/m

Key Point

★★

문제 02 진공의 유전율 $10^7/4\pi C^2$와 같은 값[F/m]은? (단, C는 광속도라 한다.)

14회 문 49
12회 문 49

① 8.855×10^{-10} ② 8.855×10^{-12}
③ 9×10^{2} ④ 36×10^{9}

해설 진공의 유전율 ε_0는

$$\varepsilon_0=\frac{10^7}{4\pi C^2}=\frac{10^7}{4\pi\times(3\times10^8)^2}=8.855\times10^{-12}\,\text{F/m}$$

답 ②

(2) 전계와 전기력선

정전력의 영향을 받는 영역을 **전계**(Electric field) 또는 **전기장**, **전장**이라 하고 전계의 상태를 나타내기 위한 가상의 선을 **전기력선**(Line of electric field)이라 한다.

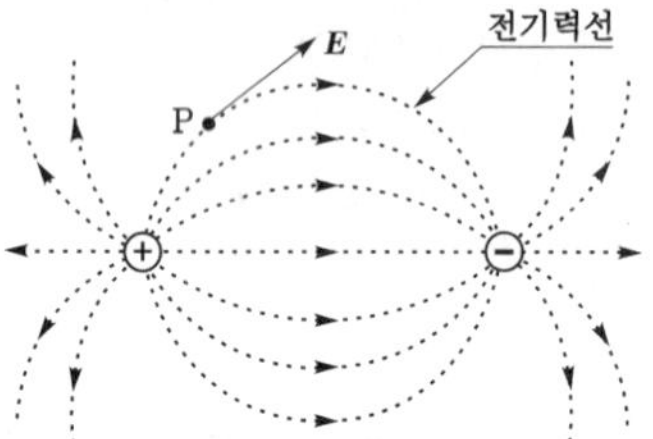

▌전기력선▐

※ 전기력선의 기본성질
★꼭 기억하세요★

※ 전기력선의 총수

전기력선의 총수 $=\dfrac{Q}{\varepsilon}$

여기서, ε : 유전율
Q : 전하[C]

※ 자기력선의 총수

자기력선의 총수 $=\dfrac{m}{\mu}$

여기서, μ : 투자율
m : 자극의 세기[Wb]

중요 전기력선의 기본성질

① **정(+)전하**에서 **시작**하여 **부(−)전하**에서 끝난다. 문03 보기②
② 전기력선의 접선방향은 그 접점에서의 **전계의 방향과 일치**한다. 문03 보기①
③ 전위가 **높은 점에서 낮은 점**으로 향한다. 문03 보기④
④ 그 자신만으로 **폐곡선이 안 된다.**
⑤ 전기력선은 서로 **교차하지 않는다.**
⑥ 단위전하에서는 $1/\varepsilon_0$개의 전기력선이 출입한다. 문03 보기③
⑦ 전기력선은 도체표면(등전위면)에서 **수직으로 출**입한다.
⑧ 전하가 없는 곳에서는 전기력선의 발생, 소멸이 없고 연속적이다.
⑨ **도체 내부**에는 **전기력선이 없다.**

★★

문제 03 전기력선의 설명 중 틀리게 설명한 것은?

19회 문 42

① 전기력선의 방향은 그 점의 전계의 방향과 일치하여 밀도는 그 점에서의 전계의 세기와 같다.
② 전기력선은 부전하에서 시작하여 정전하에서 그친다.
③ 단위전하에서는 $1/\varepsilon_0$개의 전기력선이 출입한다.
④ 전기력선은 전위가 높은 점에서 낮은 점으로 향한다.

해설 ② 전기력선은 **정전하**에서 시작하여 **부전하**에서 끝난다.

답 ②

(3) 전계의 세기

전계 중에 +1C의 전하를 놓을 때 여기에 작용하는 정전력을 그 점의 **전계의 세기**(Intensity of electric-field)라고 하고, 기호는 E, 단위는 V/m 또는 N/C으로 나타낸다.

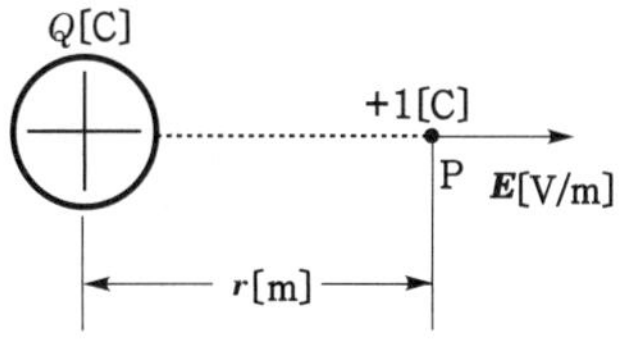

| 전계의 세기 |

Key Point

＊ 전계의 세기
전계 중에 단위전하를 놓았을 때 그것에 작용하는 힘

기억법 전계전계

- **전계의 세기** : 가우스(Gauss)의 정리를 이용하여 구할 수 있다.

① 전계의 세기

$$E=\frac{1}{4\pi\varepsilon}\cdot\frac{Q}{r^2}=K\frac{Q}{r^2}$$ 문04 보기② $$=9\times10^9\times\frac{Q}{\varepsilon_s r^2}\text{〔V/m〕}$$

또는 $$E=\frac{V}{d}$$

여기서, E : 전계의 세기〔V/m〕, ε : 유전율〔F/m〕($\varepsilon=\varepsilon_0\cdot\varepsilon_s$), ε_0 : 진공의 유전율〔F/m〕
ε_s : 비유전율, d : 두께〔m〕, K : 비례상수$\left(\frac{1}{4\pi\varepsilon}\right)$

② 전위

$$V_P=\frac{1}{4\pi\varepsilon}\cdot\frac{Q}{r}=K\frac{Q}{r}=9\times10^9\times\frac{Q}{\varepsilon_s r}\text{〔V〕}$$ 문04 보기③

여기서, V_P : P점에서의 전위〔V〕
ε : 유전율〔F/m〕($\varepsilon=\varepsilon_0\cdot\varepsilon_s$)
Q : 전하〔C〕
r : 거리〔m〕
K : 비례상수$\left(\frac{1}{4\pi\varepsilon}\right)$

③ 힘

$$F=\frac{1}{4\pi\varepsilon}\cdot\frac{Q_1Q_2}{r^2}=K\frac{Q_1Q_2}{r^2}=QE\text{〔N〕}$$ 문04 보기①

여기서, F : 두 전하 사이에 작용하는 힘〔N〕
ε : 유전율〔F/m〕
$\varepsilon=\varepsilon_0\cdot\varepsilon_s$
ε_0 : 진공의 유전율〔F/m〕
ε_s : 비유전율
Q_1Q_2 : 전하〔C〕
r : 거리〔m〕
K : 비례상수$\left(\frac{1}{4\pi\varepsilon}\right)$
Q : 전하〔C〕
E : 전계의 세기〔V/m〕

＊ 전계의 세기

$$E=\frac{Q}{4\pi\epsilon r^2}\text{〔V/m〕}$$

여기서,
E : 전계의 세기〔V/m〕
Q : 전하〔C〕
ε : 유전율〔F/m〕
r : 거리〔m〕

Key Point

★

문제 04 전계 내에서 전하 사이에 작용하는 힘, 전계, 전위를 표현한 식으로 옳지 않은 것은? (단, F : 힘, Q : 전하, r : 거리, V : 전위, K : 비례상수, E : 전계)

① $F=QE$[N]　　② $E=K\frac{Q}{r^2}$[V/m]

③ $V=K\frac{Q}{r}$[V]　　④ $F=K\frac{Q_1Q_2}{r}$[N]

해설 (1) **전하** 사이에 **작용**하는 **힘**

$$F=\frac{1}{4\pi\varepsilon}\cdot\frac{Q_1Q_2}{r^2}=K\frac{Q_1Q_2}{r^2}=QE\text{[N]}$$

(2) **전계**의 **세기**

$$E=\frac{1}{4\pi\varepsilon}\cdot\frac{Q}{r^2}=K\frac{Q}{r^2}\text{[V/m]} \text{ 또는 } E=\frac{V}{d}$$

(3) **전위**

$$V_P=\frac{1}{4\pi\varepsilon}\cdot\frac{Q}{r}=K\frac{Q}{r}\text{[V]}$$

답 ④

2 전속과 전속밀도

전계 중에 금속판을 넣으면 금속판 양쪽에 $\pm Q$[C]의 전하가 유도되는데 이 작용을 나타내기 위한 가상의 선을 **전속**(Dielectric flux) 또는 **유전속**이라 하며, 기호는 Q, 단위는 C[Coulomb]으로 나타낸다.

또 단위면적당의 전속을 **전속밀도**(Dielectric flux density)라 하며, 기호는 D, 단위는 C/m^2로 나타낸다.

$$D=\frac{Q}{A}=\frac{Q}{4\pi r^2}\text{[C/m}^2\text{]}$$

여기서, D : 전속밀도[C/m^2], A : 단면적[m^2],
Q : 전속[C], r : 거리[m]

위 식에서 분자, 분모에 ε를 곱하면

$$D=\frac{\varepsilon Q}{4\pi\varepsilon r^2}=\varepsilon E=\varepsilon_0\varepsilon_s E\text{ [C/m}^2\text{]}$$

여기서, D : 전속밀도[C/m^2]
E : 전계의 세기[V/m]
ε : 유전율[F/m]($\varepsilon=\varepsilon_0\cdot\varepsilon_s$)
Q : 전속[C]
r : 거리[m]

※ 전속
전하의 상태를 나타내기 위한 가상의 선

※ 전기력선
전계의 상태를 나타내기 위한 가상의 선

※ 전속밀도

$D=\varepsilon_0\varepsilon_s E$[$C/m^2$]

여기서,
D : 전속밀도[C/m^2]
ε_0 : 진공의 유전율 [F/m]
ε_s : 비유전율
E : 전계의 세기[V/m]

※ 유전체=절연물

3 유전체 내의 에너지

(1) 정전에너지

콘덴서에 축적되는 정전에너지 W는 $Q = CV$ [C]이므로,

$$\therefore\ W = \frac{1}{2}QV = \frac{1}{2}CV^2 = \frac{Q^2}{2C}\ \text{[J]}$$ 문05 보기②

여기서, W : 정전에너지[J], Q : 전하[C],
V : 전압[V], C : 정전용량[F]

문제 05 정전용량 C인 콘덴서에 전압 V로 Q의 전하로 충전하였을 때의 에너지는?

17회 문 49
14회 문 50
12회 문 43
10회 문 30

① $\frac{1}{2}CQ^2$ ② $\frac{Q^2}{2C}$

③ $\frac{1}{2}C^2Q$ ④ $\frac{C^2}{2Q}$

해설

② $W = \frac{Q^2}{2C}$

답 ②

비교

일

$$W = QV$$

여기서, W : 일[J]
Q : 전하(전기량)[C]
V : 전압[V]

(2) 에너지밀도

단위체적당 축적에너지(에너지밀도) W_0는
$D = \varepsilon E$ [C/m^2]이므로

$$\therefore\ W_0 = \frac{1}{2}ED = \frac{1}{2}\varepsilon E^2 = \frac{D^2}{2\varepsilon}\ \text{[J/m}^3\text{]}$$

또는 [N/m^2](1J=1N · m)

여기서, W_0 : 에너지 밀도[J/m^3]
E : 전계의 세기[V/m],
D : 전속밀도[C/m^2]
ε : 유전율[F/m],
ε_0 : 진공의 유전율[F/m]
ε_s : 비유전율

Key Point

※ 정전에너지
콘덴서에 충전할 때 발생되는 에너지

$$W = \frac{1}{2}QV = \frac{1}{2}CV^2 = \frac{Q^2}{2C}\ \text{[J]}$$

여기서,
W : 정전에너지[J]
Q : 전하[C]
V : 전압[V]
C : 정전용량[F]

※ 에너지밀도

$$W_0 = \frac{1}{2}ED = \frac{1}{2}\varepsilon E^2 = \frac{D^2}{2\varepsilon}\ \text{[J/m}^3\text{]}$$

여기서,
W_0 : 에너지밀도[J/m^3]
E : 전계의 세기[V/m]
D : 전속밀도[C/m^2]
ε : 유전율[F/m]

출제예상문제

(정전계)

출제확률 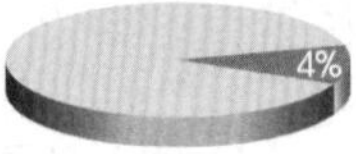

(1문제)

★★★

01 정전계의 설명으로 가장 적합한 것은?

① 전계에너지가 최대로 되는 전하분포의 전계이다.

② 전계에너지와 무관한 전하분포의 전계이다.

③ 전계에너지가 최소로 되는 전하분포의 전계이다.

④ 전계에너지가 일정하게 유지되는 전하분포의 전계이다.

해설 **톰슨**의 **정리**(Thompson's theorem)
정전계는 전계에너지가 최소로 되는 전하분포의 전계이다.

답 ③

★

02 다음 설명 중 잘못된 것은?

① 정전유도에 의하여 작용하는 힘은 반발력(흡인력)이다.

② 정전용량이란 콘덴서가 전하를 축적하는 능력을 말한다.

③ 콘덴서에 전압을 가하는 순간은 콘덴서는 단락상태가 된다.

④ 같은 부호의 전하끼리는 반발력이 생긴다.

해설 용어

정전유도(Electrostatic induction)
대전체에 대전되지 않은 도체를 가까이 하면 대전체에 가까운 쪽에는 대전체와 다른 종류의 전하가, 먼쪽에는 같은 종류의 전하가 나타나는 현상

답 ①

★

03 Condenser에 대한 설명 중 옳지 않은 것은 어느 것인가?

① 콘덴서는 두 도체간 정전용량에 의하여 전하를 축적시키는 장치이다.

② 가능한 한 많은 전하를 축적하기 위하여 도체간의 간격을 작게 한다.

③ 두 도체간의 절연물은 절연을 유지할 뿐 이다.
만 아니라 정전용량을 가지게 한다.

④ 두 도체간의 절연물은 도체간 절연은 물론 정전용량의 값을 증가시키기 위함이다.

해설 **콘덴서**(Condenser) : 두 도체간의 절연물을 넣어서 정전용량을 가지게 한 소자, **커패시터**라고도 한다.

답 ③

★

04 모든 전기장치에 접지시키는 근본적인 이유는 무엇인가?

① 지구의 용량이 커서 전위가 거의 일정하기 때문이다.

② 편의상 지면을 영전위로 보기 때문이다.

③ 영상전하를 이용하기 때문이다.

④ 지구는 전류를 잘 통하기 때문이다.

해설 ① **지구**는 정전용량이 커서 **전위**가 거의 **일정**하다.

답 ①

★

05 30F 콘덴서 3개를 직렬로 연결하면 합성 정전용량〔F〕은?

① 10　　② 30

③ 40　　④ 90

해설 **콘덴서**의 **직렬접속**

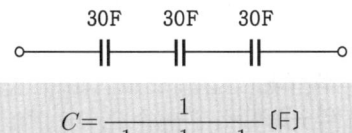

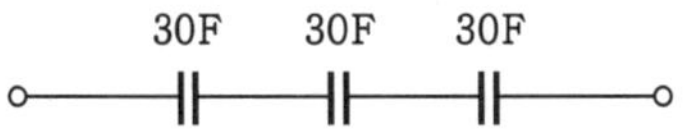

$$C=\frac{1}{\frac{1}{C_1}+\frac{1}{C_2}+\frac{1}{C_3}}\text{[F]}$$

여기서, C : 합성정전용량[F]

C_1, C_2, C_3 : 각각의 정전용량[F]

합성정전용량 C는

$$C=\frac{1}{\frac{1}{C_1}+\frac{1}{C_2}+\frac{1}{C_3}}$$

$$=\frac{1}{\frac{1}{30}+\frac{1}{30}+\frac{1}{30}}=\frac{30}{3}=10\text{F}$$

답 ①

★

06 **다음 그림에서 콘덴서의 합성정전용량은 얼마인가?**

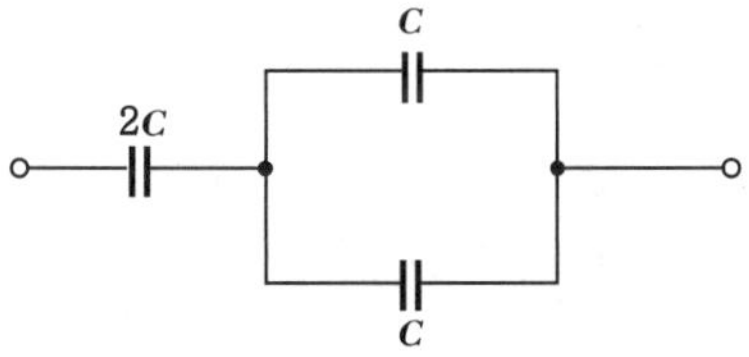

① C

② $2C$

③ $3C$

④ $4C$

해설 (1) **콘덴서**의 **직렬접속**

$$C=\frac{1}{\frac{1}{C_1}+\frac{1}{C_2}}=\frac{C_1C_2}{C_1+C_2}$$

여기서, C : 합성정전용량[F]

C_1, C_2 : 각각의 정전용량[F]

(2) **콘덴서**의 **병렬접속**

$$C=C_1+C_2$$

여기서, C : 합성정전용량[F]

C_1, C_2 : 각각의 정전용량[F]

(3) **합성정전용량** C는

$$C=\frac{2C\times(C+C)}{2C+(C+C)}=\frac{4C^2}{4C}=C\text{[F]}$$

답 ①

★★

07 **콘덴서를 그림과 같이 접속했을 때 C_x의 정전용량[μF]은? (단, $C_1=3\mu$F, $C_2=3\mu$F, $C_3=3\mu$F이고 ab 사이의 합성정전용량 $C_0=5\mu$F이다.)**

① $\frac{1}{2}$

② 1

③ 2

④ 4

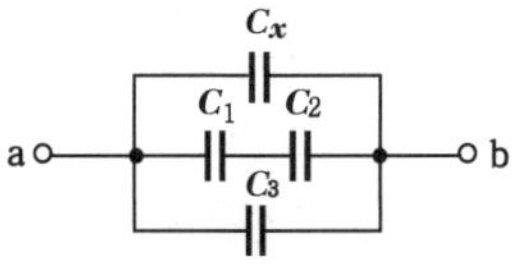

해설 (1) **기호**

- C_x : ?
- C_1 : 3μF
- C_2 : 3μF
- C_3 : 3μF
- C_0 : 5μF

(2) **콘덴서**의 **직렬접속**

$$C=\frac{1}{\frac{1}{C_1}+\frac{1}{C_2}}=\frac{C_1C_2}{C_1+C_2}$$

여기서, C : 합성정전용량[F]

C_1, C_2 : 각각의 정전용량[F]

(3) **콘덴서**의 **병렬접속**

$$C=C_1+C_2+C_3$$

여기서, C : 합성정전용량[F]

C_1, C_2, C_3 : 각각의 정전용량[F]

(4) **합성정전용량** C_0는

$$C_0=C_x+C_3+\frac{C_1C_2}{C_1+c_2}\text{에서}$$

$$\therefore\ C_x=C_0-C_3-\frac{C_1C_2}{C_1+C_2}$$

$$=5-3-\frac{3\times3}{3+3}$$

$$=0.5$$

$$=\frac{1}{2}\mu\text{F}$$

답 ①

★
08 정전용량의 단위 〔Farad〕와 같은 것은? (단, V는 전위, C는 전기량, N은 힘, m은 길이이다.)

① $\frac{N}{C}$ ② $\frac{V}{m}$
③ $\frac{V}{C}$ ④ $\frac{C}{V}$

해설 (1) **정전용량**

$$Q = CV$$

여기서, Q : 전하(전기량)〔C〕
C : 정전용량〔F〕
V : 전압〔V〕

(2) C〔F〕$= \frac{Q〔C〕}{V〔V〕}$ 에서

$\therefore$ 〔F〕$= \frac{〔C〕}{〔V〕}$

중요

기호와 단위

구 분	기 호	단 위
C	정전용량	전기량(전하)
F	힘	정전용량

답 ④

★
09 엘라스턴스(Elastance)란?

① $\frac{1}{\text{전위차} \times \text{전기량}}$

② 전위차×전기량

③ $\frac{\text{전위차}}{\text{전기량}}$

④ $\frac{\text{전기량}}{\text{전위차}}$

해설 (1) **정전용량**

$$Q = CV$$

여기서, Q : 전하(전기량)〔C〕
C : 정전용량〔F〕
V : 전압〔V〕

(2) **엘라스턴스**는 **정전용량**의 **역수**이므로

$\therefore$ l(엘라스턴스)$= \frac{1}{C} = \frac{V}{Q} \left(\frac{\text{전위차}}{\text{전기량}} \right)$

중요

역수관계

구 분	역 수
저항	컨덕턴스
리액턴스	서셉턴스
임피던스	어드미턴스
정전용량	엘라스턴스

답 ③

★
10 5μF의 콘덴서에 100V의 직류전압을 가하면 축적되는 전하〔C〕는?

(5μF: C, 100V: V, 전하: Q)

① 5×10^{-3} ② 5×10^{-4}
③ 5×10^{-5} ④ 5×10^{-6}

해설 **문제 9 참조**

(1) **기호**

- C : 5μF
- V : 100V
- Q : ?

(2) **전하** Q는

$Q = CV = (5 \times 10^{-6}) \times 100 = 5 \times 10^{-4}$C

$$1\mu\text{F} = 1 \times 10^{-6}\text{F}$$

답 ②

★
11 그림에서 2μF에 100μC의 전하가 충전되어 있었다면 3μF의 양단의 전위차〔V〕는?

① 50
② 100
③ 200
④ 260

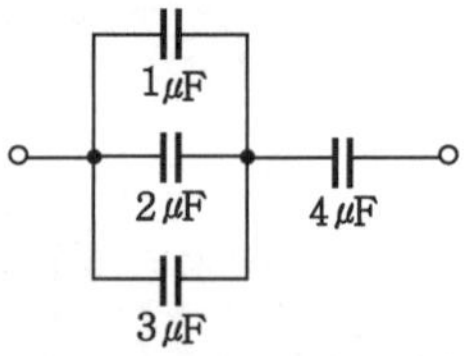

해설 (1) **전압**(전위차)

$$V = \frac{Q}{C}〔\text{V}〕$$

여기서, V : 전압〔V〕
Q : 전하(전기량)〔C〕
C : 정전용량〔F〕

(2) **병렬콘덴서**에 걸리는 **전압**은

$$V=\frac{Q_1}{C_1}=\frac{Q_2}{C_2}=\frac{Q_3}{C_3} \text{ 이므로}$$

$$V=\frac{Q_2}{C_2}[\text{V}]=\frac{(100\times10^{-6})}{(2\times10^{-6})}=50\text{V}$$

- $1\mu\text{F}=1\times10^{-6}\text{F}$
- $1\mu\text{C}=1\times10^{-6}\text{C}$

답 ①

☆

12 전하 Q로 대전된 용량 C의 콘덴서에 용량 C_0를 병렬연결한 경우 C_0가 분배받는 전기량은?

① $\frac{C+C_0}{C_0}Q$ ② $\frac{C+C_0}{C}Q$

③ $\frac{C}{C+C_0}Q$ ④ $\frac{C_0}{C+C_0}Q$

해설

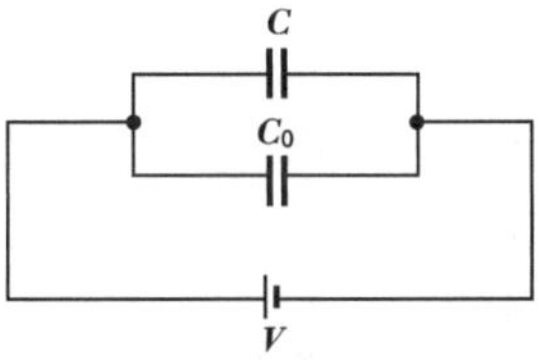

C_0가 분배받는 **전기량** Q_0는

$$Q_0=\frac{C_0}{C+C_0}Q[\text{C}]$$

중요

각각의 전기량

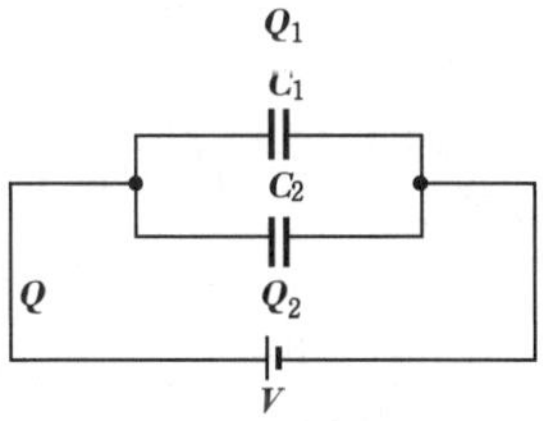

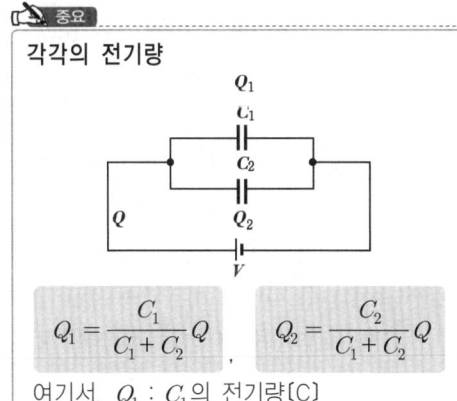

$$Q_1=\frac{C_1}{C_1+C_2}Q, \quad Q_2=\frac{C_2}{C_1+C_2}Q$$

여기서, Q_1 : C_1의 전기량[C]
Q_2 : C_2의 전기량[C]
C_1, C_2 : 각각의 정전용량[F]
Q : 전체 전기량[C]

답 ④

☆

13 1μF과 2μF인 두 개의 콘덴서가 직렬로 연결된 양단에 150V의 전압이 가해졌을 때 1μF의 콘덴서에 걸리는 전압[V]은?
(1μF: C_1, 2μF: C_2, 150V: V, 전압: V_1)

① 30
② 50
③ 100
④ 120

해설 (1) 기호

- C_1 : 1μF
- C_2 : 2μF
- V : 150V
- V_1 : ?

(2)

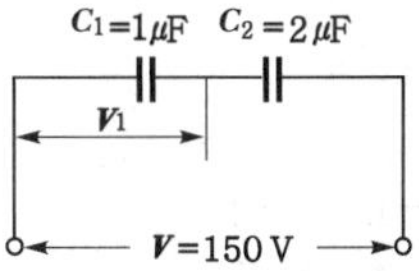

$$V_1=\frac{C_2}{C_1+C_2}[\text{V}]$$

$$=\frac{(2\times10^{-6})}{(1\times10^{-6})+(2\times10^{-6})}\times150$$

$$=100\text{V}$$

중요

각각의 전압

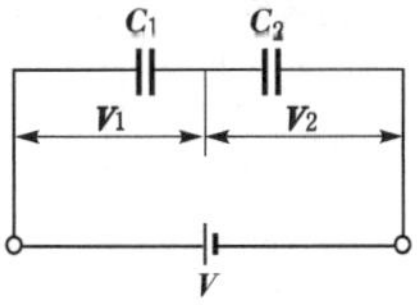

$$V_1=\frac{C_2}{C_1+C_2}V, \quad V_2=\frac{C_1}{C_1+C_2}V$$

여기서, V_1 : C_1에 걸리는 전압[V]
V_2 : C_2의 걸리는 전압[V]
C_1, C_2 : 각각의 정전용량[F]
V : 전체 전압[V]

답 ③

★

14 $C_1=1\mu$F, $C_2=2\mu$F, $C_3=3\mu$F인 3개의 콘덴서를 직렬연결하여 600V의 전압을 가할 때, C_1 양변 사이에 걸리는 전압[V]은?

(600V: V, 전압[V]: V_1)

① 약 55
② 약 327
③ 약 164
④ 약 382

해설 (1) **기호**

- C_1 : 1μF
- C_2 : 2μF
- C_3 : 3μF
- V : 600V
- V_1 : ?

(2) **콘덴서**의 **직렬접속**

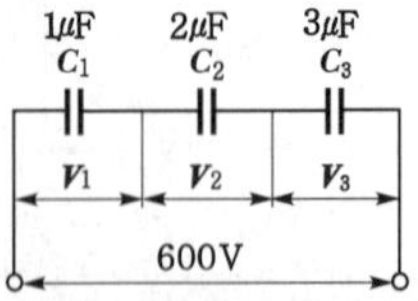

$$C=\frac{1}{\frac{1}{C_1}+\frac{1}{C_2}+\frac{1}{C_3}}\text{[F]}$$

여기서, C : 합성정전용량[F]
C_1, C_2, C_3 : 각각의 정전용량[F]

(3) **합성정전용량**을 C라 하면

$$C=\frac{1}{\frac{1}{C_1}+\frac{1}{C_2}+\frac{1}{C_3}}$$

$$=\frac{1}{1+\frac{1}{2}+\frac{1}{3}}$$

$$=0.545\mu\text{F}$$

(4) C_1 양변 사이에 걸리는 전압[V]은

$$V_1=\frac{Q}{C_1}=\frac{CV}{C_1}$$

$$=\frac{0.545\times600}{1}=327\text{V}$$

답 ②

★

15 그림과 같이 용량 회로에서 $C_1=0.015\mu$F, $C_2=0.33\mu$F이고, 전압 $V_0=1000$V일 때 C_1의 전위차를 $V_1=990$V로 하기 위한 C의 값은 몇 μF인가?

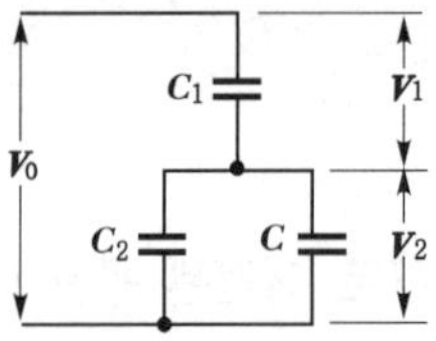

① 0.155
② 1.155
③ 2.155
④ 3.155

해설 문제 13 참조

(1) **기호**

- C_1 : 0.015μF
- C_2 : 0.33μF
- V_0 : 1000V
- V_1 : 990V
- C : ?

(2)

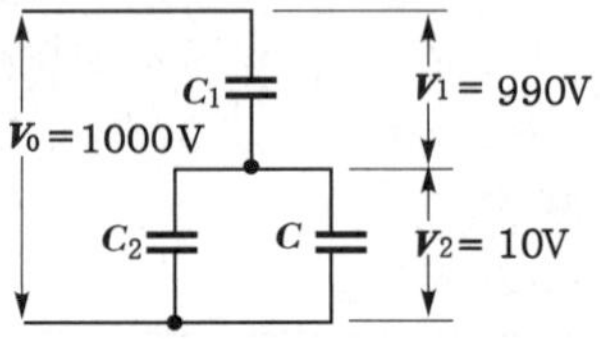

$$V_2=\frac{C_1}{C_1+(C_2+C)}V_0$$

$V_2=1000-990=10$V이므로

$$10=\frac{0.015}{0.015+(0.33+C)}\times1000$$

$$0.015+(0.33+C)=\frac{0.015}{10}\times1000$$

$$0.345+C=\frac{0.015}{10}\times1000$$

$$C=\frac{0.015}{10}\times1000-0.345$$

$\therefore\ C=1.155\mu$F

답 ②

★

16 Q_1으로 대전된 용량 C_1의 콘덴서에 용량 C_2를 병렬연결한 경우 C_2가 분배받는 전기량은? (단, V_1은 콘덴서 C_1에 Q_1으로 충전되었을 때의 C_1 양단전압이다.)

① $Q_2 = \dfrac{C_1 + C_2}{C_2} V_1$

② $Q_2 = \dfrac{C_2}{C_1 + C_2} V_1$

③ $Q_2 = \dfrac{C_1}{C_1 + C_2} V_1$

④ $Q_2 = \dfrac{C_1 C_2}{C_1 + C_2} V_1$

해설 문제 12 참조

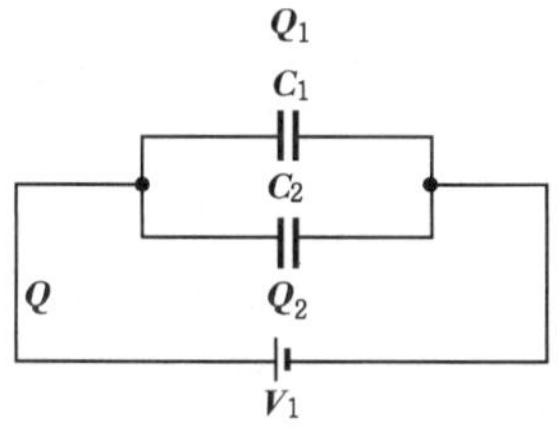

(1) **전기량**

$$Q = CV$$

여기서, Q : 전기량[V]
C : 정전용량[F]
V : 전압[V]

(2) C_2가 분배받는 **전기량** Q_2는

$$Q_2 = \frac{C_2}{C_1 + C_2} Q_1 = \frac{C_1 C_2}{C_1 + C_2} V_1 \text{[C]}$$

여기서, $Q_1 = C_1 V_1$

답 ④

★

17 3F(C_1)의 용량을 가진 콘덴서가 전압 10V(V_1)로 충전되어 있다. 여기서 6F(C_2)의 용량을 가진 콘덴서를 병렬로 접속했을 때 6F의 용량을 가진 콘덴서에 옮겨진 전하(Q_2)는 몇 C인가?

① 20　　② $\dfrac{10}{3}$

③ $\dfrac{20}{3}$　　④ 10

해설 문제 16 참조

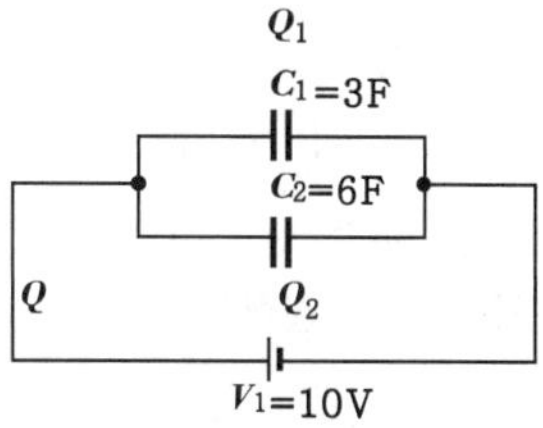

$$Q_2 = \frac{C_1 C_2}{C_1 + C_2} V_1 = \frac{3 \times 6}{3+6} \times 10 = 20\text{C}$$

답 ①

★

18 전압 V로 충전된 용량 C의 콘덴서에 동일 용량 C의 콘덴서를 병렬연결한 후의 양단간의 전위차는?

① V　　② $2V$

③ $\dfrac{V}{2}$　　④ $\dfrac{V}{4}$

해설 **전압**(전위차)

$$V = \frac{Q}{C} \text{[V]}$$

여기서, V : 전압(전위차)[V]
Q : 전기량[C]
C : 정전용량[F]

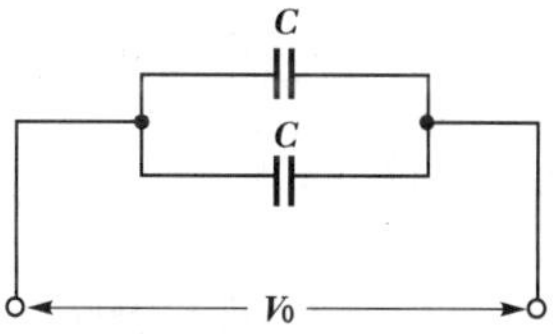

$$V_0 = \frac{Q}{C_0} = \frac{Q}{2C} = \frac{CV}{2C} = \frac{V}{2}$$

여기서, $C_0 = C + C = 2C$
$Q = CV$

답 ③

★

19 내전압이 각각 같은 1μF, 2μF 및 3μF 콘덴서를 직렬로 연결하고, 양단전압을 상승시키면?

① 1μF이 제일 먼저 파괴된다.
② 2μF이 제일 먼저 파괴된다.
③ 3μF이 제일 먼저 파괴된다.
④ 동시에 파괴된다.

해설

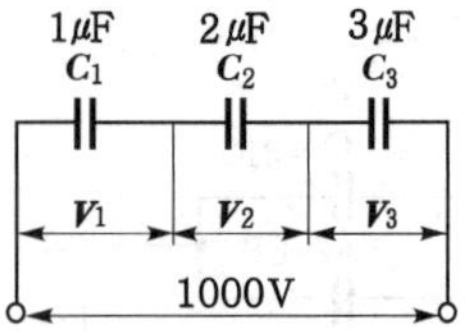

(1) **콘덴서**의 **직렬접속**

$$C=\frac{1}{\frac{1}{C_1}+\frac{1}{C_2}+\frac{1}{C_3}}\text{(F)}$$

여기서, C : 합성정전용량(F)

C_1, C_2, C_3 : 각각의 정전용량(F)

(2) **합성정전용량**을 C라 하면

$$C=\frac{1}{\frac{1}{C_1}+\frac{1}{C_2}+\frac{1}{C_3}}=\frac{1}{1+\frac{1}{2}+\frac{1}{3}}$$

$$=0.545\,\mu\text{F}$$

(3) 양단에 가한 전압을 1000V라 가정하면 각각의 전압 V_1, V_2, V_3는

$$V_1=\frac{Q}{C_1}=\frac{CV}{C_1}$$

$$=\frac{0.545\times1000}{1}=545\text{V}$$

$$V_2=\frac{Q}{C_2}=\frac{CV}{C_2}$$

$$=\frac{0.545\times1000}{2}≒273\text{V}$$

$$V_3=\frac{Q}{C_3}=\frac{CV}{C_3}$$

$$=\frac{0.545\times1000}{3}≒182\text{V}$$

• V_1에 가장 높은 전압이 걸리므로 용량이 제일 작은 1μF이 제일 먼저 파괴된다.

답 ①

☆

20 **0.1μF, 0.2μF, 0.3μF의 콘덴서 3개를 직렬로 접속하고, 그 양단에 가한 전압을 서서히 상승시키면 콘덴서는 어떻게 되는가? (단, 유전체의 재질 및 두께는 같다.)**

① 0.1μF이 제일 먼저 파괴된다.

② 0.2μF이 제일 먼저 파괴된다.

③ 0.3μF이 제일 먼저 파괴된다.

④ 모든 콘덴서가 동시에 파괴된다.

해설 문제 19 참조

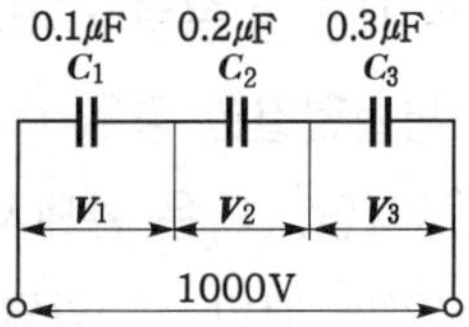

합성정전용량을 C라 하면

$$C=\frac{1}{\frac{1}{C_1}+\frac{1}{C_2}+\frac{1}{C_3}}$$

$$=\frac{1}{\frac{1}{0.1}+\frac{1}{0.2}+\frac{1}{0.3}}=0.0545\,\mu\text{F}$$

양단에 가한 전압을 1000V라 가정하면 각각의 전압 V_1, V_2, V_3는

$$V_1=\frac{Q}{C_1}=\frac{CV}{C_1}$$

$$=\frac{0.0545\times1000}{0.1}=545\text{V}$$

$$V_2=\frac{Q}{C_2}=\frac{CV}{C_2}$$

$$=\frac{0.0545\times1000}{0.2}≒273\text{V}$$

$$V_3=\frac{Q}{C_3}=\frac{CV}{C_3}$$

$$=\frac{0.0545\times1000}{0.3}≒182\text{V}$$

• V_1에 가장 높은 전압이 걸리므로 용량이 제일 작은 0.1μF이 제일 먼저 파괴된다.

답 ①

☆

21 **면적 S(m^2), 극간 거리 d(m)인 평행한 콘덴서에 비유전율 ε_s의 유전체를 채운 경우의 정전용량은? (단, 진공의 유전율은 ε_0이다.)**

① $\dfrac{\varepsilon_s S}{4\pi\varepsilon_0 d}$

② $\dfrac{4\pi\varepsilon_0\varepsilon_s}{Sd}$

③ $\dfrac{\varepsilon_s S}{\varepsilon_0 d}$

④ $\dfrac{\varepsilon_0\varepsilon_s S}{d}$

해설 **정전용량**

$$C=\frac{\varepsilon S}{d}=\frac{\varepsilon_0\varepsilon_s S}{d}\text{(F)}$$

여기서, C : 정전용량[F]

S : 극판의 면적[m^2]

ε : 유전율[F/m]($\varepsilon=\varepsilon_0 \cdot \varepsilon_s$)

ε_0 : 진공의 유전율[F/m]

ε_s : 비유전율(단위 없음)

답 ④

★

22 1변이 50cm(S)인 정사각형 전극을 가진 평행판 콘덴서가 있다. 이 극판 간격을 5mm(d)로 할 때 정전용량(C)은 얼마인가? (단, $\varepsilon_0=8.855\times10^{-12}$F/m이고 단말효과는 무시한다.)

① 443pF ② 380μF

③ 410μF ④ 0.5pF

해설 문제 21 참조

(1) 기호

- S : 50cm=50×10^{-12}
- d : 5mm=5×10^{-3}
- C : ?

- 진공의 유전율 $\varepsilon_0=8.855\times10^{-12}$F/m

(2) 정전용량 C는

$$C=\frac{\varepsilon S}{d}=\frac{\varepsilon_0\varepsilon_s S}{d}$$

$$=\frac{(8.855\times10^{-12})\times(50\times10^{-2})^2}{(5\times10^{-3})}$$

$$\fallingdotseq 443\times10^{-12}\text{F}$$

$$\fallingdotseq 443\text{pF}$$

- 비유전율(ε_s) : 주어지지 않았으므로 무시
- 1pF=1×10^{-12}F

답 ①

★

23 간격 d[m]인 무한히 넓은 평행판의 단위면적당 정전용량[F/m^2]은? (단, 매질은 공기라 한다.)

① $\dfrac{1}{4\pi\varepsilon_0 d}$ ② $\dfrac{4\pi\varepsilon_0}{d}$

③ $\dfrac{\varepsilon_0}{d}$ ④ $\dfrac{\varepsilon_0}{d^2}$

해설 문제 21 참조

정전용량 C는

$$C=\frac{\varepsilon_0\varepsilon_s S}{d}=\frac{\varepsilon_0\times1\times S}{d}=\frac{\varepsilon_0 S}{d}\text{[F]}$$

$$=\frac{\varepsilon_0}{d}\text{[F/m}^2\text{]}$$

- 공기 중 또는 진공 중 $\varepsilon_s=1$
- 단위면적당 정전용량을 구하라고 하였으므로 $\dfrac{\varepsilon_0}{d}$가 된다.

답 ③

★

24 극판의 면적이 10cm^2, 극판간의 간격이 1mm, 극판간에 채워진 유전체의 비유전율이 2.5인 평행판 콘덴서에 100V(V)의 전압을 가할 때 극판의 전하(Q)[C]는?

① 1.2×10^{-9}

② 1.25×10^{-12}

③ 2.21×10^{-9}

④ 4.25×10^{-10}

해설 문제 21 참조

(1) 전하

$$Q=CV\text{[C]}$$

여기서, Q : 전하[C]

C : 정전용량[F]

V : 전압[V]

(2) $Q=CV=\dfrac{\varepsilon_0\varepsilon_s S}{d}V$

$$=\frac{(8.855\times10^{-12})\times2.5\times(10\times10^{-4})}{(1\times10^{-3})}\times100$$

$$\fallingdotseq 2.21\times10^{-9}\text{C}$$

- $C=\dfrac{\varepsilon_0\varepsilon_s S}{d}$
- $\varepsilon_0=8.855\times10^{-12}$F/m
- $S=10\text{cm}^2=10\times10^{-4}\text{m}^2$
- $d=1\text{mm}=1\times10^{-3}\text{m}$

답 ③

★
25 **콘덴서에서 극판의 면적을 3배로 증가시키면 정전용량은?**

① $\frac{1}{3}$로 감소한다.
② $\frac{1}{9}$로 감소한다.
③ 3배로 증가한다.
④ 9배로 증가한다.

해설 **문제 21 참조**

③ 정전용량은 극판의 면적에 비례하므로 **극판**의 **면적**을 **3배**로 증가시키면 **정전용량**도 **3배**로 증가한다.

정전용량

$$C=\frac{\varepsilon S}{d}$$

정전용량 $C=\frac{\varepsilon S(\text{비례})}{d(\text{반비례})}\propto S$

답 ③

★
26 **평행판 콘덴서의 양극판 면적을 3배로 하고 간격을 1/2배로 하면 정전용량은 처음의 몇 배가 되는가?**

① $\frac{3}{2}$　② $\frac{2}{3}$
③ $\frac{1}{6}$　④ 6

해설 **문제 21 참조**
정전용량

$$C=\frac{\varepsilon S}{d}\,[\mathrm{F}]$$

정전용량 C는

$C=\frac{\varepsilon S}{d}$에서

$\therefore\ C_0=\frac{\varepsilon\times 3S_0}{\frac{1}{2}d_0}=6\frac{\varepsilon S_0}{d_0}=6C$

답 ④

★★
27 **평행판 콘덴서에 100V의 전압이 걸려 있다. 이 전원을 제거한 후 평행판 간격을 처음의 2배로 증가시키면?**

① 용량은 $\frac{1}{2}$배로, 저장되는 에너지는 2배로 된다.
② 용량은 2배로, 저장되는 에너지는 $\frac{1}{2}$배로 된다.
③ 용량은 $\frac{1}{4}$배로, 저장되는 에너지는 4배로 된다.
④ 용량은 4배로, 저장되는 에너지는 $\frac{1}{4}$배로 된다.

해설 **문제 21 참조**
(1) **정전용량**

$$C=\frac{\varepsilon S}{d}\,[\mathrm{F}]$$

정전용량 C는

$C=\frac{\varepsilon S(\text{비례})}{d(\text{반비례})}\propto\frac{1}{d}$ 에서

∴ 정전용량은 간격에 반비례하므로 **간격**을 **2배**로 하면 **용량**은 $\frac{1}{2}$**배**가 된다.

(2) **저장되는 에너지**(정전에너지)

$$W=\frac{Q^2}{2C}$$

여기서, W : 정전에너지[J]
Q : 전하[C]
C : 정전용량[F]

정전에너지 W는

$W=\frac{Q^2}{2C}=\frac{Q^2}{2\frac{\varepsilon S}{d}}\propto d$

∴ 저장되는 에너지는 간격에 비례하므로 **간격**을 **2배**로 하면 **저장**되는 **에너지**는 **2배**가 된다.

답 ①

★
28 정전용량이 10μF인 콘덴서의 양단에 100V의 일정전압을 가하고 있다. 지금 이 콘덴서의 극판간의 거리를 1/10로 변화시키면 콘덴서에 충전되는 전하량은 어떻게 변화되는가?

① $\frac{1}{10}$배로 감소　② $\frac{1}{100}$배로 감소

③ 10배로 증가　④ 100배로 증가

해설 **문제 21 참조**
전하량

$$Q = CV$$

여기서, Q : 전하량[C]
C : 정전용량[F]
V : 전압[V]

전하량 Q는

$$Q = CV = \frac{\varepsilon S}{d} V \propto \frac{1}{d}$$

- $C = \frac{\varepsilon S}{d}$
- 전하량(Q)은 극판간의 거리(d)에 반비례하므로 **극판**간의 **거리**를 $\frac{1}{10}$로 하면 **전기량**은 **10배**로 증가한다.

답 ③

★
29 쿨롱의 법칙에 관한 설명으로 잘못 기술된 것은 어느 것인가?

① 힘의 크기는 두 전하량의 곱에 비례한다.

② 작용하는 힘의 방향은 두 전하를 연결하는 직선과 일치한다.

③ 힘의 크기는 두 전하 사이의 거리에 반비례한다.
의 제곱에 반비례한다.

④ 작용하는 힘은 두 전하가 존재하는 매질에 따라 다르다.

해설 **쿨롱**의 **법칙**(Coulom's law)

$$F = \frac{Q_1 Q_2}{4\pi\varepsilon r^2} = QE\text{[N]}$$

여기서, F : 정전력[N]
Q_1, Q_2 : 전하[C]
ε : 유전율[F/m]($\varepsilon = \varepsilon_0 \cdot \varepsilon_s$)
r : 거리[m]
E : 전계의 세기[V/m]

답 ③

★
30 일정한 전하를 가진 평행판 전극 사이의 유전체를 유전율이 2배인 매질로 바꾸어 넣었을 때 옳은 것은?

① 흡인력은 $\frac{1}{2}$배로 된다.

② 극판간의 전압은 2배로 된다.

③ 정전용량은 $\frac{1}{2}$배로 된다.

④ 축적되는 에너지는 4배로 된다.

해설 **문제 29 참조**

$$F = \frac{Q_1 Q_2}{4\pi\varepsilon r^2} \propto \frac{1}{\varepsilon}$$

- **정전력**(흡인력) F는 유전율(ε)에 반비례하므로 **유전율**을 **2배**로 하면 **흡인력**은 $\frac{1}{2}$**배**로 된다.

답 ①

★
31 비유전율 9인 유전체 중에 1cm의 거리를 두고 1μC과 2μC의 두 점전하가 있을 때 서로 작용하는 힘[N]은?

(9: ε_s, 1cm: r, 1μC: Q_1, 2μC: Q_2, 힘: F)

① 18　② 180

③ 20　④ 200

해설 **문제 29 참조**
(1) 기호

- ε_s : 9
- Q_1 : 1μC $= 1 \times 10^{-6}$
- Q_2 : 2μC $= 2 \times 10^{-6}$
- r : 1cm $= 1 \times 10^{-2}$
- F : ?

(2) **두 전하 사이**에 **작용**하는 **힘** F는

$$F=\frac{Q_1Q_2}{4\pi\varepsilon r^2}$$
$$=\frac{Q_1Q_2}{4\pi\varepsilon_0\varepsilon_s r^2}$$
$$=\frac{(1\times10^{-6})\times(2\times10^{-6})}{4\pi(8.855\times10^{-12})\times9\times(1\times10^{-2})^2}$$
$$\fallingdotseq 20\text{N}$$

답 ③

★
32 두 개의 같은 점전하가 진공 중에서 1m 떨어져 있을 때 작용하는 힘이 9×10^9N이면 이 점전하의 전기량〔C〕은?

① 1
② 3×10^4
③ 9×10^{-3}
④ 9×10^9

해설 **문제 29 참조**

$F=\dfrac{Q_1Q_2}{4\pi\varepsilon r^2}$에서

문제에서 두 개의 점전하가 같으므로

$$F=\frac{Q^2}{4\pi\varepsilon r^2}$$

$$F(4\pi\varepsilon r^2)=Q^2$$
$$Q^2=F(4\pi\varepsilon r^2)$$
$$Q=\sqrt{F(4\pi\varepsilon r^2)}$$
$$=\sqrt{(9\times10^9)\times(4\pi\times8.855\times10^{-12}\times1^2)}$$
$$\fallingdotseq 1\text{C}$$

- 공기 중 또는 진공 중 $\varepsilon_s=1$
- 진공의 유전율 $\varepsilon_0=8.855\times10^{-12}$F/m

답 ①

★
33 유전율 $\varepsilon_s=3$인 유전체 중에 $Q_1=Q_2=2\times10^{-6}$C의 두 점전하간에 힘 $F=3\times10^{-3}$N이 되도록 하려면 상호 얼마만큼 떨어져야 하는가?
r

① 1m ② 2m
③ 3m ④ 4m

해설 **문제 29 참조**

(1) **기호**
- ε_s : 3
- $Q_1=Q_2$: 2×10^{-6}
- F : 3×10^{-3}N
- r : ?

(2) $F=\dfrac{Q_1Q_2}{4\pi\varepsilon r^2}$

문제에서 $Q_1=Q_2$이므로

$$F=\frac{Q^2}{4\pi\varepsilon r^2}$$
$$r^2=\frac{Q^2}{4\pi\varepsilon F}$$
$$r=\sqrt{\frac{Q^2}{4\pi\varepsilon F}}=\sqrt{\frac{Q^2}{4\pi\varepsilon_0\varepsilon_s F}}$$
$$=\sqrt{\frac{(2\times10^{-6})^2}{4\pi\times(8.855\times10^{-12})\times3\times(3\times10^{-3})}}$$
$$\fallingdotseq 2\text{m}$$

답 ②

★
34 공기 중 두 점전하 사이에 작용하는 힘이 10N이었다. 두 전하간에 유전체를 넣었더니 힘이 2N으로 되었다면 이 유전체의 비유전율은 얼마인가?
(10N: F_1, 2N: F_2, 비유전율: ε_s)

① 10 ② 5
③ 2.5 ④ 2

해설 **문제 29 참조**

(1) **기호**
- F_1 : 10N
- F_2 : 2N
- ε_s : 0

(2) **공기** 중 두 점전하 사이에 작용하는 힘

$$F_1=\frac{Q_1Q_2}{4\pi\varepsilon_0 r^2}=10\text{N}$$

- 공기 중 또는 진공 중 $\varepsilon_s=1$

(3) **유전체**를 두 전하 사이에 넣었을 때의 힘

$$F_2=\frac{Q_1Q_2}{4\pi\varepsilon_0\varepsilon_s r^2}=2\text{N}$$

$$\frac{F_1}{F_2}=\frac{\dfrac{Q_1Q_2}{4\pi\varepsilon_0 r^2}}{\dfrac{Q_1Q_2}{4\pi\varepsilon_0\varepsilon_s r^2}}=\varepsilon_s$$

$$\therefore\ \varepsilon_s=\frac{F_1}{F_2}=\frac{10}{2}=5$$

답 ②

★

35 진공 중에 있는 두 대전체 사이에 작용하는 힘이 1.8×10⁻⁵[N]이었다. 대전체 사이에 유전체를 넣었더니 힘이 0.0225×10⁻⁵[N]이 되었다면, 이 유전체의 비유전율은?

(1.8×10⁻⁵[N]: F_1, 0.0225×10⁻⁵[N]: F_2, 비유전율: ε_s)

① 110 ② 100

③ 90 ④ 80

해설 문제 34 참조

$$\therefore\ \varepsilon_s=\frac{F_1}{F_2}=\frac{1.8\times10^{-5}}{0.0225\times10^{-5}}=80$$

답 ④

★

36 전기력선의 기본 성질에 관한 설명으로 옳지 않은 것은?

① 전기력선의 방향은 그 점의 전계의 방향과 일치한다.

② 전기력선은 전위가 높은 점에서 낮은 점으로 향한다.

③ 전기력선은 그 자신만으로 폐곡선이 된다. (안 된다.)

④ 전계가 0이 아닌 곳에서 전기력선은 도체 표면에 수직으로 만난다.

해설 **전기력선**의 **기본 성질**

(1) **정(+)전하**에서 시작하여 **부(-)전하**에서 끝난다.

(2) 전기력선의 접선방향은 그 접점에서의 **전계**의 **방향**과 **일치**한다. 보기 ①

(3) 전위가 **높은 점**에서 **낮은 점**으로 향한다. 보기 ②

(4) 그 자신만으로 **폐곡선**이 **안 된다**. 보기 ③

(5) 전기력선은 서로 **교차**하지 **않는다**.

(6) 단위전하에서는 $1/\varepsilon_0$개의 전기력선이 출입한다.

(7) 전기력선은 도체표면(등전위면)에서 **수직**으로 **출입**한다. 보기 ④

(8) 전하가 없는 곳에서는 전기력선의 발생, 소멸이 없고 연속적이다.

(9) **도체 내부**에는 **전기력선**이 **없다**.

답 ③

★★

37 Q[C]의 전하에서 나오는 전기력선의 총수는? (단, ε, E는 전기유전율 및 전계의 세기를 나타낸다.)

① EQ ② $\dfrac{Q}{\varepsilon}$

③ $\dfrac{\varepsilon}{Q}$ ④ Q

해설 (1)

전기력선의 총수 $=\dfrac{Q}{\varepsilon}$

여기서, ε : 유전율

Q : 전하[C]

(2)

자기력선의 총수 $=\dfrac{m}{\mu}$

여기서, μ : 투자율

m : 자극의 세기[Wb]

답 ②

★

38 전계 중에 단위전하를 놓았을 때 그것에 작용하는 힘을 그 점에 있어서의 무엇이라 하는가?

① 전계의 세기 ② 전위

③ 전위차 ④ 변화전류

해설 **전계**의 **세기**

(1) 전계 중에 +1C의 전하를 놓을 때 여기에 작용하는 정전력, E[V/m]로 표현한다.

(2) 전계 중에 단위전하를 놓았을 때 그것에 작용하는 힘

답 ①

★

39 전계의 단위가 아닌 것은?

① N/C ② V/m

③ $\mathrm{C/J}\cdot\dfrac{1}{\mathrm{m}}$ ④ $\mathrm{A}\cdot\Omega/\mathrm{m}$

해설 **힘 F는**

$$F = QE[\text{N}]$$

여기서, F : 힘[N]
Q : 전하[C]
E : 전계의 세기[V/m]

$F = QE$에서
전계의 **세기** E는

$$E = \frac{F[\text{N}]}{Q[\text{C}]}$$

전계의 **세기**의 **단위**

$$\frac{\text{N}}{\text{C}} = \frac{\text{N}\cdot\text{m}}{\text{C}\cdot\text{m}} = \frac{\text{J}}{\text{C}\cdot\text{m}} = \frac{\text{V}}{\text{m}} = \frac{\text{A}\cdot\Omega}{\text{m}}$$

- 1J=1N · m
- $V = \frac{W[\text{J}]}{Q[\text{C}]}[\text{V}]$

  여기서, V : 전압[V], W : 일[J], Q : 전기량[C]
- $V = IR[\text{V}]$

  여기서, V : 전압[V], I : 전류[A], R : 저항[Ω]

답 ③

★
40 진공 중에 놓인 1μC의 점전하에서 3m되는 점의 전계[V/m]는?

(3m → r, 전계 → E)

① 10^{-3}
② 10^{-1}
③ 10^{2}
④ 10^{3}

해설 (1) **기호**
- r : 3m
- E : ?

(2) **전계**의 **세기**

$$E = \frac{Q}{4\pi\varepsilon r^2}[\text{V/m}]$$

여기서, E : 전계의 세기[V/m]
ε : 유전율[F/m]($\varepsilon = \varepsilon_0 \cdot \varepsilon_s$)
ε_0 : 진공의 유전율[F/m]
ε_s : 비유전율
Q : 전하[C]
r : 거리[m]

전계의 **세기** E는

$$E = \frac{Q}{4\pi\varepsilon r^2} = \frac{Q}{4\pi\varepsilon_0\varepsilon_s r^2} = \frac{Q}{4\pi\varepsilon_0 r^2} = \frac{(1\times10^{-6})}{4\pi\times(8.855\times10^{-12})\times3^2} \fallingdotseq 1000 = 10^3\text{V/m}$$

- 공기 중 또는 진공 중 $\varepsilon_s = 1$

답 ④

★
41 가우스(Gauss)의 정리를 이용하여 구하는 것은 어느 것인가?

① 자계의 세기　　② 전하 간의 힘
③ 전계의 세기　　④ 전위

해설 ③ **가우스**의 **정리**를 이용하면 **전계**의 **세기**를 구할 수 있다.

답 ③

★★
42 두께 d[m]인 판상 유전체의 양면 사이에 150V의 전압을 가했을 때 내부에서의 전위경도가 3×10⁴V/m이었다. 이 판상 유전체의 두께[mm]는?

(150V → V, 3×10^4V/m → E, 두께 → d)

① 2　　② 5
③ 10　　④ 20

해설 (1) **기호**
- V : 150V
- E : 3×10^4V/m
- d : ?

(2) **전계**의 **세기**(전위경도)

$$E = \frac{V}{d}$$

여기서, E : 전계의 세기[V/m]
V : 전압[V]
d : 두께[m]

두께 d는

$$d=\frac{V}{E}=\frac{150}{(3\times10^4)}=5\times10^{-3}\text{m}=5\text{mm}$$

$1\text{m}=1000\text{mm}=10^3\text{mm}$

답 ②

★

43 동일규격 콘덴서의 극판간에 유전체를 넣으면?

① 용량이 증가하고 극판간 전계는 감소한다.
② 용량이 증가하고 극판간 전계는 불변이다.
③ 용량이 감소하고 극판간 전계는 불변이다.
④ 용량이 불변이고 극판간 전계는 증가한다.

해설 (1) **정전용량**

$$C=\frac{\varepsilon_0\varepsilon_s S}{d}\propto\varepsilon_s$$

여기서, C : 정전용량[F]
ε_0 : 진공의 유전율[F/m]
ε_s : 비유전율
S : 극판의 면적[m²]
d : 극판의 간격[m]

(2) **전계**의 **세기**

$$E=\frac{Q}{4\pi\varepsilon_0\varepsilon_s r^2}\propto\frac{1}{\varepsilon_s}$$

여기서, E : 전계의 세기[V/m]
r : 거리[m]
ε_0 : 진공의 유전율[F/m]
ε_s : 비유전율

(3) **정전용량** $C\propto\varepsilon_s$, **전계** $E\propto\frac{1}{\varepsilon_s}$ 이므로 유전체를 넣으면 **용량**은 **증가**하고 **전계**는 **감소**한다.

답 ①

★★

44 일정전하로 충전된 콘덴서(진공)판간에 비유전율 ε_s의 유전체를 채우면?

	용량	전위차	전계의 세기
①	ε_s배	ε_s 배	ε_s배
②	ε_s배	$\frac{1}{\varepsilon_s}$배	$\frac{1}{\varepsilon_s}$배
③	$\frac{1}{\varepsilon_s}$배	$\frac{1}{\varepsilon_s}$배	$\frac{1}{\varepsilon_s}$배
④	$\frac{1}{\varepsilon_s}$배	ε_s배	ε_s배

해설 **문제 43 참조**
전위차

$$V=\frac{Q}{4\pi\varepsilon r}=\frac{Q}{4\pi\varepsilon_0\varepsilon_s r}$$

여기서, V : 전위차[V]
Q : 전하[C]
ε : 유전율[F/m]($\varepsilon=\varepsilon_0\cdot\varepsilon_s$)
ε_0 : 진공의 유전율[F/m]
ε_s : 비유전율
r : 거리[m]

$$V=\frac{Q}{4\pi\varepsilon_0\varepsilon_s r}\propto\frac{1}{\varepsilon_s}$$

답 ②

★

45 전계 E[V/m] 내의 한 점에 q[C]의 점전하를 놓을 때 이 전하에 작용하는 힘은 몇 N인가?

① $\frac{E}{q}$　② $\frac{q}{4\pi\varepsilon_0 E}$
③ qE　④ qE^2

해설 **전하**에 **작용**하는 **힘**

$$F=QE=qE\text{[N]}$$

여기서, F : 힘[N]
Q 또는 q : 전하[C]
E : 전계의 세기[V/m]

답 ③

★

46 합성수지의 절연체에 $\underbrace{5\times10^3\text{[V/m]}}_{E}$의 전계를 가했을 때 이때의 전속밀도$\underbrace{\text{[C/m}^2]}_{D}$를 구하면? (단, 이 절연체의 비유전율은 $\underbrace{10}_{\varepsilon_s}$으로 한다.)

① 40.257×10^{-6}　② 41.275×10^{-8}
③ 43.527×10^{-4}　④ 44.275×10^{-8}

해설 (1) **기호**

- E : 5×10^3V/m
- D : ?
- ε_s : 10

(2) **전속밀도**

$D=\varepsilon E=\varepsilon_0\varepsilon_s E$[C/m²]

여기서, D : 전속밀도[C/m²]
ε_0 : 진공의 유전율[F/m]
ε_s : 비유전율
E : 전계의 세기[V/m]

전속밀도 D는

$D=\varepsilon_0\varepsilon_s E$
$=(8.855\times10^{-12})\times10\times(5\times10^3)$
$=44.275\times10^{-8}$C/m²

답 ④

★
47 비유전율 10인 유전체로 둘러싸인 도체 표면의 전계세기가 10^4V/m이었다. 이때, 표면전하밀도[C/m²]는?
(비유전율 10: ε_s, 10^4V/m: E, 표면전하밀도: D)

① 0.8855×10^{-7}
② 0.8855×10^{-8}
③ 0.8855×10^{-9}
④ 0.8855×10^{-6}

해설 (1) **기호**

- ε_s : 10
- E : 10^4V/m
- D : ?

(2) **전속밀도**(표면전하밀도)

$D=\varepsilon_0\varepsilon_s E$[C/m²]

여기서, D : 전속밀도[C/m²]
ε_0 : 진공의 유전율[F/m]
ε_s : 비유전율
E : 전계의 세기[V/m]

- **표면전하밀도[C/m²]와 전속밀도[C/m²]는 같은 공식을 적용한다.**
단위를 보면 같은 식을 적용한다는 것을 쉽게 알 수 있다.

표면전하밀도 D는

$D=\varepsilon_0\varepsilon_s E$
$=(8.855\times10^{-12})\times10\times10^4$
$=0.8855\times10^{-6}$C/m²

답 ④

★
48 100000V로 충전하여 1J의 에너지를 갖는 콘덴서의 정전용량[pF]은?
(100000V: V, 1J: W, 정전용량: C)

① 100
② 200
③ 300
④ 400

해설 (1) **기호**

- V : 100000V
- W : 1J
- C : ?

(2) **정전에너지**

$$W=\frac{1}{2}QV=\frac{1}{2}CV^2=\frac{Q^2}{2C}\text{[J]}$$

여기서, W : 정전에너지[J]
Q : 전하[C]
V : 전압[V]
C : 정전용량[F]

$W=\frac{1}{2}CV^2$에서

정전용량 C는

$C=\frac{2W}{V^2}=\frac{2\times1}{100000^2}=2\times10^{-10}$F
$=200\times10^{-12}$F
$=200$pF

1pF $=1\times10^{-12}$F

답 ②

★
49 그림에서 2μF의 콘덴서에 축적되는 에너지[J]는?

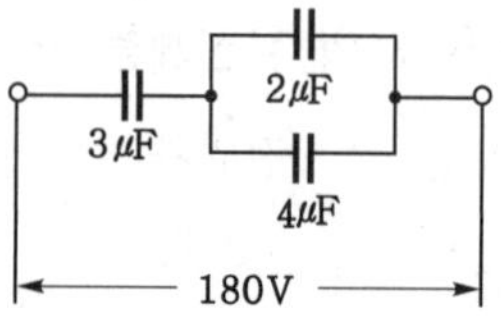

① 1×10^3
② 3.6×10^{-3}
③ 4.2×10^{-3}
④ 2.8×10^{-3}

해설 (1) **콘덴서의 병렬접속**

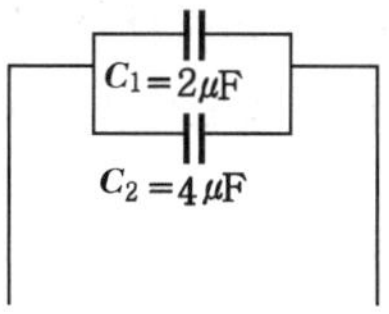

$C=C_1+C_2=2+4=6\mu\text{F}$

$C_1=3\mu\text{F}$

$C_2=6\mu\text{F}$

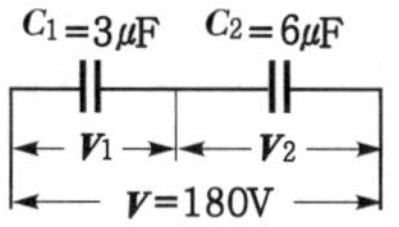

(2) **전압**

$V_2=\dfrac{C_1}{C_1+C_2}$ [V]에서

$2\mu\text{F}$에 걸리는 전압은

$V_2=\dfrac{3}{3+6}\times 180=60\text{V}$

(3) **정전에너지**

$$W=\frac{1}{2}CV^2\text{[J]}$$

여기서, W : 정전에너지[J]
C : 정전용량[F]
V : 전압[V]

정전에너지 W는

$W=\dfrac{1}{2}CV^2$

$=\dfrac{1}{2}\times(2\times10^{-6})\times60^2$

$=3.6\times10^{-3}\text{J}$

답 ②

★

50 $\underset{C}{\underline{10\mu\text{F}}}$**의 콘덴서를** $\underset{V}{\underline{100\text{V}}}$**로 충전한 것을 단락시켜** $\underset{t}{\underline{0.1\text{ms}}}$**에 방전시켰다고 하면** $\underset{P}{\underline{\textbf{평균전력}}}$**[W]은?**

① 450 ② 500
③ 550 ④ 600

해설 (1) **기호**

- C : $10\mu\text{F}=10\times10^{-6}$
- V : 100V
- t : $0.1\text{ms}=0.1\times10^{-3}$
- P : ?

(2) **전력량**

$$W=Pt\text{[J]}$$

여기서, W : 전력량[J]
P : 전력[W]
t : 시간[S]

(3) **정전에너지**

$$W=\frac{1}{2}CV^2\text{[J]}$$

여기서, W : 정전에너지[J]
C : 정전용량[F]
V : 전압[V]

평균전력(전력) P는

$P=\dfrac{W}{t}=\dfrac{\frac{1}{2}CV^2}{t}$

$=\dfrac{\frac{1}{2}\times(10\times10^{-6})\times100^2}{0.1\times10^{-3}}$

$=500\text{W}$

답 ②

★

51 $\underset{V}{\underline{100\text{kV}}}$**로 충전된** $\underset{C}{\underline{8\times10^3\text{pF}}}$**의 콘덴서가 축적할 수 있는 에너지는** $\underset{P}{\underline{\textbf{몇 W}}}$**의 전구가** $\underset{t}{\underline{2\text{s}}}$ **동안 한 일에 해당되는가?**

① 10
② 20
③ 30
④ 40

해설 **문제 50 참조**

(1) **기호**

- V : $100\text{V}=100\times10^3$
- C : $8\times10^3\text{pF}=8\times10^3\times10^{-12}$
- t : 2s

(2) **전력** P는

$P=\dfrac{W}{t}=\dfrac{\frac{1}{2}CV^2}{t}$

$=\dfrac{\frac{1}{2}\times(8\times10^3\times10^{-12})\times(100\times10^3)^2}{2}$

$=20\text{W}$

- $1pF = 1 \times 10^{-12}F$
- $1kV = 1 \times 10^{3}V$

답 ②

★

52 공기콘덴서를 어떤 전압으로 충전한 다음 전극 간에 유전체를 넣어 정전용량을 2배로 하면 축적된 에너지는 몇 배가 되는가?

① 2배 ② $\frac{1}{2}$배

③ $\sqrt{2}$배 ④ 4배

해설 **정전에너지**

$$W = \frac{1}{2}CV^2 \text{[J]}$$

여기서, W : 정전에너지[J]
C : 정전용량[F]
V : 전압[V]

∴ 축적된 에너지(정전에너지)는 정전용량에 비례하므로 **정전용량**을 **2배**로 하면 **축적**된 **에너지**는 **2배**가 된다.

$W = \frac{1}{2}CV^2 \propto C$

답 ①

★★★

53 공기콘덴서를 100V로 충전한 다음 전극 사이에 유전체를 넣어 용량을 10배로 했다. 정전에너지는 몇 배로 되는가?

① $\frac{1}{10}$배

② 10배

③ $\frac{1}{1000}$배

④ 1000배

해설 **문제 52 참조**

- 정전에너지는 정전용량에 비례하므로 **용량**을 **10배**로 하면 **정전에너지**는 **10배**가 된다.

$W = \frac{1}{2}CV^2 \propto C$

답 ②

★

54 콘덴서의 전위차와 축적되는 에너지와의 관계를 그림으로 나타내면 다음의 어느 것인가?

① 쌍곡선 ② 타원

③ 포물선 ④ 직선

해설 **문제 52 참조**

- 정전에너지는 전압(전위차)의 **제곱**에 **비례**하므로 그래프는 **포물선**이다.

$W = \frac{1}{2}CV^2 \propto V^2$

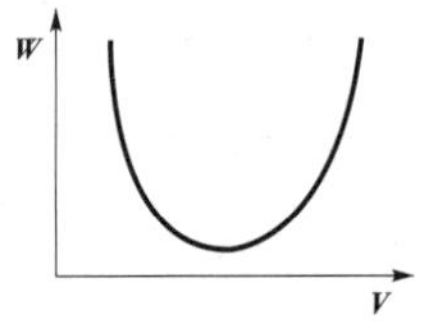

| 포물선 |

중요

직선그래프
정전에너지는 정전용량에 **비례**하므로 그래프는 **직선**이 된다.

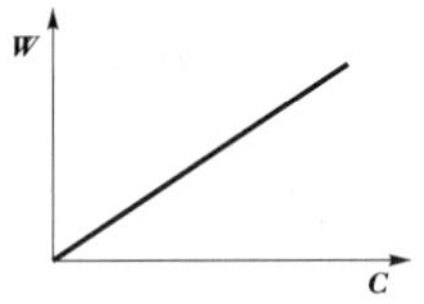

| 직선 |

답 ③

★

55 전계 E[V/m], 전속밀도 D[C/m^2], 유전율 ε[F/m]인 유전체 내에 저장되는 에너지밀도[J/m^3]는?

① ED ② $\frac{1}{2}ED$

③ $\frac{1}{2\varepsilon}E^2$ ④ $\frac{1}{2}\varepsilon D^2$

해설 **에너지 밀도**

$$W_0 = \frac{1}{2}ED = \frac{1}{2}\varepsilon E^2 = \frac{D^2}{2\varepsilon} \text{[J/m}^3\text{]}$$

여기서, W_0 : 에너지밀도[J/m^3]
E : 전계의 세기[V/m]
D : 전속밀도[C/m^2]
ε : 유전율[F/m]($\varepsilon = \varepsilon_0 \cdot \varepsilon_s$)

답 ②

★
56 유전율 ε, 전계의 세기 E일 때 유전체의 단위체적에 축적되는 에너지는?

① $\frac{E}{2\varepsilon}$　② $\frac{\varepsilon E}{2}$
③ $\frac{\varepsilon E^2}{2}$　④ $\frac{\varepsilon\sqrt{E}}{2}$

해설 문제 55 참조

③ $W_0 = \frac{1}{2}\varepsilon E^2 = \frac{\varepsilon E^2}{2}$

답 ③

★
57 유전체(유전율=9) 내의 전계의 세기가 100V/m일 때 유전체 내의 저장되는 에너지 밀도[J/m³]는?
(ε = 유전율, E = 100V/m, W_0 = 에너지 밀도)

① 5.55×10^4　② 4.5×10^4
③ 9×10^9　④ 4.05×10^5

해설 문제 55 참조
(1) 기호
- ε : 9
- E : 100V/m
- W_0 : ?

(2) 에너지밀도 W_0는

$$W_0 = \frac{1}{2}\varepsilon E^2$$
$$= \frac{1}{2}\times 9\times 100^2 = 4.5\times 10^4 \text{J/m}^3$$

- 여기서는 **진공**의 **유전율**은 **적용**하지 **않는 것**에 주의할 것. 왜냐하면 본 문제는 문제에서 주어진 유전율 9에 진공의 유전율이 이미 포함되어 있기 때문이다.

답 ②

Key Point

3. 자기

출제확률 6.5% (1문제)

1 자기회로

※ 자기
자석이 금속을 끌어당기는 성질

※ 자극
자석의 양끝을 말하는 것으로 이 부분이 자기가 가장 크다.

※ 자력
자석이 금속을 끌어당기는 힘

1 자기와 전류

(1) 자극의 세기

자석의 양끝을 **자극**(Magnetic pole)이라 하며, 이 자극은 자기가 가장 크게 나타나는 부분이다.

기호는 m, 단위는 Wb(Weber)로 나타낸다.

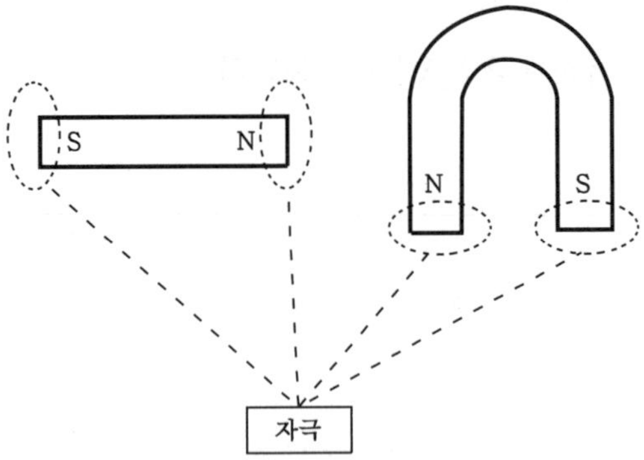

‖ 자극의 세기 ‖

※ 쿨롱의 법칙

$$F = \frac{m_1 m_2}{4\pi\mu r^2} \text{ [N]}$$

여기서,
F : 자기력[N]
m_1, m_2 : 자하[Wb]
μ : 투자율[H/m]
r : 거리[m]

(2) 쿨롱의 법칙(Coulom's law)

두 자극 사이에 작용하는 힘은 두 자극의 세기의 곱에 비례하고, 두 자극 사이의 거리의 제곱에 반비례한다.

$$F = \frac{1}{4\pi\mu} \cdot \frac{m_1 m_2}{r^2} = 6.33 \times 10^4 \times \frac{m_1 m_2}{\mu_s r^2} \text{ [N]}$$ 문01 보기④

여기서, F : 두 자극 사이에 작용하는 힘[N]
μ : 투자율[H/m]
$\mu = \mu_0 \cdot \mu_s$
μ_0 : 진공의 투자율[H/m]
μ_s : 비투자율(단위 없음)
m_1, m_2 : 자극의 세기

※ 진공의 투자율
$\mu_0 = 4\pi \times 10^{-7}$ H/m

위 식에서 μ_0는 진공의 투자율(Permeability)이라 하며, 그 크기는

$$\mu_0 = 4\pi \times 10^{-7} \text{H/m}$$

Key Point

★

문제 01 공기 중에서 자극 1.6×10⁻⁴Wb와 2×10⁻³Wb의 사이에 작용하는 힘이 12.66N 이었다면 두 자극 사이의 거리[cm]는?

(1.6×10⁻⁴Wb: m_1, 2×10⁻³Wb: m_2, 12.66N: F, 거리: r)

① 7　　② 6　　③ 5　　④ 4

해설 (1) 기호

- m_1 : 1.6×10⁻⁴Wb
- m_2 : 2×10⁻³Wb
- F : 12.66N
- r : ?

(2) $F=\dfrac{m_1m_2}{4\pi\mu_o r^2}=6.33\times10^4\,\dfrac{m_1m_2}{r^2}$ 이므로

$$\therefore\ r=\sqrt{\frac{6.33\times10^4\times m_1m_2}{F}}$$

$$=\sqrt{\frac{6.33\times10^4\times1.6\times10^{-4}\times2\times10^{-3}}{12.66}}=0.04\text{m}=4\text{cm}$$

답 ④

(3) 자계

자력이 작용하는 장소를 **자계**(Magnetic field), 또는 **자기장**, **자장**이라 한다. 또 자계 중에 1Wb의 자하를 놓을 때 여기에 작용하는 힘을 **자계의 세기**(Magnetic field intensity)라 하고 기호는 H, 단위는 AT/m 또는 N/Wb로 나타낸다.

① 자계의 세기

m[Wb]의 자극에서 r[m] 떨어진 점 P의 자계의 세기 H[AT/m]는

$$H=\frac{1}{4\pi\mu}\cdot\frac{m}{r^2}=6.33\times10^4\times\frac{m}{\mu_s r^2}\ \text{[AT/m]}$$

여기서, H : 자계의 세기[AT/m], μ : 투자율[H/m]($\mu=\mu_0\cdot\mu_s$),
μ_0 : 진공의 투자율[H/m], μ_s : 비투자율,
r : 거리[m], m : 자극의 세기[Wb]

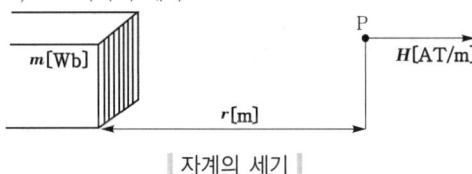

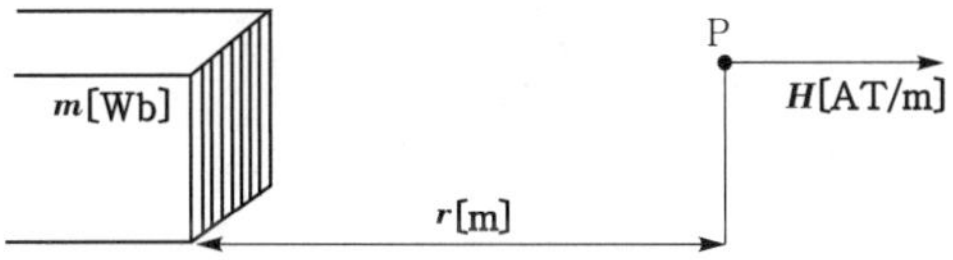

‖ 자계의 세기 ‖

② 자위

$$U_m=\frac{1}{4\pi\mu}\cdot\frac{m}{r}=6.33\times10^4\times\frac{m}{\mu_s r}\ \text{[AT] 또는 [A], [J/Wb]}$$ 문02 보기③

여기서, U_m : P점에서의 자위[AT], μ : 투자율[H/m]($\mu=\mu_0\cdot\mu_s$),
m : 자극의 세기[Wb], r : 거리[m]

※ 자하
물질이 가지고 있는 자기의 양. 자극의 세기와 자하는 같은 의미로 본다. 전하와 구별

※ 자계의 세기

$$H=\frac{m}{4\pi\mu r^2}\ \text{[AT/m]}$$

여기서,
H : 자계의 세기[AT/m]
m : 자하[Wb]
μ : 투자율[H/m]
r : 거리[m]

Key Point

문제 02 m[Wb]의 점자극에 의한 자계 중에서 r[m] 거리에 있는 점의 자위는?

① r에 비례한다.　　② r^2에 비례한다.

③ r에 반비례한다.　　④ r^2에 반비례한다.

해설 P점의 자위 $U_m = \dfrac{m}{4\pi\mu r} \alpha \dfrac{1}{r(\text{반비례})}$

• **분모** : 반비례, **분자** : 비례

답 ③

③ 힘

$$F = mH \text{ [N]}$$

여기서, F : 힘[N], m : 자극의 세기[Wb], H : 자계의 세기[AT/m]

④ 자기모멘트

자극의 세기 m[Wb]와 자석의 길이 l[m]와의 곱을 **자기모멘트**(Magnetic moment)라 한다.

$$M = ml \text{ [Wb·m]}$$

여기서, M : 자기모멘트[Wb·m], m : 자극의 세기[Wb], l : 자석의 길이[m]

※ **회전력**

$T = mHl\sin\theta$ [N·m]

여기서,
T : 회전력[N·m]
m : 자하[Wb]
H : 자계의 세기[AT/m]
l : 자석의 길이[m]
θ : 이루는 각[rad]

⑤ 자석이 받는 회전력

$$T = MH\sin\theta = mHl\sin\theta \text{ [N·m]}$$

여기서, T : 회전력[N·m], M : 자기모멘트[Wb·m],
H : 자계의 세기[AT/m], m : 자극의 세기[Wb],
l : 자석의 길이[m]

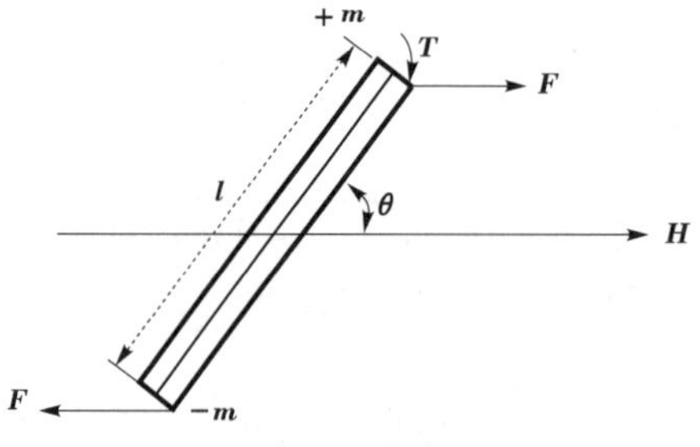

‖ 자석의 회전력 ‖

(4) 자기유도

※ **자성체**
자기장 중에 놓으면 자화되는 물질

① 자기유도와 자성체

철편 등을 자극에 가까이 하면 자기가 나타나는 현상을 **자기유도**(Magenetic induction)라 하며, 이때 철편은 **자화**(Magnetization)되었다고 한다.

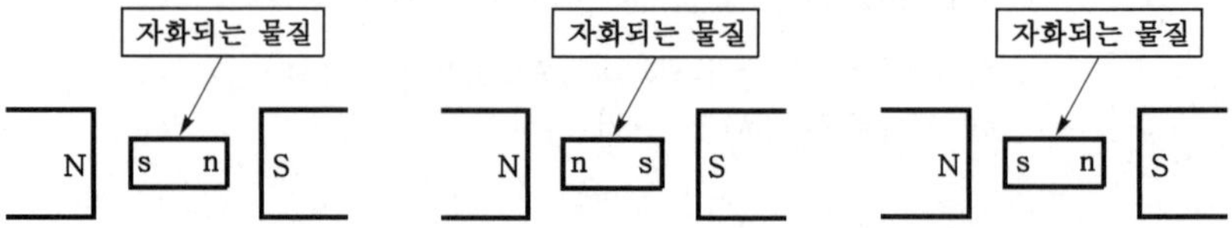

‖ 자성체 ‖

상자성체 (Paramagnetic material)	반자성체 (Diamagnetic material)	강자성체 (Ferromagnetic material)
자석의 N극에 s극이, S극에 n극이 자화되는 물질 : **알루미늄**(Al), **백금**(Pt) 기억법 상알백	자석의 N극에 n극이, S극에 s극이 자화되는 물질 : **금**(Au), **은**(Ag), **구리**(Cu), **아연**(Zn), **탄소**(C)	자석의 N극에 s극이, S극에 n극이 강하게 자화되는 물질 : **니켈**(Ni), **코발트**(Co), **망가니즈**(Mn), **철**(Fe) 기억법 강니코망철

Key Point

✻ 상자성체
Al, Pt

✻ 반자성체
Au, Ag, Cu, Zn, C

✻ 강자성체
문03 보기③
Ni, Co, Mn, Fe

★★★
문제 03 다음 중 강자성체인 것만으로 묶인 것은?

① 백금, 알루미늄, 철 ② 라듐, 세슘, 철
③ 코발트, 니켈, 철 ④ 철, 니켈, 크로뮴

해설 ③ 강자성체 : 니켈, 코발트, 망가니즈, 철

답 ③

② 자속과 자속밀도

자계의 상태를 나타내기 위한 가상의 선을 **자력선**(Line of magnetic force)이라 하고 자극에서 나오는 전체의 자력선수를 **자속**(Magnetic flux)이라 하며, 기호는 ϕ, 단위는 Wb로 나타낸다.

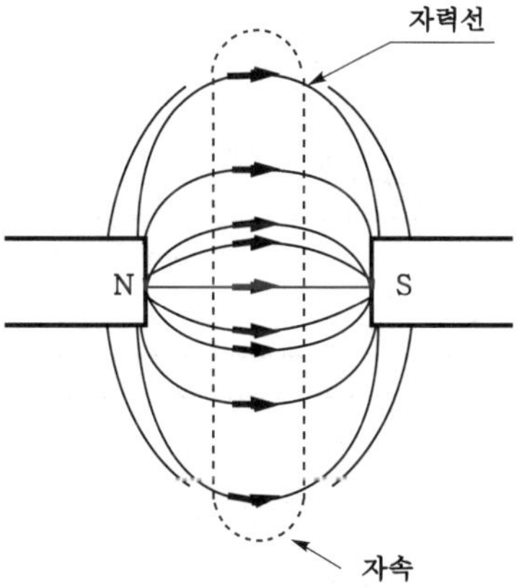

| 자속과 자력선 |

또한, 단위면적을 통과하는 자속의 수를 **자속밀도**(Magnetic flux density)라 하고, 기호는 B, 단위는 Wb/m^2 또는 T(Tesla)로 나타낸다.

$$B=\frac{\phi}{A}\text{[Wb/m}^2\text{]}$$

$$B=\mu H=\mu_0\mu_s H\text{[Wb/m}^2\text{]}$$

여기서, B : 자속밀도[Wb/m^2]
ϕ : 자속[Wb]
A : 단면적[m^2]
H : 자계의 세기[AT/m]

✻ 자속밀도

$B=\mu_0\mu_s H$[Wb/m^2]

여기서,
B : 자속밀도[Wb/m^2]
μ_0 : 진공의 투자율[H/m]
μ_s : 비투자율
H : 자계의 세기[AT/m]

Key Point

또한 **자화의 세기** J는 단위체적당 자기모멘트이므로

$$J = \frac{M}{V} = \mu_0(\mu_s - 1)H \text{ [Wb/m}^2\text{]}$$

여기서, J : 자화의 세기[Wb/m^2]
V : 체적[m^3]
M : 자기모멘트[Wb · m]
H : 자계의 세기[AT/m]

$1Wb/m^2 = 10^8 maxwell/m^2 = 10^4 gauss$ 문04 보기②

★
문제 04 1Wb는 몇 맥스웰인가?

① 3×10^9 ② 10^8 ③ 4π ④ $\frac{4\pi}{10}$

해설 ② $1Wb = 10^8 maxwell$

답 ②

(5) 전류에 의한 자계

※ 암페어의 오른나사 법칙
① 전류의 방향 : 오른나사의 진행방향
② 자계의 방향 : 오른나사의 회전방향

① 암페어의 오른나사법칙 문05 보기④

전류에 의한 자계의 방향을 결정하는 법칙을 **암페어의 오른나사법칙**(Ampere's right handed screw rule)이라 한다.

전류의 방향	자계의 방향
오른나사의 **진행**방향	오른나사의 **회전**방향

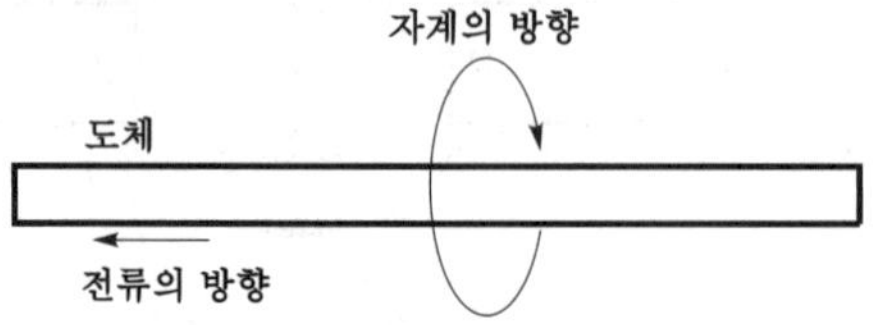

‖ 오른나사의 법칙 ‖

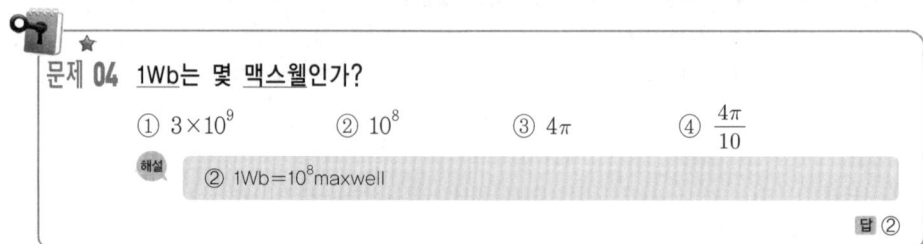

★★★
문제 05 전류가 흐르는 도체 주위의 자계방향을 결정하는 법칙은?
15회 문 43

① 패러데이의 법칙 ② 렌츠의 법칙
③ 플레밍의 오른손법칙 ④ 암페어의 오른나사법칙

유사문제부터 풀어보세요. 실력이 팍!팍! 올라갑니다.

해설 ④ 암페어의 오른나사법칙 : 전류에 의한 자계의 방향을 결정하는 법칙

답 ④

※ 비오-사바르의 법칙
직선전류에 의한 자계의 세기를 나타내는 법칙

② 비오-사바르의 법칙

직선전류에 의한 자계의 세기를 나타내는 법칙을 **비오-사바르의 법칙**(Biot-Savart's law)이라 한다.

$$dH = \frac{Idl \sin\theta}{4\pi r^2} \text{[AT/m]}$$

여기서, dH : P점의 자계의 세기[AT/m]
l : 도체의 전류[A]
dl : 도체의 미소부분[m]
r : 거리[m]

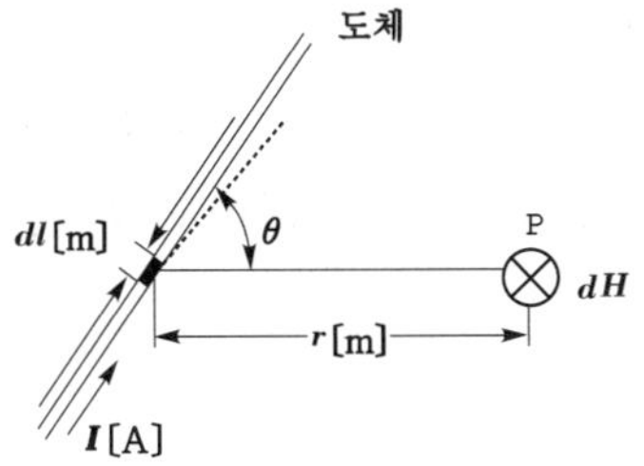

‖ 비오-사바르의 법칙 ‖

2 자기회로

(1) 기자력과 자기저항

철심에 코일을 N회 감고 전류 I를 흘리면 철심에 생기는 자속 ϕ는 NI에 비례한다. 이 NI를 **기자력**(Magnetive force)이라 한다. 문06 보기④

$$F = NI = Hl \text{[AT]}$$

여기서, F : 기자력[AT], N : 코일 권수,
I : 전류[A], H : 자계의 세기[AT/m],
l : 자로(자기회로)의 길이[m]

기억법 **기자코전**(**기자**의 **코**에 **전류**가 흐른다.)

★★★
문제 06 코일의 감긴 수와 전류와의 곱을 무엇이라 하는가?
(N: 코일의 감긴 수, I: 전류)

① 기전력 ② 전자력
③ 보자력 ④ 기자력

해설 (1) **기호**
- N : 코일의 감긴 수
- I : 전류

(2) **기자력** $F = NI$[AT]

답 ④

$$R_m = \frac{l}{\mu A} \text{[AT/Wb]}$$

여기서, R_m : 자기저항[AT/Wb]
l : 자로의 길이[m],
μ : 투자율[H/m]
A : 단면적[m^2]

Key Point

*** 자기회로**
자속의 통로

*** 기자력**

$F = NI = Hl = R_m\phi$[AT]

여기서,
F : 기자력[AT]
N : 코일권수
I : 전류[A]
H : 자계의 세기[AT/m]
l : 자로의 길이[m]
R_m : 자기저항[AT/Wb]
ϕ : 자속[Wb]

*** 자기저항**
기자력과 자속의 비

$R_m = \frac{l}{\mu A} = \frac{F}{\phi}$

여기서,
R_m : 자기저항[AT/Wb]
l : 자로의 길이[m]
μ : 투자율[H/m]
A : 단면적[m^2]
F : 기자력[AT]
ϕ : 자속[Wb]

Key Point

$$\phi = BA = \mu HA = \frac{\mu ANI}{l} = \frac{NI}{\frac{l}{\mu A}} = \frac{NI}{R_m} = \frac{F}{R_m} \text{〔Wb〕}$$

여기서, ϕ : 자속〔Wb〕
B : 자속밀도〔Wb/m²〕,
H : 자계의 세기〔AT/m〕
F : 기자력〔AT〕

위 식에서 자기회로를 통하는 자속 ϕ는 기자력 F에 비례하고 자기저항 R_m에 반비례한다. 이 관계를 **자기회로**의 **옴의 법칙**이라 한다.

※ 자기회로
자기력선이 폐회로를 따라 흐르는 자기장의 경로

3 자계의 세기

(1) 암페어의 주회적분법칙

"자계의 세기와 전류 I 주위를 일주하는 거리의 곱의 합은 전류와 코일권수를 곱한 것과 같다."는 법칙

$\Sigma Hl = NI$

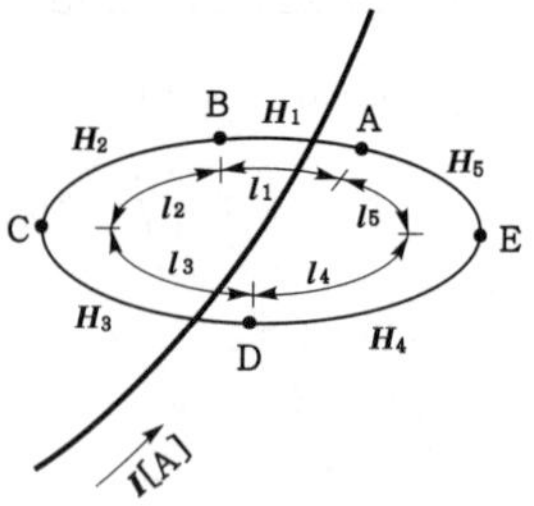

‖ 암페어의 주회적분법칙 ‖

(2) 주회적분법칙에 의한 계산 예

① 유한장 직선전류

$$H = \frac{I}{4\pi\alpha}(\sin\beta_1 + \sin\beta_2) = \frac{I}{4\pi\alpha}(\cos\theta_1 + \cos\theta_2) \text{〔AT/m〕}$$

여기서, H : 자계의 세기〔AT/m〕
I : 전류〔A〕
α : 도체의 수직거리〔m〕

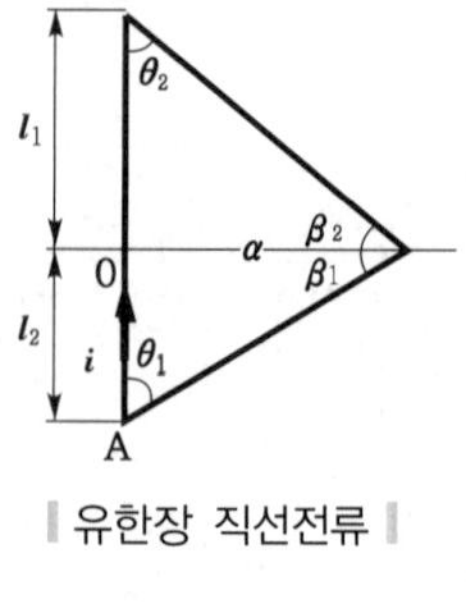

‖ 유한장 직선전류 ‖

Key Point

② 무한장 직선전류

$$H = \frac{I}{2\pi r}\,[\mathrm{AT/m}]$$ 문07 보기③

여기서, H : 자계의 세기〔AT/m〕
I : 전류〔A〕
r : 거리〔m〕

★
문제 07 10A의 무한장 직선전류로부터 10cm 떨어진 곳의 자계의 세기〔AT/m〕는?
(10A: I, 10cm: r, 자계의 세기: H)

① 1.59
② 15.0
③ 15.9
④ 159

해설 (1) 기호
- I : 10A
- r : 10cm=0.1m(1m=100cm이므로)
- H : ?

(2) $H = \frac{I}{2\pi r} = \frac{10}{2\pi \times 0.1} \fallingdotseq 15.9$AT/m

답 ③

③ 원형전류(코일 중심)

$$H = \frac{NI}{2a}\,[\mathrm{AT/m}] \quad \left(\text{반원형 전류 } H = \frac{NI}{4a}\right)$$

여기서, H : 자계의 세기〔AT/m〕
N : 코일 권수
a : 반지름〔m〕

④ 무한장 솔레노이드

내부자계 : $H_i = nI\,[\mathrm{AT/m}]$

외부자계 : $H_e = 0$

여기서, H_i : 내부자계의 세기〔AT/m〕, H_e : 외부자계의 세기〔AT/m〕,
n : 단위길이당 권수, I : 전류〔A〕

⑤ 환상 솔레노이드

내부자계 : $H_i = \frac{NI}{2\pi a}\,[\mathrm{AT/m}]$

외부자계 : $H_e = 0$

여기서, H_i : 내부자계의 세기〔AT/m〕, H_e : 외부자계의 세기〔AT/m〕,
N : 코일권수, I : 전류〔A〕, a : 반지름〔m〕

＊ 무한장 직선전류

$H = \frac{I}{2\pi r}$〔AT/m〕

여기서,
H : 자계의 세기〔AT/m〕
I : 전류〔A〕
r : 거리〔m〕

＊ 원형전류

$H = \frac{NI}{2a}$〔AT/m〕

여기서,
H : 자계의 세기〔AT/m〕
N : 코일권수
I : 전류〔A〕
a : 반지름〔m〕

＊ 솔레노이드
도체에 코일을 일정하게 감아놓은 것

Key Point

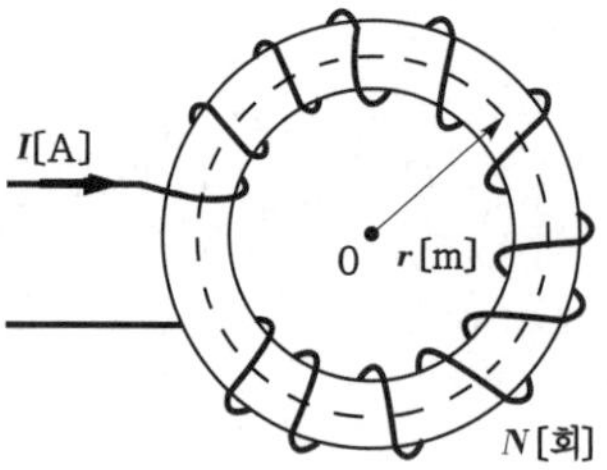

| 환상 솔레노이드 |

4 자화곡선

자속밀도 B와 자계의 세기 H와의 관계를 나타내는 곡선을 **자화곡선**(Magnetization curve) 또는 **$B-H$ 곡선**이라 한다.
이 곡선에서 H가 증가함에 따라 B가 더 이상 증가하지 않는 현상을 **자기포화**(Magnetic saturation)라 한다.

※ 투자율 곡선

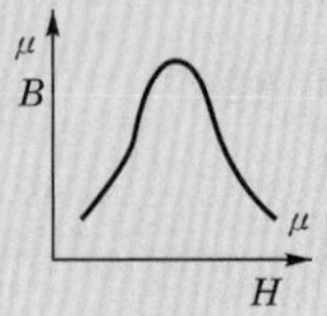

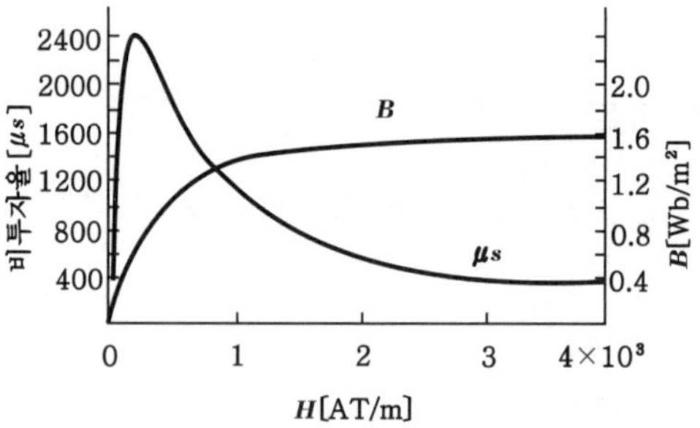

| 자화곡선과 비투자율 |

2 전자력

1 전자력의 방향

자계 내에 있는 도체에 전류를 흘리면 힘이 작용한다. 이와 같은 힘을 **전자력**(Electromagnetic force)이라 한다. 방향은 플레밍의 **왼**손법칙에 따른다.

기억법 **왼전**(**웬 전**쟁이냐?)

※ 플레밍의 왼손법칙
전동기에 관한 법칙
① 중지 : 전류의 방향
② 검지 : 자계의 방향
③ 엄지 : 힘의 방향

(1) 플레밍의 왼손법칙

자계와 전류가 직각을 이루고 있을 때 왼손의 세 손가락을 서로 직각이 되도록 하면

중 지	검 지	엄 지
전류의 방향	**자계**의 방향	**힘**의 방향 문08 보기④

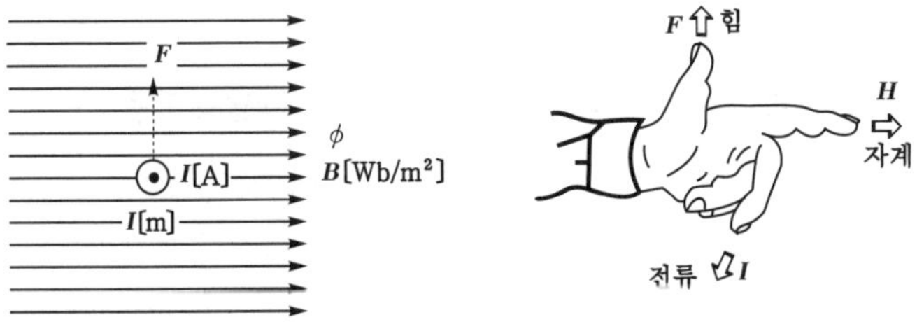

(a) (b)

| 플레밍의 왼손법칙 |

★

문제 08 **플레밍의 왼손법칙에서 엄지손가락의 방향은 무엇의 방향인가?**

15회 문 43
14회 문 41

① 전류의 반대방향 ② 자력선의 방향
③ 전류의 방향 ④ 힘의 방향

해설 **플레밍의 왼손법칙**
(1) 중지 : 전류의 방향
(2) 검지 : 자계의 방향
(3) 엄지 : 힘의 방향

답 ④

(2) 전자력의 크기(직선전류에 작용하는 힘)

직선전류에 작용하는 힘 F는
$B=\mu H=\mu_0 \mu_s H$ [Wb/m²]에서

$$F=BIl\sin\theta=\mu HIl\sin\theta \text{ [N]}$$

여기서, F : 직선전류의 힘[N]
B : 자속밀도[Wb/m²]
l : 도체의 길이[m]

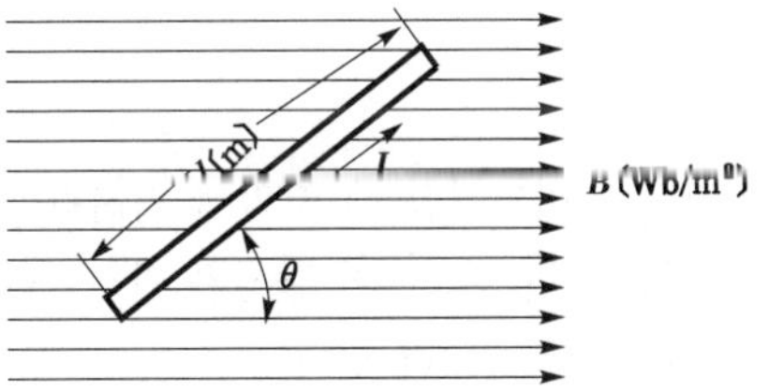

| 직선전류의 힘 |

＊ 직선전류의 힘

$F=BIl\sin\theta$ [N]

여기서,
F : 직선전류의 힘[N]
B : 자속밀도[Wb/m²]
I : 전류[A]
l : 도체의 길이[m]

2 평행도체 사이에 작용하는 힘

두 평행도선에 작용하는 힘 F는

$$F=\frac{\mu_0 I_1 I_2}{2\pi r}=\frac{2I_1 I_2}{r}\times 10^{-7} \text{ [N/m]}$$ 문09 보기③

여기서, F : 평행도체의 힘[N/m]
μ_0 : 진공의 투자율[H/m]
r : 두 평행도선의 거리[m]

＊ 평행도체의 힘

$F=\frac{\mu_0 I_1 I_2}{2\pi r}$ [N/m]

여기서,
F : 평행전류의 힘[N/m]
μ_0 : 진공의 투자율[H/m]
I_1, I_2 : 전류[A]
r : 거리[m]

Key Point

※ 도선
전기가 통하는 물체. 전선(電線)

★★

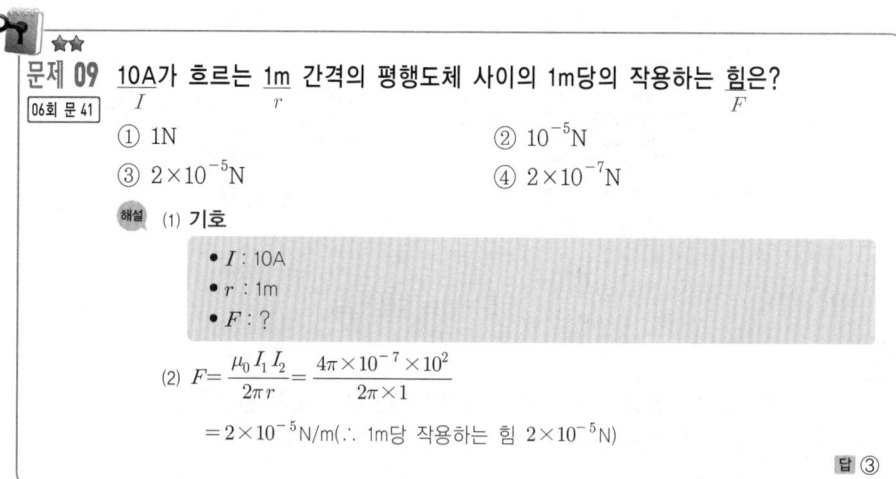

문제 09 10A가 흐르는 1m 간격의 평행도체 사이의 1m당의 작용하는 힘은?
06회 문 41

I r F

① 1N ② 10^{-5}N
③ 2×10^{-5}N ④ 2×10^{-7}N

해설 (1) 기호

- I : 10A
- r : 1m
- F : ?

(2) $F=\dfrac{\mu_0 I_1 I_2}{2\pi r}=\dfrac{4\pi\times10^{-7}\times10^2}{2\pi\times1}$

$=2\times10^{-5}$N/m(∴ 1m당 작용하는 힘 2×10^{-5}N)

답 ③

힘의 방향은 전류가 **같은 방향**이면 **흡인력**, **다른 방향**이면 **반발력**이 작용한다.

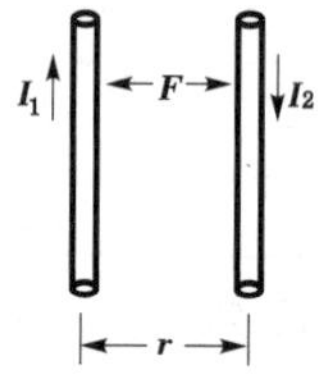

| 평행전류의 힘 |

3 전자유도

1 자속변화에 의한 유기기전력

(1) 전자유도

※ 유기기전력
유도기전력

코일 속을 통과하는 자속을 변화시킬 때 코일에 기전력이 발생되는 현상을 **전자유도**(Electromagnetic induction)라 하고, 이 발생된 기전력을 **유기기전력** 또는 **유도기전력**(Induced electromotive force)이라 한다.

※ 검류계
미세한 전류를 측정하기 위한 계기

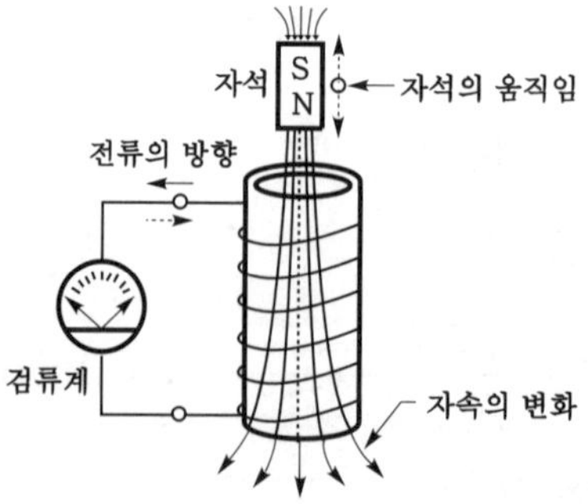

| 전자유도 |

(2) **유기기전력의 방향－렌츠의 법칙**

유기기전력의 방향은 자속의 변화를 방해하려는 방향으로 발생한다. 이것을 유도기전력에 관한 **렌츠의 법칙**(Lenz's law)이라 한다.

(3) **유기기전력의 크기－패러데이의 법칙**

유기기전력의 크기는 코일을 지나는 자속의 매초 변화량과 코일의 권수에 비례한다. 이것을 전자유도에 관한 **패러데이의 법칙**(Faraday's law)이라 한다.

$$e = -N\frac{d\phi}{dt}\,[\mathrm{V}]$$ (－부호는 방향을 나타냄) 문10 보기③

여기서, e : 유기기전력[V], N : 코일권수,
$d\phi$: 자속의 변화량[Wb], dt : 시간의 변화량[s]

★★★
문제 10 **100회 감은 코일과 쇄교하는 자속이 0.2초 동안에 5Wb에서 2Wb로 감소할 경우, 코일에 유도되는 기전력[V]은?**

① 300　　② 1000
③ 1500　　④ 2500

해설 **유도기전력** e는

$$e = -N\frac{d\phi}{dt} = -100\frac{(5-2)}{0.2} = -1500\mathrm{V}$$

답 ③

2 도체운동에 의한 유기기전력

(1) **유기기전력의 크기**

균등자계 내에서 도체가 자계와 θ의 각을 이루어 속도 v[m/s]로 이동할 때 유기기전력 e[V]는

$$e = Blv\sin\theta\,[\mathrm{V}]$$

여기서, e : 유기기전력[V], B : 자속밀도[Wb/m^2],
l : 도체의 길이[m], v : 도체의 이동속도[m/s],
θ : 자계와 도체의 각도

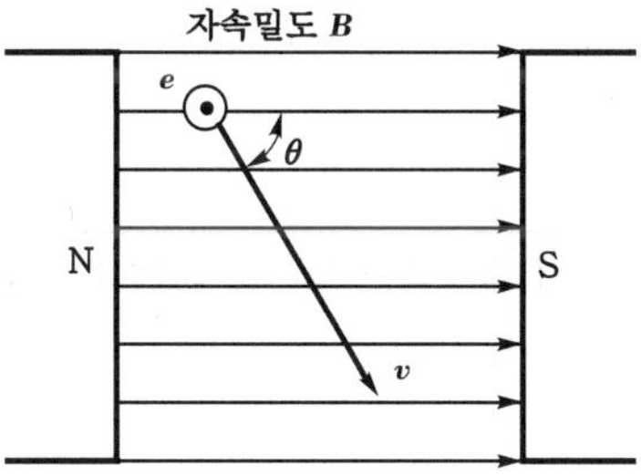

‖ 도체에 의한 유기기전력 ‖

Key Point

✻ **렌츠의 법칙**
자속변화에 의한 유기기전력의 방향 결정

기억법
렌유방(오렌지가 유일한 방법이다.)

✻ **패러데이의 법칙**
유기기전력의 크기 결정

기억법
패유크(폐유를 버리면 큰일난다.)

Key Point

＊ 플레밍의 오른손 법칙
발전기에 관한 법칙
① 중지 : 유기기전력의 방향
② 검지 : 자속의 방향
③ 엄지 : 운동의 방향

＊ 와전류손과 히스테리시스손
① 와전류손
$P_e \propto B_m^{\ 2}$
② 히스테리시스손
$P_h \propto B_m^{\ 1.6}$
여기서,
B_m : 최대자속밀도〔Wb/m²〕

＊ 도전율
고유저항의 역수, 단위는 ℧/m, 기호는 σ로 나타낸다.

＊ 히스테리시스손
철심에 가해지는 자화력의 방향을 주기적으로 변화시킬 때 철심에 열이 생겨 발생하는 손실

(2) 유기기전력의 방향－플레밍의 오른손법칙

도체의 운동에 의한 유기기전력의 방향은 플레밍의 오른손법칙(Fleming's right-hand rule)에 따른다.

기억법 **방유도오(방에 우유를 도로 갖다 놓게!)**

중 지	검 지	엄 지
유기기전력의 방향	**자속**의 방향	**운동**의 방향

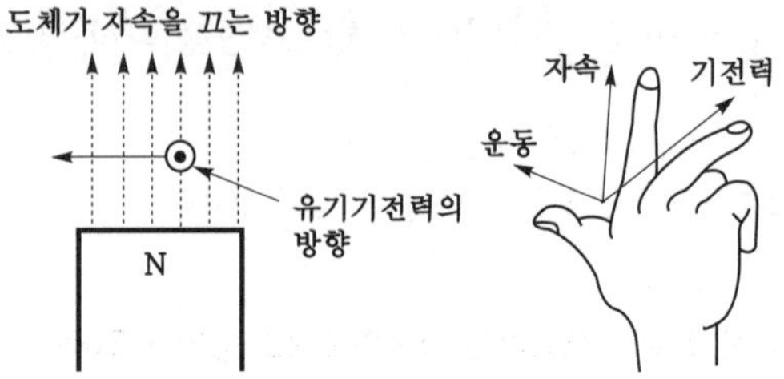

▌플레밍의 오른손법칙▐

3 와전류(맴돌이 전류)

금속 내부를 지나는 자속이 변화하면 철 내부에서는 자속의 변화를 방해하려는 방향으로 유기기전력이 발생하여 전류가 흐른다.
이 전류를 **와전류**(Eddy current)라 하며 이 와전류에 의해 주울열이 생겨 발생하는 손실을 **와전류손**(Eddy current loss)이라 한다.

$$P_e = A\sigma f^2 B_m^{\ 2} \text{〔W/m}^3\text{〕}$$

여기서, P_e : 와류손〔W/m³〕, A : 상수, σ : 도전율〔℧/m〕,
f : 주파수〔Hz〕, B_m : 최대 자속밀도〔Wb/m²〕

비교

히스테리시스손

$$P_h = \eta f B_m^{\ 1.6} \text{〔W/m}^3\text{〕}$$ 문11 보기②

여기서, P_h : 히스테리시스손〔W/m³〕, η : 히스테리시스 계수,
f : 주파수〔Hz〕, B_m : 최대자속밀도〔Wb/m²〕

★
문제 11 **히스테리시스손은 최대자속밀도의 몇 승에 비례하는가?**
17회 문 46
02회 문 46

① 1 ② 1.6 ③ 2 ④ 2.6

해설 $P_h = \eta f B_m^{\ 1.6}$〔W/m³〕
여기서, P_h : 히스테리시스손〔W/m³〕, η : 히스테리시스 계수,
f : 주파수〔Hz〕, B_m : 최대 자속밀도〔Wb/m²〕

답 ②

4 인덕턴스

(1) 자기유도와 자기인덕턴스

① 자기유도

코일에 흐르는 전류가 변화하면 코일 중의 자속이 변화되어 코일에 기전력이 유도되는 현상을 **자기유도**(Self induction)라 한다.

② 자기인덕턴스

유기기전력 e는

$$e = -N\frac{d\phi}{dt} = -L\frac{di}{dt} = Blv\sin\theta\,[\text{V}]$$ 에서

여기서, e : 유기기전력[V], N : 코일권수,
$d\phi$: 자속의 변화량[Wb], dt : 시간의 변화량[s],
L : 자기인덕턴스[H], di : 전류의 변화량[A],
B : 자속밀도[Wb/m^2], l : 도체의 길이[m],
v : 도체의 이동속도[m/s]

$$N\phi = LI$$

$$\therefore\ L = \frac{N\phi}{I}\,[\text{H}]$$

③ 환상코일의 자기인덕턴스

$\phi = \dfrac{F}{R_m}$[Wb], $F = NI$[AT], $R_m = \dfrac{l}{\mu A}$[AT/Wb]에서

$$L = \frac{N\phi}{I} = \frac{N\cdot\dfrac{F}{R_m}}{I} = \frac{NF}{R_m I} = \frac{NNI}{\dfrac{l}{\mu A}I} = \frac{\mu A N^2}{l}\,[\text{H}]$$ 문12 보기②

여기서, L : 자기인덕턴스[H]
μ : 투자율[H/m]
A : 단면적[m^2]
N : 코일권수
l : 평균자로의 길이[m]

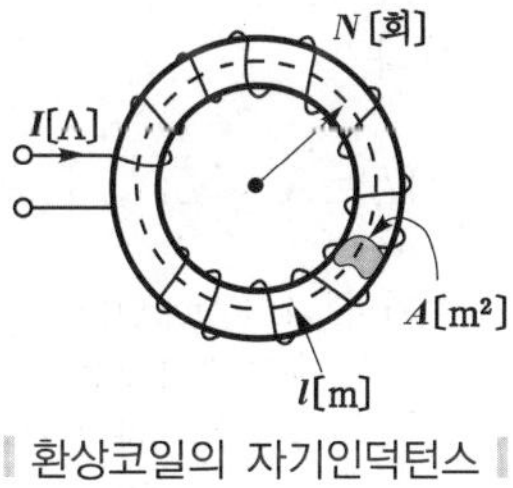

환상코일의 자기인덕턴스

★★★
문제 12 권선수 500회이고 자기인덕턴스가 50mH인 코일에 2A의 전류를 흘렸을 때의 자속[Wb]은 얼마인가?

① 1×10^{-4} ② 2×10^{-4} ③ 3×10^{-4} ④ 4×10^{-4}

해설

$L = \dfrac{N\phi}{I}$[H]에서 $\phi = \dfrac{LI}{N} = \dfrac{(50\times10^{-3})\times2}{500} = 2\times10^{-4}$Wb

- L : 1mH=1×10^{-3}H이므로 50mH=(50×10^{-3})H

답 ②

Key Point

＊ 자기인덕턴스

코일의 권수, 형태 및 철심의 재질 등에 의해 결정되는 상수, 단위는 [H(Henry)]로 나타낸다.

＊ 유기기전력

$$e = -N\frac{d\phi}{dt} = -L\frac{di}{dt} = Blv\sin\theta\,[\text{V}]$$

여기서,
e : 유기기전력[V]
N : 코일권수
$d\phi$: 자속의 변화량[Wb]
dt : 시간의 변화량[s]
L : 자기인덕턴스[H]
di : 전류의 변화량[A]
B : 자속밀도[Wb/m^2]
l : 도체의 길이[m]
v : 이동속도[m/s]
θ : 이루는 각[rad]

Key Point

※ 쇄교
전류의 통로인 폐곡선이 서로 교차되는 것

※ 누설자속
자기회로 이외의 부분을 통과하는 자속

※ 자기회로
자속의 통로

※ 상호인덕턴스

$M = K\sqrt{L_1 L_2}$ [H]

여기서,
M : 상호인덕턴스[H]
K : 결합계수
L_1, L_2 : 자기인덕턴스[H]

※ 결합계수
누설자속에 의한 상호인덕턴스의 감소비율
($0 < K \leq 1$)

※ 합성인덕턴스
문13 보기①

$L = L_1 + L_2 \pm 2M$[H]

여기서,
L : 합성인덕턴스[H]
L_1, L_2 : 자기인덕턴스[H]
M : 상호인덕턴스[H]

(2) 상호유도와 상호인덕턴스

① 상호유도

한 코일의 전류가 변화할 때 다른 코일에 기전력이 유도되는 현상을 **상호유도**(Mutual induction)라고 한다.

② 상호인덕턴스

상호유도작용에서 1차측 전류의 시간변화량과 2차측에 유도되는 전압의 비례상수를 **상호인덕턴스**(Mutual inductance)라고 한다.

$$e_{21} = -N_2 \frac{d\phi_{21}}{dt} = -M_{21}\frac{di_1}{dt} \text{ [V]}$$

$$e_{12} = -N_1 \frac{d\phi_{12}}{dt} = -M_{12}\frac{di_2}{dt} \text{ [V]}$$

여기서, e_{21} : 2차 코일에 의해 1차 코일에 유도되는 기전력[V]
$d\phi_{21}$: 2차 코일에 의해 1차 코일에 쇄교되는 자속의 변화량[Wb]
dt : 시간의 변화량[s]
M_{21} : 2차 코일에 의해 1차 코일에 유도되는 상호인덕턴스[H]

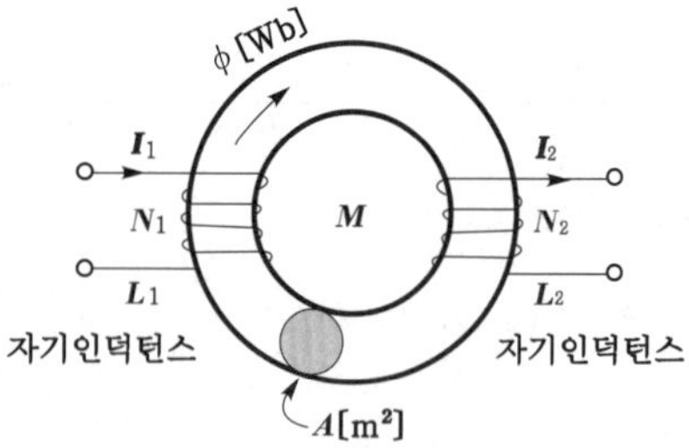

| 환상코일의 상호인덕턴스 |

③ 자기인덕턴스와 상호인덕턴스의 관계

누설자속에 의해 자기인덕턴스와 상호인덕턴스 사이에는 다음과 같은 관계가 성립한다.

$$M = K\sqrt{L_1 L_2} \text{ [H]} \quad (\text{이상 결합시 } K=1)$$

여기서, M : 상호인덕턴스[H]
K : 결합계수
L_1, L_2 : 자기인덕턴스[H]

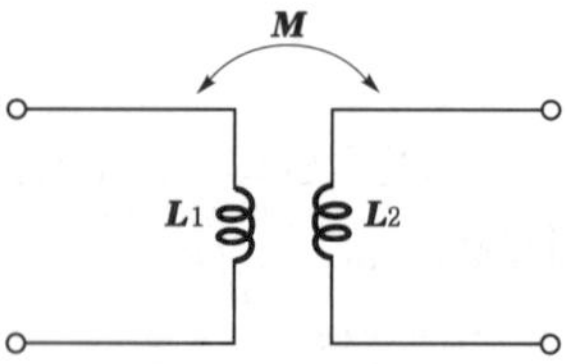

| 자기인덕턴스와 상호인덕턴스 |

(3) 인덕턴스 접속

두 개의 코일을 같은 방향으로 또는 반대방향으로 접속하면 합성인덕턴스 L은

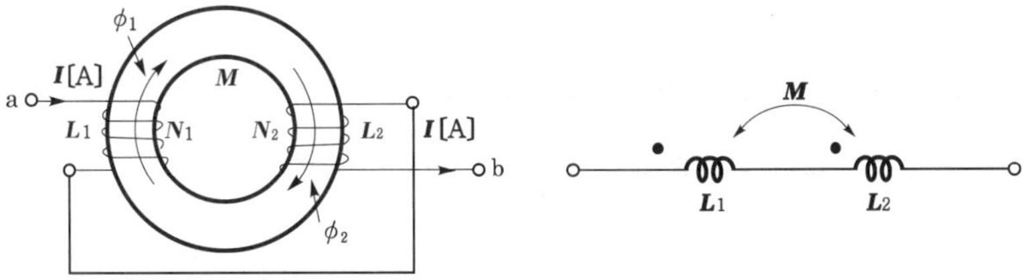

(a) (b)

| 결합접속 |

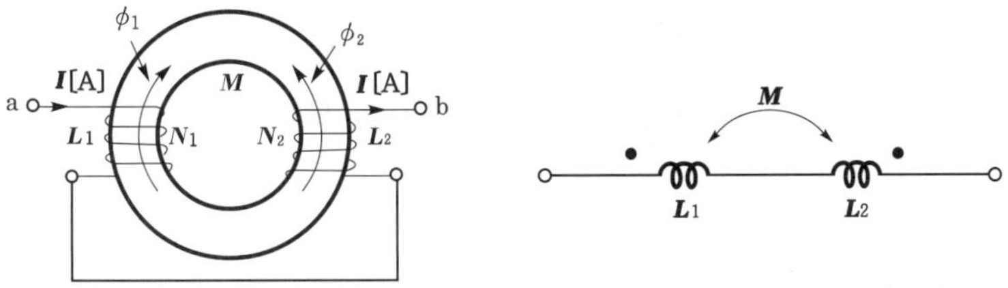

(a) (b)

| 차동접속 |

★★★ **문제 13** 그림과 같은 결합회로의 합성인덕턴스는 몇 H인가?

19회 문 44
15회 문 44
14회 문 45
13회 문 44

① 4
② 6
③ 10
④ 13

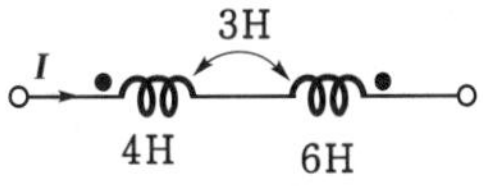

해설 2개의 코일이 **반대방향**이므로
$L = L_1 + L_2 - 2M = 4 + 6 - 2 \times 3 = 4$H

답 ①

4 전자에너지

1 코일에 축적되는 에너지

자기인덕턴스가 L[H]인 회로에 전류 I[A]가 흐르고 있을 때 이 회로에 축적되는 에너지 W는

$L = \frac{N\phi}{I}$ [H]에서

$$W = \frac{1}{2}LI^2 = \frac{1}{2}IN\phi \text{ [J]}$$ 문14 보기②

여기서, L : 자기인덕턴스[H]
N : 코일권수
ϕ : 자속[Wb]
I : 전류[A]
W : 코일의 축적에너지[J]

Key Point

※ 자속
자극에서 나오는 전체의 자력선 수

※ 결합접속
1·2차 코일이 만드는 자속의 방향이 정방향이 되는 접속

※ 차동접속
1·2차 코일이 만드는 자속의 방향이 역방향이 되는 접속

※ 코일의 축적에너지

$$W = \frac{1}{2}LI^2 = \frac{1}{2}IN\phi \text{ [J]}$$

여기서,
W : 코일의 축적에너지[J]
L : 자기인덕턴스[H]
N : 코일권수
ϕ : 자속[Wb]
I : 전류[A]

Key Point

★★★

문제 14 어떤 자기회로에 3000AT의 기자력을 줄 때 2×10^{-3}Wb의 자속이 통하였다. 이 자기회로의 자화에 필요한 에너지〔J〕는?

19회 문 44
13회 문 44
10회 문 30

(3000AT: F, 2×10^{-3}Wb: ϕ, 에너지〔J〕: W)

① 3×10 ② 3 ③ 1.5×10 ④ 1.5

해설 (1) 기호

- F : 3000AT
- ϕ : 2×10^{-3}Wb
- W : ?

(2) $W=\frac{1}{2}IN\phi=\frac{1}{2}F\phi=\frac{1}{2}\times3000\times(2\times10^{-3})=3$J

답 ②

2 단위체적당 축적되는 에너지

※ 단위체적당 축적 에너지

$W_m=\frac{1}{2}BH$
$=\frac{1}{2}\mu H^2$
$=\frac{B^2}{2\mu}$〔J/m³〕

여기서,
W_m : 단위체적당 축적 에너지〔J/m³〕
B : 자속밀도〔Wb/m²〕
μ : 투자율〔H/m〕
H : 자계의 세기〔AT/m〕

자계에 저장되는 단위체적당 축적되는 에너지 W_m은

$B=\mu H=\mu_0\,\mu_s\,H$〔Wb/m²〕에서

$$W_m=\frac{1}{2}BH=\frac{1}{2}\mu H^2=\frac{B^2}{2\mu}\text{〔J/m}^3\text{〕}$$

또는 N/m²(1J=1N·m)

여기서, B : 자속밀도〔Wb/m²〕
μ : 투자율〔H/m〕
H : 자계의 세기〔AT/m〕
W_m : 단위체적당 축적에너지〔J/m³〕

3 전자석의 흡인력

※ 흡인력

$F=\frac{B^2A}{2\mu_0}$〔N〕

여기서,
F : 흡인력〔N〕
μ_0 : 진공의 투자율〔H/m〕
B : 자속밀도〔Wb/m²〕
A : 단면적〔m²〕

※ 흡인력
끌어당기는 힘

단면적 A〔m²〕인 전자석에 자속밀도 B〔Wb/m²〕인 자속이 발생했을 때 철편을 흡인하는 힘 F는

$$F=\frac{B^2A}{2\mu_0}\text{〔N〕 또는 } F=\frac{B^2S}{2\mu_0}\text{〔N〕}$$

여기서, F : 전자석의 흡인력〔N〕
μ_0 : 진공의 투자율〔H/m〕
A 또는 S : 단면적〔m²〕

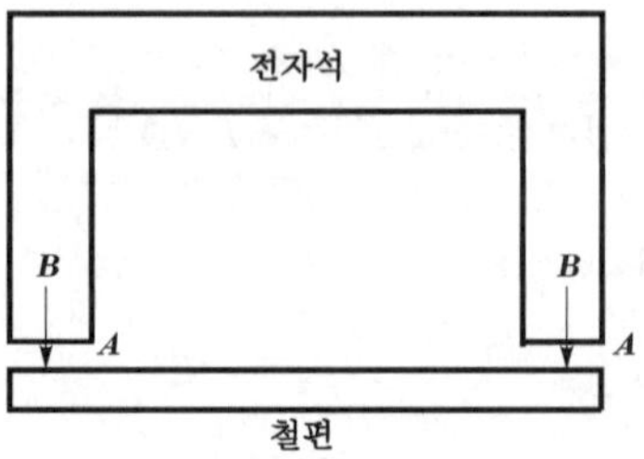

‖ 전자석의 흡인력 ‖

출제예상문제

(자기)

출제확률 

(1문제)

★

01 **공기 중에서 가상접지극 m_1〔Wb〕과 m_2〔Wb〕를 r〔m〕 떼어 놓았을 때 두 자극간의 작용력이 F〔N〕이었다면 이때의 거리 r〔m〕은?**

① $\sqrt{\dfrac{m_1 m_2}{F}}$

② $\dfrac{6.33\times 10^4 m_1 m_2}{F}$

③ $\sqrt{\dfrac{6.33\times 10^4 \times m_1 m_2}{F}}$

④ $\sqrt{\dfrac{9\times 10^9 \times m_1 m_2}{F}}$

해설 **쿨롱의 법칙**

$$F=\frac{1}{4\pi\mu}\cdot\frac{m_1 m_2}{r^2}$$
$$=6.33\times 10^4\times\frac{m_1 m_2}{\mu_s r^2}\text{〔N〕}$$

여기서, F : 두 자극 사이에 작용하는 힘〔N〕

μ : 투자율〔H/m〕($\mu=\mu_0\cdot\mu_s$)

μ_0 : 진공의 투자율($4\pi\times 10^{-7}$H/m)

μ_s : 비투자율

m_1, m_2 : 자극의 세기

두 자극간에 **작용**하는 **힘** F는

$F=6.33\times 10^4\times\dfrac{m_1 m_2}{r^2}$ 에서

$$r^2=\frac{6.33\times 10^4\times m_1 m_2}{F}$$

$$\therefore\ r=\sqrt{\frac{6.33\times 10^4\times m_1 m_2}{F}}\text{〔m〕}$$

답 ③

★

02 **두 자극간의 거리를 2배로 하면 자극 사이에 작용하는 힘은 몇 배인가?**

① 2 ② 4

③ $\dfrac{1}{2}$ ④ $\dfrac{1}{4}$

해설 **문제 1 참조**

두 자극간에 작용하는 힘 F는

$$F=\frac{m_1 m_2}{4\pi\mu r^2}\propto\frac{1}{r^2}=\frac{1}{2^2}=\frac{1}{4}$$

$\therefore\ \dfrac{1}{4}$배가 된다.

답 ④

★★

03 **합리화 MKS 단위계로 자계의 세기 단위는?**

① AT/m

② Wb/m^2

③ Wb/m

④ AT/m^2

해설 **힘** F는

$$F=mH\text{〔N〕}$$

여기서, F : 힘〔N〕

m : 자극의 세기〔Wb〕

H : 자계의 세기〔N/Wb〕

자계의 **세기** H는

$$H=\frac{F}{m}\text{〔N〕}=\frac{\text{N}}{\text{Wb}}$$

자계의 **세기 단위**

$$\frac{\text{N}}{\text{Wb}}=\frac{\text{N}\cdot\text{m}}{\text{Wb}\cdot\text{m}}=\frac{\text{J/Wb}}{\text{m}}$$
$$=\frac{\text{A}}{\text{m}}=\frac{\text{Wb}}{\text{H}\cdot\text{m}}=\frac{\text{A}\cdot\text{T}}{\text{m}}$$

1J=1N · m

$$I=\frac{W}{\phi}\text{〔A〕}$$

여기서, I : 전류

W : 일〔J〕

ϕ : 자속〔Wb〕

$$I=\frac{N\phi}{L}$$

여기서, I : 전류

N : 권수〔T〕

ϕ : 자속〔Wb〕

L : 인덕턴스〔H〕

답 ①

★
04 자계의 세기를 표시하는 단위와 관계 없는 것은? (단, A : 전류, N : 힘, Wb : 자속, H : 인덕턴스, m : 길이의 단위이다.)

① A/m ② N/Wb
③ Wb/h ④ Wb/H · m

해설 문제 3 참조

답 ③

★
05 자속밀도의 단위가 아닌 것은?

① Wb/m^2 ② $maxwell/m^2$
③ gauss ④ $gauss/m^2$

해설 $1Wb/m^2 = 10^8 maxwell/m^2 = 10^4 gauss$

답 ④

★
06 CGS 전자단위인 $4\pi \times 10^4$gauss를 MKS 단위계로 환산한다면?

① $4Wb/m^2$ ② $4\pi\, Wb/m^2$
③ 4Wb ④ $4\pi\, Wb/m$

해설 문제 5 참조
$1Wb/m^2 = 10^4$gauss이므로
비례식으로 풀면
$1 : 10^4 = \square : 4\pi \times 10^4$, $10^4 \square = 1 \times 4\pi \times 10^4$

$$\square = \frac{1 \times 4\pi \times 10^4}{10^4}$$

$\therefore\ \square = 4\pi\,[Wb/m^2]$

답 ②

★★★
07 자극의 크기 $m=4$Wb의 점 자극으로부터 $r=4$m 떨어진 점의 자계의 세기(H)[A/m]를 구하면?

① 7.9×10^3 ② 6.3×10^4
③ 1.6×10^4 ④ 1.3×10^3

해설 (1) 기호
- m : 4Wb
- r : 4m
- H : ?

(2) 자계의 세기

$$H = \frac{m}{4\pi\mu r^2}\ [AT/m]$$

여기서, H : 자장의 세기[AT/m]
m : 전하[Wb]
μ : 투자율[H/m]($\mu = \mu_0 \cdot \mu_s$)
r : 거리[m]

자장의 세기 H는

$$H = \frac{m}{4\pi\mu r^2} = \frac{m}{4\pi\mu_0\mu_s r^2} = \frac{m}{4\pi\mu_0 r^2}$$

$$= \frac{4}{4\pi \times (4\pi \times 10^7) \times 4^2}$$

$\fallingdotseq 16000$
$= 1.6 \times 10^4$A/m

- μ_s(비투자율) : 주어지지 않았으므로 무시

답 ③

★
08 자위의 단위[J/Wb]와 같은 것은?

① A ② A/m
③ A · m ④ Wb

해설 P점에서의 자위

$$U_m = \frac{m}{4\pi\mu r}\ [AT]$$

여기서, U_m : P점에서의 자위[AT]
μ : 투자율[H/m]($\mu = \mu_0 \cdot \mu_s$)
r : 거리[m]
m : 자극의 세기[Wb]

- 자위의 단위 AT= A =J/Wb
- $$I = \frac{W}{\phi}\ [A]$$

여기서, I: 전류[A]
W: 일[J]
ϕ: 자속[Wb]

답 ①

★
09 진공 중의 자계 10AT/m(H)인 점은 5×10^{-3}Wb(m)의 자극을 놓으면 그 자극에 작용하는 힘(F)[N]은?

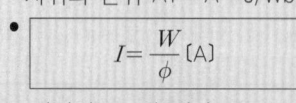

① 5×10^{-2}
② 5×10^{-3}
③ 2.5×10^{-2}
④ 2.5×10^{-3}

해설 문제 3 참조

(1) 기호

- H : 10AT/m
- m : 5×10^{-3}Wb
- F : ?

(2) 힘 F는

$F=mH=(5\times10^{-3})\times10=5\times10^{-2}$N

답 ①

★
10 비투자율 μ_s, 자속밀도 B인 자계 중에 있는 m〔Wb〕의 자극이 받는 힘은?

① $\dfrac{Bm}{\mu_0\,\mu_s}$　② $\dfrac{Bm}{\mu_0}$

③ $\dfrac{\mu_0\,\mu_s}{Bm}$　④ $\dfrac{Bm}{\mu_s}$

해설 문제 3 참조

자속밀도

$$B=\mu_0\,\mu_s H\text{〔Wb/m}^2\text{〕}$$

여기서, B : 자속밀도〔Wb/m^2〕
μ_0 : 진공의 투자율〔H/m〕
μ_s : 비투자율
H : 자계의 세기〔AT/m〕

자속밀도 B는 $B=\mu_0\,\mu_s\,H$에서

$H=\dfrac{B}{\mu_0\,\mu_s}$〔A/m〕

$F=mH$〔N〕 이므로

$F=m\dfrac{B}{\mu_0\mu_s}=\dfrac{Bm}{\mu_0\,\mu_s}$〔N〕

답 ①

★
11 $B=\mu_0\,H+J$인 관계를 사용할 때 자기모멘트의 단위는? (단, J는 자화의 세기이다.)

① Wb · m　② Wb · A
③ A · T/Wb　④ Wb/m^2

해설 자기모멘트

$$M=ml\text{〔Wb · m〕}$$

여기서, M : 자기모멘트〔Wb · m〕
m : 자극의 세기〔Wb〕
l : 자석의 길이〔m〕

- 자기모멘트(Magnetic moment) : 자극의 세기와 자석의 길이와의 곱

답 ①

★
12 그림과 같이 균일한 자계의 세기 H〔AT/m〕 내에 자극의 세기가 $\pm m$〔Wb〕, 길이 L〔m〕인 막대자석을 그 중심 주위에 회전할 수 있도록 놓는다. 이때 자석과 자계의 방향이 이룬 각을 θ라 하면 자석이 받는 회전력〔N · m〕은?

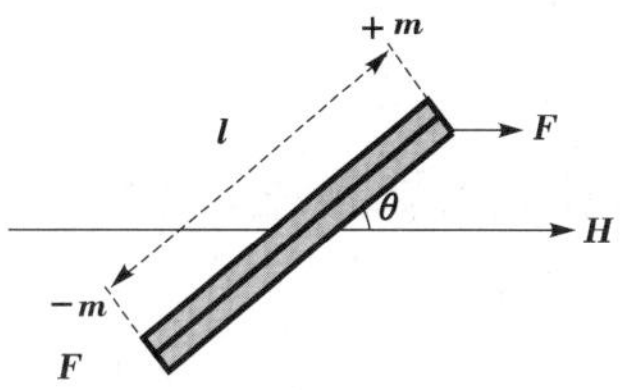

① $mHl\cos\theta$　② $mHl\sin\theta$
③ $2mHl\sin\theta$　④ $2mHl\tan\theta$

해설 자석이 받는 회전력

$$T=MH\sin\theta=mHl\sin\theta\text{〔N · m〕}$$

여기서, T : 회전력〔N · m〕
M : 자기모멘트〔Wb · m〕
H : 자계의 세기〔AT/m〕
m : 자극의 세기〔Wb〕
l : 자석의 길이〔m〕
θ : 이루는 각〔rad〕

답 ②

★
13 자극의 세기가 8×10^{-6}Wb(m), 길이가 50cm(l)인 막대자석을 150AT/m(H)의 평등자계 내에 자계와 30°($\sin\theta$)의 각도로 놓았다면 자석이 받는 회전력(T)〔N · m〕은?

① 1.2×10^{-2}
② 3×10^{-4}
③ 5.2×10^{-6}
④ 2×10^{-7}

해설 문제 12 참조

(1) 기호

- m : 8×10^{-6}Wb
- l : 50cm=0.5cm(100cm=1m이므로)
- $\sin\theta$: 30°
- T : ?

(2) 자석이 받는 회전력 T는

$T=mHl\sin\theta$

$=(8\times10^{-6})\times150\times0.5\times\sin30°$

$=3\times10^{-4}$N · m

- 100cm=1m이므로 50cm=0.5m

답 ②

★★

14 다음 자성체 중 반자성체가 아닌 것은?

① 창연　② 구리

③ 금　④ 알루미늄

해설

자성체	종 류
상자성체	• 알루미늄(Al), 백금(Pt)
반자성체	• 금(Au), 은(Ag), • 구리(Cu), 아연(Zn), 탄소(C)
강자성체	• 니켈(Ni), 코발트(Co), 망가니즈(Mn), 철(Fe)

답 ④

★

15 비투자율 800의 환상철심 중의 자계가 150 AT/m일 때 철심의 자속밀도[Wb/m²]는?

(800: μ_s, 150: H, 자속밀도: B)

① 12×10^{-2}　② 12×10^{2}

③ 15×10^{2}　④ 15×10^{-2}

해설 (1) 기호

- μ_s : 800
- H : 150AT/m
- B : ?

(2) 자속밀도

$$B=\mu H=\mu_0\mu_s H\text{[Wb/m}^2\text{]}$$

여기서, B : 자속밀도[Wb/m²]

μ : 투자율[H/m]

μ_0 : 진공의 투자율[H/m]

μ_s : 비투자율

H : 자계의 세기[AT/m]

자속밀도 B는

$B=\mu_0\mu_s H$

$=(4\pi\times10^{-7})\times800\times150$

$\fallingdotseq 15\times10^{-2}$Wb/m²

- 진공의 투자율 $\mu_0=4\pi\times10^{-7}$H/m

답 ④

★

16 자화의 세기로 정의할 수 있는 것은?

① 단위체적당 자기모멘트

② 단위면적당 자위밀도

③ 자화선 밀도

④ 자력선 밀도

해설 자화의 세기

$$J=\frac{M}{V}=\mu_0(\mu_s-1)H\text{[Wb/m}^2\text{]}$$

여기서, J : 자화의 세기[Wb/m²]

V : 체적[m³]

M : 자기모멘트[Wb · m]

H : 자계의 세기[AT/m]

자화의 세기 J는

$J=\dfrac{M}{V}=\mu_0(\mu_s-1)H$에서

- 자화의 세기=단위체적당 자기모멘트

답 ①

★

17 비투자율 μ_s=400인 환상철심 내의 평균 자계의 세기가 H=3000AT/m이다. 철심 중의 자화의 세기 J[Wb/m²]는?

① 0.15　② 1.5

③ 0.75　④ 7.5

해설 (1) 기호

- μ_s : 400
- H : 300AT/m
- J : ?

(2) 자화의 세기

$$J=\mu_0(\mu_s-1)H\text{[Wb/m}^2\text{]}$$

여기서, J : 자화의 세기[Wb/m²]

H : 자계의 세기[AT/m]

μ_0 : 진공의 투자율

($\mu_0 = 4\pi \times 10^{-7}$H/m)

μ_s : 비투자율(단위 없음)

문제 16 참조

자화의 **세기** J는

$J = \mu_0(\mu_s - 1)H$

$= (4\pi \times 10^{-7}) \times (400-1) \times 3000$

$\fallingdotseq 1.5$Wb/m^2

답 ②

★★★

18 직선전류에 의해서 그 주위에 생기는 환상의 자계방향은?

① 전류의 방향

② 전류와 반대방향

③ 오른나사의 진행방향

④ 오른나사의 회전방향

해설 **암페어**의 **오른나사법칙** : 전류에 의한 자계의 방향을 결정하는 법칙

전류의 방향	자계의 방향
오른나사의 **진행**방향	오른나사의 **회전**방향

답 ④

★

19 전류에 의한 자계의 방향을 결정하는 법칙은?

① 렌츠의 법칙

② 플레밍의 오른손법칙

③ 플레밍의 왼손법칙

④ 암페어의 오른나사법칙

해설 **문제 18 참조**

답 ④

★

20 암페어의 주회적분의 법칙은 직접적으로 다음의 어느 관계를 표시하는가?

① 전하와 전계

② 전류와 인덕턴스

③ 전류와 자계

④ 전하와 전위

해설 암페어의 주회적분법칙은 **전류**와 **자계**에 관계된다.

용어

암페어의 주회적분법칙
'자계의 세기와 전류 주위를 일주하는 거리의 곱의 합은 전류와 코일권수를 곱한 것과 같다'는 법칙

답 ③

★★★

21 자장과 전류 사이에 작용하는 전자력의 방향을 결정하는 법칙은?

① 플레밍의 오른손법칙

② 플레밍의 왼손법칙

③ 렌츠의 법칙

④ 패러데이의 전자유도법칙

해설 **여러 가지 법칙**

법 칙	설 명
플레밍의 **오른손법칙**	**도체운동**에 의한 **유기기전력**의 **방향** 결정
플레밍의 **왼손법칙**	**전자력**의 방향 결정
렌츠의 **법칙**	**자속변화**에 의한 **유기기전력**의 **방향** 결정
패러데이의 **전자유도법칙**	**자속변화**에 의한 **유기기전력**의 **크기**를 결정하는 법칙
암페어의 **오른나사법칙**	**전류**에 의한 자계의 방향을 결정하는 법칙

기억법 **왼전**(**웬 전**쟁이냐?)

답 ②

★

22 플레밍의 오른손법칙에서 중지손가락의 방향은?

① 운동방향

② 자속밀도의 방향

③ 유기기전력의 방향

④ 자력선의 방향

해설 **플레밍**의 **오른손법칙**

손가락	표 시
중지	유기기전력의 방향
검지	자속의 방향
엄지	운동의 방향

답 ③

★

23 전류 I[A]에 대한 점 P의 자계 H[A/m]의 방향이 옳게 표시된 것은? (단, ◉ 및 ⊗는 자계의 방향 표시이다.)

①
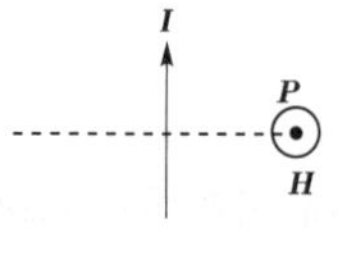

②
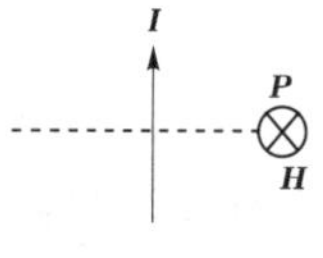

③
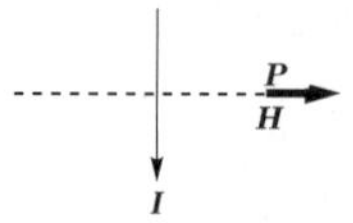

④
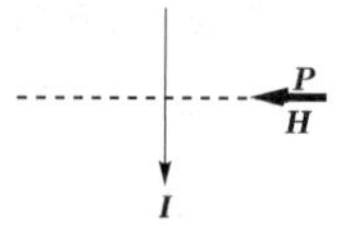

해설
- ⊗ : 들어가는 방향
- ◉ : 나오는 방향

답 ②

★

24 전기회로에서 도전율[℧/m]에 대응하는 것은 자기회로에서 무엇인가?

① 자속
② 기자력
③ 투자율
④ 자기 저항

해설 **자기회로**와 **전기회로**의 대응

자기회로		전기회로
자속	↔	전류
자계	↔	전계
자속밀도	↔	전류밀도
투자율	↔	도전율
자기저항	↔	전기저항
퍼미언스	↔	컨덕턴스

답 ③

★

25 자기회로의 퍼미언스(Permeance)에 대응하는 전기회로의 요소는?

① 도전율
② 컨덕턴스(Conductance)
③ 정전용량
④ 엘라스턴스(Elastance)

해설 **문제 24 참조**

- **퍼미언스 : 자기저항의 역수**

참고

자기저항
기자력과 자속의 비

$$R_m = \frac{l}{\mu A} = \frac{F}{\phi}$$

여기서, R_m : 자기저항[AT/Wb]
l : 자로의 길이[m]
μ : 투자율[H/m]
A : 단면적[m^2]
F : 기자력[AT]
ϕ : 자속[Wb]

답 ②

★

26 평균자로의 길이 80cm(l)의 환상철심에 500회(N)의 코일을 감고 여기에 4A(I)의 전류를 흘렸을 때 기자력(F)[AT]과 자화력(H)[AT/m] (자계의 세기)은?

① 2000, 2500 ② 3000, 2500
③ 2000, 3500 ④ 3000, 3500

해설 (1) **기호**

- l : 80cm=0.8m(100cm=1m이므로)
- N : 500회
- I : 4A
- F : ?
- H : ?

(2) **기자력**

$$F = NI = Hl = R_m\phi \text{[AT]}$$

여기서, F : 기자력[AT]
N : 코일의 권수
I : 전류[A]
H : 자계의 세기[AT/m]
l : 자로의 길이[m]
R_m : 자기저항[AT/Wb]
ϕ : 자속[Wb]

$F = NI = Hl$에서

기자력 F는

$F = NI = 500 \times 4 = 2000$AT

자화력 H는

$H = \frac{F}{l} = \frac{2000}{0.8} = 2500$AT/m

• 100cm=1m이므로 80cm=0.8m

답 ①

★

27 자기회로의 단면적 S〔m²〕, 길이 L〔m〕, 비투자율 μ_s, 진공의 투자율 μ_0〔H/m〕일 때의 자기저항은?

① $\dfrac{l}{\mu_s \mu_0 S}$

② $\dfrac{\mu_s \mu_0 l}{S}$

③ $\dfrac{S}{\mu_s \mu_0 l}$

④ $\dfrac{\mu_s \mu_0 S}{l}$

해설 자기저항

$$R_m = \frac{l}{\mu S} = \frac{F}{\phi} \text{〔AT/Wb〕}$$

여기서, R_m : 자기저항〔AT/Wb〕

l : 자로의 길이〔m〕

μ : 투자율〔H/m〕($\mu = \mu_0 \mu_s$)

S : 단면적〔m²〕

F : 기자력〔AT〕

ϕ : 자속〔Wb〕

μ_0 : 진공의 투자율($4\pi \times 10^{-7}$H/m)

μ_s : 비투자율

자기저항 R_m은

$$R_m = \frac{l}{\mu S} = \frac{l}{\mu_0 \mu_s S} \text{〔AT/Wb〕}$$

답 ①

★

28 자기회로의 자기저항은?

① 자기회로의 단면적에 비례

② 투자율에 반비례

③ 자기회로의 길이에 반비례

④ 단면적에 반비례하고 길이의 제곱에 비례

해설 문제 27 참조

자기저항 R_m은

$$R_m = \frac{l}{\mu S} \propto \frac{1}{\mu}$$

• 분자 : **비례**, 분모 : **반비례**

답 ②

★★

29 어떤 막대꼴 철심이 있다. 단면적이 0.5m²(S), 길이가 0.8m(l), 비투자율이 20(μ_s)이다. 이 철심의 자기저항(R_m)〔AT/Wb〕은?

① 6.37×10^4 ② 4.45×10^4

③ 3.6×10^4 ④ 9.7×10^5

해설 문제 27 참조

(1) 기호

• S : 0.5m²
• l : 0.8m
• μ_s : 20
• R_m : ?

(2) 자기저항 R_m은

$$R_m = \frac{l}{\mu_0 \mu_s S} = \frac{0.8}{(4\pi \times 10^{-7}) \times 20 \times 0.5}$$

$$\fallingdotseq 6.37 \times 10^4 \text{AT/Wb}$$

• 진공의 투자율 $\mu_0 = 4\pi \times 10^{-7}$H/m

답 ①

★

30 자기회로에서 단면적, 길이, 투자율을 모두 1/2배로 하면 자기저항은 몇 배가 되는가?

① 0.5 ② 2

③ 1 ④ 8

해설 문제 27 참조

자기저항 R_m은

$R_m = \dfrac{l}{\mu S}$에서

$$R_{mo} = \frac{\left(\frac{1}{2}l\right)}{\left(\frac{1}{2}\mu\right)\left(\frac{1}{2}S\right)} = 2\frac{l}{\mu S} = 2R_m$$

답 ②

★

31 철심에 도선을 250회(N) 감고 1.2A(I)의 전류를 흘렸더니 1.5×10^{-3}Wb(ϕ)의 자속이 생겼다. 이때 자기저항(R_m)〔AT/Wb〕은?

① 2×10^5 ② 3×10^5

③ 4×10^5 ④ 5×10^5

해설 문제 27 참조

(1) 기호

- N : 250회
- I : 1.2A
- ϕ : 1.5×10^{-3}Wb
- R_m : ?

(2) 자기저항 R_m은

$$R_m=\frac{F}{\phi}=\frac{NI}{\phi}=\frac{250\times1.2}{(1.5\times10^{-3})}$$

$$=2\times10^5\text{AT/Wb}$$

참고

기자력

$$F=NI\text{〔AT〕}$$

여기서, F : 기자력〔AT〕
N : 코일권수
I : 전류〔A〕

답 ①

★

32 단면적 S〔m²〕, 길이 L〔m〕, 투자율 μ〔H/m〕의 자기회로에 N회 코일을 감고 I〔A〕의 전류를 통할 때의 옴의 법칙은?

① $B=\dfrac{\mu SNI}{l}$　② $\phi=\dfrac{\mu SI}{lN}$

③ $\phi=\dfrac{\mu SNI}{l}$　④ $\phi=\dfrac{l}{\mu SNI}$

해설 문제 27 참조

자기저항 R_m은

$R_m=\dfrac{F}{\phi}=\dfrac{NI}{\phi}$에서

$$\phi=\frac{F}{R_m}=\frac{NI}{R_m}=\frac{NI}{\frac{l}{\mu S}}=\frac{\mu SNI}{l}\text{〔Wb〕}$$

답 ③

★

33 그림과 같이 l_1〔m〕에서 l_2〔m〕까지 전류 i〔A〕가 흐르고 있는 직선도체에서 수직거리 a〔m〕 떨어진 점 P의 자계〔AT/m〕를 구하면?

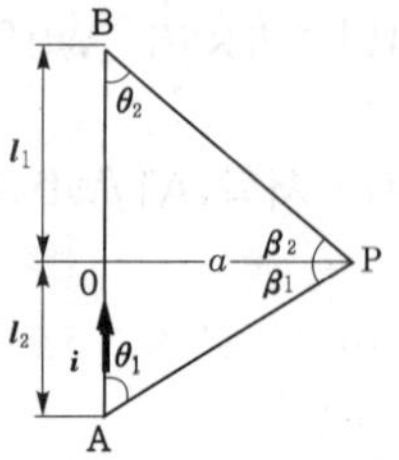

① $\dfrac{i}{4\pi a}(\sin\theta_1+\sin\theta_2)$

② $\dfrac{i}{4\pi a}(\cos\theta_1+\cos\theta_2)$

③ $\dfrac{i}{2\pi a}(\sin\theta_1+\sin\theta_2)$

④ $\dfrac{i}{2\pi a}(\cos\theta_1+\cos\theta_2)$

해설 유한장 직선전류의 자계

$$H=\frac{I}{4\pi a}(\sin\beta_1+\sin\beta_2)$$

$$=\frac{I}{4\pi a}(\cos\theta_1+\cos\theta_2)\text{〔AT/m〕}$$

여기서, H : 자계의 세기〔AT/m〕
I : 전류〔A〕
a : 도체의 수직거리〔m〕
$\beta_1\beta_2$, $\theta_1\theta_2$: 각도

답 ②

★

34 그림과 같은 유한장 직선도체 AB에 전류 I가 흐를 때 임의의 점 P의 자계 세기는? (단, a는 P와 AB 사이의 거리, θ_1, θ_2 : P에서 도체 AB에 내린 수직선과 AP, BP가 이루는 각이다.)

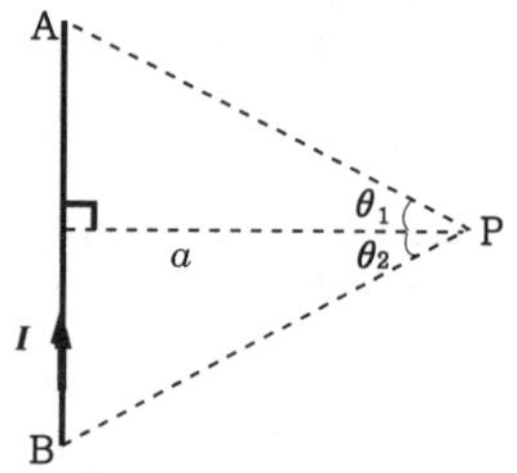

① $\dfrac{I}{4\pi a}(\sin\theta_1+\sin\theta_2)$

② $\dfrac{I}{4\pi a}(\cos\theta_1-\cos\theta_2)$

③ $\dfrac{I}{4\pi a}(\sin\theta_1-\sin\theta_2)$

④ $\dfrac{I}{4\pi a}(\cos\theta_1+\cos\theta_2)$

해설 문제 33 참조

답 ①

★

35 무한장 직선도체에 10A의 전류가 흐르고 있다. 이 도체로부터 20cm 떨어진 지점의 자계의 세기는 몇 AT/m인가?

① 5π ② $\frac{25}{\pi}$

③ 25π ④ $\frac{5}{\pi}$

해설 (1) 기호

- I : 10A
- r : 20cm
- H : ?

(2) 무한장 직선전류의 자계

$$H=\frac{I}{2\pi r}\text{[AT/m]}$$

여기서, H : 자계의 세기[AT/m]

I : 전류[A]

r : 거리[m]

무한장 직선도체의 자계의 세기 H는

$$H=\frac{I}{2\pi r}=\frac{10}{2\pi\times(20\times10^{-2})}=\frac{25}{\pi}\text{ AT/m}$$

- $100\text{cm}=10^2\text{cm}=1\text{m}$이므로 $20\text{cm}=20\times10^{-2}\text{m}$

답 ②

★

36 전류가 흐르는 무한장 도선으로부터 1m되는 점의 자계의 세기는 2m되는 점의 자계 세기의 몇 배가 되는가?

① 2배 ② $\frac{1}{2}$배

③ 4배 ④ $\frac{1}{4}$배

해설 문제 35 참조

무한장 직선전류의 자계의 세기 H는

$H=\frac{I}{2\pi r}$에서

$$H_1=\frac{I}{2\pi\times1}=\frac{I}{2\pi}\text{[AT/m]}$$

$$H_2=\frac{I}{2\pi\times2}=\frac{I}{4\pi}\text{[AT/m]}$$

$$\therefore \frac{H_1}{H_2}=2\text{배}$$

- 먼저 나온 말은 분자, 나중에 나온 말을 분모로 놓고 계산하면 된다.

답 ①

★

37 반지름 a[m]인 원형코일에 전류 I[A]가 흘렀을 때 코일 중심의 자계의 세기[AT/m]는?

① $\frac{I}{2a}$ ② $\frac{I}{4a}$

③ $\frac{I}{2\pi a}$ ④ $\frac{I}{4\pi a}$

해설 원형코일 중심의 자계

$$H=\frac{NI}{2a}\text{[AT/m]}$$

여기서, H : 자계의 세기[AT/m]

N : 코일의 권수

a : 반지름[m]

답 ①

★

38 반지름이 a[m]인 원형코일에 I[A]의 전류가 흐를 때 코일의 중심자계의 세기는?

① a에 비례한다.

② a^2에 비례한다.

③ a에 반비례한다.

④ a^2에 반비례한다.

해설 문제 37 참조

원형코일 중심의 자계 H는

$$H=\frac{NI}{2a}\propto\frac{1}{a}$$

답 ③

★

39 반지름 1m의 원형코일에 1A의 전류가 흐를 때 중심점의 자계의 세기[AT/m]는?

① $\frac{1}{4}$ ② $\frac{1}{2}$

③ 1 ④ 2

해설 문제 37 참조

(1) 기호

- a : 1m
- I : 1A
- H : ?

(2) **원형코일 중심**의 자계 H는

$$H=\frac{NI}{2a}=\frac{1}{2\times1}=\frac{1}{2}\text{AT/m}$$

답 ②

★★

40 지름 10cm인 원형코일에 1A의 전류를 흘릴 때 코일 중심의 자계를 1000AT/m로 하려면 코일을 몇 회 감으면 되는가?
(지름 10cm: a, 1A: I, 1000AT/m: H, 몇 회: N)

① 200　② 150
③ 100　④ 50

해설 문제 37 참조

(1) 기호

- a : 10cm
- I : 1A
- H : 1000AT/m
- N : ?

(2) **원형코일 중심**의 자계 H는

$H=\frac{NI}{2a}$ 이므로

코일권수 N은

$$N=\frac{2aH}{I}=\frac{2\times(5\times10^{-2})\times1000}{1}=100\text{회}$$

- 지름이 10cm이므로
  반지름은 5cm=5×10^{-2}m

답 ③

★

41 1cm마다 권수가 100인 무한장 솔레노이드에 20mA의 전류를 유통시킬 때 솔레노이드 내부의 자계의 세기[AT/m]는?
(100: n, 20mA: I, 자계의 세기: H_i)

① 10　② 20
③ 100　④ 200

해설 (1) 기호

- n : 100
- I : 20mA
- H_i : ?

(2) **무한장 솔레노이드**에 의한 **자계**

① 내부자계 : $Hi=nI$[AT/m]

② 외부자계 : $He=0$

여기서, n : 1m당 권수
　　　I : 전류[A]

1cm당 권수 100이므로
1m=100cm당 권수는
1 : 100=100 : □
100×100=□
□=100×100

무한장 솔레노이드 내부의 자계

$H_i=nI=(100\times100)\times(20\times10^{-3})$
$=200$AT/m

- 1mA=1×10^{-3}A이므로
  20mA=20×10^{-3}A

답 ④

★

42 반지름 a[m], 단위길이당 권회수 n[회/m], 전류 I[A]인 무한장 솔레노이드의 내부 자계의 세기[AT/m]는?

① $\frac{nI}{2\pi a}$　② $\frac{nI}{2a}$
③ nI　④ $\frac{nI}{2\pi}$

해설 문제 41 참조

③ $H_i=nI$[AT/m]

답 ③

★

43 1cm마다 권선수 50인 무한길이 솔레노이드에 10mA의 전류가 흐르고 있을 때 솔레노이드 외부자계의 세기[AT/m]를 구하면?

① 0　② 5
③ 10　④ 50

해설 문제 41 참조

① 외부자계이므로 **0**이 답이 된다.

답 ①

44 무한장 솔레노이드에 전류가 흐를 때 발생되는 자장에 관한 설명 중 옳은 것은?

① 내부자장은 평등자장이다.
② 외부와 내부자장의 세기는 같다.
③ 외부자장은 평등자장이다.
④ 내부자장의 세기는 0이다.

해설 ① 무한장 솔레노이드의 내부자장은 **평등자장**이다. 즉, 균일한 자장이다.

답 ①

45 그림과 같이 권수 N〔회〕, 평균 반지름 r〔m〕인 환상 솔레노이드에 I〔A〕의 전류가 흐를 때 도체내부의 자계의 세기〔AT/m〕는?

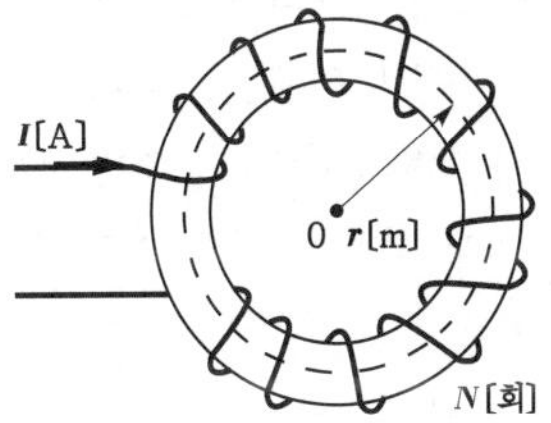

① 0　② NI

③ $\dfrac{NI}{2\pi r}$　④ $\dfrac{NI}{2\pi r^2}$

해설 **환상 솔레노이드**에 의한 **자계**

(1) 내부자계

$$H_i=\frac{NI}{2\pi r}\text{〔AT/m〕 또는}$$

$$H_i=\frac{NI}{2\pi a}\text{〔AT/m〕}$$

(2) 외부자계 : $H_e=0$

여기서, N : 코일의 권수
I : 전류〔A〕
r 또는 a : 반지름〔m〕

답 ③

46 평균 반지름 10cm(a)의 환상 솔레노이드에 5A(I)의 전류가 흐를 때, 내부자계가 1600AT/m(H_i)이다. 권수(N)는 약 얼마인가?

① 180회　② 190회
③ 200회　④ 210회

해설 문제 45 참조

(1) 기호

- a : 10cm=0.1m
- I : 5A
- H_i : 1600AT/m
- N : ?

(2) **환상 솔레노이드**에 의한 자계 H_i는

$H_i=\dfrac{NI}{2\pi a}$ 에서

코일권수 N은

$$N=\frac{2\pi aH_i}{I}=\frac{2\pi\times0.1\times1600}{5}\fallingdotseq 200\text{회}$$

답 ③

47 코일의 권수가 1250회(N)인 공심 환상 솔레노이드의 평균길이가 50cm(a)이며, 단면적이 20cm²(A)이고, 코일에 흐르는 전류가 1A(I)일 때 솔레노이드의 내부자속(ϕ)은 몇 Wb인가?

① $2\pi\times10^{-6}$
② $2\pi\times10^{-8}$
③ $\pi\times10^{5}$
④ $\pi\times10^{-8}$

해설 문제 45 참조

(1) 기호

- N : 1250회
- a : 50cm
- A : 20cm²
- I : 1A
- ϕ : ?

(2) **환상 솔레노이드**의 **내부자계** H는

$$H=\frac{NI}{2\pi a}=\frac{1250\times 1}{50\times 10^{-2}}=2500\text{AT/m}$$

평균길이 $2\pi a=50\times 10^{-2}$m이다.

(3) **내부자속**

$$\phi=BA$$

여기서, ϕ : 내부자속〔Wb〕
B : 자속밀도〔Wb/m^2〕
A : 단면적〔m^2〕

(4) **자속밀도**

$$B=\mu H=\mu_0\mu_s H$$

여기서, B : 자속밀도〔Wb/m^2〕
μ : 투자율〔H/m〕($\mu=\mu_0\cdot\mu_s$)
H : 자계의 세기〔AT/m〕
μ_0 : 진공의 투자율($4\pi\times10^{-7}$H/m)
μ_s : 비투자율

내부자속 ϕ는

$\phi=BA=\mu HA$
$=(4\pi\times10^{-7})\times2500\times(20\times10^{-4})$
$=2\pi\times10^{-6}$Wb

20cm^2=20×10^{-4}m^2

답 ①

★
48 환상 솔레노이드의 단위길이당 권수를 n〔회/m〕, 전류를 I〔A〕, 반지름을 a〔m〕라 할 때 솔레노이드 외부의 자계의 세기는 몇 AT/m인가? (단, 주위 매질은 공기이다.)

① 0
② nI
③ $\dfrac{I}{4\pi\varepsilon_0 a}$
④ $\dfrac{nI}{2a}$

해설 문제 45 참조

① 외부자계 : $He=0$

답 ①

★
49 어느 강철의 자화곡선을 응용하여 종축을 자속밀도 B 및 투자율 μ, 횡축을 자화의 세기 H라하면 다음 중에 투자율 곡선을 가장 잘 나타내고 있는 것은?

①
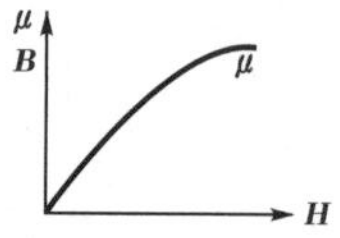

②
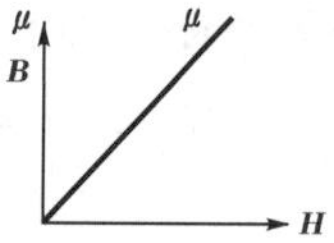

③
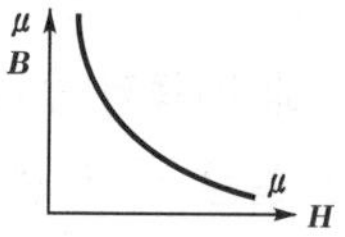

④
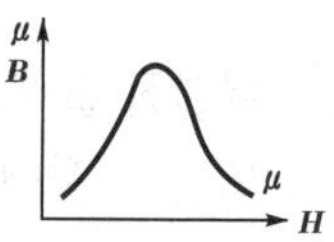

해설 강자성체는 **포화현상**이 있으므로 ④와 같은 곡선이 된다.

중요

투자율곡선과 자속밀도곡선

투자율곡선	자속밀도곡선
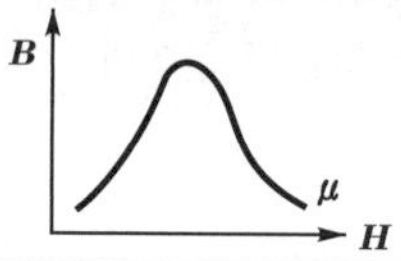	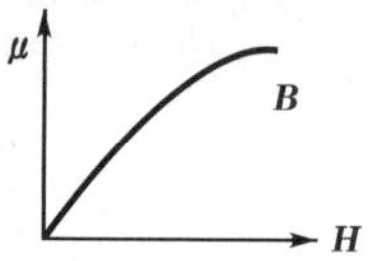

답 ④

★
50 히스테리시스 곡선에서 횡축과 종축은 각각 무엇을 나타내는가?

① 자속밀도(횡축), 자계(종축)
② 기자력(횡축), 자속밀도(종축)
③ 자계(횡축), 자속밀도(종축)
④ 자속밀도(횡축), 기자력(종축)

해설 히스테리시스 곡선

횡 축	종 축
자계	자속밀도

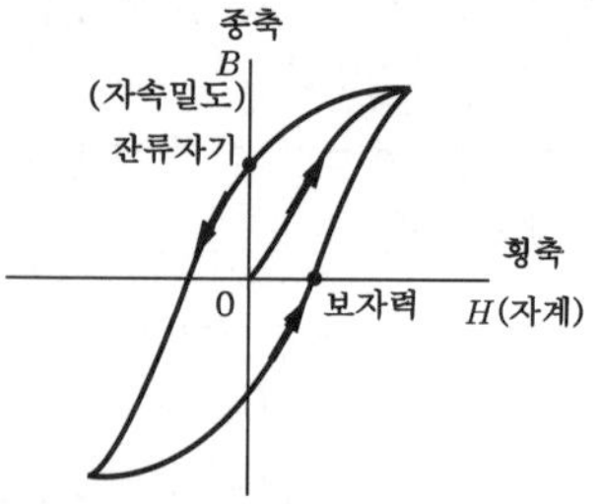

‖ 히스테리시스 곡선 ‖

답 ③

★
51 히스테리시스 곡선에서 횡축과 만나는 것은 다음 중 어느 것인가?

① 투자율
② 잔류자기
③ 자력선
④ 보자력

해설 문제 50 참조

횡축과 만나는 점	종축과 만나는 점
보자력	잔류자기

답 ④

★
52 와전류손은?

① 도전율이 클수록 작다.
② 주파수에 비례한다.
③ 최대자속밀도의 1.6승에 비례한다.
④ 주파수의 제곱에 비례한다.

해설 **와전류손**

$$P_e = A\sigma f^2 B_m^{\ 2} \text{〔W/m}^3\text{〕}$$

여기서, P_e : 와류손〔W/m³〕
A : 상수
σ : 도전율〔℧/m〕
f : 주파수〔Hz〕
B_m : 최대자속밀도〔Wb/m²〕

즉, **주파수**의 **제곱**과 **최대자속밀도의 제곱에 비례**한다.

와전류손=와전류손실=맴돌이 전류손

답 ④

★
53 다음 중 주파수의 증가에 대하여 가장 급속히 증가하는 것은?

① 표피 두께의 역수
② 히스테리시스 손실
③ 교번자속에 의한 기전력
④ 와전류 손실(Eddy current loss)

해설 문제 52 참조

④ 와전류손은 주파수의 제곱에 비례하므로 주파수의 증가에 가장 민감하다.

답 ④

★
54 평등자장 내에 놓여 있는 직선전류 도선이 받는 힘에 대한 설명 중 옳지 않은 것은?

① 힘은 전류에 비례한다.
② 힘은 자장의 세기에 비례한다.
③ 힘은 도선의 길이에 반비례한다.
④ 힘은 전류의 방향과 자장의 방향과의 사이각의 정현에 관계된다.

해설 **직선전류**에 작용하는 **힘**

$$F = Bl l\sin\theta = \mu H l l \sin\theta$$

여기서, F : 직선전류의 힘〔N〕
B : 자속밀도〔Wb/m²〕
I : 전류〔A〕
l : 도선의 길이〔m〕
H : 자계의 세기〔AT/m〕
θ : 각도

즉, 힘은 도선의 길이에 비례한다.

답 ③

★
55 자속밀도 0.8Wb/m²(B)인 평등자계 내에 자계의 방향과 30°(sinθ)의 방향으로 놓여진 길이 10cm(l)의 도선에 5A(I)의 전류가 통할 때 도체가 받는 힘〔N〕(F)은?

① 0.2 ② 0.4
③ 2 ④ 4

해설 문제 54 참조

(1) 기호

- B : 0.8Wb/m²
- $\sin\theta$: 30°
- l : 10cm=0.1m(100cm=1m이므로)
- I : 5A
- F : ?

(2) **직선전류**에 **작용**하는 **힘** F는

$F = BIl\sin\theta = 0.8\times5\times0.1\times\sin30^\circ$
$= 0.2\text{N}$

답 ①

★
56 1Wb/m²(B)의 자속밀도에 수직(sinθ)으로 놓인 10cm(l)의 도선에 10A(I)의 전류가 흐를 때 도선이 받는 힘은?

① 10N ② 1N
③ 0.1N ④ 0.5N

해설 문제 54 참조

(1) 기호

- B : 1Wb/m^2
- $\sin\theta$: 90°
- l : 10cm=0.1m(100cm=1m이므로)
- I : 10A

(2) **직선전류**에 **작용**하는 **힘** F는

$F = BIl\sin\theta = 1\times10\times0.1\times\sin90° = 1$N

여기서, **수직**은 **90°**를 의미

답 ②

★

57 자계 내에서 도선에 전류를 흘려 보낼 때 도선을 자계에 대해 60°의 각으로 놓았을 때 작용하는 힘은 30°각으로 놓았을 때 작용하는 힘의 몇 배인가?

① 1.2　　② 1.7

③ 3.1　　④ 3.6

해설 문제 54 참조

직선전류에 **작용**하는 **힘** F는

$F = BIl\sin\theta$이므로

$F_1 = BIl\sin60°$[N]

$F_2 = BIl\sin30°$[N]

$\therefore F = \dfrac{F_1}{F_2} = \dfrac{\sin60°}{\sin30°} = \sqrt{3} = 1.732$배

- **먼저** 나온 말이 **분자**, **나중**에 나온 말을 **분모**로 놓고 계산하면 된다.

답 ②

★★

58 그림과 같이 d[m] 떨어진 두 평행도선에 I[A]의 전류가 흐를 때 도선 단위길이당 작용하는 힘 F[N]은?

① $\dfrac{\mu_0 I}{2\pi d}$

② $\dfrac{\mu_0 I^2}{2\pi d^2}$

③ $\dfrac{\mu_0 I^2}{2\pi d}$

④ $\dfrac{\mu_0 I^2}{2d}$

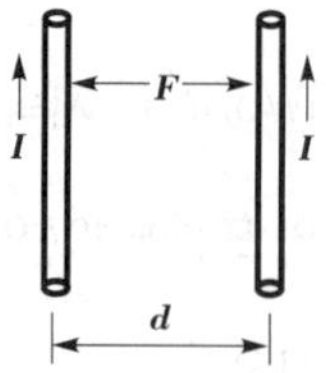

해설 **두 평행도선**에 **작용**하는 **힘**

$$F = \frac{\mu_0 I_1 I_2}{2\pi d} = \frac{2 I_1 I_2}{d}\times10^{-7}\text{N/m}$$

여기서, F : 평행도체의 힘[N/m]

μ_0 : 진공의 투자율($4\pi\times10^{-7}$H/m)

$I_1 \cdot I_2$: 전류[A]

d : 두 평행도선의 거리[m]

두 평행도선에 **작용**하는 **힘** F는

$F = \dfrac{\mu_0 I_1 I_2}{2\pi d} = \dfrac{2 I_1 I_2}{d}\times10^{-7}$이므로

$I_1 = I_2 = I$

$\therefore F = \dfrac{\mu_0 I^2}{2\pi d}$[N/m]

답 ③

★

59 서로 같은 방향으로 전류가 흐르고 있는 나란한 두 도선 사이에는 어떤 힘이 작용하는가?

① 서로 미는 힘

② 서로 당기는 힘

③ 하나는 밀고, 하나는 당기는 힘

④ 회전하는 힘

해설 힘의 **방향**

전류가 같은 방향	전류가 다른 방향
흡인력(당기는 힘)	반발력(미는 힘)

답 ②

★

60 전류 I_1[A], I_2[A]가 각각 같은 방향으로 흐르는 평행도선이 r[m] 간격으로 공기 중에 놓여 있을 때 도선간에 작용하는 힘은?

① $\dfrac{2I_1I_2}{r}\times10^{-7}$N/m, 인력

② $\dfrac{2I_1I_2}{r}\times10^{-7}$N/m, 반발력

③ $\dfrac{2I_1I_2}{r^2}\times10^{-3}$N/m, 인력

④ $\dfrac{2I_1I_2}{r^2}\times10^{-7}$N/m, 반발력

해설 문제 58 참조
두 평행도선에 **작용**하는 **힘** F는

$$F=\frac{\mu_0 I_1 I_2}{2\pi r}=\frac{2 I_1 I_2}{r}\times 10^{-7}\text{N/m}$$

(같은 방향 : **흡인력**)

답 ①

★

61 평행한 두 도선간의 전자력은? (단, 두 도선간의 거리는 r〔m〕라 한다.)

① r^2에 반비례 ② r^2에 비례
③ r에 반비례 ④ r에 비례

해설 문제 58 참조
두 도선간의 **전자력** F는

$$F=\frac{\mu_0 I_1 I_2}{2\pi r}\propto\frac{1}{r}$$

- **분자** : 비례, **분모** : 반비례

답 ③

★

62 진공 중에서 2m 떨어진 2개의 무한 평행도선에 단위길이당 10^{-7}N의 반발력이 작용할 때 그 도선들에 흐르는 전류는?

① 각 도선에 2A가 반대방향으로 흐른다.
② 각 도선에 2A가 같은 방향으로 흐른다.
③ 각 도선에 1A가 반대방향으로 흐른다.
④ 각 도선에 1A가 같은 방향으로 흐른다.

해설 문제 58 참조
두 평행도선에 **작용**하는 **힘** F는

$$F=\frac{\mu_0 I_1 I_2}{2\pi r}\text{ 이므로}$$

전류 I는

$$I^2=\frac{2\pi rF}{\mu_0}=\frac{2\pi\times 2\times 10^{-7}}{4\pi\times 10^{-7}}=1$$

$\therefore\ I^2=I=1\text{A}$
반발력이므로 **전류**는 **반대방향**으로 흐른다.

답 ③

★

63 단면적 $S=100\times10^{-4}\text{m}^2$인 전자석에 자속밀도 $B=2\text{Wb/m}^2$인 자속이 발생할 때, 철편을 흡입하는 힘〔N〕은?
F

① $\frac{\pi}{2}\times 10^5$

② $\frac{1}{2\pi}\times 10^5$

③ $\frac{1}{\pi}\times 10^5$

④ $\frac{2}{\pi}\times 10^5$

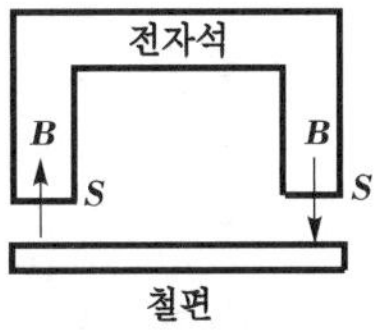

해설 (1) **기호**

- S : $100\times10^{-4}\text{m}^2$
- B : 2Wb/m^2
- F : ?

(2) **전자석**의 **흡인력**

$$F=\frac{B^2S}{2\mu_0}\text{〔N〕}$$

여기서, F : 흡인력〔N〕
μ_0 : 진공의 투자율($4\pi\times10^{-7}$H/m)
B : 자속밀도〔Wb/m^2〕
S : 단면적〔m^2〕

전자석의 **흡인력** F는

$$F=\frac{B^2S}{2\mu_0}=\frac{2^2\times(100\times10^{-4})}{2\times(4\pi\times10^{-7})}$$

$$=\frac{1}{2\pi}\times10^5\text{N}$$

흡인력이 **두 곳**에서 작용하므로

$$F'=\frac{2}{2\pi}\times10^5=\frac{1}{\pi}\times10^5\text{N}$$

답 ③

★★★

64 그림과 같이 진공 중에 자극면적이 2cm^2, 간격이 0.1cm인 자성체 내에서 포화자속밀도가 2Wb/m^2일 때 두 자극면 사이에 작용하는 힘의 크기〔N〕는?
(S, B, F)

① 0.318
② 3.18
③ 31.8
④ 318

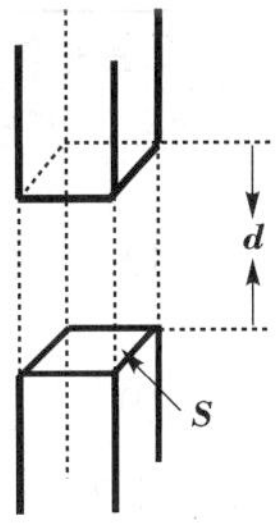

해설 **문제 63 참조**

(1) **기호**

- S : 2cm^2
- B : 2Wb/m^2
- F : ?

(2) **흡인력 F는**

$$F=\frac{B^2S}{2\mu_0}=\frac{2^2\times(2\times10^{-4})}{2\times(4\pi\times10^{-7})}\fallingdotseq 318\text{N}$$

답 ④

★★★

65 다음에서 전자유도법칙과 관계가 먼 것은?

① 노이만의 법칙
② 렌츠의 법칙
③ 암페어 오른나사의 법칙
④ 패러데이의 법칙

해설 **전자유도법칙**

전자유도법칙	설 명
패러데이의 **법칙**	전자유도에 관한 **유기기전력**의 **크기** 결정
노이만의 **법칙**	전자유도 법칙의 수식화
렌츠의 **법칙**	**유기기전력**의 **방향** 결정

- 암페어의 오른나사법칙 : 전류에 의한 자계의 방향을 결정하는 법칙

답 ③

★★★

66 전자유도현상에 의하여 생기는 유도기전력의 크기를 정의하는 법칙은?

① 렌츠의 법칙
② 패러데이의 법칙
③ 앙페르의 법칙
④ 플레밍의 오른손법칙

해설

법 칙	설 명
플레밍의 **오른손법칙**	도체운동에 의한 **유기기전력**의 **방향** 결정
플레밍의 **왼손법칙**	전자력의 방향 결정
렌츠의 **법칙**	전자유도현상에서 코일에 생기는 **유기기전력**의 **방향** 결정
패러데이의 **법칙**	**유기기전력**의 **크기** 결정
앙페르의 **법칙**	**전류**에 의한 **자계**의 **방향**을 결정하는 법칙

- 앙페르의 법칙=암페어의 오른나사법칙
- 유도기전력=유기기전력

답 ②

★

67 전자유도현상에서 유기기전력에 관한 법칙은?

① 렌츠의 법칙
② 패러데이의 법칙
③ 암페어의 법칙
④ 쿨롱의 법칙

해설 **문제 66 참조**

유기기전력의 크기는 코일을 지나는 자속의 매초 변화량과 코일의 권수에 비례한다. 이것을 전자유도에 관한 **패러데이의 법칙**이라 한다.

답 ②

★

68 패러데이의 법칙에 대한 설명으로 가장 적합한 것은?

① 전자유도에 의해 회로에 발생되는 기전력은 자속쇄교수의 시간에 대한 증가율에 비례한다.
② 전자유도에 의해 회로에 발생되는 기전력은 자속의 변화를 방해하는 반대방향으로 기전력이 유도된다.
③ 정전유도에 의해 회로에 발생하는 기자력은 자속의 변화방향으로 유도된다.
④ 전자유도에 의해 회로에 발생하는 기전력은 자속쇄교수의 시간에 대한 감쇠율에 비례한다.

해설

④ 전자유도에 의해 회로에 발생하는 기전력은 자속쇄교수의 시간에 대한 감쇠율에 비례한다.

패러데이의 **전자유도법칙**

$$e=-N\frac{d\phi}{dt}\,\text{[V]}$$

여기서, e : 유기기전력〔V〕
N : 코일권수
$d\phi$: 자속의 변화량〔Wb〕
dt : 시간의 변화량〔s〕

답 ④

★
69 Henry[H]와 같은 단위는?

① F ② V/m
③ A/m ④ Ω · s

해설 H=Ω · s=Wb/A

참고

단위유도과정

(1)
$$e=-L\frac{d_i}{d_t}$$

여기서, e : 유기기전력[V]
L : 자기인덕턴스[H]
d_i : 전류의 변화량[A]
dt : 시간의 변화량[s]

$L=\frac{e \cdot d_t}{d_i}$ 이고 $R=\frac{e}{d_i}$ 이므로

$L=R \cdot d_t$[Ω · s]

(2)
$$L=\frac{N\phi}{I}$$

여기서, L : 자기인덕턴스[H]
N : 코일권수
ϕ : 자속[Wb]
I : 전류[A]

$L=\frac{N\phi}{I}$ 에서 코일권수가 1회라면

$L=\frac{\phi}{I}$[Wb/A]

답 ④

★
70 인덕턴스의 단위[H]와 관계 깊은 단위는?

① F ② V/m
③ A/m ④ Wb/A

해설 문제 69 참조

답 ④

★
71 다음 그래프에서 기울기는 무엇을 나타내는가?

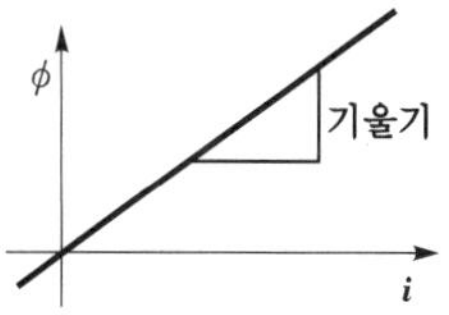

① 저항 R
② 인덕턴스 L
③ 커패시턴스 C
④ 컨덕턴스 G

해설 **인덕턴스**

$$L=\frac{N\phi}{I}\text{[H]}$$

여기서, L : 자기인덕턴스[H]
N : 코일권수
I : 전류[A]

- $L=\frac{N\phi}{I}$ 에서 **기울기**는 **인덕턴스**(L)를 나타낸다.

답 ②

★
72 권수 1회의 코일에 5Wb의 자속이 쇄교하고 있을 때 10^{-1}s 사이에 이 자속이 0으로 변하였다면 이때 코일에 유도되는 기전력[V]은?

① 500 ② 100
③ 50 ④ 10

해설 **유기기전력**

$$e=-N\frac{d\phi}{d_t}=-L\frac{d_i}{d_t}=Blv\sin\theta\text{[V]}$$

여기서, e : 유기기전력[V]
N : 코일권수
$d\phi$: 자속의 변화량[Wb]
dt : 시간의 변화량[s]
L : 자기인덕턴스[H]
d_i : 전류의 변화량[A]
B : 자속밀도[Wb/m^2]
l : 도체의 길이[m]
v : 이동속도[m/s]
θ : 이루는 각[rad]

유도되는 **기전력** e는

$$e=-N\frac{d\phi}{dt}=-1\times\frac{-5}{10^{-1}}=50\text{V}$$

- 자속이 쇄교하였으므로 ϕ=5가 아닌 −5가 된다.

답 ③

★

73 자기인덕턴스 0.05H의 회로에 흐르는 전류가 매초 530A의 비율로 증가할 때 자기유도기전력〔V〕을 구하면?
(L: 0.05H, di: 530A, e: 유도기전력)

① −25.5 ② −26.5
③ 25.5 ④ 26.5

해설 문제 72 참조
(1) 기호
- L : 0.05H
- di : 530A
- e : ?

(2) 유도기전력 e는

$$e = -L\frac{di}{dt} = -0.05 \times \left(\frac{530}{1}\right) = -26.5\text{V}$$

('−' 부호는 **유도기전력**이 **전류**와 **반대방향**으로 유도된다는 뜻)

- 매초라고 하였으므로 시간의 변화량 d_t =1초가 된다.

답 ②

★

74 두 코일이 있다. 한 코일의 전류가 매초 120A의 비율로 변화할 때 다른 코일에는 15V의 기전력이 발생하였다면 두 코일의 상호인덕턴스〔H〕는?
(di: 120A, e: 15V, M: 상호인덕턴스)

① 0.125 ② 0.255
③ 0.515 ④ 0.615

해설 (1) 기호
- di : 120A
- e : 15V
- M : ?

(2) 유도기전력

$$e = M\frac{di}{dt}\text{〔V〕}$$

여기서, e : 유도기전력〔V〕
M : 상호인덕턴스〔H〕
d_i : 전류의 변화량〔A〕
dt : 시간의 변화량〔s〕

상호인덕턴스 M은

$$M = e\frac{dt}{di} = 15 \times \frac{1}{120} = 0.125\text{H}$$

답 ①

★

75 자속밀도 1Wb/m²인 평등자계 중에서 길이 50cm의 직선도체가 자계에 수직방향으로 속도 1m/s로 운동할 때의 최대 유기기전력〔V〕은?
(B: 1Wb/m², l: 50cm, $\sin\theta$: 수직방향, v: 1m/s, e: 유기기전력)

① 0.1 ② 0.5
③ 1 ④ 10

해설 문제 72 참조
(1) 기호
- B : 1Wb/m²
- l : 50cm=0.5m(100cm=1m이므로)
- $\sin\theta$: 90°(수직방향이므로)
- v : 1m/s
- e : ?

(2) 유기기전력 e는

$$e = Blv\sin\theta = 1 \times 0.5 \times 1 \times \sin 90° = 0.5\text{V}$$

여기서, 수직 : 90°
수평(평행) : 0°

- 유도기전력=유기기전력

답 ②

★

76 $l_1 = \infty$〔m〕, l_2 =1m의 두 직선도선을 d= 50cm의 간격으로 평행하게 놓고 l_1을 중심축으로 하여 l_2를 속도 100m/s로 회전시키면 l_2에 유기되는 전압〔V〕은? (단, l_1에 흘려주는 전류 l_1 =50mA이다.)

① 0 ② 5
③ 2×10^{-6} ④ 3×10^{-6}

해설 문제 72 · 75 참조
유기기전력 e는

$$e = Blv\sin\theta$$
$$= Blv\sin 0° = 0$$

평행=0°

답 ①

★★
77 그림과 같이 환상의 철심에 일정한 권선이 감겨진 권수 N회, 단면적 S[m^2], 평균 자로의 길이 l[m]인 환상 솔레이드에 전류 i[A]를 흘렸을 때 이 환상 솔레노이드의 자기인덕턴스를 옳게 표현한 식은?

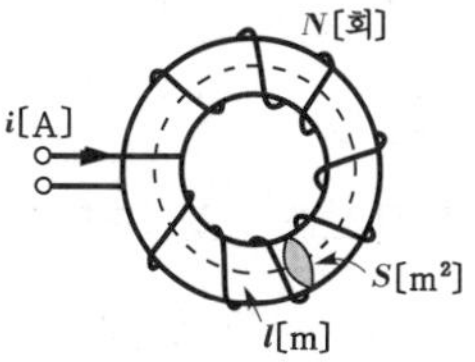

① $\dfrac{\mu^2 SN}{l}$　② $\dfrac{\mu S^2 N}{l}$

③ $\dfrac{\mu SN}{l}$　④ $\dfrac{\mu SN^2}{l}$

해설 자기인덕턴스

$$L=\frac{N\phi}{I}=\frac{N\dfrac{F}{R_m}}{I}=\frac{NF}{R_m I}$$

$$=\frac{N^2 I}{\dfrac{l}{\mu S}I}=\frac{\mu SN^2}{l}\text{[H]}$$

여기서, L : 인덕턴스[H]
μ : 투자율[H/m]
S : 단면적[m^2]
N : 코일의 권수
l : 평균자로의 길이[m]

답 ④

★
78 권수 200회(N)이고, 자기인덕턴스 20mH(L)의 코일에 2A(I)의 전류를 흘리면, 쇄교 자속수(ϕ)[Wb]는?

① 0.04　② 0.01

③ 4×10^{-4}　④ 2×10^{-4}

해설 문제 77 참조
(1) 기호
- N : 200회
- L : 20cm=20×10^{-3}H($1mH=1\times10^{-3}$개 이므로)
- I : 2A
- ϕ : ?

(2) 자기인덕턴스 L은

$L=\dfrac{N\phi}{I}$[H]에서

$\phi=\dfrac{LI}{N}=\dfrac{(20\times10^{-3})\times2}{200}=2\times10^{-4}$Wb

- 1mH=1×10^{-3}H이므로
20mH=20×10^{-3}H

답 ④

★★★
79 코일의 권수를 2배로 하면 인덕턴스의 값은 몇 배가 되는가?

① $\dfrac{1}{2}$배　② $\dfrac{1}{4}$배

③ 2배　④ 4배

해설 문제 77 참조
자기인덕턴스 L은

$L=\dfrac{\mu SN^2}{l}\propto N^2=2^2=4$

답 ④

★
80 권수 3000회인 공심 코일의 자기인덕턴스는 0.06mH이다. 지금 자기인덕턴스를 0.135mH로 하자면 권수는 몇 회로 하면 되는가?

① 3500 회
② 4500 회
③ 5500 회
④ 6750 회

해설 문제 77 참조

$L=\dfrac{\mu SN^2}{l}\propto N^2$

자기인덕턴스 L은 코일권수의 제곱에 비례하므로 비례식으로 풀면

$0.06 : 0.135 = 3000^2 : N_2^{\ 2}$

$0.135\times3000^2=0.06N_2^{\ 2}$

$0.06N_2^{\ 2}=0.135\times3000^2$

$N_2^{\ 2}=\dfrac{0.135\times3000^2}{0.06}$

$\therefore\ N_2=\sqrt{\dfrac{0.135\times3000^2}{0.06}}=4500$회

답 ②

★
81 코일의 자기인덕턴스는 다음 어떤 매체 상수에 따라 변하는가?

① 도전율 ② 투자율
③ 유전율 ④ 절연저항

해설 문제 77 참조
자기인덕턴스 L은

$$L = \frac{\mu SN^2}{l} \propto \mu$$

답 ②

★
82 1000회(N)의 코일을 감은 환상 철심솔레노이드의 단면적이 3cm²(S), 평균길이 4π[cm](μ_o)이고, 철심의 비투자율이 500(μ_s)일 때, 자기인덕턴스[H](L)는?

① 1.5 ② 15
③ $\frac{15}{4\pi} \times 10^6$ ④ $\frac{15}{4\pi} \times 10^{-5}$

해설 문제 77 참조
(1) 기호

- N : 1000회
- S : 3cm²
- μ_o : 4π[cm]
- μ_s : 500
- L : ?

(2) 자기인덕턴스 L은

$$L = \frac{\mu SN^2}{l} = \frac{\mu_0 \mu_s SN^2}{l}$$

$$= \frac{(4\pi \times 10^{-7}) \times 500 \times (3 \times 10^{-4}) \times 1000^2}{(4\pi \times 10^{-2})}$$

$= 1.5$H

- S=3cm²=3×10^{-4}m²
- l=4π[cm]=$4\pi \times 10^{-2}$m

답 ①

★
83 자기인덕턴스 L_1, L_2와 상호인덕턴스 M과의 결합계수는 어떻게 표시되는가?

① $\sqrt{L_1 L_2} / M$
② $M / \sqrt{L_1 L_2}$
③ $M / L_1 L_2$
④ $L_1 L_2 / M$

해설 **자기인덕턴스**와 **상호인덕턴스**와의 관계

$$M = K\sqrt{L_1 L_2} \text{ [H]}$$

여기서, M : 상호인덕턴스[H]
K : 결합계수(이상결합, 완전결합시 K=1)
L_1, L_2 : 자기인덕턴스[H]

상호인덕턴스 M은
$M = K\sqrt{L_1 L_2}$ 에서
결합계수 K는

$$K = \frac{M}{\sqrt{L_1 L_2}}$$

답 ②

★
84 인덕턴스 L_1, L_2가 각각 3mH, 6mH인 두 코일간의 상호인덕턴스 M이 4mH라고 하면 결합계수 K는?

① 약 0.94
② 약 0.44
③ 약 0.89
④ 약 1.12

해설 문제 83 참조
(1) 기호

- L_1 : 3mH
- L_2 : 6mH
- M : 4mH
- K : ?

(2) 결합계수 K는

$$K = \frac{M}{\sqrt{L_1 L_2}} = \frac{4}{\sqrt{3 \times 6}} \fallingdotseq 0.94$$

답 ①

★

85 인덕턴스가 각각 5H(L_1), 3H(L_2)인 두 코일을 직렬로 연결하고 인덕턴스를 측정하였더니 15H(L)였다. 두 코일간의 상호인덕턴스[H](M)는?

① 1　② 3
③ 3.5　④ 7

해설 (1) 기호

- L_1 : 5H
- L_2 : 3H
- L : 15H
- M : ?

(2) 합성인덕턴스

$$L = L_1 + L_2 \pm 2M \text{[H]}$$

여기서, L : 합성인덕턴스[H]
L_1, L_2 : 자기인덕턴스[H]
M : 상호인덕턴스[H]

합성인덕턴스 L은

$L = L_1 + L_2 + 2M$ 이므로

$L - L_1 - L_2 = 2M$

$2M = L - L_1 - L_2$

$\therefore\ M = \dfrac{L - L_1 - L_2}{2} = \dfrac{15-5-3}{2} = 3.5\text{H}$

같은 방향(직렬연결)	반대방향
$L = L_1 + L_2 + 2M$	$L = L_1 + L_2 - 2M$

답 ③

★★★

86 그림에서 (a)의 등가인덕턴스를 (b)라 할 때 L의 값은 얼마인가? (단, 모든 인덕턴스의 단위는 [H]이다.)

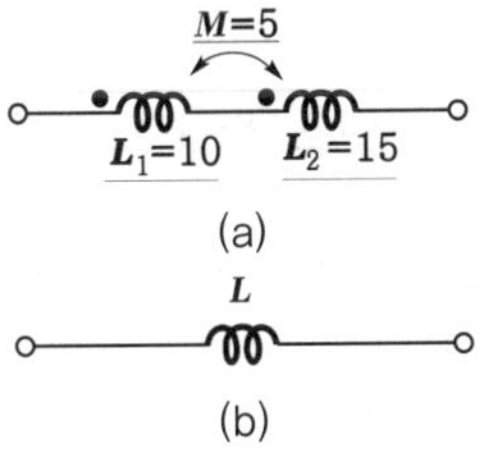

① 15　② 20
③ 30　④ 35

해설 문제 85 참조

2개의 코일이 같은 방향이므로

합성인덕턴스 L은

$L = L_1 + L_2 + 2M = 10 + 15 + 2 \times 5 = 35\text{H}$

중요

코일의 방향

같은방향	반대방향

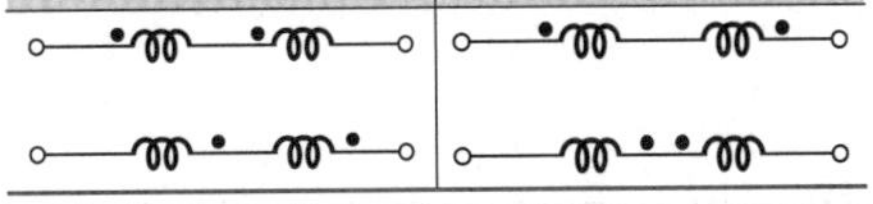

답 ④

★

87 같은 철심 위에 인덕턴스 L이 같은 두 코일을 같은 방향으로 감고 직렬로 연결하였을 때 합성인덕턴스는? (단, 두 코일이 완전결합일 때)

① 0　② $2L$
③ $3L$　④ $4L$

해설 문제 83, 85 참조

(1) 두 코일이 **완전결합**일 때 K=1이므로

$M = K\sqrt{L_1 L_2} = 1\sqrt{L \times L} = L$

(2) 두 코일이 **같은 방향**이므로

$L = L_1 + L_2 + 2M = L + L + 2L = 4L$[H]

답 ④

★★

88 두 자기인덕턴스를 직렬로 하여 합성인덕턴스를 측정하였더니 75mH(L)가 되었다. 이 때 한쪽 인덕턴스를 반대로 접속하여 측정하니 25mH(L)가 되었다면 두 코일의 상호인덕턴스[mH](M)는 얼마인가?

① 12.5
② 20.5
③ 25
④ 30

해설 문제 85 참조

(1) 기호

- L : 75mH, 25mm
- M : ?

(2) **자기인덕턴스** L은

$L=L_1+L_2\pm 2M$에서

$$
\begin{array}{r|l}
 & 75=L_1+L_2+2M \\
- & 25=L_1+L_2-2M \\
\hline
 & 50=4M
\end{array}
$$

$4M=50$

$M=\dfrac{50}{4}=12.5\text{mH}$

답 ①

★

89 그림과 같이 고주파 브리지를 가지고 상호인덕턴스를 측정하고자 한다. 그림 (a)와 같이 접속하면 합성 자기인덕턴스는 30mH(L)이고, (b)와 같이 접속하면 14mH(L)이다. 상호인덕턴스(mH)(M)는?

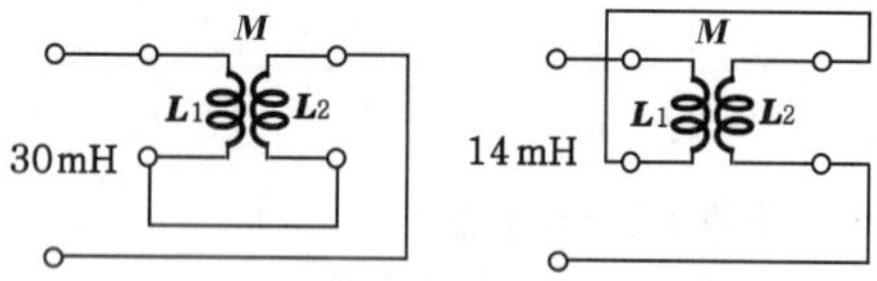

(a)　　　　(b)

① 2

② 4

③ 3

④ 16

해설 문제 85 참조

(1) **기호**

- L : 30mH, 14mm
- M : ?

(2) **자기인덕턴스** L은

$L=L_1+L_2\pm 2M$에서

$$
\begin{array}{r|l}
 & 30=L_1+L_2+2M \\
- & 14=L_1+L_2-2M \\
\hline
 & 16=4M
\end{array}
$$

$4M=16$

$M=\dfrac{16}{4}=4\text{mH}$

- 합성인덕턴스가 **큰 쪽**이 **같은 방향**이므로 $30=L_1+L_2+2M$이 된다.

답 ②

★

90 회로에서 a, b간의 합성인덕턴스 L_0의 값은?

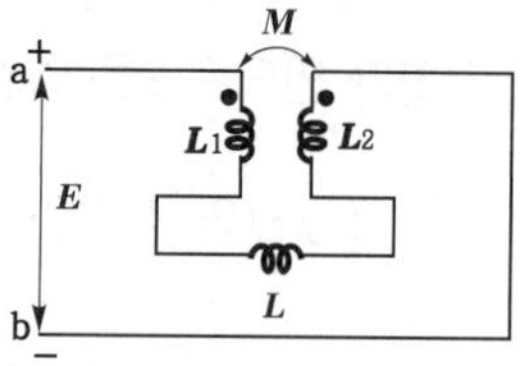

① L_1+L_2+L

② L_1+L_2-2M+L

③ L_1+L_2+2M+L

④ L_2+L_2-M+L

해설 문제 86 참조

등가회로로 나타내면 다음과 같다.

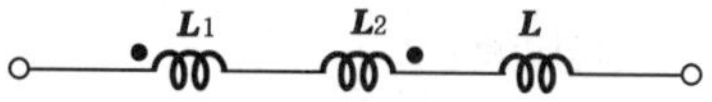

자속이 **반대방향**이므로

합성인덕턴스 L_0는

$L_0=L_1+L_2-2M+L$

답 ②

★

91 인덕턴스 L(H)인 코일에 I(A)의 전류가 흐른다면 이 코일에 축적되는 에너지(J)는?

① LI^2　　② $2LI^2$

③ $\dfrac{1}{2}LI^2$　　④ $\dfrac{1}{4}LI^2$

해설 **코일**에 **축적**되는 **에너지**

$$W=\frac{1}{2}LI^2=\frac{1}{2}IN\phi\text{(J)}$$

여기서, W : 코일의 축적에너지(J)

L : 자기인덕턴스(H)

N : 코일권수

ϕ : 자속(Wb)

I : 전류(A)

답 ③

★

92 자기인덕턴스 5mH(L)의 코일에 4A(I)의 전류를 흘렸을 때 여기에 축적되는 에너지는(W) 얼마인가?

① 0.04W　　② 0.04J

③ 0.08W　　④ 0.08J

해설 문제 91 참조

(1) 기호

- L : 5mH
- I : 4A
- W : ?

(2) 축적에너지 W는

$$W = \frac{1}{2}LI^2 = \frac{1}{2} \times (5 \times 10^{-3}) \times 4^2 = 0.04\text{J}$$

5mH=5×10^{-3}H

답 ②

★★

93 $I=4$[A]인 전류가 흐르는 코일과의 쇄교 자속수가 $\phi=4$Wb일 때 이 회로에 축적되어 있는 자기에너지[J]는?
W

① 4　　② 2

③ 8　　④ 6

해설 문제 91 참조

(1) 기호

- I : 4A
- ϕ : 4Wb
- W : ?

(2) 축적에너지 W는

$$W = \frac{1}{2}IN\phi = \frac{1}{2} \times 4 \times 4 = 8\text{J}$$

- N : 코일권수는 주어지지 않았으므로 무시

답 ③

★

94 자계의 세기 H[AT/m], 자속밀도 B[Wb/m²], 투자율 μ[H/m]인 곳의 자계의 에너지밀도[J/m³]는?

① BH

② $\frac{1}{2\mu}H^2$

③ $\frac{1}{2}\mu H$

④ $\frac{1}{2}BH$

해설 단위체적당 축적되는 에너지

$$W_m = \frac{1}{2}BH = \frac{1}{2}\mu H^2 = \frac{B^2}{2\mu} \text{[J/m}^3\text{]}$$

여기서, W_m : 단위체적당 축적에너지[J/m³]

B : 자속밀도[Wb/m²]

H : 자계의 세기[AT/m]

μ : 투자율[H/m]

답 ④

★

95 비투자율이 1000인 철심의 자속밀도가
μ_s
1Wb/m²일 때, 이 철심에 저축되는 에너지
B
의 밀도[J/m³]는 얼마인가?
W_n

① 300

② 400

③ 500

④ 600

해설 문제 94 참조

(1) 기호

- μ_s : 1000
- B : 1Wb/m²
- W_m : ?

(2) 단위체적당 축적에너지 W_m은

$$W_m = \frac{B^2}{2\mu} = \frac{B^2}{2\mu_0\mu_s}$$

$$= \frac{1^2}{2 \times (4\pi \times 10^{-7}) \times 1000}$$

$$\fallingdotseq 400\text{J/m}^3$$

- 진공의 투자율 $\mu_0 = 4\pi \times 10^{-7}$H/m

답 ②

Key Point

4. 교류회로

출제확률 8% (2문제)

1 교류회로의 기초

1 정현파 교류

※ 정현파 교류
사인파 교류

※ 교류
시간의 변화에 따라 크기와 방향이 주기적으로 변하는 전압·전류

※ 직류
시간의 변화에 따라 크기와 방향이 일정한 전압·전류

(1) 파형과 정현파 교류

전압, 전류 등이 시간의 흐름에 따라 변화하는 모양을 **파형**(Wave form)이라 하고, 시간의 변화에 따라 크기와 방향이 주기적으로 변화하는 전압, 전류를 **정현파 교류**(Sinusoidal wave A·C)라 한다.

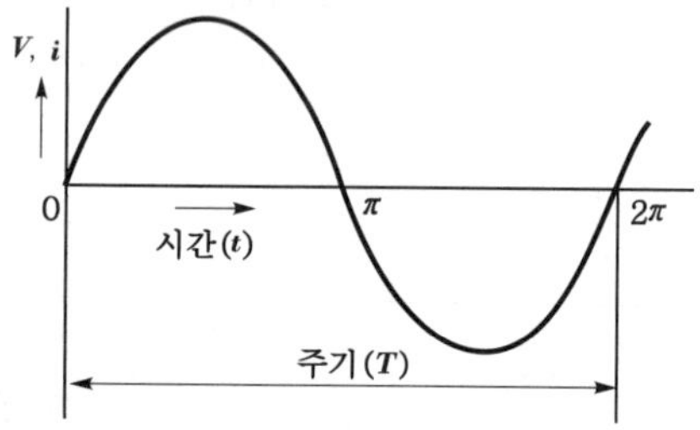

‖ 정현파 교류 ‖

※ 주기

$$T = \frac{1}{f} \text{〔s〕}$$

여기서, T : 주기〔s〕
f : 주파수〔Hz〕

(2) 주기와 주파수

0에서 2π까지 1회의 변화를 **1사이클**(Cycle)이라 한다.

① 주기

1사이클의 변화에 요하는 시간을 **주기**(Period)라 한다. 기호는 T, 단위는 s〔s〕로 나타낸다.

$$T = \frac{1}{f} \text{〔s〕}$$ 문01 보기②

여기서, T : 주기〔s〕, f : 주파수〔Hz〕

문제 01 주기 0.002초인 교류의 주파수는?

17회 문 45
04회 문 36
03회 문 29

① 50Hz ② 500Hz
③ 1000Hz ④ 2000Hz

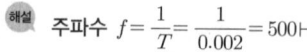

유사문제부터 풀어보세요. 실력이 팍!팍! 올라갑니다.

해설 **주파수** $f = \frac{1}{T} = \frac{1}{0.002} = 500\text{Hz}$

답 ②

② 주파수

1초 동안에 반복되는 사이클의 수를 **주파수**(Frequency)라 한다.

(3) 각속도(각주파수)

각속도	각주파수
어떤 물체가 1초 동안 회전한 각도를 **각속도**(Angular velocity)라 하고 ω〔rad/s〕로 나타낸다.	어떤 한 점이 1초 동안 몇 회전하였는가를 나타내는 것이 **각주파수**(Angular frequency)이며 ω〔rad/s〕로 나타낸다.

$T=\frac{1}{f}$〔s〕에서

$$\omega = \frac{2\pi}{T} = 2\pi f \text{ [rad/s]}$$

여기서, ω : 각주파수〔rad/s〕, f : 주파수〔Hz〕

2 교류의 표시

(1) 순시값

교류의 임의의 시간에 있어서 전압 또는 전류의 값을 **순시값**(Instantaneous value)이라 한다.

$$v = V_m \sin \omega t = \sqrt{2}\, V \sin \omega t \text{ [V]} \ \ (V_m = \sqrt{2}\, V)$$ 문02 보기②

$$i = I_m \sin \omega t = \sqrt{2}\, I \sin \omega t \text{ [A]} \ \ (I_m = \sqrt{2}\, I)$$

여기서, v : 전압의 순시값〔V〕
V_m : 전압의 최대값〔V〕,
ω : 각주파수〔rad/s〕
t : 주기〔s〕
V : 실효값〔V〕
i : 전류의 순시값〔A〕
I_m : 전류의 최대값〔A〕
I : 전류의 실효값〔A〕

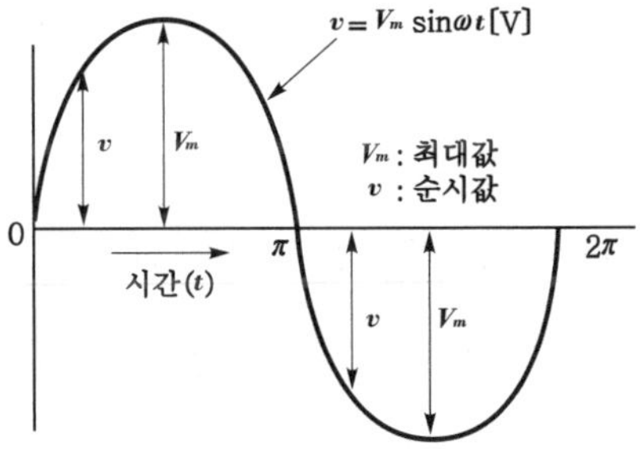

순시값과 최대값

Key Point

※ 각주파수

$\omega = 2\pi f$〔rad/s〕

여기서,
ω : 각주파수〔rad/s〕
f : 주파수〔Hz〕

※ 최대값
교류의 순시값 중에서 가장 큰 값

※ 순시값

$v = V_m \sin \omega t$〔V〕

여기서,
v : 순시값〔V〕
V_m : 최대값〔V〕
ω : 각주파수〔rad/s〕
t : 주기〔s〕

※ 최대값

$V_m = \sqrt{2}\, V$〔V〕

여기서, V_m : 최대값〔V〕
V : 실효값〔V〕

Key Point

★★

문제 02 다음은 정현파 교류전압파형의 한 주기를 나타내었다. 시간(t)에 따른 전압의 순시값을 가장 근사하게 표현한 것은?

19회 문 50

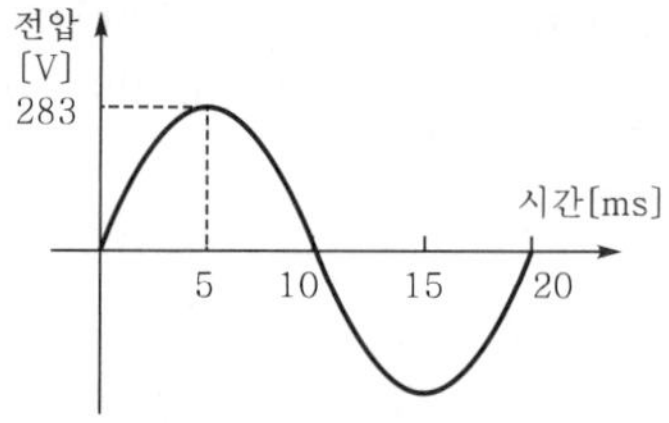

① $v(t)=\sqrt{2}\cdot 200\cdot \sin 40\pi t$　　② $v(t)=\sqrt{2}\cdot 200\cdot \sin 100\pi t$

③ $v(t)=\sqrt{2}\cdot 220\cdot \sin 40\pi t$　　④ $v(t)=\sqrt{2}\cdot 220\cdot \sin 100\pi t$

해설

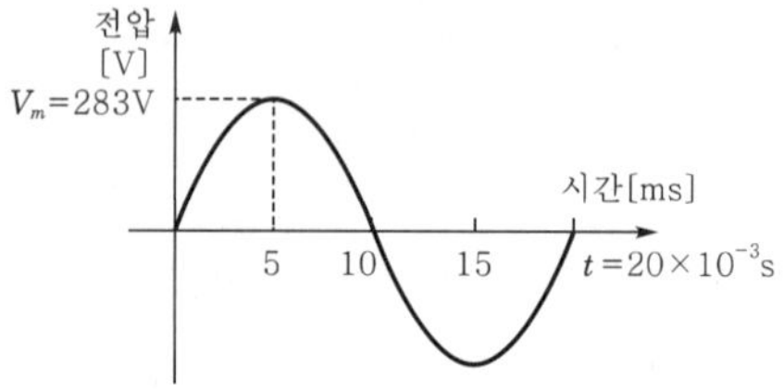

$V_m=\sqrt{2}\,V$

$283=\sqrt{2}\cdot 200$

각주파수

$$\omega=2\pi f=2\pi\frac{1}{t}$$

여기서, ω : 각주파수[rad/s]

f : 주파수[Hz]

t : 주기[s]

$2\not{\pi}f=2\not{\pi}\frac{1}{t}$

$2f=2\frac{1}{t}=2\frac{1}{20\times 10^{-3}}=100$

$\therefore\ v(t)=V_m\sin\omega t=V_m\sin 2\pi f t=\sqrt{2}\cdot 200\cdot \sin 100\pi t$

- t : 그래프에서 20ms이므로 20×10^{-3}s
- V_m : $\sqrt{2}\cdot 200$
- $2f$: 100

답 ②

✻ **평균값**

$V_{av}=0.637\,V_m$[V]

여기서, V_{av} : 평균값[V]

V_m : 최대값[V]

(2) 평균값

순시값의 반주기에 대하여 평균한 값을 **평균값**(Average value)이라 한다.

$$V_{av}=\frac{2}{\pi}V_m=0.637\,V_m\ \text{[V]}$$ 문03 보기③

$$I_{av}=\frac{2}{\pi}I_m=0.637\,I_m\ \text{[A]}$$

여기서, V_{av} : 전압의 평균값[V]

I_{av} : 전류의 평균값[A]

Key Point

• **평균값**은 **전파정류**에서의 **직류값**과 같다.

★★
문제 03 어떤 정현파 전압의 평균값이 191V이면 최대값[V]은?
V_{av} V_m
16회 문 44
12회 문 48

① 약 150 ② 약 250 ③ 약 300 ④ 약 400

해설 (1) **기호**

• V_{av} : 191V
• V_m : ?

(2) **정현파** $V_{av}=0.637\,V_m$ 에서

$$V_m=\frac{V_{av}}{0.637}=\frac{191}{0.637}≒300\text{V}$$

답 ③

(3) 실효값

일반적으로 사용되는 값으로 교류의 각 순시값의 제곱에 대한 1주기의 평균의 제곱근을 **실효값**(Effective value)이라 한다.

$$I=\sqrt{i^2\text{의 1주기간의 평균값}}$$

여기서, I : 전류의 실효값[A]
i : 전류의 순시값[A]

정현파 교류에서 실효값은

$$V=\sqrt{\frac{{V_m}^2}{2}}=\frac{V_m}{\sqrt{2}}=0.707\,V_m\,[\text{V}]$$

$$I=\sqrt{\frac{{I_m}^2}{2}}=\frac{I_m}{\sqrt{2}}=0.707I_m\,[\text{A}]$$

여기서, V : 전압의 실효값[V]
I : 전류의 실효값[A]

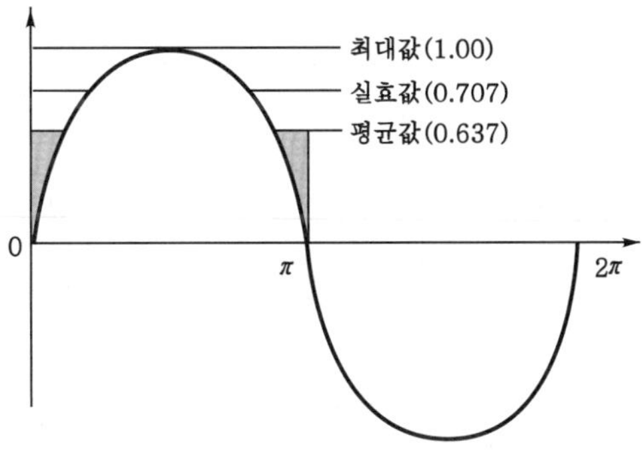

▌최대값, 실효값, 평균값▐

※ **실효값**

$V=0.707\,V_m$ [V]

여기서, V : 실효값[V]
V_m : 최대값[V]

※ **반파정류 정현파의 실효값**

$E=\frac{E_m}{2}$ 또는 $V=\frac{V_m}{2}$

여기서,
$E,\ V$: 실효값[V]
$E_m,\ V_m$: 최대값[V]

Key Point

※ R
저항

※ L
코일(인덕턴스)

※ C
콘덴서(정전용량)

2 교류전류에 대한 RLC 작용

회로의 종류		위상차(θ)	전류(I)와 전압(V) 관계	역률($\cos\theta$) 및 무효율($\sin\theta$)
단독회로	R	0	$I=\frac{V}{R}$	$\cos\theta=1$ $\sin\theta=0$
	L	$\frac{\pi}{2}$	$I=\frac{V}{X_L}=\frac{V}{\omega L}$	$\cos\theta=0$ $\sin\theta=1$
	C	$\frac{\pi}{2}$	$I=\frac{V}{X_C}=\omega CV$	$\cos\theta=0$ $\sin\theta=1$
직렬회로	$R-L$	$\tan^{-1}\frac{\omega L}{R}$	$I=\frac{V}{Z}=\frac{V}{\sqrt{R^2+{X_L}^2}}$	$\cos\theta=\frac{R}{\sqrt{R^2+{X_L}^2}}$ $\sin\theta=\frac{X_L}{\sqrt{R^2+{X_L}^2}}$
	$R-C$	$\tan^{-1}\frac{1}{\omega CR}$	$I=\frac{V}{Z}=\frac{V}{\sqrt{R^2+{X_C}^2}}$	$\cos\theta=\frac{R}{\sqrt{R^2+{X_C}^2}}$ $\sin\theta=\frac{X_C}{\sqrt{R^2+{X_C}^2}}$
	R-L-C	$\tan^{-1}\frac{X_L-X_C}{R}$	$I=\frac{V}{Z}=\frac{V}{\sqrt{R^2+(X_L-X_C)^2}}$	$\cos\theta=\frac{R}{Z}$ $\sin\theta=\frac{X_L-X_C}{Z}$
병렬회로	$R-L$	$\tan^{-1}\frac{R}{\omega L}$	$I=YV=\sqrt{\left(\frac{1}{R}\right)^2+\left(\frac{1}{X_L}\right)^2}\cdot V$ 문04 보기②	$\cos\theta=\frac{X_L}{\sqrt{R^2+{X_L}^2}}$ $\sin\theta=\frac{R}{\sqrt{R^2+{X_L}^2}}$
	$R-C$	$\tan^{-1}\omega CR$	$I=YV=\sqrt{\left(\frac{1}{R}\right)^2+\left(\frac{1}{X_C}\right)^2}\cdot V$	$\cos\theta=\frac{X_C}{\sqrt{R^2+{X_C}^2}}$ $\sin\theta=\frac{R}{\sqrt{R^2+{X_C}^2}}$
	R-L-C	$\tan^{-1}R\left(\frac{1}{X_C}-\frac{1}{X_L}\right)$	$I=YV=\sqrt{\left(\frac{1}{R}\right)^2+\left(\frac{1}{X_C}-\frac{1}{X_L}\right)^2}\cdot V$	$\cos\theta=\frac{\frac{1}{R}}{Y}$ $\sin\theta=\frac{\frac{1}{X_C}-\frac{1}{X_L}}{Y}$

여기서, θ : 위상차[V], I : 전류[A], ω : 각주파수[rad/s], V : 전압[V]
L : 인덕턴스[H], Z : 임피던스[Ω], R : 저항[Ω], Y : 어드미턴스[℧]
C : 커패시턴스[F], X_L : 유도리액턴스[Ω], X_C : 용량리액턴스[Ω]
$\cos\theta$: 역률, $\sin\theta$: 무효율

Key Point

★★
문제 04 그림과 같은 회로에서 전류 I는 몇 A인가?
18회 문 41

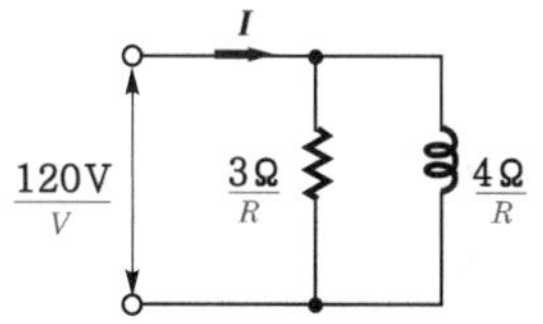

① 40 ② 50 ③ 80 ④ 90

해설 (1) 기호

- I : ?
- V : 120V
- R : 3Ω
- X_L : 4Ω

(2) $R-L$ **병렬회로**에서 I는

$$I=\sqrt{\left(\frac{1}{R}\right)^2+\left(\frac{1}{X_L}\right)^2}\cdot V=\sqrt{\left(\frac{1}{3}\right)^2+\left(\frac{1}{4}\right)^2}\times 120=50\text{A}$$

답 ②

1 R만의 회로

전류 i는

$i=I_m \sin\omega t$ [A]

여기서, i : 전류의 순시값[A]

$$I=\frac{V}{R}\text{[A]}$$

여기서, I : 전류의 실효값[A]
V : 전압의 실효값[V]
R : 저항[Ω]

전압과 전류는 동상(in-phase)이다.

$$\theta=0°\text{(동상)}$$

여기서, θ : 위상차

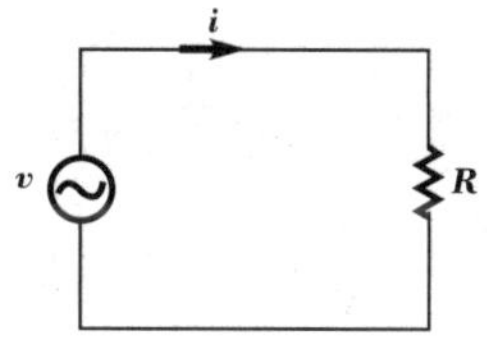

∥ R만의 회로 ∥

2 L만의 회로

전류 i는

$$i=\frac{1}{L}\int v\cdot dt=I_m\sin\left(\omega t-\frac{\pi}{2}\right)$$

여기서, i : 전류의 순시값[A]
v : 전압의 순시값[V]
L : 인덕턴스[H]
I_m : 전류의 최대값[A]
ω : 각주파수[rad/s]

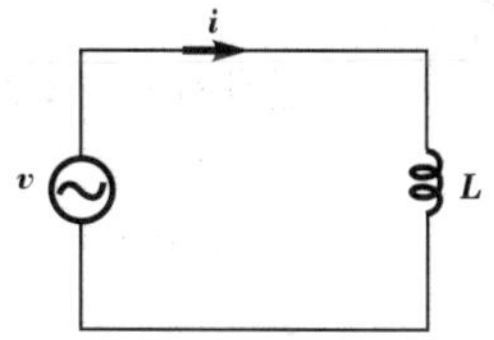

∥ L만의 회로 ∥

※ R만의 회로

$$I=\frac{V}{R}\text{[A]}$$

여기서, I : 전류[A]
V : 전압[V]
R : 저항[Ω]

※ 동상
동일한 주파수에서 위상차가 없는 경우를 말함

※ 위상
주파수가 동일한 2개 이상의 교류가 동시에 존재할 때, 상호간의 시간적인 차이

※ 위상차
2개 이상의 동일한 교류의 위상의 차

※ 인덕턴스
코일의 권수, 형태 및 철심의 재질 등에 의해 결정되는 상수, 단위는 H(Henry)로 나타낸다.

Key Point

$$X_L = \omega L = 2\pi f L\,[\Omega]$$ 에서

$$I = \frac{V}{X_L} = \frac{V}{\omega L}\,[\mathrm{A}]$$

여기서, X_L : 유도리액턴스[Ω]
ω : 각주파수[rad/s]
L : 인덕턴스[H]
I : 전류의 실효값[A]
V : 전압의 실효값[V]

전류는 전압보다 90° 뒤진다.

$$\theta = -\frac{\pi}{2}\,[\mathrm{rad}]\ (\text{뒤짐})$$

여기서, θ : 위상차

※ 유도리액턴스
인덕턴스의 유도작용에 의한 리액턴스

※ 리액턴스
교류에서 저항 이외에 전류의 흐름을 방해하는 작용을 하는 성분

3 C만의 회로

전류 i는

$$i = C\frac{dv}{dt} = I_m \sin\left(\omega t + \frac{\pi}{2}\right)$$

여기서, i : 전류의 순시값[A]
v : 전압의 순시값[V]

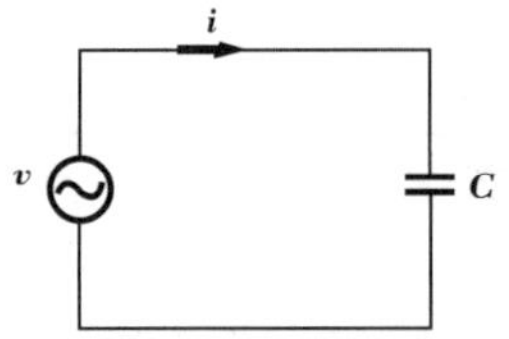

| C만의 회로 |

$$X_C = \frac{1}{\omega C} = \frac{1}{2\pi f C}\,[\Omega]$$ 에서

$$I = \frac{V}{X_C} = \omega C V\,[\mathrm{A}]$$

여기서, X_C : 용량리액턴스[Ω]
C : 정전용량[F]
I : 전류의 실효값[A]
V : 전압의 실효값[V]

전류는 전압보다 90° 앞선다. 문05 보기④

$$\theta = \frac{\pi}{2}\,[\mathrm{rad}]\ (\text{앞섬})$$

여기서, θ : 위상차

※ 용량리액턴스
콘덴서의 충전작용에 의한 리액턴스

※ 콘덴서
2개의 도체 사이에 절연물을 넣어서 정전용량을 가지게 한 소자

※ 정전용량
콘덴서가 전하를 축적할 수 있는 능력

★★★
문제 05 콘덴서만의 회로에서 전압과 전류 사이의 위상관계는?

① 전압이 전류보다 180° 앞선다. ② 전압이 전류보다 180° 뒤진다.
③ 전압이 전류보다 90° 앞선다. ④ 전압이 전류보다 90° 뒤진다.

해설

L만의 회로	C만의 회로
전압이 전류보다 90° 앞선다.	전압이 전류보다 90° 뒤진다.

답 ④

3 RLC 직병렬회로

1 RL 직렬회로

전류 I는

$$I=\frac{V}{Z}=\frac{V}{\sqrt{R^2+X_L^{\,2}}}\text{〔A〕}$$

임피던스 Z는

$$Z=\sqrt{R^2+X_L^{\,2}}=\sqrt{R^2+(\omega L)^2}\text{〔Ω〕}$$

여기서, Z : 임피던스〔Ω〕
X_L : 유도리액턴스〔Ω〕
L : 인덕턴스〔H〕

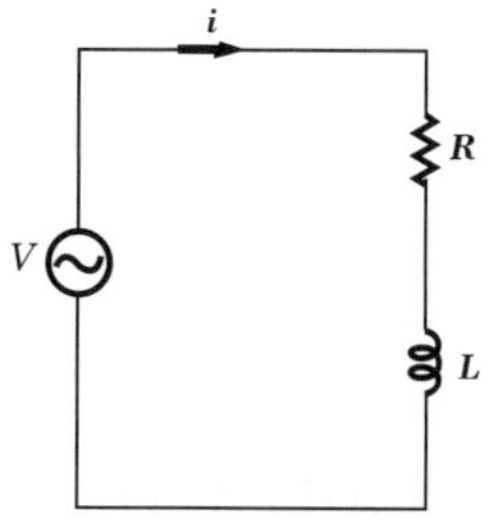

∥ RL 직렬회로 ∥

① **위상차** : $\theta=\tan^{-1}\frac{X_L}{R}=\tan^{-1}\frac{\omega L}{R}$〔rad〕

② **역률** : $\cos\theta=\frac{R}{Z}=\frac{R}{\sqrt{R^2+X_L^{\,2}}}$

③ **무효율** : $\sin\theta=\frac{X_L}{Z}=\frac{X_L}{\sqrt{R^2+X_L^{\,2}}}$

여기서, θ : 위상차〔V〕, X_L : 유도리액턴스〔Ω〕
L : 인덕턴스〔H〕, $\sin\theta$: 무효율
R : 저항〔Ω〕, $\cos\theta$: 역률
ω : 각주파수〔rad/s〕, Z : 임피던스〔Ω〕

2 RC 직렬회로

전류 I는

$$I=\frac{V}{Z}=\frac{V}{\sqrt{R^2+X_C^{\,2}}}\text{〔A〕}$$

여기서, 임피던스 Z는

$$Z=\sqrt{R^2+X_C^{\,2}}=\sqrt{R^2+\left(\frac{1}{\omega C}\right)^2}\text{〔Ω〕}$$

여기서, Z : 임피던스〔Ω〕
X_C : 용량리액턴스〔Ω〕
C : 정전용량〔F〕

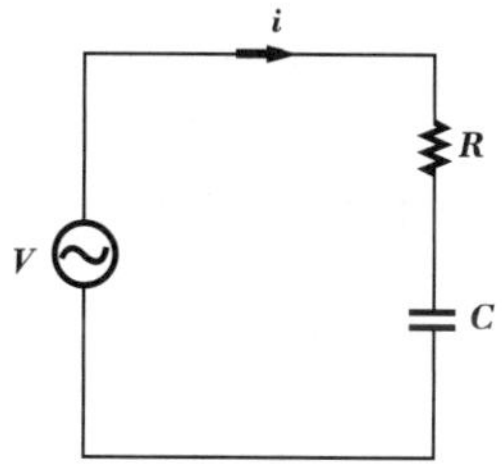

∥ RC 직렬회로 ∥

① **위상차** : $\theta=\tan^{-1}\frac{X_C}{R}=\tan^{-1}\frac{1}{\omega CR}$〔rad〕

② **역률** : $\cos\theta=\frac{R}{Z}=\frac{R}{\sqrt{R^2+X_C^{\,2}}}$ 문06 보기③

Key Point

✻ RL 직렬회로

$$I=\frac{V}{\sqrt{R^2+X_L^{\,2}}}\text{〔A〕}$$

여기서,
I : 전류〔A〕
V : 전압〔V〕
R : 저항〔Ω〕
X_L : 유도리액턴스〔Ω〕

✻ 임피던스
교류에서 전류가 흐를 때의 전류의 흐름을 방해하는 R, L, C의 벡터적인 합

✻ 역률
전압과 전류의 위상차의 코사인(cos) 값

✻ 무효율
전압과 전류의 위상차의 사인(sin) 값

✻ RC 직렬회로

$$I=\frac{V}{\sqrt{R^2+X_C^{\,2}}}\text{〔A〕}$$

여기서,
I : 전류〔A〕
V : 전압〔V〕
R : 저항〔Ω〕
X_C : 용량리액턴스〔Ω〕

Key Point

★★

문제 06 저항 R과 리액턴스 X의 직렬회로에서 $\frac{X}{R}=\frac{1}{\sqrt{2}}$ 일 경우 회로의 역률은?

18회 문 41
13회 문 47
11회 문 31

① $\frac{1}{2}$　② $\frac{1}{\sqrt{3}}$　③ $\frac{\sqrt{2}}{\sqrt{3}}$　④ $\frac{\sqrt{3}}{2}$

해설 $\frac{X}{R}=\frac{1}{\sqrt{2}}$ 에서

$R=\sqrt{2}$, $X=1$이므로

역률 $\cos\theta=\frac{R}{Z}=\frac{R}{\sqrt{R^2+X^2}}=\frac{\sqrt{2}}{\sqrt{\sqrt{2}^2+1^2}}=\frac{\sqrt{2}}{\sqrt{3}}$

답 ③

③ **무효율** : $\sin\theta=\frac{X_C}{Z}=\frac{X_C}{\sqrt{R^2+{X_C}^2}}$

3 *RLC* 직렬회로

✻ *RLC* 직렬회로

$$I=\frac{V}{\sqrt{R^2+(X_L-X_C)^2}}$$

여기서,
I : 전류[A]
V : 전압[V]
R : 저항[Ω]
X_L : 유도리액턴스[Ω]
X_C : 용량리액턴스[Ω]

전류 I는

$$I=\frac{V}{Z}=\frac{V}{\sqrt{R^2+(X_L-X_C)^2}}\text{[A]}$$

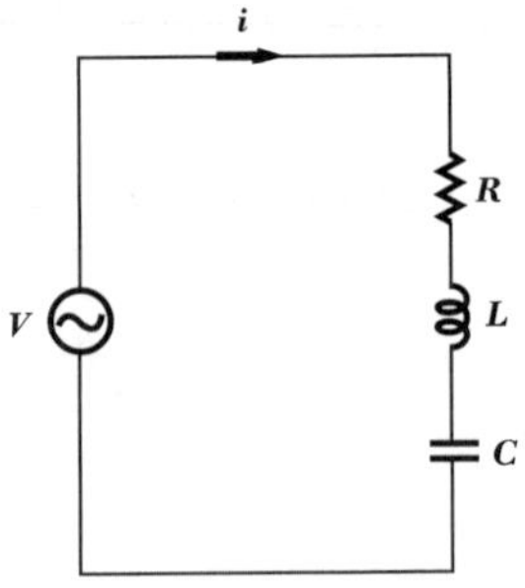

RLC 직렬회로

여기서 임피던스 Z는

$$Z=\sqrt{R^2+(X_L-X_C)^2}=\sqrt{R^2+\left(\omega L-\frac{1}{\omega C}\right)^2}\text{[Ω]}$$

공진조건 $\omega L=\frac{1}{\omega C}$ 이므로

$$\omega L-\frac{1}{\omega C}=0$$

위 식에서 $Z=R$**(임피던스 최소)** 이와 같은 상태를 **직렬공진**(Series resonance)이라 한다.

✻ **공진주파수**
RLC 직렬공진회로에서 정전용량 C가 일정해도 주파수에 따라 인덕턴스 $L=\frac{1}{\omega C}$로 되는 주파수

① **공진주파수** : $f_0=\frac{1}{2\pi\sqrt{LC}}$ [Hz]

여기서, L : 인덕턴스[H]
C : 정전용량[F]

✻ **선택도**
공진곡선의 첨예도 및 공진시의 전압확대비를 나타낸다.

② **선택도** : $Q=\frac{V_L}{V}=\frac{V_C}{V}=\frac{\omega L}{R}=\frac{1}{\omega CR}=\frac{1}{R}\sqrt{\frac{L}{C}}$

여기서, V : 전원전압[V]
V_L : L에 걸리는 전압[V]
V_C : C에 걸리는 전압[V]
ω : 각주파수[Hz]

Key Point

③ **위상차** : $\theta = \tan^{-1}\dfrac{X_L - X_C}{R}$ 〔rad〕

- $X_L > X_C$: **유도성** 회로(전류는 전압보다 θ만큼 뒤진다.)
- $X_L < X_C$: **용량성** 회로(전류는 전압보다 θ만큼 앞선다.)
- $X_L = X_C$: **직렬공진**회로(전압과 전류는 동상이다.)

④ **역률** : $\cos\theta = \dfrac{R}{Z} = \dfrac{R}{\sqrt{R^2 + (X_L - X_C)^2}}$

⑤ **무효율** : $\sin\theta = \dfrac{X_L - X_C}{Z} = \dfrac{X_L - X_C}{\sqrt{R^2 + (X_L - X_C)^2}}$

4 *RL* 병렬회로

전류 I는

$$I = YV = \sqrt{\left(\frac{1}{R}\right)^2 + \left(\frac{1}{X_L}\right)^2} \cdot V \text{〔A〕}$$

여기에 어드미턴스 Y는

$$Y = \frac{1}{Z} = \sqrt{\left(\frac{1}{R}\right)^2 + \left(\frac{1}{X_L}\right)^2} \text{〔℧〕}$$

여기서, Y : 어드미턴스〔℧〕, Z : 임피던스〔Ω〕

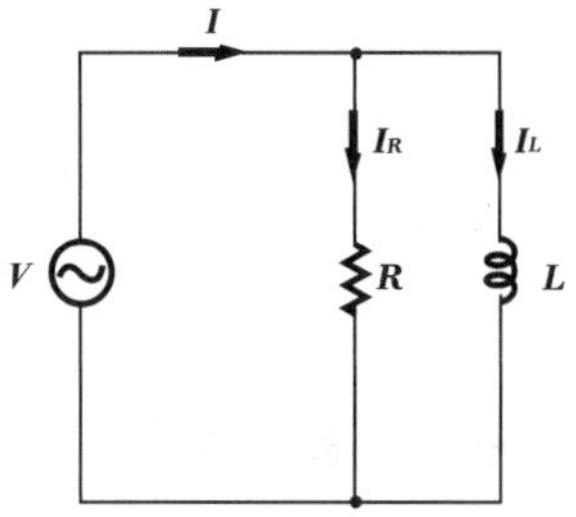

‖ *RL* 병렬회로 ‖

① **위상차** : $\theta = \tan^{-1}\dfrac{R}{X_L} = \tan^{-1}\dfrac{R}{\omega L}$ 〔rad〕

② **역률** : $\cos\theta = \dfrac{X_L}{Z} = \dfrac{X_L}{\sqrt{R^2 + {X_L}^2}}$ 문07 보기③

※ **어드미턴스**
임피던스의 역수, Y〔℧〕로 표시한다.

※ **임피던스**
교류에서 전류가 흐를 때의 전류의 흐름을 방해하는 R, L, C의 벡터적인 합

※ **위상차**
2개 이상의 동일한 교류의 위상의 차

※ **역률**
전압과 전류의 위상차의 코사인(cos) 값

★★

문제 07 04회 문 49

그림과 같은 병렬회로에서 저항 8Ω(R_1), 유도리액턴스 6Ω(X_L)일 때 이 회로의 역률 cosθ는?

① 0.4
② 0.5
③ 0.6
④ 0.8

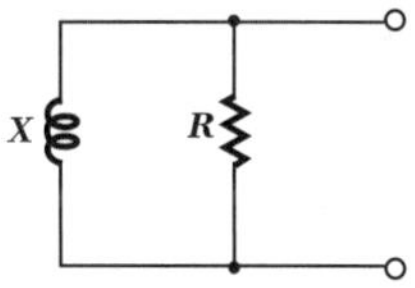

해설 (1) 기호

- R : 8Ω
- X_L : 6Ω
- $\cos\theta$: ?

(2) $\cos\theta = \dfrac{X_L}{\sqrt{R^2 + {X_L}^2}} = \dfrac{6}{\sqrt{8^2 + 6^2}} = 0.6$

여기서, R : 저항〔Ω〕, X_L : 유도리액턴스〔Ω〕

답 ③

Key Point

※ 무효율
전압과 전류의 위상차의 사인(sin) 값

※ *RC* 병렬회로

$I=\sqrt{\left(\frac{1}{R}\right)^2+\left(\frac{1}{X_C}\right)^2}\cdot V$〔A〕

여기서,
I : 전류〔A〕
R : 저항〔Ω〕
X_C : 용량리액턴스〔Ω〕
V : 전압〔V〕

※ 직렬공진
① 임피던스 최소
② 전류 최대

※ 병렬공진
① 임피던스 최대
② 전류 최소

③ **무효율** : $\sin\theta=\dfrac{R}{Z}=\dfrac{R}{\sqrt{R^2+{X_L}^2}}$

5 RC 병렬회로

전류 I는

$$I=YV=\sqrt{\left(\frac{1}{R}\right)^2+\left(\frac{1}{X_C}\right)^2}\cdot V\text{〔A〕}$$

여기에 어드미턴스 Y는

$$Y=\frac{1}{Z}=\sqrt{\left(\frac{1}{R}\right)^2+\left(\frac{1}{X_C}\right)^2}\text{〔℧〕}$$

① **위상차** : $\theta=\tan^{-1}\dfrac{R}{X_C}=\tan^{-1}\omega CR$〔rad〕

② **역률** : $\cos\theta=\dfrac{X_C}{Z}=\dfrac{X_C}{\sqrt{R^2+{X_C}^2}}$

③ **무효율** : $\sin\theta=\dfrac{R}{Z}=\dfrac{R}{\sqrt{R^2+{X_C}^2}}$

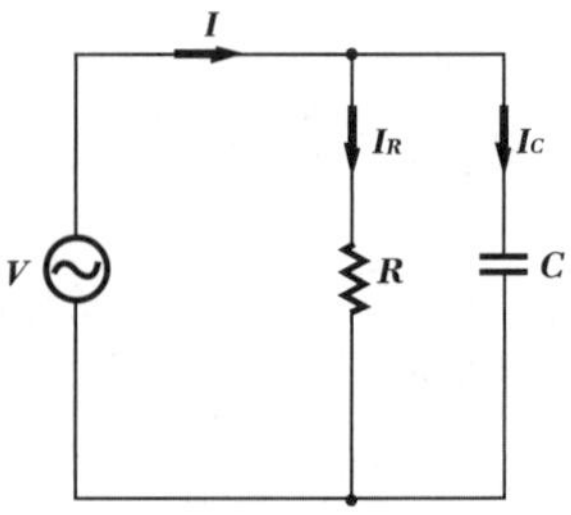

‖ *RC* 병렬회로 ‖

6 *RLC* 병렬회로

전류 I는

$$I=YV=\sqrt{\left(\frac{1}{R}\right)^2+\left(\frac{1}{X_C}-\frac{1}{X_L}\right)^2}\cdot V\text{〔A〕}$$ 문08 보기③

여기서 어드미턴스 Y는

$$Y=\frac{1}{Z}=\sqrt{\left(\frac{1}{R}\right)^2+\left(\frac{1}{X_C}-\frac{1}{X_L}\right)^2}$$

$$=\sqrt{\left(\frac{1}{R}\right)^2+\left(\omega C-\frac{1}{\omega L}\right)^2}\text{〔℧〕}$$

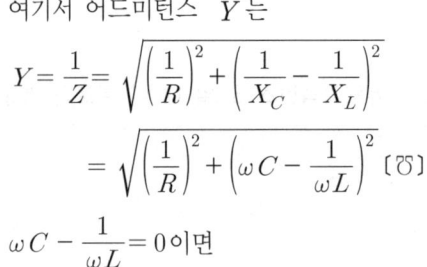

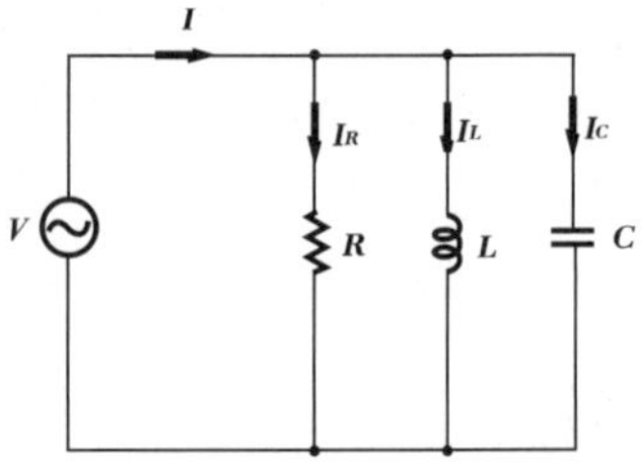

‖ *RLC* 병렬회로 ‖

$\omega C-\dfrac{1}{\omega L}=0$이면

위 식에서 $Y=\dfrac{1}{R}$**(임피던스 최대)** 이와 같은 상태를 **병렬공진**(Parallel resonance)이라 한다.

① **위상차** : $\theta=\tan^{-1}R\left(\dfrac{1}{X_C}-\dfrac{1}{X_L}\right)$

- $X_L > X_C$: **용량성** 회로
- $X_L < X_C$: **유도성** 회로
- $X_L = X_C$: **병렬공진**회로

Key Point

★★★
문제 08 다음 회로에서 흐르는 전체전류(I)는 몇 A인가?

① 20A
② 15A
③ 10A
④ 5A

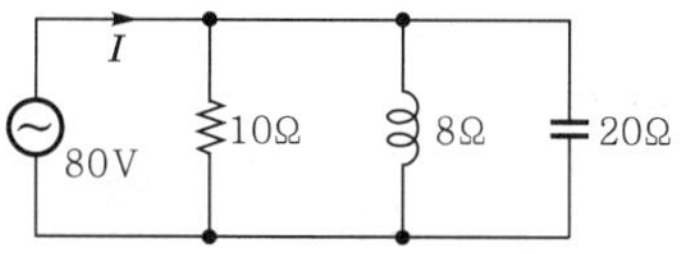

해설 전류 I는

$$I=\sqrt{\left(\frac{1}{R}\right)^2+\left(\frac{1}{X_C}-\frac{1}{X_L}\right)^2}\cdot V=\sqrt{\left(\frac{1}{10}\right)^2+\left(\frac{1}{20}-\frac{1}{8}\right)^2}\times 80=10\text{A}$$

답 ③

4 교류전력

1 교류전력

① **유효전력**(평균전력, 소비전력)

$P=VI\cos\theta=I^2R$〔W〕

여기서, R : 저항〔Ω〕

② **무효전력** : $P_r=VI\sin\theta=I^2X$〔Var〕

여기서, X : 리액턴스〔Ω〕

③ **피상전력** : $P_a=VI=\sqrt{P^2+{P_r}^2}=I^2Z$〔VA〕 문09 보기③

여기서, Z : 임피던스〔Ω〕

2 역률과 무효율

① **역률**

$$\cos\theta=\frac{P}{P_a}=\frac{P}{VI}=\frac{R}{Z}$$ 문09 보기③

★★★
문제 09 어떤 회로의 유효전력이 70W, 무효전력이 50Var이면 역률은 약 얼마인가?

① 0.58　② 0.71
③ 0.81　④ 0.98

해설 피상전력

$P_a=\sqrt{P^2+{P_r}^2}=\sqrt{70^2+50^2}\fallingdotseq 86\text{VA}$

$\cos\theta=\frac{P}{P_a}=\frac{70}{86}\fallingdotseq 0.81$

답 ③

＊ 유효전력
전원에서 부하로 실제 소비되는 전력

＊ 무효전력
실제로 아무런 일도 할 수 없는 전력

＊ 피상전력
전원에서 공급되는 전력

＊ 역률과 무효율
① 역률
$\cos\theta=\frac{R}{\sqrt{R^2+{X_L}^2}}$
② 무효율
$\sin\theta=\frac{X_L}{\sqrt{R^2+{X_L}^2}}$
여기서,
$\cos\theta$: 역률
$\sin\theta$: 무효율
R : 저항〔Ω〕
X_L : 유도리액턴스〔Ω〕

Key Point

② **무효율**

$$\sin\theta = \frac{P_r}{P_a} = \frac{P_r}{VI} = \frac{X}{Z}$$

※ *RL* **직렬회로**

$$\cos\theta = \frac{R}{Z} = \frac{R}{\sqrt{R^2 + {X_L}^2}}, \quad \sin\theta = \frac{X_L}{Z} = \frac{X_L}{\sqrt{R^2 + {X_L}^2}}$$

*** 복소전력**
실수와 허수로 구성되는 전력

3 복소전력

$V = V_1 + jV_2$〔V〕, $I = I_1 + jI_2$〔A〕 라 하면

$$P_a = V\overline{I} = (V_1 + jV_2)(I_1 - jI_2) = (V_1I_1 + V_2I_2) + j(V_2I_1 - V_1I_2)$$
$$= P + jP_r \text{〔VA〕}$$

$P_r > 0$: 유도성 회로
$P_r < 0$: 용량성 회로

① **유효전력** : $P = V_1I_1 + V_2I_2$ 〔W〕
② **무효전력** : $P_r = V_2I_1 - V_1I_2$ 〔Var〕
③ **피상전력** : $P_a = \sqrt{P^2 + {P_r}^2}$ 〔VA〕

*** 최대전력**

$$P_{\max} = \frac{{V_g}^2}{4R_g}$$

여기서,
$P_{\max}$: 최대전력〔W〕
V_g : 전압〔V〕
R_g : 저항〔Ω〕

4 최대전력

그림에서 $Z_g = R_g$, $Z_L = R_L$인 경우
① **최대전력 전달조건** : $R_g = R_L$
② **최대전력** : $P_{\max} = \dfrac{{V_g}^2}{4R_g}$ 문10 보기③

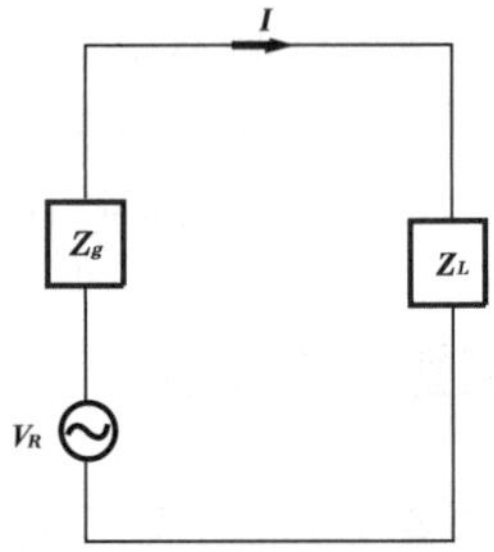

| 최대전력 |

★★
문제 10 그림과 같은 회로에서 부하 R_L에서 소비되는 최대전력〔W〕은? ($P_{\max}$)
15회 문 40

① 50
② 125
③ 250
④ 500

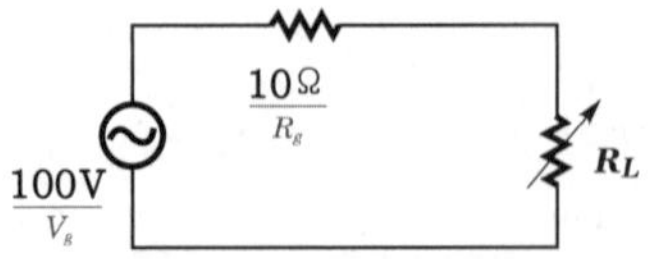

해설 (1) **기호**
- $P_{\max}$: ?
- R_g : 10Ω
- V_g : 100V

Key Point

(2) **최대전력 전달조건**에 의해

$$P_{\max} = \frac{V_g^{\ 2}}{4R_g} = \frac{100^2}{4 \times 10} = 250\text{W}$$

답 ③

5 콘덴서의 용량

역률개선용 병렬콘덴서의 용량 Q_c는

$$Q_c = P\left(\frac{\sin\theta_1}{\cos\theta_1} - \frac{\sin\theta_2}{\cos\theta_2}\right) = P\left(\frac{\sqrt{1-\cos\theta_1^{\ 2}}}{\cos\theta_1} - \frac{\sqrt{1-\cos\theta_2^{\ 2}}}{\cos\theta_2}\right)\text{[kVA]}$$

여기서, Q_c : 콘덴서의 용량[kVA]
P : 유효전력[kW]
$\cos\theta_1$: 개선전 역률
$\cos\theta_2$: 개선후 역률
$\sin\theta_1$: 개선전 무효율$\left(\sin\theta_1 = \sqrt{1-\cos\theta_1^{\ 2}}\right)$
$\sin\theta_2$: 개선후 무효율$\left(\sin\theta_2 = \sqrt{1-\cos\theta_2^{\ 2}}\right)$

6 임피던스

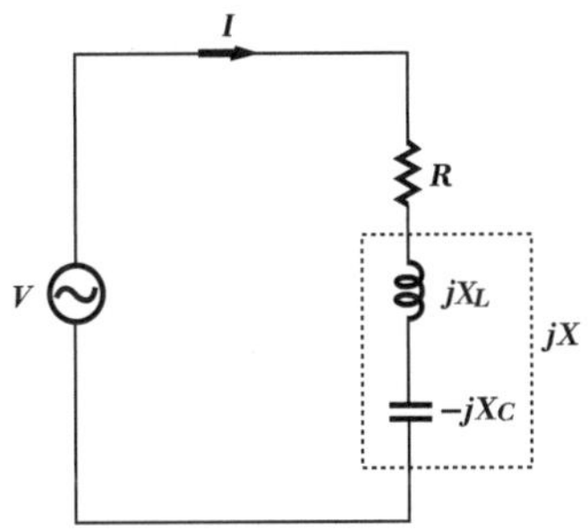

임피던스, 어드미턴스

그림에서 $j(X_L - X_C) = jX$ 라 하면

① **임피던스** : $Z = R + j(X_L - X_C) = R + jX$ [Ω]

여기서, R : 저항[Ω], X : 리액턴스[Ω]

② **전류** : $I = \dfrac{V}{Z} = \dfrac{V}{R+jX} = \dfrac{V}{\sqrt{R^2+X^2}}$ [A]

＊ 임피던스

$Z = R + jX$[Ω]

여기서, Z : 임피던스[Ω]
R : 저항[Ω]
X : 리액턴스[Ω]

7 어드미턴스

① **어드미턴스**

$$Y = \frac{1}{Z} = \frac{1}{R+jX} = \frac{R}{R^2+X^2} + j\,\frac{-X}{R^2+X^2} = G + jB\ [\mho]$$

여기서, G : 컨덕턴스[℧]
B : 서셉턴스[℧]

② **전류** : $I = \dfrac{V}{Z} = YV$[A]

＊ 어드미턴스

$Y = G + jB$ [℧]

여기서,
Y : 어드미턴스[℧]
G : 컨덕턴스[℧]
B : 서셉턴스[℧]

＊ 서셉턴스

어드미턴스의 허수부를 말한다.

8 병렬공진회로

① **공진주파수**

$$f_0 = \frac{1}{2\pi\sqrt{LC}} \quad \text{또는,} \quad f_0 = \frac{1}{2\pi}\sqrt{\frac{1}{LC} - \frac{R^2}{L^2}}\ \text{[Hz]}$$

Key Point

※ 공진임피던스

$$Z_0 = \frac{L}{CR}\text{[Ω]}$$

여기서,
Z_0 : 공진임피던스[Ω]
L : 인덕턴스[H]
C : 정전용량[F]
R : 저항[Ω]

※ 인덕턴스
코일의 권수·형태 및 철심의 재질 등에 의해 결정되는 상수

※ 정전용량
콘덴서가 전하를 축적하는 능력의 정도를 나타내는 상수

② 공진임피던스

$$Z_0 = \frac{L}{CR}\text{[Ω]}$$ (임피던스 최대)

③ 공진어드미턴스

$$Y_0 = \frac{1}{Z_0} = \frac{CR}{L}\text{[℧]}$$ (어드미턴스 최소) 문11 보기①

★★★
문제 11 그림과 같은 회로의 공진시의 어드미턴스는?
03회 문 35

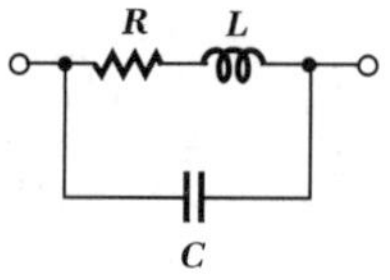

① $\frac{CR}{L}$　② $\frac{L}{CR}$　③ $\frac{CL}{R}$　④ $\frac{LR}{C}$

해설 **병렬공진회로**
- 공진임피던스 : $Z_0 = \frac{L}{CR}$[Ω]
- 공진어드미턴스 : $Y_0 = \frac{1}{Z_0} = \frac{CR}{L}$[℧]

답 ①

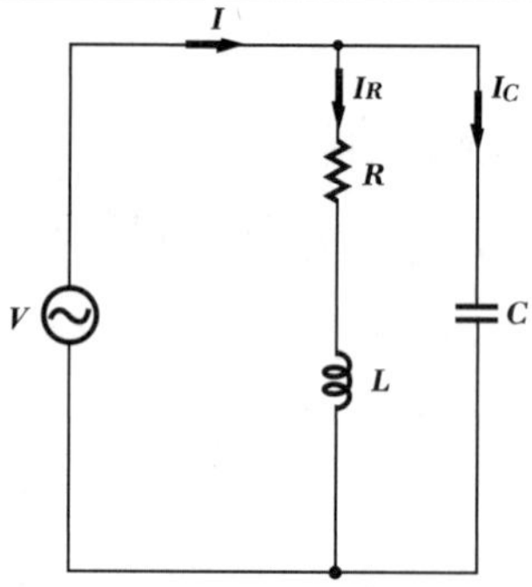

| 인덕턴스와 정전용량의 병렬회로 |

9 교류브리지

교류검출기(Detector)에 전압이 검출되지 않으면 브리지가 평형되었다고 하고 c, d점 사이의 전위차가 0이다.
이때 평형조건은
- $I_1Z_1 = I_2Z_2$
- $I_1Z_3 = I_2Z_4$

$$\therefore\ Z_1Z_4 = Z_2Z_3$$

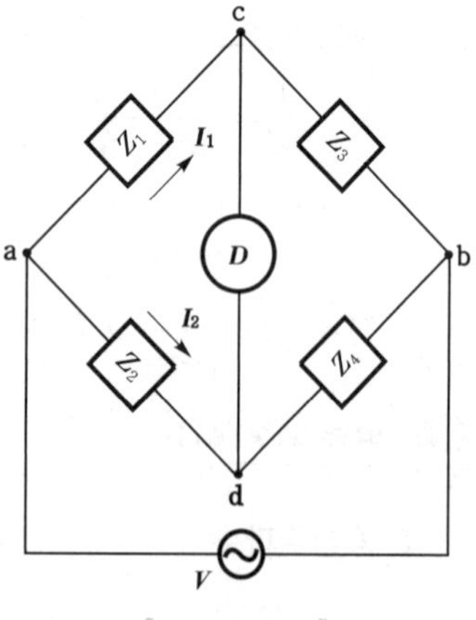

| 교류브리지 |

5 3상교류

1 대칭 3상교류

대칭 3상교류 기전력을 순시치로 표시하면

$e_a = \sqrt{2}\,E\,\sin\omega t$ 〔V〕

$e_b = \sqrt{2}\,E\sin\left(\omega t - \frac{2\pi}{3}\right)$〔V〕

$e_c = \sqrt{2}\,E\,\sin\left(\omega t - \frac{4\pi}{3}\right)$〔V〕

여기서, E : 기전력의 실효값

이때, 각 순시기전력의 합은

$e_a + e_b + e_c = 0$

a, b, c 상의 3상 기전력 E_a, E_b, E_c를 기호법으로 표시하면

$E_a = E$

$12E_b = E_e^{-j\frac{2\pi}{3}} = E \; -\frac{2\pi}{3} = E\left(-\frac{1}{2} - j\frac{\sqrt{3}}{2}\right)$〔V〕

$E_c = E_e^{-j\frac{4\pi}{3}} = E \; -\frac{4\pi}{3} = E\left(-\frac{1}{2} + j\frac{\sqrt{3}}{2}\right)$〔V〕

$\therefore\ \boldsymbol{E_a} + \boldsymbol{E_b} + \boldsymbol{E_c} = 0$

2 3상교류의 결선법

(1) Y 결선과 전압

V_a, V_b, V_c를 각각 **상전압**(Phase voltage)이라 하고 V_{ab}, V_{bc}, V_{ca}를 **선간전압**(Line voltage)이라 한다.

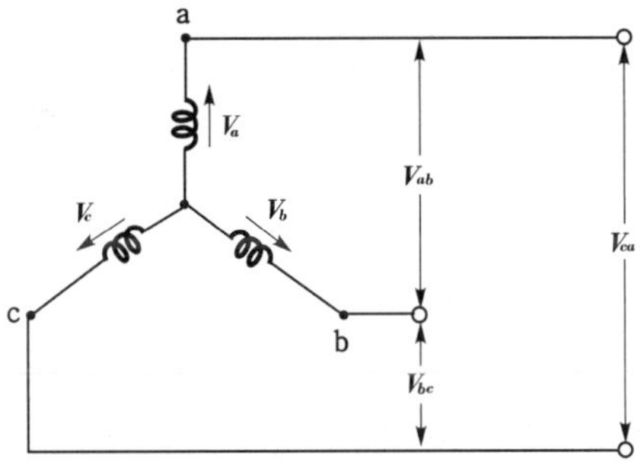

Y결선

① **선간전압**

$V_{ab} = \sqrt{3}\,V_a \angle\frac{\pi}{6}$〔V〕, $V_{bc} = \sqrt{3}\,V_b \angle\frac{\pi}{6}$〔V〕, $V_{ca} = \sqrt{3}\,V_c \angle\frac{\pi}{6}$〔V〕

일반적으로 $V_l = \sqrt{3}\,V_P$, 즉 선간전압 $= \sqrt{3}$ ×상전압 문12 보기②

Key Point

＊ 대칭 3상교류
크기가 같고 서로 $\frac{2}{3}\pi$〔rad〕만큼의 위상차를 가지는 3상교류

＊ 기호법
정현파교류의 전압, 전류 등의 벡터량을 복소수로 표현하는 방법

＊ 벡터량
크기와 방향의 2개의 요소로 표시되는 양(힘과 속도)

＊ 상전압
다상교류회로에서 각 상에 걸리는 전압

＊ 선간전압
다상교류회로에서 단자간에 걸리는 전압

＊ 다상교류
3개 이상의 상을 가진 교류

Key Point

★★★

문제 12 대칭 3상 Y 부하에서 각 상의 임피던스가 $Z=3+j4$〔Ω〕이고, 부하전류가 20A (I_P) 일 때 이 부하의 선간전압〔V〕은? (V_l)

15회 문 49

① 226　② 173
③ 192　④ 164

해설

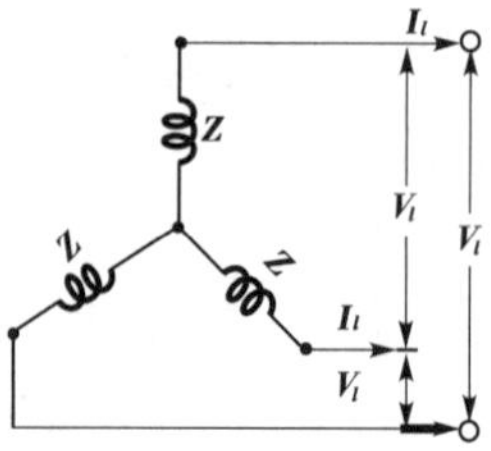

(1) 기호
- Z : $3+j4\Omega$
- I_P : 20A
- V_l : ?

(2) 임피던스 $Z=\sqrt{3^2+4^2}=5\Omega$
상전압 $V_P=I_PZ=20\times5=100$V
∴ 선간전압 $V_l=\sqrt{3}\,V_P=\sqrt{3}\times100 \fallingdotseq 173$V

답 ②

＊ Y결선과 △결선
① Y결선
$I_l=I_P$〔A〕
② △결선
$I_l=\sqrt{3}\,I_P$〔A〕
여기서, I_l : 선전류〔A〕
I_P : 상전류〔A〕

＊ 상전류
다상교류회로에서 각 상에 흐르는 전류

＊ 선전류
다상교류회로에서 단자로부터 유입 또는 유출되는 전류

(2) △결선과 전압

① **선간전압** : $\boldsymbol{V}_{ab}=\boldsymbol{V}_a$〔V〕

$\boldsymbol{V}_{bc}=\boldsymbol{V}_b$〔V〕

$\boldsymbol{V}_{ca}=\boldsymbol{V}_c$〔V〕

일반적으로 $V_l=V_P$
즉, 선간전압=상전압

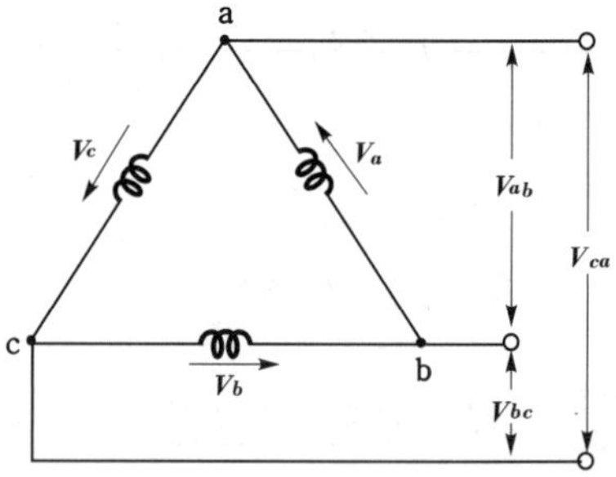

▌△결선▐

(3) Y결선과 전류

① **선전류** : $\boldsymbol{I}_a=\boldsymbol{i}_a$〔A〕, $\boldsymbol{I}_b=\boldsymbol{i}_b$〔A〕, $\boldsymbol{I}_c=\boldsymbol{i}_c$〔A〕

일반적으로 $\boldsymbol{I}_l=\boldsymbol{I}_P$
즉, 선전류=상전류

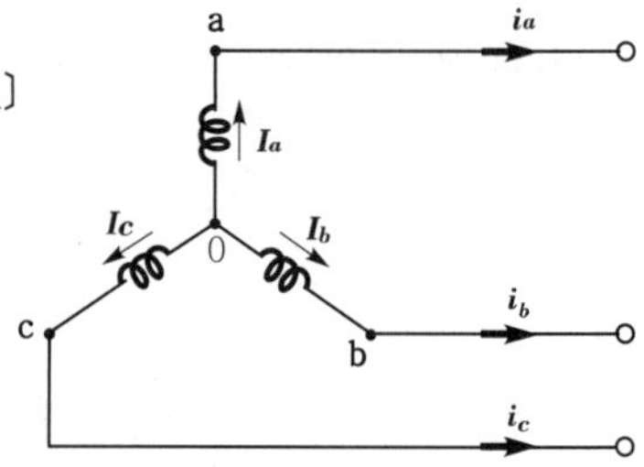

▌Y결선▐

(4) △결선과 전류

$\boldsymbol{I}_{ab}$, $\boldsymbol{I}_{bc}$, $\boldsymbol{I}_{ca}$를 각각 **상전류**(Phase current)라 하고 $\boldsymbol{I}_a$, $\boldsymbol{I}_b$, $\boldsymbol{I}_c$를 **선전류**(Line current)라 한다.

Key Point

① 선전류

$$I_a = \sqrt{3}\, I_{ab} \angle -\frac{\pi}{6} \text{〔A〕}$$

$$I_b = \sqrt{3}\, I_{bc} \angle -\frac{\pi}{6} \text{〔A〕}$$

$$I_c = \sqrt{3}\, I_{ca} \angle -\frac{\pi}{6} \text{〔A〕}$$

일반적으로 $I_l = \sqrt{3}\, I_P$

즉, 선전류 $= \sqrt{3} \times$상전류

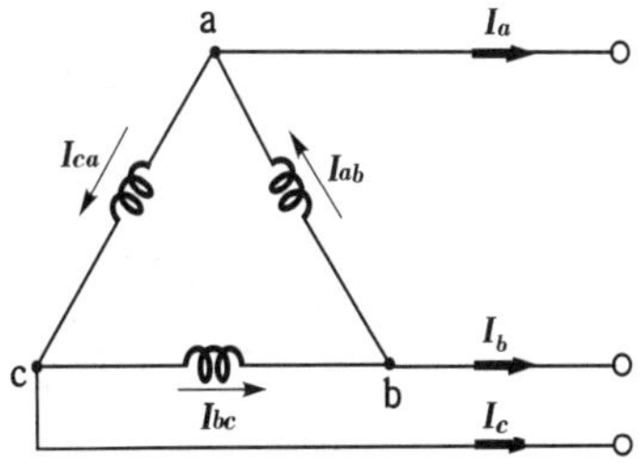

∥ △결선 ∥

3 평형 3상회로

(1) 평형 Y-Y결선

① 선간전압과 상전압

$V_l = \sqrt{3}\, V_P$, V_l은 V_P보다 $\frac{\pi}{6}$〔rad〕 앞선다.

② 선전류와 상전류

$I_l = I_P$

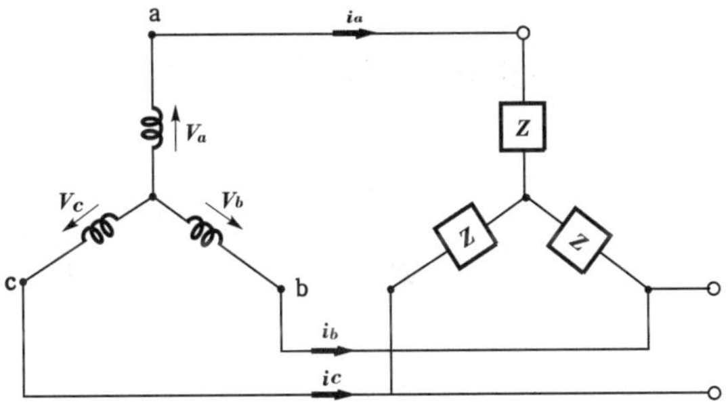

∥ 평형 Y-Y결선 ∥

(2) 평형 △-△결선

① 선간전압과 상전압

$V_l = V_P$

② 선전류와 상전류

$I_l = \sqrt{3}\, I_P$, I_l은 I_P보다 $\frac{\pi}{6}$〔rad〕 뒤진다.

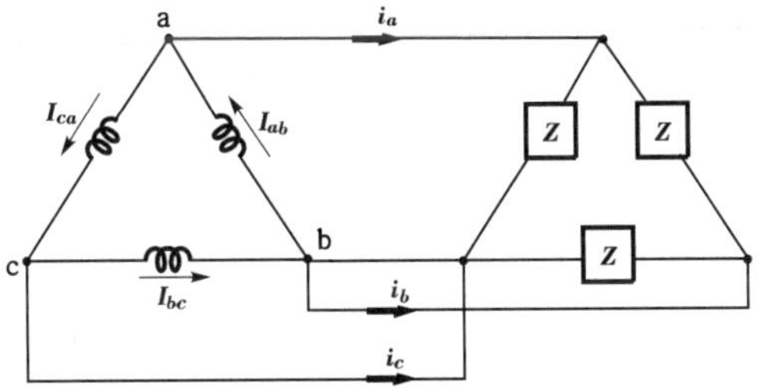

∥ 평형 △-△결선 ∥

* **평형 3상회로**
전원이 대칭이고 부하가 평형을 이루고 있는 회로

* **상전압**
각 상에 걸리는 전압

* **선간전압**
선과 선 사이에 걸리는 전압

* **선전류**
각 선에 흐르는 전류

* **상전류**
각 상에 흐르는 전류

Key Point

✽ △ → Y 변환

$Z_Y = \frac{Z_\triangle}{3}$

✽ Y → △변환

$Z_\triangle = 3Z_Y$

4 Y - △ 회로의 변환

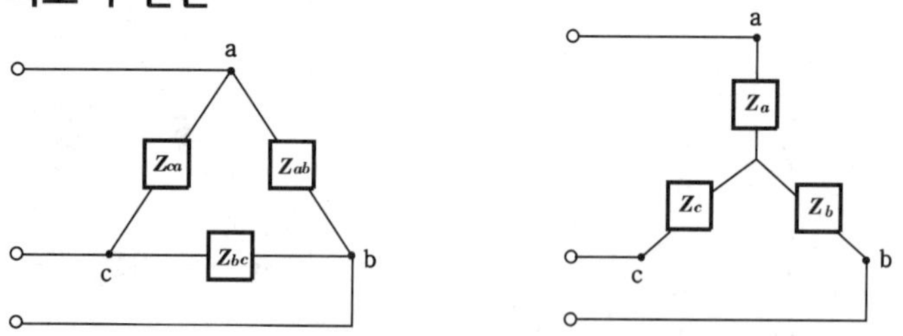

‖ Y - △변환 ‖

△ → Y 변환	Y → △변환 문13 보기①
$Z_a = \frac{Z_{ab} \cdot Z_{ca}}{Z_{ab}+Z_{bc}+Z_{ca}}$ [Ω]	$Z_{ab} = \frac{Z_aZ_b+Z_bZ_c+Z_cZ_a}{Z_c}$ [Ω]
$Z_b = \frac{Z_{ab} \cdot Z_{bc}}{Z_{ab}+Z_{bc}+Z_{ca}}$ [Ω]	$Z_{bc} = \frac{Z_aZ_b+Z_bZ_c+Z_cZ_a}{Z_a}$ [Ω]
$Z_c = \frac{Z_{bc} \cdot Z_{ca}}{Z_{ab}+Z_{bc}+Z_{ca}}$ [Ω]	$Z_{ca} = \frac{Z_aZ_b+Z_bZ_c+Z_cZ_a}{Z_b}$ [Ω]
평형부하인 경우에는 $Z_Y = \frac{Z_\triangle}{3}$ [Ω]	평형부하인 경우에는 $Z_\triangle = 3Z_Y$ [Ω]

★

문제 13 그림과 같은 Y 결선 회로와 등가인 △결선 회로의 A, B, C 값은?

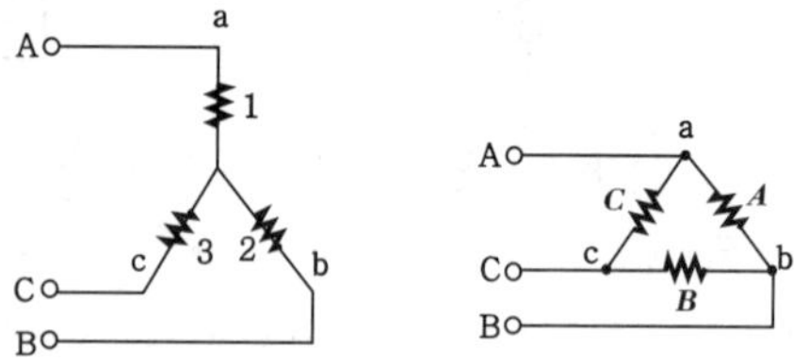

① $A = \frac{11}{3}$, $B = 11$, $C = \frac{11}{2}$　② $A = \frac{7}{3}$, $B = 7$, $C = \frac{7}{2}$

③ $A = 11$, $B = \frac{11}{2}$, $C = \frac{11}{3}$　④ $A = 7$, $B = \frac{7}{2}$, $C = \frac{7}{3}$

해설

$A = Z_{ab} = \frac{Z_aZ_b+Z_bZ_c+Z_cZ_a}{Z_c} = \frac{1\times2+2\times3+3\times1}{3} = \frac{11}{3}$

$B = Z_{bc} = \frac{Z_aZ_b+Z_bZ_c+Z_cZ_a}{Z_a} = \frac{1\times2+2\times3+3\times1}{1} = 11$

$C = Z_{ca} = \frac{Z_aZ_b+Z_bZ_c+Z_cZ_a}{Z_b} = \frac{1\times2+2\times3+3\times1}{2} = \frac{11}{2}$

답 ①

✽ 3상전력

① 유효전력

$P = 3I_P^2R$ [W]

② 무효전력

$P_r = 3I_P^2X$ [Var]

③ 피상전력

$P_a = 3I_P^2Z$ [VA]

여기서,

P : 유효전력[W]

P_r : 무효전력[Var]

P_a : 피상전력[VA]

I_P : 상전류[A]

R : 저항[Ω]

X : 리액턴스[Ω]

Z : 임피던스[Ω]

5 3상전력

① **유효전력** : $P = 3V_PI_P\cos\theta = \sqrt{3}\,V_lI_l\cos\theta = 3I_P^2R$ [W]

② **무효전력** : $P_r = 3V_PI_P\sin\theta = \sqrt{3}\,V_lI_l\sin\theta = 3I_P^2X$ [Var]

③ **피상전력** : $P_a = 3V_P I_P = \sqrt{3}\,V_l I_l = \sqrt{P^2 + P_r^2} = 3 I_P^2 Z$[VA]

여기서, V_P : 상전압[V], I_P : 상전류[A], V_l : 선간전압[V], I_l : 선전류[A]

$$R = Z\cos\theta,\ X = Z\sin\theta$$

6 V결선

① **출력**

$P = \sqrt{3}\,V_p I_p \cos\theta$[W]

② **변압기 1대의 이용률**

$$U = \frac{\sqrt{3}\,V_p I_p \cos\theta}{2V_p I_p \cos\theta} = \frac{\sqrt{3}}{2} = 0.866$$ 문14 보기②

★★
문제 14 V결선 변압기 이용률[%]은?

① 57.7　　② 86.6
③ 80　　④ 100

해설 **V 결선 변압기 1대의 이용률**

$$U = \frac{\sqrt{3}\,VI\cos\theta}{2VI\cos\theta} = \frac{\sqrt{3}}{2} = 0.866 = 86.6\%$$

답 ②

③ **출력비**

$$\frac{P_V}{P_{\triangle \cdot Y}} = \frac{\sqrt{3}\,V_P I_P \cos\theta}{3V_P I_P \cos\theta} = \frac{\sqrt{3}}{3} = 0.577$$

7 3상전력의 측정

(1) 2전력계법

단상전력계 2개로 측정하는 경우

① **유효전력** : $P = P_1 + P_2$[W]

여기서, P_1, P_2 : 전력계의 지시값

② **무효전력** : $P_r = \sqrt{3}\,(P_1 - P_2)$[Var]

③ **역률** : $\cos\theta = \dfrac{P_1 + P_2}{2\sqrt{P_1^2 + P_2^2 - P_1 P_2}}$

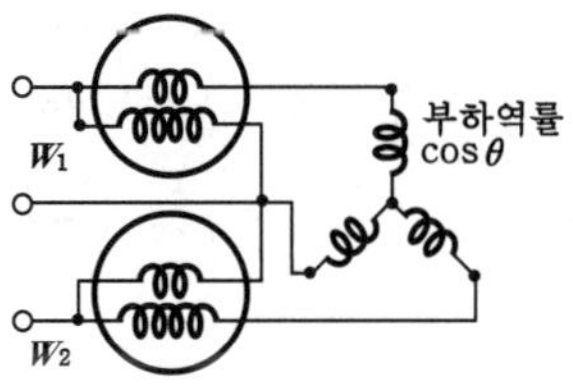

‖ 2전력계법 ‖

(2) 3전력계법

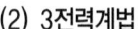

단상전력계 3개로 측정하는 경우

① **유효전력** : $P = P_1 + P_2 + P_3$[W]

Key Point

* V결선
△결선된 전원 중 1상을 제거하여 결선한 방식. V결선은 변압기 사고시 응급조치 등의 용도로 사용된다.

* 2전력계법
단상전력계 2개로 3상 전력을 측정하기 위한 방법

* 3전력계법
단상전력계 3개로 3상 전력을 측정하기 위한 방법

Key Point

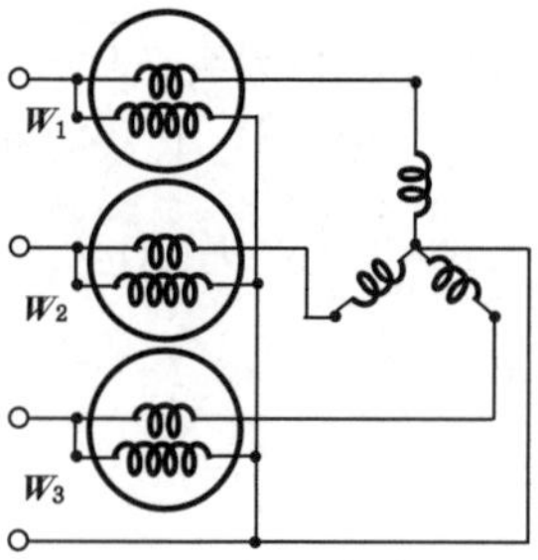

| 3전력계법 |

8 전기계기의 오차

* M
'Measure(측정하다)'의 약자이다.

* T
'True(참되다)'의 약자이다.

① 오차$= M - T$

백분율 오차(오차율)$= \dfrac{M - T}{T} \times 100\%$

② 보정$= T - M$

백분율 보정(보정률)$= \dfrac{T - M}{M} \times 100\%$

여기서, T : 참값, M : 측정값

9 분류기와 배율기

* 분류기

$$I_0 = I\left(1 + \frac{R_A}{R_S}\right) \text{[A]}$$

여기서,
I_0 : 측정하고자 하는 전류[A]
I : 전류계의 최대눈금[A]
R_A : 전류계 내부저항[Ω]
R_S : 분류기 저항[Ω]

(1) 분류기(Shunt)

전류계의 측정범위를 확대하기 위해 전류계와 병렬로 접속하는 저항

$$I_0 = I\left(1 + \frac{R_A}{R_S}\right) \text{[A]}$$

여기서, I_0 : 측정하고자 하는 전류[A]
I : 전류계의 최대눈금[A]
R_A : 전류계 내부저항[Ω]
R_S : 분류기 저항[Ω]

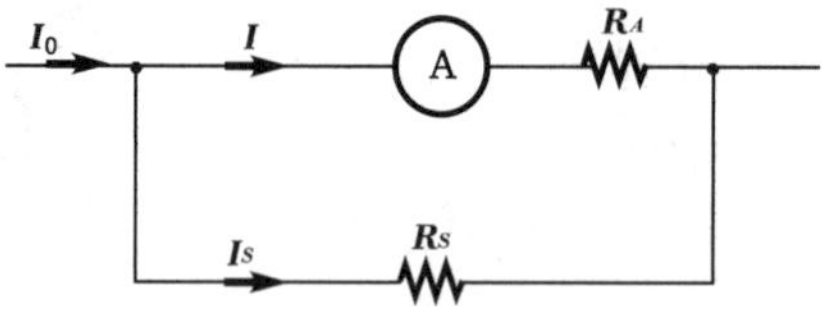

| 분류기 |

위 식에서 분류기 배율 M은

$$M = \frac{I_0}{I} = 1 + \frac{R_A}{R_S}$$ 문15 보기④

Key Point

★★
문제 15 어떤 전류계의 측정범위를 10배(M)로 하자면 분류기의 저항은 전류계 내부저항(R_S)의 몇 배로 하여야 하는가?

02회 문 30

① 99 ② 9

③ $\frac{1}{99}$ ④ $\frac{1}{9}$

해설 (1) 기호

- M : 10배
- R_S : ?

(2) 배율 $M = \frac{I_0}{I} = \left(1 + \frac{R_A}{R_S}\right)$에서

$\therefore R_S = \frac{R_A}{M-I} = \frac{R_A}{10-1} = \frac{1}{9}R_A$

답 ④

(2) 배율기(Multiplier)

전압계의 측정범위를 확대하기 위해 전압계와 직렬로 접속하는 저항

$$V_0 = V\left(1 + \frac{R_m}{R_v}\right)\text{[V]}$$

여기서, V_0 : 측정하고자 하는 전압〔V〕
V : 전압계의 최대 눈금〔A〕
R_v : 전압계 내부저항〔Ω〕
R_m : 배율기 저항〔Ω〕

위 식에서 배율기 배율 M은

$$M = \frac{V_0}{V} = 1 + \frac{R_m}{R_v}$$

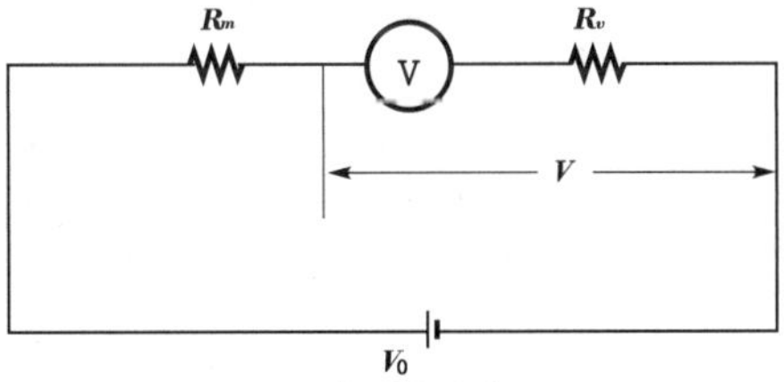

▮배율기▮

10 지시 전기계기의 종류

계기의 종류	기 호	사용회로
가동코일형		직류
가동철편형		교류

✽ 배율기

$V_0 = V\left(1 + \frac{R_m}{R_v}\right)$[V]

여기서,
I_0 : 측정하고자 하는 전류[A]
V : 전압계의 최대눈금[V]
R_0 : 전압계의 내부저항[Ω]
R_m : 배율기 저항[Ω]

✽ 직류전용계기
가동코일형

✽ 교류전용계기
① 가동철편형
② 정류형
③ 유도형

Key Point

계기의 종류	기 호	사용회로
정류형		교류
유도형		교류
전류력계형		교직양용
열선형		교직양용
정전형		교직양용

6 회로망에 대한 정리

※ **회로망**
저항, 코일, 콘덴서, 트랜지스터 등을 임의로 조합하여 구성시킨 시스템

1 정전압원, 정전류원

※ **정전압원**
부하의 크기에 관계없이 단자전압의 크기가 일정한 전원

※ **정전류원**
부하의 크기에 관계없이 출력전류의 크기가 일정한 전원

정전압원	정전류원
① 내부저항은 0이다($r=0$). ② **정전압원**을 **단락**시키면 전류는 무한대가 된다. 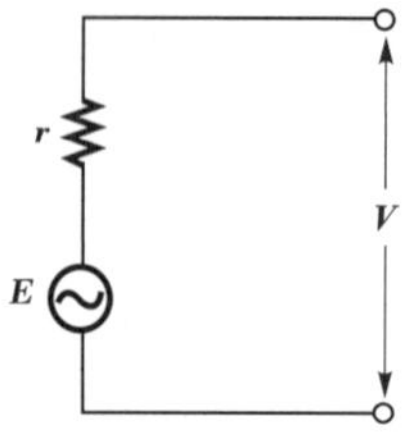 ∥ 전압원 ∥	① 내부저항은 ∞이다($r=\infty$). ② **정전류원**을 **개방**하면 단자전압은 무한대가 된다. 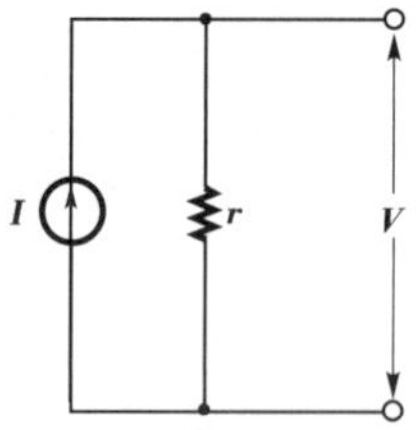 ∥ 전류원 ∥

2 중첩의 원리

2개 이상의 기전력을 포함한 회로망 중의 어떤 점의 전위 또는 전류는 각 기전력이 각각 단독으로 존재한다고 할 때, 그 점의 전위 또는 전류의 합과 같다.

이를 **중첩의 원리**(Principle of superposition)이라 하며, 이 원리는 **선형소자**로만 이루어진 회로에 적용된다. 문16 보기④

※ **선형소자**
전압과 전류특성이 직선적으로 비례하는 소자로 R, L, C가 이에 해당된다.

★

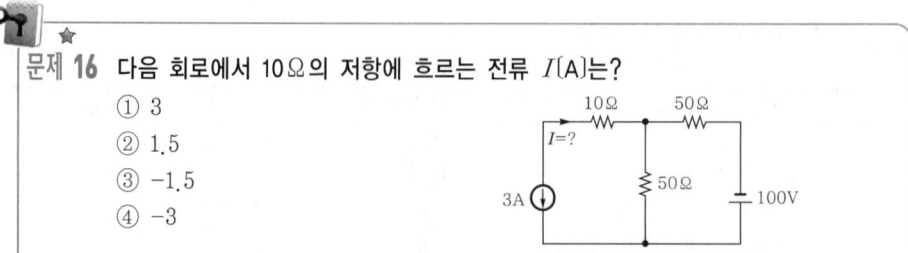

문제 16 다음 회로에서 10Ω의 저항에 흐르는 전류 I[A]는?

① 3
② 1.5
③ −1.5
④ −3

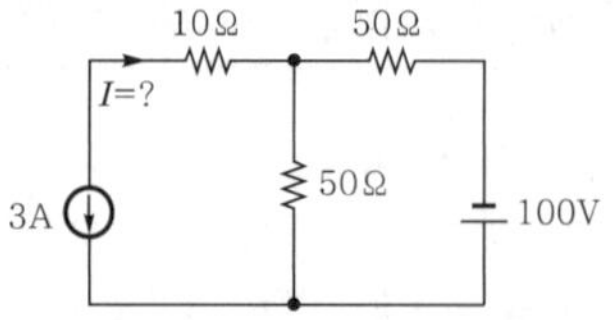

해설 **중첩**의 **원리**

(1) **전압원 단락시**

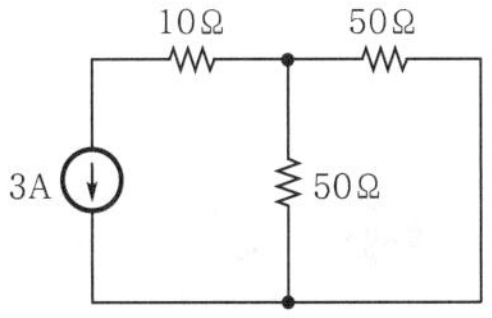

⇩

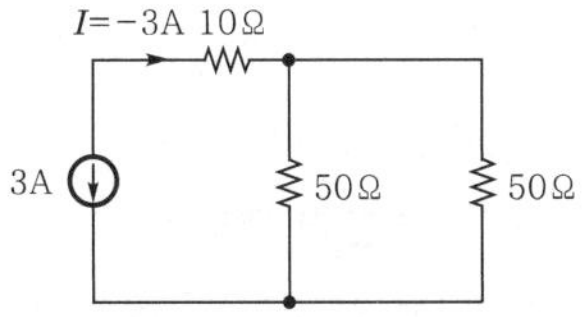

3A의 모든 전류가 **10Ω**에 흐르고 전류의 방향을 고려하면 $I=-3\text{A}$

(2) **전류원 개방시**

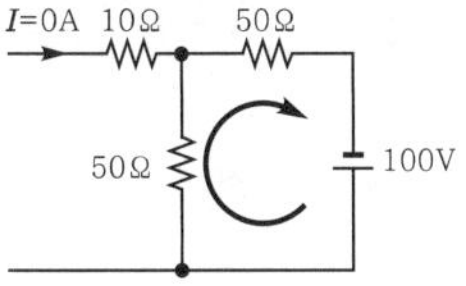

$I=0\text{A}$의 전류가 흐름

$\therefore\ -3\text{A}+0\text{A}=-3\text{A}$

답 ④

3 테브낭의 정리

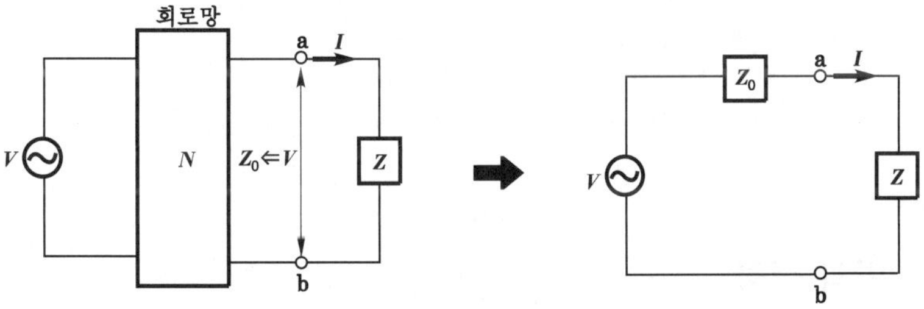

(a) (b)

∥ 등가회로 ∥

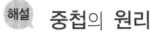

회로망에서 단자 a, b 간의 전압을 V, ab간의 **전압원**을 **단락**시키고 회로망에서 본 임피던스를 Z_0라고 하면, ab간에 임피던스 Z를 접속하는 경우 Z에 흐르는 전류 I는

$$I=\frac{V}{Z_0+Z}\text{〔A〕}$$

여기서, Z_0 : 합성임피던스〔Ω〕, Z : 회로의 임피던스〔Ω〕

위 식을 **테브낭의 정리**(Thevenin's theorem)라 한다.

Key Point

＊ 테브낭의 정리
2개의 독립된 회로망을 접속하였을 때의 전압 · 전류 및 임피던스의 관계를 나타내는 정리

＊ 등가회로
서로 다른 회로라도 전기적으로는 같은 작용을 하는 회로

Key Point

＊ 노튼의 정리
테브낭의 정리와 서로 상대적인 관계에 있다.

＊ 쌍대의 관계
'상대적인 관계'를 말한다.

＊ 밀만의 정리

$$V_{ab}=\frac{\frac{E_1}{Z_1}+\frac{E_2}{Z_2}}{\frac{1}{Z_1}+\frac{1}{Z_2}}\text{[V]}$$

여기서,
V_{ab} : 단자전압[V]
$E_1 \cdot E_2$: 각각의 전압[V]
$Z_1 \cdot Z_2$: 각각의 임피던스[Ω]

4 노튼의 정리

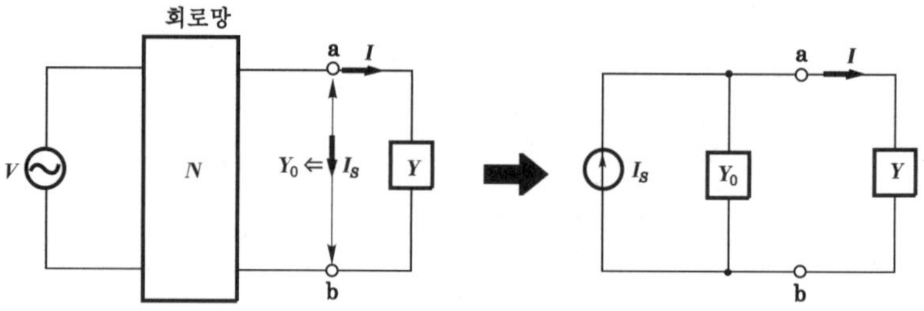

(a) (b)

| 등가회로 |

회로망에서 단락전류를 I_S, 단자 a, b에서 **전류원**을 **개방**시키고 회로망에서 본 어드미턴스를 Y_0라고 하면, ab간에 어드미턴스 Y를 접속하는 경우 Y에 흐르는 전류 I는

$$I=\frac{Y}{Y_0+Y}I_S\text{[A]}$$

여기서, Y_0 : 합성어드미턴스[℧], Y : 회로의 어드미턴스[℧],. I_S : 단락전류[A]

위 식을 **노튼의 정리**(Norton's theorem)라 한다.

• 테브낭의 정리와 노튼의 정리는 서로 쌍대의 관계에 있다. 문17 보기③

★★
문제 17 테브낭의 정리와 쌍대의 관계가 있는 것은 다음 중 어느 것인가?

① 밀만의 정리 ② 중첩의 원리
③ 노튼의 원리 ④ 보상의 원리

해설 (1) **테브낭의 정리** : 임피던스에 관한 정리
(2) **노튼의 정리** : 어드미턴스에 관한 정리

• 테브낭의 정리와 노튼의 정리는 서로 쌍대의 관계에 있다.

답 ③

5 밀만의 정리

임피던스를 가진 전압원이 n개 병렬로 연결되어 있을 때 단자 a, b에 나타나는 전압 V_{ab}는

$$V_{ab}=\frac{\frac{E_1}{Z_1}+\frac{E_2}{Z_2}+\cdots+\frac{E_n}{Z_n}}{\frac{1}{Z_1}+\frac{1}{Z_2}+\cdots+\frac{1}{Z_n}}=\frac{I_1+I_2+\cdots+I_n}{Y_1+Y_2+\cdots+Y_n}\text{[V]}$$

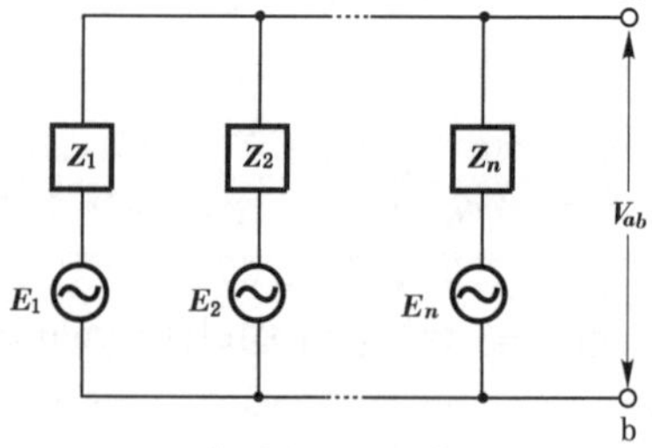

| 밀만의 정리 |

위 식을 **밀만의 정리**(Millman's theorem)라 한다.

Key Point

7 4단자망

1 4단자 정수

전압 V_1, V_2 와 전류 I_1, I_2 의 관계를 나타내면

$$\begin{bmatrix} V_1 \\ I_1 \end{bmatrix} = \begin{bmatrix} A & B \\ C & D \end{bmatrix} \begin{bmatrix} V_2 \\ I_2 \end{bmatrix}$$ 에서

$$V_1 = AV_2 + BI_2, \quad I_1 = CV_2 + DI_2$$

여기서, V_1 : 입력전압〔V〕, I_1 : 입력전류〔A〕,
V_2 : 출력전압〔V〕, I_2 : 출력전류〔A〕

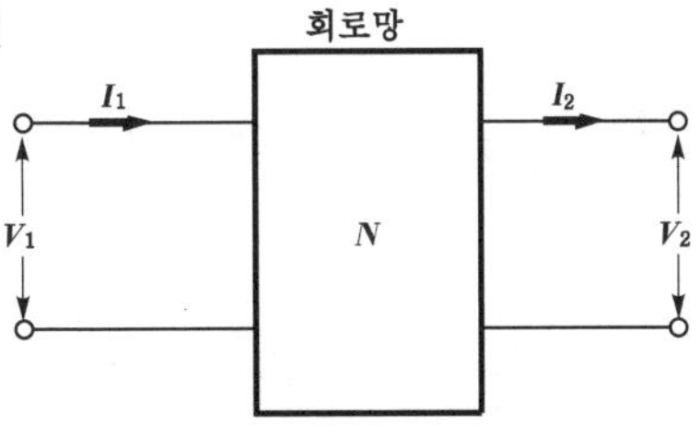

4단자망

위 식을 4단자망의 기본식이라 하며, A, B, C, D 를 4단자 정수(Four teminal constants)라 한다.

출력단을 개방할 때 $I_2=0$	출력단을 단락할 때 $V_2=0$
$A = \left.\dfrac{V_1}{V_2}\right\vert_{I_2=0}$: **입 · 출력전압비**(출력 개방) 문18 보기①	$B = \left.\dfrac{V_1}{I_2}\right\vert_{V_2=0}$: **전달임피던스**(출력 단락) 문18 보기②
$C = \left.\dfrac{I_1}{V_2}\right\vert_{I_2=0}$: **전달어드미턴스**(출력 개방) 문18 보기③	$D = \left.\dfrac{I_1}{I_2}\right\vert_{V_2=0}$: **입 · 출력전류비**(출력 단락) 문18 보기④

$AD - BC = 1$ 이 되어야 한다.

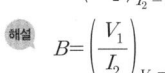

문제 18 4단자 정수를 구하는 식 중 옳지 않은 것은?

① $A = \left(\dfrac{V_1}{V_2}\right)_{I_2=0}$　　② $B = \left(\dfrac{V_2}{I_2}\right)_{V_2=0}$

③ $C = \left(\dfrac{I_1}{V_2}\right)_{I_2=0}$　　④ $D = \left(\dfrac{I_1}{I_2}\right)_{V_2=0}$

해설 $B = \left(\dfrac{V_1}{I_2}\right)_{V_2=0}$

답 ②

2 이상변압기의 4단자 정수

$$\begin{bmatrix} n & 0 \\ 0 & \dfrac{1}{n} \end{bmatrix}$$

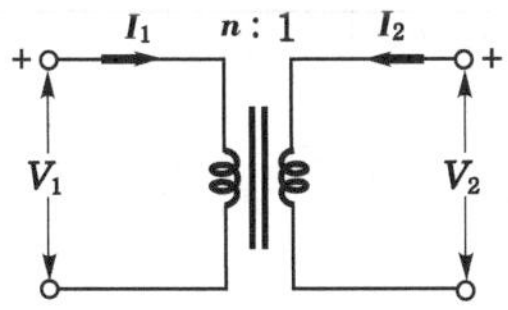

이상변압기

※ 4단자망
입력과 출력에 각각 2개의 단자를 가진 회로

※ 4단자 정수
4단자망의 전기적인 성질을 나타내는 정수
① A : 입출력전압비
② B : 전달임피던스
③ C : 전달어드미턴스
④ D : 입출력전류비

※ 이상변압기
손실이 전혀 없는 변압기

Key Point

※ 자이레이터
초고주파 회로소자

※ 4단자 정수
4단자망의 전기적인 성질을 나타내는 정수

※ 임피던스 정합
회로망의 접속점에서 좌우를 본 입력임피던스와 출력임피던스의 크기를 같게 하는 것

※ 영상임피던스
4단자망의 입·출력 단자에 임피던스를 접속하는 경우 좌우에서 본 임피던스 값이 거울의 영상과 같은 관계에 있는 임피던스

3 자이레이터의 4단자 정수

$$\begin{bmatrix} 0 & r \\ \dfrac{1}{r} & 0 \end{bmatrix}$$

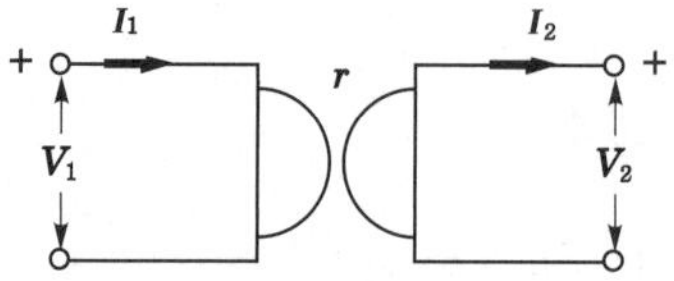

▮ 자이레이터 ▮

4 기본적인 4단자 정수

▮ 기본적인 4단자 정수 ▮

회로의 종류	4단자 정수
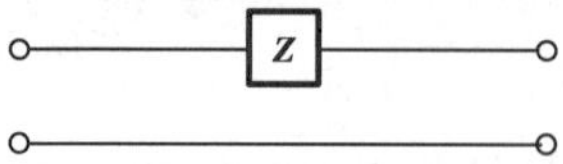	$\begin{bmatrix} 1 & Z \\ 0 & 1 \end{bmatrix}$
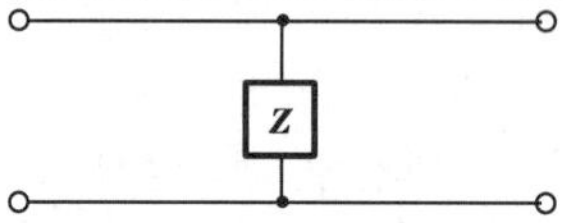	$\begin{bmatrix} 1 & 0 \\ \dfrac{1}{Z} & 1 \end{bmatrix}$
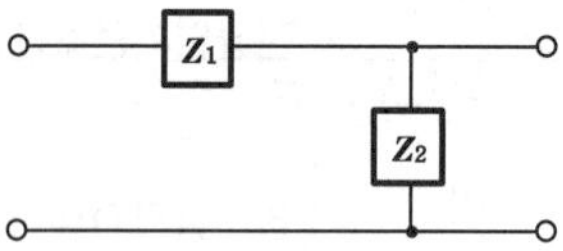	$\begin{bmatrix} 1+\dfrac{Z_1}{Z_2} & Z_1 \\ \dfrac{1}{Z_2} & 1 \end{bmatrix}$
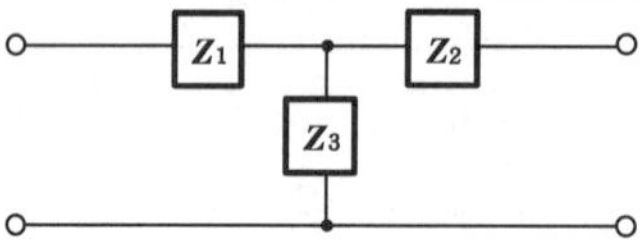 T형 회로	$\begin{bmatrix} 1+\dfrac{Z_1}{Z_3} & \dfrac{Z_1Z_2}{Z_3}+Z_2+Z_1 \\ \dfrac{1}{Z_3} & 1+\dfrac{Z_2}{Z_3} \end{bmatrix}$
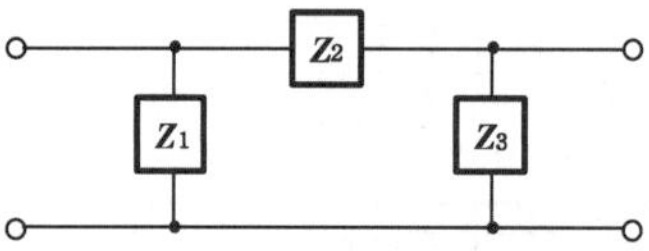 π형 회로	$\begin{bmatrix} 1+\dfrac{Z_2}{Z_3} & Z_2 \\ \dfrac{Z_1+Z_2+Z_3}{Z_1Z_3} & 1+\dfrac{Z_2}{Z_1} \end{bmatrix}$

5 영상임피던스

4단자망에서 입력단에서 본 임피던스가 Z_{01}이고, 출력단에서 본 임피던스가 Z_{02}일 때 입·출력은 임피던스의 정합이 되는데, 이 정합임피던스 Z_{01}, Z_{02}를 **영상임피던스**(Image impedance)라고 한다.

$Z_{01}=\sqrt{\dfrac{AB}{CD}}$ [Ω], $Z_{02}=\sqrt{\dfrac{BD}{AC}}$ [Ω] 문19 보기①

Key Point

★★

문제 19 4단자 회로에서 4단자 정수를 A, B, C, D라 하면 영상임피던스 Z_{01}, Z_{02}는?

① $Z_{01}=\sqrt{\dfrac{AB}{CD}}$, $Z_{02}=\sqrt{\dfrac{BD}{AC}}$

② $Z_{01}=\sqrt{AB}$, $Z_{02}=\sqrt{CD}$

③ $Z_{01}=\sqrt{\dfrac{CD}{AB}}$, $Z_{02}=\sqrt{\dfrac{BD}{AC}}$

④ $Z_{01}=\sqrt{\dfrac{BD}{AC}}$, $Z_{02}=\sqrt{ABCD}$

해설 영상임피던스

$Z_{01}=\sqrt{\dfrac{AB}{CD}}$ 〔Ω〕, $Z_{02}=\sqrt{\dfrac{BD}{AC}}$ 〔Ω〕

답 ①

대칭 4단자망의 경우에는 $A=D$ 이므로

$$Z_{01}=Z_{02}=\sqrt{\frac{B}{C}}\ 〔\Omega〕$$

6 영상전달정수

$$\theta=\log_e(\sqrt{AD}+\sqrt{BC})=\cosh^{-1}\sqrt{AD}=\sinh^{-1}\sqrt{BC}$$

8 분포정수회로

1 특성임피던스

$$Z_0=\sqrt{\frac{Z}{Y}}=\sqrt{\frac{R+j\omega L}{G+j\omega C}}\ 〔\Omega〕$$

여기서, G : 컨덕턴스〔℧〕

2 전파정수

$$\gamma=\alpha+j\beta=\sqrt{ZY}=\sqrt{(R+j\omega L)(G+j\omega C)}$$

여기서, α : 감쇠정수〔dB/m〕

β : 위상정수〔rad/m〕

※ 영상전달정수
전력비의 제곱근에 자연대수를 취한 값으로 입력과 출력의 전력전달효율을 나타내는 정수

※ 분포정수회로
선로정수 R, L, C, G가 균등하게 분포되어 있는 회로

※ 선로정수
선로에서 발생하는 저항, 인덕턴스, 정전용량, 누설컨덕턴스 등을 말한다.

※ 특성임피던스
선로에서 전압과 전류가 일정한 비

※ 전파정수
선로에서 전파되는 정도를 나타내는 정수

※ 감쇠정수
선로에서 단위길이당 감쇠의 정도를 나타내는 정수

※ 위상정수
선로에서 단위길이당 위상의 변화 정도를 나타내는 정수

Key Point

※ 파장
1주기(周期)에 대한 거리 간격

3 무손실선로

구 분	설 명
무손실선로의 조건	$R=0, \ G=0$
특성임피던스	$Z_0=\sqrt{\frac{Z}{Y}}=\sqrt{\frac{R+j\omega L}{G+j\omega C}}=\sqrt{\frac{L}{C}}$ 〔Ω〕
전파정수	$\gamma=\alpha+j\beta=j\omega\sqrt{LC}$ $(\alpha=0, \ \beta=\omega\sqrt{LC})$
파장	$\lambda=\frac{2\pi}{\beta}=\frac{2\pi}{\omega\sqrt{LC}}=\frac{1}{f\sqrt{LC}}$ 〔m〕
전파속도	$v=\lambda f=\frac{2\pi f}{\beta}=\frac{\omega}{\beta}=\frac{1}{\sqrt{LC}}$ 〔m/s〕

4 무왜선로의 조건

$$\frac{R}{L}=\frac{G}{C}$$

$\therefore \ RC=LG$ 문20 보기①

★

문제 20 분포정수회로가 무왜선로로 되는 조건은? (단, 선로의 단위길이당 저항을 R, 인덕턴스를 L, 정전용량을 C, 누설컨덕턴스를 G라 한다.)

① $RC=LG$ ② $RL=CG$

③ $R=\sqrt{\frac{L}{C}}$ ④ $R=\sqrt{LC}$

해설 무왜선로의 조건 : $\frac{R}{L}=\frac{G}{C}$

$\therefore \ RC=LG$

답 ①

출제예상문제

(교류회로)

출제확률 

(2문제)

★

01 $v=141\sin\left(377t-\frac{\pi}{6}\right)$인 파형의 주파수[Hz]는?

① 377　② 100

③ 60　④ 50

해설 **각주파수**

$$\omega=\frac{2\pi}{T}=2\pi f\,[\text{rad/s}]$$

여기서, ω : 각주파수[rad/s]

T : 주기[s]

f : 주파수[Hz]

$v=V_m\sin\left(\omega t-\frac{\pi}{6}\right)$에서

$V=141\sin\left(377t-\frac{\pi}{6}\right)$

$\omega=2\pi f=377$

주파수 f는

$\therefore\ f=\frac{377}{2\pi}=60\text{Hz}$

답 ③

★

02 다음 그림과 같은 정현파에서 $v=V_m\sin(\omega t+\theta)$의 주기 T를 바르게 표시한 것은?

① $2\pi\omega$

② $2\pi f$

③ $\frac{\omega}{2\pi}$

④ $\frac{2\pi}{\omega}$

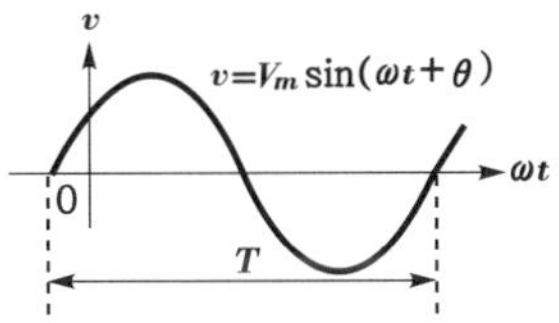

해설 **문제 1 참조**

$\omega=\frac{2\pi}{T}=2\pi f$에서

주기 T는

$\therefore\ T=\frac{2\pi}{\omega}$[s]

답 ④

★★

03 $i=I_m\sin(\omega t-15°)$[A]인 정현파에 있어서 ωt가 다음 중 어느 값일 때 순시값이 실효값과 같은가?

① 30°

② 45°

③ 60°

④ 90°

해설 **순시값**

$$v=V_m\sin\omega t=\sqrt{2}\,V\sin\omega t\,[\text{V}]$$
$$(V_m=\sqrt{2}\,V)$$
$$i=I_m\sin\omega t=\sqrt{2}\,I\sin\omega t\,[\text{A}]$$
$$(I_m=\sqrt{2}\,I)$$

여기서, v : 전압의 순시값[V]

V_m : 전압의 최대값[V]

ω : 각주파수[rad/s]

t : 주기[s]

V : 실효값[V]

I : 전류의 순시값[A]

I_m : 전류의 최대값[A]

순시값과 **실효값**은 $\frac{1}{\sqrt{2}}$의 차이가 있으므로

$\sin(\omega t-15°)=\frac{1}{\sqrt{2}}$

$\sin(60°-15°)=\frac{1}{\sqrt{2}}$

$\therefore\ \omega t=60°$

답 ③

★★★

04 정현파 전압의 평균값과 최대값과의 관계식 중 옳은 것은?

① $V_{av}=0.707\,V_m$

② $V_{av}=0.840\,V_m$

③ $V_{av}=0.637\,V_m$

④ $V_{av}=0.956\,V_m$

해설 **평균값**

$$V_{av}=\frac{2}{\pi}V_m=0.637V_m\text{[V]}$$

여기서, V_{av} : 평균값[V]

V_m : 최대값[V]

답 ③

★

05 정현파 교류의 실효값은 최대값과 어떠한 관계가 있는가?

① π배 ② $\frac{2}{\pi}$배

③ $\frac{1}{\sqrt{2}}$배 ④ $\sqrt{2}$배

해설 **정현파 교류의 실효값**

$$V=\sqrt{\frac{V_m^2}{2}}=\frac{V_m}{\sqrt{2}}=0.707V_m\text{[V]}$$

여기서, V : 실효값[V]

V_m : 최대값[V]

실효값 V는

$$V=\frac{V_m}{\sqrt{2}}\alpha\frac{1}{\sqrt{2}}$$

답 ③

★

06 실효값 100V의 교류전압을 최대값으로 나타내면 몇 V인가?

(실효값 100V → V, 최대값 → V_m)

① 110 ② 120

③ 141.4 ④ 173.2

해설 **문제 5 참조**

(1) **기호**

- V : 100V
- V_m : ?

(2) 실효값 $V=0.707V_m$에서

최대값 $V_m=\frac{V}{0.707}=\frac{100}{0.707}≒141.4\text{V}$

답 ③

★

07 정현파 교류의 서술 중 전류의 실효값으로 나타낸 것은? (단, T는 주기파의 주기, i는 주기전류의 순시값이다.)

① $\frac{2}{T}\int_0^{\frac{T}{2}}idt$

② $\sqrt{i^2\text{의 1주기간의 평균값}}$

③ $\frac{2\sqrt{2}}{\pi}\sqrt{\frac{1}{T}\int_0^{T}i^2dt}$

④ $\frac{2\pi}{T}\int_0^{\frac{T}{2}}idt$

해설 **전류의 실효값**

$$I=\sqrt{i^2\text{의 1주기간의 평균값}}$$

여기서, I : 전류의 실효값[A]

i : 전류의 순시값[A]

용어

실효값과 순시값

실효값	순시값
일반적으로 사용되는 값으로 교류의 각 순시값의 제곱에 대한 1주기의 평균의 제곱근을 **실효값**(Effective value)이라 한다.	교류의 임의 시간에 있어서 전압 또는 전류의 값을 **순시값**(Instantaneous value)이라 한다.

답 ②

★★

08 정현파 교류의 평균값에 어떠한 수를 곱하면 실효값을 얻을 수 있는가?

① $\frac{2\sqrt{2}}{\pi}$ ② $\frac{\sqrt{3}}{2}$

③ $\frac{2}{\sqrt{3}}$ ④ $\frac{\pi}{2\sqrt{2}}$

해설 **문제 4 · 5 참조**

실효값 V는

$$V=\frac{V_m}{\sqrt{2}}$$

평균값 V_{av}는

$$V_{av}=\frac{2}{\pi}V_m$$

$$\frac{\pi}{2}V_{av} = V_m$$

$$V_m = \frac{\pi}{2}V_{av}$$

실효값 V는

$$V = \frac{V_m}{\sqrt{2}} = \frac{1}{\sqrt{2}} \times V_m = \frac{1}{\sqrt{2}} \times \frac{\pi}{2}V_{av}$$

$$= \frac{\pi}{2\sqrt{2}}V_{av}\text{[V]}$$

답 ④

★

09 어떤 교류전압의 실효값이 314V일 때 평균값[V]은?

(314V: V, 평균값: V_{av})

① 약 142　　② 약 283

③ 약 365　　④ 약 382

해설 **문제 8 참조**

(1) **기호**

- V : 314V
- V_{av} : ?

(2) **실효값** V는

$$V = \frac{\pi}{2\sqrt{2}}V_{av}\text{에서}$$

$$\frac{2\sqrt{2}}{\pi}V = V_{av}$$

$$V_{av} = \frac{2\sqrt{2}}{\pi}V = \frac{2\sqrt{2}}{\pi} \times 314 \fallingdotseq 283\text{V}$$

답 ②

★

10 최대값이 E_m[V]인 반파정류 정현파의 실효값은 몇 V인가?

① $2E_m/\pi$

② $\sqrt{2}\,E_m$

③ $E_m/\sqrt{2}$

④ $E_m/2$

해설 **반파정류 정현파**의 **실효값**

$$E = \frac{E_m}{2}\text{[V]} \text{ 또는 } V = \frac{V_m}{2}$$

여기서, E, V : 실효값[V]

E_m, V_m : 최대값[V]

답 ④

★

11 그림과 같은 파형을 가진 맥류전류의 평균값이 10A라면 전류의 실효값[A]은?

(10A: I_{av}, 실효값: I)

① 10

② 14

③ 20

④ 28

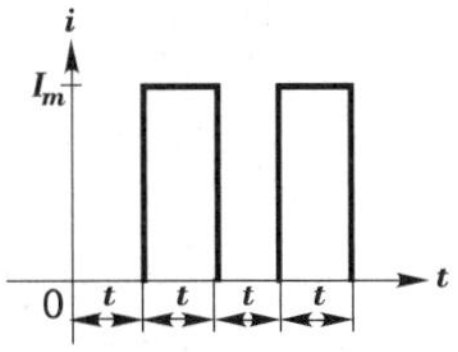

해설 (1) **기호**

- I_{av} : 10A
- I : ?

(2) 그림과 같은 **파형**의 **평균값**

$$I_{av} = \frac{I_m}{2}$$

여기서, I_{av} : 전류의 평균값[A]

I_m : 전류의 최대값[A]

최대값 I_m은

$$I_m = 2I_{av} = 2 \times 10 = 20\text{A}$$

(3) **실효값**

$$I = \sqrt{\frac{I_m^{\ 2}}{2}} = \frac{I_m}{\sqrt{2}} = 0.0707I_m\text{[A]}$$

실효값 $I = \dfrac{I_m}{\sqrt{2}}$에서

$$I = \frac{I_m}{\sqrt{2}} = \frac{20}{\sqrt{2}} \fallingdotseq 14\text{A}$$

답 ②

★

12 그림과 같은 파형의 맥동전류를 열선형 계기로 측정한 결과 10A이었다. 이를 가동코일형 계기로 측정할 때 전류의 값은 몇 A인가?

(10A: I, 전류: I_{av})

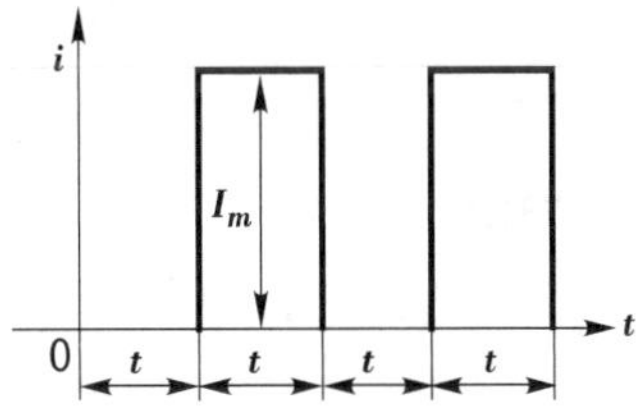

① 7.07　　② 10

③ 14.14　　④ 17.32

해설 (1) **기호**

- I : 10A
- I_{av} : ?

(2) **열선형 계기**는 실효값, **가동코일형 계기**는 평균값을 나타내므로

$I_m = \sqrt{2}\, I$에서

$$I_{av} = \frac{I_m}{2} = \frac{\sqrt{2}\, I}{2} = \frac{\sqrt{2} \times 10}{2} = 7.07\text{A}$$

답 ①

★★★

13 0.1H인 코일의 리액턴스가 377Ω일 때 주파수〔Hz〕는?

(0.1H: L, 377Ω: X_L, 주파수: f)

① 60　② 120

③ 360　④ 600

해설 (1) **기호**

- L : 0.1H
- X_L : 377Ω
- f : ?

(2) **유도리액턴스**

$$X_L = \omega L = 2\pi f L\,[\Omega]$$

여기서, X_L : 유도리액턴스〔Ω〕

ω : 각주파수〔rad/s〕

f : 주파수〔Hz〕

L : 인덕턴스〔H〕

유도리액턴스 $X_L = 2\pi f L$에서

주파수 f는

$$f = \frac{X_L}{2\pi L} = \frac{377}{2\pi \times 0.1} = 600\text{Hz}$$

답 ④

★

14 용량리액턴스와 반비례하는 것은?

① 전압　② 저항

③ 임피던스　④ 주파수

해설 **용량리액턴스**

$$X_C = \frac{1}{\omega C} = \frac{1}{2\pi f C}\,[\Omega]$$

여기서, X_C : 용량리액턴스〔Ω〕

ω : 각주파수〔rad/s〕

f : 주파수〔Hz〕

C : 정전용량(커패시턴스)〔F〕

용량리액턴스 X_C는

$$X_C = \frac{1}{2\pi f C} \propto \frac{1}{f}$$

- 분자 : **비례**, 분모 : **반비례**

답 ④

★

15 1μF인 콘덴서가 60Hz인 전원에 대한 용량리액턴스의 값〔Ω〕은?

(1μF: C, 60Hz: f, 용량리액턴스: X_c)

① 2753　② 2653

③ 2600　④ 2500

해설 **문제 14 참조**

(1) **기호**

- C : 1μF=1×10^{-6}F
- f : 60Hz
- X_C : ?

(2) **용량리액턴스** X_C는

$$X_C = \frac{1}{2\pi f C} = \frac{1}{2\pi \times 60 \times (1 \times 10^{-6})} \fallingdotseq 2653\,\Omega$$

답 ②

★★★

16 60Hz, 100V의 교류전압을 어떤 콘덴서에 가할 때 1A의 전류가 흐른다면, 이 콘덴서의 정전용량〔μF〕은?

(60Hz: f, 100V: V, 1A: I, 정전용량: C)

① 377　② 265

③ 26.5　④ 2.65

해설 **문제 14 참조**

(1) **기호**

- f : 60Hz
- V : 100V
- I : 1A
- C : ?

(2) **용량리액턴스**

$$X_C = \frac{V}{I}$$

여기서, X_C : 용량리액턴스〔Ω〕
V : 전압〔V〕
I : 전류〔A〕

$X_C = \frac{V}{I} = \frac{100}{1} = 100\,\Omega$

용량리액턴스 X_C는

$X_C = \frac{1}{2\pi f C}$

정전용량 C는

$C = \frac{1}{2\pi f X_C} = \frac{1}{2\pi \times 60 \times 100}$

$\fallingdotseq 26.5 \times 10^{-6}\text{F} = 26.5\,\mu\text{F}$

답 ③

★

17 L=2H인 인덕턴스에 $i(t) = 20\varepsilon^{-2t}$〔A〕의 전류가 흐를 때 L의 단자전압〔V〕(V_L)은?

① $40\varepsilon^{-2t}$ ② $-40\varepsilon^{-2t}$
③ $80\varepsilon^{-2t}$ ④ $-80\varepsilon^{-2t}$

해설 (1) **기호**

- L : 2H
- $i(t)$: $20\varepsilon^{-2t}$
- V_L : ?

(2) **L의 단자전압**

$$V_L = L\frac{di(t)}{dt}$$

여기서, V_L : L의 단자전압〔V〕
L : 인덕턴스〔H〕
di : 전류의 변화량〔A〕
dt : 시간의 변화량〔s〕

L의 단자전압 V_L은

$V_L = L\frac{di(t)}{dt} = 2 \times \frac{d}{dt}(20\varepsilon^{-2t})$

$= -80\varepsilon^{-2t}$〔V〕

- 승수 $-2t$가 변하지 않는 것에 주의할 것

답 ④

★

18 콘덴서와 코일에서 실제적으로 급격히 변화할 수 없는 것이 있다. 그것은 다음 중 어느 것인가?

① 코일에서 전압, 콘덴서에서 전류
② 코일에서 전류, 콘덴서에서 전압
③ 코일, 콘덴서 모두 전압
④ 코일, 콘덴서 모두 전류

해설 ② **코일**에서 **전류**, **콘덴서**에서 **전압**은 급격히 변화할 수 없다.

답 ②

★

19 커패시턴스(C)에서 급격히 변할 수 없는 것은?

① 전류 ② 전압
③ 전류와 전압 ④ 정답이 없다.

해설 문제 18 참조

답 ②

★★

20 저항 3Ω(R)과 유도리액턴스 4Ω(X_L)이 직렬로 접속된 회로의 역률은?

① 0.6 ② 0.8
③ 0.9 ④ 1

해설 (1) **기호**

- R : 3Ω
- X_L : 4Ω
- $\cos\theta$: ?

(2) ***RL*직렬회로**의 **역률**

$$\cos\theta = \frac{R}{Z} = \frac{R}{\sqrt{R^2 + X_L^2}}$$

여기서, $\cos\theta$: 역률
R : 저항〔Ω〕
Z : 임피던스〔Ω〕
X_L : 유도리액턴스〔Ω〕

역률 $\cos\theta$는

$\cos\theta = \frac{R}{\sqrt{R^2 + X_L^2}} = \frac{3}{\sqrt{3^2 + 4^2}} = 0.6$

답 ①

★
21 100μF인 콘덴서의 양단에 전압을 30V/ms의 비율로 변화시킬 때 콘덴서에 흐르는 전류의 크기[A]는?

(100μF: C, 30V/ms: dv, 전류: i)

① 0.03 ② 0.3
③ 3 ④ 30

해설 (1) 기호

- C : 100μF
- dv : 30V/ms
- i : ?

(2) C만의 회로에서의 **전류**

$$i = C\frac{dv}{dt}$$

여기서, i : 전류[A]
C : 정전용량[F]
dv : 전압의 변화량[V]
dt : 시간의 변화량[s]

전류 i는

$$i = C\frac{dv}{dt} = (100\times10^{-6})\times\frac{30}{1\times10^{-3}} = 3\text{A}$$

- $100\mu\text{F} = 100\times10^{-6}\text{F}$
- $1\text{ms} = 1\times10^{-3}\text{s}$

답 ③

★
22 다음 그림과 같이 V=96+j28[V], Z=4−j3[Ω]이다. 전류 I[A]의 값은? (단, $\alpha=\tan^{-1}\dfrac{4}{3}$, $\beta=\tan^{-1}\dfrac{3}{4}$이다.)

① $20\varepsilon^{j\alpha}$
② $10\varepsilon^{j\alpha}$
③ $20\varepsilon^{j\beta}$
④ $10\varepsilon^{j\beta}$

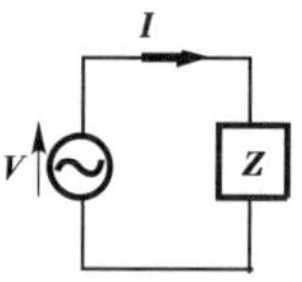

해설 (1) 기호

- V : 96+j28
- Z : 4−j3
- I : ?
- α : $\tan^{-1}\dfrac{h}{3}$
- β : $\tan^{-1}\dfrac{3}{h}$

(2) 전류 I는

$$I = \frac{V}{Z} = \frac{V}{\sqrt{R^2+X_L^2}}\text{[A]}$$

여기서, I : 전류[A]
V : 전압[V]
Z : 임피던스[Ω]
R : 저항[Ω]
X_L : 유도리액턴스[Ω]

전류 I는

$$I = \frac{V}{Z} = \frac{96+j28}{4-j3}$$
$$= \frac{(96+j28)(4+j3)}{(4-j3)(4+j3)}$$
$$= \frac{384+j288+j112-84}{16+j12-j12+9}$$
$$= \frac{300+j400}{25} = 12+j16$$
$$= 20\underline{/53^\circ}$$
$$= 20\tan^{-1}\frac{4}{3}$$
$$= 20\varepsilon^{j\alpha}$$

답 ①

★
23 그림에서 e=100 sin(ωt+30°)[V]일 때 전류 I의 최대값은 몇 [A]인가? (I_m)

① 1
② 2
③ 3
④ 5

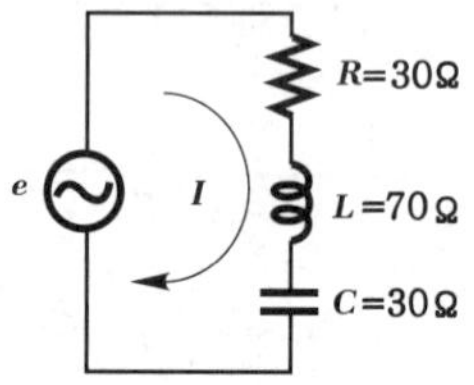

해설 (1) 기호

- V_m : 100V($e = V_m\sin(\omega t+30^\circ) = 100\sin(\omega t+30^\circ)$이므로)
- R : 30Ω
- L : 70Ω
- C : 30Ω
- I_m : ?

(2) RLC **직렬회로**

$$I_m = \frac{V_m}{\sqrt{R^2+(X_L-X_C)^2}}$$

여기서, I_m : 전류[A]
V_m : 전압[V]
R : 저항[Ω]
X_L : 유도리액턴스[Ω]
X_C : 용량리액턴스[Ω]

전류 I_m은

$$I_m = \frac{V_m}{\sqrt{R^2+(X_L-X_C)^2}}$$

$$= \frac{100}{\sqrt{30^2+(70-30)^2}} = 2\text{A}$$

답 ②

★★

24 저항 10Ω(R), 유도리액턴스 $10\sqrt{3}$Ω(X_L)인 직렬회로에 교류전압을 가할 때 전압과 이 회로에 흐르는 전류와의 위상차(θ)는 몇 도인가?

① 60° ② 45°
③ 30° ④ 15°

해설 (1) **기호**

- R : 10Ω
- X_L : $10\sqrt{3}$Ω
- θ : ?

(2) ***RL* 직렬회로의 위상차**

$$\theta = \tan^{-1}\frac{X_L}{R} = \tan^{-1}\frac{\omega L}{R}$$

여기서, θ : 위상차[rad]
X_L : 유도리액턴스[Ω]
R : 저항[Ω]
ω : 각주파수[rad/s]
L : 인덕턴스[H]

위상차 θ는

$$\theta = \tan^{-1}\frac{X_L}{R} = \tan^{-1}\frac{10\sqrt{3}}{10} = 60°$$

답 ①

★

25 $R-C$ 직렬회로에 흐르는 전류가 $v=V_m\sin(\omega t-\theta)$일 때 $i=I_m\sin(\omega t-\theta+\phi)$이다. 이때 ϕ의 값은?

① $\tan^{-1}\dfrac{-\frac{1}{\omega C}}{R}$ ② $\tan^{-1}\dfrac{R}{\omega C}$
③ $\tan^{-1}\omega CR$ ④ $\tan^{-1}\dfrac{C}{R}$

해설 ***RC* 직렬회로의 위상차**

$$\phi = \tan^{-1}\frac{X_C}{R} = \tan^{-1}\frac{1}{\omega CR}\text{[rad]}$$

여기서, ϕ : 위상차[rad]
X_C : 용량리액턴스[Ω]
R : 저항[Ω]
ω : 각주파수[rad/s]
C : 정전용량[F]

위상차 ϕ는

$$\phi = \tan^{-1}\frac{X_C}{R} = \tan^{-1}\frac{1}{\omega CR}$$

$$= \tan^{-1}\frac{-\frac{1}{\omega C}}{R}\text{[rad]}$$

답 ①

★

26 그림과 같은 회로의 역률($\cos\theta$)은 얼마인가?

① 약 0.76
② 약 0.86
③ 약 0.97
④ 약 1.00

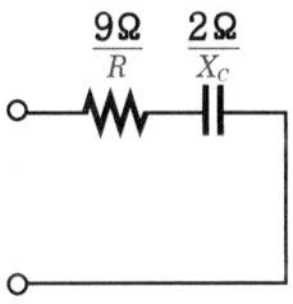

해설 (1) **기호**

- $\cos\theta$: ?
- R : 9Ω
- X_C : 2Ω

(2) ***RC* 직렬회로의 역률**

$$\cos\theta = \frac{R}{Z} = \frac{R}{\sqrt{R^2+X_C^2}}$$

여기서, $\cos\theta$: 역률
R : 저항[Ω]
Z : 임피던스[Ω]
X_C : 용량리액턴스[Ω]

역률 $\cos\theta$는

$$\cos\theta = \frac{R}{Z} = \frac{R}{\sqrt{R^2+X_C^2}} = \frac{9}{\sqrt{9^2+2^2}}$$

$$\fallingdotseq 0.97$$

답 ③

★
27 RC회로에서 R_L값을 작게 하려면?

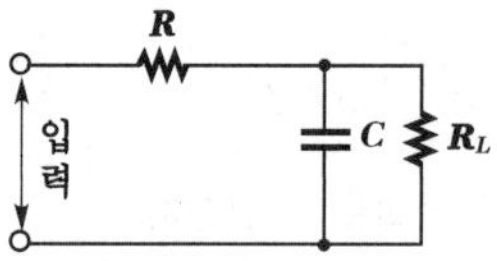

① C를 크게 한다.
② R을 크게 한다.
③ C와 R을 크게 한다.
④ C와 R을 작게 한다.

해설

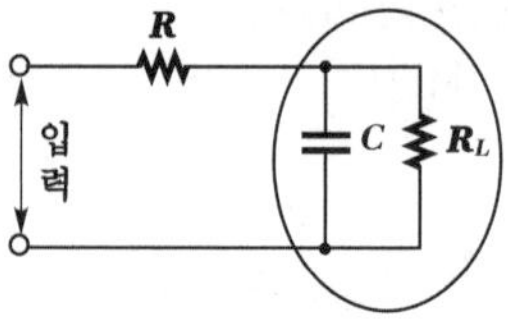

점선부분의 병렬합성저항

$$R_T = \frac{R_L \cdot \frac{1}{\omega C}}{R_L + \frac{1}{\omega C}} \text{에서}$$

R_L값을 작게 할 때 C를 크게 하면 병렬합성저항 R_T는 변하지 않는다.

답 ①

★
28 $R-L-C$ 직렬회로에서 $R=4\Omega$, $X_L=7\Omega$, $X_C=4\Omega$일 때 합성 임피던스(Z)의 크기〔Ω〕는?

① 11 ② 9
③ 7 ④ 5

해설 (1) 기호

- R : 4Ω
- X_L : 7Ω
- X_C : 4Ω
- Z : ?

(2) ***RLC*** **직렬회로**의 임피던스

$$Z=\sqrt{R^2+(X_L-X_C)^2}$$

여기서, Z : 임피던스〔Ω〕
R : 저항〔Ω〕
X_L : 유도리액턴스〔Ω〕
X_C : 용량리액턴스〔Ω〕

임피던스 Z는

$$Z=\sqrt{R^2+(X_L-X_C)^2}$$
$$=\sqrt{4^2+(7-4)^2}$$
$$=5\,\Omega$$

답 ④

★
29 그림과 같은 직렬회로에서 각 소자의 전압이 그림과 같다면 a, b 양단에 가한 교류전압〔V〕은?

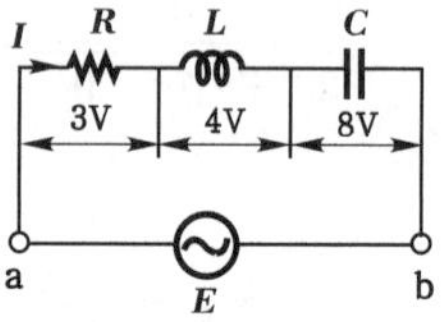

① 2.5 ② 7.5
③ 5 ④ 10

해설 문제 28 참조
전압 E는

$$E=\sqrt{{V_R}^2+(V_L-V_C)^2}$$
$$=\sqrt{3^2+(4-8)^2}$$
$$=5\text{V}$$

- 임피던스(Z)와 같은 개념으로 공식을 적용하면 된다.

답 ③

★
30 그림과 같은 회로에서 $R=8\Omega$, $X_L=10\Omega$, $X_C=16\Omega$, $E=100\text{V}$일 때 이 회로에서 흐르는 전류(I)의 크기〔A〕는?

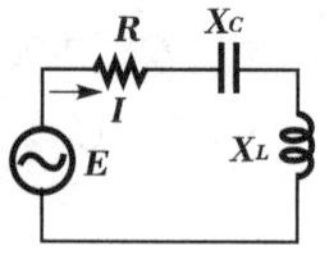

① 2 ② 3
③ 10 ④ 20

해설 문제 23 참조
(1) 기호

- R : 8Ω
- X_L : 10Ω
- X_C : 16Ω
- E : 100V
- I : ?

(2) **전류** I는

$$I=\frac{E}{Z}$$

$$=\frac{E}{\sqrt{R^2+(X_L-X_C)^2}}$$

$$=\frac{100}{\sqrt{8^2+(10-16)^2}}$$

$$=10\text{A}$$

답 ③

★★
31 $L-C$ 직렬회로의 공진조건은?

① $\frac{1}{\omega L}=\omega C+R$

② 직류전원을 가할 때

③ $\omega L=\omega C$

④ $\omega L=\frac{1}{\omega C}$

해설 **공진조건**

$$X_L=X_C \text{ 또는 } \omega L=\frac{1}{\omega C}$$

여기서, X_L : 유도리액턴스〔Ω〕
X_C : 용량리액턴스〔Ω〕
ω : 각주파수〔rad/s〕
L : 인덕턴스〔H〕
C : 정전용량〔F〕

답 ④

★
32 $R-L-C$ 직렬회로에서 전압과 전류가 동상이 되기 위해서는? (단, $\omega=2\pi f$ 이고 f는 주파수이다.)

① $\omega L^2C^2=1$

② $\omega^2LC=1$

③ $\omega LC=1$

④ $\omega=LC$

해설 **문제 31 참조**

$\omega L=\frac{1}{\omega C}$에서 $\omega^2LC=1$

답 ②

★
33 공진회로 Q가 갖는 물리적 의미와 관계없는 것은?

① 공진회로의 저항에 대한 리액턴스의 비

② 공진곡선의 첨예도

③ 공진시의 전압확대비

④ 공진회로에서 에너지 소비능률

해설 **선택도**(Selectivity)

(1) 공진곡선의 첨예도 **보기 ②**

(2) 공진시의 전압확대비 **보기 ③**

(3) 공진회로의 저항에 대한 리액턴스 비 **보기 ①**

중요

선택도

$$Q=\frac{V_L}{V}=\frac{V_C}{V}=\frac{\omega L}{R}=\frac{1}{\omega CR}=\frac{1}{R}\sqrt{\frac{L}{C}}$$

여기서, V : 전원전압〔V〕
V_L : L에 걸리는 전압〔V〕
V_C : C에 걸리는 전압〔V〕
ω : 각주파수〔Hz〕
V : 전압〔V〕
L : 인덕턴스〔H〕
R : 저항〔Ω〕
C : 정전용량〔F〕

답 ④

★
34 $R-L-C$ 직렬회로의 선택도 Q는?

① $\sqrt{\frac{L}{C}}$ ② $\frac{1}{R}\sqrt{\frac{L}{C}}$

③ $\sqrt{\frac{C}{L}}$ ④ $R\sqrt{\frac{C}{L}}$

해설 **문제 33 참조**

답 ②

★
35 $R=2\Omega$, $L=10\text{mH}$, $C=4\mu\text{F}$의 직렬공진회로의 Q는?

① 25 ② 45

③ 65 ④ 85

해설 문제 33 참조

(1) 기호

- R : 2Ω
- L : 10mH=10×10^{-3}H(1mH=1×10^{-3}이므로)
- C : 4μF=4×10^{-6}F(1μF=1×10^{-6}이므로)
- Q : ?

(2) 선택도 Q는

$$Q=\frac{1}{R}\sqrt{\frac{L}{C}}=\frac{1}{2}\sqrt{\frac{10\times10^{-3}}{4\times10^{-6}}}=25$$

답 ①

★

36 어드미턴스 Y_1과 Y_2가 직렬로 접속된 회로의 합성어드미턴스는?

① $\boldsymbol{Y_1+Y_2}$ ② $\dfrac{\boldsymbol{Y_1Y_2}}{\boldsymbol{Y_1+Y_2}}$

③ $\dfrac{1}{\boldsymbol{Y_1}}+\dfrac{1}{\boldsymbol{Y_2}}$ ④ $\dfrac{1}{\boldsymbol{Y_1+Y_2}}$

해설

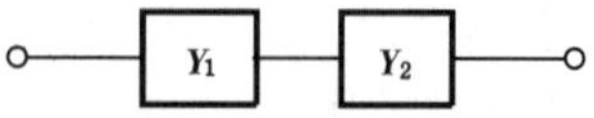

어드미턴스는 **임피던스**의 **역수**로

$$\boldsymbol{Y}=\frac{1}{\dfrac{1}{\boldsymbol{Y_1}}+\dfrac{1}{\boldsymbol{Y_2}}}=\frac{\boldsymbol{Y_1Y_2}}{\boldsymbol{Y_1+Y_2}}\,(℧)$$

중요

역수관계

구 분	역 수
저항	콘덕턴스
리액턴스	서셉턴스
임피던스	어드미턴스
정전용량	엘라스턴스

답 ②

★

37 그림과 같은 회로에서 벡터 어드미턴스 Y(℧)를 구하면?

① $3-j4$
② $4+j3$
③ $3+j4$
④ $5-j4$

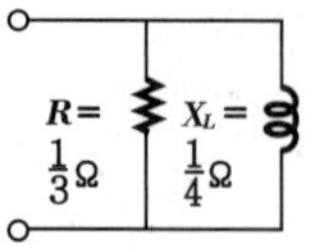

해설 어드미턴스

$$\boldsymbol{Y}=\frac{1}{R}+\frac{1}{jX_L}$$

여기서, Y : 어드미턴스(℧)

R : 저항(Ω)

X_L : 유도리액턴스(Ω)

어드미턴스 Y는

$$\boldsymbol{Y}=\frac{1}{R}+\frac{1}{jX_L}=\frac{1}{\frac{1}{3}}+\frac{1}{j\frac{1}{4}}=3-j4\,(℧)$$

답 ①

★

38 저항 R과 유도리액턴스 X_L이 병렬로 접속된 회로의 역률은?

① $\dfrac{\sqrt{R^2+{X_L}^2}}{R}$ ② $\sqrt{\dfrac{R^2+{X_L}^2}{X_L}}$

③ $\dfrac{R}{\sqrt{R^2+{X_L}^2}}$ ④ $\dfrac{X_L}{\sqrt{R^2+{X_L}^2}}$

해설 $\boldsymbol{RL}$**병렬회로**의 **역률**

$$\cos\theta=\frac{X_L}{Z}=\frac{X_L}{\sqrt{R^2+{X_L}^2}}$$

여기서, $\cos\theta$: 역률

X_L : 유도리액턴스(Ω)

Z : 임피던스(Ω)

R : 저항(Ω)

답 ④

★

39 그림과 같은 회로에서 전류 I(A)는?

① 0.2
② 0.4
③ 0.5
④ 1

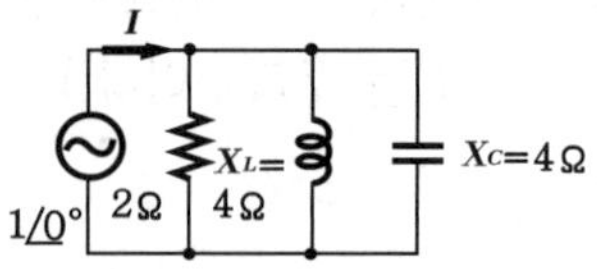

해설 $\boldsymbol{RLC}$ **병렬회로**의 **전류**

$$I=YV=\sqrt{\left(\frac{1}{R}\right)^2+\left(\frac{1}{X_C}-\frac{1}{X_L}\right)^2}\cdot V$$

여기서, I : 전류(A)

Y : 어드미턴스(℧)

R : 저항(Ω)

X_C : 용량리액턴스(Ω)

X_L : 유도리액턴스(Ω)

V : 전압(V)

전류 I는

$$I=\sqrt{\left(\frac{1}{R}\right)^2+\left(\frac{1}{X_C}-\frac{1}{X_L}\right)^2}\cdot V$$

$$=\sqrt{\left(\frac{1}{2}\right)^2+\left(\frac{1}{4}-\frac{1}{4}\right)^2}\times 1$$

$=0.5$A

답 ③

★

40 $R=15\Omega$, $X_L=12\Omega$, $X_C=30\Omega$이 병렬로 된 회로에 120V(V)의 교류전압을 가하면 전원에 흐르는 전류(I)[A]와 역률($\cos\theta$)[%]은?

① 22, 85
② 22, 80
③ 22, 60
④ 10, 80

해설 문제 39 참조

(1) 기호

- R : 15Ω
- X_L : 12Ω
- X_l : 30Ω
- V : 120V
- I : ?
- $\cos\theta$: ?

(2) 전류 I는

$$I=\sqrt{\left(\frac{1}{R}\right)^2+\left(\frac{1}{X_C}-\frac{1}{X_L}\right)^2}\cdot V$$

$$=\sqrt{\left(\frac{1}{15}\right)^2+\left(\frac{1}{30}-\frac{1}{12}\right)^2}\times 120$$

$=10$A

$$\text{역률 }\cos\theta=\frac{\frac{1}{R}}{Y}=\frac{\frac{1}{R}}{\sqrt{\left(\frac{1}{R}\right)^2+\left(\frac{1}{X_C}-\frac{1}{X_L}\right)^2}}$$

$$=\frac{\frac{1}{15}}{\sqrt{\left(\frac{1}{15}\right)^2+\left(\frac{1}{30}-\frac{1}{12}\right)^2}}$$

$=0.8$

$=80\%$

답 ④

★

41 공급전압이 100V이고, 회로를 흐르는 전류가 50A일 때 이 회로의 유효전력(P)[kW]은? (단, θ는 60°)

① 2.5 ② 2.8
③ 3 ④ 25

해설 (1) 기호

- V : 100V
- I : 50A
- P : ?
- θ : 60°

(2) **유효전력**(평균전력, 소비전력)

$$P=VI\cos\theta=I^2R=\left(\frac{V}{\sqrt{R^2+X^2}}\right)^2R$$

여기서, P : 유효전력[W]
V : 전압[V]
I : 전류[A]
θ : 각도
R : 저항[Ω]
X : 리액턴스[Ω]

유효전력 P는

$P=VI\cos\theta=100\times50\times\cos 60°$

$=2500\text{W}=2.5\text{kW}$

답 ①

★

42 저항 R, 리액턴스 X와의 직렬회로에 전압 V가 가해졌을 때 소비전력은?

① $\dfrac{R}{\sqrt{R^2+X^2}}V^2$ ② $\dfrac{X}{\sqrt{R^2+X^2}}V^2$

③ $\dfrac{R}{R^2+X^2}V^2$ ④ $\dfrac{X}{R^2+X^2}V^2$

해설 문제 41 참조

소비전력 P는

$$P=I^2R=\left(\frac{V}{\sqrt{R^2+X^2}}\right)^2R$$

$$=\frac{V^2}{R^2+X^2}R$$

$$=\frac{R}{R^2+X^2}V^2\text{[W]}$$

답 ③

★
43 교류 3상3선식 배전선로에서 전압을 200V에서 400V로 승압하였다면 전력손실은? (단, 부하용량은 같다.)

① 2배로 된다. ② 4배로 된다.

③ $\frac{1}{2}$로 된다. ④ $\frac{1}{4}$로 된다.

해설 **문제 41 참조**

전력 $P = VI\cos\theta$에서

전류 $I = \frac{P}{V\cos\theta}$

전력손실

$$P_l = I^2 R = \left(\frac{P}{V\cos\theta}\right)^2 R = \frac{P^2 R}{V^2 \cos\theta^2} \propto \frac{1}{V^2}$$

$$\therefore\ P_l \propto \frac{1}{V^2} = \frac{1}{\left(\frac{400}{200}\right)^2} = \frac{1}{4}$$

답 ④

★★★
44 22kVA의 부하가 역률 0.8이라면 무효전력〔kVar〕은?
(P_a: 22kVA, $\cos\theta$: 0.8, P_r: 무효전력)

① 16.6 ② 17.6

③ 15.2 ④ 13.2

해설 (1) **기호**

- P_a : 22kVA
- $\cos\theta$: 0.8
- P_r : ?

(2) **무효율**

$$\sin\theta = \sqrt{1-\cos\theta^2}$$

여기서, $\sin\theta$: 무효율

$\cos\theta$: 역률

무효율 $\sin\theta$는

$$\sin\theta = \sqrt{1-\cos\theta^2} = \sqrt{1-0.8^2} = 0.6$$

(2) **무효전력**

$$P_r = VI\sin\theta = P_a\sin\theta\,[\text{Var}]$$

여기서, P_r : 무효전력〔Var〕

P_a : 피상전력〔VA〕

$\sin\theta$: 무효율

무효전력 P_r은

$P_r = P_a\sin\theta = 22\times0.6 = 13.2$kVar

답 ④

★
45 전압 200V, 전류 50A로 6kW의 전력을 소비하는 회로의 리액턴스〔Ω〕는?
(200V: V, 50A: I, 6kW: P, 리액턴스: X)

① 3.2 ② 2.4

③ 6.2 ④ 4.4

해설 (1) **기호**

- V : 200V
- I : 50A
- P : 6kW=6×10^3W(1kW=1×10^3W이므로)
- X : ?

(2) **단상 피상전력**

$$P_a = VI = \sqrt{P^2 + P_r^{\ 2}} = I^2 Z\,[\text{VA}]$$

여기서, P_a : 피상전력〔VA〕

V : 전압〔V〕

I : 전류〔A〕

P : 유효전력〔W〕

P_r : 무효전력〔Var〕

Z : 임피던스〔Ω〕

피상전력 P_a는

$P_a = VI = I^2 Z$에서

$200\times50 = 50^2 Z$

$\therefore\ Z = 4\,\Omega$

(3) **역률**

$$\cos\theta = \frac{P}{P_a} = \frac{P}{VI} = \frac{P}{Z}$$

여기서, $\cos\theta$: 역률

P : 유효전력〔W〕

P_a : 피상전력〔VA〕

V : 전압〔V〕

I : 전류〔A〕

Z : 임피던스〔Ω〕

$$\cos\theta = \frac{P}{VI} = \frac{(6\times10^3)}{(200\times50)} = 0.6$$

(4) **무효율**

$$\sin\theta = \frac{P_r}{P_a} = \frac{P_r}{VI} = \frac{X}{Z} = \sqrt{1-\cos\theta^2}$$

여기서, $\sin\theta$: 무효율

P_r : 무효전력[Var]

P_a : 피상전력[VA]

V : 전압[V]

I : 전류[A]

X : 리액턴스[Ω]

Z : 임피던스[Ω]

$\sin\theta = \sqrt{1-\cos\theta^2} = \sqrt{1-0.6^2} = 0.8$

리액턴스 X는

$X = Z\sin\theta = 4 \times 0.8 = 3.2\,\Omega$

답 ①

46 전압 100V, 전류 10A로서 800W의 전력을 소비하는 회로의 리액턴스는 몇 Ω인가?

(전압 V, 전류 I, 전력 P, 리액턴스 X)

① 6 ② 8
③ 10 ④ 12

해설 **문제 45 참조**

(1) **기호**

- V : 100V
- I : 10A
- P : 800W
- X : ?

(2) **피상전력** P_a는

$P_a = VI = 100 \times 10 = 1000\text{VA}$

$P_a = \sqrt{P^2 + P_r^{\ 2}}$

$P_a^2 = (\sqrt{P^2 + P_r^2})^2$

$P_a^2 = P^2 + P_r^2$

$P^2 + P_r^2 = P_a^2$

$P_r^2 = P_a^2 - P^2$

$P_r = \sqrt{P_a^2 - P^2}$

(3) **무효전력** P_r는

$P_r = \sqrt{P_a^2 - P^2}$

$= \sqrt{1000^2 - 800^2} = 600\text{Var}$

(4) **무효전력**

$$P_r = VI\sin\theta = I^2X\text{[Var]}$$

여기서, P_r : 무효전력[Var]

V : 전압[V]

I : 전류[A]

X : 리액턴스[Ω]

θ : 이루는 각[rad]

$P_r = I^2X$[Var]에서

리액턴스 X는

$X = \dfrac{P_r}{I^2} = \dfrac{600}{10^2} = 6\,\Omega$

답 ①

47 R=4Ω과 X_L=3Ω이 직렬로 접속된 회로에 10A의 전류를 통할 때의 교류 전력은 몇 VA인가?

(전류 I)

① $400 + j\,300$
② $400 - j\,300$
③ $420 + j\,360$
④ $360 + j\,420$

해설 (1) **기호**

- R : 4Ω
- X_L : 3Ω
- I : 10A

(2) **유효전력 · 무효전력 · 피상전력**

$$P = I^2R$$
$$P_r = I^2X$$
$$P_a = P \pm jP_r$$

여기서, P : 유효전력[W]

P_r : 무효전력[Var]

P_a : 피상전력[VA]

I : 전류[A]

R : 저항[Ω]

X : 리액턴스[Ω]

① **유효전력**

$P = I^2R = 10^2 \times 4 = 400\text{W}$

② **무효전력**

$P_r = I^2X = 10^2 \times 3 = 300\text{W}$

③ **피상전력**

$P_a = P + jP_r = 400 + j\,300\text{[VA]}$

중요

피상전력

유도성 회로 (유도리액턴스) 회로인 경우 $= X_L$	용량성 회로 (용량리액턴스) 회로인 경우 $= X_C$
$P_a = P + jP_r$	$P_a = P - jP_r$

답 ①

★

48 피상전력이 10kVA(P_a), 유효전력이 7.07kW(P)이면 역률($\cos\theta$)은 얼마인가?

① 1.414 ② 1
③ 0.707 ④ 0.3535

해설 (1) 기호

- P_a : 10kVA
- P : 7.07kW
- $\cos\theta$: ?

(2) 역률

$$\cos\theta = \frac{P}{P_a}$$

여기서, $\cos\theta$: 역률
P : 유효전력〔W〕
P_a : 피상전력〔VA〕

역률 $\cos\theta$는

$$\cos\theta = \frac{P}{P_a} = \frac{7.07}{10} = 0.707$$

답 ③

★★

49 어떤 회로의 유효전력이 80W(P), 무효전력이 60Var(P_r)이면 역률($\cos\theta$)은 몇 %인가?

① 50 ② 70
③ 80 ④ 90

해설 문제 45 참조
(1) 기호

- P : 80W
- P_r : 60Var
- $\cos\theta$: ?

(2) 피상전력 P_a는

$$P_a = \sqrt{P^2 + P_r^2} = \sqrt{80^2 + 60^2} = 100\text{VA}$$

역률 $\cos\theta$는

$$\cos\theta = \frac{P}{P_a} = \frac{80}{100} = 0.8 = 80\%$$

답 ③

★

50 어떤 회로에 $V = 100 + j\,20$〔V〕인 전압을 가했을 때 $I = 8 + j\,6$〔A〕인 전류가 흘렀다. 이 회로의 소비전력〔W〕(P)은?

① 800 ② 920
③ 1200 ④ 1400

해설 문제 47, 49 참조
(1) 기호

- V : 100+220
- I : $8+j6$
- P : ?

(2) 복소전력

$V = V_1 + jV_2$〔V〕, $I = I_1 + jI_2$〔A〕라 하면
$P_a = \overline{V}I = (V_1 + jV_2)(I_1 - jI_2)$
$= (V_1I_1 + V_2I_2) + j(V_2I_1 - V_1I_2)$
$= P + jP_r$〔VA〕

$P_a = \overline{V}I = (100 + j\,20)(8 - j\,6)$
$= 800 - j600 + j160 + 120$
$= 920 - j\,440$
$= P - jP_r$
∴ 유효전력 $P = 920\text{W}$
무효전력 $P_r = 440\text{Var}$

유효전력=소비전력

참고

피상전력
$P_a = \sqrt{p^2 + P_r^2} = \sqrt{920^2 + 440^2} \fallingdotseq 1020\text{VA}$

답 ②

★★★

51 어떤 회로의 전압 V, 전류 I일 때 $P_a = \overline{V}I = P + jP_r$에서 $P_r > 0$이다. 이 회로는 어떤 부하인가?

① 유도성 ② 무유도성
③ 용량성 ④ 정저항

해설

$P_a = \overline{V}I = P \pm jP_r$	$P_a = V\overline{I} = P \pm jP_r$
$P_r > 0$: 용량성 회로	$P_r > 0$: 유도성 회로
$P_r < 0$: 유도성 회로	$P_r < 0$: 용량성 회로

답 ③

★

52 내부저항 r〔Ω〕인 전원이 있다. 부하 R에 최대전력을 공급하기 위한 조건은?

① $r=2R$ ② $R=r$

③ $R=2\sqrt{r}$ ④ $R=r^2$

해설 최대전력

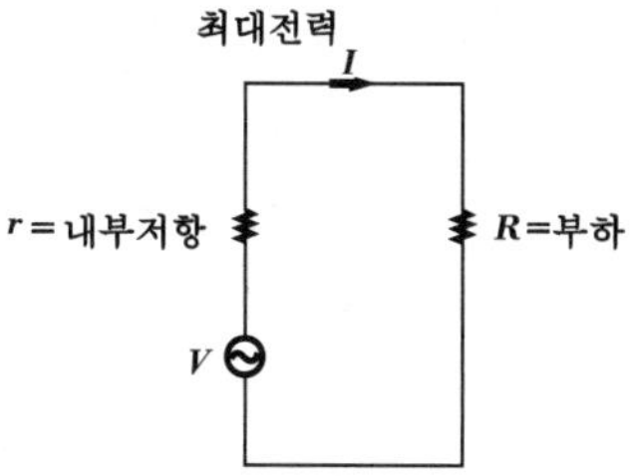

최대전력 전달조건 : $R=r$

중요

최대전력

$$P_{\max}=\frac{V_g^2}{4R_g}$$

여기서, $P_{\max}$: 최대전력〔W〕

V_g : 전압〔V〕

R_g : 저항〔Ω〕

답 ②

★

53 같은 전지 n개를 직렬로 연결했을 때 최대전력을 끌어낼 수 있는 것은 부하저항이 전지 1개 내부저항의 몇 배일 때인가?

① n^2 ② 1

③ n ④ $\frac{1}{n}$

해설 문제 52 참조

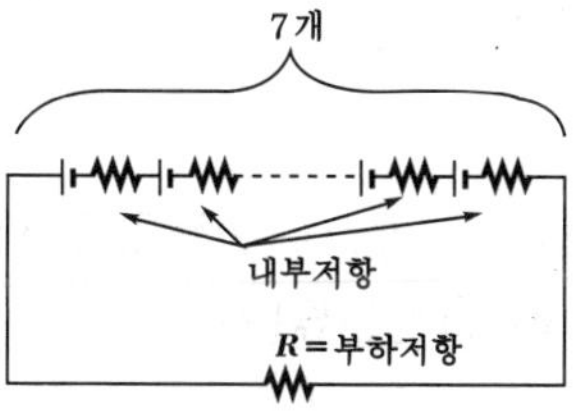

- 최대전력 전달조건 $R=nr$

답 ③

★

54 그림에서 $V=220$V, $C=15\mu$F, $f=50$Hz이면 저항에서 소비되는 전력이 최대가 되는 $\underset{X_C}{R}$의 값은 몇 Ω인가?

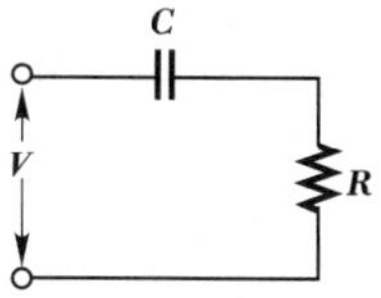

① 10.6 ② 106

③ 21.2 ④ 212

해설 문제 14 참조

(1) 기호

- V : 220V
- C : 15μF
- f : 50Hz
- R : X_C

(2) 최대전력 전달조건 : $R=X_C$

용량리액턴스 X_C는

$$X_C=\frac{1}{\omega C}=\frac{1}{2\pi fC}$$

$$=\frac{1}{2\pi\times 50\times(15\times 10^{-6})}$$

$$≒212\,\Omega$$

15μF＝15×10^{-6}F

답 ④

★

55 역률 $\underset{\cos\theta_1}{90\%}$, $\underset{P}{450\text{kW}}$의 유도전동기를 $\underset{\cos\theta_2}{95\%}$의 역률로 개선하기 위하여 필요한 콘덴서의 $\underset{Q_C}{용량}$〔kVA〕은?

① 약 25 ② 약 48

③ 약 70 ④ 약 95

해설 (1) 기호

- $\cos\theta_1$: 90%
- P : 450kW
- $\cos\theta_2$: 95%
- Q_C : ?

(2) **콘덴서의 용량**

$$Q_C = P(\tan\theta_1 - \tan\theta_2) = P\left(\frac{\sin\theta_1}{\cos\theta_1} - \frac{\sin\theta_2}{\cos\theta_2}\right) \text{[kVA]}$$

여기서, Q_C : 콘덴서의 용량[kVA]
P : 유효전력[kW]
$\cos\theta_1$: 개선전 역률
$\cos\theta_2$: 개선후 역률
$\sin\theta_1$: 개선전 무효율
($\sin\theta_1 = \sqrt{1-\sin\theta_1^{\ 2}}$)
$\sin\theta_2$: 개선후 무효율
($\sin\theta_2 = \sqrt{1-\sin\theta_2^{\ 2}}$)

콘덴서의 용량 Q_C는

$$Q_C = P\left(\frac{\sin\theta_1}{\cos\theta_1} - \frac{\sin\theta_2}{\cos\theta_2}\right)$$
$$= P\left(\frac{\sqrt{1-\cos\theta_1^{\ 2}}}{\cos\theta_1} - \frac{\sqrt{1-\cos\theta_2^{\ 2}}}{\cos\theta_2}\right)$$
$$= 450\left(\frac{\sqrt{1-0.9^2}}{0.9} - \frac{\sqrt{1-0.95^2}}{0.95}\right)$$
$$≒ 70\text{kVA}$$

답 ③

★★
56 리액턴스의 역수를 무엇이라고 하는가?

① 컨덕턴스　② 어드미턴스
③ 임피던스　④ 서셉턴스

해설 **문제 36 참조**
역수관계

구 분	역 수
저항	컨덕턴스
리액턴스	서셉턴스
임피던스	어드미턴스
정전용량	엘라스턴스

답 ④

★★★
57 어드미턴스 $Y = a + jb$에서 b는?

① 저항이다.
② 컨덕턴스이다.
③ 리액턴스이다.
④ 서셉턴스(Susceptance)이다.

해설

임피던스	어드미턴스
$Z = R + jX$	$Y = G + jB$
여기서, Z : 임피던스[Ω] R : 저항[Ω] X : 리액턴스[Ω]	여기서, Y : 어드미턴스[℧] G : 컨덕턴스[℧] B : 서셉턴스[℧]

$$Y = a + jb$$

여기서, Y : 어드미턴스[℧]
a : 컨덕턴스[℧]
b : 서셉턴스[℧]

답 ④

★
58 저항 R과 유도 리액턴스 X가 직렬로 연결된 회로의 서셉턴스는?

① $\frac{X}{R^2+X^2}$　② $\frac{R}{R^2+X^2}$

③ $\frac{R}{\sqrt{R^2+X^2}}$　④ $\frac{X}{\sqrt{R^2+X^2}}$

해설 **어드미턴스**

$$Y = \frac{R}{R^2+X^2} + j\frac{-X}{R^2+X^2} = G + jB$$

여기서, Y : 어드미턴스[℧]
R : 저항[Ω]
X : 리액턴스[Ω]
G : 컨덕턴스[℧]
B : 서셉턴스[℧]

컨덕턴스 : $\frac{R}{R^2+X^2}$

서셉턴스 : $\frac{X}{R^2+X^2}$

답 ①

★
59 어떤 $R-L-C$ 병렬회로가 병렬공진되었을 때 합성전류는?

① 최소가 된다.
② 최대가 된다.
③ 전류는 흐르지 않는다.
④ 전류는 무한대가 된다.

해설

직렬공진	병렬공진
① 전류 : **최대** ② 임피던스 : **최소**	① 전류 : **최소** ② 임피던스 : **최대**

답 ①

★

60 그림과 같은 브리지의 평형조건은?

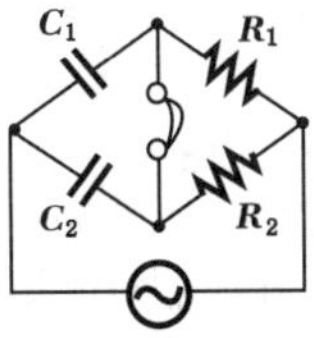

① $\dfrac{1}{C_1C_2}=R_1R_2$　② $C_1C_2=R_1R_2$

③ $C_1R_2=C_2R_1$　④ $C_1R_1=C_2R_2$

해설 **평형조건은**

$R_1\times Xc_2=R_2\times Xc_1$

$R_1\cdot\dfrac{1}{j\omega C_2}=R_2\cdot\dfrac{1}{j\omega C_1}$

$R_1\cdot j\omega C_1=R_2\cdot j\omega C_2$

$R_1\cdot C_1=R_2\cdot\dfrac{j\omega}{j\omega}C_2$

$R_1\cdot C_1=R_2\cdot C_2$

$\therefore\ C_1R_1=C_2R_2$

• 마주 보는 변의 곱이 같을 것

답 ④

★

61 그림과 같은 브리지의 평형조건은?

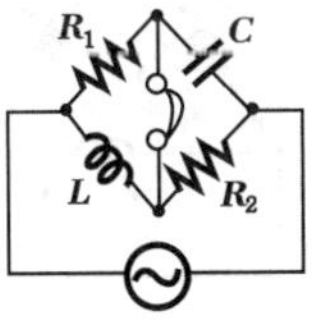

① $\dfrac{R_2}{R_1}=\dfrac{L}{C}$　② $R_1L=\dfrac{R_2}{C}$

③ $R_1C=\dfrac{L}{R_2}$　④ $R_1R_2=\dfrac{C}{L}$

해설 **평형조건**

$R_1R_2=X_LX_C$

$R_1R_2=j\omega L\cdot\dfrac{1}{j\omega C}$

$R_1R_2=\dfrac{L}{C}$　　$\therefore\ R_1C=\dfrac{L}{R_2}$

답 ③

★

62 그림과 같은 교류브리지의 평형조건으로 옳은 것은?

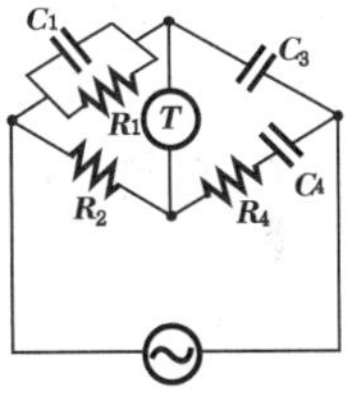

① $R_2C_4=R_1C_3,\ R_2C_1=R_4C_3$

② $R_1C_1=R_4C_4,\ R_2C_3=R_1C_1$

③ $R_2C_4=R_4C_3,\ R_1C_3=R_2C_1$

④ $R_1C_1=R_4C_4,\ R_2C_3=R_1C_4$

해설 **교류브리지 평형조건은**

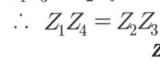

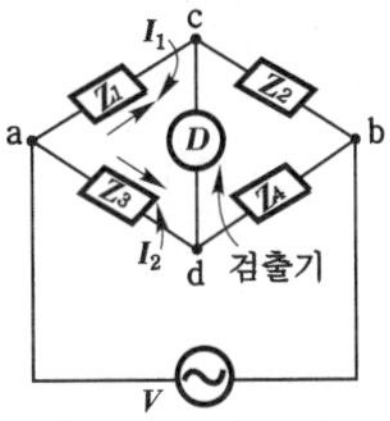

$I_1Z_1=I_2Z_2$

$I_1Z_3=I_2Z_4$

$\therefore\ Z_1Z_4=Z_2Z_3$

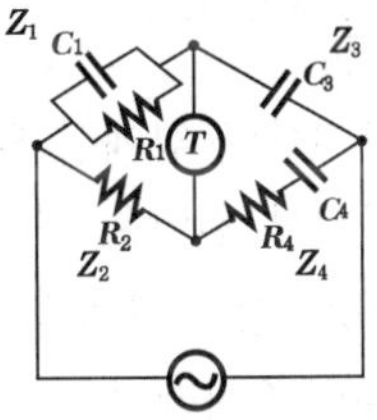

$$Z_1=\frac{1}{\dfrac{1}{R_1}+\dfrac{1}{\dfrac{1}{j\omega C_1}}}=\frac{1}{\dfrac{1}{R_1}+j\omega C_1}$$

$$=\frac{R_1}{R_1\left(\dfrac{1}{R_1}+j\omega C_1\right)}=\frac{R_1}{\dfrac{R_1}{R_1}+j\omega C_1R_1}$$

$$=\frac{R_1}{1+j\omega C_1R_1}$$

$Z_2=R_2$

$Z_3=\dfrac{1}{j\omega C_3}$

$$Z_4=R_4+\frac{1}{j\omega C_4}=\frac{j\omega C_4R_4}{j\omega C_4}+\frac{1}{j\omega C_4}$$

$$=\frac{1+j\omega C_4R_4}{j\omega C_4}$$

$Z_1Z_4 = Z_2Z_3$이므로

$$\frac{R_1}{1+j\omega C_1R_1} \times \frac{1+j\omega C_4R_4}{j\omega C_4} = R_2 \times \frac{1}{j\omega C_3}$$

$$\frac{j\omega C_3R_1}{1+j\omega C_1R_1} = \frac{j\omega C_4R_2}{1+j\omega C_4R_4}$$

$C_3R_1 = C_4R_2$, $C_1R_1 = C_4R_4$

⬇

$$\boxed{R_2C_4 = R_1C_3}$$

$R_1C_3 = R_2C_4$

$R_1 = \dfrac{C_4R_2}{C_3}$ … ①

$C_1R_1 = C_4R_4$ … R_1에 ①식 대입

$$C_1\left(\frac{C_4R_2}{C_3}\right) = C_4R_4$$

$$C_1\cancel{C_4}R_2 = \cancel{C_4}C_3R_4$$

$$C_1R_2 = C_3R_4$$

$\therefore$ $\boxed{R_2C_1 = R_4C_3}$

답 ①

★

63 대칭좌표계에 관한 설명 중 옳지 않은 것은?

① 불평형 3상 비접지식 회로에서는 영상분이 존재한다.
0이 된다.

② 대칭 3상 전압에서 영상분은 0이 된다.

③ 대칭 3상 전압은 정상분만 존재한다.

④ 불평형 3상 회로의 접지식 회로에서는 영상분이 존재한다.

답 ①

★

64 $Z=8+j6$〔Ω〕인 평형 Y 부하에 선간전압 200V인 대칭 3상전압을 인가할 때 선전류〔A〕는?

V_l I_Y

① 11.5 ② 10.5

③ 7.5 ④ 5.5

해설 (1) **기호**

- Z : 8+j6
- V_l : 200V
- I_Y : ?

(2)

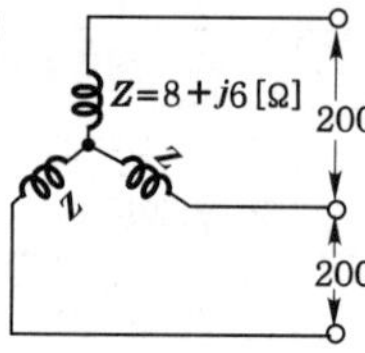

Y결선 임피던스 $Z=\sqrt{8^2+6^2}=10\,\Omega$

Y결선 선전류

$$I_Y = \frac{V_l}{\sqrt{3}\,Z}$$

여기서, I_Y : 선전류〔A〕

V_l : 선간전압〔V〕

Z : 임피던스〔Ω〕

$\therefore$ 선전류 $I_Y = \dfrac{V_l}{\sqrt{3}\,Z} = \dfrac{200}{\sqrt{3}\times 10} = 11.54\text{A}$

답 ①

★★★

65 $Z=3+j4$〔Ω〕이 △로 접속된 회로에 100V의 대칭 3상전압을 가했을 때 선전류〔A〕는?

V $I_\triangle$

① 20 ② 14.14

③ 40 ④ 34.6

해설 (1) **기호**

- Z : 3+j4
- V : 100V
- $I_\triangle$: ?

(2) **△결선**

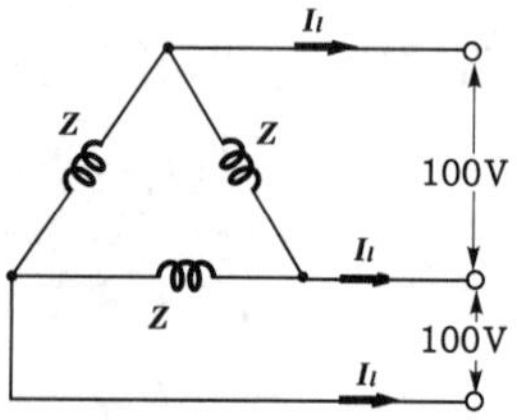

임피던스 $Z=\sqrt{3^2+4^2}=5\,\Omega$

△결선 선전류

$$I_\triangle = \frac{\sqrt{3}\,V_l}{Z}$$

여기서, $I_\triangle$: 선전류〔A〕

V_l : 선간전압〔V〕

Z : 임피던스〔Ω〕

$\therefore$ 선전류 $I_\triangle = \dfrac{\sqrt{3}\,V_l}{Z} = \dfrac{\sqrt{3}\times 100}{5}$

$= 34.64\text{A}$

답 ④

★★★

66 R〔Ω〕의 3개의 저항을 전압 V〔V〕의 3상 교류 선간에 그림과 같이 접속할 때 선전류는 얼마인가?

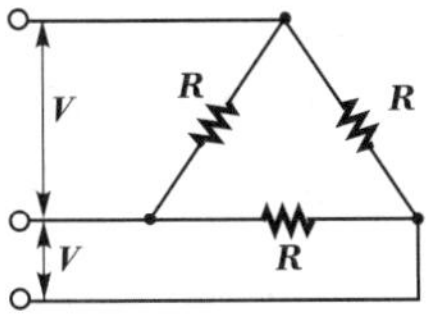

① $\dfrac{V}{\sqrt{3}R}$ ② $\dfrac{\sqrt{3}V}{R}$

③ $\dfrac{V}{3R}$ ④ $\dfrac{3V}{R}$

해설 문제 64, 65 참조

Y결선 선전류	△결선 선전류
$I_Y = \dfrac{V}{\sqrt{3}R}$〔A〕	$I_\triangle = \dfrac{\sqrt{3}V}{R}$〔A〕

답 ②

★★

67 교류 3상 3선식 전로에 접속하는 성형결선의 평형저항부하가 있다. 이 부하를 3각결선으로 하여 같은 전원에 접속한 경우 선전류는 성형결선 경우의 몇 배가 되는가?

① 1/3 ② $1/\sqrt{3}$

③ $\sqrt{3}$ ④ 3

해설 문제 66 참조

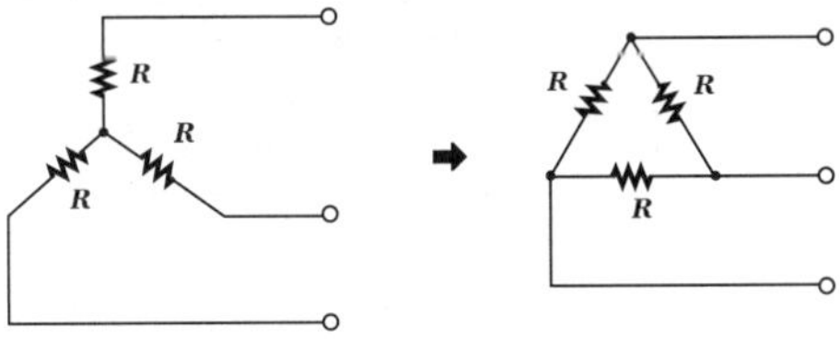

선전류

$I_Y = \dfrac{V}{\sqrt{3}R}$, $I_\triangle = \dfrac{\sqrt{3}V}{R}$에서

$\dfrac{I_\triangle}{I_Y} = \dfrac{\dfrac{\sqrt{3}V}{R}}{\dfrac{V}{\sqrt{3}R}} = 3$배

- 성형결선=Y결선
- 3각결선=△결선

답 ④

★

68 10kV, 3A의 3상교류 발전기는 Y결선이다. 이것을 △결선으로 변경하면 그 정격전압 및 전류는 얼마인가?

① $\dfrac{10}{\sqrt{3}}$kV, $3\sqrt{3}$A

② $10\sqrt{3}$kV, $3\sqrt{3}$A

③ $10\sqrt{3}$kV, $\sqrt{3}$A

④ $\dfrac{10}{\sqrt{3}}$kV, $\sqrt{3}$A

해설

Y결선	△결선

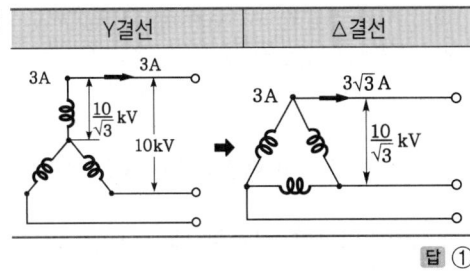

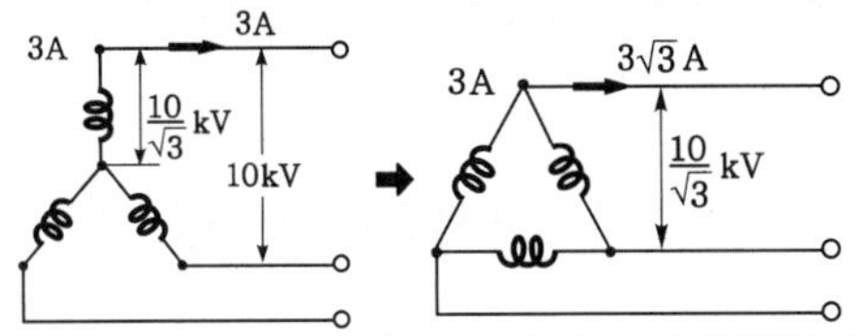

답 ①

★

69 그림과 같이 접속된 콘덴서의 용량을 상호 등가용량으로 변환하고자 할 때, C_a의 값은? (단, $\triangle = C_1C_2 + C_2C_3 + C_1C_3$, $\nabla = C_a + C_b + C_c$ 이다.)

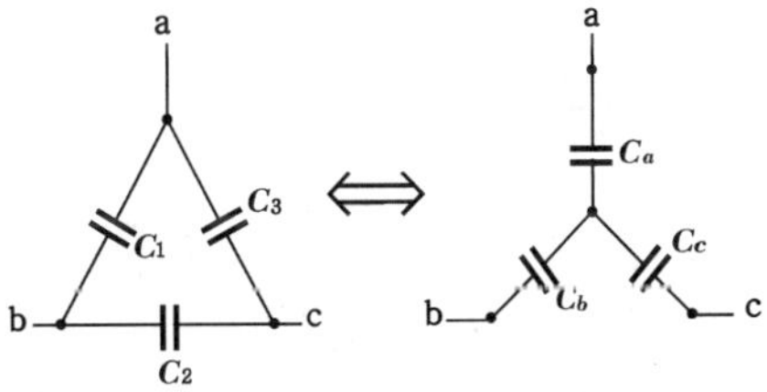

① $\dfrac{\triangle}{C_1 + C_3}$ ② $\dfrac{C_1 + C_3}{\triangle}$

③ $\dfrac{\triangle}{C_2}$ ④ $\dfrac{C_2}{\triangle}$

해설 Y－△변환

$$C_a = \frac{C_1C_2 + C_2C_3 + C_1C_3}{C_2} = \frac{\triangle}{C_2}$$

$$C_b = \frac{C_1C_2 + C_2C_3 + C_1C_3}{C_3} = \frac{\triangle}{C_3}$$

$$C_c = \frac{C_1C_2 + C_2C_3 + C_1C_3}{C_1} = \frac{\triangle}{C_1}$$

답 ③

★
70 그림에서 (a)의 3상 △부하와 등가인 (b)의 3상 Y부하 사이에 Z_Y와 $Z_\triangle$의 관계는 어느 것이 옳은가?

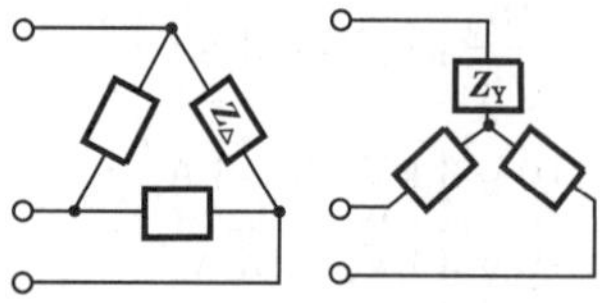

(a) (b)

① $Z_\triangle = Z_Y$ ② $Z_\triangle = 3Z_Y$
③ $Z_Y = 3Z_\triangle$ ④ $Z_Y = 6Z_\triangle$

해설 평형부하인 경우 $Z_\triangle = 3Z_Y$

답 ②

★
71 한 상의 임피던스가 $8+j6$〔Ω〕인 △부하에 200V를 인가할 때 3상전력〔kW〕은?
(Z) (V) (P)

① 3.2 ② 4.3
③ 9.6 ④ 10.5

해설 (1) 기호
- Z: 8+j6
- V: 200V
- P: ?

(2) 상전류

$$I_P = \frac{V_P}{Z}$$

여기서, I_P: 상전류〔A〕
V_P: 상전압〔V〕
Z: 임피던스〔Ω〕

상전류 I_P는

$$I_P = \frac{V_P}{Z} = \frac{200}{\sqrt{8^2+6^2}} = 20\text{A}$$

(3) 임피던스

$$Z = R + jX$$

여기서, Z: 임피던스〔Ω〕
R: 저항〔Ω〕
X: 리액턴스〔Ω〕

$Z = R + jX = 8 + j6$〔Ω〕에서
저항 $R = 8\Omega$

(4) 유효전력

$$P = 3V_P I_P \cos\theta = \sqrt{3}\,V_l I_l \cos\theta = 3I_P^2 R\text{〔W〕}$$

여기서, P: 유효전력〔W〕
V_P: 상전압〔V〕
I_P: 상전류〔A〕
V_L: 선간전압〔V〕
I_L: 선간전류〔A〕
R: 저항〔Ω〕

3상전력 P는

$P = 3I_P^2 R = 3\times 20^2 \times 8 = 9600\text{W} = 9.6\text{kW}$

답 ③

★
72 한 상의 임피던스가 $Z = 20 + j10$〔Ω〕인 Y결선 부하에 대칭3상 선간전압 200V를 가할 때 유효전력〔W〕은?
(V) (P)

① 1600 ② 1700
③ 1800 ④ 1900

해설 문제 71 참조

(1) 기호
- Z: 20+j10
- V: 200V
- P: ?

(2)

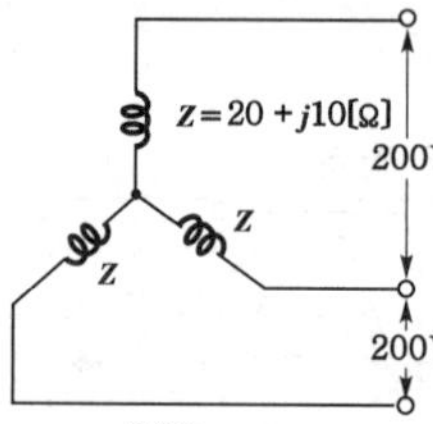

$$I_P = \frac{V_P}{Z} = \frac{\frac{200}{\sqrt{3}}}{\sqrt{20^2+10^2}} \fallingdotseq 5.164\text{A}$$

$\therefore\ P = 3I_P^2 R = 3\times 5.164^2 \times 20 = 1600\text{W}$

답 ①

★★★
73 △결선된 부하를 Y결선으로 바꾸면 소비전력은 어떻게 되겠는가?

① 3배 ② 9배
③ $\frac{1}{9}$배 ④ $\frac{1}{3}$배

해설 문제 71 참조

$P=\sqrt{3}\,V_l I_l \cos\theta \propto I_l$에서

$I_Y=\dfrac{V}{\sqrt{3}\,R}$, $I_\triangle=\dfrac{\sqrt{3}\,V}{R}$에서

$\dfrac{P_Y}{P_\triangle}=\dfrac{I_Y}{I_\triangle}=\dfrac{\dfrac{V}{\sqrt{3}\,R}}{\dfrac{\sqrt{3}\,V}{R}}=\dfrac{1}{3}$배

답 ④

★

74 V결선의 출력은 $P=\sqrt{3}\,VI\cos\theta$로 표시된다. 여기서 V, I는?

① 선간전압, 상전류
② 상전압, 선간전류
③ 선간전압, 선전류
④ 상전압, 상전류

해설 V결선 출력

$$P=\sqrt{3}\,V_P I_P \cos\theta \,\text{[W]}$$

여기서, P : V결선 출력[W]
V_P : 상전압[V]
I_P : 상전류[A]

답 ④

★

75 단상변압기 3개를 △결선하여 부하에 전력을 공급하고 있다. 변압기 1개의 고장으로 V결선으로 한 경우 공급할 수 있는 전력과 고장전전력과의 비율[%]은?

① 57.7
② 66.7
③ 75.0
④ 86.6

해설 V결선 출력비

$\dfrac{P_V}{P_\triangle}=\dfrac{\sqrt{3}\,V_P I_P\cos\theta}{3V_P I_P\cos\theta}=\dfrac{\sqrt{3}}{3}=0.577=57.7\%$

답 ①

★

76 10kVA의 변압기 2대로 공급할 수 있는 최대 3상전력[kVA]은?

① 20
② 17.3
③ 14.1
④ 10

해설 V결선 출력

$$P_V=\sqrt{3}\,P$$

여기서, P_V : V결선시의 출력[kVA]
P : 단상변압기 1대의 용량[kVA]

$P_V=\sqrt{3}\,P=\sqrt{3}\times 10=17.32$kVA

- 변압기 2대로 3상전력을 공급하려면 V결선하여야 한다.

답 ②

★

77 단상변압기 3대(50kVA×3)를 △결선으로 운전 중 한 대가 고장이 생겨 V결선으로 한 경우 출력은 몇 kVA인가?

① $30\sqrt{3}$
② $50\sqrt{3}$
③ $100\sqrt{3}$
④ $200\sqrt{3}$

해설 문제 76 참조

$P_V=\sqrt{3}\,P=\sqrt{3}\times 50=50\sqrt{3}$ kVA

답 ②

★

78 2개의 전력계에 의한 3상전력 측정시 전 3상 전력 W는?

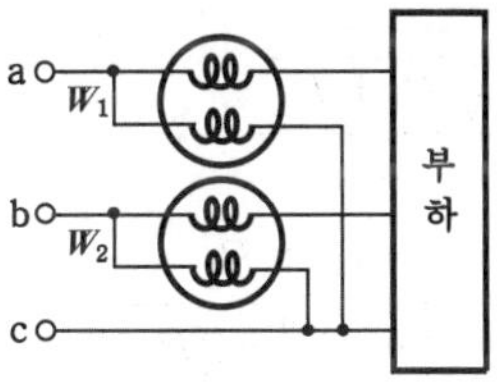

① $\sqrt{3}\,(|W_1|+|W_2|)$
② $3(|W_1|+|W_2|)$
③ $|W_1|+|W_2|$
④ $\sqrt{W_1^{\,2}+W_2^{\,2}}$

해설 2전력계법

$$\text{유효전력 } P=P_1+P_2\,\text{[W]}$$

여기서, P : 유효전력[W]
P_1, P_2 : 전력계의 지시값[W]

유효전력 W는
$W=W_1+W_2$[W]

답 ③

★

79 2전력계법을 써서 3상전력을 측정하였더니 각 전력계가 +500W(P_1), +300W(P_2)를 지시하였다. 전전력(P)[W]은?

① 800
② 200
③ 500
④ 300

해설 문제 78 참조

(1) 기호

- P_1 : 500W
- P_2 : 300W
- P : ?

(2) 유효전력 $P = P_1 + P_2 = 500 + 300 = 800\text{W}$

답 ①

★

80 두 대의 전력계를 사용하여 평형부하의 3상 회로의 역률을 측정하려고 한다. 전력계의 지시가 각각 P_1, P_2 라 할 때 이 회로의 역률은?

① $\dfrac{\sqrt{P_1+P_2}}{P_1+P_2}$

② $\dfrac{P_1+P_2}{{P_1}^2+{P_2}^2-2P_1P_2}$

③ $\dfrac{P_1+P_2}{2\sqrt{{P_1}^2+{P_2}^2-P_1P_2}}$

④ $\dfrac{2P_1P_2}{\sqrt{{P_1}^2+{P_2}^2-P_1P_2}}$

해설 2전력계법의 역률

$$\cos\theta = \frac{P_1+P_2}{2\sqrt{{P_1}^2+{P_2}^2-P_1P_2}}$$

여기서, $\cos\theta$: 역률
P_1, P_2 : 전력계의 지시값[W]

답 ③

★

81 단상전력계 2개로 3상전력을 측정하고자 한다. 전력계의 지시가 각각 200W(P_1), 100W(P_2)를 가리켰다고 한다. 부하의 역률($\cos\theta$)은 약 몇 %인가?

① 94.8　　② 86.6
③ 50.0　　④ 31.6

해설 문제 80 참조

$$\cos\theta = \frac{P_1+P_2}{2\sqrt{{P_1}^2+{P_2}^2-P_1P_2}}$$
$$= \frac{200+100}{2\sqrt{200^2+100^2-200\times100}}$$
$$= 0.866 = 86.6\%$$

답 ②

★★

82 배전반 계기의 백분율 오차는 지시값(측정값)이 M이고 그 참값이 T일 때 어떻게 표시되는가?

① $\dfrac{M-T}{T}\times100$　　② $\dfrac{T-M}{M}\times100$

③ $\dfrac{M-T}{M}\times100$　　④ $\dfrac{T-M}{T}\times100$

해설 전기계기의 오차

백분율 오차 : $\dfrac{M-T}{T}\times100\%$

백분율 보정 : $\dfrac{T-M}{M}\times100\%$

여기서, T : 참값, M : 측정값

- 백분율 오차=오차율
- 백분율 보정=보정률

답 ①

★

83 어떤 측정계기의 지시값을 M, 참값을 T라 할 때 보정률은 몇 %인가?

① $\dfrac{T-M}{M}\times100$　　② $\dfrac{M}{M-T}\times100$

③ $\dfrac{T-M}{T}\times100$　　④ $\dfrac{T}{M-T}\times100$

해설

$$오차율=\frac{M-T}{T}\times 100\%$$

$$보정률=\frac{T-M}{M}\times 100\%$$

답 ①

★

84 전류계의 측정범위를 확대시키기 위하여 전류계와 병렬로 접속하는 것은?

① 분류기 ② 배율기

③ 검류기 ④ 전위차계

해설

구 분	분류기	배율기
목적	**전류계**의 측정범위 확대	**전압계**의 측정 범위 확대
접속방법	전류계에 **병렬**접속	전압계에 **직렬**접속

답 ①

★

85 최대눈금 50mA(I), 내부저항 100Ω(R_A)의 전류계로 5A(I_o)의 전류를 측정하기 위한 분류기 저항(R_S)〔Ω〕은?

① $\frac{99}{100}$

② $\frac{1}{100}$

③ $\frac{100}{99}$

④ $\frac{1}{99}$

해설 (1) 기호

- I : 50mA=50×10^{-3}A(1mA=1×10^{-3}A 이므로)
- R_A : 100Ω
- I_o : 5A
- R_S : ?

(2) 분류기

$$I_0=I\left(1+\frac{R_A}{R_S}\right)〔A〕$$

여기서, I_0 : 측정하고자 하는 전류〔A〕

I : 전류계의 최대눈금〔A〕

R_A : 전류계 내부저항〔Ω〕

R_S : 분류기 저항〔Ω〕

- **분류기** : 전류계와 **병렬**접속

$I_0=I\left(1+\frac{R_A}{R_S}\right)$에서

$$\frac{I_0}{I}=1+\frac{R_A}{R_S}$$

$$\frac{I_0}{I}-1=\frac{R_A}{R_S}$$

$$\therefore R_S=\frac{R_A}{\frac{I_0}{I}-1}$$

$$=\frac{100}{\frac{5}{(50\times 10^{-3})}-1}$$

$$=\frac{100}{99}\,\Omega$$

답 ③

★

86 그림과 같은 회로에서 분류기의 배율은? (단, 전류계 A의 내부저항은 R_A이며 R_S는 분류기저항이다.)

① $\frac{R_A}{R_A+R_S}$

② $\frac{R_S}{R_A+R_S}$

③ $\frac{R_A+R_S}{R_S}$

④ $\frac{R_A+R_S}{R_A}$

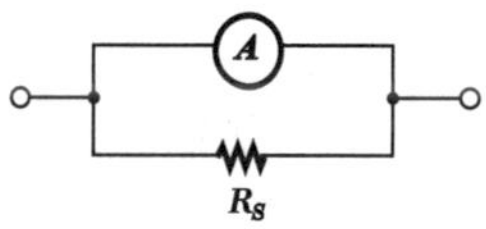

해설 **분류기 배율**

$$M=\frac{I_0}{I}=1+\frac{R_A}{R_S}$$

여기서, M : 분류기 배율

I_0 : 측정하고자 하는 전류〔A〕

I : 전류계의 최대눈금〔A〕

R_A : 전류계 내부저항〔Ω〕

R_S : 분류기 저항〔Ω〕

분류기 배율 M은

$$M=\frac{I_0}{I}=1+\frac{R_A}{R_S}=\frac{R_S}{R_S}+\frac{R_A}{R_S}=\frac{R_A+R_S}{R_S}$$

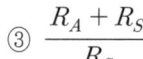

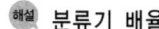

답 ③

★
87 최대눈금이 50V(V)인 직류전압계가 있다. 이 전압계를 사용하여 150V(V_o)의 전압을 측정하려면 배율기의 저항(R_m)은 몇 Ω을 사용하여야 하는가? (단, 전압계의 내부저항은 5000Ω(R_v)이다.)

① 1000 ② 2500
③ 5000 ④ 10000

해설 (1) **기호**

- V : 50V
- V_o : 150V
- R_m : ?
- R_v : 5000Ω

(2) **배율기**

$$V_0 = V\left(1+\frac{R_m}{R_v}\right) \text{[V]}$$

여기서, V_0 : 측정하고자 하는 전압[V]
V : 전압계의 최대눈금[V]
R_v : 전압계 내부저항[Ω]
R_m : 배율기 저항[Ω]

- **배율기** : 전압계와 **직렬**접속

$V_0 = V\left(1+\frac{R_m}{R_v}\right)$에서

$$\frac{V_0}{V} = 1+\frac{R_m}{R_v}$$

$$\frac{V_0}{V} - 1 = \frac{R_m}{R_v}$$

$$R_v\left(\frac{V_0}{V}-1\right) = R_m$$

$$\therefore\ R_m = R_v\left(\frac{V_0}{V}-1\right) = 5000\left(\frac{150}{50}-1\right) = 10000\,\Omega$$

답 ④

★
88 다음 중 이상적인 전압전류원에 관하여 옳은 것은?

① 전압원의 내부저항은 ∞이고 전류원의 내부저항은 0이다.
② 전압원의 내부저항은 0이고 전류원의 내부저항은 ∞이다.
③ 전압원, 전류원의 내부저항은 흐르는 전류에 따라 변한다.
④ 전압원의 내부저항은 일정하고 전류원의 내부저항은 일정하지 않다.

해설 **이상적인 전압전류원**

정전압원의 내부저항	정전류원의 내부저항
0	∞

답 ②

★
89 다음 중 이상적인 전류원의 전압-전류 특성곡선은?

①
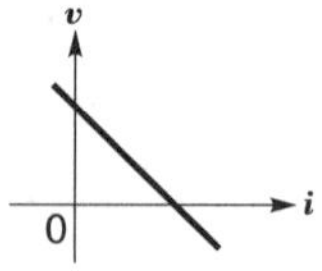

②
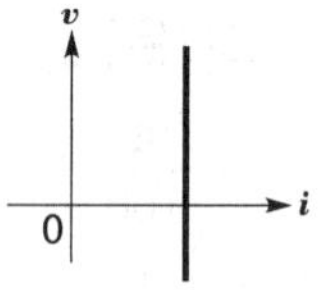

③
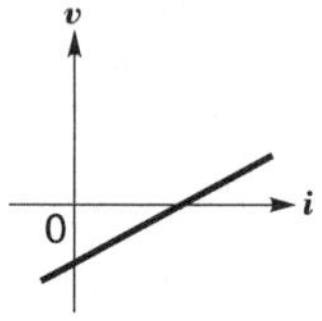

④
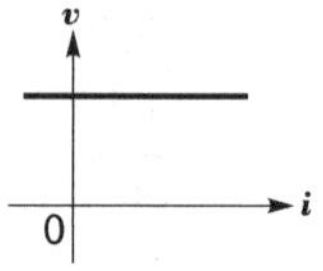

해설

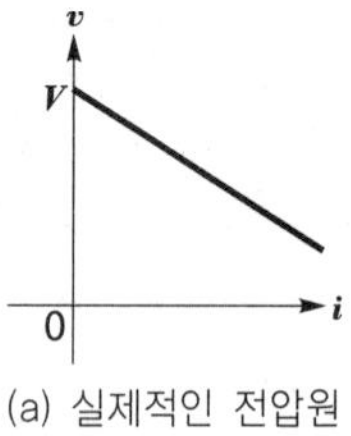

(a) 실제적인 전압원

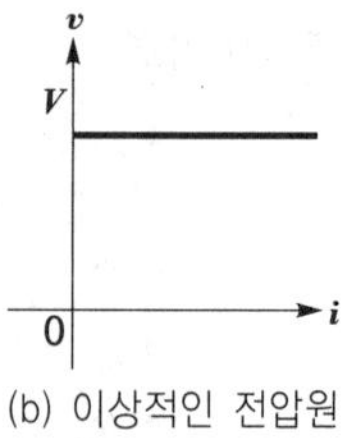

(b) 이상적인 전압원

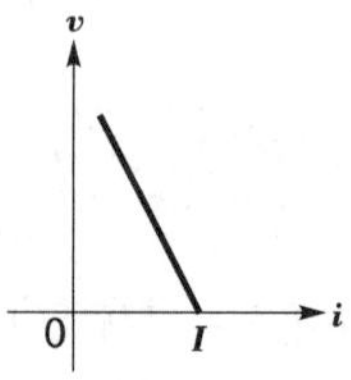

(c) 실제적인 전류원

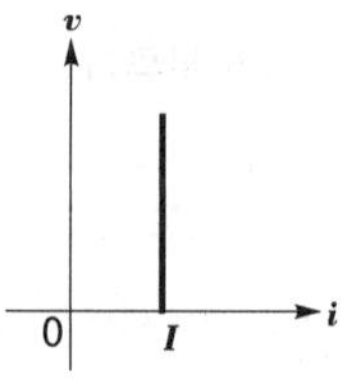

(d) 이상적인 전류원

답 ②

★

90 여러 개의 기전력을 포함하는 선형회로망 내의 전류분포는 각 기전력이 단독으로 그 위치에 있을 때 흐르는 전류분포의 합과 같다는 것은?

① 키르히호프(Kirchhoff)의 법칙이다.

② 중첩의 원리이다.

③ 테브낭(Thevnin)의 정리이다.

④ 노튼(Norton)의 정리이다.

해설 (1) **중첩**의 **원리**

2개 이상의 기전력을 포함한 회로망 중의 어떤 점의 전위 또는 전류는 각 기전력이 각각 단독으로 존재한다고 할 때 그 점의 전위 또는 전류의 합과 같다는 원리

(2) 여러 개의 기전력을 포함하는 선형회로망 내의 전류분포는 각 기전력이 단독으로 그 위치에 있을 때 흐르는 전류분포의 합과 같다는 원리

답 ②

★

91 선형회로망 소자가 아닌 것은?

① 철심이 있는 코일
변압기를 의미함

② 철심이 없는 코일

③ 저항기

④ 콘덴서

해설 **선형소자** : 전압과 전류 특성이 직선적으로 비례하는 소자

(1) R : 저항기

(2) L : 철심이 없는 코일

(3) C : 콘덴서

답 ①

★★★

92 그림과 같은 회로에서 선형저항 3Ω 양단의 전압[V]은?

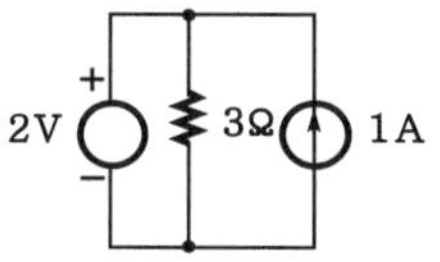

① 2　　② 2.5

③ 3　　④ 4.5

해설 **중첩**의 **원리**에 의해

(1) 전압원 단락시 : 0V

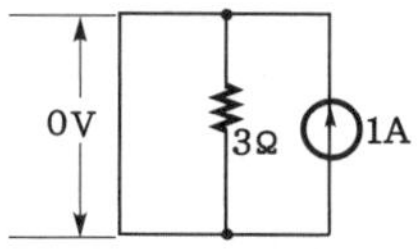

(2) 전류원 개방시 : 2V

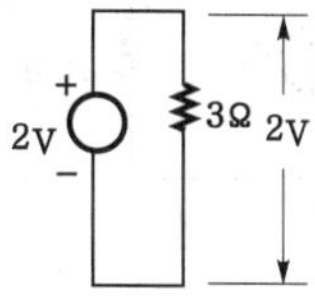

∴ 2+0=2V

답 ①

★

93 그림에서 $R=5\Omega$을 흐르는 전류의 크기 [A]는?

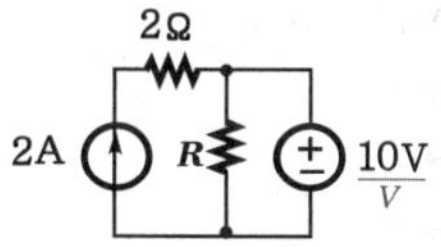

① 1

② 2

③ 3

④ 4

해설 (1) **기호**

- R : 5Ω
- I : ?
- V : 10V

(2) **중첩**의 **원리**에 의해

① 전압원 단락시 : 0A

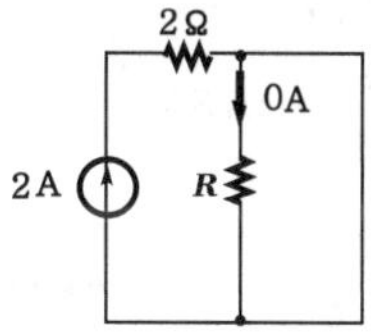

② 전류원 개방시 : $I=\frac{V}{R}=\frac{10}{5}=2\text{A}$

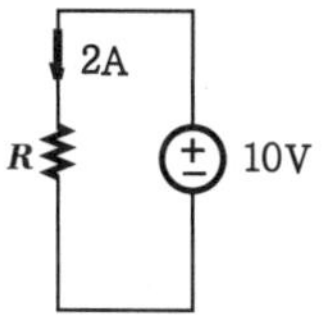

∴ 2+0=2A

답 ②

★
94 그림의 회로에서 저항 20Ω(R_2)에 흐르는 전류($I_개$)〔A〕는?

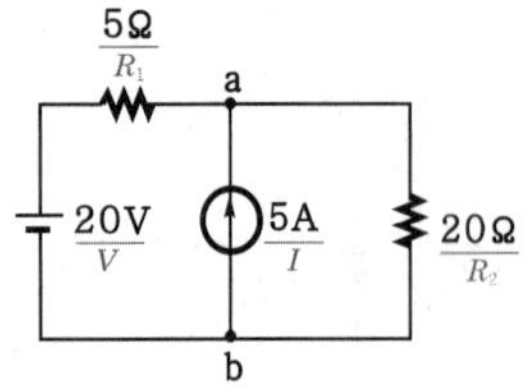

① 0.4
② 1.8
③ 3
④ 3.4

해설 (1) 기호

- R_2 : 20Ω
- $I_개$: ?
- R_1 : 5Ω
- V : 20V
- I : 5A

(2) 전압원 단락시

$$I_2 = \frac{R_1}{R_1+R_2}I = \frac{5}{5+20}\times 5 = 1\text{A}$$

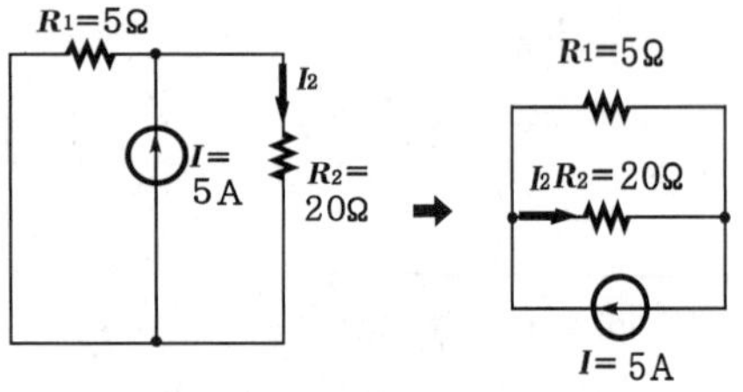

(3) 전류원 개방시

$$I_개 = \frac{V}{R} = \frac{20}{20+5} = 0.8\text{A}$$

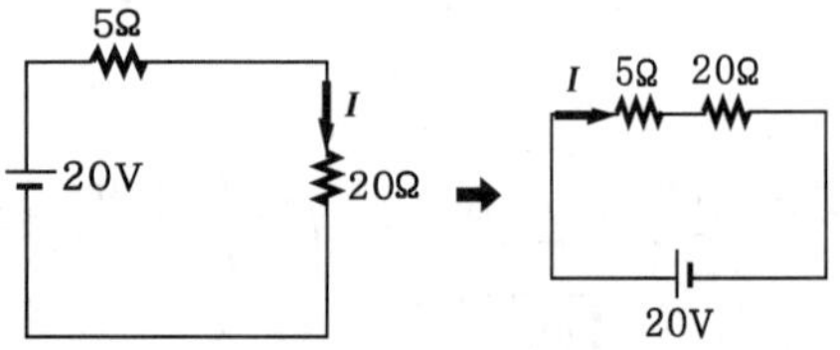

$\therefore\ 1+0.8 = 1.8\text{A}$

답 ②

★
95 테브낭의 정리를 써서 그림 (a)의 회로를 그림 (b)와 같은 등가회로로 만들고자 한다. E〔V〕와 R〔Ω〕을 구하면?

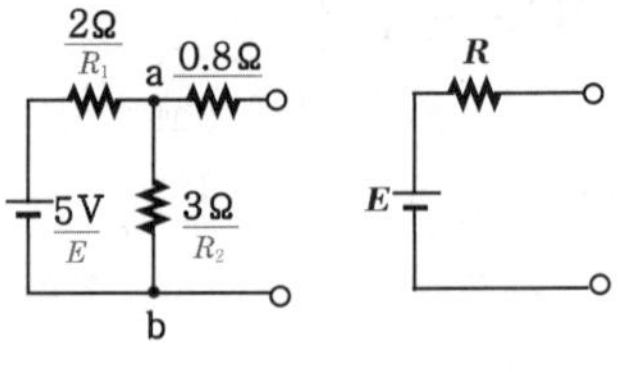

(a) (b)

① 3, 2
② 5, 2
③ 5, 5
④ 3, 1.2

해설 (1) 기호

- R_1 : 2Ω
- E : 5V
- R_2 : 3Ω

(2) 테브낭의 정리에 의해

$$E_{ab} = \frac{R_2}{R_1+R_2}E = \frac{3}{2+3}\times 5 = 3\text{V}$$

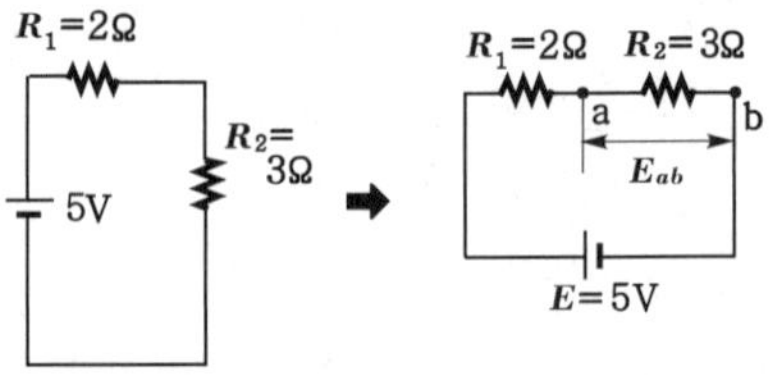

전압원을 단락하고 회로망에서 본 저항 R은

$$R = \frac{2\times 3}{2+3} + 0.8 = 2\,\Omega$$

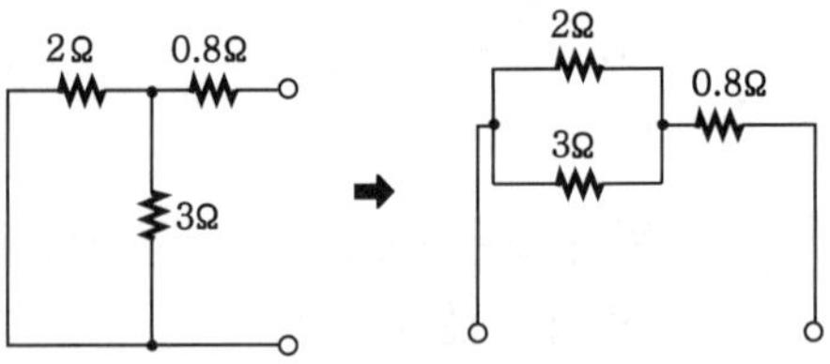

답 ①

☆

96 그림의 (a), (b)가 등가가 되기 위한 I_g〔A〕, R〔Ω〕의 값은?

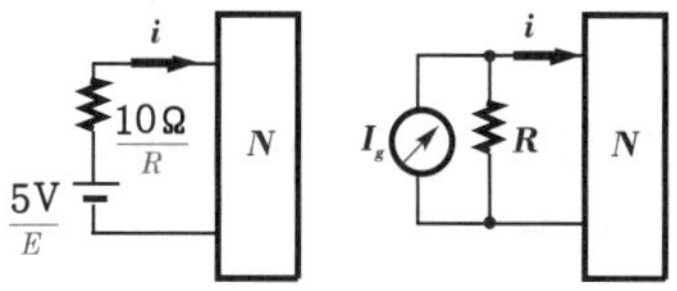

(a) (b)

① 0.5, 10 ② 0.5, $\frac{1}{10}$

③ 5, 10 ④ 10, 10

해설 (1) 기호

- I_g : ?
- R : 10Ω
- E : 5V

(2) **노튼**의 **정리**에 의해

$$I_g=\frac{E}{R}=\frac{5}{10}=0.5,\quad R=10\,\Omega$$

답 ①

☆☆

97 다음 회로의 단자 a, b에 나타나는 전압 V_{ab}〔V〕은 얼마인가?

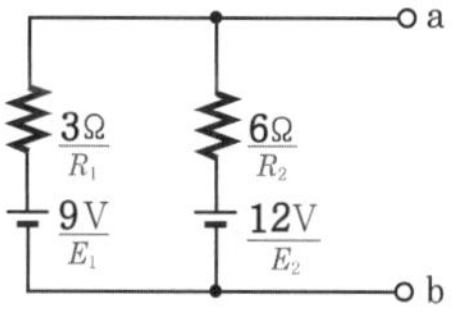

① 9 ② 10

③ 12 ④ 3

해설 (1) 기호

- V_{ab} : ?
- R_1 : 3Ω
- R_2 : 6Ω
- E_1 : 9V
- E_2 : 112V

(2) 밀만의 정리

$$V_{ab}=\frac{\frac{E_1}{R_1}+\frac{E_2}{R_2}}{\frac{1}{R_1}+\frac{1}{R_2}}\text{〔V〕}$$

여기서, V_{ab} : 단자전압〔V〕

$E_1 \cdot E_2$: 각각의 전압〔V〕

$R_1 \cdot R_2$: 각각의 저항〔Ω〕

밀만의 **정리**에 의해

$$V_{ab}=\frac{\frac{E_1}{R_1}+\frac{E_2}{R_2}}{\frac{1}{R_1}+\frac{1}{R_2}}=\frac{\frac{9}{3}+\frac{12}{6}}{\frac{1}{3}+\frac{1}{6}}=10\text{V}$$

답 ②

☆

98 그림에서 단자 a, b에 나타나는 V_{ab}는 몇 V인가?

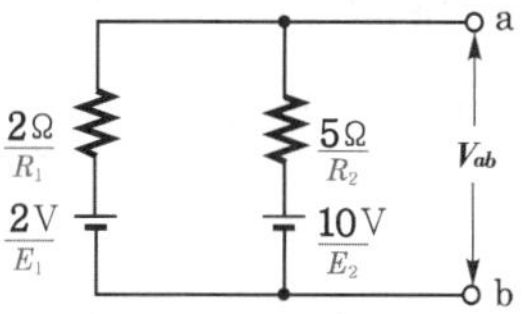

① 3.3 ② 4.3

③ 5.3 ④ 6

해설 문제 97 참조

(1) 기호

- V_{ab} : ?
- R_1 : 2Ω
- R_2 : 5Ω
- E_1 : 2V
- E_2 : 10V

(2) **밀만**의 **정리**에 의해

$$V_{ab}=\frac{\frac{E_1}{R_1}+\frac{E_2}{R_2}}{\frac{1}{R_1}+\frac{1}{R_2}}=\frac{\frac{2}{2}+\frac{10}{5}}{\frac{1}{2}+\frac{1}{5}}=4.28\text{V}$$

답 ②

☆

99 4단자 정수 A, B, C, D 중에서 어드미턴스의 차원을 가진 정수는 어느 것인가?

① A ② B

③ C ④ D

해설 4단자 정수

$A=\left.\frac{V_1}{V_2}\right|_{I_2=0}$: **입 · 출력전압비**(출력 개방)

$B=\left.\frac{V_1}{I_2}\right|_{V_2=0}$: **전달임피던스**(출력 단락)

$C = \left.\dfrac{I_1}{V_2}\right|_{I_2=0}$: **전달어드미턴스**(출력 개방)

$D = \left.\dfrac{I_1}{I_2}\right|_{V_2=0}$: **입 · 출력전류비**(출력 단락)

답 ③

★
100 $ABCD$ 4단자 정수를 올바르게 쓴 것은?

① $AB-CD=1$
② $AD-BC=1$
③ $AB+CD=1$
④ $AD+BC=1$

해설 $AD-BC=1$이 되어야 한다.

답 ②

★
101 그림과 같은 단일 임피던스 회로의 4단자 정수는?

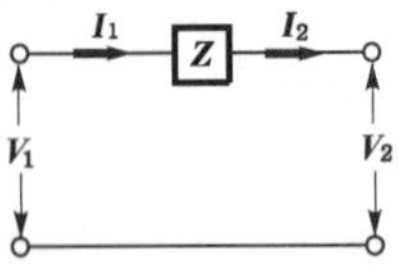

① $A=Z,\ B=0,\ C=1,\ D=0$
② $A=0,\ B=1,\ C=Z,\ D=1$
③ $A=1,\ B=Z,\ C=0,\ D=1$
④ $A=1,\ B=0,\ C=1,\ D=Z$

해설 $\begin{bmatrix} A & B \\ C & D \end{bmatrix} = \begin{bmatrix} 1 & Z \\ 0 & 1 \end{bmatrix}$

답 ③

★★
102 그림과 같은 4단자망에서 4단자 정수행렬은?

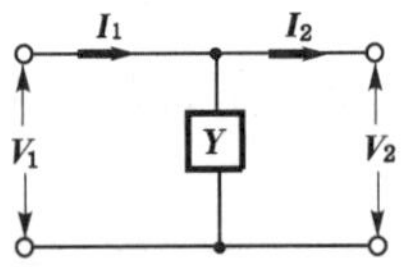

① $\begin{bmatrix} 1 & 0 \\ Y & 1 \end{bmatrix}$　② $\begin{bmatrix} 1 & Y \\ 0 & 1 \end{bmatrix}$

③ $\begin{bmatrix} Y & 1 \\ 1 & 0 \end{bmatrix}$　④ $\begin{bmatrix} 1 & 0 \\ \dfrac{1}{Y} & 1 \end{bmatrix}$

해설 $\begin{bmatrix} A & B \\ C & D \end{bmatrix} = \begin{bmatrix} 1 & 0 \\ \dfrac{1}{Z} & 1 \end{bmatrix} = \begin{bmatrix} 1 & 0 \\ Y & 1 \end{bmatrix}$

답 ①

★
103 그림과 같은 L형 회로의 4단자 정수는 어떻게 되는가?

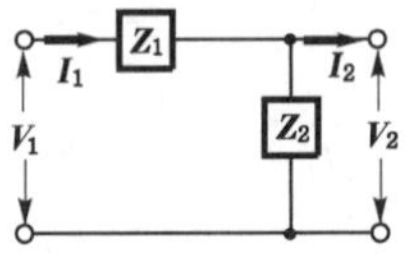

① $A=Z_1,\ B=1+\dfrac{Z_1}{Z_2},\ C=\dfrac{1}{Z_2},\ D=1$

② $A=1,\ B=\dfrac{1}{Z_2},\ C=1+\dfrac{1}{Z_2},\ D=Z_1$

③ $A=1+\dfrac{Z_1}{Z_2},\ B=Z_1,\ C=\dfrac{1}{Z_2},\ D=1$

④ $A=\dfrac{1}{Z_2},\ B=1,\ C=Z_1,\ D=1+\dfrac{Z_1}{Z_2}$

해설
$$\begin{bmatrix} A & B \\ C & D \end{bmatrix} = \begin{bmatrix} 1 & Z_1 \\ 0 & 1 \end{bmatrix} \begin{bmatrix} 1 & 0 \\ \dfrac{1}{Z_2} & 1 \end{bmatrix}$$
$$= \begin{bmatrix} 1\times 1 + Z_1 \times \dfrac{1}{Z_2} & 1\times 0 + Z_1 \times 1 \\ 0\times 1 + 1\times \dfrac{1}{Z_2} & 0\times 0 + 1\times 1 \end{bmatrix}$$
$$= \begin{bmatrix} 1+\dfrac{Z_1}{Z_2} & Z_1 \\ \dfrac{1}{Z_2} & 1 \end{bmatrix}$$

답 ③

★
104 그림과 같은 T형 회로에서 4단자 정수 중 D의 값은?

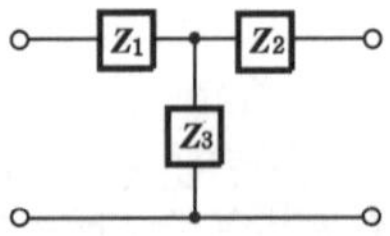

① $1+\dfrac{Z_1}{Z_3}$　② $\dfrac{Z_1 Z_2}{Z_3}+Z_2+Z_1$

③ $\dfrac{1}{Z_3}$　④ $1+\dfrac{Z_2}{Z_3}$

해설

$$\begin{bmatrix} A & B \\ C & D \end{bmatrix} = \begin{bmatrix} 1 & Z_1 \\ 0 & 1 \end{bmatrix} \begin{bmatrix} 1 & 0 \\ \frac{1}{Z_3} & 1 \end{bmatrix} \begin{bmatrix} 1 & Z_2 \\ 0 & 1 \end{bmatrix}$$

$$= \begin{bmatrix} 1+\frac{Z_1}{Z_3} & \frac{Z_1 Z_2}{Z_3}+Z_2+Z_1 \\ \frac{1}{Z_3} & 1+\frac{Z_2}{Z_3} \end{bmatrix}$$

답 ④

★

105 그림과 같은 T형 회로의 $ABCD$ 파라미터 중 C의 값을 구하면?

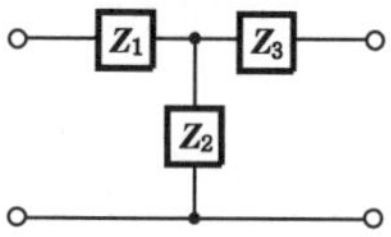

① $\frac{Z_3}{Z_2}+1$ ② $\frac{1}{Z_2}$

③ $1+\frac{Z_1}{Z_2}$ ④ Z_2

해설

$$\begin{bmatrix} A & B \\ C & D \end{bmatrix} = \begin{bmatrix} 1 & Z_1 \\ 0 & 1 \end{bmatrix} \begin{bmatrix} 1 & 0 \\ \frac{1}{Z_2} & 1 \end{bmatrix} \begin{bmatrix} 1 & Z_3 \\ 0 & 1 \end{bmatrix}$$

$$= \begin{bmatrix} 1+\frac{Z_1}{Z_2} & \frac{Z_1 Z_3}{Z_2}+Z_3+Z_1 \\ \frac{1}{Z_2} & 1+\frac{Z_3}{Z_2} \end{bmatrix}$$

답 ②

★

106 그림에서 4단자 회로정수 $A,\ B,\ C,\ D$ 중 출력단자 3, 4가 개방되었을 때의 $\frac{V_1}{V_2}$인 A의 값은?

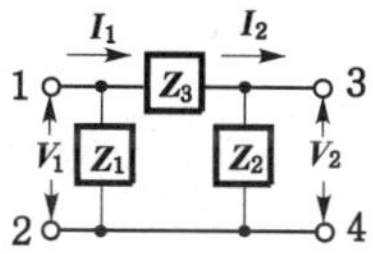

① $1+\frac{Z_2}{Z_1}$ ② $\frac{Z_1+Z_2+Z_3}{Z_1 Z_3}$

③ $1+\frac{Z_2}{Z_3}$ ④ $1+\frac{Z_3}{Z_2}$

해설

$$\begin{bmatrix} A & B \\ C & D \end{bmatrix} = \begin{bmatrix} 1 & 0 \\ \frac{1}{Z_1} & 1 \end{bmatrix} \begin{bmatrix} 1 & Z_3 \\ 0 & 1 \end{bmatrix} \begin{bmatrix} 1 & 0 \\ \frac{1}{Z_2} & 1 \end{bmatrix}$$

$$= \begin{bmatrix} 1+\frac{Z_3}{Z_2} & Z_3 \\ \frac{Z_1+Z_2+Z_3}{Z_1 Z_2} & 1+\frac{Z_3}{Z_1} \end{bmatrix}$$

답 ④

★

107 다음 결합회로의 4단자 정수 $A,\ B,\ C, D$ 파라미터 행렬은?

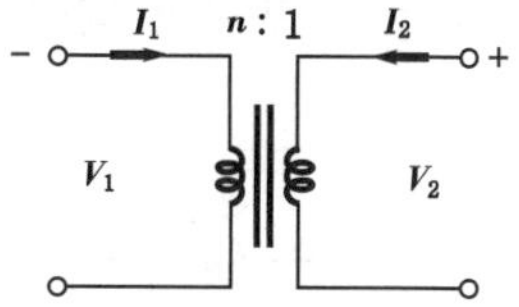

① $\begin{bmatrix} n & 0 \\ 0 & \frac{1}{n} \end{bmatrix}$ ② $\begin{bmatrix} 1 & n \\ \frac{1}{n} & 0 \end{bmatrix}$

③ $\begin{bmatrix} 0 & n \\ \frac{1}{n} & 1 \end{bmatrix}$ ④ $\begin{bmatrix} \frac{1}{n} & 0 \\ 0 & n \end{bmatrix}$

해설

$$\begin{bmatrix} A & B \\ C & D \end{bmatrix} = \begin{bmatrix} n & 0 \\ 0 & \frac{1}{n} \end{bmatrix}$$

비교

1 : n인 경우

$$\begin{bmatrix} A & B \\ C & D \end{bmatrix} = \begin{bmatrix} \frac{1}{n} & 0 \\ 0 & n \end{bmatrix}$$

답 ①

★

108 다음 그림은 이상적인 Gyrator로서 4단자 정수 $A,\ B,\ C,\ D$ 파라미터 행렬은?

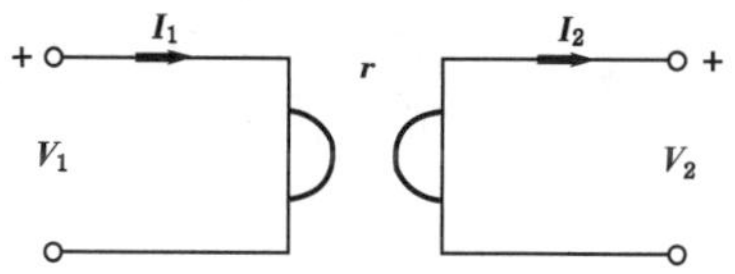

① $\begin{bmatrix} 0 & r \\ -r & 1 \end{bmatrix}$ ② $\begin{bmatrix} 0 & r \\ -\frac{1}{r} & 0 \end{bmatrix}$

③ $\begin{bmatrix} 0 & r \\ \frac{1}{r} & 0 \end{bmatrix}$ ④ $\begin{bmatrix} 1 & r \\ -r & 0 \end{bmatrix}$

해설

$$\begin{bmatrix} A & B \\ C & D \end{bmatrix} = \begin{bmatrix} 0 & r \\ \frac{1}{r} & 0 \end{bmatrix}$$

- **자이레이터**(Gyrator) : 고주파를 발생시키는 회로의 일종

답 ③

★

109 그림과 같은 회로의 영상 임피던스 Z_{01}, Z_{02}는?

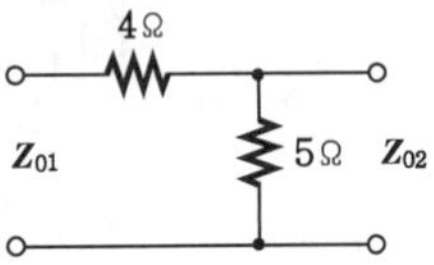

① $Z_{01}=9\,\Omega$, $Z_{02}=5\,\Omega$

② $Z_{01}=4\,\Omega$, $Z_{02}=5\,\Omega$

③ $Z_{01}=4\,\Omega$, $Z_{02}=\frac{20}{9}\,\Omega$

④ $Z_{01}=6\,\Omega$, $Z_{02}=\frac{10}{3}\,\Omega$

해설

$$\begin{bmatrix} A & B \\ C & D \end{bmatrix} = \begin{bmatrix} 1 & 4 \\ 0 & 1 \end{bmatrix} \begin{bmatrix} 1 & 0 \\ \frac{1}{5} & 1 \end{bmatrix} = \begin{bmatrix} \frac{9}{5} & 4 \\ \frac{1}{5} & 1 \end{bmatrix}$$

영상임피던스

$$Z_{01} = \sqrt{\frac{AB}{CD}}\,[\Omega],\ Z_{02} = \sqrt{\frac{BD}{AC}}\,[\Omega]$$

$$\therefore Z_{01} = \sqrt{\frac{AB}{CD}} = \sqrt{\frac{\frac{9}{5}\times 4}{\frac{1}{5}\times 1}} = 6\,\Omega$$

$$Z_{02} = \sqrt{\frac{BD}{AC}} = \sqrt{\frac{4\times 1}{\frac{9}{5}\times\frac{1}{5}}} = \frac{10}{3}\,\Omega$$

답 ④

★

110 그림과 같은 회로의 영상임피던스 Z_{01}과 Z_{02}의 값은 몇 Ω인가?

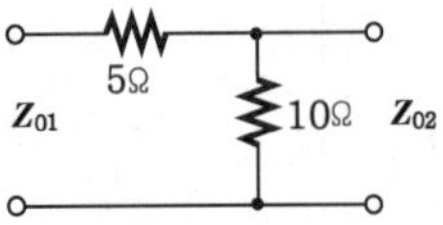

① $Z_{01} : 5\sqrt{3}$, $Z_{02} : \frac{1}{10\sqrt{3}}$

② $Z_{01} : \frac{10}{\sqrt{3}}$, $Z_{02} : 5\sqrt{3}$

③ $Z_{01} : 5\sqrt{3}$, $Z_{02} : \frac{10}{\sqrt{3}}$

④ $Z_{01} : \frac{1}{10\sqrt{3}}$, $Z_{02} : 5\sqrt{3}$

해설 문제 109 참조

$$\begin{bmatrix} A & B \\ C & D \end{bmatrix} = \begin{bmatrix} 1 & 5 \\ 0 & 1 \end{bmatrix} \begin{bmatrix} 1 & 0 \\ \frac{1}{10} & 1 \end{bmatrix} = \begin{bmatrix} \frac{15}{10} & 5 \\ \frac{1}{10} & 1 \end{bmatrix}$$

$$\therefore Z_{01} = \sqrt{\frac{AB}{CD}} = \sqrt{\frac{\frac{15}{10}\times 5}{\frac{1}{10}\times 1}} = 5\sqrt{3}$$

$$Z_{02} = \sqrt{\frac{BD}{AC}} = \sqrt{\frac{5\times 1}{\frac{15}{10}\times\frac{1}{10}}} = \frac{10}{\sqrt{3}}$$

답 ③

★

111 영상임피던스 전달정수 Z_{01}, Z_{02}, θ와 4단자 회로망의 정수 A, B, C, D와의 관계식 중 옳지 않은 것은?

① $A = \sqrt{\frac{Z_{01}}{Z_{02}}}\cosh\theta$

② $B = \sqrt{Z_{01}Z_{02}}\sinh\theta$

③ $C = \frac{1}{\sqrt{Z_{01}Z_{02}}}\cosh\theta$

④ $D = \sqrt{\frac{Z_{02}}{Z_{01}}}\cosh\theta$

해설

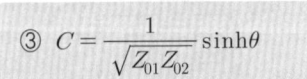

③ $C = \frac{1}{\sqrt{Z_{01}Z_{02}}}\sinh\theta$

답 ③

★

112 단위길이당 임피던스 및 어드미턴스가 각각 Z 및 Y인 전송선로의 특성임피던스는?

① $\sqrt{ZY}$ ② $\sqrt{\frac{Z}{Y}}$

③ $\sqrt{\frac{Y}{Z}}$ ④ $\frac{Y}{Z}$

해설 특성임피던스

$$Z_0 = \sqrt{\frac{Z}{Y}} = \sqrt{\frac{R+j\omega L}{G+j\omega C}} = \sqrt{\frac{L}{C}} \,[\Omega]$$

여기서, Z_0 : 특성임피던스〔Ω〕
Z : 임피던스〔Ω〕
Y : 어드미턴스〔℧〕
R : 저항〔Ω〕
L : 인덕턴스〔H〕
G : 컨덕턴스〔℧〕
C : 정전용량〔F〕

답 ②

★
113 단위길이당 인덕턴스 및 커패시턴스가 각각 L 및 C일 때 고주파 전송 선로의 특성임피던스는?

① $\frac{L}{C}$
② $\frac{C}{L}$
③ $\sqrt{\frac{C}{L}}$
④ $\sqrt{\frac{L}{C}}$

해설 문제 112 참조

답 ④

★
114 전송선로에서 무손실일 때, $L=96$mH, $C=0.6\mu$F이면 특성임피던스〔Ω〕는? Z_o

① 500 ② 400
③ 300 ④ 200

해설 문제 112 참조
(1) 기호
- L : 96mH
- C : 0.6μF
- Z_o : ?

(2) 특성임피던스 Z_0는

$$Z_0 = \sqrt{\frac{L}{C}} = \sqrt{\frac{96\times10^{-3}}{0.6\times10^{-6}}} = 400\,\Omega$$

- 96mH=96×10^{-3}H
- 0.6μF=0.6×10^{-6}F

답 ②

★
115 단위길이당 임피던스 및 어드미턴스가 각각 Z 및 Y인 전송선로의 전파정수 γ는?

① $\sqrt{\frac{Z}{Y}}$ ② $\sqrt{\frac{Y}{Z}}$
③ $\sqrt{YZ}$ ④ YZ

해설 전파정수

$$\gamma = \alpha + j\beta = \sqrt{ZY} = \sqrt{(R+j\omega L)(G+j\omega C)}$$

여기서, γ : 전파정수
α : 감쇠정수〔dB/m〕
β : 위상정수〔rad/m〕
Z : 임피던스〔Ω〕
Y : 어드미턴스〔℧〕
R : 저항〔Ω〕
L : 인덕턴스〔H〕
G : 컨덕턴스〔℧〕
C : 정전용량〔F〕

답 ③

★
116 무손실선로에서 옳지 않은 것은?

① $G=0$
② $\alpha=0$
③ $Z=\sqrt{\frac{L}{C}}$
④ $\beta=\sqrt{LC}$

해설 무손실선로

④ $\beta=\omega\sqrt{LC}$

답 ④

★
117 무손실선로가 되기 위한 조건 중 옳지 않은 것은?

① $Z_0=\sqrt{\frac{L}{C}}$
② $\gamma=\sqrt{ZY}$
③ $\alpha=\omega\sqrt{LC}$
④ $v=\sqrt{\frac{1}{LC}}$

해설 ③ $\alpha=0$

답 ③

★
118 분포정수회로에서 위상정수가 β라 할 때 파장 λ는?

① $2\pi\beta$ ② $\frac{2\pi}{\beta}$

③ $4\pi\beta$ ④ $\frac{4\pi}{\beta}$

해설 **파장**

$$\lambda = \frac{2\pi}{\beta} = \frac{2\pi}{\omega\sqrt{LC}} = \frac{1}{f\sqrt{LC}} \text{〔m〕}$$

여기서, λ : 파장〔m〕
β : 위상정수〔rad/m〕
ω : 각주파수〔rad/s〕
L : 인덕턴스〔H〕
C : 정전용량〔F〕
f : 주파수〔HZ〕

답 ②

★
119 파장 300m인 전파의 주파수는 몇 kHz인가?

① 100kHz
② 1000kHz
③ 10000kHz
④ 10^6kHz

해설 **문제 118 참조**

$\lambda = \frac{1}{f\sqrt{LC}} = \frac{3\times10^8}{f}$에서

주파수 f는

$$f = \frac{3\times10^8}{\lambda} = \frac{3\times10^8}{300} = 10^6\text{Hz}$$
$$=1000\times10^3\text{Hz}$$
$$=1000\text{kHz}$$

$$\frac{1}{\sqrt{LC}} = 3\times10^8\text{m/s}$$

답 ②

★
120 위상정수가 $\frac{\pi}{4}$〔rad/m〕인 전송선로에서 10MHz에 대한 파장〔m〕은?

① 10 ② 8
③ 6 ④ 4

해설 **문제 118 참조**

파장 $\lambda = \frac{2\pi}{\beta} = \frac{2\pi}{\frac{\pi}{4}} = 8\text{m}$

답 ②

★
121 분포정수회로에서 무왜형 조건이 성립하면 어떻게 되는가?

① 감쇠량이 최소로 된다.
② 감쇠량은 주파수에 비례한다.
③ 전파속도가 최대로 된다.
④ 위상정수는 주파수에 무관하여 일정하다.

해설 ① 무왜형 조건이 성립하면 **감쇠량**이 **최소**가 된다.

무왜형 조건=무왜조건

답 ①

★
122 전송선로의 특성임피던스가 50Ω(Z_o)이고 부하저항이 150Ω(Z_L)이면 부하에서의 반사계수(ρ)는?

① 0
② 0.5
③ 0.7
④ 1

해설 (1) **기호**

- Z_o : 50Ω
- Z_L : 150Ω
- ρ : ?

(2) **반사계수**

$$\rho = \frac{Z_L - Z_0}{Z_L + Z_0}$$

여기서, ρ : 반사계수
Z_L : 부하저항〔Ω〕
Z_0 : 특성임피던스〔Ω〕

반사계수 ρ는

$$\rho = \frac{Z_L - Z_0}{Z_L + Z_0} = \frac{150-50}{150+50} = 0.5$$

답 ②

☆
123 다음 중 적산전력계의 시험방법이 아닌 것은 어느 것인가?

① 오차시험
② 잠동(Creeping)시험
③ 무부하시험
해당 없음
④ 시동전류시험

해설 **적산전력계**의 **시험**
(1) 잠동(Creeping)시험
(2) 오차시험
(3) 시동전류시험
(4) 계량장치시험

답 ③

Key Point

5. 비정현파 교류

출제확률 2.5% (1문제)

1 비정현파의 해석

※ **비정현파 교류**
파형이 일그러져 정현파가 되지 않는 교류

※ **고조파**
기본파보다 높은 주파수. 고주파와 구별

※ **푸리에 급수**
주기적인 비정현파를 해석하기 위한 급수

※ **파형률**
실효값을 평균값으로 나눈 값으로 파의 기울기 정도를 나타낸다.

※ **파고율**
최대값을 실효값으로 나눈 값으로 파두(Wave front)의 날카로운 정도를 나타낸다.

1 비정현파 = (직류분)+(기본파)+(고조파)

2 비정현파의 푸리에 급수에 의한 전개

$$v = V_0 + V_{m_1}\sin(\omega t + \theta_1) + V_{m_2}\sin(2\omega t + \theta_2) + \cdots + V_{mn}\sin(n\omega t + \theta_n)$$

$$= V_0 + \sum_{n=1}^{\infty} V_{mn}\sin(n\omega t + \theta_n)\text{[V]}$$

여기서, v : 비정현파 교류전압[V], V_m : 전압의 최대값[V], ω : 각주파수[rad/s], θ : 위상차

3 파형률과 파고율

파형률 문01 보기①	파고율 문01 보기④
$\dfrac{\text{실효값}}{\text{평균값}}$	$\dfrac{\text{최대값}}{\text{실효값}}$

기억법 형실평, 고최실

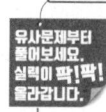

★
문제 01 교류의 파형률이란?
16회 문 44

유사문제부터 풀어보세요. 실력이 팍!팍! 올라갑니다.

① $\dfrac{\text{실효값}}{\text{평균값}}$ ② $\dfrac{\text{평균값}}{\text{실효값}}$ ③ $\dfrac{\text{실효값}}{\text{최대값}}$ ④ $\dfrac{\text{최대값}}{\text{실효값}}$

해설 파형률 $= \dfrac{\text{실효값}}{\text{평균값}}$, 파고율 $= \dfrac{\text{최대값}}{\text{실효값}}$

답 ①

‖ 파형률과 파고율 ‖

파 형	최대값	실효값	평균값	파형률	파고율
• 정현파 • 전파정류파 • 반구형파	V_m	$\dfrac{V_m}{\sqrt{2}}$	$\dfrac{2V_m}{\pi}$	1.11	1.414
• 삼각파(3각파) • 톱니파	V_m	$\dfrac{V_m}{\sqrt{3}}$	$\dfrac{V_m}{2}$	1.155	1.732
• 구형파 문02 보기①	V_m	V_m	V_m	1	1
• 반파정류파	V_m	$\dfrac{V_m}{2}$	$\dfrac{V_m}{\pi}$	1.571	2

Key Point

★★
문제 02 파형률 및 파고율이 모두 1.0인 파형은?

① 구형파 ② 3각파
③ 정현파 ④ 반원파

해설 파형률, 파고율이 모두 1.0인 것은 **구형파**이다.

답 ①

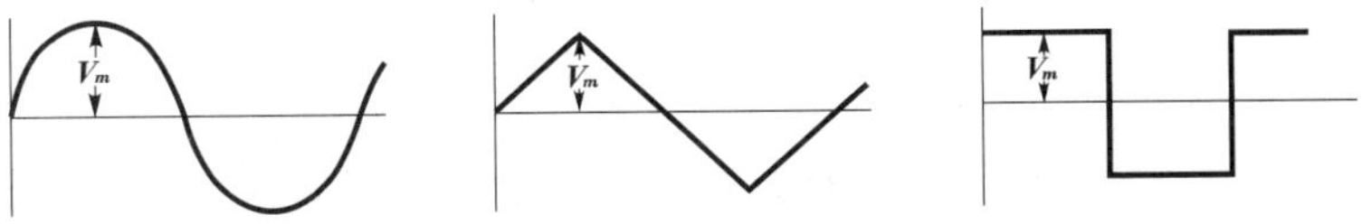

▮ 여러 가지 파형 ▮

4 실효값과 왜형률

① 실효값

$$V=\sqrt{{V_0}^2+\left(\frac{V_{m1}}{\sqrt{2}}\right)^2+\left(\frac{V_{m2}}{\sqrt{2}}\right)^2+\cdots+\left(\frac{V_{mn}}{\sqrt{2}}\right)^2}$$

$$=\sqrt{{V_0}^2+{V_1}^2+{V_2}^2+\cdots+{V_n}^2}\ \text{[V]}$$

$$I=\sqrt{{I_0}^2+\left(\frac{I_{m1}}{\sqrt{2}}\right)^2+\left(\frac{I_{m2}}{\sqrt{2}}\right)^2+\cdots+\left(\frac{I_{mn}}{\sqrt{2}}\right)^2}$$

$$=\sqrt{{I_0}^2+{I_1}^2+{I_2}^2+\cdots+{I_n}^2}\ \text{[A]}$$

여기서, V_{m1}, V_{m2}, V_{mn} : 각 고조파의 전압의 최대값[V]
I_{m1}, I_{m2}, I_{mn} : 각 고조파의 전류의 최대값[A]

② 왜형률

$$D=\frac{\text{전 고조파의 실효값}}{\text{기본파의 실효값}}=\frac{\sqrt{{I_2}^2+{I_3}^2+\cdots+{I_n}^2}}{I_1}$$

＊ 왜형률
전 고조파의 실효값을 기본파의 실효값으로 나눈 값으로 파형의 일그러짐 정도를 나타낸다.

5 비정현파의 전력

① 유효전력(평균전력) 문03 보기②

$$P=V_0I_0+\frac{V_{m_1}}{\sqrt{2}}\cdot\frac{I_{m_1}}{\sqrt{2}}\cos\theta_1+\frac{V_{m_2}}{\sqrt{2}}\cdot\frac{I_{m_2}}{\sqrt{2}}\cos\theta_2+\cdots+\frac{V_{mn}}{\sqrt{2}}\cdot\frac{I_{mn}}{\sqrt{2}}\cos\theta_n$$

$$=V_0I_0+V_1I_1\cos\theta_1+V_2I_2\cos\theta_2+\cdots+V_nI_n\cos\theta_n$$

여기서, V_0 : 직류분전압[V], V_{m_1} : 제1고조파의 전압의 최대값[V]
I_{m_1} : 제1고조파의 전류의 최대값[V], $\cos\theta_1$: 제1고조파의 역률
V_{m_2} : 제2고조파의 전압의 최대값[V], $\cos\theta_2$: 제2고조파의 역률
V_{mn} : 제n고조파의 전압의 최대값[V], I_{mn} : 제n고조파의 전류의 최대값[A]
$\cos\theta_n$: 제n고조파의 역률, V_1 : 제1고조파의 전압의 실효값[V]

＊ 기본파
비정현파에서 기본이 되는 파형

＊ 고조파
기본파 보다 높은 주파수

＊ 고주파
3~30MHz의 높은 주파수

Key Point

I_1 : 제1고조파의 전류의 실효값〔A〕, V_2 : 제2고조파의 전압의 실효값〔V〕

I_2 : 제2고조파의 전류의 실효값〔A〕, V_n : 제n고조파의 전압의 실효값〔V〕

I_n : 제n고조파의 전류의 실효값〔A〕

★★

문제 03 $v(t)=150\sin\omega t$〔V〕이고, $i(t)=6\sin\omega t$ (I_m)일 때 평균전력〔W〕(P)은?

13회 문 46

① 400 ② 450

③ 500 ④ 550

해설 (1) **기호**

- V_m : 150sinωt
- I_m : 6sinωt
- P : ?

(2) $P=\frac{V_m}{\sqrt{2}}\cdot\frac{I_m}{\sqrt{2}}\cos\theta=\frac{150}{\sqrt{2}}\times\frac{6}{\sqrt{2}}\times\cos 0°=450\text{W}$

답 ②

② **피상전력**

$$P_a=V\cdot I=\sqrt{V_0{}^2+\left(\frac{V_{m1}}{\sqrt{2}}\right)^2+\left(\frac{V_{m2}}{\sqrt{2}}\right)^2+\cdots}\sqrt{I_0{}^2+\left(\frac{I_{m1}}{\sqrt{2}}\right)^2+\left(\frac{I_{m2}}{\sqrt{2}}\right)^2+\cdots}$$

$$=\sqrt{V_0{}^2+V_1{}^2+V_2{}^2+\cdots}\cdot\sqrt{I_0{}^2+I_1{}^2+I_2{}^2+\cdots}\ \text{〔VA〕}$$

여기서, P_a : 피상전력〔VA〕

V : 전압의 실효값〔V〕

I : 전류의 실효값〔A〕

V_0 : 직류분전압〔V〕

V_{m_1} : 제1고조파의 전압의 최대값〔V〕

V_{m_2} : 제2고조파의 전압의 최대값〔V〕

I_0 : 직류분전류〔A〕

I_{m_1} : 제1고조파의 전류의 최대값〔A〕

I_{m_2} : 제2고조파의 전류의 최대값〔A〕

V_1 : 제1고조파의 전압의 실효값〔V〕

V_2 : 제2고조파의 전압의 실효값〔V〕

I_1 : 제1고조파의 전류의 실효값〔A〕

I_2 : 제2고조파의 전류의 실효값〔A〕

③ **역률**

$$\cos\theta=\frac{P}{P_a}=\frac{P}{VI}$$

여기서, $\cos\theta$: 역률

P : 유효전력〔W〕

P_a : 피상전력〔VA〕

V : 전압〔V〕

Z : 전류〔A〕

※ **역률**
전압과 전류의 위상차의 코사인(cos) 값

출제예상문제

(비정현파 교류)

출제확률 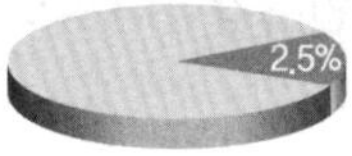

(1문제)

★

01 비정현파 교류를 나타내는 식은?

① 기본파 + 고조파 + 직류분
② 기본파 + 직류분 − 고조파
③ 직류분 + 고조파 − 기본파
④ 교류분 + 기본파 + 고조파

해설 비정현파 = (직류분) + (기본파) + (고조파)

• **비정현파 교류** : 파형이 일그러져 정현파가 되지 않는 교류

답 ①

★

02 비정현파를 여러 개의 정현파의 합으로 표시하는 방법은?

① 키르히호프의 법칙
② 노튼의 정리
③ 푸리에 분석
④ 테일러의 분석

해설 **푸리에 급수**

(1) 주기적인 비정현파를 해석하기 위한 급수
(2) 비정현파를 여러 개의 정현파의 합으로 표시하는 방법

푸리에 급수=푸리에 분석

답 ③

★

03 비정현파의 푸리에 급수에 의한 전개에서 옳게 전개한 $f(t)$는?

① $\sum_{n=1}^{\infty} a_n \sin n\omega t + \sum_{n=1}^{\infty} b_n \sin n\omega t$

② $\sum_{n=1}^{\infty} a_n \sin n\omega t + \sum_{n=1}^{\infty} b_n \cos n\omega t$

③ $a_0 + \sum_{n=1}^{\infty} a_n \cos n\omega t + \sum_{n=1}^{\infty} b_n \sin n\omega t$

④ $\sum_{n=1}^{\infty} a_n \cos n\omega t + \sum_{n=1}^{\infty} b_n \cos n\omega t$

해설 **문제 1 참조**

푸리에 급수에 의한 전개식은 a_0인 직류분을 포함한다.

답 ③

★

04 주기적인 구형파의 신호는 그 주파수 성분이 어떻게 되는가?

① 무수히 많은 주파수의 성분을 가진다.
② 주파수 성분을 갖지 않는다.
③ 직류분만으로 구성된다.
④ 교류합성을 갖지 않는다.

해설 ① 주기적인 비정현파는 무수히 많은 주파수 성분을 가진다.

답 ①

★

05 그림과 같은 톱니파형의 실효값은?

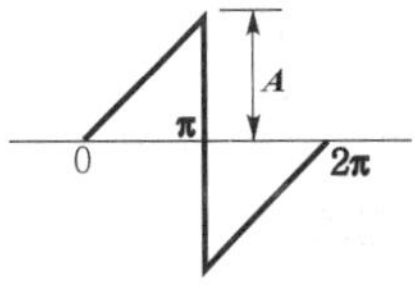

① $\frac{A}{\sqrt{3}}$ ② $\frac{A}{\sqrt{2}}$

③ $\frac{A}{3}$ ④ $\frac{A}{2}$

해설 톱니파는 삼각파와 실효값이 같으며, $\frac{A}{\sqrt{3}}$ 이다.

중요

최대값 · 실효값 · 평균값

파 형	최대값	실효값	평균값
• 정현파 • 전파정류파 • 반구형파	V_m	$\frac{V_m}{\sqrt{2}}$	$\frac{2V_m}{\pi}$
• 삼각파(3각파) • 톱니파	V_m	$\frac{V_m}{\sqrt{3}}$	$\frac{V_m}{2}$
• 구형파	V_m	V_m	V_m
• 반파정류파	V_m	$\frac{V_m}{2}$	$\frac{V_m}{\pi}$

여기서, V_m : 최대값[V]

답 ①

★

06 그림과 같이 시간축에 대하여 대칭인 3각파 교류전압의 평균값[V]은?

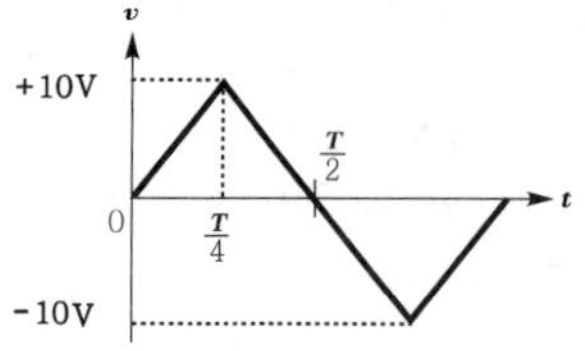

① 5.77　② 5
③ 10　④ 6

해설 **문제 5 참조**

3각파의 평균값 V_{av}는

$\therefore V_{av}=\frac{V_m}{2}=\frac{10}{2}=5\text{V}$

답 ②

★

07 3각파의 최대값이 1이라면 실효값, 평균값은 각각 얼마인가?

① $\frac{1}{\sqrt{2}},\ \frac{1}{\sqrt{3}}$　② $\frac{1}{\sqrt{3}},\ \frac{1}{2}$

③ $\frac{1}{\sqrt{2}},\ \frac{1}{2}$　④ $\frac{1}{\sqrt{2}},\ \frac{1}{3}$

해설 **문제 5 참조**

(1) **실효값** V는

$V=\frac{V_m}{\sqrt{3}}=\frac{1}{\sqrt{3}}$

(2) **평균값** V_{av}는

$V_{av}=\frac{V_m}{2}=\frac{1}{2}$

답 ②

★

08 그림과 같은 구형파 전압의 평균값은?

① $\frac{V_m}{2}$

② $\frac{V_m}{\sqrt{2}}$

③ $\frac{V_m}{\sqrt{3}}$

④ V_m

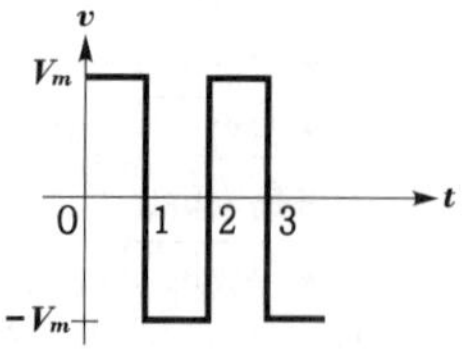

해설 **문제 5 참조**

구형파의 평균값 V_{av}는

$\therefore V_{av}=V_m$

여기서, V_m : 최대값[V]

답 ④

★★★

09 반파정류정현파의 최대치가 1일 때, 실효치와 평균치는?

① $\frac{1}{\sqrt{2}},\ \frac{2}{\pi}$　② $\frac{1}{2},\ \frac{\pi}{2}$

③ $\frac{1}{\sqrt{2}},\ \frac{\pi}{2\sqrt{2}}$　④ $\frac{1}{2},\ \frac{1}{\pi}$

해설 **문제 5 참조**

(1) **실효값** V는

$V=\frac{V_m}{2}=\frac{1}{2}$

(2) **평균값** V_{av}는

$V_{av}=\frac{V_m}{\pi}=\frac{1}{\pi}$

반파정류정현파=반파정류파

답 ④

★

10 전파정류파의 파형률은?

① 1　② 1.11
③ 1.155　④ 1.414

해설 **문제 5 참조**

(1) **전파정류파**의 실효값 · 평균값

$V=\frac{V_m}{\sqrt{2}},\quad V_{av}=\frac{2V_m}{\pi}$

(2) **전파정류파**의 파형률

$$\text{파형률}=\frac{\text{실효값}}{\text{평균값}}=\frac{\frac{V_m}{\sqrt{2}}}{\frac{2V_m}{\pi}}=\frac{\pi}{2\sqrt{2}}=1.11$$

중요

파형률	파고율
파형률 $=\frac{\text{실효값}}{\text{평균값}}$	파고율 $=\frac{\text{최대값}}{\text{실효값}}$

답 ②

★
11 정현파 교류의 실효값을 구하는 식이 잘못된 것은?

① $\sqrt{\frac{1}{T}\int_0^T i^2 dt}$　② 파고율×평균값

③ $\frac{최대값}{\sqrt{2}}$　④ $\frac{\pi}{2\sqrt{2}}$×평균값

해설 **문제 10 참조**
파형률$=\frac{실효값}{평균값}$이므로 실효값=파형률×평균값

답 ②

★
12 그림 중 파형률이 1.15가 되는 파형은?

①
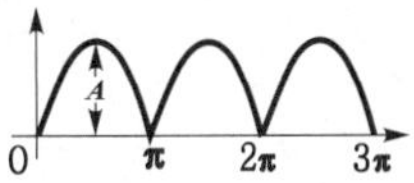
②
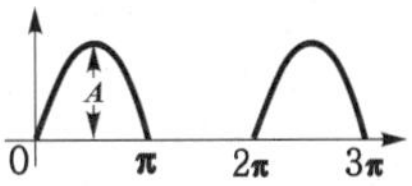
③
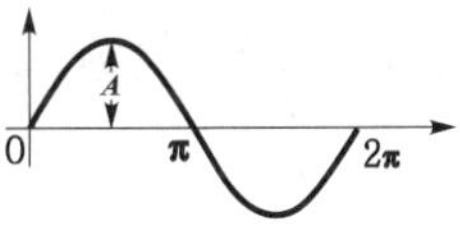
④
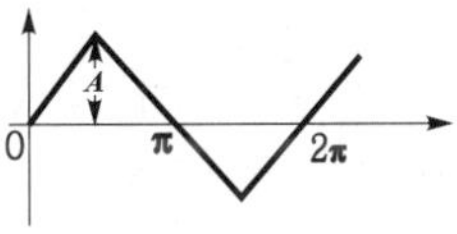

해설 **문제 5, 10 참조**
삼각파의 파형률은

$$파형률=\frac{실효값}{평균값}=\frac{\frac{V_m}{\sqrt{3}}}{\frac{V_m}{2}}=1.1547 ≒ 1.15$$

중요

파형률 · 파고율

파 형	파형률	파고율
• 정현파 • 전파정류파	1.11	1.414
• 삼각파(3각파) • 톱니파	1.155	1.732
• 구형파	1	1
• 반파정류파	1.57	2

답 ④

★
13 다음의 비정현 주기파 중 고조파의 감소율이 가장 적은 것은? (단, 정류파는 정현파의 정류파를 뜻한다.)

① 구형파
② 삼각파
③ 반파정류파
④ 전파정류파

해설 **구형파**는 고조파의 **감소율**이 가장 **적다**. 그러므로 이 구형파는 우리가 일반적으로 말하는 **디지털신호**로서 **데이터전송**시에 주로 사용된다.

답 ①

★
14 정현파의 파고율은?

① 1　② 1.11
③ 1.55　④ 1.414

해설 **문제 5, 10 참조**
정현파의 파고율은

$$파고율=\frac{최대값}{실효값}=\frac{V_m}{\frac{V_m}{\sqrt{2}}}=\sqrt{2}=1.414$$

답 ④

★
15 그림과 같은 파형의 파고율은 얼마인가?

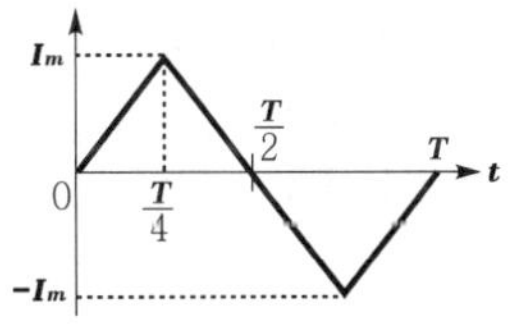

① $1/\sqrt{3}$
② $2/\sqrt{3}$
③ $\sqrt{3}$
④ $\sqrt{6}$

해설 **문제 5, 10 참조**

$$\textbf{삼각파}의\ 파고율=\frac{최대값}{실효값}=\frac{I_m}{\frac{I_m}{\sqrt{3}}}=\sqrt{3}$$

답 ③

★
16 그림과 같은 파형의 파고율은?

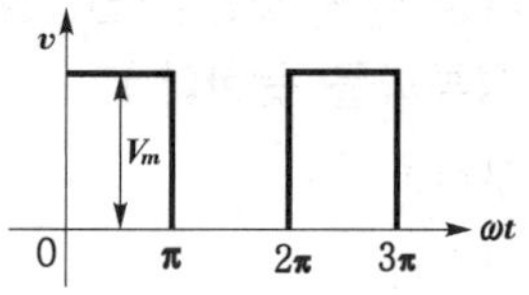

① $\sqrt{2}$　　② $\sqrt{3}$
③ 2　　④ 3

해설 **문제 5, 10 참조**
반구형파

$$\text{파고율} = \frac{\text{최대값}}{\text{실효값}} = \frac{V_m}{\frac{V_m}{\sqrt{2}}} = \sqrt{2}$$

답 ①

★
17 그림과 같은 파형의 파고율은 얼마인가?

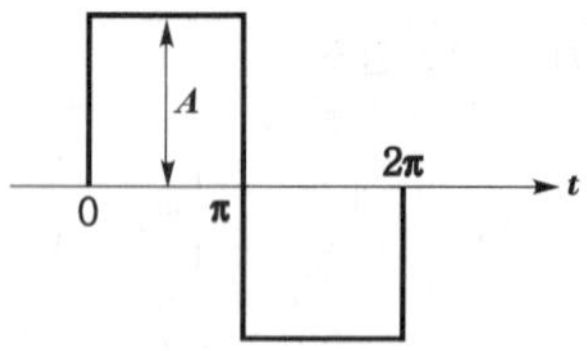

① 2.828　　② 1.732
③ 1.414　　④ 1

해설 **문제 5, 10 참조**
위 그림은 **구형파**이므로

$$\text{파고율} = \frac{\text{최대값}}{\text{실효값}} = \frac{V_m}{V_m} = 1$$

답 ④

★
18 3각파에서 평균값이 100V(V_{av}), 파형률이 1.155, 파고율이 1.732일 때 이 3각파의 최대값(V_m)[V]은?

① 173.2　　② 200.0
③ 186.5　　④ 220.6

해설 **문제 5 참조**
(1) **기호**
- V_{av} : 100V
- V_m : ?

(2) **삼각파**에서 **평균값** V_{av}는

$$V_{av} = \frac{V_m}{2}$$

$$\therefore\ V_m = 2V_{av} = 2 \times 100 = 200\text{V}$$

답 ②

★
19 비정현파의 실효값은?

① 최대파의 실효값
② 각 고조파의 실효값의 합
③ 각 고조파 실효값의 합의 제곱근
④ 각 파의 실효값의 제곱의 합의 제곱근

해설 **비정현파**의 **실효값**

$$V = \sqrt{V_0^2 + \left(\frac{V_{m1}}{\sqrt{2}}\right)^2 + \left(\frac{V_{m2}}{\sqrt{2}}\right)^2 + \cdots + \left(\frac{V_{mn}}{\sqrt{2}}\right)^2}$$

$$= \sqrt{V_0^2 + V_1^2 + V_2^2 + \cdots + V_n^2}\ \text{[V]}$$

$$I = \sqrt{I_0^2 + \left(\frac{I_{m1}}{\sqrt{2}}\right)^2 + \left(\frac{I_{m2}}{\sqrt{2}}\right)^2 + \cdots + \left(\frac{I_{mn}}{\sqrt{2}}\right)^2}$$

$$= \sqrt{I_0^2 + I_1^2 + I_2^2 + \cdots + I_n^2}\ \text{[A]}$$

여기서, V_0 : 직류분전압[V]
V_{m1}, V_{m2}, V_{mn} : 각 고조파의 전압의 최대값[V]
I : 직류분 전류[A]
I_{m1}, I_{m2}, I_{mn} : 각 고조파의 전류의 최대값[A]

실효값 V는

$$V = \sqrt{{V_0}^2 + {V_1}^2 + {V_2}^2 + \cdots\cdots + {V_n}^2}\ \text{[V]}$$

즉, 각 파의 실효값의 제곱의 합의 제곱근이다.

답 ④

★
20 정현파 교류의 전압과 전류가 파고값으로 V[V], I[A]라 할 때 피상전력[VA]은 실효값으로 어떻게 되는가?

① $\frac{VI}{2}$　　② $\frac{VI}{\sqrt{2}}$
③ $\sqrt{2}\,VI$　　④ $2VI$

해설 **피상전력**

$$P_a = V \cdot I = \sqrt{\left(\frac{V_m}{\sqrt{2}}\right)^2} \cdot \sqrt{\left(\frac{I_m}{\sqrt{2}}\right)^2}$$

여기서, P_a : 피상전력〔VA〕
V : 전압의 실효값〔V〕
I : 전류의 실효값〔A〕
V_m : 전압의 최대값〔V〕
I_m : 전류의 최대값〔A〕

최대값=파고값

피상전력 P_a는

$P_a = V \cdot I$

$= \sqrt{\left(\frac{V}{\sqrt{2}}\right)^2} \cdot \sqrt{\left(\frac{I}{\sqrt{2}}\right)^2} = \frac{VI}{2}$〔VA〕

답 ①

★
21 $v = V_{m1}$ sinωt + V_{m2} sin $2\omega t$〔V〕로 표시되는 기전력의 실효값〔V〕은?

① $\frac{1}{\sqrt{2}}({V_{m1}}^2 + {V_{m2}}^2)$

② $\frac{1}{\sqrt{2}}\sqrt{{V_{m1}}^2 + {V_{m2}}^2}$

③ $\sqrt{{V_{m1}}^2 + {V_{m2}}^2}$

④ $\sqrt{2}\sqrt{{V_{m1}}^2 + {V_{m2}}^2}$

해설 **문제 19 참조**
실효값 V는

$V = \sqrt{\left(\frac{V_{m1}}{\sqrt{2}}\right)^2 + \left(\frac{V_{m2}}{\sqrt{2}}\right)^2}$

$= \frac{1}{\sqrt{2}}\sqrt{{V_{m1}}^2 + {V_{m2}}^2}$〔V〕

답 ②

★
22 비정현파의 전압 $v = \sqrt{2} \cdot 100 \sin\omega t + \sqrt{2} \cdot 50 \sin 2\omega t + \sqrt{2} \cdot 30 \sin 3\omega t$〔V〕일 때 실효전압〔V〕은?

① $100 + 50 + 30 = 80$

② $\sqrt{100 + 50 + 30} = 13.4$

③ $\sqrt{100^2 + 50^2 + 30^2} = 115.8$

④ $\frac{\sqrt{100^2 + 50^2 + 30^2}}{3} = 38.6$

해설 **문제 19 참조**
실효전압 V는

$V = \sqrt{\left(\frac{V_{m1}}{\sqrt{2}}\right)^2 + \left(\frac{V_{m2}}{\sqrt{2}}\right)^2 + \left(\frac{V_{m3}}{\sqrt{2}}\right)^2}$

$= \sqrt{\left(\frac{\sqrt{2} \cdot 100}{\sqrt{2}}\right)^2 + \left(\frac{\sqrt{2} \cdot 50}{\sqrt{2}}\right)^2 + \left(\frac{\sqrt{2} \cdot 30}{\sqrt{2}}\right)^2}$

$= \sqrt{100^2 + 50^2 + 30^2}$

$= 115.76$V

답 ③

★
23 $v(t) = 50 + 30 \sin\omega t$〔V〕의 실효값 V는 몇 V인가?

① 약 50.3

② 약 62.3

③ 약 54.3

④ 약 58.3

해설 **문제 19 참조**
$V(t) = V_0 + V_m \sin\omega t$에서
실효값 V는

$V = \sqrt{V_0^2 + \left(\frac{V_m}{\sqrt{2}}\right)^2} = \sqrt{50^2 + \left(\frac{30}{\sqrt{2}}\right)^2}$

$= 54.31$V

답 ③

★★
24 전압 $v = 10 + 10\sqrt{2} \sin\omega t + 10\sqrt{2} \sin 3\omega t + 10\sqrt{2} \sin 5\omega t$〔V〕일 때 실효값〔V〕은?

① 10　　② 14.14

③ 17.32　　④ 20

해설 **문제 19 참조**
$V = V_0 + V_{m1} \sin\omega t + V_{m2} \sin 3\omega t + V_{m3} \sin 5\omega t$
실효값 V는

$V = \sqrt{{V_0}^2 + \left(\frac{V_{m1}}{\sqrt{2}}\right)^2 + \left(\frac{V_{m2}}{\sqrt{2}}\right)^2 + \left(\frac{V_{m3}}{\sqrt{2}}\right)^2}$

$= \sqrt{10^2 + \left(\frac{10\sqrt{2}}{\sqrt{2}}\right)^2 + \left(\frac{10\sqrt{2}}{\sqrt{2}}\right)^2 + \left(\frac{10\sqrt{2}}{\sqrt{2}}\right)^2}$

$= \sqrt{10^2 + 10^2 + 10^2 + 10^2}$

$= 20$V

답 ④

★

25 그림과 같은 회로에서 $E_d=\underset{V_o}{\underline{14\text{V}}}$, $E_m=\underset{V_m}{\underline{48\sqrt{2}\,\text{V}}}$, $\underline{R=20\Omega}$인 전류의 $\underset{I}{\underline{\text{실효값}}}$[A]은?

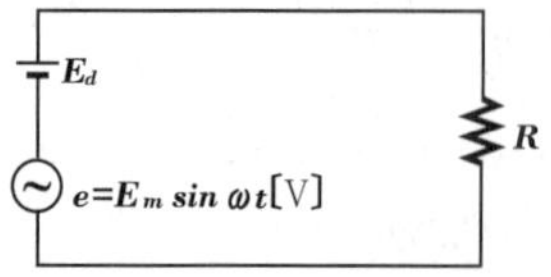

① 약 2.5　　② 약 2.2
③ 약 2.0　　④ 약 1.5

해설 문제 19 참조

(1) 기호

- V_o : 14V
- V_m : $48\sqrt{2}$ V
- R : 20Ω

(2) $I=\dfrac{V}{R}=\dfrac{\sqrt{V_0^2+\left(\dfrac{V_m}{\sqrt{2}}\right)^2}}{R}$

전류의 **실효값** I는

$$I=\frac{V}{R}=\frac{\sqrt{14^2+\left(\dfrac{48\sqrt{2}}{\sqrt{2}}\right)^2}}{20}=\frac{\sqrt{14^2+48^2}}{20}$$

$=2.5$A

답 ①

★

26 $\underline{\text{왜형률}}$이란 무엇인가?

① $\dfrac{\text{전 고조파의 실효값}}{\text{기본파의 실효값}}$

② $\dfrac{\text{전 고조파의 평균값}}{\text{기본파의 평균값}}$

③ $\dfrac{\text{제3고조파의 실효값}}{\text{기본파의 실효값}}$

④ $\dfrac{\text{우수 고조파의 실효값}}{\text{기수 고조파의 실효값}}$

해설 **왜형률** $=\dfrac{\text{전 고조파의 실효값}}{\text{기본파의 실효값}}$

$$=\frac{\sqrt{I_2^{\ 2}+I_3^{\ 2}+\cdots\cdots+I_n^{\ 2}}}{I_1}$$

또는 **왜형률** $=\dfrac{\text{전 고조파의 실효값}}{\text{기본파의 실효값}}$

$$=\frac{\sqrt{V_2^{\ 2}+V_3^{\ 2}+\cdots\cdots+V_n^{\ 2}}}{V_1}$$

- **왜형률** : 전 고조파의 실효값을 기본파의 실효값으로 나눈 값으로 파형의 일그러짐 정도를 나타낸다.

답 ①

★

27 왜형파 전압 $v=\underset{V_1}{\underline{100}}\sqrt{2}\sin\omega t+\underset{V_2}{\underline{50}}\sqrt{2}\sin 2\omega t+\underset{V_3}{\underline{30}}\sqrt{2}\sin 3\omega t$ 의 $\underset{D}{\underline{\text{왜형률}}}$을 구하면?

① 1.0　　② 0.8
③ 0.5　　④ 0.3

해설 문제 26 참조

(1) 기호

- V_1 : 100
- V_2 : 50
- V_3 : 30
- D : ?

(2) **왜형률** D는

$$D=\frac{\sqrt{\left(\dfrac{V_{m2}}{\sqrt{2}}\right)^2+\left(\dfrac{V_{m3}}{\sqrt{2}}\right)^2}}{\dfrac{V_{m1}}{\sqrt{2}}}=\frac{\sqrt{V_2^{\ 2}+V_3^{\ 2}}}{V_1}$$

$$=\frac{\sqrt{50^2+30^2}}{100}$$

$=0.58$

답 ③

★

28 기본파의 $\underset{V_3}{\underline{40\%}}$인 제3고조파와 $\underset{V_5}{\underline{30\%}}$인 제5고조파를 포함하는 전압파의 $\underset{D}{\underline{\text{왜형률}}}$은?

① 0.3
② 0.5
③ 0.7
④ 0.9

해설 문제 26 참조

(1) 기호

- V_3 : 40
- V_5 : 30
- D : ?

(2) $D=\dfrac{\sqrt{{V_3}^2+{V_5}^2}}{V_1}=\dfrac{\sqrt{40^2+30^2}}{100}=0.5$

답 ②

☆
29 기본파의 30%인 제3고조파와 20%인 제5고조파를 포함하는 전압파의 왜형률은?

($\underline{30\%}$: V_3, $\underline{20\%}$: V_5, $\underline{왜형률}$: D)

① 0.23　② 0.46
③ 0.33　④ 0.36

해설 문제 26 참조
(1) 기호

- V_3 : 30
- V_5 : 20
- D : ?

(2) $D=\dfrac{\sqrt{{V_3}^2+{V_5}^2}}{V_1}=\dfrac{\sqrt{30^2+20^2}}{100}=0.36$

답 ④

☆
30 어떤 회로에 전압 $v(t)=\underline{V_m}\cos(\omega t+\theta)$를 가했더니 전류 $i(t)=\underline{I_m}\cos(\omega t+\theta+\phi)$가 흘렀다. 이때에 회로에 유입하는 평균전력은?

① $\dfrac{1}{4}V_m I_m \cos\phi$

② $\dfrac{1}{2}V_m I_m \cos\phi$

③ $\dfrac{V_m I_m}{\sqrt{2}}$

④ $V_m I_m \sin\phi$

해설 평균전력

$$P=\frac{V_m}{\sqrt{2}}\cdot\frac{I_m}{\sqrt{2}}\cos\phi$$

여기서, P : 평균전력〔W〕
V_m : 전압의 최대값〔V〕
I_m : 전류의 최대값〔A〕
ϕ : 위상차〔rad〕

평균전력 P는

$$P=\frac{V_m}{\sqrt{2}}\cdot\frac{I_m}{\sqrt{2}}\cos\phi=\frac{1}{2}V_m I_m\cos\phi$$

답 ②

☆
31 어떤 회로에 전압 v와 전류 i가 각각 $v=\underline{100\sqrt{2}}\sin\left(377t+\dfrac{\pi}{3}\right)$〔V〕, $i=\underline{\sqrt{8}}\sin\left(377t+\dfrac{\pi}{6}\right)$〔A〕일 때 소비전력〔W〕은?

($\underline{100\sqrt{2}}$: V_m, $\underline{\sqrt{8}}$: I_m, $\underline{소비전력}$: P)

① 100
② $200\sqrt{3}$
③ 300
④ $100\sqrt{3}$

해설 문제 30 참조
(1) 기호

- V_m : $100\sqrt{2}$
- I_m : $\sqrt{8}$
- P : ?

(2) 소비전력 P는

$$P=\frac{V_m}{\sqrt{2}}\cdot\frac{I_m}{\sqrt{2}}\cos\theta$$

$$=\frac{100\sqrt{2}}{\sqrt{2}}\times\frac{\sqrt{8}}{\sqrt{2}}\times\cos(60°-30°)$$

$$=100\sqrt{3}\text{ W}$$

소비전력=평균전력=유효전력

$\pi=180°$

① π : $180°=\dfrac{\pi}{3}$: □

$□\pi=\dfrac{\pi}{3}\times 180°$

$□=\dfrac{\pi}{3\pi}\times 180°=\mathbf{60°}$

② π : $180°=\dfrac{\pi}{6}$: □

$□\pi=\dfrac{\pi}{6}\times 180°$

$□=\dfrac{\pi}{6\pi}\times 180°=\mathbf{30°}$

답 ④

★

32 $v=\underset{V_{m1}}{\underline{10}}\sin 10t+\underset{I_{m1}}{\underline{20}}\sin 20t$〔V〕, $i=\underset{V_{m2}}{\underline{20}}\sin 10t+\underset{I_{m2}}{\underline{10}}\sin 20t$〔A〕일 경우 $\underset{P}{\underline{\text{소비전력}}}$〔W〕은?

① 400

② 200

③ 40

④ 20

해설 **문제 30 참조**

(1) **기호**

- V_{m1} : 10
- I_{m1} : 20
- V_{m2} : 20
- I_{m2} : 10
- P : ?

(2) **소비전력** P는

$$P=\frac{V_{m1}}{\sqrt{2}}\cdot\frac{I_{m1}}{\sqrt{2}}+\frac{V_{m2}}{\sqrt{2}}\cdot\frac{I_{m2}}{\sqrt{2}}$$

$$=\frac{10}{\sqrt{2}}\cdot\frac{20}{\sqrt{2}}+\frac{20}{\sqrt{2}}\cdot\frac{10}{\sqrt{2}}$$

$$=200\text{W}$$

답 ②

★

33 $V=141.4\sin\left(314t+\frac{\pi}{6}\right)$〔V〕, $i=4.24\cos\left(314t-\frac{\pi}{6}\right)$〔A〕에서 소비전력은 몇 W인가?

① 240

② 260

③ 280

④ 300

해설 **문제 30 참조**

(1) **전압** V는

$$V=141.4\sin\left(314t+\frac{\pi}{6}\right)$$
$$=141.4\sin(314t+30°)$$

(2) **전류** i는

$$i=4.24\cos\left(314t-\frac{\pi}{6}\right)$$
$$=4.24\cos(314t-30°)$$
$$=4.24\sin(314t-30°+90°)$$
$$=4.24\sin(314t+60°)$$

전압과 전류의 위상차 $\theta=60°-30°=30°$

(3) **소비전력** P는

$$P=VI\cos\theta=\frac{V_m}{\sqrt{2}}\cdot\frac{I_m}{\sqrt{2}}\cos\theta$$

$$=\frac{141.4}{\sqrt{2}}\times\frac{4.24}{\sqrt{2}}\times\cos 30°\fallingdotseq 260\text{W}$$

답 ②

★

34 $R-L-C$ 직렬공진회로에서 제n고조파의 $\underline{\text{공진주파수 } f_n}$〔Hz〕은?

① $\frac{1}{2\pi\sqrt{LC}}$ ② $\frac{1}{2\pi\sqrt{nLC}}$

③ $\frac{1}{2\pi n\sqrt{LC}}$ ④ $\frac{1}{2\pi n^2\sqrt{LC}}$

해설 **제n고조파의 공진주파수** f_n은

$$f_n=\frac{1}{2\pi n\sqrt{LC}}\text{〔Hz〕}$$

중요

일반적인 공진주파수

$$f_0=\frac{1}{2\pi\sqrt{LC}}\text{〔Hz〕}$$

여기서, f_0 : 공진주파수〔Hz〕
L : 인덕턴스〔H〕
C : 정전용량〔F〕

답 ③

★

35 다음 중 변압기 결선에 있어서 $\underline{\text{제3고조파}}$가 발생하는 것은?

① Y−△ ② △−Y

③ Y−Y ④ △−△

해설 제3고조파는 1, 2차 결선 중 **△결선이 없는 경우**에만 발생한다.

답 ③

Key Point

6. 과도현상

출제확률 (1문제)

1 RL 직렬회로

1 스위치 S를 닫을 때

① **평형방정식** : $R_i + L\dfrac{di}{dt} = E$

여기서, R_i : 저항〔Ω〕
di : 전류의 변화율〔A〕
L : 인덕턴스〔H〕
dt : 시간의 변화율〔s〕

② **전류** : $i = \dfrac{E}{R}\left(1 - e^{-\frac{R}{L}t}\right)$〔A〕 문01 보기③

(초기조건 $t=0$일 때 $i=0$)

※ **과도현상**
회로에서 스위치를 닫은 후 정상상태에 이르는 사이에 나타나는 여러 가지 현상

※ **정상상태**
회로에서 전류가 일정한 값에 도달한 상태

※ **과도상태**
회로에서 스위치를 닫은 후 정상상태에 이르는 사이의 상태

★★★
문제 01 그림에서 $t=0$일 때 S를 닫았다. 전류 $i(t)$〔A〕를 구하면?

12회 문 32

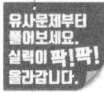

유사문제부터 풀어보세요. 실력이 팍!팍! 올라갑니다.

① $2(1+e^{-5t})$
② $2(1-e^{5t})$
③ $2(1-e^{-5t})$
④ $2(1+e^{5t})$

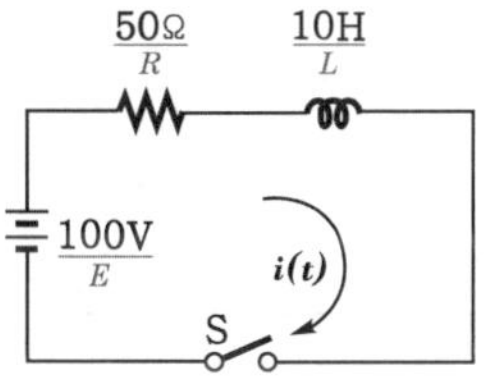

해설 (1) 기호
- i : ?
- R : 50Ω
- E : 100V
- L : 10H

(2) 스위치를 닫을 때

$$i(t) = \frac{E}{R}\left(1 - e^{\frac{-R}{L}t}\right) = \frac{100}{50}\left(1 - e^{-\frac{50}{10}t}\right) = 2(1-e^{-5t})\text{[A]}$$

답 ③

③ **시정수** : $\tau = \dfrac{L}{R}$〔s〕

※ **시정수**
과도상태에 대한 변화의 속도를 나타내는 척도가 되는 정수

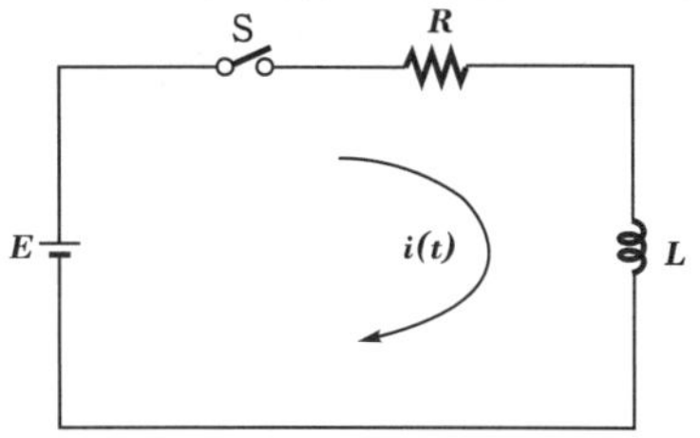

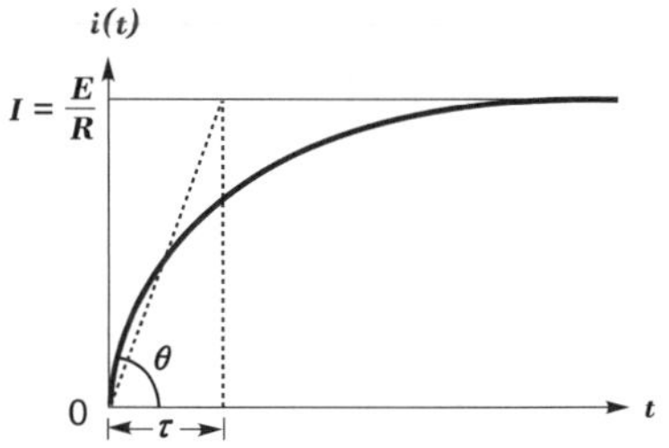

‖ RL 직렬회로 ‖

Key Point

2 스위치 S를 열 때

① **평형방정식** : $R_i + L\dfrac{di}{dt} = 0$

② **전류** : $i = \dfrac{E}{R}e^{-\frac{R}{L}t}$ [A]

$\left(\text{초기조건 } t=0\text{일 때 } i = \dfrac{E}{R}\right)$

③ **시정수** : $\tau = \dfrac{L}{R}$ [s]

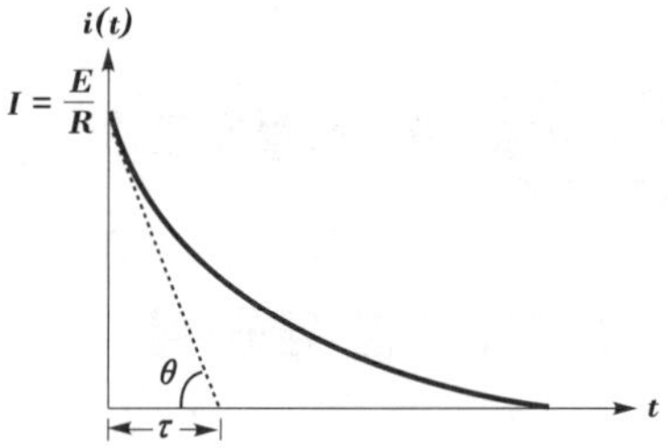

| $i(t)$의 특성 |

2 RC 직렬회로

1 스위치 S를 닫을 때

* RC 직렬회로

1. 스위치를 닫을 때

① 전류

$$i = \frac{E}{R}e^{-\frac{1}{RC}t}\text{[A]}$$

② 시정수

$$\tau = RC\text{[s]}$$

2. 스위치를 열 때

① 전류

$$i = -\frac{E}{R}e^{-\frac{1}{RC}t}\text{[A]}$$

② 시정수

$$\tau = RC\text{[s]}$$

여기서, I : 전류[A]
E : 전압[V]
R : 저항[Ω]
C : 정전용량[F]
τ : 시정수[s]

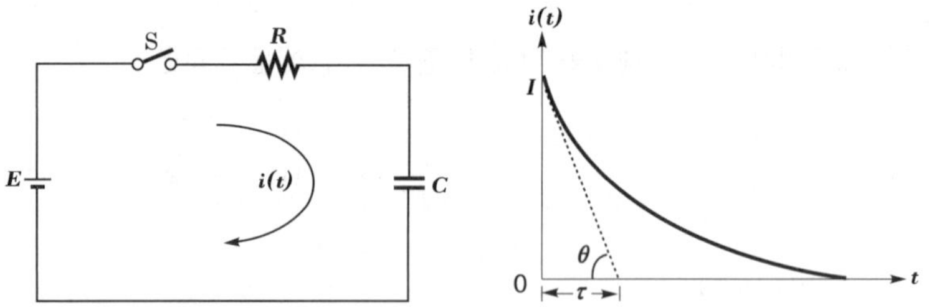

| RC 직렬회로 |

① **평형방정식** : $R_i + \dfrac{1}{C}\displaystyle\int i\,dt = E$

② **전류** : $i = \dfrac{E}{R}e^{-\frac{1}{RC}t}$ [A] 문02 보기②

$\left(\text{초기조건 } t=0\text{일 때 } i = \dfrac{E}{R}\right)$

★★

문제 02 $t=0$에서 스위치 S를 닫았다. 초기값이 0일 때 $i(t)$는 어느 것인가?

① $-2e^{-t}$
② $2e^{-t}$
③ $2(1-e^{-t})$
④ $2(1+e^{-t})$

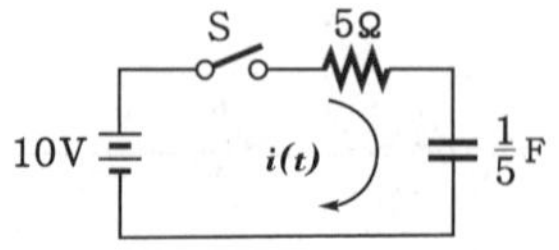

해설 **스위치 S를 닫을 때**

$$i(t) = \frac{E}{R}e^{-\frac{1}{RC}t} = \frac{10}{5}e^{-\frac{1}{5\times\frac{1}{5}}t} = 2e^{-t}\text{[A]}$$

답 ②

Key Point

③ 시정수 : $\tau = RC$〔s〕

2 스위치 S를 열 때

① 평형방정식 : $R_i + \frac{1}{C}\int i\,dt = 0$

② 전류 : $i = -\frac{E}{R}e^{-\frac{1}{RC}t}$〔A〕

$\left(\text{초기조건 } t=0\text{일 때 } i=-\frac{E}{R}\right)$

③ 시정수 : $\tau = RC$〔s〕

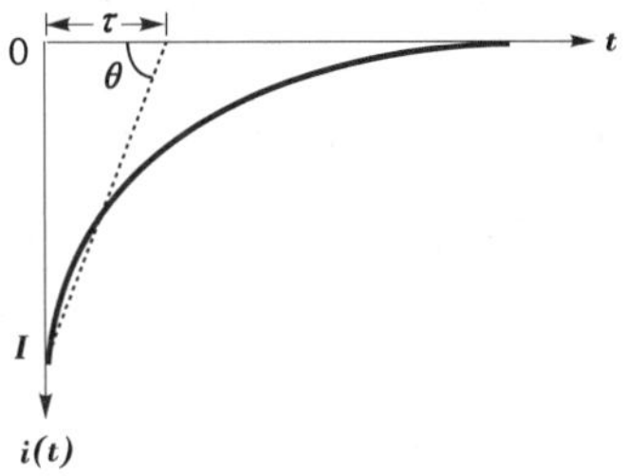

$i(t)$의 특성

3 RLC 직렬회로

1 스위치 S를 닫을 때

① 평형방정식 : $R_i + L\frac{di}{dt} + \frac{1}{C}\int idt = E$

② 초기조건 : $i=0$일 때 $i=0$

③ 비진동상태 : $R^2 > 4\frac{L}{C}$

④ 임계상태 : $R^2 = 4\frac{L}{C}$

⑤ 진동상태 : $R^2 < 4\frac{L}{C}$ 문03 보기③

★★
문제 03 $R-L-C$ 직렬회로에 $t=0$에서 교류전압 $v(t) = V_m\sin(\omega t+\theta)$를 가할 때 $R^2 - 4\frac{L}{C} < 0$ 이면 이 회로는?

① 비진동적이다. ② 임계적이다. ③ 진동적이다. ④ 비감쇠진동이다.

해설 진동상태 : $R^2 < 4\frac{L}{C}$이므로

$R^2 - 4\frac{L}{C} < 0$

답 ③

※ 스위치
전기 또는 전자회로를 이었다 또는 끊었다 하는 기구, 개폐기라고도 한다.

※ 비진동상태
전류가 시간에 따라 증가하다가 점차 감소하는 상태

※ 임계상태
전류가 시간에 따라 증가하다가 어느 시각에 최대값으로 되고 점차 감소하는 상태

Key Point

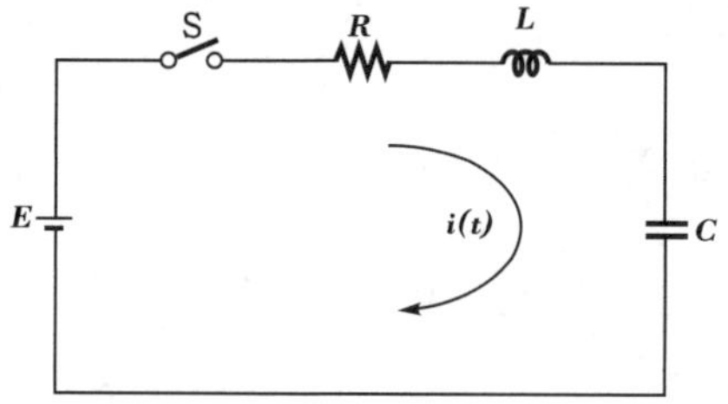

‖ RLC 직렬회로 ‖

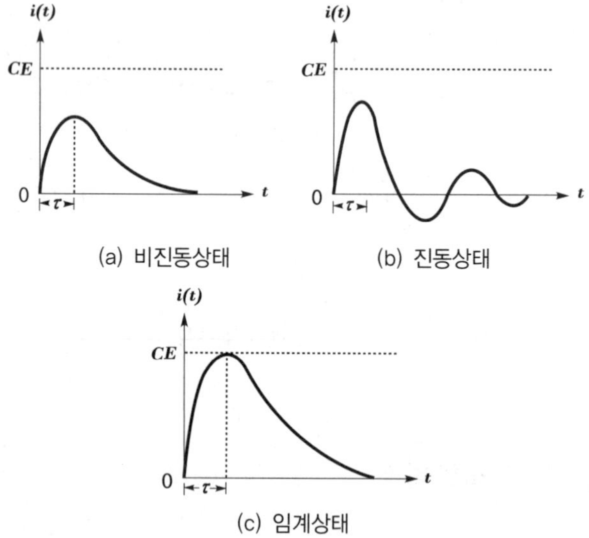

‖ RLC 직렬회로의 특성 ‖

※ 진동상태
전류가 시간에 따라 (+)값으로 증가하다가 어느 시각에 (−)값으로 감소하며 감쇠진동 특성을 갖는 상태

출제예상문제

(과도현상)

출제확률 2% (1문제)

01 그림에서 스위치 S를 닫을 때의 전류 $i(t)$〔A〕는 얼마인가?

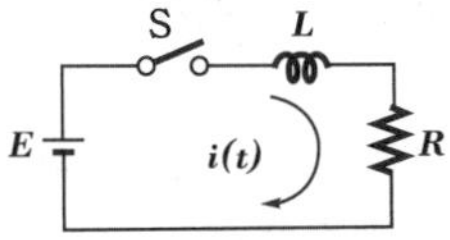

① $\frac{E}{R}e^{-\frac{R}{L}t}$　② $\frac{E}{R}\left(1-e^{-\frac{R}{L}t}\right)$

③ $\frac{E}{R}e^{-\frac{L}{R}t}$　④ $\frac{E}{R}\left(1-e^{-\frac{L}{R}t}\right)$

해설 **$R-L$ 직렬회로**에서 **스위치** S를 **닫을 때**

$$i(t)=\frac{E}{R}\left(1-e^{-\frac{R}{L}t}\right)\text{〔A〕}$$

여기서, $i(t)$: 전류〔A〕
E : 전압〔V〕
R : 저항〔Ω〕
e : 자연대수(2.718281)
L : 인덕턴스〔H〕

답 ②

02 $R-L$ 직렬회로에 계단응답 $i(t)$의 $\frac{L}{R}$〔s〕에서의 값은?

① $\frac{1}{R}$　② $\frac{0.368}{R}$

③ $\frac{0.5}{R}$　④ $\frac{0.632}{R}$

해설 문제 1 참조

$R-L$ 직렬회로에 계단응답 $i(t)$는

$$i(t)=\frac{E}{R}\left(1-e^{-\frac{R}{L}t}\right)\text{〔A〕}$$

$$=\frac{E}{R}\left(1-e^{-\frac{R}{L}\cdot\frac{L}{R}}\right)$$

$$=\frac{0.632}{R}E\text{〔A〕}$$

답 ④

03 $R-L$ 직렬회로에서 스위치 S를 닫아 직류전압 E〔V〕를 회로 양단에 급히 가한 후 $\frac{L}{R}$〔s〕 후의 전류 I〔A〕값은?

① $0.632\frac{E}{R}$

② $0.5\frac{E}{R}$

③ $0.368\frac{E}{R}$

④ $\frac{E}{R}$

해설 문제 2 참조

답 ①

04 $R-L$ 직렬회로에 직류전압 10V(E)를 가했을 때 0.01s(t) 후의 전류($i(t)$)는 몇 A인가? (단, R=10Ω, L=0.1H이다.)

① 0.632　② 0.368

③ 0.0632　④ 0.0368

해설 문제 2 참조

(1) 기호

- E : 10V
- t : 0.01s
- $i(t)$: ?
- R : 10Ω
- L : 0.1H

(2) 스위치 S를 닫을 때

$$i(t)=\frac{E}{R}\left(1-e^{-\frac{R}{L}t}\right)=\frac{10}{10}\left(1-e^{-\frac{10}{0.1}\times 0.01}\right)$$

$$=0.632\text{A}$$

답 ①

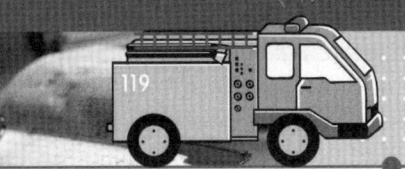

★
05 $R-L$ 직렬회로에서 그의 양단에 직류전압 E를 연결 후 스위치 S를 개방하면 $\frac{L}{R}$[s] 후의 전류값〔A〕은?

① $\frac{E}{R}$

② $0.5\frac{E}{R}$

③ $0.368\frac{E}{R}$

④ $0.632\frac{E}{R}$

해설 **$R-L$ 직렬회로**에서 **스위치 S를 열 때**

$$\text{전류 } i=\frac{E}{R}e^{-\frac{R}{L}t}\text{〔A〕}$$

여기서, E : 전압〔V〕
R : 저항〔Ω〕
e : 자연대수
L : 인덕턴스〔H〕

스위치 S를 열 때

$$i(t)=\frac{E}{R}e^{-\frac{R}{L}t}=\frac{E}{R}e^{-\frac{R}{L}\cdot\frac{L}{R}}=0.368\frac{E}{R}\text{〔A〕}$$

• **자연대수** : $e=2.718281$을 밑으로 하는 대수

답 ③

★
06 $R_i(t)+L\frac{di(t)}{dt}=E$의 계통방정식에서 정상전류는?

① 0 ② $\frac{E}{RL}$

③ $\frac{E}{R}$ ④ E

해설 **정상상태**에서는 L 성분은 없어지고 R **성분**만 남는다.

• 정상상태에서는 C성분도 없어진다.

답 ③

★
07 $i=I_0+t_e^{-at}$의 정상값은?

① 부정 ② ∞

③ I_0 ④ t_e^{-at}

해설 $i=I_0+t_e^{-at}$의 정상값은 $i=I_0$

$i=I_0+t_e^{-at}$
↗ ↖
정상값 과도상태의 값

답 ③

★
08 그림과 같은 회로에서 정상전류값 i_s〔A〕는? (단, $t=0$에서 스위치 S를 닫았다.)

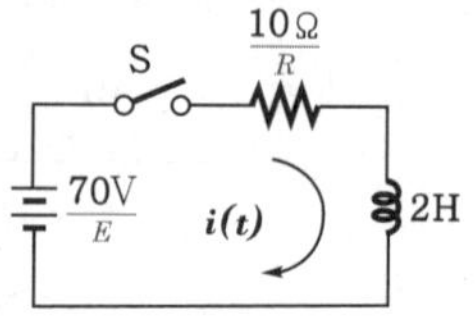

① 0 ② 7

③ 35 ④ −35

해설 문제 6 참조

(1) 기호

• i_s : ?
• R : 10Ω
• E : 70V

(2) 정상전류

$$i_s=\frac{E}{R}$$

여기서, i_s : 정상전류〔A〕
E : 전압〔V〕
R : 저항〔Ω〕

정상전류 i_s는

$$i_s=\frac{E}{R}=\frac{70}{10}=7\text{A}$$

답 ②

★
09 그림에서 스위치 S를 열 때 흐르는 전류 $i(t)$〔A〕는 얼마인가?

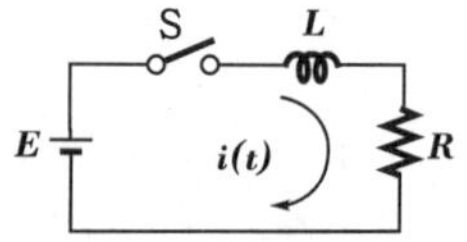

① $\frac{E}{R}e^{-\frac{R}{L}t}$ ② $\frac{E}{R}e^{\frac{R}{L}t}$

③ $\frac{E}{R}\left(1-e^{\frac{R}{L}t}\right)$ ④ $\frac{E}{R}\left(1-e^{-\frac{R}{L}t}\right)$

해설 문제 5 참조
스위치 S를 열 때

$i(t)=\frac{E}{R}e^{-\frac{R}{L}t}$ [A]

답 ①

★★★
10 저항 R과 인덕턴스 L의 직렬회로에서 시정수는?

① RL ② $\frac{L}{R}$

③ $\frac{R}{L}$ ④ $\frac{L}{Z}$

해설 ***R*－*L* 직렬회로**

$$\tau=\frac{L}{R}\text{[s]}$$

여기서, τ : 시정수[s]
L : 인덕턴스[H]
R : 저항[Ω]

답 ②

★★
11 $R-C$ 직렬회로의 시정수 τ[s]는?

① RC ② $\frac{1}{RC}$

③ $\frac{C}{R}$ ④ $\frac{R}{C}$

해설 ***R*－*C* 직렬회로**

$$\tau=RC\text{[s]}$$

여기서, τ : 시성수[s]
R : 저항[Ω]
C : 정전용량[F]

답 ①

★
12 직류 $R-L$ 병렬회로의 시정수 τ[s]는?

① $\frac{R}{L}$

② $\frac{L}{R+r}$

③ $\frac{L}{R}$

④ RC

해설 ***R*－*L* 병렬회로**

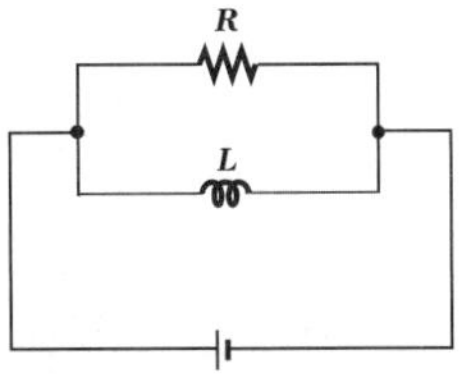

$$\tau=\frac{L}{R+r}\text{[s]}$$

여기서, τ : 시정수[s]
L : 인덕턴스[H]
R : 저항[Ω]
r : 인덕턴스의 저항성분[Ω]

답 ②

★
13 R_1, R_2 저항 및 인덕턴스 L의 직렬회로가 있다. 이 회로의 시정수는?

① $-\frac{(R_1+R_2)}{L}$ ② $\frac{(R_1+R_2)}{L}$

③ $\frac{-L}{(R_1+R_2)}$ ④ $\frac{L}{R_1+R_2}$

해설 문제 10 참조
RL 직렬회로

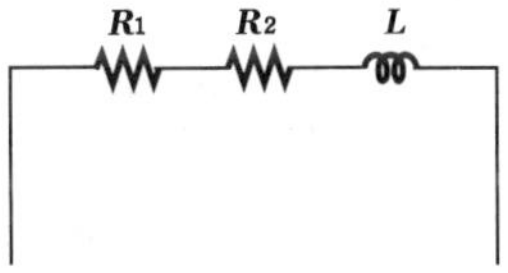

시정수 $\tau=\frac{L}{R}=\frac{L}{R_1+R_2}$[s]

답 ④

★
14 다음 중 초[s]의 차원을 갖지 않는 것은 어느 것인가? (단, R은 저항, L은 인덕턴스, C는 커패시턴스이다.)

① RC

② RL

③ $\frac{L}{R}$

④ $\sqrt{LC}$

해설 [s]차원을 갖는 것은 **시정수**이다.

중요

시정수

$$\tau = RC$$
$$\tau = \frac{L}{R}$$
$$\tau = \sqrt{LC}$$

여기서, τ : 시정수〔s〕
R : 저항〔Ω〕
C : 정전용량〔F〕
L : 인덕턴스〔H〕

답 ②

★
15 그림과 같은 회로에 대한 서술에서 잘못된 것은?

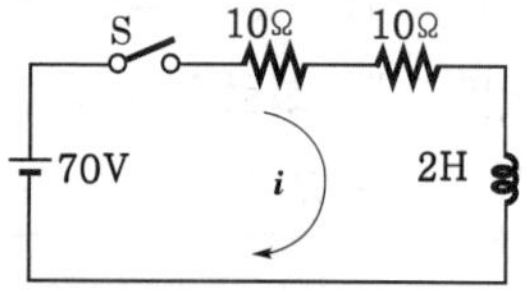

① 이 회로에서 시정수는 0.1s이다.
② 이 회로의 특성근은 −10이다.
③ 이 회로의 특성근은 +10이다.
④ 정상전류값은 3.5A이다.

해설

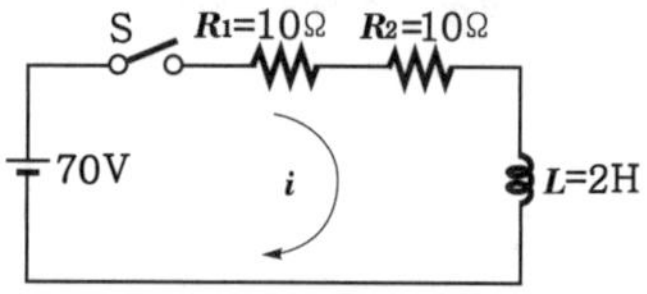

시정수

$$\tau = -\frac{1}{\alpha}$$

여기서, τ : 시정수〔s〕
α : 특성근$\left[\frac{1}{s}\right]$

특성근 α는

$$\alpha = -\frac{1}{\tau} = -\frac{1}{\frac{L}{R}} = -\frac{R}{L}$$

특성근 $\alpha = -\frac{R}{L} = -\frac{R_1+R_2}{L}$

$$= -\frac{10+10}{2} = -10$$

답 ③

★
16 그림과 같은 회로에서 특성근 및 시정수〔s〕 값은?

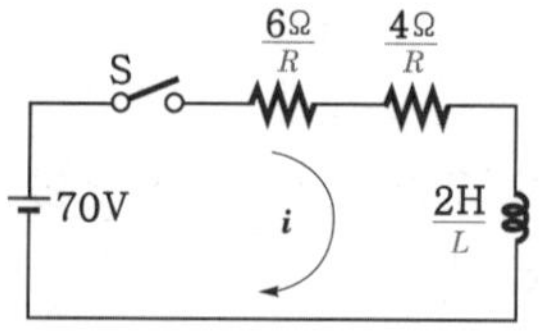

① ㉠ −5, ㉡ 0.2
② ㉠ −10, ㉡ 0.3
③ ㉠ +5, ㉡ −0.2
④ ㉠ +10, ㉡ −0.3

해설 **문제 10, 15 참조**

(1) **기호**

- R : 6+4Ω
- L : 2H

(2) **특성근** α는

$$\alpha = -\frac{R}{L} = -\frac{6+4}{2} = -5$$

(3) **시정수** τ는

$$\tau = \frac{L}{R} = \frac{2}{6+4} = 0.2\text{s}$$

답 ①

★
17 그림과 같은 회로에 전압 $V = \sqrt{2}\ V \sin\omega t$〔V〕를 인가하였다. 다음 중 옳은 것은?

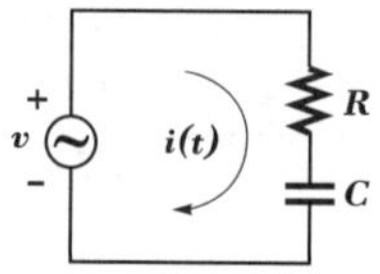

① 역률 : $\cos\theta = \frac{R}{\sqrt{R^2 + \omega C^2}}$

② i의 실효치 : $I = \frac{V}{\sqrt{R^2 + \omega C^2}}$

③ 전압과 전류의 위상차 : $\theta = \tan^{-1}\frac{R}{\omega C}$

④ 전압평형방정식 : $Ri + \frac{1}{C}\int i\,dt$
$= \sqrt{2}\ V\sin\omega t$

해설 ① $\cos\theta = \frac{R}{\sqrt{R^2 + \left(\frac{1}{\omega C}\right)^2}}$

② $I = \frac{V}{\sqrt{R^2 + \left(\frac{1}{\omega C}\right)^2}}$ [A]

③ $\theta = \tan^{-1}\frac{1}{\omega CR}$ [rad]

④ $Ri + \frac{1}{C}\int i\,dt = \sqrt{2}\ V\sin\omega t$

답 ④

★

18 **그림과 같이 저항 R_1, R_2 및 인덕턴스 L의 직렬회로가 있다. 이 회로에 대한 서술에서 올바른 것은?**

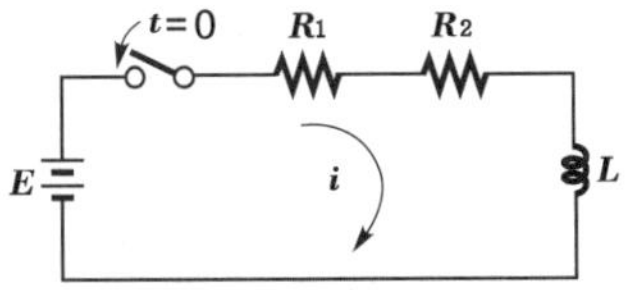

① 이 회로의 시정수는 $\frac{L}{R_1 + R_2}$ [s]이다.

② 이 회로의 특성근은 $\frac{R_1 + R_2}{L}$ 이다.

③ 정상전류값은 $\frac{E}{R_2}$ 이다.

④ 이 회로의 전류값은

$i(t) = \frac{E}{R_1 + R_2}\left(1 - e^{-\frac{L}{R_1 + R_2}t}\right)$ 이다.

해설 ① 시정수 $\tau = \frac{L}{R_1 + R_2}$ [s]

② 특성근 $\alpha = -\frac{R_1 + R_2}{L}$

③ 정상전류 $i = \frac{E}{R_1 + R_2}$ [A]

④ $i(t) = \frac{E}{R_1 + R_2}\left(1 - e^{-\frac{R_1 + R_2}{L}t}\right)$

답 ①

★

19 **회로방정식에서 특성근과 회로의 시정수에 대하여 옳게 서술된 것은?**

① 특성근과 시정수는 같다.

② 특성근의 역과 회로의 시정수는 같다.

③ 특성근의 절대값의 역과 회로의 시정수는 같다.

④ 특성근과 회로의 시정수는 서로 상관되지 않는다.

해설 **시정수**

$$\tau = -\frac{1}{\alpha} = \left|\frac{1}{\alpha}\right|$$

여기서, τ : 시정수[s]

α : 특성근

답 ③

★

20 **$R-L$ 직렬회로에서 시정수의 값이 클수록 과도현상의 소멸되는 시간은 어떻게 되는가?**

① 짧아진다.

② 길어진다.

③ 과도기가 없어진다.

④ 관계없다.

해설 $R-L$ 직렬회로에서 **시정수**의 **값이 클수록 과도상태**는 **길어진다.**

답 ②

★

21 **$R-L-C$ 직렬회로에서 시정수의 값이 작을수록 과도현상이 소멸되는 시간은 어떻게 되는가?**

① 짧아진다.

② 관계없다.

③ 길어진다.

④ 과도상태가 없다.

해설 **문제 20 참조**

- 시정수의 값이 작을수록 **과도상태**는 짧아진다.

답 ①

★
22 **전기회로에서 일어나는 과도현상은 그 회로의 시정수와 관계가 있다. 이 사이의 관계를 옳게 표현한 것은?**

① 회로의 시정수가 클수록 과도현상은 오랫동안 지속된다.

② 시정수는 과도현상의 지속시간에는 상관되지 않는다.

③ 시정수의 역이 클수록 과도현상은 천천히 사라진다.

④ 시정수가 클수록 과도현상은 빨리 사라진다.

해설 **문제 20 참조**

① 회로의 **시정수**가 **클수록 과도현상**은 **오랫동안 지속**된다.

답 ①

★
23 **$R-C$ 직렬회로의 과도현상에 대하여 옳게 설명된 것은?**

① $R-C$ 값이 클수록 과도전류값은 천천히 사라진다.

② $R-C$ 값이 클수록 과도전류값은 빨리 사라진다.

③ 과도전류는 $R-C$ 값에 관계가 없다.

④ $\frac{1}{RC}$의 값이 클수록 과도전류값은 천천히 사라진다.

해설 **문제 20 참조**

$R-C$ 직렬회로에서 시정수의 값이 클수록 과도상태는 길어진다.

답 ①

★
24 **다음은 과도현상에 관한 기술이다. 틀린 것은?**

① $R-L$ 직렬회로의 시정수는 $\frac{L}{R}$이다.

② $R-C$ 직렬회로에서 E_0로 충전된 콘덴서를 방전시킬 경우, $t=RC$에서 콘덴서의 단자전압은 $0.632E_0$이다.
$0.368E_0$

③ 정현파 교류회로에서는 전원을 넣을 때의 위상을 조절함으로써 과도현상의 영향을 제거할 수 있다.

④ 전원이 직류 기전력인 때에도 회로의 전류가 정현파로 될 수도 있다.

답 ②

★
25 **$C_1=1\mu$F, $C_2=1\mu$F, $R=2$MΩ일 때 C_1의 초기충전전압은 10V이다. SW를 닫으면 방전을 하게 되는데 이 SW를 닫은 후 시간이 충분히 경과하면 C_2 양단에 걸리는 전압은 몇 〔V〕인가?**

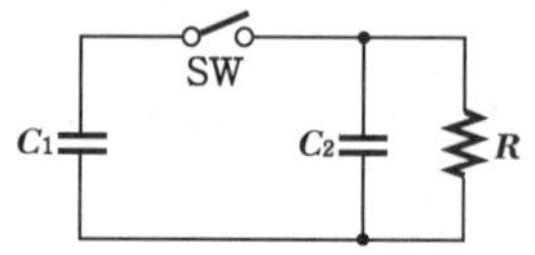

① 0

② 2

③ 5

④ 10

해설 $C_1=C_2=1\mu$F으로 값이 같으므로 SW를 닫은 후 시간이 충분히 경과하면 C_2 양단에 걸리는 전압은 0V가 된다.

답 ①

★

26 그림의 회로에서 스위치 S를 닫을 때 콘덴서의 초기전하를 무시하고 회로에 흐르는 전류를 구하면?

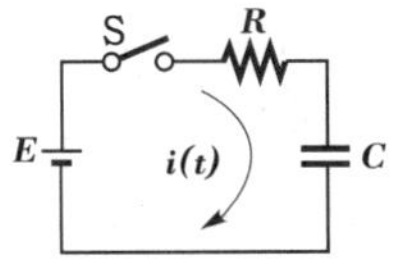

① $\frac{E}{R}e^{\frac{C}{R}t}$　② $\frac{E}{R}e^{\frac{R}{C}t}$

③ $\frac{E}{R}e^{-\frac{1}{CR}t}$　④ $\frac{E}{R}e^{\frac{1}{CR}t}$

해설 **$R-C$ 직렬회로**에서 **스위치** S를 **닫을 때**

$$i(t)=\frac{E}{R}e^{-\frac{1}{RC}t}\text{[A]}$$

여기서, E : 전압[V]
R : 저항[Ω]
e : 자연대수
C : 정전용량[F]

답 ③

★

27 다음 $R-L-C$ 직렬회로에 $t=0$ 에서 교류전압 $v(t)=V_m\sin(\omega t+\theta)$를 가할 때 $R^2-4\frac{L}{C}>0$이면 이 회로는?

① 비진동적이다.
② 임계적이다.
③ 진동적이다.
④ 비감쇠진동이다.

해설 **RLC 직렬회로(스위치 S를 닫을 때)**

① 비진동상태 : $R^2>4\frac{L}{C}$
② 임계상태 : $R^2=4\frac{L}{C}$
③ 진동상태 : $R^2<4\frac{L}{C}$

여기서, R : 저항[Ω], L : 인덕턴스[H],
C : 정전용량[F]

비진동상태 : $R^2>4\frac{L}{C}$이므로

$R^2-4\frac{L}{C}>0$

답 ①

★

28 $R-L-C$ 직렬회로에서 진동조건은 어느 것인가?

① $R<2\sqrt{\frac{C}{L}}$
② $R<2\sqrt{\frac{L}{C}}$
③ $R<2\sqrt{LC}$
④ $R<\frac{1}{2\sqrt{LC}}$

해설 **문제 27 참조**

진동상태 : $R^2<4\frac{L}{C}$이므로

$R<\sqrt{4\frac{L}{C}}=2\sqrt{\frac{L}{C}}$

$\therefore\ R<2\sqrt{\frac{L}{C}}$

답 ②

★

29 $R-L-C$ 직렬회로에서 회로저항값이 다음의 어느 값이어야 이 회로가 임계적으로 제동되는가?

① $\sqrt{\frac{L}{C}}$
② $2\sqrt{\frac{L}{C}}$
③ $\frac{1}{\sqrt{CL}}$
④ $2\sqrt{\frac{C}{L}}$

해설 **문제 27 참조**

임계상태 : $R^2=4\frac{L}{C}$에서 $R=2\sqrt{\frac{L}{C}}$

답 ②

★

30 그림과 같이 $R-L-C$ 직렬회로에서 발생되는 과도현상이 진동이 되지 않는 조건은 어느 것인가?

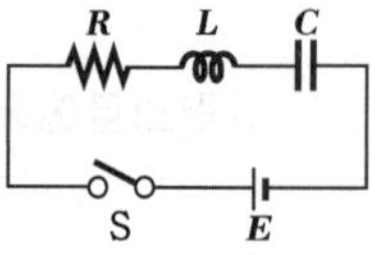

① $\left(\frac{R}{2L}\right)^2 - \frac{1}{LC} < 0$

② $\left(\frac{R}{2L}\right)^2 - \frac{1}{LC} > 0$

③ $\left(\frac{R}{2L}\right)^2 = \frac{1}{LC}$

④ $\frac{R}{2L} = \frac{1}{LC}$

해설 **문제 27 참조**

비진동상태 : $R^2 - 4\frac{L}{C} > 0$에서

$\frac{R^2}{4L^2} - 4\frac{L}{C} \times \frac{1}{4L^2} > 0$

$\therefore \left(\frac{R}{2L}\right)^2 - \frac{1}{LC} > 0$

답 ②

★

31 $R-L-C$ 직렬회로에서 $R=100\Omega$, $L=0.1\times10^{-3}$H, $C=0.1\times10^{-6}$F일 때 이 회로는?

① 진동적이다.

② 비진동이다.

③ 정현 진동이다.

④ 진동일 수도 있고 비진동일 수도 있다.

해설 **문제 27 참조**

(1) **기호**

- R : 100Ω
- L : 0.1×10^{-3}H
- C : 0.1×10^{-6}H

(2) $R^2 - 4\frac{L}{C} = 100^2 - \frac{4\times0.1\times10^{-3}}{0.1\times10^{-6}}$

$= 6000 > 0$

∴ **비진동상태**이다.

답 ②

CHAPTER 04

소방관련 전기공사재료 및 전기제어

1. 소방관련 전기공사재료

출제확률 2.5% (1문제)

1 간선설비

1 전선의 굵기를 결정하는 3요소

① 허용전류 문01 보기①
② 전압강하 문01 보기②
③ 기계적 강도 문01 보기③

★★★
문제 01 옥내배선의 지름을 결정하는 가장 중요한 요소는?
① 허용전류 ② 전압강하
③ 기계적 강도 ④ 옥내구조

해설 전선굵기의 선정조건 중 가장 중요한 것은 **허용전류**이다.

답 ①

2 전선 단면적의 계산

‖ 전선 단면적 ‖

전기방식	전선 단면적
단상2선식	$A=\frac{35.6LI}{1000e}$
3상3선식	$A=\frac{30.8LI}{1000e}$
단상3선식, 3상4선식	$A=\frac{17.8LI}{1000e'}$

여기서, A : 전선의 단면적[mm^2]
L : 선로길이[m]
I : 전부하전류[A]
e : 각 선간의 전압강하[V]
e' : 각 선간의 1선과 중성선 사이의 전압강하[V]

3 전선의 종류

① 절연전선

- **HFIX 전선** : 450/750V 저독성 난연 가교 폴리올레핀 절연전선
- **RB 전선** : 600V 고무절연전선
- **DV 전선** : 인입용 비닐절연전선
- **OW 전선** : 옥외용 비닐절연전선

Key Point

＊ 허용전류
전선의 성능을 손상시키지 않고 연속하여 흘릴 수 있는 전류의 한도

＊ 전압강하
입력전압과 출력전압의 차

＊ 전압강하율
전압강하를 출력전압으로 나누어 %로 표시한 것

$$\varepsilon=\frac{V_S-V_R}{V_R}\times 100\%$$

여기서, V_S : 입력전압[V]
V_R : 출력전압[V]

＊ 최고허용온도
HFIX 전선 : 90℃

Key Point

② 전력용 케이블

- **CV 케이블** : 가교 폴리에틸렌 절연비닐 외장케이블
- **EV 케이블** : 폴리에틸렌 절연비닐 외장케이블
- **BN 케이블** : 부틸 고무 절연클로로프렌 외장케이블
- **RN 케이블** : 고무 절연클로로프렌 외장케이블
- **VV 케이블** : 비닐 절연비닐 외장케이블

③ 특수 케이블

GV 전선 : 접지용 비닐전선

※ 접지
선로나 전기기기와 대지 사이에 회로를 만드는 것

4 접지시스템(KEC 140)

접지 대상	접지시스템 구분	접지시스템 시설 종류	접지도체의 단면적 및 종류
특고압 · 고압 설비	• 계통접지 : 전력계통의 이상현상에 대비하여 대지와 계통을 접지하는 것 문02 보기①	• 단독접지 • 공통접지 • 통합접지	$6mm^2$ 이상 연동선
일반적인 경우	• 보호접지 : 감전보호를 목적으로 기기의 한 점 이상을 접지하는 것 문02 보기②	• 변압기 중성점 접지	구리 $6mm^2$ (철제 $50mm^2$) 이상
변압기	• 피뢰시스템 접지 : 뇌격전류를 안전하게 대지로 방류하기 위해 접지하는 것 문02 보기③		$16mm^2$ 이상 연동선

★★★

문제 02 접지시스템의 구분방법으로 옳지 않은 것은?

① 계통접지 ② 보호접지
③ 피뢰시스템 접지 ④ 이상접지

해설

접지 대상	접지시스템 구분	접지시스템 시설 종류	접지도체의 단면적 및 종류
특고압 · 고압 설비	• 계통접지 : 전력계통의 이상현상에 대비하여 대지와 계통을 접지하는 것	• 단독접지 • 공통접지 • 통합접지	$6mm^2$ 이상 연동선
일반적인 경우	• 보호접지 : 감전보호를 목적으로 기기의 한 점 이상을 접지하는 것	• 변압기 중성점 접지	구리 $6mm^2$ (철제 $50mm^2$) 이상
변압기	• 피뢰시스템 접지 : 뇌격전류를 안전하게 대지로 방류하기 위해 접지하는 것		$16mm^2$ 이상 연동선

답 ④

※ 접지공사의 노출시공

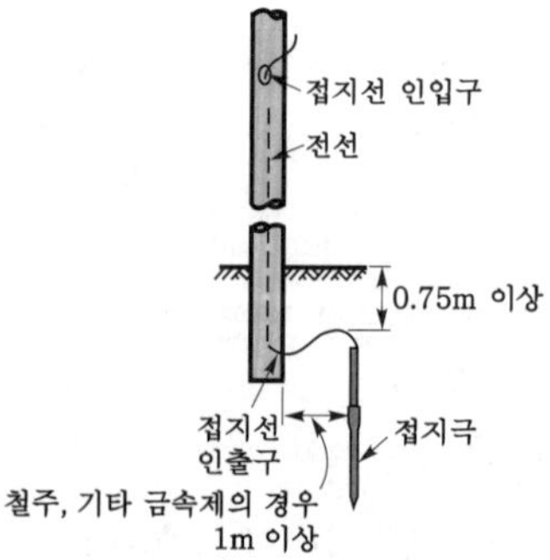

▮ 접지극의 매설(KEC 142.2.3) ▮

Key Point

✻ 전선관과 같은 의미
금속관

5 전선관의 산정

접지선을 포함한 케이블 또는 절연도체의 내부 단면적(피복절연물 포함)이 **금속관, 합성수지관, 가요전선관 등 전선관 단면적**의 $\frac{1}{3}$을 초과하지 않도록 할 것(KSC IEC/TS 61200-52의 521.6 표준 적용, KEC 핸드북 p.301, p.306, p.313)

$$\text{후강전선관 굵기 } D \geq \sqrt{\text{전선단면적(피복절연물 포함)} \times \text{가닥수} \times \frac{4}{\pi} \times 3}$$

여기서, D : 후강전선관 굵기(내경)〔mm〕

박강전선관 굵기

$$D \geq \sqrt{\text{전선단면적(피복절연물 포함)} \times \text{가닥수} \times \frac{4}{\pi} \times 3} + (2 \times \text{배관두께})$$

여기서, D : 박강전선관 굵기(외경)〔mm〕

6 전동기 용량의 산정

$$P\eta t = 9.8KHQ$$ 문03 보기②

여기서, P : 전동기 용량〔kW〕, η : 효율
t : 시간〔s〕, K : 여유계수
H : 전양정〔m〕, Q : 양수량〔m^3〕

★★★
문제 03 펌프의 분당 토출량 $\underset{Q}{\underline{700l/\text{min}}}$, 양정 $\underset{H}{\underline{72\text{m}}}$인 소화전펌프에 사용되는 전동기의 $\underset{P}{\underline{\text{용량}}}$은 최소 몇 kW가 필요한가? (단, 펌프효율 $\underset{\eta}{\underline{0.6}}$이고, 전달계수는 $\underset{K}{\underline{1.1}}$이다.)

17회 문108
12회 문 26
08회 문102

유사문제부터 풀어보세요. 실력이 팍!팍! 올라갑니다.

① 12　② 15　③ 18　④ 21

해설 (1) 기호
- Q : 700 l/min
- H : 72m
- P : ?
- η : 0.6
- K : 1.1

(2)
$$P\eta t = 9.8KHQ$$

$1l/\text{min} = 10^{-3}\text{m}^3/\text{min}$

$$P = \frac{9.8KHQ}{\eta t} = \frac{9.8 \times 1.1 \times 72 \times 700 \times 10^{-3}}{0.6 \times 60} = 15.09 ≒ 15\text{kW}$$

답 ②

✻ 회전속도

$$N = \frac{120f}{P}(1-s)\text{〔rpm〕}$$

여기서, N : 회전속도〔rpm〕
P : 극수
f : 주파수〔Hz〕
s : 슬립

7 동기속도

$$N_S = \frac{120f}{P}\text{〔rpm〕}$$

여기서, N_S : 동기속도〔rpm〕, f : 주파수〔Hz〕, P : 극수

Key Point

※ **예비전원**
상용전원 고장시 또는 용량 부족시 최소한의 기능을 유지하기 위한 전원

※ **비상전원**
상용전원 정전시에 사용되는 전원

2 예비전원설비

1 자가발전기 용량의 산정

$$P_n > \left(\frac{1}{e} - 1\right) X_L P \text{〔kVA〕}$$

여기서, P_n : 발전기 정격용량〔kVA〕
e : 허용전압강하
X_L : 과도리액턴스
P : 기동용량〔kVA〕($P = \sqrt{3} \times$ 정격전압 $\times$ 기동전류)

2 발전기용 차단기의 용량

$$P_s > \frac{1.25 P_n}{X_L} \text{〔kVA〕}$$ 문04 보기③

여기서, P_n : 발전기 정격용량〔kVA〕
X_L : 과도리액턴스

★★★
문제 04 정격용량 1000kVA, 발전기 과도 리액턴스 0.2인 자가발전기의 차단기 용량〔kVA〕은?

① 5230 ② 5720
③ 6250 ④ 6830

해설
$$P_s \geq \frac{1000}{0.2} \times 1.25 = 6250\text{kVA}$$

답 ③

3 축전지설비

(1) 충전방식

충전방식	설 명
보통충전	필요할 때마다 표준시간율로 충전하는 방식
급속충전	보통 충전전류의 **2배**의 **전류**로 충전하는 방식
부동충전	전지의 자기방전을 보충함과 동시에 상용부하에 대한 전력공급은 충전기가 부담하되 부담하기 어려운 일시적인 대전류부하는 축전지가 부담하도록 하는 방식으로 **가장 많이 사용**된다.
균등충전	각 축전지의 **전위차를 보정**하기 위해 1~3월마다 10~12시간 1회 충전하는 방식
세류충전(트리클충전)	**자기방전량**만 항상 **충전**하는 방식

중요 **부동충전방식의 장점**

① 축전지의 수명이 연장된다.
② 축전지의 용량이 적어도 된다.
③ 부하변동에 대한 방전 전압을 일정하게 유지할 수 있다.
④ 보수가 용이하다.

4 2차 충전전류 및 출력

① **2차 충전전류** $= \dfrac{\text{축전지의 정격용량}}{\text{축전지의 공칭용량}} + \dfrac{\text{상시부하}}{\text{표준전압}}$ 〔A〕

② **충전기 2차출력** = 표준전압 × 2차 충전전류〔kVA〕

5 용량 산정

① 시간에 따라 방전전류가 일정한 경우

$$C = \frac{1}{L}KI \text{〔Ah〕}$$ 문05 보기③

★★
문제 05 유도등 20W 30등, 40W 70등의 점등에 필요한 축전지의 용량은 다음 조건에서 몇 Ah인가?

[조건] ● 유도등의 사용전압 : 220V
● 용량환산시간 : 1.22
● 경년 용량저하율 : 0.8

① 15.45Ah ② 25.45Ah
③ 23.56Ah ④ 24.56Ah

해설
$$I = \frac{P}{V} = \frac{(20\times30)+(40\times70)}{220} = 15.454 ≒ 15.45\text{A}$$
$$C = \frac{1}{L}KI = \frac{1}{0.8}\times1.22\times15.45 = 23.561 ≒ 23.56\text{Ah}$$

답 ③

② 시간에 따라 방전전류가 변하는 경우

$$C = \frac{1}{L}[K_1I_1 + K_2(I_2 - I_1) + K_3(I_3 - I_2) + \cdots + K_n(I_n - I_{n-1})] \text{〔Ah〕}$$

여기서, C : 25℃에서의 정격방전율 환산용량〔Ah〕
L : 용량저하율(보수율)
K : 용량환산시간〔h〕
I : 방전전류〔A〕

Key Point

※ 부동충전방식
축전지와 부하를 정류기에 병렬로 접속하여 충전과 방전을 동시에 행하는 방식

※ 공칭용량

알칼리 축전지	연축전지
5Ah	10Ah

※ 축전지의 용량

$$C = \frac{1}{L}KI \text{〔Ah〕}$$

여기서,
C : 축전지의 용량〔Ah〕
L : 용량저하율
K : 용량환산시간〔h〕
I : 방전전류〔A〕

Key Point

6 축전지 1개의 허용 최저전압

$$V=\frac{V_a+V_b}{n}\text{〔V/cell〕}$$

여기서, V_a : 부하의 허용 최저전압〔V/cell〕

V_b : 축전지와 부하간의 접속선의 전압강하〔V〕

n : 직렬로 접속한 축전지 개수

7 연축전지와 알칼리축전지의 비교

* 기전력
전류를 연속해서 흘리기 위해 전압을 연속적으로 만들어 주는 힘

구 분	연축전지	알칼리축전지
기전력	2.05~2.08V	1.32V
공칭전압	2.0V	1.2V
공칭용량	10Ah	5Ah
충전시간	길다.	짧다.
수명	5~15년	15~20년
종류	클래드식, 페이스트식	소결식, 포케트식

출제예상문제

(소방관련 전기공사재료)

출제확률 

(1문제)

★★★

01 전선 굵기를 선정할 때 고려하지 않아도 되는 것은 어느 것인가?

① 전압강하 ② 전력손실
③ 허용전류 ④ 지지물의 강도
해당 없음

해설 **전선굵기의 선정조건**

(1) 허용전류 **보기 ③**
(2) 전압강하 **보기 ①**
(3) 기계적 강도
(4) 전력손실 **보기 ②**

답 ④

★

02 방재반에서 200m(L) 떨어진 곳에 델류지밸브(Deluge valve)가 설치되어 있다. 델류지밸브에 부착되어 있는 솔레노이드밸브에 전류를 흘리어 밸브를 작동시킬 때 선로의 전압강하(e)는 몇 V가 되겠는가? (단, 선로의 굵기는 6mm²(A), 솔레노이드 작동전류는 1A(I)이다.)

① 1.19V ② 2.29V
③ 3.29V ④ 4.29V

해설 (1) **기호**

- L : 200m
- e : ?
- A : 6mm²
- I : 1A

(2) **전선 단면적의 계산**

전기방식	전선 단면적
단상2선식	$A=\dfrac{35.6LI}{1000e}$
3상3선식	$A=\dfrac{30.8LI}{1000e}$
단상3선식 3상4선식	$A=\dfrac{17.8LI}{1000e'}$

여기서, A : 전선의 단면적[mm²]
L : 선로길이[m]
I : 전부하전류[A]
e : 각 선간의 전압강하[V]
e' : 각 선간의 1선과 중성선 사이의 전압강하[V]

전선 단면적 A는

$$A=\frac{35.6LI}{1000e}\text{에서}$$

선로의 전압강하 e는

$$e=\frac{35.6LI}{1000A}=\frac{35.6\times 200\times 1}{1000\times 6}=1.19\text{V}$$

답 ①

★★★

03 특고압·고압 설비에서 접지도체로 연동선을 사용할 때 공칭단면적은 몇 mm² 이상 사용하여야 하는가?

① 2.5 ② 6
③ 10 ④ 16

해설 (1) **접지시스템**(KEC 140)

<table>
<tr><th>접지 대상</th><th>접지시스템 구분</th><th>접지시스템 시설 종류</th><th>접지도체의 단면적 및 종류</th></tr>
<tr><td>특고압·고압 설비</td><td rowspan="3">• 계통접지 : 전력계통의 이상현상에 대비하여 대지와 계통을 접지하는 것
• 보호접지 : 감전보호를 목적으로 기기의 한 점 이상을 접지하는 것
• 피뢰시스템 접지 : 뇌격전류를 안전하게 대지로 방류하기 위해 접지하는 것</td><td rowspan="3">• 단독접지
• 공통접지
• 통합접지
• 변압기 중성점 접지</td><td>6mm² 이상 연동선</td></tr>
<tr><td>일반적인 경우</td><td>구리 6mm² (철제 50mm²) 이상</td></tr>
<tr><td>변압기</td><td>16mm² 이상 연동선</td></tr>
</table>

(2) **접지도체에 피뢰시스템이 접속되는 경우 접지도체의 단면적**(KEC 142.3.1)

구 리	철 제
16mm² 이상	50mm² 이상

(3) **큰 고장전류가 접지도체를 통하여 흐르지 않을 경우 접지도체의 최소 단면적**(KEC 142.3.1)

구 리	철 제
6mm² 이상	50mm² 이상

답 ②

★

04 접지도체에 피뢰시스템이 접속되는 경우 접지도체로 동선을 사용할 때 공칭단면적은 몇 mm^2 이상 사용하여야 하는가?

① 4　② 6
③ 10　④ 16

해설 문제 3 참조

답 ④

★

05 구리선을 사용할 때 큰 고장전류가 접지도체를 통하여 흐르지 않을 경우, 접지도체의 최소 단면적은 몇 mm^2 이상이어야 하는가?

① 6　② 16
③ 50　④ 100

해설 문제 3 참조

답 ①

★

06 철제를 사용할 때 큰 고장전류가 접지도체를 통하여 흐르지 않을 경우 접지도체의 최소 단면적은 몇 mm^2 이상이어야 하는가?

① 6　② 16
③ 50　④ 100

해설 문제 3 참조

답 ③

★

07 접지도체를 접지극이나 접지의 다른 수단과 연결하는 것은 견고하게 접속하고 매입되는 지점에는 "안전전기연결" 라벨이 영구적으로 고정되도록 시설하여야 한다. 다음 중 매입되는 지점으로 틀린 것은?

① 접지극의 모든 접지도체 연결지점
② 외부 도전성 부분의 모든 본딩도체 연결지점
③ 주개폐기에서 분리된 주접지단자
④ 주개폐기에서 분리된 보조접지단자
해당 없음

해설 **접지도체**를 **접지극**이나 **접지**의 **다른 수단**과 **연결**하는 **경우 매입**되는 **지점**

(1) 접지극의 모든 접지도체 연결지점 보기 ①
(2) 외부 도전성 부분의 모든 본딩도체 연결지점 보기 ②
(3) 주개폐기에서 분리된 주접지단자 보기 ③

답 ④

★

08 접지도체와 접지극의 접속방법으로 틀린 것은?

① 발열성 용접　② 압착접속
③ 클램프 접속　④ 직접 접속
해당 없음

해설 **접지도체**와 **접지극**의 **접속방법**

(1) 발열성 용접 보기 ①
(2) 압착접속 보기 ②
(3) 클램프 접속 보기 ③

답 ④

★

09 양수량 Q[m^3/min], 총양정 H[m], 펌프효율 η의 양수 소방펌프용 전동기의 출력은 몇 kW인가? (단, K는 비례상수임.)

① $K\frac{QH^2}{\eta}$　② $K\frac{QH}{\eta}$
③ $K\frac{Q^2H}{\eta}$　④ $K\frac{QH^3}{\eta}$

해설

$$P\eta t = 9.8KHQ$$

여기서, P : 전동기출력[kW]
η : 효율
t : 시간[s]
K : 여유계수
H : 전양정[m]
Q : 양수량[m^3]

전동기출력 $P = \frac{9.8KHQ}{\eta t} = \frac{K'H'Q}{\eta}$ [kW]

답 ②

★

10 양수량 40m³/min(Q), 총 양정 13m(H)의 양수펌프용 전동기의 소요출력(P)〔kW〕은 약 얼마인가? (단, 펌프의 효율은 0.75(η)이다.)

① 50 ② 180
③ 113 ④ 125

해설 문제 9 참조

(1) 기호

- Q : 40m³/min
- H : 13m
- P : ?
- η : 0.75

(2) 전동기 용량산정

$P\eta t = 9.8KHQ$ 에서

$$P = \frac{9.8KHQ}{\eta t} = \frac{9.8 \times \left(\frac{40}{60}\right) \times 13}{0.75}$$

$= 113.2$ kW

1min=60s

답 ③

★

11 60Hz(f), 6극(P)인 교류발전기의 회전수(N_S)〔rpm〕는?

① 3600rpm ② 1800rpm
③ 1500rpm ④ 1200rpm

해설 (1) 기호

- f : 60Hz
- P : 6극
- N_S : ?

(2) 동기속도

$$N_S = \frac{120f}{P} \text{〔rpm〕}$$

(3) 회전속도

$$N = \frac{120f}{P}(1-S) \text{〔rpm〕}$$

여기서, f : 주파수〔Hz〕
P : 극수
S : 슬립

동기속도 N_S는

$$N_S = \frac{120f}{P} = \frac{120 \times 60}{6} = 1200\text{rpm}$$

- 문제에서 회전수는 슬립이 주어지지 않았으므로 '**동기속도**'를 의미한다. 만약 문제에서 슬립이 주어졌다면 '**회전속도**'를 의미한다고 볼 수 있다.

답 ④

★

12 기동용량이 1000kVA(P)인 유도전동기를 발전기에 연결하고자 한다. 기동시 순간 허용전압강하 20%, 발전기의 과도 리액턴스(Reactance)가 25%(X_L)라고 할 때 발전기의 용량(P_n)은 몇 kVA 이상이어야 하는가?

① 500
② 1000
③ 1500
④ 2000

해설 (1) 기호

- P : 1000kVA
- X_L : 25%
- P_n : ?

(2) **발전기**의 **정격용량**

$$P_n > \left(\frac{1}{e} - 1\right) X_L P \text{〔kVA〕}$$

여기서, P_n : 발전기 정격용량〔kVA〕
e : 허용전압강하
X_L : 과도리액턴스
P : 기동용량〔kVA〕
($P = \sqrt{3}$ ×정격전압×기동전류)

발전기 용량의 **산정**

$P_n > \left(\frac{1}{e} - 1\right) X_L P$ 〔kVA〕에서

$$P_n > \left(\frac{1}{0.2} - 1\right) \times 0.25 \times 1000 = 1000\text{kVA}$$

답 ②

★

13 70kVA의 자가발전기용 차단기의 차단용량은 몇 kVA인가? (단, 발전기 과도리액턴스는 0.25이다.)

($70kVA$: P_n, 차단용량: P_S, 0.25: X_L)

① 250kVA ② 280kVA
③ 350kVA ④ 380kVA

해설 (1) 기호

- P_n : 70kVA
- P_S : ?
- X_L : 0.25

(2) 발전기용 차단기의 용량

$$P_S > \frac{1.25P_n}{X_L} \text{[kVA]}$$

발전기용 차단기의 용량 P_S는

$$P_S = \frac{1.25}{X_L}P_n = \frac{1.25\times 70}{0.25} = 350\text{kVA}$$

답 ③

★★

14 축전지의 자기방전을 보충하는 동시에 사용부하에 대한 전력공급은 충전기가 부담하도록 하며, 충전기가 부담하기 어려운 일시적 대전류부하는 축전지로 부담하게 하는 충전방식을 무엇이라 하는가?

① 급속충전방식
② 부동충전방식
③ 균등충전방식
④ 세류충전방식

해설 **부동충전방식**
전지의 자기방전을 보충함과 동시에 상용부하에 대한 전력공급은 충전기가 부담하되 부담하기 어려운 일시적인 대전류부하는 축전지가 부담하도록 하는 방식으로 **가장 많이 사용**된다.

답 ②

★

15 자기방전량만을 항상 충전하는 충전방식은?

① 급속충전방식 ② 부동충전방식
③ 균등충전방식 ④ 세류충전방식

해설 **세류충전(트리클충전)방식**
자기방전량만을 항상 충전하는 방식

답 ④

★

16 연축전지의 정격용량 50Ah, 상시부하 5kW, 표준전압 100V인 부동충전방식의 충전기의 2차 전류는?

① 50A ② 55A
③ 60A ④ 65A

해설 **2차 충전전류**

$$= \frac{\text{축전지의 정격용량}}{\text{축전지의 공칭용량}} + \frac{\text{상시부하}}{\text{표준전압}}$$

$$= \frac{50}{10} + \frac{5\times 10^3}{100} = 55\text{A}$$

중요

공칭용량

알칼리축전지	연축전지
5Ah	10Ah

답 ②

★

17 연축전지의 정격용량 100Ah, 상시부하 5kW, 표준전압 100V이다. 부동충전방식으로 할 때 충전기 2차측의 출력[kVA]은?

① 4kVA
② 5kVA
③ 6kVA
④ 7kVA

해설 **문제 16 참조**
2차 충전전류

$$= \frac{\text{축전지의 정격용량}}{\text{축전지의 공칭용량}} + \frac{\text{상시부하}}{\text{표준전압}}$$

$$= \frac{100}{10} + \frac{5\times 10^3}{100}$$

$= 60\text{A}$

- 충전기 2차출력 = 표준전압×2차 충전전류
=100×60
=6000VA
=6kVA

답 ③

★★

18 **축전지 용량〔Ah〕계산에 고려되지 않는 사항은?**

① 축전율
② 방전전류
③ 보수율
④ 용량환산시간

해설 **축전지**의 **용량** 산출식(일반식)

$$C = \frac{1}{L} KI \text{〔Ah〕}$$

여기서, C : 25℃에서의 정격방전율 환산용량〔Ah〕
L : 용량저하율(보수율)
K : 용량환산시간〔h〕
I : 방전전류〔A〕

답 ①

Key Point

2. 전기제어

출제확률 13.5% (3문제)

※ 자동제어
제어장치에 의해 자동적으로 행해지는 제어

※ 제어
기계나 설비 등을 사용목적에 알맞도록 조절하는 것

※ 피드백제어계
① 폐-루프제어계
② 기억과 판단기구 및 검출기를 가진 제어방식

※ 대역폭
증폭기에서 고역차단 주파수와 저역차단 주파수 사이의 주파수 폭

1 자동제어계의 구성요소

1 제어계의 특징

장 점	단 점
① **정확도, 정밀도**가 높아진다. ② **대량 생산**으로 생산성이 향상된다. ③ **신뢰성**이 향상된다.	① 공장자동화로 인한 **실업률이 증가**된다. ② **시설투자비**가 많이 든다. ③ 설비의 일부가 고장시 **전 Line**에 **영향**을 미친다.

2 제어계의 종류

① 개-루프제어계

제어동작이 출력과 관계없이 순차적으로 진행되는 것으로 **구조**가 **간단**하고 경제적인 제어계를 개-루프제어계(Open loop system)라 한다.

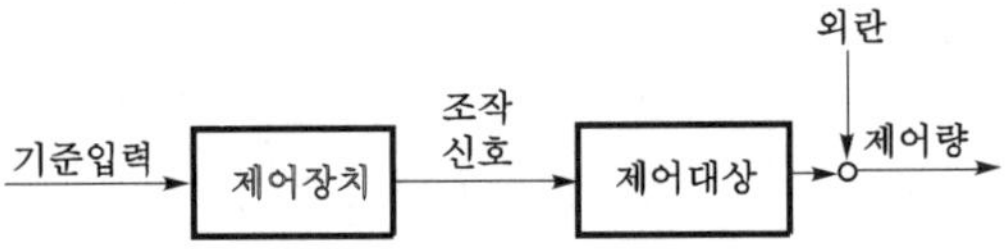

‖ 개-루프제어계 ‖

② 피드백제어계

출력신호를 입력신호로 되돌려서 제어량의 **목표값과 비교**하여 **정확**한 제어가 가능하도록 한 제어계를 **피드백제어계**(Feedback system) 또는 **폐-루프제어계**(Closed loop system)라 한다.

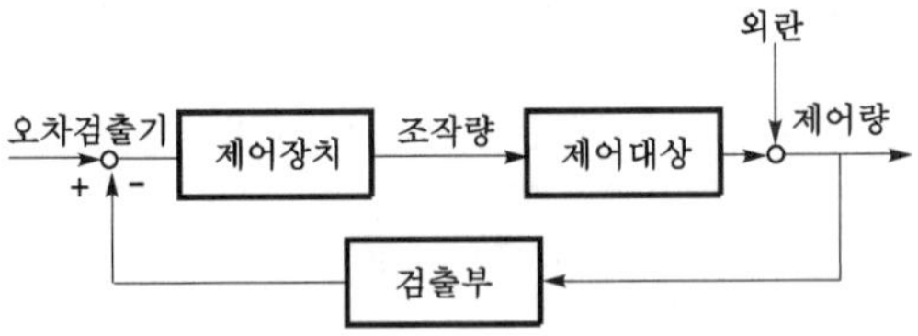

‖ 피드백제어계 ‖

3 피드백제어계의 특징

① **정확성**이 증가한다. 문01 보기①
② **대역폭**이 증가한다. 문01 보기②
③ **구조**가 **복잡**하고 **설치비**가 **많이** 든다. 문01 보기③
④ 계의 특성변화에 대한 **입력 대 출력비의 감도**가 **감소**한다. 문01 보기④

전기다리미 = 피드백제어

Key Point

문제 01 피드백제어계의 특징이 아닌 것은?

16회 문 48
11회 문 28
08회 문 31

유사문제부터 풀어보세요. 실력이 팍!팍! 올라갑니다.

① 정확성이 증가한다.
② 대역폭이 증가한다.
③ 구조가 간단하고 설치비가 저렴하다.
복잡
④ 계의 특성변화에 대한 입력 대 출력비의 감도가 감소한다.

답 ③

4 피드백제어계의 구성과 용어의 해설

① **제어대상**(Controlled system)
제어의 대상으로 제어하려고 하는 기계의 전체 또는 그 일부분

② **제어장치**(Control device)
제어를 하기 위해 제어대상에 부착되는 장치이고, **조절부**, **설정부**, **검출부** 등이 이에 해당된다.

기억법 제장검설절(대장검 설정)

③ **제어요소**(Control element)
동작신호를 조작량으로 변환하는 요소이고, **조절부**와 **조작부**로 이루어진다.

기억법 요절작

④ **제어량**(Controlled value)
제어대상에 속하는 양으로, 제어대상을 제어하는 것을 목적으로 하는 물리적인 양

⑤ **목표값**(Desired value)
제어량이 어떤 값을 취하도록 목표로서 외부에서 주어지는 값

⑥ **기준입력**(Reference input)
제어계를 동작시키는 기준으로 직접 제어계에 가해지는 신호

⑦ **기준입력장치**
목표값을 제어할 수 있는 신호로 변환하는 장치

⑧ **외란**(Disturbance)
제어량의 변화를 일으키는 신호로서 제어계의 상태를 교란하는 외적 요인

⑨ **검출부**(Detecting element)
제어대상으로부터 제어에 필요한 신호를 인출하는 부분

⑩ **조절기**(Blind type controller)
설정부, **조절부** 및 **비교부**를 합친 것

⑪ **설정부**(Set point unit)
제어하려는 목표값을 지정하는 부분

⑫ **조절부**(Controlling units)
제어계가 작용을 하는 데 필요한 신호를 만들어 조작부에 보내는 부분

＊ 제어장치
① 조절부
② 설정부
③ 검출부

＊ 조절기
① 설정부
② 조절부
③ 비교부

Key Point

※ 조작량
제어요소가 제어 대상에 주는 양

※ 프로세스제어
① 온도
② 압력
③ 유량
④ 액면

※ 서보기구
① 위치
② 방위
③ 자세

※ 정치제어
목표치가 일정하고 제어량을 그것과 같게 유지하기 위한 제어

⑬ **조작부**
제어명령을 증폭시켜 직접 제어대상을 제어시키는 부분 문02 보기③

⑭ **비교부**(Comparator)
목표값과 제어량의 신호를 비교하여 제어동작에 필요한 신호를 만들어 내는 부분

⑮ **조작량**(Manipulated value)
제어요소가 제어대상에 주는 양

⑯ **오차검출기**
제어량을 설정값과 비교하여 오차를 계산하는 장치

★★
문제 02 **제어명령을 증폭시켜 직접 제어대상을 제어시키는 부분을 무엇이라 하는가?**
① 조절부 ② 명령처리부 ③ 조작부 ④ 기준부

해설 ③ 조작부 : 제어명령을 증폭시켜 직접 제어대상을 제어시키는 부분

답 ③

5 제어량에 의한 분류

① **프로세스제어**(Process control)
제어량이 **온도**, **압력**, **유량** 및 **액면** 등과 같은 일반 공업량일 때의 제어(예 : **석유공업**, **화학공업**)

기억법 **프온압유액**

② **서보기구**(Servo mechanism)
물체의 **위치**, **방위**, **자세** 등 기계적 변위를 제어량으로 한다.

기억법 **서위방자**

③ **자동조정**(Automatic regulation)
전압, **전류**, **주파수**, **회전속도**, **장력** 등을 제어량으로 한다(예 : **발**전기의 **속**도조절기).

기억법 **자발속**

6 목표값에 의한 분류

용 어	설 명
정치제어(Fixed value control)	일정한 목표값을 유지하는 것으로 **프로세스제어**, **자동조정**이 이에 해당된다(예 : **연속식 압연기**). 문03 보기①
추종제어(Fllow－up control)	미지의 시간적 변화를 하는 목표값에 제어량을 추종시키기 위한 제어로 **서보기구**가 이에 해당된다(예 : **대공포의 포신**). 문03 보기②
비율제어(Ratio control)	둘 이상의 제어량을 소정의 비율로 제어하는 것 문03 보기③
프로그램제어(Program control) ＝프로그래밍제어	목표값이 **미리 정해진 시간적 변화**를 하는 경우 제어량을 그것에 추종시키기 위한 제어(예 : **열차 · 산업로봇의 무인운전**, **무조종사**의 **엘리베이터**) 문03 보기④ 기억법 **프시변**

Key Point

- **시**퀀스제어(Sequence control)
미리 정해진 **순**서에 따라 각 단계가 순차적으로 진행되는 제어(예 : 무인 커피판매기)

기억법 순시

★★
문제 03 대공포의 포신제어는?

① 정치제어 ② 추종제어 ③ 비율제어 ④ 프로그램제어

해설 ② 추종제어 : **대공포**의 포신

답 ②

7 제어동작에 의한 분류

연속제어	불연속제어
① 비례제어(**P동작**) : **잔류편차**(Off-set)가 있는 제어 ② 미분제어(**D동작**) : 오차가 커지는 것을 **미연에 방지**하고 **진동을 억제**하는 제어. Rate동작이라고도 한다. ③ 적분제어(**I동작**) : **잔류편차**를 **제거**하기 위한 제어 ④ 비례적분제어(**PI동작**) : **간헐현상**이 있는 제어 ⑤ 비례적분미분제어(**PID동작**)	① 2위치제어(On-off control) ② 샘플값제어(Sampled date control)

※ 잔류편차
비례제어에서 급격한 목표값의 변화 또는 외란이 있는 경우 제어계가 정상상태로 된 후에도 제어량이 목표값과 차이가 난채로 있는 것

※ 간헐현상
제어계에서 동작신호가 연속적으로 변하여도 조작량이 일정한 시간을 두고 간헐적으로 변하는 현상

2 블록선도

제어계에서 신호가 전달되는 모양을 표시하는 선도를 **블록선도**(Block diagram)라 한다.

※ 블록선도
제어계의 신호전송상태를 나타내는 계통도

※ 전달함수
모든 초기값을 0으로 하였을 때 출력신호의 라플라스 변환과 입력신호의 라플라스 변환의 비

블록선도		전달함수
	$G=\frac{C}{R}=G_1\ G_2$ 문04 보기②
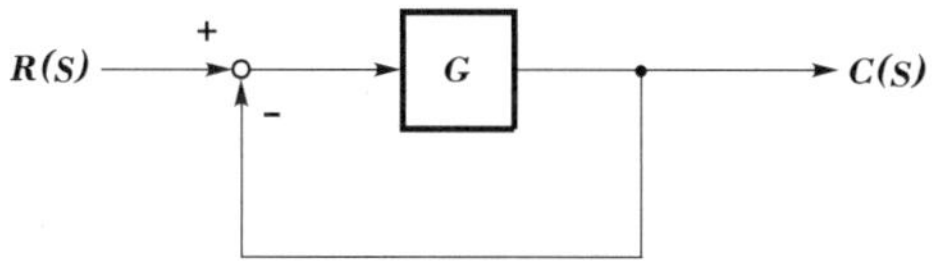	$G=\frac{C}{R}=\frac{G}{1+G}$

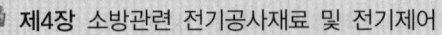

Key Point

블록선도	전달함수
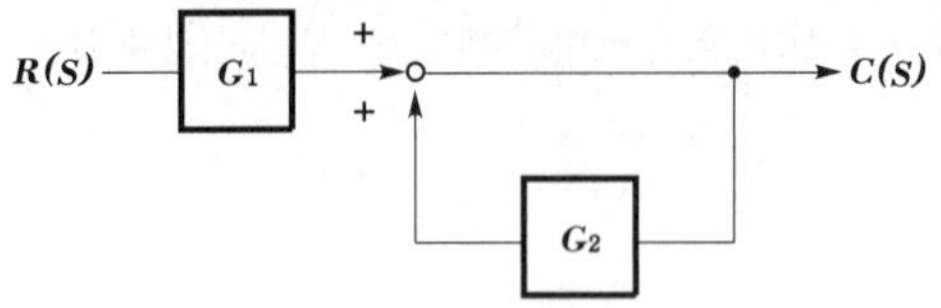	$G=\frac{C}{R}=\frac{G_1}{1-G_2}$
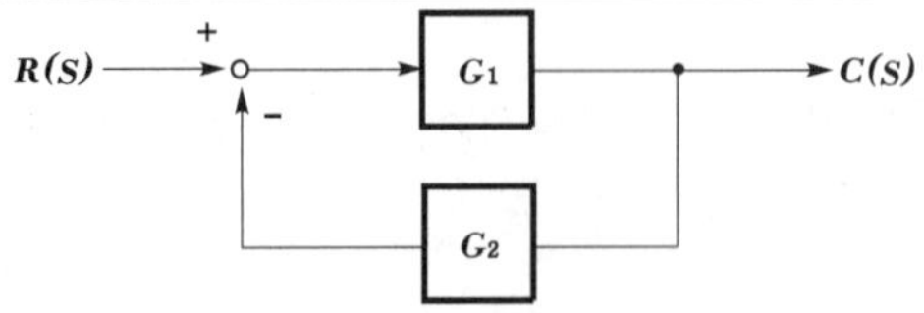	$G=\frac{C}{R}=\frac{G_1}{1+G_1G_2}$
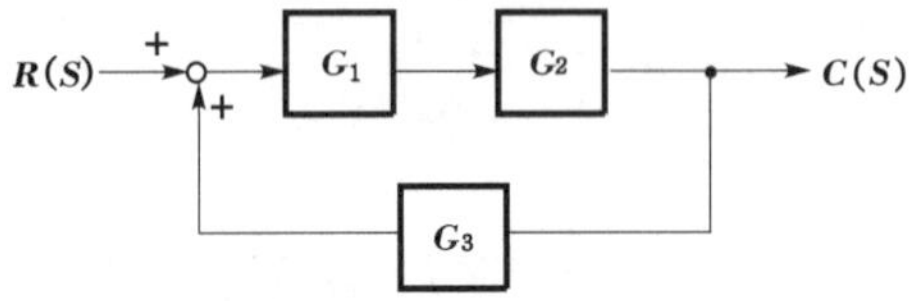	$G=\frac{C}{R}=\frac{G_1G_2}{1-G_1G_2G_3}$
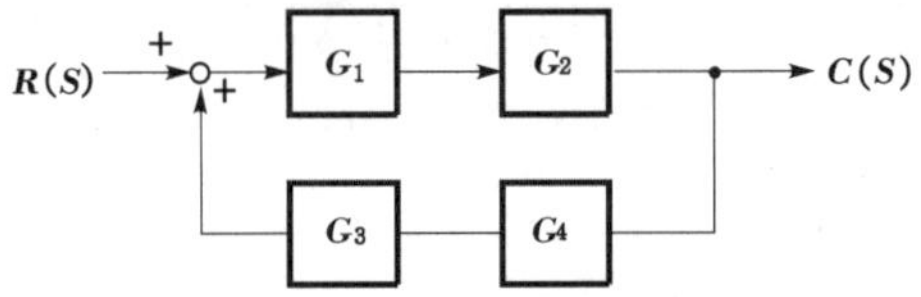	$G=\frac{C}{R}=\frac{G_1G_2}{1-G_1G_2G_3G_4}$

★★★

문제 04 그림과 같은 시스템의 등가합성 전달함수는?

14회 문 43
10회 문 43

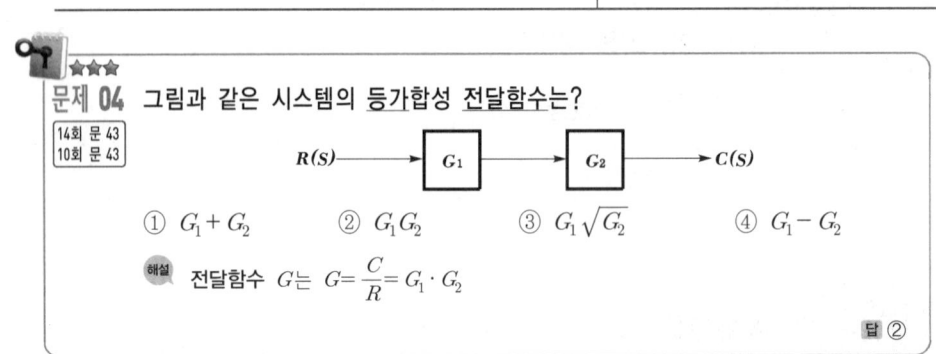

① G_1+G_2 ② G_1G_2 ③ $G_1\sqrt{G_2}$ ④ G_1-G_2

해설 전달함수 G는 $G=\frac{C}{R}=G_1\cdot G_2$

답 ②

3 시퀀스제어의 기본 심벌

번 호	명 칭	심 벌		적 요
		a접점	b접점	
1	접점(일반) 혹은 수동접점 문05 보기②			**텀블러스위치, 토글스위치**와 같이 조작을 가하면 그 상태를 그대로 유지하는 접점
2	수동조작 자동복귀접점 문05 보기③			**푸시버튼스위치**와 같이 손을 떼면 복귀하는 접점

※ a접점
평상시 열려 있는 접점으로, 일명 Make접점이라고도 부른다.

※ b접점
평상시 닫혀 있는 접점

※ 토글스위치
손으로 좌우 또는 상하로 움직여 전기회로를 개폐하는 레버형태의 스위치

번 호	명 칭	심 벌		적 요
		a접점	b접점	
3	기계적 접점 문05 보기④			**리밋스위치**와 같이 접점의 개폐가 전기적 이외의 원인에 의해서 이루어지는 것에 쓰인다.
4	조작스위치 잔류접점			–
5	계전기접점 혹은 보조스위치접점 문05 보기①			–
6	한시(限時)동작접점			**타이머**와 같이 일정시간 후 동작하는 접점
7	한시복귀접점			
8	수동복귀접점 (열동계전기 접점)			**열동계전기**와 같이 인위적으로 복귀시키는 것으로 전자석으로 복귀시키는 것도 포함된다.
9	전자접촉기접점	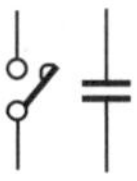	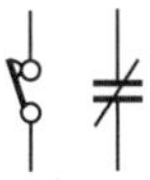	혼동될 우려가 없는 경우에는 5와 같은 심벌을 쓸 수 있다.
10	제어기접점 (드럼형 혹은 캠형)		–	그림은 한 접점을 나타낸다.

Key Point

※ 계전기의 전자코일 심벌

① 

② 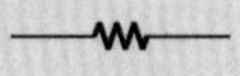

③ 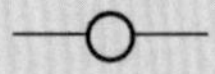

※ 타이머
미리 설정한 시간에 따라 회로를 개폐하는 동작을 하는 기기

※ 열동계전기
전동기의 과부하보호용 계전기

문제 05 다음 중 계전기접점의 심벌은?

① 

③ 

② 

④ 

해설 ① 계전기접점
② 수동접점(토글스위치)
③ 수동조작 자동복귀접점(푸시버튼스위치)
④ 기계적 접점(리밋스위치)

답 ①

Key Point

※ 불대수
여러 가지 조건의 논리적 관계를 논리기호로 나타내고 이것을 수식적으로 표현하는 방법, 논리대수라고도 한다.

4 불대수와 논리회로

1 불대수

임의의 회로에서 일련의 기능을 수행하기 위한 가장 최적의 방법을 결정하기 위하여 이를 수식적으로 표현하는 방법을 **불대수**(Boolean algebra)라 한다.

(1) 불대수의 정리

구 분	논리합	논리곱	비 고
정리 1	$X+0=X$	$X\cdot 0=0$	−
정리 2	$X+1=1$	$X\cdot 1=X$	−
정리 3	$X+X=X$	$X\cdot X=X$	−
정리 4	$X+\overline{X}=1$	$X\cdot \overline{X}=0$	−
정리 5	$X+Y=Y+X$	$X\cdot Y=Y\cdot X$	교환법칙 문06 보기①
정리 6	$X+(Y+Z)=(X+Y)+Z$	$X(YZ)=(XY)Z$	결합법칙 문06 보기④
정리 7	$X(Y+Z)=XY+XZ$	$(X+Y)(Z+W)=XZ+XW+YZ+YW$	분배법칙 문06 보기②
정리 8	$X+XY=X$	$X+\overline{X}Y=X+Y$	흡수법칙 문06 보기③

★★★
문제 06 다음 불대수의 정리는?
17회 문 47
16회 문 50

$$A+A\cdot B=A$$

① 교환법칙 ② 분배법칙 ③ 흡수법칙 ④ 결합법칙

해설 $A+A\cdot B=A$는 **흡수법칙**에 해당된다.

답 ③

※ 흡수법칙
★ 꼭 기억하세요 ★

(2) 드모르간의 정리

(정리 9) $(\overline{X+Y})=\overline{X}\cdot\overline{Y}$ $(\overline{X\cdot Y})=\overline{X}+\overline{Y}$

※ 논리회로
집적회로를 논리기호를 사용하여 알기 쉽도록 표현해 놓은 회로

※ 진리표
논리대수에 있어서 ON, OFF 또는 동작, 부동작의 상태를 1과 0으로 나타낸 표

2 논리회로

시퀀스회로와 논리회로

명 칭	시퀀스회로	논리회로	진리표
AND 회로 (**직렬회로**) 문07 보기①	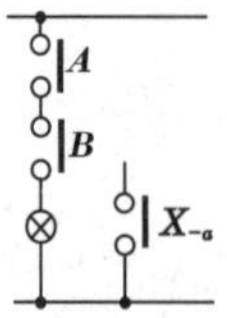	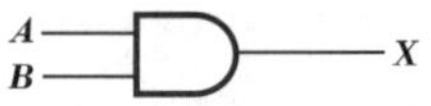 $X=A\cdot B$ 입력신호 A, B가 동시에 1일 때만 출력신호 X가 1이 된다.	A B X / 0 0 0 / 0 1 0 / 1 0 0 / 1 1 1

명 칭	시퀀스회로	논리회로	진리표
OR 회로 (**병렬회로**) 문07 보기①	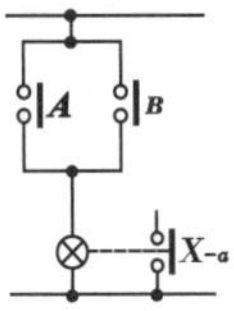	 $X=A+B$ 입력신호 A, B 중 어느 하나라도 1이면 출력신호 X가 1이 된다.	A B X: 0 0 0 / 0 1 1 / 1 0 1 / 1 1 1
NOT 회로 (b접점)	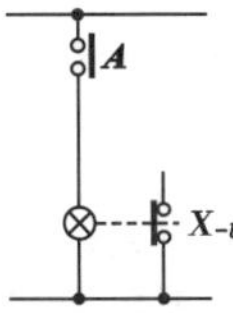	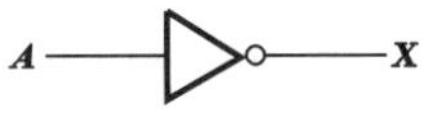 $X=\overline{A}$ 입력신호 A가 0일 때만 출력신호 X가 1이 된다.	A X: 0 1 / 1 0
NAND 회로	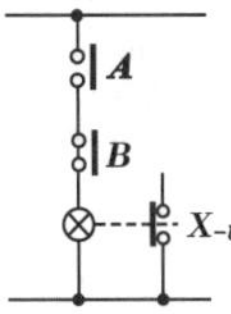	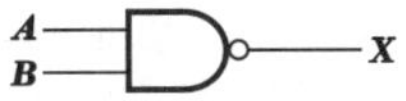 $X=\overline{A \cdot B}$ 입력신호 A, B가 동시에 1일 때만 출력신호 X가 0이 된다(AND회로의 부정).	A B X: 0 0 1 / 0 1 1 / 1 0 1 / 1 1 0
NOR 회로	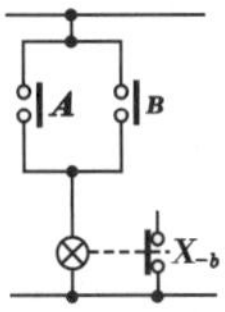	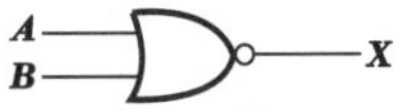 $X=\overline{A+B}$ 입력신호 A, B가 동시에 0일 때만 출력신호 X가 1이 된다(OR회로의 부정).	A B X: 0 0 1 / 0 1 0 / 1 0 0 / 1 1 0
Exclusive OR 회로	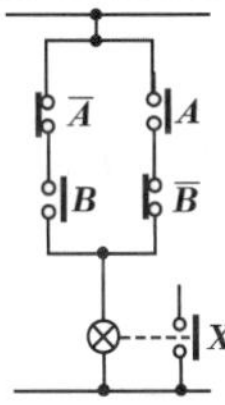	 $X=A \oplus B=\overline{A}B+A\overline{B}$ 입력신호 A, B 중 어느 한쪽만이 1이면 출력신호 X가 1이 된다.	A B X: 0 0 0 / 0 1 1 / 1 0 1 / 1 1 0
Exclusive NOR 회로	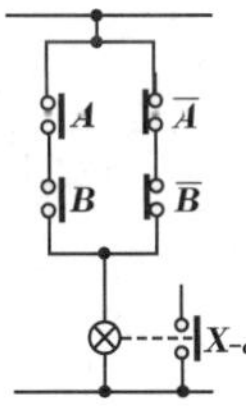	 $X=\overline{A \oplus B}=AB+\overline{A}\,\overline{B}$ 입력신호 A, B가 동시에 0이거나 1일 때만 출력신호 X가 1이 된다.	A B X: 0 0 1 / 0 1 0 / 1 0 0 / 1 1 1

Key Point

✻ OR 회로

또는

✻ NAND 회로

AND 회로의 부정

✻ NOR 회로

OR 회로의 부정

★★

문제 07 그림의 논리회로를 표시한 것으로 옳은 것은?

18회 문 37
17회 문 47
16회 문 50
15회 문 47
15회 문 50
13회 문 48

① $A \cdot B+C \cdot D$
② $(A+B) \cdot (C+D)$
③ $A \cdot B \cdot C \cdot D$
④ $A+B+C+D$

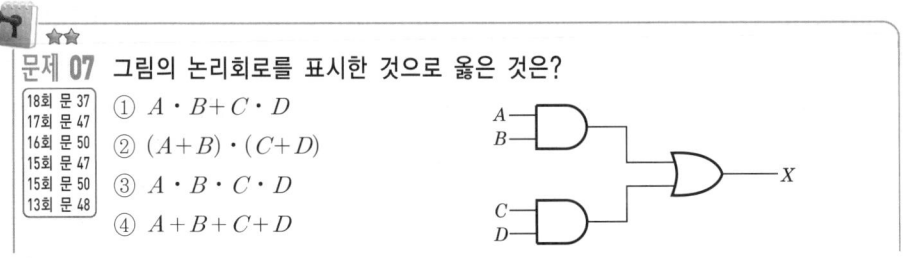

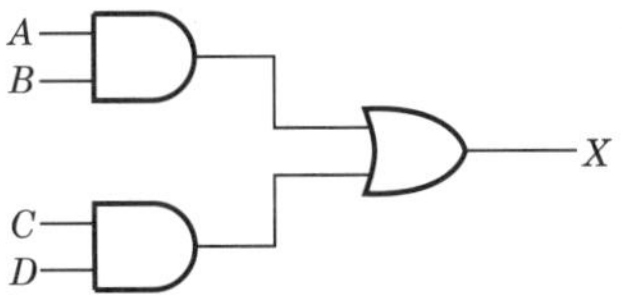

Key Point

해설 $X = A \cdot B + C \cdot D = AB + CD$

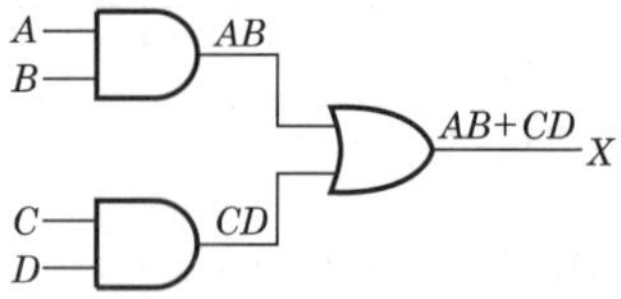

답 ①

중요 치환법

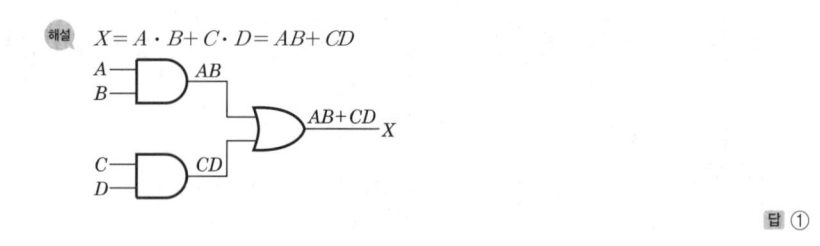

① **AND 회로 → OR 회로, OR 회로 → AND 회로**로 바꾼다.

② **버블**(Bubble)이 **있는 것**은 **없애고, 버블**이 **없는 것**은 버블을 **붙인다**.
(버블(Bubble)이란 작은 동그라미를 말한다.)

논리회로	치 환	명 칭
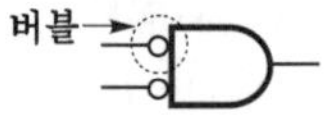	➡ 	NOR 회로
	➡ 	OR 회로
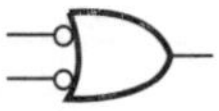	➡ 	NAND 회로
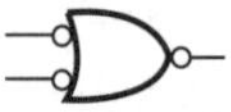	➡ 	AND 회로

5 제어장치에 필요한 기초전자회로

1 정류회로의 용어

※ **정류회로**
교류를 직류로 변환하는 회로

※ **전압변동률**
출력측에서 부하시와 무부하시의 전압의 차를 비율로 나타낸 것

① 전압변동률과 전압강하율

전압변동률 문08 보기②	전압강하율
$\delta = \dfrac{V_{R0} - V_R}{V_R} \times 100\%$	$\varepsilon = \dfrac{V_S - V_R}{V_R} \times 100\%$
여기서, V_{R0} : 무부하시 수전단 전압[V] V_R : 부하시 수전단 전압[V]	여기서, ε : 전압강하율[%] V_S : 입력전압[V], V_R : 출력전압[V]

★★
문제 08 무부하 전압이 230kV이고 전부하 전압이 220kV일 때 전압변동률은?

① 3.54 ② 4.54 ③ 5.54 ④ 6.54

해설 **전압변동률** δ는

$$\delta = \frac{V_{R0} - V_R}{V_R} \times 100 = \frac{230 - 220}{220} \times 100 \fallingdotseq 4.54\%$$

답 ②

② 정류효율

$$\eta = \frac{P_{DC}}{P_{AC}} \times 100\%$$

여기서, P_{DC} : 직류출력 전력의 평균값[W], P_{AC} : 교류입력 전력의 실효값[W]

③ 맥동률

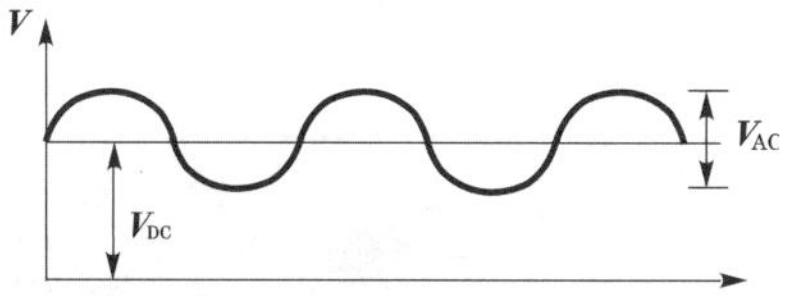

$$\gamma = \frac{V_{AC}}{V_{DC}} \times 100\%$$

여기서, V_{AC} : 직류출력 전압의 교류분[V], V_{DC} : 직류출력 전압[V]

④ 단상 반파정류회로 · 단상 전파정류회로의 비교

‖ 단상 반파정류회로·단상 전파정류회로 ‖

구 분	단상 반파정류회로	단상 전파정류회로
정류효율	40.6%	81.2% 문09 보기④
맥동률	1.21	0.482

★★
문제 09 단상 전파정류회로에서 순저항 부하시의 이론적 최대 정류효율은?

① 12.1% ② 40.6% ③ 48.2% ④ 81.2%

해설

구 분	단상 반파	단상 전파
정류효율	40.6%	81.2%
맥동률	1.21	0.482

답 ④

중요 정류회로

(1) 단상 전파정류회로 1

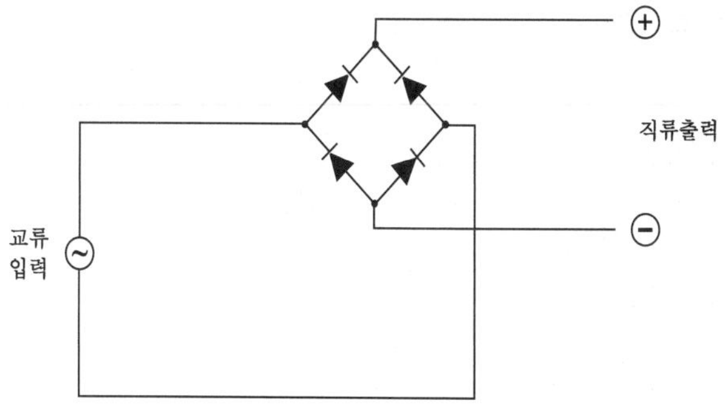

＊ 맥동률
교류분을 포함한 직류에 있어서 직류분에 대한 교류분의 비, '리플 백분율'이라고도 한다.

＊ 브리지 정류회로 첨두역전압

$$PIV = \sqrt{2}\,V$$

여기서,
PIV : 첨두역전압[V]
V : 교류전압[V]

Key Point

(2) 단상 전파정류회로 2

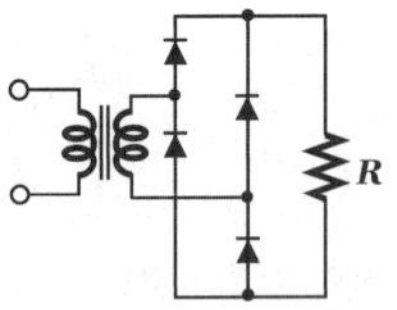

단상 전파정류회로=단상 전파회로

(3) 배전압 정류회로

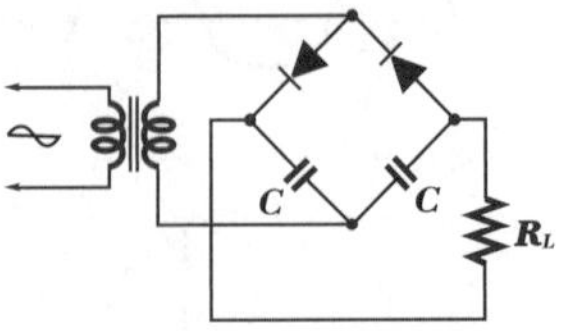

※ **맥동주파수**
'리플주파수'라고도 부른다.

⑤ 맥동주파수(입력 전원주파수가 60Hz인 경우)

구분	맥동주파수
단상 반파정류	60Hz(f_0)
단상 전파정류	120Hz($2f_0$)
3상 반파정류	180Hz($3f_0$)
3상 전파정류	360Hz($6f_0$)

• 맥동주파수가 높을수록 맥동률이 작아진다.

중요 **콘버터**와 **인버터**

콘버터(Converter)	인버터(Inverter)
AC → DC 변환회로	DC → AC 변환회로

2 반도체소자의 심벌

‖ 여러 가지 심벌 ‖

명 칭	심 벌
① **정류용 다이오드** 주로 실리콘 다이오드가 사용된다.	 혼동할 우려가 없을 때는 원을 생략해도 된다.
② **제너 다이오드**(Zener diode) 주로 정전압 전원회로에 사용된다(**전원전압 일정**하게 **유지**).	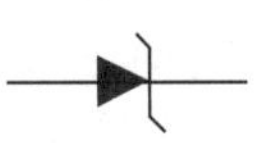
③ **발광 다이오드**(LED) 화합물 반도체로 만든 다이오드로 응답속도가 빠르고 정류에 대한 광출력이 직선성을 가진다.	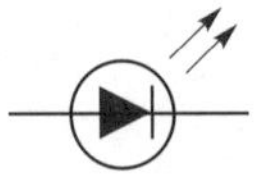

명 칭	심 벌
④ CDS 광－저항 변환소자로서 감도가 특히 높고 값이 싸며 취급이 용이하다.	
⑤ <u>서</u>미스터 부온도특성을 가진 저항기의 일종으로서 주로 **온도보상용**으로 쓰인다(**온도제어회로용**). 기억법 서온(<u>서운</u>해!)	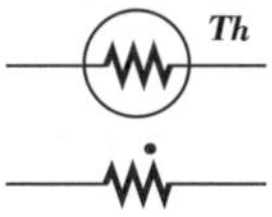
⑥ SCR 문10 보기① **단방향 대전류 스위칭소자**로서 제어를 할 수 있는 정류소자이다(**DC전력**의 **제어용**).	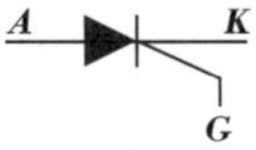
⑦ PUT SCR과 유사한 특성으로 게이트(G) 레벨보다 애노드(A) 레벨이 높아지면 스위칭하는 기능을 지닌 소자이다.	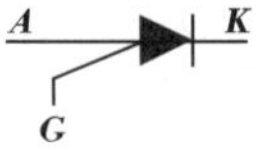
⑧ TRIAC 문10 보기② **양방향성 스위칭소자**로서 SCR 2개를 역병렬로 접속한 것과 같다(**AC전력**의 **제어용**, **쌍방향성 사이리스터**).	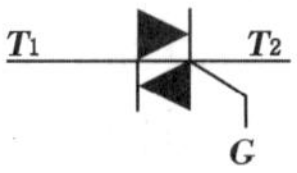
⑨ DIAC 네온관과 같은 성질을 가진 것으로서 주로 SCR, TRIAC 등의 **트리거소자**로 이용된다.	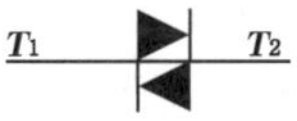
⑩ <u>바리</u>스터 • 주로 **<u>서</u>**지전압에 대한 **회로보호용**으로 사용된다. • **<u>계</u>**전기 접점의 불꽃제거 기억법 바리서계	
⑪ UJT(단일접합 트랜지스터) 증폭기로는 사용이 불가능하며 톱니파나 펄스발생기로 작용하며 **SCR의 트리거소자로** 쓰인다.	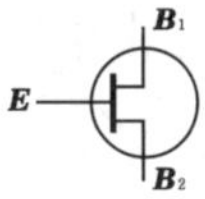
⑫ RCT(역도통 사이리스터) : 비대칭 사이리스터와 고속회복 다이오드를 직접화한 단일실리콘칩으로 만들어져서 직렬공진형 인버터에 대해 이상적이다.	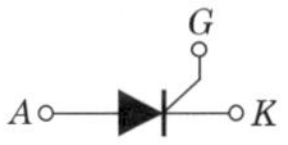
⑬ IGBT 문10 보기④ ㉠ 고전력 스위치용 반도체로서 전기 흐름을 막거나 통하게 하는 스위칭 기능을 빠르게 수행한다. ㉡ 고속스위칭이 가능하며 대전류 출력 특성이 있다.	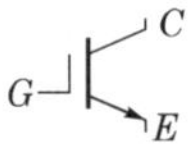

Key Point

✻ CMOS
전력소모가 가장 적은 게이트회로

✻ 서미스터
온도보상용(온도제어회로용)

✻ 사이리스터
① SCR
② TRIAC
③ SSS
④ SCS

✻ SCR의 등가회로

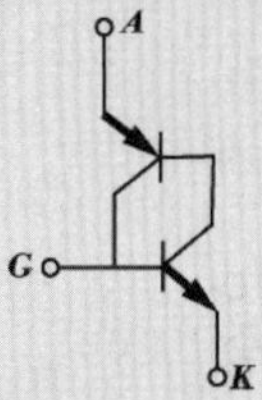

✻ 바리스터
서지전압에 대한 회로보호용

✻ UJT
SCR의 트리거소자

Key Point

명 칭	심 벌
⑭ **GTO**(Gate Turn Off thyristor) 문10 보기③ ㉠ SCR의 단점 : 도통시점은 조절 가능하지만, 소호시점은 조절 불가 ㉡ 게이트에 흐르는 전류를 점호할 때와 반대방향으로 흐르게 함으로써 임의로 GTO 소호 가능 ㉢ 응용 예 : 초퍼직류스위치	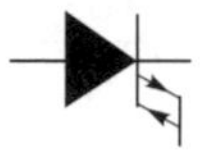

• SCS(Silicon Controlled S.W) : 단방향성 소자

※ GTO
단방향성 소자

★

문제 10 전력용 반도체 소자에 관한 설명으로 옳지 않은 것은?

14회 문 48

① SCR(Silicon Controlled Rectifier)은 소호기능이 없으며, 전류는 양극(A)과 음극(K) 전압의 극성이 바뀌면 차단된다.
② TRIAC(TRIode AC switch)은 SCR 2개를 역방향으로 병렬연결한 형태로 양방향 제어가 가능하다.
③ GTO(Gate Turn Off thyristor)는 도통시점과 소호시점을 임의로 제어할 수 있는 양방향성 소자이다.
④ IGBT(Insulated Gate Bipolar Transistor)는 고속스위칭이 가능하며 대전류 출력특성이 있다.

해설 ③ 소호시점 임의 제어 불가, 양방향성 → 단방향성

답 ③

중요 *V*-*I* 특성곡선

SCR	TRIAC	DIAC	바리스터
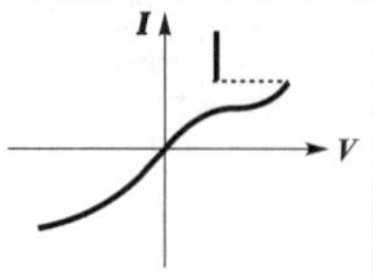	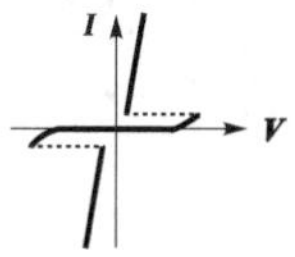	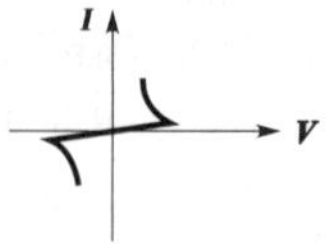	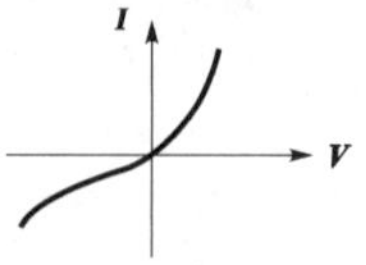

출제예상문제

(전기제어)

출제확률 13.5% (3문제)

★

01 **시퀀스제어에 있어서 기억과 판단기구 및 검출기를 가진 제어방식은?**

① 시한제어　② 순서 프로그램제어
③ 조건제어　④ 피드백제어

해설 **피드백제어**
기억과 판단기구 및 검출기를 가진 제어방식

답 ④

★

02 **피드백제어에서 반드시 필요한 장치는 어느 것인가?**

① 구동장치
② 응답속도를 빠르게 하는 장치
③ 안정도를 좋게 하는 장치
④ 입력과 출력을 비교하는 장치

해설 **피드백제어**(Feedback system)
출력신호를 입력신호로 되돌려서 입력과 출력을 **비**교함으로써 **정확한 제어**가 가능하도록 한 제어

기억법 피비(피비린내 내지마!)

답 ④

★★

03 **다음 요소 중 피드백제어계의 제어장치에 속하지 않는 것은?**

① 설정부　② 조절부
③ 검출부　④ 제어대상

해설 **제어장치**(Control system)
(1) 조절부
(2) 설정부
(3) 검출부

답 ④

★

04 **피드백제어계에서 제어요소에 대한 설명 중 옳은 것은?**

① 목표값에 비례하는 신호를 발생하는 요소이다.
② 조작부와 검출부로 구성되어 있다.
③ 조절부와 검출부로 구성되어 있다.
④ 동작신호를 조작량으로 변화시키는 요소이다.

해설 **제어요소**
동작신호를 조작량으로 변환하는 요소로, **조절부**와 **조작부**로 이루어진다.

답 ④

★

05 **제어요소는 무엇으로 구성되는가?**

① 검출부　② 검출부와 조절부
③ 검출부와 조작부　④ 조작부와 조절부

해설 **문제 4 참조**

답 ④

★

06 **제어요소가 제어대상에 주는 양은?**

① 기준입력　② 동작신호
③ 제어량　④ 조작량

해설 **조작량**(Manipulated value)
제어요소가 제어대상에 주는 양

답 ④

★

07 **다음 용어 설명 중 옳지 않은 것은?**

① 목표값을 제어할 수 있는 신호로 변환하는 장치를 기준입력장치
② 목표값을 제어할 수 있는 신호로 변환하는 장치를 조작부
　기준입력장치
③ 제어량을 설정값과 비교하여 오차를 계산하는 장치를 오차검출기
④ 제어량을 측정하는 장치를 검출단

해설 ② 목표값을 제어할 수 있는 신호로 변환하는 장치를 **기준입력장치**라 한다.

답 ②

★★★

08 자동제어 분류에서 제어량에 의한 분류가 아닌 것은?

① 서보기구　② 프로세스제어
③ 자동조정　④ 정치제어

해설 **제어량**에 의한 **분류**

제어량 분류	종 류
프로세스제어 (Process control)	**온**도, **압**력, **유**량, **액**면
서보기구 (Servo mechanism)	**위**치, **방**위, **자**세
자동조정 (Automatic regulation)	전압, 전류, 주파수, 회전속도, 장력(예 : **발**전기의 **속**도조절기)

기억법 **프온압유액, 서위방자, 자발속**

비교

목표값에 의한 분류

목표값 분류	종 류
정치제어 (Fixed value control)	• 프로세스제어 • 자동조정
추종제어 (Follow-up control)	• 서보기구(예 : 대공포의 포신)
비율제어 (Ratio control)	−
프로그램제어 (Program control)	−

답 ④

★

09 프로세스제어에 속하는 것은?

① 전압　② 압력
③ 주파수　④ 장력

해설 문제 8 참조

② 프로세스제어
①, ③, ④ 자동조정

답 ②

★

10 서보기구에 있어서의 제어량은?

① 유량　② 위치
③ 주파수　④ 전압

해설 문제 8 참조

① 프로세스제어
② 서보기구
③, ④ 자동조정

답 ②

★★

11 다음의 제어량에서 추종제어에 속하지 않는 것은 어느 것인가?

① 유량　② 위치
③ 방위　④ 자세

해설 문제 8 참조

① 프로세스제어(정치제어)
②~④ 서보기구(추종제어)

답 ①

★

12 목표치가 일정하고 제어량을 그것과 같게 유지하기 위한 제어는?

① 정치제어　② 추종제어
③ 프로그래밍제어　④ 비율제어

해설 **정치제어**

(1) 일정한 목표값을 유지하기 위한 제어(예 : **연속식 압연기**)
(2) 목표치가 일정하고 제어량을 그것과 같게 유지하기 위한 제어

답 ①

★

13 연속식 압연기의 자동제어는 다음 중 어느 것인가?

① 정치제어　② 추종제어
③ 프로그래밍제어　④ 비례제어

해설 문제 12 참조

답 ①

★

14 목표값이 미리 정해진 시간적 변화를 하는 경우 제어량을 그것에 추종시키기 위한 제어는?

① 프로그래밍제어　② 정치제어
③ 추종제어　④ 비율제어

해설 **프로그램제어**
목표값이 **미리 정해진 시간**적 **변**화를 하는 경우 제어량을 그것에 추종시키기 위한 제어
(1) **열차**의 **무인운전**
(2) **산업로봇**의 **무인운전**
(3) **무조종사**의 **엘리베이터**

프로그램제어=프로그래밍제어

기억법 **프시변**

답 ①

15 산업로봇의 무인운전을 하기 위한 제어는?

① 추종제어 ② 비율제어
③ 프로그램제어 ④ 정치제어

해설 **문제 14 참조**

답 ③

16 열차의 무인운전을 위한 제어는 어느 것에 속하는가?

① 정치제어 ② 추종제어
③ 비율제어 ④ 프로그램제어

해설 **문제 14 참조**

답 ④

17 무조종사의 엘리베이터의 자동제어는?

① 정치제어 ② 추종제어
③ 프로그래밍제어 ④ 비율제어

해설 **문제 14 참조**

답 ③

18 무인 커피판매기는 무슨 제어인가?

① 프로세스제어
② 서보기구
③ 자동조정
④ 시퀀스제어

해설 **시퀀스제어**
미리 정해진 **순**서에 따라 각 단계가 순차적으로 진행되는 제어(예 : **무인 커피판매기**)

기억법 **순시**

답 ④

19 전기다리미는 다음 중 어느 것에 속하는가?

① 미분제어 ② 피드백제어
③ 적분제어 ④ 시퀀스제어

해설 전기다리미는 **제어량과 설정값을 비교**하여 자동적으로 on-off되어 설정한 온도를 유지하므로 **피드백제어**에 속한다.

답 ②

20 잔류편차가 있는 제어계는?

① 비례제어계(P제어계)
② 적분제어계(I제어계)
③ 비례적분제어계(PI제어계)
④ 비례적분미분제어계(PID제어계)

해설

구 분	설 명
비례제어(**P동작**)	**잔류편차**가 있는 제어
적분제어(**I동작**)	**잔류편차**를 **제거**하기 위한 제어
비례적분제어(**PI동작**)	**간헐현상**이 있는 제어
비례적분미분제어 (**PID동작**)	**간헐현상**을 **제거**하기 위한 제어

답 ①

21 비례적분(PI)제어 동작의 특징에 해당하는 것은?

① 간헐현상이 있다.
② 응답의 안전성이 작다.
③ 잔류편차가 생긴다.
④ 응답의 진동시간이 길다.

해설 **문제 20 참조**

답 ①

22 제어요소의 동작 중 연속동작이 아닌 것은?

① D 동작 ② ON-OFF 동작
③ P+D 동작 ④ P+I 동작

해설 **불연속제어**
(1) 2위치제어(On-Off Control)=ON-OFF 동작
(2) 샘플값제어(Sampled date control)

답 ②

★
23 다음 중 불연속제어에 속하는 것은?

① ON-OFF제어　② 비례제어
③ 미분제어　④ 적분제어

해설 문제 22 참조

답 ①

★
24 전달함수의 정의는?

① 모든 초기값을 0으로 한다.
② 입력신호와 출력신호의 곱이다.
③ 모든 초기값을 고려한다.
④ 모든 초기값을 ∞로 한다.

해설 전달함수는 모든 초기값을 0으로 한다.

- **전달함수** : 모든 초기값을 0으로 하였을 때 출력신호의 라플라스 변환과 입력신호의 라플라스 변환의 비

답 ①

★
25 그림과 같은 피드백제어계의 폐-루프 전달함수는?

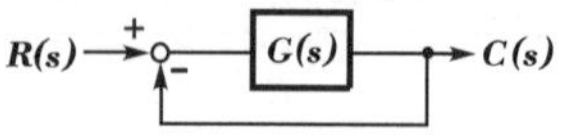

① $\frac{R(s)\,C(s)}{1+G(s)}$　② $\frac{G(s)}{1+R(s)}$

③ $\frac{C(s)}{1+R(s)}$　④ $\frac{G(s)}{1+G(s)}$

해설
$R(s)G(s)-C(s)G(s)=C(s)$
$R(s)G(s)=C(s)+C(s)G(s)$
$R(s)G(s)=C(s)(1+G(s))$
$\frac{G(s)}{1+G(s)}=\frac{C(s)}{R(s)}$
$\therefore\ \frac{C(s)}{R(s)}=\frac{G(s)}{1+G(s)}$

답 ④

★
26 다음 블록선도의 입출력비는?

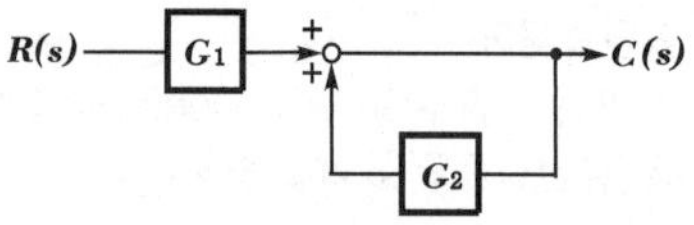

① $\frac{1}{1+G_1G_2}$　② $\frac{G_1G_2}{1-G_1}$

③ $\frac{G_1}{1-G_2}$　④ $\frac{G_1}{1+G_2}$

해설
$RG_1+CG_2=C$
$RG_1=C-CG_2$
$RG_1=C(1-G_2)$
$\frac{G_1}{1-G_2}=\frac{C}{R}$
$\therefore\ \frac{C}{R}=\frac{G_1}{1-G_2}$

답 ③

★
27 그림과 같은 피드백회로의 종합전달함수는?

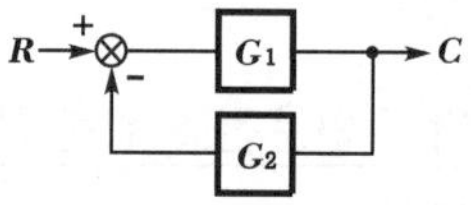

① $\frac{1}{G_1}+\frac{1}{G_2}$　② $\frac{G_1}{1-G_1G_2}$

③ $\frac{G_1}{1+G_1G_2}$　④ $\frac{G_1G_2}{1+G_1G_2}$

해설
$RG_1-CG_1G_2=C$
$RG_1=C+CG_1G_2$
$RG_1=C(1+G_1G_2)$
$\frac{G_1}{1+G_1G_2}=\frac{C}{R}$
$\therefore\ \frac{C}{R}=\frac{G_1}{1+G_1G_2}$

답 ③

★
28 그림과 같은 피드백제어의 종합전달함수는?

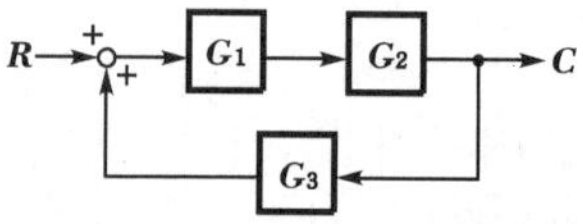

① $\frac{G_1}{1+G_1G_2G_3}$　② $\frac{G_1G_2}{1+G_1G_2G_3}$

③ $\frac{G_1}{1-G_1G_2G_3}$　④ $\frac{G_1G_2}{1-G_1G_2G_3}$

해설
$RG_1G_2 + CG_1G_2G_3 = C$
$RG_1G_2 = C - CG_1G_2G_3$
$RG_1G_2 = C(1 - G_1G_2G_3)$
$\dfrac{G_1G_2}{1+G_1G_2G_3} = \dfrac{C}{R}$
$\therefore\ \dfrac{C}{R} = \dfrac{G_1G_2}{1 - G_1G_2G_3}$

답 ④

★★
29 그림의 블록선도에서 C/R를 구하면?

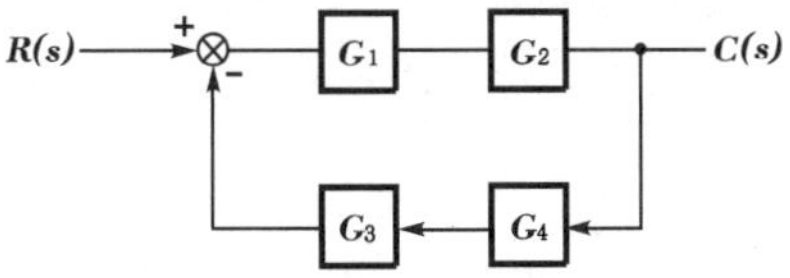

① $\dfrac{G_1 + G_2}{1 + G_1G_2 + G_3G_4}$

② $\dfrac{G_1G_2}{1 + G_1G_2G_3G_4}$

③ $\dfrac{G_3G_4}{1 + G_1G_2G_3G_4}$

④ $\dfrac{G_1G_2}{1 + G_1G_2 + G_3G_4}$

해설
$RG_1G_2 - CG_1G_2G_3G_4 = C$
$RG_1G_2 = C + CG_1G_2G_3G_4$
$RG_1G_2 = C(1 + G_1G_2G_3G_4)$
$\dfrac{G_1G_2}{1+G_1G_2G_3G_4} = \dfrac{C}{R}$
$\therefore\ \dfrac{C}{R} = \dfrac{G_1G_2}{1 + G_1G_2G_3G_4}$

답 ②

★
30 다음과 같은 블록선도의 등가합성 전달함수는?

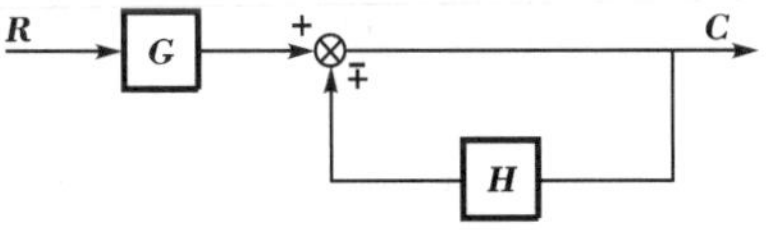

① $\dfrac{1}{1 \pm GH}$ ② $\dfrac{G}{1 \pm GH}$

③ $\dfrac{G}{1 \pm H}$ ④ $\dfrac{1}{1 \pm H}$

해설
$RG \mp CH = C$
$RG = C \pm CH$
$RG = C(1 \pm H)$
$\dfrac{G}{1 \pm H} = \dfrac{C}{R}$
$\therefore\ \dfrac{C}{R} = \dfrac{G}{1 \pm H}$

답 ③

★
31 그림과 같은 계통의 전달함수는?

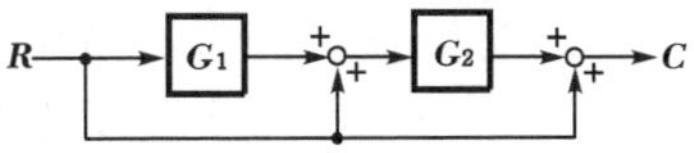

① $1 + G_1G_2$ ② $1 + G_2 + G_1G_2$

③ $\dfrac{G_1G_2}{1 - G_1G_2}$ ④ $\dfrac{G_1G_2}{1 - G_1 - G_2}$

해설
$RG_1G_2 + RG_2 + R = C$
$R(G_1G_2 + G_2 + 1) = C$
$G_1G_2 + G_2 + 1 = \dfrac{C}{R}$
$\therefore\ \dfrac{C}{R} = 1 + G_2 + G_1G_2$

답 ②

★
32 다음 중 계전기의 전자코일 심벌이 아닌 것은?

① 
② 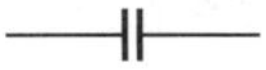
③ 
④ 

해설
②는 전자접촉기 접점

답 ②

★★
33 다음 논리식 중 옳지 않은 것은?

① $A + A = A$
② $A \cdot A = A$
③ $A + \overline{A} = 1$
④ $A \cdot \overline{A} = A$
0

해설

논리합	논리곱	비 고
$X+0=X$	$X\cdot 0=0$	-
$X+1=1$	$X\cdot 1=X$	-
$X+X=X$	$X\cdot X=X$	-
$X+\overline{X}=1$	$X\cdot \overline{X}=0$	-
$X+Y=Y+X$	$X\cdot Y=Y\cdot X$	교환법칙
$X+(Y+Z)$ $=(X+Y)+Z$	$X(YZ)=(XY)Z$	결합법칙
$X(Y+Z)$ $=XY+XZ$	$(X+Y)(Z+W)$ $=XZ+XW$ $+YZ+YW$	분배법칙
$X+XY=X$	$\overline{X}+XY=\overline{X}+Y$ $X+\overline{X}Y=X+Y$ $X+\overline{X}\,\overline{Y}=X+\overline{Y}$	흡수법칙
$(\overline{X+Y})=\overline{X}\cdot\overline{Y}$	$(\overline{X\cdot Y})=\overline{X}+\overline{Y}$	드모르간의 정리

답 ④

★

34 논리식 $A\cdot(A+B)$를 간단히 하면?

① A　② B

③ $A\cdot B$　④ $A+B$

해설 **문제 33 참조**

$A\cdot(A+B)=AA+AB$(분배법칙)

$=A+AB$(분배법칙)

$=A(1+B)$ (흡수법칙)

$=A$

불대수의 정리 중 **흡수법칙**에 해당된다.

답 ①

★

35 다음의 불대수 계산에서 옳지 않은 것은?

① $\overline{A\cdot B}=\overline{A}+\overline{B}$

② $\overline{A+B}=\overline{A}\cdot\overline{B}$

③ $A+A=A$

④ $A+A\overline{B}=\dfrac{1}{A}$

해설 **문제 33 참조**

$A+A\overline{B}=A(1+\overline{B})=A$

답 ④

★

36 다음 중 드모르간의 정리를 나타낸 식은?

① $A\cdot(B\cdot C)=(A\cdot B)\cdot C$

② $(\overline{A+B})=\overline{A}\cdot\overline{B}$

③ $A+B=B+A$

④ $(\overline{A\cdot B})=\overline{A}\cdot\overline{B}$

해설 **문제 33 참조**

① 결합법칙

② 드모르간의 정리

③ 교환법칙

④ $(\overline{A\cdot B})=\overline{A}+\overline{B}$

답 ②

★

37 다음 그림과 같은 논리회로는?

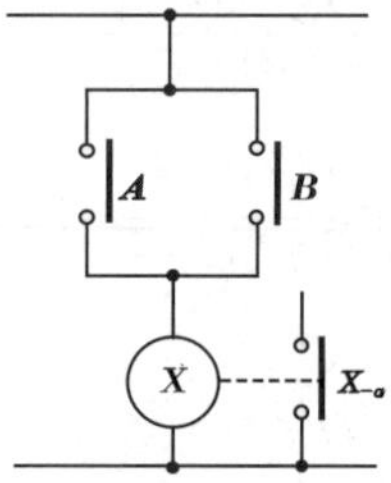

① AND 회로　② NOT 회로

③ OR 회로　④ NAND 회로

해설 A, B 중 어느 하나라도 ON되면 X가 ON되므로 **OR회로**이다.

중요

명 칭	시퀀스회로	명 칭	시퀀스회로
AND 회로	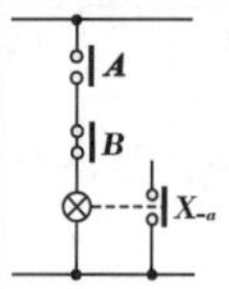	NOR 회로	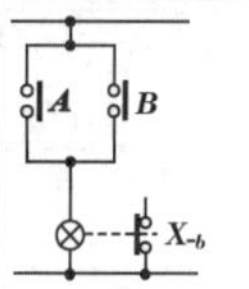
OR 회로	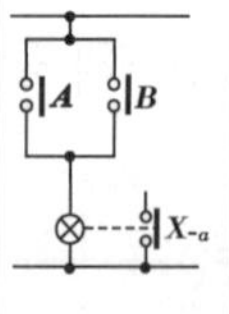	Exclusive OR 회로	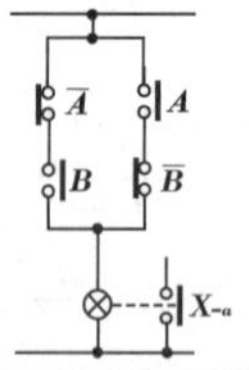
NOT 회로	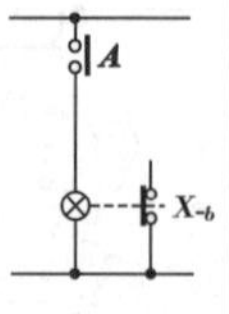	Exclusive NOR 회로	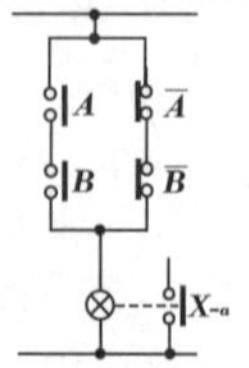

명 칭	시퀀스회로	명 칭	시퀀스회로
NAND 회로	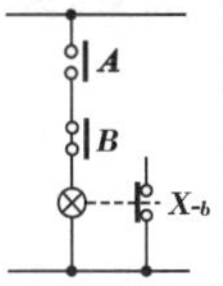	–	–

답 ③

★
38 그림과 같은 결선도는 전자개폐기의 기본 회로도이다. 그림 중에서 OFF 스위치와 보조접점 b를 나타낸 것은?

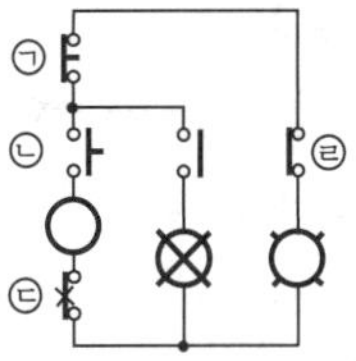

① OFF 스위치 ㉠, 보조접점 b ㉣
② OFF 스위치 ㉡, 보조접점 b ㉢
③ OFF 스위치 ㉢, 보조접점 b ㉡
④ OFF 스위치 ㉣, 보조접점 b ㉠

해설
㉠ OFF 스위치
㉡ ON 스위치
㉢ 열동계전기접점
㉣ 보조접점

답 ①

★
39 그림과 같은 계전기접점 회로의 논리식은?

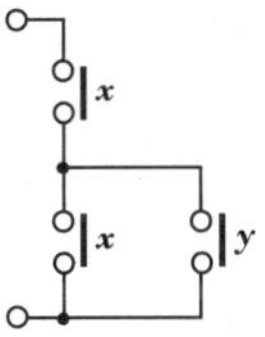

① $x \cdot (x - y)$
② $x + (x \cdot y)$
③ $x + (x + y)$
④ $x \cdot (x + y)$

해설 x와 y의 직렬 : $x \cdot y$
x와 y의 병렬 : $x + y$
$\therefore$ 논리식$= x \cdot (x + y)$

중요

회로	시퀀스 회로	논리식	논리회로
직렬 회로	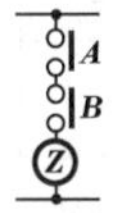	$Z = A \cdot B$ $Z = AB$	
병렬 회로	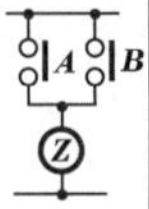	$Z = A + B$	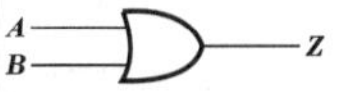
a접점	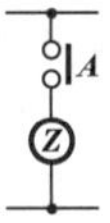	$Z = A$	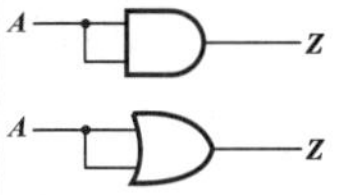
b접점	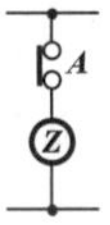	$Z = \overline{A}$	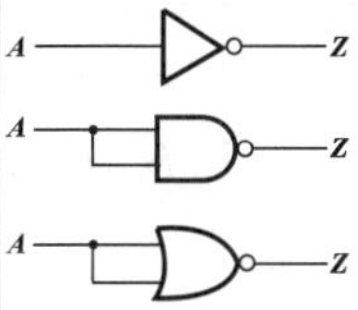

답 ④

★
40 다음 계전기접점 회로의 논리식은?

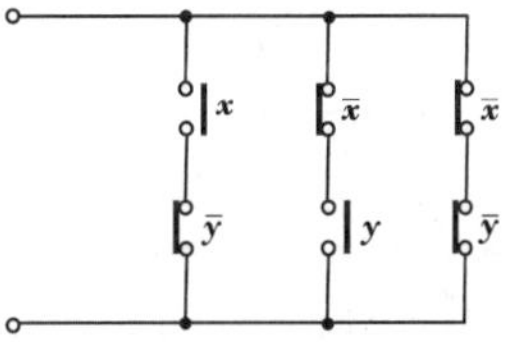

① $(x \cdot \overline{y}) + (\overline{x} \cdot y) + (\overline{x} \cdot \overline{y})$
② $(x \cdot \overline{y}) + (\overline{x} \cdot y) + (\overline{x \cdot y})$
③ $(x + \overline{y}) \cdot (\overline{x} + y) \cdot (\overline{x} + \overline{y})$
④ $(x + \overline{y}) \cdot (\overline{x} + y) \cdot (\overline{x + y})$

해설 **문제 39 참조**
논리식$= (x \cdot \overline{y}) + (\overline{x} \cdot y) + (\overline{x} \cdot \overline{y})$

답 ①

★
41 다음 진리표의 gate는?

입 력		출 력
A	B	X
0	0	1
0	1	0
1	0	0
1	1	0

① AND ② OR
③ NOR ④ NAND

해설
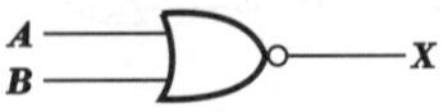

$X=\overline{A+B}$ 이므로 NOR회로이다.

답 ③

★
42 그림의 논리회로에서 두 입력 X, Y와 출력 Z 사이의 관계를 나타낸 진리표에서 A, B, C, D의 값으로 옳은 것은?

① $A, B, C, D=0, 1, 1, 1$
② $A, B, C, D=0, 0, 1, 1$
③ $A, B, C, D=1, 0, 1, 0$
④ $A, B, C, D=0, 1, 0, 1$

해설 그림은 **NAND회로**이며

기 호	X	Y	Z
A	1	1	0
B	1	0	1
C	0	1	1
D	0	0	1

또는

기 호	X	Y	Z
A	0	0	1
B	0	1	1
C	1	0	1
D	1	1	0

• $A, B, C, D=1, 1, 1, 0$도 답이 된다.

답 ①

★
43 다음 논리심벌이 나타내는 식은?

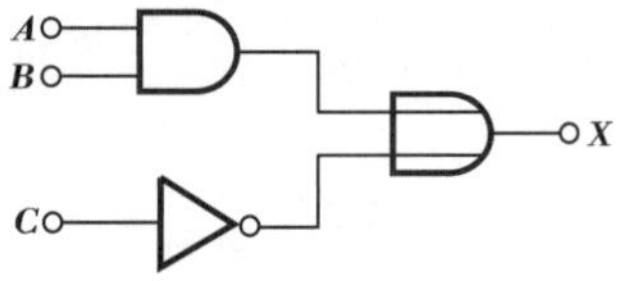

① $X=(A\cdot B)+\overline{C}$
② $X=(A+B)\cdot\overline{C}$
③ $X=(\overline{A\cdot B})+C$
④ $X=(\overline{A+B})\cdot C$

해설 문제 39 참조

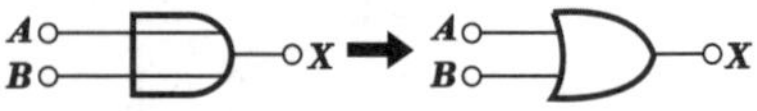

는 등가회로이므로
$X=(A\cdot B)+\overline{C}$

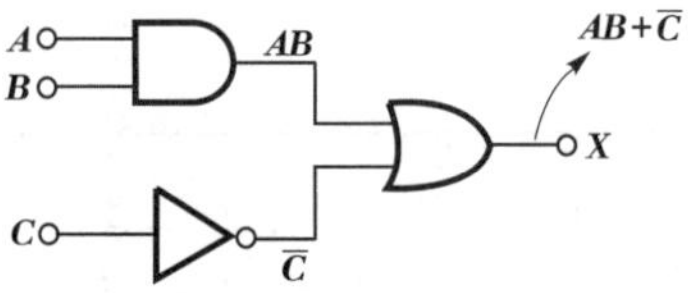

답 ①

★
44 다음 논리회로의 출력 X_0는?

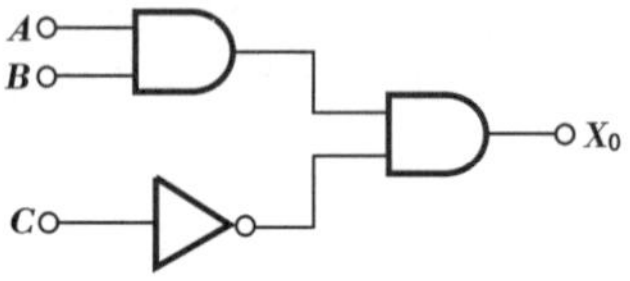

① $A\cdot B+\overline{C}$
② $(A+B)\overline{C}$
③ $A+B+\overline{C}$
④ $AB\overline{C}$

해설 문제 39 참조
$X_0=AB\overline{C}$

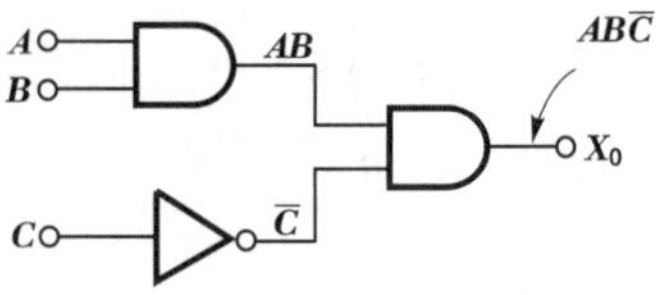

답 ④

★
45 그림의 논리기호를 표시한 것으로 옳은 식은?

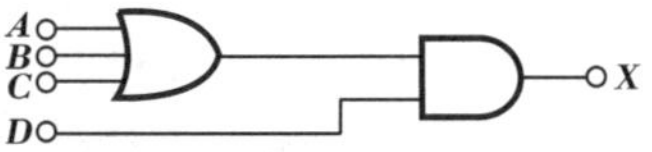

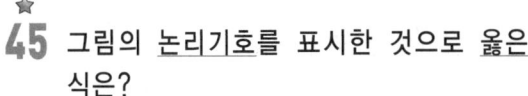

① $(A \cdot B \cdot C) \cdot D$

② $(A \cdot B \cdot C) + D$

③ $(A + B + C) \cdot D$

④ $A + B + C + D$

해설 문제 39 참조
$X = (A + B + C) \cdot D$

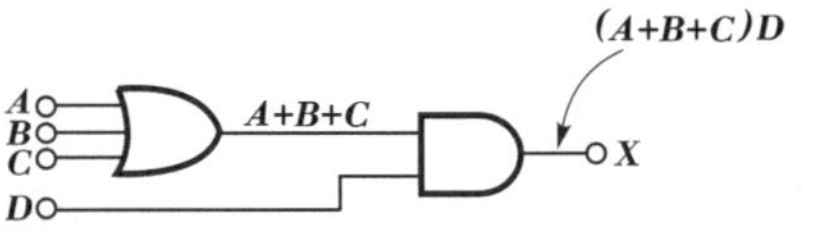

답 ③

★
46 그림과 같은 논리회로의 출력은?

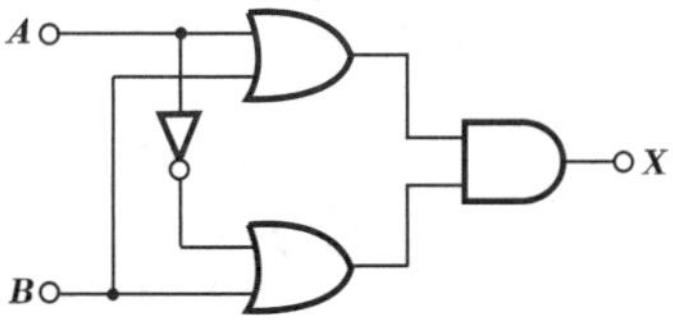

① AB ② $A + B$

③ A ④ B

해설

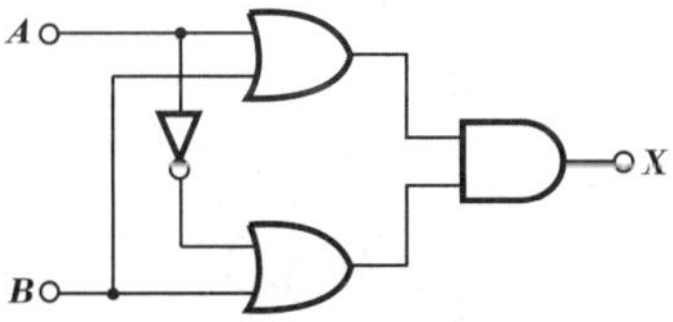

$$X = (A + B)(\overline{A} + B)$$
$$= A\overline{A} + AB + \overline{A}B + BB$$
$$= AB + \overline{A}B + B$$
$$= B(A + \overline{A} + 1)$$
$$= B$$

답 ④

★
47 그림과 같은 논리회로의 출력은?

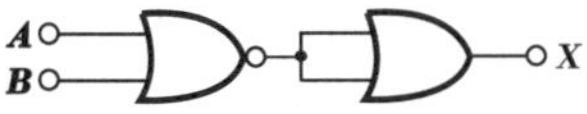

① $\overline{A} \cdot \overline{B}$ ② $A \cdot B$

③ $A + B$ ④ $\overline{A} + \overline{B}$

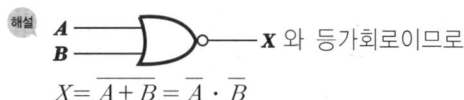

해설

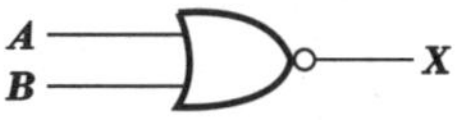

와 등가회로이므로

$X = \overline{A + B} = \overline{A} \cdot \overline{B}$

답 ①

★
48 그림의 게이트 회로명은?

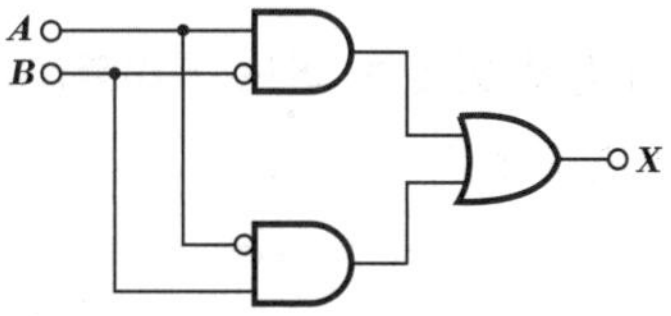

① Exclusive OR ② AND

③ NOR ④ NAND

해설 $X = A\overline{B} + \overline{A}B = \overline{A}B + A\overline{B} = A \oplus B$
(Exclusive OR 회로)

답 ①

★
49 그림과 등가인 게이트는?

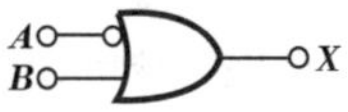

①

②

③

④
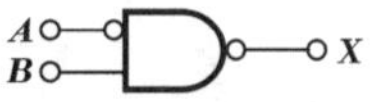

해설

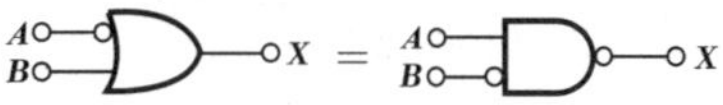

는 등가회로이다.

중요

치환법

- **AND 회로 → OR 회로, OR 회로 → AND 회로**로 바꾼다.
- **버블**(Bubble)이 **있는 것**은 **버블을 없애고, 버블**이 **없는 것**은 **버블**을 **붙인다**. (버블(Bubble)이란 작은 동그라미를 말한다.)

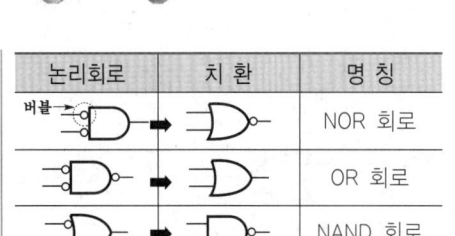

논리회로	치 환	명 칭
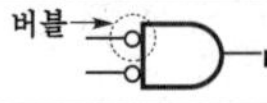		NOR 회로
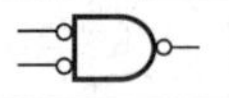		OR 회로
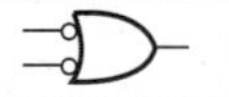	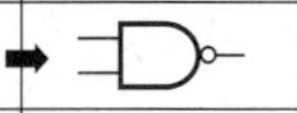	NAND 회로
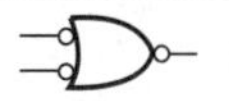	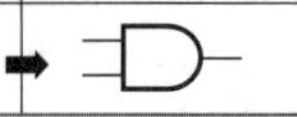	AND 회로

답 ③

★

50 그림의 회로는 어느 게이트(Gate)에 해당되는가?

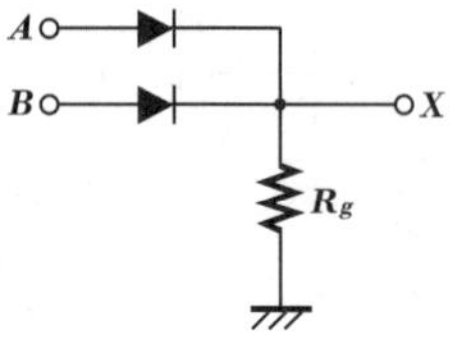

① OR ② AND
③ NOT ④ NOR

해설 입력신호 A, B 중 어느 하나라도 1이면 출력신호 X가 1이 되는 **OR gate**이다.

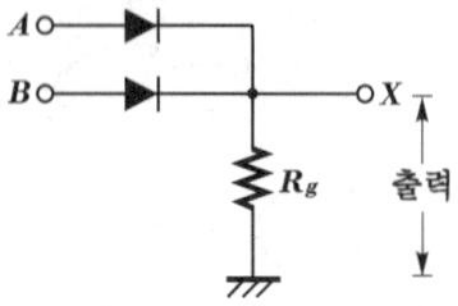

답 ①

★

51 그림의 게이트 명칭은?

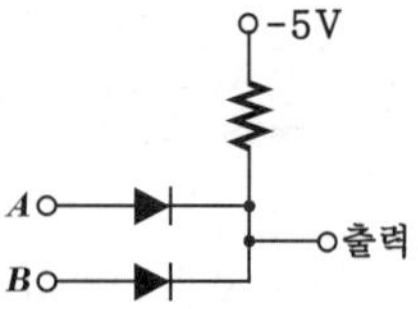

① AND gate ② OR gate
③ NAND gate ④ NOR gate

해설 **문제 50 참조**

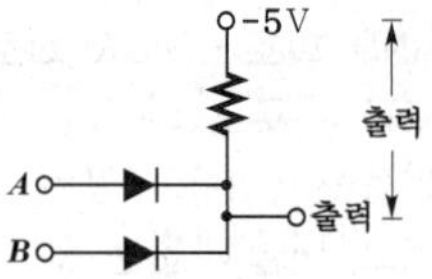

답 ②

★

52 그림과 같은 트랜지스터 논리회로의 명칭은? (단, $A \cdot B$는 입력, F는 출력)

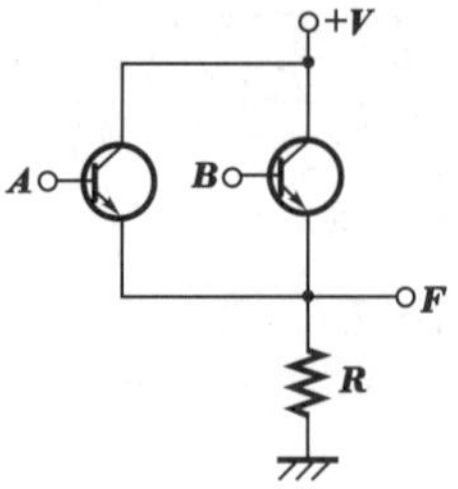

① NOT회로
② AND회로
③ OR회로
④ NAND회로

해설 입력신호 $A \cdot B$ 중 어느 하나라도 1이면 출력신호 F가 1이 되는 **OR회로**이다.

비교

NOR 회로 : 입력신호 $A \cdot B$가 동시에 0일 때만 출력신호가 1이 되는 것

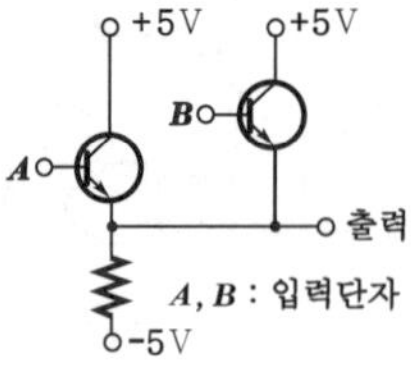

답 ③

★

53 그림의 게이트는?

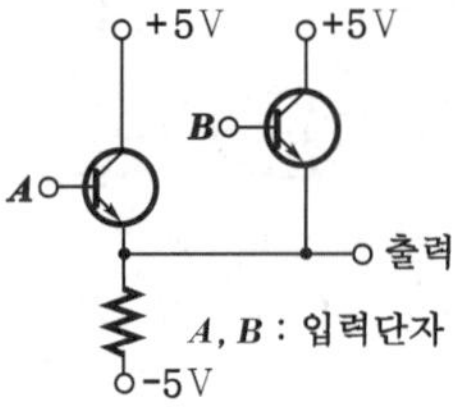

① AND gate
② OR gate
③ NAND gate
④ NOR gate

해설 **문제 52 참조**
입력신호 A, B가 동시에 0일 때만 출력신호 X가 1이 되는 **NOR gate**이다.

답 ④

★★

54 그림과 같은 브리지 정류기는 어느 점에 교류입력을 연결하여야 하는가?

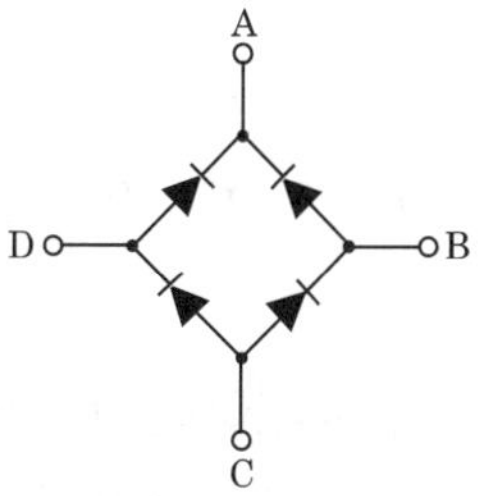

① A－B점 ② A－C점

③ B－C점 ④ B－D점

해설 A－C점 : **직류출력**(A점 : +, C점 : －)

B－D점 : **교류입력**

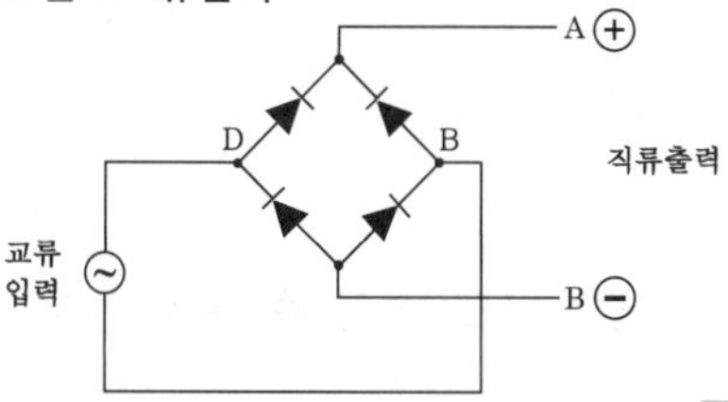

답 ④

★

55 그림과 같은 정류회로는 다음 중 어느 것에 해당되는가?

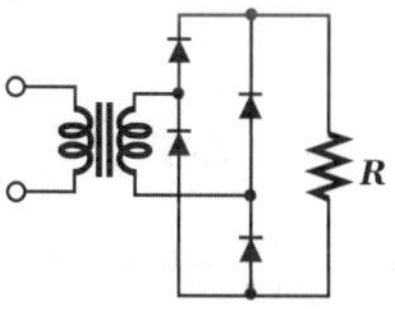

① 삼상 전파회로

② 단상 전파회로

③ 삼상 반파회로

④ 단상 반파회로

해설 그림은 **단상 전파회로**이다.

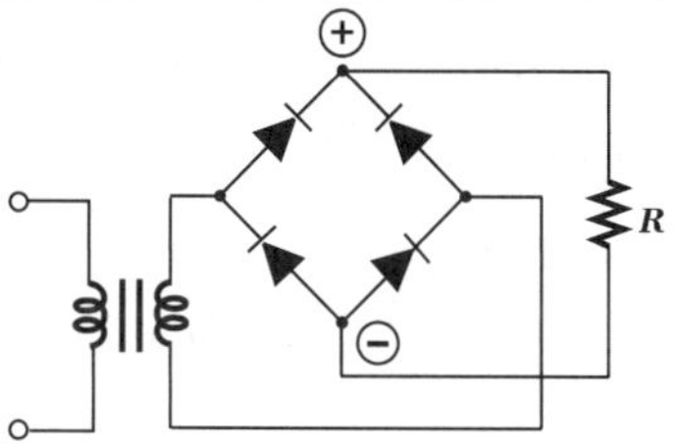

답 ②

★

56 다음은 무슨 회로인가?

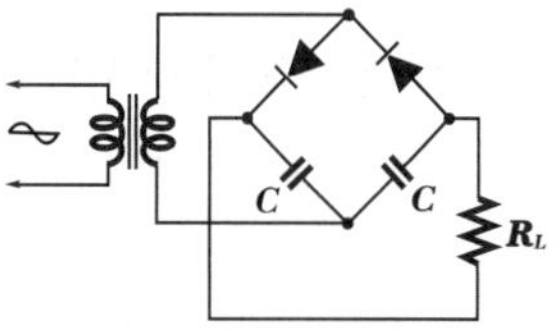

① 배전압 정류회로

② 다이오드 특성 측정회로

③ 전파 정류회로

④ 반파 정류회로

해설 첨두역전압(PIV)이 $2V_m$ 인 **반파 배전압 정류회로**이다.

- **첨두역전압**(PIV : Peak Inverse Voltage) 정류회로에서 다이오드가 동작하지 않을 때, 역방향 전압을 견딜 수 있는 최대전압

답 ①

★

57 전원회로에서 전부하시 410V(V_R), 무부하시 465V(V_{R_o})이었다면 전압변동률(δ)〔%〕은?

① 6.8% ② 8.8%

③ 11.8% ④ 13.4%

해설 (1) **기호**

- V_R : 410V
- V_{R_o} : 465V
- δ : ?

(2)

$$\delta = \frac{V_{R_o} - V_R}{V_R} \times 100\%$$

여기서, δ : 전압변동률〔%〕

V_{R_o} : 무부하시 출력전압〔V〕

V_R : 부하시 출력전압〔V〕

전압변동률 $\delta = \dfrac{V_{R_o} - V_R}{V_R} \times 100$

$= \dfrac{465 - 410}{410} \times 100$

$= 13.4\%$

답 ④

★
58 전압변동률 15%인 정류회로에서 무부하 전압이 6V일 때 부하시의 전압은?
(δ: 15%, V_{R_o}: 6V, V_R: 부하시의 전압)

① 3.2V ② 5.2V
③ 5.7V ④ 7.2V

해설 문제 57 참조
(1) 기호
- δ : 15%
- V_{R_o} : 6V
- V_R : ?

(2) 전압변동률 δ는

$$\delta = \frac{V_{R_o} - V_R}{V_R} \times 100 \text{에서}$$

$$\frac{\delta}{100} = \frac{V_{R_o} - V_R}{V_R}$$

$$\frac{\delta}{100} = \frac{V_{R_o}}{V_R} - \frac{V_R}{V_R}$$

$$\frac{\delta}{100} = \frac{V_{R_o}}{V_R} - 1$$

$$0.01\delta = \frac{V_{R_o}}{V_R} - 1$$

$$0.01\delta + 1 = \frac{V_{R_o}}{V_R}$$

$$V_R = \frac{V_{R_o}}{0.01\delta + 1}$$

부하시 전압 V_R은

$$V_R = \frac{V_{R_o}}{0.01\delta + 1} = \frac{6}{(0.01 \times 15) + 1} = 5.21\text{V}$$

답 ②

★
59 정류회로에서의 정류효율은?

① $\dfrac{\text{직류 출력전력}}{\text{교류 입력전력}}$

② $\dfrac{\text{직류 입력전력}}{\text{교류 출력전력}}$

③ $\dfrac{\text{직류 출력전력}}{\text{교류 출력전력}}$

④ $\dfrac{\text{교류 입력전력}}{\text{교류 출력전력}}$

해설 정류효율

$$\eta = \frac{P_{DC}}{P_{AC}} \times 100$$

여기서, η : 정류효율
P_{DC} : 직류 출력전력[W]
P_{AC} : 교류 입력전력[W]

답 ①

★★
60 전원형 콘버터(Converter)의 주요 용도는?

① 교류 전원전압의 변화
② 직류 전원전압의 변화
③ 교류 전원전압의 주파수 변화
④ 교류 전원전압의 직류전압으로의 변화

해설

콘버터(Converter)	인버터(Inverter)
AC → DC 변환회로	DC → AC 변환회로

답 ④

★
61 정류회로의 설명 중 틀린 것은?

① 단상 전파정류회로의 이론적 최대 정류효율은 81.2%이다.
② 단상 반파정류회로의 이론적 최대 정류효율은 40.6%이다.
③ 단상 전파정류의 맥동률은 1.482이다. (0.482)
④ 단상 반파정류의 맥동률은 1.21이다.

해설 ③ 단상 전파정류의 맥동률은 **0.482**이다.

구 분	단상 반파	단상 전파
정류효율	40.6%	81.2%
맥동률	1.21(121%)	0.482(48.2%)

답 ③

★
62 반파 정류회로에 있어서의 리플 백분율은?

① 40.6% ② 81.2%
③ 121% ④ 48.2%

해설 문제 61 참조

리플 백분율=맥동률

답 ③

63 다음 그림의 맥동률은 얼마인가?

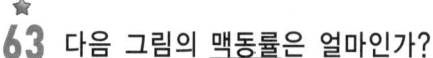

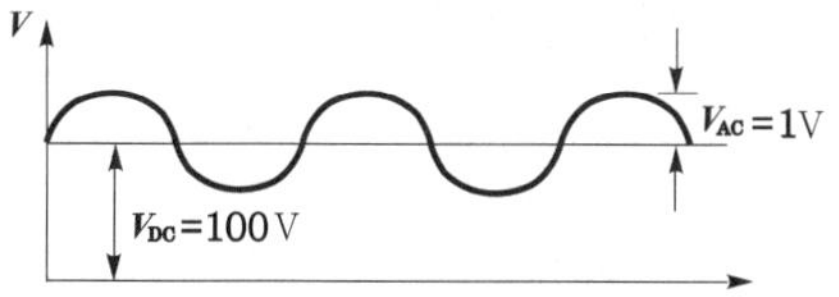

① 1% ② 2%
③ 5% ④ 10%

해설 맥동률

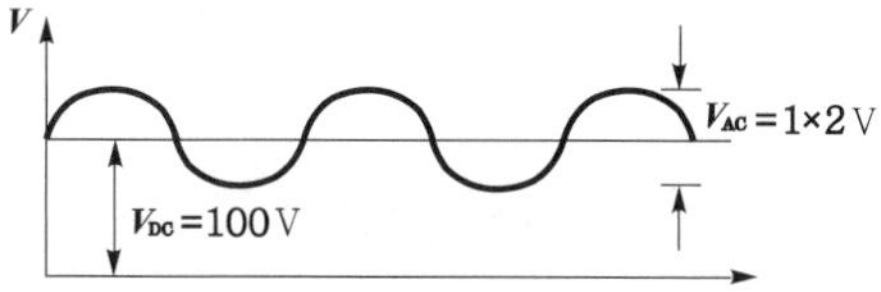

$$\gamma = \frac{V_{AC}}{V_{DC}} \times 100\%$$

여기서, γ : 맥동률〔%〕
V_{AC} : 직류 출력전압의 교류분〔V〕
V_{DC} : 직류 출력전압〔V〕

맥동률 γ는

$$\gamma = \frac{V_{AC}}{V_{DC}} \times 100 = \frac{1 \times 2}{100} \times 100 = 2\%$$

답 ②

64 어떤 정류기의 부하 양단 평균전압이 2000V(V_{DC})이고, 맥동률은 2%(γ)라고 한다. 교류분(V_{AC})은 얼마 포함되어 있는가?

① 10V ② 20V
③ 30V ④ 40V

해설 문제 63 참조
(1) 기호
- V_{DC} : 2000V
- γ : 2%
- V_{AC} : ?

(2) 맥동률 γ는

정류기의 부하양단 평균전압
=직류출력전압(V_{DC})

$$\gamma = \frac{V_{AC}}{V_{DC}} \text{에서}$$

직류출력전압의 교류분 V_{AC}는

$$V_{AC} = V_{DC} \times \gamma = 2000 \times 0.02 = 40\text{V}$$

답 ④

65 60Hz의 3상전압을 전파정류하였다. 이때 리플(맥동) 주파수〔Hz〕는?

① 60 ② 180
③ 240 ④ 360

해설 맥동주파수(60Hz일 때)

정류회로	맥동주파수
단상 반파정류	60Hz(f_0)
단상 전파정류	120Hz($2f_0$)
3상 반파정류	180Hz($3f_0$)
3상 전파정류	360Hz($6f_0$)

답 ④

66 다음 중 맥동률이 가장 작은 정류방식은?

① 단상반파
② 단상전파
③ 3상반파
④ 3상전파

해설 문제 65 참조
맥동주파수가 높을수록 맥동률이 작아진다.

④ 3상전파정류는 맥동률이 가장 작다.

답 ④

67 다음 중 SCR의 심벌은?

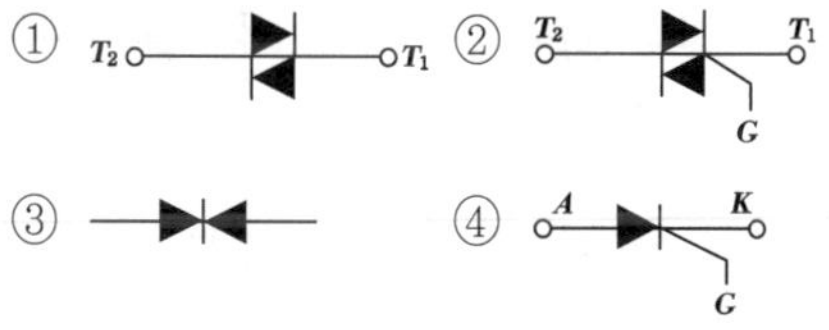

해설
① DIAC ② TRIAC
③ 바리스터 ④ SCR

답 ④

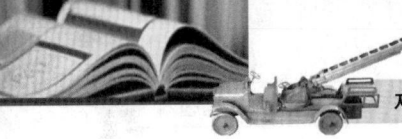

★
68 다음 중 PUT의 심벌은?

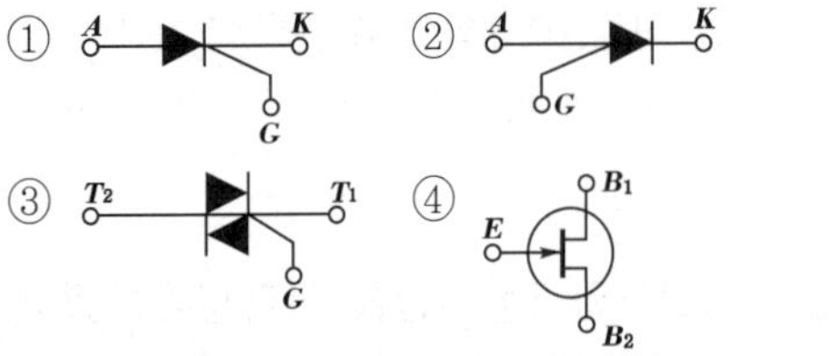

해설
① SCR
② PUT
③ TRIAC
④ UJT

답 ②

★
69 다음 중 TRIAC의 심벌은?

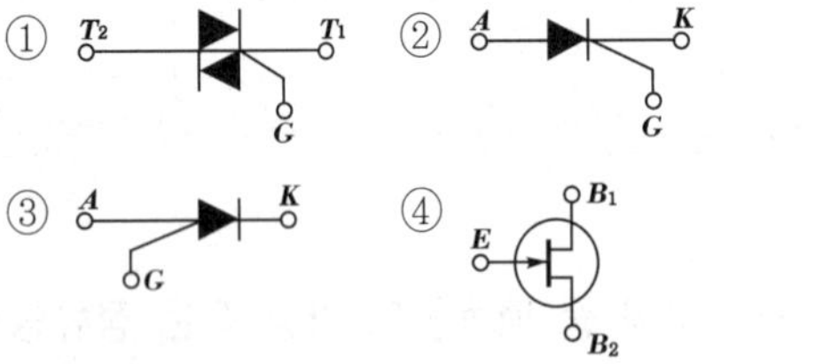

해설
① TRIAC
② SCR
③ PUT
④ UJT

답 ①

★★
70 다음 중 UJT의 심벌은?

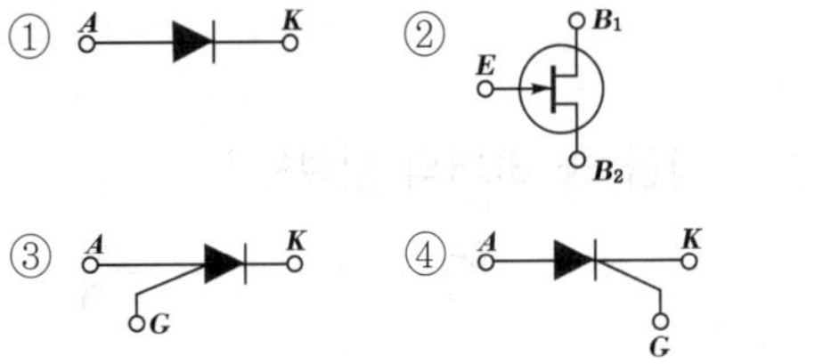

해설
① 다이오드(정류용 다이오드)
② UJT
③ PUT
④ SCR

답 ②

★
71 실리콘제어 정류소자(SCR)의 $V-I$ 특성을 나타낸 것은?

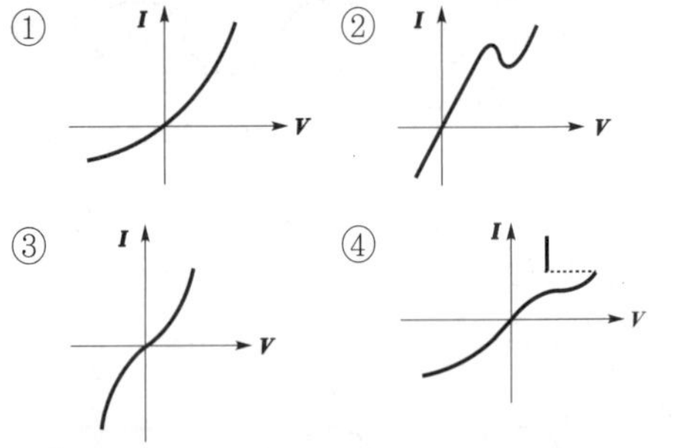

해설
④ SCR의 $V-I$ 특성

답 ④

★
72 다음 중 TRIAC의 $V-I$ 특성곡선은?

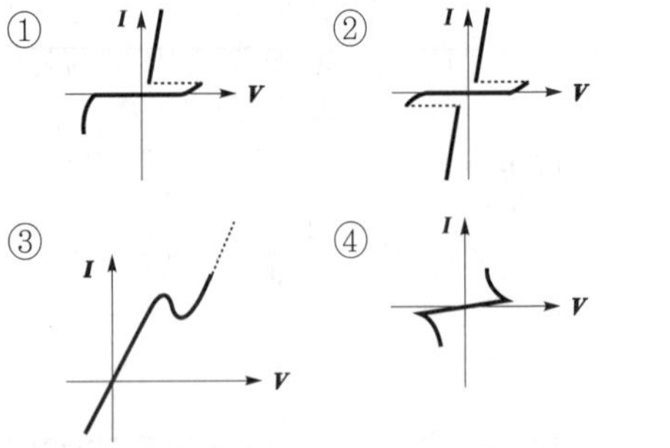

해설
① SCR의 $V-I$ 특성
② TRIAC의 $V-I$ 특성
③ 터널(Tunnel)다이오드의 $V-I$ 특성
④ DIAC의 $V-I$ 특성

답 ②

★
73 다음 중 DIAC(diode AC conductor switch)의 $V-I$ 특성곡선은 어느 것인가?

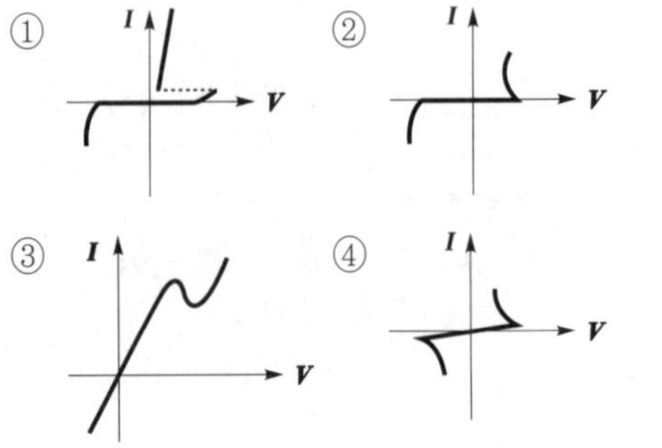

해설 문제 72 참조

답 ④

★
74 다음 중 바리스터의 전압, 전류 특성이 아닌 것은 어느 것인가?

①
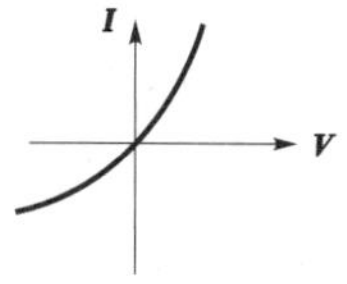

②
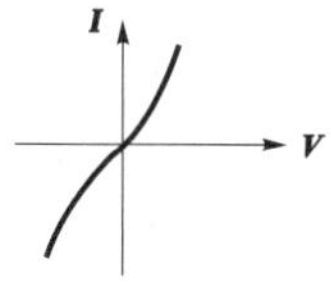

③
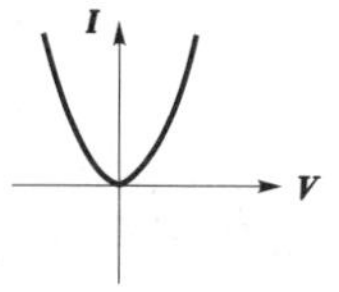

④
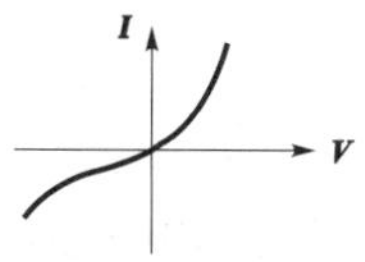

해설 ③은 바리스터의 $V-I$ 특성이 아니다.

답 ③

★
75 SCR을 사용할 경우 올바른 전압공급 방법은?

① 애노드 ⊖전압, 캐소드 ⊕전압, 게이트 ⊕전압
② 애노드 ⊖전압, 캐소드 ⊕전압, 게이트 ⊖전압
③ 애노드 ⊕전압, 캐소드 ⊖전압, 게이트 ⊕전압
④ 애노드 ⊕전압, 캐소드 ⊖전압, 게이트 ⊖전압

해설
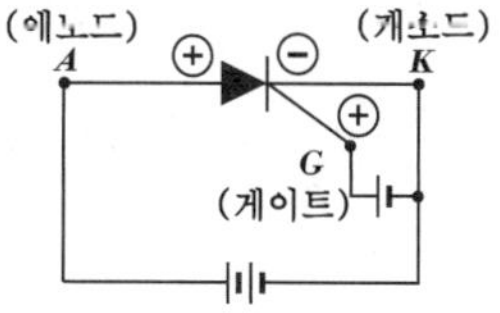

답 ③

★★
76 SCR을 두 개의 트랜지스터 등가회로로 나타낼 때의 올바른 접속은?

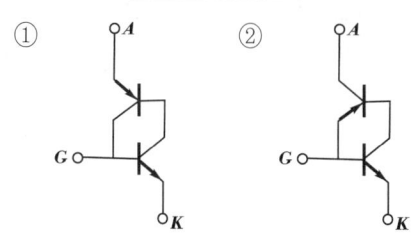

①
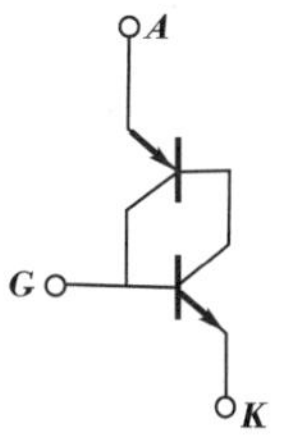

②
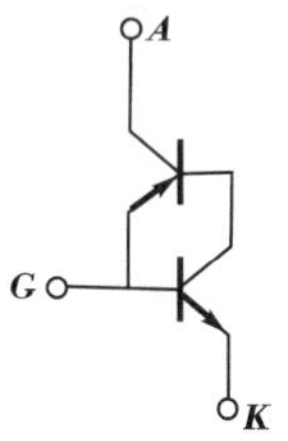

③
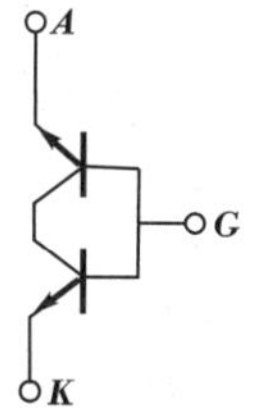

④
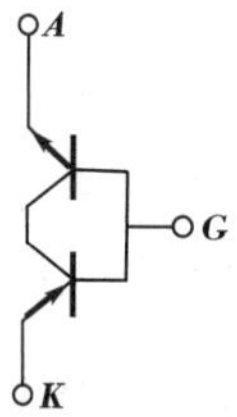

해설 ① SCR의 등가회로

답 ①

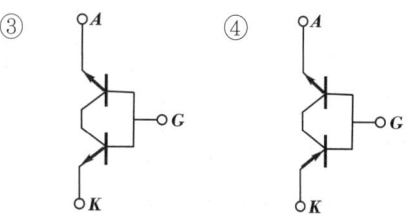

★
77 다음 중 SCR에 관한 설명으로 적당하지 않은 것은?

① PNPN 소자이다.
② 직류, 교류, 전력 제어용으로 사용된다.
③ 스위칭 소자이다.
④ 쌍방향성 사이리스터이다. → TRIAC에 관한 설명

답 ④

★
78 TRIAC에 대하여 옳지 않은 것은?

① 역병렬의 2개의 보통 SCR과 유사하다.
② 쌍방향성 3단자 사이리스터이다.
③ AC전력의 제어용이다.
④ DC전력의 제어용이다.
해당 없음

해설 TRIAC은 **AC전력 제어용 소자**이다.

답 ④

★
79 SCS(Silicon Controlled S.W)의 특징이 아닌 것은?

① 게이트 전극이 2개이다.
② 직류 제어소자이다.
③ 쌍방향으로 대칭적인 부성저항 영역을 갖는다.
단방향
④ AC의 ⊕⊖전파 기간 중 트리거용 펄스를 얻을 수 있다.

해설 **SCS**(Silicon controlled S.W)

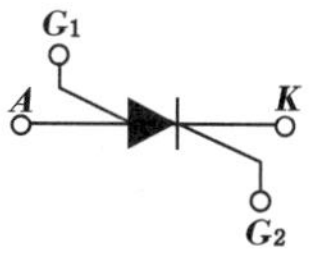

답 ③

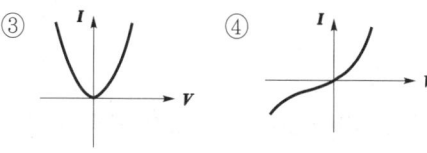

★
80 실리콘제어정류기(SCR)의 전압 대 전류 특성과 비슷한 소자는?

① 사이라트론(Thyratron)
② 마그네트론(Magnetron)
③ 클라이스트론(Klystron)
④ 다이나트론(Dynatron)

해설 ① SCR과 $V-I$ 특성이 비슷한 소자 : **사이라트론**(Thyratron)

답 ①

★
81 SCR의 설명 중 옳지 않은 것은?

① 전류 제어장치이다.
② 이온이 소멸되는 시간이 길다.
③ 통과시키는 데 게이트가 큰 역할을 한다.
④ 사이라트론과 기능이 닮았다.

해설 이온이 소멸되는 시간이 짧다.

답 ②

★
82 SCR의 게이트의 작용은?

① 온-오프 작용
② 통과전류의 제어작용
③ 브레이크다운 작용
④ 브레이크오버 작용

해설 **문제 81 참조**

- **게이트** : 통과전류의 제어작용

답 ②

★
83 다음 중 사이리스터 소자가 아닌 것은?

① SCR ② TRIAC
③ Diode ④ SSS

해설 **사이리스터**(Thyrister)
(1) SCR
(2) TRIAC
(3) SSS
(4) SCS

답 ③

★
84 다음에서 전력소모가 제일 적은 게이트 회로는?

① DTL
② TTL
③ ECL
④ CMOS

해설 CMOS
전력소모가 가장 적은 게이트 회로

답 ④

★
85 사이리스터를 사용하지 않은 것은?

① 온도제어회로 → 서미스터 사용
② 타이머회로
③ 링 카운터(Ring counter)
④ A-D변환기(A-D Invertor)

답 ①

★
86 사이리스터의 게이트의 트리거 회로로 적합하지 않은 것은?

① UJT 발진회로
② 다이액에 의한 트리거회로
③ PUT 발진회로
④ SCR 발진회로

해설 **트리거회로**
(1) UJT
(2) DIAC(다이액)
(3) PUT

답 ④

★
87 다이오드를 여러 개 병렬로 접속하면?

① 과전압으로부터 보호할 수 있다.
② 과전류로부터 보호할 수 있다.
③ 정류기의 역방향 전류가 감소한다.
④ 부하출력에서의 맥동률을 감소시킬 수 있다.

해설 다이오드 접속

(1) **직렬접속** : **과전압**으로부터 보호

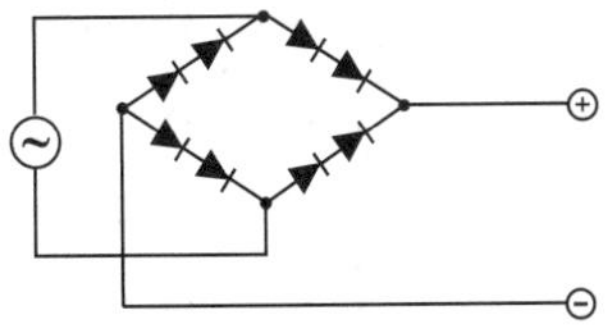

(2) **병렬접속** : **과전류**로부터 보호

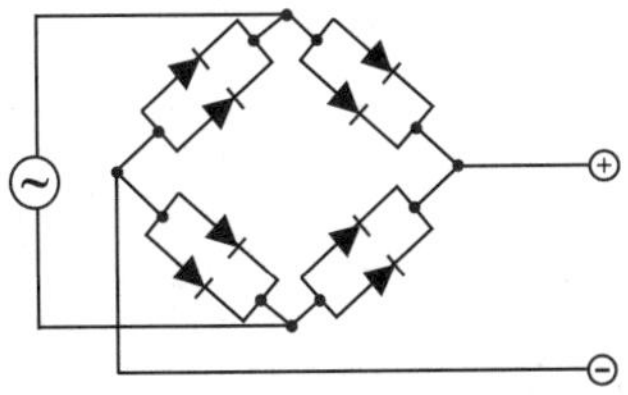

답 ②

★

88 **전원전압을 안정하게 유지하기 위해서 사용되는 다이오드는?**

① 보드형 다이오드
② 터널 다이오드
③ 제너 다이오드
④ 바랙터 다이오드

해설 **제너 다이오드**
전원전압을 일정하게 **유지**하기 위해 사용

답 ③

★

89 **전력용 정류장치로 우수한 정류기는?**

① 아산화동 정류기 ② 셀렌 정류기
③ Ge 정류기 ④ Si 정류기

해설 전력용에서 실리콘(Silicon) 정류기가 주로 사용된다.

실리콘정류기=Si 정류기

답 ④

★

90 **다음 반도체 중 동작 최고온도가 가장 큰 것은?**

① 셀렌 ② 게르마늄
③ 아산화동 ④ 실리콘

해설 **동작 최고온도**

게르마늄 정류기	실리콘 정류기
80℃	약 140~200℃

• 실리콘 정류기 : **고전압 대전류용**

답 ④

★

91 **실리콘 정류기는?**

① 저전압 대전류
② 저전압 소전류
③ 고전압 대전류
④ 고전압 소전류

해설 **문제 90 참조**

답 ③

★

92 **소형이면서 대전력용 정류기로 사용하는 것은?**

① 게르마늄 정류기
② SCR
③ 수은 정류기
④ 셀렌 정류기

해설 **대전력용** 정류기로는 **SCR**이 적당하다.

답 ②

★★★

93 **바리스터의 주된 용도는?**

① 서지전압에 대한 회로보호용
② 온도 보상
③ 출력전류 조절
④ 전압증폭

해설 **바리스터**(Varistor)
주로 **서**지전압에 대한 회로보호용으로 사용된다.
계전기 접점의 불꽃을 제거하는 목적으로도 쓰인다.

기억법 **바리서계**

답 ①

★

94 **계전기접점의 불꽃을 소거할 목적으로 사용하는 반도체소자는?**

① 바리스터
② 서미스터
③ 바랙터 다이오드
④ 터널 다이오드

해설 **문제 93 참조**

답 ①

★
95 다음 소자 중 온도 보상용으로 쓰일 수 있는 것은?

① 서미스터　② 바리스터
③ 바랙터 다이오드　④ 제너 다이오드

해설 **서**미스터는 **온**도가 증가할 때 저항이 감소되는 **부성저항 특성**을 가지며 주로 온도보상용으로 쓰인다.

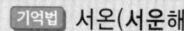

기억법 서온(서운해)

참고

서미스터의 저항 - 온도 특성

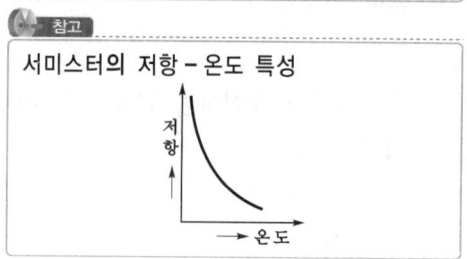

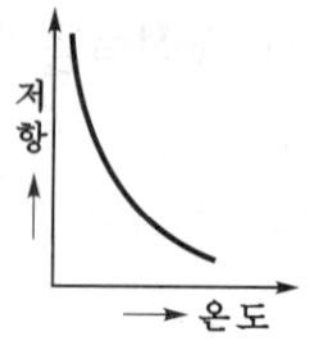

답 ①

★
96 서미스터는 온도가 증가할 때 저항은?

① 감소한다.
② 증가한다.
③ 임의로 변화한다.
④ 변화가 없다.

해설 문제 95 참조

답 ①

★
97 입력 100V의 단상교류를 SCR 4개를 사용하여 브리지 제어 정류하려 한다. 이때 사용할 1개 SCR의 최대 역전압(내압)은 약 몇 V 이상이어야 하는가?

① 25　② 100
③ 142　④ 200

해설 **첨두역전압**

$$PIV = \sqrt{2}\,V$$

여기서, PIV : 첨두역전압[V]
V : 교류전압[V]

첨두역전압 PIV는

$PIV = \sqrt{2}\,V = \sqrt{2} \times 100 = 141.4\text{V}$

답 ③

★
98 그림과 같은 단상전파 정류회로에서 순저항 부하에 직류전압 100V를 얻고자 할 때 변압기 2차 1상의 전압[V]은?

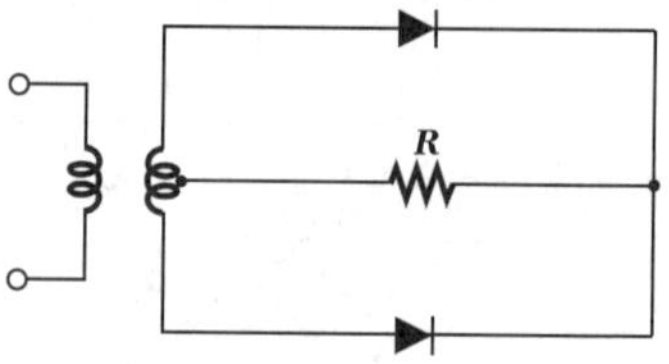

① 약 220　② 약 111
③ 약 105　④ 약 100

해설 (1) **직류**는 **평균값**이므로
평균값

$$V_{av} = \frac{2}{\pi} V_m$$

여기서, V_{av} : 평균값[V]
V_m : 최대값[V]

최대값 $V_m = \frac{\pi}{2} \times V_{av} = \frac{\pi}{2} V_{av}$

(2) **교류**는 **실효값**이므로

$$V = \frac{V_m}{\sqrt{2}}$$

여기서, V : 실효값[V]
V_m : 최대값[V]

실효값 $V = \frac{V_m}{\sqrt{2}} = \frac{\frac{\pi}{2} V_{av}}{\sqrt{2}} = \frac{\pi}{2\sqrt{2}} \times V_{av}$

$= \frac{\pi}{2\sqrt{2}} \times 100$

$\fallingdotseq 111\text{V}$

답 ②

★
99 다음 dB 표시로 잘못된 것은?

① $G = 20\log\frac{V_o}{V_i}$

② $G = 20\log\frac{I_o}{I_i}$

③ $G = 10\log\frac{P_o}{P_i}$

④ $G = \frac{1}{2}\log\frac{R_o}{R_i}$

해설 V_i, I_i, P_i 를 입력, V_o, I_o, P_o를 출력이라 하면

전압비 이득

$$G_V = 20\log_{10}\frac{V_o}{V_i} \text{[dB]}$$

전류비 이득

$$G_I = 20\log_{10}\frac{I_o}{I_i} \text{[dB]}$$

전력비 이득

$$G_P = 10\log_{10}\frac{P_o}{P_i} \text{[dB]}$$

답 ④

☆

100 1mV(V_2)의 입력을 가했을 때 100mV(V_o)의 출력이 나오는 4단자 회로의 이득(G_v)〔dB〕은?

① 10

② 20

③ 30

④ 40

해설 문제 99 참조

(1) 기호

- V_i : 1mV
- V_o : 100mV
- G_v : ?

(2) 전압비 이득

$$G_v = 20\log_{10}\frac{V_o}{V_i} = 20\log_{10}\frac{100}{1} = 40\text{dB}$$

답 ④

프로와 아마추어의 차이

바둑을 좋아하는 사람은 바둑을 두면서 인생을 배운다고 합니다.

케이블TV에 보면 프로 기사(棋士)와 아마추어 기사가 네댓 점의 접바둑을 두는 시간이 매일 있습니다.

재미있는 것은 프로가 아마추어에게 지는 예는 거의 없다는 점입니다.

프로 기사는 수순, 곧 바둑의 '우선 순위'를 잘 알고 있기 때문에 상대를 헷갈리게 하여 약점을 유도해내고 일단 공격의 기회를 잡으면 끝까지 몰고 가서 이기는 것을 봅니다.

성공적인 삶을 살기 위해서는 자기 직업에 전문적인 지식을 갖춘 다음, 먼저 해야 할 일과 나중 해야 할 일을 정확히 파악하고 승산이 섰을 때 집중적으로 온 힘을 기울여야 한다는 삶의 지혜를, 저는 바둑에서 배웁니다.

•「지하철 사랑의 편지」 중에서•

소방시설관리사
1차

Part 4

소방시설의 구조 원리

길이 없으면 길을 찾고, 찾아도 없으면 길을 만들며 나아가면 된다.

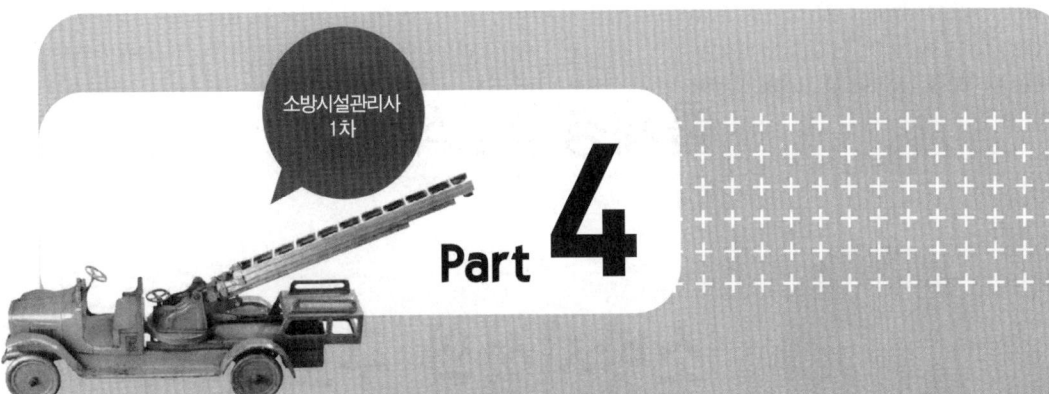

- 현대그룹 창업주 정주영 -

출제경향분석

PART 04 소방시설의 구조 원리

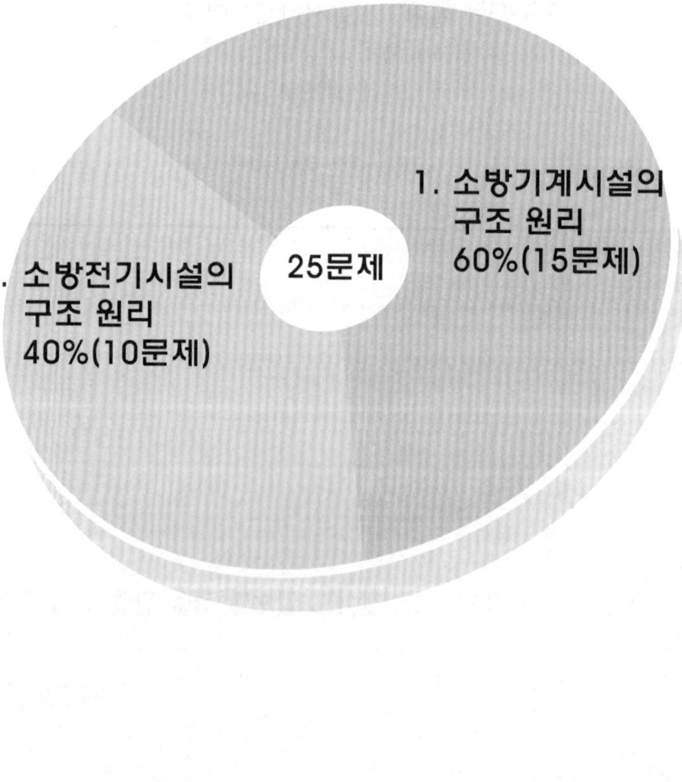

CHAPTER

01 소방기계시설의 구조 원리

1 소화기구

출제확률 2% (0.5문제)

Key Point

1 소화기의 분류 및 유지관리

(1) 대형 소화기의 소화약제 충전량(소화기의 형식승인 및 제품검사의 기술기준 10조)

종 별	충전량
포(포말)	20 l 이상 문01 보기①
분말	20kg 이상 문01 보기②
할로겐화합물	30kg 이상
이산화탄소	50kg 이상
강화액	60 l 이상 문01 보기③
물	80 l 이상 문01 보기④

★★★

문제 01 대형 소화기에 충전하는 소화약제의 양으로서 옳은 것은?

12회 문 17
11회 문 02

유사문제부터 풀어보세요. 실력이 팍!팍! 올라갑니다.

① 포－10 l
　20 l 이상

② 분말－10kg
　20kg 이상

③ 강화액－80 l

④ 물－50 l
　80 l 이상

답 ③

(2) 소화기 설치개수(NFTC 101 2.1.1.3)

① 전기설비 = $\frac{\text{해당 바닥면적}}{50\text{m}^2}$

② 보일러 · 음식점 · 의료시설 · 업무시설 등 = $\frac{\text{해당 바닥면적}}{25\text{m}^2}$

※ 소화능력단위
소화기구의 소화능력을 나타내는 수치

※ 소화기 추가 설치거리

소형 소화기	대형 소화기
20m 이내	30m 이내

Key Point

※ 축압식 소화기
압력원이 용기 내에 있음.

※ 가압식 소화기
압력원이 외부의 별도 용기에 있음.
① 가스가압식
② 수동펌프식
③ 화학반응식

※ 연쇄반응의 억제효과
① 할론소화약제
② 할로겐화합물 소화약제
③ 분말소화약제

(3) 소화기의 사용온도(소화기의 형식승인 및 제품검사의 기술기준 36조)

종 류	사용온도
• 분말 • 강화액	−20~40℃ 이하
• 그 밖의 소화기	0~40℃ 이하

• 강화액 소화약제의 응고점 : −20℃ 이하

(4) CO_2 소화기

① 저장상태 : 고압 · 액상
② 적응대상
㉠ 가연성 액체류
㉡ 가연성 고체
㉢ 합성수지류

(5) 물소화약제의 무상주수

① 질식효과 문02 보기②
② 냉각효과 문02 보기③
③ 유화효과
④ 희석효과 문02 보기④

• 무상주수 : 안개모양으로 방사하는 것

★★★
문제 02 다음 중 물의 소화효과와 거리가 먼 것은 어느 것인가?
07회 문 31
① 연쇄반응의 억제효과
할론소화약제, 할로겐화합물 소화약제, 분말소화약제
② 질식효과
③ 냉각효과
④ 희석효과

답 ①

2 소화기의 형식승인 및 제품검사기술기준

(1) 소화능력시험의 대상([별표 2, 3])

A급	B급
목재	휘발유

• 소화기를 조작하는 자는 적합한 작업복(안전모, 내열성의 얼굴가리개, 장갑 등)을 착용할 수 있다.

(2) 합성수지의 노화시험(5조)

① 공기가열 노화시험
② 소화약제 노출시험
③ 내후성 시험

(3) 차량용 소화기(9조)

① 강화액소화기(안개모양으로 방사되는 것)
② 할로겐화합물 소화기
③ 이산화탄소 소화기
④ 포소화기
⑤ 분말소화기

(4) 호스의 부착이 제외되는 소화기(15조)

① 소화약제의 중량이 2kg 이하인 **분말**소화기
② 소화약제의 중량이 3kg 이하인 **이산화탄소** 소화기
③ 소화약제의 용량이 3l 이하의 **액체계** 소화기(액체소화기)
④ 소화약제의 중량이 4kg 이하인 **할로겐화합물**소화기

(5) 여과망 설치 소화기(17조)

① 물소화기
② 산알칼리소화기
③ 강화액소화기
④ 포소화기

Key Point

※ 차량용 소화기
★ 꼭 기억하세요 ★

※ 무상주수
안개모양으로 방사되는 것

※ 액체계 소화기(액체소화기)(NFTC 101 2.1.1.1)
① 산알칼리 소화약제
② 강화액 소화약제
③ 포소화약제
④ 물·침윤소화약제

Key Point

2 옥내소화전설비

출제확률 6% (1문제)

1 주요사항 및 방수량 · 저수량

(1) 펌프와 체크밸브 사이에 연결되는 것

① 성능시험배관
② 물올림장치
③ 릴리프밸브배관
④ 압력계

(2) 각 설비의 주요 사항

구 분	드렌처 설비	스프링클러 설비	소화용수 설비	옥내소화전 설비	옥외소화전 설비	포소화설비, 물분무소화설비 연결송수관 설비
방수압	0.1MPa 이상	0.1~1.2MPa 이하	0.15MPa 이상	0.17~0.7MPa 이하	0.25~0.7MPa 이하	0.35MPa 이상 문03 보기④
방수량	80l/min 이상	80l/min 이상	800l/min 이상 (가압송수장치 설치)	130l/min 이상 (30층 미만 : 최대 2개, 30층 이상 : 최대 5개)	350l/min 이상 (최대 2개)	75l/min 이상 (포워터 스프링클러헤드)
방수 구경	–	–	–	40mm	65mm	–
노즐 구경	–	–	–	13mm	19mm	–

★★★
문제 03 포소화설비의 규정 방사압력은?
09회 문115

① 0.1MPa
② 0.17MPa
③ 0.25MPa
④ 0.35MPa

해설 ④ 포소화설비의 규정 방사압력 : 0.35MPa

답 ④

(3) 방수량

$$Q = 0.653 D^2 \sqrt{10P} = 0.6597 CD^2 \sqrt{10P}$$

여기서, Q : 방수량[l/min]
D : 구경[mm]
P : 방수압[MPa]
C : 노즐의 흐름계수(유량계수)

(4) 수원의 저수량

① 드렌처설비

$$Q = 1.6N$$

여기서, Q : 수원의 저수량[m^3]
N : 헤드의 설치개수

※ 옥내소화전설비

규정 방수압력	규정 방수량
0.17MPa 이상	130l/min 이상

※ 드렌처설비
건물의 창, 처마 등 외부 화재에 의해 연소 · 되기 쉬운 부분에 설치하여 외부 화재의 영향을 막기 위한 설비

Key Point

② **스프링클러설비**

㈎ 폐쇄형 및 창고시설(라지드롭형)

폐쇄형	창고시설(라지드롭형)
$Q=1.6N$(1~29층 이하) $Q=3.2N$(30~49층 이하) 문04 보기③ $Q=4.8N$(50층 이상) 여기서, Q : 수원의 저수량[m^3] N : 폐쇄형 헤드의 기준개수(설치개수가 기준개수보다 작으면 그 설치개수)	$Q=3.2N$(일반창고) $Q=9.6N$(랙식 창고) 여기서, Q : 수원의 저수량[m^3] N : 가장 많은 방호구역의 설치개수(최대 30개)

중요 폐쇄형 헤드의 기준개수

<table>
<tr><th colspan="2">특정소방대상물</th><th>폐쇄형 헤드의 기준개수</th></tr>
<tr><td colspan="2">지하가 · 지하역사</td><td rowspan="4">30</td></tr>
<tr><td colspan="2">11층 이상</td></tr>
<tr><td rowspan="5">10층 이하</td><td>공장(특수가연물), 창고시설</td></tr>
<tr><td>판매시설(백화점 등), 복합건축물(판매시설이 설치된 것)</td></tr>
<tr><td>근린생활시설, 운수시설, 복합건축물(판매시설 미설치)</td><td rowspan="2">20</td></tr>
<tr><td>8m 이상</td></tr>
<tr><td>8m 미만</td><td>10</td></tr>
<tr><td colspan="2">공동주택(아파트 등) 문04 보기③</td><td>10(각 동이 주차장으로 연결된 주차장 : 30)</td></tr>
</table>

★★★

문제 04 지상 40층짜리 아파트에 스프링클러설비가 설치되어 있고 세대별 헤드수가 8개(N)일 때 학보해야 할 최소 수원의 양(Q)[m^3]은? (단, 옥상수조 수원의 양은 고려하지 않는다.)

20회 문113
19회 문104
19회 문108
18회 문113
18회 문123
17회 문106
14회 문103
11회 문111
10회 문 34
10회 문112

① 12.8　　② 16.0
③ 25.6　　④ 32.0

해설 (1) **기호**

- N : 8개
- Q : ?

(2) **40층**이므로

지하수원 $Q=3.2N$ $=3.2\times8=25.6m^3$

- 아파트이므로 기준개수 $N=10$개지만 설치개수가 기준개수보다 적으면 설치개수를 적용하는 기준에 따라 세대별 헤드수가 8개로 기준개수보다 작으므로 $N=$**8개**
- 40층이므로 $Q=3.2N$ 적용

답 ③

＊ 스프링클러설비의 특징

① 초기화재에 절대적이다.
② 소화제가 물이므로 값이 싸서 경제적이다.
③ 감지부의 구조가 기계적이므로 오동작 염려가 적다.
④ 시설의 수명이 반영구적이다.

＊ 지하가

'지하상가'를 의미한다.

Key Point

(나) 개방형

30개 이하	30개 초과
$Q=1.6N$(1~29층 이하) $Q=3.2N$(30~49층 이하) $Q=4.8N$(50층 이상) 여기서, Q : 수원의 저수량〔m^3〕 N : 개방형 헤드의 설치개수	$Q=K\sqrt{10P}\times N\times 20\times 10^{-3}$ 여기서, Q : 수원의 저수량〔m^3〕 K : 유출계수(15A : 80, 20A : 114) P : 방수압력〔MPa〕 N : 개방형 헤드의 설치개수

③ 옥내소화전설비

$Q=2.6N$(1~29층 이하, N : 최대 2개)
$Q=5.2N$(30~49층 이하, N : 최대 5개)
$Q=7.8N$(50층 이하, N : 최대 5개)

여기서, Q : 수원의 저수량〔m^3〕
N : 가장 많은 층의 소화전 개수

④ 옥외소화전설비

$$Q\geq 7N$$

여기서, Q : 수원의 저수량〔m^3〕
N : 옥외소화전 설치개수(최대 2개)

※ 가압송수장치
물에 압력을 가하여 보내기 위한 장치

2 가압송수장치 및 설치기준

(1) 가압송수장치(펌프방식)

① 스프링클러설비

$$H=h_1+h_2+10$$

여기서, H : 전양정〔m〕
h_1 : 배관 및 관부속품의 마찰손실수두〔m〕
h_2 : 실양정(흡입양정+토출양정)〔m〕

② 물분무소화설비

$$H=h_1+h_2+h_3$$

여기서, H : 필요한 낙차〔m〕
h_1 : 물분무헤드의 설계압력환산수두〔m〕
h_2 : 배관 및 관부속품의 마찰손실수두〔m〕
h_3 : 실양정(흡입양정+토출양정)〔m〕

③ 옥내소화전설비

$$H=h_1+h_2+h_3+17$$

여기서, H : 전양정〔m〕
h_1 : 소방용 호스의 마찰손실수두〔m〕
h_2 : 배관 및 관부속품의 마찰손실수두〔m〕
h_3 : 실양정(흡입양정+토출양정)〔m〕

※ 소방호스의 종류
① 아마 호스
② 고무내장 호스
③ 물에 젖는 호스

Key Point

④ **옥외소화전설비**

$$H = h_1 + h_2 + h_3 + 25$$

여기서, H : 전양정〔m〕
h_1 : 소방용 호스의 마찰손실수두〔m〕
h_2 : 배관 및 관부속품의 마찰손실수두〔m〕
h_3 : 실양정(흡입양정+토출양정)〔m〕

⑤ **포소화설비**

$$H = h_1 + h_2 + h_3 + h_4$$

여기서, H : 펌프의 양정〔m〕
h_1 : 방출구의 설계압력환산수두 또는 노즐단선의 방사압력환산수두〔m〕
h_2 : 배관의 마찰손실수두〔m〕
h_3 : 소방용 호스의 마찰손실수두〔m〕
h_4 : 낙차〔m〕

(2) 계기

압력계	진공계 · 연성계
펌프의 토출측 설치	펌프의 흡입측 설치

(3) 100*l* 이상

① 기동용 수압개폐장치(압력챔버)의 용적
② 물올림수조의 용량

(4) 옥내소화전설비의 배관구경(NFPC 102 6조, NFTC 102 2.3)

구 분	가지배관	주배관 중 수직배관
호스릴	25mm 이상	32mm 이상
일반	40mm 이상	50mm 이상 문05 보기②
연결송수관 겸용	65mm 이상 문05 보기③	100mm 이상 문05 보기④

- **순환배관** : 체절운전시 수온의 상승 방지
- **펌프의 흡수관(흡입측 배관)에 여과장치(스트레이너) 설치** 문05 보기①

★★★
문제 05 옥내소화전의 배관설비에 대한 설명으로 부적합한 것은?
04회 문120
① 펌프의 흡수관에 여과장치를 한다.
② 주배관 중 수직배관은 구경 50mm 이상의 것으로 한다.
③ 연결송수관과 겸용하는 경우의 가지관은 구경 50mm 이상의 것으로 한다. (50mm → 65mm)
④ 연결송수관의 설비와 겸용할 경우의 주배관의 구경은 100mm 이상의 것으로 한다.

답 ③

* **연성계 · 진공계의 설치제외**
① 수원의 수위가 펌프의 위치보다 높은 경우
② 수직회전축 펌프의 경우

* **기동용 수압개폐장치**
소화설비의 배관 내 압력변동을 검지하여 자동적으로 펌프를 기동 및 정지시키는 것으로서 '압력챔버'라고도 한다.

Key Point

※ 물올림장치
수원의 수위가 펌프보다 낮은 위치에 있을 때 설치하며 펌프와 풋밸브 사이의 흡입관 내에 항상 물을 충만시켜 펌프가 물을 흡입할 수 있도록 하는 설비

※ 수조가 펌프보다 높을 때 제외시킬 수 있는 것
① 풋밸브
② 진공계(연성계)
③ 물올림장치

(5) 물올림장치의 감수원인

① 급수밸브 차단
② 자동급수장치의 고장
③ 물올림장치의 배수밸브의 개방
④ 풋밸브의 고장

3 헤드수 및 펌프의 성능

(1) 헤드수 및 유수량

① 옥내소화전설비

배관구경(mm)	40 문06 보기②	50	65	80	100
유수량(l/min)	130	260	390	520	650
옥내소화전수	1개	2개	3개	4개	5개

★★★
문제 06 옥내소화전의 펌프 토출량이 매분 130 l일 때 토출구 배관구경으로 가장 적당한 것은?

① 30mm ② 40mm ③ 50mm ④ 65mm

해설
② 펌프토출량 130 l/min일 때 배관구경 : 40mm

답 ②

※ 순환펌프
체절운전시 수온의 상승 방지

※ 체절운전
펌프의 성능시험을 목적으로 펌프토출측의 개폐밸브를 닫은 상태에서 펌프를 운전하는 것

※ 체절압력
체절운전시 릴리프밸브가 압력수를 방출할 때의 압력계상압력으로 정격토출압력의 140% 이하

※ 체절양정
펌프의 토출측 밸브가 모두 막힌 상태 즉, 유량이 0인 상태에서의 양정

② 연결살수설비

배관구경(mm)	32	40	50	65	80
살수헤드수	1개	2개	3개	4~5개	6~10개

③ 스프링클러설비

급수관구경(mm)	25	32	40	50	65	80	90	100	125	150
폐쇄형 헤드수	2개	3개	5개	10개	30개	60개	80개	100개	160개	161개 이상

(2) 펌프의 성능(NFPC 102 5조, NFTC 102 2.2.1.7)

① 체절운전시 정격토출압력의 **140%**를 초과하지 않을 것
② 정격토출량의 **150%**로 운전시 정격토출압력의 **65%** 이상이 되어야 한다.

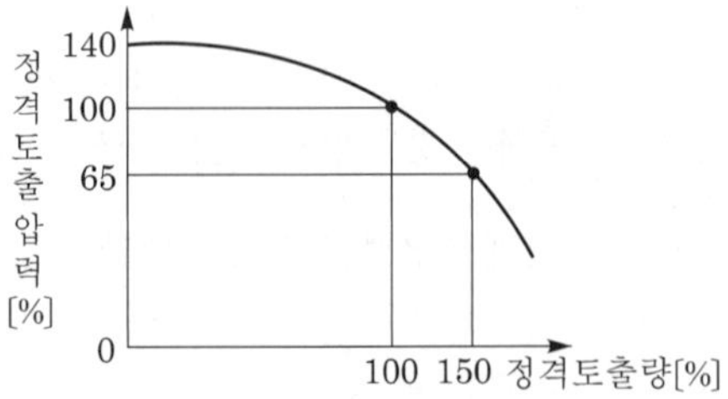

펌프의 성능곡선

Key Point

(3) **옥내소화전함**(NFPC 102 7조, NFTC 102 2.4.1.1)

① 소화전용 배관이 통과하는 부분의 구경 : **32mm** 이상

② 문의 면적 : **0.5**m^2 이상(짧은 변의 길이가 500mm 이상)

기억법 5내(오네 가네)

(4) **옥내소화전설비**

① 구경

구 경	설 명
급수배관 구경	15mm 이상
순환배관 구경	20mm 이상(정격토출량의 2~3% 용량)
물올림관 구경	25mm 이상(높이 1m 이상)
오버플로관 구경	50mm 이상

문제 07 다음은 옥내소화전설비의 물올림장치에 대한 대략적인 계통도이다. 번호에 대한 규격으로 옳은 것은?

12회 문112

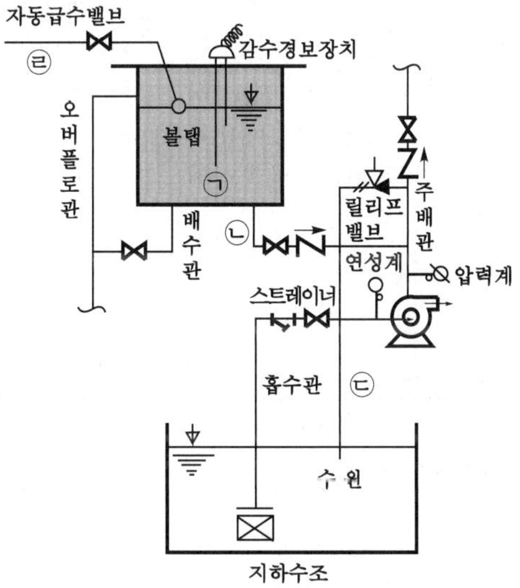

① ㉠ 100l 이상, ㉡ 25mm 이상, ㉢ 20mm 이상, ㉣ 15mm 이상
② ㉠ 200l 이상, ㉡ 15mm 이상, ㉢ 20mm 이상, ㉣ 25mm 이상
③ ㉠ 100l 이상, ㉡ 20mm 이상, ㉢ 25mm 이상, ㉣ 15mm 이상
④ ㉠ 200l 이상, ㉡ 20mm 이상, ㉢ 25mm 이상, ㉣ 15mm 이상

해설

㉠ 물올림수조 : 100l 이상
㉡ 물올림관 : 25mm 이상
㉢ 순환배관 : 20mm 이상
㉣ 급수배관 : 15mm 이상

답 ①

* **물올림장치**

문07 보기①

① 물올림수조 : 100l 이상
② 물올림관 : 25mm 이상
③ 순환배관 : 20mm 이상
④ 급수배관 : 15mm 이상

Key Point

※표시등 vs 발신기 표시등 식별범위

감시등	발신기 표시등
15° 이하 10m	15° 이상 10m

② 비상전원

㉠ 설치대상

- **7층** 이상으로서 연면적 **2000m²** 이상
- 지하층의 바닥면적의 합계가 **3000m²** 이상인 것

㉡ 용량
- **20분** 이상(1~29층 이하)
- **40분** 이상(30~49층 이하)
- **60분** 이상(50층 이상)

③ 표시등과 발신기표시등의 식별

① **옥내소화전설비**의 표시등(NFPC 102 7조 ③항, NFTC 102 2.4.3) ② **옥외소화전설비**의 표시등(NFPC 109 7조 ④항, NFTC 109 2.4.4) ③ **연결송수관설비**의 표시등(NFPC 502 6조, NFTC 502 2.3.1.6.1)	① **자동화재탐지설비**의 발신기표시등(NFPC 203 9조 ②항, NFTC 203 2.6) ② **스프링클러설비**의 화재감지기회로의 발신기표시등(NFPC 103 9조 ③항, NFTC 103 2.6.3.5.3) ③ **미분무소화설비**의 화재감지기회로의 발신기표시등(NFPC 104A 12조 ①항, NFTC 104A 2.9.1.8.3) ④ **포소화설비**의 화재감지기회로의 발신기표시등(NFPC 105 11조 ②항, NFTC 105 2.8.2.2.2) ⑤ **비상경보설비**의 화재감지기회로의 발신기표시등(NFPC 201 4조 ⑤항, NFTC 201 2.1.5.3)
부착면과 **15° 이하**의 각도로도 발산되어야 하며 주위의 밝기가 **0lx**인 장소에서 측정하여 **10m** 떨어진 위치에서 켜진 등이 확실히 식별될 것 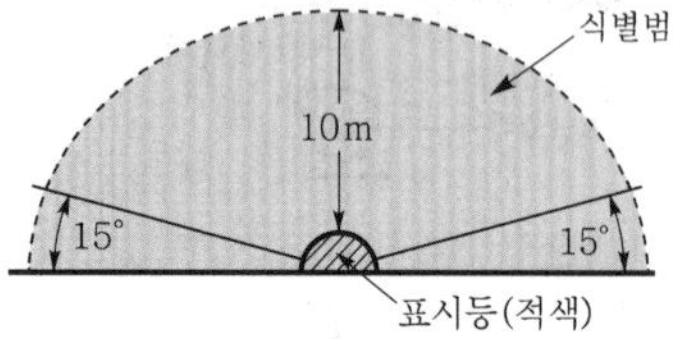 ▌표시등의 식별범위▐	부착면으로부터 **15° 이상**의 범위 안에서 **10m** 거리에서 식별 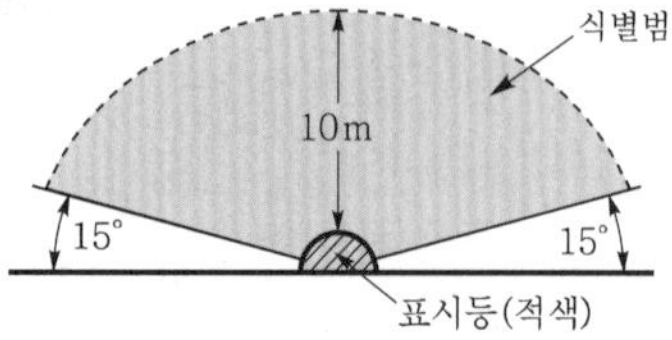 ▌발신기표시등의 식별범위▐

Key Point

3 옥외소화전설비

출제확률 3% (1문제)

(1) 옥외소화전함의 설치거리

구 분	설 명
10개 이하	5m 이내마다 1개 이상
11~30개 이하	11개 이상 소화전함 분산 설치 문08 보기②
31개 이상	소화전 3개마다 1개 이상

- 지하매설 배관 : 소방용 합성수지배관

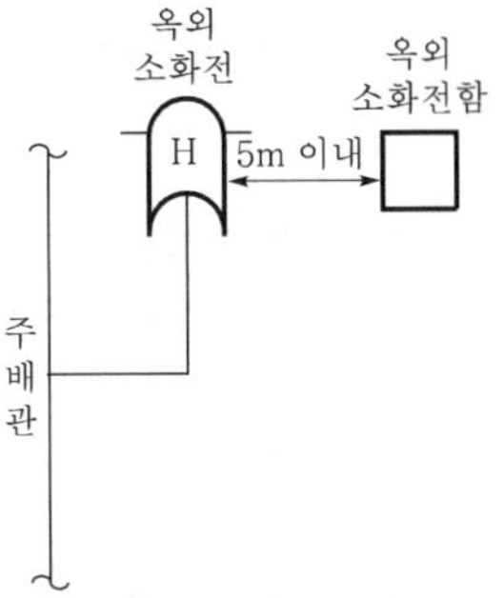

‖ 옥외소화전~옥외소화전함의 설치거리 ‖

※ 옥외소화전함 설치 기구
① 호스(65mm×20m×2개)
② 노즐(19mm×1개)

★★★
문제 08 (14회 문104, 13회 문105) 옥외소화전설비의 화재안전기준에 의하여 옥외소화전을 11개 이상 30개 이하 설치시 몇 개 이상의 소화전함을 분산 설치하여야 하는가?

① 5　② 11
③ 16　④ 21

해설
② 옥외소화전함의 설치거리(11개 이상 30개 이하) : 11개 이상의 소화전함 분산 설치

답 ②

(2) 소방시설 면제기준(소방시설법 시행령 〔별표 5〕)

면제대상	대체설비
스프링클러설비	• **물분무등소화설비**
물분무등소화설비	• **스프링클러설비** 문09 보기①
간이스프링클러설비	• 스프링클러설비 • **물분무소화설비 · 미분무소화설비**
비상경보설비 또는 단독경보형 감지기	• 자동화재탐지설비
비상경보설비	• **2개** 이상 **단독경보형 감지기** 연동
비상방송설비	• 자동화재탐지설비 • 비상경보설비
연결살수설비	• 스프링클러설비 • 간이스프링클러설비 • 물분무소화설비 · 미분무소화설비

Key Point

※ 스프링클러설비 설치시 면제대상
① 물분무등소화설비
② 간이스프링클러설비
③ 연결살수설비
④ 연소방지설비
⑤ 연결송수관설비

※ 물분무등소화설비 (소방시설법 시행령 〔별표 1〕)
① 물분무소화설비
② 미분무소화설비
③ 포소화설비
④ 이산화탄소 소화설비
⑤ 할론소화설비
⑥ 할로겐화합물 및 불활성기체 소화설비
⑦ 분말소화설비
⑧ 강화액 소화설비
⑨ 고체에어로졸 소화설비

면제대상	대체설비
제연설비	• **공기조화설비**
연소방지설비	• 스프링클러설비 • 물분무소화설비 · 미분무소화설비
연결송수관설비	• 옥내소화전설비 • 스프링클러설비 • 간이스프링클러설비 • 연결살수설비
자동화재탐지설비	• 자동화재탐지설비의 기능을 가진 스프링클러설비 • 물분무등소화설비
옥내소화전설비	• 옥외소화전설비 • 미분무소화설비(호스릴방식)

★★
문제 09 다음 중 소방시설 면제기준이 옳게 된 것은?

① 스프링클러설비를 설치하여야 할 특정소방대상물에 물분무소화설비를 설치한 경우
② 물분무등소화설비를 설치하여야 하는 차고, 주차장에 간이스프링클러설비를 설치한 경우
③ 비상방송설비를 설치하여야 할 특정소방대상물에 단독경보형 감지기를 설치한 경우
④ 간이스프링클러설비를 설치하여야 할 특정소방대상물에 이산화탄소 소화설비를 설치한 경우

해설
① **스프링클러설비**를 설치하여야 할 특정소방대상물에 **물분무소화설비**를 설치한 경우
② **물분무등소화설비**를 설치하여야 하는 차고, 주차장에 **스프링클러설비**를 설치한 경우
③ **비상방송설비**를 설치하여야 할 특정소방대상물에 **비상경보설비, 자동화재탐지설비**를 설치한 경우
④ **간이스프링클러설비**를 설치하여야 할 특정소방대상물에 **물분무소화설비, 스프링클러설비, 미분무소화설비**를 설치한 경우

답 ①

Key Point

4 스프링클러설비

출제확률 8% (1.5문제)

1 스프링클러헤드

(1) 폐쇄형 스프링클러헤드(NFPC 103 10조, NFTC 103 2.7.3)

설치장소	설치기준
무대부 · 특수가연물(창고 포함)	수평거리 1.7m 이하
기타구조(창고 포함)	수평거리 2.1m 이하
내화구조(창고 포함)	수평거리 2.3m 이하
공동주택(아파트) 세대 내	수평거리 2.6m 이하

기억법 무특 7
기 1
내 3
아 6

(2) 스프링클러헤드의 배치기준(NFPC 103 10조, NFTC 103 2.7.6)

설치장소의 최고 주위온도	표시온도
39℃ 미만	79℃ 미만
39~64℃ 미만	79~121℃ 미만
64~106℃ 미만	121~162℃ 미만 문10 보기③
106℃ 이상	162℃ 이상

기억법 39 79
64 121
106 162

★★★
문제 10 스프링클러설비의 화재안전기준상 설치장소의 최고주위온도가 79℃인 경우, 표시온도 몇 ℃의 폐쇄형 스프링클러헤드를 설치해야 하는가? (단, 높이가 4m 이상인 공장은 제외한다.)

① 64℃ 이상 106℃ 미만 ② 79℃ 이상 121℃ 미만
③ 121℃ 이상 162℃ 미만 ④ 162℃ 이상

해설 ③ 설치장소의 최고주위온도가 79℃인 경우 표시온도 : 121~162℃ 미만

답 ③

(3) 랙식 창고의 헤드 설치높이(NFPC 609 7조, NFTC 609 2.3.1.2)

3m 이하

* 랙식 창고
① 물품보관용 랙을 설치하는 창고시설
② 선반 또는 이와 비슷한 것을 설치하고 승강기에 의하여 수납을 운반하는 장치를 갖춘 것

Key Point

※ 정방형
★ 꼭 기억하세요 ★

※ 수평거리와 같은 의미
① 유효반경
② 직선거리

※ 헤드
화재시 가압된 물이 내뿜어져 분산됨으로써 소화기능을 하는 것

※ 가지관 최상부에 설치하는 스프링클러헤드
천장의 최상부에서 수직거리 90cm 이상

(4) 헤드의 배치형태

정방형(정사각형) 문11 보기③	장방형(직사각형)
$S=2R\cos 45°,\quad L=S$ 여기서, S : 수평헤드간격 R : 수평거리 L : 배관간격	$S=\sqrt{4R^2-L^2},\quad S'=2R$ 여기서, S : 수평헤드간격 R : 수평거리 L : 배관간격 S' : 대각선헤드간격

★★★
문제 11 21회 문115 16회 문102 11회 문105 05회 문112

건축물의 높이가 3.5m인 특수가연물을 저장 또는 취급하는 랙식 창고에 스프링클러설비를 설치하고자 한다. 바닥면적 가로 40m×세로 66m라고 한다면, 스프링클러헤드를 정방형으로 배치할 경우 헤드의 최소 설치개수는?

① 322개　　② 433개
③ 476개　　④ 512개

해설 (1) 특수가연물 저장 랙식 창고 : 수평거리 1.7m 이하
(2) **수평헤드간격** S는
$S=2R\cos 45°=2\times 1.7\text{m}\times\cos 45° \fallingdotseq 2.404\text{m}$
(3) 가로헤드 설치개수$=\dfrac{\text{가로길이}}{\text{수평헤드간격}}=\dfrac{40\text{m}}{2.404\text{m}}=16.6\fallingdotseq 17$개(절상)
(4) 세로헤드 설치개수$=\dfrac{\text{세로길이}}{\text{수평헤드간격}}=\dfrac{66\text{m}}{2.404\text{m}}=27.4\fallingdotseq 28$개(절상)
∴ 헤드 설치개수=가로헤드 설치개수×세로헤드 설치개수=17개×28개=476개

답 ③

(5) 톱날지붕의 헤드 설치

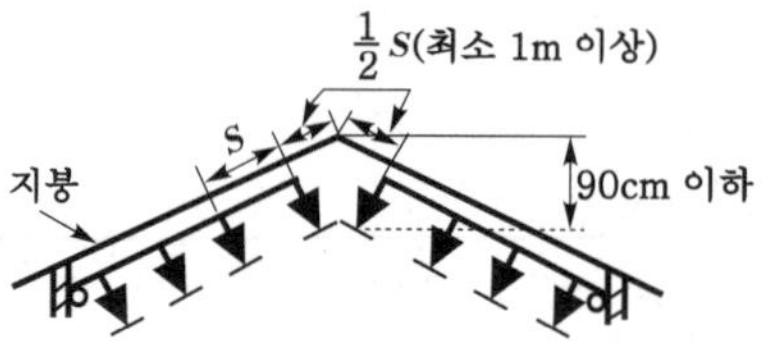

(6) 스프링클러헤드 설치장소(NFPC 103 15조, NFTC 103 2.12)

① 보일러실
② 복도
③ 슈퍼마켓
④ 소매시장
⑤ 위험물 취급장소
⑥ 특수가연물 취급장소
⑦ 거실
⑧ 불연재료인 천장과 반자 사이가 2m 이상인 부분 문12 보기④

Key Point

★
문제 12 스프링클러헤드의 설치제외 장소가 아닌 곳은?
08회 문116
① 계단실, 파이프 덕트
② 통신기기실, 전자기기실
③ 변압기실, 변전실
④ 불연재료인 천장과 반자 사이가 2m 이상인 부분

해설 **스프링클러헤드** 설치장소
(1) **보**일러실
(2) **복**도
(3) **슈**퍼마켓
(4) **소**매시장
(5) **위**험물 취급장소
(6) **특**수가연물 취급장소
(7) **거**실
(8) 불연재료인 천장과 반자 사이가 2m 이상인 부분

기억법 **위스복슈소 특보거**(**위스**키는 **복**잡한 **수소**로 만들었다는 **특보**가 **거**실 TV에서 흘러 나왔다)

답 ④

2 스프링클러설비의 구성요소

(1) 리타딩챔버의 역할
① 오작동(오보) 방지
② 안전밸브의 역할
③ 배관 및 압력스위치의 손상보호

(2) 압력챔버
① 설치목적 : 모터펌프를 가동(기동) 또는 정지시키기 위하여
② 이음매

몸체의 동체	몸체의 경판
1개소 이하	이음매가 없을 것

(3) 스프링클러설비의 비교

방 식 / 구 분	습 식	건 식	준비작동식	부압식	일제살수식
1차측	가압수	가압수	가압수	가압수	가압수
2차측	가압수	압축공기	대기압	부압	대기압
밸브종류	자동경보밸브 (알람체크밸브)	건식 밸브	준비작동식 밸브	준비작동식 밸브	일제개방밸브 (델류즈밸브)
헤드종류	폐쇄형 헤드	폐쇄형 헤드	폐쇄형 헤드	폐쇄형 헤드	개방형 헤드

* **기동용 수압개폐장치**
펌프를 기동 또는 정지시키는 것으로서 압력챔버, 기동용 압력스위치 등을 말한다.

Key Point

※ 유수검지장치의 작동시험
말단시험밸브 또는 유수검지장치의 배수 밸브를 개방하여 유수검지장치에 부착되어 있는 압력스위치의 작동 여부를 확인한다.

※ 건식 설비의 주요 구성 요소
① 건식 밸브
② 액셀레이터
③ 익저스터
④ 자동식 공기압축기
⑤ 에어 레귤레이터
⑥ 로 알람스위치

※ 에어 레귤레이터
공기조절기

※ 로 알람스위치
'저압경보스위치'라고도 한다.

(4) 유수검지장치

- 유수검지장치
  - 자동경보밸브(알람체크밸브)
    - 리타딩챔버
    - 압력스위치
    - 워터모터공
  - 패들형 유수검지기
  - 유수작동밸브

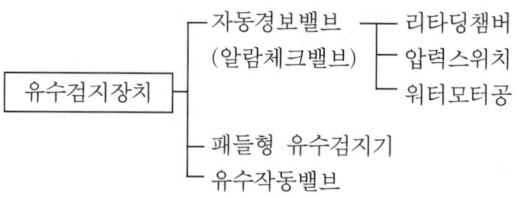

• **패들형** 유수검지장치 : 경보지연장치가 없다.

(5) 건식 설비의 가스배출 가속장치 문13 보기①

① 액셀레이터

② 익저스터

★

문제 13 03회 문123
자동스프링클러 소화설비시스템 중에서 건식 스프링클러 소화설비에 물의 공급을 신속하게 하기 위해서 설치하는 부속장치는 다음 중 어느 것인가?

① 익저스터(Exhauster), 액셀레이터(Accelerator)
② 리타딩챔버(Retarding chamber), 압력탱크(Pressure tank)
③ 파일럿밸브(Pilot valve), 유량지시계(Flow indicator)
④ 중간챔버(Intermediate chamber), 다이어프램(Diaphragm)

해설 **액셀레이터**(Accelerator), **익저스터**(Exhauster)
건식 밸브 개방시 압축공기의 배출속도를 가속시켜 1차측 배관 내의 가압수를 2차측 헤드까지 신속히 송수할 수 있도록 한다.

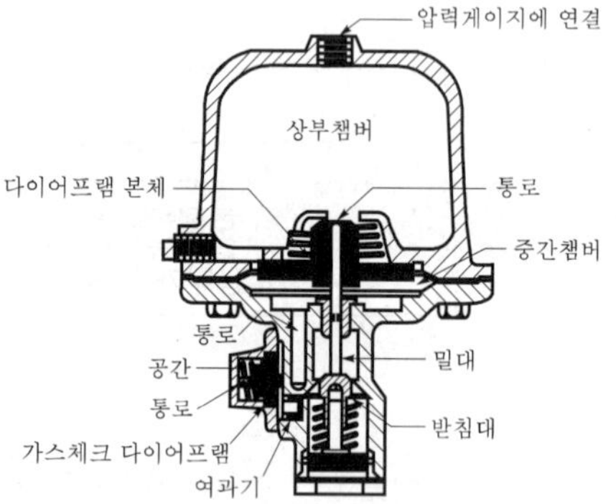

| 액셀레이터 |

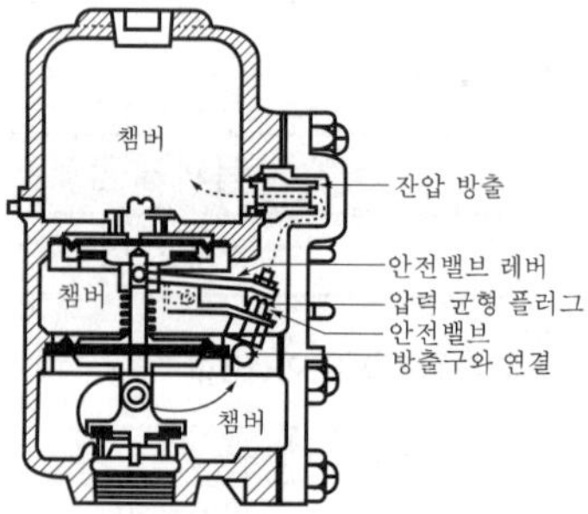

| 익저스터 |

답 ①

Key Point

3 밸브 및 관부속품

(1) 준비작동밸브의 종류

① 전기식

② 기계식

③ 뉴매틱식(공기관식)

(2) 스톱밸브의 종류

① 글로브밸브 : 소화전 개폐에 사용할 수 없다.

② 슬루스밸브

③ 안전밸브

(3) 체크밸브의 종류

① 스모렌스키 체크밸브

② 웨이퍼 체크밸브

③ 스윙 체크밸브

※ 체크밸브
역류방지를 목적으로 한다.
① 리프트형 : 수직설치용
② 스윙형 : 수평 · 수직설치용

(4) 신축이음의 종류

① 슬리브형

② 벨로스형

③ 루프형

(5) 강관배관의 절단기

① 쇠톱

② 톱반(Sawing machine)

③ 파이프커터(Pipe cutter)

④ 연삭기

⑤ 가스용접기

(6) 강관의 나사내기 공구

① 오스터형 또는 리드형 절삭기

② 파이프바이스

③ 파이프렌치

• 전기용접 : 관의 두께가 얇은 것은 적합하지 않다.

※ 전기용접
① 용접속도가 빠르다.
② 용접변형이 비교적 적다.
③ 관의 두께가 얇은 것은 적합하지 않다.
④ 안전사고의 위험이 수반된다.

Key Point

※ 고가수조
구조물 또는 지형지물 등에 설치하여 자연낙차의 압력으로 급수하는 수조

※ 일제개방밸브
화재발생시 자동 또는 수동식 기동장치에 따라 밸브가 열리는 것

※ 수직배수배관
층마다 물을 배수하는 수직배관

4 고가수조 및 압력수조

고가수조에 필요한 설비	압력수조에 필요한 설비
① 수위계 ② 배수관 ③ 급수관 ④ 맨홀 ⑤ **오버플로관**	① 수위계 ② 배수관 ③ 급수관 ④ 맨홀 ⑤ **급기관** ⑥ **압력계** ⑦ **안전장치** ⑧ **자동식 공기압축기**

5 방수구역 및 배관 등

(1) **개방형 설비의 방수구역**(NFPC 103 7조, NFTC 103 2.4.1)

① 하나의 방수구역은 **2개층**에 미치지 않을 것 문14 보기④

② 방수구역마다 **일제개방밸브**를 설치할 것 문14 보기②

③ 하나의 방수구역을 담당하는 헤드의 개수는 **50개** 이하로 할 것(단, 2개 이상의 방수구역으로 나눌 경우에는 **25개** 이상) 문14 보기③

④ 표지는 '**일제개방밸브실**'이라고 표시할 것

★

문제 14 11회 문101 **다음 중 개방형 스프링클러설비의 방수구역에 관한 기준으로 적합하지 않은 것은 어느 것인가?**

① 하나의 방호구역의 바닥면적은 3000m^{2}를 초과하지 않을 것
→ 폐쇄형 스프링클러설비의 방호구역 기준

② 방수구역마다 일제개방밸브를 설치할 것

③ 하나의 방수구역을 담당하는 헤드의 개수는 50개 이하로 할 것

④ 하나의 방수구역은 2개층에 미치지 않을 것

답 ①

(2) **가지배관을 신축배관으로 하는 경우**(스프링클러설비 신축배관 성능인증 및 제품검사의 기술기준 7·8조)

① 최고 사용압력은 **1.4MPa** 이상이어야 한다.

② 최고 사용압력의 **1.5배** 수압을 **5분**간 가하는 시험에서 파손, 누수 등이 없어야 한다.

• 배관의 크기 결정요소 : 물의 유속

(3) **배관의 구경**(NFPC 103 8조, NFTC 103 2.5.10.1, 2.5.14)

교차배관	수직배수배관
40mm 이상	50mm 이상(단, 수직배관의 구경이 50mm 미만인 경우에는 수직배관과 동일한 구경으로 할 수 있음)

기억법 교4(교사), 수5(수호천사)

Key Point

※ 수평주행배관
각 층에서 교차배관까지 물을 공급하는 배관

(4) 행거의 설치(NFPC 103 8조, NFTC 103 2.5.13)

① 가지배관 : 3.5m 이내마다 설치
② 교차배관 ─┐
③ 수평주행배관 ─┘ 4.5m 이내마다 설치
④ 헤드와 행거 사이의 간격 : 8cm 이상

- **시험배관** : 유수검지장치(유수경보장치)의 기능점검

(5) 기울기

기울기	배관 및 설비
$\frac{1}{100}$ 이상	연결살수설비의 수평주행배관
$\frac{2}{100}$ 이상	물분무소화설비의 배수설비 [문15 보기③]
$\frac{1}{250}$ 이상	습식·부압식설비 외 설비의 가지배관 [문15 보기①]
$\frac{1}{500}$ 이상	습식·부압식설비 외 설비의 수평주행배관 [문15 보기①]

★★★
문제 15 국가화재안전기준상 배관의 기울기에 관한 내용으로 옳지 않은 것은?
[19회 문103]
[04회 문105]

① 습식 스프링클러설비 또는 부압식 스프링클러설비 외의 설비에는 헤드를 향하여 상향으로 수평주행배관의 기울기를 500분의 1 이상, 가지배관의 기울기를 250분의 1 이상으로 할 것. 다만, 배관의 구조상 기울기를 줄 수 없는 경우에는 배수를 원활하게 할 수 있도록 배수밸브를 설치하여야 한다.
② 간이스프링클러설비의 배관을 수평으로 할 것. 다만, 배관의 구조상 소화수가 남아있는 곳에는 배수밸브를 설치해야 한다.
③ 물분무소화설비를 설치하는 차고 또는 주차장의 차량이 주차하는 바닥은 배수구를 향하여 100분의 2 기울기를 유지하여야 한다.
④ 개방형 미분무소화설비에는 헤드를 향하여 하향(상향)으로 수평주행배관의 기울기를 1000(500)분의 1 이상, 가지배관의 기울기를 500(250)분의 1 이상으로 할 것. 다만, 배관의 구조상 기울기를 줄 수 없는 경우에는 배수를 원활하게 할 수 있도록 배수밸브를 설치해야 한다.

답 ④

Key Point

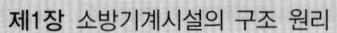

※ 송수구
가압수를 공급하기 위한 구멍

※ 채수구
소방자동차의 소방호스와 접결되는 흡입구로서 지면에서 0.5~1m 이하에 설치

※ 방수구
가압수를 내보내기 위한 구멍

(6) 설치높이

0.5~1m 이하	0.8~1.5m 이하	1.5m 이하
① 연결송수관설비의 송수구·방수구 ② 연결살수설비의 송수구 ③ 소화용수설비의 채수구	① 제어밸브 ② 유수검지장치 ③ 일제개방밸브	① 옥내소화전설비의 방수구 ② 호스릴함 ③ 소화기

Key Point

5 물분무소화설비

출제확률 4% (1문제)

1 적용제외 위험물 및 수원

(1) 물분무소화설비의 적용제외 위험물

제2류위험물(금속분) · 제3류위험물

- **제2류위험물(금속분)**
  ① 마그네슘(Mg)
  ② 알루미늄(Al)
  ③ 아연(Zn)
- **제3류위험물** : 알칼리금속과산화물

(2) 물분무소화설비의 수원(NFPC 104 4조, NFTC 104 2.1.1)

특정소방대상물	토출량	최소기준	비 고
컨베이어벨트 문16 보기①	1**0** l/min · m²	–	벨트부분의 바닥면적
절연유 봉입변압기 문16 보기③	1**0** l/min · m²	–	표면적을 합한 면적(바닥면적 제외)
특수가연물	1**0** l/min · m²	최소 50m²	최대방수구역의 바닥면적 기준
케이블트레이 · 덕트 문16 보기④	1**2** l/min · m²	–	투영된 바닥면적
차고 · 주차장 문16 보기②	2**0** l/min · m²	최소 50m²	최대방수구역의 바닥면적 기준
위험물 저장탱크	**37** l/min · m	–	위험물탱크 둘레길이(원주길이) : 위험물규칙 〔별표 6〕 Ⅱ

※ 모두 **20분**간 방수할 수 있는 양 이상으로 하여야 한다.

기억법
컨 0
절 0
특 0
케 2
차 0
위 37

✻ 물분무소화설비
① 질식효과
② 냉각효과
③ 유화효과
④ 희석효과

✻ 물분무가 전기설비에 적합한 이유
분무상태의 물은 비전도성을 나타내므로

✻ 케이블트레이
케이블을 수용하기 위한 관로로 사용되며, 윗부분이 개방되어 있다.

✻ 케이블덕트
케이블을 수용하기 위한 관로로 사용되며, 윗부분이 밀폐되어 있다.

Key Point

★★★

문제 16 물분무소화설비의 화재안전기준상 수원의 저수량 기준으로 옳은 것은?

20회 문114
19회 문121
17회 문116
16회 문103
15회 문107
11회 문115
09회 문105

① 컨베이어 벨트 등은 벨트부분의 바닥면적 $1m^2$에 대하여 8 l/min로 20분간 방수할 수 있는 양 이상으로 할 것
(10 l/min)

② 차고 또는 주차장은 그 바닥면적 $1m^2$에 대하여 10 l/min로 20분간 방수할 수 있는 양 이상으로 할 것
(20 l/min)

③ 절연유 봉입변압기는 바닥부분을 제외한 표면적을 합한 면적 $1m^2$에 대하여 8 l/min로 20분간 방수할 수 있는 양 이상으로 할 것
(10 l/min)

④ 케이블트레이, 케이블덕트 등은 투영된 바닥면적 $1m^2$에 대하여 12 l/min로 20분간 방수할 수 있는 양 이상으로 할 것

답 ④

2 설치기준 및 물분무헤드

(1) 물분무소화설비

① **배관재료**(NFPC 104 6조, NFTC 104 2.3.1)

1.2MPa 미만	1.2MPa 이상
• 배관용 탄소강관 • 이음매 없는 구리 및 구리합금관(단, 습식의 배관에 한함) • 배관용 스테인리스강관 또는 일반배관용 스테인리스강관 • 덕타일 주철관	• 압력배관용 탄소강관 • 배관용 아크용접 탄소강강관

② **배수설비**(NFPC 104 11조, NFTC 104 2.8)

㉠ 10cm 이상의 경계턱으로 배수구 설치(차량이 주차하는 곳)

㉡ 40m 이하마다 집수관, 소화피트 등 기름분리장치 설치

㉢ 차량이 주차하는 바닥은 $\frac{2}{100}$ 이상의 기울기 유지

㉣ 가압송수장치의 **최대송수능력**의 수량을 유효하게 배수할 수 있는 크기 및 기울기

(2) 설치제외 장소

① 물과 심하게 반응하는 물질 저장·취급장소 문17 보기①

② **고온물질** 저장·취급장소 문17 보기②

③ 운전시에 표면의 온도가 260℃ 이상되는 장소 문17 보기③

• 물분무소화설비 : **자동화재감지장치**(감지기)가 있어야 한다.

기억법 물26(물이 이륙)

※ **물분무헤드 설치 제외**
① 물과 심하게 반응
② 고온물질
③ 260℃ 이상

Key Point

★

문제 17 **물분무소화설비의 화재안전기술기준상 물분무헤드의 설치제외 장소로 옳지 않은 것은?**

23회 문107
22회 문 62

① 물에 심하게 반응하는 물질 또는 물과 반응하여 위험한 물질을 생성하는 물질을 저장 또는 취급하는 장소
② 고온의 물질 및 증류범위가 넓어 끓어 넘치는 위험이 있는 물질을 저장 또는 취급하는 장소
③ 운전시에 표면의 온도가 260℃ 이상으로 되는 등 직접 분무를 하는 경우 그 부분에 손상을 입힐 우려가 있는 기계장치 등이 있는 장소
④ 통신기기실 · 전자기기실 · 기타 이와 유사한 장소

→ 스프링클러헤드의 설치제외 장소

답 ④

(3) 물분무헤드

① 분류

㉠ 충돌형
㉡ 분사형
㉢ 선회류형
㉣ 디플렉터형
㉤ 슬리트형

② 이격거리

전 압	거 리
66kV 이하	70cm 이상
67~77kV 이하	80cm 이상
78~110kV 이하	110cm 이상
111~154kV 이하	150cm 이상
155~181kV 이하	180cm 이상
182~220kV 이하	210cm 이상
221~275kV 이하	260cm 이상

기억법
66 → 70
77 → 80
110 → 110
154 → 150
181 → 180
220 → 210
275 → 260

✻ **물분무헤드의 종류**
자동화재감지장치가 있어야 한다.
① 충돌형
② 분사형
③ 선회류형
④ 슬리트형
⑤ 디플렉터형

✻ **물분무헤드**
직선류 또는 나선류의 물을 충돌 · 확산시켜 미립상태로 분무함으로써 소화기능을 하는 헤드

Key Point

※ 미분무
물만을 사용하여 소화하는 방식으로 최소설계압력에서 헤드로부터 방출되는 물입자 중 99%의 누적체적분포가 400μm 이하로 분무되고 A, B, C급 화재에 적응성을 갖는 것

※ 미분무소화설비의 사용압력

구분	사용압력
저압	1.2MPa 이하
중압	1.2~3.5MPa 이하
고압	3.5MPa 초과

6 미분무소화설비

출제확률 1% (1문제)

1 수원(NFPC 104A 6조, NFTC 104A 2.3.4)

$$Q = N \times D \times T \times S + V$$ 문18 보기①

여기서, Q : 수원의 양[m³]
N : 방호구역(방수구역) 내 헤드의 개수
D : 설계유량[m³/min]
T : 설계방수시간[min]
S : 안전율(1.2 이상)
V : 배관의 총체적[m³]

★★
문제 18 17회 문102
미분무소화설비의 방수구역 내에 설치된 미분무헤드의 개수가 20개(N), 헤드 1개당 설계유량은 50l/min(D), 방사시간 1시간(T), 배관의 총체적 0.06m³(V)이며, 안전율은 1.2(S)일 경우 본 소화설비에 필요한 최소 수원의 양(Q)[m³]은?

① 72.06　　② 74.06
③ 76.06　　④ 78.06

해설 (1) **기호**

- N : 20개
- D : 50l/min=0.05m³/min(1000l=1m³이므로)
- T : 1시간=60min
- V : 0.06m³
- S : 1.2
- Q : ?

(2) **수원**의 **양** Q는

$$Q = NDTS + V = 20\text{개} \times 0.05\text{m}^3/\text{min} \times 60\text{min} \times 1.2 + 0.06\text{m}^3 = 72.06\text{m}^3$$

답 ①

※ 압력수조의 재료
배관용 스테인리스강관

2 압력수조를 이용하는 가압송수장치의 설치기준(NFPC 104A 8조, NFTC 104A 2.5.2)

① 압력수조는 **배관용 스테인리스강관**(KS D 3676) 또는 이와 동등 이상의 강도·내식성, 내열성을 갖는 재료를 사용할 것
② 용접한 압력수조를 사용할 경우 **용접찌꺼기** 등이 남아 있지 아니하여야 하며, **부식**의 우려가 **없는 용접방식**으로 하여야 한다.
③ 쉽게 접근할 수 있고 점검하기에 충분한 공간이 있는 장소로서 **화재** 및 **침수** 등의 재해로 인한 피해를 받을 우려가 없는 곳에 설치할 것
④ **동결방지조치**를 하거나 동결의 우려가 없는 장소에 설치할 것

Key Point

⑤ 압력수조는 **전용**으로 할 것

⑥ 압력수조에는 **수위계 · 급수관 · 배수관 · 급기관 · 맨홀 · 압력계 · 안전장치** 및 **압력저하방지**를 위한 **자동식 공기압축기**를 설치할 것

⑦ 압력수조의 **토출측**에는 사용압력의 **1.5배** 범위를 **초과**하는 **압력계**를 설치하여야 한다.

⑧ 작동장치의 구조 및 기능의 적합기준

㉠ **화재감지기**의 신호에 의하여 자동적으로 밸브를 개방하고 소화수를 배관으로 송출할 것

㉡ **수동**으로 작동할 수 있게 하는 장치를 설치할 경우에는 부주의로 인한 작동을 방지하기 위한 보호장치를 강구할 것

3 폐쇄형 미분무헤드의 최고 주위온도(NFPC 104A 13조, NFTC 104A 2.10.4)

※ 미분무설비에 사용되는 헤드
조기반응형 헤드

$$T_a = 0.9\,T_m - 27.3℃$$

여기서, T_a : 최고 주위온도〔℃〕
T_m : 헤드의 표시온도〔℃〕

Key Point

※ 기계포 소화약제
접착력이 우수하며, 일반·유류화재에 적합하다.

※ 포워터스프링클러헤드
포디플렉터가 있다.

※ 포헤드
포디플렉터가 없다.

※ 포소화전설비
포소화전방수구·호스 및 이동식 포노즐을 사용하는 설비

7 포소화설비

출제확률 6% (1문제)

1 특징 및 적응대상

(1) 포소화설비의 특징

① 옥외소화에도 소화효력을 충분히 발휘한다.
② 포화 **내화성**이 커 대규모 화재소화에도 효과가 있다.
③ **재연소**가 예상되는 화재에도 적응성이 있다.
④ 인접되는 방호대상물에 연소방지책으로 적합하다.
⑤ 소화제는 **인체에 무해**하다.

(2) 포소화설비의 적응대상(NFPC 105 4조, NFTC 105 2.1)

‖ 특정소방대상물에 따른 헤드의 종류 ‖

특정소방대상물	설비 종류
• 차고 · 주차장	• 포워터스프링클러설비 • 포헤드설비 • 고정포방출설비 • 압축공기포소화설비
• 항공기 격납고 • 공장 · 창고(특수가연물 저장 · 취급)	• 포워터스프링클러설비 • 포헤드설비 • 고정포방출설비 • 압축공기포소화설비
• 완전개방된 **옥상주차장** 또는 **고가 밑**의 **주차장**으로서 주된 벽이 없고 기둥뿐이거나 주위가 위해방지용 철주 등으로 둘러싸인 부분 • 지상 1층으로서 지붕이 없는 **차고 · 주차장**	• 호스릴포소화설비 • 포소화전설비
• 발전기실 • 엔진펌프실 • 변압기 • 전기케이블실 • 유압설비	• 고정식 압축공기포소화설비 (바닥면적 합계 300m^2 미만)

• 포워터 스프링클러와 포헤드
① **포워터 스프링클러헤드** : 포 디플렉터가 있다.
② **포헤드** : 포 디플렉터가 없다.

(3) 포챔버

지붕식 옥외저장탱크에서 포말(거품)을 방출하는 기구

(4) 개방밸브(NFPC 105 10조, NFTC 105 2.7.1)

① **자동개방밸브**는 **화재감지장치**의 작동에 따라 자동으로 개방되는 것으로 할 것
② **수동식 개방밸브**는 화재시 쉽게 접근할 수 있는 곳에 설치할 것

Key Point

2 저장량

(1) 고정포 방출구 방식

① 고정포 방출구

$$Q = A \times Q_1 \times T \times S$$ 문19 보기①

여기서, Q : 포소화약제의 양[l]
A : 탱크의 액표면적[m^2]
Q_1 : 단위포 소화수용액의 양[$l/m^2 \cdot$ 분]
T : 방출시간[분]
S : 포소화약제의 사용농도

※ $Q = A \times Q_1 \times T \times S$
★ 꼭 기억하세요 ★

★★★
문제 19 경유를 저장한 직경 40m인 플로팅루프탱크에 고정포방출구를 설치하고 소화약제는 수성막포농도 3%(S), 분당 방출량 $10l/m^2$(Q_1), 방사시간 20분(T)으로 설계할 경우 본 포소화설비의 고정포방출구에 필요한 소화약제량[l](Q)은 약 얼마인가? (단, 탱크내면과 칸막이판의 간격은 1.4m, 원주율은 3.14, 기타 제시되지 않은 것은 고려하지 않음)

17회 문105
12회 문 30
09회 문 46

① 1018.11　　② 1108.11
③ 1058.11　　④ 1208.11

해설 **고정포방출구**의 **방출량** Q는

$$Q = A \times Q_1 \times T \times S$$
$$= \frac{3.14}{4}(40^2 - 37.2^2)m^2 \times 10l/m^2 \cdot min \times 20min \times 0.03$$
$$= 1018.11l$$

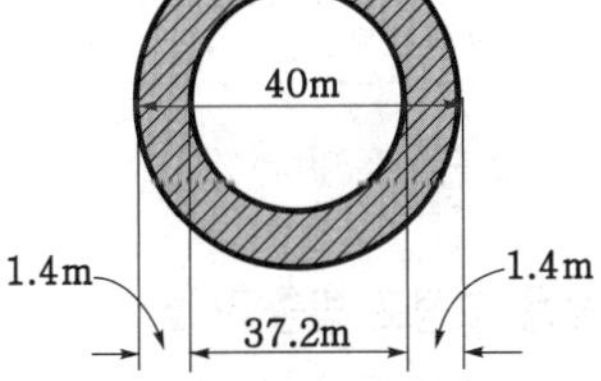

플로팅루프탱크의 구조

- A(탱크의 액표면적) : 탱크표면의 표면적만 고려하여야 하므로 문제에서 굽도리판의 간격 **1.4m**를 적용하여 위 그림에서 빗금 친 부분만 적용하여 $\frac{3.14}{4}(40^2 - 37.2^2)m^2$로 계산하여야 한다. 꼭 기억해 두어야 할 사항은 칸막이판의 간격을 적용하는 것은 **플로팅루프탱크**의 경우에만 한한다는 것이다.
- Q_1(수용액의 분당방출량) : 문제에서 $10l/m^2 \cdot min$
- T(방사시간) : 문제에서 20min
- S(농도) : 소화약제량이므로 3%=0.03이다.

답 ①

Key Point

② 보조포소화전

$$Q = N \times S \times 8000$$

여기서, Q : 포소화약제의 양[l]
N : 호스 접결구수(최대 3개)
S : 포소화약제의 사용농도

(2) 옥내포소화전방식 또는 호스릴방식

$$Q = N \times S \times 6000 (\text{바닥면적 } 200\text{m}^2 \text{ 미만은 } 75\%)$$

여기서, Q : 포소화약제의 양[l]
N : 호스 접결구수(최대 5개)
S : 포소화약제의 사용농도

(3) 이동식 포소화설비

① 화재시 연기가 충만하지 않은 곳에 설치
② 호스와 포방출구만 이동하여 소화하는 설비
③ 화학포 차량

3 고정포 방출구 및 발포배율시험

(1) 포방출구(위험물안전관리에 관한 세부기준 133조)

탱크의 종류	포방출구
고정지붕구조(콘루프탱크)	• Ⅰ형 방출구 • Ⅱ형 방출구 • Ⅲ형 방출구(표면하 주입식 방출구) • Ⅳ형 방출구(반표면하 주입식 방출구)
부상덮개부착 고정지붕구조	• Ⅱ형 방출구
부상지붕구조(플루팅루프탱크)	• 특형 방출구

• **포슈트** : 수직형이므로 토출구가 많다.

(2) 전역방출방식의 고발포용 고정포 방출구(NFPC 105 12조, NFTC 105 2.9.4)

① 해당 방호구역의 관포체적 1m³에 대한 1분당 방출량은 특정소방대상물 및 포의 팽창비에 따라 달라진다.

‖ 소방대상물 및 포의 팽창비에 따른 고정포 방출구의 방출량[m³/min] ‖

소방대상물	포의 팽창비	1m³에 대한 분당 포수용액 방출량
항공기격납고	팽창비 80 이상 250 미만의 것	2.00l
	팽창비 250 이상 500 미만의 것	0.50l 문20 보기②
	팽창비 500 이상 1000 미만의 것	0.29l
차고 또는 주차장	팽창비 80 이상 250 미만의 것	1.11l
	팽창비 250 이상 500 미만의 것	0.28l 문20 보기①
	팽창비 500 이상 1000 미만의 것	0.16l

※ 호스릴 포소화설비
호스릴 포방수구·호스릴 및 이동식 포노즐을 사용하는 설비로서 '이동식 포소화설비'라고도 부른다.

※ Ⅰ형 방출구
고정지붕구조의 탱크에 상부 포주입법을 이용하는 것으로서 방출된 포가 액면 아래로 몰입되거나 액면을 뒤섞지 않고 액면상을 덮을 수 있는 통계단 또는 미끄럼판 등의 설비 및 탱크 내의 위험물증기가 외부로 역류되는 것을 저지할 수 있는 구조·기구를 갖는 포방출구

※ Ⅱ형 방출구
고정지붕구조 또는 부상덮개부착 고정지붕구조의 탱크에 상부 포주입법을 이용하는 것으로서 방출된 포가 탱크 옆판의 내면을 따라 흘러내려 가면서 액면 아래로 몰입되거나 액면을 뒤섞지 않고 액면상을 덮을 수 있는 반사판 및 탱크 내의 위험물증기가 외부로 역류되는 것을 저지할 수 있는 구조·기구를 갖는 포방출구

Key Point

소방대상물	포의 팽창비	$1m^3$에 대한 분당 포수용액 방출량
특수가연물을 저장 또는 취급하는 소방대상물	팽창비 80 이상 250 미만의 것	1.25l
	팽창비 250 이상 500 미만의 것	0.31l
	팽창비 500 이상 1000 미만의 것	0.18l

② 포방출구는 바닥면적 $500m^2$ 마다 1개 이상으로 할 것 문20 보기③

③ 포방출구는 방호대상물의 최고 부분보다 **높은 위치**에 설치할 것 문20 보기④

④ 개구부에 **자동폐쇄장치**를 설치할 것

★

문제 20 **포소화설비의 화재안전기술기준에서 전역방출식의 고발포용 고정포 방출구의 설치기준으로 옳지 않은 것은?**

18회 문117

① 차고 또는 주차장의 대상물에 포의 팽창비가 300인 고정포 방출구는 해당 방호구역의 관포체적 $1m^3$에 대하여 1분당 방출량이 0.28l 이상의 양이 되도록 할 것

② 항공기격납고의 대상물에 포의 팽창비가 300인 고정포 방출구는 해당 방호구역의 관포체적 $1m^3$에 대하여 1분당 방출량이 0.5l 이상의 양이 되도록 할 것

③ 고정포 방출구는 바닥면적의 $500m^2$마다 1개 이상으로 할 것

④ 고정포 방출구는 방호대상물의 최고 부분보다 낮은 위치에 설치할 것
높은

답 ④

(3) **발포배율시험**(소화설비용 헤드의 성능인증 및 제품검사의 기술기준 27조)

단백포소화약제 또는 **합성계면활성포소화약제**의 발포배율은 포헤드에 사용하는 포소화약제의 혼합 농도의 상한값 및 하한값에 있어서 사용압력의 상한값 및 하한값으로 발포시킨 경우 각각 **5배** 이상

＊ **발포배율시험**
단백포, 합성계면활성제포 : 5배 이상

Key Point

8 이산화탄소 소화설비

출제확률 4% (1문제)

※ CO_2 설비의 소화효과
① 질식효과 : 이산화탄소가 공기 중의 산소 공급을 차단하여 소화한다.
② 냉각효과 : 이산화탄소 방사시 기화열을 흡수하여 냉각 소화한다.
③ 피복소화 : 비중이 공기의 1.52배 정도로 무거운 이산화탄소를 방사하여 가연물의 구석구석까지 침투·피복하여 소화한다.

※ CO_2 충전비
1. 기동용기
고·저압식 : 1.5 이상
2. 저장용기
① 고압식 : 1.5~1.9 이하
② 저압식 : 1.1~1.4 이하

1 특징 및 기동장치 · 저장용기

(1) CO_2 설비의 특징

① 화재진화 후 깨끗하다.
② **심부화재**에 적합하다.
③ 증거보존이 양호하여 화재원인 조사가 쉽다.
④ 방사시 **소음이 크다.**

(2) CO_2 설비의 가스압력식 기동장치(NFPC 106 6조, NFTC 106 2.3)

구 분	기 준
비활성기체 충전압력	6MPa 이상(21℃ 기준)
기동용 가스용기의 체적	5l 이상
기동용 가스용기의 안전장치의 압력	내압시험압력의 0.8배~내압시험압력 이하
기동용 가스용기 및 해당용기에 사용하는 밸브의 견디는 압력	25MPa 이상

(3) CO_2 설비의 충전비〔l/kg〕

기동용기	저장용기
고·저압식 1.5 이상	① 저압식 : 1.1~1.4 이하 ② 고압식 : 1.5~1.9 이하

(4) CO_2 설비의 저장용기(NFPC 106 4조, NFTC 106 2.1.2)

구분	설명	
자동냉동장치	2.1MPa 유지, −18℃ 이하	
압력경보장치	2.3MPa 이상, 1.9MPa 이하 문21 보기③	
선택밸브 또는 개폐밸브의 안전장치	배관의 최소사용설계압력과 최대허용압력 사이의 압력	
저장용기 문21 보기④	고압식	25MPa 이상
	저압식	3.5MPa 이상
안전밸브	내압시험압력의 0.64~0.8배	
봉판	내압시험압력의 0.8배~내압시험압력	
충전비	고압식	1.5~1.9 이하 문21 보기①
	저압식	1.1~1.4 이하 문21 보기②

Key Point

★★
문제 21 이산화탄소 소화약제의 저장용기 설치기준으로 옳지 않은 것은?

22회 문 36
14회 문108
12회 문115

① 저장용기의 충전비는 고압식은 1.5 이상 1.9 이하로 할 것
② 저장용기의 충전비는 저압식은 1.1 이상 1.4 이하로 할 것
③ 저압식 저장용기에는 액면계 및 압력계와 1.9MPa(2.3MPa) 이상 1.5MPa(1.9MPa) 이하의 압력에서 작동하는 압력경보장치를 설치할 것
④ 저장용기는 고압식은 25MPa 이상, 저압식은 3.5MPa 이상의 내압시험압력에 합격한 것으로 할 것

답 ③

2 이산화탄소 소화약제

(1) 약제량 및 개구부 가산량

① CO_2 소화설비(심부화재)(NFPC 106 5조, NFTC 106 2.2.1.2.1)

방호대상물	약제량	개구부 가산량 (자동폐쇄장치 미설치시)
전기설비(55m^3 이상), 케이블실	1.3kg/m^3	
전기설비(55m^3 미만)	1.6kg/m^3	
서고, 박물관, 목재가공품창고, 전자제품창고 기억법 서박목전(선박이 목전에 있다.)	2.0kg/m^3	10kg/m^2
석탄창고, 면화류창고, 고무류, 모피창고, 집진설비 기억법 석면고모집(석면은 고모집에 있다.)	2.7kg/m^3	

② 할론 1301(NFPC 107 5조, NFTC 107 2.2.1.1.1)

방호대상물	약제량	개구부 가산량 (자동폐쇄장치 미설치시)
차고 · 주차장 · 전기실 · 전산실 · 통신기기실	0.32~0.64kg/m^3	2.4kg/m^2
사류 · 면화류	0.52~0.64kg/m^3	3.9kg/m^2

기억법 **차주전통할(전통활), 할사면(할아버지 사면)**

③ 분말소화설비(전역방출방식)(NFPC 108 6조, NFTC 108 2.3.2.1)

종 별	약제량	개구부 가산량 (자동폐쇄장치 미설치시)
제1종	0.6kg/m^3	4.5kg/m^2
제2 · 3종	0.36kg/m^3	2.7kg/m^2
제4종	0.24kg/m^3	1.8kg/m^2

＊ 표면화재
물질의 표면에서 연소하는 것

＊ 심부화재
목재 또는 섬유류와 같은 고체가연물에서 발생하는 화재형태로서 가연물 내부에서 연소하는 화재

Key Point

＊ 호스릴방식
소화수 또는 소화약제 저장용기 등에 연결된 호스릴을 이용하여 사람이 직접 화점에 소화수 또는 소화약제를 방출하는 방식

＊ 분말소화설비
알칼리금속화재에 부적합하다.

(2) 호스릴방식

① CO_2 소화설비(NFPC 106 5조, 10조, NFTC 106 2.2.1.4, 2.7.4.2)

약제종별	약제저장량	약제방사량(20℃)
CO_2	90kg	60kg/min

② 할론소화설비(NFPC 107 5조, 10조, NFTC 107 2.2.1.3, 2.7.4.4)

약제종별	약제량	약제방사량(20℃)
할론 1301	45kg	35kg/min
할론 1211	50kg	40kg/min
할론 2402	50kg	45kg/min

③ 분말소화설비(NFPC 108 6조, 11조, NFTC 108 2.3.2.3, 2.8.4.4)

약제종별	약제저장량	약제방사량
제1종 분말	50kg	45kg/min
제2 · 3종 분말	30kg	27kg/min
제4종 분말	20kg	18kg/min

• 소화약제 저장용기는 호스릴을 설치하는 장소마다 설치한다.

Key Point

9 할론소화설비

출제확률 4% (1문제)

1 소화설비 및 호스릴방식

(1) 할론소화설비

① 배관(NFPC 107 8조, NFTC 107 2.5.1)

㉠ 전용

㉡ 강관 ─ 고압식 : 압력배관용 탄소강관 **스케줄 80** 이상
　　　　└ 저압식 : 압력배관용 탄소강관 **스케줄 40** 이상

㉢ 동관(이음이 없는 동 및 동합금관) ─ 저압식 : **3.75MPa** 이상
　　　　　　　　　　　　　　　　　└ 고압식 : **16.5MPa** 이상

㉣ 배관부속 및 밸브류 : 강관 또는 동관과 동등 이상의 강도 및 내식성 유지

② 저장용기(NFPC 107 4조, NFTC 107 2.1.2)

구 분		할론 1211	할론 1301
저장압력		1.1MPa 또는 2.5MPa 문22 보기㉠	2.5MPa 또는 4.2MPa 문22 보기㉡
방출압력		0.2MPa	0.9MPa
충전비	가압식	0.7~1.4 이하	0.9~1.6 이하
	축압식		

※ 할론소화설비
배관용 스테인리스강관을 사용할 수 있다.

※ 전역방출방식
소화약제 공급장치에 배관 및 분사헤드 등을 설치하여 밀폐방호구역 전체에 소화약제를 방출하는 방식

★★★
문제 22 할론소화설비의 화재안전기준상 할론소화약제의 저장용기 등에 관한 기준이다. ( ) 안에 들어갈 내용으로 모두 옳은 것은?

16회 문 41
15회 문108
09회 문108

> 축압식 저장용기의 압력은 온도 20℃에서 (㉠)을 저장하는 것은 1.1MPa 또는 2.5MPa, (㉡)을 저장하는 것은 2.5MPa 또는 4.2MPa이 되도록 질소가스로 축압할 것

① ㉠ : 할론 1211, ㉡ : 할론 1301　　② ㉠ : 할론 1211, ㉡ : 할론 2402
③ ㉠ : 할론 1301, ㉡ : 할론 2402　　④ ㉠ : 할론 1011, ㉡ : 할론 1301

해설
① 축압식 저장용기의 압력은 온도 20℃에서 **할론 1211**을 저장하는 것은 **1.1MPa** 또는 **2.5MPa**, **할론 1301**을 저장하는 것은 **2.5MPa** 또는 **4.2MPa**이 되도록 **질소**가스로 축압할 것

답 ①

(2) 호스릴방식[NFPC 102 7조(NFTC 102 2.4.2.1), NFPC 105 12조(NFTC 105 2.9.3.5), NFPC 106 10조(NFTC 106 2.7.4.1), NFPC 107 10조(NFTC 107 2.7.4.1), NFPC 108 11조(NFTC 108 2.8.4.1)]

분말 · 포 · CO_2 소화설비	할론소화설비	옥내소화전설비
수평거리 **15m** 이하	수평거리 **20m** 이하	수평거리 **25m** 이하

Key Point

＊ 국소방출방식
소화약제 공급장치에 배관 및 분사헤드 등을 직접 화점에 소화약제를 방출하는 방식

＊ 방호대상물
화재로부터 방어하기 위한 대상물

＊ 방호공간
방호대상물의 각 부분으로부터 0.6m의 거리에 의하여 둘러싸인 공간

2 특징 및 국소방출방식

(1) 할론 1301(CF_3Br)의 특징

① 여과망을 설치하지 않아도 된다.

② 제3류 위험물에는 사용할 수 없다.

(2) 국소방출방식

$$Q = X - Y\left(\frac{a}{A}\right)$$

여기서, Q : 방호공간 $1m^3$에 대한 할론소화약제의 양[kg/m^3]
a : 방호대상물 주위에 설치된 벽면적 합계[m^2]
A : 방호공간의 벽면적 합계[m^2]
$X \cdot Y$: 수치

10 할로겐화합물 및 불활성기체 소화설비

1 할로겐화합물 및 불활성기체 소화약제의 종류(NFPC 107A 4조, NFTC 107A 2.1.1)

소화약제	상품명	화학식
퍼플루오로부탄 (FC-3-1-10)	CEA-410	C_4F_{10}
트리플루오로메탄 (HFC-23)	FE-13	CHF_3
펜타플루오로에탄 (HFC-125)	FE-25	CHF_2CF_3
헵타플루오로프로판 (HFC-227ea)	FM-200	CF_3CHFCF_3
클로로테트라플루오로에탄 (HCFC-124)	FE-241	$CHClFCF_3$
하이드로클로로플루오로카본 혼화제 (HCFC BLEND A)	NAF S-Ⅲ	HCFC-22($CHClF_2$) : 82% HCFC-123($CHCl_2CF_3$) : 4.75% HCFC-124($CHClFCF_3$) : 9.5% $C_{10}H_{16}$: 3.75%
불연성·불활성 기체 혼합가스 (IG-541)	Inergen	N_2 : 52% Ar : 40% CO_2 : 8%

2 할로겐화합물 및 불활성기체 소화약제 최대 허용설계농도(NFTC 107A 2.4.2)

소화약제	최대 허용설계농도[%]
FIC-1311	0.3
HCFC-124	1.0
FK-5-1-12	10
HCFC BLEND A	10
HFC 227ea 문23 보기㉢	10.5
HFC-125 문23 보기㉡	11.5
HFC-236fa	12.5
HFC-23	30
FC-3-1-10 문23 보기㉠	40
IG-01	43
IG-100 문23 보기㉣	43
IG-541	43
IG-55 문23 보기㉤	43

Key Point

* 할로겐화합물 및 불활성기체 소화약제 종류
① 퍼플루오로부탄
② 트리플루오로메탄
③ 펜타플루오로에탄
④ 헵타플루오로프로판
⑤ 클로로테트라플루오로에탄
⑥ 하이드로클로로플루오로카본 혼화제
⑦ 불연성·불활성 기체 혼합가스

Key Point

✱ 최대허용설계농도
① HFC-227ea : 10.5%
② HFC-125 : 11.5%
③ FC-3-1-10 : 40$
④ IG-100 : 43%
⑤ IG-55 : 43%

★★★

문제 23 할로겐화합물 및 불활성기체 소화설비의 화재안전기술기준상 사람이 상주하고 있는 곳에서 할로겐화합물 및 불활성기체 소화약제의 최대허용설계농도〔%〕가 옳은 것을 모두 고른 것은?

22회 문 41
21회 문103
20회 문 39
19회 문 36
19회 문117
18회 문 31
17회 문 37
15회 문110
14회 문 36
14회 문110
12회 문 31
07회 문121

㉠ FC-3-1-10 : 40%
㉡ HFC-125 : 10.5%
11.5%
㉢ HFC-227ea : 10.5%
㉣ IG-100 : 43%
㉤ IG-55 : 30%
43%

① ㉡, ㉢
② ㉣, ㉤
③ ㉠, ㉡, ㉢
④ ㉠, ㉢, ㉣

답 ④

11 분말소화설비

출제확률 4% (1문제)

1 배관 및 내용적

(1) **분말소화설비의 배관**(NFPC 108 9조, NFTC 108 2.6.1)

① 전용

② 강관 : **아연도금**에 의한 **배관용 탄소강관**

③ 동관 : 고정압력 또는 최고 사용압력의 **1.5배** 이상의 압력에 견딜 것

④ 밸브류 : **개폐위치** 또는 **개폐방향**을 표시한 것

⑤ 배관의 관부속 및 밸브류 : 배관과 동등 이상의 강도 및 내식성이 있는 것

⑥ 주밸브 헤드까지의 배관의 분기 : **토너먼트방식**

⑦ 저장용기 등 배관의 굴절부까지의 거리 : 배관 **내경**의 **20배** 이상

(2) **저장용기의 내용적**

약제종별	내용적[l/kg]
제1종 분말	0.8 문24 보기①
제2 · 3종 분말	1 문24 보기②③
제4종 분말	1.25 문24 보기④

☆☆☆
문제 24 분말소화약제의 화재안전기준상 소화약제 1kg당 저장용기의 내용적[l]으로 옳은 것은?

19회 문 35
15회 문 37
14회 문 34
14회 문111
06회 문117

① 제1종 분말 : 0.8　　② 제2종 분말 : 0.9 (1)

③ 제3종 분말 : 0.9 (1)　　④ 제4종 분말 : 1.0 (1.25)

답 ①

2 압력조정기 및 밸브

(1) **압력조정기**[NFPC 107 4조(NFTC 107 2.1.5), NFPC 108 5조(NFTC 108 2.2.3)]

할론소화설비	분말소화설비
2.0MPa 이하로 압력감압	2.5MPa 이하로 압력감압

• **정압작동장치**의 **목적** : 약제를 적절히 보내기 위해

(2) **용기 유닛의 설치밸브**

① 배기밸브

② 안전밸브

③ 세척밸브(클리닝밸브)

Key Point

※ 토너먼트방식

1. 정의
가스계 소화설비에 적용하는 방식으로 용기로부터 노즐까지의 마찰손실을 일정하게 유지하기 위한 방식

2. 적용설비
① 분말소화설비
② 이산화탄소 소화설비
③ 할론소화설비

※ 교차회로방식

1. 정의
하나의 준비작동밸브의 담당구역 내에 2 이상의 화재감지기 회로를 설치하고 인접한 2 이상의 화재감지기가 동시에 감지되는 때에 준비작동식 밸브가 개방 · 작동하는 방식

2. 적용설비
① 분말소화설비
② 할론소화설비
③ 이산화탄소 소화설비
④ 준비작동식 스프링클러설비
⑤ 일제살수식 스프링클러 설비

Key Point

3 설치기준

(1) 분말소화설비 가압식과 축압식의 설치기준(NFPC 108 5조, NFTC 108 2.2.4.1)

사용가스 \ 구 분	가압식	축압식
질소(N_2)	40l/kg 이상	10l/kg 이상
이산화탄소(CO_2)	20g/kg+배관청소 필요량 이상	20g/kg+배관청소 필요량 이상

(2) 분말소화설비의 방식

① 전역방출방식
② 국소방출방식
③ 호스릴(이동식)방식

※ **국소방출방식**
소화약제 공급장치에 **배관** 및 분사헤드 등을 설치하여 **직접 화점**에 소화약제를 방출하는 방식

※ **호스릴방식**
소화수 또는 소화약제 저장용기 등에 연결된 **호스릴**을 이용하여 사람이 **직접 화점**에 소화수 또는 소화약제를 방출하는 방식

(3) 약제방사시간[NFPC 106 8조(NFTC 106 2.5), NFPC 107 10조(NFTC 107 2.7), NFPC 108 11조(NFTC 108 2.8), 위험물안전관리에 관한 세부기준 134~136조]

소화설비		전역방출방식		국소방출방식	
		일반 건축물	위험물 제조소	일반 건축물	위험물 제조소
할론소화설비		10초 이내	30초 이내	10초 이내	30초 이내
분말소화설비		30초 이내	30초 이내	30초 이내	30초 이내
CO_2 소화설비	표면화재	1분 이내	60초 이내	30초 이내	30초 이내
	심부화재	7분 이내(단, 설계농도가 2분 이내에 30% 도달) 문25 보기③	60초 이내	30초 이내	30초 이내

★★
문제 25 (21회 문 37, 07회 문104) 이산화탄소 소화설비의 화재안전기술기준상 이산화탄소 소화약제 소요량의 방출기준에 관한 내용이다. ( ) 안에 들어갈 내용으로 옳은 것은?

> 전역방출방식에 있어서 종이, 목재, 석탄, 섬유류, 합성수지류 등 심부화재 방호대상물의 경우에는 (㉠)분, 이 경우 설계농도가 2분 이내에 (㉡)%에 도달하여야 한다.

① ㉠ : 5, ㉡ : 30　　② ㉠ : 5, ㉡ : 50
③ ㉠ : 7, ㉡ : 30　　④ ㉠ : 7, ㉡ : 50

해설
③ 이산화탄소 소화설비의 전역방출방식 약제방사시간

구 분	일반건축물	위험물제조소
표면화재	1분 이내	
심부화재	7분 이내(단, 설계농도가 2분 이내에 30% 도달)	60초 이내

답 ③

Key Point

12 피난구조설비

출제확률 6% (1문제)

1 피난기구 및 피난사다리

(1) 피난기구

① 완강기
② 피난사다리
③ 구조대
④ 소방청장이 정하여 고시하는 화재안전기준으로 정하는 것(미끄럼대, 피난교, 공기안전매트, 피난용 트랩, 다수인 피난장비, 승강식 피난기, 간이 완강기, 하향식 피난구용 내림식 사다리)

※ 피난사다리
소방대상물에 고정시키거나 매달아 피난용으로 사용하는 금속제 사다리

(2) 피난기구의 적응성(NFTC 301 2.1.1)

구 분 \ 층 별	3층
노유자시설	• 피난교 • 미끄럼대 • 구조대 • 다수인 피난장비 • 승강식 피난기 문26 보기③

★★★

문제 26 피난기구의 화재안전기준의 설치장소별 피난기구 적응성에서 노유자시설의 층별 적응성이 있는 피난기구의 연결이 옳은 것은?

21회 문118
18회 문109
12회 문104
10회 문117
07회 문102

① 지상 1층 – 완강기
미끄럼대 등
② 지상 2층 – 완강기
미끄럼대 등
③ 지상 3층 – 승강식 피난기
④ 지상 4층 – 미끄럼대
피난교 등

답 ③

(3) 피난기구의 설치 완화조건

① **층별구조**에 의한 감소
② **계단수**에 의한 감소
③ **건널복도**에 의한 감소

※ 피난기구의 설치 완화조건
① 층별구조에 의한 감소
② 계단수에 의한 감소
③ 건널복도에 의한 감소

Key Point

(4) 피난사다리의 분류

- 피난사다리
  - 고정식 사다리
    - 수납식
    - 신축식
    - 접는식(접어개기식)
  - 올림식 사다리
  - 내림식 사다리
    - 체인식
    - 와이어식
    - 접는식(접어개기식)

> • 올림식 사다리
> ① 사다리 상부지점에 **안전장치** 설치
> ② 사다리 하부지점에 **미끄럼방지장치** 설치

(5) 횡봉과 종봉의 간격(피난사다리의 형식승인 3조)

* **종봉**
'세로봉'이라고도 부른다.

횡 봉	종 봉
25~35cm 이하	최외각 종봉 사이의 안치수가 30cm 이상

(6) 피난사다리의 표시사항(피난사다리의 형식승인 11조)

① 종별 및 형식
② 형식승인번호
③ 제조연월일 및 제조번호
④ 제조업체명
⑤ 길이
⑥ 자체중량(고정식 및 하향식 피난구용 내림식 사다리 제외)
⑦ 사용안내문(사용방법, 취급상의 주의사항)
⑧ 용도(하향식 피난구용 내림식 사다리에 한하며, "**하향식 피난구용**"으로 표시)
⑨ 품질보증에 관한 사항(보증기간, 보증내용, A/S방법, 자체검사필증 등)

2 구조대 및 완강기

* **구조대**
포지 등을 사용하여 자루형태로 만든 것으로, 화재시 사용자가 내부에 들어가서 내려옴으로써 대피할 수 있는 것

* **경사강하식 구조대**
소방대상물에 비스듬하게 고정시키거나 설치하여 사용자가 미끄럼식으로 내려올 수 있는 구조대

(1) 수직강하식 구조대

본체에 적당한 간격으로 협축부를 마련하여 피난자가 안전하게 활강할 수 있도록 만든 구조

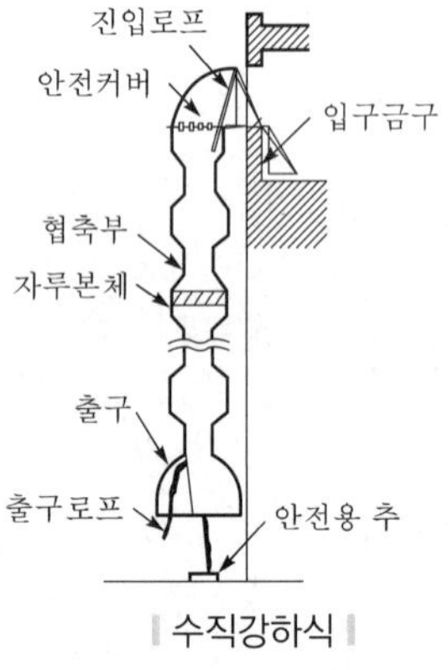

▮ 수직강하식 ▮

- 사강식 구조대의 길이 : 수직거리의 1.3~1.5배

(2) 완강기

① **속도조절기** : 피난자가 **체중**에 의해 강하속도를 조절하는 것

② 로프 ─┬─ 직경 : 3mm 이상
　　　　└─ 강도시험 : 3900N

③ 벨트 ─┬─ 너비 : 45mm 이상
　　　　├─ 최소원주길이 : 55~65cm 이하
　　　　├─ 최대원주길이 : 160~180cm 이하
　　　　└─ 강도시험 : 6500N

④ **속도조절기**의 **연결부**

- 완강기에 기름이 묻으면 강하속도가 현저히 빨라지므로 위험하다.

Key Point

※ **사강식 구조대**
'경사강하식 구조대'라고도 부른다.

※ **로프**
'밧줄'을 의미한다.

Key Point

13 제연설비

출제확률 4% (1문제)

※ 제연설비
화재발생시 급기와 배기를 하여 질식 및 피난을 유효하게 하기 위한 안전설비

※ 제연설비의 연기제어
① 희석(가장 많이 사용)
② 배기
③ 차단

1 제연방식 및 제연구획

(1) 스모크타워 제연방식

① **고층빌딩**에 적당하다.

② 제연샤프트의 **굴뚝효과**를 이용한다.

③ 모든 층의 **일반 거실화재**에 이용할 수 있다.

• **드래프트 커튼** : 스모크 해치효과를 높이기 위한 장치

(2) 제연구의 방식

① 회전식

② 낙하식

③ 미닫이식

(3) 배출량(NFPC 501 6조, NFTC 501 2.3.3)

① **통로** : 예상제연구역이 통로인 경우의 배출량은 **45000m³/h** 이상으로 할 것

② 거실

바닥면적	직 경	배출량
400m² 미만	–	5000m³/h 이상
400m² 이상	40m 이내	40000m³/h 이상
	40m 초과	45000m³/h 이상

※ 제연구역
제연경계에 의해 구획된 건물 내의 공간

(4) 제연구역의 구획(NFPC 501 4조, NFTC 501 2.1.1)

① 1제연구역의 면적은 1000m² 이내로 할 것 문27 보기①

② 거실과 통로는 각각 **제연구획**할 것

③ 통로상의 제연구역은 보행중심선의 길이가 60m를 초과하지 않을 것 문27 보기④

④ 1제연구역은 직경 60m 원 내에 들어갈 것 문27 보기②

⑤ 1제연구역은 2개 이상의 층에 미치지 않을 것 문27 보기③

기억법 제10006(충북 **제천**에 **육**교 있음)

• 제연구획에서 제연경계의 폭은 0.6m 이상, 수직거리는 2m 이내이어야 한다.

Key Point

★★★

문제 27 **제연설비의 화재안전기준상 제연설비에 관한 기준으로 옳은 것은?**

21회 문101
14회 문120
04회 문121

① 하나의 제연구역의 면적은 $1500m^2$ 이내로 할 것
$1000m^2$

② 하나의 제연구역은 직경 100m 원 내에 들어갈 수 있을 것
60m

③ 하나의 제연구역은 2개 이상 층에 미치지 아니하도록 할 것. 다만, 층의 구분이 불분명한 부분은 그 부분을 다른 부분과 별도로 제연구획하여야 한다.

④ 통로상의 제연구역은 수평거리가 100m를 초과하지 아니할 것
보행중심선의 길이가 60m

답 ③

(5) 예상제연구역 및 유입구

① 예상제연구역의 각 부분으로부터 하나의 배출구까지의 수평거리는 10m 이내로 한다.

② 예상제연구역에 공기가 유입되는 순간의 풍속은 5m/s 이하가 되도록 한다.

③ 유입구의 구조는 유입공기를 상향으로 분출하지 않도록 설치해야 한다. (단, 유입구가 바닥으로 설치되는 경우에는 상향으로 분출이 가능하며 이때의 풍속은 1m/s 이하가 되도록 해야 한다.)

④ 공기 유입구의 크기는 $35cm^2 \cdot min/m^3$ 이상으로 한다.

✽ 예상제연구역
화재발생시 연기의 제어가 요구되는 제연구역

✽ 예상제연구역의 공기유입량
배출량 이상이 될 것

2 제연효과 및 풍속

(1) 대규모 화재실의 제연효과

① 거주자의 피난루트 형성
② 화재진압대원의 진입루트 형성
③ 인접실로의 연기확산 지연

(2) Duct(덕트) 내의 풍량과 관계되는 요인

① Duct의 내경
② 제연구역과 Duct와의 거리
③ 흡입댐퍼의 개수

(3) 풍속(NFPC 501 9조, 10조, NFTC 501 2.6.2.2, 2.7.1)

15m/s 이하	20m/s 이하
배출기의 흡입측 풍속	① 배출기 배춘측 풍속 ② 유입풍도 안의 풍속

• 연소방지설비 : **지하구**에 설치한다.

✽ 유입풍도
공기가 유입되는 덕트

Key Point

14 연결살수설비

출제확률 3% (1문제)

1 주요구성 및 배관재료

(1) 연결살수설비의 주요구성

① 송수구(단구형, 쌍구형)
② 밸브(선택밸브, 자동배수밸브, 체크밸브)
③ 배관
④ 살수헤드(폐쇄형, 개방형)

• 송수구는 65mm의 쌍구형이 원칙이나 조건에 따라 단구형도 가능하다.

(2) 연결살수설비의 배관 종류(NFPC 503 5조, NFTC 503 2.2)

① 배관용 탄소강관
② 압력배관용 탄소강관
③ 소방용 합성수지배관
④ 이음매 없는 구리 및 구리합금관(**습식**에 한함)
⑤ 배관용 스테인리스강관
⑥ 일반용 스테인리스강관
⑦ 덕타일 주철관
⑧ 배관용 아크용접 탄소강강관

※ 송수구
소화설비에 소화용수를 보급하기 위해 건물 외벽 또는 구조물에 설치하는 관

※ 방수구
송수구를 통해 보낸 가압수를 방수하기 위한 구멍

※ 송수구의 설치높이
0.5~1m 이하

※ 연결살수설비의 송수구
구경 65mm의 쌍구형

2 헤드 및 설치대상

(1) 연결살수설비 헤드의 설치간격(NFPC 503 6조, NFTC 503 2.3.2.2) 문28 보기④

살수헤드	스프링클러헤드
3.7 m 이하	2.3 m 이하

※ 살수헤드
화재시 직선류 또는 나선류의 물을 충돌·확산시켜 살수함으로써 소화기능을 하는 헤드

★★★
문제 28 연결살수설비의 전용헤드와 일반헤드의 수평거리로서 맞는 것은?
10회 문104

① 전용헤드-2.7m, 일반헤드-1.6m
② 전용헤드-3.2m, 일반헤드-2.1m
③ 전용헤드-3.7m, 일반헤드-2.1m
④ 전용헤드-3.7m, 일반헤드-2.3m

해설 ④ 살수헤드(전용헤드) : 3.7m 이하, 스프링클러헤드(일반헤드) : 2.3m 이하

답 ④

• 연결살수설비에서 하나의 송수구역에 설치하는 개방형 헤드수는 10개 이하로 하여야 한다.

(2) **연결살수설비의 설치대상**(소방시설법 시행령 〔별표 4〕)

설치대상	조 건
① 지하층	• 바닥면적 합계 150m²(학교 700m²) 이상
② 판매시설 · 운수시설 · 물류터미널	• 바닥면적 합계 1000m² 이상
③ 가스시설	• 30t 이상 탱크시설
④ 전부	• 연결통로

Key Point

*** 가스시설**
① 연결살수설비 : 30t 이상
② 건축허가동의 : 100t 이상
③ 2급 소방안전관리대상물 : 100~1000t 미만
④ 1급 소방안전관리대상물, 종합상황실, 현장확인대상 : 1000t 이상

Key Point

※ **연결송수관설비**
시험용 밸브가 필요 없다.

※ **설치높이**
1. 0.5~1m 이하
 ① 연결송수관설비의 송수구
 ② 소화용수설비의 채수구
2. 0.8~1.5m 이하
 ① 제어밸브
 ② 유수검지장치
 ③ 일제개방밸브
3. 1.5m 이하
 ① 옥내소화전설비의 방수구
 ② 호스릴함
 ③ 소화기

15 연결송수관설비

출제확률 4% (1문제)

1 주요구성 및 설치기준

(1) 연결송수관설비의 주요구성

① 가압송수장치
② 송수구
③ 방수구
④ 방수기구함
⑤ 배관
⑥ 전원 및 배선

• **연결송수관설비** : 시험용 밸브가 필요 없다.

(2) 연결송수관설비의 부속장치

① 쌍구형 송수구
② 자동배수밸브(오토드립)
③ 체크밸브

(3) 설치높이(깊이) 및 방수압

① 소화용수설비
 ㉠ 가압송수장치의 설치깊이 : **4.5m** 이상
 ㉡ 방수압 : **0.15MPa** 이상
② 연결송수관설비
 ㉠ 가압송수장치의 설치높이 : **70m** 이상
 ㉡ 방수압 : **0.35MPa** 이상

(4) 자동배수밸브 및 체크밸브의 설치(NFPC 502 4조, NFTC 502 2.1.1.8)

습 식	**건** 식
송수구-자동배수밸브-체크밸브	**송**수구-**자**동배수밸브-**체**크밸브-**자**동배수밸브 기억법 송자체자건
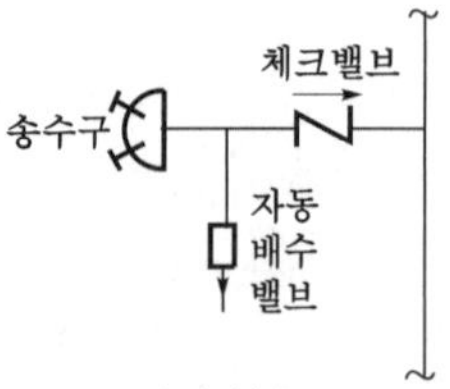 습식	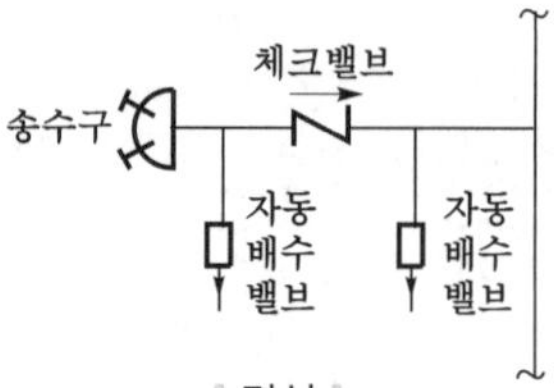 건식

Key Point

비교

연결살수설비 송수구 설치기준(NFPC 503 4조, NFTC 503 2.1.3)

폐쇄형 헤드사용설비	**개**방형 헤드사용설비
송수구 → 자동배수밸브 → 체크밸브	**송**수구 → **자**동배수밸브 기억법 송자개

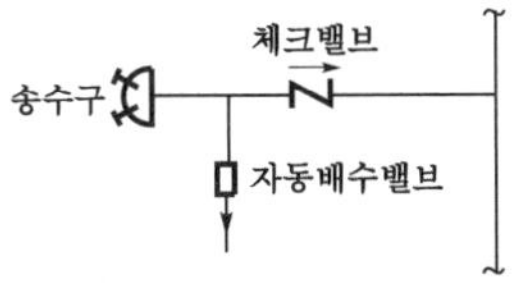

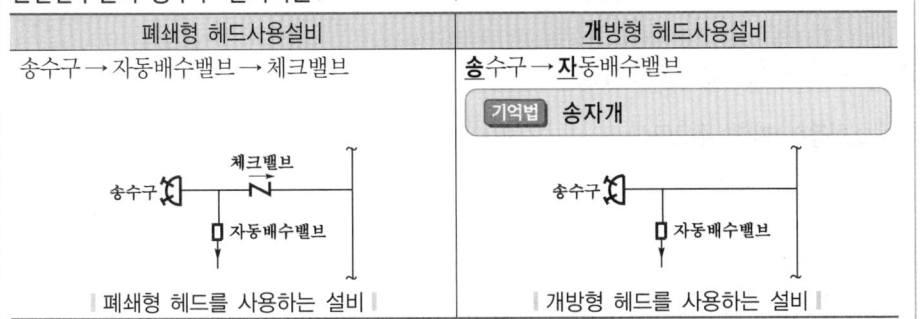

‖ 폐쇄형 헤드를 사용하는 설비 ‖

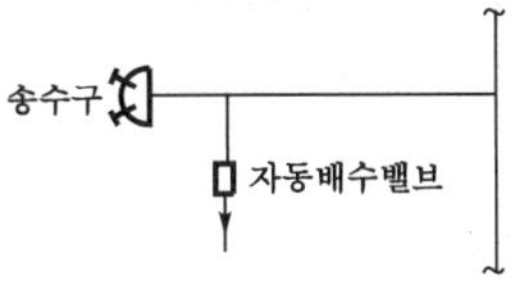

‖ 개방형 헤드를 사용하는 설비 ‖

(5) 연결송수관설비의 방수구(NFPC 502 6조, NFTC 502 2.3)

① 아파트의 경우 계단으로부터 5m 이내에 설치한다. 문29 보기①
② 바닥면적이 1000m² 미만인 층에 있어서는 계단(계단부속실 포함)으로부터 5m 이내에 설치한다. 문29 보기②
③ **층**마다 설치(**아파트**인 경우 3층부터 설치)
④ 11층 이상에는 **쌍구형**으로 설치(**아파트**인 경우 **단구형** 설치 가능)
⑤ 방수구는 **개폐기능**을 가진 것일 것 문29 보기③
⑥ 방수구는 구경 65mm로 한다. 문29 보기④
⑦ 방수구는 바닥에서 0.5~1m 이하에 설치한다.

- **방수구의 설치장소** : 비교적 연소의 우려가 적고 접근이 용이한 **계단실**과 같은 곳

★★★
문제 29 연결송수관설비 방수구의 설치기준으로 옳지 않은 것은?

19회 문123
18회 문105
16회 문121
15회 문119
12회 문103

① 아파트의 경우 계단으로부터 5m 이내에 설치한다.
② 바닥면적이 1000m² 미만인 층에 있어서는 계단부속실로부터 10m 이내에 설치한다.
5m
③ 방수구는 개폐기능을 가진 것으로 설치하여야 하며, 평상시 닫힌 상태를 유지한다.
④ 방수구는 연결송수관설비의 전용방수구 또는 옥내소화전 방수구로서 구경 65mm의 것으로 설치한다.

답 ②

(6) 연결송수관설비를 습식으로 해야 하는 경우(NFPC 502 5조, NFTC 502 2.2.1.2)

① 높이 31 m 이상
② 11층 이상

2 송수구 · 방수구 접합부위

송수구의 접합부위 (송수구의 성능인증 및 제품검사의 기술기준 11조)	방수구의 접합부위 (방수구의 성능인증 및 제품검사의 기술기준 4조)
암나사	수나사

＊ 방수구
① 아파트인 경우 3층부터 설치
② 11층 이상에는 쌍구형으로 설치

＊ 방수구의 설치장소
비교적 연소의 우려가 적고 접근이 용이한 계단실과 같은 곳

＊ 방수구의 구경
65mm

＊ 방수기구함
3개층마다 설치

Key Point

16 소화용수설비

출제확률 1% (1문제)

1 주요구성 및 설치기준

✻ 소화용수설비
부지가 넓은 대규모 건물이나 고층건물의 경우에 설치한다.

✻ 가압송수장치의 설치
깊이 4.5m 이상

✻ 소화수조·저수조
수조를 설치하고 여기에 소화에 필요한 물을 항시 채워두는 것

(1) 소화용수설비의 주요구성

① 가압송수장치
② 소화수조
③ 저수조
④ 상수도 소화용수설비

(2) 소화용수설비의 설치기준[NFPC 401 4조(NFTC 401 2.1.1.3)/NFPC 402 4조, 5조(NFTC 402 2.1.1, 2.2)]

① 소화전은 특정소방대상물의 수평투영면의 각 부분으로부터 **140m** 이하가 되도록 설치할 것
② 소화수조 또는 저수조가 지표면으로부터의 깊이가 **4.5m** 이상인 지하에 있는 경우에는 소요수량을 고려하여 가압송수장치를 설치할 것
③ 소화수조 및 저수조의 채수구 또는 흡수관 투입구는 소방차가 **2m** 이내의 지점까지 접근할 수 있는 위치에 설치할 것
④ 소화수조가 **옥상** 또는 옥탑부분에 설치된 경우에는 지상에 설치된 채수구에서의 압력 **0.15MPa** 이상 되도록 할 것

2 저수량 및 채수구의 수(NFPC 402 4조, NFTC 402 2.1.2)

✻ 소화수조
옥상에 설치할 수 있다.

(1) 소화수조 또는 저수조의 저수량 산출 문30 보기②

구 분	기준면적
지상 1층 및 2층 바닥면적 합계 15000m^2 이상	7500m^2
기타	12500m^2

$$\text{소화용수의 양}[\mathrm{m^3}]=\frac{\text{연면적}}{\text{기준면적}}(\text{절상})\times 20\mathrm{m^3}$$

★

문제 30 20회 문125 **내화건축물의 <u>소화용수설비</u> 최소 유효<u>저수량</u>[m^3]은? (단, 소수점 이하의 수는 1로 본다.)**

- 지상 <u>8층</u>
- 각 층의 바닥면적은 각각 <u>5000m^2</u>
- 대지면적은 <u>25000m^2</u>

① 60 ② 80
③ 100 ④ 120

Key Point

해설 지상 1·2층의 바닥면적 합계=5000m^2+5000m^2=10000m^2

∴ 15000m^2 미만이므로 기타에 해당되어 기준면적은 **12500m^2**이다.

$$저수량=\frac{40000\text{m}^2}{12500\text{m}^2}=3.2 \fallingdotseq 4(절상)$$

∴ 4×20m^3=80m^3

- 지상 1·2층의 바닥면적 합계가 10000m^2(5000m^2+5000m^2=10000m^2)로서 15000m^2 미만이므로 기타에 해당되어 기준면적은 **12500m^2**이다.
- 연면적 : 바닥면적×층수=5000m^2×8층=40000m^2
- 저수량을 구할 때 $\frac{40000\text{m}^2}{12500\text{m}^2}=3.2 \fallingdotseq 4$로 먼저 **절상**한 후 **20m^3**를 곱한다는 것을 기억하라!
- **절상** : 소수점 이하는 무조건 올리라는 의미

답 ②

(2) 채수구의 수

소화수조 용량	20~40m^3 미만	40~100m^3 미만	100m^3 이상
채수구의 수	1개	2개	3개

＊ 채수구

소방자동차의 소방호스와 접결되는 흡입구로서 지면에서 0.5~1m 이하에 설치

‖ 채수구 ‖

CHAPTER

02 소방전기시설의 구조 원리

Key Point

1. 경보설비의 구조 원리

1-1. 자동화재탐지설비

출제확률 23% (5문제)

1 경보설비 및 감지기

출제확률 9% (2문제)

※ 경보설비
화재발생 사실을 통보하는 기계·기구 또는 설비

※ 방재센터에 대한 위치, 구조
① 소방대의 출입이 쉬운 장소일 것
② 지상으로 직접 통하는 출입구가 1개소 이상 있을 것
③ 다른 방(실)과는 독립된 방화구획의 구조일 것

※ 자동화재탐지설비
건물 내에 발생한 화재를 초기단계에서 자동적으로 발견하여 관계인에게 통보하는 설비

1 경보설비의 종류

① 자동화재탐지설비 · 시각경보기
② 자동화재속보설비
③ 누전경보기
④ 비상방송설비
⑤ 비상경보설비(비상벨설비, 자동식 사이렌설비)
⑥ 가스누설경보기
⑦ 단독경보형 감지기
⑧ 통합감시시설
⑨ 화재알림설비

- 음향장치는 주위의 소음 및 다른 용도의 경보와 **구별**이 **가능한 음색**으로 하여야 한다(NFPC 103 9조, NFTC 103 2.6.1.4).

2 자동화재탐지설비

(1) 구성요소

① 감지기 문01 보기④ ② 수신기 ③ 발신기 문01 보기③ ④ 중계기
⑤ 음향장치 문01 보기① ⑥ 표시등 ⑦ 전원 ⑧ 배선

★★★
문제 01 다음 중 자동화재탐지설비의 구성요소가 아닌 것은?
10회 문124

유사문제부터 풀어보세요. 실력이 팍!팍! 올라갑니다.

① 음향장치
② 비상조명등
비상조명등은 자동화재탐지설비의 구성요소가 아니다.
③ 발신기
④ 감지기

해설 **자동화재탐지설비의 구성요소**
(1) 감지기 (2) 수신기 (3) 발신기 (4) 중계기
(5) 음향장치 (6) 표시등 (7) 전원 (8) 배선

답 ②

(2) 구성도

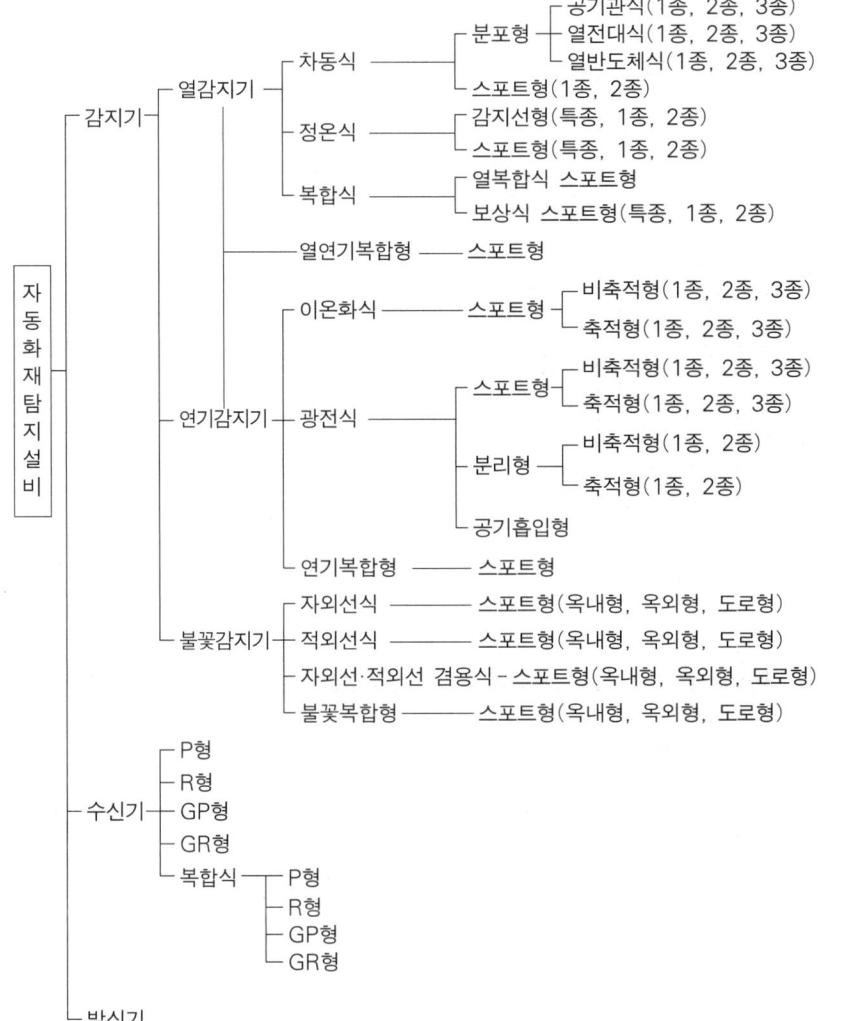

- 자동화재탐지설비
  - 감지기
    - 열감지기
      - 차동식
        - 분포형
          - 공기관식(1종, 2종, 3종)
          - 열전대식(1종, 2종, 3종)
          - 열반도체식(1종, 2종, 3종)
        - 스포트형(1종, 2종)
      - 정온식
        - 감지선형(특종, 1종, 2종)
        - 스포트형(특종, 1종, 2종)
      - 복합식
        - 열복합식 스포트형
        - 보상식 스포트형(특종, 1종, 2종)
    - 열연기복합형 ─ 스포트형
    - 연기감지기
      - 이온화식 ─ 스포트형
        - 비축적형(1종, 2종, 3종)
        - 축적형(1종, 2종, 3종)
      - 광전식
        - 스포트형
          - 비축적형(1종, 2종, 3종)
          - 축적형(1종, 2종, 3종)
        - 분리형
          - 비축적형(1종, 2종)
          - 축적형(1종, 2종)
        - 공기흡입형
      - 연기복합형 ─ 스포트형
    - 불꽃감지기
      - 자외선식 ─ 스포트형(옥내형, 옥외형, 도로형)
      - 적외선식 ─ 스포트형(옥내형, 옥외형, 도로형)
      - 자외선·적외선 겸용식 - 스포트형(옥내형, 옥외형, 도로형)
      - 불꽃복합형 ─ 스포트형(옥내형, 옥외형, 도로형)
  - 수신기
    - P형
    - R형
    - GP형
    - GR형
    - 복합식
      - P형
      - R형
      - GP형
      - GR형
  - 발신기

(3) 설치대상(소방시설법 시행령 〔별표 4〕)

설치대상	조 건
① 정신의료기관 · 의료재활시설	• 창살설치 : 바닥면적 300m² 미만 • 기타 : 바닥면적 300m² 이상
② 노유자시설	• 연면적 400m² 이상
③ 근린생활시설 · 위락시설 [문02 보기④] ④ 의료시설(정신의료기관, 요양병원 제외) ⑤ 복합건축물 · 장례시설	• 연면적 600m² 이상
⑥ 목욕장 · 문화 및 집회시설, 운동시설 ⑦ 종교시설 ⑧ 방송통신시설 · 관광휴게시설 ⑨ 업무시설 · 판매시설 [문02 보기①③] ⑩ 항공기 및 자동차관련시설 · 공장 · 창고시설 ⑪ 지하상가 · 운수시설 · 발전시설 · 위험물 저장 및 처리시설 ⑫ 교정 및 군사시설 중 국방 · 군사시설	• 연면적 1000m² 이상

Key Point

✻ 차동식 분포형 감지기
① 공기관식
② 열전대식
③ 열반도체식

✻ P형 수신기
소방대상물에 설치되는 수신기

✻ 600m² 이상 설치대상
① 근린생활시설
② 위락시설

✻ 1000m² 이상 설치대상
① 목욕장
② 문화 및 집회시설
③ 운동시설
④ 방송통신시설
⑤ 지하가

Key Point

설치대상	조 건
⑬ 교육연구시설 · 동식물관련시설 ⑭ 자원순환관련시설 · 교정 및 군사시설(국방 · 군사시설 제외) 문02 보기② ⑮ 수련시설(숙박시설이 있는 것 제외) ⑯ 묘지관련시설	• 연면적 2000m² 이상
⑰ 터널	• 길이 1000m 이상
⑱ 지하구 ⑲ 노유자생활시설	• 전부
⑳ 전통시장	
㉑ 조산원, 산후조리원	
㉒ 요양병원(정신병원, 의료재활시설 제외)	
㉓ 아파트 등 · 기숙사	
㉔ 숙박시설	
㉕ 6층 이상인 건축물	
㉖ 특수가연물 저장 · 취급	• 지정수량 **500배** 이상
㉗ 수련시설(숙박시설이 있는 것)	• 수용인원 **100명** 이상
㉘ 발전시설	• 전기저장시설

★★★
문제 02 **자동화재탐지설비를 설치하여야 할 소방대상물 중 연면적 2000m² 이상에 해당되는 것은?**

① 판매시설
연면적 1000m² 이상

② 교정 및 군사시설(국방 · 군사시설 제외)
연면적 2000m² 이상

③ 업무시설
연면적 1000m² 이상

④ 위락시설
연면적 600m² 이상

답 ②

3 감지기

(1) 종별

종 별	설 명
차동식 분포형 감지기	**넓은 범위**에서의 **열효과**의 누적에 의하여 작동한다.
차동식 스포트형 감지기	**일국소**에서의 **열효과**에 의하여 작동한다.
이온화식 연기감지기	**이온전류**가 **변화**하여 작동한다.
광전식 연기감지기	**광량**의 **변화**로 작동한다.
보상식 스포트형 감지기	**차동식+정온식**을 겸용한 것으로 한 가지 기능이 작동되면 신호를 발한다.
열복합식 감지기	**차동식+정온식**을 겸용한 것으로 두 가지 기능이 동시에 작동되면 신호를 발하거나 또는 두 개의 화재신호를 각각 발신한다.
정온식 감지선형 감지기	외관이 **전선**으로 되어 있는 것

✻ 감지기
화재시 발생하는 열, 연기, 불꽃 또는 연소생성물을 자동적으로 감지하여 수신기에 발신하는 장치

✻ 정온식 감지선형 감지기
일국소의 주위온도가 일정한 온도 이상이 되는 경우에 작동하는 것

✻ 차동식 분포형 감지기
넓은 범위(전 구역)의 열효과의 누적에 의하여 작동하는 것

✻ 차동식 스포트형 감지기
일국소의 열효과에 의하여 작동하는 것

(2) 형식

다신호식 감지기	아날로그식 감지기
• 각 서로 다른 종별 또는 감도 등의 기능을 갖춘 것으로서 일정시간 간격을 두고 각각 다른 2개 이상의 화재신호를 발하는 감지기 • 동일 종별 또는 감도를 갖는 2개 이상의 센서를 통해 감지하여 화재신호를 각각 발신하는 감지기	주위의 **온도** 또는 **연기 양**의 변화에 따른 화재정보신호값을 출력하는 감지기

4 차동식 분포형 감지기

(1) 공기관식

① 구성요소 : 공기관(두께 0.3mm 이상, 바깥지름(외경) 1.9mm 이상) 문03 보기③, 다이어프램 문03 보기①, 리크구멍 문03 보기②, 시험장치, 접점

• 리크구멍=리크공=리크홀=리크밸브

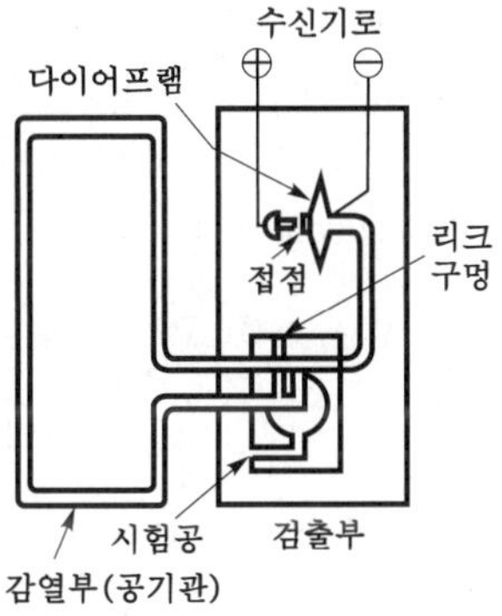

‖ 공기관식 감지기 ‖

• **공기관식 감지기** : 선 구역 열효과에 의한 공기관 내의 **공기팽창**으로 동작하는 감지기

★

문제 03 공기관식 감지기의 주된 부분이 아닌 것은?
08회 문104

① 다이어프램　　② 리크공
③ 공기관　　④ 감지선
정온식 감지선형 감지기의 구성요소

해설 **공기관식 감지기**의 **구성요소**
(1) 다이어프램　(2) 리크공(리크구멍)
(3) 공기관　(4) 접점
(5) 시험장치

답 ④

Key Point

✽ **공기관식의 구성요소**
① 공기관
② 다이어프램
③ 리크구멍
④ 접점
⑤ 시험장치

✽ **리크구멍**
감지기의 오동작(비화재보) 방지

✽ **리크밸브의 기능**
① 비화재보(오동작) 방지
② 작동속도조정
③ 공기유통에 대한 저항을 가짐

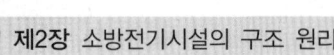

Key Point

* 공기관의 상호접속
슬리브에 삽입 후 납땜

* 공기관의 지지금속기구
① 스테플
② 스티커

* 검출부와 공기관의 접속
공기관 접속단자에 삽입 후 납땜

* 미터릴레이
전압계가 부착되어 있는 릴레이

* 극성이 있는 감지기
① 열전대식
② 열반도체식

* 열반도체소자의 구성요소
① 비스무스(Bi)
② 안티몬(Sb)
③ 텔루륨(Te)

* 동니켈선
감지기의 오동작 방지

② **동작원리** : 화재발생시 공기관 내의 공기가 팽창하여 **다이어프램**을 밀어 올려 접점을 붙게 함으로써 수신기에 신호를 보낸다.

③ **공기관 상호간의 접속** : **슬리브**에 삽입한 후 **납땜**한다.

④ **검출부와 공기관의 접속** : **공기관 접속단자**에 삽입한 후 납땜한다.

(2) 열전대식

① **구성요소** : 열전대, 미터릴레이(가동선륜, 스프링, 접점), 접속전선

• **미터릴레이** : 전압계가 부착되어 있는 릴레이

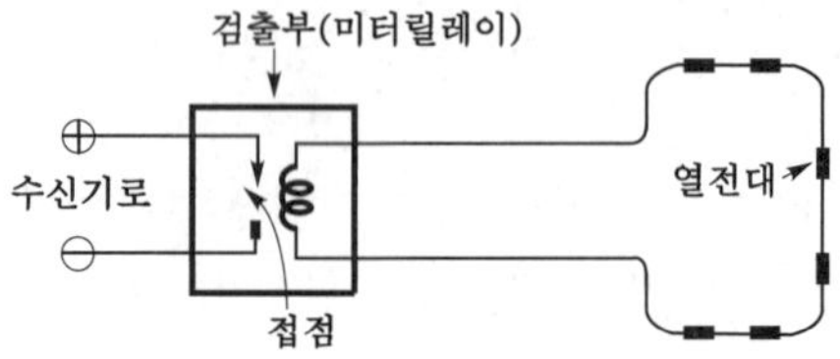

| 열전대식 감지기의 구조 |

② **동작원리** : 화재발생시 열전대부가 가열되면 **열기전력**이 발생하여 **미터릴레이**에 전류가 흘러 접점을 붙게 함으로써 수신기에 신호를 보낸다.

③ **열전대부의 접속** : **슬리브**에 삽입한 후 **압착**한다.

④ **고정방법** : 메신저와이어(Messenger wire) 사용시 30cm 이내

• **메신저와이어** : 열전대가 늘어지지 않도록 고정시키기 위한 철선

(3) 열반도체식

① **구성요소** : 열반도체소자, 수열판, 미터릴레이

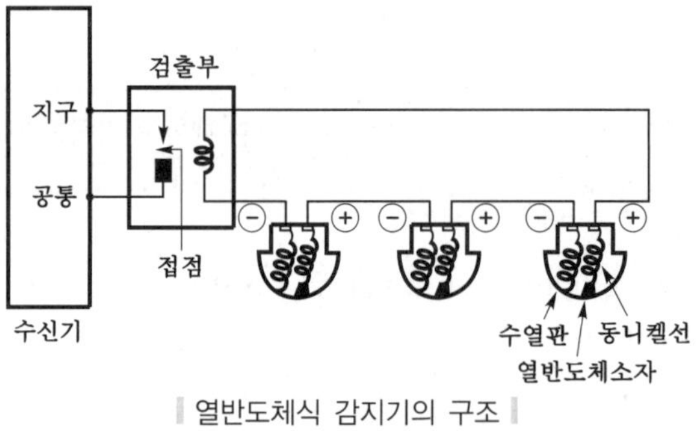

| 열반도체식 감지기의 구조 |

용어

용 어	설 명
수열판	열을 유효하게 받는 부분
열반도체소자	열기전력을 발생하는 부분
동니켈선	열반도체소자와 역방향의 열기전력을 발생하는 부분(차동식 스포트형 감지기의 리크공과 같은 역할을 한다.)

② **동작원리** : 화재발생시 수열판이 가열되면 열반도체소자에 **열기전력**이 발생하여 **미터릴레이**를 작동시켜 수신기에 신호를 보낸다.

중요 **공기관식 차동식 분포형 감지기**

작동개시시간이 허용범위보다 늦게 되는 경우	작동개시시간이 허용범위보다 빨리되는 경우
① 감지기의 **리크저항**(Leak resistance)이 **기준치 이하**일 때 ② 검출부 내의 **다이어프램**이 부식되어 표면에 **구**멍(Leak)이 발생하였을 때 기억법 **늦구(너구리)**	① 감지기의 **리크저항**(Leak resistance)이 **기준치 이상**일 때 ② 감지기의 **리크구멍**이 이물질 등에 의해 막히게 되었을 때

5 차동식 스포트형 감지기

(1) 공기의 팽창을 이용한 것

① **구성요소** : 감열실, 다이어프램, 리크구멍, 접점, 작동표시장치

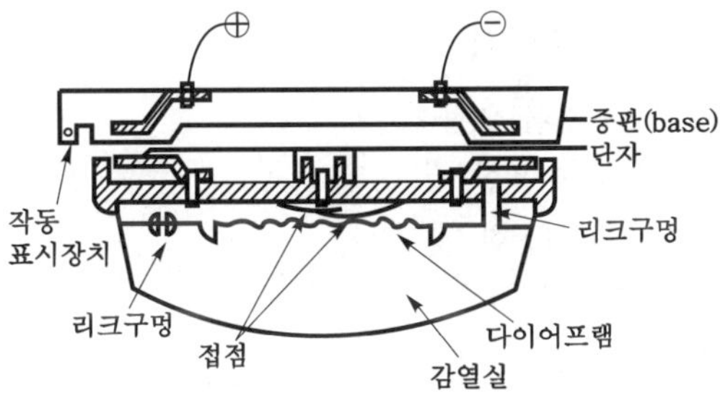

| 공기의 팽창을 이용한 것 |

• **리크구멍** : 감지기의 오동작을 방지하며, 리크구멍이 이물질 등에 의해 막히게 되면 오동작이 발생하여 비화재보의 원인이 된다. 문04 보기④

★★★

문제 04 공기관식 차동식 분포형 감지기의 오동작을 방지하는 안전장치에 해당하는 것은 어느 것인가?

① 다이어프램
② 공기관
③ 시험홀
④ 리크구멍

해설 ④ 리크구멍(Leak hole) : 감지기의 오동작(비화재보) 방지
리크구멍=리크공=리크홀=리크밸브

답 ④

Key Point

※ 열반도체식의 동작원리
화재발생시 열반도체소자가 제에벡효과에 의해 열기전력이 발생하여 미터릴레이를 작동시켜 수신기에 신호를 보낸다.

※ 차동식 스포트형 감지기
1. 공기의 팽창 이용
① 감열실
② 다이어프램
③ 리크구멍
④ 접점
⑤ 작동표시장치
2. 열기전력 이용
① 감열실
② 반도체열전대
③ 고감도릴레이
3. 반도체 이용

※ 리크구멍과 같은 의미
① 리크공
② 리크홀
③ 리크밸브

Key Point

② **동작원리** : 화재발생시 감열부의 공기가 팽창하여 **다이어프램**을 밀어 올려 접점을 붙게 함으로써 수신기에 신호를 보낸다.

(2) **열기전력을 이용한 것**

① **구성요소** : 감열실, 반도체열전대, 고감도릴레이

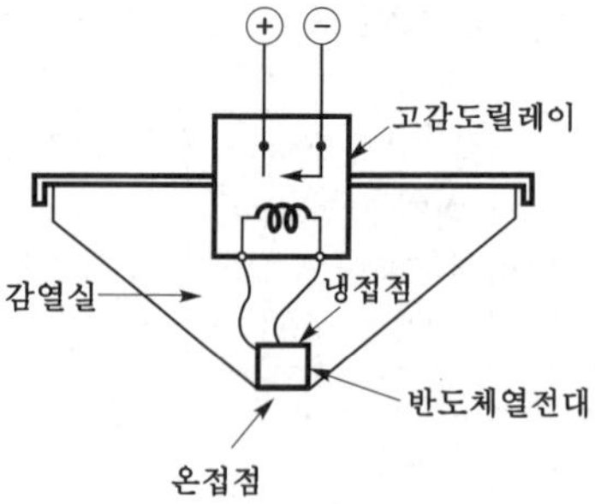

▎열기전력을 이용한 것 ▎

② **동작원리** : 화재발생시 반도체열전대가 가열되면 열기전력이 발생하여 **고감도릴레이**를 작동시켜 수신기에 신호를 보낸다.

- **고감도릴레이** : 미소한 전압으로도 동작하는 계전기

※ **고감도릴레이**
미소한 전압으로도 동작하는 계전기

6 정온식 스포트형 감지기

① **바이메탈**의 활곡 · 반전을 이용한 것
② 금속의 팽창계수차를 이용한 것
③ **액체(기체)**의 팽창을 이용한 것
④ 가용절연물을 이용한 것
⑤ 감열반도체 소자를 이용한 것

- **바이메탈** : 팽창계수가 다른 금속을 서로 붙여서 열에 의해 어느 한쪽으로 휘어지게 만든 것

※ **바이메탈**
팽창계수가 다른 금속을 서로 붙여서 열에 의해 어느 한쪽으로 휘어지게 만든 것

7 정온식 감지선형 감지기

(1) **종류**

① 선 전체가 감열부분으로 되어 있는 것
② 감열부가 띄엄띄엄 존재해 있는 것

(2) **고정방법**

① 단자부와 마감고정금구 : 10cm 이내
② 굴곡반경 : 5cm 이상 문05 보기③

Key Point

★★★
문제 05 18회 문111 12회 문108
정온식 감지선형 감지기 설치에서 감지선형 감지기의 굴곡반경은 몇 cm 이상으로 하여야 하는가?
① 2
② 3
③ 5
④ 6

해설 ③ 정온식 감지선형 감지기의 굴곡반경 : 5cm 이상

답 ③

(3) 감지선의 접속

단자를 사용하여 접속한다.

- 정온식 감지선형 감지기 : **비재용형**

중요 접속방법

공기관식 감지기	열전대식 · 열반도체식 감지기	정온식 감지선형 감지기
① 공기관의 상호접속 : **슬리브**를 이용하여 접속한 후 **납땜**한다. ② 검출부와 공기관의 접속 : **공기관 접속단자**에 공기관을 삽입하고 **납땜**한다.	**슬리브**에 삽입한 후 **압착**한다.	**단자**를 이용하여 **접속**한다.

* **비재용형 감지기**
① 정온식 스포트형 감지기(가용절연물 이용)
② 정온식 감지선형 감지기

* **비재용형**
한 번 동작하면 재차 사용이 불가능한 것

8 보상식 스포트형 감지기의 동작원리

차동식으로 동작	정온식으로 동작
화재발생시 주위의 온도가 급격히 상승하면 **다이어프램**을 밀어 올려 수신기에 신호를 보낸다.	화재발생시 일정온도 상승률 이상이 되면 팽창률이 큰 금속이 **활곡** 또는 **반전**하여 수신기에 신호를 보낸다.

* **보상식 스포트형 감지기의 구성요소**
① 감열실
② 다이어프램
③ 리크구멍
④ 고팽창금속
⑤ 저팽창금속

Key Point

중요 스포트형 감지기의 종류

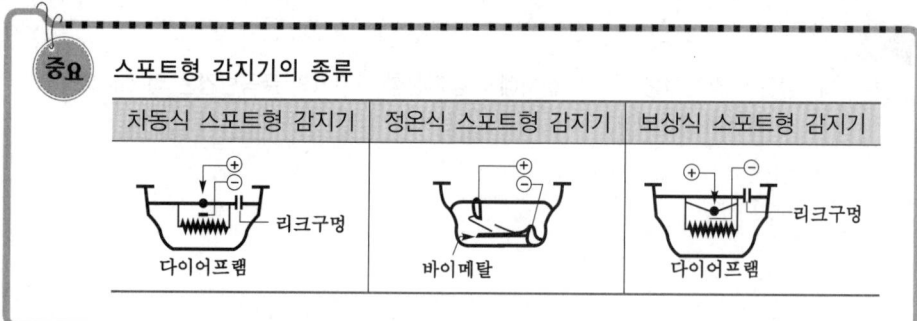

차동식 스포트형 감지기	정온식 스포트형 감지기	보상식 스포트형 감지기
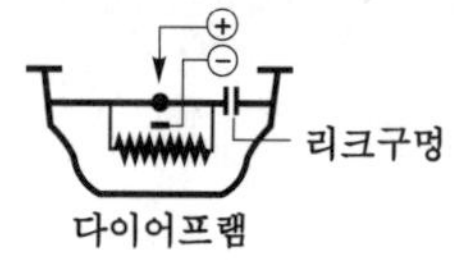		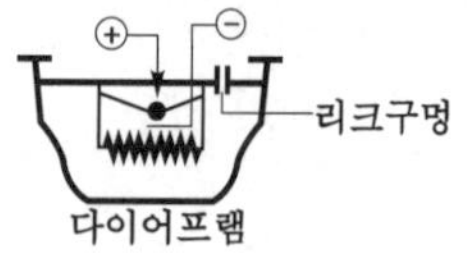
리크구멍, 다이어프램	바이메탈	리크구멍, 다이어프램

9 이온화식 연기감지기

(1) 구성요소

이온실, 신호증폭회로, 스위칭회로, 작동표시장치

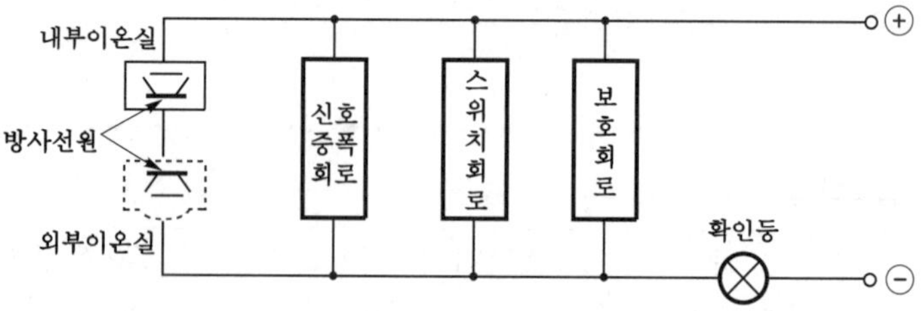

‖ 이온화식 감지기의 구조 ‖

(2) 동작원리

화재발생시 연기입자의 침입으로 **이온전류**의 흐름이 저항을 받아 이온전류가 작아지면 이것을 검출부, 증폭부, 스위칭회로에 전달하여 수신기에 신호를 보낸다.

중요 이온화식 연기감지기

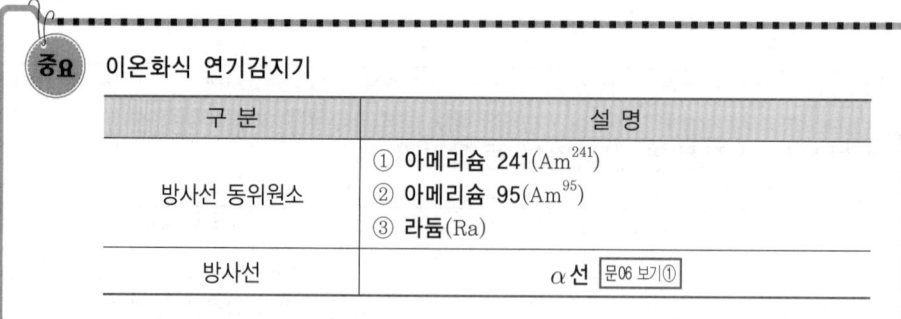

구 분	설 명
방사선 동위원소	① **아메리슘** 241(Am^{241}) ② **아메리슘** 95(Am^{95}) ③ **라듐**(Ra)
방사선	α **선** 문06 보기①

※ 이온화식 감지기의 구성요소
① 이온실
② 신호증폭회로
③ 스위칭회로
④ 작동표시장치

※ 이온화식 연기감지기
① 내부이온실 : ⊕극전류, 밀폐
② 외부이온실 : ⊖극전류, 개방

Key Point

★★★
문제 06 이온화식 연기감지기에 이용되는 아메리슘, 라듐의 방사선은?
17회 문 30

① α선　　② β선
③ γ선　　④ X선

해설 ① 방사선 : α선

답 ①

10 광전식 스포트형 감지기

(1) 구성요소

발광부, 수광부, 차광판, 신호증폭회로, 스위칭회로, 작동표시장치

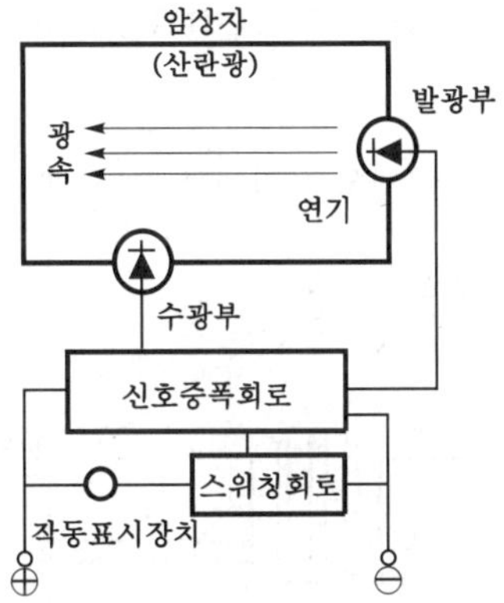

‖ 광전식 스포트형 감지기 ‖

(2) 동작원리

화재발생시 연기입자의 침입으로 광반사가 일어나 광전소자의 저항이 변화하면 이것을 수신기에 전달하여 신호를 보낸다.

11 광전식 분리형 감지기

(1) 구성요소

발광부, 수광부, 신호증폭회로, 스위칭회로, 작동표시장치

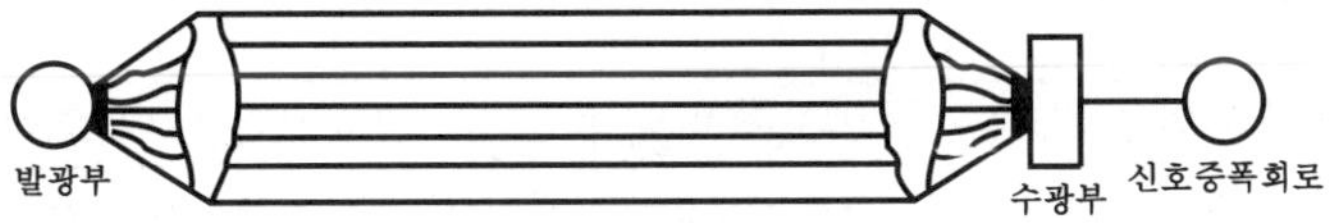

‖ 광전식 분리형 감지기 ‖

(2) 동작원리

발광부에서 상시 수광부로 빛을 보내고 있어 그 사이에 연기가 광도의 축을 방해하는 경우, 광량이 감소되면서 일정량을 초과하면 화재신호를 발한다.

* **광전식 스포트형 감지기**
① 산란광식
② 감광식

* **광전식 감지기의 특징**
① 화재의 조기발견
② 연기의 색에 영향을 받지 않음.
③ 외광(外光)에 의해서는 동작하지 않음.
④ 접점과 같은 가동부분이 없어 재조정 불필요

* **산란광식 감지기의 동작원리**
연기가 암상자 내로 유입되면 빛이 산란현상을 일으켜 광전소자의 저항이 변화하여 수신기에 신호를 보낸다.

* **감광식 감지기의 동작원리**
연기가 암상자 내로 유입되면 수광소자로 들어오는 빛의 양이 감소하여 광전소자 저항의 변화로 수신기에 신호를 보낸다.

* **광전식 감지기의 광원** 문07 보기④
광속변화가 적을 것

Key Point

★★★
문제 07 광전식 감지기에 대한 설명으로 옳지 않은 것은?

① 광원이 끊어진 경우 이를 자동적으로 수신기에 송신할 수 있어야 한다.
② 광전소자는 감도의 저하 및 피로현상이 적어야 한다.
③ 광원의 통이 켜지는 것을 쉽게 확인할 수 있는 것이어야 한다.
④ 광원은 광속변화가 커야 한다.
적어야

해설 **광전식 감지기의 기준**

발광소자	수광소자
광속변화가 적고 장기간 사용에 충분히 견딜 수 있는 것이어야 한다.	감도의 저하 및 피로현상이 적고 장기간 사용에 충분히 견딜 수 있는 것이어야 한다.

답 ④

12 공기흡입형 감지기(Air Sampling Smoke Detector)

(1) 구성요소

흡입배관, 공기흡입펌프(Aspirator), 감지부, 계측제어부, 필터

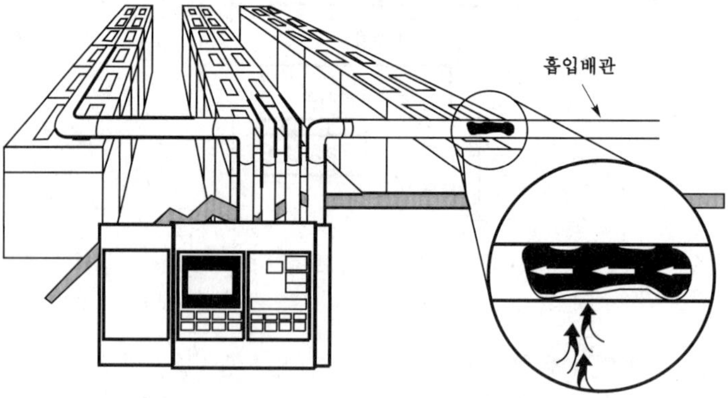

공기흡입형 감지기의 구성

(2) 동작원리

흡입용 팬 또는 펌프가 흡입배관을 통하여 경계구역 내의 공기를 흡입하고 흡입한 공기 중에 함유된 연소생성물을 분석하여 화재를 감지한다.

13 불꽃감지기

자외선식(UV) 감지기	적외선식(IR) 감지기
자외선 영역(0.1~0.35μm) 중 화재시 0.18~0.26μm의 파장에서 강한 에너지 레벨이 되며 이를 검출하여 그 검출신호를 화재신호로 발한다.	적외선 영역(0.76~220μm) 중 화재시에는 4.35μm에서 강한 에너지 레벨이 되며 이 파장을 검출하여 이를 화재신호로 발한다.

※ 검출파장
① 자외선식 : 0.18~0.26μm
② 적외선식 : 4.35μm

14 감지기의 설치기준

(1) 부착높이(NFPC 203 7조, NFTC 203 2.4.1)

부착높이	감지기의 종류
4m 미만	• 차동식(스포트형, 분포형) 문08 보기① • 보상식 스포트형 문08 보기② • 정온식(스포트형, 감지선형) 문08 보기④ • 이온화식 또는 광전식(스포트형, 분리형, 공기흡입형) • 열복합형 • 연기복합형 • 열연기복합형 • 불꽃감지기
4~8m 미만	• 차동식(스포트형, 분포형) 문08 보기① • 보상식 스포트형 문08 보기② • 정온식(스포트형, 감지선형) 특종 또는 1종 • 이온화식 1종 또는 2종 • 광전식(스포트형, 분리형, 공기흡입형) 1종 또는 2종 • 열복합형 • 연기복합형 • 열연기복합형 • 불꽃감지기
8~15m 미만	• 차동식 분포형 문08 보기③ • 이온화식 1종 또는 2종 • 광전식(스포트형, 분리형, 공기흡입형) 1종 또는 2종 • 연기복합형 • 불꽃감지기
15~20m 미만	• 이온화식 1종 • 광전식(스포트형, 분리형, 공기흡입형) 1종 • 연기복합형 • 불꽃감지기
20m 이상	• 불꽃감지기 • 광전식(분리형, 공기흡입형) 중 아날로그방식

★★★

문제 08 자동화재탐지설비의 감지기의 높이가 10m인 장소에 설치할 수 있는 감지기의 종류는 다음 중 어느 것인가?

19회 문119
17회 문120
14회 문112
08회 문111
07회 문125
06회 문123
03회 문115
02회 문124

① 차동식 스포트형 → 4~8m 미만
② 보상식 스포트형 → 4~8m 미만
③ 차동식 분포형 → 8~15m 미만
④ 정온식 스포트형 → 4~8m 미만

답 ③

Key Point

※ 광전식 감지기
① 스포트형
② 분리형
③ 공기흡입형

※ 8~15m 미만 설치 가능한 감지기
① 차동식 분포형
② 이온화식 1·2종
③ 광전식 1·2종
④ 연기복합형

※ 부착높이 20m 이상에 설치되는 광전식 중 아날로그방식의 감지기
공칭감지농도 하한값이 감광률 5%/m 미만

Key Point

중요 **지하층 · 무창층** 등으로서 환기가 잘되지 아니하거나 실내면적이 **40m² 미만**인 장소, 감지기의 부착면과 실내바닥과의 거리가 **2.3m 이하**인 곳으로서 일시적으로 발생한 열 · 연기 또는 먼지 등으로 인하여 화재신호를 발신할 우려가 있는 장소의 적응감지기

① 불꽃감지기
② 정온식 감지선형 감지기
③ 분포형 감지기
④ 복합형 감지기
⑤ 광전식 분리형 감지기
⑥ 아날로그방식의 감지기
⑦ 다신호방식의 감지기
⑧ 축적방식의 감지기

(2) 연기감지기의 설치장소(NFPC 203 7조, NFTC 203 2.4.2)

① 계단 · 경사로 및 에스컬레이터 경사로
② 복도(30m 미만 제외)
③ 엘리베이터 승강로(권상기실이 있는 경우에는 권상기실) · 린넨슈트 · 파이프피트 및 덕트, 기타 이와 유사한 장소
④ 천장 또는 반자의 높이가 15~20m 미만의 장소
⑤ 다음에 해당하는 특정소방대상물의 취침 · 숙박 · 입원 등 이와 유사한 용도로 사용되는 거실
  ㉠ 공동주택 · 오피스텔 · 숙박시설 · 노유자시설 · 수련시설 문09 보기①
  ㉡ 교육연구시설(합숙소) 문09 보기②
  ㉢ 의료시설, 근린생활시설 중 입원실이 있는 의원 · 조산원 문09 보기③
  ㉣ 교정 및 군사시설 문09 보기④
  ㉤ 근린생활시설(고시원)

※ 린넨슈트
병원, 호텔 등에서 세탁물을 구분하여 실로 유도하는 통로

★

문제 09 **자동화재탐지설비 및 시각경보장치의 화재안전기술기준상 다음 장소에 연기감지기를 설치해야 하는 특정소방대상물로 옳지 않은 것은?**

취침 · 숙박 · 입원 등 이와 유사한 용도로 사용되는 거실

① 공동주택 · 오피스텔 · 숙박시설 · 위락시설
해당 없음
② 교육연구시설 중 합숙소
③ 의료시설, 근린생활시설 중 입원실이 있는 의원 · 조산원
④ 교정 및 군사시설

답 ①

(3) 감지기 설치기준(NFPC 203 7조, NFTC 203 2.4.3)

① 감지기(**차동식 분포형** 제외)는 실내로의 공기유입구로부터 1.5m 이상 떨어진 위치에 설치할 것

② 감지기는 천장 또는 반자의 옥내의 면하는 부분에 설치할 것

③ **보상식 스포트형 감지기**는 정온점이 감지기 주위의 평상시 최고온도보다 20℃ 이상 높은 것으로 설치할 것

④ **정온식 감지기**는 **주방 · 보일러실** 등으로 다량의 화기를 단속적으로 취급하는 장소에 설치하되, 공칭작동온도가 최고 주위온도보다 20℃ 이상 높은 것으로 설치할 것

⑤ 스포트형 감지기는 45° 이상 경사되지 아니하도록 부착할 것

⑥ 바닥면적

(단위 : m^2)

부착높이 및 소방대상물의 구분		감지기의 종류				
		차동식 · 보상식 스포트형		정온식 스포트형		
		1종	2종	특종	1종	2종
4m 미만	내화구조	90	70	70	60	20
	기타구조	50	40	40	30	15
4m 이상 8m 미만	내화구조	45	35	35	30	설치 불가능
	기타구조	30	25	25	15	

중요 **축적기능이 없는 감지기의 설치**

① **교차회로방식**에 사용되는 감지기

② **급속**한 **연소확대**가 우려되는 장소에 사용되는 감지기

③ **축적기능**이 있는 **수신기**에 연결하여 사용하는 감지기

(4) 공기관식 차동식 분포형 감지기의 설치기준(NFPC 203 7조, NFTC 203 2.4.3.7)

① 공기관의 노출부분은 감지구역마다 20m 이상이 되도록 설치한다.

② 공기관과 감지구역의 각 변과의 수평거리는 1.5m 이하가 되도록 한다.

③ 공기관 상호간의 거리는 6m(내화구조는 9m) 이하가 되도록 한다.

④ 하나의 검출부에 접속하는 공기관의 길이는 100m 이하가 되도록 한다. 문10 보기②

⑤ 검출부는 5° 이상 경사지지 않도록 한다.

⑥ 검출부는 바닥으로부터 0.8~1.5m 이하의 위치에 설치한다.

⑦ 공기관은 도중에서 **분기**하지 않도록 한다.

• **경사제한각도**

5° 이상	45° 이상
차동식 분포형 감지기	스포트형 감지기

Key Point

✱ **정온식 감지기의 설치장소**
① 주방
② 조리실
③ 용접작업장
④ 건조실
⑤ 살균실
⑥ 보일러실
⑦ 주조실
⑧ 영사실
⑨ 스튜디오

✱ **정온식 감지기의 공칭작동온도범위**

60~150℃

① 60~80℃
→5℃ 눈금
② 80~150℃
→10℃ 눈금

✱ **공기관의 길이**
20~100m 이하

✱ **각 부분과의 수평거리**
1. 공기관식 : 1.5m 이하
2. 정온식 감지선형
① 1종 : 3m 이하
(내화구조 4.5m 이하)
② 2종 : 1m 이하
(내화구조 3m 이하)

Key Point

* **주소형 열전대식 감지기**
각각의 열전대부에 대한 작동여부를 검출부에서 표시할 수 있는 감지기

* **열전대식 감지기**
4~20개 이하

* **열반도체식 감지기**
2~15개 이하
(부착높이가 8m 미만이고 바닥면적이 기준면적 이하인 경우 1개로 할 수 있다.)

* **연기농도의 단위**
%/m

★★★
문제 10 07회 문 29
차동식 분포형 감지기의 검출부에 연결하는 공기관의 길이는 몇 m 이하로 하여야 하는가?

① 50　② 100
③ 150　④ 200

해설 ② 하나의 검출부분에 접속하는 공기관의 길이 : **100m 이하**

답 ②

(5) 열전대식 감지기의 설치기준(NFPC 203 7조, NFTC 203 2.4.3.8)

① 하나의 검출부에 접속하는 열전대부는 **4~20개** 이하로 할 것(단, **주소형 열전대식 감지기**는 제외) 문11 보기③

② 바닥면적

분 류	바닥면적	설치개수
내화구조	$22m^2$	4개 이상
기타구조	$18m^2$	4개 이상

★
문제 11 15회 문111
차동식 분포형 열전대식 감지기를 설치하는 데 있어서 하나의 검출부에 접속하는 열전대의 수는 몇 개 이하가 적당한가?

① 40개 이하
② 30개 이하
③ 20개 이하
④ 10개 이하

해설 ② 하나의 검출부에 접속하는 열전대의 수 : **20개 이하**

답 ③

(6) 열반도체식 감지기의 설치기준(NFPC 203 7조, NFTC 203 2.4.3.9)

① 하나의 검출기에 접속하는 감지부는 **2~15개** 이하가 되도록 할 것

② 바닥면적

(단위 : m^2)

부착높이 및 소방대상물의 구분		감지기의 종류	
		1종	2종
8m 미만	내화구조	65	36
	기타구조	40	23
8~15m 미만	내화구조	50	36
	기타구조	30	23

(7) 연기감지기의 설치기준(NFPC 203 7조, NFTC 203 2.4.3.10)

① 복도 및 통로는 보행거리 **30m**(3종은 **20m**)마다 1개 이상으로 할 것 문12 보기④

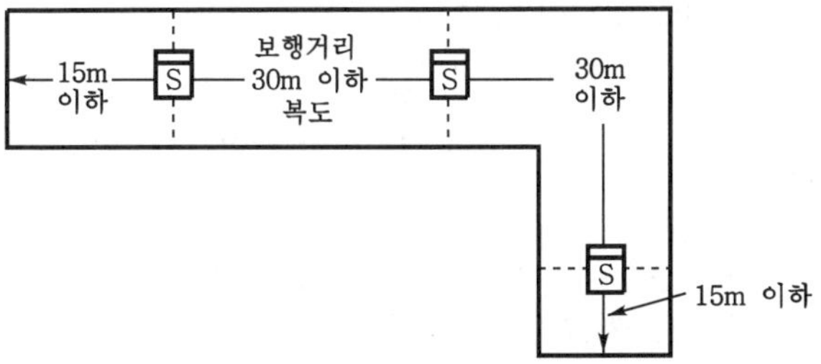

연기감지기의 설치

② 계단 및 경사로는 수직거리 **15m**(3종은 **10m**)마다 1개 이상으로 할 것

③ 천장 또는 반자가 낮은 실내 또는 좁은 실내는 **출입구**의 가까운 부분에 설치할 것 문12 보기①

④ 천장 또는 반자 부근에 **배기구**가 있는 경우에는 그 부근에 설치할 것 문12 보기②

⑤ 감지기는 벽 또는 보로부터 **0.6m** 이상 떨어진 곳에 설치할 것 문12 보기③

⑥ **바닥면적**

(단위 : m^2)

부착높이	감지기의 종류	
	1종 및 2종	3종
4m 미만	150	50
4~20m 미만	75	설치 불가능

★★

문제 12 **연기감지기를 다음과 같이 설치하였을 때 기준에 적합하지 않은 것은?**

16회 문105

① 좁은 실내에 있어서는 출입구 부근에 설치하였다.
② 천장 또는 반자 부근에 배기구가 있어서 그 부근에 설치하였다.
③ 벽으로부터 0.6m 떨어진 곳에 설치하였다.
④ 복도 및 통로에는 보행거리에 관계없이 1개만 설치하였다.

해설 **복도 · 통로**

1·2종	3종
보행거리 30m마다 설치	보행거리 20m마다 설치

답 ④

(8) 정온식 감지선형 감지기의 설치기준(NFPC 203 7조, NFTC 203 2.4.3.12)

① 정온식 감지선형 감지기의 거리기준

종 별 / 수평거리	1종		2종	
	내화구조	기타구조	내화구조	기타구조
감지기와 감지구역의 각 부분과의 수평거리	4.5m 이하	3m 이하	3m 이하	1m 이하

Key Point

※ 연기
완전연소되지 않은 가연물이 고체 또는 액체의 미립자로 떠돌아 다니는 상태

※ 벽 또는 보의 설치거리
① 스포트형 감지기 : 0.3m 이상
② 연기감지기 : 0.6m 이상

Key Point

② 감지선형 감지기의 굴곡반경 : 5cm 이상
③ 단자부와 마감 고정금구와의 설치간격 : 10cm 이내
④ 보조선이나 고정금구를 사용하여 감지선이 늘어지지 않도록 설치할 것
⑤ 케이블트레이에 감지기를 설치하는 경우에는 **케이블트레이 받침대**에 **마감금구**를 사용하여 설치할 것
⑥ **창고**의 **천장** 등에 지지물이 적당하지 않는 장소에서는 **보조선**을 설치하고 그 보조선에 설치할 것
⑦ 분전반 내부에 설치하는 경우 **접착제**를 이용하여 **돌기**를 바닥에 고정시키고 그곳에 감지기를 설치할 것

(9) 불꽃감지기의 설치기준(NFPC 203 7조, NFTC 203 2.4.3.13)

* 도로형의 최대시야각
180° 이상

① 공칭감시거리 · 공칭시야각(감지기의 형식승인 및 제품검사의 기술기준 19조의 2)

조 건	공칭감시거리	공칭시야각
20m **미만**의 장소에 적합한 것	1m 간격	5° 간격
20m **이상**의 장소에 적합한 것	5m 간격	

② 감지기는 **공칭감시거리**와 **공칭시야각**을 기준으로 감시구역이 모두 포용될 수 있도록 설치할 것
③ 감지기는 화재감지를 유효하게 감지할 수 있는 **모서리** 또는 **벽** 등에 설치할 것
④ 감지기를 **천장**에 설치하는 경우에는 감지기는 **바닥**을 향하여 설치할 것
⑤ **수분**이 많이 발생할 우려가 있는 장소에는 **방수형**으로 설치할 것

(10) 아날로그방식의 감지기 설치기준(NFPC 203 7조, NFTC 203 2.4.3.14)

공칭감지온도범위 및 **공칭감지농도범위**에 적합한 장소에 설치할 것

(11) 다신호방식의 감지기 설치기준(NFPC 203 7조, NFTC 203 2.4.3.14)

화재신호를 발신하는 **감도**에 적합한 장소에 설치할 것

(12) 광전식 분리형 감지기의 설치기준(NFPC 203 7조, NFTC 203 2.4.3.15)

* 광축
송광면과 수광면의 중심을 연결한 선

① 감지기의 수광면은 햇빛을 직접 받지 않도록 설치할 것 문13 보기①
② 광축은 나란한 벽으로부터 **0.6m 이상** 이격하여 설치할 것 문13 보기②
③ 감지기의 송광부와 수광부는 설치된 뒷벽으로부터 **1m 이내** 위치에 설치할 것 문13 보기③
④ 광축의 높이는 천장 등 높이의 **80% 이상**일 것
⑤ 감지기의 광축의 길이는 **공칭감시거리** 범위 이내일 것 문13 보기④

Key Point

★★

문제 13 다음 중 광전식 분리형 감지기의 설치기준으로 옳지 않은 것은?

18회 문116
11회 문122
08회 문114

① 감지기의 수광면은 햇빛을 직접 받지 않도록 설치할 것
② 광축은 나란한 벽으로부터 0.6m 이상 이격하여 설치할 것
③ 감지기의 송광부와 수광부는 설치된 뒷벽으로부터 1m 이상 위치에 설치할 것
이내
④ 감지기의 광축의 길이는 공칭감시거리 범위 이내일 것

답 ③

중요 **아날로그식 분리형 광전식 감지기의 공칭감시거리**(감지기의 형식승인 및 제품검사의 기술기준 19조)

5~100m 이하로 하여 **5m 간격**으로 한다.

⑴3 **특수한 장소에 설치하는 감지기**(NFPC 203 7조, NFTC 203 2.4.4)

장 소	적응감지기
• 화학공장 • 격납고 • 제련소	• 광전식 분리형 감지기 • 불꽃감지기
• 전산실 • 반도체 공장	• 광전식 공기흡입형 감지기

⒁ **감지기의 설치제외장소**(NFPC 203 7조, NFTC 203 2.4.5)

① 천장 또는 반자의 높이가 **20m** 이상인 장소(단, 부착높이에 따라 적응성이 있는 장소 제외)
② **헛간** 등 외부와 기류가 통하는 장소로서 감지기에 의하여 **화재발생**을 유효하게 감지할 수 없는 장소
③ **부식성** 가스가 체류하는 장소
④ **고온도** 및 **저온도**로서 감지기의 기능이 정지되기 쉽거나 감지기의 **유지관리**가 어려운 장소
⑤ **목욕실** · 욕조나 샤워시설이 있는 **화장실**, 기타 이와 유사한 장소 문14 보기①
⑥ **파이프덕트** 등 그 밖의 이와 비슷한 것으로서 2개층마다 방화구획된 것이나 수평단면적이 **5m^2** 이하인 것
⑦ **먼지** · 가루 또는 **수증기**가 다량으로 체류하는 장소 또는 주방 등 평상시에 연기가 발생하는 장소(단, **연기감지기**만 적용)
⑧ 삭제 〈2015.1.23〉
⑨ **프레스공장** · **주조공장** 등 화재발생의 위험이 적은 장소로서 감지기의 유지관리가 어려운 장소

* **방화구획**
화재시 불이 번지지 않도록 내화구조로 구획해 놓은 것

Key Point

★★
문제 14 소방대상물에 자동화재탐지설비의 감지기를 설치하지 않아도 되는 곳은?
16회 문123
08회 문101

① 목욕실 · 욕조나 샤워시설이 있는 화장실, 기타 이와 유사한 장소
② 습기가 별로 없는 건조한 장소
③ 사람의 왕래가 별로 없는 장소
④ 천장 또는 반자의 높이가 15m 이상 20m 미만인 장소

해설
① 감지기 설치제외장소
②, ③, ④ 감지기 설치장소

답 ①

15 감지기의 기능시험

(1) 차동식 분포형 감지기

① 화재작동시험

㉠ 공기관식 : 펌프시험, 작동계속시험, 유통시험, 접점수고시험

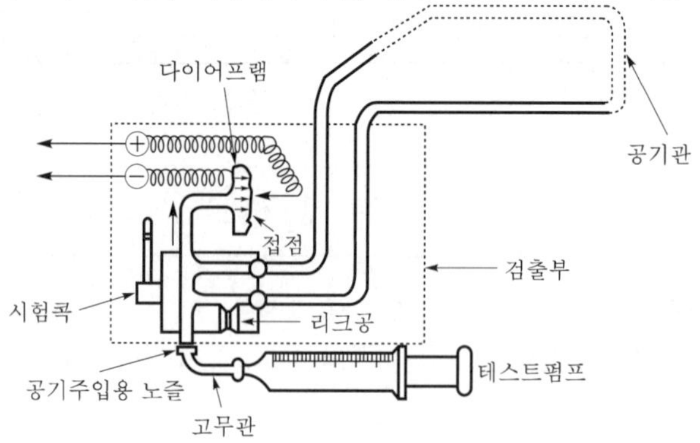

펌프시험

중요 공기관식의 화재작동시험

(1) 펌프시험
감지기의 작동공기압에 상당하는 공기량을 테스트펌프에 의해 불어넣어 작동할 때까지의 시간이 지정치인가를 확인하기 위한 시험

(2) 작동계속시험
감지기가 작동을 개시한 때부터 작동정지할 때까지의 시간을 측정하여 감지기의 작동의 계속이 정상인가를 확인하기 위한 시험

(3) 유통시험
공기관이 새거나, 깨지거나, 줄어들었는지의 여부 및 공기관의 길이를 확인하기 위한 시험

① 검출부의 시험공 또는 공기관의 한쪽 끝에 테스트펌프를, 다른 한쪽 끝에 마노미터를 접속한다.
② 테스트펌프로 공기를 불어넣어 마노미터의 수위를 100mm까지 상승시켜 수위를 정지시킨다(정지하지 않으면 공기관에 누설이 있는 것이다).

※ 펌프시험
테스트펌프로 감지기에 공기를 불어넣어 작동할 때까지의 시간이 지정치인가를 확인하기 위한 시험

※ 유통시험
확인할 수 있는 것
① 공기관의 길이
② 공기관의 누설
③ 공기관의 찌그러짐

※ 공기관식의 화재작동시험
① 펌프시험
② 작동계속시험
③ 유통시험
④ 접점수고시험 : 감지기의 접점간격 확인

※ 테스트펌프와 같은 의미
공기주입기

③ 시험콕을 이동시켜 송기구를 열고 수위가 50mm까지 내려가는 시간(**유통시간**)을 측정하여 공기관의 길이를 산출한다.

- 공기관의 두께는 0.3mm 이상, 외경은 1.9mm 이상이며, 공기관의 길이는 20~100m 이하이어야 한다.

(4) 접점수고시험

접점수고치가 적정치를 보유하고 있는지를 확인하기 위한 시험(접점수고치가 규정치 이상이면 감지기의 작동이 늦어진다.) 문15 보기③

★★★

문제 15 **공기관식 차동식 분포형 감지기의 기능시험을 하였더니 검출기의 접점수고치가 규정 이상으로 되어 있다. 이때 발생되는 장애로 볼 수 있는 것은?**

07회 문 29
06회 문120
05회 문107
02회 문122

① 동작이 전혀 되지 않는다.
② 화재도 아닌데 작동하는 일이 있다.
③ 작동이 늦어진다.
④ 장애는 발생되지 않는다.

해설 **접점수고시험**의 **접점수고치**

규정치 이상	규정치 이하
감도가 저하하여 **지연동작**의 원인	감도가 과민하게 되어 **비화재보**의 원인

③ 접점수고치 규정 이상 : 작동이 늦어진다.

답 ③

㉡ 열전대식 : 화재작동시험, 합성저항시험

② 연소시험

㉠ 감지기를 작동시키지 않고 행하는 시험

㉡ 감지기를 작동시키고 행하는 시험

(2) 스포트형 감지기

가열시험 : 감지기를 가열한 경우 감지기가 정상적으로 작동하는가를 확인

(3) 정온식 감지선형 감지기

합성저항시험 : 감지기의 **단선유무** 확인

(4) 연기감지기

가연시험 : 가연시험기에 의해 가연한 경우 **동작유무** 확인

16 측정기기

(1) 마노미터(Mano meter)

① 정의 : 공기관의 누설을 측정하기 위한 기구

② 적응시험 : **유통시험, 접점수고시험, 연소시험**

(2) 테스트펌프(Test pump)

① 정의 : 공기관에 공기를 주입하기 위한 기구

Key Point

※ 유통시험시 사용 기구
① 공기주입기
② 고무관
③ 유리관
④ 마노미터

※ 마노미터
공기관의 누설 측정

※ 마노미터의 수위가 불안정한 경우의 원인
공기관 접속부분의 불량 또는 물방울 등의 침입

Key Point

※ 접점수고시험
① 접점수고치가 낮은 경우 : 비화재보의 원인
② 접점수고치가 높은 경우 : 지연동작의 원인

※ 절연저항시험
★ 꼭 기억하세요 ★

※ 이온화식 감지기
① 축적시간 : 5~60초
② 공칭축적시간 : 10~60초

※ 감지기의 충격시험
① 최대가속도 : 50g
② 시험횟수 : 5회

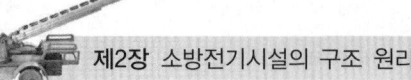

② 적응시험 : **유통시험, 접점수고시험**

(3) 초시계(Stop watch)

① 정의 : 공기관의 유통시간을 측정하기 위한 기구
② 적응시험 : **유통시험**

17 절연저항시험

절연저항계	절연저항	대 상
직류 250V	0.1MΩ 이상	• 1경계구역의 절연저항
직류 500V	5MΩ 이상	• 누전경보기 • 가스누설경보기 • 수신기 • 자동화재속보설비 • 비상경보설비 • 유도등(교류입력측과 외함간 포함) • 비상조명등(교류입력측과 외함간 포함)
	20MΩ 이상	• 경종 • 발신기 • 중계기 • 비상콘센트 • 기기의 절연된 선로간 • 기기의 충전부와 비충전부간 • 기기의 교류입력측과 외함간(유도등 · 비상조명등 제외)
	50MΩ 이상	• 감지기(정온식 감지선형 감지기 제외) • 가스누설경보기(10회로 이상) • 수신기(10회로 이상)
	1000MΩ 이상	• 정온식 감지선형 감지기

18 감지기의 적응성

(1) **연기감지기를 설치할 수 없는 경우**[NFTC 203 2.4.6(1)]

설치장소		적응열감지기									불꽃감지기
환경상태	적응장소	차동식 스포트형		차동식 분포형		보상식 스포트형		정온식		열아날로그식	
		1종	2종	1종	2종	1종	2종	특종	1종		
먼지 또는 미분 등이 다량으로 체류하는 장소	• 쓰레기장 • 하역장 • 도장실 • 섬유 · 목재 · 석재 등 가공공장	○	○	○	○	○	○	○	×	○	○

〔비고〕 1. **불꽃감지기**에 따라 감시가 곤란한 장소는 적응성이 있는 열감지기를 설치할 것
2. **차동식 분포형 감지기**를 설치하는 경우에는 검출부에 먼지, 미분 등이 침입하지 않도록 조치할 것

3. **차동식 스포트형 감지기** 또는 **보상식 스포트형 감지기**를 설치하는 경우에는 검출부에 먼지, 미분 등이 침입하지 않도록 조치할 것
4. **정온식 감지기**를 설치하는 경우에는 **특종**으로 설치할 것
5. **섬유, 목재가공공장** 등 화재확대가 급속하게 진행될 우려가 있는 장소에 설치하는 경우 **정온식 감지기**는 **특종**으로 설치할 것, 공칭작동온도 **75℃ 이하**, 열아날로그식 스포트형 감지기는 화재표시 설정을 **80℃ 이하**가 되도록 할 것

문제 16 ★ **정온식 감지기의 부작동시험은 공칭작동온도보다 10℃ 낮은 온도이고 풍속이 1m/s인 수직기류에 투입하는 경우 몇 분 이내에 작동하지 아니하여야 하는가?**

① 5　② 10
③ 15　④ 20

해설 ② **정온식 감지기의 부작동시험**(감지기의 형식승인 및 제품검사의 기술기준 30조)
공칭작동온도보다 **10℃** 낮은 온도이고 풍속이 **1m/s**인 수직기류에 투입하는 경우 **10분** 이내에 작동하지 않을 것

답 ②

설치장소		적응열감지기									
환경상태	적응장소	차동식 스포트형 1종	차동식 스포트형 2종	차동식 분포형 1종	차동식 분포형 2종	보상식 스포트형 1종	보상식 스포트형 2종	정온식 특종	정온식 1종	열아날로그식	불꽃감지기
수증기가 다량으로 머무는 장소	• 증기세정실 • 탕비실 • 소독실	×	×	×	○	×	○	○	○	○	○

〔비고〕 1. **차동식 분포형 감지기** 또는 **보상식 스포트형 감지기**는 급격한 온도변화가 없는 장소에 한하여 사용할 것
2. **차동식 분포형 감지기**를 설치하는 경우에는 검출부에 수증기가 침입하지 않도록 조치할 것
3. **보상식 스포트형 감지기, 정온식 감지기** 또는 **열아날로그식 감지기**를 설치하는 경우에는 **방수형**으로 설치할 것
4. **불꽃감지기**를 설치할 경우 **방수형**으로 할 것

설치장소		적응열감지기									
환경상태	적응장소	차동식 스포트형 1종	차동식 스포트형 2종	차동식 분포형 1종	차동식 분포형 2종	보상식 스포트형 1종	보상식 스포트형 2종	정온식 특종	정온식 1종	열아날로그식	불꽃감지기
부식성 가스가 발생할 우려가 있는 장소	• 도금공장 • 축전지실 • 오수처리장	×	×	○	○	○	○	○	×	○	○

〔비고〕 1. **차동식 분포형 감지기**를 설치하는 경우에는 감지부가 피복되어 있고 검출부가 부식성 가스에 영향을 받지 않는 것 또는 검출부에 부식성 가스가 침입하지 않도록 조치할 것
2. **보상식 스포트형 감지기, 정온식 감지기** 또는 **열아날로그식 스포트형 감지기**를 설치하는 경우에는 부식성 가스의 성상에 반응하지 않는 **내산형** 또는 **내알칼리형**으로 설치할 것
3. **정온식 감지기**를 설치하는 경우에는 **특종**으로 설치할 것

Key Point

✻ 정온식 감지기의 시험
① 작동시험 : 공칭작동온도의 125%가 되는 온도이고 풍속이 1m/s인 수직기류에 투입하는 경우 정하는 시간 이내에 작동
② 부작동시험 : 공칭작동온도보다 10℃ 낮은 풍속 1m/s의 기류에 투입한 경우 10분 이내로 작동하지 않을 것

문16 보기②

✻ 공기관식 감지기의 가열시험시 작동하지 않는 경우의 원인
① 접점간격이 너무 넓다.
② 공기관이 막혔다.
③ 다이어프램이 부식되었다.
④ 공기관이 부식되었다.

Key Point

설치장소		적응열감지기									불꽃감지기
환경상태	적응장소	차동식 스포트형		차동식 분포형		보상식 스포트형		정온식		열아날로그식	
		1종	2종	1종	2종	1종	2종	특종	1종		
주방, 기타 평상시에 연기가 체류하는 장소	• 주방 • 조리실 • 용접작업장	×	×	×	×	×	×	○	○	○	○
현저하게 고온으로 되는 장소	• 건조실 • 살균실 • 보일러실 • 주조실 • 영사실 • 스튜디오	×	×	×	×	×	×	○	○	○	×

〔비고〕 1. **주방, 조리실** 등 습도가 많은 장소에는 **방수형** 감지기를 설치할 것
2. **불꽃감지기**는 UV/IR형을 설치할 것

설치장소		적응열감지기									불꽃감지기
환경상태	적응장소	차동식 스포트형		차동식 분포형		보상식 스포트형		**정**온식		열아날로그식	
		1종	2종	1종	2종	1종	2종	특종	1종		
배기가스가 다량으로 체류하는 장소	• 주차장, 차고 • 화물취급소 차로 • 자가발전실 • 트럭터미널 • 엔진시험실	○	○	○	○	○	○	×	×	○	○

기억법 **배정**(어디로 **배정**되었니?)

〔비고〕 1. **불꽃감지기**에 따라 감시가 곤란한 장소는 적응성이 있는 열감지기를 설치할 것
2. **열아날로그식 스포트형 감지기**는 화재표시 설정이 **60℃ 이하**가 바람직하다.

설치장소		적응열감지기									불꽃감지기
환경상태	적응장소	**차**동식 스포트형		차동식 분포형		**보**상식 스포트형		**정**온식		**열아**날로그식	
		1종	2종	1종	2종	1종	2종	특종	1종		
연기가 **다**량으로 유입할 우려가 있는 장소	• 음식물배급실 • 주방전실 • 주방 내 식품저장실 • 음식물 운반용 엘리베이터 • 주방주변의 복도 및 통로 • 식당	○	○	○	○	○	○	○	○	○	×

기억법 **연다차보정 열아**

〔비고〕 1. 고체연료 등 가연물이 수납되어 있는 **음식물배급실, 주방전실**에 설치하는 **정온식 감지기**는 **특종**으로 설치할 것
2. **주방 주변**의 **복도** 및 **통로, 식당** 등에는 **정온식 감지기**를 설치하지 말 것
3. **열아날로그식 스포트형 감지기**를 설치하는 경우에는 화재표시 설정을 **60℃ 이하**로 할 것

* 정온식 감지기(특종)
① 음식물배급실
② 주방전실

설치장소		적응열감지기									불꽃감지기
환경상태	적응장소	차동식 스포트형		차동식 분포형		보상식 스포트형		정온식		열아날로그식	
		1종	2종	1종	2종	1종	2종	특종	1종		
물방울이 발생하는 장소	• 스레트 또는 철판으로 설치한 지붕 창고 · 공장 • 패키지형 냉각기전용 수납실 • 밀폐된 지하창고 • 냉동실 주변	×	×	○	○	○	○	○	○	○	○
불을 사용하는 설비로서 불꽃이 노출되는 장소	• 유리공장 • 용선로가 있는 장소 • 용접실 • 작업장 • 주방 • 주조실	×	×	×	×	×	×	○	○	○	×

〔비고〕 1. **보상식 스포트형 감지기**, **정온식 감지기** 또는 **열아날로그식 스포트형 감지기**를 설치하는 경우에는 **방수형**으로 설치할 것
2. **보상식 스포트형 감지기**는 급격한 온도변화가 없는 장소에 한하여 설치할 것
3. 불꽃감지기를 설치하는 경우에는 방수형으로 설치할 것

주) 1. '○'는 해당 설치장소에 적응하는 것을 표시, '×'는 해당 설치장소에 적응하지 않는 것을 표시
2. 차동식 스포트형, 차동식 분포형 및 보상식 스포트형 1종은 감도가 예민하기 때문에 비화재보 발생은 2종에 비해 불리한 조건이라는 것을 유의할 것
3. 차동식 분포형 3종 및 정온식 2종은 소화설비와 연동하는 경우에 한해서 사용할 것
4. 다신호식 감지기는 그 감지기가 가지고 있는 종별, 공칭작동온도별로 따르지 말고 상기 표에 따른 적응성이 있는 감지기로 할 것

*** 보상식 스포트형 감지기**
급격한 온도변화가 없는 장소에 설치

(2) 연기감지기를 설치할 수 있는 경우[NFTC 203 2.4.6(2)]

설치장소		적응열감지기					적응연기감지기						불꽃감지기
환경상태	적응장소	차동식 스포트형	차동식 분포형	보상식 스포트형	정온식	열아날로그식	이온화식 스포트형	광전식 스포트형	이온아날로그식 스포트형	광전아날로그식 스포트형	광전식 분리형	광전아날로그식 분리형	
1. 흡연에 의해 연기가 체류하며 환기가 되지 않는 장소	• 회의실 • 응접실 • 휴게실 • 노래연습실 • 오락실 • 다방 • 음식점 • 대합실 • 캬바레 등의 객실 • 집회장 • 연회장	○	○	○				◎		◎	○	○	

Key Point

설치장소		적응열감지기					적응연기감지기						불꽃감지기
환경상태	적응장소	차동식 스포트형	차동식 분포형	보상식 스포트형	정온식	열아날로그식	이온화식 스포트형	광전식 스포트형	이온아날로그식 스포트형	광전아날로그식 스포트형	광전식 분리형	광전아날로그식 분리형	
2. 취침시설로 사용하는 장소	• 호텔 객실 • 여관 • 수면실						◎	◎	◎	◎	○	○	
3. 연기 이외의 미분이 떠다니는 장소	• 복도 • 통로						◎	◎	◎	◎	○	○	○
4. 바람에 영향을 받기 쉬운 장소	• 로비 • 교회 • 관람장 • 옥탑에 있는 기계실		○					◎		◎	○	○	○
5. 연기가 멀리 이동해서 감지기에 도달하는 장소	• 계단 • 경사로							○		○	○	○	
6. 훈소화재의 우려가 있는 장소	• 전화기기실 • 통신기기실 • 전산실 • 기계제어실							○		○	○	○	
7. 넓은 공간으로 천장이 높아 열 및 연기가 확산하는 장소	• 체육관 • 항공기격납고 • 높은 천장의 창고·공장 • 관람석 상부 등 감지기 부착높이가 8m 이상의 장소		○								○	○	○

〔비고〕 **광전식 스포트형 감지기** 또는 **광전아날로그식 스포트형 감지기**를 설치하는 경우에는 해당 감지기회로에 **축적기능**을 갖지 않는 것으로 할 것

주) 1. '○'는 해당 설치장소에 적응하는 것을 표시
2. '◎' 해당 설치장소에 **연기감지기**를 설치하는 경우에는 해당 감지회로에 **축적기능**을 갖는 것을 표시
3. 차동식 스포트형, 차동식 분포형, 보상식 스포트형 및 연기식(해당 감지기회로에 축적기능을 갖지 않는 것) 1종은 감도가 예민하기 때문에 비화재보 발생은 2종에 비해 불리한 조건이라는 것을 유의하여 따를 것
4. 차동식 분포형 3종 및 정온식 2종은 소화설비와 연동하는 경우에 한해서 사용할 것
5. **광전식 분리형 감지기**는 평상시 연기가 발생하는 장소 또는 공간이 협소한 경우에는 적응성이 없음
6. 넓은 공간으로 천장이 높아 열 및 연기가 확산하는 장소로서 차동식 분포형 또는 광전식 분리형 2종을 설치하는 경우에는 제조사의 사양에 따를 것
7. **다신호식 감지기**는 그 감지기가 가지고 있는 종별, 공칭작동온도별로 따르고 표에 따른 적응성이 있는 감지기로 할 것

✻ **훈소**
① 불꽃없이 연기만 내면서 타다가 어느 정도 시간이 경과 후 발열될 때의 연소상태
② 화염이 발생되지 않은 채 가연성 증기가 외부로 방출되는 현상

19 옥내배선기호

감지기의 종류	그림기호	비 고
정온식 스포트형 감지기	 문17 보기①	• 방수형 :  • 내산형 :  • 내알칼리형 :  • 방폭형 : EX
차동식 스포트형 감지기	 문17 보기③	−
보상식 스포트형 감지기	 문17 보기②	−

★★

문제 17 자동화재탐지설비 도면에 '' 표식이 있다. 이 표식은 무엇을 나타낸 것인가?

19회 문107
17회 문109

① 정온식 스포트(Spot)형 감지기
② 보상식 스포트(Spot)형 감지기
③ 차동식 스포트(Spot)형 감지기
④ 광전식 스포트(Spot)형 감지기

해설

②  : 보상식 스포트형 감지기

답 ②

Key Point

※ 다신호식 감지기
① 각 서로 다른 종별 또는 감도 등의 기능을 갖춘 것으로서 일정시간 간격을 두고 각각 다른 2개 이상의 화재신호를 발하는 감지기
② 동일 종별 또는 감도를 갖는 2개 이상의 센서를 통해 감지하여 화재신호를 각각 발신하는 감지기

※ EX
'Explosion'의 약자로서 방폭을 의미한다.

Key Point

※ 수신기
감지기나 발신기에서 발하는 화재신호를 직접 수신하거나 중계기를 통하여 수신하여 화재의 발생을 표시 및 경보하여 주는 장치

※ P형 수신기
① 화재표시작동시험장치
② 도통시험장치
③ 자동절환장치
④ 예비전원 양부시험장치
⑤ 기록장치

※ P형 수신기의 정상 작동
① 지구벨
② 지구램프 ├ 점등
③ 화재램프

2 수신기

출제확률 4% (1문제)

1 P형 수신기

(1) P형 수신기의 기능

① 화재표시작동시험장치 문18 보기①
② 수신기와 감지기 사이의 도통시험장치
③ 상용전원과 예비전원의 자동절환장치 문18 보기④
④ 예비전원 양부시험장치 문18 보기③
⑤ 기록장치

★★★
문제 18 다음 중 P형 수신기의 기능장치로 사용하지 않는 장치는?
① 화재표시작동시험장치
② 중계기 연결작동시험장치 → 해당 없음
③ 예비전원시험장치
④ 상용전원과 예비전원의 자동절환장치

답 ②

2 R형 수신기

(1) 기능

① 화재표시작동시험장치
② 수신기와 중계기 사이의 단선 · 단락 · 도통시험장치
③ 상용전원과 예비전원의 자동절환장치
④ 예비전원 양부시험장치
⑤ 기록장치
⑥ 지구등 또는 적당한 표시장치

(2) 특징

① 선로수가 적어 경제적이다.
② 선로길이를 길게 할 수 있다.
③ 증설 또는 이설이 비교적 쉽다.
④ 화재발생지구를 선명하게 숫자로 표시할 수 있다.
⑤ 신호의 전달이 확실하다.

중요 P형 수신기와 R형 수신기의 비교

구 분	P형 수신기	R형 수신기
시스템의 구성	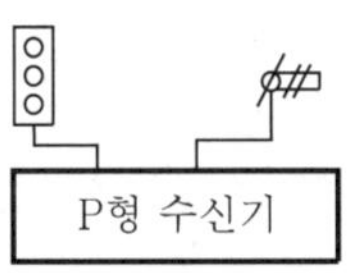	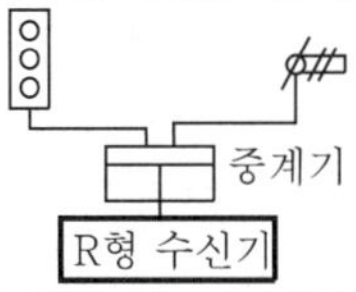
신호전송방식	1 : 1 접점방식	다중전송방식
신호의 종류	공통신호	고유신호
화재표시기구	램프(Lamp)	액정표시장치(LCD)
자기진단기능	없음	있음
선로수	많이 필요하다.	적게 필요하다.
기기비용	적게 소요	많이 소요
배관배선공사	선로수가 많이 소요되므로 복잡하다.	선로수가 적게 소요되므로 간단하다.
유지관리	선로수가 많고 수신기에 자기진단기능이 없으므로 어렵다.	선로수가 적고 자기진단기능에 의해 고장발생을 자동으로 경보·표시하므로 쉽다.
수신반가격	기능이 단순하므로 가격이 싸다.	효율적인 감지·제어를 위해 여러 기능이 추가되어 있어 가격이 비싸다.
화재표시방식	창구식, 지도식 문19 보기②	창구식, 지도식, CRT식, 디지털식

★★★

문제 19 P형 수신기의 화재표시방식을 모두 고른 것은?

㉠ 창구식	㉡ 지도식
㉢ CRT식	㉣ 디지털식

① ㉠　　② ㉠, ㉡

③ ㉠, ㉡, ㉢　　④ ㉠, ㉡, ㉢, ㉣

해설

구 분	P형 수신기	R형 수신기
화재표시방식	창구식, 지도식	창구식, 지도식, CRT식, 디지털식

답 ②

3 수신기의 적합기준(NFPC 203 5조, NFTC 203 2.2.1)

① 해당 특정소방대상물의 경계구역을 각각 표시할 수 있는 회선수 이상의 수신기를 설치할 것

② 해당 특정소방대상물에 가스누설탐지설비가 설치된 경우에는 가스누설탐지설비로부터 가스누설신호를 수신하여 가스누설경보를 할 수 있는 수신기를 설치할 것(가스누설탐지설비의 수신부를 별도로 설치한 경우는 제외)

Key Point

* P형 수신기의 신호방식
① 공통신호방식
② 1 : 1 접점방식

* R형 수신기의 신호방식
① 개별신호방식
② 다중전송방식

* R형 수신기
각종 계기에 이르는 외부 신호선의 단선 및 단락시험을 할 수 있는 장치가 있어야 하는 수신기

* 수신기의 분류
1. P형
2. R형
3. GP형
4. GR형
5. 복합식
① P형
② R형
③ GP형
④ GR형

Key Point

※ GP형 수신기
P형 수신기의 기능과 가스누설경보기의 수신부 기능을 겸한 수신기

※ 경계구역일람도
회로배선이 각 구역별로 어떻게 결선되어 있는지 나타낸 도면

※ 주수신기
모든 수신기와 연결되어 각 수신기의 상황을 감시하고 제어할 수 있는 수신기

※ 설치높이
① 기타 기기 : 0.8~1.5m 이하
② 시각경보장치 : 2~2.5m 이하(단, 천장의 높이가 2m 이하인 경우에는 천장으로부터 0.15m 이내의 장소에 설치)

※ 상시개로방식
자동화재탐지설비에 사용해도 좋은 회로방식

중요

축적형 수신기의 설치

① **지하층 · 무창층**으로 환기가 잘 되지 않는 장소
② 실내면적이 **40m² 미만**인 장소
③ 감지기의 부착면과 실내바닥의 사이가 **2.3m 이하**인 장소

4 자동화재탐지설비의 수신기의 설치기준(NFPC 203 5조, NFTC 203 2.2.3)

① 수위실 등 상시 사람이 근무하는 장소에 설치할 것(단, 사람이 상시 근무하는 장소가 없는 경우에는 관계인이 쉽게 접근할 수 있고 관리가 쉬운 장소에 설치할 수 있다.) 문20 보기①
② 수신기가 설치된 장소에는 **경계구역일람도**를 비치할 것(단, **주수신기**를 설치하는 경우에는 **주수신기**를 제외한 기타 수신기는 제외)
③ 수신기의 음향기구는 그 음량 및 음색이 다른 기기의 소음 등과 명확히 구별될 수 있는 것으로 할 것 문20 보기②
④ 수신기는 **감지기 · 중계기** 또는 **발신기**가 작동하는 경계구역을 표시할 수 있는 것으로 할 것
⑤ 화재 · 가스 전기 등에 대한 **종합방재반**을 설치한 경우에는 해당 조작반에 수신기의 작동과 연동하여 감지기 · 중계기 또는 발신기가 작동하는 경계구역을 표시할 수 있는 것으로 할 것 문20 보기④
⑥ 하나의 경계구역은 하나의 **표시등** 또는 하나의 **문자**로 표시되도록 할 것 문20 보기③
⑦ 수신기의 조작스위치는 바닥으로부터의 높이가 **0.8~1.5m** 이하인 장소에 설치할 것
⑧ 하나의 특정소방대상물에 2 이상의 수신기를 설치하는 경우에는 수신기를 **상호**간 연동하여 화재발생**상황**을 각 수신기마다 **확인**할 수 있도록 할 것
⑨ 화재로 인하여 하나의 층이 지구음향장치 배선이 단락되어도 다른 층의 화재통보에 지장이 없도록 각 층 배선상에 유효한 조치를 할 것

★

문제 20 **수신기의 설치기준으로 옳지 않은 것은?**

① 수위실 등 상시 사람이 근무하고 있는 장소에 설치하고 그 장소에는 경계구역일람도를 설치할 것
② 수신기의 음향기구는 그 음량 및 음색이 다른 기기의 소음 등과 명확히 구별될 수 있는 것으로 할 것
③ 하나의 표시등에는 두 개 이상의 경계구역이 표시되도록 할 것
→ 하나의 경계구역은 하나의 표시등 또는 하나의 문자로 표시되도록 할 것
④ 화재 · 가스 전기 등에 대한 종합방재반을 설치할 경우에는 해당 조작반에 수신기의 작동과 연동하여 감지기 · 중계기 또는 발신기가 작동하는 경계구역을 표시할 수 있는 것으로 할 것

답 ③

Key Point

중요 수신기의 스위치의 주의등 점멸시의 원인	수신기의 19번째 회로 이상시의 원인
① 지구경종정지스위치 ON시	① 19번째 전선접속부의 접속불량
② 주경종정지스위치 ON시	② 19번째 종단저항의 단선
③ 자동복구스위치 ON시	③ 19번째 종단저항의 누락
④ 도통시험스위치 ON시	④ 19번째 지구선의 단선
각 스위치가 ON상태에서 점멸한다.	⑤ 19번째 지구선의 누락

※ 스위치 주의등
각 스위치가 정상위치에 있지 않을 때 점등된다.

5 P형 수신기의 고장진단

고장증상	예상원인	점검방법
상용전원 감시등 소등	① 정전	상용전원 확인
	② Fuse 단선	전원스위치를 끄고 Fuse 교체
	③ 입력전원 전원선 불량	외부전원선 점검
	④ 전원회로부 훼손	트랜스 2차측 24V AC 및 다이오드 출력 24V DC 확인
예비전원 감시등 소등	① Fuse 단선	확인교체
	② 충전불량	충전전압 확인
	③ 배터리소켓 접속불량	배터리 감시 표시등의 점등 확인
	④ 장기간 정전으로 인한 배터리의 완전방전	소켓단자 확인

※ 상용전원 감시등 소등 원인
① 정전
② Fuse 단선
③ 입력전원 전원선 불량
④ 전원회로부 훼손

※ 예비전원 감시등 소등 원인
① Fuse 단선
② 충전불량
③ 배터리소켓 접속불량
④ 배터리 완전방전

6 수신기의 시험(성능시험)

(1) 화재표시작동시험

① 시험방법

㉠ 회로선택스위치로서 실행하는 시험 : 동작시험스위치를 눌러서 스위치 주의등의 점등을 확인한 후 회로선택스위치를 차례로 회전시켜 1회로마다 화재시의 자동시험을 행할 것

㉡ 감지기 또는 발신기의 작동시험과 함께 행하는 방법 : 감지기 또는 발신기를 차례로 작동시켜 경계구역과 지구표시등과의 접속상태를 확인할 것

② 가부판정의 기준 : 각 **릴레이**(Relay)의 작동, **화재표시등**, **지구표시등**, 그 밖의 표시장치의 점등(램프의 단선도 함께 확인할 것), **음향장치** 작동확인, **감지기회로** 또는 **부속기기회로**와의 연결접속이 정상일 것 문21 보기②③④

※ 화재표시작동시험 불량시의 점검부분
① 릴레이의 작동
② 램프의 단선
③ 회로의 단선
④ 회로선택스위치

★★
문제 21 수신기의 화재표시작동시험과 관계없는 것은?

① 접점수고시험 ② 화재표시램프의 시험
③ 지구표시램프의 시험 ④ 음향장치의 시험.

해설
① 접점수고시험은 공기관식 차동식 분포형 감지기의 화재작동시험의 한 방법이다.

답 ①

Key Point

※ 회로도통시험
① 정상상태 : 2~6V
② 단선상태 : 0V
③ 단락상태 : 22~26V

(2) 회로도통시험

① **시험방법 : 감지기회로**의 **단선**의 **유무**와 기기 등의 접속상황을 확인하기 위해서 다음과 같은 시험을 행할 것 문22 보기②

㉠ 도통시험스위치를 누른다.

㉡ 회로선택스위치를 차례로 회전시킨다.

㉢ 각 회선별로 전압계의 전압을 확인한다(단, 발광다이오드로 그 정상유무를 표시하는 것은 발광다이오드의 점등유무를 확인한다).

㉣ 종단저항 등의 접속상황을 조사한다.

② **가부판정의 기준** : 각 회선의 **전압계**의 **지시치** 또는 발광다이오드(LED)의 점등유무 상황이 정상일 것

회로도통시험=도통시험

※ 수신기의 기능검사
① 화재표시작동시험
② 회로도통시험
③ 공통선시험
④ 예비전원시험
⑤ 동시작동시험
⑥ 저전압시험
⑦ 회로저항시험
⑧ 지구음향장치의 작동시험
⑨ 비상전원시험

★★

문제 22 P형 수신기의 시험 중 감지기선로의 단락 또는 단선을 시험하는 것은 어느 것인가?

05회 문113
05회 문115
04회 문115
04회 문118
02회 문118

① 작동시험 ② 도통시험
③ 유통시험 ④ 절연내력시험

해설

시 험	설 명
작동시험	수신기 자체에서 그리고 감지기 또는 발신기를 작동시켜 표시등의 점등 및 경계구역의 접속상태를 확인하는 것
도통시험	감지기회로의 단락 또는 단선유무와 기기 등의 접속상태를 확인하기 위한 것
유통시험	감지기에 관한 시험으로 공기관의 누설 등의 이상유무를 확인하기 위한 것
절연내력시험	수신기가 어느 정도의 전압에 견딜 수 있는가를 확인하기 위한 것

② **도통시험** : 감지기선로의 단락 또는 단선 시험

답 ②

※ 수신기 이상시 전압계가 0을 가리키는 시험
① 자동복구시험
② 복구시험
③ 도통시험
④ 예비전원시험
⑤ 공통선시험

(3) 공통선시험(단, 7회선 이하는 제외)

① **시험방법** : 공통선이 담당하고 있는 경계구역의 적정여부를 다음에 따라 확인할 것

㉠ 수신기 내 접속단자의 회로공통선을 1선 제거한다.

㉡ 회로도통시험의 예에 따라 도통시험스위치를 누르고, 회로선택스위치를 차례로 회전시킨다.

㉢ 전압계 또는 발광다이오드를 확인하여 '**단선**'을 지시한 경계구역의 회선수를 조사한다.

② **가부판정의 기준** : 공통선이 담당하고 있는 경계구역수가 7 이하일 것

(4) 예비전원시험

① **시험방법** : 상용전원 및 비상전원이 사고 등으로 정전된 경우, 자동적으로 예비전원으로 절환되며, 또한 정전복구시에 자동적으로 상용전원으로 절환되는지의 여부를 다음에 따라 확인할 것

㉠ 예비전원시험스위치를 누른다.
㉡ 전압계의 지시치가 지정치의 범위 내에 있을 것(단, 발광다이오드로 그 정상유무를 표시하는 것은 발광다이오드의 정상 점등유무를 확인한다.)
㉢ 교류전원을 개로하고 자동절환릴레이의 작동상황을 조사한다.

② **가부판정의 기준** : 예비전원의 **전압, 용량, 절환상황** 및 **복구작동**이 정상일 것

(5) 동시작동시험(단, 1회선은 제외)

① **시험방법** : 감지기가 동시에 수회선 작동하더라도 수신기의 기능에 이상이 없는가의 여부를 다음에 따라 확인할 것
㉠ 주전원에 의해 행한다.
㉡ 각 회선의 화재작동을 복구시키는 일이 없이 **5회선**(5회선 미만은 전 회선)을 동시에 작동시킨다.
㉢ ㉡의 경우 주음향장치 및 지구음향장치를 작동시킨다.
㉣ 부수신기와 표시기를 함께 하는 것에 있어서는 이 모두를 작동상태로 하고 행한다.

② **가부판정의 기준** : 각 회선을 동시작동시켰을 때 **수신기, 부수신기, 표시기, 음향장치** 등의 기능에 이상이 없고, 또한 **화재**시 **작동**을 정확하게 계속하는 것일 것

(6) 회로저항시험

감지기회로의 선로저항치가 수신기의 기능에 이상을 가져오는지 여부확인

(7) 저전압시험

정격전압의 80% 이하로 하여 행한다.

• 수신기에 내장하는 음향장치는 사용전압의 최소 80%인 전압에서 소리를 내어야 한다. 문23 보기④

★★★
문제 23 수신기에 내장하는 음향장치는 사용전압의 최소 몇 %인 전압에서 소리를 내어야 하는가?
19회 문109
05회 문124
02회 문110

① 65 ② 70
③ 75 ④ 80

해설 ④ 수신기에 내장하는 음향장치는 사용전압의 최소 **80%**인 전압에서 소리를 낼 것

답 ④

(8) 비상전원시험

비상전원으로 **축전지설비**를 사용하는 것에 대해 행한다.

7 수신기의 절연저항시험

(1) 사용기기

직류 250V급 메거(Megger)

Key Point

✻ 동시작동시험
5회선을 동시에 작동시켜 수신기의 기능에 이상여부 확인

✻ 감지기회로의 단선 시험방법
① 회로도통시험
② 회로저항시험

✻ 메거
'절연저항계'를 말한다.

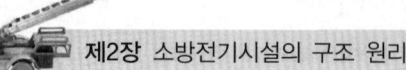

Key Point

※ 수신기의 일반기능
① 정격전압이 60V를 넘는 기구의 금속제 외함에는 접지단자 설치
② 공통신호선용 단자는 7개 회로마다 1개 이상 설치

(2) 측정방법

기기부착 전	기기부착 후
배선 상호간	배선과 대지 사이

(3) 판정기준

1경계구역마다 0.1MΩ 이상일 것

비교

수신기의 절연저항시험

구 분	설 명
절연된 충전부와 외함간	직류 500V 절연저항계, 5MΩ 이상(단, 중계기가 10 이상인 것은 교류입력측과 외함 간을 제외하고 1회선당 50MΩ 이상)
교류입력측과 외함간	직류 500V 절연저항계, 20MΩ 이상
절연된 선로간	직류 500V 절연저항계, 20MΩ 이상

8 옥내배선기호

명 칭	그림기호	적 요
수신기	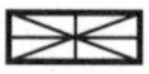	• 가스누설경보설비와 일체인 것  • 가스누설경보설비 및 방배연 연동과 일체인 것 
부수신기 (표시기)	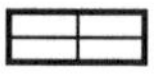	–
중계기	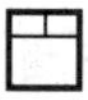	–
배전반, 분전반 및 제어반		• 배전반 :  • 분전반 :  • 제어반 : 

Key Point

3 발신기 · 중계기 · 시각경보장치 등

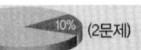

출제확률 10% (2문제)

1 발신기

구성요소 : 보호판, 스위치 문24 보기②, 응답램프(응답확인램프) 문24 보기①, 외함, 명판 문24 보기④

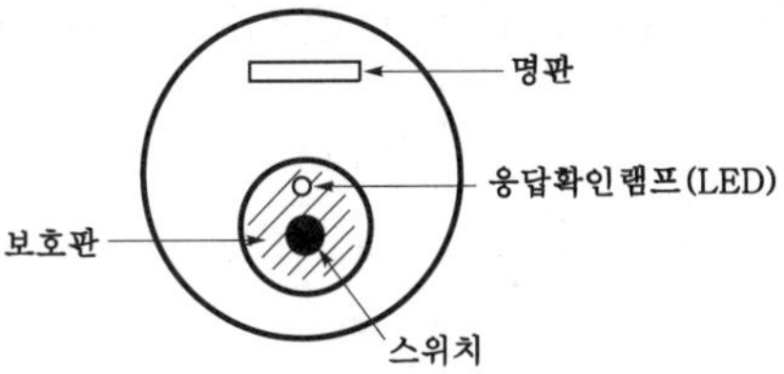

| 발신기 |

문제 24 다음 중 발신기의 구조나 기능이 아닌 것은?

10회 문124

① 응답확인램프 ② 스위치

③ 회로시험 ④ 명판

수신기의 시험

답 ③

중요 (1) **발신기**의 **외형**

구성요소	설 명
응답램프	발신기의 신호가 수신기에 전달되었는가를 확인하여 주는 램프
발신기스위치	수동조작에 의하여 수신기에 화재신호를 발신하는 장치
투명플라스틱 보호판	스위치를 보호하기 위한 것

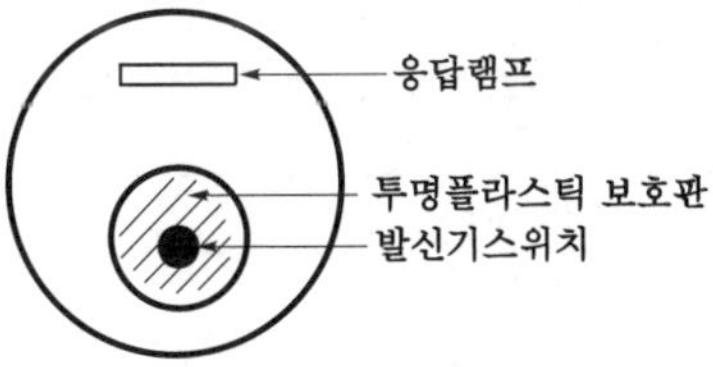

| 발신기(구형) |

(2) **발신기**와 **수신기**간의 **결선**

＊ 발신기의 구성
① 응답확인램프(LED)
② 스위치

＊ 발신기
① 공통신호
② 발신과 동시에 통화 불가능

＊ 경종표시등 공통선과 같은 의미
벨표시등 공통선

Key Point

2 발신기의 설명

① P형 수신기 또는 R형 수신기에 연결하여 사용한다.
② 스위치, 응답램프가 있다.

*** 응답램프와 같은 의미**
① 확인램프
② 응답확인램프

3 수신기 · 발신기 · 감지기의 배선기호의 의미

명 칭	기 호	원 어	동일한 명칭
회로선	L	Line	• 지구선 • 신호선 • 표시선 • 감지기선
	N	Number	
공통선	C	Common	• 지구공통선 • 신호공통선 • 회로공통선 • 감지기공통선 • 발신기공통선
응답선	A	Answer	• 발신기선 • 발신기응답선 • 응답확인선 • 확인선
경종선	B	Bell	• 벨선
표시등선	PL	Pilot Lamp	–
경종공통선	BC	Bell Common	• 벨공통선
경종표시등 공통선	특별한 기호가 없음		

*** 표시등의 색**

기 타	가스누설표시등
적색	황색

중요 반복시험 횟수

횟 수	대 상
1000회	속보기
2000회	중계기
2500회	유도등
5000회	전원스위치, 발신기
6000회	감지기
10000회	비상조명등, 스위치접점, 기타의 설비 및 기기(수신기) 문25 보기①

*** 발신기**
화재발생신호를 수신기에 수동으로 발신하는 장치

★★★
문제 25 P형 수신기의 반복시험으로 수신기를 정격 사용전압에서 몇 회의 화재동작을 실시하였을 경우 구조나 기능에 이상이 생기지 아니하여야 하는가?

① 10000회 ② 15000회
③ 20000회 ④ 25000회

해설 P형 수신기의 반복시험 횟수 : 10000회

답 ①

4 자동화재탐지설비의 발신기 설치기준(NFPC 203 9조, NFTC 203 2.6.1)

① **조작**이 쉬운 장소에 설치하고 스위치는 바닥으로부터 **0.8~1.5m** 이하의 높이에 설치할 것

② 특정소방대상물의 **층**마다 설치하되, 해당 특정소방대상물의 각 부분으로부터 하나의 발신기까지의 **수평거리**가 **25m** 이하가 되도록 할 것(단, 복도 또는 별도로 구획된 실로서 **보행거리**가 **40m** 이상일 경우에는 추가로 설치)

중요 **수평거리와 보행거리**

(1) 수평거리

수평거리	적용대상
수평거리 25m 이하	• 발신기 • 음향장치(확성기) • 비상콘센트(지하상가 또는 지하층 바닥면적 합계 3000m² 이상)
수평거리 50m 이하	• 비상콘센트(기타)

(2) 보행거리

보행거리	적용대상
보행거리 15m 이하	• 유도표지
보행거리 20m 이하	• 복도통로유도등 • 거실통로유도등 • 3종 연기감지기
보행거리 30m 이하	• 1 · 2종 연기감지기

5 자동화재탐지설비의 중계기 설치기준(NFPC 203 6조, NFTC 203 2.3.1)

① 수신기에서 직접 감지기회로의 **도통시험**을 행하지 아니하는 것에 있어서는 **수신기**와 **감지기** 사이에 설치할 것

② **조작** 및 **점검**에 편리하고 화재 및 침수 등의 **재해**로 인한 피해를 받을 우려가 없는 장소에 설치할 것

③ 수신기에 따라 감시되지 아니하는 배선을 통하여 전력을 공급받는 것에 있어서는 **전원입력측**의 배선에 **과전류차단기**를 설치하고 해당 전원의 정전이 즉시 수신기에 표시되는 것으로 하며, **상용전원** 및 **예비전원**의 시험을 할 수 있도록 할 것

6 자동화재탐지설비의 음향장치 설치기준[NFPC 203 8조(NFTC 203 2.5.1), NFPC 604 8조(NFTC 604 2.4.2)]

① 주음향장치는 수신기의 내부 또는 그 직근에 설치할 것

② **11층**(공동주택의 경우 16층) 이상 특정소방대상물의 경보

Key Point

✻ 주위온도시험

옥내·옥외형 발신기	옥내형 발신기
-(35±2)~(70±2)℃	-(10±2)~(55±2)℃

✻ 발신기 설치제외 장소
지하구

✻ 중계기
감지기·발신기 또는 전기적 접점 등의 작동에 따른 신호를 받아 이를 수신기의 제어반에 전송하는 장치

✻ 중계기의 설치위치
수신기와 감지기 사이에 설치

✻ 중계기의 시험
① 상용전원시험
② 예비전원시험

✻ 일제경보방식
층별 구분 없이 동시에 경보하는 방식

Key Point

※ 우선경보방식
화재시 안전하고 신속한 인명의 대피를 위하여 화재가 발생한 층과 인근 층부터 우선하여 별도로 경보하는 방식

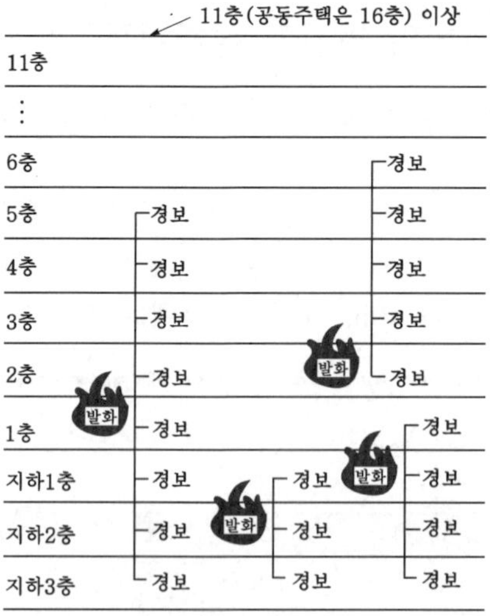

| 자동화재탐지설비 음향장치의 경보 |

※ 자동화재탐지설비의 직상 4개층 우선경보 방식
11층(공동주택 16층) 이상인 특정소방대상물

발화층	경보층	
	11층(공동주택은 16층) 미만	11층(공동주택은 16층) 이상
2층 이상 발화	전층 일제경보	• 발화층 • 직상 4개층
1층 발화 문26 보기①		• 발화층 • 직상 4개층 • 지하층
지하층 발화		• 발화층 • 직상층 • 그 밖의 지하층

★★★
문제 26 11층 이상의 건물에서 1층에서 발화한 경우 우선적으로 경보를 발하지 않아도 되는 층은? (단, 자동화재탐지설비의 경우이다.)

19회 문116
09회 문116
07회 문116
06회 문116
03회 문113

① 6 ② 5
③ 4 ④ 3

해설
1층 발화시 경보층 : 1~5층 · 지하

답 ①

※ 경보기구의 반도체
최대사용전압 및 최대사용전류에 견딜 수 있을 것

※ 시각경보장치
자동화재탐지설비에서 발하는 화재신호를 시각경보기에 전달하여 청각장애인에게 점멸형태의 시각경보를 하는 것

③ 지구음향장치는 특정소방대상물의 층마다 설치하되, 해당 특정소방대상물의 각 부분으로부터 하나의 음향장치까지의 **수평거리**가 25m 이하가 되도록 하고, 해당 층의 각 부분에 유효하게 경보를 발할 수 있도록 설치할 것(단, **비상방송설비**를 자동화재탐지설비의 **감지기**와 연동하여 작동하도록 설치한 경우에는 지구음향장치를 설치 제외)

중요 **자동화재탐지설비의 음향장치의 구조 및 성능기준**

① 정격전압의 **80%** 전압에서 음향을 발할 수 있는 것으로 할 것(단, 건전지를 주전원으로 사용하는 음향장치는 제외)
② 음량은 부착된 음향장치의 중심으로부터 1m 떨어진 위치에서 90dB 이상이 되는 것으로 할 것
③ **감지기** 및 **발신기**의 작동과 연동하여 작동할 수 있는 것으로 할 것

Key Point

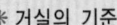

7 청각장애인용 시각경보장치의 설치기준(NFPC 203 8조, NFTC 203 2.5.2)

① **복도 · 통로 · 청각장애인용 객실** 및 공용으로 사용하는 **거실**에 설치하며, 각 부분으로부터 유효하게 경보를 발할 수 있는 위치에 설치할 것

② **공연장 · 집회장 · 관람장** 또는 이와 유사한 장소에 설치하는 경우에는 시선이 집중되는 **무대부 부분** 등에 설치할 것

③ 바닥으로부터 **2~2.5m** 이하의 장소에 설치할 것(단, 천장의 높이가 2m 이하인 경우에는 천장으로부터 0.15m 이내의 장소) 문27 보기④

④ 시각경보장치의 광원은 **전용**의 **축전지설비** 또는 전기저장장치(외부 전기에너지를 저장해두었다가 필요한 때 전기를 공급하는 장치)에 의하여 점등되도록 할 것(단, 시각경보기에 작동전원을 공급할 수 있도록 형식승인을 얻은 수신기를 설치한 경우는 제외)

★★

문제 27 (18회 문124, 09회 문102) **다음은 자동화재탐지설비 및 시각경보장치의 화재안전기술기준상 청각장애인용 시각경보장치의 설치기준이다. ( ) 안에 들어갈 것으로 옳은 것은?**

> 설치높이는 바닥으로부터 (㉠)m 이상 (㉡)m 이하의 장소에 설치할 것. 다만, 천장의 높이가 (㉠)m 이하인 경우에는 천장으로부터 (㉢)m 이내의 장소에 설치해야 한다.

① ㉠ : 1.5, ㉡ : 2.0, ㉢ : 0.1
② ㉠ : 1.5, ㉡ : 2.0, ㉢ : 0.15
③ ㉠ : 2.0, ㉡ : 2.5, ㉢ : 0.1
④ ㉠ : 2.0, ㉡ : 2.5, ㉢ : 0.15

해설 **설치높이**

기 기	설치높이
기타 기기	**0.8~1.5m** 이하
시각경보장치	2~2.5m 이하 (단, 천장높이 2m 이하는 천장에서 **0.15m** 이내의 장소) 문27 보기④

기억법 시25(CEO)

답 ④

중요 하나의 특정소방대상물에 2 이상의 수신기가 설치된 경우

어느 수신기에서도 **지구음향장치** 및 **시각경보장치**를 작동할 수 있도록 할 것

8 자동화재탐지설비의 경계구역(NFPC 203 4조, NFTC 203 2.1.1)

(1) 경계구역 설정기준

① 하나의 경계구역이 **2개 이상**의 **건축물**에 미치지 아니하도록 할 것

② 하나의 경계구역이 **2개 이상**의 **층**에 미치지 아니하도록 할 것(단, **500m²** 이하의 범위 안에서는 2개 층을 하나의 경계구역으로 할 수 있다.)

* 거실의 기준
① 로비
② 회의실
③ 강의실
④ 식당
⑤ 휴게실

* 거실
거주 · 집무 · 작업 · 집회 · 오락, 그 밖에 이와 유사한 목적을 위하여 사용하는 방

* 경계구역
소방대상물 중 화재신호를 발신하고 그 신호를 수신 및 유효하게 제어할 수 있는 구역

* 경계구역을 1000m²로 할 수 없는 장소
① 사무실
② 창고
③ 공장

Key Point

※ 계단의 1경계구역
높이 45m 이하

※ 린넨슈트
병원, 호텔 등에서 세탁물을 구분하여 실로 유도하는 통로

※ 5m 미만 경계구역 면적 산입제외
① 차고
② 주차장
③ 창고

※ 불연성 구조의 자동화재탐지설비
스포트형 감지기가 적당

※ 제연설비 적응감지기
연기감지기

※ 전기저장장치
외부에너지를 저장해두었다가 필요한 때 전기를 공급하는 장치

※ 축전지설비
① 감시상태 : 60분
② 경보시간 : 10분(30층 이상은 30분) 이상

③ 하나의 경계구역의 면적은 **600m^2**(내부 전체가 보이면 **1000m^2**) 이하로 하고, 한 변의 길이는 **50m** 이하로 할 것

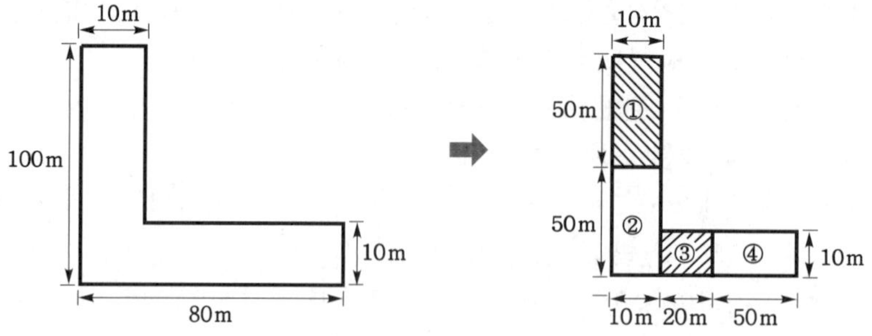

‖ 4경계구역 ‖

(2) 별도의 경계구역

계단 · 경사로(에스컬레이터 경사로 포함) · **엘리베이터 승강로**(권상기실이 있는 경우 권상기실) · **린넨슈트 · 파이프피트** 및 **덕트**, 기타 이와 유사한 부분에 대하여는 별도로 경계구역을 설정하되, 하나의 경계구역은 높이 **45m 이하**로 하고, 지하층의 계단 및 경사로(지하층의 층수가 1일 경우는 제외)는 별도로 하나의 경계구역으로 하여야 한다. 문28 보기①

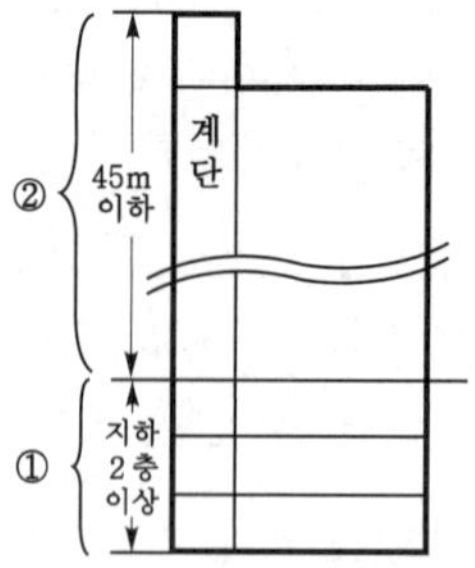

‖ 2경계구역 ‖

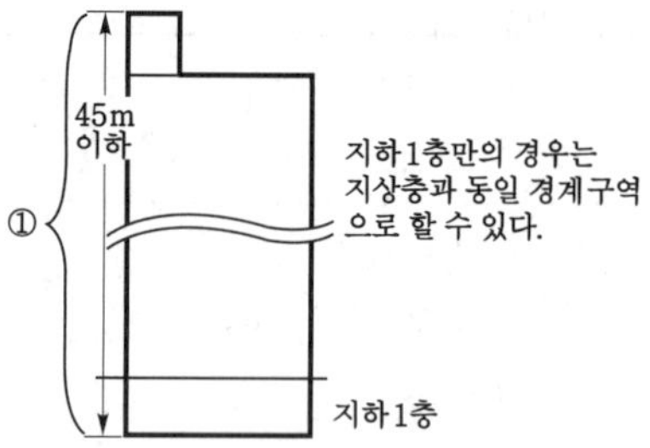

‖ 1경계구역 ‖

- **스프링클러설비** 또는 **물분무 등 소화설비** 또는 **제연설비**의 화재감지장치로서 화재감지기를 설치한 경우의 경계구역은 해당 소화설비의 **방사구역** 또는 **제연구역**과 **동일**하게 설정할 수 있다.

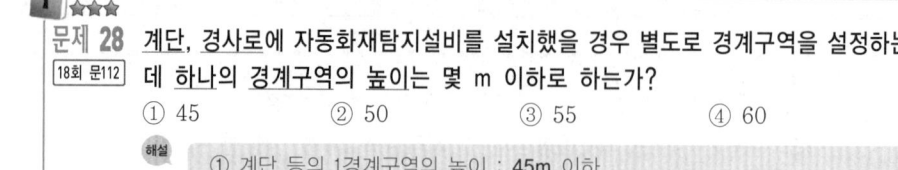

★★★
문제 28 18회 문112
계단, 경사로에 자동화재탐지설비를 설치했을 경우 별도로 경계구역을 설정하는데 하나의 경계구역의 높이는 몇 m 이하로 하는가?

① 45　　② 50　　③ 55　　④ 60

해설
① 계단 등의 1경계구역의 높이 : **45m** 이하

답 ①

9 자동화재탐지설비의 상용전원 설치기준(NFPC 203 10조, NFTC 203 2.7.1)

① 전원은 전기가 정상적으로 공급되는 **축전지설비**, **전기저장장치** 또는 **교류전압**의 **옥내간선**으로 하고, 전원까지의 배선은 **전용**으로 할 것

② 개폐기에는 '**자동화재탐지설비용**'이라고 표시한 표지를 할 것

Key Point

중요 1. 비상전원용량

설비의 종류	비상전원용량
자동화재탐지설비, 비상경보설비, 자동화재속보설비	**10분** 이상
유도등, 비상조명등, 비상콘센트설비, 제연설비, 물분무소화설비, 옥내소화전설비(30층 미만), 특별피난계단의 계단실 및 부속실 제연설비(30층 미만), 스프링클러설비(30층 미만), 연결송수관설비(30층 미만)	**20분** 이상
무선통신보조설비의 증폭기	**30분** 이상
옥내소화전설비(30~49층 이하), 특별피난계단의 계단실 및 부속실 제연설비(30~49층 이하), 연결송수관설비(30~49층 이하), 스프링클러설비(30~49층 이하)	**40분** 이상
유도등·비상조명등(지하상가 및 11층 이상), 옥내소화전설비(50층 이상), 특별피난계단의 계단실 및 부속실 제연설비(50층 이상), 연결송수관설비(50층 이상), 스프링클러설비(50층 이상)	**60분** 이상

2. 축전지의 비교

구 분	연축전지	알칼리축전지
기전력	2.05~2.08V	1.32V
공칭전압	2.0V	1.2V
공칭용량	10Ah	5Ah
충전시간	길다	짧다
수명	5~15년	15~20년
종류	클래드식, 페이스트식	소결식, 포켓식
기계적 강도	약하다	강하다

※ 자동화재탐지설비의 비상전원
축전지(원통밀폐형 니켈카드뮴 축전지 또는 무보수밀폐형 축전지)

10 배선의 설치기준(NFPC 203 11조, NFTC 203 2.8.1.1~2.8.1.3)

(1) 전원회로의 배선

전원회로의 배선은 **내화배선**에 따르고, 그 밖의 배선(감지기 상호간 또는 감지기로부터 수신기에 이르는 감지기회로의 배선 제외)은 **내화배선** 또는 **내열배선**에 따라 설치할 것

(2) 감지기 상호간 또는 감지기로부터 수신기에 이르는 감지기회로의 배선 설치기준

① **아날로그식, 다신호식 감지기나 R형 수신기용**으로 사용되는 것은 전자파 방해를 받지 아니하는 **쉴드선** 등을 사용해야 하며, **광케이블**의 경우에는 전자파 방해를 받지 아니하고 내열성능이 있는 경우 사용 가능(단, 전자파 방해를 받지 아니하는 방식의 경우는 제외)

② 일반배선을 사용할 때는 **내화배선** 또는 **내열배선**으로 사용할 것

※ 감지기 상호간의 배선
450/750V 저독성 난연 가교 폴리올레핀 절연 전선(HFIX)

Key Point

※ 종단저항
① 설치목적 : 도통시험
② 설치장소 : 수신기함 또는 발신기함 내부

(3) 감지기회로의 도통시험을 위한 종단저항의 기준

① **점검** 및 **관리**가 쉬운 장소에 설치할 것

② 전용함을 설치하는 경우 그 설치높이는 바닥으로부터 1.5m 이내로 할 것 문29 보기②

③ 감지기회로의 **끝부분**에 설치하며, 종단감지기에 설치할 경우에는 구별이 쉽도록 해당감지기의 **기판** 및 감지기 외부 등에 별도의 표시를 할 것 문29 보기③④

★★★
문제 29 다음 중 종단저항에 대한 설명 중 틀린 것은?
① 감지기배선 중간에 설치할 것
감지기회로의 끝부분에
② 전용함을 설치하는 경우 그 설치높이는 바닥으로부터 1.5m 이내로 할 것
③ 감지기회로 끝부분에 설치할 것
④ 종단감지기에 설치할 경우에는 구별이 쉽도록 해당 감지기의 기판 및 감지기 외부 등에 별도의 표시를 할 것

답 ①

※ 자동화재탐지설비의 감지기회로
① 전로저항 50Ω 이하
② 절연저항 0.1MΩ 이상

• 감지기회로의 상시개로식의 배선은 용이하게 **회로도통시험**을 할 수 있도록 그 말단에 **발신기**, **스위치**(푸시버튼스위치) 또는 **종단저항** 등을 설치할 것

11 배선시공의 일반사항(NFPC 203 11조, NFTC 203 2.8.1.4~2.8.1.8)

① 감지기 사이의 회로의 배선은 **송배선식**으로 할 것

② 감지기회로 및 부속회로의 전로와 대지 사이 및 배선 상호간의 절연저항은 1경계구역마다 **직류** 250V의 절연저항측정기를 사용하여 측정한 절연저항이 0.1MΩ 이상이 되도록 할 것

③ 자동화재탐지설비의 배선은 다른 전선과 별도의 관 · 덕트 · 몰드 또는 풀박스 등에 설치할 것(단, 60V **미만**의 **약 전류회로**에 사용하는 전선으로서 각각의 전압이 같을 때에는 제외)

④ P형 수신기 및 GP형 수신기의 감지기회로의 배선에 있어서 하나의 공통선에 접속할 수 있는 경계구역은 **7개 이하**로 할 것

⑤ 자동화재탐지설비의 감지기회로의 전로저항은 50Ω 이하가 되도록 하여야 하며, 수신기의 각 회로별 종단에 설치되는 감지기에 접속되는 배선의 전압은 감지기 정격전압의 80% 이상이어야 할 것

12 내화배선 · 내열배선(NFTC 102 2.7.2)

(1) 내화배선

사용전선의 종류	공사방법
① 450/750V 저독성 난연 가교 폴리올레핀 절연전선 ② 0.6/1kV 가교 폴리에틸렌 절연 저독성 난연 폴리올레핀 시스 전력 케이블 ③ 6/10kV 가교 폴리에틸렌 절연 저독성 난연 폴리올레핀 시스 전력용 케이블 ④ 가교 폴리에틸렌 절연 비닐시스 트레이용 난연 전력 케이블 ⑤ 0.6/1kV EP 고무절연 클로로프랜 시스 케이블 ⑥ 300/500V 내열성 실리콘 고무 절연전선(180℃) ⑦ 내열성 에틸렌-비닐 아세테이트 고무 절연 케이블 문30 보기④ ⑧ 버스덕트(Bus duct) 문30 보기②	• 금속관공사 • 2종 금속제 가요전선관공사 • 합성수지관공사 • 내화구조로 된 벽 또는 바닥 등에 벽 또는 바닥의 표면으로부터 25mm 이상의 깊이로 매설할 것
• 내화전선 문30 보기①	• 케이블공사

중요 **내화전선의 내화성능**

KS C IEC 66331-1과 2(온도 830℃/가열시간 120분) 표준 이상을 충족하고, 난연성능 확보를 위해 KS C IEC 60332-3-24 성능 이상을 충족할 것

문제 30 **내화배선에 사용할 수 없는 전선은?**

15회 문 48
12회 문 46
12회 문 47
11회 문125
07회 문 49

① 내화전선
② 버스덕트
③ 600V 비닐절연전선 → 사용불가
④ 내열성 에틸렌-비닐 아세테이트 고무 절연 케이블

답 ③

Key Point

※ 내화배선 공사방법
① 금속관공사
② 2종 금속제 가요전선관공사
③ 합성수지관공사

※ FP
내화전선으로 'FR-8'이라는 기호로 사용되기도 한다.

Key Point

✻ 내열배선 공사방법
① 금속관공사
② 금속제 가요전선관 공사
③ 금속덕트공사
④ 케이블공사

✻ 자동화재탐지설비의 배선공사
① 가요전선공사(가요전선관공사)
② 합성수지관공사
③ 금속관공사
④ 금속덕트공사
⑤ 케이블공사

(2) 내열배선

사용전선의 종류	공사방법
① 450/750V 저독성 난연 가교 폴리올레핀 절연 전선 ② 0.6/1kV 가교 폴리에틸렌 절연 저독성 난연 폴리올레핀 시스 전력 케이블 ③ 6/10kV 가교 폴리에틸렌 절연 저독성 난연 폴리올레핀 시스 전력용 케이블 ④ 가교 폴리에틸렌 절연 비닐시스 트레이용 난연 전력 케이블 ⑤ 0.6/1kV EP 고무절연 클로로프랜 시스 케이블 ⑥ 300/500V 내열성 실리콘 고무 절연전선(180℃) ⑦ 내열성 에틸렌-비닐 아세테이트 고무 절연 케이블 ⑧ 버스덕트(Bus duct)	• 금속관공사 • 금속제 가요전선관공사 • 금속덕트공사 • 케이블공사
내화전선	케이블공사

13 축전지 · 전동기 · 발전기

(1) 축전지의 용량(C) 문31 보기③

$$C=\frac{1}{L}KI\text{(Ah)}$$

여기서, C : 25℃에서의 정격방전율 환산용량(Ah)
L : 용량저하율(보수율)
K : 용량환산시간(방전시간)(h)
I : 방전전류(A)

★★
문제 31 유도등 20W 30등, 40W 70등의 점등에 필요한 축전지의 용량은 다음 조건에서 몇 Ah인가?

[조건] • 유도등의 사용전압 : 220V
• 용량환산시간 : 1.22
• 경년 용량저하율 : 0.8

① 15.45Ah ② 25.45Ah
③ 23.56Ah ④ 24.56Ah

해설 (1) **전류**

$$I=\frac{P}{V}$$

여기서, I : 전류(A)
P : 전력(W)
V : 전압(V)

$$I=\frac{P}{V}=\frac{(20\times30)+(40\times70)}{220}=15.454 \fallingdotseq 15.45\text{A}$$

Key Point

(2) **축전지**의 **용량**

$$C = \frac{1}{L}KI$$

여기서, C : 축전지의 용량〔Ah〕
L : 용량저하율(보수율)
K : 용량환산시간〔h〕
I : 방전전류〔A〕

$C = \frac{1}{L}KI = \frac{1}{0.8} \times 1.22 \times 15.45 = 23.561 ≒ 23.56\text{Ah}$

답 ③

(2) 2차 충전전류

$$= \frac{\text{축전지의 정격용량〔Ah〕}}{\text{축전지의 공칭용량〔Ah〕}} + \frac{\text{상시부하〔W〕}}{\text{표준전압〔V〕}}$$

(3) 유도전동기의 기동법

기동법	설 명
전전압기동법(직입기동)	전동기 용량이 **5.5kW** 미만에 적용(소형 전동기용)
Y－△기동법	전동기 용량이 **5.5~15kW** 미만에 적용
기동보상기법	전동기 용량이 **15kW** 이상에 적용
기동저항기법	－

• 15kW **이상**에 Y－△ **기동법**을 사용하기도 한다.

※ 또 다른 이론

기동법	적정용량
전전압 기동법 (직입기동)	18.5kW 미만
Y－△ 기동법	18.5~90kW 미만
리액터 기동법	90kW 이상

(4) 전동기의 용량

$$P\eta t = 9.8KHQ$$

여기서, P : 전동기의 용량〔kW〕
η : 효율
t : 시간〔s〕
K : 여유계수
H : 전양정〔m〕
Q : 양수량(유량)〔m^3〕

(5) 비상전원용 디젤발전기가 기동하지 못하는 원인

① **점화계통**의 불량
② **냉각장치**의 고장
③ **연료공급장치**의 고장
④ **축전지**의 충전불량

※ 엔진출력

엔진의 출력 $\geq \frac{P}{0.736\eta}$〔PS〕

여기서,
P : 발전기 용량〔kW〕
η : 발전기 효율

Key Point

* **비화재보가 빈번할 때의 조치사항**
① 감지기 설치장소에 이상온도 반입체가 있는가 조사
문32 보기④
② 수신기 내부의 계전기 기능 조사
문32 보기②
③ 감지기회로 배선의 절연상태 확인
문32 보기①
④ 표시회로의 절연상태 확인

14 자동화재탐지설비의 고장원인

(1) 비화재보가 발생할 수 있는 원인

① 표시회로의 절연불량
② 감지기의 기능불량
③ 수신기의 기능불량
④ 감지기가 설치되어 있는 장소의 온도변화가 급격한 것에 의한 것

문제 32 자동화재탐지설비에서 비화재보가 계속되는 경우의 조치로서 적당하지 않은 것은?
06회 문118
04회 문125
① 감지기회로의 배선의 절연상태 조사
② 수신기 내부의 계전기 기능 조사
③ 전원회로의 전압계의 지시 확인
무관
④ 감지기 설치장소에 이상온도 반입체가 있는가 조사

답 ③

(2) 동작하지 않는 경우의 원인

① 전원의 고장
② 전기회로의 접촉불량
③ 전기회로의 단선
④ 릴레이 · 감지기 등의 접점불량
⑤ 감지기의 기능불량

* **경계구역일람도**
회로 배선이 각 구역별로 어떻게 결선되어 있는지 나타낸 도면

15 자동화재탐지설비의 유지관리 사항

① 수신기가 있는 장소에는 **경계구역일람도**를 비치하였는가
② 수신기 부근에 조작상 지장을 주는 **장애물**은 없는가
③ 수신기 **조작부**의 **스위치**는 **정상위치**에 있는가
④ 감지기는 유효하게 화재발생을 **감지**할 수 있도록 설치되었는가
⑤ 연기감지기는 출입구 부분이나 흡입구가 있는 실내에는 그 부근에 설치되어 있는가
⑥ 발신기의 상단에 **표시등**은 점등되어 있는가
⑦ **비상전원**이 방전되고 있지 않는가

Key Point

1-2. 자동화재속보설비

출제확률 3% (1문제)

1 자동화재속보설비의 설치기준(NFPC 204 4조, NFTC 204 2.1.1)

① **자동화재탐지설비**와 연동으로 작동하여 자동적으로 화재신호를 **소방관서**에 전달되는 것으로 할 것 문33 보기②

② 조작스위치는 바닥으로부터 0.8~1.5m 이하의 높이에 설치할 것

③ 속보기는 소방관서에 통신망으로 통보하도록 하며, **데이터** 또는 **코드전송방식**을 부가적으로 설치할 수 있다.

④ 문화재에 설치하는 자동화재속보설비는 **속보기**에 **감지기**를 **직접 연결**하는 방식으로 할 수 있다.

※ **자동화재탐지설비의 구성요소**
① 감지기
② 수신기
③ 발신기
④ 중계기
⑤ 음향장치
⑥ 표시등
⑦ 전원
⑧ 배선

※ **설치높이**
① 기타기기 : 0.8~1.5m 이하
② 시각경보장치 : 2~2.5m 이하 (단, 천장의 높이가 2m 이하이면 천장에서 0.15m 이내에 설치)

★★★
문제 33 (19회 문115, 16회 문114, 13회 문115)
자동화재속보설비는 어떤 설비와 연동으로 작동하여 소방관서에 전달되는 것으로 하여야 하는가?

① 누전경보설비　② 자동화재탐지설비
③ 비상경보설비　④ 피난구조설비

해설 ② 자동화재속보설비 : **자동화재탐지설비**와 연동

답 ②

중요 자동화재속보설비의 설치제외

관계인이 24시간 **상시 근무**하고 있는 경우

2 속보기의 성능인증 및 제품검사기술기준

(1) 구조

① 부식에 의하여 기계적 기능에 영향을 초래할 우려가 있는 부분은 칠, 도금 등으로 기계적 내식가공을 하거나 방청가공을 하여야 하며, 전기적 기능에 영향이 있는 단자 등은 동합금이나 이와 동등 이상의 내식성능이 있는 재질을 사용할 것

② 외부에서 쉽게 사람이 접촉할 우려가 있는 충전부는 충분히 보호되어야 하며 정격전압이 60V를 넘고 금속제 외함을 사용하는 경우에는 외함에 **접지단자**를 설치할 것

③ 극성이 있는 배선을 접속하는 경우에는 오접속 방지를 위한 필요한 조치를 하여야 하며, 커넥터로 접속하는 방식은 구조적으로 오접속이 되지 않는 형태일 것

④ 내부에는 예비전원(**알칼리계** 또는 **리튬계 2차 축전지**, **무보수밀폐형 축전지**)을 설치하여야 하며 예비전원의 인출선 또는 접속단자는 오접속을 방지하기 위하여 적당한 색상에 의하여 극성을 구분할 수 있도록 할 것

⑤ 예비전원회로에는 **단락사고** 등을 방지하기 위한 **퓨즈**, **차단기** 등과 같은 보호장치를 할 것

※ **속보기의 외함 두께**

재 질	두 께
강판	1.2mm 이상
합성수지	3mm 이상

※ **퓨즈 · 차단기**
단락사고 방지

Key Point

⑥ 전면에는 주전원 및 예비전원의 상태를 표시할 수 있는 장치와 작동시 작동여부를 표시하는 장치를 할 것
⑦ 화재표시 복구스위치 및 음향장치의 울림을 정지시킬 수 있는 스위치를 설치할 것
⑧ 작동시 그 **작동시간**과 **작동회수**를 표시할 수 있는 장치를 할 것
⑨ **수동통화용 송수화기**를 설치할 것
⑩ 표시등에 전구를 사용하는 경우에는 **2개**를 **병렬**로 설치할 것

※ 자동화재속보설비
20초 이내에 3회 이상 통보

(2) 기능

① 작동신호를 수신하거나 수동으로 동작시키는 경우 **20초** 이내에 소방관서에 자동적으로 신호를 발하여 통보하되, **3회** 이상 속보할 것
② 주전원이 정지한 경우에는 자동적으로 예비전원으로 전환되고, 주전원이 정상상태로 복귀한 경우에는 자동적으로 예비전원에서 주전원으로 전환할 것
③ 예비전원은 자동적으로 충전되어야 하며 **자동과충전방지장치**가 있을 것
④ 화재신호를 수신하거나 속보기를 수동으로 동작시키는 경우 자동적으로 **적색 화재표시등**이 점등되고 **음향장치**로 **화재**를 **경보**하여야 하며 화재표시 및 경보는 **수동**으로 **복구** 및 정지시키지 않는 한 지속할 것

※ 표시등의 전구
2개 이상 병렬 설치

⑤ 연동 또는 수동으로 소방관서에 화재발생 음성정보를 속보 중인 경우에도 송수화장치를 이용한 통화가 우선적으로 가능할 것
⑥ 예비전원을 **병렬**로 접속하는 경우에는 **역충전 방지** 등의 조치를 할 것
⑦ 예비전원은 **감시상태**를 **60분**간 지속한 후 **10분** 이상 동작(화재속보 후 화재표시 및 경보를 10분간 유지하는 것)이 지속될 수 있는 용량일 것 문34 보기④

★★★
문제 34 **자동화재속보설비의 속보기의 예비전원 용량은 감시상태를 몇 분간 계속할 수 있는 것이어야 하는가?**

① 20 ② 30
③ 40 ④ 60

해설 **속보기의 예비전원**

감시시간	동작시간
60분	10분 이상

답 ④

※ 속보기
① 예비전원 : 원통밀폐형 니켈카드뮴축전지
② 예비전원용량 : 60분간 감시 후 10분 이상 통보

⑧ 속보기는 연동 또는 수동 작동에 의한 다이얼링 후 소방관서와 전화접속이 이루어지지 않는 경우에는 최초 다이얼링을 포함하여 **10회** 이상 반복적으로 접속을 위한 다이얼링이 이루어질 것(매회 다이얼링 완료 후 호출은 **30초** 이상 지속)
⑨ 속보기의 송수화장치가 정상위치가 아닌 경우에도 연동 또는 수동으로 속보 가능할 것
⑩ 음성으로 통보되는 속보내용을 통하여 해당 소방대상물의 위치, 관계인 2명 이상의 연락처, 화재발생 및 속보기에 의한 신고임을 확인할 것

⑪ 속보기는 음성속보방식 외에 데이터 또는 코드전송방식 등을 이용한 속보기능을 설치할 것

(3) 주위온도시험

속보기는 -10 ± 2℃ 및 50 ± 2℃에서 각각 12시간 이상 방치한 후 1시간 이상 실온에서 방치한 다음 기능시험을 실시하는 경우 기능에 이상이 없을 것

(4) 반복시험

속보기는 정격전압에서 **1000회**의 화재작동을 반복실시하는 경우 그 구조 또는 기능에 이상이 생기지 아니하여야 한다.

(5) 절연저항시험

측정위치	측정방법
절연된 충전부와 외함간	**직류 500V** 절연저항계로 **5MΩ** 이상
교류입력측과 외함간	**직류 500V** 절연저항계로 **20MΩ** 이상
절연된 선로간	**직류 500V** 절연저항계로 **20MΩ** 이상

중요 보안기

옥외선(가공선)과 **옥내선**의 **접속점**에 설치한다.

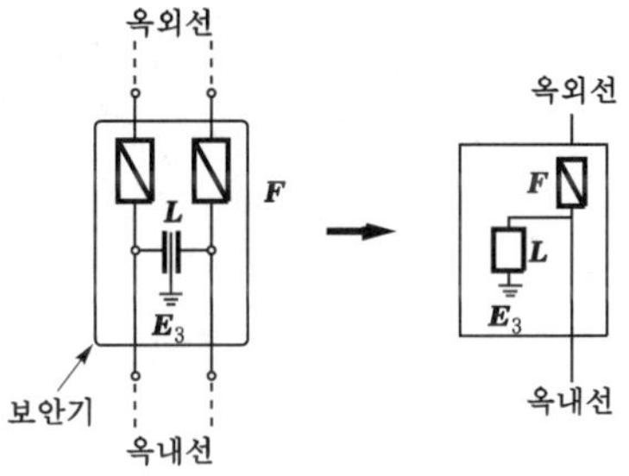

| 보안기의 구조 |

• **피뢰기**(Lightning Arrester) : 화재속보설비에 침입한 **과전압**을 적절히 **방전**시키기 위해서 사용한다.

2 자동화재속보설비의 설치대상

설치대상	조 건
① **수**련시설(숙박시설이 있는 것) 문35 보기④ ② **노**유자시설 ③ 정신병원 및 의료재활시설 **기억법** 5수노속	• 바닥면적 5̲00m^2 이상
④ 목조건축물 문35 보기①③	• 국보 · 보물

Key Point

✻ 속보기의 주위온도시험
-10~50℃

✻ 속보기의 반복시험
1000회

✻ 절연저항시험

측정위치	절연저항
절연된 충전부와 외함간	5MΩ 이상
교류입력 측과 외함간	20MΩ 이상
절연된 선로간	20MΩ 이상

✻ 피뢰기
과전압 방전

Key Point

설치대상	조 건
⑤ 노유자생활시설 문35 보기②	• 전부
⑥ 전통시장	
⑦ 의원, 치과의원, 한의원(입원시설이 있는 시설)	
⑧ 조산원, 산후조리원	
⑨ 종합병원, 병원, 치과병원, 한방병원, 요양병원(의료재활시설 제외)	

＊ 자동화재속보설비의 설치대상
숙박시설이 있는 청소년수련시설

★★
문제 35 소방시설 설치 및 관리에 관한 법령상 자동화재속보설비를 설치하여야 하는 특정소방대상물에 해당하지 않는 것은?

① 문화유산의 보존 및 활용에 관한 법률상 국보로 지정된 목조건축물
② 노유자생활시설이 있는 것
③ 문화유산의 보존 및 활용에 관한 법률상 보물로 지정된 목조건축물
④ 숙박시설이 없는 청소년수련시설
　　　　　있는

답 ④

Key Point

1-3. 비상경보설비 및 비상방송설비

출제확률 2% (0.4문제)

1 비상경보설비 및 단독경보형 감지기

1 비상벨 또는 자동식 사이렌 설비의 설치기준(NFPC 201 4조, NFTC 201 2.1)

(1) 음향장치

① 지구음향장치는 특정소방대상물의 **층**마다 설치하되, 해당 특정소방대상물의 각 부분으로부터 하나의 음향장치까지의 **수평거리**가 25m 이하가 되도록 하고, 해당 층의 각 부분에 유효하게 경보를 발할 수 있도록 설치할 것

② 정격전압의 80% 전압에서 음향을 발할 수 있도록 할 것(단, 건전지를 주전원으로 사용하는 음향장치는 그러하지 아니하다.)

③ 음량은 부착된 음향장치의 중심으로부터 1m 떨어진 위치에서 90dB 이상이 되는 것으로 할 것 문36 보기④

★★★
문제 36 19회 문109 / 09회 문121 / 05회 문124 / 02회 문110

음향장치에서 음량은 부착된 음향장치의 중심으로부터 1m 떨어진 위치에서 몇 dB 이상이 되는 것으로 하여야 하는가?

① 60 ② 70
③ 80 ④ 90

해설 ④ 음향장치에서 음량은 1m 떨어진 곳에서 90dB 이상일 것

답 ④

(2) 발신기

① 조작이 **쉬운 장소**에 설치하고, 조작스위치는 바닥으로부터 0.8~1.5m 이하의 높이에 설치할 것

② 특정소방대상물의 **층**마다 설치하되, 해당 특정소방대상물의 각 부분으로부터 하나의 발신기까지의 **수평거리**가 25m 이하가 되도록 할 것(단, 복도 또는 별도로 구획된 실로서 **보행거리**가 40m 이상일 경우에는 추가로 설치)

③ 발신기의 **위치표시등**은 **함**의 **상부**에 설치하되, 그 불빛은 부착면으로부터 15° 이상의 범위 안에서 부착지점으로부터 10m 이내의 어느 곳에서도 쉽게 식별할 수 있는 **적색등**으로 할 것

(3) 상용전원

① 전원은 전기가 정상적으로 공급되는 **축전지설비**, **전기저장장치** 또는 **교류전압**의 **옥내간선**으로 하고, 전원까지의 배선은 **전용**으로 할 것

② 개폐기에는 '**비상벨설비 또는 자동식 사이렌 설비용**'이라고 표시한 표지를 할 것

＊ 비상벨설비
화재발생상황을 경종으로 경보하는 설비

＊ 자동식 사이렌설비
화재발생상황을 사이렌으로 경보하는 설비

＊ 비상벨설비 · 자동식 사이렌설비
부식성 가스 또는 습기 등으로 인하여 부식의 우려가 없는 장소에 설치할 것

＊ 발신기의 설치제외
지하구

＊ 전기저장장치
외부에너지를 저장해 두었다가 필요한 때 전지를 공급하는 장치

Key Point

2 단독경보형 감지기의 설치기준(NFPC 201 5조, NFTC 201 2.2.1)

① 각 실(이웃하는 실내의 바닥면적이 각각 **$30m^2$ 미만**이고 벽체의 상부의 전부 또는 일부가 개방되어 이웃하는 실내와 공기가 상호 유통되는 경우에는 이를 1개의 실로 본다)마다 설치하되, 바닥면적이 **$150m^2$**를 초과하는 경우에는 **$150m^2$**마다 1개 이상 설치할 것 문37 보기③

② 최상층의 계단실의 **천장**(외기가 상통하는 계단실의 경우 제외)에 설치할 것

③ 건전지를 주전원으로 사용하는 단독경보형 감지기는 정상적인 작동상태를 유지할 수 있도록 건전지를 교환할 것

④ 상용전원을 주전원으로 사용하는 단독경보형 감지기의 **2차 전지**는 제품검사에 합격한 것을 사용할 것

※ 단독경보형 감지기
화재발생상황을 단독으로 감지하여 자체에 내장된 음향장치로 경보하는 감지기

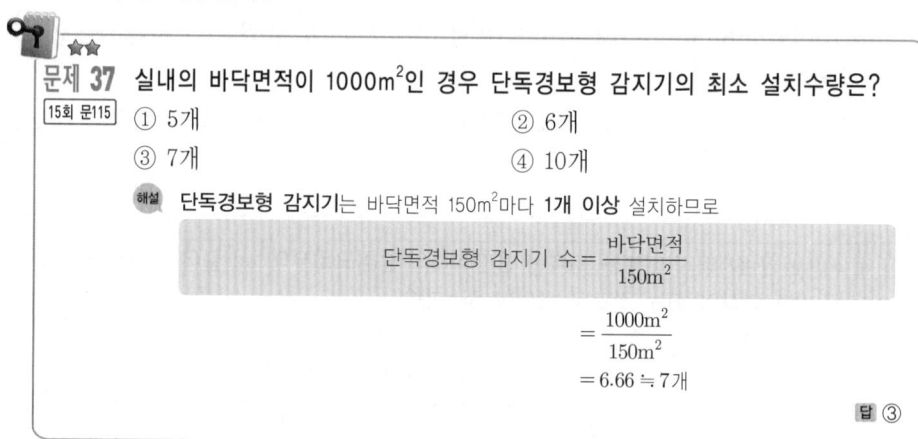

★★
문제 37 실내의 바닥면적이 $1000m^2$인 경우 단독경보형 감지기의 최소 설치수량은?
15회 문115

① 5개 ② 6개
③ 7개 ④ 10개

해설 **단독경보형 감지기**는 바닥면적 $150m^2$마다 **1개 이상** 설치하므로

$$\text{단독경보형 감지기 수} = \frac{\text{바닥면적}}{150m^2}$$

$$= \frac{1000m^2}{150m^2}$$

$$= 6.66 ≒ 7\text{개}$$

답 ③

2 비상방송설비

1 비상방송설비의 계통도

※ 비상방송설비
업무용 방송설비와 겸용 가능

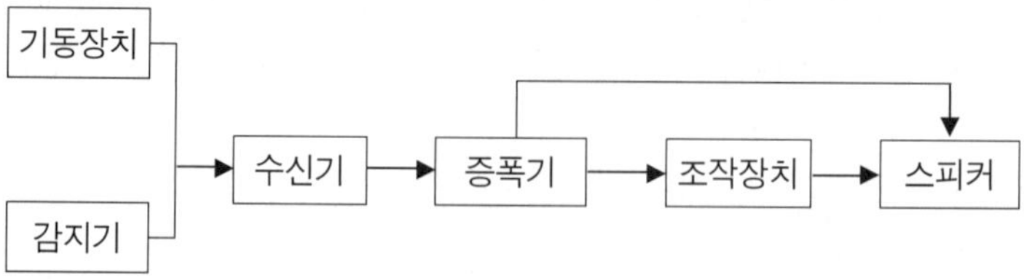

‖ 비상방송설비의 계통도 ‖

2 비상방송설비의 설치기준(NFPC 202 4조, NFTC 202 2.1.1)

① **발화층 및 직상 4개층 우선경보방식 적용대상물**
11층(공동주택 **16층**) 이상의 특정소방대상물의 경보

Key Point

| 비상방송설비 음향장치의 경보 |

발화층	경보층	
	11층(공동주택 16층) 미만	11층(공동주택 16층) 이상
2층 이상 발화	전층 일제경보	• 발화층 • 직상 4개층
1층 발화		• 발화층 • 직상 4개층 • 지하층
지하층 발화		• 발화층 • 직상층 • 기타의 지하층

② 확성기의 음성입력은 **실**내 1W, 실외 **3W** 이상일 것 문38 보기①
③ 확성기는 **각 층**마다 설치하되, 각 부분으로부터의 **수평거리**는 25m 이하일 것
④ **음**량조정기는 **3선식** 배선일 것
⑤ 조작스위치는 바닥으로부터 0.8~1.5m 이하의 높이에 설치할 것
⑥ 다른 전기회로에 의하여 **유도장애**가 생기지 않을 것
⑦ 비상방송 **개**시시간은 **10초** 이하일 것

기억법 **방3실1, 3음방(삼업한 방송실), 개10방**

※ **확성기**
소리를 크게 하여 멀리까지 전달될 수 있도록 하는 장치로서 일명 '스피커'를 말한다.

※ **음량조정기**
가변저항을 이용하여 전류를 변화시켜 음량을 크게 하거나 작게 조절할 수 있는 장치

★★★
문제 38 (14회 문114, 03회 문117)

비상방송설비의 확성기 음성입력은 실내에 설치하는 것에 있어서는 최소 몇 W 이상이어야 하는가?

① 1 ② 2
③ 3 ④ 5

해설 확성기 음성입력

실 외	실 내
3W 이상	1W 이상

답 ①

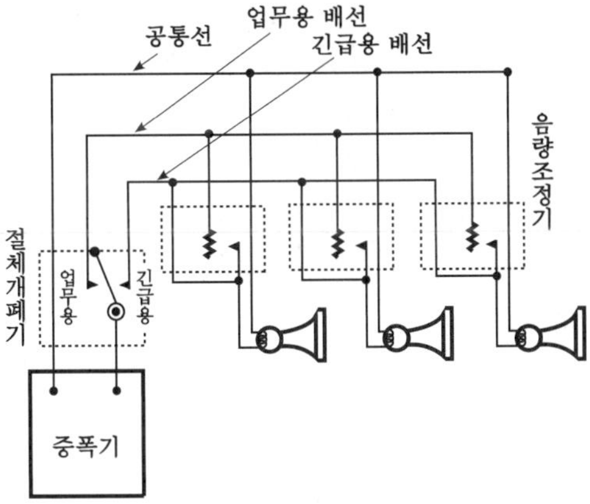

| 3선식 배선 |

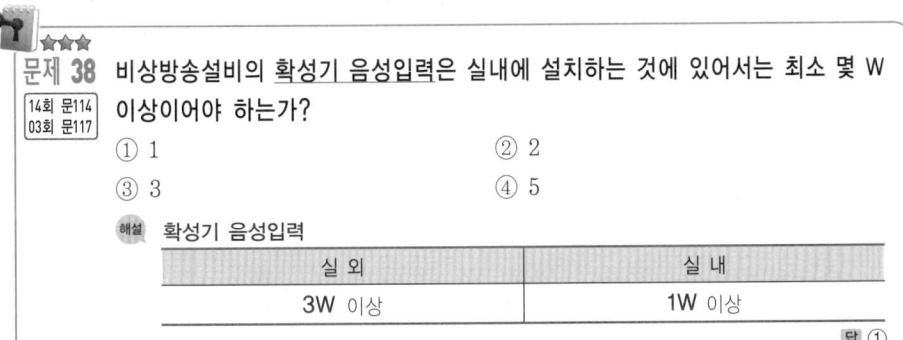

※ **증폭기**
전압전류의 진폭을 늘려 감도를 좋게 하고 미약한 음성전류를 커다란 음성전류로 변화시켜 소리를 크게 하는 장치

Key Point

중요 **음향장치의 구조 및 성능기준**

① 정격전압의 **80%** 전압에서 음향을 발할 수 있는 것으로 할 것(단, 건전지를 주전원으로 사용하는 음향장치는 제외)

② **자동화재탐지설비**의 작동과 연동하여 작동할 수 있는 것으로 할 것

3 비상방송설비의 절연저항

DC 250V 메거 사용(0.1MΩ 이상)

※ **메거(Megger)**
'절연저항계' 또는 '절연저항측정기'라고도 부른다.

1-4. 누전경보기

출제확률 2%(0.4문제)

1 누전경보기

(1) 구성요소

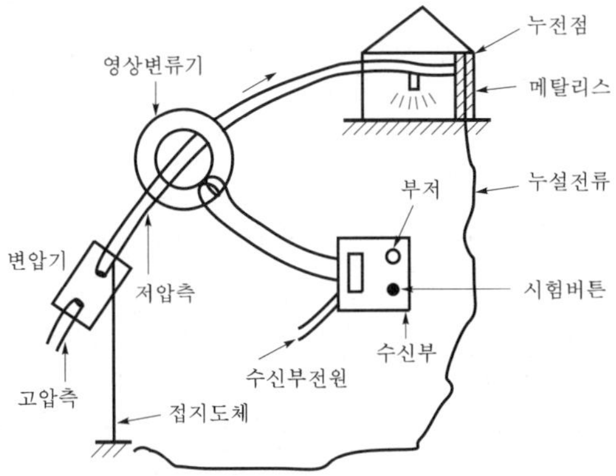

| 누전경보기의 구성 |

구성요소	설 명
영상변류기	**누설전류**를 검출한다.
수신기(차단기구 포함)	**누설전류**를 **증폭**한다. 문39 보기②
음향장치	경보를 발한다.

- 누전경보기의 **증폭기** : **수신기**에 내장

★★★
문제 39 누전경보기의 증폭기는 어느 부분에 내장되어 있는가?

① 변류기 ② 수신기
③ 경보기 ④ 계전기

해설 ② 누전경보기의 **증폭기** : **수신기**에 내장

답 ②

중요 변류기와 영상변류기

명 칭	기 능	그림기호
변류기(CT)	일반전류 검출	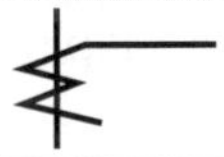
영상변류기(ZCT)	누설전류 검출	

(2) 수신기 증폭부의 방식

① **매칭트랜스**나 **트랜지스터**를 조합하여 계전기를 동작시키는 방식
② **트랜지스터**나 **I.C**로 증폭하여 계전기를 동작시키는 방식
③ **트랜지스터** 또는 **I.C**와 **미터릴레이**를 증폭하여 계전기를 동작시키는 방식

Key Point

※ 누전경보기
내화구조가 아닌 건축물로서 벽, 바닥 또는 천장의 전부나 일부를 불연재료 또는 준불연재료가 아닌 재료에 철망을 넣어 만든 건물의 전기설비로부터 누설전류를 탐지하여 경보를 발하는 것

※ 누전경보기의 개괄적인 구성
① 변류기
② 수신부

※ 수신부
변류기로부터 검출된 신호를 수신하여 누전의 발생을 해당 특정소방대상물의 관계인에게 경보하여 주는 것(차단기구를 갖는 것 포함)

※ 트랜지스터
PNP 또는 NPN 접합으로 이루어진 3단자 반도체소자로서, 주로 증폭용으로 사용된다.

Key Point

* **누전경보기의 기능 시험**
① 누설전류 측정시험
② 동작시험
③ 도통시험

* **검출시험**
누설전류를 변류기에 흘려서 실시

2 누전경보기의 시험

동작시험	도통시험	누설전류측정시험
스위치를 시험위치에 두고 회로시험스위치로 각 구역을 선택하여 **누전시**와 **같은 작동**이 행하여지는지를 확인한다.	스위치를 시험위치에 두고 회로시험스위치로 각 구역을 선택하여 **변류기**와의 **접속**이상 유무를 점검한다. 이상시에는 **도통감시등**이 점등된다.	평상시 누설되어지고 있는 **누전량**을 **점검**할 때 사용한다. 이 스위치를 누르고 회로시험스위치 해당구역을 선택하면 누전되고 있는 전류량이 누설전류 표시부에 숫자로 나타난다.

참고

누전경보기와 누전차단기

누전경보기 (Earthed Leakage Detector)	누전차단기 (Earth Leakage Breaker)
누설전류를 **검출**하여 소방대상물의 관계인에게 **경보**를 발하는 장치	**누설전류**를 **검출**하여 **회로**를 **차단**시키는 기기

* **누전경보기**
600V 이하의 누설전류 검출

3 누전경보기의 수신부(NFPC 205 5조, NFTC 205 2.2)

(1) 수신기의 설치장소

옥내의 점검에 편리한 장소(옥내 건조한 장소) 문40 보기④

★

문제 40 **누전경보기의 설치장소로 적당한 곳은?**
12회 문107
① 가연성 가스, 증기 등이 체류하는 장소
② 습도가 높은 장소
③ 대전류회로가 있는 장소
④ 옥내 건조한 장소

해설
④ 누전경보기의 수신부 설치장소 : 옥내의 점검에 편리한 장소(**옥내 건조한 장소**)

답 ④

* **누전경보기(방수유무에 따른)의 분류**
① 옥내형
② 옥외형

(2) 수신기의 설치제외장소

① 습도가 높은 장소
② 온도의 변화가 급격한 장소
③ 화약류 제조 · 저장 · 취급 장소
④ **대전류회로 · 고주파발생회로** 등의 영향을 받을 우려가 있는 장소
⑤ 가연성의 증기 · 먼지 · 가스 · 부식성의 증기 · 가스 다량체류 장소

기억법 **습온 화대가누**

4 누전경보기의 미작동 원인

① 접속단자의 접속불량
② 푸시버튼스위치의 접촉불량
③ 회로의 단선
④ 수신기 자체의 고장
⑤ 수신기 전원 Fuse 단선

5 3상 3선식 전기회로

누설전류가 없을 때	누설전류가 있을 때
$\dot{I}_1 = \dot{I}_b - \dot{I}_a$ $\dot{I}_2 = \dot{I}_c - \dot{I}_b$ $\dot{I}_3 = \dot{I}_a - \dot{I}_c$ $\dot{I}_1 + \dot{I}_2 + \dot{I}_3 = \dot{I}_b - \dot{I}_a + \dot{I}_c - \dot{I}_b + \dot{I}_a - \dot{I}_c = 0$ 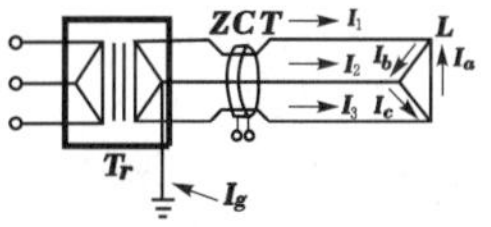	$\dot{I}_1 = \dot{I}_b - \dot{I}_a$ $\dot{I}_2 = \dot{I}_c - \dot{I}_b$ $\dot{I}_3 = \dot{I}_a - \dot{I}_c + \dot{I}_g$ $\dot{I}_1 + \dot{I}_2 + \dot{I}_3 = \dot{I}_b - \dot{I}_a + \dot{I}_c - \dot{I}_b + \dot{I}_a - \dot{I}_c + \dot{I}_g = \dot{I}_g$ 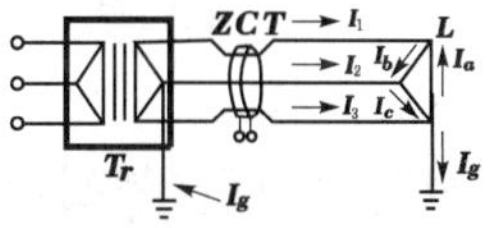

• 전류의 흐름이 **같은 방향**은 '+', **반대 방향**은 '−'로 표시하면 된다.

6 누전경보기의 설치방법(NFPC 205 4·6조, NFTC 205 2.1.1, 2.3.1.1)

정격전류	종 별
60A 초과	1급
60A 이하	1급 또는 2급 문41 보기③

★★★
문제 41 2급 누전경보기는 경계전로의 정격전로의 몇 A 이하에서 사용하는가?
16회 문112
13회 문117
07회 문105

① 50 ② 80
③ 60 ④ 100

해설
③ 1급 또는 2급 누전경보기 : 정격전류 **60A** 이하

답 ③

① 변류기는 옥외인입선의 **제1지점**의 **부하측** 또는 **제2종**의 **접지선측**의 점검이 쉬운 위치에 설치할 것
② 옥외전로에 설치하는 변류기는 **옥외형**으로 설치할 것
③ 각 극에 **개폐기** 및 15A 이하의 **과전류차단기**를 설치할 것(**배선용 차단기**는 20A 이하)
④ 분전반으로부터 **전용회로**로 할 것

Key Point

✽ 푸시버튼스위치와 같은 의미
누름버튼스위치

✽ 누설전류와 같은 의미
① 누전전류
② 영상전류

✽ 바리스터
과대교류 입력전압 억제

✽ 변류기
경계전로의 누설전류를 자동적으로 검출하여 이를 누전경보기의 수신부에 송신하는 것

✽ 누전경보기 설치
① 60A 초과 : 1급
② 60A 이하 : 1급 또는 2급

✽ 변류기의 설치
① 옥외 인입선의 제1지점의 부하측
② 제2종의 접지선측
③ 전선 모두를 변류기에 관통시킬 것

Key Point

※ 누전경보기의 설치
① 개폐기 및 15A 이하의 과전류차단기 설치
② 20A 이하의 배선용 차단기 설치

※ 1급 누전경보기로 보는 경우
정격전류가 60A를 초과하는 경계전로가 분기되어 각 분기회로의 정격전류가 60A 이하로 되는 경우 해당 분기회로마다 2급 누전경보기를 설치한 때

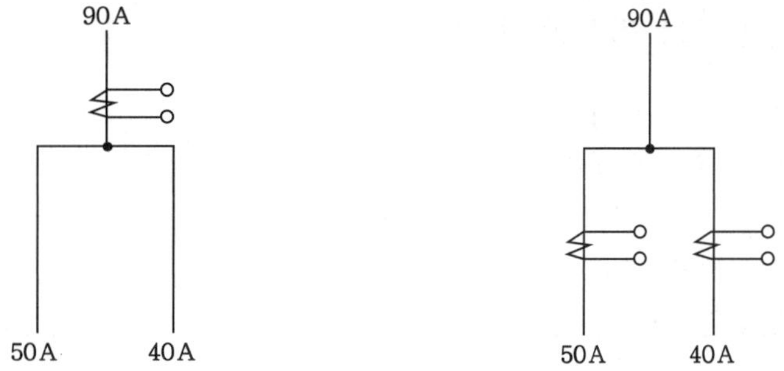

(a) 1급 누전경보기 설치　　(b) 2급 누전경보기 설치

▌1급 누전경보기로 보는 경우▐

• 유기전압식

$$E=4.44 f N_2 \phi_g \,[\mathrm{V}]$$

여기서, ϕ_g : 누설전류에 의한 자속〔Wb〕
N_2 : 변류기 2차 권선수
f : 주파수〔Hz〕
E : 유기전압〔V〕

7 누전경보기의 형식승인 및 제품검사기술기준

(1) 용어의 정의

① 누전경보기 : 변류기+수신부(600V 이하)
② 집합형 누전경보기의 수신부 : **전원장치+음향장치**(2개 이상의 변류기 사용)

※ 집합형 누전경보기의 수신부
2개 이상의 변류기를 연결하여 사용하는 수신부

중요 **대상에 따른 전압**

전 압	대 상
0.5V	누전**경**보기의 **전**압강하 최대치
0.6V 이하	완전방전
60V 초과	접지단자 설치
60V 이하	약전류회로
300V 이하	• 전원**변**압기의 1차 전압 • 유도등 · 비상조명등의 사용전압
600V 이하	**누**전경보기의 경계전로전압 문42 보기④

기억법 5경전, 변3(**변상**해), 누6(**누룩**)

Key Point

★★★
문제 42 누전경보기는 몇 V까지의 누전을 검출할 수 있어야 하는가?
① 300V ② 400V ③ 500V ④ 600V

해설 ④ 누전경보기는 사용전압 **600V**까지의 누전을 검출할 수 있다.

답 ④

(2) 부품의 구조 및 기능

① 음향장치
㉠ 사용전압의 **80%**에서 경보할 것
㉡ 주음향장치용 : **70dB** 이상
㉢ 고장표시장치용 : **60dB** 이상

② 반도체
최대사용전압 및 **최대사용전류**에 견딜 수 있을 것

③ 단자 외의 부분 : 견고한 **상자**에 넣을 것

용어

dB : 음향의 국제표준단위

* **음향측정**
① 사용기기 : 음량계
② 판정기준 : 1m 위치에서 70dB 이상 (고장표시장치용은 60dB 이상)

(3) 변류기와 수신부

변류기	수신부
① 구조에 따른 분류(옥내형, 옥외형) ② 수신부와의 상호호환성 유무에 따른 분류(호환형, 비호환형)	① 정격전류에 따른 분류(1급, 2급) ② 변류기와의 호환성 유무에 따른 분류(호환형, 비호환형)

(4) 공칭작동전류치와 감도조정장치

공칭작동전류치	감도조정장치
200mA 이하	1A(1000mA) 이하 문43 보기③

기억법 공2(공이 굴러간다!)

* **공칭작동전류치**
누전경보기를 작동시키기 위하여 필요한 누설전류의 값으로서 제조자에 의하여 표시된 값

★★★
문제 43 누전경보기에서 감도조정장치의 조정범위는 최대 몇 mA이어야 하는가?
15회 문114
① 200 ② 500
③ 1000 ④ 2000

해설 ③ 감도조정장치의 최대치 : **1A**(1000mA)

답 ③

Key Point

✽ 절연저항시험

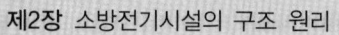

변류기	수신부
직류 500V 메거로 5MΩ 이상	직류 500V 메거로 5MΩ 이상

✽ 절연내력시험

250V 이하	250V 초과
1500V	$2V+1000$V

(5) 누전경보기의 절연저항시험

구 분	수신부	변류기
측정개소	① 절연된 충전부와 외함간 ② 차단기구의 개폐부 (열린 상태에서는 같은 극의 전원단자와 부하측 단자와의 사이, 닫힌 상태에서는 충전부와 손잡이 사이)	① 절연된 1차 권선과 2차 권선간의 절연저항 ② 절연된 1차 권선과 외부금속부간의 절연저항 ③ 절연된 2차 권선과 외부금속부간의 절연저항
측정계기	직류 500V 절연저항계	직류 500V 절연저항계
절연저항의 적정성 판단의 정도	5MΩ 이상	5MΩ 이상

1-5. 가스누설경보기

출제확률 1%(0.2문제)

1 가스누설경보기의 형식승인 및 제품검사기술기준

(1) 경보기의 분류

단독형	분리형
가정용	① 영업용 : **1회로용** ② 공업용 : 1회로 이상용

(2) 음향장치 및 절연저항

① 주음향장치용(공업용) : **90dB** 이상

② 주음향장치용(단독형, 영업용) : **70dB** 이상 문44 보기③

③ 고장표시용 : **60dB** 이상

④ 충전부와 비충전부 사이의 절연저항 : 직류 500V 절연저항계, **20MΩ** 이상

★★
문제 44 가스누설경보기에서 주음향장치용의 사용전압에서의 음압은 영업용인 경우 몇 dB 이상이 되어야 하는가?
07회 문121

① 50 ② 60
③ 70 ④ 90

해설 가스누설경보기

단독형	분리형	
	영업용	공업용
70dB 이상	70dB 이상	90dB 이상

③ 영업용 : **70dB** 이상

답 ③

(3) 절연저항시험

① 절연된 충전부와 외함간 : 직류 500V 절연저항계, **5MΩ** 이상

② 입력측과 외함간 : 직류 500V 절연저항계, **20MΩ** 이상

③ 절연된 선로간 : 직류 500V 절연저항계, **20MΩ** 이상

(4) 예비전원

경보기의 예비전원은 **알칼리계 2차 축전지, 리튬계 2차 축전지** 또는 **무보수밀폐형 연축전지**이어야 한다.

(5) 축전지의 방전종지전압

축전지 종류	방전종지전압
알칼리계 2차 축전지	**1.0V/셀**
무보수밀폐형 연축전지	**1.75V/셀**
리튬계 2차 축전지	**2.75V/셀**

Key Point

※ **가스누설경보기**
가스로 인한 사고를 미연에 방지하여 주는 경보장치

※ **가스누설경보기의 음향장치**
1. 단독형 : 70dB 이상
2. 분리형
① 영업용 : 70dB 이상
② 공업용 : 90dB 이상

※ **가스누설경보기의 검사방식**
① 반도체식
② 접촉연소식
③ 기체열전도식

※ **경보기의 예비전원**
① 알칼리계 2차 축전지
② 리튬계 2차 축전지
③ 무보수밀폐형 연축전지

※ **가스누설경보기의 감지소자**
산화주석

Key Point

※ 누설등
가스의 누설을 표시하는 표시등

※ 누설지구등
가스가 누설할 경계구역의 위치를 표시하는 표시등

※ 발광다이오드
간단히 'LED'라고도 부른다.

※ 60V 초과
접지단자 설치

(6) 가스누설경보기의 설치시 주의사항

① 수분 · 증기와 접촉할 우려가 없는 곳에 설치
② 가스가 체류하기 쉬운 장소에 설치
③ 분리형 경보기는 사람이 상주하는 곳에 설치
④ 주위온도가 40℃ 이상될 우려가 없는 곳에 설치
⑤ 공기보다 무거운 연소기가 설치되어 있는 곳은 연소기로부터 4m 이내에 설치하고 바닥으로부터 30cm 정도 떨어져 설치하여야 한다(청소시 **수분접촉** 우려).

2 수신기의 형식승인 및 제품검사기술기준

(1) 화재 및 가스누설표시

화재등, 화재지구등	누설등, 누설지구등
적색	황색

(2) 표시등

① 전구는 **2개 이상**을 **병렬**로 접속하여야 한다(단, **방전등** 또는 **발광다이오드**는 제외).
② 주위의 밝기가 300lx인 장소에서 측정하여 앞면으로부터 3m 떨어진 곳에서 켜진 등이 쉽게 식별되어야 한다.

(3) 절연저항시험

절연된 충전부와 외함간	교류입력측과 외함간
직류 500V 절연저항계, **5MΩ** 이상 문45 보기③	직류 500V 절연저항계, **20MΩ** 이상

★★★
문제 45 19회 문101 13회 문123
가스누설경보기의 절연된 충전부와 외함간의 절연저항은 직류 500V의 절연저항계로 측정한 값이 몇 MΩ 이상이어야 하는가?

① 1
② 3
③ 5
④ 10

해설 ③ 가스누설경보기의 절연된 충전부와 외함간의 절연저항 : **5MΩ** 이상

답 ③

2. 피난구조설비 및 소화활동설비

1 유도등 · 유도표지

출제확률 3% (1문제)

1 종 류

- 유도등
  - 피난구유도등
  - 통로유도등
    - 계단통로유도등
    - 복도통로유도등
    - 거실통로유도등
  - 객석유도등
- 유도표지
  - 피난구유도표지
  - 통로유도표지

2 유도등 및 유도표지의 종류(NFPC 303 4조, NFTC 303 2.1.1)

설치장소	유도등 및 유도표지의 종류
• **공**연장 · **집**회장 · **관**람장 · **운**동시설 • 유흥주점 영업시설(카바레, 나이트클럽)	• **대**형 피난구유도등 문01 보기④ • **통**로유도등 문01 보기② • **객**석유도등 문01 보기①
• 위락시설 · 판매시설 • 관광숙박업 · 의료시설 · 방송통신시설 • 전시장 · 지하상가 · 지하역사 • 운수시설 · 장례식장	• 대형 피난구유도등 • 통로유도등
• 숙박시설 · 오피스텔 • 지하층 · 무창층 및 11층 이상의 부분	• 중형 피난구유도등 • 통로유도등
• 근린생활시설 · 노유자시설 · 업무시설 • 종교시설 · 교육연구시설 · 공장 • 교정 및 군사시설 • 자동차정비공장 · 운전학원 및 정비학원 • 다중이용업소 • 수련시설 · 발전시설 • 복합건축물	• 소형 피난구유도등 • 통로유도등
• 그 밖의 것	• 피난구유도표지 • 통로유도표지

기억법 공집관운 대통객

Key Point

✻ 유도등
화재시에 피난을 유도하기 위한 등으로서 정상상태에서는 상용전원에 따라 켜지고 상용전원이 정전되는 경우에는 비상전원으로 자동전환되어 켜지는 등

✻ 오피스텔
중형 피난구유도등

✻ 다중이용업소
소형 피난구유도등

✻ 객석유도등의 설치장소
① 공연장
② 집회장
③ 관람장
④ 운동시설

✻ 중형 유도등 설치장소
① 숙박시설
② 오피스텔
③ 지하층 · 무창층 및 11층 이상의 부분

Key Point

문제 01 <u>운동시설</u>에 설치하지 <u>않아도</u> 되는 것은?

06회 문 59

유사문제부터 풀어보세요. 실력이 팍!팍! 올라갑니다.

① 객석유도등 ② 통로유도등
③ 중형 피난구유도등 ④ 대형 피난구유도등

해설 ③ **중형 피난구유도등** : 숙박시설 · 오피스텔 · 지하층 · 무창층 및 11층 이상의 부분

답 ③

＊ 피난구유도등
피난구 또는 피난경로로 사용되는 출입구를 표시하여 피난을 유도하는 등

＊ 유도등
전원이 필요하다.

＊ 유도표지
전원이 필요 없다.

3 피난구유도등의 설치장소

설치장소	설치 예
옥내로부터 직접 지상으로 통하는 출입구 및 그 부속실의 출입구	
직통계단 · 직통계단의 **계단실** 및 그 부속실의 출입구	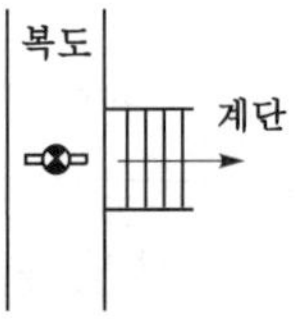
출입구에 이르는 **복도** 또는 **통로**로 통하는 출입구	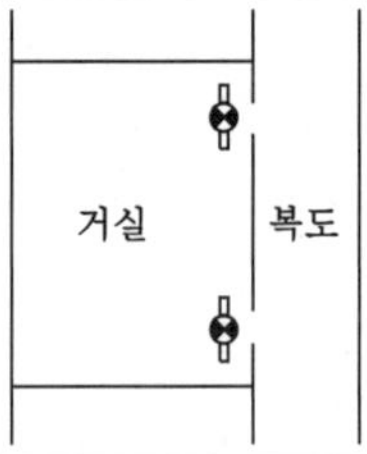
안전구획된 거실로 통하는 출입구	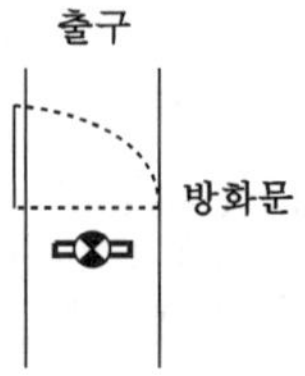

＊ 복도통로유도등
피난통로가 되는 복도에 설치하는 통로유도등으로서 피난구의 방향을 명시하는 것

4 복도통로유도등의 설치기준

① 복도에 설치하되 피난구유도등이 설치된 출입구의 맞은편 복도에는 입체형으로 설치하거나, 바닥에 설치할 것
② 구부러진 모퉁이 및 피난구유도등이 설치된 출입구의 맞은편 복도에 입체형 또는 바닥에 설치된 **보행거리 20m**마다 설치할 것 문02 보기①
③ 바닥으로부터 높이 **1m 이하**의 위치에 설치할 것(단, 지하층 또는 무창층의 용도가 **도매시장 · 소매시장 · 여객자동차터미널 · 지하역사** 또는 **지하상가**인 경우에는 복도 · 통로 중앙부분의 바닥에 설치할 것)
④ 바닥에 설치하는 통로유도등은 하중에 따라 파괴되지 아니하는 강도의 것으로 할 것

Key Point

★★

문제 02 복도통로유도등은 구부러진 모퉁이 및 보행거리 몇 m마다 설치하는가?

14회 문117

① 20　　② 30

③ 35　　④ 40

해설 **수평거리**와 **보행거리**

(1) 수평거리

수평거리	적용대상
수평거리 **25m** 이하	• 발신기 • 음향장치(확성기) • 비상콘센트(지하상가 또는 지하층 바닥면적 합계 **3000m^2** 이상)
수평거리 **50m** 이하	• 비상콘센트(기타)

(2) 보행거리

보행거리	적용대상
보행거리 **15m** 이하	• 유도표지
보행거리 **20m** 이하	• 복도통로유도등 • 거실통로유도등 • 3종 연기감지기
보행거리 **30m** 이하	• 1 · 2종 연기감지기

① 거실통로유도등 : 보행거리 **20m** 이하

답 ①

5 거실통로유도등의 설치기준

① 거실의 통로에 설치할 것(단, 거실의 통로가 **벽체** 등으로 **구획**된 경우에는 **복도통로유도등**을 설치할 것)

② 구부러진 모퉁이 및 **보행거리 20m**마다 설치할 것

③ 바닥으로부터 높이 **1.5m 이상**의 위치에 설치할 것(단, **거실통로**에 **기둥**이 설치된 경우에는 기둥부분의 바닥으로부터 높이 **1.5m 이하**의 위치에 설치 가능)

6 계단통로유도등의 설치기준

① 각 층의 **경사로참** 또는 **계단참**마다(1개 층에 경사로참 또는 계단참이 2 이상 있는 경우에는 2개의 계단참마다) 설치할 것

② 바닥으로부터 높이 **1m 이하**의 위치에 설치할 것

중요 **조명도**

통로유도등	비상조명등	객석유도등
1lx 이상	1lx 이상	0.2lx 이상

＊ 거실통로유도등
거주, 집무, 작업, 집회, 오락, 그 밖에 이와 유사한 목적을 위하여 계속적으로 사용하는 거실, 주차장 등 개방된 통로에 설치하는 유도등으로 피난의 방향을 명시하는 것

＊ 계단통로유도등
피난통로가 되는 계단이나 경사로에 설치하는 통로유도등으로 바닥면 및 디딤바닥면을 비추는 것

＊ 조명도
① 통로유도등 : 바로 밑의 바닥으로부터 수평으로 0.5m 떨어진 곳에서 측정하여(바닥매설 시 직상부 1m 높이에서 측정) 1lx 이상
② 객석유도등 : 통로바닥의 중심선 0.5m 높이에서 측정하여 0.2lx 이상

Key Point

※ 통로유도등
피난통로를 안내하기 위한 유도등으로 복도통로유도등, 거실통로유도등, 계단통로유도등이 있다.

7 통로유도등의 조도

지상노출시	바닥매설시
통로유도등의 바로 밑의 바닥으로부터 수평으로 **0.5m** 떨어진 지점에서 **1lx** 이상	통로유도등의 직상부 **1m**의 높이에서 측정하여 **1lx** 이상

8 유도등의 색깔표시 방법

복도통로유도등 문03 보기④	피난구유도등
백색바탕에 **녹색문자**	**녹색바탕**에 **백색문자**

| 복도통로유도등 |

| 피난구유도등 |

★★★
문제 03 통로유도등의 표시색깔은?
① 백색바탕에 적색문자 ② 적색바탕에 녹색문자
③ 녹색바탕에 백색문자 ④ 백색바탕에 녹색문자

해설
④ 복도통로유도등의 표시색깔 : 백색바탕에 녹색문자

답 ④

※ 설치높이
1. 1m 이하
① 복도통로유도등
② 계단통로유도등
③ 통로유도표지
2. 1.5m 이상
① 거실통로유도등
② 피난구유도등

9 객석유도등의 설치기준[NFPC 303 7조(NFTC 303 2.4), 유도등의 형식승인 및 제품검사의 기술기준 23조]

① 객석유도등은 객석의 **통로, 바닥** 또는 **벽**에 설치하여야 한다.
② 객석유도등은 바닥면 또는 디딤 바닥면에서 높이 **0.5m**의 위치에 설치하고 유도등의 바로 밑에서 0.3m 떨어진 위치에서의 수평조도가 **0.2lx** 이상일 것

※ 통로유도등

10 유도표지의 설치기준(NFPC 303 8조, NFTC 303 2.5.1)

피난구유도표지	통로유도표지
출입구 상단에 설치	바닥에서 **1m 이하**의 높이에 설치

※ 피난구유도표지
피난구 또는 피난경로로 사용되는 출입구를 표시하여 피난을 유도하는 표지

※ 통로유도표지
피난통로가 되는 복도, 계단 등에 설치하는 것으로서 피난구의 방향을 표시하는 유도표지

11 유도표지의 적합기준(축광표지의 성능인증 및 제품검사의 기술기준 6~9조)

① **축광유도표지** 및 **축광위치표지**는 **200lx** 밝기의 광원으로 **20분**간 조사시킨 상태에서 다시 주위조도를 **0lx**로 하여 **60분**간 발광시킨 후 직선거리 **20m**(축광위치표지의 경우 **10m**) 떨어진 위치에서 유도표지 또는 위치표지가 있다는 것이 식별되어야 하고, 유도표지는 직선거리 3m의 거리에서 표시면의 표시 중 주체가 되는 문자 또는 주체가 되는 화살표 등이 쉽게 식별되어야 한다. 문04 보기②

② **축광보조표지**는 **200lx** 밝기의 광원으로 **20분간** 조사시킨 상태에서 다시 주위조도를 0 lx로 하여 60분간 발광시킨 후 직선거리 **10m** 떨어진 위치에서 축광보조표지가 있다는 것이 식별되어야 한다. 이 경우 측정자의 조건은 위 ①의 조건을 적용한다.

③ **축광표지**의 표시면을 **0lx** 상태에서 **1시간** 이상 방치한 후 200lx 밝기의 광원으로 **20분간** 조사시킨 상태에서 다시 주위조도를 0lx로 하여 휘도시험을 실시하는 경우

발광시간	휘 도
5분간	110mcd/m^2 이상
10분간	50mcd/m^2 이상
20분간	24mcd/m^2 이상 문04 보기③
60분간	7mcd/m^2 이상

④ 방사성 물질을 사용하는 위치표지는 쉽게 파괴되지 않는 재질로 처리해야 한다 (NFTC 303 2.5.2). 문04 보기①

⑤ 축광표지의 표시면 두께는 **1.0mm** 이상(금속재질인 경우 **0.5mm** 이상)이어야 한다. 축광유도표지 및 축광위치표지의 표시면의 크기, 표시면이 사각형이 아닌 경우에는 표시면에 내접하는 사각형의 크기는 표에 적합하여야 한다.

표시면의 두께 및 크기	긴 변의 길이	짧은 변의 길이
피난구축광유도표지	360mm 이상	120mm 이상
통로축광유도표지	250mm 이상	85mm 이상
축광위치표지	200mm 이상	70mm 이상
축광보조표지	–	20mm 이상(면적 2500mm^2 이상)

⑥ 축광표지는 쉽게 변형, 변질, 변색되지 아니할 것 문04 보기④

★

문제 04 유도표지에 대한 기준으로 틀린 것은?

① 방사성 물질을 사용하는 유도표지는 쉽게 파괴되지 아니하는 재질일 것

② 주위조도 0lx에서 60분간 발광 후 직선거리 20m 떨어진 위치에서 유도표지 또는 위치표지가 있다는 것이 식별되어야 하고 유도표지는 3m 거리에서 표시면의 표시 중 주체가 되는 문자 또는 주체가 되는 화살표 등이 쉽게 확인될 것

③ 휘도는 주위조도 0lx에서 20분간 발광 후 20mcd/m^2일 것
24mcd/m^2 이상

④ 축광표지는 쉽게 변형, 변질, 변색되지 아니할 것

답 ③

12 전 원

(1) 유도등의 전원

① 상용전원 : **전기저장장치, 교류전압 옥내간선**

Key Point

✻ **유도표지의 설치 제외**
피난방향을 표시하는 통로유도등을 설치한 부분

✻ **상용전원**
평상시에 사용하기 위한 전원

Key Point

※ 비상전원
상용전원 정전시에 사용하기 위한 전원

※ 전기저장장치
외부 전기에너지를 저장해 두었다가 필요할 때 공급하는 장치

② 비상전원 : **축전지**
③ 유도등의 인입선과 옥내배선은 **직접 연결**할 것
④ 유도등은 전기회로에 점멸기를 설치하지 않고 항상 점등상태를 유지할 것
⑤ 3선식 배선은 내화배선 또는 내열배선으로 사용할 것

예외규정

다음의 장소로서 3선식 배선에 따라 상시 충전되는 구조인 경우
(1) 외부의 빛에 의해 피난구 또는 피난방향을 쉽게 식별할 수 있는 장소
(2) 공연장, 암실 등으로서 어두워야 할 필요가 있는 장소
(3) 특정소방대상물의 관계인 또는 종사원이 주로 사용하는 장소

(2) 각 설비의 비상전원 종류

① **유도등** ─ 축전지 [문05 보기④]
② **비상콘센트설비** ─ 자가발전설비, 비상전원수전설비, 전기저장장치, 축전지설비
③ **옥내소화전설비** ─ 자가발전설비, 축전지설비, 전기저장장치

→ **20분** 이상

★★★
문제 05 [12회 문114] **유도등의 비상전원을 축전지로 할 때 축전지용량은 해당 유도등을 몇 분 이상 작동시킬 수 있어야 하는가?**

① 5 ② 10
③ 15 ④ 20

해설

설비의 종류	비상전원용량
자동화재탐지설비, 비상경보설비, 자동화재속보설비	**10분** 이상
유도등, 비상조명등, 비상콘센트설비, 제연설비, 물분무소화설비, 옥내소화전설비(30층 미만), 특별피난계단의 계단실 및 부속실 제연설비(30층 미만), 스프링클러설비(30층 미만), 연결송수관설비(30층 미만)	**20분** 이상
무선통신보조설비의 증폭기	**30분** 이상
옥내소화전설비(30~49층 이하), 특별피난계단의 계단실 및 부속실 제연설비(30~49층 이하), 연결송수관설비(30~49층 이하), 스프링클러설비(30~49층 이하)	**40분** 이상
유도등 · 비상조명등(지하상가 및 11층 이상), 옥내소화전설비(50층 이상), 특별피난계단의 계단실 및 부속실 제연설비(50층 이상), 연결송수관설비(50층 이상), 스프링클러설비(50층 이상)	**60분** 이상

④ 유도등 : **20분** 이상

답 ④

예외규정

유도등의 60분 이상 작동용량

(1) **11층** 이상(지하층 제외)

(2) 지하층 · 무창층으로서 도매시장 · 소매시장 · 여객자동차터미널 · 지하역사 · 지하상가

13 유도등의 3선식 배선시 반드시 점등되어야 하는 경우

① **자동화재탐지설비**의 **감지기** 또는 **발신기**가 작동되는 때

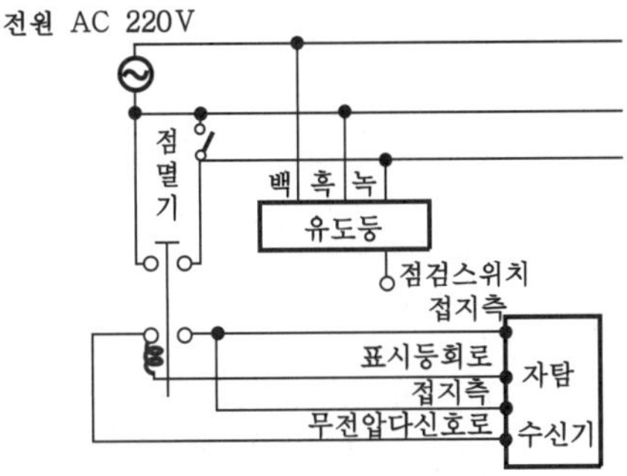

| 자동화재탐지설비와 연동 |

② **비상경보설비**의 **발신기**가 작동되는 때

③ **상용전원**이 **정전**되거나 **전원선**이 **단선**되는 때

④ **방재업무**를 **통제**하는 곳 또는 전기실의 배전반에서 **수동**으로 **점등**하는 때

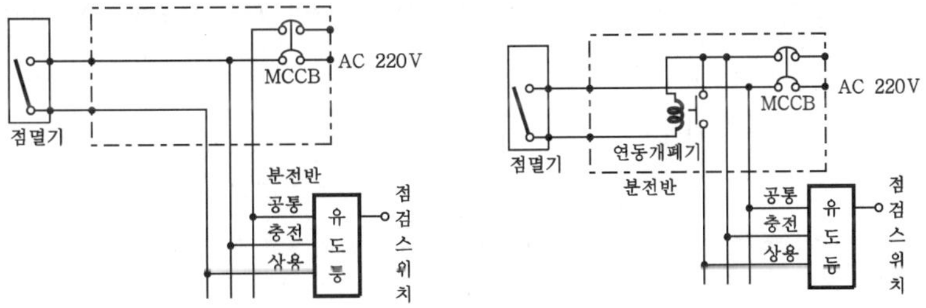

| 유도등의 원격점멸 |

⑤ **자동소화설비**가 작동되는 때

14 최소 설치개수 산정식

설치개수 산정시 소수가 발생하면 반드시 **절상**한다.

객석유도등 문06 보기②	**유**도표지	복도**통**로유도등, 거실통로유도등
$\dfrac{\text{객석통로의 직선부분의 길이[m]}}{\underline{4}}-1$	$\dfrac{\text{구부러진 곳이 없는 부분의 보행거리[m]}}{\underline{15}}-1$	$\dfrac{\text{구부러진 곳이 없는 부분의 보행거리[m]}}{\underline{20}}-1$
기억법 객4	기억법 유15	기억법 통20

Key Point

* 3선식 배선시 점등되어야 하는 경우
  ① 자동화재탐지설비의 감지기 또는 발신기가 작동되는 때
  ② 비상경보설비의 발신기가 작동되는 때
  ③ 상용전원이 정전되거나 전원선이 단선되는 때
  ④ 방재업무를 통제하는 곳 또는 전기실의 배전반에서 수동적으로 점등하는 때
  ⑤ 자동소화설비가 작동되는 때

* MCCB
  배선용 차단기

* **점멸기**
  평상시 또는 소등시에 사용하는 스위치

Key Point

★★★

문제 06 직선거리가 24m인 통로가 있다. 최소 몇 개의 객석유도등을 시설하여야 하는가?

05회 문120

① 4　　② 5

③ 6　　④ 7

해설 설치개수

$$= \frac{\text{객석의 통로의 직선부분의 길이[m]}}{4} - 1$$

$$= \frac{24}{4} - 1$$

$$= 5$$

답 ②

15 유도등의 제외(NFPC 303 11조, NFTC 303 2.8.1)

(1) 피난구유도등의 설치제외장소

① 바닥면적이 1000m^2 미만인 층으로서 옥내로부터 지상으로 직접 통하는 출입구

② 대각선 길이가 15m 이내인 구획된 실의 출입구

③ 거실 각 부분으로부터 하나의 출입구에 이르는 보행거리가 20m 이하이고 비상조명등과 유도표지가 설치된 거실의 출입구

④ 출입구가 **3 이상** 있는 거실로서 그 거실 각 부분으로부터 하나의 출입구에 이르는 보행거리가 30m 이하인 경우에는 주된 출입구 **2개소 외**의 출입구(단, **공연장 · 집회장 · 관람장 · 전시장 · 운수시설 · 판매시설 · 숙박시설 · 노유자시설 · 의료시설 · 장례시설** 제외)

(2) 통로유도등의 설치제외장소

① 구부러지지 아니한 복도 또는 통로로서 길이가 30m 미만인 복도 또는 통로

② 복도 또는 통로로서 보행거리가 20m 미만이고 그 복도 또는 통로와 연결된 출입구 또는 그 부속실의 출입구에 **피난구유도등**이 설치된 복도 또는 통로

(3) 객석유도등의 설치제외장소

① **주간**에만 사용하는 장소로서 **채광**이 충분한 객석

② 거실 등의 각 부분으로부터 하나의 거실 출입구에 이르는 **보행거리**가 20m **이하**인 객석의 통로로서 그 통로에 통로유도등이 설치된 객석

* 유도등 전선의 굵기

구 분	설 명
인출선 굵기	0.75mm^2 이상
인출선 길이	150mm 이상

* 유도등의 반복시험 횟수

2500회

* 유도등 외함의 재질

① 3mm 이상의 내열성 강화유리

② 합성수지로서 80℃에서 변형되지 않을 것

Key Point

2 비상조명등

1 종 류

비상조명등 ─┬─ 전용형
　　　　　　└─ 겸용형

2 비상조명등의 설치기준(NFPC 304 4조, NFTC 304 2.1.1)

① 특정소방대상물의 각 거실과 그로부터 지상에 이르는 **복도 · 계단** 및 그 밖의 **통로**에 설치할 것

② 조도는 비상조명등이 설치된 장소의 각 부분의 바닥에서 1lx 이상이 되도록 할 것

③ 예비전원을 내장하는 비상조명등에는 평상시 점등여부를 확인할 수 있는 **점검스위치**를 설치하고 해당 조명등을 유효하게 작동시킬 수 있는 용량의 **축전지**와 **예비전원 충전장치**를 내장할 것 문07 보기④

④ 비상전원은 비상조명등을 **20분** 이상 유효하게 작동시킬 수 있는 용량으로 할 것

> **중요** 비상조명등의 60분 이상 작동용량
>
> (1) **11층** 이상(지하층 제외)
>
> (2) 지하층 · 무창층으로서 도매시장 · 소매시장 · 여객자동차터미널 · 지하역사 · 지하상가

⑤ 예비전원을 내장하지 아니하는 비상조명등의 비상전원은 **자가발전설비**, **축전지설비** 또는 **전기저장장치**를 설치할 것

문제 07 예비전원을 내장하는 비상조명등에는 평상시 점등여부를 확인할 수 있는 것으로 무엇을 설치하여야 하는가?

① 배선용 차단기
② 충전장치
③ 인버터 및 컨버터
④ 점검스위치

해설 ④ 비상조명등에는 **점검스위치**를 설치할 것

답 ④

* **비상조명등의 설치 제외 장소**
① 의원
② 경기장
③ 공동주택
④ 의료시설
⑤ 학교의 거실

* **휴대용 비상조명등**
화재발생 등으로 정전시 안전하고 원활한 피난을 위하여 피난자가 휴대할 수 있는 조명등

Key Point

※ 비상조명등 스위치의 반복시험
10000회

중요 비상전원의 설치기준

① 점검에 편리하고 **화재** 및 **침수** 등의 재해로 인한 피해를 받을 우려가 없는 곳에 설치할 것
② 상용전원으로부터 전력의 공급이 중단된 때에는 자동으로 비상전원으로부터 전력을 공급받을 수 있도록 할 것
③ 비상전원의 설치장소는 다른 장소와 **방화구획**할 것. 이 경우 그 장소에는 비상전원의 공급에 필요한 기구나 설비 외의 것(**열병합발전설비**에 필요한 기구 · 설비 제외)을 두어서는 아니 된다.
④ 비상전원을 실내에 설치하는 때에는 그 **실내**에 **비상조명등**을 설치할 것

※ 비상조명등
화재발생 등에 따른 정전시에 안전하고 원활한 피난활동을 할 수 있도록 거실 및 피난통로 등에 설치되어 자동점등되는 조명등

3 비상조명등의 설치제외 장소(NFPC 304 5조, NFTC 304 2.2)

① 거실의 각 부분으로부터 하나의 출입구에 이르는 **보행거리**가 15m 이내인 부분
문08 보기①
② 의원 · 경기장 · 공동주택 · 의료시설 · 학교의 거실

★★★
문제 08 14회 문118 비상조명등의 화재안전기술기준상 비상조명등의 설치제외 규정 중 일부이다. ( ) 안에 들어갈 숫자는?

거실의 각 부분으로부터 하나의 출입구에 이르는 보행거리가 ( )m 이내인 부분

① 15 ② 20 ③ 25 ④ 30

해설
① 비상조명등 설치제외 장소 : 거실의 각 부분으로부터 하나의 출입구에 이르는 보행거리가 15m 이내인 부분

답 ①

4 휴대용 비상조명등의 적합기준(NFPC 304 4조, NFTC 304 2.1.2)

설치개수	설치장소
1개 이상	• **숙박시설** 또는 **다중이용업소**에는 객실 또는 영업장 안의 구획된 실마다 잘 보이는 곳(외부에 설치시 출입문 손잡이로부터 1m 이내 부분)
3개 이상	• **지하상가** 및 **지하역사**의 **보행거리** 25m 이내마다 • **대규모점포(지하상가 및 지하역사 제외)**와 **영화상영관**의 **보행거리** 50m 이내마다

① 바닥으로부터 0.8~1.5m 이하의 높이에 설치할 것
② 어둠속에서 **위치**를 **확인**할 수 있도록 할 것
③ 사용시 **자동**으로 **점등**되는 구조일 것
④ 외함은 **난연성능**이 있을 것

⑤ 건전지를 사용하는 경우에는 **방전방지조치**를 하여야 하고, **충전식 배터리**의 경우에는 **상시 충전**되도록 할 것

⑥ 건전지 및 충전식 배터리의 용량은 **20분** 이상 유효하게 사용할 수 있는 것으로 할 것

5 휴대용 비상조명등의 설치제외 장소(NFPC 304 5조, NFTC 304 2.2.2)

① **지상 1층** 또는 **피난층**으로서 복도·통로 또는 창문 등의 개구부를 통하여 피난이 용이한 경우

② **숙박시설**로서 복도에 비상조명등을 설치한 경우

Key Point

*** 휴대용 비상조명등**
화재발생 등으로 정전시 안전하고 원활한 피난을 위하여 피난자가 휴대할 수 있는 조명등

Key Point

3 비상콘센트설비

출제확률 3% (1문제)

※ 비상콘센트설비
소방대의 조명용 또는 소화활동상 필요한 장비의 전원설비

1 비상콘센트설비의 구성도

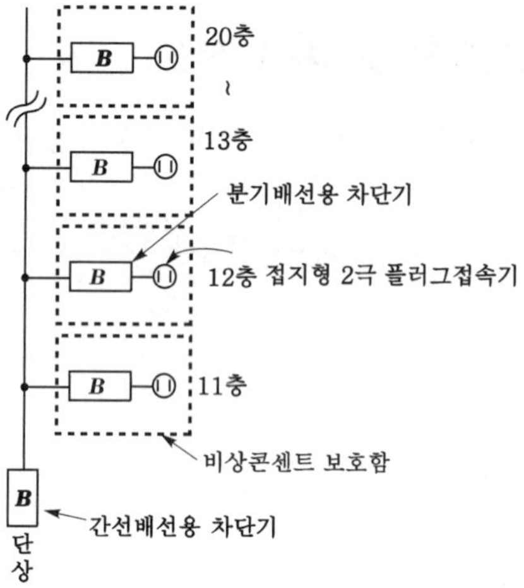

※ 비상콘센트의 심벌

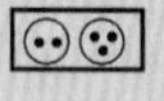

2 비상콘센트설비(NFPC 504 4조, NFTC 504 2.1.2) 문09 보기① 문10 보기①

구 분	전 압	공급용량	플러그접속기
단상 교류	220V	1.5kVA 이상	접지형 2극

기억법 단2(단위), 접2(접이식)

★★★
문제 09 비상콘센트설비의 전원회로로 옳은 것은?

18회 문114
15회 문122
14회 문123
09회 문119
04회 문107

① 단상교류 220V, 공급용량 1.5kVA 이상
② 단상교류 110V, 공급용량 3kVA 이상
③ 단상교류 380V, 공급용량 3kVA 이상
④ 단상교류 200V, 공급용량 1.5kVA 이상

해설 ① 단상교류 : 전압 **220V**, 공급용량 **1.5kVA** 이상

답 ①

| 접지형 2극 플러그접속기 |

※ 플러그접속기
'콘센트'를 의미한다.

① 하나의 전용회로에 설치하는 비상콘센트는 **10개** 이하로 할 것(전선의 용량은 최대 **3개**) 문10 보기④

설치하는 비상콘센트 수량	전선의 용량산정시 적용하는 비상콘센트 수량	전선의 용량
1	1개 이상	1.5kVA 이상
2	2개 이상	3.0kVA 이상
3~10	3개 이상	4.5kVA 이상

② 전원회로는 각 층에 있어서 **2 이상**이 되도록 설치할 것(단, 설치하여야 할 층의 콘센트가 **1개**인 때에는 하나의 회로로 할 수 있다.) 문10 보기②

③ 플러그접속기의 칼받이 접지극에는 **접지공사**를 하여야 한다.

④ 풀박스는 1.6mm 이상의 철판을 사용할 것 문10 보기③

⑤ 절연저항은 **전원부**와 **외함** 사이를 **직류 500V 절연저항계**로 측정하여 20MΩ 이상일 것

⑥ 전원으로부터 각 층의 비상콘센트에 분기되는 경우에는 **분기배선용 차단기**를 보호함 안에 설치할 것

⑦ 바닥으로부터 0.8~1.5m 이하의 높이에 설치할 것

⑧ 전원회로는 주배전반에서 **전용회로**로 하며, 배선의 종류는 **내화배선**이어야 한다.

★★

문제 10 **비상콘센트설비의 화재안전기술기준상 전원회로의 설치기준으로 옳지 않은 것은?**

18회 문114
14회 문124
13회 문123
09회 문119

① 비상콘센트설비의 전원회로는 단상교류 220V인 것으로서, 그 공급용량은 1.5kVA 이상인 것으로 할 것

② 전원회로는 각 층에 2 이상이 되도록 설치할 것(다만, 설치하여야 할 층의 비상콘센트가 1개인 때에는 하나의 회로로 할 수 있다)

③ 비상콘센트용의 풀박스 등은 방청도장을 한 것으로서, 두께 1.6mm 이상의 철판으로 할 것

④ 하나의 전용회로에 설치하는 비상콘센트는 15개 이하로 할 것
10개

답 ④

참고

접지시스템(KEC 140)

(1) 접지시스템 구분

접지 대상	접지시스템 구분	접지시스템 시설 종류	접지도체의 단면적 및 종류
특고압·고압 설비	• 계통접지 : 전력계통의 이상현상에 대비하여 대지와 계통을 접지하는 것 • 보호접지 : 감전보호를 목적으로 기기의 한 점 이상을 접지하는 것 • 피뢰시스템 접지 : 뇌격전류를 안전하게 대지로 방류하기 위해 접지하는 것	• 단독접지 • 공통접지 • 통합접지 • **변압기 중성점 접지**	$6mm^2$ 이상 연동선
일반적인 경우			구리 $6mm^2$ (철제 $50mm^2$) 이상
변압기			$16mm^2$ 이상 연동선

Key Point

＊ 접지
회로의 일부분을 대지에 도선 등의 도체로 접속하여 영전위가 되도록 하는 것

＊ 풀박스(Pull box)
배관이 긴 곳 또는 굴곡부분이 많은 곳에서 시공을 용이하게 하기 위하여 배선도중에 사용하여 전선을 끌어들이기 위한 박스

＊ 절연저항시험
DC 500V 절연저항계로 20MΩ 이상

＊ 절연저항시험 정의
전원부와 외함 등의 절연이 얼마나 잘 되어 있는가를 확인하는 시험

Key Point

(2) **접지도체에 피뢰시스템이 접속되는 경우 접지도체의 단면적**(KEC 142.3.1)

구 리	철 제
$16mm^2$ 이상	$50mm^2$ 이상

(3) **큰 고장전류가 접지도체를 통하여 흐르지 않을 경우 접지도체의 최소 단면적**(KEC 142.3.1)

구 리	철 제
$6mm^2$ 이상	$50mm^2$ 이상

3 비상콘센트설비의 설치대상(소방시설법 시행령 〔별표 4〕)

① **11층** 이상의 층

② **지하 3층** 이상이고, 지하층의 바닥면적의 합계가 **1000m²** 이상인 것은 지하 전 층

③ 터널길이 **500m** 이상

* **절연내력시험**
평상시보다 높은 전압을 인가하여 절연이 파괴되는지의 여부를 확인하는 시험

4 절연내력시험(NFPC 504 4조, NFTC 504 2.1.6.2)

① 150V 이하 : 1000V의 실효전압을 가하여 1분 이상 견딜 것

② 150V 초과 : (정격전압×2) +1000V의 실효전압을 가하여 **1분** 이상 견딜 것

* **설치높이**
① 시각경보장치 2~2.5m 이하(단, 천장의 높이가 2m 이하인 경우에는 천장으로부터 0.15m 이내의 장소에 설치)
② 기타 기기 0.8~1.5m 이하

5 설치거리(NFPC 504 4조, NFTC 504 2.1.5.2.1, 2.1.5.2.2)

조 건	설치거리
지하상가 또는 **지하층**의 바닥면적의 합계가 **3000m²** 이상	수평거리 **25m** 이하
기 타	수평거리 **50m** 이하

6 비상콘센트의 배치(NFPC 504 4조, NFTC 504 2.1.5.2)

조 건	배 치
• 바닥면적 **1000m² 미만** 층	• 계단의 출입구로부터 **5m** 이내
• 바닥면적 **1000m² 이상** 층	• 각 계단의 출입구로부터 **5m** 이내 • 계단부속실의 출입구로부터 **5m** 이내

7 비상콘센트 보호함의 시설기준(NFPC 504 5조, NFTC 504 2.2.1)

① 보호함에는 쉽게 개폐할 수 있는 **문**을 설치하여야 한다. 문11 보기①

② 보호함 표면에 '**비상콘센트**'라고 표시한 표지를 하여야 한다. 문11 보기②

③ 보호함 상부에 적색의 표시등을 설치하여야 한다(단, 비상콘센트의 보호함을 **옥내소화전함** 등과 접속하여 설치하는 경우에는 **옥내소화전함** 등의 표시등과 겸용할 수 있다). 문11 보기③④

Key Point

★
문제 11 **비상콘센트를 보호하기 위한 비상콘센트 보호함의 설치 중 옳지 않은 것은?**

① 비상콘센트 보호함에는 쉽게 개폐할 수 있는 문을 설치하여야 한다.
② 비상콘센트 보호함 내부에 '비상콘센트'라고 표시한 표식을 하여야 한다.
  표면
③ 비상콘센트 보호함 상부에 적색의 표시등을 설치하여야 한다.
④ 비상콘센트 보호함을 옥내소화전함등과 접속하여 설치하는 경우에는 옥내소화전함 등의 표시등과 겸용할 수 있다.

답 ②

| 비상콘센트 보호함 |

8 비상콘센트설비의 비상전원(NFPC 504 4조, NFTC 504 2.1.1.2)

지하층을 제외한 층수가 **7층** 이상으로서 연면적이 **2000m^2** 이상이거나 지하층의 바닥면적의 합계가 **3000m^2** 이상인 특정소방대상물의 비상콘센트설비에는 **자가발전설비**, **비상전원수전설비**, 축전지설비 또는 **전기저장장치**(외부 전기에너지를 저장해두었다가 필요한 때 전기를 공급하는 장치)를 비상전원으로 설치하여야 한다(단, 둘 이상의 변전소에서 전력을 동시에 공급받을 수 있거나 하나의 변전소로부터 전력의 공급이 중단되는 때에는 자동으로 다른 변전소로부터 전력을 공급받을 수 있도록 **상용전원**을 설치한 경우에는 비상전원을 설치하지 아니할 수 있다). 문12 보기④

- 비상콘센트설비의 비상전원용량 : **20분** 이상

★★★
문제 12 **다음은 비상콘센트설비의 화재안전기술기준상 전원의 설치기준이다. ( ) 안에 들어갈 것으로 옳은 것은?**

18회 문114
15회 문122
14회 문123
13회 문123
09회 문119

> 지하층을 제외한 층수가 (㉠)층 이상으로서 연면적이 (㉡)m^2 이상이거나 지하층의 바닥면적의 합계가 (㉢)m^2 이상인 특정소방대상물의 비상콘센트설비에는 자가발전설비, 비상전원수전설비, 축전지설비 또는 전기저장장치(외부 전기에너지를 저장해두었다가 필요한 때 전기를 공급하는 장치를 말한다)를 비상전원으로 설치할 것

① ㉠ : 5, ㉡ : 1000, ㉢ 2000
② ㉠ : 5, ㉡ : 2000, ㉢ 3000
③ ㉠ : 7, ㉡ : 1000, ㉢ 2000
④ ㉠ : 7, ㉡ : 2000, ㉢ 3000

*** 비상콘센트설비의 비상전원 설치대상**
① 지하층을 제외한 7층 이상으로 연면적 2000m^2 이상
② 지하층의 바닥면적 합계 3000m^2 이상

*** 비상전원**
1. 유도등 : 축전지
2. 비상콘센트설비
 ① 자가발전설비
 ② 비상전원수전설비
 ③ 축전지설비
 ④ 전기저장장치
3. 옥내소화전설비
 ① 자가발전설비
 ② 축전지설비
 ③ 전기저장장치

*** 한국전기설비규정(KEC)에서 전압의 구분**
1. 저압
 ① 교류
  $V \geq 1000$
 ② 직류
  $V \geq 1500$
2. 고압
 ① 교류
  $7000 \geq V > 1000$
 ② 직류
  $7000 \geq V > 1500$
3. 특고압
 7000V 초과

Key Point

해설 **비상콘센트설비**의 **비상전원설치대상**(NFPC 504 4조, NFTC 504 2.1.1.2)
(1) **지하층**을 **제외**한 층수가 **7층** 이상으로서 연면적이 **2000m²** 이상
(2) 지하층의 바닥면적의 합계가 **3000m²** 이상

답 ④

※ **상용전원회로의 배선**
① 저압수전 : 인입개폐기의 직후에서 분기
② 특 · 고압수전 : 전력용 변압기 2차측의 주차단기 1차측 또는 2차측에서 분기

9 비상콘센트설비의 상용전원회로의 배선(NFPC 504 4조, NFTC 504 2.1.1.1)

① **저압수전**인 경우에는 인입개폐기의 직후에서 분기하여 **전용배선**으로 하여야 한다.

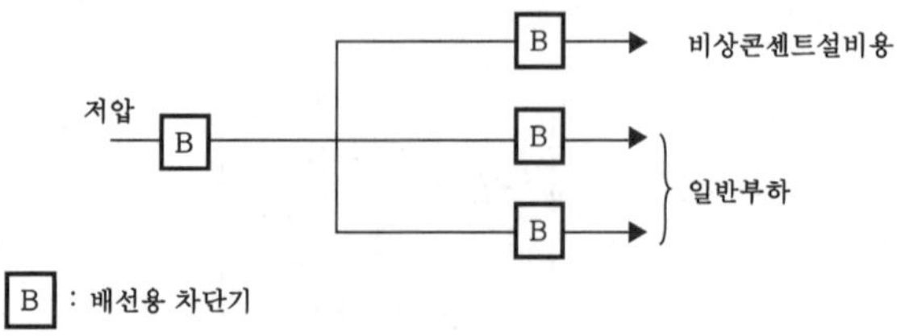

② 고압수전 또는 특고압수전인 경우에는 전력용 변압기 2차측의 주차단기 1차측 또는 2차측에서 분기하여 **전용배선**으로 하여야 한다.

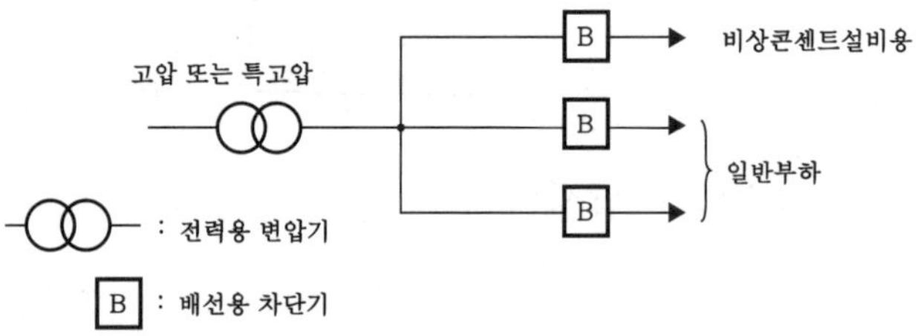

10 전선의 종류

약 호	명 칭	최고 허용온도
OW	옥외용 비닐절연전선	60℃
DV	인입용 비닐절연전선	
HFIX	450/750V 저독성 난연 가교 폴리올레핀 절연전선	90℃
CV	가교폴리에틸렌 절연비닐외장케이블	
MI	미네랄 인슐레이션케이블	
IH	하이퍼론 절연전선	95℃

※ **전선관**
'금속관'이라고도 부른다.

참고

전선관의 종류

후강전선관	박강전선관
표시된 규격은 **내경**을 의미하며, **짝수**로 표시된다. **폭발성 가스** 저장장소에 사용된다. 규격 : 16mm, 22mm, 28mm, 36mm, 42mm, 54mm, 70mm, 82mm, 92mm, 104mm	표시된 규격은 **외경**을 의미하며, **홀수**로 표시된다. 규격 : 19mm, 25mm, 31mm, 39mm, 51mm, 63mm, 75mm

Key Point

※ 도면 표기방법

단상 2선식	3상 3선식
$1\phi 2$ W	$3\phi 3$ W

※ 전기방식의 구분
① 소방펌프 : 3상 3선식
② 기타 : 단상 2선식

11 전선의 단면적 계산

전기방식	전선단면적
단상 2선식	$A = \frac{35.6LI}{1000e}$ 문13 보기②
3상 3선식	$A = \frac{30.8LI}{1000e}$

여기서, A : 전선의 단면적〔mm^2〕
L : 선로길이〔m〕
I : 전부하전류〔A〕
e : 각 선간의 전압강하〔V〕

문제 13 ★ 19회 문105 10회 문 49

수신기에서 200m(L) 떨어진 곳에 지구경종이 설치되어 있다. 흐르는 전류가 1A(I)이고, 전선의 단면적이 $4mm^2$(A)라 할 때 전압강하(e)는 약 몇 V인가?

① 1.3 ② 1.8 ③ 2.3 ④ 3.5

해설
- 소방펌프 : 3상 3선식, 기타 : 단상 2선식

(1) 기호
- L : 200m
- I : 1A
- A : $4mm^2$
- e : ?

(2) 전압강하 e는

$$e = \frac{35.6LI}{1000A} = \frac{35.6 \times 200 \times 1}{1000 \times 4} \fallingdotseq 1.8\text{V}$$

답 ②

Key Point

※ 무선통신보조설비
화재시 소방관 상호간의 원활한 무선통화를 위해 사용하는 설비

※ 무선통신보조설비의 구성요소
① 누설동축케이블
② 동축케이블
③ 옥외안테나
④ 분배기
⑤ 증폭기
⑥ 혼합기
⑦ 분파기

※ 각 저항의 사용설비

무반사 종단 저항	종단 저항
무선통신보조설비	① 자동화재탐지설비 ② 제연설비 ③ 이산화탄소소화설비 ④ 할론소화설비 ⑤ 분말소화설비 ⑥ 포소화설비 ⑦ 준비작동식 스프링클러설비

4 무선통신보조설비

출제확률 3% (1문제)

1 무선통신보조설비의 설치기준(NFPC 505 5~7조, NFTC 505 2.2~2.4)

① 누설동축케이블 및 안테나는 **금속판** 등에 의하여 **전파의 복사** 또는 **특성**이 현저하게 저하되지 아니하는 위치에 설치할 것

② **누설동축케이블**과 이에 접속하는 **안테나** 또는 **동축케이블**과 이에 접속하는 **안테나**일 것

③ 누설동축케이블 및 동축케이블은 불연 또는 난연성의 것으로서 습기 등의 환경조건에 따라 전기의 특성이 변질되지 않는 것으로 하고, 노출하여 설치한 경우에는 피난 및 통행에 장애가 없도록 할 것

④ 누설동축케이블 및 동축케이블은 화재에 따라 해당 케이블의 피복이 소실된 경우에 케이블 본체가 떨어지지 아니하도록 4m 이내마다 **금속제** 또는 **자기제** 등의 지지금구로 **벽** · 천장 · 기둥 등에 견고하게 고정시킬 것(단, **불연재료**로 구획된 반자 안에 설치하는 경우는 제외)

⑤ 누설동축케이블 및 안테나는 **고압**전로로부터 1.5m 이상 떨어진 위치에 설치할 것(해당 전로에 **정전기차폐장치**를 유효하게 설치한 경우에는 제외) 문14 보기④

기억법 **불벽, 정고압**

★★★

문제 14 **무선통신보조설비의 안테나는 고압의 전로로부터 몇 m 이상 떨어진 위치에 설치하는가? (단, 해당 전로에 정전기차폐장치를 유효하게 설치하지 않았다고 한다.)**

18회 문102
17회 문118
14회 문124
12회 문105
07회 문 27

① 0.8　　② 1.0
③ 1.2　　④ 1.5

해설 ④ 누설동축케이블 및 안테나는 고압의 전로로부터 1.5m 이상 떨어진 위치에 설치할 것

답 ④

⑥ 누설동축케이블의 끝부분에는 **무반사종단저항**을 설치할 것

⑦ 누설동축케이블, 동축케이블, 분배기, 분파기, 혼합기 등의 임피던스는 50Ω으로 할 것

⑧ 증폭기의 전면에는 **표시등** 및 **전압계**를 설치할 것

⑨ **건축물**, **지하가**, **터널** 또는 **공동구**의 출입구 및 출입구 인근에서 통신이 가능한 장소에 설치할 것

⑩ 다른 용도로 사용되는 안테나로 인한 **통신장애**가 발생하지 않도록 설치할 것

⑪ 옥외안테나는 견고하게 설치하며 파손의 우려가 없는 곳에 설치하고 그 가까운 곳의 보기 쉬운 곳에 "**무선통신보조설비 안테나**"라는 표시와 함께 통신가능거리를 표시한 표지를 설치할 것

Key Point

⑫ 수신기가 설치된 장소 등 사람이 상시 근무하는 장소에는 옥외안테나의 위치가 모두 표시된 옥외안테나 위치표시도를 비치할 것

⑬ 소방전용 주파수대에 **전파의 전송** 또는 **복사**에 적합한 것으로서 **소방전용**의 것으로 할 것(단, 소방대 상호간의 **무선연락**에 지장이 없는 경우에는 다른 용도와 겸용할 수 있다.)

⑭ **비상전원용량**

설비의 종류	비상전원용량
자동화재탐지설비, 비상경보설비, 자동화재속보설비	**10분** 이상
유도등, 비상조명등, 비상콘센트설비, 제연설비, 물분무소화설비, 옥내소화전설비(30층 미만), 특별피난계단의 계단실 및 부속실 제연설비(30층 미만), 스프링클러설비(30층 미만), 연결송수관설비(30층 미만)	**20분** 이상
무선통신보조설비의 증폭기 문15 보기③	**30분** 이상
옥내소화전설비(30~49층 이하), 특별피난계단의 계단실 및 부속실 제연설비(30~49층 이하), 연결송수관설비(30~49층 이하), 스프링클러설비(30~49층 이하)	**40분** 이상
유도등·비상조명등(지하상가 및 11층 이상), 옥내소화전설비(50층 이상), 특별피난계단의 계단실 및 부속실 제연설비(50층 이상), 연결송수관설비(50층 이상), 스프링클러설비(50층 이상)	**60분** 이상

★★★

문제 15 **무선통신보조설비의 증폭기에 부착된 비상전원이 유효하게 작동해야 하는 기준 시간으로 알맞은 것은?**

① 20분 이상 ② 25분 이상
③ 30분 이상 ④ 60분 이상

해설 ③ 무선통신보조설비의 증폭기 비상전원용량 : 30분 이상

답 ③

용어

(1) **누설동축케이블과 동축케이블**

누설동축케이블	동축케이블
동축케이블의 외부도체에 가느다란 홈을 만들어서 전파가 외부로 새어나갈 수 있도록 한 케이블. **정합손실**이 **큰 것**을 사용	유도장애를 방지하기 위해 전파가 누설되지 않도록 만든 케이블. **정합손실**이 **작은 것**을 사용

(2) **종단저항과 무반사종단저항**

종단저항	무반사 종단저항
감지기회로의 도통시험을 용이하게 하기 위하여 **감지기회로**의 **끝부분**에 설치하는 저항	전송로로 전송되는 전자파가 전송로의 종단에서 반사되어 교신을 방해하는 것을 막기 위해 **누설동축케이블**의 **끝부분**에 설치하는 저항

* **누설동축케이블의 임피던스**
50Ω

Key Point

＊ 증폭기
신호전송시 신호가 약해져 수신이 불가능해지는 것을 방지하기 위해서 증폭하는 장치

2 무선통신보조설비의 증폭기 및 무선중계기의 설치기준(NFPC 505 8조, NFTC 505 2.5)

① 전원은 **축전지설비**, **전기저장장치**(외부에너지를 저장해 두었다가 필요한 때 전지를 공급하는 장치) 또는 **교류전압 옥내간선**으로 하고, 전원까지의 배선은 **전용**으로 할 것
② 증폭기의 전면에는 전원확인 **표시등** 및 **전압계**를 설치할 것
③ 증폭기의 비상전원용량은 **30분** 이상일 것
④ **증폭기 및 무선중계기**를 설치하는 경우 전파법 규정에 따른 적합성 평가를 받은 제품으로 설치할 것

기억법 **증표압**

⑤ 디지털방식의 무전기를 사용하는 데 지장이 없도록 설치할 것

3 무선통신보조설비의 설치제외(NFPC 505 4조, NFTC 505 2.1)

① **지**하층으로서 **특**정소방대상물의 바닥부분 **2면 이상**이 지표면과 동일한 경우의 해당층 문16 보기②
② **지**하층으로서 **지**표면으로부터의 깊이가 **1m 이하**인 경우의 해당층

기억법 **지특2(쥐가 특이하다.), 지지1**

문제 16 **지하층으로서 소방대상물의 바닥부분 몇 면 이상이 지표면과 동일한 경우의 해당층에는 무선통신보조설비의 설치를 제외할 수 있는가?**

① 1 ② 2
③ 3 ④ 4

해설 ② **지하층**으로서 소방대상물의 바닥부분 **2면 이상**의 지표면과 동일한 경우의 해당층

답 ②

4 누설동축케이블의 결합손실

①
$$LC = -20\log\frac{V_R}{V_r}\,[\text{dB}]$$

②
$$LC = -20\log\frac{I_R}{I_r}\,[\text{dB}]$$

③
$$LC = -10\log\frac{P_R}{P_r}\,[\text{dB}]$$

Key Point

여기서, V_R : 수신전압[V]

V_r : 송신전압[V]

I_R : 수신전류[A]

I_r : 송신전류[A]

P_R : 수신전력[W]

P_r : 송신전력[W]

• 수식에서 '−'는 손실을 의미한다.

5 옥내배선기호

명 칭	그림기호	비 고
누설동축케이블	———	• 천장에 은폐하는 경우 : —·—
안테나		• 내열형 : 
분배기	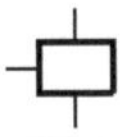	−
무선기기접속단자		• 소방용 :  • 경찰용 :  • 자위용 : 
혼합기		−
분파기 (필터 포함)		−

※ 분배기
신호의 전송로가 분기되는 장소에 설치하는 것으로 임피던스 매칭(Matching)과 신호 균등분배를 위해 사용하는 장치

※ 분파기
서로 다른 주파수의 합성된 신호를 분리하기 위해서 사용하는 장치

※ 혼합기
두 개 이상의 입력신호를 원하는 비율로 조합한 출력이 발생하도록 하는 장치

길에서 돌이 나타나면
약자는 그것을 걸림돌이라 하고
강자는 그것을 디딤돌이라 한다.

소방시설관리사 1차

Part 5 위험물의 성질 · 상태 및 시설기준

'할 수 있다'고 말하다 보면 결국 실천하게 된다.

- 사이먼 쿠퍼(Simon Cooper) -

출제경향분석

PART 05

위험물의 성질·상태 및 시설기준

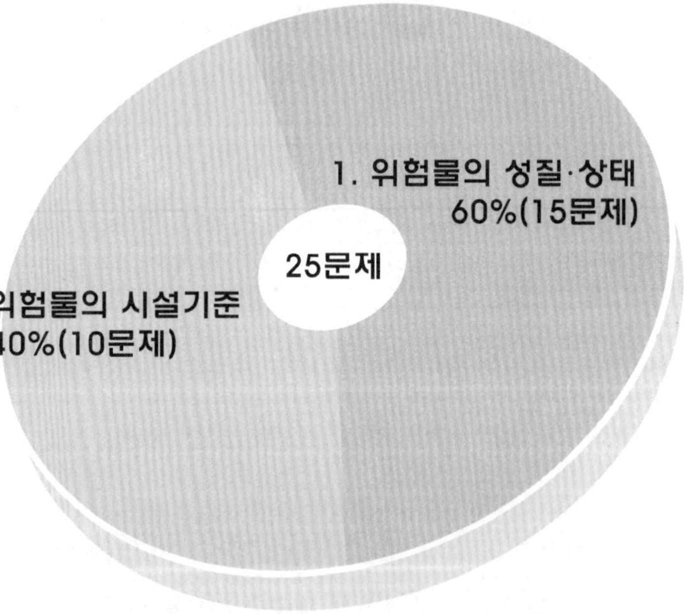

CHAPTER

01 위험물의 성질 · 상태

1 제1류 위험물

출제확률 6.4% (2문제)

1 제1류 위험물의 종류 및 지정수량

성질	품 명	지정수량	대표물질	위험등급
산화성 고체	염소산염류	50kg	염소산칼륨 · 염소산나트륨 · 염소산암모늄	Ⅰ
	아염소산염류		아염소산칼륨 · 아염소산나트륨	Ⅰ
	과염소산염류 문01 보기①		과염소산칼륨 · 과염소산나트륨 · 과염소산암모늄	Ⅰ
	무기과산화물		과산화칼륨 · 과산화나트륨 · 과산화바륨	Ⅰ
	크로뮴 · 납 또는 아이오딘의 산화물	300kg	삼산화크로뮴	Ⅱ
	브로민산염류 문01 보기②		브로민산칼륨 · 브로민산나트륨 · 브로민산바륨 · 브로민산마그네슘	Ⅱ
	질산염류		질산칼륨 · 질산나트륨 · 질산암모늄	Ⅱ
	아이오딘산염류 문01 보기③		아이오딘산칼륨 · 아이오딘산칼슘	Ⅱ
	과망가니즈산염류	1000kg	과망가니즈산칼륨 · 과망가니즈산나트륨	Ⅲ
	다이크로뮴산염류 문01 보기④		다이크로뮴산칼륨 · 다이크로뮴산나트륨 · 다이크로뮴산암모늄	Ⅲ

★★★

문제 01 위험물안전관리법령상 제1류 위험물의 지정수량으로 옳지 않은 것은?

19회 문 88
18회 문 71
18회 문 86
17회 문 87
16회 문 80
16회 문 85
15회 문 77
14회 문 77
14회 문 78
12회 문 82

① 과염소산염류－50킬로그램

② 브로민산염류－200킬로그램
300

③ 아이오딘산염류－300킬로그램

④ 다이크로뮴산염류－1000킬로그램

답 ②

유사문제부터 풀어보세요. 실력이 팍!팍! 올라갑니다.

Key Point

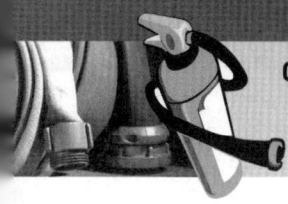

※ 위험물
대통령령으로 정하는 인화성 또는 발화성 물품

Key Point

2 제1류 위험물의 개요

(1) 일반성질

① 상온에서 **고체상태**이며, 산화위험성 · 폭발위험성 · 유해성 등을 지니고 있다.
② **반응속도**가 대단히 **빠르다.**
③ 가열 · 충격 및 다른 화학제품과 접촉시 쉽게 분해하여 산소를 방출한다.
④ **조연성 · 조해성** 물질이다.
⑤ 일반적으로 불연성이며 강산화성 물질이다.
⑥ 모두 **무기화합물**이다.
⑦ 물보다 **무겁다.**
⑧ 대부분 **무색결정** 또는 **백색분말**로서 비중이 1보다 크며, 대부분 물에 잘 녹는다.

문02 보기①

※ **조연성 물질**
다른 가연물의 연소를 돕는 물질로서 '지연성 물질'이라고도 한다.

★★★
문제 02 대부분 무색결정 또는 백색분말로서 비중이 1보다 크며, 대부분 물에 잘 녹는 위험물은?

19회 문 76
17회 문 76
16회 문 83
15회 문 86
13회 문 77
06회 문 98
02회 문 99

① 제1류 위험물　　② 제2류 위험물
③ 제3류 위험물　　④ 제4류 위험물

해설
① 제1류 위험물 : 대부분 무색결정 또는 백색분말로서 비중이 1보다 크며, 대부분 물에 잘 녹는 위험물

답 ①

(2) 저장 및 취급방법

① 산화되기 쉬운 물질과 화재위험이 있는 곳으로부터 멀리할 것
② 환기가 잘 되는 곳에 저장할 것
③ 가연물 및 분해성 물질과의 접촉을 피할 것
④ **습기**에 **주의**하며 **밀폐용기**에 **저장**할 것

(3) 소화방법

① 다량의 물로 **냉각소화**를 한다(단, **무기과산화물**은 **마른모래 · 건조분말** 등에 의한 질식소화).
② 화재초기 또는 소량화재시는 포 · 분말 · 이산화탄소 · 할론에 의한 질식소화도 가능하다.
③ 주변의 가연성 물질을 제거한다.

※ **무기과산화물**
제1류 위험물

※ **유기과산화물**
제5류 위험물

3 제1류 위험물의 일반성상

1) 염소산염류

염소산($HClO_3$)의 수소(H)가 금속 또는 다른 양이온으로 치환된 화합물의 총칭

Key Point

✻ 염소산칼륨의 별명
① 염소산칼리
② 염산칼리
③ 염박
④ 클로르산칼리

(1) 염소산칼륨($KClO_3$)

분자량	122.5
비 중	2.34
용해도	20℃에서 7.3
융 점	370℃
분해온도	약 400℃

① 일반성질

㉠ 광택이 있는 **무색무취**의 결정 또는 **백색분말**이다. 문03 보기②

㉡ **온수 · 알칼리 · 글리세린**에 잘 녹으며, 냉수 및 알코올에는 잘 녹지 않는다. 문03 보기①

㉢ 다른 가연물과 혼합하여 가열하면 급격히 연소한다.

㉣ **불연성 물질**이다.

② 위험성

㉠ **짠맛**이 나며 차갑고 **독성**이 있다.

㉡ 약 400℃ 부근에서 분해하여 **산소**가 발생하며 촉매인 **이산화망가니즈**(MnO_2) 등이 존재하면 분해가 촉진된다.

㉢ 상온에서 **단독**으로는 **안정**하나 이산화성 물질 · 강산 · 중금속염의 혼합은 폭발 위험이 있다.

㉣ **강산화제**이다.

㉤ 황산과 접촉으로 격렬하게 반응하여 ClO_2를 발생한다. 문03 보기③

㉥ 적린과 혼합하면 가열 · 충격 · 마찰에 의해 폭발할 수 있다. 문03 보기④

㉦ 인체에 유독하다. 문03 보기②

③ 저장 및 취급방법

㉠ 장기보존시 일광에 의해 분해되어 산소를 발생시키므로 용기를 밀봉하여 냉암소에 보관할 것

㉡ 가열 · 충격 · 마찰 · 분해를 촉진시키는 약품과의 접촉을 피할 것

㉢ 통풍이 잘 되도록 할 것

④ 소화방법

다량의 **물**로 **냉각소화**한다(화재초기에는 포 · 분말도 가능).

문제 03 염소산칼륨($KClO_3$)에 관한 설명으로 옳지 않은 것은?
14회 문 76

① 냉수, 알코올에 잘 녹는다.
온수, 알칼리
② 무색 결정으로 인체에 유독하다.
③ 황산과 접촉으로 격렬하게 반응하여 ClO_2를 발생한다.
④ 적린과 혼합하면 가열 · 충격 · 마찰에 의해 폭발할 수 있다.

답 ①

Key Point

* **염소산나트륨의 별명**
① 염소산소다
② 염조
③ 클로르산소다
④ 클로르산나트륨

* **염소산나트륨**
물과의 접촉을 피할 것

* **조해성**
고체가 공기 중의 수분을 흡수하여 액체가 되는 성질

* **염소산암모늄의 별명**
염소산암몬

(2) 염소산나트륨($NaClO_3$)

분자량	106.5
비 중	2.5
용해도	20℃에서 101
융 점	250℃
분해온도	약 300℃

① 일반성질
㉠ **무색 · 무취**의 결정 또는 분말이다.
㉡ **물 · 알코올 · 에테르 · 글리세린** 등에 잘 녹는다.
㉢ **조해성 · 흡습성**이 강하다.

② 위험성
㉠ 강력한 산화제로서 **흡습성**이 좋아 **철**을 **부식**시킨다.
㉡ 암모니아 · 아민류와 혼합시 폭발성 물질을 형성한다.
㉢ **독성**이 있으므로 다량섭취하면 위험하다.

③ 저장 및 취급방법
㉠ **가열 · 충격 · 마찰** 등을 피하고 분해하기 쉬운 약품과의 접촉을 피할 것
㉡ **방습**에 유의하여 **냉암소**에 보관할 것
㉢ 철을 부식시키므로 철제용기에는 보관을 금할 것

④ 소화방법
다량의 **물**로 **냉각소화**한다(화재초기에는 포 · 분말도 가능).

(3) 염소산암모늄(NH_4ClO_3)

분자량	101.5
비 중	1.8
분해온도	약 100℃

① 일반성질
㉠ **무색**의 결정이다.
㉡ **조해성**이 있으며, 불안정한 폭발성 **산화제**이다.
㉢ 수용액은 **산화성**이며 **금속부식성**이 크다.
㉣ 물보다 **무겁다.**

② 위험성
㉠ 폭발기(NH_4)와 산화기(ClO_3)의 결합으로 폭발성이 크다.
㉡ 기타는 염소산칼륨에 준한다.

③ 저장 및 취급방법
염소산칼륨에 준한다.

④ 소화방법
다량의 **물**로 **냉각소화**한다(화재초기에는 포 · 분말도 가능).

Key Point

2) 아염소산염류

아염소산($HClO_2$)의 수소(H)가 금속 또는 다른 양이온으로 치환된 화합물의 총칭

(1) 아염소산나트륨($NaClO_2$)

① 일반성질

㉠ **무색** 또는 **백색**의 결정성 분말이다.

㉡ **조해성**이 있으며 물에 잘 녹는다.

㉢ 산을 가하면 분해하여 유독가스인 **이산화염소**(ClO_2)를 발생시킨다.

② 위험성

㉠ 황 · 금속분 등의 **환원성 물질**과 혼촉시 발화한다.

㉡ **단독**으로 **폭발**이 가능하다.

㉢ 비교적 안정하나 시판품은 **140℃** 이상의 온도에서 발열 · 분해하여 폭발한다.

㉣ 매우 불안정하여 180℃ 이상 가열하면 발열 분해하여 O_2를 발생한다. 문04 보기①

㉤ 가연성 물질과 혼합되었을 때 가열, 충격, 마찰에 의해 발화 · 폭발한다. 문04 보기②

㉥ 암모니아, 아민류와 반응하여 폭발성의 물질을 생성한다. 문04 보기③

㉦ 수용액상태에서도 산화력을 가지고 있다. 문04 보기④

③ 저장 및 취급방법

㉠ 환기가 잘 되는 냉암소에 보관할 것

㉡ **습기**에 주의하여 용기는 밀봉할 것

④ 소화방법

다량의 **물**로 **냉각소화**한다(화재초기에는 포 · 분말도 가능).

※ **아염소산나트륨의 별명**
아염소산소다

★ 문제 04 **아염소산나트륨($NaClO_2$)에 관한 설명으로 옳지 않은 것은?**

19회 문 76
16회 문 83
17회 문 76
15회 문 86
13회 문 77
06회 문 98
05회 문 77
02회 문 99

① 매우 불안정하여 180℃ 이상 가열하면 발열 분해하여 O_2를 발생한다.
② 가연성 물질로서 가열, 충격, 마찰에 의해 발화, 폭발한다.
가연성 물질과 혼합되었을 때
③ 암모니아, 아민류와 반응하여 폭발성의 물질을 생성한다.
④ 수용액상태에서도 산화력을 가지고 있다.

답 ②

(2) 아염소산칼륨($KClO_2$)

① 일반성질

㉠ **백색**의 침상결정 또는 결정성 분말이다.

㉡ **조해성**이 있다.

㉢ 가열하여 약 **160℃**가 되면 **산소**를 발생시킨다.

② 위험성

㉠ **황린 · 황 · 황화합물 · 목탄분**과 혼합시 폭발의 위험이 있다.

㉡ 열 · 일광 · 충격 등에 의한 폭발의 위험이 있다.

※ **조해성**
공기 중의 습기를 흡수하여 액체가 되는 성질

Key Point

③ 저장 및 취급방법

아염소산나트륨에 준한다.

④ 소화방법

아염소산나트륨에 준한다.

3) 과염소산염류

과염소산($HClO_4$)의 수소(H)가 금속 또는 다른 양이온으로 치환된 화합물의 총칭

※ 과염소산칼륨의 별명
① 과염소산칼리
② 과클로르산칼리
③ 퍼클로르산칼리

(1) 과염소산칼륨($KClO_4$)

분자량	138.5
비 중	2.52
용해도	20℃에서 1.8
융 점	610℃
분해온도	약 400℃

① 일반성질

㉠ **무색 · 무취**의 사방정계 결정 또는 **백색**분말이다.

㉡ **물 · 알코올 · 에터** 등에 녹지 않는다.

㉢ 400℃ 이상에서 분해하여 산소를 발생시킨다.

㉣ 상온에서 비교적 **안정성**이 높다.

② 위험성

㉠ **진한 황산**과 접촉시 **폭발**한다.

㉡ **금속분 · 황 · 강환원제 · 에터** 등의 가연물과 혼합시 가열 · 충격 · 마찰 등에 의해 폭발한다.

※ 금속분
① 아연
② 알루미늄

③ 저장 및 취급방법

㉠ 화기를 차단하고 환기가 잘 되는 냉암소에 보관할 것

㉡ **황**(S) · **인**(P) · **알루미늄**(Al) · **마그네슘**(Mg) 등과 분리 저장할 것

㉢ 자신은 불연성이지만 강력한 산화제이다.

④ 소화방법

다량의 **물**로 **냉각소화**한다(화재초기에는 포 · 분말도 가능).

※ 과염소산나트륨의 별명
과염소산소다

(2) 과염소산나트륨($NaClO_4$)

분자량	122.5
비 중	2.5
용해도	0℃에서 170
융 점	480℃
분해온도	약 400℃

① 일반성질

㉠ **무색 · 무취**의 사방정계 결정 또는 **백색**분말이다.

㉡ **조해성**이다.

㉢ **물 · 알코올 · 아세톤**에는 잘 녹지만, 에터에는 녹지 않는다.

② 위험성

㉠ **하이드라진 · 가연성 분말 · 유기물 · 비소** 등의 가연물과 혼합시 가열 · 충격 · 마찰 등에 의해 폭발한다.

㉡ 종이 · 나무 등과 습기 또는 직사광선을 받으면 발화위험이 있다.

③ 저장 및 취급방법

㉠ **가연물** 또는 **유기물**과 혼합 · 혼재를 피할 것

㉡ **흡수성**이 강하므로 방수 · 방습에 주의할 것

④ 소화방법

다량의 **물**로 **냉각소화**한다(화재초기에는 포 · 분말도 가능).

(3) 과염소산암모늄(NH_4ClO_4)

＊ 과염소산암모늄의 별명
과염소산암모른

분자량	117.5
비 중	1.87
분해온도	약 130℃

＊ 과염소산암모늄
① 폭약이나 성냥의 원료로 쓰임.
② 상온에서도 폭발성이 있음.

① 일반성질

㉠ **무색 · 무취**의 결정 또는 **백색**분말이다.

㉡ **조해성**이다.

㉢ 물 · 알코올 · 아세톤에는 잘 녹지만, 에터에는 녹지 않는다.

㉣ 강알칼리에 의해 **암모니아**(NH_3)를 발생시킨다.

② 위험성

㉠ 가연성 분말 · 가연물과 혼합시 **폭발**의 **위험**이 증가한다.

㉡ 130℃ 이상에서 분해되어 염소가스를 방출시킨다.

㉢ 300℃에서 급격히 분해한다.

③ 저장 및 취급방법

㉠ 분해온도 이상의 가열을 하지 않을 것

㉡ 건조시에는 폭발의 위험성이 크므로 주의할 것

④ 소화방법

다량의 **물**로 **냉각소화**한다(화재초기에는 포 · 분말도 가능).

＊ 무기과산화물과 유기과산화물

무기 과산화물	유기 과산화물
제1류 위험물	제5류 위험물

4) 무기과산화물

과산화수소(H_2O_2)의 수소(H)가 금속으로 치환된 화합물의 총칭으로, 분자 내에 -O-O-의 결합을 갖는 것

＊ 과산화칼륨의 별명
① 과산화칼리
② 이산화칼리

(1) 과산화칼륨(K_2O_2)

분자량	110
비 중	2.9
융 점	490℃

＊ 과산화칼륨과 물과의 반응식
$2K_2O_2 + 2H_2O \rightarrow 4KOH + O_2 \uparrow$

Key Point

① 일반성질

㉠ **무색** 또는 **오렌지색**의 분말이다.

㉡ **흡습성**이 있으며 물과 반응하여 발열하고 **산소**를 발생시킨다.

㉢ 공기 중의 탄산가스를 흡수하여 **탄산염**이 생성된다.

㉣ **과산화칼륨**(K_2O_2)이 **황산**(H_2SO_4)과 반응하였을 때 **과산화수소**(H_2O_2)가 발생한다.

$$K_2O_2 + H_2SO_4 \longrightarrow K_2SO_4 + H_2O_2 \uparrow$$ 문05 보기④

(과산화칼륨) (황산) (황산칼륨)(과산화수소)

★ **문제 05** **과산화칼륨이 황산과 반응하였을 때 생성되는 물질은?**

① 염소 ② 불소

③ 과산화칼륨 ④ 과산화수소

해설

④ $K_2O_2 + H_2SO_4 \rightarrow K_2SO_4 + H_2O_2 \uparrow$

(과산화칼륨) (황산) (황산칼륨)(과산화수소)

답 ④

② 위험성

㉠ 물과 접촉하면 발열하며 대량의 경우 폭발한다.

㉡ 가열 · 가연물의 혼입 · 마찰 또는 습기 등의 접촉은 대단히 위험하다.

③ 저장 및 취급방법

㉠ 저장시 **화기엄금 · 물기엄금**

㉡ 용기는 환기가 잘 되는 건랭한 장소에 보관할 것

④ 소화방법

㉠ **마른모래** 등으로 소화한다(화재초기에는 이산화탄소 · 분말도 가능).

㉡ 주수소화 엄금

(2) 과산화나트륨(Na_2O_2)

※ 과산화나트륨의 별명
① 과산화소다
② 나트륨퍼옥사이드

분자량	78
비 중	2.8
융 점	460℃
분해온도	약 657℃

① 일반성질

㉠ 보통은 **황색**의 분말 또는 과립상이다(순수한 것은 백색).

㉡ **흡습성**이 강하고 조해성이 있다.

㉢ 상온에서 **물**에 의해 분해되어 **수산화나트륨**(NaOH)과 산소(O_2)를 발생시킨다.

$$2Na_2O_2 + 2H_2O \longrightarrow 4NaOH + O_2 \uparrow$$ 문06 보기③

(과산화나트륨) (물) (수산화나트륨)(산소)

Key Point

★★★
문제 06 **물과 반응하여 수산화나트륨을 발생하는 무기과산화물은?**

16회 문 77
15회 문 85
12회 문 21
11회 문 95
10회 문 84
06회 문 96

① 다이크로뮴산나트륨 ② 과망가니즈산나트륨
③ 과산화나트륨 ④ 과염소산나트륨

해설
③ $2Na_2O_2 + 2H_2O \rightarrow 4NaOH + O_2 \uparrow$
(과산화나트륨) (물) (수산화나트륨)(산소)

답 ③

㉣ **이산화탄소**(CO_2)를 흡수하여 **산소**(O_2)를 발생시킨다.

$$2Na_2O_2 + 2CO_2 \longrightarrow 2Na_2CO_3 + O_2 \uparrow$$

㉤ **산**과 반응하여 **과산화수소**(H_2O_2)를 생성한다.

$$Na_2O_2 + 2HCl \longrightarrow 2NaCl + H_2O_2 \uparrow$$

② 위험성
㉠ **피부**를 **부식**시킨다.
㉡ 가연물과 접촉시 발화한다.
㉢ 물과 급격하게 반응하여 **산소**를 발생시키며, 다량일 경우 폭발한다.

③ 저장 및 취급방법
㉠ 화기를 엄금하고 냉암소에 보관할 것
㉡ 가열 · 충격 · 마찰 등을 피하고 유기물의 혼입을 막을 것

④ 소화방법
㉠ **마른모래 · 소금분말 · 건조석회** 등으로 **질식소화**한다.
㉡ 주수소화 엄금

※ 마른모래
예전에는 '건조사'라고 불렀다.

(3) 과산화바륨(BaO_2)

분자량	169
비 중	4.96
융 점	450℃
분해온도	840℃

※ 과산화바륨의 별명
① 과산화중토
② 이산화중토

① 일반성질
㉠ **백색** 또는 **회색**의 분말이다.
㉡ 알칼리토금속의 과산화물 중 **가장 안전**하다.
㉢ **냉수**에는 약간 녹지만, 아세톤에는 녹지 않는다.
㉣ **온수**와 접촉하면 **산소**를 발생한다.
㉤ **산**과 반응하여 **과산화수소**(H_2O_2)를 생성한다.

$$BaO_2 + H_2SO_4 \longrightarrow BaSO_4 + H_2O_2$$

Key Point

② 위험성

㉠ 840℃의 온도에서 분해하여 **산소**를 방출한다.

㉡ **유독성**이다.

③ 저장 및 취급방법

과산화나트륨에 준한다.

④ 소화방법

㉠ 화재초기에는 **마른모래 · 소다회 · 분말** 등으로 **소화**한다.

㉡ 물 · 포 엄금

※ 테르밋
Al과 Fe_2O_3의 혼합물

5) 크로뮴 · 납 또는 아이오딘의 산화물

※ 삼산화크로뮴의 별명
① 무수크로뮴산
② 크로뮴산무수물

※ 삼산화크로뮴
마른모래로 질식소화한다.

(1) 삼산화크로뮴(CrO_3)

분자량	100
비 중	2.7
용해도	15℃에서 166
융 점	196℃
분해온도	약 250℃

① 일반성질

㉠ **암적색**의 침상결정이다. 문07 보기②

㉡ **물 · 황산 · 알코올 · 에터** 등에 잘 녹는다. 문07 보기①

㉢ 융점 이상으로 가열하면 **200~250℃**에서 **산소**를 방출하고 녹색의 **삼산화이크로뮴**으로 변한다.

② 위험성

㉠ 산화되기 쉬운 물질이나 인 · 유기물 · 피크린산 · 가연물 등과 혼합하면 폭발의 위험이 있다.

㉡ **피부**를 **부식**시킨다. 문07 보기③

㉢ **알코올 · 에터 · 아세톤** 등과 접촉시키면 순간적으로 발화한다.

㉣ 물과 반응시 격렬하게 반응한다(물과 반응하면 부식성의 강산이 된다). 문07 보기③

㉤ 보관조건에 따라 자연발화위험이 있을 수 있다. 문07 보기④

③ 저장 및 취급방법

㉠ 가열을 피할 것

㉡ 가연물 · 알코올 등과의 접촉을 피할 것

㉢ 물 · 습기 등과의 접촉을 피하고 냉암소에 보관할 것

④ 소화방법

마른모래로 **질식소화**한다(소량의 경우 다량의 물로 소화).

Key Point

★★★
문제 07 <u>삼산화크로뮴의 성질로서 틀린 것은?</u>
06회 문 90

① 물, 에터 등에 녹는다.
② 암적색의 침상결정이다.
③ 피부를 부식시키고 물을 가하면 부식성의 강산이 된다.
④ 오래 저장하면 자연발화할 위험성이 없다.

해설 ④ 보관조건에 따라 자연발화위험이 있을 수 있다.

답 ④

6) 브로민산염류

브로민산($HBrO_3$)의 수소(H)가 금속 또는 다른 양이온으로 치환된 화합물의 총칭

(1) 브로민산칼륨($KBrO_3$)

분자량	167
비 중	3.27
용해도	0℃에서 3.11
융 점	370℃

① 일반성질
㉠ **무취 · 백색**의 결정 또는 결정성 분말이다.
㉡ **물**에 녹지만, 알코올 · 에터에는 녹지 않는다.
㉢ 융점 이상으로 가열하면 **산소**를 발생시킨다.

② 위험성
㉠ 나트륨 · 아세톤 · 헥산 · 에탄올 · 이황화탄소 등과 혼촉시 발화한다.
㉡ 혈액과 반응하여 **메타헤모글로빈**을 만든다.

③ 저장 및 취급방법
㉠ **유기물**과의 혼합 · 혼재를 피할 것
㉡ **분진**에 주의할 것

④ 소화방법
다량의 **물**로 **냉각소화**한다(화재초기에는 이산화탄소 · 분말도 가능).

★★★
문제 08 위험물안전관리법령상 <u>브로민산칼륨</u>($KBrO_3$)의 <u>지정수량</u>[kg]은?
18회 문 71
18회 문 86
16회 문 85
15회 문 77
17회 문 87
16회 문 80
14회 문 77
14회 문 78
13회 문 76
12회 문 82

① 50
② 100
③ 200
④ 300

해설 ④ 브로민산칼륨 지정수량 : 300kg

답 ④

※ 브로민과 같은 의미
취소

※ 브로민산칼륨의 별명
① 브로민산칼리
② 취소산칼륨

※ 유기물
탄소가 함유되어 있는 물질

※ 브로민산칼륨 지정수량
300kg 문08 보기④

Key Point

※ 질산칼륨의 별명
① 질산칼리
② 초석

※ 흑색화약의 성분

성 분	비 율
질산칼륨	75%
목탄(숯가루)	15%
황(황가루)	10%

※ 산화제
반응하여 산소를 쉽게 방출하는 물질

7) 질산염류

질산(HNO_3)의 수소(H)가 금속 또는 다른 양이온으로 치환된 화합물의 총칭

(1) 질산칼륨(KNO_3)

분자량	101
비 중	2.1
용해도	15℃에서 26
융 점	336℃
분해온도	약 400℃

① 일반성질
㉠ **무색**의 결정 또는 **백색**분말이다.
㉡ **물 · 글리세린**에 잘 녹지만, 알코올에는 녹지 않는다.
㉢ **차가운** 자극성의 **짠맛**이 있다.
㉣ 약 **400℃**로 가열하면 분해하여 **아질산칼륨**(KNO_2)과 **산소**(O_2)를 발생시킨다.

$$2KNO_3 \longrightarrow 2KNO_2 + O_2\uparrow$$

② 위험성
㉠ **흑색화약**의 원료로 이용된다.
㉡ 강력한 산화제로서 가연성 분말이나 유기물과 접촉할 경우 폭발한다.

③ 저장 및 취급방법
㉠ **유기물**과의 접촉을 피할 것 [문09 보기①]
㉡ 환기가 좋은 냉암소에 보관할 것. 특히, 화재시 외부로 배출이 용이한 위치에 보관할 것 [문09 보기④]
㉢ 가연물 · 산류로부터 멀리하고 **가열 · 충격 · 마찰** 등을 피할 것 [문09 보기③]
㉣ 용기는 밀전하고 위험물의 누출을 막는다. [문09 보기②]

④ 소화방법
화재초기에만 다량의 **물**로 **냉각소화**한다.

★ **문제 09** **질산칼륨(KNO_3)의 저장 및 취급시 주의사항에 있어서 옳지 못한 것은?**
① 공기와의 접촉을 피하기 위하여 석유류 속에 보관한다.
(유기물과의 / 밀폐용기에)
② 용기는 밀전하고 위험물의 누출을 막는다.
③ 가열, 충격, 마찰 등을 피한다.
④ 환기가 좋은 냉암소에 저장한다.

답 ①

(2) 질산나트륨($NaNO_3$)

분자량	85
비 중	2.26
용해도	0℃에서 73
융 점	308℃
분해온도	약 310℃

① 일반성질

㉠ **무색 · 무취**의 결정 또는 **백색**분말이다.

㉡ **조해성**이 있다.

㉢ **물 · 글리세린**에 잘 녹지만, 알코올에는 녹지 않는다.

㉣ 약 **380℃**로 가열하면 **아질산나트륨**($NaNO_2$)과 **산소**(O_2)를 발생시킨다.

$$2NaNO_3 \longrightarrow 2NaNO_2 + O_2 \uparrow$$

② 위험성

㉠ **유기물 · 차아황산나트륨** 등과 함께 가열하면 폭발한다.

㉡ 강력한 산화제로서 **황산**과 접촉시 분해하여 **질산을** 유리시킨다.

③ 저장 및 취급방법

㉠ 용기는 밀폐하고 알루미늄 · 나트륨 · 유기과산화물 등과 혼합 · 혼입되지 않도록 할 것

㉡ **차아황산나트륨**과 함께 저장하지 말 것

④ 소화방법

화재초기에만 다량의 **물**로 **냉각소화**한다.

(3) 질산암모늄(NH_4NO_3)

분자량	80
비 중	1.73
용해도	0℃에서 118.3
융 점	165℃
분해온도	약 220℃

① 일반성질

㉠ **무색 · 백색** 또는 **연회색**의 결정이다.

㉡ **조해성**과 **흡습성**이 있다.

㉢ 물에 녹을 때 **흡열반응**을 한다. 문10 보기④

㉣ 약 **220℃**로 가열하면 분해하여 **이산화질소**(NO_2)와 **물**(H_2O)을 발생시킨다.

$$NH_4NO_3 \longrightarrow NO_2 + 2H_2O$$

② 위험성

㉠ AN-FO **폭약**의 원료로 이용된다. 문10 보기④

㉡ **단독**으로도 **폭발**할 위험이 있다.

Key Point

※ 질산나트륨의 별명
① 질산소다
② 칠레초석
③ 초조

※ 유리
화합물이 다른 물질과 화합하지 않고 단독으로 분리되어 있는 것

※ 흡습성
습기를 흡수하는 성질

※ AN-FO 폭약의 성분

성 분	비 율
질산암모늄	94%
경유	6%

Key Point

③ 저장 및 취급방법

㉠ 용기는 **밀폐**할 것

㉡ 통풍이 잘 되는 냉암소에 보관할 것

④ 소화방법

화재초기에만 다량의 **물**로 **냉각소화**한다.

문제 10 (17회 문 77, 14회 문 81) **ANFO 폭약의 원료로 사용되는 물질로 조해성이 있고 물에 녹을 때 흡열반응을 하는 것은?**

① 질산칼륨 ② 질산칼슘

③ 질산나트륨 ④ 질산암모늄

해설 ④ 질산암모늄 : ANFO 폭약의 원료로 사용되는 물질로 조해성이 있고, 물에 녹을 때 흡열반응을 한다.

답 ④

※ 아이오딘산과 같은 의미
옥소산

8) 아이오딘산염류

아이오딘산(HIO_3)의 수소(H)가 금속 또는 다른 양이온으로 치환된 화합물의 총칭

(1) 아이오딘산칼륨(KIO_3)

분자량	214
비 중	3.89
융 점	560℃

① 일반성질

㉠ **무색** 또는 광택나는 무색의 결정성 분말이다.

㉡ 수용액은 **중성**이다.

㉢ 융점 이상으로 가열하면 산소를 발생시킨다.

㉣ 염소산염 또는 브로민산염보다 안정하나 산화력이 강하다.

㉤ 물과 진한 황산에는 녹지만, 알코올에는 녹지 않는다.

② 소화방법

다량의 **물**로 **냉각소화**한다(화재초기에는 포 · 분말도 가능).

※ 과망가니즈산칼륨의 별명
① 과망가니즈산칼리
② 카멜레온

9) 과망가니즈산염류

과망가니즈산($HMnO_4$)의 수소(H)가 금속 또는 양이온으로 치환된 화합물의 총칭

(1) 과망가니즈산칼륨($KMnO_4$)

분자량	158
비 중	2.7
용해도	15℃에서 5.3
융 점	240℃
분해온도	약 200~240℃

① 일반성질

㉠ **흑자색** 또는 **적자색**의 결정이다. 문11 보기①

㉡ 수용액은 강한 **산화력**과 **살균력**이 있다(강력한 산화제이다). 문11 보기②

㉢ 가열하면 **망가니즈산칼륨**(K_2MnO_4) · **이산화망가니즈**(MnO_2) · **산소**(O_2)를 발생시킨다.

$$2KMnO_4 \longrightarrow K_2MnO_4 + MnO_2 + O_2 \uparrow$$

② 위험성

㉠ 황화인과 접촉시 자연발화의 위험이 있다.

㉡ 고농도의 과산화수소와 접촉시 폭발한다.

㉢ **황산 · 알코올 · 에터 · 글리세린** 등과 접촉시 폭발한다. 문11 보기③

㉣ 유기물과 접촉하면 위험하다. 문11 보기④

③ 저장 및 취급방법

㉠ 직사광선을 차단하고 냉암소에 저장할 것

㉡ 저장용기는 금속 또는 유리용기를 사용할 것

㉢ 저장 · 운반 · 취급시에는 가열 · 충격 · 마찰 등을 피할 것

④ 소화방법

다량의 **물**로 **냉각소화**한다(화재초기에는 포 · 분말도 가능).

Key Point

※ 살균력

살 균	비 율
점막살균	0.25%
피부살균	3%

★★

문제 11 **과망가니즈산칼륨의 성질 중 잘못된 것은?**

19회 문 76
17회 문 76
16회 문 83
15회 문 86
13회 문 77
05회 문 77
02회 문 99

① 흑자색의 결정으로 물에 잘 녹는다.
② 강력한 환원제이다.
산화제
③ 단독으로는 비교적 안정하나 진한 황산을 가하면 폭발한다.
④ 유기물과 접촉하면 위험하다.

답 ②

(2) 과망가니즈산나트륨($NaMnO_4$)

분자량	142
비 중	2.47
융 점	170℃

① 일반성질

㉠ **적자색**의 결정이다.

㉡ **조해성**이 강하다.

㉢ **물**에 잘 녹는다.

② 위험성

과망가니즈산칼륨에 준한다.

③ 저장 및 취급방법

과망가니즈산칼륨에 준한다.

※ 과망가니즈산나트륨의 별명

과망가니즈산소다

Key Point

④ 소화방법

과망가니즈산칼륨에 준한다.

10) 다이크로뮴산염류

다이크로뮴산($H_2Cr_2O_7$)의 수소(H)가 금속 또는 다른 양이온으로 치환된 화합물의 총칭

※ 다이크로뮴산칼륨의 별명
① 다이크로뮴산칼리
② 이크로뮴산칼리

(1) 다이크로뮴산칼륨($K_2Cr_2O_7$)

분자량	294
비 중	2.69
융 점	396℃
분해온도	약 500℃

① 일반성질

㉠ **등적색**의 결정 또는 결정성 분말이다.

㉡ **쓴맛 · 금속성맛 · 독성**이 있다.

㉢ **물**에는 녹지만, 알코올에는 녹지 않는다.

② 위험성

㉠ **피부**를 **부식**시킨다.

㉡ **단독**으로는 **안정**하나 가연물 · 유기물 등과 접촉한 상태에서 가열 · 충격 · 마찰을 가하면 발화 또는 폭발한다.

③ 저장 및 취급방법

㉠ 유기물 · 가연물 · 폭약류와 격리하여 냉암소에 보관할 것

㉡ 습기를 피하고 중독시 우유 또는 계란흰자를 복용할 것

④ 소화방법

다량의 **물**로 **냉각소화**한다(화재초기에는 **포**도 가능).

※ 다이크로뮴산나트륨의 별명
① 다이크로뮴산소다
② 이크로뮴산소다

(2) 다이크로뮴산나트륨($Na_2Cr_2O_7$)

분자량	220
비 중	2.52
융 점	320℃
분해온도	약 400℃

① 일반성질

㉠ **등황색** 또는 **등적색**의 결정이다.

㉡ **흡습성**과 **조해성**이 있다.

㉢ **물**에는 녹지만, 알코올에는 녹지 않는다.

㉣ **무취**이다.

② 위험성

㉠ **단독**으로는 **안정**하나 유기물 · 가연물과 혼합시 가열 · 충격 · 마찰 등에 의해 폭발할 위험이 있다.

㉡ **피부**를 **부식**시킨다.

Key Point

③ 저장 및 취급방법

㉠ 유기물의 혼합 · 혼재를 피할 것

㉡ 습기에 주의하며 냉암소에 보관할 것

④ 소화방법

다량의 **물**로 **냉각소화**한다(화재초기에는 **포**도 가능).

(3) 다이크로뮴산암모늄[$(NH_4)_2Cr_2O_7$]

분자량	252
비 중	2.15
용해도	30℃에서 47.2
융 점	185℃
분해온도	약 225℃

① 일반성질

㉠ **적색** 또는 **등적색**의 침상결정이다.

㉡ 아세톤에 녹지 않는다.

㉢ 가열하면 분해하여 **산화크로뮴**(Cr_2O_3) · **질소가스**(N_2) · **물**(H_2O)을 생성한다.

$$(NH_4)_2Cr_2O_7 \longrightarrow Cr_2O_3 + N_2\uparrow + 4H_2O$$

② 위험성

㉠ **단독**으로는 **안정**하나 가열 또는 강산과 접촉시 산화성이 증가한다.

㉡ **카바이드** 또는 시안화수은 혼합물에 마찰을 가하면 연소한다.

③ 저장 및 취급방법

다이크로뮴산나트륨에 준한다.

④ 소화방법

다량의 **물**로 **냉각소화**한다(화재초기에는 분말 · 이산화탄소 · 마른모래도 가능).

※ 다이크로뮴산암모늄의 별명

① 다이크로뮴산암몬

② 이크로뮴산암모늄

※ 카바이드

물과 결합하여 아세틸렌을 발생시킨다.

※ 주수소화

물로 냉각소화하는 것

Key Point

2 제2류 위험물

출제확률 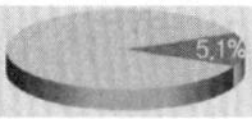

(1문제)

1 제2류 위험물의 종류 및 지정수량

성 질	품 명	지정수량	대표물질	위험등급
가연성 고체	황화인	100kg	삼황화인 · 오황화인 · 칠황화인	Ⅱ
	적린		적린	Ⅱ
	황		황	Ⅱ
	철분	500kg	철분	Ⅲ
	마그네슘 [문12 보기①]		마그네슘	Ⅲ
	금속분 [문12 보기①]		알루미늄분 · 아연분 · 안티몬분 · 티탄분 · 은분	Ⅲ
	인화성 고체 [문12 보기②]	1000kg	고형 알코올	Ⅲ

※ **고형 알코올**
고체 알코올

★★★
문제 12 **제2류 위험물에 관한 설명으로 옳지 않은 것은?**

19회 문 88
18회 문 71
18회 문 86
17회 문 87
16회 문 80
16회 문 85
15회 문 77
14회 문 77
14회 문 78
13회 문 76

① 금속분, 마그네슘은 위험등급 Ⅰ(→Ⅲ)에 해당한다.
② 인화성 고체인 고형 알코올은 지정수량이 1000kg이다.
③ 철분, 알루미늄분은 염산과 반응하여 수소가스를 발생한다.
④ 적린, 황의 화재시에는 물을 이용한 냉각소화가 가능하다.

답 ①

2 제2류 위험물의 개요

(1) 일반성질

① 상온에서 **고체상태**이다.
② **연소속도**가 대단히 **빠르다.**
③ **산화제**와 접촉하면 폭발할 수 있다.
④ **금속분**은 물과 접촉시 발열한다.
⑤ 물질 자체가 유독하거나 연소시 유독가스가 발생한다.
⑥ 비교적 낮은 온도에서 착화하기 쉬운 가연물이다.
⑦ 상온에서 고체인 **환원성 물질**이다.
⑧ 물에는 녹지 않으며, 산화 · 연소되기 쉽다.

※ **산화제**
반응하여 쉽게 산소를 방출하는 물질

(2) 저장 및 취급방법

① 용기가 파손되지 않도록 할 것
② **점화원**의 접촉을 피할 것

③ **산화제**의 접촉을 피할 것
④ **타격** 및 **충격**을 피할 것
⑤ **금속분**은 물과의 접촉을 피할 것
⑥ **습기**에 주의하고 밀봉하여 냉암소에 저장할 것

(3) 소화방법

다량의 **물**로 **냉각소화**를 한다(단, 황화인 · 철분 · 마그네슘 · 금속분은 마른모래 또는 분말소화기에 의한 질식소화).

3 제2류 위험물의 일반성상

1) 황화인

구 분	삼황화인	오황화인	칠황화인
분자량	220	222	348
비 중	2.03	2.09	2.19
융 점	127.5℃	290℃	310℃
비 점	407℃	514℃	523℃
발화점	**100℃**	–	–

(1) 일반성질

① 삼황화인(P_4S_3)

㉠ **황색** 결정이다.

㉡ **질산 · 알칼리 · 이황화탄소**(CS_2)에는 녹지만, 물 · 황산 · 염산 등에는 녹지 않는다. 문13 보기③

㉢ 공기 중에서 연소하여 **오산화인**(P_2O_5)과 **이산화황**(SO_2)을 발생시킨다. 문13 보기②

$$P_4S_3+8O_2 \longrightarrow 2P_2O_5+3SO_2$$

② 오황화인(P_2S_5)

㉠ **담황색** 결정이다.

㉡ **조해성 · 흡습성**이 있다.

㉢ **이황화탄소**(CS_2)에 잘 녹는다.

㉣ 물과 반응하여 **황화수소**(H_2S)와 **인산**(H_3PO_4)을 발생시킨다.

$$P_2S_5+8H_2O \longrightarrow 5H_2S\uparrow+2H_3PO_4$$

③ 칠황화인(P_4S_7)

㉠ **담황색** 결정이다.

㉡ **조해성**이다.

㉢ 이황화탄소(CS_2)에는 약간 녹으며, 물에는 분해되어 **황화수소**(H_2S)가 된다.

Key Point

＊ 금속분
① 알루미늄분
② 아연분
③ 안티몬분
④ 티탄분
⑤ 은분

＊ 황화인의 종류
문13 보기①
① 삼황화인
② 오황화인
③ 칠황화인

＊ 삼황화인
과산화물 · 과망가니즈산염 · 황린 · 금속분과 혼합하면 자연발화한다.

＊ 황화인

삼황화인	오황화인, 칠황화인
황색	담황색

Key Point

(2) 위험성

① **연소생성물**은 매우 **유독**하다.

② 무기과산화물 · 금속분 · 유기물 등과 혼합한 경우 가열 · 충격 · 마찰에 의해 발화 또는 폭발한다. 문13 보기④

③ 미립자를 흡수하면 **기관지** 및 **눈**의 **점막**을 **자극**한다.

문제 13 제2류 위험물인 황화인에 관한 설명으로 옳지 않은 것은?
11회 문 76

① 대표적으로 안정된 황화인은 P_4S_3, P_2S_5, P_4S_7이 있다.

② P_4S_3, P_2S_5, P_4S_7의 연소생성물은 오산화인과 이산화황으로 동일하며 유독하다.

③ P_4S_3, P_2S_5, P_4S_7는 찬물과 반응하여 가연성 가스인 황화수소가 발생된다.
찬물과 반응하지 않는다.

④ 가열에 의해 매우 쉽게 연소하며 때에 따라 폭발한다.

답 ③

(3) 저장 및 취급방법

소량인 경우	대량인 경우
유리병에 저장	**양철통**에 넣은 후 **나무상자**에 보관

① 통풍이 잘 되는 냉암소에 저장할 것

② 물과 반응하므로 습기의 차단과 빗물 등의 침투에 주의할 것

(4) 소화방법

이산화탄소 · **마른모래** · **건조소금분말** 등으로 **질식소화**한다.

✽ 적린의 별명
① 붉은인
② 자인

2) 적린(P_4)

분자량	124
비 중	2.2
융 점	600℃
발화점	260℃

① 일반성질

㉠ **암적색**의 분말이다. 문14 보기②

㉡ 황린의 동소체이다. 문14 보기①

㉢ 자연발화의 위험이 없으므로 안전하다. 문14 보기④

㉣ **조해성**이 있다.

㉤ 물 · 이황화탄소 · 에터 · 암모니아 등에는 녹지 않는다. 문14 보기③

㉥ 전형적인 비금속 원소이다.

② 위험성

㉠ 강알칼리와 반응하여 포스핀을 생성하고 할로젠원소 중 Br_2, I_2와 격렬히 반응한다.

✽ 동소체
같은 원소로 구성되어 있으면서 모양과 성질이 다른 단체

✽ 비금속
알칼리금속, 알칼리토류 금속과 같이 공기 중에서 쉽게 산화되는 금속

Key Point

㉡ 연소하면 **오산화인**(P_2O_5)이 발생한다.

$$4P+5O_2 \longrightarrow 2P_2O_5 \uparrow$$

③ 저장 및 취급방법

㉠ 제1류 위험물과 절대 혼합되지 않게 할 것

㉡ 가연성 · 폭발성 물질 등과 격리하여 냉암소에 저장할 것

④ 소화방법

다량의 **물**로 **냉각소화**한다(소량 화재시는 이산화탄소 · 모래도 가능). 문12 보기④

★★

문제 14 다음 중 적린에 대한 설명으로 옳지 않은 것은?

12회 문 88

① 황린의 동소체이다.

② 암적색의 분말이다.

③ 이황화탄소, 에터에 녹는다.
녹지 않는다.

④ 자연발화의 위험이 없으므로 안전하다.

답 ③

3) 황(S)

구 분	단사황	사방황	고무상황
비중	1.96	2.07	–
융점	119℃	113℃	–
비점	445℃	–	–
발화점	–	–	360℃

* 비점과 같은 의미
비등점

* 황
순도가 60wt% 미만인 것을 제외하고 순도측정에 있어서 불순물은 활석 등 불연성 물질과 수분에 한함.

① 일반성질

㉠ **황색**의 결정 또는 미황색 분말이다.

㉡ **이황화탄소**(CS_2)에는 녹지만, **물**에는 녹지 않는다.

㉢ 고온에서 **탄소**(C)와 반응하여 **이황화탄소**(CS_2)를 생성시키며, 금속이나 할론원소와 반응하여 황화합물을 만든다.

㉣ 공기 중에서 연소하면 **이산화황가스**(SO_2)가 발생한다.

㉤ 전기절연체이므로 마찰에 의한 **정전기**가 발생한다.

② 위험성

㉠ **산화제**와 혼합시 가열 · 충격 · 마찰 등에 의해 발화, 폭발한다.

㉡ 분말은 분진폭발의 우려도 있다.

③ 저장 및 취급방법

㉠ **정전기**에 의한 축적을 방지할 것

㉡ 환기가 잘 되는 냉암소에 보관할 것

Key Point

④ 소화방법
㉠ 다량의 물로 **분무주수**에 의한 **냉각소화**한다(소량 화재시는 모래로 질식소화한다). 문12 보기④
㉡ 직사주수는 비산의 위험이 있다.

※ 철분
50mesh의 표준체를 통과하는 것이 50wt% 이상인 것

4) 철분(Fe)

원자량	55.85
비 중	7.86
융 점	1535℃
발화점	3000℃

① 일반성질
㉠ **회백색**의 분말이다.
㉡ 강자성체이지만 766℃에서 강자성을 상실한다.
㉢ 발연질산에 넣었다가 꺼내면 산화피막을 형성하여 부동태가 된다(묽은산에 녹아 **수소**(H_2)를 발생한다). 문15 보기④
㉣ 용융황과 접촉하면 폭발하며 **무기과산화물**과 혼합한 것은 소량의 물에 의해 발화한다. 문15 보기②
㉤ 금속의 온도가 충분히 높을 때 **수증기**와 반응하면 H_2를 발생한다. 문12 보기③ 문15 보기③

$$Fe + 2HCl \longrightarrow FeCl_2 + H_2 \uparrow$$

② 위험성
㉠ 연소하기 쉽고 기름이 묻은 철분을 장기간 방치하면 자연발화의 위험이 있다. 문15 보기①
㉡ $KClO_3$ · $NaClO_3$와 혼합한 것은 충격에 의해 폭발한다.

★
문제 15 철분(Fe)에 관한 설명으로 옳지 않은 것은?
① 절삭유와 같은 기름이 묻은 철분을 장기 방치하면 자연발화하기 쉽다.
② 용융황과 접촉하면 폭발하며 무기과산화물과 혼합한 것은 소량의 물에 의해 발화한다.
③ 금속의 온도가 충분히 높을 때 수증기와 반응하면 O_2를 발생한다. (H_2)
④ 발연질산에 넣었다가 꺼내면 산화피막을 형성하며 부동태가 된다.

답 ③

③ 저장 및 취급방법
㉠ **산화제**와 격리할 것
㉡ 가열 · 충격 · 마찰 등을 피할 것

※ 산화제
'산화성 물질'을 말한다.

④ 소화방법
㉠ 마른모래 · 소석회 등으로 질식소화한다.
㉡ 주수소화 엄금

※ 소석회
'수산화칼슘[$Ca(OH)_2$]'을 말한다.

5) 마그네슘(Mg)

원자량	24
비 중	1.74
융 점	651℃
비 점	1102℃
발화점	473℃

① 일반성질

㉠ **은백색**의 광택이 있는 금속이다.

㉡ 알칼리토금속에 속하는 대표적인 경금속이다.

㉢ **열전도도** 및 **전기전도도**가 크다.

㉣ 산이나 염류에는 침식되지만, 알칼리에는 침식되지 않는다.

㉤ Br_2와 반응하여 금속 할로겐화합물을 만든다. 문16 보기④

② 위험성

㉠ 황산과 반응하여 **수소**(H_2)를 발생시키며, **디시안**과 반응하여 폭발한다. 문16 보기②

㉡ 과열 수증기 또는 뜨거운 물과 접촉시 격렬하게 **수소**(H_2)를 발생시킨다. 문16 보기①

③ 저장 및 취급방법

산화제 · 물 · 습기 등의 접촉을 피할 것

④ 소화방법

㉠ 화재초기에는 마른모래 · 석회분 등으로 소화한다.

㉡ 물 · 포 · 이산화탄소 · 할론소화약제는 소화적응성이 없다. 문16 보기③

★★★

문제 16 **제2류 위험물인 Mg에 관한 설명으로 옳지 않은 것은?**

23회 문 78
18회 문 78
18회 문 80
16회 문 78
16회 문 84
15회 문 80
15회 문 81
14회 문 79
13회 문 78
13회 문 79
12회 문 71
12회 문 82
09회 문 82
06회 문 80
06회 문 88
02회 문 80

① 상온에서는 비교적 안정하지만 뜨거운 물이나 과열 수증기와 접촉하면 격렬하게 H_2를 발생한다.

② 황산과 반응하여 H_2를 발생한다.

③ Mg분말 화재발생시 이산화탄소 소화약제를 사용한다.
이산화탄소 소화약제는 적응성이 없다.

④ Br_2와 반응하여 금속 할로겐화합물을 만든다.

답 ③

6) 금속분

(1) 알루미늄(Al)분

원자량	27
비 중	2.7
융 점	660℃
비 점	2000℃

Key Point

✻ 마그네슘
마그네슘 또는 마그네슘을 함유한 것 중 2mm의 체를 통과하지 못하는 덩어리는 제외

✻ 금속분
알칼리금속 · 알칼리토류금속 · 철 및 마그네슘 이외의 금속분을 말하며, 구리 · 니켈분과 150μm의 체를 통과하는 것이 50wt% 미만인 것은 제외

Key Point

① 일반성질

㉠ **은백색**의 광택이 있는 경금속이다.

㉡ 공기 중에서 **산화피막**이 형성되어 내부를 보호한다.

㉢ 다른 금속산화물을 환원시킨다.

㉣ 산 및 알칼리와 반응하여 **수소**(H_2)를 발생시킨다. 문12 보기③

- **산과의 반응** : $2Al+6HCl \longrightarrow 2AlCl_3+3H_2\uparrow$
- **알칼리와의 반응** : $2Al+2KOH+2H_2O \longrightarrow 2KAlO_2+3H_2\uparrow$

㉤ 뜨거운 물과 격렬하게 반응하여 **수소**(H_2)를 발생시킨다.

$$2Al+6H_2O \longrightarrow 2Al(OH)_3+3H_2\uparrow$$

② 위험성

㉠ 발화하면 다량의 열과 백색연기를 내면서 연소한다.

㉡ Fe_3O_4와 강력한 산화반응을 한다.

※ 테르밋반응
알루미늄분이 Fe_3O_4와 강력한 산화반응을 하는 것

③ 저장 및 취급방법

마그네슘(Mg)에 준한다.

④ 소화방법

마그네슘(Mg)에 준한다.

(2) 아연(Zn)분

원자량	65
비 중	7.14
융 점	419℃
비 점	907℃

① 일반성질

㉠ **은백색**의 광택이 있는 금속분말이다. 문17 보기④

㉡ 공기 중에서 염기성 탄산아연의 **회백색**의 **피막**이 형성되어 내부를 보호한다.

㉢ **시안화칼륨**(KCN) 수용액과 **암모니아수**(NH_4OH)에 용해된다.

② 위험성

㉠ NH_4NO_3와의 혼합물에 소량의 물을 가하면 발화한다.

㉡ **윤활유** 등이 혼입되면 자연발화의 위험이 있다.

③ 저장 및 취급방법

㉠ 산화제와 격리할 것

㉡ 직사광선을 피하고 냉암소에 저장할 것

④ 소화방법

㉠ 화재초기에는 **마른모래 · 분말** 등으로 질식소화한다.

㉡ 물 · 포 엄금

※ 마른모래
예전에는 '건조사'라고 불렀다.

Key Point

★★
문제 17 제2류 위험물 중 금속분에 해당되는 것은?

18회 문 78
18회 문 80
16회 문 78
16회 문 84
15회 문 80
15회 문 81
14회 문 79
13회 문 78
13회 문 79
12회 문 71
02회 문 80

① 철분　② 마그네슘분
③ 니켈분　④ 아연분

해설 **금속분**
(1) 아연분(Zn)
(2) 알루미늄분(Al)
(3) 안티몬분(Sb) : 비중 **6.69**, 융점 **630℃**
(4) 티탄분
(5) 은분

답 ④

(3) 안티몬(Sb)분

원자량	122
비 중	6.69
융 점	630℃
비 점	1640℃

① 일반성질
㉠ **은백색**의 금속분말이다.
㉡ **진한 황산 · 질산**에는 녹지만, 묽은산에는 녹지 않는다.

② 위험성
㉠ 염소가스와 접촉하여 발화하면 **삼염화안티몬**($SbCl_3$)이 된다.
㉡ 무정형 안티몬은 가열에 의하여 **회색안티몬**으로 변한다.

③ 저장 및 취급방법
마그네슘(Mg)에 준한다.

④ 소화방법
건조분말 · 마른모래로 **질식소화**한다.

※ 융점
'녹는점'을 말한다.

※ 비점
'끓는점'을 말한다.

※ 마른모래
예전에는 '건조사'라고 불리었다.

Key Point

3 제3류 위험물

출제확률 14% (3문제)

1 제3류 위험물의 종류 및 지정수량

※ 금수성 물질
① 금속칼슘
② 탄화칼슘

※ 금수성
물과 접촉하면 가연성 가스가 발생하여 위험한 물질

성 질	품 명	지정수량	대표물질	위험등급
자연발화성 물질 및 금수성 물질	칼륨	10kg	칼륨	Ⅰ
	나트륨		나트륨	Ⅰ
	알킬알루미늄		트리에틸알루미늄 · 트리이소부틸알루미늄	Ⅰ
	알킬리튬 문18 보기①		부틸리튬 · 에틸리튬 · 메틸리튬	Ⅰ
	황린 문18 보기②	20kg	황린	Ⅰ
	알칼리금속(K, Na 제외) 및 알칼리토금속	50kg	리튬 · 세슘 · 루비듐 · 프란슘 · 칼슘 · 바륨 · 라듐 · 베릴륨 · 스트론튬	Ⅱ
	유기금속화합물 (알킬알루미늄, 알킬리튬 제외)		다이에틸텔르륨 · 다이에틸아연 · 다이메틸카드뮴 · 다이에틸카드뮴 · 다이메틸수은	Ⅱ
	금속의 수소화물 문18 보기③	300kg	수소화리튬 · 수소화나트륨 · 수소화칼륨 · 수소화칼슘 · 수소화붕소나트륨 · 수소화알루미늄리튬	Ⅲ
	금속의 인화물		인화칼슘 · 인화알루미늄 · 인화아연 · 인화칼륨	Ⅲ
	칼슘 또는 알루미늄의 탄화물 문18 보기④		탄화칼슘 · 탄화알루미늄	Ⅲ

★★★

문제 18 위험물안전관리법령상 제3류 위험물의 지정수량 기준으로 옳은 것은?

23회 문 69
19회 문 88
18회 문 71
18회 문 86
17회 문 87
16회 문 80
16회 문 85
14회 문 77
14회 문 78
13회 문 76
11회 문 82

① 알킬리튬 – 20킬로그램
10

② 황린 – 50킬로그램
20

③ 금속의 수소화물 – 300킬로그램

④ 칼슘 또는 알루미늄의 탄화물 – 500킬로그램
300

답 ③

2 제3류 위험물의 개요

※ 제3류 위험물
물과 발열반응을 함.

(1) 일반성질

① 상온에서 **고체상태**이다.

② 대부분 **불연성 물질**이다(단, 금속칼륨 · 금속나트륨은 **가연성 물질**이다).

Key Point

③ 물과 접촉시 **발열** 및 **가연성 가스**를 발생하며, 급격히 발화한다.
④ **산소**와의 **결합력**이 크고, 산과 접촉시 발열한다.

(2) 저장 및 취급방법
① 용기가 부식 · 파손되지 않도록 할 것
② 보호액 속에 보관하는 경우 위험물이 보호액 표면에 노출되지 않도록 할 것
③ 화재시 소화를 용이하게 하기 위해 나누어서 보관할 것
④ **수분**의 접촉을 피할 것

(3) 소화방법
① **마른모래** 등으로 **질식소화**한다(단, **칼륨 · 나트륨**은 격렬하게 연소하므로 주변 **인화물질**을 **제거**하여 연소가 확대되지 않도록 한다).
② 금수성이므로 주수소화는 피한다.

3 제3류 위험물의 일반성상

1) 칼륨(K)

원자량	39
비 중	0.857
융 점	63.5℃
비 점	762℃

① 일반성질
㉠ **은백색**의 광택이 있는 경금속이다. 문19 보기①④
㉡ **조해성 · 흡습성**이 있다.
㉢ 수은과 반응하여 **아말감**을 만든다.
㉣ **석유** 등 보호액 속에 장기간 보관시 KOH · K_2O · K_2CO_3가 피복되어 가라앉는다.
㉤ **산**, **알코올** 등과 반응하여 **수소**(H_2)를 발생시킨다.
㉥ **물**과 격렬히 반응하여 **수소**(H_2)와 열을 발생시킨다(대기 중에서 수분을 흡수하고 쉽게 산화물을 만든다). 문19 보기②

$$2K+2H_2O \longrightarrow 2KOH+H_2+92.8kcal$$

㉦ 연소하면 **과산화칼륨**(K_2O_2)이 생성된다.

$$2K+O_2 \longrightarrow K_2O_2$$

㉧ 화학적으로 매우 활발한 금속이다. 문19 보기③
㉨ 가열하면 보라색 불꽃을 내며 연소한다.

※ **칼륨의 별명**
① 포타슘
② 칼리

※ **아말감**
수은과 금속을 혼합시켜 만든 물질

※ **KOH**
수산화칼륨

Key Point

문제 19 **금속칼륨의 성상 중 가장 적당한 것은?**

18회 문 76
16회 문 77
15회 문 85
12회 문 21
11회 문 95
10회 문 84

① 금속 가운데 가장 무거운 금속이다.
경금속

② 대기 중에서 수분을 흡수하지만 산화물을 만들지 않는다.
흡수하고 쉽게 산화물을 만든다.

③ 화학적으로 매우 활발한 금속이다.

④ 상온에서 암적색의 광택이 나는 금속이다.
은백색

답 ③

② 위험성

㉠ **피부**와 접촉되면 **화상**을 입는다.

㉡ 습기가 있는 상태에서 일산화탄소(CO)와 접촉시 폭발한다.

㉢ **이산화탄소**(CO_2) · **사염화탄소**(CCl_4)와 격렬히 반응하여 연소 · 폭발의 위험이 있다.

③ 저장 및 취급방법

㉠ **석유** 등 보호액 속에 저장할 것

㉡ **수분 · 습기**에 접촉되지 않도록 할 것

㉢ 건조하고 환기가 잘 되는 냉암소에 소량씩 나누어서 저장할 것

④ 소화방법

㉠ **마른흙 · 건조소금분말 · 탄산칼슘분말** 혼합물을 사용하여 **질식소화**한다.

㉡ 대량 화재시에는 적당한 소화수단이 없으므로 화재확대 방지에 주력한다.

※ 칼륨의 보호액
① 석유(등유)
② 경유
③ 유동파라핀

2) 나트륨(Na)

※ 나트륨의 별명
① 금속소다
② 금조

원자량	23
비 중	0.97
융 점	97.8℃
비 점	880℃

① 일반성질

㉠ **은백색**의 광택이 있는 경금속이다.

㉡ 물보다 가볍다.

㉢ 융점이 낮다.

㉣ 실온에서 산화되어 **수산화나트륨**(NaOH)의 **염홍색** 피막을 형성한다.

※ 수산화나트륨
백색의 수용성 고체 화합물로서 피부를 부식시킨다. '가성소다'라고도 부른다.

② 위험성

㉠ 가연성 고체로 장기간 방치할 경우 **자연발화**의 **위험**이 있다.

㉡ 융점 이상으로 가열시 **황색불꽃**을 내며 연소한다.

㉢ **아이오딘산**과 접촉시 폭발한다.

㉣ **피부**에 접촉하면 **화상**을 입는다.

㉤ 수은과 격렬하게 반응하여 나트륨 아말감을 만든다. 문20 보기①

㉥ 물과 격렬하게 반응하여 발열하고 H_2와 NaOH를 발생한다. 문20 보기②

Key Point

ⓢ 에틸알코올과 반응하여 H_2를 발생한다. 문20 보기③

ⓞ 질산과 격렬하게 반응하여 H_2를 발생한다. 문20 보기④

③ 저장 및 취급방법

칼륨(K)에 준한다.

④ 소화방법

㉠ **마른모래 · 건조소금분말 · 탄산칼슘분말** 등으로 **질식소화**한다.

㉡ 물 · 포 · 할론 엄금

★★★

문제 20 **나트륨(Na)에 관한 설명으로 옳지 않은 것은?**

19회 문 79

① 수은과 격렬하게 반응하여 나트륨 아말감을 만든다.

② 물과 격렬하게 반응하여 발열하고 O_2를 발생한다.
H_2와 NaOH

③ 에틸알코올과 반응하여 H_2를 발생한다.

④ 질산과 격렬하게 반응하여 H_2를 발생한다.

답 ②

3) 알킬알루미늄

알킬기(Alkyl, R−)에 알루미늄(Al)이 치환된 것

* **알킬알루미늄**
탄소수가 많을수록 위험성 감소

(1) 트리에틸알루미늄[$(C_2H_5)_3Al$] : TEA

분자량	114
비 중	0.83
융 점	−46℃
비 점	185℃

* **비중**
일정온도, 일정부피에서의 어떤 물질의 무게로, 같은 온도에서 같은 부피의 다른 물질의 무게와 비교한 비교중량

① 일반성질

㉠ **무색투명**한 **액체**로 독성이 있다. 문21 보기④

㉡ 외관은 등유와 비슷한 **가연성**이다.

㉢ C_1~C_4는 공기 중에서 자연발화성이 강하다. 문21 보기②

㉣ 공기 중에 노출되면 **백색연기**가 발생하며 연소된다.

② 위험성

㉠ **물 · 산 · 알코올**과 접촉하면 폭발적으로 반응하여 **에탄**(C_2H_6)을 발생시킨다. 문21 보기①

㉡ 인화점은 융점 이하이므로 매우 위험하고 200℃ 이상으로 가열하면 폭발적으로 분해하여 가연성 가스가 발생한다.

③ 저장 및 취급방법

㉠ 화기 엄금할 것

㉡ 공기와 수분의 접촉을 피할 것

㉢ 용기의 희석안정제로 **벤젠 · 펜탄 · 헥산 · 톨루엔** 등을 넣어 줄 것 문21 보기③

Key Point

④ 소화방법

㉠ **팽창질석 · 팽창진주암 · 소다회 · 건조분말** 등으로 **질식소화**한다.

㉡ 주변은 마른모래 등으로 차단하여 화재확대 방지에 주력한다.

㉢ 주수소화 엄금

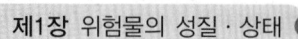

※ **주수소화**
물을 이용하여 소화하는 것

★★★
문제 21 제3류 위험물 중 알킬알루미늄에 관한 설명으로 옳은 것은?

20회 문 79
18회 문 83
15회 문 79
14회 문 82
13회 문 81
11회 문 60
11회 문 91
10회 문 90
09회 문 87
03회 문 82

① 물, 산과 반응하지 않는다.
반응한다.

② 탄소 수가 C_1~C_4까지 공기 중에 노출되면 자연발화한다.

③ 저장탱크에 희석안정제로 핵산, 벤젠, 톨루엔, 알코올 등을 넣어둔다.
펜탄

④ 무색의 투명한 액체 또는 고체로 독성이 없다.
액체 있다.

답 ②

(2) 트리이소부틸알루미늄[$(iso-C_4H_9)_3Al$] : TIBA

분자량	198
비 중	0.79
증기비중	6.8
융 점	11℃
비 점	212℃

① 일반성질

㉠ **무색투명**한 가연성 액체이다.

㉡ 공기 또는 물과 격렬하게 반응한다.

㉢ **산화제 · 알코올 · 강산**과 반응한다.

※ **산화제**
'산화성 물질'을 말한다.

② 위험성

㉠ 저장용기가 가열되면 용기가 파열된다.

㉡ 안전을 위해 사용된 희석제가 누출되어 증발하면 화재 · 폭발의 위험이 있다.

※ **희석제**
액체를 혼합하여 약화시키는 재료

③ 저장 및 취급방법

트리에틸알루미늄에 준한다.

④ 소화방법

㉠ 팽창질석 · 팽창진주암 · 소다회 · 건조분말 등으로 질식소화한다.

㉡ 주수소화 엄금

4) 알킬리튬

알킬기(Alkyl, R−)에 리튬(Li)이 치환된 것

(1) 부틸리튬(C_4H_9Li)

① 일반성질

㉠ **무색**의 가연성 액체이다.

Key Point

㉡ **자극성**이다.
㉢ 증기는 공기보다 무겁다.
㉣ **휘발성**이 크다.
㉤ **탄화수소** 또는 다른 **비극성 액체**에 잘 녹는다.

② 위험성
㉠ 증기는 점화원에 의해 역화의 위험이 있으며, **이산화탄소**(CO_2)와는 격렬하게 반응한다.
㉡ 산소와 빠른 속도로 반응하여 공기 중 노출되면 어떤 온도에서도 자연발화한다.

③ 저장 및 취급방법
㉠ 저장용기에 **헵탄 · 헥산 · 펜탄** 등의 희석제를 넣고 불활성 가스로 봉입할 것
㉡ 통풍이 잘 되는 건조한 냉암소에 저장할 것

④ 소화방법
㉠ **마른모래 · 건조분말** 등으로 **질식소화**한다.
㉡ 주수소화 엄금

(2) 에틸리튬(C_2H_5Li)

부틸리튬에 준하며, **브로민화리튬 · 아이오딘화리튬 · 다이에틸에터**에 넣어 저장한다.

(3) 메틸리튬(CH_3Li)

부틸리튬에 준하며, **브로민화리튬 · 아이오딘화리튬 · 다이에틸에터**에 넣어 저장한다.

5) 황린(P_4)

분자량	124
비 중	1.83
증기비중	4.3
융 점	44℃
비 점	280℃
발화점	약 50℃ 전후

① 일반성질
㉠ **백색** 또는 **담황색**의 고체이다.
㉡ 물에 녹지 않고 물과 반응하지도 않는다.
㉢ **이황화탄소**(CS_2) · **벤젠**(C_6H_6)에 잘 녹는다.
㉣ 어두운 곳에서 **인광**을 낸다.
㉤ 공기를 차단하고 260℃로 가열하면 **적린**이 된다.
㉥ 증기는 공기보다 **무겁다.**

② 위험성
㉠ 공기 중에 방치하면 액화되면서 자연발화한다.
㉡ 가연성이 강하고 매우 자극적이며 맹독성이다.
㉢ 연소할 경우 **오산화인**(P_2O_5)의 **백색연기**를 낸다. 문22 보기①

＊ 주수소화
물을 뿌려 소화하는 것

＊ 황린의 별명
① 백린
② 황인
③ 인

＊ 혼합물질의 위험성

발 화	폭 발
황린+발연질산	① 적린+질산납 ② 적린+아이오딘 ③ 염소산염+인산구리

Key Point

★★★

문제 22 **황린이 공기 중에서 완전연소할 때 생성되는 물질은?**

18회 문 79
16회 문 79
13회 문 81
05회 문 81
05회 문 93
03회 문 86

① 오산화인　　② 황화수소
③ 인화수소　　④ 이산화황

해설 ① 완전연소할 경우 오산화인(P_2O_5)의 백색연기를 낸다.

답 ①

$$P_4+5O_2 \longrightarrow 2P_2O_5$$

㉣ 수산화칼륨 용액 등 강알칼리 용액과 반응하여 유독성의 **포스핀**(PH_3)을 발생시킨다.

$$P_4+3KOH+3H_2O \longrightarrow PH_3\uparrow+3KH_2PO_2$$

③ 저장 및 취급방법
㉠ 직사광선을 피하고 **물속**에 넣어 보관할 것
㉡ 인화수소(PH_3)의 생성을 막기 위하여 물의 **pH=9**가 되도록 할 것
㉢ 저장용기는 **유리** 또는 **금속용기**를 사용할 것

④ 소화방법
㉠ 화재초기에는 **물 · 포 · 이산화탄소 · 건조분말** 등으로 소화한다.
㉡ 물은 비산할 우려가 있으므로 분무주수한다.

※ pH
어떤 용액의 산성 또는 알칼리성 지수

pH 1~6	pH 7	pH 8~14
산성	중성	알칼리성

6) 알칼리금속(K, Na 제외) 및 알칼리토금속

※ 알칼리금속
대부분 주기율표상의 1족에 속하는 물질이다.

※ 알칼리토금속
대부분 주기율표상의 2족에 속하는 물질이다.

(1) 리튬(Li)

원자량	7
비 중	0.534
융 점	180℃
비 점	1336℃

① 일반성질
㉠ **은백색**의 금속이다.
㉡ **금속 중 가장 가볍고 비열이 가장 크다.**
㉢ 습기가 있으면 **황색**으로 변한다. 문23 보기④
㉣ 대부분의 다른 금속과 직접 반응한다.
㉤ 고온에서 공기 중의 질소와 반응하여, **적갈색**의 **질화리튬**(Li_3N)을 생성한다.
㉥ 물과 접촉시 발열하고 **수소**(H_2)가 발생한다.

$$LiOH+\frac{1}{2}H_2+52.7kcal$$

㉦ 건조한 실온의 공기에서 반응하지 않으며, 100℃ 이상으로 가열하면 적색 불꽃을 내며 연소한다. 문23 보기①

※ 리튬의 비열
0.97cal/g·℃

※ 리튬
① 금속 중 가장 가볍다.
② 금속 중 비열이 가장 크다.

Key Point

ⓞ 주기율표상 알칼리금속에 해당한다. 문23 보기②

ⓩ 상온에서 수소와 반응하여 수소화합물을 만든다. 문23 보기③

② 위험성

㉠ 연소가 되면 이산화탄소(CO_2) 기류 속에서도 소화되지 않는다.

㉡ 칼륨(K) · 나트륨(Na)보다는 위험성이 적다.

㉢ **피부**를 **부식**시킨다.

③ 저장 및 취급방법

㉠ 저장시 물의 혼입을 방지할 것

㉡ 경유가 들어 있는 밀폐용기를 사용하여 실내에 저장할 것

④ 소화방법

㉠ **마른모래 · 건조분말** 등으로 **질식소화**한다.

㉡ 주수소화 엄금

★★
문제 23 **제3류 위험물 중 리튬에 관한 설명으로 옳은 것은?**

23회 문 80
21회 문 93

① 건조한 실온의 공기에서 반응하며, 100℃ 이상으로 가열하면 휘백색 불꽃을 내며 연소한다.
(반응하며 → 반응하지 않으며, 휘백색 → 적색)

② 주기율표상 알칼리토금속에 해당한다.
(알칼리토금속 → 알칼리금속)

③ 상온에서 수소와 반응하여 수소화합물을 만든다.

④ 습기가 존재하는 상태에서는 은색으로 변한다.
(은색 → 황색)

답 ③

(2) 칼슘(Ca)

원자량	40
비 중	1.55
융 점	851℃
비 점	1200±30℃

① 일반성질

㉠ **은백색**의 금속이다.

㉡ **납**(Pb)보다 단단하다.

㉢ 냄새가 없다.

② 위험성

㉠ **피부**에 접촉시 **화상**을 입는다.

㉡ 발생가스는 **수소**(H_2)이므로 연소하거나 폭발할 위험이 있다.

③ 저장 및 취급방법

㉠ 저장시 물 · 할론 · 알코올류 · 강산류와의 접촉을 피할 것

㉡ **석유, 톨루엔**($C_6H_5CH_3$) 속에 저장할 것

Key Point

④ 소화방법
㉠ **마른모래 · 흙** 등으로 **질식소화**한다.
㉡ 물 · 이산화탄소 · 할론 엄금

※ **유기금속화합물**
탄소와 금속 사이에 치환결합을 갖는 화합물

7) 유기금속화합물(알킬알루미늄, 알킬리튬 제외)

알킬기(R : C_nH_{2n+1})와 알릴기($C_6H_5^-$) 등 탄화수소기에 금속원자가 결합된 화합물

(1) 다이에틸텔루륨[$Te(C_2H_5)_2$]

※ **다이에틸텔루륨의 비점**
138℃

※ **메탄올**
'메틸알코올'이라고도 부른다.

① 일반성질
㉠ **무취 · 황적색**의 유독성 액체이다.
㉡ 물 또는 공기와의 접촉에 의해 분해된다.
㉢ **메탄올**(CH_3OH) · **산화제 · 할론**과 반응한다.
㉣ **가연성**이다.

② 위험성
㉠ 탄소수가 적을수록 **자연발화**하며, 물과 격렬하게 반응한다.
㉡ 열에 매우 불안정하다.

③ 저장 및 취급방법
㉠ 저장용기에 불활성 가스를 봉입할 것
㉡ 통풍이 잘 되는 차고 건조한 곳에 보관할 것

④ 소화방법
㉠ **건조분말**로 **질식소화**한다.
㉡ 주수소화 엄금

(2) 다이에틸아연[$Zn(C_2H_5)_2$]

비 중	1.21
융 점	−28℃
비 점	117℃
인화점	85~105℃

※ **인화점**
불꽃이 있을 때 연소가 가능한 최저온도

※ **자연발화**
어떤 물질이 외부의 도움 없이 스스로 연소하는 것

① 일반성질
㉠ **무색**의 **마늘냄새**가 나는 유동성 액체이다.
㉡ **공기**와 접촉시 **자연발화**한다.
㉢ 대부분의 유기용제에 녹는다.

② 위험성
㉠ 탄소수가 적을수록 자연발화하며, 물과 격렬하게 반응한다.
㉡ 열에 약하여 120℃ 이상 가열하면 **분해 · 폭발**한다.

③ 저장 및 취급방법
다이에틸텔루륨에 준한다.

④ 소화방법
다이에틸텔루륨에 준한다.

8) 금속의 수소화물

알칼리금속 또는 알칼리토금속(Be, Mg 제외)이 수소(H)와 결합하여 만드는 화합물

(1) 수소화리튬(LiH)

분자량	8
비 중	0.82
융 점	680℃

① 일반성질

㉠ 유리모양의 **무색 · 무취** 또는 **회색**의 **가연성 고체**이다.

㉡ 빛에 노출시 빠르게 **흑색**으로 변한다.

㉢ 400℃에서 **리튬**(Li)과 **수소**(H)로 분해된다.

㉣ **산소**(O_2) · **염소**(Cl_2) · **염화수소**(HCl)와는 반응하지 않는다.

② 위험성

㉠ 공기 또는 습기와의 접촉시 자연발화의 위험이 있다.

㉡ 수소화물 중 **가장 위험성**이 **적다**.

③ 저장 및 취급방법

㉠ 물과의 접촉을 피할 것

㉡ 실내의 밀폐용기에 저장할 것

㉢ 대량의 저장용기에는 **질소**(N_2) 또는 **아르곤**(Ar) 가스를 봉입할 것

④ 소화방법

㉠ **마른모래** 등으로 **질식소화**한다.

㉡ 물 · 포 엄금

(2) 수소화나트륨(NaH)

분자량	24
비 중	0.93
분해온도	800℃

① 일반성질

㉠ **회백색**의 결정 또는 분말이다.

㉡ 425℃ 이상 가열하면 **나트륨**(Na)과 **수소**(H)로 분해된다.

㉢ **환원성**이 강하다.

㉣ 액체 암모니아(NH_3) · 유기용매에는 용해되지 않는다.

② 위험성

㉠ 강산화제와의 접촉에 의해 발열발화한다.

㉡ 습기에 노출되어도 자연발화의 위험이 있다.

③ 저장 및 취급방법

수소화리튬에 준한다.

Key Point

* Be
'베릴륨'을 의미한다.

* **수소화리튬**
수소화물 중 가장 위험성이 적다.

* **환원성**
어떤 화합물이 산소가 제거되는 성질

Key Point

* **소석회**
'수산화칼슘[$Ca(OH)_2$]'을 말한다.

* **입도**
'미세도'를 말한다.

* **인화칼슘의 별명**
인화석회

* **포스핀(PH_3)**
'인화수소'라고도 부른다.

④ 소화방법

㉠ **마른모래 · 소석회** 등으로 **질식소화**한다.

㉡ 물 · 이산화탄소 · 할론 엄금

(3) 수소화칼슘(CaH_2)

분자량	42
비 중	1.7
융 점	816℃
분해온도	675℃

① 일반성질

㉠ **백색** 또는 **회백색**의 결정 또는 분말이다.

㉡ 건조공기 중에는 안정하다.

㉢ **환원성**이 강하다.

㉣ 600℃ 이상 가열하면 **칼슘**(Ca)과 **수소**(H_2)로 분해된다.

② 위험성

㉠ 입도가 감소하면 인화성이 증가한다.

㉡ 습기에 노출되어도 자연발화의 위험이 있다.

③ 저장 및 취급방법

수소화나트륨에 준한다.

④ 소화방법

㉠ **마른모래** 등으로 **질식소화**한다.

㉡ 물 · 이산화탄소 · 할론 엄금

9) 금속의 인화물

(1) 인화칼슘(Ca_3P_2)

분자량	182
비 중	2.51
융 점	1600℃

① 일반성질

㉠ **적갈색**의 괴상고체이다.

㉡ 공기 중에서 안정하다.

㉢ 300℃ 이상에서 산화된다.

㉣ **알코올 · 에터**에는 녹지 않는다.

② 위험성

㉠ 물 또는 묽은산과 반응하여 맹독성의 **포스핀**(PH_3)가스를 발생시킨다. 문24 보기②

$$Ca_3P_2 + 6H_2O \longrightarrow 3Ca(OH)_2 + 2PH_3\uparrow$$
$$Ca_3P_2 + 6HCl \longrightarrow 3CaCl_2 + 2PH_3$$

Key Point

문제 24 인화칼슘이 물과 반응하였을 때 발생하는 가스에 대한 설명으로 옳은 것은?
10회 문 96
① 폭발성인 수소를 발생한다. ② 유독성인 인화수소를 발생한다.
③ 조연성인 산소를 발생한다. ④ 가연성인 아세틸렌을 발생한다.

해설 ② 인화칼슘이 물과 반응하여 인화수소(포스핀)가스를 발생시킨다.

답 ②

㉡ **벤젠 · 에터 · 이황화탄소**(CS_2)와 습기하에서 접촉하면 발화한다.

③ 저장 및 취급방법
㉠ 습기의 접촉을 피할 것
㉡ 발생가스는 독성이 강하므로 방독마스크 등을 착용하고 취급할 것

④ 소화방법
㉠ **마른모래** 등으로 **질식소화**한다.
㉡ 주수소화 엄금

(2) 인화알루미늄(AlP)

분자량	58
비 중	2.4~2.8
융 점	1000℃

① 일반성질
㉠ **황색** 또는 **암회색**의 결정 또는 분말이다.
㉡ 습한 공기 중에서는 **어두운 색**으로 변한다.
㉢ **가연성**이다.

② 위험성
㉠ 강산 · 강알칼리와 격렬하게 반응하여 **포스핀**(PH_3)을 생성한다.
㉡ 물 · 습한 공기 · 스팀과 접촉시 가연성 · 유독성의 **포스핀**(PH_3)가스가 발생한다.

$$AlP + 3H_2O \longrightarrow Al(OH)_3 + PH_3 \uparrow$$

③ 저장 및 취급방법
㉠ 물기 엄금
㉡ 밀폐용기에 저장하고 건조상태를 유지할 것

④ 소화방법
㉠ **마른모래** 등으로 **질식소화**한다.
㉡ 주수소화 엄금

(3) 인화아연(Zn_3P_2)

분자량	257
비 중	4.55
융 점	420℃
비 점	1100℃

※ 비중
일정온도, 일정부피에서의 어떤 물질의 무게로, 같은 온도에서 같은 부피의 다른 물질의 무게와 비교한 비교중량

※ 가연성
연소할 수 있는 성질

※ 주수소화
물을 사용하여 소화하는 것

Key Point

※ 암회색
어두운 회색

① 일반성질

㉠ **암회색**의 결정 또는 무딘 분말이다.

㉡ 가연성이다.

② 위험성

㉠ 연소하면 자극성 · 독성가스와 **아연산화물**을 발생한다.

㉡ 강산 · 강알칼리와 반응하여 **포스핀**(PH_3)가스를 발생시킨다.

③ 저장 및 취급방법

㉠ 물기 엄금

㉡ 밀폐용기에 저장하고 **건조상태**를 유지할 것

㉢ 누출시 점화원을 제거하고 분진이 발생하지 않도록 할 것

④ 소화방법

㉠ **마른모래 · 마른흙** 등으로 **질식소화**한다.

㉡ 물 · 이산화탄소 · 할론 엄금

10) 칼슘 또는 알루미늄의 탄화물

※ 탄화칼슘의 별명
① 카바이드
② 칼슘카바이드

(1) 탄화칼슘(CaC_2)

분자량	64
비 중	2.22
융 점	2300℃
발화점	335℃

① 일반성질

㉠ 순수한 것은 **무색투명**하나 보통은 **흑회색**이다.

㉡ 건조한 공기 중에서는 안정하나 350℃ 이상으로 가열시 산화된다.

㉢ 물과 반응하여 **수산화칼슘**[$Ca(OH)_2$]과 **아세틸렌**(C_2H_2) 가스를 발생시킨다.

※ 아세틸렌
가연성 가스

$$CaC_2 + 2H_2O \longrightarrow Ca(OH)_2 + C_2H_2 \uparrow$$

② 위험성

㉠ 아세틸렌은 폭발범위가 **2.5~81%**로 넓어서 위험하다.

㉡ 구리와 반응하여 폭발성의 **아세틸렌화구리**(CuC_2)를 만든다.

㉢ 고온에서 **질소**(N_2)와 반응하여 **석회질소**($CaCN_2$)가 된다.

③ 저장 및 취급방법

㉠ **산화제**와의 접촉을 피할 것

㉡ 물 · 습기와의 접촉을 피할 것

④ 소화방법

㉠ **마른모래 · 건조분말** 등으로 **질식소화**한다. 문25 보기③

㉡ 물 · 포 · 이산화탄소 · 할론 엄금

Key Point

문제 25 탄화칼슘(CaC_2) 화재시 가장 적합한 소화방법은?

14회 문 37
12회 문 97

① 물을 주수하여 냉각소화한다.
② 이산화탄소를 방사하여 질식소화한다.
③ 마른모래로 질식소화한다.
④ 할론소화약제를 사용하여 부촉매 소화한다.

해설 ③ 마른모래 · 건조분말 등으로 질식소화한다.

답 ③

(2) 탄화알루미늄(Al_4C_3)

분자량	144
비 중	2.36
융 점	2200℃
승화점	1800℃
분해온도	1400℃

① 일반성질

㉠ 순수한 것은 **백색**이나 보통은 **황색**의 결정이다.

㉡ 물과 반응하여 **메탄**(CH_4)을 발생한다.

$$Al_4C_3 + 12H_2O \longrightarrow 4Al(OH)_3 + 3CH_4 \uparrow$$

② 위험성

㉠ 건조한 공기 중에서는 안정하지만 가열하면 표면에 산화피막을 만들어 반응이 지속되지 않는다.

㉡ 강산화제와 반응하면 격렬하게 발열한다.

③ 저장 및 취급방법

탄화칼슘에 준한다.

④ 소화방법

㉠ **마른모래 · 이산화탄소 · 건조분말** 등으로 **질식소화**한다.

㉡ 물 · 포 · 할론 엄금

※ 승화점
고체 물질이 액체 상태를 거치지 않고 증기를 방출하거나 곧바로 기화될 때의 온도

※ 탄화알루미늄
물과 반응하여 메탄(CH_4) 발생

※ 질식소화
산소농도를 연소에 필요한 농도 미만으로 떨어뜨려 소화하는 방법

Key Point

4 제4류 위험물

출제확률 16.9% (4문제)

1 제4류 위험물의 종류 및 지정수량

성 질	품 명		지정 수량	대표물질	위험등급
인화성 액체	특수인화물		50l	다이에틸에터 · 이황화탄소 · 아세트알데하이드 · 산화프로필렌 · 이소프렌 · 펜탄 · 디비닐에터 · 트리클로로실란	Ⅰ
	제1석유류	비수용성	200l	휘발유 · 벤젠 · 톨루엔 · 사이클로헥산 · 아크롤레인 · 에틸벤젠 · 초산에스터류 · 의산에스터류 · 콜로디온 · 메틸에틸케톤	Ⅱ
		수용성	400l	아세톤 · 피리딘 · 시안화수소	Ⅱ
	알코올류		400l	메틸알코올 · 에틸알코올 · 프로필알코올 · 이소프로필알코올 문26 보기② · 부틸알코올 · 아밀알코올 · 퓨젤유 · 변성알코올	Ⅱ
	제2석유류	비수용성	1000l	등유 · 경유 문26 보기② · 테레빈유 · 장뇌유 · 송근유 · 스티렌 · 클로로벤젠 · 크실렌	Ⅲ
		수용성	2000l	의산 · 초산(아세트산) 문26 보기② · 메틸셀로솔브 · 에틸셀로솔브 · 알릴알코올	Ⅲ
	제3석유류	비수용성	2000l	중유 · 크레오소트유 · 나이트로벤젠 · 아닐린 · 담금질유	Ⅲ
		수용성	4000l	에틸렌글리콜 문26 보기② · 글리세린	Ⅲ
	제4석유류		6000l	기어유 · 실린더유	Ⅲ
	동식물유류		10000l	아마인유 · 해바라기유 · 들기름 · 대두유 · 야자유 · 올리브유 · 팜유	Ⅲ

※ 시클로헥산
'사이클로헥산'이라고도 부른다.

※ 알코올류
수용성이므로 반드시 알코올포 소화약제를 사용하여 소화하여야 한다.

★★★
문제 26 제4류 위험물의 지정수량 크기를 작은 것부터 큰 것까지의 순서로 옳은 것은?

23회 문 82
22회 문 84
10회 문 69
08회 문 89

① 경유<아세트산<이소프로필알코올<에틸렌글리콜
② 이소프로필알코올<경유<아세트산<에틸렌글리콜
③ 이소프로필알코올<에틸렌글리콜<경유<아세트산
④ 경유<이소프로필알코올<에틸렌글리콜<아세트산

해설
② 이소프로필알코올<경유<아세트산<에틸렌글리콜
400l 1000l 2000l 4000l

답 ②

2 제4류 위험물의 개요

(1) 일반성질

① 상온에서 **액체상태**이다(**가연성 액체**).
② **인화성 증기**를 발생시킨다.
③ 연소범위의 폭발하한계가 낮다.
④ 물보다 가벼우며, 물에 잘 녹지 않는다.

⑤ 증기는 공기보다 **무겁다**(증기밀도가 1보다 크다).
⑥ **정전기**에 의한 인화의 위험성이 크다.
⑦ 증기는 공기와 약간만 혼합되어도 연소의 우려가 있다.
⑧ 비교적 **낮은 발화점**을 가진다.

(2) 저장 및 취급방법

① 용기가 파손되지 않도록 할 것
② 불티, 불꽃, 화기, 기타 열원의 접촉을 피할 것
③ 온도를 인화점 이하로 유지할 것
④ 운반용기에 **'화기엄금'** 등의 표시를 할 것
⑤ 발생된 증기는 공기를 유통시켜 통풍시킬 것

(3) 소화방법

① **포 · 분말 · CO_2 · 할론**에 의한 **질식소화**(공기차단)를 한다. 문27 보기③
② **수용성**의 것은 **내알코올포**를 사용하여 소화한다.

★★
문제 27 제4류 위험물의 소화에 가장 많이 사용되는 방법은?
① 물을 뿌린다.　② 연소물을 제거한다.
③ 공기를 차단한다.　④ 인화점 이하로 냉각한다.

해설 ③ 공기를 차단하여 질식소화한다.

답 ③

3 제4류 위험물의 일반성상

1) 특수인화물

(1) 다이에틸에터($C_2H_5OC_2H_5$)

분자량	74
비 중	0.71
증기비중	2.6
융 점	−116.3℃
비 점	34.6℃
인화점	−45℃
발화점	180℃
연소범위	1.7~48vol%

① 일반성질
㉠ **무색투명**한 유동성 액체이다.
㉡ 휘발성이 크다.
㉢ 나트륨(Na)과 반응하여 **수소**(H_2)를 발생시키지 않는다.
㉣ **알코올**에는 잘 녹지만, 물에는 잘 녹지 않는다.

Key Point

＊ **증기밀도**
어떤 증기의 같은 온도, 같은 압력하에서 동일한 부피를 갖는 공기의 중량과 서로 비교한 값

＊ **수용성**
어떤 물질이 물에 녹는 성질

＊ **특수인화물**
1기압에서 액체로 되는 것으로 발화점이 100℃ 이하 또는 인화점이 −20℃ 이하로서 비점이 40℃ 이하인 것

＊ **다이에틸에터의 별명**
① 에터
② 에틸에터
③ 산화에틸

＊ **연소범위와 같은 의미**
① 연소한계
② 폭발범위

Key Point

㉤ 전기의 불량도체이므로 **정전기**가 발생되기 쉽다.
㉥ 증기는 마취성이 있다.

② 위험성

㉠ **인화성 · 발화성**이 강하다.
㉡ 공기 중에서 산화되어 구조불명의 폭발성이 강한 **과산화물**을 만든다.
㉢ 장기간 호흡시 의식불명 등 사망하게 된다.
㉣ **피부**에 접촉시 **화상**을 입는다.
㉤ 물과 접촉시 격렬하게 반응하지 않는다. 문28 보기①
㉥ 비점, 인화점, 발화점이 매우 낮고 연소범위가 넓다. 문28 보기②
㉦ 연소범위의 하한치가 낮아 약간의 증기가 누출되어도 폭발을 일으킨다. 문28 보기③
㉧ 증기압이 높아 저장용기가 가열되면 변형이나 파손되기 쉽다. 문28 보기④

③ 저장 및 취급방법

㉠ 폭발성의 과산화물 생성방지를 위해 **40mesh**의 구리망을 넣어둘 것
㉡ 정전기 방지를 위해 약간의 **염화칼슘**($CaCl_2$)을 넣어둘 것
㉢ **갈색병**에 넣어 저장할 것
㉣ 대량저장시에는 불활성 가스를 봉입할 것

※ mesh
가로, 세로 1인치(2.54cm) 안에 얽혀져 있는 구멍의 수

④ 소화방법

대형화재의 경우 다량의 **알코올포**에 의해 **질식소화**한다(소량 화재시는 물분무 · 건조분말 · 이산화탄소도 가능).

☆☆☆
문제 28 **다이에틸에터($C_2H_5OC_2H_5$)에 관한 설명으로 옳지 않은 것은?**

19회 문 80
11회 문 78
06회 문 85
04회 문 98
02회 문 94

① 물과 접촉시 격렬하게 반응한다.
반응하지 않는다.
② 비점, 인화점, 발화점이 매우 낮고 연소범위가 넓다.
③ 연소범위의 하한치가 낮아 약간의 증기가 누출되어도 폭발을 일으킨다.
④ 증기압이 높아 저장용기가 가열되면 변형이나 파손되기 쉽다.

답 ①

※ **이황화탄소의 별명**
① 이유화탄소
② 유화탄소
③ 이유탄
④ 유탄

※ **이황화탄소**
발화점 100℃

(2) 이황화탄소(CS_2)

분자량	76
비 중	1.26
증기비중	2.64 문29 보기③
비 점	46.3℃
인화점	−30℃ 문29 보기①
발화점	100℃
연소범위	1~50vol%

① 일반성질

㉠ 순수한 것은 **무색투명**하고 **클로로포름**과 같은 약한 향기가 있지만, 일반적으로 불순물 때문에 **황색**을 띠고 불쾌한 냄새가 난다.

Key Point

㉡ **물보다 무겁다.** 문29 보기④
㉢ **물**에는 녹지 않지만, 알코올 · 에터 · 벤젠 등에는 잘 녹는다.
㉣ **독성**이 있다.

② 위험성

㉠ **휘발성**이 높고, **인화성 · 발화성**이 강하다. 문29 보기①
㉡ 강산화제와 접촉시 격렬하게 반응한다.
㉢ 증기 흡입시 **중추신경**이 손상된다. 문29 보기③
㉣ 연소시 **청색불꽃**을 내며, **이산화탄소**(CO_2)와 유독성이 강한 **아황산가스**(이산화황)(SO_2)를 발생한다. 문29 보기②

$$CS_2+3O_2 \longrightarrow CO_2+2SO_2\uparrow$$

③ 저장 및 취급방법

㉠ 용기 또는 탱크에 저장시 **불활성 가스**를 봉입하거나 **물**로 채운 후 저장할 것
㉡ 직사광선을 피하고 용기를 **밀폐**할 것

④ 소화방법

㉠ 대형화재의 경우 다량의 **포**로 **질식소화**한다(화재초기에는 분말 · 이산화탄소 · 할론도 가능).
㉡ 고정된 탱크 또는 밀폐용기 중의 화재는 **물**을 채워 **피복소화** 가능

★
문제 29 **이황화탄소에 관한 설명으로 옳지 않은 것은?**
11회 문 79

① 인화점이 낮고 휘발이 용이하여 화재위험성이 크다.
② 공기 중에서 연소하면 유독성의 이산화황을 발생한다.
③ 증기는 공기보다 무겁고, 매우 유독하여 흡입시 신경계통에 장애를 준다.
④ 액체비중이 물보다 작고 물에 녹기 어렵기 때문에 수조탱크에 넣어 보관한다.
크고

답 ④

(3) 아세트알데하이드(CH_3CHO)

분자량	44
비 중	0.784
증기비중	1.52
비 점	21℃
인화점	−38℃
발화점	185℃
연소범위	4~60vol%

① 일반성질

㉠ **무색** 액체이다.
㉡ **과일 같은** 자극성 냄새가 난다.
㉢ **휘발성**이 강하다.

※ 아세트알데하이드의 별명
① 알데하이드
② 착산알데하이드
③ 메틸알데하이드

※ 아세트알데하이드 · 산화프로필렌
구리(동) · 마그네슘 · 은 · 수은으로 만들지 아니할 것

Key Point

㉣ **물 · 에탄올 · 에테르**에 잘 녹는다.

㉤ 반응이 풍부하여 산화 · 환원작용을 한다.

② 위험성

㉠ 비점 · 인화점 · 발화점이 낮고, 연소범위가 넓다. 문30 보기③

㉡ 증기압이 높아 휘발하기 쉽고 용기에서 누출되기 쉽다.

㉢ 열에 의해 분해되어 **메탄**(CH_4)과 **일산화탄소**(CO)를 발생한다.

③ 저장 및 취급방법

㉠ **구**리(동) · **마**그네슘 · **은** · **수**은 및 이의 합금 성분으로 된 용기는 사용하지 말 것 문30 보기④

기억법 구마은수

㉡ 산 또는 강산화제와의 접촉을 피할 것 문30 보기②

㉢ 공기와의 접촉시 과산화물을 생성하므로 접촉을 피할 것 문30 보기①

④ 소화방법

다량의 **물**로 **분무주수**하여 **희석소화**한다(소량 화재시는 분말 · 이산화탄소 · 할론도 가능).

★★★

문제 30 **아세트알데하이드에 관한 설명으로 옳지 않은 것은?**

18회 문 81
16회 문 88
13회 문 91
12회 문 80
04회 문 94
03회 문 80
03회 문 99

① 공기 중에서 산화되면 에틸알코올이 생성된다.
과산화물

② 강산화제와 접촉시 혼촉발화의 위험성이 있다.

③ 인화점이 낮아 상온에서 인화하기 쉬운 물질이다.

④ 구리, 은, 마그네슘과 반응하여 폭발성 물질을 생성한다.

답 ①

* **산화프로필렌의 별명**
프로필렌옥사이드

* **산화프로필렌**
반응성이 풍부하며, 증기압은 20℃에서 445mmHg이다.

(4) 산화프로필렌(CH_3CHCH_2O)

분자량	58
비 중	0.83
증기비중	2.0
융 점	-104.4℃
비 점	34℃
인화점	0-37℃
발화점	465℃
연소범위	2.8~37vol%

① 일반성질

㉠ **무색**의 휘발성 액체이다.

㉡ **물 · 알코올 · 에테르 · 벤젠** 등에 잘 녹는다.

Key Point

② 위험성

㉠ 액체는 피부와 접촉시 **동상**증상을 일으킨다.

㉡ 증기 흡입시 **폐부종**을 유발하고, **현기증 · 두통 · 구토**를 일으킨다.

㉢ 수용액상태에서도 인화의 위험이 있다.

㉣ 밀폐용기를 가열하면 격렬히 폭발한다.

㉤ 강산류 · 알칼리 · 가연물 등과 접촉시 격렬히 반응한다.

③ 저장 및 취급방법

㉠ 저장시 **질소가스**(N_2)를 충전시킬 것

㉡ 구리(동) · 마그네슘 · 은 및 합금성분을 피할 것

㉢ 중합반응 요인을 제거할 것

④ 소화방법

알코올포로 **질식소화**한다(화재초기에는 분말 · 이산화탄소 · 할론도 가능).

2) 제1석유류

※ **제1석유류**
아세톤 · 휘발유를 지정품목으로 하고 그 밖에 1기압에서 인화점이 21℃ 미만인 것

(1) 아세톤(CH_3COCH_3)

※ **아세톤의 별명**
① 다이메틸케톤
② 다이메틸케탈
③ 2-프로파논

분자량	58
비 중	0.79
증기비중	2.0
융 점	-94.3℃
비 점	56℃
인화점	-18℃
발화점	468℃
연소범위	2.6~12.8%

① 일반성질

㉠ **무색** · 자극성의 **과일냄새**가 나는 휘발성 액체이다.

㉡ 보관 중 **황색**으로 변질되며, 일광에 쪼이면 분해된다.

㉢ 아세틸렌(C_2H_2)을 잘 용해시키므로 **아세틸렌** 저장에 이용된다.

※ **아세틸렌**
탄화칼슘 등의 탄화물류와 물이 반응할 때 생성되는 무색 기체

㉣ **알코올 · 에터 · 휘발유** 등 유기용제에 잘 녹는다.

㉤ 아이오딘포름 반응을 일으킨다.

② 위험성

㉠ 비점이 낮아 휘발하기 쉽고 인화위험이 크다.

㉡ 인체에 독성은 없지만, 다량 흡입시 구토가 생긴다.

㉢ 햇빛 · 공기와 접촉시 폭발성의 **과산화물**이 **생성**된다.

③ 저장 및 취급방법

㉠ 취급소 내의 전기설비는 방폭조치하고, **정전기**의 발생을 방지할 것

㉡ **갈색병**을 사용하여 냉암소에 저장할 것

④ 소화방법

알코올포 · 이산화탄소 · 분말 등으로 **질식소화**한다.

Key Point

✻ 아세톤의 지정수량
400l 문31 보기④

★★★
문제 31 제4류 위험물로서 제1석유류인 아세톤의 지정수량은 몇 l인가?

① 100l ② 200l
③ 300l ④ 400l

해설 ④ 아세톤의 지정수량 : 400l

답 ④

✻ 휘발유의 별명
① 가솔린
② 석유에테
③ 석유나프타
④ 솔벤트나프타

(2) 휘발유(C_5H_{12}~C_9H_{20})

비 중	0.65~0.76
증기비중	3~4
비 점	30~225℃
인화점	-20~-43℃
발화점	300℃
연소범위	1.2~7.6vol%

✻ 휘발유
정전기의 발생위험이 크다.

① 일반성질
㉠ **무색투명**한 액체이다.
㉡ 특유의 냄새가 난다.
㉢ 물에 녹지 않고, 유지 · 유기용제 등을 잘 녹인다.
㉣ 연소성 향상을 위해 **사에틸납**[$(C_2H_5)_4Pb$]을 혼합하여 오렌지색 · 청색으로 착색되어 있다.

② 위험성
㉠ 증기는 공기보다 무거우므로 낮은 곳에 체류하기 쉽다.
㉡ 비전도성으로 **정전기**를 발생시킨다.

③ 저장 및 취급방법
㉠ 정전기의 발생 및 축적을 방지할 것
㉡ 체적팽창률이 0.00135/℃이므로 액온상승에 주의할 것

④ 소화방법
포 등으로 **질식소화**한다(화재초기에는 분말 · 이산화탄소 · 할론도 가능).

✻ 벤젠의 별명
① 벤졸
② 페닐하이드라이드

✻ 벤젠의 구조식
①
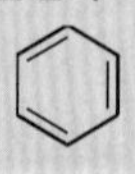
②

③
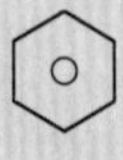

(3) 벤젠(C_6H_6)

분자량	78
비 중	0.9
증기비중	2.8
융 점	5.5℃
비 점	80℃
인화점	-11℃
발화점	562℃
연소범위	1.4~8vol%

① 일반성질
㉠ **무색투명**한 액체이다.

㉡ **물**에는 녹지 않지만, 유기용제 · 수지 · 유지는 잘 녹인다.

㉢ **불포화결합**을 하고 있으나 안정하다. 문32 보기③

㉣ 방향족 탄화수소의 화합물이다. 문32 보기①

㉤ 연소반응식

$$2C_6H_6 + 15O_2 \longrightarrow 12CO_2 + 6H_2O$$ 문32 보기②

② 위험성

㉠ **독성 · 마취성**이 있다.

㉡ 화재시 다량의 **흑연**을 발생한다.

㉢ 겨울철에는 응고상태에서도 연소 가능성이 있다.

㉣ **피부**에 접촉시 **탈지성**이 있다.

③ 저장 및 취급방법

㉠ 저장용기는 **10%** 이상의 **여유공간**을 둘 것

㉡ 취급시 독성에 유의할 것

④ 소화방법

알코올포 · 물분무 · 이산화탄소 · 건조분말 등으로 **질식소화**한다.

★★

문제 32 **다음 중 벤젠에 대한 설명으로 틀린 것은?**

18회 문 27
17회 문 01
15회 문 12
12회 문 86
11회 문 22

① 방향족 탄화수소의 화합물이다.

② 벤젠을 완전연소시키려면 6몰의 산소가 필요하다.
7.5몰

③ 불포화결합을 하고 있으나 안정하다.

④ 제4류 위험물의 제1석유류로서 지정수량이 200l이다.

해설 ② $2C_6H_6 + 15O_2 \rightarrow 12CO_2 + 6H_2O$

답 ②

(4) 톨루엔($C_6H_5CH_3$)

분자량	92
비 중	0.9
증기비중	3.17
융 점	−95℃
비 점	111℃
인화점	4℃ 문33 보기②
발화점	552℃ 문33 보기②
연소범위	1.27~7vol%

① 일반성질

㉠ **무색투명**하며 벤젠향과 같은 독특한 냄새를 가진 휘발성 액체이다. 문33 보기①

㉡ **물**에는 녹지 않지만, 알코올 · 에터 · 벤젠 등 유기용제에는 잘 녹는다. 문33 보기④

Key Point

※ **탈지성**
피부에 있는 기름을 제거하는 성질

※ **벤젠의 지정수량**
200l 문32 보기④

※ **톨루엔의 별명**
① 톨루올
② 메틸벤젠
③ 페닐메탄

※ **톨루엔의 구조식**

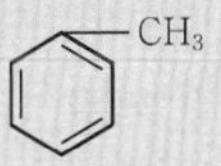

Key Point

㉢ 금속은 부식되지 않지만, **고무 · 플라스틱**을 **부식**시킨다.

㉣ 융점은 벤젠보다 낮고, 인화점은 벤젠보다 높다.

㉤ 독성은 벤젠의 $\frac{1}{10}$ 정도이다(독성이 있고 방향성을 갖는다). 문33 보기③

★★
문제 33 제4류 위험물인 톨루엔의 특성으로 옳지 않은 것은?

① 무색의 휘발성 액체이다.
② 인화점은 4℃이고 착화점은 552℃이다.
③ 독성이 있고 방향성을 갖는다.
④ 물에는 녹으나 유기용제에는 녹지 않는다.
　　　녹지 않지만　　　　　　잘 녹는다.

답 ④

② 위험성

㉠ 연소시 자극성 · 유독성 가스가 발생한다.

㉡ 증기는 **마취성**이 있다.

㉢ 정전기불꽃에 의한 인화의 위험이 있다.

㉣ **이산화질소**(NO_2) 또는 **삼불화취소**(BrF_3)와 혼합시 폭발의 위험이 있다.

③ 저장 및 취급방법

벤젠(C_6H_6)에 준한다.

④ 소화방법

포 · 분말 · 이산화탄소 등으로 **소화**한다(소량 화재시는 물분무도 가능).

(5) 아크롤레인(CH_2=CHCHO)

분자량	56.1
비 중	0.8
증기비중	1.9
융 점	-88℃
비 점	52℃
인화점	-26℃
발화점	220℃
연소범위	2.8~31%

※ **연소범위와 같은 의미**
① 연소한계
② 폭발범위
③ 폭발한계
④ 가연범위
⑤ 가연한계

① 일반성질

㉠ **무색투명**하며 불쾌한 냄새가 나는 가연성 액체이다.

㉡ **물 · 알코올 · 에터**에 잘 녹는다.

㉢ 공기에 의해 산화되어 아크릴산이 된다.

② 위험성

㉠ 증기는 공기보다 무겁다.

㉡ 반응성이 풍부하여 산화제 · 과산화물 등과 **중합반응**을 일으켜 발열한다.

㉢ 불꽃 · 열에 접촉시 자극성 · 유독성 가스가 발생한다.

※ **산화제**
'산화성 물질'을 말한다.

③ 저장 및 취급방법

㉠ 공기와의 접촉을 피할 것

㉡ 용기 내에는 **질소**(N_2) 등의 불활성 가스를 봉입할 것

④ 소화방법

알코올포로 **질식소화**한다(화재초기에는 물분무 · 이산화탄소 · 건조분말 등도 가능).

Key Point

※ **불활성 가스**
불연성이며 반응성이 없는 가스

(6) 헥산(C_6H_{14})

분자량	86.2
비 중	0.7
증기비중	3.0
융 점	-95.3℃
비 점	69℃
인화점	-22℃
발화점	225℃
연소범위	1.1~7.5%

① 일반성질

㉠ **무색투명**하고 특이한 냄새가 나는 휘발성 액체이다.

㉡ **물**에는 잘 녹지 않지만, 알코올 · 에터 등에는 잘 녹는다.

② 위험성

㉠ **염소산나트륨**($NaClO_3$) 등의 산화제와 접촉시 발열 · 발화한다.

㉡ 빈 용기에 증기 존재시 점화원에 의해 폭발위험이 있다.

③ 저장 및 취급방법

휘발유에 준한다.

④ 소화방법

포로 **질식소화**한다(화재초기에는 분말 · 이산화탄소 · 마른모래 · 할론도 가능).

★★★
문제 34 다음 중 비수용성 위험물은?

① 아크롤레인　　② 헥산
③ 메틸에틸케톤　　④ 초산

해설 ①, ③, ④ 수용성이 있는 물질

답 ②

※ **헥신**
비수용성 문34 보기②

(7) 시클로헥산(C_6H_{12})

분자량	84.16
비 중	0.8
증기비중	2.9
융 점	6.5℃
비 점	82℃
인화점	-20℃
발화점	245℃
연소범위	1.3~8.0%

※ **시클로헥산의 별명**
사이클로헥산

Key Point

✻ 유기화합물
탄소산화물과 탄산염류를 제외한 탄소가 함유되어 있는 물질

① 일반성질
㉠ **무색**이며 자극성 냄새가 나는 휘발성 액체이다.
㉡ 물에는 녹지 않지만, 유기화합물을 녹인다.

② 위험성
㉠ 연소시 **역화**의 위험이 있다.
㉡ 산화제와의 혼촉시 가열 · 충격 · 마찰에 의해 발화한다.

③ 저장 및 취급방법
벤젠(C_6H_6)에 준한다.

④ 소화방법
다량의 **알코올포**로 **질식소화**한다(화재초기에는 분말 · 이산화탄소도 가능).

✻ 의산메틸의 별명
① 개미산메틸
② 개미산메틸에스터
③ 의산메틸에스터
④ 포름산메틸에스터

(8) 의산메틸($HCOOCH_3$)

분자량	60.1
비 중	0.98
증기비중	2.07
융 점	-99℃
비 점	32℃
인화점	-19℃
발화점	449℃
연소범위	5~23%

① 일반성질
㉠ **무색**의 액체이며, **달콤한 냄새**가 난다.
㉡ 물에 잘 녹는다.

② 위험성
㉠ 증기는 공기보다 무겁다.
㉡ 증기 및 액체의 독성에 주의한다.

③ 저장 및 취급방법
휘발유에 준한다.

④ 소화방법
알코올포 · 이산화탄소 · 건조분말 등으로 **질식소화**한다.

✻ 의산에틸의 별명
① 개미산에틸
② 개미산에스터
③ 의산에스터
④ 포름산에틸

(9) 의산에틸($HCOOC_2H_5$)

분자량	74.08
비 중	0.9
증기비중	2.6
융 점	-80℃
비 점	54℃
인화점	-20℃
발화점	578℃
연소범위	2.8~16.0%

① 일반성질

㉠ **무색**의 액체이며, **럼주**와 비슷한 향기가 난다.

㉡ 물 · 글리세린 · 유기용제에 잘 녹는다.

② 위험성

㉠ 증기는 공기와 혼합시 폭발의 위험이 있다.

㉡ 연소시 유독가스가 발생한다.

③ 저장 및 취급방법

㉠ 강산류 · 산화성 물질과의 접촉을 피할 것

㉡ 정전기의 발생 및 축적을 방지할 것

④ 소화방법

다량의 **물**로 **냉각소화**한다(화재초기에는 분말 · 이산화탄소 · 할론도 가능).

(10) 초산에틸($CH_3COOC_2H_5$)

분자량	88.1
비 중	0.9
증기비중	3.0
융 점	-82.4℃
비 점	77℃
인화점	-4℃
발화점	426℃
연소범위	2.0~11.5%

① 일반성질

㉠ **무색투명**하며 **과일냄새**가 나는 인화성 액체이다.

㉡ 물에 녹으며, 수지 · 유기물 · 초산섬유소를 잘 녹인다.

② 위험성

㉠ 증기는 공기보다 무겁다.

㉡ 수용액 상태에서도 인화위험이 있다.

③ 저장 및 취급방법

㉠ 강산류 · 강산화제와의 접촉을 피할 것

㉡ 용기를 밀폐할 것

④ 소화방법

다량의 **알코올포**로 **질식소화**한다(화재초기에는 분말 · 이산화탄소도 가능).

(11) 시안화수소(HCN)

분자량	27
비 중	0.69
증기비중	0.94 문35 보기④
융 점	-14℃
비 점	26℃
인화점	-18℃

Key Point

＊ 럼주
당분 또는 사탕수수를 발효하여 증류한 술

＊ 초산에틸의 별명
① 초산에틸에스터
② 아세트산에틸

＊ 발화점
불꽃을 접하지 않고 열만 가했을 때 연소가 가능한 최저온도

＊ 유기물
탄소가 함유되어 있는 물질

＊ 시안화수소의 별명
청산

Key Point

발화점	540℃
연소범위	5.6~40vol%

① 일반성질

㉠ **무색**이며 자극성의 냄새가 나는 액체이다. 문35 보기①

㉡ 물 · 알코올에 잘 녹는다.

㉢ 염료, 농약, 의약 등에 사용된다. 문35 보기③

② 위험성

㉠ **맹독성**이다. 문35 보기②

㉡ 증기는 공기보다 약간 **가볍다**.

㉢ 연소시 푸른불꽃을 낸다.

㉣ 장기간 저장시 암갈색의 폭발성 물질로 변한다.

③ 저장 및 취급방법

㉠ 철분 · 황산 등의 무기산을 안정제로 넣어줄 것

㉡ 사용 후 3월 경과시 폐기시킬 것

④ 소화방법

다량의 **알코올포**로 **질식소화**한다(화재초기에는 건조분말 · 이산화탄소도 가능).

※ 맹독성
독성이 매우 강한 성질을 가진 것

문제 35 **제4류 위험물인 시안화수소에 관한 설명으로 옳지 않은 것은?**
21회 문 87

① 특이한 냄새가 난다.
② 맹독성 물질이다.
③ 염료, 농약, 의약 등에 사용된다.
④ 증기비중이 1보다 크다.
작다.

답 ④

(12) 피리딘(C_5H_5N)

※ 피리딘의 별명
아딘

분자량	79.1
비 중	0.98
증기비중	2.7
융 점	-42℃
비 점	115℃
인화점	20℃
발화점	482℃
연소범위	1.8~12.4%

① 일반성질

㉠ **무색** 또는 **담황색**의 액체로서 불쾌한 냄새가 난다.

㉡ 물에 잘 녹으며 **흡습성**이 있다.

㉢ 약알칼리성을 나타낸다.

② 위험성

㉠ 수용액상태에서도 인화위험이 있다.

㉡ 화재시 질소산화물 · 일산화탄소 · 이산화탄소 등의 유독가스가 발생한다.

③ 저장 및 취급방법

㉠ 취급시 피부와 호흡기에 **보호구**를 착용할 것

㉡ 강산류 · 산화제와의 접촉을 피할 것

④ 소화방법

다량의 **알코올포**로 **질식소화**한다(화재초기에는 분말 · 이산화탄소 · 할론도 가능).

(13) 메틸에틸케톤($CH_3COC_2H_5$)

분자량	72.1
비 중	0.8
증기비중	2.5
융 점	-86.4℃
비 점	80℃
인화점	-9℃
발화점	404℃
연소범위	1.4~11.4%

① 일반성질

㉠ **무색**의 액체이며 **아세톤**과 비슷한 냄새가 난다.

㉡ **물 · 에틸알코올 · 에터**에 잘 녹고, 휘발유를 잘 녹인다.

② 위험성

㉠ 연소시 **일산화탄소**(CO)를 발생한다.

㉡ 산화제와의 혼촉시 발화위험이 있다.

③ 저장 및 취급방법

㉠ **정전기**의 발생 및 축적을 방지할 것

㉡ 강산류 · 산화제와의 접촉을 피할 것

④ 소화방법

다량의 **알코올포로 질식소화**한다(화재초기에는 분말 · 이산화탄소도 가능).

(14) 콜로디온[$C_{12}H_{16}O_6(NO_3)_4-C_{13}H_{17}O_7(NO_3)_3$]

① 일반성질

㉠ **무색** 또는 끈기있는 **미황색** 액체이다.

㉡ 질화도가 낮은 질화면을 **에터 1, 에틸알코올 3**의 비율로 혼합한 혼합물이다.

② 위험성

㉠ 에틸알코올 · 다이에틸에터의 용제는 휘발성이 크고 가연성 증기를 쉽게 발생시킨다.

㉡ 용제가 증발하여 질화면만 남으면 폭발의 위험이 있다.

Key Point

※ 메틸에틸케톤의 별명
① MEK
② 에틸메틸케톤

※ 메틸에틸케톤
제4류 위험물

※ 메틸에틸케톤퍼옥사이드
제5류 위험물

※ 콜로디온의 인화점
-18℃

※ 에틸알코올과 같은 의미
에탄올

Key Point

③ 저장 및 취급방법

㉠ 용제의 증발을 막기 위해 용기는 밀폐할 것

㉡ 화기엄금

④ 소화방법

㉠ 대형화재의 경우 다량의 **알코올포**로 **질식소화**한다.

㉡ 물분무는 외벽의 냉각에만 이용할 것

*** 알코올류**

알킬기(C_nH_{2n+1})와 수산기[-OH]와의 결합 화합물

*** 탄소수가 증가할수록**

① 발화점 인하
② 연소범위 축소
③ 수용성 감소
④ 인화점 상승
⑤ 비점(비등점) 증가
⑥ 이성질체수 증가
⑦ 점성 증가

*** 메틸알코올의 별명**

① 메탄올
② 목정

3) 알코올류

중요 **알코올류의 필수조건**

① 1분자 내의 탄소원자수가 **1~3개** 이하일 것
② **포화 1가** 알코올일 것 문36 보기①
③ 수용액의 농도가 **60wt%** 이상일 것
④ 변성알코올도 포함

(1) 메틸알코올(CH_3OH)

분자량	32
비 중	0.8
증기비중	1.1
융 점	-94℃
비 점	65℃ 문36 보기③
인화점	11℃ 문36 보기③
발화점	464℃
연소범위	6~36vol% 문36 보기②

① 일반성질

㉠ **무색투명**한 액체이다.

㉡ 알코올 냄새가 난다.

㉢ **물 · 에터**에 잘 녹으며, 유지 · 수지 등을 잘 녹인다.

② 위험성

㉠ 피부 또는 점막으로 흡수되므로 장기간 접촉시 위험하다.

㉡ **완전연소**하므로 불꽃이 잘 보이지 않아 화상의 위험이 있다. 문36 보기④

㉢ **과산화수소**(H_2O_2)와 혼합시 충격에 의해 폭발한다.

③ 저장 및 취급방법

㉠ 에틸알코올과 혼동하기 쉬우므로 라벨(Lable)을 명시할 것

㉡ 강산류 · 강산화제 · 알칼리금속과의 접촉을 피할 것

④ 소화방법

알코올포로 **질식소화**한다(화재초기에는 분말 · 이산화탄소 · 할론도 가능).

Key Point

＊ 에틸알코올의 별명
① 에탄올
② 주정

(2) 에틸알코올(C_2H_5OH)

분자량	46
비 중	0.8
증기비중	1.6
융 점	−113℃
비 점	78℃ 문36 보기③
인화점	13℃ 문36 보기③
발화점	423℃
연소범위	3.1~27.7vol% 문36 보기②

① 일반성질

㉠ **무색투명**하며 **단맛**과 특유한 냄새가 난다.

㉡ **물**에 잘 녹으며, 유지 · 알칼로이드를 잘 녹인다.

㉢ 공기 중에서 쉽게 산화된다.

㉣ 산화하면 **아세트산**이 된다.

＊ 아세트산과 같은 의미
초산

② 위험성

㉠ **독성**이 **없다.**

㉡ **완전연소**하므로 불꽃이 잘 보이지 않아 화상의 위험이 있다. 문36 보기④

③ 저장 및 취급방법

㉠ 수용액 상태에서도 인화위험이 있으므로 취급에 주의할 것

㉡ 강산류 · 강산화제 · 알칼리금속과의 접촉을 피할 것

④ 소화방법

알코올포로 **질식소화**한다(화재초기에는 분말 · 이산화탄소 · 할론도 가능).

문제 36 메틸알코올과 에틸알코올의 성상에 관한 설명으로 옳지 않은 것은?
22회 문 82

① 포화 1가 알코올이다.

② 연소하한계는 메틸알코올이 에틸알코올보다 낮다.
높다.

③ 인화점은 상온(20℃)보다 낮고, 비점은 100℃ 미만이다.

④ 연소시 불꽃이 잘 보이지 않으므로 화상의 위험이 있다.

답 ②

(3) 퓨젤유

＊ 퓨젤유
발화하기 쉽고 쓴맛이 있는 미끈한 액체

비 중	0.81
비 점	110~130℃
인화점	42℃
발화점	482℃
연소범위	1.8~12.4%

Key Point

① 일반성질

㉠ 색상이 원료에 따라 다르다.

㉡ **알코올 발효** 때 생기는 부산물이다.

㉢ **물**에는 녹지 않지만, 유기용제에는 잘 녹는다.

② 위험성

㉠ 마시면 **두통**을 유발한다.

㉡ 인화점이 상온 이상으로 비교적 안정하다.

③ 저장 및 취급방법

메틸알코올과 유사하다.

④ 소화방법

메틸알코올과 유사하다.

(4) 변성알코올

에틸알코올과 메틸알코올을 혼합한 것으로 **희석제**로 쓰이며, 음료용으로는 부적당하다.

4) 제2석유류

※ 제2석유류
1기압 20℃에서 액체인 것으로서 인화점이 21~70℃ 미만인 것

(1) 등유(C_9~C_{18})

※ 등유의 별명
케로신

※ 등유
전기의 불량도체

분자량	0.8
증기비중	4.5
융 점	-46℃
비 점	151~301℃
인화점	43~72℃
발화점	210℃
연소범위	0.7~5%

① 일반성질

㉠ **무색** 또는 **담황색**의 액체이다.

㉡ **물**에는 녹지 않지만, 유지 · 수지를 잘 녹인다.

② 위험성

㉠ 액온이 높기 때문에 화재진압 후에도 가연성의 증기를 발생한다.

㉡ 전기의 **불량도체**로서 정전기의 발생 우려가 있다.

㉢ 증기를 흡입하면 **근육경쇠**와 **졸음**이 온다.

㉣ 눈에 들어가면 **결막염**을 일으킨다.

③ 저장 및 취급방법

㉠ 강산류 · 강산화제 · 다공성 가연물과의 접촉을 피할 것

㉡ 전기설비를 **방폭조치**할 것

④ 소화방법

다량의 **포**로 **질식소화**한다(화재초기에는 분말 · 이산화탄소 · 할론도 가능).

Key Point

(2) 경유(C_{15}~C_{20}) 문37 보기③

비 중	0.85
증기비중	4~5
비 점	200~350℃
인화점	50~70℃
발화점	200℃ 전후
연소범위	1~6%

① 일반성질

㉠ **담황색** 또는 **담갈색**의 액체이다.

㉡ **물**에는 녹지 않지만, 석유계 용제에는 잘 녹는다.

② 위험성

등유에 준한다.

③ 저장 및 취급방법

등유에 준한다.

④ 소화방법

등유에 준한다.

* **용제**
용해를 촉진시키기 위해 사용하는 물질

★★★
문제 37 **제4류 위험물 중 제2석유류에 해당하는 것은?**

20회 문 84
19회 문 86
17회 문 83
15회 문 78
14회 문 82
13회 문 82
10회 문 82

① 중유
제3석유류

② 아세톤
제1석유류

③ 경유
제2석유류

④ 이황화탄소
특수인화물

답 ③

(3) 의산(HCOOH)

분자량	46
비 중	1.2
증기비중	1.59
융 점	8℃
비 점	101℃
인화점	69℃
발화점	601℃
연소범위	18~57%

① 일반성질

㉠ **무색투명**한 액체이다.

* **의산의 별명**
① 개미산
② 포름산

Key Point

※ 환원성
어떤 화합물이 산소가 제거되는 성질

※ 수포
'물집'을 말한다.

※ 내산성
산성물질에 견디는 성질

※ 초산의 별명
① 아세트산
② 빙초산
③ 에탄산

㉡ 강한 자극성 냄새와 **신맛**이 난다.
㉢ **물 · 알코올 · 에터**에 녹는다.
㉣ **환원성**이 있다.

② 위험성
㉠ 맹독성 물질이다.
㉡ **피부**에 닿으면 **수포**가 발생한다.

③ 저장 및 취급방법
㉠ 강산류 · 과산화물과 격리할 것
㉡ 내산성 용기를 사용하여 저장할 것

④ 소화방법
물분무 · 알코올포 또는 다량의 **물**로 **희석소화**한다.

(4) 초산(CH_3COOH)

분자량	60
비 중	1.05
증기비중	2.1
융 점	16.7℃
비 점	118℃
인화점	40℃
발화점	427℃
연소범위	4~19.9%

① 일반성질
㉠ **무색투명**한 액체이다.
㉡ 강한 **자극성 냄새**와 **신맛**이 난다.
㉢ **살균작용**을 한다.
㉣ **부식성**이 강하다.

② 위험성
㉠ 피부에 접촉시 피부조직이 파괴되어 **화상**을 입는다.
㉡ **금속**을 **부식**시킨다.
㉢ 금속과 반응하여 **수소**(H_2)를 발생시킨다.

$$Zn + 2CH_3COOH \longrightarrow (CH_3COO)_2Zn + H_2\uparrow$$

③ 저장 및 취급방법
의산(HCOOH)에 준한다.

④ 소화방법
다량의 **물**로 **분무주수**하거나 **알코올포**로 **질식소화**한다(화재초기에는 분말 · 이산화탄소도 가능).

Key Point

＊ 스티렌의 별명
① 스티롤
② 신나멘
③ 비닐벤젠

(5) 스티렌($C_6H_5CHCH_2$)

분자량	104
비 중	0.91
증기비중	3.6
융 점	−33℃
비 점	146℃
인화점	32℃
발화점	490℃
연소범위	1.1~6.1%

① 일반성질

㉠ **무색투명**한 액체이다. 문38 보기①

㉡ 독특한 냄새가 난다.

㉢ **유독성 · 마취성**이 있다. 문38 보기①

㉣ 물에는 녹지 않지만, 유기용제에는 잘 녹는다.

㉤ 증기는 공기보다 무겁다.

㉥ 물보다 가볍다.

㉦ 산화제와 중합반응하여 생성된 폴리스티렌수지는 굉장히 느리게 분해된다. 문38 보기③

② 위험성

㉠ 실온에서 인화의 위험이 있으며, 화재시 폭발성의 **유기과산화물**을 생성한다. 문38 보기②

㉡ 피부에 접촉시 피부염과 탈지작용을 일으킨다.

㉢ 강산성 물질과의 혼촉시 발열 · 발화한다. 문38 보기④

③ 저장 및 취급방법

등유에 준한다.

④ 소화방법

다량의 **물분무** 또는 **포**로 **질식소화**한다(화재초기에는 분말 · 이산화탄소 · 할론도 가능).

＊ 유기과산화물
① 과산화벤조일
② 메틸에틸케톤퍼옥사이드

문제 38 ★ **스티렌($C_6H_5CH=CH_2$)의 성상 및 위험성에 관한 설명으로 옳지 않은 것은?**
20회 문 86

① 무색 · 투명한 액체로서 마취성이 있으며 독성이 매우 강하다.

② 실온에서 인화의 위험이 있으며, 연소시 폭발성 유기과산화물을 생성한다.

③ 산화제와 중합반응하여 생성된 폴리스티렌수지는 분해폭발성 물질이다.
굉장히 느리게 분해된다.

④ 강산성 물질과의 혼촉시 발열 · 발화한다.

답 ③

＊ 테레빈유의 별명
① 송정유
② 타펜유
③ 테레핀유

(6) 테레빈유($C_{10}H_{16}$)

비 중	0.9
증기비중	4.6
융 점	−182℃
비 점	149℃
인화점	35℃
발화점	240℃
연소범위	0.8%~6%

Key Point

① 일반성질

㉠ **무색** 또는 **담황색**의 액체이다.

㉡ **침엽수 수지냄새**가 난다.

㉢ 물에는 녹지 않지만, 알코올 · 에터에는 잘 녹는다.

② 위험성

㉠ 아이오딘과 혼합된 것은 가열하면 폭발한다.

㉡ 연소시 **일산화탄소**(CO)가 발생한다.

㉢ 피부에 접촉시 피부염을 일으킨다.

③ 저장 및 취급방법

등유에 준한다.

④ 소화방법

분말 · 이산화탄소 · 할론으로 소화한다.

※ 테레빈유의 소화약제
① 분말
② 이산화탄소
③ 할론

(7) 클로로벤젠(C_6H_5Cl)

분자량	112.6
비 중	1.11
증기비중	3.9
융 점	-45.2℃
비 점	132℃
인화점	32℃
발화점	638℃

※ 클로로벤젠의 별명
① 클로로벤
② 염화페닐
③ 모노클로로벤젠

※ 클로로벤젠의 구조식

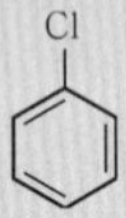

① 일반성질

㉠ **무색**의 액체이며, **석유냄새**가 난다.

㉡ 물에는 녹지 않지만, 유기용제에는 잘 녹는다.

㉢ 유지 · 고무 · 수지 등을 잘 녹인다.

㉣ 증기는 공기보다 무겁다.

② 위험성

㉠ 독성은 벤젠(C_6H_6)보다 약하다.

㉡ **마취성**이 있다.

③ 저장 및 취급방법

휘발유에 준한다.

④ 소화방법

포 · 분말 · 이산화탄소 등으로 소화한다.

(8) 크실렌[$C_6H_4(CH_3)_2$]

구 분	o-크실렌	m-크실렌	p-크실렌
비 중	0.88	0.86	0.86
증기비중	3.66	3.66	3.66
융 점	−25℃	−48℃	13℃
비 점	144℃	139℃	138℃
인화점	17℃	25℃	25℃
발화점	464℃	527℃	528℃
연소범위	0.9~7.0%	1.1~7.0%	1.1~7.0%
비 고	제1석유류	제2석유류	제3석유류

① 일반성질
   ㉠ **무색투명**하고 **단맛**이 있다.
   ㉡ **물**에는 녹지 않지만, 유기용제에는 잘 녹는다.
   ㉢ 자극성 · 마취성이 있다.

② 위험성
   ㉠ 증기는 공기보다 무겁다.
   ㉡ 유동에 의해 **정전기**의 발생 우려가 있다.

③ 저장 및 취급방법
   벤젠(C_6H_6)에 준한다.

④ 소화방법
   포 · 건조분말 · 이산화탄소 · 물분무 등으로 **질식소화**한다.

5) 제3석유류

(1) 중유 문39 보기①

비 중	0.85~1
비 점	300~350℃
인화점	60~150℃
발화점	250~400℃

① 일반성질
   ㉠ **갈색** 또는 **암갈색**의 액체이다.
   ㉡ 중유 중 황화합물은 저황분 중유가 좋다.

② 위험성
   ㉠ 눈에 들어가면 **결막염**을 일으킨다.
   ㉡ **금속**을 **부식**시킨다.
   ㉢ 연소시 일산화탄소(CO) 등의 유독성 가스와 다량의 흑연이 발생한다.

③ 저장 및 취급방법
   ㉠ 내산성 용기에 저장할 것
   ㉡ 다공성 가연성 물질에 액이 스며들지 않도록 할 것

Key Point

✻ 크실렌의 별명
① 크시롤
② 다이메틸벤젠

✻ 크실렌
벤젠핵[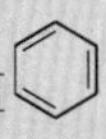]에 메틸기[$-CH_3$]가 2개 결합된 것

✻ 크실렌의 구조식
① o-크실렌
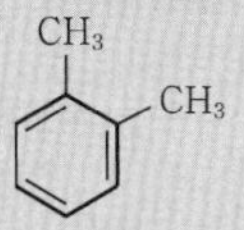

② m-크실렌
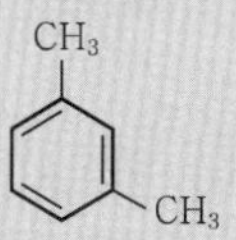

③ p-크실렌
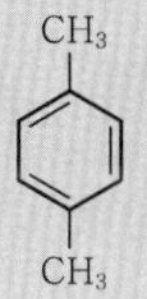

✻ 제3석유류
1기압, 20℃에서 액체인 것으로서 인화점이 70~200℃ 미만인 것

✻ 중유의 별명
헤비오일

Key Point

④ 소화방법

다량의 **포**로 **질식소화**한다(화재초기에는 분말 · 이산화탄소 · 할론도 가능).

★★★

문제 39 제4류 위험물 중 제3석유류에 해당하는 것은?

19회 문 86
14회 문 82
13회 문 82
10회 문 82

① 중유
② 경유
제2석유류
③ 등유
제2석유류
④ 휘발유
제1석유류

답 ①

※ **크레오소트유의 별명**
① 타르유
② 액체피치유
③ 콜타르 크레오소트

(2) 크레오소트유

비 중	1.05
비 점	194~400℃
인화점	74℃
발화점	336℃

① 일반성질

㉠ **황갈색**의 액체로서 자극성의 **타르냄새**가 난다.

㉡ 물보다 무겁다.

㉢ 물에는 녹지 않지만, 유기용제에는 잘 녹는다.

㉣ **부식성 · 살균성**이 있다.

② 위험성

중유에 준한다.

③ 저장 및 취급방법

중유에 준한다.

④ 소화방법

다량의 **포**로 **질식소화**한다(화재초기에는 분무주수도 가능).

※ **에틸렌글리콜의 별명**
① 글리콜
② 글리콜알코올
③ 에틸렌알코올
④ 1, 2 에탄올

(3) 에틸렌글리콜(CH_2OHCH_2OH)

분자량	62
비 중	1.1
증기비중	2.1
융 점	−12.6℃
비 점	197℃
인화점	111℃
발화점	413℃
연소범위	3.2% 이상

① 일반성질

㉠ **무색무취**의 끈끈한 액체이다.

㉡ **흡습성 · 단맛**이 있다.

㉢ 물 · 알코올 · 아세톤 · 글리세린 등에 잘 녹는다.

※ **흡습성**
습기를 흡수하는 성질

Key Point

② 위험성

㉠ 상온에서의 인화위험은 없다.

㉡ 산화제와 혼합시 가열 · 충격 · 마찰에 의해 발화한다.

③ 저장 및 취급방법

㉠ 강산류 · 강산화성 물질 · 황 · 적린 · 금속분과의 접촉을 피할 것

㉡ 스테인리스 · 알루미늄 용기를 사용할 것

④ 소화방법

다량의 **물분무** · **알코올포**로 **질식소화**한다(화재초기에는 분말 · 이산화탄소도 가능).

★ **문제 40** 다음 물질 중 부동액으로 사용되는 것은 어느 것인가?

① 나이트로벤젠 ② 에틸렌글리콜

③ 파라크실렌 ④ 크레오소트유

해설 ② 에틸렌글리콜 : 부동액으로 사용

답 ②

※ **부동액**

① 글리세린[$C_3H_5(OH)_3$]

② 에틸렌글리콜 [CH_2OH-CH_2OH]

문40 보기②

(4) 글리세린[$C_3H_5(OH)_3$]

분자량	92
비 중	1.26
증기비중	3.1
융 점	18℃
비 점	290℃
인화점	160℃
발화점	393℃

※ **글리세린의 별명**

① 글리세롤

② 글리실알코올

③ 트리하이드록시 프로판

① 일반성질

㉠ **무색**의 액체이며 단맛이 난다.

㉡ **흡습성**이 있다.

㉢ 물보다 무겁다.

㉣ 물 · 유기용제에 잘 녹는다.

② 위험성

㉠ **독성**이 **없다.**

㉡ 화재의 위험성이 적다.

③ 저장 및 취급방법

에틸렌글리콜에 준한다.

④ 소화방법

알코올포로 **질식소화**한다(화재초기에는 분말 · 이산화탄소도 가능).

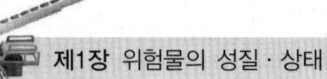

Key Point

※ 나이트로벤젠의 별명
① 나이트로벤졸
② 미루반유
③ 미루반에센스

※ 나이트로벤젠의 구조식

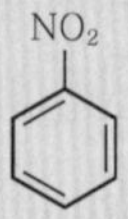

※ 나이트로벤젠
단독으로는 폭발 불가

※ 비중
일정온도, 일정부피에서의 어떤 물질의 무게로, 같은 온도에서 같은 부피의 다른 물질의 무게와 비교한 비교 중량

(5) 나이트로벤젠($C_6H_5NO_2$)

분자량	123
비 중	1.2
증기비중	4.25
융 점	5.7℃
비 점	211℃
인화점	88℃
발화점	482℃
연소범위	1.8% 이상

① 일반성질
㉠ **담황색**의 기름 모양의 액체이며, **암모니아**와 같은 냄새가 난다.
㉡ 물보다 무겁다.
㉢ 물에는 잘 녹지 않지만, 유기용제에는 잘 녹는다.

② 위험성
㉠ **맹독성** 물질이다.
㉡ 연소시 질소산화물을 포함한 유독성 가스가 발생한다.
㉢ **단독**으로는 **폭발**을 일으키지 **않는다.**

③ 저장 및 취급방법
㉠ 강산류 · 산화성 물질 · 금속과의 접촉을 피할 것
㉡ 건조하고 **어두운 곳**에 저장할 것

④ 소화방법
다량의 **포**로 **질식소화**한다(화재초기에는 분말 · 이산화탄소도 가능).

(6) 나이트로톨루엔[$NO_2(C_6H_4)CH_3$]

분자량	137
비 중	1.16
증기비중	4.72

① 일반성질
㉠ **황색**의 액체이며 방향성 냄새가 난다.
㉡ 물에는 잘 녹지 않지만, 유기용제에는 잘 녹는다.

② 위험성
㉠ 상온에서의 연소위험성은 없지만 가열하면 위험하다.
㉡ 연소시 질소산화물을 포함한 유독성 가스가 발생한다.
㉢ **눈**과 **피부**를 **부식**시킨다.

③ 저장 및 취급방법
㉠ 환기가 잘 되는 냉암소에 보관할 것
㉡ 강산류 · 강산화제 등의 접촉을 피할 것

④ 소화방법

물분무 · 포 등으로 **질식소화**한다(화재초기에는 분말 · 이산화탄소도 가능).

(7) 아닐린($C_6H_5NH_2$)

분자량	93
비 중	1.02
증기비중	3.2
융 점	-6℃
비 점	184℃
인화점	75℃
발화점	538℃
연소범위	1.3~11%

① 일반성질

㉠ **무색** 또는 **담황색**의 독특한 냄새가 나는 기름모양의 액체이다.

㉡ 공기 또는 직사광선에 의해 적갈색으로 변한다.

㉢ 물보다 무겁다.

㉣ 물에는 약간 녹고, 유기용제에는 잘 녹는다.

② 위험성

㉠ **독성**이 강하다.

㉡ 알칼리금속 · 알칼리토금속과 반응하여 **수소**(H_2)를 발생시킨다.

③ 저장 및 취급방법

중유에 준한다.

④ 소화방법

알코올포로 **질식소화**한다(화재초기에는 분말 · 이산화탄소도 가능).

6) 제4석유류

(1) 윤활유

중요 윤활유의 종류

종 류	비 중	인화점	용 도
터빈유	0.88	230℃	화력 · 증기터빈 · 수력터빈
모터유	0.89		모터축받이
기어유	0.9	220℃	기계 · 자동차 등의 기어
기계유	0.92	200℃	차량용 · 일반기계 저속용 · 종속축받이
실린더유	0.95	250℃	증기기관의 실린더

① 일반성질

㉠ **점성**이 있는 액체이다.

㉡ 기계의 마찰을 줄이기 위해 사용된다.

Key Point

※ 아닐린의 별명
① 아미노벤젠
② 페닐아민

※ 아닐린의 구조식

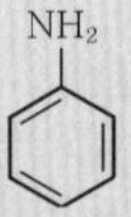

※ 제4석유류
1기압, 20℃에서 액체인 것으로서 인화점이 200~250℃ 미만인 것

※ 기어
'톱니바퀴'를 말한다.

※ 기계유
윤활유 중에서 가장 많이 사용된다.

※ 윤활유의 기능
① 윤활작용
② 밀봉작용
③ 냉각작용

Key Point

② 위험성

인화점이 높으므로 인화의 위험은 적지만 한번 인화되면 소화가 어렵다.

③ 저장 및 취급방법

㉠ 깨끗한 옥내에 저장할 것

㉡ 저장 중 수분 · 흙 · 먼지 등이 들어가면 오염되기 쉽다.

④ 소화방법

분말 · 이산화탄소로 **질식소화**한다.

※ 가소제
성형가공이 용이하도록 하기 위해 합성수지 또는 합성섬유에 첨가한 유연성과 내한성을 증가시켜 주는 물질

(2) 가소제

① 일반성질

㉠ **무색무취**하며 독성이 없다.

㉡ 휘발성이 적고 열과 빛에 안정하다.

㉢ 수지에 잘 녹는다.

② 위험성

인화점이 높으므로 위험성이 적다.

③ 저장 및 취급방법

㉠ 저장 · 취급시 특별한 주의가 필요 없다.

㉡ 소화작업시 유독가스에 주의할 것

④ 소화방법

분말 · 이산화탄소로 **질식**소화한다.

7) 동식물유류

※ 동식물유류
1기압, 20℃에서 액체로 되는 물질

※ 아이오딘값
기름 100g에 첨가되는 아이오딘의 g수

※ 건성유 문41 보기②
아이오딘값 130 이상

※ 반건성유
아이오딘값 100~130 미만

중요 동식물유류의 아이오딘값

(1) 건성유

종 류	아이오딘값
해바라기유	125~136
정어리유	154~196
아마인유	170~204
들기름	192~208

(2) 반건성유

종 류	아이오딘값
채종유	97~115
면실유	99~113
참기름	104~116
옥수수기름	109~133
콩기름	117~141
청어기름	123~146

(3) 불건성유

종 류	아이오딘값
야자유	7~10
팜유	51~57
올리브유	79~90
피마자기름	81~86
땅콩기름	84~102
소기름	35~50 문41 보기③
돼지기름	45~70 문41 보기③

① 일반성질

㉠ 순수한 것은 **무색무취**하나 불순물이 함유된 것은 **미황색** 또는 **적갈색**으로 착색되어 있다.

㉡ 대부분 **점성**이 **높다.**

㉢ 대부분 **물**보다 **가볍다.**

㉣ 일반적으로 **300℃** 이상 가열하면 분해된다.

㉤ 물에는 녹지 않지만, 유기용제에는 잘 녹는다.

㉥ 분자 속에 불포화결합이 많을수록 건조되기 쉽다. 문41 보기④

문제 41 11회 문 77

동식물유류를 취급할 때에는 그 일반성질을 잘 알아야 한다. 그 성질로서 틀린 것은 어느 것인가?

① 보통 인화점이 높다.
② 아이오딘이 130 이상인 것을 건성유라고 한다.
③ 돼지기름, 소기름은 동식물유류에 속한다.
④ 분자 속에 불포화결합이 많을수록 건조되기 어렵다.
　　쉽다.

답 ④

② 위험성

㉠ 상온에서의 인화위험은 없다.

㉡ 일단 연소되면 소화가 곤란하다.

㉢ **자연발화**의 위험성이 있다.

③ 저장 및 취급방법

㉠ 건성유는 다공성 가연물과의 접촉을 피할 것

㉡ 액체의 누설에 주의할 것

④ 소화방법

다량의 **포**로 **질식소화**한다(화재초기에는 분말 · 이산화탄소 · 할론도 가능).

Key Point

＊ 불건성유
아이오딘값 100 미만

＊ 동식물유류
보통 인화점이 높다.
문41 보기①

＊ 미황색
옅은 황색

＊ 자연발화
어떤 물질이 외부의 도움 없이 스스로 연소하는 것

＊ 동식물유류의 소화
포에 의한 질식소화

Key Point

5 제5류 위험물

출제확률 6.6% (2문제)

※ 제5류 위험물
자체에 산소를 함유하고 있어 공기 중의 산소를 필요로 하지 않고 자기연소하는 물질

1 제5류 위험물의 종류 및 지정수량

성질	품 명	지정수량	대표물질
자기반응성 물질	유기과산화물	• 제1종 : 10kg • 제2종 : 100kg	과산화벤조일 · 메틸에틸케톤퍼옥사이드
	질산에스터류		질산메틸 · 질산에틸 · 나이트로셀룰로오스 · 나이트로글리세린 문42 보기④ · 나이트로글리콜 · 셀룰로이드
	나이트로화합물		피크린산 · 트리나이트로톨루엔 문42 보기③ · 트리나이트로벤젠 · 데트릴 · 트리나이트로페놀 문42 보기②
	나이트로소화합물		파라나이트로소벤젠 · 디나이트로소레조르신 · 나이트로소아세트페논
	아조화합물		아조벤젠 · 하이드록시아조벤젠 · 아미노아조벤젠 · 아족시벤젠
	다이아조화합물		다이아조메탄 · 다이아조디나이트로페놀 · 다이아조카르복실산에스터 · 질화납
	하이드라진 유도체		하이드라진 · 하이드라조벤젠 · 하이드라지드 · 염산하이드라진 · 황산하이드라진
	하이드록실아민		하이드록실아민
	하이드록실아민염류		염산하이드록실아민, 황산하이드록실아민

중요

지정수량	위험등급
제1종 : 10kg	Ⅰ
제2종 : 100kg	Ⅱ

★
문제 42 위험물안전관리법령상 제5류 위험물에 해당하지 않는 것은?
20회 문 84
17회 문 83

① 나이트로벤젠[$C_6H_5NO_2$] → 제4류 위험물 중 제3석유류
② 트리나이트로페놀[$C_6H_2(NO_2)_3OH$]
③ 트리나이트로톨루엔[$C_6H_2(NO_2)_3CH_3$]
④ 나이트로글리세린[$C_3H_5(ONO_2)_3$]

답 ①

2 제5류 위험물의 개요

(1) 일반성질

① 상온에서 **고체** 또는 **액체상태**이다.

② 연소속도가 대단히 빠르다.

※ 상온
평상시의 온도

③ 불안정하고 분해되기 쉬우므로 폭발성이 강하다. 문43 보기①

④ **자기연소** 또는 **내부연소**를 일으키기 쉽다.

⑤ 산화반응에 의한 **자연발화**를 일으킨다. 문43 보기③

⑥ 한번 불이 붙으면 소화가 곤란하다.

⑦ 다른 약품과의 접촉에 의해 폭발할 수 있다.

⑧ 발화원을 가까이 하면 매우 위험하다.

⑨ 대부분 **고체**이며, 모두 물보다 무겁다.

⑩ 대부분 물에 잘 녹지 않는다.

⑪ 모두 **가연성 물질**이다.

⑫ 하이드라진 유도체를 제외하고 모두 **유기화합물**이다. 문43 보기②

(2) 저장 및 취급방법

① 용기가 파손되지 않도록 할 것 문43 보기④

② 화재시 소화를 용이하게 하기 위해 나누어서 보관할 것

③ 점화원 및 분해촉진 물질과의 접촉을 피할 것

④ 운반용기에 **'화기엄금'** 등의 표시를 할 것

⑤ 가급적 소량으로 저장할 것

문제 43 다음 중 제5류 위험물의 일반성질이 아닌 것은?

18회 문 81
13회 문 91
04회 문 94
03회 문 80
03회 문 94
03회 문 99

① 불안정하고 분해되기 쉬우므로 폭발성이 강하다.
② 하이드라진 유도체를 제외하고 모두 유기화합물이다.
③ 산화반응에 의한 자연발화를 일으킨다.
④ 납 또는 구리 용기에 저장하고 용기가 파손되지 않도록 하여야 한다.
저장할 필요는 없다.

답 ④

(3) 소화방법

화재초기에만 대량의 **물**에 의한 **냉각소화**한다(단, 화재가 진행되면 자연진화되도록 기다릴 것).

3 제5류 위험물의 일반성상

1) 유기과산화물

과산화수소(H_2O_2)의 수소를 유기화합물로 치환한 물질의 총칭

(1) 과산화벤조일[$(C_6H_5CO)_2O_2$]

분자량	242
비 중	1.33
융 점	106~108℃
발화점	125℃

※ **산화반응**
산소가 다른 물질과 결합하여 반응하는 것

※ **유기과산화물**
산화제와 격리 저장할 것

※ **과산화벤조일의 별명**
① 벤조일퍼옥사이드
② 과벤

Key Point

① 일반성질

㉠ **무미 · 무취**의 **백색**분말 또는 **무색**의 결정성 고체이다.

㉡ **물**에는 녹지 않지만, 알코올에는 약간 녹는다.

㉢ 대부분의 유기용제에 잘 녹는다.

② 위험성

㉠ 폭발성이 강한 **강산화제**이다.

㉡ 100℃로 가열하면 **백색연기**를 내면서 격렬하게 분해된다.

㉢ 진한 황산 · 질산 · 금속분 등과 혼합시 폭발할 우려가 있다.

㉣ TNT · 피크린산보다 폭발감도가 더 예민하다.

㉤ 피부에 접촉시 염증이 생기고, 눈에 들어가면 결막염을 일으킨다.

③ 저장 및 취급방법

㉠ 저장용기에 물 · 불활성 용매 등의 희석제를 넣어서 폭발위험성을 낮출 것

㉡ 저장온도 40℃ 이하로 유지할 것

④ 소화방법

다량의 **물**로 **냉각소화**한다(소량 화재에는 포 · 분말 · 마른모래도 가능).

※ TNT
'트리나이트로톨루엔'을 말한다.

(2) 메틸에틸케톤퍼옥사이드[$(CH_3COC_2H_5)_2O_2$]

분자량	148
비 중	1.12
융 점	−20℃
인화점	58℃
발화점	205℃

※ 메틸에틸케톤퍼옥사이드의 별명
① MEKPO
② 과산화메틸에틸케톤

① 일반성질

㉠ **무색투명**한 기름모양의 액체로서 특이한 냄새가 난다.

㉡ **물**에는 잘 녹지 않지만, 알코올 · 에터 · 케톤류 등에 잘 녹는다.

㉢ 촉매로 쓰이는 것은 희석제로 희석되어 있다.

※ 메틸에틸케톤퍼옥사이드의 희석제
① 프탈산다이메틸
② 프탈산다이부틸

② 위험성

㉠ 상온에서는 안정하지만 40℃ 이상이 되면 분해를 시작하여 80~100℃에서 격렬히 분해하며 100℃를 넘으면 **백색연기**를 내면서 발화한다.

㉡ 헝겊 · 탈지면 등의 다공성 가연물과 접촉하면 30℃ 이하에서도 분해한다.

㉢ 먹었을 경우 사망한다.

③ 저장 및 취급방법

㉠ 프탈산다이메틸 · 프탈산다이부틸 등의 희석제로 희석하여 시판할 것 문44 보기④

㉡ 저장온도는 30℃ 이하로 유지할 것

④ 소화방법

다량의 **물**로 **냉각소화**한다(화재초기에는 이산화탄소 · 건조분말도 가능).

Key Point

문제 44 순도가 높은 메틸에틸케톤퍼옥사이드(MEKPO)의 희석제로서 옳은 것은 어느 것인가?

07회 문 94

① 나이트로글리세린 ② 나프탈렌
③ 아세틸퍼옥사이드 ④ 프탈산다이부틸

해설 **메틸에틸케톤퍼옥사이드의 희석제**
(1) 프탈산다이에틸
(2) 프탈산다이부틸

답 ④

2) 질산에스터류

알코올기를 가진 화합물을 질산과 반응시켜 알코올기가 질산기로 치환된 에스터들을 총칭한 화합물

(1) 질산메틸(CH_3ONO_2)

분자량	77
비 중	1.22
증기비중	2.66
비 점	66℃
인화점	15℃

① 일반성질
㉠ **무색투명**한 액체이다.
㉡ **물**에는 녹지 않지만, 알코올에는 잘 녹는다.
㉢ **마취성**이 있으며 유독하다.

② 위험성
㉠ 인화점이 낮으므로 인화되기 쉽다.
㉡ **아질산**(HNO_2)과 같이 있거나 비점 이상으로 가열하면 폭발한다.

③ 저장 및 취급방법
㉠ 통풍이 잘 되는 냉암소에 저장할 것
㉡ 불꽃 · 화기엄금

④ 소화방법
다량의 **물**로 **냉각소화**한다(화재초기에는 분말 · 이산화탄소도 가능).

(2) 질산에틸($C_2H_5NO_3$)

분자량	91
비 중	1.11
증기비중	3.14
융 점	-94.6℃
비 점	88℃
인화점	-10℃

① 일반성질
㉠ **무색투명**한 액체로서 **단맛**이 난다.
㉡ 물에는 녹지 않지만, 알코올 · 에터에는 잘 녹는다.

＊ 질산에스터류
① 나이트로글리세린
② 나이트로셀룰로오스
③ 질산에틸
④ 질산메틸
⑤ 셀룰로이드

＊ 비점
'끓는점' 또는 '비등점'이라고도 부른다.

＊ 질산에틸
상온에서는 액체이다.

Key Point

② 위험성
질산메틸에 준한다.
③ 저장 및 취급방법
질산메틸에 준한다.
④ 소화방법
질산메틸에 준한다.

※ 나이트로셀룰로오스의 별명
① NC
② 질화면
③ 초화면
④ 질산섬유소
⑤ 질산셀룰로오스

※ 질화도
나이트로셀룰로오스 중의 질소의 농도

(3) 나이트로셀룰로오스[$C_6H_7O_2(ONO_2)_3]_n$

비 중	1.7
인화점	13℃
발화점	160~170℃

① 일반성질
㉠ **무색** 또는 **백색**의 고체로서 직사광선을 받으면 **황갈색**으로 변한다.
㉡ 물에는 녹지 않지만, **아세톤 · 초산에스터 · 나이트로벤젠** 등에는 잘 녹는다.
㉢ 질화도가 10.18~12.76%는 **약질화면**, 12.76% 이상은 **강질화면**이라 한다.
㉣ 질산에스터류에 속하며 자기반응성 물질이다. 문45 보기①
㉤ 직사광선에 의해 분해하여 자연발화할 수 있다. 문45 보기②
② 위험성
㉠ 질화도가 클수록 분해도 · 폭발성 · 위험도가 증가한다. 문45 보기③
㉡ 130℃에서 서서히 **분해**되고, 180℃가 되면 격렬히 연소하여 다량의 **유독가스**를 발생한다.
㉢ 강산화제 · 유기과산화물과의 혼촉에 의해 발화한다.
㉣ 증기 흡입시 **질식**할 우려가 있다.
③ 저장 및 취급방법
㉠ 운반시 **물 20%, 알코올 30%**를 첨가하여 혼합할 것(저장 · 운반시에는 물 또는 알코올을 첨가하여 위험성을 감소시킨다) 문45 보기④
㉡ 연소시 **질소산화물 · 시안화수소**(HCN) 등의 유독가스를 발생하므로 주의할 것
㉢ 햇빛 · 산 · 알칼리 등을 멀리할 것
④ 소화방법
㉠ 다량의 **물**로 **냉각소화**한다.
㉡ 건조분말 · 이산화탄소 · 할론(1211 · 1301)은 소화적응성이 없다.

★
문제 45 나이트로셀룰로오스에 관한 설명으로 옳지 않은 것은?
① 질산에스터류에 속하며 자기반응성 물질이다.
② 직사광선에 의해 분해하여 자연발화할 수 있다.
③ 질화도가 클수록 분해도, 폭발성, 위험도가 감소한다.
증가한다.
④ 저장 · 운반시에는 물 또는 알코올을 첨가하여 위험성을 감소시킨다.

답 ③

(4) 나이트로글리세린[$C_3H_5(ONO_2)_3$]

분자량	227
비 중	1.6
증기비중	7.84
융 점	13℃
비 점	160℃
발화점	205~215℃

① 일반성질

㉠ 순수한 것은 **무색투명**한 기름모양의 액체이며 공업용 제조품은 **담황색**이다.

㉡ 물에는 녹지 않지만, **알코올 · 에터 · 아세톤 · 벤젠** 등에는 잘 녹는다.

㉢ 상온에서는 액체이지만 겨울철에는 동결된다.

② 위험성

㉠ 점화하면 즉시 연소한다.

㉡ 40~50℃에서 분해를 시작하고 200℃ 정도에서 스스로 폭발한다.

㉢ 유독성이다.

㉣ 동결하면 체적이 수축한다. 문46 보기①

㉤ 다이너마이트의 원료로 사용된다. 문46 보기②

㉥ 충격에 민감하기 때문에 다공성 물질에 흡수시켜 운반한다. 문46 보기③

㉦ 질산과 황산의 혼산 중에 글리세린을 반응시켜 제조한다. 문46 보기④

③ 저장 및 취급방법

㉠ 저장용기는 **구리용기**를 사용할 것

㉡ 운반시 **다공성 물질**에 흡수시켜 운반할 것

㉢ 유독하므로 피부와의 접촉을 피하고 증기흡입에 유의할 것

④ 소화방법

다량의 **물**로 **냉각소화**한다.

Key Point

＊ 나이트로글리세린의 별명

NG

★

문제 46 23회 문 86 **제5류 위험물인 나이트로글리세린에 관한 설명으로 옳지 않은 것은?**

① 동결하면 체적이 수축한다.

② 다이너마이트의 원료로 사용된다.

③ 충격에 둔감하기 때문에 액체상태로 운반한다.
민감하기 때문에 다공성 물질에 흡수시켜

④ 질산과 황산의 혼산 중에 글리세린을 반응시켜 제조한다.

답 ③

(5) 셀룰로이드

비 중	1.4
발화점	180℃

＊ 셀룰로이드

① 밀폐용기의 사용을 금할 것

② 제5류 위험물로서 화재초기에만 대량의 주수소화

③ 물에 녹지 않는다.

Key Point

※ 셀룰로이드 연소 시 발생가스
① 산화질소
② 시안화수소
③ 일산화탄소

① 일반성질

㉠ **무색** 또는 **황색**의 반투명한 고체로서, 열 · 빛 · 산소에 의하여 담황색으로 변한다.

㉡ 물에는 녹지 않지만, 알코올 · 아세톤 · 초산에스터 등에는 잘 녹는다.

② 위험성

㉠ 145℃로 가열하면 **백색연기**를 내며 발화한다.

㉡ 연소시 함유된 장뇌 때문에 심한 **악취**가 난다.

㉢ 일단 연소하면 소화가 곤란하다.

③ 저장 및 취급방법

㉠ 강산류 · 강산화제 · 알칼리와의 접촉을 피할 것

㉡ 저장온도는 **20℃** 이하로 유지할 것

㉢ 전등으로부터 **50cm** 이상 이격할 것

㉣ 습도와 온도가 높은 장소를 피할 것

④ 소화방법

다량의 물로 **냉각소화**한다.

3) 나이트로화합물

나이트로기(NO_2)가 2 이상인 유기화합물의 총칭

※ 피크린산의 별명
① 피크르산
② 트리나이트로페놀

※ 피크린산의 구조식

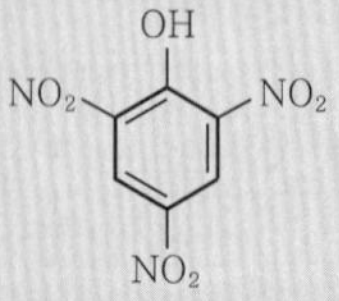

※ 피크린산
① 나이트로화합물
② 휘황색의 침상결정
③ 알코올에 잘 녹는다.

(1) 피크린산[$C_6H_2(NO_2)_3OH$]

분자량	229
비 중	1.76
융 점	122℃
비 점	255℃
인화점	150℃
발화점	300℃

① 일반성질

㉠ 순수한 것은 **무색**이지만 공업용은 **휘황색**의 침상결정이다.

㉡ **독성**이 있으며, **쓴맛**이 난다.

㉢ 찬물에는 잘 녹지 않지만, **더운물 · 알코올 · 에터 · 벤젠** 등에는 잘 녹는다.

㉣ 충격 · 마찰에 비교적 둔감하여 공기 중 장기저장이 가능하다.

② 위험성

㉠ 연소시 **흑색연기**를 내면서 연소한다.

㉡ 뇌관을 넣어 폭발시키면 폭발속도는 8100m/s, 폭발열은 1000kcal/kg 정도 된다.

㉢ 300℃ 이상 가열하면 폭발한다.

㉣ **피부**를 **부식**시킨다.

③ 저장 및 취급방법

㉠ **습기찬 곳**에 **저장**할 것

㉡ **철 · 납 · 구리** 등으로 만든 용기에 저장하지 말 것

④ 소화방법

다량의 **물**로 **냉각소화**한다(화재초기에는 **포**도 가능).

(2) 트리나이트로톨루엔[$C_6H_2CH_3(NO_2)_3$]

분자량	227
비 중	1.7
증기비중	7.84
융 점	81℃
비 점	280℃
발화점	300℃

① 일반성질

㉠ 순수한 것은 **무색**결정이지만 보통은 **담황색**의 결정이며, 직사광선을 받으면 **다갈색**으로 변한다.

㉡ 물에는 녹지 않지만, **알코올 · 아세톤 · 벤젠** 등에는 잘 녹는다.

㉢ 금속과는 반응하지 않는다.

㉣ 공기 중에서 안정하고 장기간 저장해도 자연분해할 위험이 없다.

㉤ **TNT(트리나이트로톨루엔)의 열분해반응식** 문47 보기②

$$2C_6H_2CH_3(NO_2)_3 \rightarrow 12CO\uparrow + 2C + 3N_2\uparrow + 5H_2\uparrow$$

↑ TNT, ↑ 일산화탄소, ↑ 탄소, ↑ 질소, ↑ 수소

기억법 TNT 일탄 수질

② 위험성

㉠ 강력한 **폭약**이다.

㉡ 피크린산보다 충격 · 마찰에 둔감하다.

㉢ 환원성 물질과 격렬히 반응한다.

㉣ 눈을 자극하고 **시력장애**를 일으킨다.

③ 저장 및 취급방법

㉠ 운반시 **10%** 정도의 물을 넣어 운반할 것

㉡ 분말 취급시 **정전기**의 발생을 억제할 것

④ 소화방법

다량의 **물**로 **냉각소화**한다.

★★★

문제 47 트리나이트로톨루엔(TNT)의 열분해생성물이 아닌 것은?

17회 문 84
15회 문 87
05회 문 82

① H_2 ② CO_2 ③ CO ④ N_2

해설 **TNT(트리나이트로톨루엔)의 열분해반응식**

$$2C_6H_2CH_3(NO_2)_3 \rightarrow 12CO\uparrow + 2C + 3N_2\uparrow + 5H_2\uparrow$$

↑ TNT, ↑ 일산화탄소, ↑ 탄소, ↑ 질소, ↑ 수소

답 ②

Key Point

※ 트리나이트로톨루엔의 별명

① TNT
② 트리톤
③ 트로틸
④ 트리나이트로톨루올

※ 트리나이트로톨루엔의 구조식

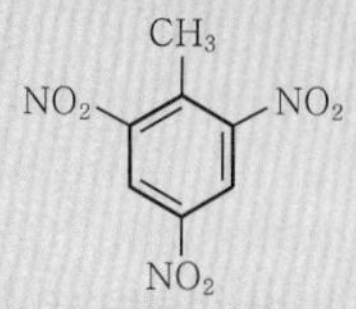

※ 트리나이트로톨루엔

톨루엔($C_6H_5CH_3$)과 질산(HNO_3)의 유도체

4) 나이트로소화합물

하나의 벤젠핵에 2 이상의 나이트로소기(NO)가 결합된 화합물의 총칭

※ 트리나이트로소벤젠의 구조식

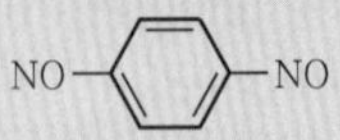

(1) 트리나이트로소벤젠

① 일반성질

㉠ **황갈색**의 분말이다.

㉡ **분해**가 용이하다.

② 위험성

가열 · 충격 · 마찰에 의해 폭발한다.

③ 저장 및 취급방법

용기에 **파라핀**을 첨가하여 저장할 것

④ 소화방법

다량의 **물**로 **냉각소화**한다.

※ 디나이트로소레조르신의 구조식

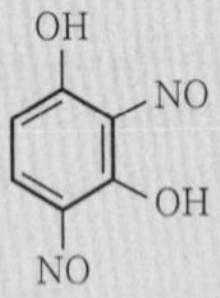

(2) 디나이트로소레조르신[$C_6H_2(OH)_2(NO)_2$]

① 일반성질

㉠ **흑회색**의 결정이다.

㉡ 160℃ 정도에서 분해된다.

② 위험성

폭발성이 있다.

③ 저장 및 취급방법

용기에 **파라핀**을 첨가하여 저장할 것

④ 소화방법

다량의 **물**로 **냉각소화**한다.

※ **파라핀**
원유에서 추출한 흰색의 반투명 가연성 고체로서 양초 제조시에 사용한다.

5) 아조화합물

아조기(−N=N−)가 주성분으로 함유된 물질

(1) 아조벤젠($C_6H_5N=NC_6H_5$)

① 일반성질

㉠ **등적색**이다.

㉡ 물에는 잘 녹지 않지만, 알코올 · 에터 등에는 잘 녹는다.

(2) 아족시벤젠($C_{12}H_{10}N_2O$)

① 일반성질

㉠ **황색**의 침상결정이다.

㉡ 물에는 녹지 않지만, 에터에는 잘 녹는다.

6) 다이아조화합물

다이아조기($=N_2$)를 가진 화합물

Key Point

(1) 다이아조디나이트로페놀[$C_6H_2ON_2(NO_2)_2$]

분자량	210
비 중	1.63
융 점	158℃
발화점	170~180℃

① 일반성질
㉠ 빛이 나는 **황색** 또는 **홍황색**의 미세한 무정형 분말 또는 결정이다.
㉡ 물에는 녹지 않지만, **탄산칼슘**($CaCO_3$)에는 잘 녹는다.
㉢ **수산화나트륨**(NaOH) 용액에 의해 분해된다.

② 위험성
㉠ 점화시 폭발한다.
㉡ 가열 · 충격 · 타격 등에 의해 폭발한다.

③ 저장 및 취급방법
㉠ 안정제로 **황산알루미늄**[$Al_2(SO_4)_3$]을 넣어줄 것
㉡ 가능한 **습식상태**로 제조 · 저장 · 취급할 것

※ **홍황색**
붉은색을 띠는 황색

(2) 질화납[$Pb(N_3)_2$]

① 일반성질
㉠ 순수한 것은 **무색**결정이지만 직사광선을 받으면 갈색으로 변한다.
㉡ 구리와 접촉시 **시안화구리**[$Cu(CN)_2$]를 만든다.

② 위험성
㉠ 점화시 순간적으로 폭발한다.
㉡ 가열 · 충격 · 마찰 등에 의해 쉽게 폭발한다.

③ 저장 및 취급방법
물속에 넣어 저장할 것

※ **질화납의 별명**
아지화연

7) 하이드라진 유도체

(1) 하이드라진(N_2H_4)

분자량	32
비 중	1.0
증기비중	1.1
융 점	2℃
비 점	113℃
인화점	38℃
발화점	270℃
연소범위	4.7~100%

※ **하이드라진**
맹독성 물질

Key Point

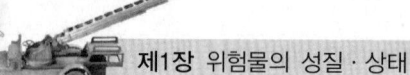

※ 하이드라진
① 부식성
② 흡습성
③ 다량의 물로 냉각소화

① 일반성질

㉠ **무색**의 **가연성** 액체로서 외관은 물과 같다.

㉡ **맹독성** 물질로서 **부식성**이 크다.

㉢ **흡습성**이 있다.

㉣ 수용액에 **염화바륨**($BaCl_2$) 용액을 가하면 **백색침전**이 생긴다.

② 위험성

㉠ 공기 중에서 가열하면 약 **180℃**에서 **암모니아**(NH_3), **질소**(N_2)와 수소(H_2)가 발생한다. 문48 보기①

$$2N_2H_4 \longrightarrow 2NH_3 + N_2 + H_2$$

㉡ 고농도의 **과산화수소**(H_2O_2)와 혼촉시 발화한다.

㉢ 하이드라진 증기가 공기와 혼합시 폭발적으로 연소한다.

㉣ 산소가 존재하지 않아도 폭발할 수 있다. 문48 보기②

㉤ 강알칼리, 강환원제와는 반응한다. 문48 보기③

㉥ CuO, CaO, HgO, BaO과 접촉할 때 불꽃이 발생하며 혼촉발화한다. 문48 보기④

③ 저장 및 취급방법

㉠ 과산화수소(H_2O_2) · 금속산화물 · 다공성 가연물과의 접촉을 피할 것

㉡ 누출시 다량의 물로 세척할 것

④ 소화방법

다량의 **물**로 **냉각소화**한다(화재초기에는 **분말** · **이산화탄소**도 가능).

문제 48 **하이드라진(N_2H_4)에 관한 설명으로 옳지 않은 것은?**
19회 문 83

① 공기 중에서 가열하면 약 180℃에서 다량의 NH_3, N_2, H_2를 발생한다.
② 산소가 존재하지 않아도 폭발할 수 있다.
③ 강알칼리, 강환원제와는 반응하지 않는다.
반응한다.
④ CuO, CaO, HgO, BaO과 접촉할 때 불꽃이 발생하며 혼촉발화한다.

답 ③

※ 메틸하이드라진
① 물에 잘 녹는다.
② 증기는 공기보다 약간 무겁다.
③ 다량의 물로 냉각소화

(2) 메틸하이드라진(CH_3NHNH_2)

분자량	46.1
비 중	0.87
증기비중	1.59
융 점	−52℃
비 점	88℃
인화점	70℃
발화점	196℃
연소범위	2.5~197%

① 일반성질

㉠ 가연성의 액체로서 **암모니아 냄새**가 난다.

㉡ 물에 잘 녹는다.

㉢ 증기는 공기보다 약간 무겁다.

② 위험성

㉠ 상온에서 인화위험은 없지만 연소범위가 매우 넓다.

㉡ 연소시 **역화**의 우려가 있다.

③ 저장 및 취급방법

공기 · 산화성 물질 · 할론과의 접촉을 피할 것

④ 소화방법

다량의 **물**로 **냉각소화**한다.

Key Point

※ 연소범위와 같은 의미

① 연소한계
② 폭발범위
③ 폭발한계
④ 가연범위
⑤ 가연한계

Key Point

6 제6류 위험물

출제확률 3% (1문제)

※ 제6류 위험물
고온체와 접촉해도 화재위험이 적다.

1 제6류 위험물의 종류 및 지정수량

성 질	품 명	지정수량	위험등급
산화성 액체	과염소산 문49 보기①	300kg	Ⅰ
	과산화수소 문49 보기④		
	질산 문49 보기③		

2 제6류 위험물의 개요

(1) 일반성질

① 상온에서 **액체상태**이다.
② 불연성 물질이지만 **강산화제**이다.
③ 물과 접촉시 발열한다.
④ 유기물과 혼합하면 산화시킨다.
⑤ **부식성**이 있다(**피부**를 **부식**시킨다).
⑥ 물보다 무겁고 물에 녹기 쉽다.
⑦ 모두 **무기화합물**이다.
⑧ 모두 **산소**를 **함유**하고 있다.
⑨ 과산화수소(H_2O_2)를 제외하고 분해될 때 **유독가스**가 발생한다.

※ 유기물
탄소를 주성분으로 한 물질

(2) 저장 및 취급방법

① 용기가 파손되지 않도록 할 것
② 물과의 접촉을 피할 것
③ 가연물 및 분해성 물질과의 접촉을 피할 것
④ 저장용기는 **내산성**이어야 하며, **밀전**시킬 것

※ 내산성
산성에 견디는 성질

(3) 소화방법

마른모래 · **건조분말** 등으로 **질식소화**한다(단, **과산화수소**는 다량의 **물**로 **희석소화**한다).

★★★
문제 49 제6류 위험물이 아닌 것은?

19회 문 81
13회 문 68
10회 문 78
08회 문 80
05회 문 54
02회 문 62

① 과염소산
② 아염소산칼륨
제1류 위험물
③ 질산(비중 1.49 이상)
④ 과산화수소(농도 36중량퍼센트 이상)

답 ②

Key Point

3 제6류 위험물의 일반성상

(1) 과염소산($HClO_4$)

분자량	105
비 중	1.76
증기비중	3.46
융 점	-112℃
비 점	39℃

① 일반성질

㉠ **무색무취**의 유동성 액체이다(무색, 무취의 조연성 무기화합물이다). 문50 보기①

㉡ **흡습성**이 강하다.

㉢ **산화력**이 강하다.

㉣ 공기 중에서 강하게 발연한다.

㉤ 염소산 중에서 **가장 강하다.** 문50 보기④

② 위험성

㉠ 매우 불안정한 강산이다.

㉡ 물과 심하게 **발열반응**을 한다(물과 접촉하면 발열하며 고체수화물을 만든다). 문50 보기③

㉢ 공기 중에서 **염화수소**(HCl)를 발생시킨다.

㉣ **피부**를 **부식**시킨다.

㉤ 철, 아연과 격렬히 반응하여 산화물을 만든다. 문50 보기②

③ 저장 및 취급방법

㉠ 유리 · 도자기 등의 밀폐용기에 넣어 저장할 것

㉡ 물과의 접촉을 피할 것

④ 소화방법

분말 또는 다량의 **물**로 **분무주수**하여 소화한다.

＊ 발연
연기를 발생하는 것

★★★

문제 50 **제6류 위험물인 과염소산의 성질로 옳지 않은 것은?**

23회 문 84
19회 문 82
16회 문 86
14회 문 87

① 무색, 무취의 조연성 무기화합물이다.
② 철, 아연과 격렬히 반응하여 산화물을 만든다.
③ 물과 접촉하면 발열하며 고체수화물을 만든다.
④ 염소산 중 아염소산보다 약한 산이다.
강한

답 ④

＊ 과산화수소의 위험물 기준
수용액의 농도 36wt% 이상을 위험물로 본다.

＊ 과산화수소
피부와 접촉시 수종을 생기게 하는 위험물을 생성시키는 물질

(2) 과산화수소(H_2O_2)

분자량	34
비 중	1.465
융 점	-0.89℃
비 점	80.2℃

Key Point

※ 과산화수소의 특징
① 염산과 반응
② 석유와 벤젠에 불용성
③ 다량의 물로 냉각소화

① 일반성질
㉠ 순수한 것은 **무취**하며 옅은 **푸른색**을 띠는 투명한 액체이다.
㉡ 물보다 무겁다.
㉢ 물 · 알코올 · 에터에는 잘 녹지만, 석유 · 벤젠 등에는 녹지 않는다.
㉣ **강산화제**이지만 **환원제**로도 사용된다.
㉤ **표백작용 · 살균작용**이 있다.

② 위험성
㉠ 농도 **60%** 이상은 충격 · 마찰에 의해 **단독**으로 **분해 · 폭발**위험이 있다.
㉡ 나이트로글리세린과 혼촉시 발화 · 폭발한다.
㉢ **하이드라진**과 접촉시 분해 · 폭발한다.
㉣ **염화제일주석**($SnCl_2 \cdot 2H_2O$)과 심하게 반응한다.
㉤ 농도 **25%** 이상에 접촉시 피부에 염증을 일으킨다.

③ 저장 및 취급방법
㉠ 유기용기에 장기보존을 피할 것
㉡ **요소 · 글리세린 · 인산나트륨** 등의 분해방지 안정제를 넣어 산소분해를 억제시킬 것

④ 소화방법
다량의 **물**로 **냉각소화**한다.

※ 질산
① 비중 1.49 이상인 것을 말한다.
② 햇빛에 분해되고 적갈색가스는 인체에 유해하다.
③ 금 · 백금을 제외한 모든 금속과 반응하여 질산염을 만든다.

(3) 질산(HNO_3)

분자량	63
비 중	1.5
증기비중	2.18
융 점	-42℃
비 점	86℃

① 일반성질
㉠ 순수한 것은 **무색투명**하나, 공업용은 **황색**의 끈기있는 액체이다.
㉡ **자극성 · 부식성 · 흡습성**이 강하다.
㉢ 물 · 알코올 · 에터에 잘 녹는다.

② 위험성
㉠ 금 · 백금을 제외한 대부분의 **금속**을 **부식**시킨다.
㉡ 물과 임의로 혼합하고 발열한다.
㉢ 철분과 접촉시 심하게 반응한다.
㉣ **피부**를 **부식**시킨다.

③ 저장 및 취급방법
㉠ **갈색병**에 넣어 보관할 것
㉡ 저장장소에는 다량의 물과 방출설비를 갖출 것
㉢ 금속분 · 산화성 물질 · 가연성 물질과의 접촉을 피할 것

④ 소화방법

포 · 이산화탄소 · 마른모래 등으로 **소화**한다(소량 화재시는 다량의 물로 희석소화도 가능).

문제 51 제6류 위험물인 질산의 용도로 옳지 않은 것은?

① 의약

② 비료

③ 표백제
해당 없음

④ 셀룰로이드 제조

답 ③

Key Point

✻ 질산의 소화약제

① 포
② 이산화탄소
③ 마른모래

✻ 질산(NO_3)의 용도

① 의약 문51 보기①
② 비료 문51 보기②
③ 셀룰로이드 제조 문51 보기④
④ 염료제조
⑤ 화약

Key Point

7 기타 물질

출제확률 8% (2문제)

1 황산(H_2SO_4)

* 황산
① 위험물로는 분류하지 않고 유독물로만 분류
② 비휘발성

분자량	98
비 중	1.84
융 점	3℃
비 점	338℃

① 일반성질

㉠ 순수한 것은 **무색무취**한 기름모양의 액체이다.
㉡ 물보다 무겁다.
㉢ 물에 잘 녹는다.
㉣ 상온에서는 물보다 증기압이 낮다.
㉤ 묽은 황산은 산화성 · 흡습성 · 탈수성이 없다.

② 위험성

㉠ 대부분의 **금속**을 **부식**시킨다.
㉡ **적린 · 나트륨 · 피크린산**과 혼합시 발화한다.
㉢ 진한 황산은 물과 희석될 때 격렬히 발열한다.
㉣ 인체에 접촉시 강한 **탈수작용**으로 **화상**을 입는다.
㉤ 흡습성이 있으므로 용기 저장시 가득 채우지 않아야 한다. 문52 보기①
㉥ 과염소산칼륨과 혼합시 폭발한다. 문52 보기②

* 진한 황산을 물에 부었을 때
많은 열이 발생하고 용기파손을 초래

③ 저장 및 취급방법

㉠ 용기는 강재를 사용할 것
㉡ 분해하면 이산화황(SO_2)이 발생하므로 소화시 방독면을 착용해야 한다(작업시 **보호구**를 착용할 것). 문52 보기④

* 강재
강철로 만든 철강제품

④ 소화방법

마른모래로 **질식소화**한다(소량 화재시는 건조분말로 질식소화, 다량의 물로 희석소화도 가능).

★
문제 52 다음 중 황산에 대한 설명으로 잘못된 것은?
03회 문 79

① 흡습성이 있으므로 용기 저장시 가득 채우지 않아야 한다.
② 과염소산칼륨과 혼합시 폭발한다.
③ 산화력은 산 중에서 가장 세다.
산 중에서 가장 센 산화력을 가진 것은 과염소산이다.
④ 분해하면 이산화황(SO_2)이 발생하므로 소화시 방독면을 착용해야 한다.

답 ③

2 특수가연물(화재예방법 시행령 〔별표 2〕)

품 명		수 량
면화류		200kg 이상 문53 보기②
나무껍질 및 대팻밥		400kg 이상
넝마 및 종이부스러기		1000kg 이상 문53 보기①③④
사류(絲類)		
볏짚류		
가연성 고체류		3000kg 이상
석탄 · 목탄류		10000kg 이상
가연성 액체류		$2m^3$ 이상
목재가공품 및 나무부스러기		$10m^3$ 이상
고무류 · 플라스틱류	발포시킨 것	$20m^3$ 이상
	그 밖의 것	3000kg 이상

[비고]

1. **'면화류'**라 함은 불연성 또는 난연성이 아닌 **면상** 또는 **팽이모양**의 섬유와 마사(麻絲) 원료를 말한다.
2. 넝마 및 종이부스러기는 불연성 또는 난연성이 아닌 것(동식물유가 깊이 스며들어 있는 옷감 · 종이 및 이들의 제품 포함)에 한한다.
3. **'사류'**라 함은 불연성 또는 난연성이 아닌 **실**(실부스러기와 솜털 포함)과 **누에고치**를 말한다.
4. **'볏짚류'**라 함은 마른 볏짚 · 마른 북더기와 이들의 제품 및 건초를 말한다.
5. **'가연성 고체류'**라 함은 고체로서 다음의 것을 말한다.
   가. 인화점이 40~100℃ 미만인 것
   나. 인화점이 **100~200℃** 미만이고, 연소열량이 **8kcal/g** 이상인 것
   다. 인화점이 200℃ 이상이고 연소열량이 8kcal/g 이상인 것으로서 융점이 100℃ 미만인 것
   라. 1기압과 20℃ 초과 40℃ 이하에서 액상인 것으로서 인화점이 70~200℃ 미만인 것
6. 석탄 · 목탄류에는 코크스, 석탄가루를 물에 갠 것, 조개탄, 연탄, 석유코크스, 활성탄 및 이와 유사한 것을 포함한다.
7. **'가연성 액체류'**라 함은 다음의 것을 말한다.
   가. 1기압과 20℃ 이하에서 액상인 것으로서 가연성 액체량이 40중량퍼센트 이하이면서 인화점이 40~70℃ 미만이고 연소점이 60℃ 이상인 물품
   나. 1기압과 20℃에서 액상인 것으로서 가연성 액체량이 40중량퍼센트 이하이고 인화점이 70~250℃ 미만인 물품
   다. 동물의 기름기와 살코기 또는 식물의 씨나 과일의 살로부터 추출한 것으로 다음에 해당하는 것
      (1) 1기압과 20℃에서 액상이고 인화점이 250℃ 미만인 것으로서 용기기준과 수납 · 저장기준에 적합하고 용기 외부에 물품명 · 수량 및 **'화기엄금'** 등의 표시를 한 것
      (2) 1기압과 20℃에서 액상이고 인화점이 250℃ 이상인 것
8. **'고무류 · 플라스틱류'**라 함은 불연성 또는 난연성이 아닌 고체의 합성수지제품, 합성수지반제품, 원료합성수지 및 합성수지 부스러기(불연성 또는 난연성이 아닌 **고무제품**, **고무반제품**, **원료고무** 및 **고무 부스러기** 포함)를 말한다(단, 합성수지의 섬유 · 옷감 · 종이 및 실과 이들의 넝마와 부스러기 제외).

Key Point

※ 특수가연물
화재가 발생하면 그 확대가 빠른 물품

※ 넝마
낡고 몹시 헐어서 못 입는 옷

※ 인화점
휘발성 물질에 불꽃을 가하여 연소하는 최저 온도

※ 액상
'액체상태'를 의미한다.

※ 반제품
가공이 불충분하여 가공단계를 더 거쳐야 할 미완성된 물품

Key Point

★★★
문제 53 화재의 예방 및 안전관리에 관한 법령상 특수가연물에 해당하지 않는 것은?
17회 문 54 15회 문 53 14회 문 52 11회 문 54 10회 문 04 08회 문 71

① 볏짚류 500킬로그램 (1000킬로그램 이상)
② 면화류 200킬로그램
③ 사류(絲類) 1000킬로그램
④ 넝마 및 종이부스러기 1000킬로그램

답 ①

3 위험물질의 화재성상

(1) 합성섬유의 화재성상

종 류	화재성상
모	① 연소시키기가 어렵다. ② 연소속도가 느리지만 면에 비해 소화하기 어렵다.
나일론	① 지속적인 연소가 어렵다. ② 용융하여 망울이 되며, 용융점은 160~260℃이다. ③ 착화점은 425℃이다.
폴리에스터	① 쉽게 연소된다. ② 256~292℃에서 연화하여 망울이 된다. ③ 착화점은 450~485℃이다.
아세테이트	① 불꽃을 일으키기 전에 연소하여 용융한다. ② 착화점은 475℃이다.

• **동물성 섬유** : 섬유 중 화재위험성이 가장 낮다.

(2) 합성수지의 화재성상

* 열가소성 수지
  ① PVC수지
  ② 폴리에틸렌수지
  ③ 폴리스티렌수지

① **열가소성 수지** : 열에 의하여 변형되는 수지로서 **PVC수지**, **폴리에틸렌수지**, **폴리스티렌수지** 등이 있다. 문54 보기①③

② **열경화성 수지** : 열에 의하여 변형되지 않는 수지로서 **페놀수지**, **요소수지**, **멜라민수지** 등이 있다.

* 열경화성 수지
  ① 페놀수지 문54 보기②
  ② 요소수지
  ③ 멜라민수지 문54 보기④

★★★
문제 54 플라스틱 재료와 그 특성에 관한 대비로 옳은 것은?

① PVC수지 – 열가소성
② 페놀수지 – 열가소성 (열경화성)
③ 폴리에틸렌수지 – 열경화성 (열가소성)
④ 멜라민수지 – 열가소성 (열경화성)

답 ①

(3) 고분자재료의 난연화방법

① 재료의 표면에 열전달을 제어하는 방법
② 재료의 열분해 속도를 제어하는 방법
③ 재료의 열분해 생성물을 제어하는 방법
④ 재료의 기상반응을 제어하는 방법

* 기상반응
  기체상태의 반응

(4) 방염섬유의 화재성상

방염섬유는 L.O.I(Limited Oxygen Index)에 의해 결정된다.

용어

방염성능

화재의 발생 초기단계에서 화재확대의 매개체를 **단절**시키는 성질

① L.O.I(산소지수) : 가연물을 수직으로 하여 가장 윗부분에 착화하여 연소를 계속 유지시킬 수 있는 최소 산소농도

- L.O.I가 높을수록 연소의 우려가 적다.

② 고분자 물질의 L.O.I
- ㉠ 폴리에틸렌 : 17.4%
- ㉡ 폴리스티렌 : 18.1%
- ㉢ 폴리프로필렌 : 19%
- ㉣ 폴리염화비닐 : 45%

(5) 액화석유가스(LPG)의 화재성상

① 주성분은 **프로판**(C_3H_8)과 **부탄**(C_4H_{10})이다.
② 무색무취하다. 문55 보기④
③ 독성이 없는 가스이다. 문55 보기③
④ 액화하면 물보다 가볍고, 기화하면 **공기보다 무겁다.** 문55 보기②
⑤ 휘발유 등 **유기용매**에 잘 녹는다. 문55 보기①
⑥ 천연고무를 잘 녹인다.

- LPG, CO_2, 할론 저장용기는 40℃ 이하로 유지하여야 한다.

★★★
문제 55 순수한 프로판가스의 화학적 성질로 틀린 것은?
04회 문 82
① 휘발유 등 유기용매에 잘 녹는다.
② 액화하면 물보다 가볍다.
③ 독성이 없는 가스이다.
④ 무색으로 독특한 냄새가 있다.
무색무취이다.

답 ④

(6) 액화천연가스(LNG)의 화재성상

① 주성분은 **메탄**(CH_4)이다.
② 무색무취하다.
③ 액화하면 물보다 가볍고, 기화하면 **공기보다 가볍다.**

Key Point

※ 방염
연소하기 쉬운 건축물의 실내장식물 등 또는 그 재료에 어떤 방법을 가하여 연소하기 어렵게 만든 것

※ LPG의 주성분
① 프로판(C_3H_8)
② 부탄(C_4H_{10})

※ 주성분

종 류	주성분
도시가스	메탄
LNG	메탄
LPG	프로판, 부탄

CHAPTER

02 위험물의 시설기준

Key Point

1 위험물

출제확률 15% (1문제)

1 탱크의 용량산정(위험물규칙 5조 ①항)

위험물을 저장 또는 취급하는 탱크의 용량은 해당 탱크의 **내용적**에서 **공간용적**을 **뺀 용적**으로 한다. 문01 보기②

탱크의 용량=탱크의 내용적-탱크의 공간용적

* **탱크의 용량**
탱크의 내용적-탱크의 공간용적

★★

문제 01 위험물탱크 용적의 산정기준에서 (　) 안에 알맞은 말은?

10회 문 66

유사문제부터 풀어보세요. 실력이 팍!팍! 올라갑니다.

위험물을 저장 또는 취급하는 탱크의 용량은 해당 탱크의 (　)에서 (　)을 뺀 용적으로 한다.

① 공간용적, 내용적
② 내용적, 공간용적
③ 최대저장량, 안전용량
④ 최대저장량, 내용적

해설 ② 탱크의 용량=탱크의 내용적-탱크의 공간용적

답 ②

2 탱크의 내용적(위험물안전관리에 관한 세부기준 〔별표 1〕)

① 타원형 탱크의 내용적

㉠ 양쪽이 볼록한 것

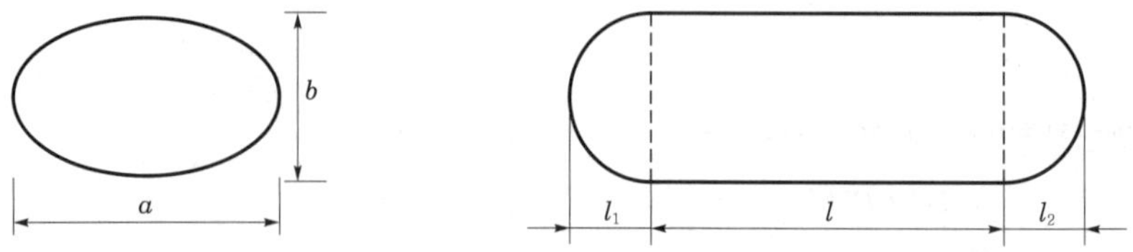

* **탱크의 내용적**
① 타원형 탱크
〈양쪽이 볼록한 것〉
$=\frac{\pi ab}{4}\left(l+\frac{l_1+l_2}{3}\right)$
〈한쪽은 볼록하고 다른 한쪽은 오목한 것〉
$=\frac{\pi ab}{4}\left(l+\frac{l_1-l_2}{3}\right)$
② 원형 탱크
〈횡설치〉
$=\pi r^2\left(l+\frac{l_1+l_2}{3}\right)$
〈종설치〉
$=\pi r^2 l$

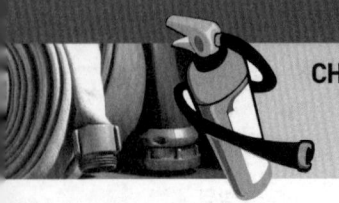

Key Point

$$\text{내용적}=\frac{\pi ab}{4}\left(l+\frac{l_1+l_2}{3}\right)$$

㉡ 한쪽은 볼록하고 다른 한쪽은 오목한 것

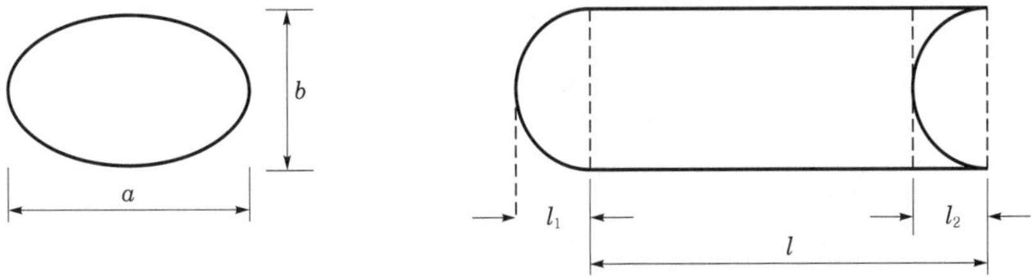

$$\text{내용적}=\frac{\pi ab}{4}\left(l+\frac{l_1-l_2}{3}\right)$$

② 원형 탱크의 내용적

㉠ 횡으로 설치한 것

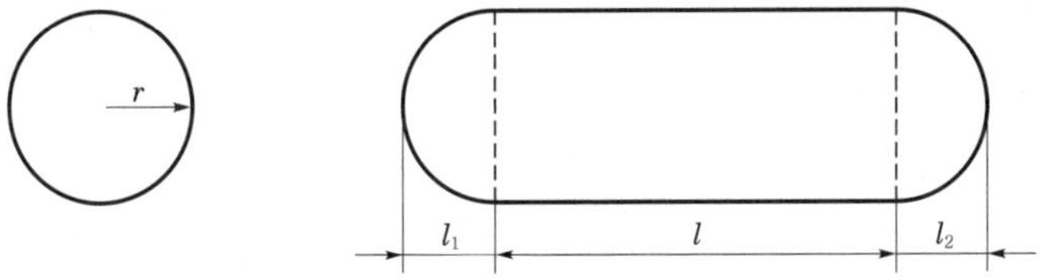

$$\text{내용적}=\pi r^2\left(l+\frac{l_1+l_2}{3}\right)$$

㉡ 종으로 설치한 것

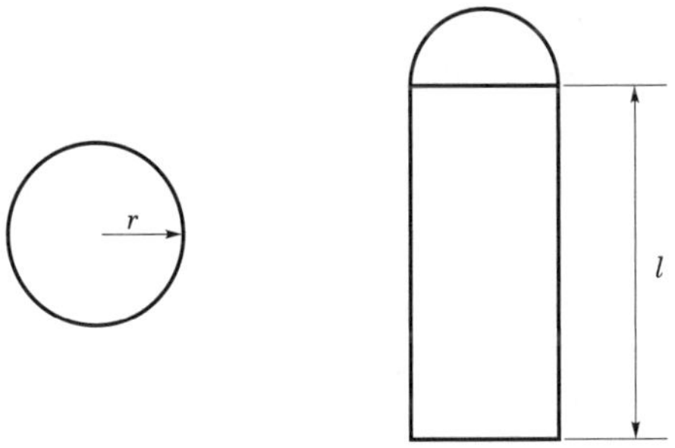

내용적$=\pi r^2 l$ 문02 보기③

＊ 콘루프탱크의 내용적

내용적$=\pi r^2 l$

Key Point

＊ 콘루프탱크

① 지붕이 둥근 것

② 지붕이 뾰족한 것

★★★

문제 02 그림과 같은 위험물 저장탱크의 내용적은?

17회 문 96
05회 문 86
04회 문 93

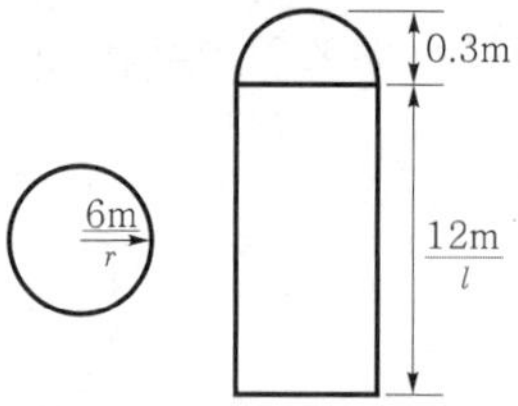

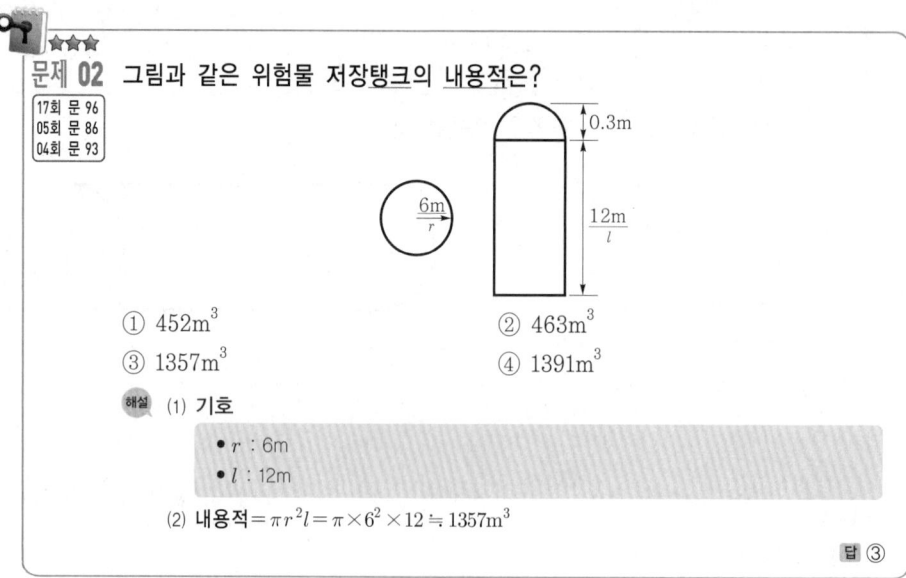

① $452m^3$　　② $463m^3$

③ $1357m^3$　　④ $1391m^3$

해설 (1) **기호**

- r : 6m
- l : 12m

(2) **내용적**$=\pi r^2 l=\pi\times 6^2\times 12 ≒ 1357m^3$

답 ③

③ 그 밖의 탱크

통상의 수학적 계산방법에 의할 것(단, 쉽게 그 내용적을 계산하기 어려운 탱크에 있어서는 해당 탱크의 내용적의 근사계산에 의할 수 있다.)

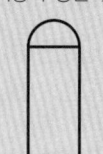

2 위험물제조소

출제확률 6.7% (1문제)

1 제조소의 안전거리(위험물규칙 〔별표 4〕)

안전거리	대 상
3m 이상	• 7~35kV 이하의 특고압 가공전선
5m 이상	• 35kV를 초과하는 특고압 가공전선
10m 이상	• **주거용**으로 사용되는 것
20m 이상	• 고압가스 **제조**시설(용기에 충전하는 것 포함) • 고압가스 **사용**시설(1일 30m^3 이상 용적 취급) • 고압가스 **저장**시설 • 액화산소 **소비**시설 • 액화석유가스 제조 · 저장시설 • 도시가스 공급시설
30m 이상	• 학교 문03 보기① • 병원급 의료기관 • 공연장 문03 보기③ ┐ • 영화상영관 ┘ — 300명 이상 수용시설 • 아동복지시설 문03 보기② ┐ • 노인복지시설 문03 보기④ • 장애인복지시설 • 한부모가족 복지시설 • 어린이집 • 성매매피해자 등을 위한 지원시설 • 정신건강증진시설 • 가정폭력피해자 보호시설 ┘ — 20명 이상 수용시설
50m 이상	• 지정문화유산 • 천연기념물 등

★★★

문제 03 위험물안전관리법령상 제조소의 안전거리기준에 관한 설명으로 옳지 않은 것은? (단, 제6류 위험물을 취급하는 제조소를 제외한다.)

21회 문 96
18회 문 92
16회 문 92
15회 문 88
14회 문 88
13회 문 88
11회 문 66
10회 문 87
09회 문 92
07회 문 77
06회 문100
05회 문 79
04회 문 83
02회 문100

① 「초 · 중등교육법」 제2조 및 「고등교육법」 제2조에 정하는 학교는 수용인원에 관계없이 30m 이상 이격하여야 한다.

② 「아동복지법」에 따른 아동복지시설에 20명 이상의 인원을 수용하는 경우는 30m 이상 이격하여야 한다.

③ 「공연법」에 의한 공연장이 300명 이상의 인원을 수용하는 경우는 30m 이상 이격하여야 한다.

④ 「노인복지법」에 의한 노인복지시설에 20명 이상의 인원을 수용하는 경우는 20m 이상 이격하여야 한다.
30m

답 ④

Key Point

※ 제조소의 안전거리
★ 꼭 기억하세요 ★

※ 안전거리
건축물의 외벽 또는 이에 상당하는 공작물의 외측으로부터 해당 제조소의 외벽 또는 이에 상당하는 공작물의 외측까지의 수평거리

Key Point

2 제조소의 보유공지(위험물규칙 〔별표 4〕)

(1) 보유공지의 너비

위험물의 최대수량	공지의 너비
지정수량의 10배 이하	3m 이상 문04 보기①
지정수량의 10배 초과	5m 이상

★★★
문제 04 지정수량 10배 이하의 위험물제조소의 보유공지 너비는?

19회 문 90
07회 문 74

① 3m 이상　② 5m 이상
③ 7m 이상　④ 9m 이상

해설 ① 지정수량 10배 이하 위험물제조소의 보유공지 너비 : 3m 이상

답 ①

(2) 보유공지를 제외할 수 있는 방화상 유효한 격벽의 설치기준

① 방화벽은 **내화구조**로 할 것(단, 취급하는 위험물이 **제6류 위험물**인 경우에는 **불연재료**로 할 수 있다.)

② 방화벽에 설치하는 출입구 및 창 등의 개구부는 가능한 한 최소로 하고, 출입구 및 창에는 자동폐쇄식의 **60분+방화문 또는 60분 방화문**을 설치할 것

③ 방화벽의 양단 및 상단이 외벽 또는 지붕으로부터 **50cm** 이상 돌출하도록 할 것

3 제조소의 표지 및 게시판(위험물규칙 〔별표 4〕)

(1) 표지의 설치기준

① 한 변의 길이가 **0.3m** 이상, 다른 한 변의 길이가 **0.6m** 이상인 직사각형일 것

② 바탕은 **백색**으로, 문자는 **흑색**일 것

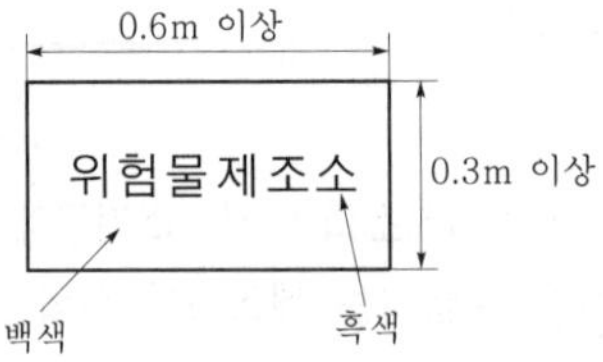

| 제조소의 표지 |

※ 게시판
① 한 변의 길이 0.3m 이상, 다른 한 변의 길이 0.6m 이상
② 백색바탕에 흑색 문자

※ 게시판의 기재사항
① 위험물의 유별
② 위험물의 품명
③ 위험물의 저장최대수량
④ 위험물의 취급최대수량
⑤ 지정수량의 배수
⑥ 안전관리자의 성명 또는 직명

(2) 게시판의 설치기준

위험물	주의사항	비 고
• 제1류 위험물(알칼리금속의 과산화물) • 제3류 위험물(금수성 물질)	물기엄금	**청색**바탕에 **백색**문자
• 제2류 위험물(인화성 고체 제외)	화기주의	**적색**바탕에 **백색**문자
• 제2류 위험물(인화성 고체) • 제3류 위험물(자연발화성 물질) • 제4류 위험물 • 제5류 위험물	화기엄금	
• 제6류 위험물	별도의 표시를 하지 않는다.	

Key Point

※ 채광설비의 설치 제외
조명설비가 설치되어 유효하게 조도가 확보되는 건축물

4 제조소의 채광 · 조명 및 환기설비(위험물규칙 〔별표 4〕)

(1) 채광설비 문05 보기④

① **불연재료**를 사용할 것
② 연소의 우려가 없는 장소에 설치할 것
③ 채광면적을 **최소**로 할 것

(2) 조명설비

① 가연성 가스 등이 체류할 우려가 있는 장소의 조명등은 **방폭등**으로 할 것 문05 보기③
② 전선은 **내화 · 내열전선**으로 할 것 문05 보기①
③ 점멸스위치는 **출입구 바깥부분**에 설치할 것(단, 스위치의 스파크로 인한 화재 · 폭발의 우려가 없는 경우는 제외) 문05 보기②

★★★
문제 05 위험물안전관리법령상 위험물제조소의 채광 및 조명설비에 관한 기준으로 옳지 않은 것은?
16회 문 93
15회 문 89
13회 문 89

① 전선은 내화 · 내열전선으로 할 것
② 점멸스위치는 출입구 바깥부분에 설치할 것(다만, 스위치의 스파크로 인한 화재 · 폭발의 우려가 없을 경우에는 그러하지 아니한다)
③ 가연성 가스 등이 체류할 우려가 있는 장소의 조명등은 방폭등으로 할 것
④ 채광설비는 불연재료로 하고 연소의 우려가 없는 장소에 설치하되 채광면적을 최대로 할 것
최소

답 ④

※ 환기설비의 설치제외
배출설비가 설치되어 유효하게 환기가 되는 건축물

(3) 환기설비

① 환기는 **자연배기방식**으로 할 것
② 급기구는 바닥면적 $150m^2$마다 1개 이상으로 하되, 그 크기는 $800cm^2$ 이상으로 할 것

바닥면적	급기구의 면적
$60m^2$ 미만	$150cm^2$ 이상
60~$90m^2$ 미만	$300cm^2$ 이상
90~$120m^2$ 미만	$450cm^2$ 이상
120~$150m^2$ 미만	$600cm^2$ 이상

③ 급기구는 **낮은 곳**에 설치하고 가는 눈의 구리망 등으로 **인화방지망**을 설치할 것
④ 환기구는 지붕 위 또는 지상 2m 이상의 높이에 **회전식 고정 벤틸레이터** 또는 **루프팬방식**으로 설치할 것

Key Point

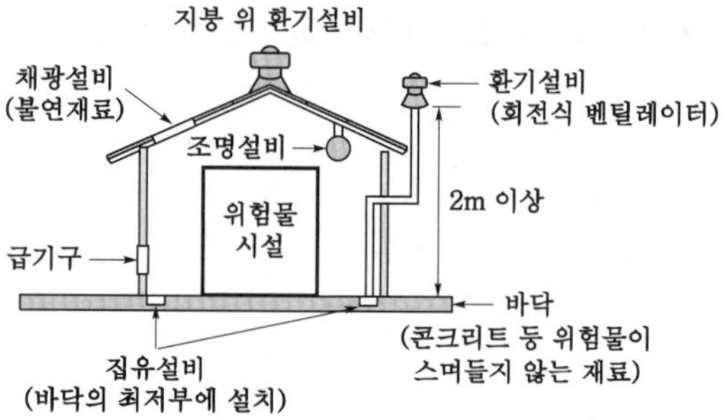

▌위험물제조소의 환기구▐

(4) 배출설비

① 배출능력은 1시간당 배출장소 용적의 **20배** 이상인 것으로 하여야 한다(단, 전역방식의 경우에는 $18m^3/m^2$ 이상으로 할 수 있다). 문06 보기③

② 배풍기는 **강제배기방식**으로 하고, 옥내덕트의 내압이 대기압 이상이 되지 아니하는 위치에 설치하여야 한다.

★★★

문제 06 위험물안전관리법령상 제조소에 설치하는 배출설비의 배출능력 기준은? (단, 배출설비는 국소방식이다.)

21회 문 94
16회 문 93
15회 문 89
13회 문 89
09회 문 99

① 1시간당 배출장소 용적의 10배 이상
② 1시간당 배출장소 용적의 15배 이상
③ 1시간당 배출장소 용적의 20배 이상
④ 1시간당 배출장소 용적의 25배 이상

해설

③ 제조소에 설치하는 배출설비의 배출능력 기준 : 1시간당 배출장소 용적의 20배 이상

답 ③

5 옥외에서 액체위험물을 취급하는 바닥기준(위험물규칙 〔별표 4〕)

* 옥외에서 취급하는 위험물
20℃의 물 100g에 용해되는 양이 1g 미만인 것

① 바닥의 둘레에 높이 0.15m 이상의 턱을 설치하는 등 위험물이 외부로 흘러나가지 아니하도록 할 것

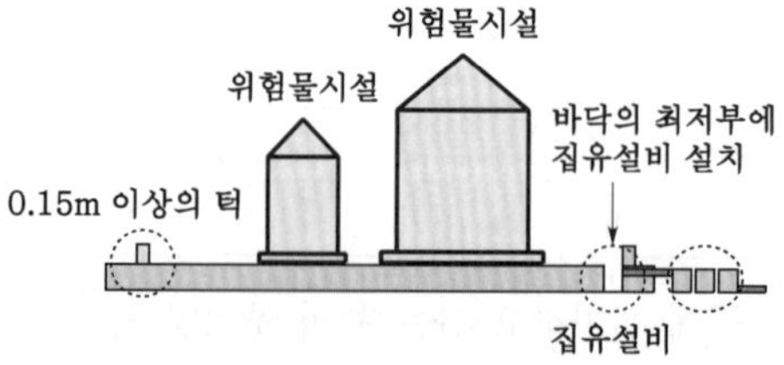

▌액체위험물을 취급하는 옥외설비의 바닥▐

② 바닥은 **콘크리트** 등 위험물이 스며들지 아니하는 재료로 하고, 턱이 있는 쪽이 낮게 경사지게 할 것

③ 바닥의 **최저부**에 **집유설비**를 할 것

④ 위험물(온도 20℃의 물 100g에 용해되는 양이 1g 미만인 것)을 취급하는 설비에 있어서는 해당 위험물이 직접 배수구에 흘러들어가지 아니하도록 집유설비에 **유분리 장치**를 설치할 것

6 위험물 가압설비 · 압력상승설비의 압력계 · 안전장치의 설치기준(위험물규칙 〔별표 4〕)

① 자동적으로 압력의 상승을 정지시키는 장치
② 감압측에 안전밸브를 부착한 감압밸브
③ 안전밸브를 겸하는 경보장치
④ **파괴판** : 안전밸브의 작동이 곤란한 가압설비에 사용

7 위험물의 성질에 따른 제조소의 특례(위험물규칙 〔별표 4〕)

(1) 알킬알루미늄 등을 취급하는 제조소의 특례

① 주위에는 누설범위를 국한하기 위한 설비와 누설된 알킬알루미늄 등을 안전한 장소에 설치된 저장실에 유입시킬 수 있는 설비를 갖출 것
② **불활성 기체**를 봉입하는 장치를 갖출 것

(2) 아세트알데하이드 등을 취급하는 제조소의 특례 문07 보기①

① **은 · 수은 · 구리(동) · 마그네슘** 또는 이들을 성분으로 하는 합금으로 만들지 아니할 것

기억법 구마은수

② 연소성 혼합기체의 생성에 의한 폭발을 방지하기 위한 **불활성 기체** 또는 **수증기**를 봉입하는 장치를 갖출 것
③ 탱크에는 **냉각장치** 또는 **보냉장치** 및 연소성 혼합기체의 생성에 의한 폭발을 방지하기 위한 **불활성 기체**를 **봉입**하는 **장치**를 갖출 것

★★★
문제 07 위험물안전관리법령상 제조소의 특례기준에서 은 · 수은 · 동 · 마그네슘 또는 이들의 합금으로 된 취급설비를 사용해서는 안 되는 위험물은?

18회 문 81
13회 문 91
12회 문 80
04회 문 94
03회 문 80
03회 문 83
03회 문 99

① 아세트알데하이드 ② 휘발유
③ 톨루엔 ④ 아세톤

해설
① 은 · 수은 · 동 · 마그네슘 또는 이들의 합금으로 된 취급설비를 사용해서는 안 되는 위험물 : 아세트알데하이드

답 ①

(3) 하이드록실아민 등을 취급하는 제조소의 특례

① 하이드록실아민 등의 온도 및 농도의 상승에 의한 위험한 반응을 방지하기 위한 조치를 강구할 것
② **철 이온** 등의 혼입에 의한 위험한 반응을 방지하기 위한 조치를 강구할 것
③ 안전거리

$$D=51.1\sqrt[3]{N}$$

여기서, D : 거리〔m〕, N : 해당 제조소에서 취급하는 하이드록실아민 등의 지정수량의 배수

Key Point

✽ 유분리장치
'기름분리장치'를 말한다.

✽ 알킬알루미늄 등
① 알킬알루미늄
② 알킬리튬

✽ 아세트알데하이드 등
① 아세트알데하이드
② 산화프로필렌

✽ 보냉장치
저온을 유지하기 위한 장치

✽ 하이드록실아민 등
① 하이드록실아민
② 하이드록실아민염류

Key Point

중요 **담 또는 토제를 설치하여야 할 하이드록실아민 등 제조소 주위의 설치기준**(위험물규칙 〔별표 4〕)

① 담 또는 토제는 해당 제조소의 외벽 또는 이에 상당하는 공작물의 외측으로부터 2m 이상 떨어진 장소에 설치할 것 문08 보기③
② 담 또는 토제의 높이는 해당 제조소에 있어서 하이드록실아민 등을 취급하는 부분의 높이 이상으로 할 것
③ 담은 두께 15cm 이상의 **철근콘크리트조 · 철골철근콘크리트조** 또는 두께 20cm 이상의 **보강콘크리트블록조**로 할 것 문08 보기①②
④ 토제의 경사면의 경사도는 60° 미만으로 할 것 문08 보기④

* **하이드록실아민 등을 취급하는 제조소의 특례기준**
1. 담 · 토제 · 이격거리 : 공작물 외측에서 2m 이상
2. 담 두께
   ① 15cm 이상 : 철근콘크리트조 · 철골철근콘크리트조
   ② 20cm 이상 : 보강콘크리트블록조

★★

문제 08 (22회 문 90, 17회 문 89, 09회 문 96) **위험물안전관리법령상 하이드록실아민 등을 취급하는 제조소의 특례에서 제조소 주위에 설치하는 담 또는 토제(土堤)의 설치기준으로 옳지 않은 것은?**

① 담은 두께 10cm(15cm) 이상의 철근콘크리트조 · 철골철근콘크리트조로 할 것
② 담은 두께 20cm 이상의 보강콘크리트블록조로 할 것
③ 담 또는 토제는 해당 제조소의 외벽 또는 이에 상당하는 공작물의 외측으로부터 2m 이상 떨어진 장소에 설치할 것
④ 토제의 경사면의 경사도는 60도 미만으로 할 것

답 ①

Key Point

3 위험물저장소

출제확률 16% (4문제)

1 옥내저장소

(1) 옥내저장소의 안전거리 적용제외(위험물규칙 〔별표 5〕)

① **제4석유류** 또는 **동식물유류** 저장 · 취급 장소(최대수량이 지정수량의 **20배** 미만)

② **제6류 위험물** 저장 · 취급장소 문09 보기④

③ 다음 기준에 적합한 지정수량 **20배**(하나의 저장창고의 바닥면적이 **150m²** 이하인 경우 **50배**) 이하의 장소

㉠ 저장창고의 **벽** · **기둥** · **바닥** · **보** 및 **지붕**이 **내화구조**일 것

㉡ 저장창고의 출입구에 수시로 열 수 있는 **자동폐쇄방식**의 **60분+방화문 또는 60분 방화문**이 설치되어 있을 것

㉢ 저장창고에 창을 설치하지 아니할 것

※ **옥내저장소의 안전거리 적용 제외**
제4석유류 또는 동식물유류 저장·취급 장소로서 지정수량 20배 미만

★★★
문제 09 위험물안전관리법령상 위험물<u>제조소</u>의 <u>안전거리</u> 적용대상에서 <u>제외</u>되는 위험물은?
05회 문 79
02회 문100

① 제3류 위험물 ② 제4류 위험물
③ 제5류 위험물 ④ 제6류 위험물

해설
④ 위험물제조소 안전거리 적용 제외 : 제6류 위험물

답 ④

(2) 옥내저장소의 보유공지(위험물규칙 〔별표 5〕)

※ **옥내저장소의 보유공지**
★ 꼭 기억하세요 ★

위험물의 최대수량	공지의 너비	
	내화구조	기타구조
지정수량의 5배 이하	-	0.5m 이상
지정수량의 5배 초과 10배 이하	1m 이상	1.5m 이상
지정수량의 10배 초과 20배 이하	2m 이상	3m 이상
지정수량의 20배 초과 50배 이하	3m 이상	5m 이상
지정수량의 50배 초과 200배 이하	5m 이상	10m 이상
지정수량의 200배 초과	10m 이상	15m 이상

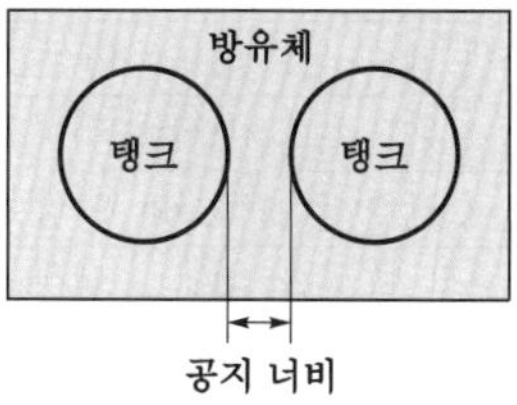

‖ 공지의 너비 ‖

Key Point

※ 보유공지와 안전거리

① 보유공지 : 위험물을 취급하는 건축물, 그 밖의 시설의 주위에 마련해 놓은 안전을 위한 빈터

② 안전거리 : 건축물의 외벽 또는 이에 상당하는 공작물의 외측으로부터 해당 제조소의 외벽 또는 이에 상당하는 공작물의 외측까지의 수평거리

※ 옥외탱크저장소 보유공지

지정수량 2000배 : 9m 이상

비교

(1) **옥외저장소의 보유공지**(위험물규칙 〔별표 11〕)

위험물의 최대수량	공지의 너비
지정수량의 10배 이하	3m 이상
지정수량의 10배 초과 20배 이하	5m 이상
지정수량의 20배 초과 50배 이하	9m 이상
지정수량의 50배 초과 200배 이하	12m 이상
지정수량의 200배 초과	15m 이상

(2) **옥외탱크저장소의 보유공지**(위험물규칙 〔별표 6〕)

위험물의 최대수량	공지의 너비
지정수량의 500배 이하	3m 이상
지정수량의 500배 초과 1000배 이하	5m 이상
지정수량의 1000배 초과 2000배 이하 문10 보기③	9m 이상
지정수량의 2000배 초과 3000배 이하	12m 이상
지정수량의 3000배 초과 4000배 이하	15m 이상
지정수량의 4000배 초과	해당 탱크의 수평단면의 최대 지름과 높이 중 큰 것과 같은 거리 이상(단, 15m 미만은 15m 이상, 30m 초과는 30m 이상으로 할 것)

★★

문제 10 09회 문 95

다음 중 옥외탱크저장소의 저장량이 지정수량의 2000배일 때 최소 보유공지는?

① 3m ② 5m

③ 9m ④ 12m

해설

③ 지정수량의 1000배 초과 2000배 이하 : 9m 이상

답 ③

(3) **지정과산화물의 옥내저장소의 보유공지**(위험물규칙 〔별표 5〕)

저장 또는 취급하는 위험물의 최대수량	공지의 너비	
	저장창고의 주위에 담 또는 토제를 설치하는 경우	기타의 경우
5배 이하	3.0m 이상	10m 이상
5배 초과 10배 이하	5.0m 이상	15m 이상
10배 초과 20배 이하	6.5m 이상	20m 이상
20배 초과 40배 이하	8.0m 이상	25m 이상
40배 초과 60배 이하	10.0m 이상	30m 이상
60배 초과 90배 이하	11.5m 이상	35m 이상
90배 초과 150배 이하	13.0m 이상	40m 이상
150배 초과 300배 이하	15.0m 이상	45m 이상
300배 초과	16.5m 이상	50m 이상

Key Point

※ 처마높이
지면에서 처마까지의 높이

(3) 옥내저장소의 저장창고(위험물규칙 〔별표 5〕)

① 위험물의 저장을 전용으로 하는 **독립**된 **건축물**로 할 것

② 처마높이가 6m 미만인 **단층건물**로 하고 그 바닥을 지반면보다 **높게** 할 것 문11 보기③

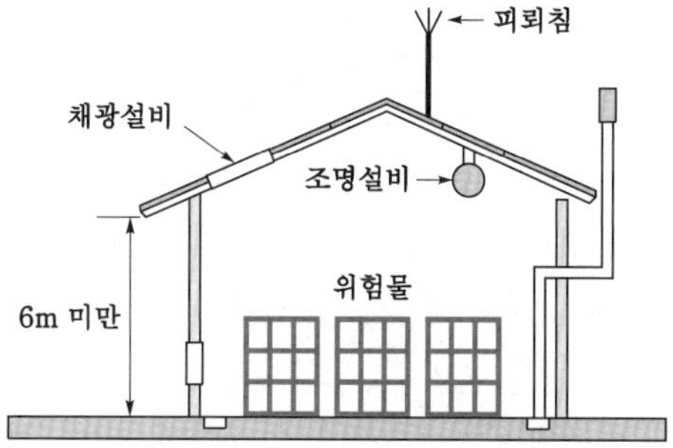

‖ 옥내저장소의 저장창고 ‖

③ **벽 · 기둥** 및 **바닥**은 **내화구조**로 하고, **보**와 **서까래**는 **불연재료**로 할 것

④ 지붕을 폭발력이 위로 방출된 정도의 가벼운 **불연재료**로 하고, 천장을 만들지 아니할 것

⑤ 출입구에는 **60분+방화문 · 60분 방화문** 또는 **30분 방화문**을 설치하되, 연소의 우려가 있는 외벽에 있는 출입구에는 수시로 열 수 있는 **자동폐쇄식**의 **60분+방화문 또는 60분 방화문**을 설치할 것

⑥ 창 또는 출입구에 유리를 이용하는 경우에는 **망입유리**로 할 것

※ 망입유리
망이 들어 있는 유리

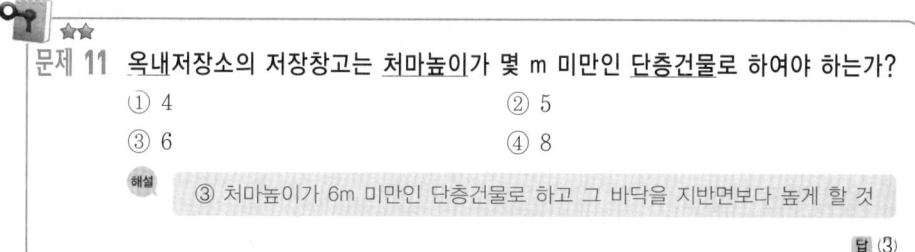

★★
문제 11 **옥내저장소의 저장창고는 처마높이가 몇 m 미만인 단층건물로 하여야 하는가?**

① 4 ② 5
③ 6 ④ 8

해설 ③ 처마높이가 6m 미만인 단층건물로 하고 그 바닥을 지반면보다 높게 할 것

답 ③

참고

저장창고에 선반 등의 수납장을 설치하는 경우의 적합기준

(1) 수납장은 **불연재료**로 만들어 견고한 기초 위에 고정할 것

(2) 수납장은 해당 수납장 및 그 부속설비의 자중, 저장하는 위험물의 중량 등의 하중에 의하여 생기는 응력에 대하여 안전한 것으로 할 것

(3) 수납장에는 위험물을 수납한 용기가 쉽게 떨어지지 아니하게 하는 조치를 할 것

(4) 다층건물의 옥내저장소의 기준(위험물규칙 〔별표 5〕)

① 저장창고는 각 층의 바닥을 지면보다 **높게** 하고, 층고를 6m 미만으로 할 것

※ 층고
바닥면으로부터 상층의 바닥까지의 높이

Key Point

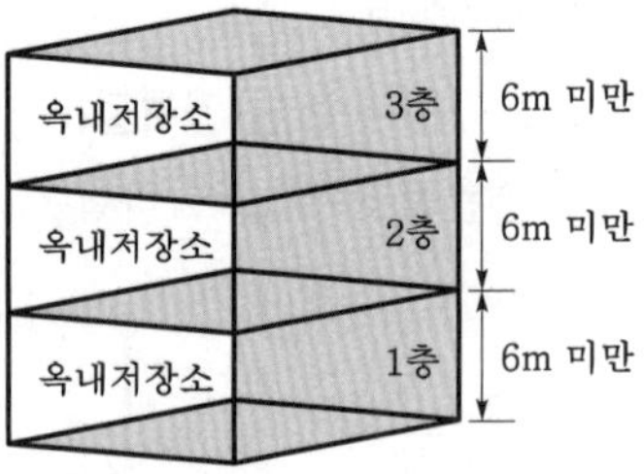

| 다층건물의 옥내저장소 |

② 하나의 저장창고의 바닥면적 합계는 1000m² 이하로 할 것

③ 저장창고의 **벽 · 기둥 · 바닥** 및 **보**를 **내화구조**로 하고, **계단**을 **불연재료**로 하며, 연소의 우려가 있는 외벽은 출입구 외의 개구부를 갖지 아니하는 벽으로 할 것

④ **2층 이상**의 층의 바닥에는 개구부를 두지 아니할 것(단, **내화구조**의 **벽**과 **60분+방화문 · 60분 방화문** 또는 **30분 방화문**으로 구획된 **계단실**은 제외)

(5) 복합용도 건축물의 옥내저장소의 기준(위험물규칙 〔별표 5〕)

① 옥내저장소는 **벽 · 기둥 · 바닥** 및 **보**가 **내화구조**인 건축물의 **1층** 또는 **2층**의 어느 하나의 층에 설치할 것

② 옥내저장소의 용도에 사용되는 부분의 바닥은 지면보다 높게 설치하고 그 층고를 6m 미만으로 할 것

③ 옥내저장소의 용도에 사용되는 부분의 바닥면적은 75m² 이하로 할 것

④ 옥내저장소의 용도에 사용되는 부분은 **벽 · 기둥 · 바닥 · 보** 및 **지붕**을 **내화구조**로 하고, 출입구 외의 개구부가 없는 두께 70mm 이상의 **철근콘크리트조** 또는 이와 동등 이상의 강도가 있는 구조의 바닥 또는 벽으로 해당 건축물의 다른 부분과 구획되도록 할 것

2 옥외탱크저장소

(1) 옥외저장탱크의 외부구조 및 설비(위험물규칙 〔별표 6〕 Ⅵ)

① **압력탱크 : 수압시험**(최대 상용압력의 **1.5배**의 압력으로 **10분**간 실시) 문12 보기④

② **압력탱크 외의 탱크 : 충수시험**

＊ 압력탱크
최대 상용압력이 대기압을 초과하는 탱크

★★★
문제 12 옥외탱크저장소의 탱크 중 압력탱크의 수압시험방법으로 옳은 것은?

① 0.07MPa의 압력으로 10분간 실시
② 0.15MPa의 압력으로 10분간 실시
③ 최대 상용압력의 0.7배의 압력으로 10분간 실시
④ 최대 상용압력의 1.5배의 압력으로 10분간 실시

해설 ④ 압력탱크 : 수압시험(최대 사용압력의 1.5배의 압력으로 10분간 실시)

답 ④

(2) 옥외저장탱크의 지진동에 의한 관성력 및 풍하중의 계산방법(위험물안전관리에 관한 세부기준 74조)

① 지진동에 의한 관성력

㉠ 관성력=(탱크의 자중+탱크에 저장하는 위험물의 중량)×Kh'_1

㉡
$$Kh'_1 = 0.15\nu_1 \cdot \nu_2$$

여기서, Kh'_1 : 설계수평진도
ν_1 : 지역별 보정계수
ν_2 : 지반별 보정계수

중요 (1) 지역별 보정계수

지역의 구분	지역별 보정계수
서울특별시, 인천광역시, 대전광역시, 부산광역시, 대구광역시, 울산광역시, 광주광역시, 경기도, 강원도 남부, 충청북도, 충청남도, 경상북도, 경상남도, 전라북도, 전라남도 북동부(광양시, 나주시, 순천시, 여수시, 곡성군, 구례군, 담양군, 보성군, 장성군, 장흥군, 화순군)	0.7
강원도 북부, 전라남도 남서부(목포시, 강진군, 고흥군, 무안군, 신안군, 영광군, 영암군, 완도군, 진도군, 함평군, 해남군), 제주도	0.6

(2) 지반별 보정계수

지반의 구분	보정계수
암반 또는 1종 지반	1.50
2종 지반	1.67
3종 지반	1.83
4종 지반	2.00

② 풍하중

㈎ 일반식

$$q = 0.588k\sqrt{h}$$

여기서, q : 풍하중[kN/m²]
k : 풍력계수(원통형 탱크의 경우는 0.7, 그 외의 탱크는 1.0)
h : 지반면으로부터의 높이[m]

㈏ 예외규정

㉠ **해안, 하안, 산지** 등 강풍을 받을 우려가 있는 장소에 설치하는 탱크의 풍하중 : 2.05kN/m²

㉡ **원통형 탱크**로서 지반면으로부터의 높이가 25m 이상인 것의 풍하중 : 2.05kN/m²

㉢ **원통형 탱크 외**의 탱크로서 지반면으로부터의 높이가 25m 이상인 것의 풍하중 : 2.94kN/m²

Key Point

✻ 강원도 남부
① 강릉시
② 동해시
③ 삼척시
④ 원주시
⑤ 태백시
⑥ 영월군
⑦ 정선군

✻ 강원도 북부
① 속초시
② 춘천시
③ 고성군
④ 양구군
⑤ 양양군
⑥ 인제군
⑦ 철원군
⑧ 평창군
⑨ 화천군
⑩ 홍천군
⑪ 횡성군

✻ 1종 지반
암반까지의 충적층의 두께가 10m 미만인 지반

✻ 2종 지반
암반까지의 충적층의 두께가 10m 이상인 지반

✻ 3종 지반
암반까지의 충적층의 두께가 10m 이상 25m 미만이고 내진설계상 지지력을 무시할 필요가 있다고 인정되는 토층의 두께가 5m 미만인 지반

✻ 4종 지반
1·2·3종 이외의 지반

✻ 암반
제3기 이전의 지반

Key Point

(3) **옥외저장탱크의 통기장치**(위험물규칙 〔별표 6〕)

밸브없는 통기관	대기밸브 부착 통기관
① 지름 : **30mm** 이상 ② 끝부분 : **45°** 이상 ③ 인화방지장치 : 인화점이 **38℃ 미만**인 위험물만을 저장 또는 취급하는 탱크에 설치하는 통기관에는 화염방지장치를 설치하고, 그 외의 탱크에 설치하는 통기관에는 **40메시(mesh)** 이상의 구리망 또는 동등 이상의 성능을 가진 인화방지장치를 설치할 것(단, 인화점이 **70℃ 이상**인 위험물만을 해당 위험물의 인화점 미만의 온도로 저장 또는 취급하는 탱크에 설치하는 통기관에는 인화방지장치를 설치하지 않을 수 있다)	㉠ 작동압력 차이 : **5kPa** 이하 문13 보기① ㉡ 인화방지장치 : 인화점이 **38℃ 미만**인 위험물만을 저장 또는 취급하는 탱크에 설치하는 통기관에는 화염방지장치를 설치하고, 그 외의 탱크에 설치하는 통기관에는 **40메시(mesh)** 이상의 구리망 또는 동등 이상의 성능을 가진 인화방지장치를 설치할 것(단, 인화점이 **70℃ 이상**인 위험물만을 해당 위험물의 인화점 미만의 온도로 저장 또는 취급하는 탱크에 설치하는 통기관에는 인화방지장치를 설치하지 않을 수 있다)

★★★

문제 13 17회 문 94 / 03회 문 78

위험물안전관리법령상 옥외저장탱크의 대기밸브 부착 통기관은 얼마 이하의 압력차〔kPa〕로 작동되어야 하는가?

① 5 ② 7
③ 10 ④ 20

해설 ① 대기밸브 부착 통기관 작동압력 차이 : 5kPa 이하

답 ①

참고

밸브없는 통기관

간이탱크저장소(위험물규칙 〔별표 9〕)	**옥내탱크저장소**(위험물규칙 〔별표 7〕)
① 지름 : **25mm** 이상 문14 보기① ② 통기관의 끝부분 ┬ 각도 : **45°** 이상 문14 보기④ └ 높이 : 지상 **1.5m** 이상 문14 보기② ③ 통기관의 설치 : **옥외** ④ 인화방지장치 : 가는 눈의 구리망 사용(단, 인화점 70℃ 이상의 위험물만을 해당 위험물의 인화점 미만의 온도로 저장 또는 취급하는 탱크에 설치하는 통기관은 제외)	① 지름 : **30mm** 이상 ② 통기관의 끝부분 : **45°** 이상 ③ 인화방지장치 : 인화점이 **38℃ 미만**인 위험물만을 저장 또는 취급하는 탱크에 설치하는 통기관에는 화염방지장치를 설치하고, 그 외의 탱크에 설치하는 통기관에는 **40메시(mesh)** 이상의 구리망 또는 동등 이상의 성능을 가진 인화방지장치를 설치할 것(단, 인화점이 **70℃ 이상**인 위험물만을 해당 위험물의 인화점 미만의 온도로 저장 또는 취급하는 탱크에 설치하는 통기관에는 인화방지장치를 설치하지 않을 수 있다) ④ 통기관은 가스 등이 체류할 우려가 있는 굴곡이 없도록 할 것

※ **간이저장탱크의 용량**
600*l* 이하

Key Point

★★★
문제 14 위험물안전관리법령상 간이탱크저장소의 간이저장탱크에 설치하여야 하는 '밸브 없는 통기관'의 설비기준으로 옳지 않은 것은?
17회 문 94
10회 문 98
03회 문 78

① 통기관의 지름은 25mm 이상으로 할 것
② 통기관은 옥외에 설치하되, 그 끝부분의 높이는 지상 1.5m 이상으로 할 것
③ 인화점 80℃ 이상의 위험물만을 해당 위험물의 인화점 미만의 온도로 저장 또는 취급하는 탱크에 설치하는 통기관에는 인화방지장치를 할 것
해당 없음
④ 통기관의 끝부분은 수평면에 대하여 아래로 45° 이상 구부려 빗물 등이 침투하지 아니하도록 할 것

답 ③

(4) 옥외저장탱크의 설치기기(위험물규칙 〔별표 6〕)

① 기밀부유식 계량장치
② 부유식 계량장치
③ 자동계량장치
④ 유리측정기

(5) 옥외저장탱크의 주입구 기준(위험물규칙 〔별표 6〕)

① **화재예방상** 지장이 없는 장소에 설치할 것
② 주입호스 또는 주입관과 결합할 수 있고, 결합하였을 때 위험물이 새지 아니할 것
③ 주입구에는 **밸브** 또는 **뚜껑**을 설치할 것
④ **휘발유**, **벤젠**, 그 밖에 정전기에 의한 재해가 발생할 우려가 있는 액체위험물의 옥외저장탱크의 주입구 부근에는 정전기를 유효하게 제거하기 위한 **접지전극**을 설치할 것
⑤ 인화점이 21℃ 미만인 위험물의 옥외저장탱크의 주입구에는 보기 쉬운 곳에 **게시판**을 설치할 것

※ 옥외저장탱크의 주입구 기준
주입구에는 밸브 또는 뚜껑을 설치할 것

(6) 옥외탱크저장소의 방유제(위험물규칙 〔별표 6〕 Ⅸ)

구 분	실 명
높이	0.5~3m 이하
탱크	10기(모든 탱크용량이 **20만**l 이하, 인화점이 70~200℃ 미만은 **20기**) 이하
면적	80000m^2 이하
용량	• 1기 이상 : **탱크용량**의 110% 이상 • 2기 이상 : **최대용량**의 110% 이상

※ 방유제
위험물의 유출을 방지하기 위하여 위험물 옥외탱크저장소의 주위에 철근콘크리트 또는 흙으로 둑을 만들어 놓은 것

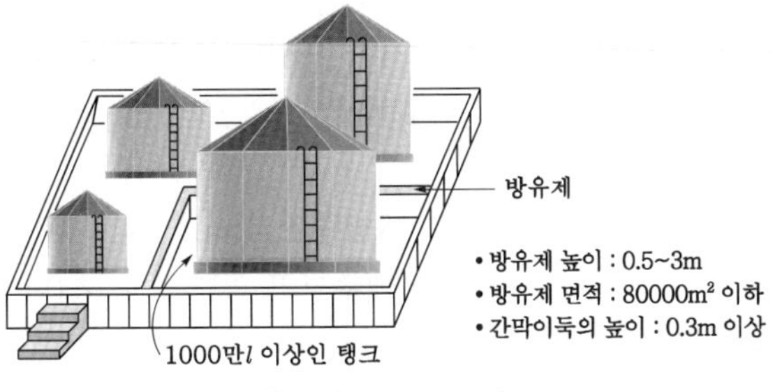

▮ 옥외탱크저장소 ▮

Key Point

비교

위험물제조소의 방유제용량

위험물제조소	옥외탱크저장소
① **1기의 탱크** 방유제용량=탱크용량×0.5 ② **2기 이상의 탱크** 방유제용량=탱크최대용량×0.5+기타 탱크용량의 합×0.1 문15 보기②	① 1기의 탱크 방유제용량=탱크용량×1.1 ② 2기 이상의 탱크 방유제용량=탱크최대용량×1.1

★★★

문제 15 위험물제조소의 옥외에 있는 위험물 취급탱크 2기가 방유제 내에 있다. 방유제의 최소내용적〔m^3〕은 얼마인가?

13회 문 90
09회 문 89
08회 문 77
04회 문 86
02회 문 76

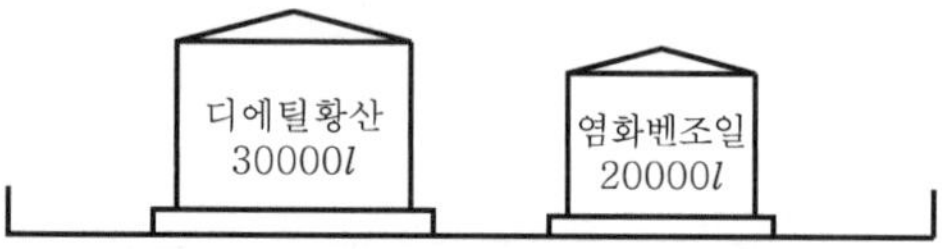

① 15　　② 17
③ 32　　④ 33

해설 **위험물제조소의 방유제 용량**
=탱크최대용량×0.5+기타 탱크용량의 합×0.1
=30000 l×0.5+20000 l×0.1
=17000 l
=17m^3

• 1000 l=1m^3이므로 17000 l=17m^3

답 ②

※ **옥내저장탱크**
위험물을 저장 또는 취급하는 옥내탱크

3 옥내탱크저장소

(1) 옥내탱크저장소의 위치 · 구조 및 설비의 기술기준(위험물규칙 〔별표 7〕)

① 옥내저장탱크는 **단층건축물**에 설치된 **탱크전용실**에 설치할 것
② 옥내저장탱크와 탱크전용실의 벽과의 사이 및 옥내저장탱크의 상호간에는 **0.5m** 이상의 간격을 유지할 것(단, 탱크의 점검 및 보수에 지장이 없는 경우에는 제외)
③ 옥내저장탱크의 외면에는 녹을 방지하기 위한 **도장**을 할 것
④ 액체위험물의 옥내저장탱크에는 위험물의 양을 **자동적**으로 **표시**하는 **장치**를 설치할 것

※ **불연재료**
불에 타지 않는 재료

⑤ 탱크전용실은 **벽 · 기둥** 및 **바닥**을 **내화구조**로 하고, **보**를 **불연재료**로 하며, 연소의 우려가 있는 외벽은 출입구 외에는 **개구부**가 없도록 할 것(단, 인화점이 **70℃** 이상인 **제4류 위험물**만의 옥내저장탱크를 설치하는 탱크전용실에 있어서는 연소의 우려가 없는 외벽 · 기둥 및 바닥을 **불연재료**로 할 수 있다.)

⑥ 탱크전용실은 지붕을 **불연재료**로 하고, 천장을 설치하지 아니할 것

⑦ 탱크전용실의 창 및 출입구에는 **60분+방화문 · 60분 방화문** 또는 **30분 방화문**을 설치하는 동시에, 연소의 우려가 있는 외벽에 두는 출입구에는 수시로 열 수 있는 **자동폐쇄식**의 **60분+방화문 또는 60분 방화문**을 설치할 것

⑧ 탱크전용실의 창 또는 출입구에 유리를 이용하는 경우에는 **망입유리**로 할 것

⑨ 액상의 위험물의 옥내저장탱크를 설치하는 탱크전용실의 바닥은 위험물이 침투하지 아니하는 구조로 하고, 적당한 경사를 두는 한편, **집유설비**를 설치할 것

Key Point

※ 망입유리
망이 들어있는 유리

(2) 옥내탱크저장소 중 탱크전용실을 단층건물 외의 건축물에 설치하는 것의 위치 · 구조 및 설비의 기술기준(위험물규칙 〔별표 7〕)

① 옥내저장탱크는 **탱크전용실**에 설치할 것. 이 경우 제2류 위험물 중 **황화인 · 적린** 및 덩어리 **황**, 제3류 위험물 중 **황린**, 제6류 위험물 중 **질산**의 탱크전용실은 건축물의 **1층** 또는 **지하층**에 설치하여야 한다.

② 옥내저장탱크의 주입구 부근에는 해당 옥내저장탱크의 위험물의 양을 표시하는 장치를 설치할 것(단, 해당 위험물의 양을 쉽게 확인할 수 있는 경우에는 제외)

③ 탱크전용실에 펌프설비를 설치하는 경우에는 견고한 기초 위에 고정한 다음 그 주위에는 불연재료로 된 턱을 0.2m 이상의 높이로 설치하는 등 누설된 위험물이 유출되거나 유입되지 아니하도록 하는 조치를 할 것

④ 탱크전용실은 벽 · 기둥 · 바닥 및 보를 **내화구조**로 할 것

⑤ 탱크전용실은 상층이 있는 경우에 있어서는 상층의 **바닥**을 **내화구조**로 하고, 상층이 없는 경우에 있어서는 **지붕**을 **불연재료**로 하며, 천장을 설치하지 아니할 것

⑥ 탱크전용실에는 **창**을 설치하지 아니할 것(단, 제6류 위험물의 탱크전용실에 있어서는 60분+방화문 · 60분 방화문 또는 30분 방화문이 있는 창을 설치할 수 있음)

⑦ 탱크전용실의 출입구에는 수시로 열 수 있는 **자동폐쇄식**의 **60분+방화문 또는 60분 방화문**을 설치할 것

⑧ 탱크전용실의 환기 및 배출의 설비에는 방화상 유효한 댐퍼 등을 설치할 것

※ 1층 또는 지하층 설치

종 별	위험물
제2류 위험물	① 황화인 ② 적린 [문16 보기①] ③ 덩어리 황
제3류 위험물	황린
제4류 위험물	인화점이 38℃ 이상인 위험물만을 저장 또는 취급하는 것(경유, 등유 등) [문16 보기③]
제6류 위험물	질산 [문16 보기④]

★★

문제 16 위험물안전관리법령상 옥내탱크저장소의 탱크전용실을 단층건물 외의 건축물에 설치할 수 없는 위험물은?

① 적린
② 칼륨
해당 없음
③ 경유
④ 질산

답 ②

4 지하탱크저장소

(1) 지하탱크저장소의 기준(위험물규칙 〔별표 8〕)

① 탱크전용실은 지하의 가장 가까운 벽 · 피트 · 가스관 등의 시설물 및 대지경계선으로부터 0.1m 이상 떨어진 곳에 설치하고, 지하저장탱크와 탱크전용실의 안쪽과의 사이

Key Point

※ 지하저장탱크의 윗부분
자연으로부터 0.6m 이상 아래에 있을 것

※ 지하탱크저장소의 수압시험

압력탱크	압력탱크 외
최대상용압력의 1.5배 압력으로 10분간 실시	70kPa의 압력으로 10분간 실시

※ 액중 펌프설비
펌프 또는 전동기를 지하저장탱크 안에 설치하는 펌프설비

는 0.1m 이상의 간격을 유지하도록 하며, 해당 탱크의 주위에 마른 모래 또는 습기 등에 의하여 응고되지 아니하는 입자지름 5mm 이하의 마른 자갈분을 채워야 한다.

② 지하저장탱크의 윗부분은 지면으로부터 0.6m 이상 아래에 있어야 한다.

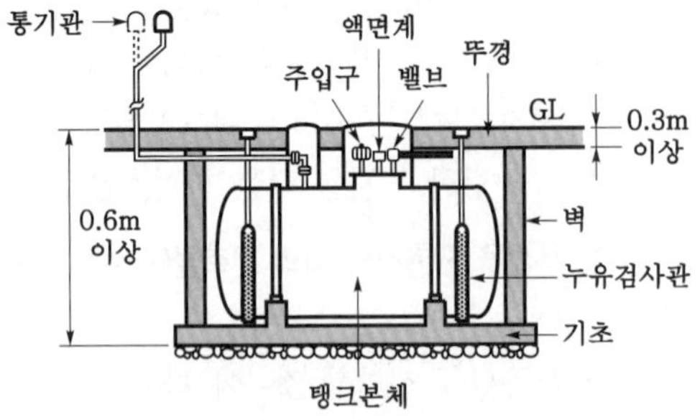

‖ 지하탱크저장소 ‖

③ 지하저장탱크를 2 이상 인접해 설치하는 경우에는 그 상호간에 1m(해당 2 이상의 지하저장탱크의 용량의 합계가 지정수량의 100배 이하인 때에는 0.5m) 이상의 간격을 유지하여야 한다.

④ 지하저장탱크의 재질은 두께 3.2mm 이상의 강철판으로 하여 **완전용입용접** 또는 **양면겹침이음용접**으로 틈이 없도록 만드는 동시에, 압력탱크(최대 상용압력이 46.7kPa 이상인 탱크) 외의 탱크에 있어서는 70kPa의 압력으로, 압력탱크에 있어서는 최대 상용압력의 1.5배의 압력으로 각각 10분간 **수압시험**을 실시하여 새거나 변형되지 아니하여야 한다.

⑤ 액체위험물의 지하저장탱크에는 위험물의 양을 자동적으로 표시하는 장치 또는 **계량구**를 설치하여야 한다. 이 경우 계량구를 설치하는 지하저장탱크에 있어서는 계량구의 직하에 있는 탱크의 밑판에 그 손상을 방지하기 위한 조치를 하여야 한다.

⑥ 탱크전용실은 벽 및 바닥을 두께 0.3m 이상의 **콘크리트구조** 또는 이와 동등 이상의 강도가 있는 구조로 하는 한편, 적당한 방수조치를 강구하는 동시에 방수조치를 한 두께 0.3m 이상의 **철근콘크리트조**로 된 뚜껑을 설치하여야 한다.

(2) 액중 펌프설비의 전동기 구조(위험물규칙 〔별표 8〕)

① 고정자는 위험물에 침투되지 아니하는 수지가 충전된 **금속제**의 용기에 수납되어 있을 것
② 운전중에 고정자가 **냉각**되는 **구조**로 할 것
③ 전동기의 내부에 공기가 체류하지 아니하는 구조로 할 것

(3) 액중 펌프설비의 설치기준(위험물규칙 〔별표 8〕)

① 액중 펌프설비는 지하저장탱크와 **플랜지접합**으로 할 것 문17 보기④
② 액중 펌프설비 중 지하저장탱크 내에 설치되는 부분은 **보호관 내**에 설치할 것(단, 해당 부분이 충분한 강도가 있는 외장에 의하여 보호되어 있는 경우에는 제외)
③ 액중 펌프설비 중 지하저장탱크의 상부에 설치되는 부분은 위험물의 누설을 점검할 수 있는 조치가 강구된 안전상 필요한 강도가 있는 피트 내에 설치할 것

Key Point

★★
문제 17 지하탱크저장소에서 액중 펌프설비와 지하저장탱크의 접속방법은?
06회 문 78

① 나사접합 ② 용접접합
③ 압축접합 ④ 플랜지접합

해설
④ 액중 펌프설비는 지하저장탱크의 플랜지접합으로 할 것

답 ④

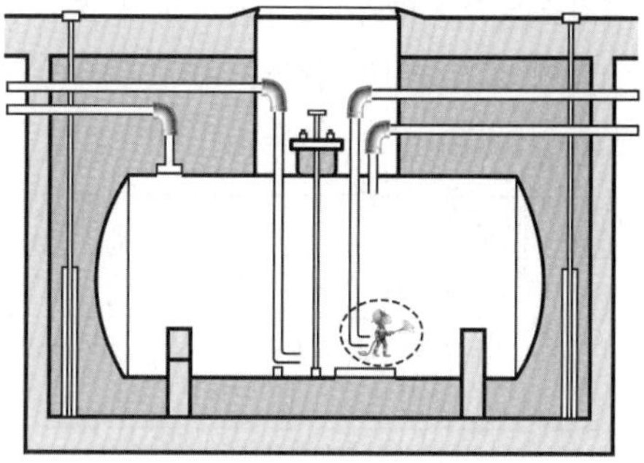

‖ 액중펌프(펌프를 위험물 속에 설치) ‖

(4) 누설검사관의 설치기준(위험물규칙 〔별표 8〕)

① **이중관**으로 할 것(단, 소공이 없는 상부는 **단관**으로 할 수 있다.) 문18 보기①
② 재료는 **금속관** 또는 **경질합성수지관**으로 할 것 문18 보기②
③ 관은 **탱크전용실**의 **바닥** 또는 **탱크**의 **기초**까지 닿게 할 것 문18 보기③
④ 관의 밑부분으로부터 탱크의 중심 높이까지의 부분에는 **소공**이 뚫려 있을 것(단, 지하수위가 높은 장소에 있어서는 지하수위 높이까지의 부분에 소공이 뚫려 있어야 한다). 문18 보기④
⑤ 상부는 물이 침투하지 아니하는 구조로 하고, 뚜껑은 검사시 쉽게 열 수 있도록 할 것

※ 누설검사관
4개소 이상 설치

※ 소공
작은 구멍

★
문제 18 지하저장탱크의 액체위험물의 누설을 검사하기 위한 관의 기준으로 적합하지 않은 것은?
04회 문 76

① 단관으로 할 것
이중관
② 재료는 금속관 또는 경질합성수지관으로 할 것
③ 관은 탱크전용실의 바닥에 닿게 할 것
④ 관의 밑부분으로부터 탱크의 중심 높이까지의 부분에는 소공이 뚫려 있을 것

답 ①

Key Point

5 이동탱크저장소

(1) 이동탱크저장소의 상치장소의 적합기준(위험물규칙 〔별표 10〕)

① 옥외에 있는 상치장소는 화기를 취급하는 장소 또는 인근의 건축물로부터 5m 이상(인근의 건축물이 1층인 경우에는 3m 이상)의 거리를 확보하여야 한다(단, 하천의 공지나 수면, **내화구조** 또는 **불연재료**의 담 또는 벽, 그 밖에 이와 유사한 것에 접하는 경우는 제외).

② 옥내에 있는 상치장소는 벽 · 바닥 · 보 · 서까래 및 지붕이 **내화구조** 또는 **불연재료**로 된 건축물의 **1층**에 설치하여야 한다.

(2) 이동탱크저장소의 구조기준(위험물규칙 〔별표 10〕)

구 분	설 명
두께	3.2mm 이상의 강철판
수압시험	① 압력탱크 : 최대 상용압력의 1.5배 ② 압력탱크 외 : 70kPa – 10분간 실시

*** 수압시험**
용접부에 대한 비파괴시험과 기밀시험으로 대신가능

(3) 안전장치 및 방파판의 설치기준(위험물규칙 〔별표 10〕)

① 안전장치

상용압력	작동압력
20kPa 이하	20~24kPa 이하
20kPa 초과	상용압력의 1.1배 이하

② 방파판

㉠ 두께 1.6mm 이상의 **강철판** 또는 이와 동등 이상의 강도 · 내열성 및 내식성이 있는 금속성의 것으로 할 것 문19 보기④

㉡ 하나의 구획부분에 2개 이상의 방파판을 이동탱크저장소의 진행방향과 평행으로 설치하되, 각 방파판은 그 높이 및 칸막이로부터의 거리를 다르게 할 것 문19 보기①

㉢ 하나의 구획부분에 설치하는 각 방파판의 면적의 합계는 해당 구획부분의 최대 수직단면적의 50% 이상으로 할 것(단, 수직단면이 원형이거나 짧은 지름이 1m 이하의 타원형일 경우에는 40% 이상)

*** 방파판의 설치제외**
칸막이로 구획된 부분의 용량이 2000*l* 미만인 부분

*** 방파판의 면적**
50% 이상(원형 · 타원형은 40% 이상)

(4) 측면틀 및 방호틀의 설치기준(위험물규칙 〔별표 10〕)

① 측면틀

㉠ 최외측선의 수평면에 대한 내각이 75° 이상이 되도록 하고, 최대수량의 위험물을 저장한 상태에 있을 때의 해당 탱크중량의 중심점과 측면틀의 최외측을 연결하는 직선과 그 중심점을 지나는 직선 중 최외측선과 직각을 이루는 직선과의 내각이 35° 이상이 되도록 할 것

㉡ 외부로부터의 하중에 견딜 수 있는 구조로 할 것 문19 보기②

㉢ 탱크상부의 네 모퉁이에 해당 탱크의 전단 또는 후단으로부터 각각 1m 이내의 위치에 설치할 것 문19 보기③

*** 최외측선**
탱크 뒷부분의 입면도에 있어서 측면틀의 최외측과 탱크의 최외측을 연결하는 직선

Key Point

㉣ 측면틀에 걸리는 하중에 의하여 탱크가 손상되지 아니하도록 측면틀의 부착부분에 받침판을 설치할 것

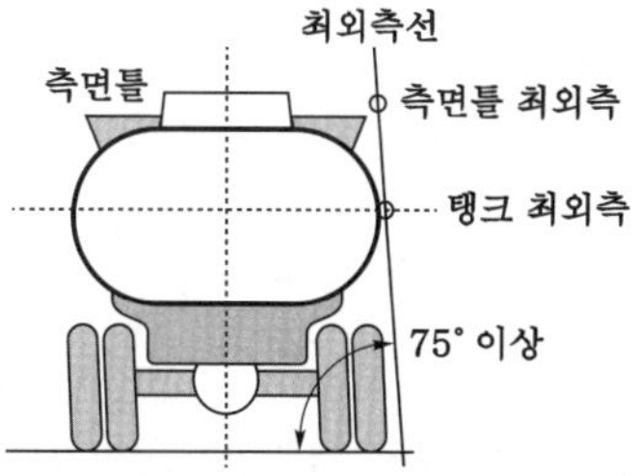

‖ 이동탱크저장소의 최외측선 내각 ‖

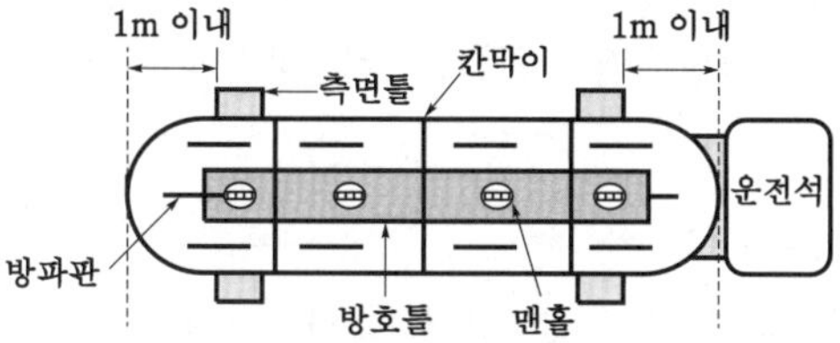

‖ 이동탱크저장소 ‖

문제 19 이동저장탱크의 구조로서 틀린 것은?

① 하나의 구획부분에 2개 이상의 방파판을 이동탱크저장소의 진행방향과 평행으로 설치할 것
② 측면틀은 외부로부터의 하중에 견딜 수 있는 구조로 할 것
③ 측면틀은 탱크상부의 네 모퉁이에 해당 탱크의 전단 또는 후단으로부터 각각 1m 이내의 위치에 설치할 것
④ 방호틀은(방파판) 두께 1.6mm 이상의 강철판 또는 이와 동등 이상의 강도·내열성 및 내식성이 있는 금속성의 것으로 할 것

답 ④

② 방호틀

㉠ 두께 **2.3mm** 이상의 강철판 또는 이와 동등 이상의 기계적 성질이 있는 재료로서 산모양의 형상으로 하거나 이와 동등 이상의 강도가 있는 형상으로 할 것

㉡ 정상부분은 부속장치보다 **50mm** 이상 높게 하거나 이와 동등 이상의 성능이 있는 것으로 할 것

(5) 배출밸브 수동식 폐쇄장치의 적합기준(위험물규칙 〔별표 10〕)

① 손으로 잡아당겨 **수동폐쇄장치**를 작동시킬 수 있도록 할 것
② 길이는 **15cm** 이상으로 할 것

※ **이동탱크저장소의 최외측선 내각**
75℃ 이상

※ **이동탱크저장소의 측면틀**
네 모퉁이 전후단 1m 이내

Key Point

✻ 이동탱크저장소의 주입설비
배출량 200l/min 이하

(6) 이동탱크저장소의 주입설비 설치기준(위험물규칙 〔별표 10〕)

① 위험물이 샐 우려가 없고 화재예방상 안전한 구조로 할 것
② 주입설비의 길이는 50m 이내로 하고, 그 끝부분에 축적되는 정전기를 유효하게 제거할 수 있는 장치를 할 것
③ 배출량은 200l/min 이하로 할 것

6 암반탱크저장소

✻ 10^{-5}m/s
'1초당 10만분의 1m'를 의미한다.

(1) 암반탱크저장소의 암반탱크 설치기준(위험물규칙 〔별표 12〕)

① 암반탱크는 암반투수계수가 10^{-5}m/s 이하인 천연암반 내에 설치할 것 문20 보기①
② 암반탱크는 저장할 위험물의 증기압을 억제할 수 있는 **지하수면하**에 설치할 것
③ 암반탱크의 내벽은 암반균열에 의한 낙반을 방지할 수 있도록 **볼트 · 콘크리트** 등으로 보강할 것

★★★
문제 20 위험물안전관리법령상 암반탱크저장소의 암반탱크 설치기준에서 암반투수계수〔m/s〕 기준은?
20회 문 87

① 1×10^{-5} 이하　　② 1×10^{-6} 이하
③ 1×10^{-7} 이하　　④ 1×10^{-8} 이하

해설 ① 암반투수계수 : 10^{-5}m/s 이하

답 ①

✻ 암반탱크의 지하수압
저장소의 최대 운영압보다 항상 크게 유지

(2) 암반탱크의 수리조건 적합기준(위험물규칙 〔별표 12〕)

① 암반탱크 내로 유입되는 지하수의 양은 암반 내의 지하수 충전량보다 적을 것
② 암반탱크의 상부로 물을 주입하여 수압을 유지할 필요가 있는 경우에는 **수벽공**을 설치할 것
③ 암반탱크에 가해지는 지하수압은 저장소의 최대 운영압보다 항상 크게 유지할 것

Key Point

4 위험물취급소

출제확률 15.8% (4문제)

1 주유취급소

(1) **주유공지 및 급유공지**(위험물규칙 〔별표 13〕)

① 주유취급소의 고정주유설비의 주위에는 **주유공지**를 보유하여야 하고, 고정급유설비를 설치하는 경우에는 **급유공지**를 보유할 것

② 공지의 바닥은 주위 지면보다 높게 하고, 그 표면을 적당하게 경사지게 하여 새어나온 기름, 그 밖의 액체가 공지의 외부로 유출되지 아니하도록 **배수구·집유설비** 및 **유분리장치**를 할 것

(2) **주유취급소의 게시판**(위험물규칙 〔별표 13〕)

주유중 엔진정지 : **황색**바탕에 **흑색**문자 문21 보기②

★★★
문제 21 주유취급소에 설치하는 '주유 중 엔진정지'라고 표시한 게시판의 색깔은?

① 흑색바탕에 황색문자 ② 황색바탕에 흑색문자
③ 백색바탕에 적색문자 ④ 적색바탕에 백색문자

해설 ② 주유 중 엔진정지 : 황색바탕에 흑색문자

답 ②

중요 표시방식

① 옥외탱크저장소 : **백색**바탕에 **흑색**문자
② 주유취급소 : **황색**바탕에 **흑색**문자
③ 물기엄금 : **청색**바탕에 **백색**문자
④ 화기엄금 · 화기주의 : **적색**바탕에 **백색**문자

(3) **주유취급소에 설치가능한 탱크**(위험물규칙 〔별표 13〕)

① 자동차 등에 주유하기 위한 고정주유설비에 직접 접속하는 전용탱크로서 50000l 이하의 것

② 고정급유설비에 직접 접속하는 전용탱크로서 50000l 이하의 것

③ 보일러 등에 직접 접속하는 전용탱크로서 10000l 이하의 것

④ 자동차 등을 점검 · 정비하는 작업장 등(주유취급소 안에 설치된 것)에서 사용하는 폐유 · 윤활유 등의 위험물을 저장하는 탱크로서 용량(2 이상 설치하는 경우에는 각 용량의 합계)이 2000l 이하인 탱크

⑤ 고정주유설비 또는 고정급유설비에 직접 접속하는 3기 이하의 간이탱크

* **고정주유설비와 고정급유설비**

① 고정주유설비 : 펌프기기 및 호스기기로 되어 위험물을 자동차 등에 직접 주유하기 위한 설비로서 현수식 포함
② 고정급유설비 : 펌프기기 및 호스기기로 되어 위험물을 용기에 채우거나 이동저장탱크에 주입하기 위한 설비로서 현수식 포함

* **주유공지와 급유공지**

① 주유공지 : 주유를 받으려는 자동차 등이 출입할 수 있도록 너비 15m 이상, 길이 6m 이상의 콘크리트 등으로 포장한 공지
② 급유공지 : 고정급유설비의 호스기기의 주위에 필요한 공지

Key Point

※ 주유취급소의 고정 주유설비 배출량
① 제1석유류 : 50l /min 이하
② 등유 : 80l /min 이하
③ 경유 : 180l /min 이하
문22 보기④

※ 난연성 재료
불에 잘 타지 않는 재료로서 '난연 3급'에 해당된다.

※ 불연재료
불에 타지 않는 재료

(4) 주유취급소의 고정주유설비(위험물규칙 〔별표 13〕)

① 펌프기기는 주유관 끝부분에서의 최대배출량이 **제1석유류**의 경우에는 50l/min 이하, **경유**의 경우에는 180l/min 이하, **등유**의 경우에는 80l/min 이하인 것으로 할 것(단, 이동저장탱크에 주입하기 위한 고정급유설비의 펌프기기는 최대배출량이 300l/min 이하인 것으로 할 수 있으며, 배출량이 200l/min 이상인 것의 경우에는 주유설비에 관계된 모든 배관의 안지름을 40mm 이상으로 할 것)

★
문제 22 **경유의 경우 주유취급소의 고정주유설비의 펌프기기는 주유관 선단에서의 최대 배출량이 몇 l/min 이하인 것으로 하여야 하는가?**

① 40 ② 50
③ 80 ④ 180

해설 ④ 경유 : 180l/min 이하

답 ④

② 이동저장탱크의 상부를 통하여 주입하는 고정급유설비의 주유관에는 해당 탱크의 밑부분에 달하는 주입관을 설치하고, 그 배출량이 80l/min을 초과하는 것은 이동저장탱크에 주입하는 용도로만 사용할 것

③ 고정주유설비 또는 고정급유설비는 **난연성 재료**로 만들어진 외장을 설치할 것

④ 고정주유설비 또는 고정급유설비의 주유관의 길이(끝부분의 개폐밸브 포함)는 5m(현수식의 경우에는 지면 위 0.5m의 수평면에 수직으로 내려 만나는 점을 중심으로 반경 3m) 이내로 하고 그 끝부분에는 축적된 정전기를 유효하게 제거할 수 있는 장치를 설치할 것

⑤ 고정주유설비 또는 고정급유설비의 중심선을 기점으로 하여 도로경계선까지 4m 이상, 부지경계선 · 담 및 건축물의 벽까지 2m(개구부가 없는 벽으로부터는 1m) 이상의 거리를 유지할 것

⑥ 고정주유설비와 고정급유설비의 사이에는 4m 이상의 거리를 유지할 것

(5) 주유취급소의 설치대상 건축물 또는 시설(위험물규칙 〔별표 13〕)

① 주유 또는 등유 · 경유를 옮겨 담기 위한 **작업장**
② 주유취급소의 **업무**를 행하기 위한 **사무소**
③ 자동차 등의 **점검** 및 **간이정비**를 위한 **작업장**
④ 자동차 등의 **세정**을 위한 **작업장**
⑤ 주유취급소에 출입하는 사람을 대상으로 한 **점포** · **휴게음식점** 또는 **전시장**
⑥ 주유취급소의 관계자가 거주하는 **주거시설**
⑦ 전기자동차용 충전설비

(6) 주유원 간이대기실의 적합기준(위험물규칙 〔별표 13〕)

① **불연재료**로 할 것
② 바퀴가 부착되지 아니한 고정식일 것
③ 차량의 출입 및 주유작업에 장애를 주지 아니하는 위치에 설치할 것
④ 바닥면적이 2.5m^2 이하일 것(단, 주유공지 및 급유공지 외의 장소에 설치하는 것은 제외)

Key Point

(7) 주유취급소의 담 또는 벽(위험물규칙 〔별표 13〕)

주유취급소의 주위에는 자동차 등이 출입하는 쪽 외의 부분에 높이 2m 이상의 **내화구조** 또는 **불연재료**의 담 또는 벽을 설치할 것

(8) 주유취급소의 캐노피 설치기준(위험물규칙 〔별표 13〕)

① 배관이 캐노피 내부를 통과할 경우에는 **1개** 이상의 점검구를 설치할 것 문23 보기①

② 캐노피 외부의 점검이 곤란한 장소에 배관을 설치하는 경우에는 **용접이음**으로 할 것 문23 보기③

③ 캐노피 외부의 배관이 일광열의 영향을 받을 우려가 있는 경우에는 **단열재**로 피복할 것 문23 보기④

＊ 캐노피
주유소의 주유대 위에 설치되어 있는 지붕의 구조와 같이 건물의 벽에서 바깥쪽으로 지붕을 연장하고 기둥을 설치한 지붕

★

문제 23 (21회 문 90) **위험물안전관리법령상 주유취급소에 캐노피를 설치하는 경우 주유취급소의 위치 · 구조 및 설비의 기준에 해당하지 않는 것은?**

① 배관이 캐노피 내부를 통과할 경우에는 1개 이상의 점검구를 설치할 것

② 캐노피의 면적은 주유를 취급하는 곳의 바닥면적의 $\frac{1}{3}$ 이하로 할 것
　(캐노피 면적은 관계 없음)

③ 캐노피 외부의 점검이 곤란한 장소에 배관을 설치하는 경우에는 용접이음으로 할 것

④ 캐노피 외부의 배관이 일광열의 영향을 받을 우려가 있는 경우에는 단열재로 피복할 것

답 ②

(9) 주유취급소의 특례(위험물규칙 〔별표 13〕)

① 항공기
② 철도
③ 고속국도
④ 선박
⑤ 자가용

(10) 유별을 달리하는 위험물의 혼재기준(위험물규칙 〔별표 19〕 부표 2)

위험물의 구분	제1류	제2류	제3류	제4류	제5류	제6류
제1류	＼	×	×	×	×	○
제2류	×	＼	×	○	○	×
제3류	×	×	＼	○	×	×
제4류	×	○	○	＼	○	×
제5류	×	○	×	○	＼	×
제6류	○	×	×	×	×	＼

＊ 위험물의 혼재
① 제1류＋제6류
② 제2류＋제4류
③ 제2류＋제5류
④ 제3류＋제4류

당신도 해낼 수 있습니다.

2025년도 제25회 소방시설관리사 1차 국가자격시험

문제형별	시 간	시험과목
A	125분	① 소방안전관리론 및 화재역학 ② 소방수리학, 약제화학 및 소방전기 ③ 소방관련 법령 ④ 위험물의 성질 · 상태 및 시설기준 ⑤ 소방시설의 구조 원리

수험번호		성 명	

【 수험자 유의사항 】

1. **시험문제지**는 단일형별(A형)이며, 답안카드형별 기재란에 표시된 형별(A형)을 확인하시기 바랍니다. 시험문제지의 **총면수**, **문제번호 일련순서**, **인쇄상태** 등을 확인하시고, 문제지 표지에 수험번호와 성명을 기재하시기 바랍니다.
2. 답은 각 문제마다 요구하는 **가장 적합하거나 가까운 답 1개**만 선택하고, 답안카드 작성시 **마킹착오**로 인한 불이익은 전적으로 **수험자에게 책임**이 있음을 알려드립니다.
3. 답안카드는 국가전문자격 공통 표준형으로 문제번호가 1번부터 125번까지 인쇄되어 있습니다. 답안 마킹시에는 반드시 **시험문제지의 문제번호와 동일한 번호**에 마킹하여야 합니다.
4. **감독위원의 지시에 불응하거나 시험시간 종료 후 답안카드를 제출하지 않을 경우** 불이익이 발생할 수 있음을 알려드립니다.
5. 시험문제지는 시험 종료 후 가져가시기 바랍니다.

25회 2025. 05. 03. 시행

제 1 과목 소방안전관리론 및 화재역학

★

01 피난시설계획에 관한 설명으로 옳지 않은 것은?

13회 문 13

① 피난복도의 폭은 피난인원이 빠른 시간 내에 계단 등의 안전한 피난처로 갈 수 있도록 하는 크기로 하여야 한다.

② 피난복도의 천장은 통로에 연기가 차는 것을 막기 위하여 가능한 낮게 하고 천장에는 가연재를 사용한다.

③ 피난복도에는 자동판매기, 휴지통 등 피난에 방해가 되는 시설물을 설치하지 않아야 한다.

④ 일정규모 이상의 계단실에는 유입되는 연기를 배출할 수 있는 제연설비를 하여야 한다.

해설 ② 낮게 → 높게, 가연재 → 불연재

피난복도 계획시 **고려**해야 할 **일반적인 사항**

(1) 피난복도의 **폭**은 재실자가 빠른 시간 내에 **안전**한 **피난처**로 갈 수 있도록 하는 것이 좋다. 보기 ①

(2) 피난복도의 **천장**은 가능한 **높게** 하고 천장에는 **불연재**를 사용한다. 보기 ②

(3) 피난복도에는 피난에 **방해**가 되는 시설물을 설치하지 않아야 한다. 보기 ③

(4) 피난복도에는 피난방향 및 계단위치를 알 수 있는 **표식**을 한다.

(5) 피난복도의 폭은 가능한 **넓게** 한다.

(6) 일정규모 이상의 **계단실**에는 유입되는 연기를 배출할 수 있는 **제연설비**를 하여야 한다. 보기 ④

답 ②

★★★

02 화재로 인한 피해 정도에 관한 분류이다. ( )에 들어갈 내용으로 옳은 것은?

23회 문 08
05회 문 06

구 분	설 명
(㉠)	건물의 70% 이상(입체면적에 대한 비율을 말한다. 이하 같다)이 소실되었거나 또는 그 미만이라도 잔존부분을 보수하여도 재사용이 불가능한 화재
(㉡)	건물의 30% 이상 70% 미만이 소실된 화재

① ㉠ : 전소화재, ㉡ : 반소화재

② ㉠ : 전소화재, ㉡ : 부분소화재

③ ㉠ : 반소화재, ㉡ : 전소화재

④ ㉠ : 반소화재, ㉡ : 부분소화재

해설 **화재조사 및 보고규정 제16조**
소실 정도에 의한 분류

분 류	설 명
전소 기호 ㉠	건물의 **70% 이상**(입체면적에 대한 비율)이 소실되었거나 또는 그 미만이라도 잔존부분을 보수하여도 재사용이 불가능한 것
반소 기호 ㉡	건물의 **30~70% 미만**이 소실된 것
부분소	전소, 반소에 해당하지 아니하는 것(건물의 **30% 미만** 소실)

답 ①

★★★

03 연소에 관한 설명이다. ( )에 들어갈 내용으로 옳은 것은?

22회 문 19
20회 문 08
19회 문 24
08회 문 17
03회 문 09

구 분	설 명
(㉠)	화염의 안정범위가 넓고 역화위험이 없는 연소
(㉡)	고체 가연물이 연소에 필요한 분자 내에 산소를 가지고 있어 열분해에 의해 가스생성물과 함께 산소를 발생하며 공기 중의 산소가 부족해도 연소가 진행되는 것

① ㉠ : 예혼합연소, ㉡ : 증발연소

② ㉠ : 예혼합연소, ㉡ : 자기연소

③ ㉠ : 확산연소, ㉡ : 증발연소

④ ㉠ : 확산연소, ㉡ : 자기연소

해설 **연소**의 **형태**

(1) **고체**의 **연소**(**고체 가연물**의 연소방식)

고체연소	정 의
표면연소 (작열연소)	**숯**, **코크스**, **목탄**, **금속분** 등이 열분해에 의하여 가연성 가스가 발생하지 않고 그 물질 자체가 연소하는 현상 기억법 **표숯코목탄금** • 표면연소=응축연소=작열연소=직접연소
분해연소	**석탄**, **종이**, **플라스틱**, **목재**, **고무** 등의 연소시 열분해에 의하여 발생된 가스와 산소가 혼합하여 연소하는 현상 기억법 **분석종플목고**
증발연소	**황**, **왁스**, **파라핀**, **나프탈렌** 등을 가열하면 고체에서 액체로, 액체에서 기체로 상태가 변하여 그 기체가 연소하는 현상 기억법 **증황왁파나**
자기연소 기호 ㉡	제5류 위험물인 **나이트로글리세린**, **나이트로셀룰로오스**(질화면), **TNT**, **피크린산** 등이 열분해에 의해 산소를 발생하면서 연소하는 현상 • 자기연소=내부연소

(2) **액체**의 **연소**(**액체 가연물**의 연소방식)

액체연소	정 의
분해연소	**중유**, **아스팔트**와 같이 점도가 높고 비휘발성인 액체가 고온에서 열분해에 의해 가스로 분해되어 연소하는 현상
액적연소	**벙커C유**와 같이 가열하고 점도를 낮추어 버너 등을 사용하여 액체의 입자를 안개 형태로 분출하여 연소하는 현상
증발연소	**가솔린**, **등유**, **경유**, **알코올**, **아세톤** 등과 같이 액체가 열에 의해 증기가 되어 그 증기가 연소하는 현상
분무연소	① 점도가 높고 **비휘발성**인 **액체**를 일단 가열 등의 방법으로 점도를 낮추어 버너 등을 사용하여 액체의 입자를 안개상으로 분출하여 액체 표면적을 넓게 하여 공기와의 접촉면을 많게 하는 연소방법 ② 액체연료를 수~수백[μm] 크기의 액적으로 미립화시켜 연소시킨다. ③ 휘발성이 낮은 **액체**연료의 연소가 여기에 해당한다. ④ **점도**가 **높은** 중질유의 연소에 많이 이용된다. ⑤ 미세한 액적으로 분무시키는 이유는 **표면적**을 **넓게** 하여 공기와의 혼합을 좋게 하기 위함이다.

(3) **기체**의 **연소**(**기체 가연물**의 연소방식)

기체연소	정 의
확산연소	① **메탄**(CH_4), **암모니아**(NH_3), **아세틸렌**(C_2H_2), **일산화탄소**(CO), **수소**(H_2) 등과 같이 기체연료가 공기 중의 산소와 혼합되면서 연소하는 현상 ② 화염의 안정범위가 넓고 역화위험이 없는 연소 기호 ㉠ 기억법 **확메암 아틸일수**
예혼합연소	① **기체연소**에 공기 중의 산소를 **미리 혼합**한 상태에서 연소하는 현상 ② **가스폭발** 메커니즘 ③ 분젠버너의 연소(급기구 개방) ④ 화염전방에 **압축파**, **충격파**, **단열압축** 발생 ⑤ 화염속도=연소속도+미연소가스 이동속도

답 ④

★★★
04 소화설비의 종류 중 물분무등소화설비에 해당하지 않는 것은?

① 포소화설비
② 할로겐화합물 및 불활성기체 소화설비
③ 스프링클러설비
④ 미분무소화설비

해설 ③ 스프링클러설비 등

소방시설법 시행령 [별표 1]
물분무등소화설비

(1) 물분무소화설비
(2) 미분무소화설비 보기 ④
(3) 포소화설비 보기 ①

(4) 이산화탄소 소화설비
(5) 할론소화설비
(6) 할로겐화합물 및 불활성기체 소화설비
보기 ②
(7) 분말소화설비
(8) 강화액 소화설비
(9) 고체에어로졸 소화설비

답 ③

★★★
05 물리적 소화에 해당하는 것을 모두 고른 것은?

24회 문 35 / 21회 문 04 / 18회 문 02 / 16회 문 25 / 16회 문 37 / 16회 문 14 / 15회 문 05 / 15회 문 34 / 14회 문 08 / 13회 문 34 / 08회 문 08 / 07회 문 16 / 06회 문 03

㉠ 제거소화	㉡ 질식소화
㉢ 부촉매소화	㉣ 냉각소화

① ㉢ ② ㉠, ㉡
③ ㉢, ㉣ ④ ㉠, ㉡, ㉣

해설

물리적 소화방법	화학적 소화방법
• 냉각소화 **기호 ㉣** • 질식소화 **기호 ㉡** • 제거소화 **기호 ㉠** • 희석소화	• 억제소화(부촉매소화, 화학소화) **기호 ㉢**

중요

소화의 형태

소화 형태	설 명
냉각소화	• **점화원**을 냉각시켜 소화하는 방법 • **증**발잠열을 이용하여 열을 빼앗아 가연물의 **온**도를 떨어뜨려 화재를 진압하는 소화 • 다량의 물을 뿌려 소화하는 방법 • 가연성 물질을 **발화점 이하**로 **냉각**
질식소화	• 공기 중의 **산소농도**를 **16%**(10~15%) 이하로 희박하게 하여 소화 • 산화제의 농도를 낮추어 연소가 지속될 수 없도록 함 • **산소공급**을 **차단**하는 소화방법
제거소화	• **가연물**을 **제거**하여 소화하는 방법
부촉매소화, 억제소화 (=화학소화)	• **연쇄반응**을 **차단**하여 소화하는 방법 • **화학적**인 **방법**으로 화재억제
희석소화	• 기체·고체·액체에서 나오는 분해가스나 증기의 농도를 낮춰 소화하는 방법

• 부촉매소화=연쇄반응 차단 소화

기억법 **냉점온증발**
질산

답 ④

★★★
06 화재가 진행됨에 따라 실내 천장 부근에 있던 열분해 가연성 기체들이 착화되어, 천장에 화염덩어리가 굴러다니는 현상은?

18회 문 16 / 15회 문 24 / 11회 문 07 / 09회 문 01

① 플래시오버(Flash over)
② 보일오버(Boil over)
③ 롤오버(Roll over)
④ 슬롭오버(Slop over)

해설 (1) **플래시오버** vs **롤오버**

구 분	플래시오버 (Flash over) **보기 ①**	**롤**오버 (Roll over) **보기 ③**
정의	화재로 인하여 실내의 온도가 급격히 상승하여 화재가 순간적으로 실내 전체에 확산되어 연소되는 현상으로 일반적으로 **순발연소**라고도 함	작은 화염이 실내에 흩어져 있는 상태
발생 시간	① 화재발생 후 5~6분경 ② 난연성 재료보다는 가연성 재료의 소요시간이 짧음	-
발생 시점	**성장기~최성기**(성장기에서 최성기로 넘어가는 분기점)	**플**래시오버 직전 기억법 **롤플**
실내 온도	약 800~900℃	-
특징	공간 내 전체 가연물 발화	① 화염이 주변 공간으로 확대되어 감 ② 작은 화염은 고열의 연기가 충만한 실의 천장 부근 또는 개구부 상부로 나오는 연기에 혼합되어 나타남

(2) **유류탱크, 가스탱크**에서 **발생**하는 **현상**

여러 가지 현상	정 의
블래비 (BLEVE)	① 과열상태의 탱크에서 내부의 **액화가스**가 분출하여 기화되어 폭발하는 현상 ② 유류저장탱크가 가열로 인해 유류의 비등과 압력상승으로 폭발하는 현상
보일오버 (Boil over) 보기 ②	① **중**질유의 석유탱크에서 장시간 조용히 연소하다 탱크 내의 잔존 기름이 갑자기 분출하는 현상 ② 유류탱크에서 탱크 바닥에 물과 기름의 **에멀션**이 섞여 있을 때 이로 인하여 화재가 발생하는 현상 ③ 연소 유면으로부터 100℃ 이상의 열파가 탱크 저부에 고여 있는 물을 비등하게 하면서 연소유를 탱크 밖으로 비산시키며 연소하는 현상 ④ 유류탱크의 화재시 탱크 저부의 물이 뜨거운 열류층에 의하여 수증기로 변하면서 급작스러운 부피팽창을 일으켜 유류가 탱크 외부로 분출하는 현상 ⑤ **탱크 저부**의 물이 급격히 증발하여 탱크 밖으로 화재를 동반하며 방출되는 현상
오일오버 (Oil over)	① 저장탱크에 저장된 유류저장량이 내용적의 **50% 이하**로 충전되어 있을 때 화재로 인하여 **탱크**가 **폭발**하는 현상 ② 위험물 저장탱크 내에 저장된 양이 내용적 **1/2 이하**로 충전된 경우 화재로 인하여 증기압력이 상승하고 저장탱크 내의 유류를 외부로 분출하면서 **탱크**가 **파열**되는 현상
프로스오버 (Froth over)	**물**이 점성의 뜨거운 **기름표면 아래**서 **끓을 때** 화재를 수반하지 않고 용기가 넘치는 현상
슬롭오버 (Slop over) 보기 ④	① 중질유 탱크화재시 유류표면 온도가 물의 비점 이상일 때 소화용수를 유류표면에 방수시키면 물이 수증기로 변하면서 급격한 부피팽창으로 인해 유류가 탱크의 외부로 분출되는 현상 ② **물**이 연소유의 **뜨거운 표면**에 **들어갈 때** 기름표면에서 화재가 발생하는 현상 ③ 유화제로 **소**화하기 위한 물이 수분의 급격한 증발에 의하여 액면이 거품을 일으키면서 열유층 밑의 냉유가 급히 열팽창하여 기름의 일부가 불이 붙은 채 탱크벽을 넘어서 일출하는 현상
증기운 폭발 (UVCE ; Unconfined Vapor Cloud Explosion)	가연성 액체 저장탱크 지역에서 **가스**가 **누설**되어 **급격한 증발**로 증기운을 형성하며 떠다니다가 **점화원**과 **접촉시 발생**할 수 있는 누설착화형 폭발현상

기억법 **블액, 보중에탱저, 오5, 프기아, 슬물소**

- UVCE(Unconfined Vapor Cloud Explosion) =VCE(Vapor Cloud Explosion)

답 ③

★★★
07 화재피난시 인간의 본능에 관한 설명으로 옳은 것은?

23회 문 16 / 20회 문 16 / 18회 문 20 / 16회 문 22 / 14회 문 25 / 10회 문 09 / 09회 문 04 / 05회 문 07

① 귀소본능은 혼란시 판단력 저하로 최초로 달리는 앞사람을 따르는 본능이다.
② 추종본능은 오른손잡이는 오른발을 축으로 좌측으로 행동하는 본능이다.
③ 지광본능은 어두운 곳에서 밝은 불빛을 따라 행동하는 본능이다.
④ 좌회본능은 무의식 중에 평상시 사용한 길, 원래 온 길을 가려고 하는 본능이다.

해설
① 추종본능
② 좌회본능
④ 귀소본능

화재발생시 인간의 피난 특성

피난 특성	설 명
귀소본능	① 피난시 **평소**에 사용하는 **문**, 길, **통로**를 사용하거나 자신이 왔었던 길로 **되돌아가려는** 본능 ② **친숙한 피난경로**를 선택하려는 행동 ③ 무의식 중에 **평상시** 사용하는 **출입구**나 **통로**를 사용하려는 행동 보기 ④

피난 특성	설 명
귀소본능	④ 화재시 본능적으로 **원래** 왔던 길 또는 늘 사용하는 경로로 탈출하려고 하는 것 ⑤ **원래** 왔던 길을 더듬어 피하려는 경향 ⑥ **처음**에 들어온 빌딩 등에서 내부 상황을 모를 경우 들어왔던 경로로 피난하려는 본능을 귀소본능이라 한다.
지광본능	① 화재시 연기 및 정전 등으로 시야가 흐려질 때 어두운 곳에서 개구부, 조명부 등의 **밝은 빛**을 따르려는 본능 **보기 ③** ② **밝은 쪽**을 지향하는 행동 ③ 화재의 공포감으로 인하여 **빛**을 따라 외부로 달아나려고 하는 행동 ④ 폐쇄공간 또는 어두운 공간에 대한 불안심리에 기인하는 행동 ⑤ 건물 내부에 연기로 인해 시야가 제한을 받을 경우 **빛**이 새어나오는 방향으로 피난하려는 본능
퇴피본능	① 반사적으로 **위험**으로부터 **멀리**하려는 본능 ② 화염, 연기에 대한 공포감으로 **발화**의 **반대방향**으로 이동하려는 행동 ③ 화재가 발생하면 확인하려 하고, 그것이 비상사태로 확인되면 **화재**로부터 **멀어지려고** 하는 본능 ④ 연기, 불의 **차폐물**이 있는 곳으로 도망가거나 숨는다. ⑤ **발화점**으로부터 조금이라도 **먼 곳**으로 피난한다.
추종본능	① 많은 사람이 달아나는 방향으로 쫓아가려는 행동 ② 화재시 **최초**로 **행동**을 **개시**한 사람을 따라 전체가 움직이려는 행동 **보기 ①** ③ **집단**의존형 피난행동, 집단을 선도하는 사람의 존재 및 지시가 크게 영향력을 가짐
좌회본능	**좌측통행**을 하고 **시계반대방향**으로 회전하려는 행동 **보기 ②**
폐쇄공간 지향본능	가능한 **넓은 공간**을 찾아 **이동**하다가 위험성이 높아지면 의외의 좁은 공간을 찾는 본능

피난 특성	설 명
초능력본능	비상시 **상상**도 **못할 힘**을 내는 본능
공격본능	**이상심리현상**으로서 구조용 헬리콥터를 부수려고 한다든지 무차별적으로 주변사람과 구조인력 등에게 공격을 가하는 본능
패닉(Panic) 현상	인간의 비이성적인 또는 부적합한 **공포반응행동**으로서 무모하게 높은 곳에서 뛰어내리는 행위라든지, 몸이 굳어서 움직이지 못하는 행동
일상동선 지향성	**일상**적으로 사용하고 있는 경로를 사용해 피하려는 경향
향개방성	**열린** 느낌이 드는 방향으로 피하려는 경향
일시경로 선택성	**처음**에 눈에 들어온 경로, 또는 눈에 **띄기 쉬운 계단**을 향하는 경향
지근거리 선택성	책상을 타고 넘어도 **가까운 거리**의 계단을 선택하는 경향
직진성	**정면**의 계단과 통로를 선택하거나 막다른 곳이 나올 때까지 **직진**하는 경향
위험회피 본능	**발화반대방향**으로 피하려는 본능, **뛰어내리는 행동**도 이에 포함
이성적 안전 지향성	**안전**하다고 생각되는 **경로**로 향하는 경향

답 ③

★
08 가연성 물질의 화재위험성에 관한 설명으로 옳지 않은 것은?

20회 문 10

① 연소범위가 넓을수록 위험하다.
② 연소열이 클수록 위험하다.
③ 인화점이 높을수록 위험하다.
④ 증발열, 비열이 작을수록 위험하다.

해설 ③ 높을수록 → 낮을수록

가연성 액체의 **화재발생 위험**
(1) 인화점, 발화점이 **낮을수록** 위험
(2) 연소범위가 **넓을수록** 위험 **보기 ①**
(3) 증기압이 높고 연소속도가 빠를수록 위험
(4) 증발열, 비열이 **낮을수록** 위험 **보기 ④**
(5) 온도가 높을수록 위험
(6) 압력이 클수록 위험
(7) 연소속도, 연소열, 증기압이 클수록(높을수록, 빠를수록) 위험 **보기 ②**
(8) 인화점, 발화점, 융점, 비점이 **낮을수록** 위험 **보기 ③**
(9) 증발열, 비열, 표면장력, 비중이 작을수록 위험

중요

연소범위 영향요소
(1) 온도상승시 연소범위가 넓어진다.
(2) 압력상승시 연소범위가 넓어진다(단, CO는 좁아진다).
(3) 산소농도 증가시 연소범위가 넓어진다.
(4) 불활성 기체가 첨가되면 연소범위가 좁아진다.
(5) 연소범위가 넓을수록 폭발의 위험이 크다.

용어

증기압
고체 또는 액체와 평형상태에 있는 증기의 압력

답 ③

★★★
09 화재의 분류에 관한 설명으로 옳은 것을 모두 고른 것은?

22회 문 07
22회 문 35
21회 문 06
19회 문 09
18회 문 06
16회 문 19
15회 문 03
14회 문 03
13회 문 06
10회 문 31

㉠ A급 화재의 가연물은 목재나 종이 등이다.
㉡ B급 화재의 가연물은 인화성 액체 등이다.
㉢ C급 화재의 주요 가연물은 마그네슘이다.
㉣ D급 화재는 주방화재로 주로 조리과정에서 발생한다.

① ㉠, ㉡ ② ㉠, ㉣
③ ㉡, ㉢ ④ ㉢, ㉣

해설
㉢ C급 → D급
㉣ D급 → K급

화재의 분류

화 재	특 징	소화약	적응물질
일반화재 (**A급** 화재) 기호 ㉠	발생되는 연기의 색은 **백색**	• 포(AB급) : 냉각소화 • 질식소화	• 일반가연물 • 종이류 화재 • 목재, 섬유화재
유류화재 (**B급** 화재) 기호 ㉡	이를 예방하기 위해서는 유증기의 체류 방지	• 포(AB급) : 질식소화 • 이산화탄소(BC급) : 질식소화 • 물사용금지	• 가연성 액체 • 가연성 가스 • 액화가스화재 • 석유화재
전기화재 (**C급** 화재) 기호 ㉢	화재발생의 주요원인으로는 과전류에 의한 열과 단락에 의한 스파크	• 분말(ABC급) : 질식소화, 부촉매효과	• 전기설비
금속화재 (**D급** 화재) 기호 ㉣	**포 · 강화액** 등의 수계 소화약제로 소화할 경우 가연성 가스의 발생 위험성	• 팽창질석, 팽창진주암, 마른모래	• 가연성 금속
주방화재 (**K급** 화재)	① **강화액** 소화약제로 소화 ② 비누화현상을 일으키는 **중탄산나트륨** 성분의 소화약제가 적응성이 있다. ③ 인화점과 발화점의 차이가 작아 재발화의 우려가 큰 **식용유화재** ④ 주방에서 **동식물유**를 취급하는 조리기구에서 일어나는 화재 ⑤ 인화점과 발화점의 온도차가 적고 발화점이 비점 이하이기 때문에 화재 발생시 액체의 온도를 낮추지 않으면 소화하여도 재발화가 쉬운 화재 ⑥ **질식소화** ⑦ 다른 물질을 넣어서 냉각소화	• 강화액(K급) : 냉각소화	• 식용유화재

답 ①

★★★
10 목조건축물의 화재 특성에 관한 설명으로 옳은 것은?

24회 문 13
23회 문 12
22회 문 18
18회 문 11
17회 문 25
14회 문 04
13회 문 11
10회 문 03
08회 문 18
06회 문 04
05회 문 02
04회 문 17
02회 문 01

① 저온장기형의 특성을 갖는다.
② 목조건축물의 화재는 무염착화, 발염착화의 순으로 진행한다.
③ 종방향보다 횡방향의 화재성장이 빠르다.
④ 습도가 높을수록 연소확대가 빠르다.

해설
① 저온장기형 → 고온단기형
③ 종방향보다 횡방향 → 횡방향보다 종방향
④ 높을수록 → 낮을수록

(1) **목조건축물**의 **화재 특성**
① 화염의 **분출면적**이 **크고 복사열**이 **커서** 접근하기 어렵다.
② **습도**가 **낮을수록** 연소확대가 빠르다.
보기 ④
③ 횡방향보다 **종방향**의 화재성장이 빠르다.
보기 ③
④ 화재 최성기 이후 **비화**에 의해 화재확대의 위험성이 높다.

⑤ 최성기에 도달하는 시간이 빠르다.

(2) **내화건축물**의 **화재 특성**

① 공기의 유입이 불충분하여 **발염연소**가 **억제**된다.
② 열이 외부로 방출되는 것보다 축적되는 것이 많다.
③ **저온장기형**의 특성을 나타낸다.
④ 목조건축물에 비해 밀도가 높기 때문에 초기에 연소가 느리다.
⑤ 내화건축물의 온도-시간 표준곡선에서 화재발생 후 **30분**이 경과되면 온도는 약 **1000℃** 정도에 달한다.
⑥ 내화건축물은 목조건축물에 비해 **연소온도**는 **낮지만 연소지속시간**은 **길다**.
⑦ 내화건축물의 화재진행상황은 **초기-성장기-종기**의 순으로 진행된다.
⑧ 내화건축물은 견고하여 **공기**의 **유통조건**이 거의 **일정**하고 최고온도는 목조의 경우보다 낮다.
⑨ 화재시 연기 등 연소생성물이 **계단**이나 **복도** 등을 따라 **상층부**로 이동하는 경향이 있다.

중요

(1) **목조건물**의 화재온도 표준곡선
① 화재성상 : **고**온**단**기형 보기 ①
② 최고온도(최성기온도) : **1300℃**

기억법 **목고단**

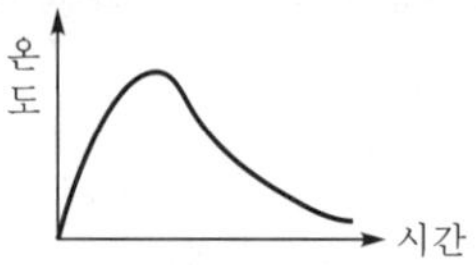

(2) **내화건물**의 화재온도 표준곡선
① 화재성상 : 저온장기형
② 최고온도(최성기온도) : **900~1000℃**

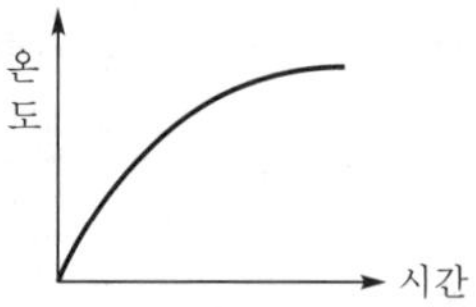

(3) **목조건축물**의 **화재진행상황** 보기 ②

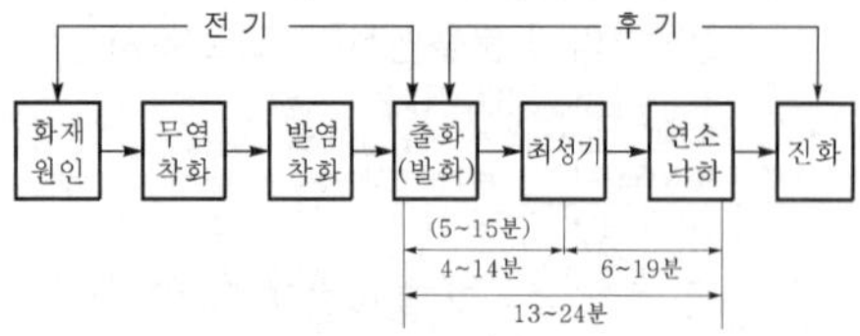

답 ②

★★★

11 폭굉에 관한 설명으로 옳은 것은?

22회 문 08
18회 문 10
17회 문 04
16회 문 23
15회 문 08
06회 문 22
04회 문 18
03회 문 14

① 충격파가 있다.
② 전파속도는 음속보다 느리다.
③ 폭연으로 전이될 수 있다.
④ 연소형태는 정상연소와 같은 연소열이 전달에너지이다.

해설

② 느리다. → 빠르다.
③ 폭연으로 → 폭연이 폭굉으로
④ 정상연소 → 비정상연소

폭연 vs **폭굉**

폭 연	폭 굉
① 폭연은 폭굉으로 전이될 수 있으며, 압력파 또는 충격파가 미반응 매질 속으로 **음속보다 느리게 이동**하는 경우 보기 ③ ② 연소파의 전파속도는 기체의 조성이나 농도에 따라 다르지만 일반적으로 **0.1~10m/s**인 범위 ③ 폭연시에 벽이 받는 압력은 **정압뿐** ④ 연소파의 파면(화염면)에서 온도, 압력, 밀도의 변화를 보면 **연속적**	① 압력파 또는 충격파가 미반응 매질 속으로 **음속보다 빠르게 이동**하는 경우로 압력상승은 폭연의 경우보다 **10배** 정도 또는 그 이상 보기 ② ② 폭굉으로 유도되는 반응 메커니즘이 심각한 정도의 초기압력이나 충격파를 생성하기 위해서는 아주 작은 부피 내에서 아주 짧은 시간에 에너지 방출 ③ 폭굉파는 **1000~3500 m/s** 정도로 빠르게 나타나며 이때 발생되는 압력은 **약 1000kgf/cm²** 정도 ④ 연소시의 **정압에 충격파의 동압을 받아 파괴효과 증가** ⑤ 폭굉시에는 파면에서 온도, 압력, 밀도가 **불연속적** ⑥ 폭굉의 폭발반응은 **충격파에너지**에 의한 **화학반응**에 의해 전파되어 가는 현상 보기 ①

참고

연소의 **종류**

정상연소	비정상연소 보기 ④
연소속도가 수 m/s 미만	① **폭연** : 폭발연소로서 연소속도가 음속보다 느릴 때 발생 ② **폭굉** : 연소속도가 음속보다 빠를 때 발생

답 ①

★★★

12 분진폭발에 관한 설명으로 옳지 않은 것은? (단, 금속분은 제외한다.)

22회 문 06
20회 문 06
19회 문 06
19회 문 13
18회 문 02
18회 문 17
17회 문 06
16회 문 04
16회 문 14
13회 문 07
11회 문 16
10회 문 11
09회 문 06
08회 문 24
06회 문 15
04회 문 03
04회 문 10
03회 문 23

① 가연성 분진의 수분이 적을수록 발생 가능성이 높다.
② 환원반응으로 생성하는 가연성 기체의 반응이 크다.
③ 난류는 화염의 전파속도를 증가시켜 폭발위력이 커진다.
④ 분체 중에 휘발성이 크고, 발화온도가 낮을수록 폭발이 잘 발생한다.

해설

② 환원 → 산화

분진폭발에 **영향**을 **미치**는 **요소**(분진폭발의 특징)

(1) 화학적 폭발로 가연성 고체의 **미분**이 티끌이 되어 공기 중에 부유하고 있을 때 어떤 **착화원**의 **에너지**를 받으면 폭발하는 현상이다.
(2) 입자표면에 **열에너지**가 주어져서 **표면**의 **온도**가 **상승**한다.
(3) **폭발**의 **입자**가 비산하므로 이것에 접촉되는 가연물은 국부적으로 **심한 탄화**를 일으킨다.
(4) 분진의 입자와 **밀도**가 **작을수록** 표면적이 커져서 **폭발**이 **잘 일어난다**.
(5) 미분탄, 소맥분, 플라스틱의 분말같은 가연성 고체가 **미분말**로 되어 공기 중에 부유한 상태로 폭발농도 이상으로 있을 때 착화원이 존재함으로써 발생하는 폭발현상이다.
(6) 분진의 발열량이 크고 휘발성이 클수록 **폭발**하기 **쉽다**(분체 중에 휘발성이 크고, 발화온도가 낮을수록 폭발이 잘 발생한다). 보기 ④
(7) 분진의 부유성이 클수록 공기 중에 체류하는 시간이 긴 동시에 **위험성**도 **커진다**.
(8) 분진의 형상과 표면의 상태에 따라 폭발성은 **달라진다**.
(9) 열분해에 의해 **유독성 가스**가 발생될 수 있다.
(10) 폭발과 관련된 연소속도 및 폭발압력이 가스폭발에 비해 **낮다**.
(11) 1차 폭발로 인해 2차 폭발이 야기될 수 있어 **피해범위**가 **크다**.
(12) 가스폭발에 비해 **발생에너지**가 **크고** 상대적으로 **고온**이다(2000~3000℃까지 상승).
(13) 가스폭발에 비해 연소속도나 폭발압력은 작으나 연소시간이 **길다**.
(14) 가연성 분진의 수분이 적을수록 발생 가능성이 높다. 보기 ①
(15) 난류는 화염의 전파속도를 증가시켜 폭발위력이 커진다. 보기 ③
(16) 산화반응으로 생성하는 가연성 기체의 반응이 크다. 보기 ②

중요

폭발의 종류

폭발 종류	물 질
분해폭발	• **과**산화물 · **아**세틸렌 • **다**이너마이트 기억법 분해과아다
분진폭발	• 밀가루 · 담뱃가루 • 석탄가루 · 먼지 • 전분 · 금속분
중합폭발	• **염**화비닐 • **시**안화수소 기억법 중염시
분해 · **중**합폭발	• **산**화에틸렌 기억법 분중산
산화폭발	• **압**축가스 • **액**화가스 기억법 산압액

답 ②

★★★

13 건축물의 방화계획시 공간적 대응방법에 해당하지 않는 것은?

17회 문 13
15회 문 18
13회 문 09
12회 문 10

① 화재의 성상에 대항하여 저항하는 성능을 갖도록 계획한다.
② 출하 또는 연소의 확대 등을 감소시키고자 하는 예방적 조치로 계획한다.
③ 화재로부터 피난층으로 원활하게 피난할 수 있는 안전한 공간을 갖도록 계획한다.
④ 화재공간에서 발생한 화재의 감지, 소화 등 관련 소방시설을 계획한다.

해설

④ 설비적 대응

공간적 대응

구 분	설 명
대항성 보기 ①	① 건축물의 내화성능 · 방연성능(건축물의 방 · 배연성능) · 초기소화대응 등의 화재사상의 저항능력 ② 건축물의 방화구획성능
회피성 보기 ②	건축물 내장재의 불연화 · 난연화 · 내장제한 · 세분화 · 방화훈련(소방훈련) · 불조심 등 출화유발 · 확대 등을 저감시키는 예방조치강구
도피성 보기 ③	화재가 발생한 경우 안전하게 피난할 수 있는 시스템

기억법 도대회

※ **설비적 대응** : 제연설비, 방화문, 방화셔터, 자동화재탐지설비, 스프링클러설비 등에 의한 대응 **보기 ④**

답 ④

★
14 18회 문 09 **건축법령상 요양병원, 정신병원의 피난층 외의 층에 설치하여야 하는 피난시설을 모두 고른 것은?**

㉠ 각 층마다 별도로 방화구획된 대피공간
㉡ 거실에 접하여 설치된 노대등
㉢ 계단을 이용하지 아니하고 건물 외부의 지상으로 통하는 경사로
㉣ 발코니와 인접 세대와의 경계벽이 파괴하기 쉬운 경량구조

① ㉠, ㉡, ㉢ ② ㉠, ㉡, ㉣
③ ㉠, ㉢, ㉣ ④ ㉡, ㉢, ㉣

해설

㉣ 아파트의 4층 이상인 층에서 발코니에 대피공간 설치제외 조건

건축법 시행령 제46조 제⑥항
요양병원, 정신병원, 노인요양시설, 장애인 거주시설 및 장애인 의료재활시설의 피난층 외의 층에 설치시설
(1) 각 층마다 별도로 **방화구획**된 대피공간 **기호 ㉠**
(2) **거실**에 접하여 설치된 **노대**등 **기호 ㉡**
(3) 계단을 이용하지 아니하고 건물 외부의 지상으로 통하는 경사로 또는 인접 건축물로 피난할 수 있도록 설치하는 **연결복도** 또는 **연결통로** **기호 ㉢**

비교

아파트의 **4층 이상**인 **층 발코니**의 **대피공간 설치제외 조건**(건축법 시행령 제46조 제⑤항)
(1) 인접 세대와의 경계벽이 **파괴**하기 **쉬운 경량구조** 등인 경우 **기호 ㉣**
(2) 경계벽에 **피난구**를 설치한 경우
(3) 발코니의 바닥에 국토교통부령으로 정하는 **하향식 피난구**를 설치한 경우
(4) **국토교통부장관**이 대피공간과 동일하거나 그 이상의 성능이 있다고 인정하여 고시하는 구조 또는 시설을 갖춘 경우

답 ①

★
15 18회 문 12 **건축물의 피난 · 방화구조 등의 기준에 관한 규칙상 교육연구시설 중 학교에 설치하는 회전문의 설치기준으로 옳은 것은?**

① 계단이나 에스컬레이터로부터 2미터 미만의 거리를 둘 것
② 회전문과 문틀 사이는 5센티미터 미만으로 할 것
③ 회전문의 중심축에서 회전문과 문틀 사이의 간격을 포함한 회전문날개 끝부분까지의 길이는 140센티미터 이상이 되도록 할 것
④ 회전문의 회전속도는 분당 회전수가 10회 이상으로 할 것

해설

① 2미터 미만 → 2미터 이상
② 5센티미터 미만 → 5센티미터 이상
④ 10회 이상으로 → 8회를 넘지 아니하도록

피난 · 방화구조 제12조
건축물의 출입구에 설치하는 회전문의 적합기준
(1) 계단이나 에스컬레이터로부터 **2m** 이상의 거리를 둘 것 **보기 ①**
(2) 회전문과 문틀 사이 및 바닥 사이는 다음에서 정하는 간격을 확보하고 틈 사이를 **고무**와 **고무펠트**의 조합체 등을 사용하여 신체나 물건 등에 손상이 없도록 할 것 **보기 ②**

회전문과 문틀 사이	회전문과 바닥 사이
5cm 이상	3cm 이하

(3) 출입에 지장이 없도록 **일정한 방향**으로 회전하는 구조로 할 것
(4) 회전문의 중심축에서 회전문과 문틀 사이의 간격을 포함한 회전문날개 끝부분까지의 길이는 **140cm** 이상이 되도록 할 것 **보기 ③**
(5) 회전문의 회전속도는 분당 회전수가 **8회**를 넘지 아니하도록 할 것 **보기 ④**
(6) 자동회전문은 충격이 가하여지거나 사용자가 위험한 위치에 있는 경우에는 **전자감지장치** 등을 사용하여 정지하는 구조로 할 것

답 ③

★★★

16 건축물의 피난 · 방화구조 등의 기준에 관한 규칙상 피난안전구역의 설치기준으로 옳은 것은?

24회 문 15
23회 문 14
19회 문 14

① 피난안전구역의 높이는 1.8미터 이상일 것
② 피난안전구역으로 통하는 계단은 일반계단의 구조로 할 것
③ 피난안전구역에는 식수공급을 위한 급수전을 1개소 이상 설치하고 예비전원에 의한 조명설비를 설치할 것
④ 비상용 승강기는 피난안전구역에 승하차할 수 없는 구조로 설치할 것

해설

① 1.8미터 → 2.1미터
② 일반계단 → 특별피난계단
④ 없는 → 있는

피난 · 방화구조 제8조의2
피난안전구역의 구조 및 설비

(1) 피난안전구역의 바로 **아래층** 및 **위층**은 「녹색건축물 조성지원법」에 적합한 **단열재**를 설치할 것. 이 경우 아래층은 **최상층**에 있는 거실의 반자 또는 지붕기준을 준용하고, **위층**은 **최하층**에 있는 거실의 바닥기준을 준용할 것
(2) 피난안전구역의 내부마감재료는 **불연재료**로 설치할 것
(3) 건축물의 내부에서 피난안전구역으로 통하는 계단은 **특별피난계단**의 구조로 설치할 것 보기 ②
(4) **비상용 승강기**는 피난안전구역에서 **승하차** 할 수 있는 구조로 설치할 것 보기 ④
(5) 피난안전구역에는 식수공급을 위한 급수전을 **1개소** 이상 설치하고 예비전원에 의한 **조명설비**를 설치할 것 보기 ③
(6) 관리사무소 또는 방재센터 등과 긴급연락이 가능한 **경보** 및 **통신시설**을 설치할 것
(7) 피난안전구역의 높이는 **2.1m 이상**일 것 보기 ①
(8) 「건축물의 설비기준 등에 관한 규칙」에 따른 **배연설비**를 설치할 것
(9) 그 밖에 **소방청장**이 정하는 소방 등 재난관리를 위한 설비를 갖출 것

답 ③

★★★

17 화재발생시 건축물 내의 중성대에 관한 설명으로 옳지 않은 것은?

23회 문 25
21회 문 21
18회 문 25
17회 문 16
17회 문 18
17회 문 23
15회 문 15
13회 문 24
10회 문 05
09회 문 02
07회 문 07
04회 문 09

① 건축물 실내 상부 압력은 높아지고 하부 압력은 낮아져 압력차가 발생하는데 실내의 중간지점에 실내와 실외의 압력이 같아지는 면을 중성대라고 한다.
② 공기의 밀도가 감소되면 부력이 생겨 공기가 하강하게 되고 무거워진 실내의 기체는 압력이 높은 실외로 빠져 나간다.
③ 중성대 위쪽은 실외의 압력보다 높아서 기체가 외부로 유출된다.
④ 중성대 아래쪽은 실외의 압력보다 낮아서 외부의 공기가 들어오게 된다.

해설

② 하강 → 상승, 무거워진 → 가벼워진

중성대

(1) 중간의 일정 높이에서 내압과 외압이 같아지는 곳이다. 보기 ①
(2) 화재실의 내부온도가 상승하면 중성대의 위치는 **낮아지며** 외부로부터의 공기유입이 많아져서 연기의 이동이 활발하게 진행된다.
(3) 중성대에서 연기의 흐름이 가장 **둔하다.**
(4) 중성대에 개구부가 있으면 공기의 이동은 없다.
(5) 중성대는 연기의 제연에 큰 영향을 미친다.
(6) 중성대는 화재실 내부의 **실온**이 **높아질수록 낮아지고, 실온**이 **낮아질수록 높아진다.**
(7) 화재실의 중성대 **상부 압력**은 **실외압력보다 높고** 하부의 압력은 실외압력보다 낮다. 보기 ①
(8) 화재실 상부에 **큰 개구부**가 있다면 중성대는 **올라간다.**
(9) 중성대의 위치는 **개구부**의 **면적**과 건축물 내·외부의 **온도차**가 결정의 주요요인이다
(10) $A_1 > A_2$이면 중성대 위치는 낮아진다.

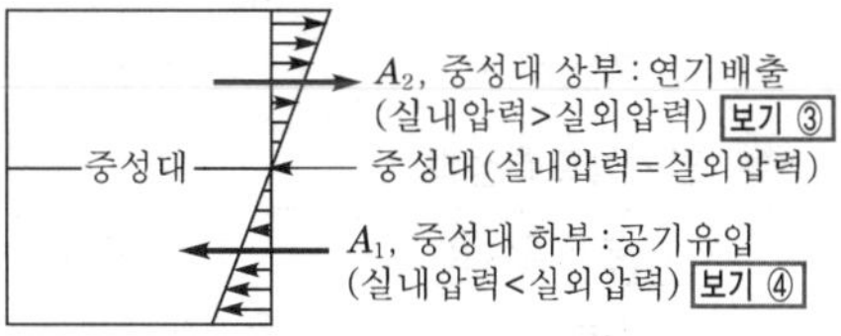

(11) 공기의 밀도가 감소되면 부력이 생겨 공기가 **상승**하게 되고, **가벼워진** 실내의 기체는 압력이 높은 실외로 빠져나간다. 보기 ②

답 ②

★

18 가연물의 연소시 필요한 공기량 · 산소량에 관한 설명으로 옳지 않은 것은?

① 이론공기량은 가연물이 완전연소하기 위해서 이론으로 계산해서 산출한 공기량이다.

② 실제공기량은 가연물이 실제로 연소하기 위해서 사용한 공기량으로 이론공기량보다 크다.

③ 과잉공기량은 실제공기량을 이론공기량으로 나누어 산출한 값이다.

④ 이론산소량은 가연물이 연소하기 위해서 필요한 최소의 산소량이다.

해설

③ 실제공기량을 이론공기량으로 나누어 산출한 → 실제공기량에서 이론공기량을 뺀

공기량 · 산소량

(1) 이론공기량은 가연물이 **완전연소**하기 위해서 이론으로 계산해서 산출한 공기량이다.

(2) 실제공기량은 가연물이 실제로 연소하기 위해서 사용한 공기량으로 이론공기량보다 **크다**.

(3) 과잉공기량은 실제공기량에서 이론공기량을 **뺀** 값이다.

(4) 이론산소량은 가연물이 연소하기 위해서 필요한 **최소**의 산소량이다.

과잉공기량	과잉공기비율(공기비)
실제공기량 − 이론공기량	$\frac{\text{실제공기량}}{\text{이론공기량}}$

답 ③

★★

19 연기농도를 측정하는 중량농도법의 단위로 옳은 것은?

19회 문 20
15회 문 13

① mg/m^3　② m^{-1}
③ 개$/m^3$　④ $\%/m^2$

해설 **연기농도측정법**

농도측정법	설 명
감광계수법 = 투과율법 (상대농도 표시방법) 보기 ②	연기속을 투과하는 **빛**의 **양**을 측정하는 농도측정법. 단위는 m^{-1}이다. 기억법 빛광(光)
중량농도법 (절대농도 표시방법) 보기 ①	단위체적당 연기입자의 **중량**〔mg/m^3〕을 측정하는 농도측정법
입자농도법 (절대농도 표시방법)	단위체적당 연기입자의 **개수**〔개$/cm^3$〕를 측정하는 농도측정법

답 ①

★★★

20 표준상태 조건하에서 CH_4 70vol%, C_2H_6 20vol%, C_3H_8 10vol%인 혼합가스의 공기 중 폭발하한계는 약 몇 vol%인가? (단, 르샤틀리에(Le Chatelier)식을 적용하고, 공기 중 각 가스의 폭발범위는 CH_4 : 5.0~15.0vol%, C_2H_6 : 3.0~12.5vol%, C_3H_8 : 2.1~9.5vol%이다. 계산값은 소수점 이하 셋째자리에서 반올림한다.)

23회 문 01
17회 문 05
14회 문 01
10회 문 16
05회 문 05
04회 문 13

① 3.93　② 10.14
③ 11.33　④ 13.66

해설 **폭발하한계**

(1) **기호**

- V_1 : 70vol%
- V_2 : 20vol%
- V_3 : 10vol%
- L : ?
- L_1 : 5.0vol%
- L_2 : 3.0vol%
- L_3 : 2.1vol%

(2) **폭발하한계**

혼합가스의 용량이 100vol%일 때

$$\frac{100}{L} = \frac{V_1}{L_1} + \frac{V_2}{L_2} + \cdots\cdots + \frac{V_n}{L_n}$$

여기서, L : 혼합가스의 폭발하한계〔vol%〕
L_1, L_2, L_n : 가연성 가스의 폭발하한계〔vol%〕
V_1, V_2, V_n : 가연성 가스의 용량〔vol%〕

혼합가스의 폭발하한계 L은

$$L = \frac{100}{\frac{V_1}{L_1} + \frac{V_2}{L_2} + \cdots\cdots + \frac{V_n}{L_n}}$$

$$L=\frac{100}{\frac{70}{5.0}+\frac{20}{3.0}+\frac{10}{2.1}}=3.932 \fallingdotseq 3.93\text{vol\%}$$

• 연소하한계=폭발하한계

비교

폭발하한계
혼합가스의 용량이 100%가 아닐 때

$$\frac{\text{혼합가스의 용량}}{L}=\frac{V_1}{L_1}+\frac{V_2}{L_2}+\cdots\cdots+\frac{V_n}{L_n}$$

여기서, L : 혼합가스의 폭발하한계〔vol%〕
L_1, L_2, L_n : 가연성 가스의 폭발하한계〔vol%〕
V_1, V_2, V_n : 가연성 가스의 용량〔vol%〕

답 ①

★★★
21 단면적이 1m²인 단열재를 통하여 5kcal/min의 열이 이동하고 있다. 단열재의 두께는 3cm이고, 열전도계수는 0.3kcal/m·℃·h일 때 단열재 양면 사이의 온도차(℃)는 얼마인가? (단, 제시된 조건 외는 무시한다.)

16회 문 27 / 19회 문 10 / 19회 문 17 / 13회 문 18 / 11회 문 23 / 07회 문 17

① 15
② 30
③ 50
④ 270

해설 (1) **기호**

- A : 1m²
- $\mathring{q}$: 5kcal/min
- l : 3cm=0.03m(100cm=1m)
- k : 0.3kcal/m·℃·h=0.3kcal/m·℃·60min (60min=1h)
- T_2-T_1 : ?

(2) **전도**

$$\mathring{q}=\frac{kA(T_2-T_1)}{l}$$

여기서, $\mathring{q}$: 열전달량〔J/s〕=〔W〕
k : 열전도율〔W/m·℃〕
A : 단면적〔m²〕
T_2-T_1 : 온도차〔℃ 또는 K〕
l : 두께〔m〕

단열재 양면 사이의 온도차는

$$T_2-T_1=\frac{\mathring{q}\times l}{kA}$$
$$=\frac{5\text{kcal/min}\times 0.03\text{m}}{0.3\text{kcal/m}\cdot℃\times 60\text{min}\times 1\text{m}^2}$$
$$=30℃$$

답 ②

★
22 표준상태 조건하에서 가연성 가스의 최소산소농도(Minimum Oxygen Concentration) 순서로 옳은 것은?

12회 문 25

㉠ CH_4
㉡ C_2H_6
㉢ C_4H_{10}

① ㉠<㉡<㉢　② ㉠<㉢<㉡
③ ㉢<㉠<㉡　④ ㉢<㉡<㉠

해설

구 분	MOC (최소산소농도)	LOI (산소지수)	MIE (최소발화에너지)
뜻	공기와 연료의 혼합기 중산소의 부피를 나타냄	가연물을 수직으로 하여 가장 윗부분에 착화하며 **연소를 계속** 유지시킬 수 있는 최소산소농도	가연성 가스 및 공기와의 혼합가스에 착화원으로 점화시에 발화하기 위하여 필요한 착화원이 갖는 최소에너지
단위	vol%	vol%	J 또는 mJ
설명	불연성 가스 등을 가연성 혼합기에 첨가하면 **감소**	LOI가 높을수록 연소우려 **감소**	가연성 가스의 조성이 완전연소조성 부근일 경우 **최소**

MOC=산소몰수×하한계〔vol%〕

(1) **메탄**(하한계 : **5vol%**)

$CH_4+②O_2 \rightarrow CO_2+2H_2O$
메탄　산소

MOC=2몰×5vol%=**10vol%**

(2) **에탄**(하한계 : **3vol%**)

$②C_2H_6+⑦O_2 \rightarrow 4CO_2+6H_2O$ 또는

$C_2H_6+\frac{7}{2}O_2 \rightarrow 2CO_2+3H_2O$
에탄　산소

MOC=$\frac{7}{2}$몰×3vol%=**10.5vol%**

(3) **부탄**(하한계 : **1.8vol%**)

$$C_4H_{10} + \frac{13}{2} O_2 \rightarrow 4CO_2 + 5H_2O$$

부탄 산소

MOC$= \frac{13}{2}$몰×1.8vol%=**11.7vol%**

∴ $CH_4 < C_2H_6 < C_4H_{10}$

용어

MOC(Minimum Oxygen Concentration : 최소산소농도)
화염을 전파하기 위해서 필요한 최소한의 산소농도

답 ①

★★★
23 건축물에서 발생하는 연돌효과(Stack effect)에 영향을 미치는 요인을 모두 고른 것은?

22회 문 25
21회 문 24
18회 문 25
17회 문 16
17회 문 18
17회 문 23
15회 문 15
13회 문 24
10회 문 05
09회 문 02
07회 문 07
04회 문 09

㉠ 화재실의 온도
㉡ 건축물 내·외의 온도차
㉢ 건축물의 높이

① ㉠, ㉡ ② ㉠, ㉢
③ ㉡, ㉢ ④ ㉠, ㉡, ㉢

해설 **굴뚝효과**와 **관계**있는 **것**

(1) 건물의 높이(**고층건물**에서 발생) 기호 ㉢
(2) 누설틈새
(3) 내·외부 온도차 기호 ㉡
(4) 외벽의 기밀성
(5) 건물의 구획
(6) 건물의 층간 공기누출
(7) 공조설비
(8) 화재실의 온도 기호 ㉠

중요

굴뚝효과(Stack effect=연돌효과)
(1) 건물 내의 연기가 **압력차**에 의하여 순식간에 상승하여 상층부로 이동하는 현상
(2) 실내·외 공기 사이의 **온도**와 **밀도 차이**에 의해 공기가 건물의 **수직방향**으로 이동하는 현상
(3) 건물 내부와 외부의 **공기밀도차**로 인해 발생한 **압력차**로 발생하는 현상
(4) 건축물 **내부**의 **온도**가 외부의 온도보다 **높은** 경우 연돌효과 발생
(5) 건축물 외부공기의 온도보다 **내부**의 **공기 온도**가 **높아질수록** 연돌효과가 커진다.
(6) 건축물 **내부**의 **온도**와 **외부**의 **온도**가 **같을 경우** 연돌효과가 발생하지 않는다.
(7) 건축물의 높이가 **높아질수록** 연돌효과 **증가**

답 ④

★★★
24 화재성장속도 분류에서 약 1MW의 열량에 도달하는 시간이 75초에 해당하는 것은?

23회 문 20
19회 문 15
16회 문 15
13회 문 19

① Slow 화재 ② Medium 화재
③ Fast 화재 ④ Ultra fast 화재

해설 **화재성장속도**에 따른 **시간**(약 1MW의 열량에 도달하는 시간)

화재성장속도	시 간
느린(Slow) 화재	600s
중간(Medium) 화재	300s
빠름(Fast) 화재	150s
매우 빠름(Ultra fast) 화재 보기 ④	75s

답 ④

★★★
25 화재실 내부 화염의 온도는 800℃이며 화염으로부터 벽체에 전달되는 대류열유속은 3200W/m²일 때 외부 벽체의 온도(℃)는 얼마인가? (단, 대류열전달계수는 4W/m²·℃, 제시된 조건 외는 무시한다.)

23회 문 18
19회 문 17
17회 문 24
16회 문 27
13회 문 18
11회 문 23
07회 문 04
07회 문 17

① 0 ② 4
③ 8 ④ 20

해설 (1) **기호**

- T_2 : 800℃
- $\mathring{q}''$: 3200W/m²
- h : 4W/m²·℃
- T_1 : ?

(2) **단위면적당 대류열류**

$$\mathring{q}'' = h(T_2 - T_1)$$

여기서, $\mathring{q}''$: 대류열류(대류열유속)〔W/m²〕
h : 대류전열계수〔W/m²·℃〕
$(T_2 - T_1)$: 온도차〔℃〕

외부 벽체의 온도 T_1은

$$T_1 = T_2 - \frac{\mathring{q}''}{h} = 800℃ - \frac{3200\text{W/m}^2}{4\text{W/m}^2 \cdot ℃} = 0℃$$

• 대류열유속의 단위에 m^2가 이미 있으므로 벽체면적(A)은 적용할 필요 없음

비교

대류열전달

$$\mathring{q} = Ah(T_2 - T_1)$$

여기서, $\mathring{q}$: 대류열류(대류열유속)〔W〕
A : 대류면적〔m^2〕
h : 대류전열계수(대류열전달계수)〔$W/m^2 \cdot K$〕
T_2 : 외부벽온도(273+℃)〔K〕
T_1 : 대기온도(273+℃)〔K〕

답 ①

제 2 과목 소방수리학 · 약제화학 및 소방전기

★★★
26 이상기체의 상태방정식(Equation of state)에 관한 설명으로 옳은 것을 모두 고른 것은?

19회 문 26 / 18회 문 44 / 17회 문 26 / 17회 문 29 / 17회 문115 / 16회 문 28 / 14회 문 27 / 13회 문 28 / 13회 문 32 / 12회 문 27 / 12회 문 37 / 10회 문106 / 09회 문 48

㉠ Avogadro의 법칙 : 일정한 온도와 압력에서 같은 부피 속에 들어있는 기체분자의 수는 동일하다.
㉡ Boyle의 법칙 : 일정한 온도에서 기체의 부피는 압력에 반비례한다.
㉢ Charles의 법칙 : 일정한 압력에서 기체의 부피는 절대온도에 비례한다.

① ㉠　　② ㉠, ㉡
③ ㉡, ㉢　　④ ㉠, ㉡, ㉢

해설

법칙 또는 원리	설 명
보일의 법칙 기호 ㉡	**온도**가 **일정**할 때 기체의 압력은 부피에 **반비례**한다.
아보가드로의 법칙 기호 ㉠	① 0℃, 1기압에서 모든 기체 1몰의 부피는 22.4L이다. ② 이상기체의 부피변화와 관련된 식
샤를의 법칙 기호 ㉢	**압력**이 **일정**할 때 기체의 부피는 **절대온도**에 **비례**한다.
파스칼의 원리	밀폐된 용기에서 유체에 가한 압력은 **모든 방향**에서 **같은 크기**로 전달된다.
베르누이 정리 (베르누이 방정식)	① 정상유동에서 유선을 따라 유체입자의 **운동에너지, 위치에너지, 유동에너지**의 합은 일정하다는 것을 나타내는 식 ② 유선 내에서 **전압**과 **정체압**이 일정한 값을 가진다.
아르키메데스의 원리	어떤 물체를 유체에 넣었을 때 받는 부력의 크기가 물체가 유체에 잠긴 부피만큼의 유체에 작용하는 중력의 크기와 같다는 원리
하젠-윌리엄스의 공식	**관수로** 흐름에 적용되는 것으로 실험 결과로 얻어진 공식 $\Delta P_m = 6.053 \times 10^4 \times \frac{Q^{1.85}}{C^{1.85} \times D^{4.87}} \times L \propto Q^{1.85}$ 여기서, ΔP_m : 압력손실〔MPa〕 C : 조도 D : 관의 내경〔mm〕 Q : 관의 유량〔L/min〕 L : 관의 길이〔m〕

답 ④

★
27 엔트로피(entropy)에 관한 설명으로 옳지 않은 것은?

14회 문 26

① 가역반응이면 증가하고 비가역반응이면 불변이다.
② 물질계가 흡수하는 열량과 절대온도의 비로 정의한다.
③ 무질서 또는 에너지의 분산 정도를 나타내는 상태함수이다.
④ 자연계의 상태변화는 엔트로피가 증가되는 방향으로 일어난다.

해설

① 증가하고 → 0이고, 불변이다. → 증가한다.

등엔트로피(ΔS)

가역단열과정	비가역단열과정
$\Delta S = 0$	$\Delta S > 0$

- 등엔트로피 과정=가역단열과정

용어

엔탈피와 **엔트로피**

엔탈피	엔트로피
어떤 물질이 가지고 있는 총에너지	어떤 물질의 정렬상태를 나타내는 수치

답 ①

★★★

28 19회 문 28 16회 문 26 06회 문 46

뉴턴 유체가 평평한 바닥 위 y만큼 이격된 지점에서 유속 $u(y) = 5y - y^2$(m/s)로 흐른다. 바닥 전단응력이 0.01Pa일 때 점성계수(10^{-3}Pa · s)는?

① 1 ② 2
③ 3 ④ 4

해설 **뉴턴**(Newton)의 **점성법칙**

$$\tau = \mu \frac{du}{dy}$$

여기서, τ : 전단응력[N/m^2]
μ : 점성계수[N · s/m^2] 또는 [kg/m · s]
$\frac{du}{dy}$: 속도구배(속도기울기)$\left[\frac{1}{s}\right]$

전단응력 τ는

$$\tau = \mu \frac{du}{dy}$$

$$= \mu \times 10^{-3}\text{Pa} \cdot \text{s} \times \frac{d(5y - y^2)}{dy}\left[\frac{1}{\text{s}}\right]$$

미분공식 $f(x) = x^n$
$f'(x) = nx^{n-1}$

$$= \mu \times 10^{-3}\text{Pa} \cdot \text{s} \times (5 - 2y)\left[\frac{1}{\text{s}}\right]$$

$y = 0$(벽면으로부터 측정된 수직거리=0)

$$= \mu \times 10^{-3}\text{Pa} \cdot \text{s} \times 5\frac{1}{\text{s}} = 0.01\text{Pa}$$

점성계수 μ는

$$\mu = \frac{0.01\text{Pa} \cdot \text{s}}{10^{-3}\text{Pa} \cdot \text{s} \times 5} = 2$$

중요

뉴턴(Newton)의 **점성법칙 특징**
(1) 전단응력은 **점성계수**와 **속도기울기**의 **곱**이다.
(2) 전단응력은 **속도기울기**에 **비례**한다.
(3) 속도기울기가 0인 곳에서 전단응력은 0이다.
(4) 전단응력은 **점성계수**에 **비례**한다.

답 ②

★

29 **흐름이 없는 유체에 작용하는 압력의 등방성에 관한 설명으로 옳은 것은?**

① 유체의 압력은 유체와 접촉하는 경사면에 수평으로만 작용한다.
② 자유수면을 갖는 경우 수면 아래 압력은 밀도에 반비례한다.
③ 동일한 높이의 개방된 용기에 수은을 가득 채우면 용기형상에 따라 바닥에서 압력이 달라진다.
④ 자유수면을 갖는 경우 수면 아래 유체의 한 점에 작용하는 압력은 수심이 깊어짐에 따라 증가한다.

해설
① 수평으로만 → 모든 방향으로
② 반비례 → 비례
③ 달라진다. → 동일하다.

(1) 유체의 압력은 유체와 접촉하는 경사면에 **모든 방향**으로 작용 보기 ①
(2) 자유수면을 갖는 경우 수면 아래 압력은 밀도에 **비례** 보기 ②
(3) 동일한 높이의 개방된 용기에 수은을 가득 채우면 용기형상이 달라도 바닥에서 압력은 **동일** 보기 ③
(4) 자유수면을 갖는 경우 수면 아래 유체의 한 점에 작용하는 압력은 수심이 깊어짐에 따라 **증가** 보기 ④

용어

등방성
어떤 방향으로든 같은 힘으로 작용하는 것

답 ④

★

30 06회 문 48

원형관로에 설치한 피토관에 수은이 든 U자형 관을 연결하여 전압과 정압을 측정하였다. 액면차가 500mm가 발생하였다면 피토관 위치에서 관로 내 물의 유속(m/s)은 약 얼마인가? (단, 수은의 밀도는 13600kg/m^3, 중력가속도는 9.81m/s^2, 물의 단위중량은 9.81kN/m^{3}이며 모든 손실은 무시한다.)

① 1.112 ② 3.132
③ 11.118 ④ 31.321

해설 (1) **기호**

- H : 500mm=0.5m(1m=1000mm)
- V : ?
- γ : 13600kg/m^3
- γ_w : 9.81kN/m^3

(2) **비중량**

$$\gamma = \rho g$$

여기서, γ : 비중량[N/m^3]
ρ : 밀도[N·s^2/m^4]
g : 중력가속도(9.8m/s^2)

$$\rho = \frac{\gamma}{g} = \frac{9.81\text{kN/m}^3}{9.81\text{m/s}^2} = \frac{9810\text{N/m}^3}{9.81\text{m/s}^2}$$
$$= 1000\text{N}\cdot\text{s}^2/\text{m}^4 = 1000\text{kg/m}^3$$

(1kg/m^3=1N·s^2/m^4)

(3) **유속**

$$V = C\sqrt{2gH\left(\frac{\gamma}{\gamma_w} - 1\right)}$$

여기서, V : 유속[m/s]
C : 보정계수
g : 중력가속도(9.8m/s^2)
H : 높이[m]
γ : 비중량(수은의 비중량 133.28kN/m^3)
γ_w : 비중량(물의 비중량 9.8kN/m^3)

유속 V는

$$V = C\sqrt{2gH\left(\frac{\gamma}{\gamma_w} - 1\right)}$$
$$= \sqrt{2 \times 9.81\text{m/s}^2 \times 0.5\text{m}\left(\frac{13600\text{kg/m}^3}{1000\text{kg/m}^3} - 1\right)}$$
$$= 11.1178 ≒ 11.118\text{m/s}$$

답 ③

★★★
31 **직경 10cm의 원형관로에 유체가 유량 0.5L/s로 흐를 때, 에너지선의 경사(10^{-4}m/m)는 약 얼마인가? (단, 동점성계수는 1.0×10^{-5}m^2/s, 중력가속도는 9.81m/s^{2}이다.)**

16회 문 31
19회 문 32
18회 문 47
17회 문 27
17회 문 31
14회 문 29
13회 문 30
12회 문 29
11회 문 29
09회 문 26
05회 문 32
05회 문 34
03회 문 39

① 2.08
② 3.26
③ 20.8
④ 32.6

해설 (1) **기호**

- D : 10cm=0.1m(100cm=1m)
- Q : 0.5L/s=0.0005m^3/s(1000L=1m^3)
- V : 1.0×10^{-5}m^2/s
〈동점성계수〉

$$V = \frac{\mu}{\rho}$$

여기서, V : 동점성계수[m^2/s]
μ : 점성계수[N·s/m^2]
ρ : 물의 밀도(1000N·s^2/m^4)

점성계수 μ는

$$\mu = V \cdot \rho$$
$$= 1.0 \times 10^{-5}\text{m}^2/\text{s} \times 1000\text{N}\cdot\text{s}^2/\text{m}^4$$
$$= 0.01\text{N}\cdot\text{s/m}^2$$

- g : 9.81m/s^2

(2) **하겐-포아젤**의 **식**

$$H = \frac{\Delta P}{\gamma} = \frac{128\mu Ql}{\gamma\pi D^4} = \frac{128\mu Ql}{\rho g\pi D^4}\text{[m]}$$

여기서, ΔP : 압력차(압력강하, 압력손실)[N/m^2]
γ : 비중량(물의 비중량 9800N/m^3)
μ : 점성계수[N·s/m^2]
Q : 유량[m^3/s]
l : 길이[m]
D : 내경[m]
ρ : 밀도(물의 밀도 1000N·s^2/m^4)
g : 중력가속도(9.81m/s^2)

(3) **하겐-포아젤**의 **변형식**(에너지선의 경사)

$$i = \frac{128\mu Q}{\rho g\pi D^4}\text{[m/m]}$$

여기서, i : 에너지선의 경사[m/m]
μ : 점성계수[N·s/m^2]
Q : 유량[m^3/s]
ρ : 밀도(물의 밀도 1000N·s^2/m^4)
g : 중력가속도(9.81m/s^2)
D : 내경[m]

에너지선의 경사 i는

$$i = \frac{128\mu Q}{\rho g\pi D^4}$$
$$= \frac{128 \times 0.01\text{N}\cdot\text{s/m}^2 \times 0.0005\text{m}^3/\text{s}}{1000\text{N}\cdot\text{s}^2/\text{m}^4 \times 9.81\text{m/s}^2 \times \pi \times (0.1\text{m})^4}$$
$$= 2.076 \times 10^{-4} ≒ 2.08 \times 10^{-4}\text{m/m}$$

답 ①

★

32 유체 흐름의 종류에 관한 설명으로 옳은 것을 모두 고른 것은? (단, Re는 레이놀즈수, Fr은 프루드수, U는 유속, t는 시간, x는 흐름방향 길이이다.)

> ㉠ 난류 : $Re < 200$　　㉡ 상류 : $Fr > 1$
> ㉢ 정상류 : $\frac{\partial U}{\partial t} = 0$　　㉣ 부등류 : $\frac{\partial U}{\partial x} \neq 0$

① ㉠, ㉡　　② ㉡, ㉢
③ ㉢, ㉣　　④ ㉡, ㉢, ㉣

해설

㉠ 난류 : $Re > 4000$
㉡ 상류 : $Fr < 1$

정상류와 **비정상류**

정상류(Steady flow)	비정상류(Unsteady flow)
유체의 흐름의 특성이 **시간**에 따라 변하지 않는 흐름 $\frac{\partial V}{\partial t} = 0$, $\frac{\partial \rho}{\partial t} = 0$ $\frac{\partial p}{\partial t} = 0$, $\frac{\partial T}{\partial t} = 0$ 기호 ㉢ 여기서, V : 속도〔m/s〕 ρ : 밀도〔kg/m^3〕 p : 압력〔kPa〕 T : 온도〔℃〕 t : 시간〔s〕	유체의 흐름의 특성이 **시간**에 따라 변하는 흐름 $\frac{\partial V}{\partial t} \neq 0$, $\frac{\partial \rho}{\partial t} \neq 0$ $\frac{\partial p}{\partial t} \neq 0$, $\frac{\partial T}{\partial t} \neq 0$ 기호 ㉣ 여기서, V : 속도〔m/s〕 ρ : 밀도〔kg/m^3〕 p : 압력〔kPa〕 T : 온도〔℃〕 t : 시간〔s〕

중요

레이놀즈

구 분	설 명
층류	$Re < 2100$
천이영역(임계영역)	$2100 < Re < 4000$
난류	$Re > 4000$ 기호 ㉠

• 프루드수 Fr는 중력과 관성력의 비이다.
┌ $Fr < 1$: 상류(subcritical) 기호 ㉡
└ $Fr > 1$: 하류(supercritical)

답 ③

★★★

33 펌프의 비속도는? (단, N은 회전수, Q는 유량, H는 양정, ω는 임펠라의 각속도이다.)

22회 문108
20회 문 34
18회 문103

① $\frac{\omega \times \sqrt{Q}}{H^{3/4}}$　　② $\frac{\omega \times \sqrt{Q}}{H^{3/2}}$
③ $\frac{N \times \sqrt{Q}}{H^{3/4}}$　　④ $\frac{N \times \sqrt{Q}}{H^{3/2}}$

해설 **비속도**(비교회전도)

$$N_s = N\frac{\sqrt{Q}}{\left(\frac{H}{n}\right)^{\frac{3}{4}}}$$

여기서, N_s : 펌프의 비교회전도(비속도)〔m^3/min · m/rpm〕
N : 회전수〔rpm〕
Q : 유량(토출량)〔m^3/min〕
H : 양정〔m〕
n : 단수

용어

비속도
(1) 펌프의 성능을 나타내거나 가장 적합한 **회전수**를 결정하는 데 이용되며, **회전자**의 **형상**을 나타내는 척도
(2) 임펠러의 상사성과 펌프의 특성 및 펌프의 형식을 결정하는 데 이용되는 값
(3) **양흡입펌프**의 경우 토출량의 $\frac{1}{2}$로 계산

중요

비속도(비교회전도)

구 분	설 명
뜻	펌프의 성능을 나타내거나 가장 적합한 **회전수**를 결정하는 데 이용되며, **회전자**의 **형상**을 나타내는 척도가 된다. ① 회전자의 형상을 나타내는 척도 ② **펌프**의 **성능**을 나타냄 ③ 최적합 회전수 결정에 이용됨
비속도값	① 터빈펌프 80~120m^3/min · m/rpm ② 볼류트펌프 250~450m^3/min · m/rpm ③ 축류펌프 800~2000m^3/min · m/rpm

구 분	설 명
특징	① 축류펌프는 원심펌프에 비해 높은 비속도를 가진다. ② 같은 종류의 펌프라도 운전조건이 다르면 비속도의 값이 다르다. ③ 저용량 고수두용 펌프는 작은 비속도의 값을 가진다.

답 ③

★★★

34 서징(Surging)의 방지대책으로 옳지 않은 것은?

17회 문 33
10회 문 26
09회 문 30
02회 문 48
02회 문116

① 유량조절밸브를 흡입측에 최대한 가까이 설치 · 조절한다.

② 펌프의 $H-Q$ 곡선이 우하향 구배 특성을 갖는 펌프를 사용한다.

③ 배관 내 수조 또는 기체상태인 부분이 존재하지 않도록 한다.

④ 바이패스관을 사용하여 운전점이 펌프의 $H-Q$ 곡선에서 우하향 구배 특성 범위 내에 있도록 한다.

해설

① 흡입측 → 토출측

맥동현상(Surging, 서징현상)
유량이 단속적으로 변하여 펌프 입출구에 설치된 진공계·압력계가 흔들리고 진동과 소음이 일어나며 펌프의 토출유량이 변하는 현상이다.

(1) **맥동현상**의 **발생원인**
① 배관 중에 **수조**가 있을 때
② 배관 중에 **기체상태**의 부분이 있을 때
③ **유량조절밸브**가 배관 중 수조의 위치 **후방**에 있을 때
④ 펌프의 특성곡선이 **산모양**이고 운전점이 그 **정상부**일 때

(2) **맥동현상**의 **방지대책**
① 배관 중의 불필요한 수조를 없앤다. 보기 ③
② 배관 내의 기체(공기)를 제거한다. 보기 ③
③ 유량조절밸브를 배관 중 수조의 전방에 설치한다.
④ 운전점을 고려하여 적합한 펌프를 선정한다.
⑤ 풍량 또는 토출량을 줄인다.
⑥ $H-Q$의 작동곡선이 우하향 곡선 특성을 가지고 있는 **펌프**나 **팬**을 사용하고 운전할 것 보기 ②
⑦ 바이패스관을 사용하여 운전점이 서징 범위를 벗어난 상태에서 운전하여 토출측 압력과 우량을 **조절**할 수 있을 것 보기 ④
⑧ 회전차나 안내깃의 치수 및 형상을 바꾸어 서징이 발생하지 않는 특성으로 할 것
⑨ 펌프의 토출측 직후에 **유량조절밸브**를 설치할 것(유량조절밸브를 토출측에 최대한 **가까이** 설치 · 조절) 보기 ①
⑩ 배관 중 **공기**가 생기지 않도록 할 것

답 ①

★★★

35 금속화재(D급)에 관한 설명으로 옳지 않은 것은?

22회 문 35
21회 문 35
19회 문 09
18회 문 06
16회 문 19
15회 문 03
14회 문 03
13회 문 06
10회 문 31

① D급 소화약제는 염화나트륨, 흑연, 구리 등을 주성분으로 하는 분말 또는 과립형태의 혼합물이다.

② K급 소화약제는 가연성 금속화재에 적응성이 좋다.

③ 리튬 및 나트륨에 수계소화약제를 사용하면 폭발성이 강한 수소를 발생시킨다.

④ 염화나트륨 주제에 고분자물질의 혼합물 소화약제인 Met-L-X는 나트륨 및 칼륨 화재에 적응성이 있다.

해설

② 가연성 금속화재 → 주방화재

화재의 **분류**

화 재	특 징	소화약
일반화재 (**A급** 화재)	발생되는 연기의 색은 **백색**	• 포(AB급) : 냉각소화·질식소화
유류화재 (**B급** 화재)	이를 예방하기 위해서는 유증기의 체류 방지	• 포(AB급) : 질식소화 • 이산화탄소(BC급) : 질식소화 • 물사용금지
전기화재 (**C급** 화재)	화재발생의 주요원인으로는 과전류에 의한 열과 단락에 의한 스파크	• 분말(ABC급) : 질식소화, 부촉매효과

화 재	특 징	소화약
금속화재 (D급 화재)	**포·강화액** 등의 수계 소화약제로 소화할 경우 가연성 가스의 발생 위험성 **보기 ③**	• 팽창질석, 팽창진주암, 마른모래 • 염화나트륨, 흑연, 구리 등을 주성분으로 하는 분말 또는 과립형태의 혼합물 **보기 ①** • Met－L－X : 나트륨 및 칼륨 화재 적응 **보기 ④**
주방화재 (K급 화재) **보기 ②**	① **강화액** 소화약제로 소화 ② 비누화현상을 일으키는 **중탄산나트륨** 성분의 소화약제가 적응성이 있다. ③ 인화점과 발화점의 차이가 작아 재발화의 우려가 큰 **식용유 화재** ④ 주방에서 **동식물유**를 취급하는 조리기구에서 일어나는 화재 ⑤ 인화점과 발화점의 온도차가 적고 발화점이 비점 이하이기 때문에 화재발생시 액체의 온도를 낮추지 않으면 소화하여도 재발화가 쉬운 화재 ⑥ **질식소화** ⑦ 다른 물질을 넣어서 냉각소화	• 강화액(K급) : 냉각소화

답 ②

★★★
36 22회 문 40 / 20회 문 03 / 16회 문 38 / 10회 문 35 / 07회 문 39

0℃의 얼음 1g을 100℃의 수증기로 만드는 데 필요한 열량(cal)은 약 얼마인가? (단, 물의 용융열은 80cal/g, 증발잠열은 539cal/g이다.)

① 539 ② 619
③ 719 ④ 800

해설 (1) **기호**

- ΔT : (100－0)℃
- m : 1g
- Q : ?
- r_1 : 80cal/g
- r_2 : 539cal/g

(2) **열량**

$$Q = r_1 m + mc\Delta T + r_2 m$$

여기서, Q : 열량〔cal〕
r_1 : 융해잠열(80cal/g)
m : 질량〔g〕
c : 물의 비열〔1cal/g·℃〕
ΔT : 온도차〔℃〕
r_2 : 증발잠열(기화잠열)(539cal/g)

열량 Q는

$Q = r_1 m + mc\Delta T + r_2 m$
＝80cal/g×1g＋1g×1cal/g·℃×(100－0)℃ ＋539cal/g×1g
＝719cal

중요

물의 **잠열**

구 분	설 명
융해잠열	**80cal/g**
기화(증발)잠열	**539cal/g**
0℃의 물 1g이 100℃의 수증기가 되는 데 필요한 열량	**639cal/g**
0℃의 얼음 1g이 100℃의 수증기가 되는 데 필요한 열량	**719cal/g**

답 ③

★★★
37 20회 문 04 / 19회 문 09 / 18회 문 06 / 16회 문 19 / 15회 문 03 / 14회 문 03 / 13회 문 06 / 10회 문 31

K급 소화약제에 관한 설명으로 옳지 않은 것은?

① 식용유화재시 비누화반응으로 산소를 차단하며, 재발화를 방지한다.
② A급, B급, C급 화재에도 적응성이 좋다.
③ 일반적인 ABC 분말소화기보다 냉각효과가 뛰어나다.
④ 소화약제의 주성분은 탄산칼륨(K_2CO_3) 또는 초산칼륨(CH_3COOK) 등이 있다.

해설

② A급 화재에는 적응성이 좋고, B급 화재는 일부 적응성이 있고, C급 화재는 부적합이다.

(1) **화재의 분류**

화 재	특 징
일반화재 (A급 화재)	발생되는 연기의 색은 **백색**
유류화재 (B급 화재)	이를 예방하기 위해서는 유증기의 체류 방지
전기화재 (C급 화재)	화재발생의 주요원인으로는 과전류에 의한 열과 단락에 의한 스파크
금속화재 (D급 화재)	수계소화약제로 소화할 경우 가연성 가스의 발생 위험성
주방화재 (K급 화재)	① 강화액 소화약제로 소화 ② 비누화현상을 일으키는 중탄산나트륨 성분의 소화약제가 적응성이 있다. **보기 ①** ③ 인화점과 발화점의 차이가 작아 재발화의 우려가 큰 식용유화재를 말한다. ④ 주방에서 동식물유를 취급하는 조리기구에서 일어나는 화재를 말한다. ⑤ 인화점과 발화점의 온도차가 적고 발화점이 비점 이하이기 때문에 화재발생시 액체의 온도를 낮추지 않으면 소화하여도 재발화가 쉬운 화재 ⑥ 질식소화 ⑦ 다른 물질을 넣어서 냉각소화 ⑧ ABC 분말소화기보다 냉각효과 우수 **보기 ③** ⑨ 소화약제 주성분 : 탄산칼륨(K_2CO_3), 초산칼륨(CH_3COOK) **보기 ④**

(2) **분말소화약제**

종 별	주성분	착 색	적응 화재	비 고
제1종	중탄산나트륨 ($NaHCO_3$)	**백**색	BC급	**식용유** 및 **지방질유**의 화재에 적합
제2종	중탄산칼륨 ($KHCO_3$)	담**자**색 (담회색)	BC급	–
제3종	제1인산암모늄 ($NH_4H_2PO_4$)	담**홍**색 (또는 황색)	ABC급	**차고 · 주차장**에 적합
제4종	중탄산칼륨 + 요소 ($KHCO_3$ + $(NH_2)_2CO$)	**회**(백)색	BC급	–

기억법 **1식분(일식 분식)**
3분 차주(삼보컴퓨터 차주)
백자홍회

중요

(1) **화재의 분류**

화재의 종류	표시색	적응물질
일반화재(A급)	**백**색	• 일반가연물 • 종이류 화재 • 목재, 섬유화재
유류화재(B급)	**황**색	• 가연성 액체 • 가연성 가스 • 액화가스화재 • 석유화재
전기화재(C급)	**청**색	• 전기설비
금속화재(D급)	**무**색	• 가연성 금속
주방화재(K급)	–	• 식용유화재

기억법 **백황청무**

• 최근에는 색을 표시하지 않음

(2) **소화기의 능력단위**(소화기의 형식승인 및 제품검사의 기술기준 제4조)

① **A급** 화재용 소화기 또는 **B급** 화재용 소화기는 능력단위의 수치가 **1** 이상

② 대형소화기의 능력단위의 수치는 **A급 화재**에 사용하는 소화기는 **10단위** 이상, **B급 화재**에 사용하는 소화기는 **20단위** 이상

③ **C급 화재**용 소화기는 절연내력시험 또는 **전기전도성** 시험에 적합하여야 하며, C급 화재에 대한 능력단위는 미지정

④ **K급 화재**용 소화기는 **K급 화재**용 소화기의 소화성능시험에 적합하여야 하며, K급 화재에 대한 능력단위는 미지정

⑤ **D급 화재**용 소화기는 D급 화재용 소화기의 소화성능시험에 적합하여야 하며, D급 화재에 대한 능력단위는 미지정

답 ②

★★★

38 **1기압 0℃에서 $44.8m^3$의 이산화탄소가스가 모두 액화되었을 때 질량(kg)은 약 얼마인가? (단, 이산화탄소의 분자량은 44이다.)**

24회 문 38
19회 문 89
18회 문 22
18회 문 30
16회 문 30
15회 문 06
14회 문 30
13회 문 03
11회 문 36
11회 문 47
04회 문 45

① 12　　② 22
③ 44　　④ 88

해설 (1) 기호

- P : 1기압
- T : (273+0℃)K
- V : 44.8m³
- m : ?
- M : 44kg/kmol

(2) 이상기체 상태방정식

$$PV=nRT=\frac{m}{M}RT$$

여기서, P : 압력[atm], V : 부피[m³], n : 몰수$\left(\frac{m}{M}\right)$

R : 0.082(atm·m³/kmol·K)

T : 절대온도(273+℃)[K]

m : 질량[kg], M : 분자량[kg/kmol]

$PV=\frac{m}{M}RT$에서

$$m=\frac{MPV}{RT}$$

$$=\frac{44\text{kg/kmol}\times 1\text{atm}\times 44.8\text{m}^3}{0.082\text{atm}\cdot\text{m}^3/\text{kmol}\cdot\text{K}\times(273+0℃)\text{K}}$$

$=88.05 ≒ 88\text{kg}$

답 ④

★

39 FK-5-1-12의 특성에 관한 설명으로 옳지 않은 것은?

① 플루오르화수소(HF)의 발생량은 화염의 크기, 소화농도, 화재진압시간에 비례한다.

② 소화약제는 1분 이내에 95% 이상 해당하는 약제량이 방출되도록 하여야 한다.

③ 오존층 파괴 등 환경오염에 미치는 영향이 적다.

④ 플루오르, 탄소, 산소로 구성되어 있으며, 물보다 빨리 기화되어 연쇄반응 차단 및 냉각소화를 한다.

해설 ② 1분 이내에 → 10초 이내에

FK-5-1-12(할로겐화합물 소화약제)의 **특성**

(1) 플루오르화수소(HF)의 발생량은 화염의 크기, 소화농도, 화재진압시간에 비례한다. 보기 ①

(2) 배관의 구경은 해당 방호구역에 할로겐화합물 소화약제가 **10초**(**불활성기체 소화약제**는 A·C급 **2분**, B급 **1분**) 이내에 방호구역 각 부분에 최소설계농도의 **95% 이상** 해당하는 약제량이 방출되도록 하여야 한다. 보기 ②

(3) 오존층 파괴 등 환경오염에 미치는 영향이 적다. 보기 ③

(4) 플루오르, 탄소, 산소로 구성되어 있으며, 물보다 빨리 기화되어 연쇄반응 차단 및 냉각소화를 한다. 보기 ④

답 ②

★★★

40 제1인산암모늄의 열분해 생성물 중 주된 소화효과가 탈수·탄화작용을 하는 것은?

24회 문 18 / 24회 문 39 / 17회 문 41

① H_3PO_4 ② $H_4P_2O_7$

③ HPO_3 ④ P_2O_5

해설 **제3종 분말소화약제**($NH_4H_2PO_4$)의 **소화작용**

(1) 열분해에 의한 **냉각작용**

(2) 발생한 불연성 가스에 의한 **질식작용**

(3) 메타인산(HPO_3)에 의한 **방진작용**

(4) 유리된 NH_4^+의 **부촉매작용**

(5) 분말운무에 의한 **열방사**의 **차단효과**

(6) 탈수탄화효과 보기 ①

① **열분해시 Ortho-인산(H_3PO_4)** 발생으로 수분을 흡수하는 탈수효과

② 섬유소의 탈수탄화로 불연성 탄소와 물분해

- 방진작용=방진소화효과

※ 제3종 분말소화약제가 A급 화재에도 적용되는 이유 : **인산분말암모늄계**가 열에 의해 분해되면서 생성되는 불연성의 용융물질이 가연물의 표면에 부착되어 **차단효과**를 보여주기 때문이다.

용어

방진작용

가연물의 표면에 부착되어 차단효과를 나타내는 것

중요

분말소화약제

종 별	주성분	착 색
제1종	중탄산나트륨($NaHCO_3$)	**백**색
제2종	중탄산칼륨($KHCO_3$)	**담자**색 (담회색)
제3종	제1인산암모늄($NH_4H_2PO_4$)	담**홍**색
제4종	중탄산칼륨+요소 ($KHCO_3+(NH_2)_2CO$)	**회**(백)색

기억법 **백담자 홍회**

답 ①

★★★
41 이산화탄소(CO_2) 소화약제에 관한 설명으로 옳지 않은 것은?

18회 문 32 / 17회 문 35 / 16회 문 36 / 11회 문 48 / 08회 문 39 / 03회 문 45

① 불연성 가스로서 무색·무취이며, 공기에 대한 비중은 약 1.5이다.
② 약제방출시 인체에 관한 동상·질식의 우려가 있다.
③ 금속분화재에 사용시 질식·냉각소화의 효과가 있다.
④ 전기절연성이 우수하여 전기화재에 적응성이 있다.

해설

③ 금속분화재에 부적합(산화·폭발 촉진으로 위험)

이산화탄소 소화약제
(1) 이산화탄소는 연소물 주변의 산소농도를 저하시켜 **질식소화**한다.
(2) **심부화재**의 경우 **고농도**의 이산화탄소를 장시간 방출시켜 재발화를 방지할 수 있다.
(3) **통신기기실, 전산기기실, 변전실 화재**에 적응성이 있다.
(4) 무색·무취이며, 전기적으로 **비전도성**이고 공기보다 약 **1.5배** 무겁다. 보기 ①④
(5) A급, B급, C급화재에 모두 적응이 가능하나 주로 **B급**과 **C급**화재에 사용된다.
(6) **공유결합** 물질이다.
(7) 기체의 비중은 약 **1.52**로 공기보다 무겁다.
(8) 1기압 상온에서 **무색** 기체이다.
(9) 삼중점은 1기압에서 약 **−56℃**이다.
(10) 대기압, 상온에서 **무색, 무취**의 기체이며 화학적으로 안정되어 있다.
(11) 31℃에서 액체와 증기가 동일한 밀도를 갖는다.
(12) CO_2 소화기는 밀폐된 공간에서 소화효과가 크다.
(13) 약제방출시 인체에 관한 동상·질식의 우려가 있다. 보기 ②

‖ 이산화탄소의 물성 ‖

구 분	물 성
임계압력	72.75atm
임계온도	31℃
3중점(삼중점)	−56.3℃(약 −56℃)
승화점(비점)	−78.5℃
허용농도	0.5%
수분	0.05% 이하(함량 99.5% 이상)

기억법 이356, 비이78

답 ③

★
42 축압식 분말소화기의 충압가스 종류가 아닌 것은?

08회 문113

① 질소 ② 헬륨
③ 일산화탄소 ④ 이산화탄소

해설 **분말소화기**

구 분	가압식	축압식
압력원	별도의 용기에 저장	동일 용기에 저장
압력계	없다.	있다.
충전가스 보기 ①④	이산화탄소	질소
압력점검	주기적인 압력점검 불필요	주기적인 압력점검 필요

• 제한적으로 헬륨을 사용하는 경우도 있음 보기 ②

답 ③

★
43 서로 다른 금속으로 이루어진 폐회로에 온도를 일정하게 유지하면서 직류 전류를 흘릴 경우 열의 발생 또는 흡수가 일어나는 현상은?

24회 문 44 / 21회 문 47

① 제백효과(Seebeck effect)
② 톰슨효과(Thomson effect)
③ 핀치효과(Pinch effect)
④ 펠티에효과(Peltier effect)

해설 **열전효과**(Thermoelectric effect)

효 과	설 명
제에벡효과 (Seebeck effect) : 제벡효과 보기 ①	① 다른 종류의 금속선으로 된 **폐회로**의 두 접합점의 온도를 달리하였을 때 **전기(열기전력)**가 발생하는 효과 ② 이종 금속을 접합하여 **폐회로**를 만든 후 두 접합점의 온도를 다르게 하여 **열전류**를 얻는 열전현상
펠티에효과 (Peltier effect) 보기 ④	**두 종류**의 **금속**으로 된 회로에 **전류**를 통하면 각 접속점에서 열의 흡수 또는 발생이 일어나는 현상

효 과	설 명
톰슨효과 (Thomson effect) 보기 ②	① 균질의 철사에 **온도구배**가 있을 때 여기에 전류가 흐르면 **열**의 **흡수** 또는 **발생**이 일어나는 현상 ② 동종 금속도선의 두 점 간에 온도차를 주고 고온쪽에서 저온쪽으로 **전류**를 흘리면, 줄열 이외에 도선 속에서 **열**이 발생하거나 흡수가 일어나는 현상

중요

여러 가지 효과

효 과	설 명
홀효과 (Hall effect)	전류가 흐르고 있는 도체에 **자계**를 가하면 도체 측면에는 정부의 전하가 나타나 두 면 간에 전위차가 발생하는 현상
핀치효과 (Pinch effect) 보기 ③	전류가 **도선 중심**으로 흐르려고 하는 현상
압전기효과 (Piezoelectric effect)	**수정, 전기석, 로셸염** 등의 결정에 전압을 가하면 일그러짐이 생기고, 반대로 압력을 가하여 일그러지게 하면 전압이 발생하는 현상
광전효과	반도체에 빛을 쬐이면 전자가 방출되는 현상

답 ④

★★★

44

24회 문 43 / 19회 문 46 / 17회 문 49 / 16회 문 42 / 15회 문 45 / 14회 문 49 / 13회 문 42 / 12회 문 49

$C_1=2\mu F$, $C_2=3\mu F$, $C_3=5\mu F$인 3개의 콘덴서를 직렬 접속하고 양단에 800V의 전압을 인가할 때, C_2에 걸리는 전압(V)은 약 얼마인가?

① 154　② 258
③ 387　④ 425

해설 (1) **기호**

- C_1 : 2μF
- C_2 : 3μF
- C_3 : 5μF
- V : 800V
- V_2 : ?

(2) **정전용량**

$$C=\frac{Q}{V}=\frac{\varepsilon A}{d}\text{[F]} \text{ 또는 } C=\frac{\varepsilon S(\text{비례})}{d(\text{반비례})}$$

여기서, Q : 전하(전기량)[C]
C : 정전용량[F]
V : 전압[V]
A 또는 S : 극판의 면적[m^2]
d : 극판 간의 간격[m]
ε : 유전율[F/m] $\varepsilon=\varepsilon_0\cdot\varepsilon_s$
ε_0 : 진공의 유전율[F/m]
ε_s : 비유전율(단위 없음)

• **분자**에 있으면 **비례**, **분모**에 있으면 **반비례**

전압(V)과 **정전용량**(C)은 **반비례**하므로 C_1, C_2, C_3 각 콘덴서에 걸리는 전압을 V_1, V_2, V_3[V]라 하면

$$V_1 : V_2 : V_3=\frac{1}{2} : \frac{1}{3} : \frac{1}{5}=15 : 10 : 6$$

C_2에 걸리는 전압 V_2는

$$V_2=\frac{10}{15+10+6}V=\frac{10}{31}\times 800 \fallingdotseq 258\text{V}$$

답 ②

★★★

45

18회 문 40 / 13회 문 46 / 12회 문 48

교류전압 $v=V_m\sin\omega t$의 실효값은? (단, V_m은 최대값이다.)

① $\frac{V_m}{\sqrt{2}}$　② $\frac{2V_m}{\pi}$
③ $\frac{V_m}{2}$　④ $\frac{V_m}{\pi}$

해설 **실효값**

(1) $V=\sqrt{\frac{1}{\pi}\int_0^{\pi} v^2 dt}$

(2)

$$V=\frac{V_m}{\sqrt{2}}$$ 보기 ①

여기서, V : 전압의 실효값[V]
V_m : 전압의 최대값[V]

(3) **실효값** : 동일한 저항에 직류전원과 교류전원을 각각 인가했을 경우 평균전력이 같아지는 때의 전압값
(4) 교류 220V와 380V 등은 교류전원의 실효값 전압을 의미
(5) 일반적으로 사용되는 값으로 교류의 각 순시값의 제곱에 대한 1주기의 평균의 제곱근을 **실효값**(Effective value)이라 한다.

(6)

$$I = \sqrt{i^2\text{의 1주기 간의 평균값}}$$

여기서, I : 전류의 실효값〔A〕

i : 전류의 순시값〔A〕

답 ①

★★

46 부하의 피상전력이 10kVA이고, 무효전력이 6kVar일 때 유효전력(kW)은?

16회 문 47

① 4 ② 6

③ 8 ④ 10

해설 (1) 기호

- P_a : 10kVA
- P_r : 6kVar
- P : ?

(2) 피상전력

$$P_a = VI = \sqrt{P^2 + P_r^{\,2}} = I^2 Z \text{〔VA〕}$$

여기서, P_a : 피상전력〔VA〕

V : 전압〔V〕

I : 전류〔A〕

P : 유효전력〔W〕

P_r : 무효전력〔Var〕

Z : 임피던스〔Ω〕

$$P_a = \sqrt{P^2 + P_r^{\,2}}$$

$$P_a^{\,2} = P^2 + P_r^{\,2}$$

$$P^2 + P_r^{\,2} = P_a^{\,2}$$

$$P^2 = P_a^{\,2} - P_r^{\,2} = (10\text{kVA})^2 - (6\text{kVar})^2 = 64$$

$$P^2 = 64$$

$$\sqrt{P^2} = \sqrt{64}$$

$$P = 8\text{kW}$$

답 ③

★

47 변압기 3상 결선에 관한 설명으로 옳은 것을 모두 고른 것은?

㉠ Δ－Δ 결선은 지락사고 검출이 용이하지 않다.

㉡ Y－Y 결선은 고전압 결선에 적합하다.

㉢ Δ－Y 결선은 주로 발전소에서 전압을 높여 전력전송을 위해 사용된다.

㉣ Y－Δ 결선은 변압기 1대 고장시 전력공급이 불가능하다.

① ㉠, ㉡ ② ㉠, ㉢

③ ㉢, ㉣ ④ ㉠, ㉡, ㉢, ㉣

해설 **변압기 3상 결선**의 **특징**

변압기 3상 결선방식	특 성
Δ－Δ 결선	① 중성점이 없어 지락사고 검출이 용이하지 않다. 기호 ㉠ ② 제3고조파 전류가 델타 내부에서 순환하여 외부 영향을 줄인다. ③ 전압 불평형에 대한 내성이 크고 안정적인 운전이 가능하다. ④ 변압기 1대 고장시 오픈 델타 방식으로 약 58%까지 전력공급이 가능하다.
Y－Y 결선	① 고전압 결선에 적합하다. 기호 ㉡ ② 중성점 접지가 가능하여 보호계통 구성에 유리하다. ③ 제3고조파 전류가 누설되어 파형 왜곡이 발생할 수 있다. ④ 위상 불균형 발생시 운전이 불안정해질 수 있다.
Δ－Y 결선	① 주로 발전소에서 전압을 높여 전력전송을 위해 사용된다. 기호 ㉢ ② Y측 중성점을 접지할 수 있어 지락보호가 용이하다. ③ Δ측은 제3고조파를 내부에서 순환시켜 외부로의 영향을 줄인다. ④ Δ와 Y결선 간 위상차(30°)가 발생하여 병렬운전시 주의가 필요하다.
Y－Δ 결선	① 전압강압에 적합하여 수전용 설비에 많이 사용된다. ② Y측 중성점을 접지할 수 있어 지락보호계통 구성이 가능하다. ③ Δ측은 제3고조파를 내부에서 순환시켜 파형 왜곡을 줄인다. ④ Δ측과 위상차(30°)가 발생하여 병렬운전시 주의가 필요하다. ⑤ 변압기 1대 고장시 전력공급이 불가능하다. 기호 ㉣

답 ④

★★★

48 18회 문 40 / 13회 문 46 / 12회 문 48

비정현파 전압(V) $v=50\sqrt{2}\sin\omega t+30\sqrt{2}\sin3\omega t+10\sqrt{2}\sin5\omega t$의 실효값(V)은 약 얼마인가?

① 57 ② 59
③ 62 ④ 65

해설 (1) **기호**

- V_{m1} : $50\sqrt{2}$ V
- V_{m2} : $30\sqrt{2}$ V
- V_{m3} : $10\sqrt{2}$ V
- V : ?
- $v=\underbrace{50\sqrt{2}}_{V_{m1}}\sin\omega t+\underbrace{30\sqrt{2}}_{V_{m2}}\sin3\omega t+\underbrace{10\sqrt{2}}_{V_{m3}}\sin5\omega t$

(2) **비정현파 교류전압**의 **실효값**

$$V=\sqrt{V_0^2+\left(\frac{V_{m1}}{\sqrt{2}}\right)^2+\left(\frac{V_{m2}}{\sqrt{2}}\right)^2+\cdots+\left(\frac{V_{mn}}{\sqrt{2}}\right)^2}$$
$$=\sqrt{V_0^2+V_1^2+V_2^2+\cdots+V_n^2}\text{〔A〕}$$

여기서, V : 비정현파 교류전압의 실효값〔V〕
V_0 : 직류분〔V〕
V_{m1}, V_{m2}, V_{mn} : 각 고조파 전압의 최대값〔V〕
V_1, V_2, V_n : 각 고조파의 전압의 실효값〔V〕

비정현파 교류전압의 **실효값** V는

$$V=\sqrt{\left(\frac{V_{m1}}{\sqrt{2}}\right)^2+\left(\frac{V_{m2}}{\sqrt{2}}\right)^2+\left(\frac{V_{m3}}{\sqrt{2}}\right)^2}$$
$$=\sqrt{\left(\frac{50\sqrt{2}}{\sqrt{2}}\right)^2+\left(\frac{30\sqrt{2}}{\sqrt{2}}\right)^2+\left(\frac{10\sqrt{2}}{\sqrt{2}}\right)^2}$$
$$\fallingdotseq 59\text{V}$$

답 ②

★★★

49 20회 문104 / 19회 문105 / 10회 문 49

수신기에서 거리 L(m) 떨어진 직류 2선식 감지기회로의 전선(동선) 단면적이 A(mm²)이다. 전류가 I(A)로 흐를 때 전압강하(V)를 구하는 식은?

① $\dfrac{35.6LI}{1000\times A}$ ② $\dfrac{30.8LI}{1000\times A}$

③ $\dfrac{17.8LI}{1000\times A}$ ④ $\dfrac{8.9LI}{1000\times A}$

해설 **전선 단면적**의 **계산**

전기방식	전선 단면적
단상 2선식 →	$A=\dfrac{35.6LI}{1000e}$ $\therefore e=\dfrac{35.6LI}{1000A}$ **보기 ①**
3상 3선식	$A=\dfrac{30.8LI}{1000e}$
단상 3선식, 3상 4선식	$A=\dfrac{17.8LI}{1000e'}$

여기서, A : 전선 단면적(전선의 굵기)〔mm²〕
L : 선로길이〔m〕
I : 전부하전류〔A〕
e : 각 선간의 전압강하〔V〕
e' : 각 선간의 1선과 중성선 사이의 전압강하〔V〕

- 소방펌프(3상 전동기)·제연팬 : **3상 3선식**
- 기타 : **단상 2선식**

답 ①

★★

50 18회 문 34 / 06회 문 29

그림과 같은 제어량과 조작량을 특징으로 하는 제어방식은?

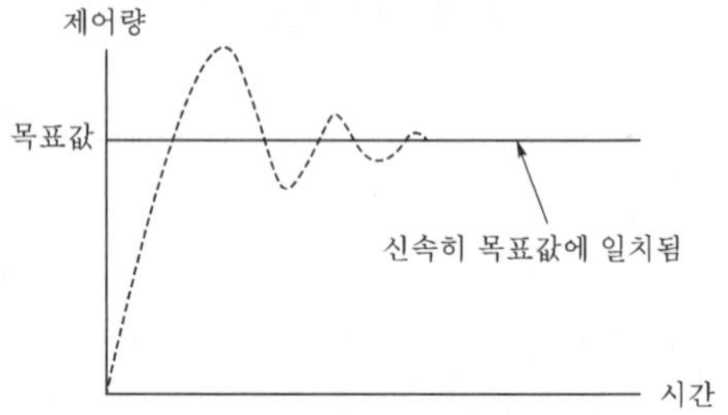

(a) 제어량

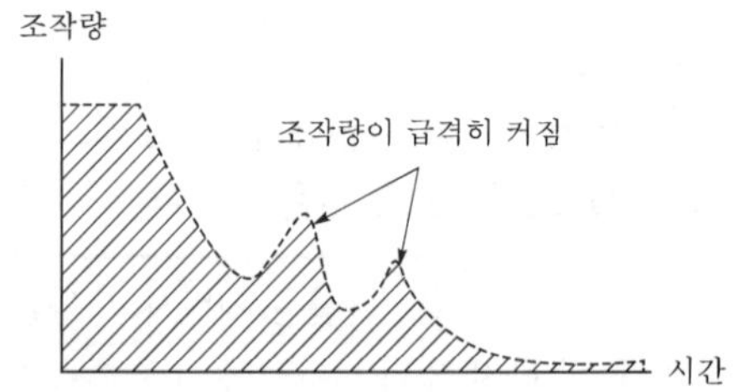

(b) 조작량

① P제어 ② I제어
③ PI제어 ④ PID제어

해설 **제어량**과 **조작량**

(1) **PID제어**

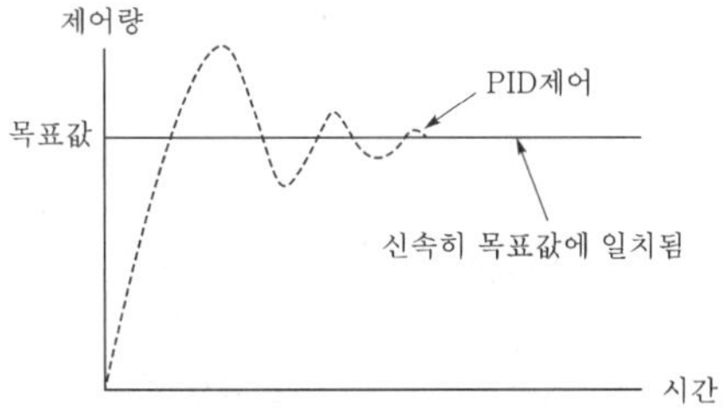

(a) 제어량

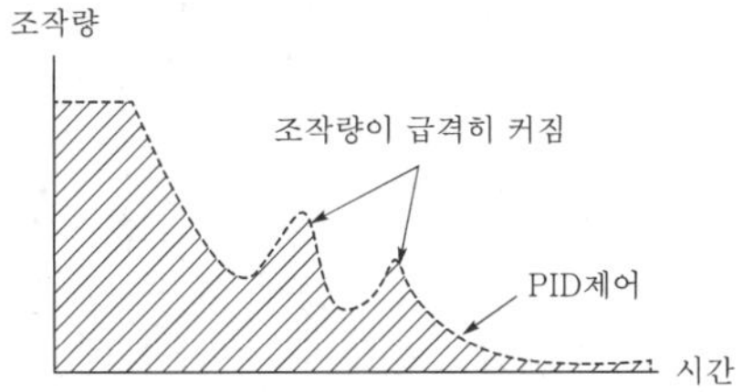

(b) 조작량

(2) **P제어, I제어, PI제어**

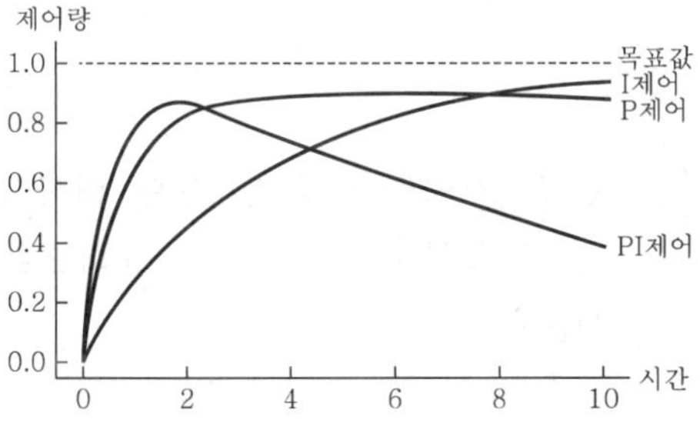

(a) 제어량

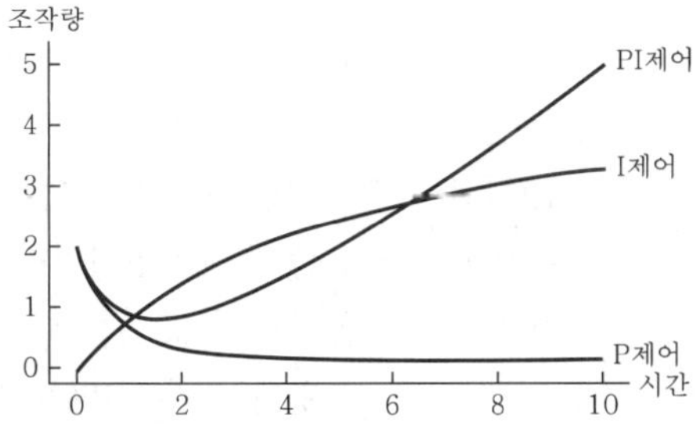

(b) 조작량

중요

제어동작에 의한 **분류**

| 연속제어 |

제 어	설 명
비례제어 **(P동작)**	**잔류편차**(Off-set)가 있는 제어
미분제어 **(D동작)**	오차가 커지는 것을 **미연에 방지**하고 **진동을 억제**하는 제어로 **Rate동작**이라고도 한다.
적분제어 **(I동작)**	**잔류편차**를 **제거**하기 위한 제어
비례적분제어 **(PI동작)**	**간헐현상**이 있는 제어
비례적분미분제어 **(PID동작)**	**잔류편차**를 **없애고** 과도응답을 적게 하여 **응답시간**을 **빠르게** 하는 제어

답 ④

제 3 과목 소방관련법령

★★

51 **소방기본법령상 소방대의 생활안전활동에 해당하지 않는 것은?**

24회 문 52
22회 문 52

① 붕괴, 낙하 등이 우려되는 고드름, 나무, 위험구조물 등의 제거활동
② 산불에 대한 예방 · 진압 등 지원활동
③ 위해동물, 벌 등의 포획 및 퇴치 활동
④ 단전사고시 비상전원 또는 조명의 공급

해설 ② 소방지원활동

소방지원활동 vs 생활안전활동

소방지원활동 (기본법 제16조 2)	생활안전활동 (기본법 제16조 3)
(1) **산불**에 대한 예방 · 진압 등 지원활동 **보기 ②** (2) **자연재해**에 따른 급수 · 배수 및 제설 등 지원활동 (3) **집회 · 공연** 등 각종 행사시 사고에 대비한 근접대기 등 지원활동 (4) **화재, 재난 · 재해**로 인한 피해복구 지원활동 (5) 그 밖에 **행정안전부령**으로 정하는 활동	(1) **붕괴, 낙하** 등이 우려되는 고드름, 나무, 위험구조물 등의 제거활동 **보기 ①** (2) **위해동물**, 벌 등의 포획 및 퇴치 활동 **보기 ③** (3) **끼임, 고립** 등에 따른 위험제거 및 구출활동 (4) **단전사고**시 비상전원 또는 조명의 공급 **보기 ④** (5) 그 밖에 방치하면 급박해질 우려가 있는 위험을 예방하기 위한 활동

답 ②

★
52 소방기본법령상 소방기술민원센터의 설치 · 운영에 관한 설명으로 옳은 것은?
23회 문 51

① 소방청장 및 소방본부장은 소방기술민원센터를 소방청 및 시 · 도에 각각 설치 · 운영할 수 있다.

② 소방기술민원센터는 센터장을 포함하여 50명 이내로 구성한다.

③ 소방청장 또는 소방본부장은 소방기술민원센터의 업무수행을 위하여 필요하다고 인정하는 경우에는 관계 기관의 장에게 소속 공무원 또는 직원의 파견을 요청할 수 있다.

④ 소방기술민원센터의 설치 · 운영에 필요한 사항은 소방청에 설치하는 경우에는 소방청장이 정하고, 소방본부에 설치하는 경우에는 해당 특별시 · 광역시 · 특별자치시 · 도 또는 특별자치도의 소방본부장이 정한다.

해설

① 시 · 도 → 소방본부
② 50명 → 18명
④ 소방본부장이 → 규칙으로

기본법 제4조의3, 기본령 제1조의2
소방기술민원센터의 설치 · 운영

(1) **소방청장** 또는 **소방본부장**은 소방시설, 소방공사 및 위험물 안전관리 등과 관련된 **법령해석** 등의 **민원을 종합적으로 접수하여** 처리할 수 있는 기구를 설치 · 운영

(2) 소방기술민원센터의 설치 · 운영 등에 필요한 사항 : **대통령령**

(3) **소방청장** 또는 **소방본부장**은 소방기술민원센터를 소방청 또는 소방본부에 각각 설치 · 운영 보기 ①

(4) 소방기술민원센터는 센터장을 포함하여 **18명** 이내로 구성 보기 ②

(5) **소방기술민원센터**의 **수행업무**

① 소방시설, 소방공사와 위험물 안전관리 등과 관련된 **법령해석** 등의 소방기술민원의 처리

② 소방기술민원과 관련된 **질의회신집** 및 해설서 발간

③ 소방기술민원과 관련된 **정보시스템**의 운영 · 관리

④ 소방기술민원과 관련된 현장 확인 및 처리

⑤ 그 밖에 소방기술민원과 관련된 업무로서 **소방청장** 또는 **소방본부장**이 필요하다고 인정하여 지시하는 업무

⑥ **소방청장** 또는 **소방본부장**은 소방기술민원센터의 업무수행을 위하여 필요하다고 인정하는 경우에는 관계 기관의 장에게 소속 공무원 또는 직원의 파견을 요청할 수 있다. 보기 ③

⑦ 소방기술민원센터의 설치 · 운영에 필요한 사항은 소방청에 설치하는 경우에는 **소방청장**이 정하고, 소방본부에 설치하는 경우에는 해당 특별시 · 광역시 · 특별자치시 · 도 또는 특별자치도의 **규칙**으로 정한다. 보기 ④

답 ③

★
53 소방기본법령상 국고보조의 대상이 되는 소방활동장비 및 설비의 규격으로 옳은 것은?

① 무선통신기기 중 디지털전화교환기인 경우, 국내 10회선 이상, 내선 100회선 이상

② 무선통신기기 중 키폰장치인 경우, 국내 10회선 이상, 내선 100회선 이상

③ 유선통신장비 중 초단파무선기기로 고정용인 경우, 공중전력 60와트 이상

④ 펌프차 중 소형인 경우, 120마력 이상 170마력 미만

해설

① 무선통신기기 → 유선통신장비, 10회선 → 100회선, 100회선 → 1000회선
② 무선통신기기 → 유선통신장비, 10회선 → 100회선, 100회선 → 200회선
③ 유선통신장비 → 무선통신기기, 60와트 이상 → 50와트 이하

기본법규칙 [별표 1의2]
국고보조의 대상이 되는 소방활동장비 및 설비의 종류와 규격

구분	종류			규격
소방활동장비	소방자동차	펌프차	대형	240HP 이상
			중형	170 ~ 240HP 미만
			소형	120 ~ 170HP 미만 보기 ④
		물탱크소방차	대형	240HP 이상
			중형	170 ~ 240HP 미만
		화학소방차	비활성 가스를 이용한 소방차	
			고성능	340HP 이상
			내폭	340HP 이상
			일반 대형	240HP 이상
			일반 중형	170 ~ 240HP 미만
		사다리소방차	고가 (사다리 길이 33m 이상)	330HP 이상
			굴절 27m 이상급	330HP 이상
			굴절 18 ~ 27m 미만급	240HP 이상
		조명차	중형	170HP
		배연차	중형	170HP 이상
		구조차	대형	240HP 이상
			중형	170 ~ 240HP 미만
		구급차	특수	90HP 이상
			일반	85 ~ 90HP 미만
	소방정		소방정	100톤 이상급, 50톤급
			구조정	30톤급
	소방헬리콥터			5 ~ 17인승
	통신설비	유선통신장비	디지털전화교환기	국내 100회선 이상, 내선 1000회선 이상 보기 ①
			키폰장치	국내 100회선 이상, 내선 200회선 이상 보기 ②
			팩스	일제 개별 동보장치
			영상장비 다중화장치	동화상 및 정지화상 E_1급 이상
		무선통신기기	극초단파 무선기기 고정용	공중전력 50W 이하
			극초단파 무선기기 이동용	공중전력 20W 이하
			극초단파 무선기기 휴대용	공중전력 5W 이하
			초단파 무선기기 고정용	공중전력 50W 이하 보기 ③
			초단파 무선기기 이동용	공중전력 20W 이하
			초단파 무선기기 휴대용	공중전력 5W 이하
			단파 무전기 고정용	공중전력 100W 이하
			단파 무전기 이동용	공중전력 50W 이하

구분	종류			규격
소방전용 통신설비 및 전산설비	전산설비	주전산기기	중앙처리장치	• 클럭속도 : 90MHz 이상 • 워드길이 : 32bit 이상
			주기억장치	• 용량 : 125Mbyte 이상 • 전송속도 : 22Mbyte/s 이상 • 캐시메모리 : 1Mbyte 이상
			보조기억장치	• 용량 : 5Gbyte 이상
		보조전산기기	중앙처리장치	• 성능 : 26MIPS 이상 • 클럭속도 : 25MHz 이상 • 워드길이 : 32bit 이상
			주기억장치	• 용량 : 32Mbyte 이상 • 전송속도 : 22Mbyte/s 이상 • 캐시메모리 : 128kbyte 이상
			보조기억장치	• 용량 : 22Gbyte 이상
		서버	중앙처리장치	• 성능 : 80MIPS 이상 • 클럭속도 : 100MHz 이상 • 워드길이 : 32bit 이상
			주기억장치	• 용량 : 32Mbyte/s 이상 • 전송속도 : 22Mbyte/s 이상 • 캐시메모리 : 128kbyte 이상
			보조기억장치	용량 : 3Gbyte 이상
		단말기	중앙처리장치	클럭속도 : 100MHz 이상
			주기억장치	용량 : 16Mbyte 이상
			보조기억장치	용량 : 1Gbyte 이상
			모니터	컬러, 15인치 이상
		라우터 (네트워크 연결장치)		6시리얼포트 이상
소방전용 통신설비 및 전산설비	전산설비	스위칭허브		16이더넷포트 이상
		이에스유, 씨에스유		56kbyte/s 이상
		스캐너		A4 사이즈, 컬러 600, 인치당 2400 도트 이상
		플로터		A4 사이즈, 컬러 300, 인치당 600 도트 이상
		빔프로젝트		밝기 400Lux 이상 컴퓨터 데이터 접속 가능
		액정프로젝트		밝기 400Lux 이상 컴퓨터 데이터 접속 가능
		무정전 전원장치		5kVA 이상

답 ④

★★★

54 20회 문 54

소방기본법령상 소방본부 종합상황실의 실장이 소방청의 종합상황실에 보고해야 하는 상황이 아닌 것은? (단, 다른 조건은 고려하지 않음)

① 이재민이 100인 이상 발생한 화재
② 가스 및 화약류의 폭발에 의한 화재
③ 재산피해액이 20억원 이상 발생한 화재
④ 「긴급구조대응활동 및 현장지휘에 관한 규칙」에 의한 통제단장의 현장지휘가 필요한 재난상황

해설

③ 20억원 → 50억원

기본규칙 제3조
종합상황실 실장의 보고화재

(1) 사망자 **5인** 이상 화재
(2) 사상자 **10인** 이상 화재
(3) 이재민 **100인** 이상 화재 보기 ①
(4) 재산피해액 **50억원** 이상 화재 보기 ③
(5) **관광호텔**, 층수가 11층 이상인 건축물, 지하상가, 시장, 백화점
(6) **5층** 이상 또는 객실 **30실** 이상인 **숙박시설**
(7) **5층** 이상 또는 병상 **30개** 이상인 **종합병원 · 정신병원 · 한방병원 · 요양소**
(8) **1000t** 이상인 선박(항구에 매어둔 것)
(9) 지정수량 **3000배** 이상의 위험물제조소 · 저장소 · 취급소
(10) 연면적 **15000**m^2 이상인 **공장** 또는 **화재예방강화지구**에서 발생한 화재
(11) **가스** 및 **화약류**의 폭발에 의한 화재 보기 ②
(12) **관공서 · 학교 · 정부미도정공장 · 문화재 · 지하철** 또는 지하구의 **화재**
(13) 철도차량, 항공기, 발전소 또는 변전소에서 발생한 화재
(14) 다중이용업소의 화재
(15) 「긴급구조대응활동 및 현장지휘에 관한 규칙」에 의한 **통제단장**의 **현장지휘**가 필요한 재난상황 보기 ④
(16) 언론에 보도된 재난상황
(17) 그 밖에 소방청장이 정하는 재난상황

용어

종합상황실
화재 · 재난 · 재해 · 구조 · 구급 등이 필요한 때에 신속한 소방활동을 위한 정보를 수집 · 전파하는 소방서 또는 소방본부의 지령관제실

답 ③

★

55 11회 문 61

화재의 예방 및 안전관리에 관한 법령상 특수가연물 중 가연성 고체류에 해당하지 않는 것은? (단, 고체만 해당됨)

① 인화점이 섭씨 40도 미만인 것
② 인화점이 섭씨 40도 이상 100도 미만인 것
③ 인화점이 섭씨 100도 이상 200도 미만이고, 연소열량이 1그램당 8킬로칼로리 이상인 것
④ 인화점이 섭씨 200도 이상이고 연소열량이 1그램당 8킬로칼로리 이상인 것으로서 녹는점(융점)이 100도 미만인 것

해설 **화재예방법 시행령 [별표 2]**
가연성 고체류

(1) 인화점이 **40~100℃** 미만 보기 ②
(2) 인화점이 **100~200℃** 미만이고, 연소열량이 **8kcal/g** 이상 보기 ③
(3) 인화점이 **200℃** 이상이고 연소열량이 **8kcal/g** 이상인 것으로서 녹는점(융점)이 **100℃** 미만 보기 ④
(4) 1기압과 **20℃** 초과 **40℃** 이하에서 **액상**인 것으로서, 인화점이 **70~200℃** 미만

답 ①

★

56

화재의 예방 및 안전관리에 관한 법령상 용어의 정의로 옳은 것은?

① "예방"이란 화재의 위험으로부터 사람의 생명 · 신체 및 재산을 보호하기 위하여 화재발생을 사전에 제거하거나 방지하기 위한 모든 활동을 말한다.
② "안전관리"란 화재가 발생할 경우 사회 · 경제적으로 피해 규모가 클 것으로 예상되는 소방대상물에 대하여 화재위험요인을 조사하고 그 위험성을 평가하여 개선대책을 수립하는 것을 말한다.
③ "화재예방안전진단"이란 화재로 인한 피해를 최소화하기 위한 예방, 대비, 대응 등의 활동을 말한다.
④ "화재예방강화지구"란 소방청장이 화재발생 우려가 크거나 화재가 발생할 경우 피해가 클 것으로 예상되는 지역에 대하여 화재의 예방 및 안전관리를 강화하기 위해 지정 · 관리하는 지역을 말한다.

해설

② 안전관리 → 화재예방안전진단
③ 화재예방안전진단 → 안전관리
④ 소방청장 → 시·도지사

화재예방법 제2조
용어의 정의

용 어	정 의
예방 보기 ①	화재의 위험으로부터 사람의 생명·신체 및 재산을 보호하기 위하여 화재발생을 **사전**에 **제거**하거나 방지하기 위한 모든 활동
안전관리 보기 ②	화재로 인한 피해를 최소화하기 위한 **예방, 대비, 대응** 등의 활동
화재안전조사	**소방청장, 소방본부장** 또는 **소방서장**(이하 "**소방관서장**")이 소방대상물, 관계지역 또는 관계인에 대하여 소방시설 등이 소방관계법령에 적합하게 설치·관리되고 있는지, 소방대상물에 화재의 발생 위험이 있는지 등을 확인하기 위하여 실시하는 **현장조사·문서열람·보고요구** 등을 하는 활동
화재예방강화지구 보기 ④	특별시장·광역시장·특별자치시장·도지사 또는 특별자치도지사(이하 "**시·도지사**")가 **화재발생 우려**가 크거나 화재가 발생할 경우 **피해**가 클 것으로 예상되는 지역에 대하여 화재의 **예방** 및 **안전관리**를 강화하기 위해 지정·관리하는 지역
화재예방안전진단 보기 ③	화재가 발생할 경우 사회·경제적으로 **피해** 규모가 클 것으로 예상되는 소방대상물에 대하여 **화재위험요인**을 **조사**하고 그 위험성을 평가하여 **개선대책**을 수립하는 것

답 ①

★★★
57 화재의 예방 및 안전관리에 관한 법령상 화재예방강화지구로 지정하여 관리할 수 있는 지역을 모두 고른 것은? (단, 다른 조건은 고려하지 않음)

23회 문 58
17회 문 53
16회 문 54
10회 문 71
03회 문 53
02회 문 53

㉠ 시장지역
㉡ 공장·창고가 밀집한 지역
㉢ 노후·불량 건축물이 밀집한 지역
㉣ 소방시설·소방용수시설 또는 소방출동로가 없는 지역

① ㉠, ㉡ ② ㉢, ㉣
③ ㉡, ㉢, ㉣ ④ ㉠, ㉡, ㉢, ㉣

해설 **화재예방법 제18조**
화재예방강화지구의 지정
(1) **지정권자** : 시·도지사
(2) **지정지역**
① **시장**지역 기호 ㉠
② **공장·창고**가 밀집한 지역 기호 ㉡
③ **목조건물**이 밀집한 지역
④ 노후·불량 건축물이 밀집한 지역 기호 ㉢
⑤ **위험물**의 **저장** 및 **처리시설**이 **밀집**한 지역
⑥ **석유화학제품**을 생산하는 공장이 있는 지역
⑦ 「산업입지 및 개발에 관한 법률」에 따른 산업단지
⑧ **소방시설·소방용수시설** 또는 **소방출동로**가 **없는** 지역 기호 ㉣
⑨ 「물류시설의 개발 및 운영에 관한 법률」에 따른 물류단지
⑩ **소방청장, 소방본부장** 또는 **소방서장**(소방관서장)이 화재예방강화지구로 지정할 필요가 있다고 인정하는 지역

중요

(1) **화재예방강화지구**(화재예방법 제18조)
① 지정 : **시·도지사**
② **화재안전조사** : **소방청장·소방본부장** 또는 **소방서장**(소방관서장)

- **화재예방강화지구** : 화재 발생 우려가 크거나 화재가 발생할 경우 피해가 클 것으로 예상되는 지역에 대하여 화재의 예방 및 안전관리를 강화하기 위해 지정·관리하는 지역

(2) **화재예방강화지구** 안의 **화재안전조사·소방훈련** 및 **교육**(화재예방법 시행령 제20조)
① 실시자 : **소방본부장·소방서장**
② 횟수 : **연 1회** 이상
③ 훈련·교육 : **10일 전** 통보

비교

화재로 **오인**할 만한 **불**을 **피우거나 연막소독** 시 **신고지역**(기본법 제19조)
(1) **시장**지역
(2) **공장 · 창고**가 밀집한 지역
(3) **목조건물**이 밀집한 지역
(4) **위험물**의 **저장** 및 **처리시설**이 **밀집**한 지역
(5) **석유화학제품**을 생산하는 공장이 있는 지역
(6) 그 밖에 **시 · 도**의 **조례**로 정하는 지역 또는 장소

답 ④

★★
58 화재의 예방 및 안전관리에 관한 법령상 화재안전조사에 관한 설명으로 옳지 않은 것은?
20회 문 58 19회 문 60

① 중앙화재안전조사단은 단장을 제외하여 60명 이상의 단원으로 성별을 고려하여 구성한다.
② 지방화재안전조사단은 단장을 포함하여 50명 이내의 단원으로 성별을 고려하여 구성한다.
③ 화재안전조사위원회는 위원장 1명을 포함하여 7명 이내의 위원으로 성별을 고려하여 구성한다.
④ 화재안전조사위원회 위촉위원의 임기는 2년으로 하며, 한 차례만 연임할 수 있다.

해설
① 제외하여 60명 이상 → 포함하여 50명 이내

(1) **중앙화재안전조사단** 및 **지방화재안전조사단**(화재예방법 시행령 제10조)

구 분	설 명
단장 임명 또는 단원 위촉	소방관서장
편성	단장을 포함하여 **50명** 이내의 단원으로 성별을 고려하여 구성 **보기 ① ②**
조사단원	① 소방공무원 ② 소방업무와 관련된 **단체** 또는 **연구기관** 등의 임직원 ③ 소방관련분야에서 전문적인 지식이나 경험이 풍부한 사람

(2) **화재안전조사위원회**의 **구성 · 운영 등**(화재예방법 시행령 제11조)
① 화재안전조사위원회(이하 "**위원회**")는 위원장 **1명**을 포함하여 **7명** 이내의 위원으로 성별을 고려하여 구성한다. **보기 ③**
② 위원회의 위원장은 소방관서장이 된다.
③ 위원회의 위원은 다음에 해당하는 사람 중에서 소방관서장이 임명하거나 위촉한다.
㉠ **과장급** 직위 이상의 소방공무원
㉡ 소방기술사
㉢ 소방시설관리사
㉣ 소방 관련 분야의 **석사** 이상 학위를 취득한 사람
㉤ 소방 관련 법인 또는 단체에서 소방 관련 업무에 **5년** 이상 종사한 사람
㉥ 「소방공무원 교육훈련규정」에 따른 소방공무원 교육훈련기관, 「고등교육법」의 학교 또는 연구소에서 소방과 관련한 교육 또는 연구에 **5년** 이상 종사한 사람
④ 위촉위원의 임기는 **2년**으로 하며, **한 차례**만 연임할 수 있다. **보기 ④**

답 ①

★★★
59 소방시설공사업법령상 소방시설업자의 지위승계에 관한 조문의 일부이다. (   )에 들어갈 내용으로 옳은 것은?
17회 문 56 07회 문 54 05회 문 72

> 다음 각 호의 어느 하나에 해당하는 자가 종전의 소방시설업자의 지위를 승계하려는 경우에는 그 상속일, 양수일 또는 합병일부터 (㉠)일 이내에 행정안전부령으로 정하는 바에 따라 그 사실을 (㉡)에게 신고하여야 한다.
> 1. 소방시설업자가 사망한 경우 그 상속인
> 2. 소방시설업자가 그 영업을 양도한 경우 그 (㉢)

① ㉠ : 15, ㉡ : 시 · 도지사, ㉢ : 양도인
② ㉠ : 15, ㉡ : 소방본부장, ㉢ : 양도인
③ ㉠ : 30, ㉡ : 시 · 도지사, ㉢ : 양수인
④ ㉠ : 30, ㉡ : 소방본부장, ㉢ : 양수인

해설 (1) **소방시설업**(공사업규칙 제2~7조)

내 용		날 짜
• 등록증 재발급	지위승계 · 분실 등	**3일** 이내
	변경신고 등	**5일** 이내
• 등록서류보완		**10일** 이내
• 등록증 발급		**15일** 이내
• 등록사항 변경신고 • 지위승계 신고시 서류제출		**30일** 이내 기호 ㉠

(2) **소방시설업자**의 **지위승계** : **시 · 도지사**에게 **신고**
(공사업법 제7조 제①항) 기호 ㉡

① 소방시설업자가 **사망**한 경우 그 **상속인**

② 소방시설업자가 그 영업을 **양도**한 경우 그 **양수인** 기호 ㉢

③ 법인인 소방시설업자가 다른 법인과 합병한 경우 합병 후 존속하는 법인이나 합병으로 설립되는 법인

※ **승계** : 직계가족으로부터 물려받음

답 ③

★★★
60 소방시설공사업법령상 벌칙에 관한 내용으로 옳은 것을 모두 고른 것은?

24회 문 53
20회 문 55
16회 문 56
05회 문 67

> ㉠ 공사감리 결과의 통보 또는 공사감리 결과보고서의 제출을 거짓으로 한 자는 1천만원 이하의 벌금에 처한다.
> ㉡ 정당한 사유 없이 관계 공무원의 출입 또는 검사 · 조사를 거부 · 방해 또는 기피한 자는 300만원 이하의 벌금에 처한다.
> ㉢ 소방기술자를 공사현장에 배치하지 아니한 자는 200만원 이하의 과태료를 부과한다.

① ㉠, ㉡

② ㉠, ㉢

③ ㉡, ㉢

④ ㉠, ㉡, ㉢

해설 ㉡ 100만원 이하의 벌금

(1) **1년 이하의 징역** 또는 **1000만원 이하**의 **벌금**

① 소방시설의 **자체점검** 미실시자(소방시설법 제58조)

② **소방시설관리사증** 대여(소방시설법 제58조)

③ **소방시설관리업**의 등록증 또는 등록수첩 대여(소방시설법 제58조)

④ 화재안전조사시 관계인의 정당업무방해 또는 **비밀누설**(화재예방법 제50조)

⑤ **제품검사** 합격표시 위조(소방시설법 제58조)

⑥ **성능인증** 합격표시 위조(소방시설법 제58조)

⑦ **우수품질 인증표시** 위조(소방시설법 제58조)

⑧ 제조소 등의 정기점검 기록 허위 작성(위험물법 제35조)

⑨ **자체소방대**를 두지 않고 제조소 등의 허가를 받은 자(위험물법 제35조)

⑩ **위험물 운반용기**의 검사를 받지 않고 유통시킨 자(위험물법 제35조)

⑪ 제조소 등의 긴급 사용정지 위반자(위험물법 제35조)

⑫ 영업정지처분 위반자(공사업법 제36조)

⑬ 감리 결과보고서 거짓 제출(공사업법 제36조) 기호 ㉠

⑭ 공사감리자 미지정자(공사업법 제36조)

⑮ 소방시설 설계 · 시공 · 감리 하도급자(공사업법 제36조)

⑯ 소방시설공사 재하도급자(공사업법 제36조)

⑰ 소방시설업자가 아닌 자에게 **소방시설공사** 등을 도급한 관계인(공사업법 제36조)

⑱ 공사업법의 명령에 따르지 않은 소방기술자(공사업법 제36조)

(2) **300만원 이하**의 **벌금**

① 관계인의 **화재안전조사**를 정당한 사유 없이 거부 · 방해 · 기피(화재예방법 제50조)

② 방염성능검사 합격표시 위조 및 거짓시료 제출(소방시설법 제59조)

③ 소방안전관리자, 총괄소방안전관리자 또는 소방안전관리보조자 미선임(화재예방법 제50조)

④ 위탁받은 업무종사자의 **비밀누설**(화재예방법 제50조, 소방시설법 제59조)

⑤ 다른 자에게 자기의 성명이나 상호를 사용하여 소방시설공사 등을 수급 또는 시공하게 하거나 소방시설업의 등록증 · 등록수첩을 빌려준 자(공사업법 제37조)

⑥ 감리원 미배치자(공사업법 제37조)

⑦ 소방기술인정 자격수첩을 빌려준 자(공사업법 제37조)

⑧ **2 이상**의 업체에 취업한 자(공사업법 제37조)

⑨ 소방시설업자나 관계인 감독시 관계인의 업무를 방해하거나 **비밀누설**(공사업법 제37조)

⑩ 공사 분리 미도급(공사업법 제37조)

⑪ 화재의 예방조치명령 위반(화재예방법 제50조)

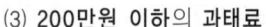

(3) **200만원 이하**의 **과태료**

① 소방용수시설 · 소화기구 및 설비 등의 설치 명령 위반(화재예방법 제52조)

② 특수가연물의 저장 · 취급 기준 위반(화재예방법 제52조)

③ 한국 119 청소년단 또는 이와 유사한 명칭을 사용한 자(기본법 제56조)

④ 소방활동구역 출입(기본법 제56조)

⑤ 소방자동차의 출동에 지장을 준 자(기본법 제56조)

⑥ 한국소방안전원 또는 이와 유사한 명칭을 사용한 자(기본법 제56조)

⑦ 관계서류 미보관자(공사업법 제40조)

⑧ 감리관계서류를 인수인계하지 아니한 자(공사업법 제40조)

⑨ **소방기술자 공사현장 미배치자**(공사업법 제40조) 기호 ㉢

⑩ 완공검사를 받지 아니한 자(공사업법 제40조)

⑪ 방염성능기준 미만으로 방염한 자(공사업법 제40조)

⑫ 하도급 미통지자(공사업법 제40조)

⑬ 관계인에게 지위승계 · 행정처분 · 휴업 · 폐업 사실을 거짓으로 알린 자(공사업법 제40조)

⑭ 공사대금 지급보증 미이행(공사업법 제40조)

답 ②

★★★

61 소방시설공사업법령상 소방시설업에 해당하지 않는 것은?

23회 문 55 / 19회 문 55 / 13회 문 55 / 06회 문 72 / 05회 문 58

① 방염처리업 ② 소방시설관리업

③ 소방시설설계업 ④ 소방공사감리업

해설 (1) **소방시설업**(공사업법 제2조 제①항)

소방시설 설계업 보기 ③	소방시설 공사업	소방공사 감리업 보기 ④	방염처리업 보기 ①
소방시설공사에 기본이 되는 공사계획 · **설계도면 · 설계설명서** · 기술계산서 등을 작성하는 영업	설계도서에 따라 소방시설을 신설 · 증설 · 개설 · 이전 · 정비하는 영업	소방시설공사에 관한 발주자의 권한을 대행하여 소방시설공사가 설계도서와 관계법령에 따라 적법하게 시공되는지를 확인하고, **품질 · 시공관리**에 대한 **기술지도**를 하는 영업	방염대상물품에 대하여 방염처리하는 영업

(2) **소방시설관련자**(공사업법 제2조 제①항)

소방시설업자	감리원	소방기술자	발주자
소방시설업을 **경영**하기 위하여 소방시설업을 **등록**한 자	소방공사감리업자에 소속된 소방기술자로서 해당 소방시설공사를 **감리**하는 사람	① 소방시설관리사 ② 소방기술사 ③ 소방설비기사 ④ 소방설비산업기사 ⑤ 위험물기능장 ⑥ 위험물산업기사 ⑦ 위험물기능사	소방시설의 설계, 시공, 감리 및 방염과 같은 **소방시설공사 등**을 소방시설업자에게 **도급**하는 자(단, 수급인으로서 도급받은 공사를 하도급하는 자 제외)

답 ②

★

62 소방시설 설치 및 관리에 관한 법령상 특정소방대상물의 관계인이 특정소방대상물에 설치 · 관리해야 하는 소방시설의 종류 중 소화설비에 관한 조문의 일부이다. ( )에 들어갈 내용으로 옳은 것은?

20회 문 62

> 가. 화재안전기준에 따라 소화기구를 설치하여야 하는 특정소방대상물은 다음의 어느 하나에 해당하는 것으로 한다.
> 1) 연면적 (㉠)m^2 이상인 것. 다만, (㉡)의 경우에는 투척용 소화용구 등을 화재안전기준에 따라 산정된 소화기 수량의 2분의 1 이상으로 설치할 수 있다.

① ㉠ : 20, ㉡ : 숙박시설

② ㉠ : 20, ㉡ : 노유자시설

③ ㉠ : 33, ㉡ : 숙박시설

④ ㉠ : 33, ㉡ : 노유자시설

해설 **소방시설법 시행령 [별표 4]**
소화설비의 설치대상

종 류	설치대상
소화기구	① 연면적 **33**m^2 이상(단, **노유자시설**은 **투척용 소화용구** 등을 산정된 소화기수량의 $\frac{1}{2}$ 이상으로 설치 가능) 기호 ㉠㉡

종 류	설치대상
소화기구	② 국가유산 ③ 가스시설 ④ 터널 ⑤ 지하구 ⑥ 발전시설 중 전기저장시설
주거용 주방자동소화장치	① 아파트 등 ② **오피스텔**

답 ④

★

63 10회 문 56

소방시설 설치 및 관리에 관한 법령상 무창층(無窓層)에 관한 조문의 일부이다. (   ) 에 들어갈 내용으로 옳은 것은?

> "무창층(無窓層)"이란 지상층 중 다음 각 목의 요건을 모두 갖춘 개구부(건축물에서 채광·환기·통풍 또는 출입 등을 위하여 만든 창·출입구, 그 밖에 이와 비슷한 것을 말한다. 이하 같다)의 면적의 합계가 해당 층의 바닥면적(「건축법 시행령」 제119조 제1항 제3호에 따라 산정된 면적을 말한다. 이하 같다)의 (㉠) 이하가 되는 층을 말한다.
> 가. 크기는 지름 (㉡)센티미터 이상의 원이 통과할 수 있을 것
> 나. 해당 층의 바닥면으로부터 개구부 밑부분까지의 높이가 (㉢)미터 이내일 것

① ㉠ : 30분의 1, ㉡ : 50, ㉢ : 1.2
② ㉠ : 30분의 1, ㉡ : 100, ㉢ : 1.2
③ ㉠ : 50분의 1, ㉡ : 50, ㉢ : 1.5
④ ㉠ : 50분의 1, ㉡ : 100, ㉢ : 1.5

해설 **소방시설법 시행령 제2조**
무창층

(1) **무창층**의 **정의** : 지상층 중 기준에 의한 개구부의 면적의 합계가 해당 층의 바닥면적의 $\frac{1}{30}$ 이하가 되는 층 기호 ㉠

(2) **무창층**의 **개구부**의 **기준**
  ① 개구부의 크기가 지름 **50cm** 이상의 원이 통과할 수 있을 것 기호 ㉡
  ② 해당 층의 바닥면으로부터 개구부 밑부분까지의 높이가 **1.2m** 이내일 것 기호 ㉢
  ③ 개구부는 **도로** 또는 **차량**이 진입할 수 있는 **빈터**를 향할 것
  ④ 화재시 건축물로부터 **쉽게 피난**할 수 있도록 개구부에 창살, 그 밖의 장애물이 설치되지 아니할 것
  ⑤ 내부 또는 외부에서 **쉽게 부수거나 열 수** 있을 것

기억법 무125

답 ①

★★★

64 20회 문 64 / 17회 문 62 / 16회 문 63 / 12회 문 58 / 10회 문 72 / 09회 문 55

소방시설 설치 및 관리에 관한 법령상 방염대상물품의 방염성능기준으로 옳은 것을 모두 고른 것은?

> ㉠ 탄화(炭化)한 면적은 50제곱센티미터 이내, 탄화한 길이는 30센티미터 이내일 것
> ㉡ 버너의 불꽃을 제거한 때부터 불꽃을 올리며 연소하는 상태가 그칠 때까지 시간은 30초 이내일 것
> ㉢ 소방청장이 정하여 고시한 방법으로 발연량(發煙量)을 측정하는 경우 최대연기밀도는 400 이하일 것

① ㉢　② ㉠, ㉡
③ ㉡, ㉢　④ ㉠, ㉡, ㉢

해설
㉠ 30센티미터 → 20센티미터
㉡ 30초 → 20초

소방시설법 시행령 제31조
방염성능기준

구 분	기 준
잔염시간	**20초** 이내 기호 ㉡
잔진시간(잔신시간)	**30초** 이내
탄화길이	**20cm** 이내 기호 ㉠
탄화면적	**50cm^2** 이내 기호 ㉠
불꽃접촉횟수	**3회** 이상
최대연기밀도	**400** 이하 기호 ㉢

용어

잔염시간	잔진시간(잔신시간)
버너의 불꽃을 제거한 때부터 **불꽃을 올리며** 연소하는 상태가 그칠 때까지의 시간	버너의 불꽃을 제거한 때부터 **불꽃을 올리지 아니하고** 연소하는 상태가 그칠 때까지의 시간

답 ①

25회

★★★
65 22회 문 61 20회 문 59 17회 문 61 16회 문 60 15회 문 59 13회 문 61 09회 문 68 02회 문 65

소방시설 설치 및 관리에 관한 법령상 건축허가 등을 할 때 미리 소방본부장 또는 소방서장의 동의를 받아야 하는 건축물 등의 범위에 해당하는 것은? (단, 다른 조건은 고려하지 않음)

① 연면적이 200제곱미터 이상인 의료재활시설
② 가스시설로서 지하저장탱크의 저장용량의 합계가 50톤 이상인 것
③ 차고·주차장으로 사용되는 바닥면적이 200제곱미터 이상인 층이 있는 건축물이나 주차시설
④ 지하층 또는 무창층이 있는 건축물로서 연면적이 100제곱미터(공연장의 경우에는 50제곱미터) 이상인 층이 있는 것

해설
① 200제곱미터 → 300제곱미터
② 50톤 → 100톤
④ 100제곱미터 → 150제곱미터, 50제곱미터 → 100제곱미터

소방시설법 시행령 제7조
건축허가 등의 동의대상물
(1) 연면적 **400m²**(학교시설 : **100m²**, **수련시설 · 노유자시설 : 200m²**, **정신의료기관 · 장애인 의료재활시설** : **300m²**) 이상 보기 ①
(2) **6층** 이상인 건축물
(3) 차고 · 주차장으로서 바닥면적 **200m²** 이상 (자동차 **20대** 이상) 보기 ③
(4) **항공기격납고, 관망탑, 항공관제탑, 방송용 송수신탑**
(5) 지하층 또는 무창층의 바닥면적 **150m²** 이상 (공연장은 **100m²** 이상) 보기 ④
(6) **위험물저장 및 처리시설, 지하구**
(7) 전기저장시설, 풍력발전소
(8) 공동주택 · 숙박시설
(9) 조산원, 산후조리원, 의원(입원실 또는 인공신장실이 있는 것)
(10) 결핵환자나 한센인이 24시간 생활하는 노유자시설
(11) 요양병원(의료재활시설 제외)
(12) 노인주거복지시설 · 노인의료복지시설 및 재가노인복지시설, 학대피해노인 전용쉼터, 아동복지시설, 장애인거주시설
(13) 정신질환자 관련시설(공동생활가정을 제외한 재활훈련시설과 종합시설 중 24시간 주거를 제공하지 않는 시설 제외)
(14) 노숙인자활시설, 노숙인재활시설 및 노숙인 요양시설
(15) 공장 또는 창고시설로서 지정수량의 **750배 이상**의 특수가연물을 저장 · 취급하는 것
(16) 가스시설로서 지상에 노출된 탱크의 저장용량의 합계가 **100톤** 이상인 것 보기 ②

답 ③

★★
66 20회 문 63 14회 문 65

소방시설 설치 및 관리에 관한 법령상 소방용품의 형식승인 등에 관한 조문의 일부이다. ( )에 들어갈 내용으로 옳은 것은?

- 대통령령으로 정하는 소방용품을 제조하거나 수입하려는 자는 소방청장의 (㉠)을 받아야 한다. 다만, 연구개발 목적으로 제조하거나 수입하는 소방용품은 그러하지 아니하다.
- 「소방시설 설치 및 관리에 관한 법률」 제37조 제1항에 따른 (㉠)을 받으려는 자는 (㉡)으로 정하는 기준에 따라 (㉠)을 위한 시험시설을 갖추고 소방청장의 심사를 받아야 한다.

① ㉠ : 형식승인, ㉡ : 총리령
② ㉠ : 형식승인, ㉡ : 행정안전부령
③ ㉠ : 성능인증, ㉡ : 총리령
④ ㉠ : 성능인증, ㉡ : 행정안전부령

해설 **소방시설법 제37조**
소방용품의 형식승인 등
(1) 대통령령으로 정하는 소방용품을 제조하거나 수입하려는 자는 소방청장의 **형식승인**을 받아야 한다(단, **연구개발 목적으로 제조하거나 수입하는 소방용품은 제외**). 기호 ㉠
(2) **형식승인**을 받으려는 자는 **행정안전부령**으로 정하는 기준에 따라 **형식승인**을 위한 시험시설을 갖추고 소방청장의 심사를 받아야 한다 (단, 소방용품을 수입하는 자가 판매를 목적으로 하지 아니하고 자신의 건축물에 직접 설치하거나 사용하려는 경우 등 행정안전부령으로 정하는 경우에는 시험시설 제외) 기호 ㉠㉡

답 ②

★★★

67 소방시설 설치 및 관리에 관한 법령상 소방시설 중 소화활동설비에 해당하는 것은?

19회 문 62 / 17회 문110 / 16회 문 58 / 12회 문 61 / 10회 문 70 / 10회 문120 / 09회 문 70 / 06회 문 52 / 02회 문 55

① 방열복
② 비상벨설비
③ 통합감시시설
④ 연결송수관설비

해설

① 피난구조설비
②③ 경보설비

(1) NFPC 301 제3조, NFTC 301 1.7~1.8, 소방시설법 시행령 [별표 1]

피난구조설비	소화활동설비
① 피난기구 ├ **피**난사다리 ├ **구**조대 ├ **완**강기 └ 소방청장이 정하여 고시하는 화재안전기준으로 정하는 것(미끄럼대, 피난교, 공기안전매트, 피난용 트랩, 다수인 피난장비, 승강식 피난기, 간이완강기, 하향식 피난구용 내림식 사다리) 기억법 피구완 ② 인명구조기구 ├ 방열복 보기 ① ├ 방화복(안전모, 보호장갑, 안전화 포함) ├ 공기호흡기 └ 인공소생기 ③ 유도등 ├ 피난유도선 ├ 피난구유도등 ├ 통로유도등 ├ 객석유도등 └ 유도표지 ④ 비상조명등·휴대용 비상조명등	① **연결송수관**설비 보기 ④ ② **연결살수**설비 ③ **연소방지**설비 ④ **무선통신보조**설비 ⑤ **제연**설비 ⑥ **비상콘센트**설비 기억법 3연무제비콘

(2) **경보설비**(소방시설법 시행령 [별표 1])

① 비상경보설비 ┬ 비상벨설비 보기 ②
　　　　　　　　└ 자동식 사이렌설비
② 단독경보형 감지기
③ 비상방송설비
④ 누전경보기
⑤ 자동화재탐지설비 및 시각경보기
⑥ 자동화재속보설비
⑦ 가스누설경보기
⑧ 통합감시시설 보기 ③
⑨ 화재알림설비

답 ④

★

68 위험물안전관리법령상 옥내저장소 설치허가 수수료의 연결로 옳은 것은?

① 지정수량의 10배 이하인 것－1만원
② 지정수량의 50배 초과 100배 이하인 것－4만원
③ 지정수량의 100배 초과 200배 이하인 것－6만원
④ 지정수량의 200배 초과하는 것－9만원

해설

① 1만원 → 2만원
③ 6만원 → 5만원
④ 9만원 → 6만 5천원

위험물규칙 [별표 25]
옥내저장소 설치허가 수수료

옥내 저장소	지정수량의 10배 이하인 것	2만원 보기 ①
	지정수량의 10배 초과 50배 이하인 것	2만 5천원
	지정수량의 50배 초과 100배 이하인 것	4만원 보기 ②
	지정수량의 100배 초과 200배 이하인 것	5만원 보기 ③
	지정수량의 200배를 초과하는 것	6만 5천원 보기 ④

답 ②

★★

69 위험물안전관리법령상 제조소의 위치·구조 및 설비의 기준 중 피뢰설비 설치를 제외할 수 있는 위험물은? (단, 제조소의 주위의 상황에 따라 안전상 지장이 있고, 지정수량 10배 이상의 위험물을 취급하는 제조소임)

24회 문 93 / 16회 문 89

① 아염소산염류　　② 과염소산
③ 황린　　④ 하이드록실아민

해설 (1) **위험물규칙 [별표 4]**

지정수량의 10배 이상의 위험물을 취급하는 제조소(**제6류 위험물**을 취급하는 위험물 제조소 제외)에는 피뢰침을 설치하여야 한다. 단, 위험물제조소 주위의 상황에 따라 안전상 지장이 없는 경우에는 피뢰침을 설치하지 아니할 수 있다.

기억법 피10(피식 웃다.)

(2) **위험물**(위험물령 [별표 1])

유 별	성 질	품 명
제1류	산화성 고체	• 아염소산염류(아염소산칼륨) 보기 ① • 염소산염류(염소산칼륨) • 과염소산염류 • 질산염류 • 무기과산화물 기억법 1산고(일산GO)
제2류	가연성 고체	• **황화**인 • **적**린 • **황** • **마**그네슘 기억법 2황화적황마
제3류	자연발화성 물질 및 금수성 물질	• **황**린 보기 ③ • **칼**륨 • **나트**륨 • 알킬리튬 • 수소화칼륨 • 수소화칼슘 기억법 3황칼나트
제4류	인화성 액체	• 특수인화물(이황화탄소) • 알코올류 • 석유류 • 동식물유류
제5류	자기반응성 물질	• 셀룰로이드 • 유기과산화물 • 질산에스터류 • 하이드록실아민 보기 ④
제6류	산화성 액체	• **과염소산**($HClO_4$) 보기 ② • 과**산**화수소(H_2O_2)(농도 36 중량퍼센트 이상) • **질**산(HNO_3)(비중 1.49 이상) 기억법 6산액과염산질

답 ②

70 위험물안전관리법령상 용어의 정의에 따른 도로에 해당하지 않는 것은?

07회 문 75

① 「도로법」에 따른 도로
② 「항만법」에 따른 항만시설 중 임항교통시설에 해당하는 도로
③ 「사도법」에 의한 사도
④ 그 밖에 일반교통에 이용되지 않는 너비 2미터 이상의 도로로서 자동차의 통행이 가능한 것

해설 ④ 이용되지 않는 → 이용되는

위험물규칙 제2조
도로
(1) 도로법에 의한 도로 보기 ①
(2) 임항교통시설의 도로 보기 ②
(3) 사도 보기 ③
(4) 일반교통에 이용되는 너비 **2m** 이상의 도로(자동차의 통행이 가능한 것) 보기 ④

답 ④

71 위험물안전관리법령상 옥내탱크저장소의 변경허가를 받아야 하는 경우를 모두 고른 것은?

ㄱ 옥내저장탱크의 탱크 본체를 절개하여 보수하는 경우
ㄴ 불활성기체의 봉입장치를 신설하는 경우
ㄷ 자동화재탐지설비를 신설 또는 철거하는 경우

① ㄷ　　② ㄱ, ㄴ
③ ㄴ, ㄷ　　④ ㄱ, ㄴ, ㄷ

해설 **위험물규칙 [별표 1의2]**
옥내탱크저장소의 변경허가를 받아야 하는 경우
(1) **옥내저장탱크**의 위치를 **이전**하는 경우
(2) **주입구**의 위치를 이전하거나 신설하는 경우
(3) **300m**(지상 미설치시 **30m**)를 초과하는 위험물배관을 신설 · 교체 · 철거 또는 보수(배관 절개)하는 경우
(4) **옥내저장탱크**를 **신설 · 교체** 또는 **철거**하는 경우

(5) 옥내저장탱크를 보수(탱크 본체를 절개하는 경우)하는 경우 기호 ㉠

(6) 옥내저장탱크의 노즐 또는 맨홀을 신설하는 경우(노즐 또는 맨홀의 지름이 250mm를 초과하는 경우)

(7) 건축물의 벽 · 기둥 · 바닥 · 보 또는 지붕을 증설 또는 철거하는 경우

(8) **배출설비**를 **신설**하는 경우

(9) 누설범위를 국한하기 위한 설비 · 냉각장치 · 보냉장치 · 온도의 상승에 의한 위험한 반응을 방지하기 위한 설비 또는 철 이온 등의 혼입에 의한 위험한 반응을 방지하기 위한 설비를 신설하는 경우

(10) 불활성기체의 **봉입장치**를 신설하는 경우 기호 ㉡

(11) 물분무등소화설비를 신설 · 교체(배관 · 밸브 · 압력계 · 소화전 본체 · 소화약제탱크 · 포헤드 · 포방출구 등의 교체 제외) 또는 철거하는 경우

(12) **자동화재탐지설비**를 신설 또는 철거하는 경우 기호 ㉢

답 ④

★★★
72 (20회 문 75, 14회 문 74)

다중이용업소의 안전관리에 관한 특별법령상 안전시설 등에 대한 정기점검 등에 관한 조문의 일부이다. (   )에 들어갈 내용으로 옳은 것은? (단, 다른 조건은 고려하지 않음)

- 다중이용업주는 다중이용업소의 안전관리를 위하여 정기적으로 안전시설 등을 점검하고 그 점검결과서를 작성하여 (㉠)년간 보관하여야 한다.
- 점검주기 : 매 (㉡)별 (㉢)회 이상 점검

① ㉠ : 1, ㉡ : 분기, ㉢ : 1
② ㉠ : 1, ㉡ : 반기, ㉢ : 2
③ ㉠ : 2, ㉡ : 분기, ㉢ : 1
④ ㉠ : 2, ㉡ : 분기, ㉢ : 2

해설 (1) **다중이용업주**의 **안전시설 등**에 대한 **정기점검 등**(다중이용업소법 제13조)

다중이용업주는 다중이용업소의 안전관리를 위하여 정기적으로 안전시설 등을 **점검**하고 그 점검결과서를 **1년간** 보관하여야 한다. 기호 ㉠
다중이용업주는 정기점검을 **행정안전부령**으로 정하는 바에 따라 「소방시설 설치 및 관리에 관한 법률」에 따른 **소방시설관리업자**에게 위탁할 수 있다.

(2) **안전점검**의 **대상, 점검자**의 **자격 등**(다중이용업소법 시행규칙 제14조)

① 점검주기 : **매 분기별 1회 이상** 점검(단, 「소방시설 설치 및 관리에 관한 법률」에 따른 자체점검을 실시한 경우에는 자체점검을 실시한 그 분기에는 점검 제외) 기호 ㉡㉢

② 점검방법 : 안전시설 등의 작동 및 유지 · 관리 상태를 점검한다.

답 ①

★★★
73 (21회 문 75, 16회 문 72, 09회 문 60)

다중이용업소의 안전관리에 관한 특별법령상 안전시설 등에서 소방시설 중 피난설비에 해당하는 것은?

① 휴대용 비상조명등
② 창문
③ 영업장 내부 피난통로
④ 비상구

해설 **다중이용업소법 시행령 [별표 1의2]**
다중이용업소의 안전시설 등

시 설		종 류
소방시설	소화설비	• 소화기 • 자동확산소화기 • 간이스프링클러설비(캐비닛형 간이스프링클러설비 포함)
	피난설비	• 유도등 • 유도표지 • 비상조명등 • 휴대용 비상조명등 보기 ① • 피난기구(미끄럼대 · 피난사다리 · **구조대** · 완강기 · 다수인 피난장비 · 승강식 피난기) • 피난유도선(단, 영업장 내부 피난통로 또는 복도가 있는 영업장에만 설치)
	경보설비	• 비상벨설비 또는 자동화재탐지설비 • 가스누설경보기

비상구 보기 ④	〈비상구 설치제외 영업장〉 ① 주된 출입구 외에 해당 영업장 내부에서 피난층 또는 지상으로 통하는 직통계단이 주된 출입구 중심선으로부터 수평거리로 영업장의 긴 변 길이의 $\frac{1}{2}$ 이상 떨어진 위치에 별도로 설치된 경우 ② 피난층에 설치된 영업장(영업장으로 사용하는 바닥면적이 $33m^2$ 이하인 경우로서 영업장 내부에 구획된 실이 없고, 영업장 전체가 개방된 구조의 영업장)으로서 그 영업장의 각 부분으로부터 출입구까지의 수평거리가 10m 이하인 경우
영업장 내부 피난통로 보기 ③	구획된 실이 있는 영업장에만 설치
그 밖의 안전시설	• **창문**(단, 고시원업의 영업장에만 설치) 보기 ② • **영상음향차단장치**(단, 노래반주기 등 영상음향장치를 사용하는 영업장에만 설치) • **누전차단기**

답 ①

74 다중이용업소의 안전관리에 관한 특별법령상 조치명령 미이행업소를 공개할 때 포함해야 할 사항이 아닌 것은?

① 미이행업소의 주소
② 소방서장이 조치한 내용
③ 미이행의 횟수
④ 미이행업소 대표자 성명

해설 **다중이용업소법 시행령 제18조**
조치명령 미이행업소의 공개사항 등
(1) 미이행업소명
(2) 미이행업소의 주소 보기 ①
(3) 소방청장·소방본부장 또는 소방서장이 조치한 내용 보기 ②
(4) 미이행의 횟수 보기 ③

답 ④

75 다중이용업소의 안전관리에 관한 특별법령상 평가대행자에 대한 1차 행정처분기준이 등록취소에 해당하는 위반사항은? (단, 가중과 감경은 고려하지 않음)

17회 문 73

① 화재위험평가서를 허위로 작성하거나 고의 또는 중대한 과실로 평가서를 부실하게 작성한 경우
② 도급받은 화재위험평가업무를 하도급한 경우
③ 업무정지처분기간 중 신규계약에 의하여 화재위험평가대행업무를 한 경우
④ 1개월 이상 시험장비가 없는 경우

해설 **다중이용업규칙 [별표 3]**
화재위험평가 대행자

행정처분	위반사항
1차 경고	① 평가대행자의 **기술인력 부족** ② 평가서 미보존 ③ 등록 후 **2년** 이상 미실적 ④ 평가대행자의 장비가 부족한 경우
1차 업무정지 **3월**	타평가서 복제
1차 업무정지 **6월**	① **1개월** 이상 시험장비 없는 경우 보기 ④ ② **하도급** 보기 ② ③ 화재위험평가서 허위작성 보기 ①
2차 업무정지 **1월**	① 평가대행자의 기술인력 부족 ② 장비 부족 ③ 평가서 미보존
2차 업무정지 **6월**	타평가서 복제
1차 등록취소	① 기술인력·장비가 전혀 없는 경우 ② 업무정지처분기간 중 신규로 대행업무를 한 경우 보기 ③ ③ **등록결격사유**에 해당하는 경우 ④ **거짓**, 그 밖의 **부정한 방법**으로 등록 ⑤ **최근 1년 이내 2회 업무정지처분** 받고 재업무정지처분 받은 때 ⑥ **등록증 대여**

답 ③

제 4 과목 위험물의 성질·상태 및 시설기준

★★★

76 제1류 위험물의 공통성질에 관한 설명으로 옳은 것은?

23회 문 76 / 19회 문 76 / 17회 문 76 / 16회 문 83 / 15회 문 86 / 13회 문 77 / 06회 문 98 / 05회 문 77 / 02회 문 99

① 산화성 고체이다.
② 물에 접촉하면 발열한다.
③ 무색 또는 백색의 화합물이다.
④ 가열분해에 의하여 수소를 발생시킨다.

해설

② 물에 접촉하면 발열한다. → 무기과산화물만 물에 접촉하면 발열한다.
③ 보라색 또는 주황색 화합물도 있다.
④ 무기과산화물은 가열분해에 의하여 산소(O_2)를 발생시킨다.

제1류 위험물 : 산화성 고체 [보기 ①]

(1) 상온에서 **고체상태**이며, 산화위험성·폭발위험성·유해성 등을 지니고 있다.
(2) **반응속도**가 대단히 **빠르다.**
(3) 가열·충격 및 다른 화학제품과 접촉시 쉽게 분해하여 산소를 방출한다.
(4) **조연성·조해성** 물질이다.
(5) 일반적으로 불연성이며 강산화성 물질로서 비중은 1보다 크다.
(6) 모두 **무기화합물**이다.
(7) 물보다 **무겁다.**
(8) 가연성 유기화합물과 혼합시 연소 위험성이 증가한다.
(9) 물에 녹는 것이 많다.
(10) 수용액 상태에서도 **산화성**이 있다.
(11) **제6류** 위험물인 산화성 액체와 혼합하면 대부분 **산화성**이 증가한다.
(12) 소화방법 : 물에 의한 **냉각소화**(단, **무기과산화물**은 **마른모래** 등에 의한 질식소화) [보기 ②]
(13) 보라색 또는 주황색 화합물도 있다. [보기 ③]

중요

주수소화(물소화)시 **위험**한 **물질**

구 분	현 상
• 무기과산화물 →	**산소**(O_2) 발생 [보기 ④]
• **금**속분 • **마**그네슘 • 알루미늄 • 칼륨 • 나트륨 • 수소화리튬	**수소**(H_2) 발생
• 가연성 액체의 유류화재	**연소면**(화재면) 확대

기억법 금마수

※ **주수소화** : 물을 뿌려 소화하는 방법

답 ①

★★

77 에틸알코올이 완전연소한 경우의 화학반응식이다. 다음 ㉠~㉣에 들어갈 숫자는?

22회 문 79 / 21회 문 86

(㉠)C_2H_5OH + (㉡)O_2 → (㉢)CO_2 + (㉣)H_2O

① ㉠ : 1, ㉡ : 1, ㉢ : 2, ㉣ : 5
② ㉠ : 1, ㉡ : 3, ㉢ : 2, ㉣ : 3
③ ㉠ : 2, ㉡ : 3, ㉢ : 4, ㉣ : 5
④ ㉠ : 2, ㉡ : 7, ㉢ : 4, ㉣ : 5

해설 **에틸알코올 연소반응식**

에틸알코올(C_2H_5OH)이 **연소**되므로 **산소**(O_2)가 필요함

$aC_2H_5OH + bO_2 \rightarrow cCO_2 + dH_2O$

C : $2\overset{1}{a} = \overset{2}{c}$

H : $6\overset{1}{a} = 2\overset{3}{d}$

O : $\overset{1}{a} + 2\overset{3}{b} = 2\overset{2}{c} + \overset{3}{d}$

∴ $C_2H_2OH + \mathbf{3}O_2 \rightarrow \mathbf{2}CO_2 + \mathbf{3}H_2O$

답 ②

★

78 탄소가 다음 반응과 같이 진행하여 완전연소될 경우 생성되는 열량(kJ)은?

• 1단계 : $C + \frac{1}{2}O_2 \rightarrow CO + 111kJ$
• 2단계 : $CO + \frac{1}{2}O_2 \rightarrow CO_2 + 283kJ$

① 172 ② 283
③ 394 ④ 566

해설

1단계 : $C + \frac{1}{2}O_2 \rightarrow CO + 111kJ$(불완전연소)

2단계 : $CO + \frac{1}{2}O_2 \rightarrow CO_2 + 283kJ$(완전연소)

불완전연소	완전연소
수증기+CO	수증기+CO_2

완전연소가 되기 위해서는 CO_2가 발생해야 하므로
완전연소시 열량=1단계 열량+2단계 열량
=111kJ+283kJ=394kJ

답 ③

★★★

79 제5류 위험물 중 나이트로화합물이 아닌 것은?

24회 문 85
20회 문 84
17회 문 83

① 테트릴
② 피크린산
③ 트라이나이트로톨루엔
④ 나이트로글리세린

해설

④ 질산에스터류

제5류 위험물의 **종류** 및 **지정수량**

성질	품 명	지정수량	대표물질
자기반응성 물질	유기과산화물	• 제1종 : 10kg • 제2종 : 100kg	① 과산화벤조일(벤조일퍼옥사이드) ② 메틸에틸케톤퍼옥사이드
	질산에스터류		① 질산메틸 ② 질산에틸 ③ 나이트로셀룰로오스 ④ 나이트로글리세린 **보기 ④** ⑤ 나이트로글리콜 ⑥ 셀룰로이드
	나이트로화합물		① 트리나이트로페놀(**피**크린산, TNP) **보기 ②** ② **트**리나이트로톨루엔 **보기 ③** ③ 트리나이트로벤젠 ④ **테**트릴 **보기 ①**
	나이트로소화합물		① 파라나이트로소벤젠 ② 다이나이트로소레조르신 ③ 나이트로소아세트페논
	아조화합물		① 아조벤젠 ② 하이드록시아조벤젠 ③ 아미노아조벤젠 ④ 아족시벤젠
	다이아조화합물		① 다이아조메탄 ② 다이아조다이나이트로페놀 ③ 다이아조카르복실산에스터 ④ 질화납
	하이드라진 유도체		① 하이드라진 ② 하이드라조벤젠 ③ 하이드라지드 ④ 염산하이드라진 ⑤ 황산하이드라진

기억법 **나트피테(니트**를 입고 **비데**에 앉아?)

중요

제5류 위험물

지정수량	위험등급
제1종 : 10kg	Ⅰ
제2종 : 100kg	Ⅱ

답 ④

★★★

80 칼륨과 나트륨에 관한 비교설명으로 옳지 않은 것은?

18회 문 76
16회 문 77
15회 문 85
12회 문 21
11회 문 95
10회 문 84
06회 문 96

① 비중은 나트륨이 크다.
② 융점은 칼륨이 낮다.
③ 비점은 칼륨이 낮다.
④ 모두 이온화 경향이 작은 가연성 금속이다.

해설

④ 작은 → 큰

칼륨 vs 나트륨

구 분	칼 륨	나트륨
원자량	39	23
비중	0.857	0.97
융점	63.5℃	97.8℃
비점	762℃	880℃

답 ④

★

81 물질 A와 B의 특성이 다음과 같을 때 공기 중에서 인화 또는 발화가 가능한 조건은? (단, 물질 A는 물 또는 물질 B와 혼합하여도 화학반응 등이 일어나지 않는 것으로 한다.)

물 질	성 질	인화점	발화점	연소범위
A	비수용성	13℃	443℃	7.6~43vol%
B	수용성	11℃	413℃	4.3~19vol%

① A 증기 3L와 공기 100L를 혼합하여 전기점화를 한다.
② A를 직접적인 점화원 없이 200℃까지 가열한다.
③ 443℃인 공간에 B를 소량 떨어뜨린다.
④ A와 B를 혼합한 것을 300℃로 가열한 유리 용기에 넣는다.

해설

① A 증기 3L와 공기 100L를 혼합하여 전기점화를 한다. (×)

$$혼합비 = \frac{증기량}{증기량+공기량} \times 100 = \frac{3L}{3L+100L} \times 100 = 2.91vol\%$$

2.91vol%로써 연소범위 7.6~43vol% 안에 들어가지 않으므로 인화 불가능

② A를 직접적인 점화원 없이 200℃까지 가열한다. (×)

200℃로 가열하여 발화점 443℃ 미만이므로 발화 불가능

③ 443℃인 공간에 B를 소량 떨어뜨린다. (○)

443℃ 공간에 B의 발화점이 413℃이므로 발화 가능

④ A와 B를 혼합한 것을 300℃로 가열한 유리용기에 넣는다. (×)

A의 발화점 443℃, B의 발화점 413℃로서 300℃로 가열하면 발화 불가능

중요

공기 중의 폭발한계(상온, 1atm)

가 스	하한계 〔vol%〕	상한계 〔vol%〕
아세틸렌(C_2H_2)	2.5	81
수소(H_2)	4	75
일산화탄소(CO)	12	75
에터[$(C_2H_5)_2O$]	1.7	48
이황화탄소(CS_2)	1	50
에틸렌(C_2H_4)	2.7	36
암모니아(NH_3)	15	25
메탄(CH_4)	5	15
에탄(C_2H_6)	3	12.4
프로판(C_3H_8)	2.1	9.5
부탄(C_4H_{10})	1.8	8.4

- 연소한계=연소범위=가연한계=가연범위=폭발한계=폭발범위
- 메테인=메탄
- 에테인=에탄

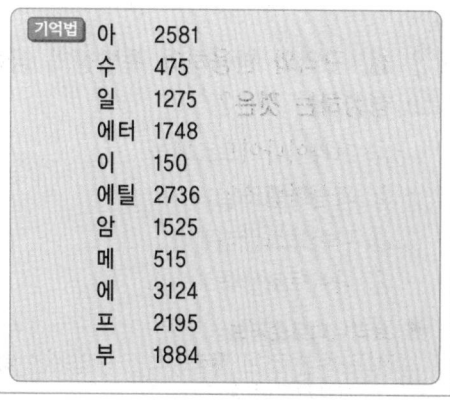

기억법
아 2581
수 475
일 1275
에터 1748
이 150
에틸 2736
암 1525
메 515
에 3124
프 2195
부 1884

답 ③

★★★

82 **19℃의 기름 100g에 4200J의 열량을 가했을 경우 기름의 온도(℃)는? (단, 기름의 비열은 2.1J/g · ℃이다.)**

24회 문 40
22회 문 40
20회 문 03
16회 문 38
10회 문 35
07회 문 39

① 20
② 35
③ 39
④ 45

해설 (1) **기호**

- T_1 : 19℃
- m : 100g
- Q : 4200J
- C : 2.1J/g · ℃
- T_2 : ?

(2) **현열**

$$Q = mC\Delta T$$

여기서, Q : 열량〔kcal〕
m : 질량〔kg〕
C : 비열(물의 비열 : 1kcal/kg · ℃)
ΔT : 온도차〔℃〕

$$Q = mC\Delta T \rightarrow \Delta T = \frac{Q}{mC}$$

$$\Delta T = \frac{Q}{mC} = \frac{4200J}{100g \times 2.1J/g \cdot ℃} = 20℃$$

$$\Delta T = T_2 - T_1$$

$$T_2 = \Delta T + T_1 = 20℃ + 19℃ = 39℃$$

답 ③

★
83 18회 문 84

철, 구리와 반응하여 폭발성의 금속염을 형성하는 것은?

① 트라이나이트로페놀
② 과산화벤조일
③ 나이트로글리세린
④ 나이트로셀룰로오스

해설 **트리나이트로페놀**

(1) 순수한 것은 **무색**이지만 공업용은 **휘황색**의 침상결정이다.
(2) **독성**이 있으며, **쓴맛**이 난다.
(3) 찬물에는 잘 녹지 않지만, **더운물 · 알코올**(에탄올) **· 에터 · 벤젠** 등에는 잘 녹는다.
(4) 충격 · 마찰에 비교적 둔감하여 공기 중 장기저장이 가능하다.
(5) 300℃ 이상으로 가열하면 폭발한다.
(6) 피크르산, 피크린산이라고도 한다.
(7) 철 · 구리 · 납 등과 반응하여 폭발성 피크레이트염(폭발성 금속염)을 생성한다. 보기 ①

답 ①

★★★
84 22회 문 83 20회 문 82 17회 문 77 14회 문 81

질산암모늄 1ton을 고온으로 가열하여 질소, 수증기, 산소로 완전분해되었다. 이때 생성되는 ㉠질소와 ㉡산소의 질량(kg)은 약 얼마인가?

① ㉠ : 175, ㉡ 100
② ㉠ : 350, ㉡ 200
③ ㉠ : 425, ㉡ 250
④ ㉠ : 525, ㉡ 300

해설 (1) **원자량**

원 자	원자량
H	1
N	14
O	16

(2) **분자량**

① 질산암모늄

$NH_4NO_3=14+1\times4+14+16\times3=80kg/kmol$

② 질소

$N_2=14\times2=28kg/kmol$

③ 산소

$O_2=16\times2=32kg/kmol$

(3) **질산암모늄**(NH_4NO_3)

약 **220℃**로 가열하면 분해하여 **이산화질소**(N_2O)와 **물**(H_2O)이 발생한다.

$$2NH_4NO_3 \rightarrow 2N_2 + 4H_2O + O_2$$

↑ 질산암모늄 ↑ 질소 ↑ 물 ↑ 산소

① 질소

$2NH_4NO_3 \rightarrow 2N_2+4H_2O+O_2$

$2\times80kg/kmol$ ╳ $2\times28kg/kmol$

$1000kg$ x

$2\times80kg/kmol\times x=2\times28kg/kmol\times1000kg$

$$x=\frac{2\times28kg/kmol\times1000kg}{2\times80kg/kmol}=350kg$$

② 산소

$2NH_4NO_3 \rightarrow 2N_2+4H_2O+O_2$

$2\times80kg/kmol$ ╳ $32kg/kmol$

$1000kg$ x

$2\times80kg/kmol\times x=32kg/kmol\times1000kg$

$$x=\frac{32kg/kmol\times1000kg}{2\times80kg/kmol}=200kg$$

답 ②

★★★
85 20회 문 79 18회 문 83 16회 문 79 15회 문 79 14회 문 82 13회 문 81 12회 문 94 11회 문 60 11회 문 91 10회 문 90 09회 문 87 03회 문 82

제3류 위험물의 성상에 관한 설명으로 옳은 것을 모두 고른 것은?

> ㉠ 황린은 자연발화성 물질 및 금수성 물질이다.
> ㉡ 나트륨은 은백색의 광택이 나는 연한 경금속이다.
> ㉢ 인화칼슘은 물과 반응하여 공기보다 무거운 포스핀을 생성한다.
> ㉣ 트라이에틸알루미늄은 물과 반응하여 에테인(ethane)을 생성한다.

① ㉠　　② ㉠, ㉢
③ ㉡, ㉣　　④ ㉡, ㉢, ㉣

해설 ㉠ 자연발화성 물질 및 금수성 물질 → 자연발화성 물질

(1) **황린**(P_4)

① **일반성질**

㉠ **백색** 또는 **담황색**의 고체이다.
㉡ 물에 녹지 않고 물과 반응하지도 않는다.
㉢ **이황화탄소**(CS_2) **· 벤젠**(C_6H_6)에 잘 녹는다.
㉣ 어두운 곳에서 **인광**을 낸다.

ⓜ 공기를 차단하고 260℃로 가열하면 **적린**이 된다.
ⓑ 증기는 공기보다 **무겁다.**

② **위험성**
㉠ 공기 중에 방치하면 액화되면서 자연발화한다. **기호 ㉠**
㉡ 가연성이 강하고 매우 자극적이며 맹독성이다.
㉢ 연소할 경우 **오산화인**(P_2O_5)의 **백색연기**를 낸다.
㉣ 인화점은 융점 이하이므로 매우 위험하고 **200℃** 이상으로 가열하면 폭발적으로 분해하여 가연성 가스가 발생한다.

③ **저장 및 취급방법**
㉠ 화기 엄금할 것
㉡ 공기와 수분의 접촉을 피할 것
㉢ 용기의 희석안정제로 **벤젠 · 펜탄 · 헥산 · 톨루엔** 등을 넣어 줄 것

④ **소화방법**
㉠ **팽창질석 · 팽창진주암 · 소다회 · 건조분말** 등으로 **질식소화**한다.
㉡ 주변은 마른모래 등으로 차단하여 화재 확대 방지에 주력한다.
㉢ 주수소화 엄금

(2) **나트륨(Na)**

원자량	23
비 중	0.97
융 점	97.8℃
비 점	880℃

① **일반성질**
㉠ **은백색**의 광택이 있는 경금속이다. **기호 ㉡**
㉡ 물보다 가볍다.
㉢ 융점이 낮다.
㉣ 실온에서 산화되어 **수산화나트륨**(NaOH)의 **염홍색** 피막을 형성한다.

② **위험성**
㉠ 가연성 고체로 장기간 방치할 경우 **자연발화**의 **위험**이 있다.
㉡ 융점 이상으로 가열시 **황색불꽃**을 내며 연소한다.
㉢ **아이오딘산**과 접촉시 폭발한다.
㉣ **피부**에 접촉하면 **화상**을 입는다.
ⓜ 수은과 격렬하게 반응하여 나트륨 아말감을 만든다.
ⓑ 물과 격렬하게 반응하여 발열하고 H_2와 NaOH를 발생한다.
ⓢ 에틸알코올과 반응하여 H_2를 발생한다.
ⓞ 질산과 격렬하게 반응하여 H_2를 발생한다.

(3) **인화칼슘(Ca_3P_2)**

① **위험성**
㉠ 물 또는 묽은산과 반응하여 맹독성의 **포스핀**(PH_3)가스를 발생한다. **기호 ㉢**

$$Ca_3P_2 + 6H_2O \rightarrow 3Ca(OH)_2 + 2PH_3\uparrow$$
$$Ca_3P_2 + 6HCl \rightarrow 3CaCl_2 + 2PH_3\uparrow$$

㉡ **벤젠 · 에터 · 이황화탄소**(CS_2)와 습기하에서 접촉하면 발화한다.

② **일반성질**
㉠ **적갈색**의 괴상고체이다.
㉡ 공기 중에서 안정하다.
㉢ 300℃ 이상에서 산화된다.
㉣ **알코올 · 에터**에는 녹지 않는다.

용어

주수소화
물을 뿌려 소화하는 것

(4) **트리에틸알루미늄** [$(C_2H_5)_3Al$] : TEA

분자량	114.17
비 중	0.83
융점(녹는점)	−46℃ 또는 −52.5℃
비점(끓는점)	185℃ 또는 194℃

① **무색투명**한 **액체**로 독성이 있다.
② 외관은 등유와 비슷한 **가연성**이다.
③ C_1~C_4는 공기 중에서 자연발화성이 강하다.
④ 공기 중에 노출되면 **백색연기**가 발생하며 연소한다.
⑤ **유기금속화합물**이다.
⑥ **폴리에틸렌 · 폴리스티렌** 등을 공업적으로 합성하기 위해서 사용한다.
⑦ **저장 및 취급방법**
㉠ 화기엄금할 것
㉡ 공기와 수분의 접촉을 피할 것
㉢ 용기의 희석안정제로 **벤젠 · 펜탄 · 헥산 · 톨루엔** 등을 넣어 줄 것
⑧ **위험성**
물 · 산 · 알코올과 접촉하면 폭발적으로 반응하여 **에테인**(에탄)(C_2H_6)을 발생시킨다.
기호 ㉣

답 ④

★★★
86 제4류 위험물에 관한 설명으로 옳지 않은 것은?

18회 문 85
13회 문 83
06회 문 20
03회 문 94

① n-부틸알코올(normal butyl alcohol)은 제2석유류에 속하는 인화성 액체이다.
② 아크롤레인(acrolein)은 제1석유류에 속하며 증기비중이 1보다 크고 독성이 강하다.
③ 글리세린(glycerine)은 나이트로글리세린의 원료이며 $KMnO_4$와 혼촉발화한다.
④ 콜로디온(collodion)은 제조시 사용한 용제가 모두 증발하면 제3류 위험물과 같은 위험성이 나타난다.

해설

④ 제3류 → 제5류

제4류 위험물
(1) 콜로디온 : 용제(에탄올과 에터)가 증발하면 제5류 위험물과 같은 위험성이 있다. 보기 ④
(2) 글리세린 : 나이트로글리세린의 원료이며 과망가니즈산칼륨($KMnO_4$)과 혼촉발화한다. 보기 ③
(3) n-부틸알코올 : 제2석유류에 속하는 인화성 액체이다. 보기 ①

중요

(1) **아크롤레인**($CH_2=CHCHO$)

구 분	설 명
일반 성질	① **무색투명**하며 불쾌한 냄새가 나는 가연성 액체이다. ② **물·알코올·에터**에 잘 녹는다. ③ 공기에 의해 산화되어 **아크릴산**이 된다.
위험성	① 증기는 공기보다 무겁다. ② 반응성이 풍부하여 산화제·과산화물 등과 **중합반응**을 일으켜 발열한다. ③ 불꽃·열에 접촉시 자극성·유독성 가스가 발생한다. 보기 ②
저장 및 취급방법	① 공기와의 접촉을 피할 것 ② 용기 내에는 **질소**(N_2) 등의 불활성 가스를 봉입할 것
소화방법	**알코올포**로 **질식소화**한다(화재초기에는 물분무·이산화탄소·건조분말 등도 가능).

(2) **제4류 위험물**의 **종류** 및 **지정수량**

성질	품 명		지정수량	대표물질
인화성 액체	특수인화물		50L	**다이에틸에터**·이황화탄소·아세트알데하이드·산화프로필렌·이소프렌·펜탄·디비닐에터·트리클로로실란
	제1석유류	비수용성	200L	휘발유·벤젠·**톨루엔**·시클로헥산·아크롤레인 보기 ②·에틸벤젠·초산에스터류(**초산에틸**)·의산에스터류·콜로디온·메틸에틸케톤
		수용성	400L	아세톤·피리딘·시안화수소
	알코올류		400L	메틸알코올·**에틸알코올**·프로필알코올·이소프로필알코올·부틸알코올·아밀알코올·퓨젤유·변성알코올
	제2석유류	비수용성	1000L	등유·경유·테레빈유·장뇌유·송근유·스티렌·클로로벤젠·크실렌
		수용성	2000L	의산·초산(아세트산)·메틸셀로솔브·에틸셀로솔브·알릴알코올
	제3석유류	비수용성	2000L	중유·크레오소트유·나이트로벤젠·아닐린·담금질유
		수용성	4000L	에틸렌글리콜·글리세린
	제4석유류		6000L	기어유·실린더유
	동식물유류		10000L	아마인유·해바라기유·들기름·대두유·야자유·올리브유·팜유

답 ④

★★★
87 위험물안전관리법령상 위험물의 지정수량과 위험등급에 관한 내용이다. 다음 ( )에 알맞은 것은?

22회 문 84
21회 문 79
19회 문 88
18회 문 71
18회 문 86
17회 문 87
16회 문 85
16회 문 80
15회 문 77
14회 문 77
14회 문 78
13회 문 76

품 명	지정수량(kg)	위험등급
질산염류	300	(㉠)
마그네슘	(㉡)	Ⅲ
알킬리튬	(㉢)	Ⅰ

① ㉠ : Ⅰ, ㉡ : 100, ㉢ : 50
② ㉠ : Ⅱ, ㉡ : 300, ㉢ : 20
③ ㉠ : Ⅱ, ㉡ : 500, ㉢ : 10
④ ㉠ : Ⅲ, ㉡ : 1000, ㉢ : 20

해설 (1) **제1류 위험물**

성 질	품 명	지정수량	위험등급
산화성 고체	염소산염류	50kg	Ⅰ
	아염소산염류		Ⅰ
	과염소산염류		Ⅰ
	무기과산화물		Ⅰ
	크로뮴·납 또는 아이오딘의 산화물	300kg	Ⅱ
	브로민산염류		Ⅱ
	질산염류 **기호 ㉠**		Ⅱ
	아이오딘산염류		Ⅱ
	과망가니즈산염류	1000kg	Ⅲ
	다이크로뮴산염류		Ⅲ

(2) **제2류 위험물**

성 질	품 명	지정수량	위험등급
가연성 고체	• 황화인 • 적린 • 황	100kg	Ⅱ
	• 마그네슘 **기호 ㉡** • 철분 • 금속분	500kg	Ⅲ
	• 그 밖에 행정안전부령이 정하는 것	100kg 또는 500kg	Ⅱ~Ⅲ
	• 인화성 고체	1000kg	Ⅲ

(3) **제3류 위험물**

성 질	품 명	지정수량	위험등급
자연발화성 물질 및 금수성 물질	칼륨	10kg	Ⅰ
	나트륨		
	알킬알루미늄		
	알킬리튬 **기호 ㉢**		
	황린	20kg	
	알칼리금속 (K, Na 제외) 및 알칼리토금속	50kg	Ⅱ
	유기금속화합물 (알킬알루미늄, 알킬리튬 제외)		
	금속의 수소화물	300kg	Ⅲ
	금속의 인화물		
	칼슘 또는 알루미늄의 탄화물		

답 ③

★★★

88 위험물안전관리법령상 제조소에서 저장 또는 취급하는 위험물별 게시판에 표시해야 하는 주의사항으로 옳은 것은?

24회 문 88
23회 문 95
22회 문 87
20회 문 96
19회 문 92
18회 문 90
16회 문100
10회 문 85
05회 문 78

① 톨루엔 – 화기엄금
② 질산에틸 – 화기주의
③ 철분 – 물기엄금
④ 인화성 고체 – 화기주의

해설
② 질산에틸 : 제5류 위험물 → 화기엄금
③ 철분 : 제2류 위험물(인화성 고체 제외) → 화기주의
④ 인화성 고체 : 제2류 위험물 → 화기엄금

위험물규칙 [별표 4]
위험물제조소의 주의사항

위험물	주의사항	비 고
• 제1류 위험물 (알칼리금속의 과산화물) • 제3류 위험물 (금수성 물질)	물기엄금	**청색**바탕에 **백색**문자
• 제2류 위험물 **보기 ③** (인화성 고체 제외)	화기주의	**적색**바탕에 **백색**문자
• 제2류 위험물 **보기 ④** (인화성 고체) • 제3류 위험물 (자연발화성 물질) • 제4류 위험물 **보기 ①** • 제5류 위험물 **보기 ②**	화기엄금	
• 제6류 위험물	별도의 표시를 하지 않는다.	

답 ①

★★★

89 위험물안전관리법령상 제조소의 "위험물의 성질에 따른 제조소의 특례"기준이다. 다음 ( )에 알맞은 것은?

21회 문 80
18회 문 81
16회 문 88
13회 문 91
12회 문 80
04회 문 94
03회 문 80
03회 문 99

• (㉠)을 취급하는 설비에는 불활성 기체를 봉입하는 장치를 갖출 것
• (㉡)을/를 취급하는 설비는 은·수은·동·마그네슘 또는 이들을 성분으로 하는 합금으로 만들지 아니할 것

① ㉠ : 알킬리튬, ㉡ : 아세트알데하이드
② ㉠ : 알킬리튬, ㉡ : 하이드록실아민
③ ㉠ : 산화프로필렌, ㉡ : 아세트알데하이드
④ ㉠ : 산화프로필렌, ㉡ : 하이드록실아민

해설 위험물규칙 [별표 4] Ⅶ

(1) **위험물의 성질**에 따른 **제조소**의 **특례**

① **산화프로필렌**을 취급하는 설비는 **은・수은・동・마그네슘** 또는 이들을 성분으로 하는 합금으로 만들지 아니할 것

② **알킬리튬**을 취급하는 설비에는 **불활성 기체**를 봉입하는 장치를 갖출 것 [기호 ㉠]

③ **하이드록실아민** 등을 취급하는 설비에는 하이드록실아민 등의 **온도** 및 **농도**의 상승에 의한 **위험한 반응**을 **방지**하기 위한 **조치**를 강구할 것

④ **하이드록실아민** 등을 취급하는 설비에는 **철이온** 등의 혼입에 의한 **위험한 반응**을 **방지**하기 위한 **조치**를 강구할 것

(2) **아세트알데하이드 등**을 **취급**하는 **제조소**의 **특례**

① **은・수은・동・마그네슘** 또는 이들을 성분으로 하는 합금으로 만들지 아니할 것 [기호 ㉡]

② 연소성 혼합기체의 생성에 의한 폭발을 방지하기 위한 **불활성 기체 또는 수증기를 봉입하는 장치를 갖출 것**

③ 탱크에는 **냉각장치** 또는 **보냉장치** 및 연소성 혼합기체의 생성에 의한 폭발을 방지하기 위한 **불활성 기체**를 **봉입**하는 **장치**를 갖출 것

답 ①

★★★

90 위험물안전관리법령상 질산메틸의 운반시 혼재가 가능한 위험물은? (단, 운반하는 위험물은 모두 지정수량이다.)

18회 문 83 / 15회 문 79 / 14회 문 82 / 11회 문 60 / 11회 문 71 / 10회 문 90 / 09회 문 87 / 03회 문 87

① 질산 ② 마그네슘
③ 수소화나트륨 ④ 과산화나트륨

해설

① 제6류 위험물
③ 제3류 위험물
④ 제1류 위험물

위험물의 **혼재**

(1) 제1류+제6류
(2) 제2류+제4류
(3) 제2류+제5류 [보기 ②]
(4) 제3류+제4류
(5) 제2류+제4류+제5류

- 질산메틸 : 제5류 위험물
- 마그네슘 : 제2류 위험물

답 ②

★

91 위험물안전관리법령상 주유취급소의 고정주유설비의 기준이다. 다음 (   )에 알맞은 것은?

22회 문 96

> 펌프기기는 주유관 끝부분에서의 최대배출량이 제1석유류의 경우에는 분당 (㉠)L 이하, 경유의 경우에는 분당 (㉡)L 이하, 등유의 경우에는 분당 (㉢)L 이하인 것으로 할 것

① ㉠ : 30, ㉡ : 120, ㉢ 50
② ㉠ : 50, ㉡ : 180, ㉢ 80
③ ㉠ : 80, ㉡ : 100, ㉢ 250
④ ㉠ : 100, ㉡ : 300, ㉢ 120

해설 **위험물규칙 [별표 13] Ⅳ 제2호**
주유취급소의 고정주유설비 또는 고정급유설비 적합구조

구 분	펌프기기 주유관 끝부분의 최대배출량
제1석유류	50L/min 이하 [기호 ㉠]
등유	80L/min 이하 [기호 ㉢]
경유	180L/min 이하 [기호 ㉡]

단, 이동저장탱크에 주입하기 위한 고정급유설비의 펌프기기는 최대배출량이 **300L/min 이하**인 것으로 할 수 있으며, 배출량이 **200L/min 이상**인 것의 경우에는 주유설비에 관계된 모든 배관의 안지름을 **40mm 이상**으로 할 것

답 ②

★★★

92 위험물안전관리법령상 위험물을 취급하는 건축물에 설치하는 채광・조명 및 환기설비에 관한 설명으로 옳지 않은 것은?

24회 문 90 / 16회 문 93 / 15회 문 89 / 13회 문 89

① 환기설비의 급기구는 낮은 곳에 설치한다.
② 채광설비는 채광면적이 최대가 되도록 한다.
③ 바닥면적이 $100m^2$인 경우 환기설비의 급기구의 면적은 $450cm^2$로 할 수 있다.
④ 스위치의 스파크로 인해 화재・폭발의 우려가 있는 경우에는 조명설비의 점멸스위치를 출입구 바깥부분에 설치한다.

해설 ② 최대 → 최소

위험물규칙 [별표 4]

(1) **제조소**의 **환기설비 시설기준**

① 환기는 **자연배기방식**으로 할 것

② 급기구는 바닥면적 **150m²**마다 1개 이상으로 하되, 그 크기는 **800cm²** 이상으로 할 것

바닥면적	급기구의 면적
60m² 미만	**150cm²** 이상
60~90m² 미만	**300cm²** 이상
90~120m² 미만	**450cm²** 이상 보기 ③
120~150m² 미만	**600cm²** 이상

③ 급기구는 **낮은 곳**에 설치하고 **가는 눈의 구리망** 등으로 **인화방지망**을 설치할 것 보기 ①

④ 환기구는 지붕 위 또는 지상 **2m** 이상의 높이에 **회전식 고정 벤틸레이터** 또는 **루프팬방식**으로 설치할 것

(2) **채광설비**의 **설치기준** : 채광설비는 **불연재료**로 하고, 연소의 우려가 없는 장소에 설치하되 채광면적을 **최소**로 할 것 보기 ②

(3) **조명설비**의 **설치기준**

① 가연성 가스 등이 체류할 우려가 있는 장소의 조명등은 **방폭등**으로 할 것

② 전선은 **내화·내열전선**으로 할 것

③ 점멸스위치는 **출입구 바깥부분**에 설치할 것(단, 스위치의 스파크로 인한 화재·폭발의 우려가 없을 경우 제외) 보기 ④

답 ②

★★★

93 위험물안전관리법령상 위험물제조소의 바닥면적이 100m²이고 배출설비를 전역방식으로 하는 경우 배출설비의 최소배출능력(m³/시간)은?

23회 문100
22회 문 85
21회 문 94
16회 문 93
15회 문 89
13회 문 89
09회 문 99

① 100
② 450
③ 1000
④ 1800

해설 ④ $1m^2$당 $18m^3$ 이상이므로 $100m^2 \times 18m^3/m^2 = 1800m^3$

위험물규칙 [별표 4] Ⅵ

제조소 배출설비의 설치기준

(1) 배출설비는 **국소방식**으로 하여야 한다(단, 다음에 해당하는 경우에는 **전역방식**으로 할 수 있다).

① 위험물취급설비가 **배관이음** 등으로만 된 경우

② 건축물의 구조·작업장소의 분포 등의 조건에 의하여 전역방식이 유효한 경우

(2) 배출설비는 배풍기·배출덕트·후드 등을 이용하여 **강제**적으로 **배출**하는 것으로 하여야 한다.

(3) 배출능력은 1시간당 배출장소 용적의 **20배** 이상인 것으로 하여야 한다(단, **전역방식**의 경우에는 바닥면적 1m²당 **18m³** 이상으로 할 수 있다). 보기 ④

(4) 배출설비의 급기구 및 배출구의 기준

① 급기구는 **높은 곳**에 설치하고, **가는 눈**의 구리망 등으로 인화방지망을 설치할 것

② 배출구는 **지상 2m** 이상으로서 연소의 우려가 없는 장소에 설치하고, 배출덕트가 관통하는 벽부분의 바로 가까이에 화재 시 **자동**으로 폐쇄되는 **방화댐퍼**를 설치할 것

(5) 배풍기는 **강제배기방식**으로 하고, 옥내덕트의 내압이 대기압 이상이 되지 아니하는 위치에 설치할 것

답 ④

★★★

94 위험물안전관리법령상 이동탱크저장소에 저장할 수 있는 제4류 위험물 중 접지도선을 설치해야 하는 위험물은?

23회 문 96
22회 문 95
18회 문 95
14회 문100
13회 문 96
12회 문 85
11회 문 90
10회 문 91
07회 문 84
06회 문 77

① 특수인화물
② 동식물유류
③ 알코올류
④ 제3석유류

해설 위험물규칙 [별표 10] Ⅶ

제4류 위험물 중 특수인화물, 제1석유류 또는 제2석유류의 이동탱크저장소에는 접지도선 설치 보기 ①

(1) 양도체의 도선에 비닐 등의 **전열차단재료**로 피복하여 끝부분에 **접지전극** 등을 결착시킬 수 있는 **클립**(clip) 등을 부착할 것

(2) 도선이 손상되지 아니하도록 도선을 수납할 수 있는 장치를 부착할 것

답 ①

★★★

95 위험물안전관리법령상 휘발유를 옥외탱크저장소에 저장할 경우 옥외탱크저장소의 위치 · 구조 및 설비의 기준에서 방유제의 설치에 관한 설명으로 옳지 않은 것은?

23회 문 71 / 19회 문 95 / 18회 문 94 / 16회 문 95 / 13회 문 90 / 13회 문 95 / 10회 문 95 / 09회 문 94 / 08회 문 86 / 07회 문 78 / 06회 문 82 / 03회 문 90

① 방유제의 높이는 0.5m 이상 3m 이하로 한다.
② 방유제 내의 면적은 8만m^2 이하로 한다.
③ 방유제에는 그 내부에 고인 물을 외부로 배출하기 위한 배수구를 설치하고 이를 개폐하는 밸브 등을 방유제의 내부에 설치한다.
④ 높이가 1m를 넘는 방유제 및 간막이 둑의 안팎에는 방유제 내에 출입하기 위한 계단 또는 경사로를 약 50m마다 설치한다.

해설 ③ 내부 → 외부

위험물규칙 [별표 6] Ⅸ
옥외탱크저장소의 방유제

(1) 방유제는 높이 **0.5~3m** 이하, 두께 **0.2m** 이상, 지하매설깊이 **1m** 이상으로 할 것(단, 방유제와 옥외저장탱크 사이의 지반면 아래에 불침윤성 구조물을 설치하는 경우에는 지하매설깊이를 해당 불침윤성 구조물까지로 할 수 있다) **보기 ①**
(2) 방유제 내의 면적은 **8만m^2** 이하로 할 것 **보기 ②**

| 옥외탱크저장소의 방유제 |

구 분	설 명
높이	**0.5~3m** 이하
탱크	**10기**(모든 탱크용량이 **20만L** 이하, 인화점이 70~200℃ 미만은 **20기**) 이하
면적	**80000m^2** 이하
용량	• 1기 : **탱크용량**×**110%** 이상 • 2기 이상 : **탱크 최대용량**×**110%** 이상

방유제 내에 설치하는 옥외저장탱크의 수는 **10**(단, 방유제 내에 설치하는 모든 옥외저장탱크의 용량이 **20만L** 이하이고, 당해 옥외저장탱크에 저장 또는 취급하는 위험물의 인화점이 **70~200℃ 미만**인 경우에는 20) 이하로 할 것(단, 인화점이 200℃ 이상인 위험물을 저장 또는 취급하는 옥외저장탱크는 제외)

(3) 방유제에는 그 내부에 고인 물을 **외부**로 배출하기 위한 배수구를 설치하고 이를 개폐하는 밸브 등을 방유제의 외부에 설치할 것 **보기 ③**
(4) 높이가 1m를 넘는 방유제 및 간막이 둑의 안팎에는 방유제 내에 출입하기 위한 계단 또는 경사로를 약 50m마다 설치할 것 **보기 ④**

답 ③

★

96 위험물안전관리법령상 암반탱크저장소의 위치 · 구조 및 설비 기준으로 옳은 것을 모두 고른 것은?

20회 문 87

> ㉠ 암반탱크는 암반투수계수가 10^{-5}m/s 이하인 천연암반 내에 설치할 것
> ㉡ 암반탱크는 저장할 위험물의 증기압을 억제할 수 있는 지하수면하에 설치할 것
> ㉢ 암반탱크 내로 유입되는 지하수의 양은 암반 내의 지하수 충전량보다 적을 것
> ㉣ 암반탱크에 가해지는 지하수압은 저장소의 최대운영압보다 작게 유지할 것

① ㉠, ㉡ ② ㉡, ㉣
③ ㉢, ㉣ ④ ㉠, ㉡, ㉢

해설 ㉣ 작게 → 항상 크게

위험물규칙 [별표 12]
암반탱크저장소의 암반탱크 설치기준

(1) 암반탱크는 암반투수계수가 **1×10^{-5}m/s 이하**인 천연암반 내에 설치할 것 **기호 ㉠**
(2) 암반탱크는 저장할 위험물의 증기압을 억제할 수 있는 **지하수면하**에 설치할 것 **기호 ㉡**
(3) 암반탱크의 내벽은 암반균열에 의한 낙반을 방지할 수 있도록 **볼트 · 콘크리트** 등으로 보강할 것
(4) 암반탱크는 다음의 기준에 적합한 수리조건을 갖추어야 한다.
① 암반탱크 내로 유입되는 지하수의 양은 암반 내의 지하수 충전량보다 **적을** 것 **기호 ㉢**
② 암반탱크의 상부로 물을 주입하여 수압을 유지할 필요가 있는 경우에는 **수벽공**을 설치할 것
③ 암반탱크에 가해지는 지하수압은 저장소의 최대운영압보다 **항상 크게** 유지할 것 **기호 ㉣**

답 ④

★★★

97 위험물안전관리법령상 소화설비의 설치기준에서 외벽이 내화구조가 아닌 연면적 $450m^2$인 저장소의 소요단위는?

18회 문 96
15회 문100
14회 문 97
10회 문100
08회 문 98

① 3　　② 5

③ 6　　④ 9

해설 위험물규칙 [별표 17]
소요단위의 계산방법

제조소 또는 취급소의 건축물		저장소의 건축물	
외벽이 내화구조인 것	외벽이 내화구조가 아닌 것	외벽이 내화구조인 것	외벽이 내화구조가 아닌 것
1 소요단위 : $100m^2$	1 소요단위 : $50m^2$	1 소요단위 : $150m^2$	1 소요단위 : $75m^2$

기억법 제취내1아5, 저내15아75

1 소요단위가 $75m^2$이므로

$$소요단위=\frac{연면적}{1\ 소요단위}=\frac{450m^2}{75m^2}=6단위$$

답 ③

★★★

98 위험물안전관리법령상 위험물의 저장 및 취급 기준에 관한 설명으로 옳지 않은 것은?

① 수상구조물에 설치하는 고정주유설비를 이용하여 주유작업을 할 때에는 6m 이내에 다른 선박의 정박 또는 계류를 금지한다.

② 철도 또는 궤도에 의하여 운행하는 차량에 주유하는 때에는 콘크리트 등으로 포장된 부분에서 주유한다.

③ 이동저장탱크에 알킬알루미늄 등을 저장하는 경우에는 20kPa 이하의 압력으로 불활성의 기체를 봉입하여 둔다.

④ 옥내저장소에서는 용기에 수납하여 저장하는 위험물의 온도가 55℃를 넘지 아니하도록 필요한 조치를 강구하여야 한다.

해설 ① 6m → 5m

위험물규칙 [별표 18]
위험물의 저장 및 취급 기준

(1) 수상구조물에 설치하는 고정주유설비를 이용하여 주유작업을 할 때에는 **5m** 이내에 다른 선박의 정박 또는 계류를 금지할 것 보기 ①

(2) 철도 또는 궤도에 의하여 운행하는 차량에 주유하는 때에는 콘크리트 등으로 포장된 부분에서 주유할 것 보기 ②

(3) 이동저장탱크에 알킬알루미늄 등을 저장하는 경우에는 20kPa 이하의 압력으로 불활성의 기체를 봉입하여 둘 것 보기 ③

(4) 옥내저장소에서는 용기에 수납하여 저장하는 위험물의 온도가 55℃를 넘지 아니하도록 필요한 조치를 강구하여야 한다. 보기 ④

답 ①

★★★

99 위험물안전관리법령상 제1종 판매취급소의 위치·구조 및 설비의 기준에서 위험물을 배합하는 실에 관한 설명으로 옳은 것은?

24회 문 98
21회 문 98
18회 문 98
17회 문 99
16회 문 97
15회 문 98
14회 문 91
10회 문 55
11회 문 84
03회 문 93

① 바닥면적은 $5m^2$ 이상 $15m^2$ 이하로 할 것

② 내부에 체류한 가연성의 증기 또는 가연성의 미분을 지붕 위로 방출하는 설비를 할 것

③ 출입구 문턱의 높이는 바닥면으로부터 0.1cm 이상으로 할 것

④ 출입구에는 수시로 열 수 있는 자동폐쇄식의 30분 방화문을 설치할 것

해설
① $5m^2$ → $6m^2$
③ 0.1cm → 0.1m
④ 30분 방화문 → 60분+방화문, 60분 방화문

위험물규칙 [별표 14] Ⅰ
제1종 판매취급소의 기준

(1) 제1종 판매취급소는 건축물의 **1층**에 설치할 것

(2) 제1종 판매취급소 : 저장 또는 취급하는 위험물의 수량이 지정수량의 **20배** 이하인 판매취급소

(3) 위험물을 배합하는 실 바닥면적 : **6~15m^2** 이하

(4) 제1종 판매취급소의 용도로 사용되는 건축물의 부분은 **내화구조** 또는 **불연재료**로 하고, 판매취급소로 사용되는 부분과 다른 부분과의 격벽은 **내화구조**로 할 것

(5) 제1종 판매취급소의 용도로 사용하는 부분의 **창** 및 **출입구**에는 60분+방화문, 60분 방화문 또는 30분 방화문을 설치할 것

(6) 판매취급소의 용도로 사용하는 건축물의 부분은 **보**를 **불연재료**로 하고, 천장을 설치하는 경우에는 **천장**을 **불연재료**로 할 것
(7) 판매취급소의 용도로 사용하는 부분에 상층이 있는 경우에 있어서는 그 상층의 **바닥**을 **내화구조**로 하고, 상층이 없는 경우에 있어서는 **지붕**을 **내화구조** 또는 **불연재료**로 할 것
(8) 판매취급소의 용도로 사용하는 부분의 **창** 또는 **출입구**에 유리를 이용하는 경우에는 **망입유리**로 할 것
(9) 판매취급소의 용도로 사용하는 건축물에 설치하는 전기설비는 「전기사업법」에 의한 「전기설비기술기준」에 의할 것

중요

위험물을 **배합**하는 **제1종 판매취급소**의 **실**의 **기준**(위험물규칙 [별표 14] Ⅰ)
(1) 바닥면적은 **6~15m²** 이하일 것 **보기 ①**
(2) **내화구조** 또는 **불연재료**로 된 벽으로 구획할 것
(3) 바닥은 위험물이 침투하지 아니하는 구조로 하여 적당한 경사를 두고 **집유설비**를 할 것
(4) 출입구에는 수시로 열 수 있는 자동폐쇄식의 60분+방화문, 60분 방화문을 설치할 것 **보기 ④**
(5) 출입구 문턱의 높이는 바닥면으로부터 **0.1m** 이상으로 할 것 **보기 ③**
(6) 내부에 체류한 가연성의 증기 또는 가연성의 미분을 **지붕 위**로 방출하는 설비를 할 것 **보기 ②**

비교

제2종 판매취급소 위치 · 구조 및 **설비**의 **기준**(위험물규칙 [별표 14] Ⅰ)
(1) **벽 · 기둥 · 바닥** 및 **보**를 **내화구조**로 하고, **천장**이 있는 경우에는 이를 **불연재료**로 하며, 판매취급소로 사용되는 부분과 다른 부분과의 **격벽**은 **내화구조**로 할 것
(2) 상층이 있는 경우에는 상층의 **바닥**을 **내화구조**로 하는 동시에 상층으로의 연소를 방지하기 위한 조치를 강구하고, 상층이 없는 경우에는 **지붕**을 **내화구조**로 할 것
(3) 연소의 우려가 없는 부분에 한하여 창을 두되, 해당 창에는 60분+방화문, 60분 방화문 또는 30분 방화문을 설치할 것
(4) **출입구**에는 60분+방화문, 60분 방화문 또는 30분 방화문을 설치할 것

답 ②

★

100 위험물안전관리법령상 이송취급소의 위치 · 구조 및 설비기준에 따라 외경이 130mm인 배관의 최소두께(mm)는?

① 4.6 ② 4.7
③ 4.8 ④ 4.9

해설 위험물규칙 [별표 15]
이송취급소의 위치 · 구조 및 설비의 기준
배관의 두께는 배관의 외경에 따라 다음 표에 정한 것 이상으로 하여야 한다.

배관의 외경(mm)	배관의 두께(mm)
114.3 미만	4.5
114.3 이상 139.8 미만	4.9 **보기 ④**
139.8 이상 165.2 미만	5.1
165.2 이상 216.3 미만	5.5
216.3 이상 355.6 미만	6.4
356.6 이상 508.0 미만	7.9
508.0 이상	9.5

답 ④

제 5 과목 소방시설의 구조 원리

★★★

101 소화기구 및 자동소화장치의 화재안전기술기준상 간이소화용구의 능력단위로 옳은 것은?

17회 문117
16회 문 96
14회 문 90

① 마른모래로 삽을 상비한 80L 이상의 것으로 1포의 능력단위는 1단위이다.
② 마른모래로 삽을 상비한 50L 이상의 것으로 1포의 능력단위는 0.5단위이다.
③ 팽창질석 또는 팽창진주암으로 삽을 상비한 80L 이상의 것으로 1포의 능력단위는 1단위이다.
④ 팽창질석 또는 팽창진주암으로 삽을 상비한 50L 이상의 것으로 1포의 능력단위는 0.5단위이다.

해설
① 80L → 50L, 1단위 → 0.5단위
③ 1단위 → 0.5단위
④ 50L → 80L

소화약제 외의 것을 이용한 **간이소화용구**의 **능력단위**(NFTC 101 1.7.1.6)

간이소화용구		능력단위
마른모래 보기 ① ②	삽을 상비한 50L 이상의 것 1포	0.5단위
팽창질석 또는 진주암 보기 ③ ④	삽을 상비한 80L 이상의 것 1포	

기억법 마5 05
팽8 05

비교

위험물제조소 등에 **설치**하는 **소화설비**의 **능력단위**(위험물규칙 [별표 17])

소화설비	용 량	능력단위
소화전용 물통	8L	0.3
마른모래(삽 1개 포함)	50L	0.5
수조(소화전용 물통 3개 포함)	80L	1.5
팽창질석 또는 팽창진주암(삽 1개 포함)	160L	1.0
수조(소화전용 물통 6개 포함)	190L	2.5

기억법
소 물 8 3
마 1 5 5
3 8 15
팽 1 16 10
6 9 25

답 ②

★★ **102** 22회 문 39 / 19회 문 41 / 15회 문106 / 09회 문 27 / 07회 문 32

포소화설비의 화재안전성능기준상 펌프와 발포기의 중간에 설치된 벤추리관의 벤추리작용과 펌프가압수의 포소화약제 저장탱크에 대한 압력에 따라 포소화약제를 흡입 · 혼합하는 방식은?

① 프레져 프로포셔너방식
② 펌프 프로포셔너방식
③ 라인 프로포셔너방식
④ 프레져사이드 프로포셔너방식

해설 **포소화약제**의 **혼합장치**

(1) **펌프 프로포셔너방식(펌프혼합방식)**

① 펌프 토출측과 흡입측에 바이패스를 설치하고, 그 바이패스의 도중에 설치한 어댑터(Adaptor)로 펌프 토출측 수량의 일부를 통과시켜 공기포 용액을 만드는 방식

② 펌프의 **토출관**과 **흡입관** 사이의 배관 도중에 설치한 흡입기에 펌프에서 토출된 물의 일부를 보내고 **농도조정밸브**에서 조정된 포소화약제의 필요량을 포소화약제 탱크에서 펌프 흡입측으로 보내어 약제를 혼합하는 방식

기억법 펌농

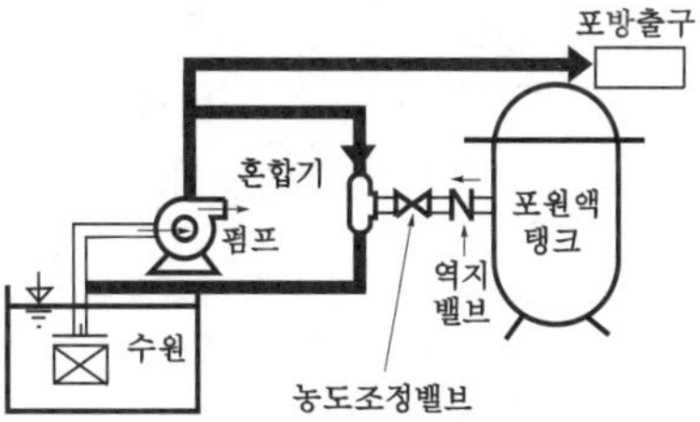

| 펌프 프로포셔너방식 |

(2) **프레져 프로포셔너방식(차압혼합방식)**

① 가압송수관 도중에 공기포 소화원액 혼합조(P.P.T)와 혼합기를 접속하여 사용하는 방법

② **격막방식 휨탱크**를 사용하는 에어휨 혼합방식

③ 펌프와 발포기의 중간에 설치된 **벤**투리관의 **벤투리작용**과 펌프 가압수의 **포소화약제 저장탱크**에 대한 압력에 의하여 포소화약제를 흡입 · 혼합하는 방식 보기 ①

기억법 프프벤벤탱

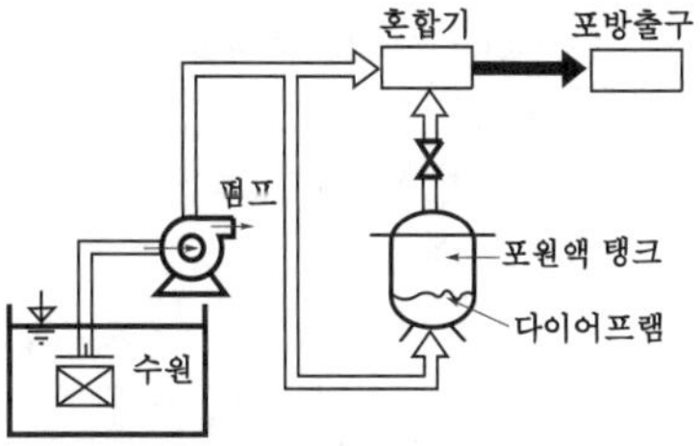

| 프레져 프로포셔너방식 |

(3) **라인 프로포셔너방식(관로혼합방식)**

① 급수관의 배관 도중에 포소화약제 흡입기를 설치하여 그 흡입관에서 소화약제를 흡입하여 혼합하는 방식

② 펌프와 발포기의 중간에 설치된 벤투리관의 **벤투리작용**에 의하여 포소화약제를 흡입 · 혼합하는 방식

기억법 라벤(라벤더)

• 벤추리작용=벤투리작용

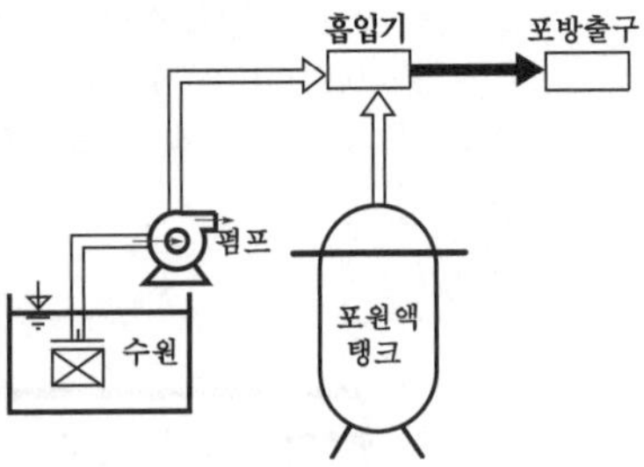

‖ 라인 프로포셔너방식 ‖

(4) **프레져사이드 프로포셔너방식(압입혼합방식)**

① 소화원액 가압펌프(압입용 펌프)를 별도로 사용하는 방식

② 펌프 **토출관**에 압입기를 설치하여 포소화약제 **압입용 펌프**로 포소화약제를 압입시켜 혼합하는 방식

기억법 **프사압**

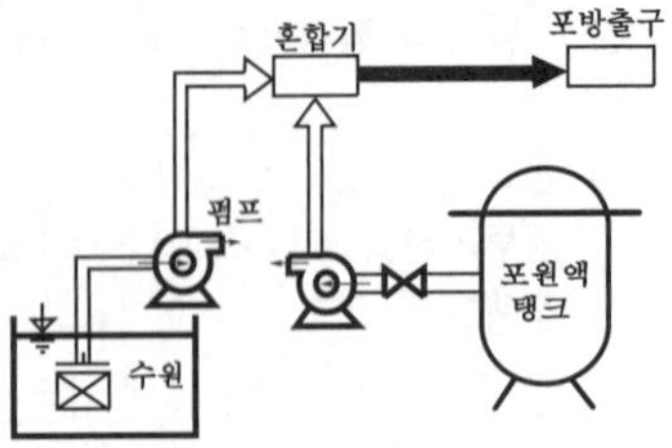

‖ 프레져사이드 프로포셔너방식 ‖

(5) **압축공기포 믹싱챔버방식** : 포수용액에 공기를 강제로 주입시켜 원거리 방수가 가능하고 물 사용량을 줄여 수손피해를 최소화할 수 있는 방식

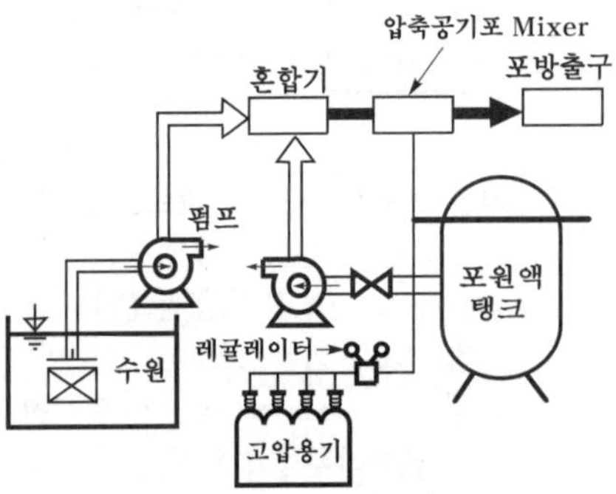

‖ 압축공기포 믹싱챔버방식 ‖

답 ①

★★★

103 **스프링클러설비의 화재안전성능기준상 다음 조건에 따른 특정소방대상물에 스프링클러헤드를 설치하려고 할 때, 헤드의 최소개수는?**

24회 문104
21회 문115
16회 문102
11회 문105
05회 문112

- 특정소방대상물은 비내화구조의 직사각형 구조이다.
- 가로의 길이는 31m, 세로의 길이는 20m 이다.
- 헤드는 정방형으로 배치한다.

① 35개 ② 70개
③ 77개 ④ 117개

해설 **스프링클러헤드**의 **수평거리**(NFPC 103 제10조, NFTC 103 2.7.3 / NFPC 609 제7조, NFTC 609 2.3.5)

설치장소	설치기준
무대부 · **특**수가연물 (창고 포함)	수평거리 **1.7**m 이하
기타구조(창고 포함) →	수평거리 **2.1**m 이하
내화구조(창고 포함)	수평거리 **2.3**m 이하
공동주택(**아**파트) 세대 내	수평거리 2.**6**m 이하

기억법 무특 7
기 1
내 3
아 6

수평헤드간격 S는

$S = 2R\cos 45° = 2\times 2.1\text{m}\times\cos 45° \fallingdotseq 2.969\text{m}$

(1) 가로헤드 설치개수 $= \dfrac{\text{가로길이}}{\text{수평헤드간격}} = \dfrac{31\text{m}}{2.969\text{m}} = 10.4 \fallingdotseq 11$개(절상)

(2) 세로헤드 설치개수 $= \dfrac{\text{세로길이}}{\text{수평헤드간격}} = \dfrac{20\text{m}}{2.969\text{m}} = 6.7 \fallingdotseq 7$개(절상)

(3) 헤드 설치개수=가로헤드 설치개수×세로헤드 설치개수
=11개×7개=77개

참고

헤드의 배치형태

(1) **정방형**(정사각형)

$$S=2R\cos 45°,\ L=S$$

여기서, S : 수평헤드간격
R : 수평거리
L : 배관간격

(2) **장방형**(직사각형)

$$S=\sqrt{4R^2-L^2},\ L=2R\cos\theta,\ S'=2R$$

여기서, S : 수평헤드간격
R : 수평거리
L : 배관간격
S' : 대각선 헤드간격
θ : 각도

(3) **지그재그형**(나란히꼴형)

$$S=2R\cos 30°,\ b=2S\cos 30°,\ L=\frac{b}{2}$$

여기서, S : 수평헤드간격
R : 수평거리
b : 수직헤드간격
L : 배관간격

답 ③

★
104 08회 문 26 **화재안전기술기준상 지상 12층인 백화점에 스프링클러 소화설비를 설치하고자 할 때 다음 조건에 따른 전동기 출력(kW)은 약 얼마인가?**

① 각 층의 스프링클러헤드수 : 500개
② 흡입측 연성계 : 380mmHg
③ 토출측 실양정 : 50m
④ 관마찰손실 : 10m
⑤ 펌프 효율 : 60%
⑥ 전달계수 : 1.1
⑦ 스프링클러소화설비 화재안전기술기준의 최소치를 적용

① 17.5 ② 36.9
③ 43.5 ④ 53.9

해설 (1) **기호**

- N : 30개
- h_2 : $\frac{380\text{mmHg}}{760\text{mmHg}}\times 10.332\text{m}+50\text{m}$
$=55.166\text{m}$
- h_1 : 10m
- η : 60%=0.6
- K : 1.1

(2) **스프링클러설비**의 **전양정**

$$H=h_1+h_2+10$$

여기서, H : 전양정[m]
h_1 : 배관 및 관부속품의 마찰손실수두[m]
h_2 : 실양정(흡입양정+토출양정)[m]
10 : 최고위 헤드압력수두[m]

h_2 : 흡입양정$=\frac{380\text{mmHg}}{760\text{mmHg}}\times 10.332\text{m}=5.166\text{m}$

토출양정=50m

∴ 실양정=흡입양정+토출양정
=5.166m+50m=**55.166m**

- 흡입양정(5.166m) : [조건 ②]에서 380mmHg이며, 760mmHg=10.332m이므로 380mmHg=**5.166m**가 된다.
- 토출양정(50m) : [조건 ③]에서 주어진 값
- 토출양정 : 펌프로부터 최상층 스프링클러헤드까지 수직거리

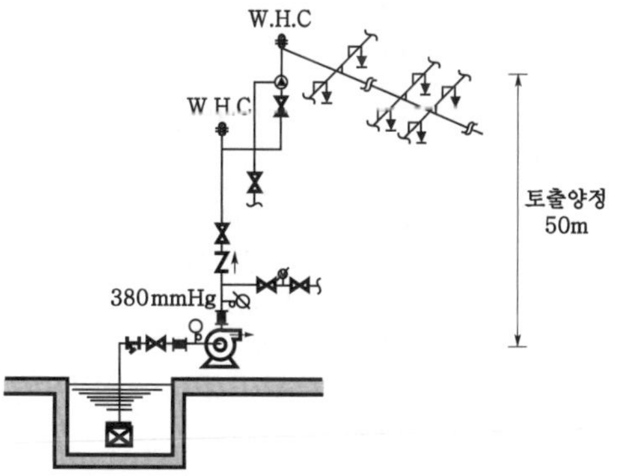

h_1 : **10m**

- h_1(10m) : [조건 ④]에서 주어진 값

전양정 H는

$H=h_1+h_2+11$
$=10\text{m}+55.166\text{m}+10$
$=$**75.166m**

특정소방대상물		폐쇄형 헤드의 기준개수
지하가 · 지하역사		30
11층 이상		
10층 이하	공장(특수가연물), 창고시설	
	판매시설(**백화점** 등), 복합건축물(판매시설이 설치된 것)	
	근린생활시설, 운수시설	20
	8m 이상	
	8m 미만	10
공동주택(아파트 등) (NFPC 608 제7조, NFTC 608 2.3.1.1)		10(각 동이 주차장으로 연결된 주차장 : 30)

특별한 조건이 없는 한 **폐쇄형 헤드**를 사용하고 백화점이므로 기준개수 **30개** 적용([조건 ①]에서 설치개수는 500개이므로 **기준개수**와 **설치개수 중 둘 중 작은 30개** 적용)

$$Q = N \times 80\text{L/min} \text{ 이상}$$

여기서, Q : 펌프의 토출량[m^3]
N : 폐쇄형 헤드의 기준개수(설치개수가 기준개수보다 적으면 그 설치개수)

펌프의 **토출량** $Q = N \times 80\text{L/min}$
$= 30 \times 80\text{L/min}$
$= 2400\text{L/min}$
$= 2.4\text{m}^3/\text{min}$

- **옥상수조**의 여부는 알 수 없으므로 이 문제에서 **제외**

(3) **전동력**

$$P = \frac{0.163QH}{\eta}K$$

여기서, P : 전동력[kW]
Q : 유량[m^3/min]
H : 전양정[m]
K : 전달계수
η : 효율

펌프의 **전동력** P는

$$P = \frac{0.163QH}{\eta}K$$
$$= \frac{0.163 \times 2.4\text{m}^3/\text{min} \times 75.166\text{m}}{0.6} \times 1.1$$
$$= 53.9\text{kW}$$

답 ④

★★★

105 **화재안전기술기준상 48층인 건축물에서, 옥내소화전의 설치개수는 층당 6개일 때 옥내소화전설비의 수원의 최소저수량(m^3)은? (단, 옥상수조는 제외한다.)**

19회 문104
19회 문108
18회 문113
18회 문123
17회 문106
14회 문103
11회 문111
10회 문 34
10회 문112

① 5.2 ② 10.4
③ 26 ④ 39

해설 **수원**의 **저수량**

$$Q = 2.6N \text{(1~29층 이하)}$$
$$Q = 5.2N \text{(30~49층 이하)}$$
$$Q = 7.8N \text{(50층 이상)}$$

여기서, Q : 수원의 저수량[m^3]
N : 가장 많은 층의 소화전 개수(30층 미만 : 최대 2개, 30층 이상 : 최대 5개)

수원의 최소유효저수량 Q는
$Q = 5.2N = 5.2 \times 5 = 26\text{m}^3$

비교

(1) **옥외소화전 수원**의 **저수량**

$$Q \geq 7N$$

여기서, Q : 수원의 저수량[m^3]
N : 옥외소화전 설치개수(최대 **2개**)

(2) **폐쇄형 스프링클러헤드**의 **수원**의 **저수량**

$$Q = 1.6N \text{(1~29층 이하)}$$
$$Q = 3.2N \text{(30~49층 이하)}$$
$$Q = 4.8N \text{(50층 이상)}$$

여기서, Q : 수원의 저수량[m^3]
N : 폐쇄형 헤드의 기준개수(설치개수가 기준개수보다 적으면 그 설치개수)

(3) **폐쇄형 헤드**의 **기준개수**(NFPC 103 제4조, NFTC 103 2.1.1.1)

특정소방대상물		폐쇄형 헤드의 기준개수
지하가 · 지하역사		30
11층 이상		
10층 이하	공장(특수가연물), 창고시설	
	판매시설(백화점 등), 복합건축물(판매시설이 설치된 것)	
	근린생활시설, 운수시설, 복합건축물(판매시설 미설치)	20
	8m 이상	
	8m 미만	10
공동주택(아파트 등) (NFPC 608 제7조, NFTC 608 2.3.1.1)		10(각 동이 주차장으로 연결된 주차장 : 30)

답 ③

★

106 스프링클러설비의 화재안전기술기준상 폐쇄형 스프링클러헤드는 그 설치장소의 평상시 최고주위온도에 따라 다음 표에 따른 표시온도의 것으로 설치해야 한다. ( )에 들어갈 것으로 옳은 것은? (단, 높이가 3.5m인 공장이다.)

17회 문119

설치장소의 최고주위온도	표시온도
(㉠)℃ 미만	79℃ 미만
(㉠)℃ 이상 (㉡)℃ 미만	79℃ 이상 121℃ 미만
(㉡)℃ 이상 (㉢)℃ 미만	121℃ 이상 162℃ 미만
(㉢)℃ 이상	162℃ 이상

① ㉠ : 39, ㉡ : 64, ㉢ : 96

② ㉠ : 39, ㉡ : 64, ㉢ : 106

③ ㉠ : 49, ㉡ : 74, ㉢ : 96

④ ㉠ : 49, ㉡ : 74, ㉢ : 106

해설 **폐쇄형 스프링클러헤드**의 **설치기준**(NFTC 103 2.7.6)

설치장소의 최고주위온도	표시온도
39℃ 미만	**79**℃ 미만
39~**64**℃ 미만	79~**121**℃ 미만
64~**106**℃ 미만	121~**162**℃ 미만
106℃ 이상	162℃ 이상

※ **비고** : 높이 4m 이상인 공장은 표시온도 121℃ 이상으로 할 것

기억법 39 79
64 121
106 162

답 ②

★

107 옥내소화전설비의 화재안전성능기준상 송수구에 관한 내용으로 옳지 않은 것은?

① 송수구는 송수 및 그 밖의 소화작업에 지장을 주지 않도록 설치할 것

② 송수구로부터 주배관에 이르는 연결배관에는 개폐밸브를 설치하지 않을 것

③ 지면으로부터 높이가 0.5미터 이상 1미터 이하의 위치에 설치할 것

④ 구경 50밀리미터의 쌍구형 또는 단구형으로 할 것

해설 ④ 50밀리미터 → 65밀리미터

옥내소화전설비에는 소방차로부터 그 설비에 송수할 수 있는 송수구를 다음의 기준에 따라 설치해야 한다(NFPC 102 제6조, NFTC 102 2.3.12).

(1) 소방차가 **쉽게 접근**할 수 있고 **잘 보이는** 장소에 설치하고, 화재층으로부터 지면으로 떨어지는 유리창 등이 송수 및 그 밖의 소화작업에 지장을 주지 않는 장소에 설치할 것 보기 ①

(2) 송수구로부터 옥내소화전설비의 주배관에 이르는 연결배관에는 개폐밸브를 설치하지 않을 것. 단, 스프링클러설비・물분무소화설비・포소화설비 또는 연결송수관설비의 배관과 겸용하는 경우에는 그렇지 않다. 보기 ②

(3) 지면으로부터 높이가 **0.5~1m** 이하의 위치에 설치할 것 보기 ③

(4) 송수구는 구경 **65mm**의 쌍구형 또는 단구형으로 할 것 보기 ④

(5) 송수구의 부근에는 자동배수밸브(또는 직경 5mm의 배수공) 및 체크밸브를 기준에 따라 설치할 것. 이 경우 자동배수밸브는 배관 안의 물이 잘 빠질 수 있는 위치에 설치하되, 배수로 인하여 다른 물건이나 장소에 피해를 주지 않아야 한다.

(6) 송수구에는 이물질을 막기 위한 **마개**를 씌울 것

답 ④

★★★

108 풋(Foot)밸브의 기능으로 옳은 것을 모두 고른 것은?

11회 문103

㉠ 역류방지기능 ㉡ 충격흡수기능 ㉢ 여과기능 ㉣ 유량조절기능

① ㉠, ㉡ ② ㉠, ㉢

③ ㉡, ㉣ ④ ㉢, ㉣

해설 **풋밸브**(Foot valve)

수원이 펌프보다 아래에 있을 때 설치하는 밸브

(1) 여과기능(이물질 침투방지) 기호 ㉢

(2) 체크밸브기능(역류방지) 기호 ㉠

비교

밸브의 기능

풋밸브	건식밸브
① 여과기능 ② 체크밸브기능	① 자동경보기능 ② 체크밸브기능

답 ②

★★★
109 다음은 물분무소화설비의 화재안전기술기준상 수원의 저수량 기준의 일부이다. ( )에 들어갈 것으로 옳은 것은?

20회 문114 19회 문121 17회 문116 16회 문103 15회 문107 11회 문115 09회 문105

> 차고 또는 주차장은 그 바닥면적(최대방수구역의 바닥면적을 기준으로 하며, $50m^2$ 이하인 경우에는 $50m^2$) $1m^2$에 대하여 ( )L/min로 20분간 방수할 수 있는 양 이상으로 할 것

① 10　② 20
③ 40　④ 60

해설 **물분무소화설비**의 **수원**(NFPC 104 제4조, NFTC 104 2.1.1)

특정 소방대상물	토출량	최소 기준	비 고
컨베이어 벨트	10L/min · m^2	–	벨트부분의 바닥면적
절연유 봉입변압기	10L/min · m^2	–	표면적을 합한 면적 (바닥면적 제외)
특수가연물	10L/min · m^2	최소 $50m^2$	최대방수구역의 바닥면적 기준
케이블트레이 · 덕트	12L/min · m^2	–	투영된 바닥면적
차고 · 주차장 보기 ②	20L/min · m^2	최소 $50m^2$	최대방수구역의 바닥면적 기준
위험물 저장탱크	37L/min · m	–	위험물탱크 둘레길이 (원주길이) : 위험물규칙 〔별표 6〕 Ⅱ

※ 모두 **20분**간 방수할 수 있는 양 이상으로 하여야 한다.

기억법
컨 0
절 0
특 0
케 2
차 0
위 37

답 ②

★
110 고층건축물의 화재안전기술기준상 50층 이상인 건축물의 연결송수관설비 내연기관의 최소연료량은?

① 펌프를 20분 이상 운전할 수 있는 용량
② 펌프를 40분 이상 운전할 수 있는 용량
③ 펌프를 60분 이상 운전할 수 있는 용량
④ 펌프를 120분 이상 운전할 수 있는 용량

해설 **연결송수관설비**(NFPC 604 제11조, NFTC 604 2.7)

(1) 연결송수관설비의 배관은 전용으로 한다. 단, 주배관의 구경이 **100mm** 이상인 옥내소화전설비와 겸용할 수 있다.
(2) 내연기관의 연료량은 펌프를 **40분**(50층 이상인 건축물의 경우에는 **60분**) 이상 운전할 수 있는 용량일 것
(3) 연결송수관설비의 비상전원은 자가발전설비, 축전지설비(내연기관에 따른 펌프를 사용하는 경우에는 내연기관의 기동 및 제어용 축전지를 말한다), 전기저장장치로서 연결송수관설비를 유효하게 **40분** 이상 작동할 수 있어야 할 것. 단, **50층** 이상인 건축물의 경우에는 **60분** 이상 작동할 수 있어야 한다. 보기 ③

답 ③

★★★
111 자동화재탐지설비 및 시각경보장치의 화재안전기술기준상 부착높이 15m 이상 20m 미만에 설치할 수 있는 감지기의 종류를 모두 고른 것은?

19회 문119 17회 문120 14회 문112 08회 문111 07회 문125 06회 문123 03회 문115 02회 문124

> ㉠ 불꽃감지기
> ㉡ 광전식(스포트형, 분리형, 공기흡입형) 1종
> ㉢ 연기복합형
> ㉣ 이온화식 1종

① ㉠　② ㉡, ㉣
③ ㉡, ㉢, ㉣　④ ㉠, ㉡, ㉢, ㉣

해설 **자동화재탐지설비 감지기의 부착높이**(NFPC 203 제7조, NFTC 203 2.4.1)

부착높이	감지기의 종류
4m 미만	• 차동식(스포트형, 분포형) • 보상식 스포트형 ─ **열**감지기 • 정온식(스포트형, 감지선형) • 이온화식 또는 광전식(스포트형, 분리형, 공기흡입형) : **연**기감지기 • 열복합형 • 연기복합형 • 열연기복합형 ─ **복**합형 감지기 • **불**꽃감지기 **기억법** 열연불복 4미
4~8m 미만	• 차동식(스포트형, 분포형) • 보상식 스포트형 • **정**온식(스포트형, 감지선형) **특**종 또는 **1**종 ─ **열**감지기 • **이**온화식 **1**종 또는 **2**종 • **광**전식(스포트형, 분리형, 공기흡입형) 1종 또는 2종 ─ 연기감지기 • 열복합형 • 연기복합형 • 열연기복합형 ─ **복**합형 감지기 • **불**꽃감지기 **기억법** 8미열 정특1 이광12 복불
8~15m 미만	• 차동식 **분**포형 • **이**온화식 **1**종 또는 **2**종 • **광**전식(스포트형, 분리형, 공기흡입형) 1종 또는 2종 • **연**기**복**합형 • **불**꽃감지기 **기억법** 15분 이광12 연복불
15~20m 미만	• **이**온화식 1종 기호 ㉣ • **광**전식(스포트형, 분리형, 공기흡입형) 1종 기호 ㉡ • **연**기**복**합형 기호 ㉢ • **불**꽃감지기 기호 ㉠ **기억법** 이광불연복2
20m 이상	• **불**꽃감지기 • **광**전식(분리형, 공기흡입형) 중 **아**날로그방식 **기억법** 불광아

※ 비고
① 감지기별 부착높이 등에 대하여 별도로 형식승인을 받은 경우에는 그 성능인정범위 내에서 사용할 수 있다.
② 부착높이 **20m** 이상에 설치되는 광전식 중 아날로그방식의 감지기는 공칭감지농도 하한값이 감광률 **5%/m** 미만인 것으로 한다.

답 ④

★★
112 **할로겐화합물 및 불활성기체 소화설비의 화재안전기술기준상 소화약제의 종류 및 화학식이 옳은 것은?**

① HFC－236fa : $CF_3CH_2CF_3$
② HFC－227ea : CHClFCF₃
③ HCFC－124 : CF_3CHFCF_3
④ HCFC－23 : C_4F_{10}

해설
② HFC－227ea : CF_3CHFCF_3
③ HCFC－124 : $CHClFCF_3$
④ HCFC－23이란 소화약제는 없음

할로겐화합물 및 불활성기체 소화약제(NFPC 107A 제4조, NFTC 107A 2.1.1)

구 분	소화약제	화학식
할로겐화합물 소화약제	FC-3-1-10 **기억법** FC31(FC 서울의 3.1절)	C_4F_{10}
	HCFC BLEND A	HCFC-123($CHCl_2CF_3$) : 4.75% HCFC-22($CHClF_2$) : 82% HCFC-124($CHClFCF_3$) : 9.5% $C_{10}H_{16}$: 3.75% **기억법** 475 82 95 375(사시오 빨리 그래서 구어 삼키시오!)
	HCFC-124	$CHClFCF_3$ 보기 ③
	HFC-125 **기억법** 125(이리온)	CHF_2CF_3

구 분	소화약제	화학식
할로겐화합물 소화약제	HFC-227ea 기억법 227e(둘둘치킨이 맛있다)	CF_3CHFCF_3 보기 ②
	HFC-23	CHF_3 보기 ④
	HFC-236fa	$CF_3CH_2CF_3$ 보기 ①
	FIC-13I1	CF_3I
불활성기체 소화약제	IG-01	Ar
	IG-100	N_2
	IG-541	• N_2(질소) : 52% • Ar(아르곤) : 40% • CO_2(이산화탄소) : 8% 기억법 NACO(내코) 52408
	IG-55	N_2 : 50%, Ar : 50%
	FK-5-1-12	$CF_3CF_2C(O)CF(CF_3)_2$

답 ①

★

113 화재안전기술기준상 「축광표지의 성능인증 및 제품검사의 기술기준」에 적합한 축광식 표지를 설치하지 않아도 되는 것은?

① 피난기구의 위치를 표시하는 표지
② 소화기 및 투척용 소화용구의 표지
③ 연결송수관설비의 방수기구함 표지
④ 비상콘센트 보호함 표면의 비상콘센트 표지

해설 ④ 해당없음

축광식 표지를 **설치**해야 되는 것
(1) 피난기구의 위치를 표시하는 표지(NFPC 301 제5조, NFTC 301 2.1.4) 보기 ①
(2) 소화기 및 투척용 소화용구의 표지(NFPC 101 제4조, NFTC 101 2.1.1.6) 보기 ②
(3) 연결송수관설비의 방수기구함 표지(NFPC 502 제6조, NFTC 502 2.5.1.3) 보기 ③
(4) 유도표지(NFPC 303 제8조, NFTC 303 2.5.2)
(5) 인명구조기구 사용법을 표시한 표지(NFPC 302 제4조, NFTC 302 2.1.1.3)

답 ④

★

114 도로터널의 화재안전기술기준상 제연설비의 기준으로 옳지 않은 것은?

① 비상전원은 제연설비를 유효하게 60분 이상 작동할 수 있도록 해야 한다.
② 횡류환기방식의 경우 제트팬의 소손을 고려하여 예비용 제트팬을 설치하도록 할 것
③ 화재에 노출이 우려되는 제연설비와 전원공급선 및 제트팬 사이의 전원공급장치 등은 250℃의 온도에서 60분 이상 운전상태를 유지할 수 있도록 할 것
④ 대배기구의 개폐용 전동모터는 정전 등 전원이 차단되는 경우에도 조작상태를 유지할 수 있도록 할 것

해설 ② 횡류환기방식 → 종류환기방식

도로터널의 **제연설비 기준**(NFPC 603 제11조, NFTC 603 2.7)
(1) **제연설비**의 **설계기준**
① 설계화재강도 **20MW**를 기준으로 하고, 이때의 연기발생률은 **80m^3/s**로 하며, 배출량은 발생된 연기와 혼합된 공기를 충분히 배출할 수 있는 용량 이상을 확보할 것
② ①에도 불구하고, 화재강도가 설계화재강도보다 높을 것으로 예상될 경우 위험도분석을 통하여 설계화재강도를 설정하도록 할 것
(2) **제연설비**의 **설치기준**
① 종류환기방식의 경우 제트팬의 소손을 고려하여 **예비용 제트팬**을 설치하도록 할 것 보기 ②
② 횡류환기방식(또는 반횡류환기방식) 및 대배기구방식의 배연용 팬은 덕트의 길이에 따라서 노출온도가 달라질 수 있으므로 수치해석 등을 통해서 **내열온도** 등을 검토한 후에 적용하도록 할 것
③ 대배기구의 개폐용 전동모터는 정전 등 전원이 차단되는 경우에도 조작상태를 유지할 수 있도록 할 것 보기 ④

④ 화재에 노출이 우려되는 재연설비와 전원공급선 및 제트팬 사이의 전원공급장치 등은 **250℃**의 온도에서 **60분** 이상 운전상태를 유지할 수 있도록 할 것 **보기 ③**

(3) **제연설비**의 **자동** 및 **수동 기동 조건**
① **화재감지기**가 동작되는 경우
② **발신기**의 **스위치 조작** 또는 **자동소화설비**의 **기동장치**를 동작시키는 경우
③ **화재수신기** 또는 **감시제어반**의 **수동조작스위치**를 동작시키는 경우

(4) 제연설비의 비상전원은 제연설비를 유효하게 **60분** 이상 작동 **보기 ①**

답 ②

★
115 소방시설의 내진설계기준상 가스계 및 분말소화설비의 내진설치기준에 관한 설명으로 옳지 않은 것은?

① 제어반 등은 건물의 구조부재인 비내력벽, 바닥 또는 기둥에 고정하여야 한다.
② 제어반 등의 하중이 450N 이하이고 내력벽 또는 기둥에 설치하는 경우 직경 8mm 이상의 고정용 볼트 4개 이상으로 고정할 수 있다.
③ 저장용기는 지진하중에 의해 전도가 발생하지 않도록 설치할 것
④ 기동장치 및 비상전원은 지진으로 인한 오동작이 발생하지 않도록 설치하여야 한다.

해설

① 비내력벽 → 내력벽

소방시설의 **내진설계기준**

(1) **제어반**의 **설치기준**
① 제어반 등의 하중이 **450N 이하**이고 **내력벽** 또는 **기둥**에 설치하는 경우 직경 **8mm 이상**의 고정용 볼트 **4개 이상**으로 고정할 수 있다. **보기 ②**
② 건축물의 구조부재인 **내력벽 · 바닥** 또는 **기둥** 등에 고정하여야 하며, **바닥**에 설치하는 경우 **지진하중**에 의해 전도가 발생하지 않도록 설치 **보기 ①**
③ 제어반 등은 지진 발생시 기능이 유지되어야 한다.

(2) **가스계** 및 **분말소화설비 기준**
① 이산화탄소 소화설비, 할론소화설비, 할로겐화합물 및 불활성기체 소화설비, 분말소화설비의 저장용기는 지진하중에 의해 전도가 발생하지 않도록 설치 **보기 ③**
② 이산화탄소 소화설비, 할론소화설비, 할로겐화합물 및 불활성기체 소화설비, 분말소화설비의 **기동장치** 및 **비상전원**은 지진으로 인한 **오동작**이 발생하지 않도록 설치 **보기 ④**

답 ①

★
116 미분무소화설비의 화재안전기술기준상 다음 조건에 해당하는 수원의 최소량(m^3)은?

17회 문102

- 설계유량 : 50L/min
- 설계방수시간 : 1시간
- 안전율 : 1.2
- 배관의 총체적 : $0.08m^3$
- 방호구역(방수구역) 내 헤드의 개수 : 30개
- 기타 조건은 무시한다.

① 10.808　② 108.08
③ 1080.8　④ 10808

해설 (1) **기호**

- N : 30개
- D : $0.05m^3/min$($1000L=1m^3$이므로 $50L/min=0.05m^3/min$)
- T : 60min(1시간=60min)
- S : 1.2
- V : $0.08m^3$

(2) **미분무소화설비**의 **수원**(NFTC 104A 2.3.4)

$$Q=NDTS+V$$

여기서, Q : 수원의 양[m^3]
N : 방호구역(방수구역) 내 헤드의 개수
D : 설계유량[m^3/min]
T : 설계방수시간[min]
S : 안전율(1.2 이상)
V : 배관의 총체적[m^3]

수원의 **양** Q는

$Q=NDTS+V$
$=30개\times0.05m^3/min\times60min\times1.2+0.08m^3$
$=108.08m^3$

답 ②

★★
117 소화수조 및 저수조의 화재안전기술기준상 지상 5층 건축물의 연면적이 $40000m^2$인 소방대상물에 설치되어야 하는 저수조의 최소저수량(m^3)은? (단, 각 층의 바닥면적은 동일하다.)

20회 문125

① 60
② 80
③ 120
④ 160

해설 **소화수조** 또는 **저수조**의 **저수량 산출**(NFPC 402 제4조, NFTC 402 2.1.2)

특정소방대상물의 구분	기준면적(m^2)
지상 1층 및 2층의 바닥면적 합계 15000m^2 이상 →	7500
기타	12500

[단서]에서 각 층의 바닥면적이 동일하므로

$$\text{각 층의 바닥면적} = \frac{\text{연면적}}{\text{층수}} = \frac{40000m^2}{5\text{층}} = 8000m^3$$

한 층의 바닥면적이 $8000m^3$이므로 지상 1층 및 2층 바닥면적 합계는 $8000m^3 \times 2\text{개층} = 16000m^3$로 $15000m^2$ 이상이므로 기준면적은 $7500m^2$가 된다.

소화용수의 **양**(저수량)

$$Q = \frac{\text{연면적}}{\text{기준면적}}(\text{절상}) \times 20m^3$$

$$= \frac{40000m^2}{7500m^2}(\text{절상})$$

$$= 5.3 ≒ 6$$

$$6 \times 20m^3 = 120m^3$$

- 저수량을 구할 때 $\frac{40000m^2}{7500m^2}$(절상)$=5.3≒6$으로 먼저 **절상**한 후 **$20m^3$**를 곱한다는 것을 기억하라!
- **절상** : 소수점 이하는 무조건 올리라는 의미

답 ③

★★★
118 제연설비의 화재안전기술기준상 제연설비가 설치된 부분의 거실 바닥면적이 $400m^2$ 이상이고 수직거리가 2.5m 초과 3m 이하일 때 예상제연구역의 배출량(m^3/h)은? (단, 예상제연구역이 제연경계로 구획되고 직경 40m인 원의 범위를 초과할 경우에 해당한다.)

23회 문 24
22회 문122
20회 문116
15회 문120

① 40000 이상
② 45000 이상
③ 50000 이상
④ 55000 이상

해설 (1) **거실**의 **배출량**(Q)(NFPC 501 제6조, NFTC 501 2.3)

① 바닥면적 **$400m^2$ 미만**(최저치 **$5000m^3/h$** 이상)

배출량[m^3/min]
=바닥면적[m^2]$\times 1m^3/m^2 \cdot min$

② 바닥면적 **$400m^2$ 이상**

㉠ 직경 40m 이하 : **$40000m^3/h$** 이상

수직거리	배출량
2m 이하	$40000m^3/h$ 이상
2m 초과 2.5m 이하	$45000m^3/h$ 이상
2.5m 초과 3m 이하	$50000m^3/h$ 이상
3m 초과	$60000m^3/h$ 이상

㉡ 직경 40m 초과 : **$45000m^3/h$** 이상

수직거리	배출량
2m 이하	$45000m^3/h$ 이상
2m 초과 2.5m 이하	$50000m^3/h$ 이상
2.5m 초과 3m 이하 →	$55000m^3/h$ 이상 보기 ④
3m 초과	$65000m^3/h$ 이상

- m^3/h=CMH(Cubic Meter per Hour)

(2) **통로** : 예상제연구역이 통로인 경우의 배출량은 **$45000m^3/h$** 이상으로 할 것

답 ④

★

119 14회 문113

소방시설설치 및 관리에 관한 법령에서 정하는 자동화재속보설비의 설치대상으로 옳지 않은 것은? (단, 방재실 등 화재 수신기가 설치된 장소에 24시간 화재를 감시할 수 있는 사람이 근무하지 않는다.)

① 숙박시설이 없는 수련시설로서 바닥면적 500m² 이상인 층이 있는 것

② 근린생활시설 중 의원, 치과의원 및 한의원으로서 입원실이 있는 시설

③ 노유자생활시설

④ 의료시설 중 정신병원 및 의료재활시설로 사용되는 바닥면적 합계가 500m² 이상인 층이 있는 것

해설

① 없는 → 있는

소방시설법 시행령 [별표 4]
자동화재속보설비의 설치대상

설치대상	조 건
① **수**련시설(숙박시설이 있는 것) **보기 ①** ② **노**유자시설 ③ 정신**병**원 및 의료재활시설 **보기 ④** 기억법 **5수노병속**	• 바닥면적 **5**00m² 이상
④ 목조건축물	• 국보 · 보물
⑤ 노유자생활시설 **보기 ③** ⑥ 전통시장 ⑦ 조산원 · 산후조리원 ⑧ 의원, 치과의원, 한의원(입원실이 있는 시설) **보기 ②** ⑨ 종합병원, 병원, 치과병원, 한방병원 및 요양병원(의료재활시설 제외)	• 전부

답 ①

★★★

120 22회 문120 17회 문107 16회 문110

피난기구의 화재안전성능기준상 승강식 피난기 및 하향식 피난구용 내림식 사다리의 설치기준이 아닌 것은?

① 대피실 내에는 "대피실" 표지판을 부착할 것

② 착지점과 하강구는 상호 수평거리 15센티미터 이상의 간격을 둘 것

③ 승강식 피난기 및 하향식 피난구용 내림식 사다리는 설치경로가 설치층에서 피난층까지 연계될 수 있는 구조로 설치할 것

④ 하강구 내측에는 기구의 연결금속구 등이 없어야 하며 전개된 피난기구는 하강구 수평투영면적 공간 내의 범위를 침범하지 않는 구조이어야 할 것

해설

① 대피실 내에는 → 피난방향에서 식별할 수 있는 위치에

승강식 피난기 및 **하향식 피난구용 내림식 사다리 설치기준**(NFPC 301 제5조, NFTC 301 2.1.3.9)

(1) 승강식 피난기 및 하향식 피난구용 내림식 사다리는 설치경로가 **설치층**에서 **피난층**까지 **연계**될 수 있는 구조로 설치할 것(단, 건축물의 구조 및 설치 여건상 불가피한 경우는 제외) **보기 ③**

(2) 대피실의 면적은 **2m²**(2세대 이상일 경우에는 **3m²**) 이상으로 하고, 하강구(개구부) 규격은 직경 **60cm** 이상일 것(단, 외기와 개방된 장소에는 제외)

(3) 하강구 내측에는 기구의 연결금속구 등이 없어야 하며 전개된 피난기구는 하강구 수평투영면적 공간 내의 범위를 침범하지 않는 구조이어야 할 것(단, 직경 60cm 크기의 범위를 벗어난 경우이거나, 직하층의 바닥면으로부터 높이 **50cm** 이하의 범위는 제외) **보기 ④**

(4) 대피실의 출입문은 **60분+방화문** 또는 **60분 방화문**으로 설치하고, 피난방향에서 식별할 수 있는 위치에 **"대피실"** 표지판을 부착할 것(단, 외기와 개방된 장소제외) **보기 ①**

(5) 착지점과 하강구는 상호 **수평거리 15cm** 이상의 간격을 둘 것 **보기 ②**
(6) 대피실 내에는 **비상조명등**을 설치할 것
(7) 대피실에는 층의 **위치표시**와 **피난기구 사용설명서** 및 **주의사항 표지판**을 부착할 것
(8) 대피실 출입문이 개방되거나, 피난기구 작동시 해당층 및 **직하층** 거실에 설치된 **표시등** 및 **경보장치**가 작동되고, 감시제어반에서는 피난기구의 작동을 확인할 수 있어야 할 것
(9) 사용시 기울거나 흔들리지 않도록 설치할 것

답 ①

★

121 옥내소화전설비의 화재안전성능기준상 감시제어반의 전용실의 설치기준이 아닌 것은?

① 다른 부분과 방화구획을 할 것
② 피난층 또는 지하 1층에 설치할 것
③ 비상조명등 및 비상콘센트를 설치할 것
④ 바닥면적은 감시제어반의 설치에 필요한 면적 외에 화재시 소방대원이 그 감시제어반의 조작에 필요한 최소면적 이상으로 할 것

해설

③ 비상콘센트 → 급·배기설비

옥내소화전설비의 **감시제어반 전용실 설치기준**
(NFPC 102 제9조, NFTC 102 2.6.3.3)

(1) 다른 부분과 **방화구획**을 할 것. 이 경우 전용실의 벽에는 기계실 또는 전기실 등의 감시를 위하여 두께 **7mm** 이상의 **망입유리**(두께 **6.3mm** 이상의 **접합유리** 또는 두께 **28mm** 이상의 **복층유리**를 포함)로 된 $4m^3$ 미만의 **붙박이창**을 설치할 수 있다. **보기 ①**
(2) **피난층** 또는 **지하 1층**에 설치할 것. 단, 다음의 어느 하나에 해당하는 경우에는 **지상 2층**에 설치하거나 **지하 1층** 외의 지하층에 설치할 수 있다. **보기 ②**
  ① 특별피난계단이 설치되고 그 계단(부속실을 포함) 출입구로부터 **보행거리 5m** 이내에 전용실의 출입구가 있는 경우
  ② 아파트의 관리동(관리동이 없는 경우에는 경비실)에 설치하는 경우
(3) **비상조명등** 및 **급·배기설비**를 설치할 것 **보기 ③**
(4) 유효하게 통신이 가능할 것(무선통신보조설비가 설치된 특정소방대상물에 한함)
(5) 바닥면적은 감시제어반의 설치에 필요한 면적 외에 화재시 소방대원이 그 감시제어반의 조작에 필요한 **최소면적** 이상으로 할 것 **보기 ④**

답 ③

★★★

122 P형 수신기와 감지기 사이의 회로에서 다음 조건에 맞는 감지기의 종단저항(kΩ)과 감지기 동작시 흐르는 전류(mA)값은?

20회 문110
19회 문106
03회 문122

- 배선저항 : 150Ω
- 릴레이 저항 : 600Ω
- 상시 감시전류 : 2mA
- 회로의 전압 : 24V

① 종단저항 : 11.25, 동작전류 : 2
② 종단저항 : 11.25, 동작전류 : 32
③ 종단저항 : 12, 동작전류 : 3
④ 종단저항 : 12, 동작전류 : 16

해설 (1) **주어진 값**

- 배선저항(회로저항) : 150Ω
- 릴레이저항 : 600Ω
- 상시 감시전류 : 2mA
- 회로전압 : 24V

(2) **종단저항**

① **감시전류**

$$= \frac{\text{회로전압}}{\text{종단저항} + \text{릴레이저항} + \text{배선저항}}$$

기억법 **감회종릴배**

종단저항을 x로 놓고 계산하면

$$2 \times 10^{-3} = \frac{24}{x + 600 + 150}$$

$$x + 600 + 150 = \frac{24}{2 \times 10^{-3}}$$

$$x = \frac{24}{2 \times 10^{-3}} - 600 - 150 = 11250\Omega$$

$$= 11.25\text{k}\Omega$$

② **동작전류**

$$= \frac{\text{회로전압}}{\text{릴레이저항} + \text{배선저항}}$$

$$= \frac{24}{600 + 150} = 0.032\text{A} = 32 \times 10^{-3}\text{A}$$

$$\fallingdotseq 32\text{mA}$$

- 회로저항=배선저항

답 ②

★★★

123 다음은 누전경보기의 화재안전기술기준상 누전경보기 설치기준에 관한 설명이다. (   )에 들어갈 것으로 옳은 것은?

22회 문125
20회 문102
16회 문112
13회 문117
07회 문105

> 경계전로의 정격전류가 (   )를 초과하는 전로에 있어서는 1급 누전경보기를, (   ) 이하의 전로에 있어서는 1급 또는 2급 누전경보기를 설치할 것. 다만, 정격전류가 (   )를 초과하는 경계전로가 분기되어 각 분기회로의 정격전류가 (   ) 이하로 되는 경우 당해 분기회로마다 2급 누전경보기를 설치한 때에는 당해 경계전로에 1급 누전경보기를 설치한 것으로 본다.

① 30A　　② 40A
③ 50A　　④ 60A

해설 **누전경보기**의 **설치방법**(NFPC 205 제4조, NFTC 205 2.1.1) **보기 ④**

정격전류	경보기 종류
60A 초과	1급
60A 이하	1급 또는 2급

(1) 변류기는 옥외인입선의 **제1지점**의 **부하측** 또는 **제2종**의 **접지선측**의 점검이 쉬운 위치에 설치할 것

중요

변류기의 **설치위치**

옥외인입선의 제1지점의 부하측	제2종의 접지선측
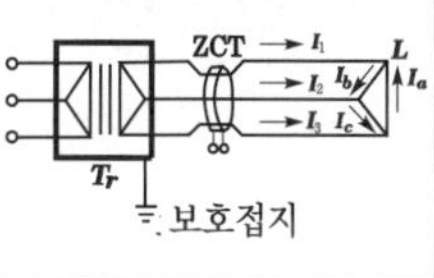	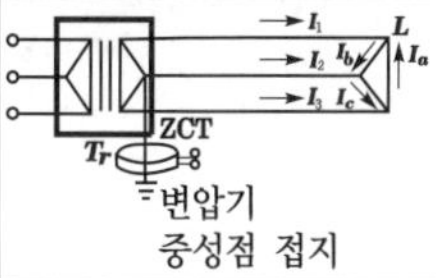

(2) 옥외전로에 설치하는 변류기는 **옥외형**으로 설치할 것
(3) 정격전류가 60A를 초과하는 경계전로가 분기되어 각 분기회로의 정격전류가 60A 이하로 되는 경우 당해 분기회로마다 **2급 누전경보기**를 설치한 때에는 당해 경계전로에 **1급 누전경보기**를 설치한 것으로 본다.

답 ④

★

124 자동화재속보설비의 화재안전기술기준상 용어의 정의로 옳은 것을 모두 고른 것은?

> ㉠ "속보기"란 유선이나 무선 또는 유무선 겸용 방식을 구성하여 음성 또는 데이터 등을 전송할 수 있는 집합체를 말한다.
> ㉡ "통신망"이란 화재신호를 통신망을 통하여 음성 등의 방법으로 소방관서에 통보하는 장치를 말한다.
> ㉢ "데이터전송방식"이란 전기·통신 매체를 통해서 전송되는 신호에 의하여 어떤 지점에서 다른 수신지점에 데이터를 보내는 방식을 말한다.
> ㉣ "코드전송방식"이란 신호를 표본화하고 양자화하여, 코드화한 후에 펄스 혹은 주파수의 조합으로 전송하는 방식을 말한다.

① ㉠, ㉣　　② ㉡, ㉢
③ ㉢, ㉣　　④ ㉠, ㉡, ㉢, ㉣

해설
㉠ 통신망에 관한 설명
㉡ 속보기에 관한 설명

용어의 **정의**(NFPC 204 제3조, NFTC 204 1.7)

용 어	정 의
속보기	화재신호를 통신망을 통하여 음성 등의 방법으로 **소방관서**에 통보하는 장치
통신망	**유선**이나 **무선** 또는 **유무선** 겸용 방식을 구성하여 음성 또는 데이터 등을 전송할 수 있는 집합체
데이터전송방식	전기·통신 매체를 통해서 전송되는 신호에 의하여 어떤 지점에서 다른 수신지점에 **데이터**를 보내는 방식
코드전송방식	신호를 **표본화**하고 **양자화**하여, 코드화한 후에 **펄스** 혹은 **주파수**의 조합으로 전송하는 방식

답 ③

★★★

125 24회 문111 19회 문101 14회 문114

비상방송설비의 화재안전기술기준상 음향장치의 설치기준에 관한 설명으로 옳지 않은 것은?

① 확성기의 음성입력은 3W(실내에 설치하는 것에 있어서는 1W) 이상일 것

② 확성기는 각 층마다 설치하되, 그 층의 각 부분으로부터 하나의 확성기까지의 수평거리가 25m 이하가 되도록 하고, 해당 층의 각 부분에 유효하게 경보를 발할 수 있도록 설치할 것

③ 조작부의 조작스위치는 바닥으로부터 0.8m 이상 1.5m 이하의 높이에 설치할 것

④ 음량조정기를 설치하는 경우 음량조정기의 배선은 2선식으로 할 것

해설

④ 2선식 → 3선식

비상방송설비의 **설치기준**(NFPC 202 제4조, NFTC 202 2.1)

(1) 확성기의 음성입력은 **실**내 **1W**, 실외 **3W** 이상일 것 **보기 ①**

비교

예외 규정

아파트 등(NFPC 608 제12조, NFTC 608 2.8)	창고시설(NFPC 609 제8조, NFTC 609 2.4)
실내 2W 이상	3W 이상(실내 포함)

(2) 확성기는 각 **층**마다 설치하되, 각 부분으로부터의 수평거리는 **25m 이하**일 것 **보기 ②**

(3) **음**량조정기는 **3선식 배선**일 것 **보기 ④**

(4) 조작스위치는 바닥으로부터 **0.8~1.5m** 이하의 높이에 설치할 것 **보기 ③**

(5) 다른 전기회로에 의하여 **유도장애**가 생기지 않을 것

(6) 비상방송 **개**시시간은 **10초** 이하일 것

(7) **엘리베이터** 내부에도 **별도**의 **음향장치**를 설치할 것

기억법 **방3실1, 3음방(삼엄한 방송실) 개10방**

중요

비상방송설비 · 자동화재탐지설비 우선경보방식 적용대상물

11층(공동주택 16층) 이상의 특정소방대상물의 경보

| 음향장치의 경보 |

발화층	경보층	
	11층 (공동주택 16층) 미만	11층 (공동주택 16층) 이상
2층 이상 발화	전층 일제경보	• 발화층 • 직상 4개층
1층 발화	전층 일제경보	• 발화층 • 직상 4개층 • 지하층
지하층 발화	전층 일제경보	• 발화층 • 직상층 • 기타의 지하층

답 ④

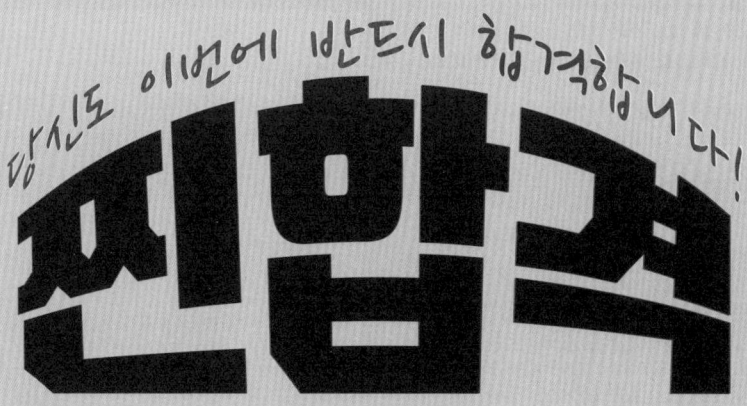

당신도 이번에 반드시 합격합니다!

찐합격

소방시설관리사 1차

Ⅱ 핵심 요점노트

소방공학박사
우석대학교 소방방재학과 교수 공하성 지음

BM (주)도서출판 성안당

도서 A/S 안내

성안당에서 발행하는 모든 도서는 저자와 출판사, 그리고 독자가 함께 만들어 나갑니다.

좋은 책을 펴내기 위해 많은 노력을 기울이고 있습니다. 혹시라도 내용상의 오류나 오탈자 등이 발견되면 "좋은 책은 나라의 보배"로서 우리 모두가 함께 만들어 간다는 마음으로 연락주시기 바랍니다. 수정 보완하여 더 나은 책이 되도록 최선을 다하겠습니다.

성안당은 늘 독자 여러분들의 소중한 의견을 기다리고 있습니다. 좋은 의견을 보내주시는 분께는 성안당 쇼핑몰의 포인트(3,000포인트)를 적립해 드립니다.

잘못 만들어진 책이나 부록 등이 파손된 경우에는 교환해 드립니다.

저자 문의 : http://pf.kakao.com/_iCdixj
cafe.daum.net/firepass
NAVER cafe.naver.com/fireleader

본서 기획자 e-mail : coh@cyber.co.kr(최옥현)

홈페이지 : http://www.cyber.co.kr 전화 : 031) 950-6300

차 례

제 1 편 소방안전관리론 및 화재역학

제 2 편 소방관련법령

제 3 편 소방수리학 · 약제화학 및 소방전기

CONTENTS

제 4 편 소방시설의 구조 원리

제 5 편 위험물의 성질·상태 및 시설기준

소방시설관리사
1차

요점 노트

제 1 편 소방안전관리론 및 화재역학

제 2 편 소방관련법령

제 3 편 소방수리학 · 약제화학 및 소방전기

제 4 편 소방시설의 구조 원리

제 5 편 위험물의 성질 · 상태 및 시설기준

제1편

소방안전관리론 및 화재역학

제1장 연소 및 소화, 화재예방관리 및 화재역학

1. 연소 및 소화, 화재예방관리

(1) 화재의 정의

자연 또는 인위적인 원인에 의하여 불이 물체를 연소시키고, 인명과 재산의 손해를 주는 현상

(2) 화재의 발생현황

① 원인별 : 부주의 > 전기적 요인 > 기계적 요인 > 화학적 요인 > 교통사고 > 가스누출

② 장소별 : 근린생활시설 > 공동주택 > 공장 및 창고 > 복합건축물 > 업무시설 > 숙박시설 > 교육연구시설

③ 계절별 : 겨울 > 봄 > 가을 > 여름

(3) 화재의 종류

구분 \ 등급	A급	B급	C급	D급	K급
화재 종류	일반화재	유류화재	전기화재	금속화재	주방화재
표시색	백색	황색	청색	무색	–

• 최근에는 색을 표시하지 않음

기억법 백황청무(백색 황새가 청나라 무서워 한다)

(4) 유류화재

구분	설명
특수인화물	다이에틸에터 · 이황화탄소
제1석유류	아세톤 · 휘발유 · 콜로디온
제2석유류	등유 · 경유
제3석유류	중유 · 크레오소트유
제4석유류	기어유 · 실린더유

(5) 전기화재의 발생원인

① 단락(합선)에 의한 발화

② 과부하(과전류)에 의한 발화

③ 절연저항 감소(누전)에 의한 발화

④ 전열기기 과열에 의한 발화

⑤ 전기불꽃에 의한 발화

⑥ 용접불꽃에 의한 발화

⑦ 낙뢰에 의한 발화

(6) 금속화재를 일으킬 수 있는 위험물

구분	설명
제1류 위험물	무기과산화물
제2류 위험물	금속분(알루미늄(Al), 마그네슘(Mg))
제3류 위험물	황린(P_4), 칼슘(Ca), 칼륨(K), 나트륨(Na)

(7) 공기 중의 폭발한계

가스	하한계[vol%]	상한계[vol%]
아세틸렌(C_2H_2)	2.5	81
수소(H_2)	4	75
일산화탄소(CO)	12	75
암모니아(NH_3)	15	25
메탄(CH_4)	5	15
에탄(C_2H_6)	3	12.4
프로판(C_3H_8)	2.1	9.5
부탄(C_4H_{10})	1.8	8.4

(8) 폭발한계와 위험성

① 하한계가 낮을수록 위험하다.

② 상한계가 높을수록 위험하다.

③ 연소범위가 넓을수록 위험하다.

④ 연소범위의 하한계는 그 물질의 인화점에 해당된다.

⑤ 연소범위는 주위온도와 관계가 깊다.

⑥ 압력 상승시 하한계는 불변, 상한계만 상승한다.

(9) 폭발의 종류

구 분	설 명
분해폭발	과산화물, 아세틸렌, 다이너마이트
분진폭발	밀가루, 담뱃가루, 석탄가루, 먼지, 전분, 금속분
중합폭발	염화비닐, 시안화수소 기억법 중염시
분해·중합폭발	산화에틸렌
산화폭발	압축가스, 액화가스

(10) 분진폭발을 일으키지 않는 물질

① 시멘트
② 석회석
③ 탄산칼슘($CaCO_3$)
④ 생석회(CaO)

기억법 분시석탄칼생

(11) 연소속도

폭 발	폭 굉
0.1~10m/s	1000~3500m/s

(12) 폭굉

화염의 전파속도가 음속보다 빠르다.

(13) 2도 화상

화상의 부위가 분홍색이 되고, 분비액이 많이 분비되는 화상의 정도이다.

(14) 가연물이 될 수 없는 물질(불연성 물질)

구 분	설 명
주기율표의 0족 원소	헬륨(He), 네온(Ne), 아르곤(Ar), 크립톤(Kr), 크세논(Xe), 라돈(Rn)
산소와 더 이상 반응하지 않는 물질	물(H_2O), 이산화탄소(CO_2), 산화알루미늄(Al_2O_3), 오산화인(P_2O_5)
흡열반응 물질	질소(N_2)

(15) 질소

복사열을 흡수하지 않는다.

(16) 점화원이 될 수 없는 것

① 기화열
② 융해열
③ 흡착열

기억법 점기융흡

(17) 정전기 방지대책

① 접지를 한다.
② 공기의 상대습도를 70% 이상으로 한다.
③ 공기를 이온화한다.
④ 가능한 한 도체를 사용한다.

기억법 정습7 접이도

(18) 연소의 형태

구 분	설 명
표면연소	숯, 코크스, 목탄, 금속분 기억법 표숯코목탄금
분해연소	석탄, 종이, 플라스틱, 목재, 고무, 중유, 아스팔트 기억법 분석종플 목고중아
증발연소	황, 왁스, 파라핀, 나프탈렌, 가솔린, 등유, 경유, 알코올, 아세톤 기억법 증황왁파나 가등경알아
자기연소	나이트로글리세린, 나이트로셀룰로오스(질화면), TNT, 피크린산
액적연소	벙커C유
확산연소	메탄(CH_4), 암모니아(NH_3), 아세틸렌(C_2H_2), 일산화탄소(CO), 수소(H_2)

(19) 불꽃연소와 작열연소

① 불꽃연소는 작열연소에 비해 대체로 발열량이 크다.
② 작열연소에는 연쇄반응이 동반되지 않는다.
③ 분해연소는 **불꽃연소**의 한 형태이다.
④ 작열연소·불꽃연소는 **완전연소** 또는 **불완전연소**시에 나타난다.

(20) 연소와 관계되는 용어

발화점	인화점	연소점
가연성 물질에 불꽃을 접하지 아니하였을 때 연소가 가능한 최저온도	휘발성 물질에 **불꽃**을 접하여 연소가 가능한 **최저온도**	어떤 인화성 액체가 공기 중에서 열을 받아 점화원의 존재하에 **지속적**인 연소를 일으킬 수 있는 온도

(21) 물질의 발화점

물 질	발화점
황린	30~50℃
황화인·이황화탄소	100℃
나이트로셀룰로오스	180℃

(22) cal와 BTU

1cal	1BTU
1g의 물체를 1℃만큼 온도 상승시키는 데 필요한 열량	1lb의 물체를 1℉만큼 온도 상승시키는 데 필요한 열량

1BTU=252cal

(23) 물의 잠열

구 분	설 명
융해잠열	80cal/g
기화(증발)잠열	539cal/g
0℃의 물 1g이 100℃의 수증기가 되는 데 필요한 열량	639cal
0℃의 얼음 1g이 100℃의 수증기가 되는 데 필요한 열량	719cal

(24) 증기비중

$$증기비중 = \frac{분자량}{29}$$

여기서, 29 : 공기의 평균분자량

(25) 증기-공기밀도

$$증기-공기밀도 = \frac{P_2 d}{P_1} + \frac{P_1 - P_2}{P_1}$$

여기서, P_1 : 대기압
P_2 : 주변 온도에서의 증기압
d : 증기밀도

(26) 위험물질의 위험성

① 비등점(비점)이 낮아질수록 위험
② 융점이 낮아질수록 위험
③ 점성이 낮아질수록 위험
④ 비중이 낮아질수록 위험

(27) 리프트

버너 내압이 높아져서 분출속도가 빨라지는 현상

(28) 일산화탄소(CO)

농 도	영 향
0.2%	1시간 호흡시 생명에 위험을 준다.

화재시 흡입된 일산화탄소(CO)는 화학적 작용에 의해 혈액 중 **헤모글로빈**(Hb)의 산소운반작용을 저해하여 사람을 질식·사망하게 한다.

(29) 이산화탄소(CO_2)

연소가스 중 **가장 많은 양**을 차지한다.

※ 이산화탄소는 온도가 낮을수록, 압력이 높을수록 용해도가 증가한다.

(30) 포스겐($COCl_2$)

독성이 매우 강한 가스로서 소화제인 **사염화탄소**(CCl_4)를 화재시에 사용할 때도 발생한다.

(31) 황화수소(H_2S)

① **달걀 썩는 냄새**가 나는 특성이 있다.
② **황분**이 포함되어 있는 물질의 불완전연소에 의하여 발생하는 가스이다.
③ **자극성**이 있다.

(32) 보일 오버(Boil over)

① 중질유의 탱크에서 장시간 조용히 연소하다 탱크 내의 잔존기름이 갑자기 분출하는 현상
② 유류탱크에서 탱크 바닥에 물과 기름의 **에멀전**이 섞여 있을 때 이로 인하여 화재가 발생하는 현상
③ 연소유면으로부터 100℃ 이상의 열파가 **탱크 저부**에 고여 있는 물을 비등하게 하면서 **연소유**를 **탱크 밖**으로 **비산**시키면서 연소하는 현상
④ 유류탱크의 화재시 탱크 저부의 물이 뜨거운 열류층에 의하여 수증기로 변하면서 급작스런 부피팽창을 일으켜 유류가 탱크 외부로 분출하는 현상
⑤ 탱크 저부의 물이 급격히 증발하여 탱크 밖으로 화재를 동반하며 방출하는 현상

(33) 열전달의 종류

전 도	대 류	복 사
하나의 물체가 다른 물체와 **직접 접촉**하여 열이 이동하는 현상	유체의 흐름에 의하여 열이 이동하는 현상	전자파의 형태로 열이 옮겨지며, 가장 크게 작용한다.

※ **스테판-볼츠만의 법칙** : 복사체에서 발산되는 복사열은 복사체의 절대온도의 **4제곱**에 비례한다.

(34) 열에너지원의 종류

1) 전기열

구 분	설 명
유도열	도체 주위의 자장에 의해 발생
유전열	**누설전류**(절연감소)에 의해 발생
저항열	백열전구의 발열
아크열	스위치의 ON/OFF에 의해 발생하는 열
정전기열	정전기가 방전할 때 발생하는 열
낙뢰에 의한 열	번개에 의해 발생하는 열

2) 화학열

구 분	설 명
연소열	물질이 완전히 산화되는 과정에서 발생
용해열	**농황산**
분해열	화합물이 **분해**될 때 발생하는 열
생성열	발열반응에 의해 화합물이 **생성**될 때의 열
자연발생 (자연발화)	어떤 물질이 외부로부터 열의 공급을 받지 아니하고 온도가 상승하는 현상

기억법 연분용 자생화

(35) 자연발화의 형태

구 분	설 명
분해열	셀룰로이드, 나이트로셀룰로오스 **기억법** 분셀나
산화열	건성유(정어리유, 아마인유, 해바라기유), 석탄, 원면, 고무분말
발효열	퇴비, 먼지, 곡물 **기억법** 발퇴먼곡
흡착열	목탄, 활성탄 **기억법** 흡목활

(36) 자연발화의 방지법

① 습도가 높은 곳을 피할 것(건조하게 유지할 것)
② 저장실의 온도를 낮출 것
③ 통풍이 잘 되게 할 것
④ 퇴적 및 수납시 열이 쌓이지 않게 할 것

(37) 보일-샤를의 법칙

기체가 차지하는 부피는 압력에 반비례하며, 절대온도에 비례한다.

$$\frac{P_1 V_1}{T_1} = \frac{P_2 V_2}{T_2}$$

여기서, P_1, P_2 : 기압[atm]

V_1, V_2 : 부피[m^3]

T_1, T_2 : 절대온도[K]

(38) 수분함량

목재의 수분함량이 15% 이상이면 고온에 장시간 접촉해도 착화하기 어렵다.

(39) 목재건축물의 화재진행과정

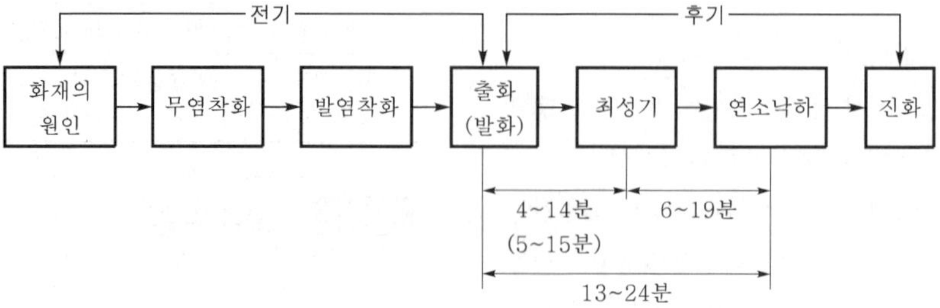

(40) 무염착화

가연물이 재로 덮힌 숯불모양으로 불꽃없이 착화하는 현상

(41) 옥외출화

① 창·출입구 등에 발염착화한 때

② 목재사용 가옥에서는 **벽·추녀 밑**의 판자나 목재에 **발염착화**한 때

(42) 표준온도곡선

1) 목조건축물과 내화건축물

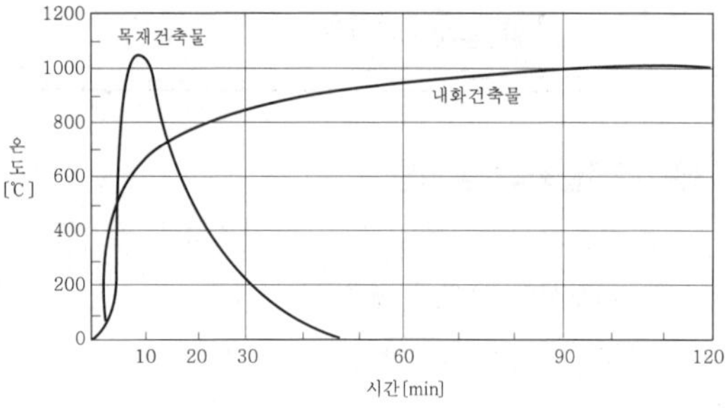

2) 내화건축물

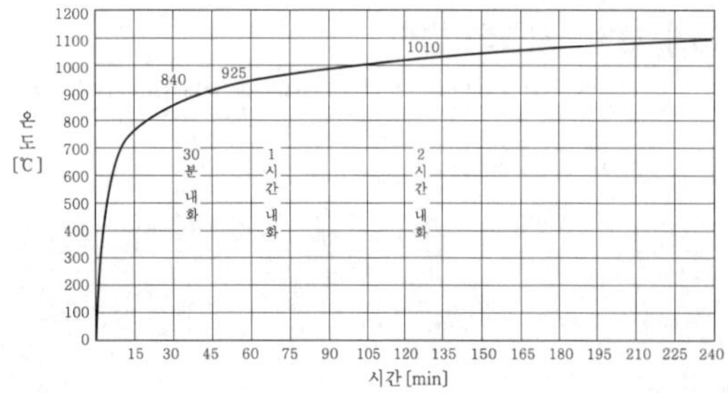

(43) 건축물의 화재성상

목조건축물	내화건축물
고온단기형	저온장기형

※ 내화건축물의 화재시 1시간 경과된 후의 화재온도는 약 950℃이다.

(44) 목조건축물의 화재원인

① 접염

② 비화

③ 복사열

(45) 성장기

공기의 유통구가 생기면 연소가 급격히 진행되어 실내에 순간적으로 화염이 가득해지는 시기

(46) 플래시 오버(Flash over)

구 분	설 명
정의	① 폭발적인 착화현상 ② 순발적인 연소확대현상 ③ 화재로 인하여 실내의 온도가 급격히 상승하여 화재가 순간적으로 실내 전체에 확산되어 연소되는 현상
발생시점	**성장기~최성기**(성장기에서 최성기로 넘어가는 분기점)

(47) 플래시 오버에 영향을 미치는 것

① 개구율
② 내장재료
③ 화원의 크기

(48) 연기의 이동속도

구 분	이동속도
수평방향	0.5~1m/s
수직방향	2~3m/s
계단실 내의 수직이동속도	3~5m/s

(49) 연기의 농도와 가시거리

감광계수 [m^{-1}]	가시거리 [m]	상 황
0.1	20~30	연기감지기가 작동할 때의 농도 기억법 0123 감
0.3	5	건물내부에 익숙한 사람이 피난에 지장을 느낄 정도의 농도 기억법 035 익
0.5	3	어두운 것을 느낄 정도의 농도 기억법 053 어
1	1~2	앞이 거의 보이지 않을 정도의 농도 기억법 112 보
10	0.2~0.5	화재 최성기 때의 농도 기억법 100205 최
30	–	출화실에서 연기가 분출할 때의 농도 기억법 30 분

(50) 연기를 이동시키는 요인

① 연돌(굴뚝)효과
② 외부에서의 풍력의 영향
③ 온도상승에 의한 증기팽창
④ 건물 내에서의 강제적인 공기이동(공조설비)
⑤ 건물 내외의 온도차
⑥ 비중차

(51) 화재를 발생시키는 열원

물리적인 열원	화학적인 열원
마찰, 충격, 단열, 압축, 전기, 정전기	화합, 분해, 혼합, 부가

2. 화재역학

(1) 화재의 형태

화재형태	설 명
확산화염 (Diffusion flames)	**연료가스**와 **산소**가 **농도차**에 의해서 반응대로 이동하면서 진행되는 연소 중요 확산화염의 형태 (1) 제트화염 (2) 누출액체화재 (3) 산불화재
훈소 (Smoldering)	① 공기 중의 산소와 고체연료 사이에서 발생하는 상대적으로 느리게 진행되는 연소 ② 400~1000℃의 온도로 진행속도가 0.001~0.01cm/s 정도로 나타나는 고체의 산화과정
자연발화 (Spontaneous combustion)	공기 중에 노출된 연료에 **서서히 산화반응**이 일어나는 연소과정
예혼합화염 (Premixed flames)	점화되기 전에 연료와 공기가 **미리 혼합**되어 있는 상태에서 연소가 일어나는 과정

(2) 전도 · 대류 · 복사

1) 전도(단층벽)

① **열유동률**

$$\overset{\circ}{q} = \frac{kA(T_2 - T_1)}{l}$$

여기서, $\overset{\circ}{q}$: 열유동률(열흐름률)([W], [J/s])
k : 열전도도(열전도율)[W/m · K]
A : 전열면적(열전달부분의 면적)[m²]
T_1, T_2 : 각 벽면의 온도([℃] 또는 [K])
l : 벽 두께[m]

② **단위면적당 열유동률(열유속)**

$$\overset{\circ}{q}'' = \frac{k(T_2 - T_1)}{l}$$

여기서, $\overset{\circ}{q}''$: 단위면적당 열유동률[W/m²]
k : 열전도도(열전도율)[W/m · K]
T_2, T_1 : 각 벽면의 온도([℃] 또는 [K])
l : 벽 두께[m]

※ 열류(Heat flux)=열유속=단위면적당 열유동률

2) 전도(혼합식벽)

$$\overset{\circ}{q} = \frac{A(T_h - T_c)}{\dfrac{1}{h_h} + \dfrac{l_1}{k_1} + \dfrac{l_2}{k_2} + \dfrac{1}{h_c}}$$

여기서, $\overset{\circ}{q}$: 열유동률(열흐름률)([W], [J/s])
A : 전열면적[m²]
T_h : 내부온도[℃]
T_c : 외부온도[℃]
h_h, h_c : 내 · 외부표면의 대류전열계수 [W/m² · K]
l_1, l_2 : 벽 두께[m]
k_1, k_2 : 열전도도[W/m · K]

3) 열침투시간

$$t_p \approx \frac{l^2}{16\alpha}$$

여기서, t_p : 열침투시간[s]
l : 두께(침투거리)[m]
α : 열확산도[m²/s] $\left(\alpha = \dfrac{k}{\rho c}\right)$
k : 열전도율[W/m · K]
ρ : 밀도[kg/m³]
c : 비열[J/kg · K]

4) 대류열류

$$\overset{\circ}{q}'' = h(T_2 - T_1)$$

여기서, $\overset{\circ}{q}''$: 단위면적당 대류열류[W/m²]
h : 대류전열계수[W/m² · ℃]
$T_2 - T_1$: 온도차[℃]

5) 복사열(복사수열량)

$$\overset{\circ}{q}'' = F_{12}\,\varepsilon\,\sigma\,T^4$$

여기서, $\overset{\circ}{q}''$: 단위면적당 복사열[W/m²]
F_{12} : 배치계수(형상계수)
ε : 복사능(방사율)$[1-e^{(-kl)}]$
k : 흡수계수(absorption coefficient)[m⁻¹]
l : 화염두께[m]
σ : 스테판-볼츠만 상수 $(5.667\times10^{-8}\,\mathrm{W/m^2 \cdot K^4})$
T : 온도[K]

6) 열유속(열류, Heat flux)

열유속	설 명
1kW/m²	노출된 피부에 통증을 줄 수 있는 열유속의 최소값
4kW/m²	화상을 입힐 수 있는 값
10~20kW/m²	물체가 발화하는 데 필요한 값

(3) 일반적인 화염확산속도

확산유형	확산속도
훈소	0.001~0.01cm/s
두꺼운 고체의 측면 또는 하향확산	0.1cm/s
숲이나 산림부스러기를 통한 바람에 의한 확산	1~30cm/s

확산유형		확산속도
두꺼운 고체의 상향확산		1~100cm/s
액면에서의 수평확산(표면화염)		
예혼합화염	층류	10~100cm/s
	폭굉	약 10^5cm/s

(4) 고체연료의 발화시간

1) 두꺼운 물체(두께(l)>2mm)

$$t_{ig} = C(k\rho c)\left[\frac{T_{ig} - T_s}{\mathring{q}''}\right]^2$$

여기서, t_{ig} : 발화시간[s]
C : 상수(열손실이 없는 경우(보온상태, 단열상태) : $\frac{\pi}{4}$, 열손실이 있는 경우 : $\frac{2}{3}$)
k : 열전도도[W/m·K]
ρ : 밀도[kg/m^3]
c : 비열[kJ/kg·K]
T_{ig} : 발화온도([℃] 또는 [K])
T_s : 초기온도([℃] 또는 [K])
$\mathring{q}''$: 열류(순열류)[kW/m^2]

2) 얇은 물체(두께(l)≦2mm)

$$t_{ig} = \rho c l \frac{[T_{ig} - T_s]}{\mathring{q}''}$$

여기서, t_{ig} : 발화시간[s]
ρ : 밀도[kg/m^3]
c : 비열[kJ/kg·K]
l : 두께[m]
T_{ig} : 발화온도([℃] 또는 [K])
T_s : 초기온도([℃] 또는 [K])
$\mathring{q}''$: 열류(순열류)[kW/m^2]

(5) 측면의 화염확산속도

1) 두꺼운 물체(두께(l)>2mm)

$$t_{ig} = C(k\rho c)\left[\frac{T_{ig} - T_s}{\mathring{q}''}\right]^2$$

여기서, t_{ig} : 발화시간[s]
C : 상수(열손실이 없는 경우(보온상태, 단열상태) : $\frac{\pi}{4}$, 열손실이 있는 경우 : $\frac{2}{3}$)
k : 열전도도[W/m·K]
ρ : 밀도[kg/m^3]
c : 비열[kJ/kg·K]
T_{ig} : 발화온도([℃] 또는 [K])
T_s : 표면온도([℃] 또는 [K])
$\mathring{q}''$: 열류(순열류)[kW/m^2]

2) 얇은 물체(두께(l)≦2mm)

$$t_{ig} = \rho c l \frac{[T_{ig} - T_s]}{\mathring{q}''}$$

여기서, t_{ig} : 발화시간[s]
ρ : 밀도[kg/m^3]
c : 비열[kJ/kg·K]
l : 두께[m]
T_{ig} : 발화온도([℃] 또는 [K])
T_s : 표면온도([℃] 또는 [K])
$\mathring{q}''$: 열류(순열류)[kW/m^2]

3) 화염확산속도

$$V = \frac{\delta_f}{t_{ig}}$$

여기서, V : 화염확산속도[m/s]
δ_f : 가열거리[m]
t_{ig} : 발화시간[s]

(6) 화재성장의 3요소

① 발화(Ignition)
② 연소속도(Burning rate)
③ 화염확산(Flame spread)

(7) 에너지 방출속도

1) 에너지 방출속도(열방출속도, 화재크기)

$$\mathring{Q} = \mathring{m}'' A\, \Delta H_c \eta$$

여기서, $\overset{\circ}{Q}$: 에너지 방출속도[kW]

$\overset{\circ}{m}''$: 단위면적당 연소속도[$g/m^2 \cdot s$]

A : 연소관여 면적[m^2]

ΔH_c : 연소열[kJ/g]

η : 연소효율

2) 단위면적당 연소속도

$$\overset{\circ}{m}'' = \frac{\overset{\circ}{q}''}{L_v}$$

여기서, $\overset{\circ}{m}''$: 단위면적당 연소속도[$g/m^2 \cdot s$]

$\overset{\circ}{q}''$: 열류(순열류)[kW/m^2]

L_v : 기화열[kJ/g]

용어

연소속도(Burning rate)
화재발생시 단위시간당 소비되는 고체 또는 액체의 질량 [$g/m^2 \cdot s$]

(8) 탄화수소계 연료

구 분	온 도
난류 화염온도	800℃
층류 화염온도	1800~2000℃
단열 화염온도	2000~2300℃

(9) 실질적인 응용

1) 감지기 동작을 위한 화재크기(에너지 방출속도)

$r > 0.18H$ 인 경우	$r \leq 0.18H$ 인 경우
$\overset{\circ}{Q} = r\left[H\dfrac{(T_L - T_\infty)}{5.38}\right]^{\frac{3}{2}}$	$\overset{\circ}{Q} = \left[\dfrac{(T_L - T_\infty)}{16.9}\right]^{\frac{3}{2}} \cdot H^{\frac{5}{2}}$

여기서, $\overset{\circ}{Q}$: 감지기 동작을 위한 화재크기[kW]

r : 감지기의 수평거리(반경)[m]

H : 천장높이[m]

T_L : 감지기의 작동온도 등급[℃]

T_∞ : 주위온도(실내온도)[℃]

2) 최고 가스온도

$r > 0.18H$ 인 경우	$r \leq 0.18H$ 인 경우
$T_{\max} = \dfrac{5.38\left(\dfrac{\overset{\circ}{Q}}{r}\right)^{\frac{2}{3}}}{H} + T_\infty$	$T_{\max} = \dfrac{16.9\,\overset{\circ}{Q}^{\frac{2}{3}}}{H^{\frac{5}{3}}} + T_\infty$

여기서, $T_{\max}$: 최고 가스온도[℃]

$\overset{\circ}{Q}$: 화재크기[kW]

r : 수평거리(반경)[m]

H : 천장높이[m]

T_∞ : 주위온도(실내온도)[℃]

3) 연료의 화염높이

$$l_F = 0.23\overset{\circ}{Q}^{\frac{2}{5}} - 1.02D$$

여기서, l_F : 연료의 화염높이[m]

$\overset{\circ}{Q}$: 에너지 방출속도[kW]

D : 직경[m]

참 고

플래시 오버(Flash over)의 발생상황
(1) 열류의 증가에 따른 물질의 급속한 발화와 화염확산
(2) 과농도 연료가스가 충분히 축적된 후 이들의 갑작스런 공기로의 노출
(3) 연소속도의 증가에 따른 실 전체로의 갑작스런 화염

4) 연기의 온도상승

$$\Delta T = 6.85\left[\frac{\overset{\circ}{Q}^2}{A_o\sqrt{H_o} \cdot h \cdot A_T}\right]^{\frac{1}{3}}$$

여기서, ΔT : 연기의 온도상승[℃]

$\overset{\circ}{Q}$: 화재크기[kW]

A_o : 개구부면적[m^2]

H_o : 개구부높이[m]

h : 열손실계수(대류전열계수)[$kW/m^2 \cdot ℃$]

A_T : 구획실 내부 표면적[m^2]

※ A_T=벽면적+바닥면적+천장면적−개구부면적

5) 열손실계수

$t \le t_p$ 인 경우 (매우 두꺼운 경우)	$t > t_p$ 인 경우
$h=\sqrt{\frac{k\rho c}{t}}$	$h=\frac{k}{l}$

여기서, h : 열손실계수(대류전열계수)
$k\rho c$: 열관성[$kW^2 \cdot s/m^4 \cdot ℃^2$]
t : 발화 후 시간[s]
t_p : 열침투시간[s]
k : 열전도도[kW/m·K]
l : 벽 두께[m]

※ **열관성** : 어떤 물질의 열저항능력

중요 **플래시 오버**(Flash over)**가 일어나기 위한 조건의 온도계산 방법**

(1) Babraukas(바브라카스)의 방법
(2) McCaffrey(맥케프레이)의 방법
(3) Thomas(토마스)의 방법

6) Flash over에 필요한 에너지 방출률

$$\mathring{Q}_{Fo}=624\sqrt{A_o\sqrt{H_o}\cdot h\cdot A_T}$$

여기서, $\mathring{Q}_{Fo}$: Flash over에 필요한 에너지 방출률[kW]
A_o : 개구부면적[m^2]
H_o : 개구부높이[m]
h : 열손실계수(대류전열계수)[$kW/m^2 \cdot ℃$]
A_T : 구획실 내부표면적[m^2]

(10) 수율

1) 원자량

물 질	원자량
수소(H)	1
탄소(C)	12
산소(O)	16

2) 수율

$$y_{CO_2}=\frac{m_{CO_2}}{m}$$

여기서, y_{CO_2} : 수율(양론수율)
m_{CO_2} : 생성된 CO_2의 질량(분자량)
m : 연소된 연료의 질량(분자량)

※ **수율** : 연소연료의 단위질량당 각 생성물의 질량

(11) 독성학의 허용농도

1) TLV(Threshold Limit Values) : 허용한계농도
독성 물질의 섭취량과 인간에 대한 그 반응 정도를 나타내는 관계에서 손상을 입히지 않는 농도 중 가장 큰 값

TLV 농도표시법	정 의
TLV-TWA (시간가중 평균농도)	매일 일하는 근로자가 하루에 8시간씩 근무할 경우 근로자에게 노출되어도 아무런 영향을 주지 않는 최고 평균농도
TLV-STEL (단시간 노출허용농도)	단시간 동안 노출되어도 유해한 증상이 나타나지 않는 최고 허용농도
TLV-C (최고 허용한계농도)	단 한 순간이라도 초과하지 않아야 하는 농도

2) LD_{50}과 LC_{50}

LD_{50}(Lethal Dose) : 반수치사량	LC_{50}(Lethal Concentration) : 반수치사농도
실험쥐의 50%를 사망시킬 수 있는 물질의 양	실험쥐의 50%를 사망시킬 수 있는 물질의 농도

3) ALC(Approximate Lethal Concentration) : 치사농도
실험쥐의 50%를 **15분** 이내에 사망시킬 수 있는 허용농도

(12) 연기

1) 감광계수

$$K_s=\frac{\mathring{m}_{물질}D_m}{\mathring{V}}=\frac{\mathring{m}''_{물질}AD_m}{\mathring{V}}$$

여기서, K_s : 감광계수[m^{-1}]

$\mathring{m}_{물질}$: 물질의 연소속도[g/s]

D_m : 질량광학밀도[m^2/g]

$\mathring{V}$: 연기의 부피흐름속도[m^3/s]

$\mathring{m}''_{물질}$: 단위면적당 물질의 연소속도 [$g/m^2 \cdot s$]

A : 연소관여 면적[m^2]

2) 연기의 연소속도

$$\mathring{m}_{연기} = \mathring{m}_{공기} + \mathring{m}_{물질} = \mathring{m}_{공기} + \mathring{m}''_{물질} A$$

여기서, $\mathring{m}_{연기}$: 연기의 연소속도[g/s]

$\mathring{m}_{공기}$: 공기의 연소속도[g/s]

$\mathring{m}_{물질}$: 물질의 연소속도[g/s]

$\mathring{m}''_{물질}$: 단위면적당 물질의 연소속도 [$g/m^2 \cdot s$]

A : 연소관여 면적[m^2]

3) 연기의 부피흐름속도

$$\mathring{V} = \frac{\mathring{m}_{연기}}{\rho} = \frac{V}{t}$$

여기서, $\mathring{V}$: 연기의 부피흐름속도[m^3/s]

$\mathring{m}_{연기}$: 연기의 연소속도[g/s]

ρ : 연기밀도[g/m^3]

V : 실의 체적[m^3]

t : 시간[s]

4) 한계가시거리(연기가시도)

$$L_v = \frac{C_v}{K_s}$$

여기서, L_v : 한계가시거리(연기가시도)[m]

C_v : 물체의 조명도에 의존되는 계수

K_s : 감광계수[m^{-1}]

(13) 연기의 이동

1) 건물 내의 연기이동 요인

① **연돌**(굴뚝)**효과**

② 화재에 의해 직접 생성되는 **부력**

③ 외부의 바람과 공기이동의 영향(바람에 의해 생긴 압력차)

④ 화재로 인한 팽창의 영향

⑤ 건물 내의 **공기취급시스템**(Air handling system에 의한 압력차)

2) 연기발생량

$$Q = \frac{A(H-y)\times 60}{\frac{20A}{P_f\sqrt{g}}\left(\frac{1}{\sqrt{y}}-\frac{1}{\sqrt{H}}\right)}$$

여기서, Q : 연기발생량[m^3/min]

A : 바닥면적[m^2]

H : 실의 높이[m]

y : 바닥과 천장 아래 연기층 아랫부분간의 거리[m](깨끗한 공기층의 높이)

P_f : 화재경계의 길이[m]

g : 중력가속도($9.8m/s^2$)

중요 화재경계의 길이(P_f)

(1) 큰화염 : P_f=12m

(2) 중간화염 : P_f=6m

(3) 작은화염 : P_f=4m

3) 연기생성률

$$\mathring{M} = 0.188 P_f\, y^{\frac{3}{2}}$$

여기서, $\mathring{M}$: 연기생성률[kg/s]

P_f : 화재경계의 길이[m]

y : 바닥과 천장 아래 연기층 아랫부분간의 거리[m](깨끗한 공기층의 높이)

(14) 연기제어시스템

1) 문개방에 필요한 전체 힘

$$F = F_{dc} + \frac{K_d\, W A \Delta P}{2(W-d)}$$

여기서, F : 문개방에 필요한 전체 힘[N]

F_{dc} : 자동폐쇄장치나 경첩 등을 극복할 수 있는 힘[N]

K_d : 상수(SI 단위 : 1)

W : 문의 폭[m]

A : 문의 면적[m^2]

ΔP : 차압[Pa]

d : 문 손잡이에서 문의 가장자리까지의 거리[m]

2) 누설틈새면적(누설면적)

직렬상태	병렬상태
$A=\dfrac{1}{\sqrt{\dfrac{1}{A_1^{\,2}}+\dfrac{1}{A_2^{\,2}}+\cdots}}$ 여기서, A : 전체 누설틈새면적[m^2] A_1, A_2 : 각 실의 누설틈새 면적[m^2] 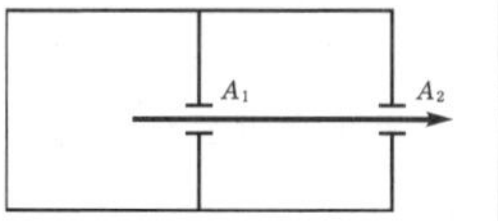	$A=A_1+A_2+\cdots$ 여기서, A : 전체 누설틈새면적[m^2] A_1, A_2 : 각 실의 누설틈새 면적[m^2] 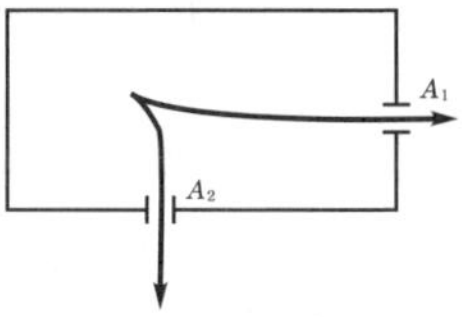

참 고

연기배출시 고려사항

(1) 화재의 크기
(2) 건물의 높이
(3) 지붕의 형태
(4) 지붕 전체의 압력분포

3) 문의 상하단부 압력차

$$\Delta P = 3460\left(\frac{1}{T_o}-\frac{1}{T_i}\right)\cdot H$$

여기서, ΔP : 문의 상하단부 압력차[Pa]

T_o : 외부온도(대기온도)[K]

T_i : 내부온도(화재실 온도)[K]

H : 중성대에서 상단부까지의 높이[m]

4) 연기제어시스템의 설계변수 고려사항

① 누설면적
② 기상자료
③ 압력차
④ 공기흐름
⑤ 연기제어시스템 내의 개방문 수

제2장 건축물 소방안전기준, 인원수용 및 피난계획

(1) 공간적 대응

구 분	설 명
대항성	내화성능·방연성능·초기 소화대응 등 화재사상의 저항능력
회피성	불연화·난연화·내장제한·구획의 세분화·방화훈련(소방훈련)·불조심 등 출화유발·확대 등을 저감시키는 예방조치 강구
도피성	화재가 발생한 경우 안전하게 피난할 수 있는 시스템

(2) 건축물 내부의 연소확대방지를 위한 방화계획

① 수평구획(면적단위)
② 수직구획(층단위)
③ 용도구획(용도단위)

(3) 내화구조와 방화구조

내화구조	방화구조
① 정의 : 수리하여 재사용할 수 있는 구조 ② 종류 : 철근콘크리트조, 연와조, 석조	① 정의 : 화재시 건축물의 인접부분으로의 연소를 차단할 수 있는 구조 ② 구조 : 철망모르타르 바르기, 회반죽 바르기

(4) 내화구조의 기준

내화구분	기 준
벽·바닥	철골·철근콘크리트조로서 두께가 10cm 이상인 것
기둥	철골을 두께 5cm 이상의 콘크리트로 덮은 것
보	두께 5cm 이상의 콘크리트로 덮은 것

기억법 벽바내1(벽을 바라보면 내일이 보인다)

(5) 방화구조의 기준

구조내용	기 준
• 철망모르타르 바르기	두께 2cm 이상
• 석고판 위에 시멘트모르타르를 바른 것 • 회반죽을 바른 것 • 시멘트모르타르 위에 타일을 붙인 것	두께 2.5cm 이상
• 심벽에 흙으로 맞벽치기한 것	–

(6) 방화문의 구분(건축령 64조)

60분+방화문	60분 방화문	30분 방화문
연기 및 불꽃을 차단할 수 있는 시간이 60분 이상이고, 열을 차단할 수 있는 시간이 30분 이상인 방화문	연기 및 불꽃을 차단할 수 있는 시간이 60분 이상인 방화문	연기 및 불꽃을 차단할 수 있는 시간이 30분 이상 60분 미만인 방화문

※ **비차열** : 차염성능만 있는 것으로 실험시 방화문 이면에 10초 이상 지속되는 화염발생이 없어야 한다.

(7) 방화벽의 구조

구획단지	방화벽의 구조
연면적 1000m^2 미만마다 구획	• 내화구조로서 홀로 설 수 있는 구조일 것 • 방화벽의 양쪽끝과 위쪽끝을 건축물의 외벽면 및 지붕으로부터 0.5m 이상 튀어 나오게 할 것 • 방화벽에 설치하는 출입문의 너비 및 높이는 각각 2.5m 이하로 하고 해당 출입문에는 60분+방화문 또는 60분 방화문을 설치할 것

(8) 주요 구조부

① 벽
② 보(작은보 제외)
③ 지붕틀(차양 제외)
④ 바닥(최하층바닥 제외)
⑤ 주계단(옥외계단 제외)
⑥ 기둥(사이기둥 제외)

기억법 벽보지바주기

※ **주요 구조부** : 건물의 구조내력상 주요한 부분

(9) 건축물 내부의 연소확대방지를 위한 방화구획

① 층 또는 면적별 구획
② 승강기의 승강로 구획
③ 위험용도별 구획
④ 방화댐퍼 설치

※ **방화구획의 종류** : 층단위, 용도단위, 면적단위

(10) 개구부에 설치하는 방화설비

① 60분+방화문 또는 60분 방화문
② 창문 등에 설치하는 **드렌처**(Drencher)
③ 환기구멍에 설치하는 불연재료로 된 방화커버 또는 그물눈 2mm 이하인 금속망
④ 해당 창문 등과 연소할 우려가 있는 다른 건축물의 부분을 차단하는 내화구조나 불연재료로 된 벽·담장, 기타 이와 유사한 방화설비

※ **드렌처설비** : 건물의 창, 처마 등 외부화재에 의해 연소·파괴되기 쉬운 부분에 설치하여 외부화재에 대비하기 위한 설비

(11) 건축물의 화재하중

1) 화재하중

① 가연물 등의 연소시 건축물의 붕괴 등을 고려하여 설계하는 하중
② 화재실 또는 화재구획의 단위면적당 가연물의 양
③ 일반건축물에서 가연성의 건축구조재와 가연성 수용물의 양으로서 건물화재의 **발열량** 및 **화재위험성**을 나타내는 용어
④ 건물화재에서 가열온도의 정도를 의미한다.
⑤ 건물의 내화설계시 고려되어야 할 사항이다.

2) 건축물의 화재하중

건축물의 용도	화재하중[kg/m^2]
호텔	5~15
병원	10~15
사무실	10~20
주택·아파트	30~60
점포(백화점)	100~200
도서관	250
창고	200~1000

(12) 피난행동의 성격

구 분	설 명
계단 보행속도	–
군집 보행속도	① 자유보행 : 0.5~2m/s ② 군집보행 : 1m/s
군집 유동계수	–

(13) 피난대책의 일반적인 원칙

① 피난경로는 **간단명료**하게 한다.

② 피난구조설비는 **고정식 설비**를 위주로 설치한다.

③ 피난수단은 **원시적 방법**에 의한 것을 원칙으로 한다.

④ **2방향**의 피난통로를 확보한다.

⑤ 피난통로를 **완전불연화**한다.

‖ Fail safe와 Fool proof ‖

용 어	설 명
페일 세이프 (Fail safe)	① 한 가지 피난기구가 고장이 나도 다른 수단을 이용할 수 있도록 고려하는 것 ② 한 가지가 고장이 나도 다른 수단을 이용하는 원칙 ③ **두 방향**의 피난동선을 항상 확보하는 원칙
풀 프루프 (Fool proof)	① 피난경로는 **간단명료**하게 한다. ② 피난구조설비는 **고정식 설비**를 위주로 설치한다. ③ 피난수단은 **원시적 방법**에 의한 것을 원칙으로 한다. ④ 피난통로를 **완전불연화**한다. ⑤ 막다른 복도가 없도록 계획한다. ⑥ 간단한 그림이나 색채를 이용하여 표시한다.

(14) 제연방식

① 자연제연방식 : **개구부** 이용

② 밀폐제연방식 : 연기를 일정 구획에 한정시키는 방법으로 비교적 소규모 공간에 적합

③ 스모크타워 제연방식 : **루프모니터** 이용

④ 기계제연방식

구 분	설 명
제1종 기계제연방식	**송풍기+배연기**
제2종 기계제연방식	**송풍기**
제3종 기계제연방식	**배연기**

(15) 건축물의 제연방법

구 분	설 명
연기의 **희석**	가장 많이 사용
연기의 **배기**	–
연기의 **차단**	–

(16) 제연구획(NFPC 501 4 · 7조, NFTC 501 2.1.2.2, 2.4.2)

구 분	설 명
제연경계의 폭	**0.6m 이상**
제연경계의 수직거리	**2m 이내**
예상제연구역~배출구의 수평거리	**10m 이내**

(17) 건축물의 안전계획

1) 피난시설의 안전구획

구 분	설 명
1차 안전구획	**복도**
2차 안전구획	**부실**(계단전실)
3차 안전구획	**계단**

2) 피난형태

형 태	피난방향	상 황
CO형	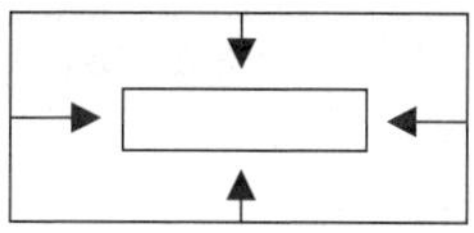	피난자들의 집중으로 **패닉**(Panic) **현상**이 일어날 수 있다.
H형	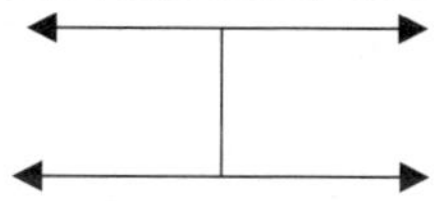	

(18) 피뢰설비

① 돌출부(돌침부)

② 피뢰도선(인화도선)

③ 접지전극

(19) 방폭구조의 종류

내압(耐壓) 방폭구조	내압(內壓) 방폭구조 (압력 방폭구조)
폭발성 가스가 용기 내부에서 폭발하였을 때 용기가 그 압력에 견디거나 또는 외부의 폭발성 가스에 인화될 우려가 없도록 한 구조	용기 내부에 질소 등의 보호용 가스를 충전하여 외부에서 폭발성 가스가 침입하지 못하도록 한 구조

(20) 화점

화재의 원인이 되는 불이 최초로 존재하고 발생한 곳

(21) 본격 소화설비

① 소화용수설비
② 연결송수관설비
③ 연결살수설비
④ 비상용 엘리베이터
⑤ 비상콘센트설비
⑥ 무선통신보조설비

(22) 소화형태

질식소화	희석소화
공기 중의 **산소농도를 16%** (10~15%) 이하로 희박하게 하여 소화하는 방법	① 아세톤에 물을 다량으로 섞는다. ② 폭약 등의 폭풍을 이용한다. ③ 불연성 기체를 화염 속에 투입하여 산소의 농도를 감소시킨다.

(23) 적응화재

화재의 종류	적응소화기구
A급	• 물 • 산알칼리
AB급	• 포
BC급	• 이산화탄소 • 할론 • 1, 2, 4종 분말
ABC급	• 3종 분말 • 강화액

(24) 주된 소화작용

소화제	주된 소화작용
• 물	• 냉각효과
• 포 • 분말 • 이산화탄소	• 질식효과
• **할론**	• **부촉매효과**(연쇄반응 억제)

※ **할론 1301** : 소화효과가 가장 좋고 독성이 가장 적다.

기억법 할부(할아버지)

(25) 할론소화약제

부촉매효과 크기	전기음성도(친화력) 크기
I > Br > Cl > F	F > Cl > Br > I

(26) 분말소화기

종 별	소화약제	약제의 착색
제1종	중탄산나트륨 ($NaHCO_3$)	백색
제2종	중탄산칼륨 ($KHCO_3$)	담자색 (담회색)
제3종	인산암모늄 ($NH_4H_2PO_4$)	담홍색
제4종	중탄산칼륨+요소 ($KHCO_3+(NH_2)_2CO$)	회(백)색

(27) CO_2 소화설비의 적용대상

① 가연성 기체와 액체류를 취급하는 장소
② 발전기, 변압기 등의 전기설비
③ 박물관, 문서고 등 소화약제로 인한 오손이 문제가 되는 대상

※ 지하층 및 무창층에는 CO_2와 할론 1211의 사용을 제한하고 있다.

제 2 편

소방관련법령

제 1 장 소방기본법령

1. 소방기본법

(1) 소방기본법의 목적(기본법 1조)

① 화재의 예방・경계・진압
② 국민의 생명・신체 및 재산보호
③ 공공의 안녕질서유지와 복리증진
④ 구조・구급활동

(2) 용어의 뜻(기본법 2조)

용 어	뜻
소방대상물	① 건축물 ② 차량 ③ 선박(매어둔 것) ④ 선박건조구조물 ⑤ 인공구조물 ⑥ 물건 ⑦ 산림
관계지역	**소방대상물**이 있는 **장소** 및 그 **이웃지역**으로서 화재의 예방・경계・진압, 구조・구급 등의 활동에 필요한 지역
관계인	소유자・관리자・점유자 기억법 소관점
소방본부장	시・도에서 화재의 **예방**・**경계**・**진압**・**조사** 및 **구조**・**구급** 등의 업무를 담당하는 부서의 장
소방대	① 소방공무원 ② 의무소방원 ③ 의용소방대원
소방대장	소방본부장 또는 소방서장 등 화재, 재난・재해, 그 밖의 위급한 상황이 발생한 현장에서 **소방대**를 **지휘**하는 사람

(3) 소방업무(기본법 3조)

소방업무	소방업무상 소방기관의 필요사항
① 수행 : **소방본부장**・**소방서장** ② 지휘・감독 : 소재지 관할 시・도지사	**대통령령**

(4) 119 종합상황실(기본법 4조)

설치・운영자	설치・운영에 필요한 사항
① 소방청장 ② 소방본부장 ③ 소방서장	행정안전부령

(5) 설립과 운영(기본법 5조)

구 분	소방박물관	소방체험관
설립・운영자	소방청장	시・도지사
설립・운영사항	행정안전부령	시・도의 조례

(6) 소방력 및 소방장비(기본법 8・9조)

소방력의 기준	소방장비 등에 대한 국고보조 기준
행정안전부령	**대통령령**

※ **소방력** : 소방기관이 소방업무를 수행하는 데 필요한 인력과 장비

(7) 소방용수시설(기본법 10조)

구 분	설 명
종류	**소화전**・**급수탑**・**저수조**
기준	**행정안전부령**
설치・유지・관리	**시・도** (단, 수도법에 의한 소화전은 **일반수도사업자**)

(8) 소방활동(기본법 16조)

구 분	설 명
뜻	화재, 재난・재해, 그 밖의 위급한 상황이 발생한 때에는 소방대를 현장에 신속하게 출동시켜 화재진압과 인명구조・구급 등 소방에 필요한 활동을 하는 것
권한자	• **소방청장** • **소방본부장** • **소방서장**

(9) 소방교육 · 훈련(기본법 17조)

실시자	실시규정
• 소방청장 • 소방본부장 • 소방서장	행정안전부령

(10) 소방신호(기본법 18조)

소방신호의 목적	소방신호의 종류와 방법
• 화재예방 • 소방활동 • 소방훈련	행정안전부령

(11) 관계인의 소방활동(기본법 20조)

관계인의 소방활동	설 명
소화작업	불을 끈다.
연소방지작업	불이 번지지 않도록 조치한다.
인명구조작업	사람을 구출한다.

(12) 소방활동구역의 설정(기본법 23조)

설정권자	설정구역
소방대장	• 화재현장 • 재난 · 재해 등의 위급한 상황이 발생한 현장

비교

화재예방강화지구의 지정 : **시 · 도지사**

(13) 소방활동의 비용을 지급받을 수 없는 경우 (기본법 24조)

① 소방대상물에 화재, 재난 · 재해, 그 밖의 위급한 상황이 발생한 경우 그 **관계인**

② 고의 또는 과실로 인하여 **화재** 또는 **구조 · 구급 활동**이 필요한 **상황**을 **발생시킨 사람**

③ 화재 또는 구조 · 구급현장에서 **물건을 가져간 사람**

(14) 피난명령권자(기본법 26조)

① 소방본부장

② 소방서장

③ 소방대장

(15) 한국소방안전원의 업무(기본법 41조)

① 소방기술과 안전관리에 관한 **조사 · 연구** 및 **교육**

② 소방기술과 안전관리에 관한 각종 **간행물**의 **발간**

③ 화재예방과 안전관리의식의 고취를 위한 **대국민 홍보**

④ 소방업무에 관하여 **행정기관**이 **위탁**하는 **사업**

⑤ 소방안전에 관한 국제협력

⑥ **회원**에 대한 **기술지원** 등 정관이 정하는 사항

(16) 한국소방안전원의 정관(기본법 43조)

정관 변경 : **소방청장**의 **인가**

(17) 감독(기본법 48조)

한국소방안전원의 감독권자 : **소방청장**

(18) 5년 이하의 징역 또는 5000만원 이하의 벌금 (기본법 50조)

① 소방자동차의 출동 방해

② 사람구출 방해

③ 소방용수시설 또는 비상소화장치의 효용 방해

(19) 3년 이하의 징역 또는 3000만원 이하의 벌금 (기본법 51조)

소방활동에 필요한 소방대상물 및 토지의 강제처분을 방해한 자

(20) 300만원 이하의 벌금(기본법 52조)

강제처분 등의 처분을 방해한 자 또는 정당한 사유 없이 그 처분을 따르지 아니한 자

(21) 100만원 이하의 벌금(기본법 54조)

① 피난명령 위반

② 위험시설 등에 대한 긴급조치 방해

③ 소방활동을 하지 않은 관계인

④ 위험시설 등에 정당한 사유없이 물의 사용이나 수도의 개폐장치의 사용 또는 조작을 하지 못하게 하거나 방해한 자

⑤ 소방대의 생활안전활동을 방해한 자

(22) 500만원 이하의 과태료(기본법 56조)

화재 또는 구조·구급이 필요한 상황을 거짓으로 알린 사람

(23) 200만원 이하의 과태료(기본법 56조)

① 한국 119 청소년단 또는 이와 유사한 명칭을 사용한 자
② 소방차의 출동에 지장을 준 자
③ 소방활동구역 출입
④ 한국소방안전원 또는 이와 유사한 명칭을 사용한 자

(24) 소방기본법상 과태료(기본법 56조)

정하는 기준	부과권자
대통령령	• 시·도지사 • 소방본부장 • 소방서장

2. 소방기본법 시행령

(1) 국고보조의 대상 및 기준(기본령 2조)

구 분	설 명
국고보조의 대상	① 소방활동장비와 설비의 구입 및 설치 ㉠ 소방자동차 ㉡ 소방헬리콥터·소방정 ㉢ 소방전용통신설비·전산설비 ㉣ 방화복 ② 소방관서용 청사 **기억법** 자헬 정전화 청국
국고보조대상사업 소방활동장비 및 설비의 종류와 규격	행정안전부령
대상사업의 기준보조율	「보조금관리에 관한 법률 시행령」에 따름

(2) 소방활동구역 출입자(기본령 8조)

① **소유자·관리자** 또는 **점유자**
② **전기·가스·수도·통신·교통**의 업무에 종사하는 사람으로서 원활한 **소방활동**을 위하여 필요한 사람
③ **의사·간호사**, 그 밖의 구조·구급업무에 종사하는 사람
④ **취재인력** 등 보도업무에 종사하는 사람
⑤ **수사업무**에 종사하는 사람
⑥ **소방대장**이 소방활동을 위하여 **출입**을 **허가**한 **사람**

※ **소방활동구역** : 화재, 재난·재해, 그 밖의 위급한 상황이 발생한 현장에 정하는 구역

(3) 승인(기본령 10조)

한국소방안전원의 **사업계획** 및 **예산**

3. 소방기본법 시행규칙

(1) 재난상황(기본규칙 3조)

화재, 재난·재해, 그 밖에 구조·구급이 필요한 상황

(2) 119 종합상황실 실장의 보고화재(기본규칙 3조)

① 사망자 **5인** 이상 화재
② 사상자 **10인** 이상 화재
③ 이재민 **100인** 이상 화재
④ 재산피해액 **50억원** 이상 화재
⑤ **11층** 이상의 건축물 화재
⑥ **5층** 이상 또는 객실 **30실** 이상인 **숙박시설**의 화재
⑦ **5층** 이상 또는 병상 **30개** 이상인 **종합병원·정신병원·한방병원·요양소**의 화재
⑧ **1000t** 이상인 선박(항구에 매어둔 것)의 화재
⑨ 지정수량 **3000배** 이상의 위험물 제조소·저장소·취급소의 화재
⑩ 연면적 **15000**m^2 이상인 **공장** 또는 **화재예방강화지구**에서 발생한 화재
⑪ **가스** 및 **화약류**의 폭발에 의한 화재
⑫ **관공서·학교·정부미도정공장·문화재·지하철** 또는 지하구의 **화재**
⑬ 철도차량, 항공기, 발전소 또는 변전소에서 발생한 화재
⑭ 다중이용업소의 화재

※ **119 종합상황실** : 화재·재난·재해·구조·구급 등이 필요한 때에 신속한 소방활동을 위한 정보를 수집·분석과 판단·전파, 상황관리, 현장 지휘 및 조정·통제 등의 업무 수행

(3) 소방박물관(기본규칙 4조)

설립 · 운영	운영위원
소방청장	7인 이내

※ **소방박물관** : 소방의 역사와 안전문화를 발전시키고 국민의 안전의식을 높이기 위하여 소방청장이 설립, 운영하는 박물관

(4) 국고보조산정의 기준가격(기본규칙 5조)

구 분	기준가격
국내 조달품	• **정부고시 가격**
수입물품	• **해외시장의 시가**
기타	• 2 이상의 **물가조사기관**에서 조사한 가격의 **평균가격**

(5) 소방용수시설 및 지리조사(기본규칙 7조)

구 분	설 명
조사자	소방본부장 · 소방서장
조사일시	월 1회 이상 **기억법** 월1지(월요일이 지났다)
조사내용	① 소방용수시설 ② 도로의 **폭** · **교통상황** ③ 도로주변의 **토지 고저** ④ 건축물의 **개황**
조사결과	2년간 보관

(6) 소방업무의 상호응원협정(기본규칙 8조)

구 분	설 명
다음의 소방활동에 관한 사항	① 화재의 경계 · 진압활동 ② 구조 · 구급업무의 지원 ③ 화재조사활동
응원출동 대상지역 및 규모	–
소요경비의 부담에 관한 사항	① 출동대원의 수당 · 식사 및 의복의 수선 ② 소방장비 및 기구의 정비와 연료의 보급
응원출동의 요청방법	–
응원출동 훈련 및 평가	–

(7) 소방대원의 소방교육 · 훈련(기본규칙 9조)

실 시	2년마다 1회 이상 실시
기 간	2주 이상
정하는 사람	소방청장
종 류	① 화재진압훈련 ② 인명구조훈련 ③ 응급처치훈련 ④ 인명대피훈련 ⑤ 현장지휘훈련

(8) 소방신호의 종류(기본규칙 10조)

소방신호	설 명
경계신호	화재예방상 필요하다고 인정되거나 화재위험경보시 발령
발화신호	화재가 발생한 때 발령
해제신호	소화활동이 필요없다고 인정되는 때 발령
훈련신호	훈련상 필요하다고 인정되는 때 발령

(9) 소방용수표지(기본규칙 [별표 2])

1) 지하에 설치하는 소화전 · 저수조의 소방용수표지
   ① 맨홀 뚜껑은 지름 **648mm** 이상의 것으로 할 것
   ② 맨홀 뚜껑에는 '**소화전 · 주정차금지**' 또는 '**저수조 · 주정차금지**'의 표시를 할 것
   ③ 맨홀 뚜껑 부근에는 **노란색 반사도료**로 폭 15cm의 선을 그 둘레를 따라 칠할 것

2) 지상에 설치하는 소화전 · 저수조 및 급수탑의 소방용수표지

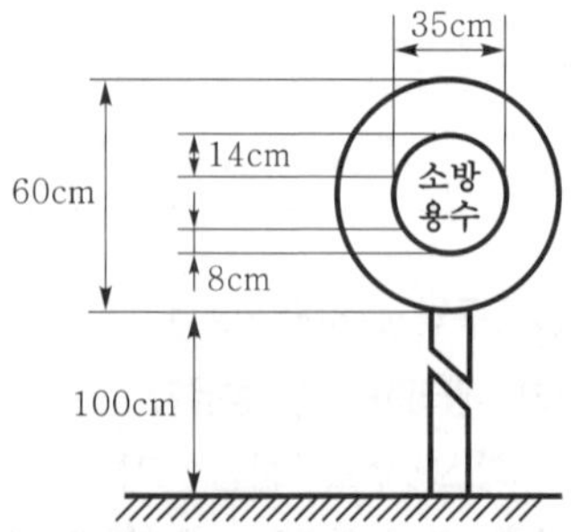

※ 안쪽 문자는 **흰색**, 바깥쪽 문자는 노란색, 내측바탕은 **붉은색**, 외측바탕은 **파란색**으로 하고 **반사재료** 사용

(10) 소방용수시설의 설치기준(기본규칙 [별표 3])

거리기준	지 역
100m 이하	• 공업지역 • 상업지역 • 주거지역
140m 이하	• 기타지역

기억법 주상공100

(11) 소방용수시설의 저수조 설치기준(기본규칙 [별표 3])

구 분	기 준
낙차	4.5m 이하
수심	0.5m 이상
투입구의 길이 또는 지름	60cm 이상

① 소방펌프자동차가 **쉽게 접근**할 수 있도록 할 것
② 흡수에 지장이 없도록 **토사** 및 **쓰레기** 등을 제거할 수 있는 설비를 갖출 것
③ 저수조에 물을 공급하는 방법은 **상수도**에 연결하여 **자동**으로 **급수**되는 구조일 것

(12) 소방신호표(기본규칙 [별표 4])

신호방법 / 종별	타종신호	사이렌신호
경계신호	1타와 연 2타를 반복	5초 간격을 두고 30초씩 3회
발화신호	난타	5초 간격을 두고 5초씩 3회
해제신호	상당한 간격을 두고 1타씩 반복	1분간 1회
훈련신호	연 3타 반복	10초 간격을 두고 1분씩 3회

제2장 소방시설 설치 및 관리에 관한 법령

1. 소방시설 설치 및 관리에 관한 법률

(1) 소방시설 설치 및 관리에 관한 법률(소방시설법 1조)

① 국민의 생명·신체 및 재산보호
② 공공의 안전확보
③ 복리증진

(2) 소방시설(소방시설법 2조)

① 소화설비
② 경보설비
③ 피난구조설비
④ 소화용수설비
⑤ 소화활동설비

(3) 건축허가 등의 동의(소방시설법 6조)

건축허가 등의 동의권자	건축허가 등의 동의대상물의 범위
소방본부장·소방서장	대통령령

(4) 변경강화기준 적용설비(소방시설법 13조)

① 소화기구
② 비상경보설비
③ 자동화재탐지설비
④ 자동화재속보설비
⑤ 피난구조설비
⑥ 소방시설(공동구 설치용, 전력 및 통신사업용 지하구, 노유자시설, 의료시설)

공동구, 전력 및 통신사업용 지하구	노유자시설	의료시설
① 소화기 ② 자동소화장치 ③ 자동화재탐지설비 ④ 통합감시시설 ⑤ 유도등 및 연소방지설비	① 간이스프링클러설비 ② 자동화재탐지설비 ③ 단독경보형 감지기	① 스프링클러설비 ② 간이스프링클러설비 ③ 자동화재탐지설비 ④ 자동화재속보설비

(5) 대통령령으로 정하는 소방시설의 설치제외장소
(소방시설법 13조)

① **화재위험도**가 낮은 **특정소방대상물**
② **화재안전기준**을 **적용**하기가 **어려운 특정소방대상물**
③ 화재안전기준을 다르게 적용하여야 하는 **특수**한 **용도** 또는 **구조**를 가진 **특정소방대상물**
④ **자체소방대**가 **설치된 특정소방대상물**

용어

자체소방대	자위소방대
다량의 위험물을 저장·취급하는 제조소에 설치하는 소방대	빌딩·공장 등에 설치하는 사설소방대

(6) 피난시설·방화구획 및 방화시설의 금지행위(소방시설법 16조)

① **피난시설·방화구획** 및 **방화시설**을 **폐쇄**하거나 **훼손**하는 등의 행위
② 피난시설·방화구획 및 방화시설의 주위에 물건을 쌓아두거나 **장애물**을 **설치**하는 행위
③ 피난시설·방화구획 및 방화시설의 용도에 장애를 주거나 소방활동에 지장을 주는 행위
④ **피난시설·방화구획** 및 **방화시설**을 변경하는 행위

(7) 방염(소방시설법 20·21조)

구 분	설 명
방염성능 기준	**대통령령**
방염성능 검사	**소방청장**

※ **방염성능** : 화재의 발생초기단계에서 화재확대의 매개체를 **단절**시키는 성질

(8) 소방시설의 자체점검(소방시설법 25조)

소방시설의 자체점검결과 보고 : **소방본부장·소방서장**

(9) 소방시설관리사(소방시설법 25~27조)

구 분	설 명
시험	**소방청장**이 실시
응시자격 등의 사항	**대통령령**
소방시설관리사의 결격사유	① 피성년후견인 ② 금고 이상의 실형을 선고받고 그 집행이 끝나거나 집행이 면제된 날부터 **2년**이 지나지 아니한 사람 ③ **집행유예기간** 중에 있는 사람 ④ 자격취소 후 **2년**이 지나지 아니한 사람
자격정지기간	**2년** 이내

(10) 소방시설관리업(소방시설법 29조)

구 분	설 명
업무	• 소방시설 등의 **점검** • 소방시설 등의 **관리**
등록권자	**시·도지사**
등록기준	**대통령령**

(11) 소방용품(소방시설법 37·38조)

1) 형식승인권자 ─┐
2) 형식승인변경권자 ─┘ **소방청장**
3) 형식승인의 방법·절차 : **행정안전부령**
4) 사용·판매금지 소방용품
① **형식승인**을 받지 아니한 것
② **형상** 등을 임의로 변경한 것
③ **제품검사**를 받지 아니하거나 합격표시를 하지 아니한 것

(12) 형식승인(소방시설법 39조)

제품검사의 중지사항	형식승인 취소사항
① 시험시설이 시설기준에 미달한 경우 ② 제품검사의 기술기준에 미달한 경우	① 부정한 방법으로 형식승인을 받은 경우 ② 부정한 방법으로 제품검사를 받은 경우 ③ 변경승인을 받지 아니하거나 부정한 방법으로 변경승인을 받은 경우

(13) 우수품질 제품의 인증(소방시설법 43조)

구 분	인 증
실시자	소방청장
인증에 관한 사항	행정안전부령

(14) 청문실시 대상(소방시설법 49조)

① 소방시설**관리사**의 **자격취소 및 정지**
② 소방시설**관리업**의 **등록취소 및 영업정지**
③ **소방용품**의 **형식승인취소 및 제품검사 중지**
④ 소방용품의 제품검사 **전문기관**의 **지정취소 및 업무정지**
⑤ 우수품질인증의 취소
⑥ 소방용품의 성능인증 취소

(15) 한국소방산업기술원 권한의 위탁(소방시설법 50조)

① 방염성능검사 중 대통령령으로 정하는 검사
② 소방용품의 형식승인
③ 소방용품 형식승인의 변경승인
④ 소방용품 형식승인의 취소
⑤ 소방용품의 성능인증 및 성능인증의 취소
⑥ 소방용품의 성능인증의 변경인증
⑦ 소방용품의 우수품질인증 및 그 취소

(16) 벌칙(소방시설법 56조)

5년 이하의 징역 또는 5천만원 이하의 벌금	7년 이하의 징역 또는 7천만원 이하의 벌금	10년 이하의 징역 또는 1억원 이하의 벌금
소방시설 폐쇄·차단 등의 행위를 한 자	**소방시설 폐쇄·차단** 등의 행위를 하여 사람을 **상해**에 이르게 한 자	**소방시설 폐쇄·차단** 등의 행위를 하여 사람을 **사망**에 이르게 한 자

(17) 3년 이하의 징역 또는 3000만원 이하의 벌금 (소방시설법 57조)

① 소방시설관리업 무등록자
② **형식승인**을 받지 않은 소방용품 제조·수입자
③ **제품검사**·합격표시를 하지 않은 소방용품 판매·진열
④ 거짓이나 그 밖의 **부정한 방법**으로 제품검사 전문기관의 지정을 받은 자
⑤ 제품검사를 받지 않은 자

(18) 1년 이하의 징역 또는 1000만원 이하의 벌금 (소방시설법 58조)

① 소방시설의 **자체점검** 미실시자
② **소방시설관리사증** 대여
③ **소방시설관리업**의 등록증 대여

(19) 300만원 이하의 벌금(소방시설법 59조)

① 위탁받은 업무에 종사하거나 종사하였던 사람의 비밀누설
② 방염성능검사 합격표시 위조 및 허위 시료 제출
③ 방염성능검사를 할 때 거짓시료를 제출한 자
④ 소방시설 등의 자체점검 결과조치를 위반하여 필요한 조치를 하지 아니한 관계인 또는 관계인에게 중대위반사항을 알리지 아니한 관리업자 등

(20) 300만원 이하의 과태료(소방시설법 61조)

① 소방시설의 점검결과 미보고
② 관계인의 거짓 자료제출
③ 정당한 사유없이 공무원의 출입 또는 검사를 거부·방해·기피한 자
④ 방염대상물품을 방염성능기준 이상으로 설치하지 아니한 자

2. 소방시설 설치 및 관리에 관한 법률 시행령

(1) 무창층(소방시설법 시행령 2조)

무창층의 뜻	무창층의 개구부 기준
지상층 중 기준에 의한 개구부면적의 합계가 해당 층의 바닥면적의 $\frac{1}{30}$ 이하가 되는 층	① 개구부의 크기가 지름 <u>5</u>0cm 이상의 원이 통과할 수 있을 것 ② 해당 층의 바닥면으로부터 개구부 밑부분까지의 높이가 <u>1</u>.2m 이내일 것 ③ 개구부는 **도로** 또는 **차량**이 진입할 수 있는 **빈터**를 향할 것 ④ 화재시 건축물로부터 **쉽게 피난**할 수 있도록 개구부에 창살, 그 밖의 장애물이 설치되지 아니할 것 ⑤ 내부 또는 외부에서 **쉽게 부수거나 열 수 있을 것**

기억법 무125

(2) 피난층(소방시설법 시행령 2조)

곧바로 지상으로 갈 수 있는 출입구가 있는 층

(3) 소방용품 제외대상(소방시설법 시행령 6조)

① 이산화탄소 소화약제
② 화학반응식 거품소화기
③ 화학반응식 거품소화약제
④ 휴대용 비상조명등
⑤ 물소화약제
⑥ 발광식 유도표지
⑦ 벨용 푸시버튼스위치
⑧ 피난밧줄
⑨ 옥내소화전함
⑩ 방수구
⑪ 방수복

(4) 물분무등소화설비(소방시설법 시행령 [별표 1])

① 물분무소화설비
② 미분무소화설비
③ 포소화설비
④ 이산화탄소 소화설비
⑤ 할론소화설비
⑥ 할로겐화합물 및 불활성기체 소화설비
⑦ 분말소화설비
⑧ 강화액소화설비
⑨ 고체에어로졸소화설비

기억법 포할분이강할고

(5) 건축허가 등의 동의대상물(소방시설법 시행령 7조)

① 연면적 400m^2(학교시설 : 100m^2, **수련시설 · 노유자시설** : 200m^2, **정신의료기관 · 장애인 의료재활시설** : 300m^2) 이상
② **6층** 이상인 건축물
③ 차고 · 주차장으로서 바닥면적 200m^2 이상(자동차 20대 이상)
④ **항공기격납고, 관망탑, 항공관제탑, 방송용 송수신탑**
⑤ 지하층 또는 무창층의 바닥면적 150m^2 이상(공연장은 100m^2 이상)
⑥ **위험물저장 및 처리시설**
⑦ 전기저장시설, 풍력발전소
⑧ 공동주택 · 숙박시설
⑨ 조산원, 산후조리원, 의원(입원실 또는 인공신장실이 있는 것)
⑩ 결핵환자나 한센인이 24시간 생활하는 노유자시설
⑪ **지하구**
⑫ 요양병원(의료재활시설 제외)
⑬ 노인주거복지시설 · 노인의료복지시설 및 재가노인복지시설, 학대피해노인 전용쉼터, 아동복지시설, 장애인거주시설
⑭ 정신질환자 관련시설(공동생활가정을 제외한 재활훈련시설과 종합시설 중 24시간 주거를 제공하지 않는 시설 제외)
⑮ 노숙인자활시설, 노숙인재활시설 및 노숙인요양시설
⑯ 공장 또는 창고시설로서 지정수량의 **750배 이상**의 특수가연물을 저장 · 취급하는 것
⑰ 가스시설로서 지상에 노출된 탱크의 저장용량의 합계가 **100톤** 이상인 것

기억법 2자(이자)

(6) 인명구조기구의 종류(소방시설법 시행령 [별표 1])

① 방열복
② 방화복(안전모, 보호장갑, 안전화 포함)
③ 공기호흡기
④ 인공소생기

(7) 방염성능기준 이상 적용 특정소방대상물(소방시설법 시행령 30조)

① 체력단련장, 공연장 및 종교집회장
② 문화 및 집회시설
③ 종교시설
④ 운동시설(**수영장**은 **제외**)
⑤ 의원, 치과의원, 한의원, 조산원, 산후조리원

⑥ 의료시설
⑦ **합숙소**
⑧ 노유자시설
⑨ 숙박이 가능한 수련시설
⑩ 숙박시설
⑪ 방송통신시설 중 방송국 및 촬영소
⑫ 다중이용업소(단란주점영업, 유흥주점영업, 노래연습장의 영업장 등)
⑬ 층수가 11층 이상인 것(**아파트**는 **제외**)

※ 11층 이상 : '고층건축물'에 해당된다.

(8) 방염대상물품(소방시설법 시행령 31조)

1) 제조 또는 가공 공정에서 방염처리를 한 물품
① 창문에 설치하는 **커튼류**(블라인드 포함)
② 카펫
③ **벽지류**(두께 2mm **미만**인 **종이벽지 제외**)
④ **전시용 합판·목재** 또는 **섬유판**
⑤ **무대용 합판·목재** 또는 **섬유판**
⑥ **암막·무대막**(영화상영관·가상체험 체육시설업의 **스크린** 포함)
⑦ 섬유류 또는 합성수지류 등을 원료로 하여 제작된 소파·의자(단란주점영업, 유흥주점영업 및 노래연습장업의 영업장에 설치하는 것만 해당)

2) 건축물 내부의 천장이나 벽에 부착하거나 설치하는 것
① 종이류(두께 2mm 이상), **합성수지류** 또는 **섬유류**를 주원료로 한 물품
② **합판**이나 **목재**
③ 공간을 구획하기 위하여 설치하는 **간이칸막이**
④ **흡음재**(흡음용 커튼 포함) 또는 **방음재**(방음용 커튼 포함)

※ 가구류(옷장, 찬장, 식탁, 식탁용 의자, 사무용 책상, 사무용 의자, 계산대)와 너비 10cm 이하인 반자돌림대, 내부 마감재료 제외

(9) 방염성능기준(소방시설법 시행령 31조)

구 분	기 준
잔염시간	20초 이내
잔진시간(잔신시간)	30초 이내
탄화길이	20cm 이내
탄화면적	$50cm^2$ 이내
불꽃접촉 횟수	3회 이상
최대 연기밀도	400 이하

용어

잔염시간	잔진시간(잔신시간)
버너의 불꽃을 제거한 때부터 불꽃을 올리며 연소하는 상태가 그칠 때까지의 시간	버너의 불꽃을 제거한 때부터 불꽃을 올리지 않고 연소하는 상태가 그칠 때까지의 시간

(10) 소방시설관리사의 응시자격[소방시설법 시행령 27조(구법)-2026. 12. 31. 개정 예정]

① **2년** 이상 ┬ 소방설비기사
　└ 소방안전공학(소방방재공학, 안전공학 포함)
② **3년** 이상 ┬ 소방설비산업기사
　├ 산업안전기사
　├ 위험물산업기사
　├ 위험물기능사
　└ 대학(소방안전관련학과)
③ **5년** 이상 – 소방공무원
④ **10년** 이상 – 소방실무경력
⑤ 소방기술사·건축기계설비기술사·건축전기설비기술사·공조냉동기계기술사
⑥ 위험물기능장·건축사

(11) 소방시설관리사의 시험과목[소방시설법 시행령 29조(구법)-2026. 12. 31. 개정 예정]

1·2차 시험	과 목
제1차 시험	• 소방안전관리론 및 화재역학 • 소방수리학·약제화학 및 소방전기 • 소방관련법령 • 위험물의 성질·상태 및 시설기준 • 소방시설의 구조 원리
제2차 시험	• 소방시설의 점검실무행정 • 소방시설의 설계 및 시공

(12) 소방시설관리사의 시험위원(소방시설법 시행령 40조)

① 소방관련분야의 **박사학위**를 가진 사람
② 소방안전관련학과 **조**교수 이상으로 **2년** 이상 재직한 사람
③ **소방위** 이상의 소방공무원
④ **소방시설관리사**
⑤ **소방기술사**

기억법 관박조2(관박joy)

(13) 소방시설관리사 시험(소방시설법 시행령 42조)

시 행	시험공고
1년마다 1회	시행일 90일 전

(14) 한국소방산업기술원 업무의 위탁(소방시설법 시행령 48조)

대통령령이 정하는 방염성능검사업무(합판·목재를 설치하는 현장에서 방염처리한 경우의 방염성능검사는 제외)

기억법 기방 우성형

(15) 경보설비(소방시설법 시행령 [별표 1])

① 비상경보설비 ┬ 비상벨설비
　　　　　　　└ 자동식 사이렌설비
② 단독경보형 감지기
③ 비상방송설비
④ 누전경보기
⑤ 자동화재탐지설비 및 시각경보기
⑥ 자동화재속보설비
⑦ 가스누설경보기
⑧ 통합감시시설
⑨ 화재알림설비

※ **경보설비** : 화재발생 사실을 통보하는 기계·기구 또는 설비

(16) 피난구조설비(소방시설법 시행령 [별표 1])

종 류	세부종류
피난기구	① 피난사다리 ② 구조대 ③ 완강기 ④ 소방청장이 정하여 고시하는 화재안전기준으로 정하는 것(미끄럼대, 피난교, 공기안전매트, 피난용 트랩, 다수인 피난장비, 승강식 피난기, 간이 완강기, 하향식 피난구용 내림식 사다리)
인명구조기구	① **방열**복 ② 방**화**복(안전모, 보호장갑, 안전화 포함) ③ **공**기호흡기 ④ **인**공소생기 **기억법** 방화열공인
유도등	① 피난유도선 ② 피난구유도등 ③ 통로유도등 ④ 객석유도등 ⑤ 유도표지
비상조명등·휴대용 비상조명등	–

(17) 소화활동설비(소방시설법 시행령 [별표 1])

① **연결송수관**설비
② **연결살수**설비
③ **연소방지**설비
④ **무선통신보조**설비
⑤ **제연**설비
⑥ **비상콘센트**설비

기억법 3연무제비콘

용어

소화활동설비
화재를 진압하거나 인명구조활동을 위하여 사용하는 설비

(18) 근린생활시설(소방시설법 시행령 [별표 2])

면 적	적용장소
150m^2 미만	• 단란주점

면 적	적용장소
300m^2 미만	• 종교시설 • 공연장 • 비디오물 감상실업 • 비디오물 소극장업 기억법 종3(중세시대)
500m^2 미만	• 탁구장 • 서점 • 테니스장 • 볼링장 • 체육도장 • 금융업소 • 사무소 • 부동산 중개사무소 • 학원 • 골프연습장 • 당구장
1000m^2 미만	• 자동차영업소 • 슈퍼마켓 • 일용품 • 의료기기 판매소 • 의약품 판매소
전부	• 기원 • 이용원 · 미용원 · 목욕장 및 세탁소 • 휴게음식점 · 일반음식점, 제과점 • 독서실 • 안마원(안마시술소 포함) • 조산원(산후조리원 포함) • 의원, 치과의원, 한의원, 침술원, 접골원

(19) 위락시설(소방시설법 시행령 [별표 2])

① 단란주점
② 유흥주점
③ 유원시설업의 시설
④ 무도장 · 무도학원
⑤ 카지노 영업소

(20) 노유자시설(소방시설법 시행령 [별표 2])

① 아동관련시설
② 노인관련시설
③ 장애인관련시설
④ 정신질환자관련시설
⑤ 노숙인관련시설

(21) 의료시설(소방시설법 시행령 [별표 2])

구 분	종 류
병원	• 종합병원 • 한방병원 • 병원 • 요양병원 • 치과병원
격리병원	• 전염병원 • 마약진료소
정신의료기관	–
장애인 의료재활시설	–

(22) 업무시설(소방시설법 시행령 [별표 2])

① 주민자치센터(동사무소)
② 경찰서
③ 소방서
④ 우체국
⑤ 보건소
⑥ 공공도서관
⑦ 국민건강보험공단
⑧ 금융업소 · 오피스텔 · 신문사

(23) 관광휴게시설(소방시설법 시행령 [별표 2])

① 야외음악당
② 야외극장
③ 어린이회관
④ 관망탑
⑤ 휴게소
⑥ 공원 · 유원지

(24) 지하구의 규격(소방시설법 시행령 [별표 2])

구 분	규 격
폭	1.8m 이상
높이	2m 이상
길이	50m 이상

※ **복합건축물** : 하나의 건축물 안에 둘 이상의 특정소방대상물로서의 용도가 복합되어 있는 것

(25) 소화설비의 설치대상(소방시설법 시행령 [별표 4])

종 류	설치대상
• 소화기구	① 연면적 33m^2 이상 ② 국가유산 ③ 가스시설 ④ 터널 ⑤ 지하구 ⑥ 발전시설 중 전기저장시설
• 주거용 주방자동소화장치	① 아파트 등 ② **오피스텔**

(26) 옥내소화전설비의 설치대상(소방시설법 시행령 [별표 4])

설치대상	조 건
① 차고・주차장	• $200m^2$ 이상
② 근린생활시설 ③ 업무시설(금융업소・사무소)	• 연면적 $1500m^2$ 이상
④ 문화 및 집회시설, 운동시설 ⑤ 종교시설	• 연면적 $3000m^2$ 이상
⑥ 특수가연물 저장・취급	• 지정수량 750배 이상
⑦ 터널길이	• 1000m 이상

용어

옥외소화전설비의 설치대상(소방시설법 시행령 [별표 5])

설치대상	조 건
① 목조건축물	• 국보・보물
② 지상 1・2층	• 바닥면적 합계 $9000m^2$ 이상
③ 특수가연물 저장・취급	• 지정수량 750배 이상

(27) 스프링클러설비의 설치대상(소방시설법 시행령 [별표 4])

설치대상	조 건
① 문화 및 집회시설(동・식물원 제외) ② 종교시설(주요구조부가 목조인 것 제외) ③ 운동시설[물놀이형 시설, 바닥(불연재료), 관람석 없는 운동시설 제외]	• 수용인원－100명 이상 • 영화상영관－지하층・무창층 $500m^2$(기타 $1000m^2$) • 무대부 ㉠ 지하층・무창층・4층 이상 $300m^2$ 이상 ㉡ 1~3층 $500m^2$ 이상
④ 판매시설 ⑤ 운수시설 ⑥ 물류터미널	• 수용인원 500명 이상 • 바닥면적 합계 $5000m^2$ 이상
⑦ 조산원, 산후조리원 ⑧ 정신의료기관 ⑨ 종합병원, 병원, 치과병원, 한방병원 및 요양병원 ⑩ 노유자시설 ⑪ 수련시설(숙박 가능한 곳) ⑫ 숙박시설	• 바닥면적 합계 $600m^2$ 이상
⑬ 지하상가	• 연면적 $1000m^2$ 이상
⑭ 지하층・무창층(축사 제외) ⑮ 4층 이상	• 바닥면적 $1000m^2$ 이상
⑯ 10m 넘는 랙식 창고	• 바닥면적 합계 $1500m^2$ 이상
⑰ 창고시설(물류터미널 제외)	• 바닥면적 합계 $5000m^2$ 이상
⑱ 기숙사 ⑲ 복합건축물	• 연면적 $5000m^2$ 이상
⑳ 6층 이상	모든 층
㉑ 공장 또는 창고시설	• 특수가연물 저장・취급－지정수량 1000배 이상 • 중・저준위 방사성 폐기물의 저장시설 중 소화수를 수집・처리하는 설비가 있는 저장시설
㉒ 지붕 또는 외벽이 불연재료가 아니거나 내화구조가 아닌 공장 또는 창고시설	• 물류터미널(⑥에 해당하지 않는 것) ㉠ 바닥면적 합계 $2500m^2$ 이상 ㉡ 수용인원 250명 • 창고시설(물류터미널 제외)－바닥면적 합계 $2500m^2$ 이상 • 지하층・무창층・4층 이상(⑭・⑮에 해당하지 않는 것)－바닥면적 $500m^2$ 이상 • 랙식 창고(⑯에 해당하지 않는 것)－바닥면적 합계 $750m^2$ 이상 • 특수가연물 저장・취급(㉑에 해당하지 않는 것)－지정수량 500배 이상
㉓ 교정 및 군사시설	• 보호감호소, 교도소, 구치소 및 그 지소, 보호관찰소, 갱생보호시설, 치료감호시설, 소년원 및 소년분류심사원의 수용거실 • 보호시설(외국인보호소는 보호대상자의 생활공간으로 한정) • 유치장
㉔ 발전시설	• 전기저장시설

(28) 물분무등소화설비의 설치대상(소방시설법 시행령 [별표 4])

설치대상	조 건
① 차고・주차장(50세대 미만 연립주택 및 다세대주택 제외)	• 바닥면적 합계 $200m^2$ 이상
② 전기실・발전실・변전실 ③ 축전지실・통신기기실・전산실	• 바닥면적 $300m^2$ 이상
④ 주차용 건축물	• 연면적 $800m^2$ 이상
⑤ 기계식 주차장치	• 20대 이상
⑥ 항공기격납고	• 전부(규모에 관계없이 설치)
⑦ 중・저준위 방사성 폐기물의 저장시설(소화수를 수집・처리하는 설비 미설치)	• 이산화탄소 소화설비, 할론소화설비, 할로겐화합물 및 불활성기체 소화설비 설치
⑧ 터널	• 예상교통량, 경사도 등 터널의 특성을 고려하여 행정안전부령으로 정하는 터널
⑨ 지정문화유산(문화유산자료 제외) ⑩ 천연기념물 등(자연유산자료 제외)	• 소방청장이 국가유산청장과 협의하여 정하는 것

(29) 비상경보설비의 설치대상(소방시설법 시행령 [별표 4])

설치대상	조 건
① 지하층 · 무창층	• 바닥면적 $150m^2$(공연장 $100m^2$) 이상
② 전부	• 연면적 $400m^2$ 이상
③ 터널 길이	• 길이 500m 이상
④ 옥내작업장	• 50인 이상 작업

(30) 비상방송설비의 설치대상(소방시설법 시행령 [별표 4])

① 연면적 $3500m^2$ 이상

② 11층 이상(지하층 제외)

③ 지하 3층 이상

중요 지하가, 목조건축물

조 건	특정소방대상물
① 지하가 연면적 $1000m^2$ 이상	• 자동화재탐지설비 • 스프링클러설비 • 무선통신보조설비 • 제연설비
② 목조건축물(국보 · 보물)	• 옥외소화전설비 • 자동화재속보설비

(31) 자동화재탐지설비의 설치대상(소방시설법 시행령 [별표 4])

설치대상	조 건
① 정신의료기관 · 의료재활시설	• 창살설치 : 바닥면적 $300m^2$ 미만 • 기타 : 바닥면적 $300m^2$ 이상
② 노유자시설	• 연면적 $400m^2$ 이상
③ 근린생활시설 · 위락시설 ④ 의료시설(정신의료기관 또는 요양병원 제외) ⑤ 복합건축물 · 장례시설	• 연면적 $600m^2$ 이상
⑥ 목욕장 · 문화 및 집회시설, 운동시설 ⑦ 종교시설 ⑧ 방송통신시설 · 관광휴게시설 ⑨ 업무시설 · 판매시설 ⑩ 항공기 및 자동차 관련시설 · 공장 · 창고시설 ⑪ 지하상가 · 운수시설 · 발전시설 · 위험물 저장 및 처리시설 ⑫ 교정 및 군사시설 중 국방 · 군사시설	• 연면적 $1000m^2$ 이상
⑬ 교육연구시설 · 동식물관련시설 ⑭ 자원순환관련시설 · 교정 및 군사시설(국방 · 군사시설 제외) ⑮ 수련시설(숙박시설이 있는 것 제외) ⑯ 묘지관련시설	• 연면적 $2000m^2$ 이상
⑰ 터널	• 길이 1000m 이상
⑱ 지하구 ⑲ 노유자생활시설	• 전부
⑳ 특수가연물 저장 · 취급	• 지정수량 500배 이상
㉑ 수련시설(숙박시설이 있는 것)	• 수용인원 100명 이상
㉒ 전통시장	• 전부
㉓ 발전시설	• 전기저장시설
㉔ 조산원 · 산후조리원	• 전부
㉕ 요양병원(정신병원과 의료재활시설 제외)	• 전부
㉖ 아파트 등 · 기숙사, 숙박시설	• 전부
㉗ 6층 이상인 건축물	• 전부

기억법 근위의복 6, 교동교수 2

(32) 자동화재속보설비의 설치대상(소방시설법 시행령 [별표 4])

설치대상	조 건
① 수련시설(숙박시설이 있는 것) ② 노유자시설 ③ 정신병원 및 의료재활시설	• 바닥면적 $500m^2$ 이상
④ 목조건축물	• 국보 · 보물
⑤ 노유자생활시설 ⑥ 전통시장 ⑦ 조산원 · 산후조리원 ⑧ 의원, 치과의원, 한의원(입원실이 있는 시설) ⑨ 종합병원, 병원, 치과병원, 한방병원 및 요양병원(의료재활시설 제외)	• 전부

기억법 5수노요병속

(33) 피난기구의 설치제외대상(소방시설법 시행령 [별표 4])

① 피난층
② 지상 1·2층
③ 11층 이상
④ 가스시설
⑤ 지하구
⑥ 터널

※ 피난기구의 설치대상 : 3~10층(다중이용업소 2~10층)

(34) 인명구조기구의 설치장소(소방시설법 시행령 [별표 4])

7층 이상의 관광호텔 (지하층 포함)	5층 이상의 병원 (지하층 포함)
① 방열복 ② 방화복(안전모, 보호장갑, 안전화 포함) ③ 인공소생기 ④ 공기호흡기	① 방열복 ② 방화복(안전모, 보호장갑, 안전화 포함) ③ 공기호흡기

기억법 5병(오병이어의 기적)

(35) 객석유도등의 설치장소(소방시설법 시행령 [별표 4])

① 유흥주점영업시설(카바레·나이트클럽 등만 해당)
② 문화 및 집회시설(집회장)
③ 운동시설
④ 종교시설

(36) 비상조명등의 설치대상물(소방시설법 시행령 [별표 4])

① **5층** 이상으로서 연면적 3000m² 이상
② 지하층·무창층의 바닥면적 450m² 이상
③ 터널길이 500m 이상

(37) 상수도 소화용수설비의 설치대상(소방시설법 시행령 [별표 4])

① 연면적 5000m² 이상 (단, 위험물 저장 및 처리시설 중 가스시설, 터널 또는 지하구의 경우 제외)
② 가스시설로서 저장용량 100t 이상
③ 폐기물재활용시설 및 폐기물처분시설

(38) 제연설비의 설치대상(소방시설법 시행령 [별표 4])

설치대상	조 건
① 문화 및 집회시설, 운동시설 ② 종교시설	• 바닥면적 200m² 이상
③ 기타	• 1000m² 이상
④ 영화상영관	• 수용인원 100명 이상
⑤ 터널	• 예상교통량, 경사도 등 터널의 특성을 고려하여 행정안전부령으로 정하는 터널
⑥ 특별피난계단 ⑦ 비상용 승강기의 승강장 ⑧ 피난용 승강기의 승강장	• 전부

(39) 연결송수관설비의 설치대상(소방시설법 시행령 [별표 4])

① **5층** 이상으로서 연면적 6000m² 이상
② **7층** 이상(지하층 포함)
③ **지하 3층** 이상이고 바닥면적 1000m² 이상
④ 터널길이 1000m 이상

(40) 연결살수설비의 설치대상(소방시설법 시행령 [별표 4])

설치대상	조 건
① 지하층	• 바닥면적 합계 150m²(학교 700m²) 이상
② 판매시설 ③ 운수시설 ④ 물류터미널	• 바닥면적 합계 1000m² 이상
⑤ 가스시설	• 30t 이상 탱크시설
⑥ 연결통로	• 전부

(41) 무선통신보조설비의 설치대상(소방시설법 시행령 [별표 4])

설치대상	조 건
① 지하상가	• 연면적 1000m² 이상
② 지하층	• 바닥면적 합계 3000m² 이상
③ 전층	• 지하 3층 이상이고 지하층 바닥면적의 합계 1000m² 이상
④ 터널	• 길이 500m 이상
⑤ 공동구	• 전부
⑥ 30층 이상	• 16층 이상의 전 층

(42) 소방시설 면제기준(소방시설법 시행령 [별표 5])

면제대상	대체설비
스프링클러설비	• **물분무등소화설비**
물분무등소화설비	• **스프링클러설비**
간이스프링클러설비	• 스프링클러설비 • **물분무소화설비** · 미분무소화설비
비상경보설비 또는 단독경보형 감지기	• 자동화재탐지설비
비상경보설비	• 2개 이상 **단독경보형 감지기** 연동
비상방송설비	• 자동화재탐지설비 • 비상경보설비
연결살수설비	• 스프링클러설비 • 간이스프링클러설비 • 물분무소화설비 · 미분무소화설비
제연설비	• **공기조화설비**
연소방지설비	• 스프링클러설비 • 물분무소화설비 · 미분무소화설비
연결송수관설비	• 옥내소화전설비 • 스프링클러설비 • 간이 스프링클러설비 • 연결살수설비
자동화재탐지설비	• 자동화재탐지설비의 기능을 가진 스프링클러설비 • 물분무등소화설비
옥내소화전설비	• 옥외소화전설비 • 미분무소화설비(호스릴방식)

(43) 수용인원의 산정방법(소방시설법 시행령 [별표 7])

특정소방대상물		산정방법
• 숙박시설	침대가 있는 경우	종사자 수+침대 수
	침대가 없는 경우	종사자 수+$\frac{\text{바닥면적 합계}}{3\text{m}^2}$
• 강의실 · 교무실 · 상담실 · 실습실 · 휴게실		$\frac{\text{바닥면적 합계}}{1.9\text{m}^2}$
• 기타		$\frac{\text{바닥면적 합계}}{3\text{m}^2}$
• 강당 • 문화 및 집회시설, 운동시설 • 종교시설		$\frac{\text{바닥면적 합계}}{4.6\text{m}^2}$

(44) 소방시설관리업의 업종별 등록기준 및 영업범위

(소방시설법 시행령 [별표 9])

항목 / 업종별	기술인력	기술등급	영업범위
전문 소방시설 관리업	① 주된 기술인력 : 소방시설관리사 2명 이상 ② 보조기술인력 : 6명 이상	① 주된 기술인력 ㉠ 소방시설관리사 자격을 취득한 후 소방 관련 실무경력이 5년 이상인 사람 1명 이상 ㉡ 소방시설관리사 자격을 취득한 후 소방 관련 실무경력이 3년 이상인 사람 1명 이상 ② 보조기술인력 ㉠ 고급 점검자 : **2명** 이상 ㉡ 중급 점검자 : **2명** 이상 ㉢ 초급 점검자 : **2명** 이상	모든 특정소방 대상물
일반 소방시설 관리업	① 주된 기술인력 : 소방시설관리사 1명 이상 ② 보조기술인력 : 2명 이상	① 주된 기술인력 : 소방시설관리사 자격증 취득 후 소방 관련 실무경력이 1년 이상인 사람 ② 보조기술인력 ㉠ 중급 점검자 : **1명** 이상 ㉡ 초급 점검자 : 각 **1명** 이상	1급, 2급, 3급 소방 안전관리 대상물

3. 소방시설 설치 및 관리에 관한 법률 시행규칙

(1) 건축허가 동의시 첨부서류(소방시설법 시행규칙 3조)

① 건축허가신청서 및 건축허가서 사본
② 설계도서 및 소방시설 설치계획표
③ 임시소방시설 설치계획서(설치시기 · 위치 · 종류 · 방법 등 임시소방시설의 설치와 관련한 세부사항 포함)
④ 소방시설설계업 등록증과 소방시설을 설계한 기술인력의 기술자격증 사본
⑤ 건축 · 대수선 · 용도변경신고서 사본
⑥ 건축물의 주단면도 및 입면도
⑦ 소방시설의 층별 평면도 및 계통도
⑧ 창호도

※ 건축허가 등의 동의권자 : **소방본부장 · 소방서장**

(2) 건축허가 등의 동의(소방시설법 시행규칙 3조)

내 용	날 짜	
• 동의요구 서류보완	4일 이내	
• 건축허가 등의 취소통보	7일 이내	
• 동의여부 회신	5일 이내	일반적인 경우
	10일 이내	① **50층 이상**(지하층 제외) 또는 **높이 200m** 이상인 아파트 ② **30층 이상**(지하층 포함) 또는 높이 120m 이상(아파트 제외) ③ 연면적 **10만m^2** 이상(아파트 제외)

(3) 연소우려가 있는 건축물의 구조(소방시설법 시행규칙 17조)

1층	2층 이상
타 건축물 외벽으로부터 6m 이하	타 건축물 외벽으로부터 10m 이하

① 대지경계선 안에 2 이상의 건축물이 있는 경우
② 개구부가 다른 건축물을 향하여 설치된 구조

(4) 소방시설 등의 자체점검(소방시설법 시행규칙 23조)

구 분	제출기간	제출처
관리업자 또는 소방안전관리자로 선임된 소방시설관리사 · 소방기술사	10일 이내	관계인
관계인	15일 이내	소방본부장 · 소방서장

(5) 소방시설관리사의 행정처분기준(소방시설법 시행규칙 [별표 8])

위반사항	행정처분기준		
	1차	2차	3차
① 미점검	자격정지 1월	자격정지 6월	자격취소
② 거짓점검 ③ 대행인력 배치기준 · 자격 · 방법 미준수 ④ 자체점검 업무 불성실	경고(시정명령)	자격정지 6월	자격취소
⑤ 부정한 방법으로 시험합격 ⑥ 소방시설관리증 대여 ⑦ 관리사 결격사유에 해당한 때 ⑧ 2 이상의 업체에 취업한 때	자격취소	–	–

(6) 소방시설관리업의 행정처분기준(소방시설법 시행규칙 [별표 8])

행정처분	위반사항
1차 등록취소	① **부정한 방법**으로 등록한 경우 ② **등록결격사유**에 해당한 경우 ③ **등록증 또는 등록수첩 대여**

(7) 소방시설 등 자체점검의 점검대상, 점검자의 자격, 점검횟수 및 시기(소방시설법 시행규칙 [별표 3])

점검구분	정 의	점검대상	점검자의 자격(주된 인력)	점검횟수 및 점검시기
작동점검	소방시설 등을 인위적으로 조작하여 정상적으로 작동하는지를 점검하는 것	① 간이스프링클러설비 · 자동화재탐지설비	• 관계인 • 소방안전관리자로 선임된 소방시설관리사 또는 소방기술사 • 소방시설관리업에 등록된 기술인력 중 소방시설관리사 또는 「소방시설공사업법 시행규칙」에 따른 특급 점검자	• 작동점검은 **연 1회** 이상 실시하며, 종합점검대상은 종합점검(최초점검 제외)을 받은 달부터 **6개월**이 되는 달에 실시 • 종합점검대상 외의 특정소방대상물은 사용승인일이 속하는 달의 말일까지 실시
		② ①에 해당하지 아니하는 특정소방대상물	• 소방시설관리업에 등록된 기술인력 중 소방시설관리사 • 소방안전관리자로 선임된 소방시설관리사 또는 소방기술사	
		③ 작동점검 제외대상 • 특정소방대상물 중 소방안전관리자를 선임하지 않는 대상 • 위험물제조소 등 • 특급 소방안전관리대상물		
종합점검	소방시설 등의 작동점검을 포함하여 소방시설 등의 설비별 주요 구성부품의 구조기준이 화재안전기준과 「건축법」 등 관련 법령에서 정하는 기준에 적합한지 여부를 점검하는 것 (1) 최초점검 : 특정소방대상물의 소방시설이 신설된 경우 건축물을 사용할 수 있게 된 날부터 60일 이내에 점검하는 것 (2) 그 밖의 종합점검 : 최초점검을 제외한 종합점검	④ 소방시설 등이 신설된 경우에 해당하는 특정소방대상물 ⑤ **스프링클러설비**가 설치된 특정소방대상물 ⑥ **물분무등소화설비**(호스릴 방식의 물분무등소화설비만을 설치한 경우는 제외)가 설치된 연면적 **5000m²** 이상인 특정소방대상물(위험물제조소 등 제외) ⑦ 다중이용업의 영업장이 설치된 특정소방대상물로서 연면적이 **2000m²** 이상인 것 ⑧ **제연설비**가 설치된 터널 ⑨ **공공기관** 중 연면적(터널 · 지하구의 경우 그 길이와 평균폭을 곱하여 계산된 값)이 **1000m²** 이상인 것으로서 옥내소화전설비 또는 자동화재탐지설비가 설치된 것(단, 소방대가 근무하는 공공기관 제외) 중요 **종합점검** ① 공공기관 : 1000m² ② 다중이용업 : 2000m² ③ 물분무등(호스릴 ×) : 5000m²	• 소방시설관리업에 등록된 기술인력 중 **소방시설관리사** • 소방안전관리자로 선임된 **소방시설관리사** 또는 **소방기술사**	〈점검횟수〉 ㉠ 연 1회 이상(특급 소방안전관리대상물은 반기에 1회 이상) 실시 ㉡ ㉠에도 불구하고 소방본부장 또는 소방서장은 소방청장이 소방안전관리가 우수하다고 인정한 특정소방대상물에 대해서는 3년의 범위에서 소방청장이 고시하거나 정한 기간 동안 종합점검을 면제할 수 있다(단, 면제기간 중 화재가 발생한 경우는 제외). 〈점검시기〉 ㉠ ④에 해당하는 특정소방대상물은 건축물을 사용할 수 있게 된 날부터 60일 이내 실시 ㉡ ㉠을 제외한 특정소방대상물은 건축물의 사용승인일이 속하는 달에 실시(단, 학교의 경우 해당 건축물의 사용승인일이 1월에서 6월 사이에 있는 경우에는 6월 30일까지 실시할 수 있다.) ㉢ 건축물 사용승인일 이후 ⑦에 따라 종합점검대상에 해당하게 된 경우에는 그 다음 해부터 실시 ㉣ 하나의 대지경계선 안에 2개 이상의 자체점검대상 건축물 등이 있는 경우 그 건축물 중 사용승인일이 가장 빠른 연도의 건축물의 사용승인일을 기준으로 점검할 수 있다.

제3장 화재의 예방 및 안전관리에 관한 법령

1. 화재의 예방 및 안전관리에 관한 법률

(1) 화재안전조사(화재예방법 7조)

구 분	설 명
실시자	**소방청장 · 소방본부장 · 소방서장** (소방관서장)
관계인의 승낙이 필요한 곳	**주거**(주택)

용어

화재안전조사
소방대상물, 관계지역 또는 관계인에 대하여 소방시설 등이 소방관계법령에 적합하게 설치 · 관리되고 있는지, 소방대상물에 화재의 발생위험이 있는지 등을 확인하기 위하여 실시하는 현장조사 · 문서열람 · 보고요구 등을 하는 활동

(2) 화재안전조사 결과에 따른 조치명령(화재예방법 14조)

명령권자	명령사항
소방청장 · 소방본부장 · 소방서장 (소방관서장)	① **개수**명령 ② **이전**명령 ③ **제거**명령 ④ **사용**의 **금지** 또는 제한명령, 사용폐쇄 명령 ⑤ **공사**의 **정지** 또는 중지명령

(3) 화재의 예방조치 등(화재예방법 17조)

① 모닥불, 흡연 등 화기의 취급 금지
② 풍등 등 소형열기구 날리기 금지
③ 용접 · 용단 등 불꽃을 발생시키는 행위 금지
④ 그 밖에 대통령령으로 정하는 화재 발생 위험이 있는 행위 금지

※ 소방관서장은 물건의 소유자, 관리자 또는 점유자를 알 수 없는 경우 소속 공무원으로 하여금 그 물건을 옮기거나 보관하는 등 필요한 조치를 하게 할 수 있다.

(4) 화재예방강화지구(화재예방법 18조)

지 정	화재안전조사
시 · 도지사	소방관서장

※ **화재예방강화지구** : 화재 발생 우려가 크거나 화재가 발생할 경우 피해가 클 것으로 예상되는 지역에 대하여 화재의 예방 및 안전관리를 강화하기 위해 지정 · 관리하는 지역

(5) 화재예방강화지구의 지정 등(화재예방법 18조)

지정권자	지정지역
시 · 도지사	① 시장지역 ② 공장 · 창고가 밀집한 지역 ③ 목조건물이 밀집한 지역 ④ 노후 · 불량건축물이 밀집한 지역 ⑤ 위험물의 저장 및 처리 시설이 밀집한 지역 ⑥ 석유화학제품을 생산하는 공장이 있는 지역 ⑦ 「산업입지 및 개발에 관한 법률」에 따른 산업단지 ⑧ 소방시설소방용수시설 또는 소방출동로가 없는 지역 ⑨ 「물류시설의 개발 및 운영에 관한 법률」에 따른 물류단지 ⑩ 그 밖에 소방관서장이 화재예방강화지구로 지정할 필요가 있다고 인정하는 지역

(6) 화재(화재예방법 17 · 20조)

① 화재위험경보 발령권자
② 화재의 예방조치권자
→ **소방관서장**

(7) 불을 사용하는 설비의 관리사항(화재예방법 17조)

구 분	설 명
정하는 기준	**대통령령**
대상	• **보일러** • **난로** • **가스시설** • **건조설비** • **전기시설**

(8) 특정소방대상물의 소방안전관리(화재예방법 24~26조)

1) 소방안전관리업무 대행자
소방시설관리업을 등록한 사람(소방시설관리업자)

2) 소방안전관리자의 선임
① 선임신고 : **14일** 이내
② 신고대상 : **소방본부장 · 소방서장**

3) 특정소방대상물의 관계인 및 소방안전관리자의 업무
① 소방계획서의 작성 및 시행
② **자위소방대** 및 초기대응체계의 구성·운영·교육
③ 소방훈련 및 교육
④ 피난시설·방화구획 및 방화시설의 관리
⑤ 소방시설, 그 밖의 소방관련시설의 관리
⑥ **화기취급**의 감독
⑦ 소방안전관리상 필요한 업무
⑧ 소방안전관리에 관한 업무수행에 관한 기록·유지
⑨ 화재발생시 초기대응

(9) 강습·실무교육 대상자(화재예방법 34조)
① 소방안전관리자
② 소방안전관리보조자
③ 소방안전관리업무 대행자
④ 소방안전관리자의 자격인정을 받고자 하는 자로서 대통령령으로 정하는 자
⑤ 소방안전관리업무를 대행하는 자를 감독하는 자

(10) 관리의 권원이 분리된 특정소방대상물의 소방안전관리(화재예방법 35조)
① 복합건축물(지하층을 제외한 **11층** 이상 또는 연면적 3만m^2 이상인 건축물)
② **지하가**(지하의 인공구조물 안에 설치된 상점 및 사무실, 그 밖에 이와 비슷한 시설이 연속하여 지하도에 접하여 설치된 것과 그 지하도를 합한 것)
③ **대통령령**으로 정하는 특정소방대상물

(11) 특정소방대상물의 소방훈련(화재예방법 37조)

소방훈련의 종류	소방훈련의 지도·감독
① 소화훈련 ② 통보훈련 ③ 피난훈련	소방본부장·소방서장

(12) 권한의 위탁(화재예방법 48조)
① 소방안전관리자 또는 소방안전관리보조자 선임신고의 접수
② 소방안전관리자 또는 소방안전관리보조자 해임 사실의 확인
③ 건설현장 소방안전관리자 선임신고의 접수
④ 소방안전관리자 자격시험
⑤ 소방안전관리자 자격증의 발급 및 재발급
⑥ 소방안전관리 등에 관한 종합정보망의 구축·운영
⑦ 강습교육 및 실무교육

(13) 3년 이하의 징역 또는 3000만원 이하의 벌금(화재예방법 50조 ①항)
① **화재안전조사 결과**에 따른 조치명령을 정당한 사유없이 위반한 자
② **소방안전관리자 선임명령**을 정당한 사유없이 위반한 자
③ 화재예방안전진단 결과에 따른 보수·보강 등의 조치명령을 정당한 사유없이 위반한 자
④ 거짓이나 그 밖의 부정한 방법으로 진단기관으로 지정을 받은 자

(14) 1년 이하의 징역 또는 1000만원 이하의 벌금(화재예방법 50조 ②항)
① **관계인**의 정당한 업무를 방해하거나, 조사업무를 수행하면서 취득한 자료나 알게 된 **비밀**을 다른 사람 또는 기관에게 제공 또는 누설하거나 목적 외의 용도로 사용한 자
② **소방안전관리자 자격증**을 다른 사람에게 빌려 주거나 빌리거나 이를 알선한 자
③ **진단기관**으로부터 화재예방안전진단을 받지 아니한 자

(15) 300만원 이하의 벌금(화재예방법 50조 ③항)
① 화재안전조사를 정당한 사유없이 거부·방해 또는 기피한 자
② 화재발생 위험이 크거나 소화활동에 지장을 줄 수 있다고 인정되는 행위나 물건에 대한 금지 또는 제한 명령을 정당한 사유없이 따르지 아니하거나 방해한 자
③ 소방안전관리자, 총괄소방안전관리자 또는 소방안전관리보조자를 선임하지 아니한 자

④ 소방시설 · 피난시설 · 방화시설 및 방화구획 등이 법령에 위반된 것을 발견하였음에도 필요한 조치를 할 것을 요구하지 아니한 소방안전관리자
⑤ **소방안전관리자**에게 불이익한 처우를 한 관계인
⑥ 업무를 수행하면서 알게 된 비밀을 이 법에서 정한 목적 외의 용도로 사용하거나 다른 사람 또는 기관에 제공하거나 누설한 자

(16) 300만원 이하의 과태료(화재예방법 52조 ①항)

① 정당한 사유없이 **화재예방강화지구** 및 이에 준하는 대통령령으로 정하는 장소에서의 금지 명령에 해당하는 행위를 한 자
② 다른 안전관리자가 소방안전관리자를 겸한 자
③ 소방안전관리업무를 하지 아니한 특정소방대상물의 관계인 또는 소방안전관리대상물의 소방안전관리자
④ 소방안전관리업무의 지도 · 감독을 하지 아니한 자
⑤ 건설현장 소방안전관리대상물의 소방안전관리자의 업무를 하지 아니한 소방안전관리자
⑥ 피난유도 안내정보를 제공하지 아니한 자
⑦ **소방훈련** 및 **교육**을 하지 아니한 자
⑧ 화재예방안전진단 결과를 제출하지 아니한 자

(17) 200만원 이하의 과태료(화재예방법 52조 ②항)

① 불을 사용할 때 지켜야 하는 사항 및 특수가연물의 저장 및 취급 기준을 위반한 자
② 소방설비 등의 설치명령을 정당한 사유없이 따르지 아니한 자
③ 기간 내에 **선임신고**를 하지 아니하거나 **소방안전관리자**의 **성명** 등을 게시하지 아니한 자
④ 기간 내에 선임신고를 하지 아니한 자
⑤ 기간 내에 소방훈련 및 교육 결과를 제출하지 아니한 자

(18) 100만원 이하의 과태료(화재예방법 52조 ③항)

실무교육을 받지 아니한 **소방안전관리자** 및 **소방안전관리보조자**

2. 화재의 예방 및 안전관리에 관한 법률 시행령

(1) 옮긴 물건 등의 보관기간(화재예방법 시행령 17조)

보관자	보관기간
소방관서장	게시판에 공고하는 기간의 종료일 다음날부터 **7일**

(2) 화재예방강화지구 안의 화재안전조사 · 소방훈련 및 교육(화재예방법 시행령 20조)

구 분	설 명
실시자	**소방본부장 · 소방서장**
횟수	**연 1회** 이상
훈련 · 교육	**10일 전 통보**

(3) 소방계획에 포함되어야 할 사항(화재예방법 시행령 27조)

① 소방안전관리대상물의 **위치 · 구조 · 연면적 · 용도** 및 **수용인원** 등 **일반 현황**
② 소방안전관리대상물에 설치한 **소방시설 · 방화시설 · 전기시설 · 가스시설** 및 **위험물시설**의 **현황**
③ 화재예방을 위한 **자체점검계획** 및 **진압대책**
④ **소방시설 · 피난시설** 및 **방화시설**의 점검 · 정비계획
⑤ 피난층 및 피난시설의 위치와 피난경로의 설정, 화재안전취약자의 피난계획 등을 포함한 **피난계획**
⑥ 방화구획, 제연구획, 건축물의 내부 마감재료(불연재료 · 준불연재료 또는 난연재료로 사용된 것) 및 방염물품의 사용현황과 그 밖의 **방화구조** 및 **설비의 유지 · 관리계획**
⑦ **소방훈련** 및 **교육**에 관한 계획
⑧ 특정소방대상물의 근무자 및 거주자의 **자위소방대 조직**과 대원의 임무(화재안전취약자의 피난보조임무 포함)에 관한 사항
⑨ **화기취급** 작업에 대한 사전 안전조치 및 감독 등 공사 중 **소방안전관리**에 관한 사항

⑩ **관리의 권원이 분리된 특정소방대상물의 소방안전관리에** 관한 사항

⑪ **소화와 연소 방지**에 관한 사항

⑫ **위험물**의 **저장 · 취급**에 관한 사항(「위험물안전관리법」에 따라 예방규정을 정하는 제조소등 제외)

⑬ 소방안전관리에 대한 업무수행에 관한 기록 및 유지에 관한 사항

⑭ 화재발생시 화재경보, 초기소화 및 피난유도 등 초기대응에 관한 사항

⑮ **소방본부장** 또는 **소방서장**이 요청하는 사항

(4) 소방계획의 작성 · 실시에 관한 지도 · 감독(화재예방법 시행령 27조)

소방본부장, 소방서장

(5) 관리의 권원이 분리된 특정소방대상물(화재예방법 시행령 35조)

① 복합건축물(지하층을 제외한 11층 이상 또는 연면적 3만m^2 이상인 건축물)

② 지하가

③ 판매시설 중 도매시장, 소매시장 및 전통시장

(6) 권한의 위탁(화재예방법 시행령 48조)

① 안전관리자 또는 소방안전관리보조자 선임신고의 접수

② 소방안전관리자 또는 소방안전관리보조자 해임 사실의 확인

③ 건설현장 소방안전관리자 선임신고의 접수

④ 소방안전관리자 자격시험

⑤ 소방안전관리자 자격증의 발급 및 재발급

⑥ 소방안전관리 등에 관한 종합정보망의 구축 · 운영

⑦ 강습교육 및 실무교육

(7) 벽 · 천장 사이의 거리(화재예방법 시행령 [별표 1])

종 류	벽 · 천장 사이의 거리
건조설비	0.5m 이상
보일러	0.6m 이상

(8) 특수가연물(화재예방법 시행령 [별표 2])

① 면화류

② 나무껍질 및 대팻밥

③ 넝마 및 종이 부스러기

④ 사류

⑤ 볏짚류

⑥ 가연성 고체류

⑦ 석탄 · 목탄류

⑧ 가연성 액체류

⑨ 목재가공품 및 나무 부스러기

⑩ 고무류 · 플라스틱류

※ **특수가연물** : 화재가 발생하면 불길이 빠르게 번지는 물품

(9) 소방안전관리자의 자격(화재예방법 시행령 [별표 4])

① 특급 소방안전관리대상물의 소방안전관리자 선임조건

자 격	경 력	비 고
• 소방기술사 • 소방시설관리사	경력 필요 없음	특급 소방안전관리자 자격증을 받은 사람
• 1급 소방안전관리자 경력 (소방설비기사)	5년	
• 1급 소방안전관리자 경력 (소방설비산업기사)	7년	
• 소방공무원	20년	
• 소방청장이 실시하는 특급 소방안전관리대상물의 소방안전관리에 관한 시험에 합격한 사람	경력 필요 없음	

② 1급 소방안전관리대상물의 소방안전관리자 선임조건

자 격	경 력	비 고
• 소방설비기사(산업기사)	경력 필요 없음	1급 소방안전관리자 자격증을 받은 사람
• 소방공무원	7년	
• 소방청장이 실시하는 1급 소방안전관리대상물의 소방안전관리에 관한 시험에 합격한 사람	경력 필요 없음	
• 특급 소방안전관리대상물의 소방안전관리자 자격이 인정되는 사람	경력 필요 없음	

③ 2급 소방안전관리대상물의 소방안전관리자 선임조건

자 격	경 력	비 고
• 위험물기능장 · 위험물산업기사 · 위험물기능사	경력 필요 없음	2급 소방안전관리자 자격증을 받은 사람
• 소방공무원	3년	
• 소방청장이 실시하는 2급 소방안전관리대상물의 소방안전관리에 관한 시험에 합격한 사람	경력 필요 없음	
• 「기업활동 규제완화에 관한 특별조치법」에 따라 소방안전관리자로 선임된 사람(소방안전관리자로 선임된 기간으로 한정)		
• 특급 또는 1급 소방안전관리대상물의 소방안전관리자 자격이 인정되는 사람		

④ 3급 소방안전관리대상물의 소방안전관리자 선임조건

자 격	경 력	비 고
• 소방공무원	1년	3급 소방안전관리자 자격증을 받은 사람
• 소방청장이 실시하는 3급 소방안전관리대상물의 소방안전관리에 관한 시험에 합격한 사람	경력 필요 없음	
• 「기업활동 규제완화에 관한 특별조치법」에 따라 소방안전관리자로 선임된 사람(소방안전관리자로 선임된 기간으로 한정)		
• 특급 소방안전관리대상물, 1급 소방안전관리대상물 또는 2급 소방안전관리대상물의 소방안전관리자 자격이 인정되는 사람		

(10) **소방안전관리자 및 소방안전관리보조자를 선임하는 특정소방대상물**(화재예방법 시행령 [별표 4])

소방안전관리대상물	특정소방대상물
특급 소방안전관리대상물 (**동식물원, 철강 등 불연성 물품 저장 · 취급창고, 지하구, 위험물제조소 등 제외**)	① **50층** 이상 또는 지상 **200m** 이상 **아파트** ② **30층** 이상(지하층 포함) 또는 지상 **120m** 이상(아파트 제외) ③ 연면적 **10만m^2** 이상(아파트 제외)
1급 소방안전관리대상물 (**동식물원, 철강 등 불연성 물품 저장 · 취급창고, 지하구, 위험물제조소 등 제외**)	① **30층** 이상 또는 지상 **120m** 이상 **아파트** ② 연면적 **1만 5천m^2** 이상인 것(아파트 및 연립주택 제외) ③ **11층** 이상(아파트 제외) ④ 가연성 가스를 **1천톤** 이상 저장 · 취급하는 시설
2급 소방안전관리대상물	① 지하구 ② 가스제조설비를 갖추고 도시가스사업 허가를 받아야 하는 시설 또는 가연성 가스를 **100톤~1천톤** 미만 저장 · 취급하는 시설 ③ **옥내소화전설비 · 스프링클러설비** 설치대상물 ④ **물분무등소화설비**(호스릴방식의 물분무등소화설비만을 설치한 경우 제외) 설치대상물 ⑤ 공동주택 ⑥ 목조건축물(국보 · 보물)
3급 소방안전관리대상물	① 간이스프링클러설비(주택전용 간이스프링클러설비 제외) 설치대상물 ② **자동화재탐지설비** 설치대상물

3. 화재의 예방 및 안전관리에 관한 법률 시행규칙

(1) **특정소방대상물의 소방훈련 · 교육**(화재예방법 시행규칙 36조)

실시횟수	실시결과 기록부 보관
연 1회 이상	2년

※ 소방안전관리자의 **재선임** : 30일 이내

(2) **소방안전교육**(화재예방법 시행규칙 40조)

실시자	교육통보
소방본부장 · 소방서장	교육일 10일 전까지

(3) **소방안전관리자의 강습**(화재예방법 시행규칙 25조)

구 분	설 명
실시자	소방청장
실시공고	20일 전

(4) 소방안전관리자의 실무교육(화재예방법 시행규칙 29조)

구 분	설 명
실시자	소방청장
실시	2년마다 1회 이상
교육통보	30일 전

(5) 소방안전관리업무의 강습교육과목 및 교육시간(화재예방법 시행규칙 [별표 5])

1) 교육과정별 과목 및 시간

구 분	교육과목	교육시간
특급 소방안전 관리자	• 소방안전관리자 제도 • 화재통계 및 피해분석 • 직업윤리 및 리더십 • 소방관계법령 • 건축・전기・가스 관계법령 및 안전관리 • 위험물안전관계법령 및 안전관리 • 재난관리 일반 및 관련법령 • 초고층재난관리법령 • 소방기초이론 • 연소・방화・방폭공학 • 화재예방 사례 및 홍보 • 고층건축물 소방시설 적용기준 • 소방시설의 종류 및 기준 • 소방시설(소화설비, 경보설비, 피난구조설비, 소화용수설비, 소화활동설비)의 구조・점검・실습・평가 • 공사장 안전관리 계획 및 감독 • 화기취급감독 및 화재위험작업 허가・관리 • 종합방재실 운용 • 피난안전구역 운영 • 고층건축물 화재 등 재난사례 및 대응방법 • 화재원인 조사실무 • 위험성 평가기법 및 성능위주 설계 • 소방계획 수립 이론・실습・평가(피난약자의 피난계획 등 포함) • 자위소방대 및 초기대응체계 구성 등 이론・실습・평가 • 방재계획 수립 이론・실습・평가 • 재난예방 및 피해경감계획 수립 이론・실습・평가 • 자체점검 서식의 작성 실습・평가	160시간
특급 소방안전 관리자	• 통합안전점검 실시(가스, 전기, 승강기 등) • 피난시설, 방화구획 및 방화시설의 관리 • 구조 및 응급처치 이론・실습・평가 • 소방안전 교육 및 훈련 이론・실습・평가 • 화재시 초기대응 및 피난 실습・평가 • 업무수행기록의 작성・유지 실습・평가 • 화재피해 복구 • 초고층 건축물 안전관리 우수사례 토의 • 소방신기술 동향 • 시청각 교육	160시간
1급 소방안전 관리자	• 소방안전관리자 제도 • 소방관계법령 • 건축관계법령 • 소방학개론 • 화기취급감독 및 화재위험작업 허가・관리 • 공사장 안전관리 계획 및 감독 • 위험물・전기・가스 안전관리 • 종합방재실 운영 • 소방시설의 종류 및 기준 • 소방시설(소화설비, 경보설비, 피난구조설비, 소화용수설비, 소화활동설비)의 구조・점검・실습・평가 • 소방계획 수립 이론・실습・평가(피난약자의 피난계획 등 포함) • 자위소방대 및 초기대응체계 구성 등 이론・실습・평가 • 작동점검표 작성 실습・평가 • 피난시설, 방화구획 및 방화시설의 관리 • 구조 및 응급처치 이론・실습・평가 • 소방안전 교육 및 훈련 이론・실습・평가 • 화재시 초기대응 및 피난 실습・평가 • 업무수행기록의 작성・유지 실습・평가 • 형성평가(시험)	80시간

구 분	교육과목	교육시간
공공기관 소방안전 관리자	• 소방안전관리자 제도 • 직업윤리 및 리더쉽 • 소방관계법령 • 건축관계법령 • 공공기관 소방안전규정의 이해 • 소방학개론 • 소방시설의 종류 및 기준 • 소방시설(소화설비, 경보설비, 피난구조설비, 소화용수설비, 소화활동설비)의 구조 · 점검 · 실습 · 평가 • 소방안전관리 업무대행 감독 • 공사장 안전관리 계획 및 감독 • 화기취급감독 및 화재위험작업 허가 · 관리 • 위험물 · 전기 · 가스 안전관리 • 소방계획 수립 이론 · 실습 · 평가(피난약자의 피난계획 등 포함) • 자위소방대 및 초기대응체계 구성 등 이론 · 실습 · 평가 • 작동점검표 및 외관점검표 작성 실습 · 평가 • 피난시설, 방화구획 및 방화시설의 관리 • 응급처치 이론 · 실습 · 평가 • 소방안전 교육 및 훈련 이론 · 실습 · 평가 • 화재시 초기대응 및 피난 실습 · 평가 • 업무수행기록의 작성 · 유지 실습 · 평가 • 공공기관 소방안전관리 우수사례 토의 • 형성평가(수료)	40시간
2급 소방안전 관리자	• 소방안전관리자 제도 • 소방관계법령(건축관계법령 포함) • 소방학개론 • 화기취급감독 및 화재위험작업 허가 · 관리 • 위험물 · 전기 · 가스 안전관리 • 소방시설의 종류 및 기준 • 소방시설(소화설비, 경보설비, 피난구조설비)의 구조 · 원리 · 점검 · 실습 · 평가 • 소방계획 수립 이론 · 실습 · 평가(피난약자의 피난계획 등 포함) • 자위소방대 및 초기대응체계 구성 등 이론 · 실습 · 평가	40시간

구 분	교육과목	교육시간
2급 소방안전 관리자	• 작동점검표 작성 실습 · 평가 • 피난시설, 방화구획 및 방화시설의 관리 • 응급처치 이론 · 실습 · 평가 • 소방안전 교육 및 훈련 이론 · 실습 · 평가 • 화재시 초기대응 및 피난 실습 · 평가 • 업무수행기록의 작성 · 유지 실습 · 평가 • 형성평가(시험)	40시간
3급 소방안전 관리자	• 소방관계법령 • 화재일반 • 화기취급감독 및 화재위험작업 허가 · 관리 • 위험물 · 전기 · 가스 안전관리 • 소방시설(소화기, 경보설비, 피난구조설비)의 구조 · 점검 · 실습 · 평가 • 소방계획 수립 이론 · 실습 · 평가(업무수행기록의 작성 · 유지 실습 · 평가 및 피난약자의 피난계획 등 포함) • 작동점검표 작성 실습 · 평가 • 응급처치 이론 · 실습 · 평가 • 소방안전 교육 및 훈련 이론 · 실습 · 평가 • 화재시 초기대응 및 피난 실습 · 평가 • 형성평가(시험)	24시간
업무대행 감독자	• 소방관계법령 • 소방안전관리 업무대행 감독 • 소방시설 유지 · 관리 • 화기취급감독 및 위험물 · 전기 · 가스 안전관리 • 소방계획 수립 이론 · 실습 · 평가(업무수행기록의 작성 · 유지 및 피난약자의 피난계획 등 포함) • 자위소방대 구성운영 등 이론 · 실습 · 평가 • 응급처치 이론 · 실습 · 평가 • 소방안전 교육 및 훈련 이론 · 실습 · 평가 • 화재시 초기대응 및 피난 실습 · 평가 • 형성평가(수료)	16시간

구 분	교육과목	교육시간
건설현장 소방안전 관리자	• 소방관계법령 • 건설현장 관련 법령 • 건설현장 화재일반 • 건설현장 위험물 · 전기 · 가스 안전관리 • 임시소방시설의 구조 · 점검 · 실습 · 평가 • 화기취급감독 및 화재위험작업 허가 · 관리 • 건설현장 소방계획 이론 · 실습 · 평가 • 초기대응체계 구성 · 운영 이론 · 실습 · 평가 • 건설현장 피난계획 수립 • 건설현장 작업자 교육훈련 이론 · 실습 · 평가 • 응급처치 이론 · 실습 · 평가 • 형성평가(수료)	24시간

2) 교육과정별 교육시간 운영 편성기준

구 분	시간 합계	이론 (30%)	실무(70%)	
			일반 (30%)	실습 및 평가 (40%)
특급 소방안전 관리자	160시간	48시간	48시간	64시간
1급 소방안전 관리자	80시간	24시간	24시간	32시간
2급 및 공공기관 소방안전 관리자	40시간	12시간	12시간	16시간
3급 소방안전 관리자	24시간	7시간	7시간	10시간
업무대행 감독자	16시간	5시간	5시간	6시간
건설현장 소방안전 관리자	24시간	7시간	7시간	10시간

(6) 한국소방안전원의 시설기준(화재예방법 시행규칙 [별표 10])

구 분	시설기준
사무실	$60m^2$ 이상
강의실	$100m^2$ 이상
실습실	$100m^2$ 이상

기억법 6사(육사)

제4장 소방시설공사업법령

1. 소방시설공사업법

(1) 소방시설공사업법의 목적(공사업법 1조)

① 소방시설업의 건전한 발전
② 소방기술의 진흥
③ 공공의 안전확보
④ 국민경제에 이바지

(2) 소방시설업의 종류(공사업법 2조)

소방시설 설계업	소방시설 공사업	소방공사 감리업	방염처리업
소방시설공사에 기본이 되는 공사계획 · 설계도면 · 설계설명서 · 기술계산서 등을 작성하는 영업	설계도서에 따라 소방시설을 신설 · 증설 · 개설 · 이전 · 정비하는 영업	소방시설공사에 관한 발주자의 권한을 대행하여 소방시설공사가 설계도서와 관계법령에 따라 적절하게 시공되는 지를 확인하고, 품질 · 시공관리에 대한 기술지도를 하는 영업	방염대상물품에 대하여 방염처리하는 영업

(3) 소방기술자(공사업법 2조 ①항)

① 소방시설관리사
② 소방기술사
③ 소방설비기사
④ 소방설비산업기사
⑤ 위험물기능장
⑥ 위험물산업기사
⑦ 위험물기능사

(4) 소방시설업(공사업법 4조)

구 분	설 명
① 등록권자 ② 등록사항변경 ③ 지위승계	• 시 · 도지사
④ 등록기준	• 자본금 • 기술인력
⑤ 종류	• 소방시설설계업 • 소방시설공사업 • 소방공사감리업 • 방염처리업
⑥ 업종별 영업범위	• 대통령령

(5) 소방시설업의 등록결격사유(공사업법 5조)

① 피성년후견인
② 금고 이상의 실형을 받고 그 집행이 끝나거나 면제된 날부터 **2년**이 지나지 아니한 사람
③ **집행유예기간** 중에 있는 사람
④ 등록취소 후 **2년**이 지나지 아니한 자
⑤ **법인**의 **대표자**가 위 ①~④에 해당되는 경우
⑥ **법인**의 **임원**이 위 ②~④에 해당되는 경우

(6) 소방시설업의 등록취소(공사업법 9조)

① **거짓**, 그 밖의 **부정한 방법**으로 등록을 한 경우
② **등록결격사유**에 해당된 경우(단, 등록결격사유가 된 법인이 그 사유가 발생한 날부터 3개월 이내에 그 사유를 해소한 경우 제외)
③ 영업정지 기간 중에 소방시설공사 등을 한 경우

(7) 착공신고 · 완공검사 등(공사업법 13 · 14 · 15조)

① 소방시설공사의 착공신고 ┐ **소방본부장**
② 소방시설공사의 완공검사 ┘ **· 소방서장**
③ 하자보수기간 : **3일** 이내

(8) 소방공사감리(공사업법 16 · 18 · 20조)

구 분	설 명
감리의 종류와 방법	대통령령
감리원의 세부적인 배치기준	행정안전부령
공사감리결과	① 서면통지 ㉠ 관계인 ㉡ 도급인 ㉢ 건축사 ② 결과보고서 제출 : **소방본부장 · 소방서장**

(9) 하도급 범위(공사업법 22조)

① 도급을 받은 자는 소방시설의 설계, 시공, 감리를 제3자에게 하도급할 수 없다(단, 시공의 경우에는 대통령령으로 정하는 바에 따라 도급받은 소방시설공사의 일부를 다른 공사업자에게 하도급할 수 있다).
② 하수급인은 제3자에게 다시 하도급 불가

〈소방시설공사의 시공을 하도급할 수 있는 경우(공사업령 12조 ①항)〉

• 주택건설사업
• 건설업
• 전기공사업
• 정보통신공사업

(10) 도급계약의 해지(공사업법 23조)

① 소방시설업이 **등록취소**되거나 **영업정지**된 경우
② 소방시설업을 **휴업** 또는 **폐업**한 경우
③ 정당한 사유없이 30일 이상 소방시설공사를 계속하지 아니하는 경우
④ **하수급인**의 **변경요구**에 응하지 아니한 경우

(11) 소방기술자의 의무(공사업법 27조)

소방기술자는 동시에 2 이상의 업체에 **취업**하여서는 **아니 된다**(1개 업체에 취업).

(12) 권한의 위탁(공사업법 33조)

업 무	위 탁	권 한
• 실무교육	• 한국소방안전원 • 실무교육기관	• 소방청장
• 소방기술과 관련된 자격 · 학력 · 경력의 인정 • 소방기술자 양성 · 인정 교육훈련업무	• 소방시설업자협회 • 소방기술과 관련된 법인 또는 단체	• 소방청장
• 시공능력평가 및 공시	• 소방시설업자협회	• 소방청장 • 시 · 도지사

(13) 3년 이하의 징역 또는 3000만원 이하의 벌금(공사업법 35조)

① 소방시설업 무등록자
② 부정한 청탁을 받고 재물 또는 재산상의 이익을 취득하거나 부정한 청탁을 하면서 재물 또는 재산상의 이익을 제공한 자

(14) 1년 이하의 징역 또는 1000만원 이하의 벌금(공사업법 36조)

① 영업정지처분 위반자

② 허위 감리자
③ 공사감리자 미지정자
④ 설계, 시공, 감리를 하도급한 자
⑤ 소방시설업자가 아닌 사람에게 소방시설공사 등을 도급한 관계인
⑥ 소방시설공사업법을 위반하여 설계나 시공을 한 자

(15) 300만원 이하의 벌금(공사업법 37조)

① 등록증 · 등록수첩을 빌려준 사람
② 다른 자에게 자기의 성명이나 상호를 사용하여 소방시설공사 등을 수급 또는 시공한 자
③ 감리원 미배치자
④ 소방기술인정 자격수첩을 빌려준 사람
⑤ 2 이상의 업체에 취업한 사람
⑥ 관계인의 업무를 방해하거나 비밀누설

(16) 100만원 이하의 벌금(공사업법 38조)

① 허위 보고 또는 자료 미제출자
② 관계공무원의 출입 · 조사 · 검사를 방해 · 기피한 자

(17) 200만원 이하의 과태료(공사업법 40조)

① 신고를 하지 아니하거나 거짓으로 신고한 자
② 관계인에게 지위승계, 행정처분 또는 휴업 · 폐업의 사실을 거짓으로 알린 자
③ 관계서류를 보관하지 아니한 자
④ 소방기술자를 공사현장에 배치하지 아니한 자
⑤ 완공검사를 받지 아니한 자
⑥ 3일 이내에 하자를 보수하지 아니하거나 하자보수계획을 관계인에게 거짓으로 알린 자
⑦ 감리관계서류를 인수 · 인계하지 아니한 자
⑧ 배치통보 및 변경통보를 하지 아니하거나 거짓으로 통보한 자
⑨ 방염성능기준 미만으로 방염을 한 자
⑩ 방염처리능력평가에 관한 서류를 거짓으로 제출한 자
⑪ 도급계약 체결시 의무를 이행하지 아니한 자(하도급계약의 경우에는 하도급받은 소방시설업자는 제외)
⑫ 하도급 등의 통지를 하지 아니한 자
⑬ 공사대금의 지급보증, 담보의 제공 또는 보험료 등의 지급을 정당한 사유없이 이행하지 아니한 자
⑭ 시공능력평가에 관한 서류를 거짓으로 제출한 자
⑮ 사업수행능력평가에 관한 서류를 위조하거나 변조하는 등 거짓이나 그 밖의 부정한 방법으로 입찰에 참여한 자
⑯ 보고 또는 자료제출을 하지 아니하거나 거짓으로 보고 또는 자료제출을 한 자

2. 소방시설공사업법 시행령

(1) 소방시설공사의 하자보수보증기간(공사업령 6조)

2년	3년
① 유도등 · 피난기구 ② 비상조명등 · 비상경보설비 · 비상방송설비 ③ 무선통신보조설비	① 자동소화장치 ② 옥내 · 외소화전설비 ③ 스프링클러설비 ④ 물분무등소화설비 · 소화용수설비 ⑤ 자동화재탐지설비 · 소화활동설비(무선통신보조설비 제외) ⑥ 화재알림설비

기억법 유비조경방무피2(유비조경방무피투)

(2) 소방공사감리자 지정제외대상 특정소방대상물의 범위(공사업령 10조)

1) 옥내소화전설비를 신설 · 개설 또는 증설할 때
2) 스프링클러설비 등(캐비닛형 간이스프링클러설비 제외)을 신설 · 개설하거나 방호 · 방수구역을 증설할 때
3) 물분무등소화설비(호스릴방식의 소화설비 제외)를 신설 · 개설하거나 방호 · 방수구역을 증설할 때
4) 옥외소화전설비를 신설 · 개설 또는 증설할 때
5) 자동화재탐지설비를 신설 · 개설할 때
6) 화재알림설비를 신설 또는 개설할 때
7) 비상방송설비를 신설 또는 개설할 때
8) 통합감시시설을 신설 또는 개설할 때
9) 소화용수설비를 신설 또는 개설할 때
10) 다음의 소화활동설비에 대하여 시공할 때
 ① 제연설비를 신설 · 개설하거나 제연구역을 증설할 때
 ② 연결송수관설비를 신설 또는 개설할 때
 ③ 연결살수설비를 신설 · 개설하거나 송수구역을 증설할 때
 ④ 비상콘센트설비를 신설 · 개설하거나 전용회로를 증설할 때
 ⑤ 무선통신보조설비를 신설 또는 개설할 때
 ⑥ 연소방지설비를 신설 · 개설하거나 살수구역을 증설할 때

(3) 소방시설설계업(공사업령 [별표 1])

구 분	전 문	일 반
기술인력	• 주된 기술인력 : 소방기술사 1명 이상 • 보조기술인력 : 1명 이상	• 주된 기술인력 : 소방기술사 또는 소방설비기사 1명 이상 • 보조기술인력 : 1명 이상
영업범위	• 모든 특정소방대상물	• 아파트(기계분야 제연설비 제외) • 연면적 30000m²(공장 10000m²) 미만(기계분야 제연설비 제외) • 위험물제조소 등

(4) 소방시설공사업(공사업령 [별표 1])

구 분	전 문	일 반
기술인력	• 주된 기술인력 : 소방기술사 또는 기계·전기분야 소방설비기사 각 1명(기계·전기분야 자격을 함께 취득한 사람 1명) 이상 • 보조기술인력 : 2명 이상	• 주된 기술인력 : 소방기술사 또는 소방설비기사 1명 이상 • 보조기술인력 : 1명 이상
자본금	• 법인 : 1억원 이상 • 개인 : 1억원 이상	• 법인 : 1억원 이상 • 개인 : 1억원 이상
영업범위	• 특정소방대상물	• 연면적 10000m² 미만 • 위험물제조소 등

(5) 소방공사감리업(공사업령 [별표 1])

구 분	전 문	일 반
기술인력	• 소방기술사 1명 이상 • 특급감리원 1명 이상 • 고급감리원 1명 이상 • 중급감리원 1명 이상 • 초급감리원 1명 이상	• 특급감리원 1명 이상 • 고급 또는 중급감리원 1명 이상 • 초급감리원 1명 이상
영업범위	• 모든 특정 소방대상물	• 아파트(기계분야 제연설비 제외) • 연면적 30000m²(공장 10000m²) 미만(기계분야 제연설비 제외) • 위험물제조소 등

(6) 소방기술자의 배치기준(공사업령 [별표 2])

자격구분	소방시설공사의 종류
전기분야 소방시설공사	• 자동화재탐지설비·비상경보설비 • 비상방송설비, 화재알림설비 • 비상콘센트설비·무선통신보조설비 • 기계분야 소방시설에 부설되는 전기시설 중 비상전원·동력회로·제어회로

3. 소방시설공사업법 시행규칙

(1) 소방시설업(공사업규칙 2~7조)

내 용		날 짜
• 등록증 재발급	지위승계·분실 등	3일 이내
	변경신고 등	5일 이내
• 등록서류보완		10일 이내
• 등록증 발급		15일 이내
• 등록사항 변경신고 • 지위승계 신고시 서류제출		30일 이내

※ 소방시설업 등록신청 자산평가액·기업진단보고서 : 신청일 90일 이내에 작성한 것

(2) 소방시설공사(공사업규칙 12조)

내 용	날 짜
• 착공·변경신고처리	2일 이내
• 중요사항 변경시의 신고	30일 이내

(3) 소방공사감리자(공사업규칙 15조)

내 용	날 짜
• 지정·변경신고처리	2일 이내
• 변경서류 제출	30일 이내

(4) 소방공사감리원의 세부배치기준(공사업규칙 16조)

감리대상	책임감리원
일반공사 감리대상	• 주 1회 이상 방문감리 • 담당감리현장 5개 이하로서 연면적 총합계 100000m² 이하

(5) 소방공사감리원의 배치 통보(공사업규칙 17조)

구 분	설 명
통보대상	소방본부장·소방서장
통보일	배치일로부터 7일 이내

(6) 소방시설공사 시공능력평가의 신청·평가(공사업규칙 22·23조)

제출일	내 용
① 매년 **2월 15일**	• 공사실적 증명서류 • 소방시설업 등록수첩 사본 • 소방기술자 보유현황 • 신인도 평가신고서
② 매년 **4월 15일**(법인) ③ 매년 **6월 10일**(개인)	• 법인세법·소득세법 신고서 • 재무제표 • 회계서류 • 출자·예치·담보 금액확인서
④ 매년 **7월 31일**	• 시공능력평가의 공시

비교

실무교육기관

보고일	내 용
매년 **1월말**	• 교육실적 보고
다음 연도 **1월말**	• 실무교육대상자 관리 및 교육실적 보고
매년 **11월 30일**	• 다음 연도 교육계획 보고

(7) 소방기술자의 실무교육(공사업규칙 26조)

구 분	설 명
실무교육 실시	2년마다 1회 이상
실무교육 통지	10일 전
실무교육 필요사항	**소방청장**

비교

화재예방법 시행규칙 29조
소방안전관리자의 실무교육 통보일 : 30일

(8) 소방기술자 실무교육기관(공사업규칙 31~35조)

내 용	날 짜
• 교육계획의 변경보고 • 지정사항 변경보고	10일 이내
• 휴·폐업 신고	14일 전까지
• 신청서류 보완	15일 이내
• 지정서 발급	30일 이내

(9) 소방시설업의 행정처분기준(공사업규칙 [별표 1])

행정처분	위반사항
1차 영업정지 1월	① 화재안전기준 등에 적합하게 설계·시공을 하지 않거나 부적합하게 감리 ② 공사감리자의 **인수·인계**를 기피·거부·방해 ③ **감리원**의 공사현장 미배치 또는 허위배치 ④ 하수급인에게 대금 미지급 ⑤ 부정한 청탁을 받고 재물 또는 재산상의 이익을 취득하거나 제공한 재물 또는 재산상 이익의 가액이 100만원 미만인 경우
1차 영업정지 6월	① 다른 자에게 자기의 성명이나 상호를 사용하여 소방시설공사 등을 수급 또는 시공하게 하거나 소방시설업의 **등록증** 또는 **등록수첩**을 **빌려준 경우** ② 소방시설공사 등에 업무수행 등을 **고의 또는 과실로 위반**하여 다른 자에게 **상해**를 입히거나 **재산피해**를 입힌 경우
1차 등록취소	① **부정한 방법**으로 등록한 경우 ② **등록결격사유**에 해당한 경우 ③ **영업정지기간** 중에 설계·시공·감리한 경우

(10) 일반공사감리기간(공사업규칙 [별표 3])

소방시설	감리기간
피난기구	• 고정금속구를 설치하는 기간
비상전원이 설치되는 소방시설	• 비상전원의 설치 및 소방시설과의 접속을 하는 기간

(11) 시공능력평가의 산정식(공사업규칙 [별표 4])

구 분	산정식
시공능력평가액	실적평가액+자본금평가액+기술력평가액+경력평가액±신인도평가액
실적평가액	연평균 공사실적액
자본금평가액	(실질자본금×실질자본금의 평점+소방청장이 지정한 금융회사 또는 소방산업공제조합에 출자·예치·담보한 금액)$\times\frac{70}{100}$
기술력평가액	전년도 공사업계의 기술자 1인당 평균생산액×보유기술인력 가중치 합계$\times\frac{30}{100}$+전년도 기술개발투자액
경력평가액	실적평가액×공사업경영기간 평점$\times\frac{20}{100}$
신인도평가액	(실적평가액+자본금평가액+기술력평가액+경력평가액)×신인도 반영비율 합계

(12) 실무교육기관의 시설 · 장비(공사업규칙 [별표 6])

실의 종류	바닥면적
• 사무실	$60m^2$
• 강의실 • 실습실 · 실험실 · 제도실	$100m^2$ 이상

제5장 위험물안전관리법령

1. 위험물안전관리법

(1) 용어의 뜻(위험물법 2조)

용 어	설 명
위험물	**인화성** 또는 **발화성** 등의 성질을 가지는 것으로서 **대통령령**으로 정하는 물품
지정수량	위험물의 종류별로 위험성을 고려하여 대통령령으로 정하는 수량으로서 제조소 등의 설치허가 등에 있어서 **최저**의 기준이 되는 **수량**
제조소	위험물을 제조할 목적으로 **지정수량 이상**의 위험물을 취급하기 위하여 허가를 받은 장소
저장소	지정수량 이상의 위험물을 저장하기 위한 대통령령으로 정하는 장소
취급소	지정수량 이상의 위험물을 제조 외의 목적으로 취급하기 위한 대통령령으로 정하는 장소
제조소 등	제조소 · 저장소 · 취급소

(2) 위험물의 저장 · 운반 · 취급에 대한 적용제외 (위험물법 3조)

① 항공기
② 선박
③ 철도(기차)
④ 궤도

비교

소방대상물
• 건축물
• 차량
• 선박(매어둔 것)
• 선박건조구조물
• 인공구조물
• 물건
• 산림

(3) 위험물(위험물법 4 · 5조)

구 분	설 명
지정수량 미만인 위험물의 저장 · 취급	**시 · 도의 조례**
위험물의 임시저장기간	**90일** 이내

(4) 제조소 등의 설치허가(위험물법 6조)

구 분	설 명
설치허가자	**시 · 도지사**
설치허가 제외장소	① **주택**의 **난방시설**(**공동주택**의 **중앙난방시설**을 **제외**)을 위한 **저장소** 또는 **취급소** ② 지정수량 **20배** 이하의 **농예용 · 축산용 · 수산용** 난방시설 또는 건조시설을 위한 **저장소**
제조소 등의 변경신고	변경하고자 하는 날의 **1일** 전까지

(5) 제조소 등의 시설기준(위험물법 6조)

① 제조소 등의 **위치**
② 제조소 등의 **구조**
③ 제조소 등의 **설비**

(6) 탱크안전성능검사(위험물법 8조)

구 분	설 명
실시자	시 · 도지사
탱크안전성능검사의 내용	대통령령
탱크안전성능검사의 실시 등에 관한 사항	행정안전부령

(7) 완공검사(위험물법 9조)

구 분	설 명
제조소 등	시 · 도지사
소방시설공사	소방본부장 · 소방서장

(8) 제조소 등의 승계 및 용도폐지(위험물법 10 · 11조)

제조소 등의 **승계**	제조소 등의 용도폐지
①신고처 : **시 · 도지사** ②신고기간 : **30일** 이내	①신고처 : **시 · 도지사** ②신고일 : **14일** 이내

기억법 3승(3승)

(9) 제조소 등 설치허가의 취소와 사용정지(위험물법 12조)

① **변경허가**를 받지 아니하고 제조소 등의 위치·구조 또는 설비를 변경한 경우
② **완공검사**를 받지 아니하고 제조소 등을 사용한 경우
③ **안전조치 이행명령**을 따르지 아니한 때
④ **수리·개조** 또는 **이전**의 **명령**에 **위반**한 경우
⑤ **위험물안전관리자**를 선임하지 아니한 경우
⑥ 안전관리자의 직무를 대행하는 **대리자**를 지정하지 아니한 경우
⑦ **정기점검**을 하지 아니한 경우
⑧ **정기검사**를 받지 아니한 경우
⑨ **저장·취급기준 준수명령**에 위반한 경우

(10) 과징금(소방시설법 36조, 공사업법 10조, 위험물법 13조)

3000만원 이하	2억원 이하
• 소방시설관리업 영업정지처분 갈음	• 제조소 사용정지처분 갈음 • 소방시설업(설계업·감리업·공사업·방염업) 영업정지처분 갈음

(11) 유지·관리(위험물법 14조)

① 제조소 등의 유지·관리
② 위험물시설의 유지·관리
→ **관계인**

(12) 제조소 등의 수리·개조·이전 명령(위험물법 14조 ②항)

① 시·도지사
② 소방본부장
③ 소방서장

(13) 위험물안전관리자(위험물법 15조)

1) 선임신고

① 소방안전관리자
② 위험물안전관리자
→ **14일** 이내에 **소방본부장·소방서장**에게 **신고**

2) 제조소 등의 위험물안전관리자의 자격 : **대통령령**

14일 이내	30일 이내
• 위험물안전관리자의 선임신고	• 위험물안전관리자의 재선임 • 위험물안전관리자의 직무대행

(14) 탱크시험자(위험물법 16조)

1) 등록권자

시·도지사

2) 변경신고

30일 이내, 시·도지사

탱크시험자의 등록취소, 6월 이내의 업무정지	탱크시험자의 등록취소
① **허위**, 그 밖의 **부정한** 방법으로 등록을 한 경우 ② 등록의 **결격사유**에 해당하게 된 경우 ③ **등록증**을 다른 사람에게 **빌려준 경우** ④ **등록기준**에 **미달**하게 된 경우 ⑤ **탱크안전성능시험** 또는 **점검**을 **허위**로 한 경우	① **허위**, 그 밖의 **부정한** 방법으로 등록한 경우 ② 등록**결격사유**에 해당한 경우 ③ **등록증**을 **다른 사람에게** 빌려준 경우

(15) 예방규정(위험물법 17조)

예방규정의 제출자 : **시·도지사**

※ **예방규정** : 제조소 등의 화재예방과 화재 등 재해발생시의 비상조치를 위한 규정

(16) 위험물운반의 기준(위험물법 20조)

① 용기
② 적재방법
③ 운반방법

(17) 제조소 등의 출입·검사(위험물법 22조)

구 분	설 명
검사권자	① **소방청장** ② **시·도지사** ③ **소방본부장** ④ **소방서장**
주거(주택)	**관계인**의 **승낙** 필요

(18) 명령권자(위험물법 23·24조)

① 탱크시험자에 대한 명령
② 무허가장소의 위험물 조치명령
→ **시·도지사, 소방본부장, 소방서장**

(19) 위험물의 안전관리와 관련된 업무를 수행하는 사람 (위험물법 28조)

① 안전관리자
② 탱크시험자
③ 위험물운반자
④ 위험물운송자

(20) 징역형(위험물법 33·34조)

벌 칙	벌칙사항
1년 이상 10년 이하의 징역	제조소 등 또는 허가를 받지 않고 지정수량 이상의 위험물을 저장 또는 취급하는 장소에서 위험물을 유출·방출 또는 확산시켜 사람의 생명·신체 또는 재산에 대하여 **위험**을 발생시킨 자
무기 또는 3년 이상의 징역	제조소 등 또는 허가를 받지 않고 지정수량 이상의 위험물을 저장 또는 취급하는 장소에서 위험물의 유출·방출 또는 확산시켜 사람을 **상해**에 이르게 한 사람
무기 또는 5년 이상의 징역	제조소 등 또는 허가를 받지 않고 지정수량 이상의 위험물을 저장 또는 취급하는 장소에서 위험물을 유출·방출 또는 확산시켜 사람을 **사망**에 이르게 한 사람
7년 이하의 금고 또는 7천만원 이하의 벌금	업무상 과실로 **제조소 등** 또는 허가를 받지 않고 지정수량 이상의 위험물을 저장 또는 취급하는 장소에서 위험물을 유출·방출 또는 확산시켜 사람의 생명·신체 또는 재산에 대하여 **위험**을 발생시킨 자
10년 이하의 징역 또는 금고나 1억원 이하의 벌금	업무상 과실로 **제조소 등** 또는 허가를 받지 않고 지정수량 이상의 위험물을 저장 또는 취급하는 장소에서 위험물을 유출·방출 또는 확산시켜 사람을 **사상**에 이르게 한 자

(21) 5년 이하의 징역 또는 1억원 이하의 벌금(위험물법 34조 2)

제조소 등의 설치허가를 받지 아니하고 제조소 등을 설치한 자

(22) 1년 이하의 징역 또는 1000만원 이하의 벌금(위험물법 35조)

① 제조소 등의 정기점검기록 허위 작성
② **자체소방대**를 두지 않고 제조소 등의 허가를 받은 자
③ **위험물 운반용기**의 검사를 받지 않고 유통시킨 자
④ 제조소 등의 긴급사용정지 위반자

(23) 1500만원 이하의 벌금(위험물법 36조)

① **위험물**의 **저장·취급**에 관한 중요기준 위반
② 제조소 등의 무단 변경
③ **제조소 등**의 **사용정지**명령 위반
④ **안전관리자**를 **미선임**한 관계인
⑤ 대리자를 미지정한 관계인
⑥ 탱크시험자의 업무정지명령 위반
⑦ **무허가장소**의 위험물조치명령 위반

(24) 1000만원 이하의 벌금(위험물법 37조)

① **위험물 취급**에 관한 안전관리와 감독하지 않은 사람
② **위험물 운반**에 관한 중요기준 위반
③ 요건을 갖추지 아니한 위험물운반자
④ **위험물 규정**을 위반한 위험물운송자
⑤ 관계인 **출입·검사**를 방해하거나 비밀누설

(25) 500만원 이하의 과태료(위험물법 39조)

① **위험물**의 **임시저장** 미승인
② 위험물의 저장·취급·운반에 관한 세부기준 위반
③ 제조소 등의 지위승계 허위신고
④ **제조소 등**의 **점검결과** 기록보존을 아니한 사람
⑤ **위험물**의 **운송기준** 미준수자
⑥ 제조소 등의 폐지 허위신고

2. 위험물안전관리법 시행령

(1) 제조소 등의 재발급 완공검사합격확인증 제출(위험물령 10조)

제출일	제출대상
10일 이내	시·도지사

(2) 예방규정을 정하여야 할 제조소 등(위험물령 15조)

지정수량배수	제조소 등
10배 이상	제조소·일반취급소
100배 이상	옥외저장소
150배 이상	옥내저장소
200배 이상	옥외탱크저장소
무관	이송취급소
무관	암반탱크저장소

(3) 운송책임자의 감독 · 지원을 받는 위험물(위험물령 19조)

① 알킬알루미늄
② 알킬리튬
③ 알킬리튬 · 알킬알루미늄이 함유된 물질

(4) 정기검사의 대상인 제조소 등과 한국소방산업기술원에 업무의 위탁(위험물령 17 · 22조)

정기검사의 대상인 제조소 등	한국소방산업기술원에 위탁하는 탱크안전성능검사
액체위험물을 저장 또는 취급하는 **50만*l*** 이상의 **옥외탱크저장소**	① **100만*l*** 이상인 액체위험물을 저장하는 탱크 ② 암반탱크 ③ 지하탱크저장소의 액체위험물탱크

(5) 위험물(위험물령 [별표 1])

유 별	성 질	품 명
제1류	산화성 고체	• 아염소산염류 • 염소산염류 • 과염소산염류 • 질산염류 • 무기과산화물 기억법 1산고(일산GO)
제2류	가연성 고체	• 황화인 • 적린 • 황 • 마그네슘 • 금속분 기억법 2황화적황마
제3류	자연발화성 물질 및 금수성 물질	• 황린 • 칼륨 • 나트륨 기억법 3황칼나트
제4류	인화성 액체	• 특수인화물 • 석유류 • 알코올류 • 동식물유류
제5류	자기반응성 물질	• 셀룰로이드 • 유기과산화물 • 나이트로화합물 • 나이트로소화합물 • 아조화합물 • 질산에스터류(셀룰로이드)
제6류	산화성 액체	• 과염소산 • 과산화수소 • 질산 기억법 6산액과염산질

중요 제4류 위험물(위험물령 [별표 1])

성질	품 명		지정수량	대표물질
인화성 액체	특수인화물		50*l*	다이에틸에터 · 이황화탄소 · 아세트알데하이드 · 산화프로필렌 · 이소프렌 · 펜탄 · 디비닐에터 · 트리클로로실란 기억법 에이특(에이특시럽)
	제1석유류	비수용성	200*l*	휘발유 · 벤젠 · 톨루엔 · 시클로헥산 · 아크롤레인 · 에틸벤젠 · 초산에스터류 · 의산에스터류 · 콜로디온 · 메틸에틸케톤
		수용성	400*l*	아세톤 · 피리딘 · 시안화수소
	알코올류		400*l*	메틸알코올 · 에틸알코올 · 프로필알코올 · 이소프로필알코올 · 부틸알코올 · 아밀알코올 · 퓨젤유 · 변성알코올
	제2석유류	비수용성	1000*l*	등유 · 경유 · 테레빈유 · 장뇌유 · 송근유 · 스티렌 · 클로로벤젠 · 크실렌
		수용성	2000*l*	의산 · 초산(아세트산) · 메틸셀로솔브 · 에틸셀로솔브 · 알릴알코올
	제3석유류	비수용성	2000*l*	중유 · 크레오소트유 · 나이트로벤젠 · 아닐린 · 담금질유
		수용성	4000*l*	에틸렌글리콜 · 글리세린
	제4석유류		6000*l*	기어유 · 실린더유
	동식물유류		10000*l*	아마인유 · 해바라기유 · 들기름 · 대두유 · 야자유 · 올리브유 · 팜유

(6) 위험물(위험물령 [별표 1])

종 류	기 준
과산화수소	농도 36wt% 이상
황	순도 60wt% 이상
질산	비중 1.49 이상

※ **판매취급소** : **점포**에서 위험물을 용기에 담아 판매하기 위하여 지정수량의 **40배** 이하의 위험물을 취급하는 장소

(7) 위험물탱크 안전성능시험자의 기술능력 · 시설 · 장비(위험물령 [별표 7])

기술능력(필수인력)	시 설	장비(필수장비)
• 위험물기능장 · 산업기사 · 기능사 1명 이상 • 비파괴검사기술사 1명 이상 또는 초음파비파괴검사 · 자기비파괴검사 침투비파괴검사별로 기사 또는 산업기사 각 1명 이상	전용 사무실	• 영상초음파시험기 ┐ • 방사선투과시험기 및 초음파시험기 ┘ 택1 • 자기탐상시험기 • 초음파두께측정기

3. 위험물안전관리법 시행규칙

(1) 제조소 등의 변경허가 신청서류(위험물규칙 7조)

① 제조소 등의 **완공검사합격확인증**

② 제조소 등의 **위치 · 구조** 및 설비에 관한 **도면**

③ 소화설비(**소화기구 제외**)를 설치하는 제조소 등의 설계도서

④ **화재예방**에 관한 조치사항을 기재한 **서류**

(2) 제조소 등의 완공검사 신청시기(위험물규칙 20조)

지하탱크가 있는 제조소	이동탱크저장소	이송취급소
해당 지하탱크를 매설하기 전	이동저장탱크를 완공하고 상치장소를 확보한 후	이송배관공사의 전체 또는 일부를 완료한 후(지하 · 하천 등에 매설하는 것은 이송배관을 매설하기 전)

※ 제조소 등의 정기점검 횟수 : **연 1회** 이상

(3) 위험물의 운송책임자(위험물규칙 52조)

① 기술자격을 취득하고 **1년** 이상 경력이 있는 사람

② 안전교육을 수료하고 **2년** 이상 경력이 있는 사람

(4) 특정 · 준특정 옥외탱크저장소(위험물규칙 65조)

옥외탱크저장소 중 저장 또는 취급하는 액체위험물의 최대수량이 **50만**l 이상인 것

(5) 특정옥외탱크저장소의 구조안전점검기간(위험물규칙 65조)

조 건	점검기간
최근의 정밀정기검사를 받은 날부터	11년 이내
완공검사합격확인증을 발급받은 날부터	12년 이내
최근의 정밀정기검사를 받은 날부터(연장신청을 한 경우)	13년 이내

(6) 자체소방대의 설치제외대상인 일반취급소(위험물규칙 73조)

① **보일러 · 버너**로 위험물을 소비하는 일반취급소

② **이동저장탱크**에 위험물을 주입하는 일반취급소

③ **용기**에 위험물을 옮겨 담는 일반취급소

④ **유압장치 · 윤활유순환장치**로 위험물을 취급하는 일반취급소

⑤ **광산안전법**의 **적용을 받는** 일반취급소

제6장 다중이용업소의 안전관리에 관한 특별법령

1. 다중이용업소의 안전관리에 관한 특별법

(1) 다중이용업소의 안전관리기본계획(다중이용업법 5조)

구 분	설 명
수립시행	**5년**마다
기본계획 포함사항	① **안전관리**에 관한 기본방향 ② **자율**적인 **안전관리**의 **촉진**에 관한 사항 ③ **화재안전**에 관한 **정보체계**의 **구축** 및 **관리** ④ **안전관련법령**의 **정비** 등 **제도개선**에 관한 사항 ⑤ 적정한 유지 · 관리에 필요한 **교육**과 **기술연구 · 개발**
기본계획 포함사항	⑥ 화재위험평가의 연구개발에 관한 사항 ⑦ 화재배상책임보험에 관한 **기본방향** ⑧ 화재배상**책임보험** 가입관리 **전산망**의 **구축 · 운영** ⑨ 화재배상책임보험제도의 **정비** 및 **개선**에 관한 사항 ⑩ 안전관리에 관하여 대통령령으로 정하는 사항

(2) 다중이용업소의 안전관리기본계획(다중이용업법 5 · 6조)

소방청장	시 · 도지사	소방본부장
안전계획 수립 · 시행	수립된 기본계획 통보	안전관리집행계획 수립

> **중요** 시 · 도지사
>
> (1) 특별시장
> (2) 광역시장
> (3) 도지사
> (4) 특별자치도지사
> (5) 특별자치시장

(3) 안전관리집행계획(다중이용업법 6조)

안전관리집행계획의 수립시기 · 대상 · 내용 등에 관하여 필요한 사항 : **대통령령**

(4) 다중이용업 허가관청의 통보(다중이용업법 7조)

구 분	설 명
통보일	14일 이내
통보대상	**소방본부장 · 소방서장**
통보사항	① 다중이용업주의 **성명** 및 **주소** ② 다중이용업소의 **상호** 및 **주소** ③ 다중이용업의 **업종** 및 **영업장 면적**

(5) 휴 · 폐업 등의 통보(다중이용업법 7조)

구 분	설 명
통보일	30일 이내
통보대상	**소방본부장 · 소방서장**
통보행위	① **휴 · 폐업** 또는 휴업 후 **영업 재개** ② **영업내용의 변경** ③ 다중이용업주의 **변경** 또는 다중이용업주 **주소의 변경** ④ 다중이용업소의 **상호** 또는 **주소의 변경**

(6) 소방안전교육(다중이용업법 8조)

실시자	필요사항
① 소방청장 ② 소방본부장 ③ 소방서장	행정안전부령

(7) 다중이용업의 실내장식물(다중이용업법 10조)

① 재료 : **불연재료** 또는 **준불연재료**(너비 10cm 이하 반자돌림대 제외)

② 방염성능기준 이상 설치

$\frac{3}{10}$ 이하	$\frac{5}{10}$ 이하
• 기타설비	• 스프링클러설비 • 간이 스프링클러설비

(8) 다중이용업주의 안전시설 등에 대한 정기점검 결과서(다중이용업법 13조)

구 분	설 명
보관기간	1년
안전점검대상 등 필요사항	**행정안전부령**

(9) 다중이용업소의 화재위험평가(다중이용업법 15조)

구 분	설 명
실시권한	소방청장 · 소방본부장 · 소방서장
평가지역	① 2000m^2 내에 다중이용업소 **50개** 이상 ② 5층 이상 건물에 다중이용업소 **10개** 이상 ③ 하나의 건축물에 다중이용업소 바닥면적 합계 1000m^2 이상

(10) 화재위험평가 대행자(다중이용업법 16조)

구 분	설 명
등록	**소방청장**
등록 불가능한 사람	① 피성년후견인 ② 심신상실자, 알코올 중독자 등 대통령령으로 정하는 정신적 제약이 있는 자 ③ 등록취소 후 2년이 지나지 아니한 사람 ④ 징역 이상의 실형의 선고를 받고 형의 집행이 끝나거나 집행을 안 받기로 확정된 후 2년이 지나지 아니한 사람

(11) 화재위험평가 대행자의 준수사항(다중이용업법 16조)

① 평가서를 **허위**로 **작성**하지 아니할 것

② 다른 **평가서**의 내용을 **복제**하지 아니할 것

③ 평가서를 **행정안전부령**으로 정하는 기간 동안 **보존**할 것

④ 평가대행자는 등록증이나 명의를 다른 사람에게 대여하거나 도급받은 화재위험평가 업무를 **하도급**하지 아니할 것

(12) 등록취소 또는 6월 이내의 업무정지(다중이용업법 17조)

등록취소	등록취소 또는 6월 이내의 업무정지
① 등록결격사유 ② 거짓·부정한 방법으로 등록 ③ 1년 이내에 2회 업무정지처분을 받고 다시 업무정지처분 사유 ④ **등록증·명의 대여**	① 등록결격사유 ② 거짓·부정한 방법으로 등록 ③ 1년 이내에 2회 업무정지처분을 받고 다시 업무정지처분 사유 ④ **등록증·명의 대여** ⑤ 등록기준 미달 ⑥ 다른 평가서 복제 ⑦ 평가서 미보관 ⑧ **하도급** ⑨ 평가서 거짓작성·부실작성 ⑩ 등록 후 2년 이내 업무 미개시·2년 이상 무실적

(13) 소방청장(다중이용업법 17~19조)

① **평가서**의 작성방법 및 평가대행비용의 **산정**기준
② **평가대행자**의 **등록**취소
③ 안전관리에 관한 **전산시스템**의 **구축·운영**
④ **평가대행자**의 **청문**

(14) 법령위반업소의 공개(다중이용업법 20조)

공개권자	공개기준	공개사항
• 소방청장 • 소방본부장 • 소방서장	2회 이상 명령받은 때	대통령령

(15) 안전관리업소 표지(다중이용업법 21조)

공표권한	필요사항
• 소방본부장 • 소방서장	행정안전부령

(16) 1년 이하의 징역 또는 1000만원의 벌금(다중이용업법 23조)

① 미등록한 **화재위험평가 대행자**
② 다중이용업주 및 종업원의 소방안전교육시 얻은 **정보 타인 제공**

(17) 300만원 이하의 과태료(다중이용업법 25조)

① **소방안전교육**을 받지 아니한 사람
② 안전시설 미설치자
③ 실내장식물 미설치자
④ 피난시설·방화구획·방화시설의 폐쇄·훼손·변경
⑤ **피난안내도** 미비치
⑥ **피난안내영상물** 미상영
⑦ 다음의 어느 하나에 해당하는 자
　㉠ 안전시설 등을 점검(위탁하여 실시하는 경우 포함)하지 아니한 자
　㉡ 정기점검결과서를 작성하지 아니하거나 거짓으로 작성한 자
　㉢ 정기점검결과서를 보관하지 아니한 자
⑧ 화재배상책임보험 **미가입**
⑨ **다중이용업주·소방청장·소방본부장·소방서장**에게 미통지한 보험회사
⑩ 다중이용업주와의 화재배상책임보험 계약체결 거부한 **보험회사**
⑪ 임의로 계약을 해제·해지한 **보험회사**
⑫ **소방안전관리업무** 태만
⑬ **비상구**에 **추락** 등의 **방지**를 위한 장치를 기준에 따라 갖추지 아니한 자
⑭ 보고 또는 즉시보고를 하지 아니하거나 거짓으로 한 자

(18) 다중이용업소 과태료(다중이용업법 25조)

부과권자 ┬ **소방청장**
　　　　 ├ **소방본부장**
　　　　 └ **소방서장**

(19) 이행강제금(다중이용업법 26조)

부과권자	부과금액	위반종별 금액사항	이행강제금 부과징수
• 소방청장 • 소방본부장 • 소방서장	1000만원 이하	대통령령	매년 2회 이내

2. 다중이용업소의 안전관리에 관한 특별법 시행령

(1) 다중이용업(다중이용업령 2조, 다중이용업규칙 2조)

① 휴게음식점영업·일반음식점영업·제과점영업 : 100m^2 이상(지하층은 66m^2 이상)
② 단란주점영업·유흥주점영업
③ 영화상영관·비디오물감상실업·비디오물소극장업 및 복합영상물제공업
④ 학원 수용인원 **300명** 이상

⑤ 학원 수용인원 **100~300명** 미만
  ㉠ **기숙사**가 있는 학원
  ㉡ **2 이상** 학원 수용인원 **300명** 이상
  ㉢ **다중이용업**과 **학원**이 함께 있는 것
⑥ 목욕장업
⑦ 게임제공업, 인터넷 컴퓨터게임시설제공업 · 복합유통게임제공업
⑧ 노래연습장업
⑨ 산후조리업
⑩ **고시원업**
⑪ 전화방업
⑫ 화상대화방업
⑬ 수면방업
⑭ 콜라텍업
⑮ 방탈출카페업
⑯ 키즈카페업
⑰ 만화카페업
⑱ **권총사격장**(실내사격장에 한함)
⑲ 가상체험 체육시설업(실내에 1개 이상의 별도의 구획된 실을 만들어 골프종목의 운동이 가능한 시설을 경영하는 영업으로 한정)
⑳ 안마시술소

(2) 실내장식물(다중이용업령 3조)

① **종이류**(두께 2mm 이상) · **합성수지류**
② **섬유류**를 주원료로 한 물품
③ **합판** 또는 **목재**
④ 공간을 구획하기 위하여 설치하는 **간이칸막이**
⑤ **흡음재**(흡음용 커튼 포함) 또는 **방음재**

(3) 안전관리기본계획 수립지침(다중이용업령 5조)

화재 등 재난발생 경감대책	화재 등 재난발생을 줄이기 위한 중 · 장기대책
① 화재피해 원인조사 · 분석 ② 안전관리정보의 전달 · 관리체계 구축 ③ 교육 · 훈련 · 예방에 관한 홍보	① 다중이용업소 안전시설 등의 관리 및 유지계획 ② 소관법령 및 관련기준의 정비

(4) 안전관리계획 · 안전관리집행계획(다중이용업령 7 · 8조)

구 분	안전관리계획	안전관리집행계획
수립자	소방청장	소방본부장
수립시기	전년도 12월 31일까지	전년도 **12월 31일**까지
제출시기	–	매년 **1월 31일**까지

(5) 안전관리집행계획의 포함사항(다중이용업령 8조)

① 다중이용업소 밀집지역의 **소방시설 설치, 유지 · 관리**와 **개선계획**
② 다중이용업주와 종업원에 대한 **소방안전교육 · 훈련계획**
③ 다중이용업주와 종업원에 대한 **자체지도계획**
④ 다중이용업소의 **화재위험평가**의 **실시** 및 **평가**
⑤ 다중이용업소의 화재위험평가에 따른 **조치계획**

(6) 다중이용업소의 안전시설 등(다중이용업령 9조 [별표 1의 2])

시 설		종 류
소방시설	소화설비	• 소화기 • 자동확산소화기 • 간이스프링클러설비(캐비닛형 간이스프링클러설비 포함)
	피난구조설비	• 유도등 • 유도표지 • 비상조명등 • 휴대용 비상조명등 • 피난기구(미끄럼대 · 피난사다리 · 구조대 · 완강기 · 다수인 피난장비 · 승강식 피난기) • 피난유도선(단, 영업장 내부 피난통로 또는 복도가 있는 영업장에만 설치)
	경보설비	• 비상벨설비 또는 자동화재탐지설비 • 가스누설경보기
그 밖의 안전시설		• 창문(단, 고시원업의 영업장에만 설치) • 영상음향차단장치(단, 노래반주기 등 영상음향장치를 사용하는 영업장에만 설치) • 누전차단기

(7) 화재위험평가 대행자의 등록사항 변경신청(다중이용업령 15조)

구 분	설 명
변경내용	① **대표자** ② **사무소의 소재지** ③ 평가대행자의 **명칭**이나 **상호** ④ **기술인력**의 **보유현황**
변경등록	**30일** 이내
변경등록권자	**소방청장**

(8) 화재위험평가 대행자의 등록 등의 공고(다중이용업령 16조)

구 분	설 명
공고자	**소방청장**
공고사항	① 화재위험평가 대행자로 **등록**한 경우 ② 업무의 **폐지**신고를 받은 경우 ③ **등록**을 **취소**한 경우

(9) 조치명령 미이행 업소(다중이용업령 18조)

구 분	설 명
공개사항	① 미이행 **업소명** ② 미이행 **업소의 주소** ③ 소방청장, 소방본부장 또는 소방서장이 **조치한 내용** ④ 미이행의 **횟수**
공개사항 삭제	**2일** 이내

(10) 안전관리우수업소의 요건(다중이용업령 19조)

① 공표일 기준으로 **최근 3년 동안** 피난시설 및 방화시설의 **위반행위**가 없을 것
② 공표일 기준으로 **최근 3년 동안** 소방 · 건축 · 전기 및 가스 관련법령 **위반사실**이 없을 것
③ 공표일 기준으로 **최근 3년 동안 화재발생 사실**이 없을 것
④ 자체계획을 수립하여 종업원의 **소방교육** 또는 **소방훈련**을 정기적으로 실시하고 공표일 기준으로 **최근 3년 동안** 그 기록을 보관하고 있을 것

(11) 안전관리우수업소의 공표절차(다중이용업령 20조)

인정예정공고자	인정예정공고 이의신청	사용기간 공표
• 소방본부장 • 소방서장	**20일** 이내	**2년** 범위

(12) 안전관리우수업소의 표지(다중이용업령 21조)

정기심사	정기심사와 갱신절차
2년마다	행정안전부령

(13) 다중이용업주의 신청에 의한 안전관리우수업소의 공표(다중이용업령 22조)

구 분	설 명
신청대상	**소방본부장, 소방서장**
안전관리우수업소의 공표 및 신청절차 등에 관하여 필요한 사항	**행정안전부령**

(14) 다중이용업 과태료 부과 등(다중이용업령 23 · 24조)

이행강제금의 부과 · 징수 : **행정안전부령**

(15) 화재위험 유발지수(다중이용업령 [별표 4])

등 급	평가점수
A	**80** 이상
B	**60~79** 이하
C	**40~59** 이하
D	**20~39** 이하
E	**20** 미만

(16) 평가대행자가 갖추어야 할 기술인력 · 시설 · 장비기준(다중이용업령 [별표 5])

기술인력	시설 및 장비
① 소방기술사 **1명** 이상 ② 소방기술사 · 소방설비기사 또는 소방설비산업기사 자격을 가진 사람 **2명** 이상 ┐ ③ 소방기술과 관련된 자격 · 학력 및 경력을 인정받은 사람으로서 자격수첩을 발급받은 사람 **2명** 이상 ┘ **택 1** (②, ③)	① **화재모의시험**이 가능한 **컴퓨터 1대** 이상 ② 화재모의시험을 위한 **프로그램**

(17) 소방안전교육 미이수(다중이용업령 [별표 6])

위반행위	과태료
1회 위반	100만원
2회 위반	200만원
3회 이상 위반	300만원

(18) 피난시설 · 방화시설 훼손(다중이용업령 [별표 6])

위반행위	과태료
1회 위반	100만원
2회 위반	200만원
3회 이상 위반	300만원

(19) 과태료 부과기준(다중이용업령 [별표 6])

위반행위	과태료
정기점검결과서 미보관	• 1차 : 100만원 • 2차 : 200만원 • 3차 : 300만원
실내장식물 기준 위반	300만원

(20) 이행강제금 부과기준(다중이용업령 [별표 7])

위반행위	이행강제금
다중이용업소의 **공사정지** 또는 **중지명령** 위반	200만원
안전시설 등을 **고장상태**로 방치한 경우	600만원
안전시설 등을 **설치**하지 않은 경우	1000만원

3. 다중이용업소의 안전관리에 관한 특별법 시행규칙

(1) 소방안전교육의 대상자(다중이용업규칙 5조)

① 통보자 ┬ **소방청장**
├ **소방본부장**
└ **소방서장**

② 홈페이지 게시 : 교육일 **30일** 전까지

③ 교육통지

안전시설 등의 설치신고 또는 영업장 내부구조 변경신고를 하는 사람	기 타
신고 접수시	교육일 10일 전

(2) 소방안전교육 대상자(다중이용업규칙 5조)

① 영업을 경영하는 **다중이용업주**

② 해당 영업장을 관리하는 **종업원 1명** 이상

③ 국민연금 가입의무 대상자 **종업원 1명** 이상

④ 다중이용업을 하려는 자

소방안전교육시간	신규교육인정
4시간 이내	신규교육을 받은 후 **2년** 이내

(3) 인터넷 홈페이지를 통한 사이버 소방안전교육(다중이용업규칙 6조)

소방청장, 소방본부장 또는 소방서장	소방청장
• 환경조성 • 시스템 구축 · 운영	시스템 구축과 그 밖에 필요한 사항을 정함

(4) 소방안전교육의 교과과정(다중이용업규칙 7조)

① **화재안전**과 관련된 **법령** 및 **제도**

② 다중이용업소에서 화재가 발생한 경우 **초기대응** 및 **대피요령**

③ **소방시설** 및 **방화시설**의 **유지 · 관리** 및 **사용방법**

④ **심폐소생술** 등 응급처치 요령

※ 다중이용업의 안전관리에 관한 교육내용과 관련된 세부사항 : **소방청장**

(5) 안전시설 등의 설치신고(다중이용업규칙 11조, 다중이용업령 [별표 1])

신고권자	신고서류
• 소방본부장 • 소방서장	• 설계도서(소방시설의 계통도, 실내장식물의 재료 및 설치면적, 내부구획의 재료, 비상구 및 창호도 등) • 설치명세서

※ 영업장 내부피난통로 및 창문을 설치해야 할 영업 : **고시원업**

(6) 안전시설 등 완비증명서(다중이용업규칙 11조 ④항)

재발급권자	재발급일
• 소방본부장 또는 소방서장	**3일** 이내

(7) 피난안내도 비치제외대상(다중이용업규칙 [별표 2의 2])

① 바닥면적 합계 **33m²** 이하

② **어느 부분에서도 출입구 · 비상구 확인** 가능한 경우(영업장 내 구획실 없음)

(8) 피난안내 영상물 상영대상(다중이용업 규칙 12조 ①항 [별표 2의 2] 2호)

① 영화상영관 · 비디오물소극장업

② 노래연습장업

③ 단란주점영업 · 유흥주점영업(단, 피난안내 영상물을 상영할 수 있는 시설이 설치된 경우만 해당)

④ 피난안내 영상물 시설을 갖춘 영업

(9) 피난안내도 및 피난안내 영상물 포함(다중이용업규칙 12조 ①항 [별표 2의 2] 5호)

① 화재시 대피할 수 있는 **비상구 위치**

② 구획된 실 등에서 **비상구** 및 **출입구**까지의 **피난동선**

③ 소화기, 옥내소화전 등 **소방시설**의 **위치** 및 **사용방법**

④ **피난** 및 **대처방법**

(10) 안전점검자의 자격 등(다중이용법규칙 14조)

안전점검자의 자격	점검주기	점검방법
① 다중이용업주・소방안전관리자 ② 소방시설관리사 ③ 소방기술사・소방설비기사・소방설비산업기사 ④ 소방시설관리업자	매분기별 1회 이상	안전시설 등의 작동 및 유지・관리 상태 점검

(11) 화재위험평가 대행자의 등록신청 서류(다중이용업규칙 16조)

① 기술인력 명부
② 기술자격을 증명하는 서류(국가기술자격증이 없는 경우만 해당)
③ 실무경력 증명서
④ 시설 및 장비명세서

(12) 화재위험평가 대행자 등록증(다중이용업규칙 16조)

발급일	재발급일
30일 이내	3일 이내

(13) 화재위험평가 대행자 중요사항 변경서류(다중이용업규칙 17・18조)

① 화재위험평가 대행자 등록증
② 기술인력명부(기술인력이 변경된 경우)
③ 기술자격을 증명하는 서류(국가기술자격증이 없는 경우)

※ 화재위험평가서의 보존기간 : 2년

(14) 안전관리우수업소의 정기심사(다중이용업규칙 22조)

안전관리우수업소 표지 발급일로부터 **2년**이 되는 날 이후 **30일** 이내

(15) 안전관리우수업소의 공표(다중이용업규칙 23조)

공표 또는 갱신공표의 경우	표지 사용정지의 경우
① 안전관리우수업소의 명칭과 **다중이용업주 이름** ② 안전관리**우수업무**의 내용 ③ 안전관리우수업소 **표지**를 **부착**할 수 있는 기간	① 안전관리우수업소의 표지 사용정지 대상인 **다중이용업소의 명칭**과 **다중이용업주 이름** ② 안전관리우수업소의 표지 **사용**을 **정지**하는 **사유** ③ 안전관리우수업소의 **사용정지일**

(16) 소방안전교육인력(다중이용업규칙 [별표 1])

강 사	교무요원
4명 이상	**2명** 이상

(17) 강사의 자격요건(다중이용업규칙 [별표 1])

① 소방 관련학 **석사학위** 이상
② 소방안전 관련학과 **전임강사** 이상
③ 소방기술사・소방시설관리사・위험물기능장
④ 소방안전교육사
⑤ 소방설비기사・위험물산업기사 **2년** 이상
⑥ 소방설비산업기사・위험물기능사 **5년** 이상
⑦ 소방안전 관련학과 **5년** 이상 강의
⑧ **10년** 이상 실무경력+**5년** 이상 강의
⑨ 소방위
⑩ 소방설비기사+소방장
⑪ 간호사, 응급구조사의 소방공무원

(18) 소방안전교육시설(다중이용업규칙 [별표 1])

시 설	바닥면적
사무실	$60m^2$ 이상
강의실	$100m^2$ 이상
실습실・체험실	$100m^2$ 이상

(19) 다중이용업소에 설치하는 방화문의 설치기준(다중이용업규칙 [별표 2])

① 60분+방화문, 60분 방화문, 30분 방화문으로서 언제나 **닫힌 상태**를 유지할 것
② 화재로 인한 연기의 발생 또는 온도상승에 따라 **자동**적으로 **닫히는 구조**일 것
③ 자동적으로 닫히는 구조 중 열에 의하여 녹는 **퓨즈타입** 구조의 **방화문 제외**

(20) 비상구 등의 설치기준(다중이용업규칙 [별표 2])

구 분	설 명
설치위치	영업장 주출입구의 **반대방향**
비상구 등 규격	가로 75cm 이상, 세로 150cm 이상
문의 열림방향	피난방향
문의 재질	내화구조인 경우 **방화문**

(21) 영업장 내부 피난통로 설치기준(다중이용업령 [별표 1의 2], 다중이용업규칙 [별표 2])

구 분	설 명
적용대상	구획된 실이 있는 영업장
폭 기준	양옆에 구획된 실이 있는 경우 최소 **150cm 이상**, **3번** 이상 구부러지는 형태가 아닐 것

비교

영업장 창문 설치기준(다중이용업령 [별표 1의 2], 다중이용업규칙 [별표 2])

구 분	설 명
적용대상	**고시원**의 **영업장**
창문 설치기준	가로·세로 **50cm** 이상으로 바깥공기와 접하는 부분 **1개** 이상

(22) 평가대행자의 행정처분 기준(다중이용업규칙 [별표 3])

행정처분	위반사항
1차 경고	① 평가대행자의 **기술인력 부족** ② 평가서 미보존 ③ 등록 후 **2년** 이상 미실적 ④ 평가대행자의 장비가 부족한 경우
1차 업무정지 3월	타 평가서 **복제**
1차 업무정지 6월	① **1개월** 이상 시험장비가 없는 경우 ② **하도급** ③ 화재위험평가서 허위 작성
2차 업무정지 1월	① 평가대행자의 기술인력 부족 ② 장비 부족 ③ 평가서 미보존
2차 업무정지 6월	타 평가서 복제
1차 등록취소	① 기술인력·장비 전혀 없는 경우 ② 업무정지 처분 기간 중 **신규**로 대행업무를 한 경우 ③ **등록결격사유**에 해당하는 경우 ④ **거짓**, 그 밖의 **부정한 방법**으로 등록 ⑤ **최근 1년 이내 2회 업무정지 처분**받고 재업무정지 처분 ⑥ **등록증 대여**

(23) 안전관리우수업소 표지(다중이용업규칙 [별표 4])

바 탕	이미지
청색 또는 회색	① **표장**: 119 형상화 ② **사람**: 청소년·노약자 ③ **밧줄**: 안전관리를 책임짐

제1장 소방수리학

1. 유체의 일반적 성질

(1) 유체의 종류

유체 종류	설 명
실제 유체	점성이 있으며, **압축성**인 유체
이상 유체	점성이 없으며, **비압축성**인 유체
압축성 유체	**기체**와 같이 체적이 변화하는 유체
비압축성 유체	**액체**와 같이 체적이 변화하지 않는 유체

(2) 유체의 차원

차 원	중력단위[차원]	절대단위[차원]
운동량	N · s[FT]	kg · m/s[MLT^{-1}]
힘	N[F]	kg · m/s²[MLT^{-2}]
압력	N/m²[FL^{-2}]	kg/m · s²[$ML^{-1}T^{-2}$]
밀도	N · s²/m⁴[$FL^{-4}T^2$]	kg/m³[ML^{-3}]
비중량	N/m³[FL^{-3}]	kg/m² · s²[$ML^{-2}T^{-2}$]
비체적	m⁴/N · s²[$F^{-1}L^4T^{-2}$]	m³/kg[$M^{-1}L^3$]

(3) 유체의 단위

① $1N=10^5$dyne

② $1N=1kg \cdot m/s^2$

③ $1dyne=1g \cdot cm/s^2$

④ $1J=1N \cdot m$

⑤ $1kg_f=9.8N=9.8kg \cdot m/s^2$

⑥ $1p=1g/cm \cdot s=1dyne \cdot s/cm^2$

⑦ $1cp=0.01g/cm \cdot s$

⑧ $1stokes=1cm^2/s$

⑨ $1atm=760mmHg=1.0332kg_f/cm^2$
$=10.332mH_2O(mAq)$
$=14.7psi(lb_f/in^2)$
$=101.325kPa(kN/m^2)$
$=1013mbar$

(4) 켈빈온도

K=273+℃

(5) 열의 일당량

4.18kJ/kcal

(6) 열량

$$Q=mC\Delta T+rm$$

여기서, Q : 열량[kcal]
m : 질량[kg]
C : 비열[kcal/kg · ℃]
ΔT : 온도차[℃]
r : 기화열[kcal]

(7) 압력

$$p=\gamma h,\ p=\frac{F}{A}$$

여기서, p : 압력[kPa]
γ : 비중량[kN/m³]
h : 높이[m]
F : 힘[kN]
A : 단면적[m²]

(8) 물속의 압력

$$P=P_o+\gamma h$$

여기서, P : 물속의 압력[kPa]
P_o : 대기압(101.325kPa)
γ : 물의 비중량(9.8kN/m³)
h : 물의 깊이[m]

(9) 절대압

① **절**대압=**대**기압+**게**이지압(계기압)

② **절**대압=**대**기압**-진**공압

> **기억법** 절대게
> 절대-진(절대마진)

(10) 25℃의 물의 점도

1cp=0.01g/cm·s

(11) 동점성계수

$$V=\frac{\mu}{\rho}$$

여기서, V : 동점성계수[cm^2/s]
μ : 점성계수[g/cm·s]
ρ : 밀도[g/cm^3]

(12) 비중량

$$\gamma = \rho g$$

여기서, γ : 비중량[kN/m^3]
ρ : 밀도[$kN \cdot s^2/m^4$]
g : 중력가속도($9.8m/s^2$)

① 물의 비중량

$1g_f/cm^3=1000kg_f/m^3=9800N/m^3=9.8kN/m^3$

② 물의 밀도

$\rho=1g/cm^3=1000kg/m^3=1000N \cdot s^2/m^4$

(13) 공기의 기체상수

R_{air} =287J/kg·K
=287N·m/kg·K
=53.3lb_f·Ft/lb·°R

(14) 이상기체 상태방정식

$$PV=nRT=\frac{m}{M}RT,\ \rho=\frac{PM}{RT}$$

여기서, P : 압력[atm]
V : 부피[m^3]
n : 몰수$\left(\frac{m}{M}\right)$
R : 0.082[atm·m^3/kmol·K]
T : 절대온도(273+℃)[K]
m : 질량[kg]
M : 분자량[kg/kmol]
ρ : 밀도[kg/m^3]

$$PV=mRT,\ \rho=\frac{P}{RT}$$

여기서, P : 압력[N/m^2]
V : 부피[m^3]
m : 질량[kg]
R : $\frac{8314}{M}$[N·m/kg·K]
T : 절대온도(273+℃)[K]
ρ : 밀도[kg/m^3]

$$PV=mRT$$

여기서, P : 압력[Pa]
V : 부피[m^3]
m : 질량[kg]
$R(N_2)$: 296J/kg·K
T : 절대온도(273+℃)[K]

(15) 체적탄성계수

$$K=-\frac{\Delta P}{\Delta V/V}$$

여기서, K : 체적탄성계수[Pa]
ΔP : 가해진 압력[Pa]
$\Delta V/V$: 체적의 감소율
(ΔV : 체적의 변화(체적의 차)[m^3]
V : 처음 체적[m^3])

등온압축	단열압축
$K=P$	$K=kP$

여기서, K : 체적탄성계수[Pa]
P : 압력[Pa]
k : 단열지수(adiabatic expment)

(16) 압축률

$$\beta = \frac{1}{K}$$

여기서, β : 압축률[1/Pa]
K : 체적탄성계수[Pa]

(17) 부력과 물체의 무게

1) 부력

$$F_B = \gamma V$$

여기서, F_B : 부력[kN]
γ : 비중량[kN/m³]
V : 물체가 잠긴 체적[m³]

2) 물체의 무게

$$W = \gamma V$$

여기서, W : 물체의 무게[kN]
γ : 비중량[kN/m³]
V : 물체가 잠긴 체적[m³]

※ 부력의 크기는 물체의 무게와 같지만 방향이 반대이다.

(18) 힘

1)
$$F = ma$$

여기서, F : 힘[N]
m : 질량[kg]
a : 가속도[m/s²]

2)
$$F = mg = m\frac{g_c}{g}$$

여기서, F : 힘[N]
m : 질량[kg]
g : 중력가속도(9.8m/s²)
g_c : 중력가속도[m/s²]

3)
$$F = \rho Q V$$

여기서, F : 힘[N]
ρ : 밀도(물의 밀도 1000N·s²/m⁴)
Q : 유량[m³/s]
V : 유속[m/s]

(19) 전단응력

$$\tau = \mu \frac{du}{dy}$$

여기서, τ : 전단응력[N/m²]
μ : 점성계수[N·s/m²]
$\frac{du}{dy}$: 속도구배(속도기울기)$\left[\frac{1}{s}\right]$

※ **전단응력**(Shearing stress) : 흐름의 **중심**에서 0이고 벽면까지 **직선적**으로 **상승**하며, **반지름**에 **비례**하여 변한다.

(20) 뉴턴 유체

유체유동시 속도구배와 전단응력의 변화가 **원점**을 통하는 **직선적**인 관계를 갖는 유체

(21) 열역학의 법칙

열역학 법칙	설 명
열역학 제0법칙 (열평형의 법칙)	① 온도가 높은 물체와 낮은 물체를 접촉시키면 온도가 높은 물체에서 낮은 물체로 열이 이동하여 두 물체의 **온도**는 **평형**을 이루게 된다. ② 어떤 두 물체 A와 B가 제2의 물체 C와 각각 열형평상태에 있을 때, 두 물체 A와 B도 서로 열평형상태이다.
열역학 제1법칙 (에너지보존의 법칙)	기체의 공급에너지는 **내부에너지**와 외부에서 한 일의 합과 같다.
열역학 제2법칙	① 열은 스스로 저온에서 고온으로 절대로 흐르지 않는다. ② 자발적인 변화는 **비가역적**이다. ③ 열을 완전히 일로 바꿀 수 있는 **열기관**을 만들 수 **없다.** 기억법 2기(이기자)
열역학 제3법칙	순수한 물질이 1atm하에서 결정상태이면 엔트로피는 0K에서 0이다.

(22) 엔트로피(ΔS)

가역 단열과정	비가역 단열과정
$\Delta S = 0$	$\Delta S > 0$

여기서, ΔS : 엔트로피

등엔트로피 과정=가역 단열과정

2. 유체의 운동과 법칙

(1) 유선, 유적선, 유맥선

유선(Stream line)	유적선(Path line)	유맥선(Streak line)
유동장의 한 선상의 모든 점에서 그은 접선이 그 점에서 **속도방향**과 일치되는 선이다.	한 유체입자가 일정한 기간 내에 움직여 간 경로를 말한다.	모든 유체입자의 순**간적**인 **부피**를 말하며, 연소하는 물질의 체적 등을 말한다.

(2) 연속방정식

① 질량불변의 법칙(질량보존의 법칙)

② 질량유량($\overline{m}=AV\rho$)

③ 중량유량($G=AV\gamma$)

④ 유량($Q=AV$)

(3) **질량유량**(Mass flowrate)

$$\overline{m}=AV\rho$$

여기서, $\overline{m}$: 질량유량[kg/s]

A : 단면적[m²]

V : 유속[m/s]

ρ : 밀도[kg/m³]

(4) **중량유량**(Weight flowrate)

$$G=AV\gamma$$

여기서, G : 중량유량[N/s]

A : 단면적[m²]

V : 유속[m/s]

γ : 비중량(물의 비중량 9800N/m³)

(5) **유량**(Flowrate)=**체적유량=용량유량**

$$Q=AV=\left(\frac{\pi D^2}{4}\right)V$$

여기서, Q : 유량[m³/s]

A : 단면적[m²]

V : 유속[m/s]

D : 직경(지름)[m]

(6) 유체

압축성 유체	비압축성 유체
기체와 같이 체적이 변화하는 유체	액체와 같이 체적이 변하지 않는 유체

(7) 비압축성 유체

$$\frac{V_1}{V_2}=\frac{A_2}{A_1}=\left(\frac{D_2}{D_1}\right)^2$$

여기서, V_1, V_2 : 유속[m/s]

A_1, A_2 : 단면적[m²]

D_1, D_2 : 직경[m]

(8) 오일러의 운동방정식의 가정

① **정상유동**(정상류)일 경우

② **유**체의 **마찰**이 **없을 경우**(점성마찰이 없을 경우)

③ 입자가 **유선**을 따라 **운동**할 경우

기억법 오방정유마운

(9) 운동량 방정식의 가정

① 유동단면에서의 **유속**은 **일정**하다.

② **정상유동**이다.

(10) 운동량 방정식

운동량 수정계수	운동에너지 수정계수
$\beta=\frac{1}{AV^2}\int_A v^2 dA$ 여기서, β : 운동량 보정계수 A : 단면적[m²] dA : 미소단면적[m²] V : 유속[m/s]	$\alpha=\frac{1}{AV^3}\int_A v^3 dA$ 여기서, α : 운동에너지 보정계수 A : 단면적[m²] dA : 미소단면적[m²] V : 유속[m/s]

(11) 베르누이 방정식(Bernoulli's equation)

$$\frac{V^2}{2g}+\frac{p}{\gamma}+Z=\text{일정}$$

(속도수두)(압력수두)(위치수두)

여기서, V : 유속[m/s]
p : 압력([kPa] 또는 [kN/m^2])
Z : 높이[m]
g : 중력가속도(9.8m/s^2)
γ : 비중량[kN/m^3]

※ 베르누이 방정식에 의해 2개의 공 사이에 기류를 불어 넣으면(**속도가 증가하여**) **압력이 감소**하므로 2개의 공은 **달라붙는다.**

(12) 토리첼리의 식(Torricelli's theorem)

$$V=\sqrt{2gH}$$

여기서, V : 유속[m/s]
g : 중력가속도(9.8m/s^2)
H : 높이[m]

(13) 줄의 법칙(Joule's law)

이상기체의 내부에너지는 **온도**만의 **함수**이다.

※ 에너지선은 수력구배선보다 속도수두만큼 위에 있다.

(14) 파스칼의 원리(Principle of pascal)

$$\frac{F_1}{A_1}=\frac{F_2}{A_2},\ P_1=P_2$$

여기서, F_1, F_2 : 가해진 힘[N]
A_1, A_2 : 단면적[m^2]
P_1, P_2 : 압력[Pa] 또는 [N/m^2]

※ **수압기** : 파스칼의 원리를 이용한 대표적 기계

(15) 이상기체의 성질

① **보일**의 **법칙** : 온도가 일정할 때 기체의 부피는 절대압력에 반비례한다.

$$P_1V_1=P_2V_2$$

여기서, P_1, P_2 : 기압[atm]
V_1, V_2 : 부피[m^3]

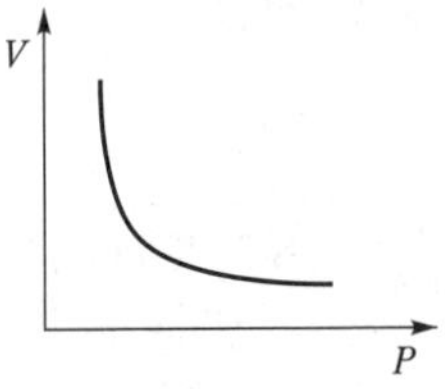

| 보일의 법칙 |

② **샤를**의 **법칙** : 압력이 일정할 때 기체의 부피는 절대온도에 비례한다.

$$\frac{V_1}{T_1}=\frac{V_2}{T_2}$$

여기서, V_1, V_2 : 부피[m^3]
T_1, T_2 : 절대온도[K]

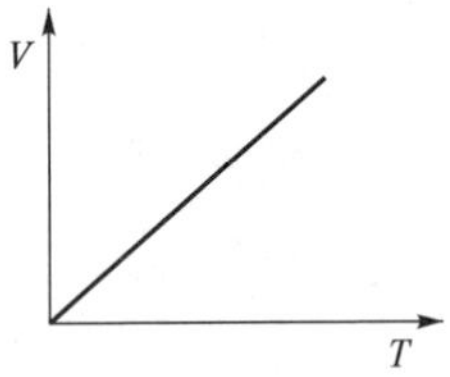

| 샤를의 법칙 |

③ **보일-샤를**의 **법칙** : 기체가 차지하는 부피는 압력에 반비례하며, 절대온도에 비례한다.

$$\frac{P_1V_1}{T_1}=\frac{P_2V_2}{T_2}$$

여기서, P_1, P_2 : 기압[atm]
V_1, V_2 : 부피[m^3]
T_1, T_2 : 절대온도[K]

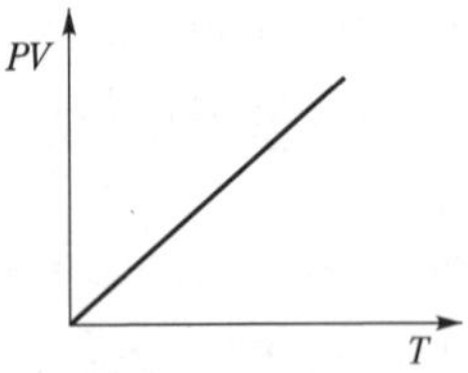

| 보일-샤를의 법칙 |

3. 유체의 유동과 계측

(1) 레이놀즈수(Re)

원관유동에서 중요한 무차원수

층 류	천이영역(임계영역)	난 류
$Re < 2100$	$2100 < Re < 4000$	$Re > 4000$

$$Re = \frac{DV\rho}{\mu} = \frac{DV}{\nu}$$

여기서, Re : 레이놀즈수
D : 내경[m]
V : 유속[m/s]
ρ : 밀도[kg/m^3]
μ : 점도[g/cm·s]
ν : 동점성계수$\left(\frac{\mu}{\rho}\right)$[cm^2/s]

(2) 임계 레이놀즈수

상임계 레이놀즈수	하임계 레이놀즈수
층류에서 난류로 변할 때의 레이놀즈수(4000)	난류에서 층류로 변할 때의 레이놀즈수(2100)

(3) 관마찰계수

$$f = \frac{64}{Re}$$

여기서, f : 관마찰계수(층류일 때 적용)
Re : 레이놀즈수

층 류	천이영역(임계영역)	난 류
레이놀즈수에만 관계되는 계수	**레이놀즈수**와 관의 **상대조도**에 관계되는 계수	관의 **상대조도**에 **무관한** 계수

※ 마찰계수(f)는 파이프와 **조도**, **레이놀즈**와 관계가 있다.

(4) 배관의 마찰손실

주손실	부차적 손실
관로에 의한 마찰손실	① 관의 급격한 확대손실 ② 관의 급격한 축소손실 ③ 관 부속품에 의한 손실

(5) 다르시-웨버의 식

$$H = \frac{\Delta P}{\gamma} = \frac{flV^2}{2gD}$$

여기서, H : 마찰손실[m]
ΔP : 압력차([Pa] 또는 [N/m^2])
γ : 비중량(물의 비중량 9.8kN/m^3)
f : 관마찰계수
l : 길이[m]
V : 유속[m/s]
g : 중력가속도(9.8m/s^2)
D : 내경[m]

※ Darcy 방정식 : 곧고 긴 관에서의 손실수두 계산

(6) 관의 상당관 길이

$$L_e = \frac{KD}{f}$$

여기서, L_e : 관의 상당관 길이[m]
K : 손실계수
D : 내경[m]
f : 마찰손실계수

(7) 하겐-윌리암의 식

$$\Delta P_m = 6.053 \times 10^4 \times \frac{Q^{1.85}}{C^{1.85} \times D^{4.87}} \times L$$

여기서, ΔP_m : 압력손실[MPa]
C : 조도
D : 관의 내경[mm]
Q : 관의 유량[l/min]
L : 배관길이[m]

※ 일반적인 하겐-윌리암의 식 적용

구 분	설 명
유체의 종류	물
비중량	9800N/m^3
온도	7.2~24℃
유속	1.5~5.5m/s

(8) 항력

유속의 제곱에 비례한다.

(9) 수력반경(Hydraulic radius)과 수력직경

수력반경	수력직경
$R_h = \frac{A}{l} = \frac{1}{4}(D-d)$ 여기서, R_h : 수력반경[m] A : 단면적[m^2] l : 접수길이[m] D : 관의 외경[m] d : 관의 내경[m]	$D_h 4R_h$ 여기서, D_h : 수력직경[m] R_h : 수력반경[m]

※ **수력반경** : 면적을 접수길이(둘레길이)로 나눈 것

(10) 상대조도

$$상대조도 = \frac{\varepsilon}{4R_h}$$

여기서, ε : 조도계수

R_h : 수력반경

(11) 무차원의 물리적 의미

명 칭	물리적 의미
레이놀즈(Reynolds)수	관성력/점성력
프루드(Froude)수	관성력/중력
마하(Mach)수	관성력/압축력
웨버(Weber)수	관성력/표면장력
오일러(Euler)수	압축력/관성력

(12) 유동하고 있는 유체의 정압 측정

① 정압관

② 피에조미터

(13) 유체 측정기기

① 마노미터

② 오리피스미터

③ 벤투리미터

④ 로터미터

(14) 배관 내의 유량측정

① 마노미터

② 오리피스미터

③ 벤투리미터

④ 로터미터 : 유체의 유량을 직접 볼 수 있다.

(15) 시차액주계

$$p_A + \gamma_1 h_1 = p_B + \gamma_2 h_2 + \gamma_3 h_3$$

여기서, p_A : 점 A의 압력([kPa] 또는 [kN/m^2])

p_B : 점 B의 압력([kPa] 또는 [kN/m^2])

γ_1, γ_2, γ_3 : 비중량[kN/m^3]

h_1, h_2, h_3 : 높이[m]

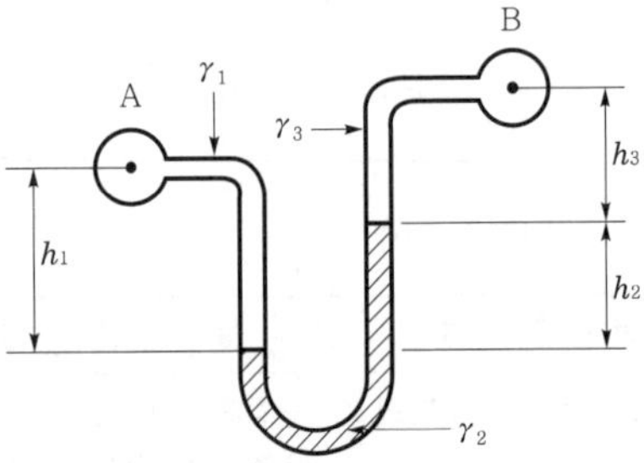

▌시차액주계▐

※ **시차액주계의 압력계산 방법 : 경계면에서 내려올 때 더하고, 올라갈 때 뺀다.**

(16) 오리피스(Orifice)

$$\Delta p = p_1 - p_2 = R(\gamma_s - \gamma)$$

여기서, Δp : U자관 마노미터의 압력차([kPa] 또는 [kN/m^2])

p_2 : 출구압력([kPa] 또는 [kN/m^2])

p_1 : 입구압력([kPa] 또는 [kN/m^2])

R : 마노미터 읽음[m]

γ_s : 비중량(수은의 비중량 133.28kN/m^3)

γ : 비중량(물의 비중량 9.8kN/m^3)

(17) V-notch 위어

$H^{\frac{5}{2}}$에 비례한다.

4. 유체의 마찰 및 펌프의 현상

(1) 펌프의 동력

1) 전동력

$$P = \frac{0.163QH}{\eta}K$$

여기서, P : 전동력[kW], Q : 유량[m^3/min]
H : 전양정[m], K : 전달계수, η : 효율

2) 축동력

$$P = \frac{0.163QH}{\eta}$$

여기서, P : 축동력[kW], Q : 유량[m^3/min]
H : 전양정[m], η : 효율

3) 수동력

$$P = 0.163\,QH$$

여기서, P : 수동력[kW]
Q : 유량[m^3/min]
H : 전양정[m]

※ 단위
- 1HP=0.746kW
- 1PS=0.735kW

(2) 원심펌프

벌류트펌프	터빈펌프
안내깃이 없고, **저양정**에 적합한 펌프  	안내깃이 있고, **고양정**에 적합한 펌프 

안내깃=안내날개=가이드베인

(3) 왕복펌프

토출측의 밸브를 닫은 채 운전해서는 안 된다.

① 다이어프램펌프
② 피스톤펌프
③ 플런저펌프

(4) 회전펌프

펌프의 회전수를 일정하게 하였을 때 토출량이 증가함에 따라 양정이 감소하다가 어느 한도 이상에서는 급격히 감소하는 펌프

① **기어펌프**
② **베인펌프** : 회전속도 범위가 넓고, 효율이 가장 높은 펌프

(5) 펌프의 연결

구 분	직렬연결	병렬연결
양수량 (토출량, 유량)	Q	$2Q$
양정	$2H$(토출압 : $2P$)	H(토출압 : P)

(6) 송풍기의 종류

축류식 Fan	다익팬(시로코팬)
효율이 가장 높으며, 큰 풍량에 적합하다.	풍압이 낮으나 비교적 큰 풍량을 얻을 수 있다.

(7) 공동현상

소화펌프의 흡입고가 클 때 발생

구 분	설 명
공동현상의 발생현상	① 소음과 진동발생 ② 관 부식 ③ 임펠러의 손상(수차의 날개 손상) ④ 펌프의 성능저하
공동현상의 방지대책	① 펌프의 흡입수두를 작게 한다. ② 펌프의 마찰손실을 적게 한다. ③ 펌프의 임펠러속도(회전수)를 낮게 한다. ④ 펌프의 설치위치를 수원보다 낮게 한다. ⑤ 양흡입 펌프를 사용한다(펌프의 흡입측을 가압한다). ⑥ 관 내의 물의 **정**압을 그때의 증기압보다 **높**게 한다. ⑦ 흡입관의 **구**경을 **크**게 한다. ⑧ 펌프를 2대 이상 설치한다. **기억법** 공정높구크

(8) 수격작용의 방지대책

① 관로의 **관경**을 크게 한다.
② 관로 내의 유속을 낮게 한다(관로에서 일부 고압수를 방출한다).
③ 조압수조(Surge tank)를 설치하여 적정압력을 유지한다.
④ **플라이휠**(Fly wheel)을 설치한다.
⑤ 펌프 송출구(토출측) 가까이에 밸브를 설치한다.
⑥ 펌프 송출구에 **수격**을 **방지**하는 **체크밸브**를 달아 역류를 막는다.
⑦ 에어챔버(Air chamber)를 설치한다.
⑧ 회전체의 **관성 모멘트**를 **크게** 한다.

(9) 맥동현상(Surging)의 발생조건

① 배관 중에 수조가 있을 때
② 배관 중에 **기체상태**의 부분이 있을 때
③ 유량조절밸브가 배관 중 수조의 **위치 후방**에 있을 때
④ 펌프의 특성곡선이 **산모양**이고 운전점이 그 **정상부**일 때
⑤ 펌프의 특성곡선이 우향 강하 구배일 때

제2장 약제화학

1. 소화이론

(1) 산소농도

① 공기 중의 산소농도

구 분	산소농도
체적비(부피백분율)	약 21%
중량비(중량백분율)	약 23%

용적=부피

② 소화에 필요한 공기 중의 산소농도 : 10~15V%(16V% 이하)

(2) 가연물의 완전연소시 발생물질

① 물(H_2O)
② 이산화탄소(CO_2)

※ 유기화합물의 성질 : **공유결합**

(3) <u>연</u>소의 <u>3</u>요소

① <u>가</u>연물질(연료)
② <u>산</u>소공급원(산소)
③ <u>점</u>화원(온도)

※ **연소** : 가연물이 공기 중 산소와 반응하여 **열**과 **빛**을 동반하며 산화하는 현상

기억법 연3가산점
(<u>연</u>소의 <u>3</u>요소를 알면 <u>가산점</u>을 준다)

(4) 불연성 가스

① 수증기(H_2O)
② 질소(N_2)
③ 아르곤(Ar) : 큰 소화효과를 기대할 수 없다.
④ 이산화탄소(CO_2)

2. 소화약제

(1) 물의 동결방지제

① 에틸렌글리콜 : 가장 많이 사용한다.
② 프로필렌글리콜
③ 글리세린

(2) Wet water

물의 침투성을 높여 주기 위해 Wetting agent를 첨가한 물로서 이의 특징은 다음과 같다.

① 물의 표면장력을 저하하여 **침투력**을 좋게 한다.
② **연소열**의 **흡수**를 향상시킨다.
③ 다공질 표면 또는 **심부화재**에 적합하다.
④ **재연소방지**에도 적합하다.

(3) 물분무설비의 부적합 물질

위험물	유 별
제2류 위험물	① 마그네슘(Mg) ② 알루미늄(Al) ③ 아연(Zn)
제3류 위험물(금속분)	알칼리금속과산화물

(4) 공기포(기계포) 소화약제

구 분	설 명
종류	① 단백포 ② 수성막포 ③ 내알코올형포 ④ 불화단백포 ⑤ 합성계면활성제포
특징	① **유동성**이 크다. ② 고체표면에 **접착성**이 우수하다. ③ 넓은 면적의 **유류화재**에 적합하다. ④ **혼합기구**가 **복잡**하다. ⑤ 가연성 액체보다 **밀도**가 **크다**.

(5) 화학포 소화약제

구 분	설 명
주성분	탄산수소나트륨($NaHCO_3$)+황산알루미늄($Al_2(SO_4)_3$)
단점	침투성이 좋지 않다.
혼합비(습식)	물 1l에 분말 120g

(6) 단백포 소화약제

① **흑갈색**이다.

② **냄새**가 **지독**하다.

③ 포안정제로서 **제1철염**을 첨가한다.

④ 다른 포약제에 비해 **부식성**이 **크다**.

(7) 수성막포(AFFF)

유류화재 진압용으로 가장 뛰어나며 일명 Light water라고 부른다.

① 석유류 표면에 신속히 피막을 형성하여 유류증발을 억제한다.

② 안전성이 좋아 **장기보존**이 가능하다.

③ 내약품성이 좋아 **타 약제**와 **겸용**사용도 가능하다.

④ **내유염성**이 우수하다.

(8) 내알코올형포(알코올포)

① 알코올류 위험물(**메탄올**)의 소화에 사용

② 수용성 유류화재(**아세트알데하이드, 에스터류**)에 사용

③ **가연성 액체**에 사용

(9) 합성계면활성제포 : 고팽창포(1%, 1.5%, 2%형)

① **유동성**이 우수하다.

② **저장성**이 우수하다.

(10) 팽창비

저발포	고발포	
20배 이하	제1종 기계포	80~250배 미만
	제2종 기계포	250~500배 미만
	제3종 기계포	500~1000배 미만

기억법 저2, 고81

※ **팽창비**

• $\text{팽창비} = \dfrac{\text{방출 전 포의 체적}[l]}{\text{방출 전 포수용액의 체적}[l]}$

• 발포배율(팽창비)

$= \dfrac{\text{용량(부피)}}{\text{전체 중량} - \text{빈 시료용기의 중량}}$

(11) 표면하 주입방식(SSI) 사용약제=Ⅲ형 방출구

① 불화단백포

② 수성막포

※ **Ⅲ형 방출구** : 고정지붕구조의 탱크에 저부포주입법을 이용하는 것으로서 송포관으로부터 포를 방출하는 포방출구

(12) 포소화약제의 혼합장치

구 분	설 명
프레져 프로포셔너 방식(차압혼합방식)	① 가압송수관 도중에 **공기포소화 원액 혼합조**(P.P.T)와 혼합기를 접속하여 사용하는 방법 ② **격막방식 휨탱크**를 사용하는 에어휨 혼합방식
라인 프로포셔너 방식(관로혼합방식)	① 펌프와 발포기의 중간에 설치된 벤투리관의 **벤투리작용**에 의하여 포소화약제를 흡입·혼합하는 방식 ② 급수관의 배관도중에 포소화약제의 **흡입기**를 설치하여 그 흡입관에서 소화약제를 흡입·혼합하는 방식

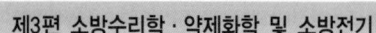

구 분	설 명
프레져 사이드 프로포셔너 방식(압입혼합방식)	① 소화원액 가압펌프(**압입용 펌프**)를 별도로 사용하는 방식 ② 펌프 토출관에 압입기를 설치하여 포소화약제 **압입용 펌프**로 포소화약제를 압입시켜 혼합하는 방식
펌프 프로포셔너 방식(펌프 혼합 방식)	펌프의 토출관과 흡입관 사이의 배관 도중에 설치한 흡입기에 펌프에서 토출된 물의 일부를 보내고 **농도조정밸브**에서 조정된 포소화약제의 필요량을 포소화약제 탱크에서 펌프 흡입측으로 보내어 이를 혼합하는 방식
압축공기포 믹싱챔버방식	**압축공기** 또는 **압축질소**를 일정비율로 포수용액에 **강제 주입** 혼합하는 방식

(13) 이산화탄소(CO_2)

산소와 더 이상 반응하지 않는다.

구 분	물 성
임력압력	72.75atm
임계온도	31℃
3중점	-56.3℃
승화점(비점)	-78.5℃
허용농도	0.5%
증기비중	1.529
수분	0.05% 이하(함량 99.5% 이하)

기억법 이356, 이비78, 이증15

(14) CO_2 소화약제

① 상온에서 용기에 액체상태로 저장한 후 방출시에는 기체화된다.

② 방출시 용기 내의 온도는 급강하하나, 압력은 변하지 않는다.

③ 충전비 : **1.5** 이상

구 분	충전비
고압식	1.5~1.9 이하
저압식	1.1~1.4 이하

(15) 기체의 용해도

① 온도가 일정할 때 압력이 증가하면 용해도는 증가한다.

② 온도가 낮고 압력이 높을수록(**저온 · 고압**) 용해되기 쉽다.

(16) 고압가스 저장용기

① **방호구역 외**의 장소에 설치할 것

② 온도가 **40℃** 이하이고, 온도변화가 작은 곳에 설치할 것

③ **방화문**으로 구획된 실에 설치할 것

(17) 할론소화약제

1) 특징

① **부촉매효과**가 우수하다.

② 금속에 대한 **부식성**이 **적다.**

③ 전기절연성이 우수하다(전기의 불량도체이다).

④ 인체에 대한 독성이 있다(할론 1301은 할론 중 독성이 가장 적다).

⑤ 가연성 액체화재에 대해 소화속도가 빠르다.

2) 물성

구 분 \ 종 류	할론 1301	할론 2402
임계압력	39.1atm(3.96MPa)	33.9atm(3.44MPa)
임계온도	67℃	214.5℃
임계밀도	750kg/m^3	790kg/m^3
증발잠열	119kJ/kg	105kJ/kg
분자량	148.95	259.9

(18) 할론소화약제

부촉매효과(소화능력) 크기	전기음성도(친화력) 크기
I > Br > Cl > F	F > Cl > Br > I

여기서, I : 아이오딘

Br : 브로민

Cl : 염소

F : 불소

(19) 할론소화약제의 약칭 및 분자식

종 류	약 칭	분자식
Halon 1011	CB	CH_2ClBr
Halon 104	CTC	CCl_4
Halon 1211	BCF	CF_2ClBr
Halon 1301	BTM	CF_3Br
Halon 2402	FB	$C_2F_4Br_2$($C_2Br_2F_4$)

(20) 할로젠원소

① 불소 : F

② 염소 : Cl

③ 브로민(취소) : Br

④ 아이오딘(옥소) : I

(21) 상온 · 상압하에서의 소화약제 상태

기체상태	액체상태
① 할론 1301 ② 할론 1211	① 할론 1011 ② 할론 104 ③ 할론 2402

(22) 할론 1211의 성질

① 약간 달콤한 냄새가 있다.

② 전기의 전도성이 없다.

③ 공기보다 무겁다.

④ **알루미늄**(Al)의 부식성이 크다.

⑤ 상온 · 상압에서 기체이다.

⑥ **무**색

기억법 1211무

(23) 할론 1301의 성질

① 소화성능이 가장 좋다.

② 독성이 가장 약하다.

③ 오존층 파괴지수가 가장 높다.

④ 비중은 약 **5.1배**이다.

(24) 충전가스

질소(N_2)	이산화탄소(CO_2)
분말소화설비, 할론소화설비	기타 설비

(25) 분말소화약제

종 별	분자식	착 색	적응화재	비 고
제1종	중탄산나트륨($NaHCO_3$)	백색	BC급	**식용유 및 지방질유의** 화재에 적합
제2종	중탄산칼륨($KHCO_3$)	담자색(담회색)	BC급	–
제3종	제1인산암모늄($NH_4H_2PO_4$)	담홍색	ABC급	**차고 · 주차장**에 적합
제4종	중탄산칼륨+요소($KHCO_3+(NH_2)_2CO$)	회(백)색	BC급	–

기억법 1식분(일식 분식)
3분차주(삼보컴퓨터 차주)

(26) 제3종 분말의 소화작용

① 열분해에 의한 냉각작용

② 발생한 불연성 가스에 의한 질식작용

③ 메타인산(HPO_3)에 의한 방진작용 : A급 화재에 적응

④ 유리된 NH_4^+의 부촉매 작용

⑤ 분말 운무에 의한 열방사의 차단효과

※ **방진작용** : 가연물의 표면에 부착되어 차단을 나타내는 것

(27) 제2종 분말소화약제의 성상

구 분	설 명
비중	2.14
함유수분	**0.2%** 이하
소화효능	전기화재, 기름화재
조성	$KHCO_3$ 97%, 방습가공제 3%

※ **입자크기**(입도) : 20~25μm의 입자로 미세도의 분포가 골고루 되어 있어야 한다.

제3장 소방전기

1. 직류회로

(1) 전자와 양자

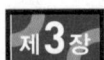

구 분	설 명
전자의 질량	$m_e = 9.109 \times 10^{-31}$kg
양자의 질량	$m_p = 1.672 \times 10^{-27}$kg
전자와 양자의 전기량	$e = 1.602 \times 10^{-19}$C

(2) 전류(Electric current)

$$I = \frac{Q}{t}[\text{A}]$$

여기서, I : 전류[A]
Q : 전기량[C]
t : 시간[s]

(3) 전압(Voltage)

$$V = \frac{W}{Q}[\text{V}]$$

여기서, V : 전압[V]
W : 일[J]
Q : 전기량[C]

(4) 옴의 법칙(Ohm's law)

$$I = \frac{V}{R}[\text{A}]$$

여기서, I : 전류[A]
V : 전압[V]
R : 저항[Ω]

(5) 컨덕턴스(Conductance)

$$G = \frac{1}{R}[℧,\ \text{S},\ \Omega^{-1}]$$

여기서, G : 컨덕턴스[℧]
R : 저항[Ω]

(6) 저항 n개의 직렬접속

$$R_o = nR$$

여기서, R_o : 합성저항[Ω]
n : 저항의 개수
R : 1개의 저항[Ω]

(7) 저항 n개의 병렬접속

$$R_o = \frac{R}{n}$$

여기서, R_o : 합성저항[Ω]
n : 저항의 개수
R : 1개의 저항[Ω]

(8) 휘트스톤브리지(Wheatstone bridge)

$$I_1 P = I_2 Q$$
$$I_1 X = I_2 R$$

∴ $PR = QX$(마주보는 변의 곱은 서로 같다.)

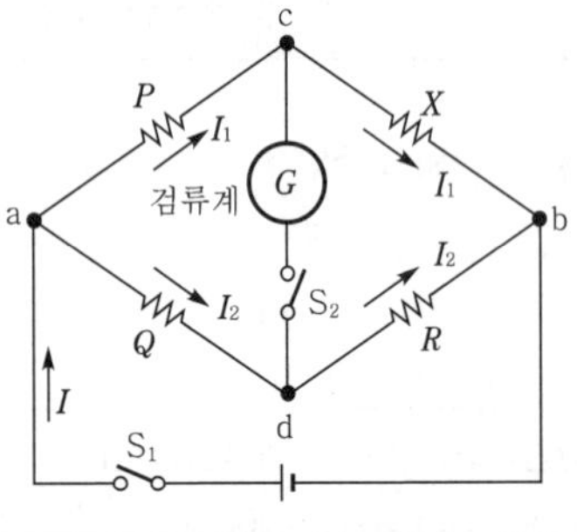

※ 휘트스톤브리지 : 0.5~10^5Ω의 중저항 측정
검류계 : 미소한 전류를 측정하기 위한 계기

(9) 키르히호프의 제1법칙(전류평형의 법칙)

$I_1 + I_2 = I_3$

$\Sigma I = 0$

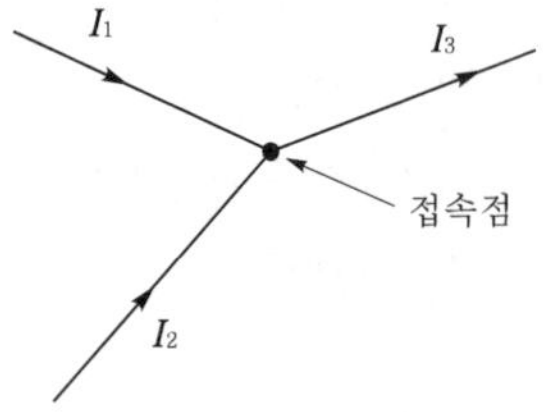

(10) 전력(Electric power)

$$P = VI = I^2R = \frac{V^2}{R} \text{[W]}$$

여기서, P : 전력[W]
V : 전압[V]
I : 전류[A]
R : 저항[Ω]

※ **전력** : 전기장치가 행한 일

(11) 전력량(Electric power quantity)

$$W = VIt = I^2Rt = Pt \text{[J]}$$

여기서, W : 전력량[J]
P : 전력[W]
t : 시간[s]
I : 전류[A]
V : 전압[V]
R : 저항[Ω]

※ **전력량** : 마력으로 환산되지 않는다.

(12) 줄의 법칙(Joule's law)

$$H = 0.24Pt = 0.24VIt = 0.24I^2Rt = 0.24\frac{V^2}{R}t \text{[cal]}$$

여기서, H : 발열량[cal]
P : 전력[W]
t : 시간[s]
V : 전압[V]
I : 전류[A]
R : 저항[Ω]

※ **줄의 법칙** : 전류의 열작용

(13) 전열기의 용량

$$860P\eta t = M(T_2 - T_1)$$

여기서, P : 용량[kW]
η : 효율
t : 소요시간[h]
M : 질량[l]
T_2 : 상승 후 온도[℃]
T_1 : 상승 전 온도[℃]

(14) 단위환산

① 1W=1J/s
② 1J=1N·m
③ 1kg=9.8N
④ 1Wh=860cal
⑤ 1BTU=252cal

(15) 저항과 고유저항의 관계

$$R = \rho\frac{l}{A} \text{[Ω]}$$

여기서, R : 저항[Ω]
ρ : 고유저항[Ω·m]
A : 도체의 단면적[m^2]
l : 도체의 길이[m]

※ 고유저항의 단위 : [Ω·m]
도전율의 단위 : $\left[\frac{℧}{m}\right]$

(16) 저항의 온도계수

$$R_2 = R_1[1 + \alpha_{t_1}(t_2 - t_1)] \text{[Ω]}$$

여기서, R_2 : t_2의 저항[Ω]
R_1 : t_1의 저항[Ω]
α_{t_1} : t_1의 온도계수
t_2 : 상승 후의 온도[℃]
t_1 : 상승 전의 온도[℃]

※ t_1의 온도계수 : $\alpha_{t_1} = \frac{1}{234.5 + t_1}$ [1/℃]

(17) 온도상승시 저항감소물질

① 규소
② 게르마늄

③ 탄소

④ 아산화동

(18) 패러데이의 법칙

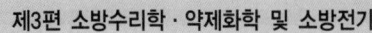

① 전기분해에 의해서 석출되는 물질의 양은 전해액을 통과한 **총 전기량**에 비례한다.

② 전기량이 일정할 때 석출되는 물질의 양은 **화학당량**(Chemical equivalent)에 비례한다.

(19) 2차 전지

방전방향과 반대방향으로 충전하여 몇 번이고 계속 사용할 수 있는 전지

① 납축전지

② 알칼리축전지

(20) 국부작용(Local action)

① 전극의 불순물로 인하여 기전력이 감소하는 현상

② 전지를 쓰지 않고 오래 두면 못쓰게 되는 현상

(21) 분극(성극)작용

일정한 전압을 가진 전지에 부하를 걸면 단자전압이 저하하는 현상

(22) 축전지의 접속

직렬접속	병렬접속
전압은 2배가 되고 **용량**은 1개일 때와 같다.	**전압**은 1개일 때와 같고 **용량**은 2배가 된다.

(23) 건전지(Dry cell)

구 분	설 명
양극	탄소(C)
음극	아연(Zn)
전해액	염화암모늄 용액($NH_4Cl + H_2O$)
감극제	이산화망가니즈(MnO_2)

(24) 연축전지(Lead-acid battery)

구 분	설 명
양극	이산화납(PbO_2)
음극	납(Pb)
전해액	묽은 황산($2H_2SO_4 = H_2SO_4 + H_2O$)
비중	1.2~1.3
화학 반응식	$\underset{(+)}{PbO_2} + \underset{(전해액)}{2H_2SO_4} + \underset{(-)}{Pb} \underset{충전}{\overset{방전}{\rightleftarrows}} \underset{(+)}{PbSO_4} + \underset{(물)}{2H_2O} + \underset{(-)}{PbSO_4}$

※ 연축전지

- 충전시 ─ 양극판 : 적갈색
  - └ 음극판 : 회백색
- 방전시 ─ 양극판 : 회백색
  - └ 음극판 : 회백색

(25) 표준전지 : 클라크전지, 웨스턴전지

구 분	설 명
양극	수은(Hg)
음극	Cd 아말감
전해액	황산카드뮴($CdSO_4$)
기전력	20℃에서 1.0183V
내부저항	500Ω 이내

(26) 제벡효과(Seebeck effect)

① 다른 종류의 금속선으로 된 폐회로의 두 접합점의 온도를 달리하였을 때 **열기전력**이 발생하는 효과

② 이종 금속을 접합하여 폐회로를 만든 후 두 접합점의 온도를 다르게 하여 열전류를 얻는 열전현상

2. 정전계

(1) 정전용량(Electrostatic capacity)

$$C = \frac{\varepsilon A}{d} \text{[F]}$$

여기서, A : 극판의 면적[m^2]

d : 극판간의 간격[m]

ε : 유전율[F/m]($\varepsilon = \varepsilon_0 \cdot \varepsilon_s$)

정전용량 = 커패시턴스(capacitance)

(2) 콘덴서의 직렬접속

$$C=\frac{1}{\frac{1}{C_1}+\frac{1}{C_2}+\frac{1}{C_3}}[\text{F}]$$

여기서, C : 합성정전용량[F]

C_1, C_2, C_3 : 각각의 정전용량[F]

(3) 콘덴서의 병렬접속

$$C=C_1+C_2+C_3[\text{F}]$$

여기서, C : 합성정전용량[F]

C_1, C_2, C_3 : 각각의 정전용량[F]

(4) 쿨롱의 법칙(Coulom's law)

$$F=\frac{Q_1Q_2}{4\pi\varepsilon r^2}=QE[\text{N}]$$

여기서, F : 정전력[N]

Q_1, Q_2 : 전하[C]

ε : 유전율[F/m]$(\varepsilon=\varepsilon_0\cdot\varepsilon_s)$

r : 거리[m]

E : 전계의 세기[V/m]

※ **진공의 유전율** : $\varepsilon_0=8.855\times10^{-12}$F/m

(5) 전기력선의 기본성질

① 전기력선의 방향은 그 접점에서의 **전계**의 **방향**과 **일치**한다.

② 전기력선은 전위가 **높은 점**에서 **낮은 점**으로 향한다.

③ 전기력선은 부전하에서 시작하여 정전하에서 그친다.

④ 전기력선은 그 자신만으로 **폐곡선**이 **안 된다.**

⑤ 단위전하에서는 $1/\varepsilon_0$ 개의 전기력선이 출입한다.

(6) 전계의 세기(Intensity of electric field)

$$E=\frac{Q}{4\pi\varepsilon r^2}[\text{V/m}]$$

여기서, E : 전계의 세기[V/m]

Q : 전하[C]

ε : 유전율[F/m]$(\varepsilon=\varepsilon_0\cdot\varepsilon_s)$

r : 거리[m]

(7) P점에서의 전위

$$V_P=\frac{Q}{4\pi\varepsilon r}[\text{V}]$$

여기서, V_P : P점에서의 전위[V]

Q : 전하[C]

ε : 유전율[F/m]$(\varepsilon=\varepsilon_0\cdot\varepsilon_s)$

r : 거리[m]

(8) 전속밀도(Dielectric flux density)

$$D=\varepsilon_0\,\varepsilon_s\,E[\text{C/m}^2]$$

여기서, D : 전속밀도[C/m²]

ε_0 : 진공의 유전율[F/m]

ε_s : 비유전율(단위 없음)

E : 전계의 세기[V/m]

(9) 정전에너지(Electrostatic energy)

$$W=\frac{1}{2}QV=\frac{1}{2}CV^2=\frac{Q^2}{2C}[\text{J}]$$

여기서, W : 정전에너지[J]

Q : 전하[C]

V : 전압[V]

C : 정전용량[F]

(10) 에너지밀도

$$W_o=\frac{1}{2}ED=\frac{1}{2}\varepsilon E^2=\frac{D^2}{2\varepsilon}[\text{J/m}^3]$$

여기서, W_o : 에너지밀도[J/m³]

E : 전계의 세기[V/m]

D : 전속밀도[C/m²]

ε : 유전율[F/m]$(\varepsilon=\varepsilon_0\cdot\varepsilon_s)$

3. 자기

(1) 쿨롱의 법칙(Coulom's law)

$$F = \frac{m_1 m_2}{4\pi \mu r^2} = mH\,[\mathrm{N}]$$

여기서, F : 자기력[N]
m_1, m_2 : 자하[Wb]
μ : 투자율[H/m]($\mu = \mu_0 \cdot \mu_s$)
r : 거리[m]
H : 자계의 세기[A/m]

※ **진공의 투자율** : $\mu_0 = 4\pi \times 10^{-7}$[H/m]

(2) 자계의 세기(Magnetic field intensity)

$$H = \frac{m}{4\pi \mu r^2}\,[\mathrm{AT/m}]$$

여기서, H : 자계의 세기[AT/m]
m : 자하[Wb]
μ : 투자율[H/m]($\mu = \mu_0 \cdot \mu_s$)
r : 거리[m]

(3) P점에서의 자위

$$U_m = \frac{m}{4}\pi \mu r\,[\mathrm{AT}]$$

여기서, U_m : P점에서의 자위[AT]
μ : 투자율[H/m]($\mu = \mu_0 \cdot \mu_s$)
r : 거리[m]
m : 자극의 세기[Wb]

(4) 자석이 받는 회전력

$$T = MH\sin\theta = mHl\sin\theta\,[\mathrm{N \cdot m}]$$

여기서, T : 회전력[N·m]
M : 자기모멘트[Wb·m]
H : 자계의 세기[AT/m]
m : 자극의 세기[Wb]
l : 자석의 길이[m]
θ : 이루는 각[rad]

(5) 자성체의 종류

상자성체(Paramagnetic material)	반자성체(Diamagnetic material)	강자성체(Ferromagnetic material)
알루미늄(Al), 백금(Pt)	금(Au), 은(Ag), 구리(Cu), 아연(Zn), 탄소(C)	니켈(Ni), 코발트(Co), 망가니즈(Mn), 철(Fe)

(6) 자속밀도(Magnetic flux density)

$$B = \mu_0 \mu_s H\,[\mathrm{Wb/m^2}]$$

여기서, B : 자속밀도[Wb/m²]
μ_0 : 진공의 투자율[H/m]
μ_s : 비투자율(단위 없음)
H : 자계의 세기[AT/m]

(7) 앙페르의 오른나사법칙(Ampere's right handed screw rule)

전류의 방향	자계의 방향
오른나사의 진행방향	오른나사의 회전방향

※ 앙페르의 오른나사법칙 : **전류**에 의한 **자계**의 방향을 결정하는 법칙

(8) 기자력(Magnetive force)

$$F = NI = Hl\,R_m\,\phi\,[\mathrm{AT}]$$

여기서, F : 기자력[AT]
N : 코일권수
I : 전류[A]
H : 자계의 세기[AT/m]
l : 자로의 길이[m]
R_m : 자기저항[AT/Wb]
ϕ : 자속[Wb]

기억법 기자코전(기자의 코에 전류가 흐른다)

(9) 자기저항(Magnetic reluctance)

$$R_m = \frac{l}{\mu A} = \frac{F}{\phi}\text{[AT/Wb]}$$

여기서, R_m : 자기저항[AT/Wb]
l : 자로의 길이[m]
μ : 투자율[H/m]
A : 단면적[m^2]
F : 기자력[AT]
ϕ : 자속[Wb]

(10) 유한장 직선전류의 자계

$$H = \frac{I}{4\pi a}(\sin\beta_1 + \sin\beta_2)$$
$$= \frac{I}{4\pi a}(\cos\theta_1 + \cos\theta_2)\text{[AT/m]}$$

여기서, H : 자계의 세기[AT/m]
I : 전류[A]
a : 도체의 수직거리[m]

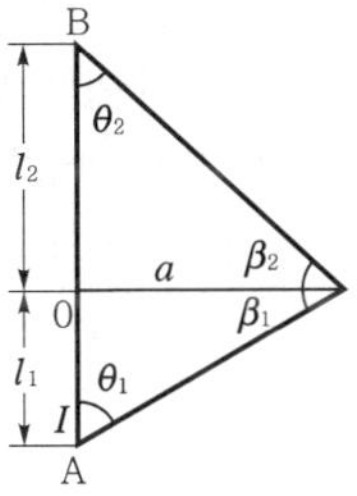

(11) 무한장 직선전류의 자계

$$H = \frac{I}{2\pi r}\text{[AT/m]}$$

여기서, H : 자계의 세기[AT/m]
I : 전류[A]
r : 거리[m]

(12) 원형 코일 중심의 자계

$$H = \frac{NI}{2a}\text{[AT/m]}$$

여기서, H : 자계의 세기[AT/m]
N : 코일권수
a : 반지름[m]

※ **원통형 코일** : 코일내부의 자장의 세기는 모두 같다.

(13) 무한장 솔레노이드에 의한 자계

내부자계	외부자계
$H_i = nI$ [AT/m]	$H_e = 0$

여기서, n : 1m당 권수
I : 전류[A]

(14) 환상솔레노이드에 의한 자계

내부자계	외부자계
$H_i = \frac{NI}{2\pi a}$ [AT/m]	$H_e = 0$

여기서, N : 코일권수
I : 전류[A]
a : 반지름[m]

(15) 플레밍의 왼손법칙(Fleming's left-hand rule)

손가락	방 향
중지	**전류**의 방향
검지	**자계**의 방향
엄지	**힘**의 방향

※ 플레밍의 왼손법칙 : **전동기**에 관한 법칙

(16) 플레밍의 오른손법칙(Fleming's right-hand rule)

손가락	방 향
중지	**유기기전력**의 방향
검지	**자속**의 방향
엄지	**운동**의 방향

※ 플레밍의 오른손법칙 : **발전기**에 관한 법칙

(17) 직선전류의 힘

$$F = BIl\sin\theta = \mu HIl\sin\theta[\text{N}]$$

여기서, F : 직선전류의 힘[N]

B : 자속밀도[Wb/m^2]

I : 전류[A]

l : 도체의 길이[m]

μ : 투자율[H/m]

($\mu = \mu_0 \cdot \mu_s$)

H : 자계의 세기[AT/m]

θ : 이루는 각[rad]

(18) 평행도체의 힘

$$F = \frac{\mu_0 I_1 I_2}{2\pi r}[\text{N/m}]$$

여기서, F : 평행전류의 힘[N/m]

μ_0 : 진공의 투자율[N/m]

I_1, I_2 : 전류[A]

r : 거리[m]

※ 힘의 방향

흡인력	반발력
전류가 같은 방향	전류가 반대 방향

(19) 전자력과 전자유도에 관한 법칙

법 칙	설 명
플레밍의 오른손법칙	도체운동에 의한 유기기전력의 방향 결정
플레밍의 왼손법칙	전자력의 방향 결정
렌츠의 법칙	전자유도현상에서 코일에 생기는 유도기전력의 방향 결정
패러데이의 법칙	유기기전력의 크기 결정

(20) 유도기전력(Induced electromitive force)

$$e = -N\frac{d\phi}{dt} = -L\frac{di}{dt} = Blv\sin\theta[\text{V}]$$

여기서, e : 유기기전력[V]

N : 코일권수[s]

$d\phi$: 자속의 변화량[Wb]

dt : 시간의 변화량[s]

L : 자기인덕턴스[H]

di : 전류의 변화량[A]

B : 자속밀도[Wb/m^2]

l : 도체의 길이[m]

v : 도체의 이동속도[m/s]

θ : 이루는 각[rad]

(21) 자기인덕턴스(Self inductance)

$$L = \frac{\mu A N^2}{l}[\text{H}]$$

여기서, L : 자기인덕턴스[H]

μ : 투자율[H/m]

A : 단면적[m^2]

N : 코일권수

l : 평균자로의 길이[m]

(22) 상호인덕턴스(Mutual inductance)

$$M = K\sqrt{L_1 L_2}[\text{H}]$$

여기서, M : 상호인덕턴스[H]

K : 결합계수

L_1, L_2 : 자기인덕턴스[H]

※ 결합계수(K)

이상결압 · 완전결합시	두 코일 직교시
K=1	K=0

(23) 합성인덕턴스

$$L = L_1 + L_2 \pm 2M \text{[H]}$$

여기서, L : 합성인덕턴스[H]
L_1, L_2 : 자기인덕턴스[H]
M : 상호인덕턴스[H]

(24) 코일에 축적되는 에너지

$$W = \frac{1}{2}LI^2 = \frac{1}{2}IN\phi \text{[J]}$$

여기서, W : 코일의 축적에너지[J]
L : 자기인덕턴스[H]
N : 코일권수
ϕ : 자속[Wb]
I : 전류[A]

(25) 단위체적당 축적되는 에너지

$$W_m = \frac{1}{2}BH = \frac{1}{2}\mu H^2 = \frac{B^2}{2\mu} \text{[J/m}^3\text{]}$$

여기서, W_m : 단위체적당 축적에너지[J/m³]
B : 자속밀도[Wb/m²]
μ : 투자율[H/m]
H : 자계의 세기[AT/m]

(26) 흡인력

$$F = \frac{B^2 A}{2\mu_0} \text{[N]}$$

여기서, F : 흡인력[N]
μ_0 : 진공의 투자율[H/m]
B : 자속밀도[Wb/m²]
A : 단면적[m²]

4. 교류회로

(1) 각주파수(Angular frequency)

$$\omega = \frac{2\pi}{T} = 2\pi f \text{[rad/s]}$$

여기서, ω : 각주파수[rad/s]
T : 주기[s]
f : 주파수[Hz]

(2) 순시값(Instantaneous value)

$$v = V_m \sin\omega t = \sqrt{2}\, V \sin\omega t \text{[V]}$$

여기서, v : 전압의 순시값[V]
V_m : 전압의 최대값[V]
ω : 각주파수[rad/s]
t : 주기[s]
V : 실효값[V]

(3) 평균값(Average value)

$$V_{av} = \frac{2}{\pi} V_m = 0.637 V_m \text{[V]}$$

여기서, V_{av} : 전압의 평균값[V]
V_m : 전압의 최대값[V]

(4) 실효값(Effective value)

$$V = \frac{V_m}{\sqrt{2}} = 0.707 V_m \text{[V]}$$

여기서, V : 전압의 실효값[V]
V_m : 전압의 최대값[V]

(5) RLC의 접속

회로의 종류		위상차	전류와 전압 관계	역률 및 무효율
단독회로	R	0	$I=\frac{V}{R}$	$\cos\theta=1$ $\sin\theta=0$
	L	$\frac{\pi}{2}$	$I=\frac{V}{X_L}=\frac{V}{\omega L}$	$\cos\theta=0$ $\sin\theta=1$
	C	$\frac{\pi}{2}$	$I=\frac{V}{X_C}=\omega CV$	$\cos\theta=0$ $\sin\theta=1$
직렬회로	$R-L$	$\tan^{-1}\frac{\omega L}{R}$	$I=\frac{V}{Z}=\frac{V}{\sqrt{R^2+{X_L}^2}}$	$\cos\theta=\frac{R}{\sqrt{R^2+{X_L}^2}}$ $\sin\theta=\frac{X_L}{\sqrt{R^2+{X_L}^2}}$
	$R-C$	$\tan^{-1}\frac{1}{\omega CR}$	$I=\frac{V}{Z}=\frac{V}{\sqrt{R^2+{X_C}^2}}$	$\cos\theta=\frac{R}{\sqrt{R^2+{X_C}^2}}$ $\sin\theta=\frac{X_C}{\sqrt{R^2+{X_C}^2}}$
	$R-L-C$	$\tan^{-1}\frac{X_L-X_C}{R}$	$I=\frac{V}{Z}=\frac{V}{\sqrt{R^2+(X_L-X_C)^2}}$	$\cos\theta=\frac{R}{Z}$ $\sin\theta=\frac{X_L-X_C}{Z}$
병렬회로	$R-L$	$\tan^{-1}\frac{R}{\omega L}$	$I=YV=\sqrt{\left(\frac{1}{R}\right)^2+\left(\frac{1}{X_L}\right)^2}\cdot V$	$\cos\theta=\frac{X_L}{\sqrt{R^2+{X_L}^2}}$ $\sin\theta=\frac{R}{\sqrt{R^2+{X_L}^2}}$
	$R-C$	$\tan^{-1}\omega CR$	$I=YV=\sqrt{\left(\frac{1}{R}\right)^2+\left(\frac{1}{X_C}\right)^2}\cdot V$	$\cos\theta=\frac{X_C}{\sqrt{R^2+{X_C}^2}}$ $\sin\theta=\frac{R}{\sqrt{R^2+{X_C}^2}}$
	$R-L-C$	$\tan^{-1}R\left(\frac{1}{X_C}-\frac{1}{X_L}\right)$	$I=YV=\sqrt{\left(\frac{1}{R}\right)^2+\left(\frac{1}{X_C}-\frac{1}{X_L}\right)^2}\cdot V$	$\cos\theta=\frac{\frac{1}{R}}{Y}$ $\sin\theta=\frac{\frac{1}{X_C}-\frac{1}{X_L}}{Y}$

여기서, ω : 각주파수[rad/s]
L : 인덕턴스[H]
R : 저항[Ω]
C : 커패시턴스[F]
X_L : 유도리액턴스[Ω]
X_C : 용량리액턴스[Ω]
Z : 임피던스[Ω]
Y : 어드미턴스[℧]
I : 전류[A]
V : 전압[V]
$\cos\theta$: 역률
$\sin\theta$: 무효율

※

저항(R)	인덕턴스(L)	커패시턴스(C)
동상	전압이 전류보다 90° 앞선다.	전압이 전류보다 90° 뒤진다.

(6) 유도리액턴스

$$X_L = \omega L = 2\pi f L[\Omega]$$

여기서, X_L : 유도리액턴스[Ω]
ω : 각주파수[rad/s]
f : 주파수[Hz]
L : 인덕턴스[H]

(7) 용량리액턴스

$$X_C = \frac{1}{\omega C} = \frac{1}{2\pi f C}[\Omega]$$

여기서, X_C : 용량리액턴스[Ω]
ω : 각주파수[rad/s]
f : 주파수[Hz]
C : 정전용량(커패시턴스)[F]

(8) 직렬공진과 병렬공진

직렬공진	병렬공진
① 임피던스 최소 ② 전류 최대	① 임피던스 최대 ② 전류 최소

(9) 단상 유효전력(평균전력, 소비전력)

$$P = VI\cos\theta = I^2 R[\text{W}]$$

여기서, P : 유효전력[W]
V : 전압[V]
I : 전류[A]
θ : 이루는 각[rad]
R : 저항[Ω]

(10) 단상 무효전력

$$P_r = VI\sin\theta = I^2 X[\text{Var}]$$

여기서, P_r : 무효전력[Var]
V : 전압[V]
I : 전류[A]
θ : 이루는 각[rad]
X : 리액턴스[Ω]

(11) 단상 피상전력

$$P_a = VI = \sqrt{P^2 + P_r^{\,2}} = I^2 Z[\text{VA}]$$

여기서, P_a : 피상전력[VA]
V : 전압[V]
I : 전류[A]
P : 유효전력[W]
P_r : 무효전력[Var]
Z : 임피던스[Ω]

(12) 3상 유효전력

$$P = 3V_P I_P \cos\theta = \sqrt{3}\, V_l I_l \cos\theta = 3I_P^{\,2} R[\text{W}]$$

여기서, P : 유효전력[W]
V_P, I_P : 상전압[V], 상전류[A]
V_l, I_l : 선간전압[V], 선전류[A]
R : 저항[Ω]

(13) 3상 무효전력

$$P_r = 3V_P I_P \sin\theta = \sqrt{3}\, V_l I_l \sin\theta = 3I_P^{\,2} X[\text{Var}]$$

여기서, P_r : 무효전력[Var]
V_P, I_P : 상전압[V], 상전류[A]
V_l, I_l : 선간전압[V], 선전류[A]
X : 리액턴스[Ω]

(14) 3상 피상전력

$$P_a = 3V_P I_P = \sqrt{3}\, V_l I_l = \sqrt{P^2 + P_r^{\,2}} = 3I_P^{\,2} Z[\text{VA}]$$

여기서, P_a : 피상전력[VA]
V_P, I_P : 상전압[V], 상전류[A]
V_l, I_l : 선간전압[V], 선전류[A]
Z : 임피던스[Ω]

(15) 최대전력

$$P_{max} = \frac{V_g^{\,2}}{4R_g}$$

여기서, P_{max} : 최대전력[W]
V_g : 전압[V]
R_g : 저항[Ω]

(16) 임피던스

$$Z = R + jX[\Omega]$$

여기서, Z : 임피던스[Ω]
R : 저항[Ω]
X : 리액턴스[Ω]

(17) 어드미턴스

$$Y = G + jB[℧]$$

여기서, Y : 어드미턴스[℧]
G : 컨덕턴스[℧]
B : 서셉턴스[℧]

(18) 공진주파수

$$f_0 = \frac{1}{2\pi\sqrt{LC}}[\text{Hz}]$$

여기서, f_0 : 공진주파수[Hz]
L : 인덕턴스[H]
C : 정전용량[F]

(19) 공진임피던스

$$Z_0 = \frac{L}{CR}[\Omega]$$

여기서, Z_0 : 공진임피던스[Ω]
L : 인덕턴스[H]
C : 정전용량[F]
R : 저항[Ω]

(20) Y결선의 전압 · 전류

선간전압(Line voltage)	선전류(Line current)
$V_l = \sqrt{3}\,V_P$ 여기서, V_l : 선간전압[V] V_P : 상전압[V]	$I_l = I_P$ 여기서, I_l : 선전류[A] I_P : 상전류[A]

(21) △결선의 전압 · 전류

선간전압(Line voltage)	선전류(Line current)
$V_l = V_P$ 여기서, V_l : 선간전압[V] V_P : 상전압[V]	$I_l = \sqrt{3}\,I_P$ 여기서, I_l : 선전류[A] I_P : 상전류[A]

(22) Y-△ 회로의 변환

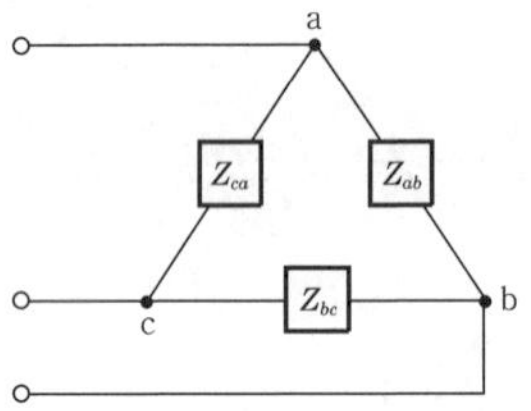

▌△결선▌

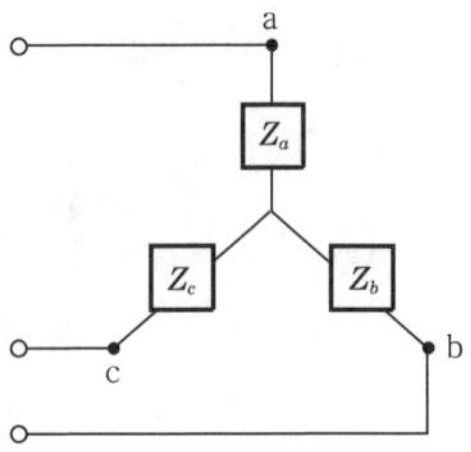

▌Y결선▌

△→Y 변환	Y→△ 변환
$Z_a = \frac{Z_{ab} \cdot Z_{ca}}{Z_{ab}+Z_{bc}+Z_{ca}}[\Omega]$ $Z_b = \frac{Z_{ab} \cdot Z_{bc}}{Z_{ab}+Z_{bc}+Z_{ca}}[\Omega]$ $Z_c = \frac{Z_{bc} \cdot Z_{ca}}{Z_{ab}+Z_{bc}+Z_{ca}}[\Omega]$ ※ $Z_a = \frac{\text{인접한 } Z\text{의 곱}}{\Sigma Z}$	$Z_{ab} = \frac{Z_aZ_b+Z_bZ_c+Z_cZ_a}{Z_c}[\Omega]$ $Z_{bc} = \frac{Z_aZ_b+Z_bZ_c+Z_cZ_a}{Z_a}[\Omega]$ $Z_{ca} = \frac{Z_aZ_b+Z_bZ_c+Z_cZ_a}{Z_b}[\Omega]$ ※ $Z_{ab} = \frac{\Sigma ZZ}{\text{마주보는 } Z}$

(23) V결선

출력 : $P = \sqrt{3}\,V_P I_P \cos\theta[\text{W}]$

여기서, P : V결선의 출력[W]
V_P : 상전압[V]
I_P : 상전류[A]
θ : 이루는 각[rad]

변압기 1대의 이용률	출력비
0.866	0.577

(24) 2전력계법

유효전력	무효전력
$P = P_1 + P_2[\text{W}]$	$P_r = \sqrt{3}(P_1 - P_2)[\text{Var}]$

여기서, P : 유효전력[W]

P_r : 무효전력[Var]

P_1, P_2 : 전력계의 지시값[W]

역률 : $$\cos\theta = \frac{P_1 + P_2}{2\sqrt{P_1^{\,2} + P_2^{\,2} - P_1 P_2}}$$

여기서, P_1, P_2 : 전력계의 지시값[W]

(25) 전기계기의 오차

오차율	보정율
$\frac{M-T}{T} \times 100\%$	$\frac{T-M}{M} \times 100\%$

여기서, T : 참값

M : 측정값

(26) 분류기

$$I_0 = I\left(1 + \frac{R_A}{R_S}\right)[\text{A}]$$

여기서, I_0 : 측정하고자 하는 전류[A]

I : 전류계 최대눈금[A]

R_A : 전류계 내부저항[Ω]

R_S : 분류기 저항[Ω]

※ **분류기** : 전류계와 **병렬**접속

(27) 배율기

$$V_o = V\left(1 + \frac{R_m}{R_v}\right)[\text{V}]$$

여기서, V_o : 측정하고자 하는 전압[V]

V : 전압계 최대눈금[V]

R_v : 전압계 내부저항[Ω]

R_m : 배율기 저항[Ω]

※ **배율기** : 전압계와 **직렬**접속

(28) 지시전기계기의 종류

지시전기계기	용 도
가동코일형	직류용
① 가동철편형 ② 정류형 ③ 유도형	교류용
① 전류력계형 ② 열선형 ③ 정전형	교류, 직류 양용

(29) 측정기구

측정기구	설 명
메거(Megger)	절연저항 측정
어스테스터 (Earth resistance tester)	접지저항 측정
코올라우시브리지 (Kohlrausch bridge)	전지의 내부저항 측정
휘트스톤브리지 (Wheatstone bridge)	미지의 저항(0.5~10^5Ω)을 측정하는 측정기
훅온메타(Hook on meter)	전선의 전류를 측정하는 계기

(30) 밀만의 정리(Millman's theorem)

$$V_{ab} = \frac{\frac{E_1}{Z_1} + \frac{E_2}{Z_2}}{\frac{1}{Z_1} + \frac{1}{Z_2}}[\text{V}]$$

여기서, V_{ab} : 단자전압[V]

E_1, E_2 : 각각의 전압[V]

Z_1, Z_2 : 각각의 임피던스[Ω]

(31) 4단자 정수

4단자 정수	설 명
A	입출력 전압비
B	전달 임피던스
C	전달 어드미턴스
D	입출력 전류비

(32) 영상임피던스(Image impedance)

입력단에서 본 임피던스	출력단에서 본 임피던스
$Z_{01}=\sqrt{\frac{AB}{CD}}$ [Ω]	$Z_{02}=\sqrt{\frac{BD}{AC}}$ [Ω]

여기서, A, B, C, D : 4단자 정수

(33) 무손실 선로의 특성임피던스

$$Z_0=\sqrt{\frac{Z}{Y}}=\sqrt{\frac{R+j\omega L}{G+j\omega C}}=\sqrt{\frac{L}{C}}\ [\Omega]$$

여기서, Z_0 : 특성임피던스[Ω]
Z : 임피던스[Ω]
Y : 어드미턴스[℧]
R : 저항[Ω]
ω : 각주파수[rad/s]
L : 인덕턴스[H]
G : 컨덕턴스[℧]
C : 정전용량[F]

5. 비정현파 교류

(1) 비정현파의 교류

직류분+기본파+고조파

(2) 파형률과 파고율

파형률	파고율
$\frac{\text{실효값}}{\text{평균값}}$	$\frac{\text{최대값}}{\text{실효값}}$
기억법 형실평	기억법 고최실

파 형	최대값(V_m)	실효값(V)	평균값(V_{av})
• 정현파 • 전파정류파	V_m	$\frac{V_m}{\sqrt{2}}$	$\frac{2V_m}{\pi}$
• 삼각파 • 톱니파	V_m	$\frac{V_m}{\sqrt{3}}$	$\frac{V_m}{2}$
• 구형파	V_m	V_m	V_m

(3) 왜형률(Distortion factor)

$$D=\frac{\text{전고조파의 실효값}}{\text{기본파의 실효값}}=\frac{\sqrt{I_2{}^2+I_3{}^2+\cdots+I_n{}^2}}{I_1}$$

여기서, D : 왜형률
I_1 : 기본파의 전류의 실효값[A]
I_2 : 제2고조파의 전류의 실효값[A]
I_3 : 제3고조파의 전류의 실효값[A]
I_n : 제n고조파의 전류의 실효값[A]

6. 과도현상

(1) RL 직렬회로

스위치 S를 닫을 때	스위치 S를 열 때
① 전류 : $i=\frac{E}{R}\left(1-e^{-\frac{R}{L}t}\right)$[A]	① 전류 : $i=-\frac{E}{R}e^{-\frac{R}{L}t}$[A]
② 시정수 : $\tau=\frac{L}{R}$[s]	② 시정수 : $\tau=\frac{L}{R}$[s]

여기서, E : 전압[V]
R : 저항[Ω]
e : 자연대수
L : 인덕턴스[H]

※ 자연대수 : e=2.718281을 밑으로 하는 대수

(2) RC 직렬회로

스위치 S를 닫을 때	스위치 S를 열 때
① 전류 : $i=\frac{E}{R}e^{-\frac{1}{RC}t}$[A]	① 전류 : $i=-\frac{E}{R}e^{-\frac{1}{RC}t}$[A]
② 시정수 : $\tau=RC$[s]	② 시정수 : $\tau=RC$[s]

여기서, E : 전압[V]
R : 저항[Ω]
e : 자연대수
C : 정전용량[F]

(3) RLC 직렬회로(스위치 S를 닫을 때)

비진동상태	임계상태	진동상태
$R^2 > 4\frac{L}{C}$	$R^2 = 4\frac{L}{C}$	$R^2 < 4\frac{L}{C}$

여기서, R : 저항[Ω]
L : 인덕턴스[H]
C : 정전용량[F]

제4장 소방관련 전기공사재료 및 전기제어

1. 소방관련 전기공사재료

(1) 전선의 굵기를 결정하는 3요소

① 허용전류
② 전압강하
③ 기계적 강도

※ 간선 및 분기회로의 전압강하 : 표준전압의 2% 이내

(2) 전선 단면적의 계산

전기방식	전선 단면적
단상 2선식	$A = \frac{35.6LI}{1000e}$
3상 3선식	$A = \frac{30.8LI}{1000e}$
단상 3선식 3상 4선식	$A = \frac{17.8LI}{1000e'}$

여기서, A : 전선의 단면적[mm^2]
L : 선로 길이[m]
I : 전부하 전류[A]
e : 각 선간의 전압강하[V]
e' : 각 선간의 1선과 중성선 사이의 전압강하[V]

(3) HFIX전선

구 분	설 명
명칭	450/750V 저독성 난연 가교 폴리올레핀 절연전선
최고허용온도	90℃

(4) 접지시스템(KEC 140)

1) 접지시스템 구분

<table>
<tr><th>접지 대상</th><th>접지시스템 구분</th><th>접지시스템 시설 종류</th><th>접지도체의 단면적 및 종류</th></tr>
<tr><td>특고압·고압 설비</td><td rowspan="3">• 계통접지 : 전력계통의 이상현상에 대비하여 대지와 계통을 접지하는 것
• 보호접지 : 감전보호를 목적으로 기기의 한 점 이상을 접지하는 것
• 피뢰시스템 접지 : 뇌격전류를 안전하게 대지로 방류하기 위해 접지하는 것</td><td rowspan="3">• 단독접지
• 공통접지
• 통합접지
• 변압기 중성점 접지</td><td>6mm² 이상 연동선</td></tr>
<tr><td>일반적인 경우</td><td>구리 6mm² (철제 50mm²) 이상</td></tr>
<tr><td>변압기</td><td>16mm² 이상 연동선</td></tr>
</table>

2) 접지도체에 피뢰시스템이 접속되는 경우 접지도체의 단면적(KEC 142.3.1)

구 리	철 제
16mm² 이상	50mm² 이상

3) 큰 고장전류가 접지도체를 통하여 흐르지 않을 경우 접지도체의 최소 단면적(KEC 142.3.1)

구 리	철 제
6mm² 이상	50mm² 이상

(5) 전선의 허용전류 산정

전동기의 정격전류	전선의 허용전류
전동기 전류합계 50A 이하	1.25배×전동기 전류합계
전동기 전류합계 50A 초과	1.1배×전동기 전류합계

(6) 전동기 용량의 산정

$$P\eta t = 9.8KHQ$$

여기서, P : 전동기 용량[kW]
η : 효율
t : 시간[s]
K : 여유계수
H : 전양정[m]
Q : 양수량[m^3]

(7) 전동기의 회전수 산정(동기속도)

$$N_S = \frac{120f}{P} \text{[rpm]}$$

여기서, N_S : 동기속도[rpm]

f : 주파수[Hz]

P : 극수

(8) 유도전동기의 기동법

구 분	설 명
전전압기동법(직입기동)	전동기 용량이 3.7kW 이하에 적용 (소형 전동기용)
Y-△기동법	전동기 용량이 11kW 이하에 적용
기동보상기법	전동기 용량이 15kW 이상에 적용
기동저항기법	-

중요 또 다른 이론

기동법	적정용량
전전압기동법(직입기동)	18.5kW 미만
Y-△기동법	18.5~90kW 미만
리액터기동법	90kW 이상

(9) 축전지의 비교표

구 분	연축전지	알칼리축전지
기전력	2.05~2.08V	1.32V
공칭전압	2.0V	1.2V
공칭용량	10Ah	5Ah
충전시간	길다	짧다
수명	5~15년	15~20년
종류	클래드식, 페이스트식	소결식, 포켓식

2. 전기제어

(1) 제어량에 의한 분류

분 류	종 류
프로세스제어 (Process control)	① 온도 ② 압력 ③ 유량 ④ 액면 **기억법** 프온압유액
서보기구 (Servo mechanism)	① 위치 ② 방위 ③ 자세 **기억법** 서위방자
자동조정 (Automatic regulation)	① 전압 ② 전류 ③ 주파수 ④ 회전속도 ⑤ 장력

(2) 시퀀스제어(Sequence control)

미리 정해진 순서에 따라 각 단계가 순차적으로 진행되는 제어(예: 무인 커피판매기)

(3) 불대수의 정리

논리합	논리곱	비 고
$X+0=X$	$X \cdot 0=0$	-
$X+1=1$	$X \cdot 1=X$	-
$X+X=X$	$X \cdot X=X$	-
$X+\overline{X}=1$	$X \cdot \overline{X}=0$	-
$X+Y=Y+X$	$X \cdot Y=Y \cdot X$	교환법칙
$X+(Y+Z)$ $=(X+Y)+Z$	$X(YZ)=(XY)Z$	결합법칙
$X(Y+Z)=XY+XZ$	$(X+Y)(Z+W)$ $=XZ+XW+YZ+YW$	분배법칙
$X+XY=X$	$\overline{X}+XY=\overline{X}+Y$ $X+\overline{X}Y=X+Y$ $X+\overline{X}\,\overline{Y}=X+\overline{Y}$	흡수법칙
$(\overline{X+Y})=\overline{X}\cdot\overline{Y}$	$(\overline{X\cdot Y})=\overline{X}+\overline{Y}$	드모르간의 정리

(4) 시퀀스회로와 논리회로

명 칭	시퀀스회로	논리회로	진리표
AND 회로	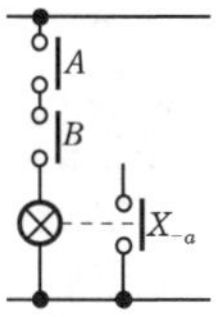	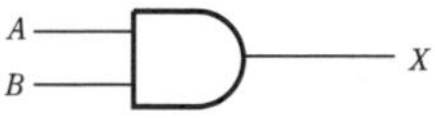 $X = A \cdot B$ 입력신호 A, B가 동시에 1일 때만 출력신호 X가 1이 된다.	A B X 0 0 0 0 1 0 1 0 0 1 1 1
OR 회로	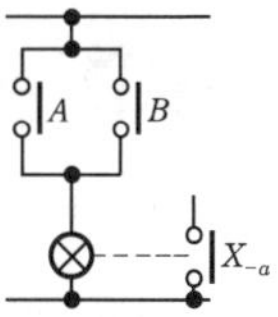	 $X = A + B$ 입력신호 A, B 중 어느 하나라도 1이면 출력신호 X가 1이 된다.	A B X 0 0 0 0 1 1 1 0 1 1 1 1
NOT 회로	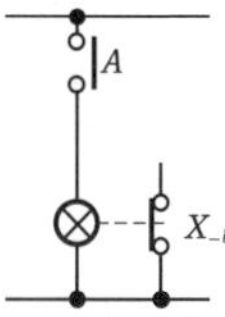	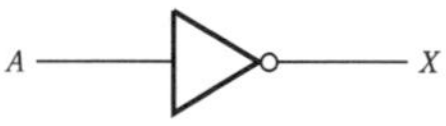 $X = \overline{A}$ 입력신호 A가 0일 때만 출력신호 X가 1이 된다.	A X 0 1 1 0
NAND 회로	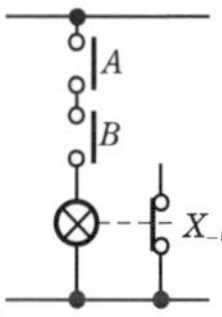	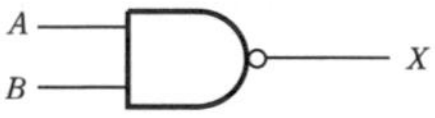 $X = \overline{A \cdot B}$ 입력신호 A, B가 동시에 1일 때만 출력신호 X가 0이 된다. (AND회로의 부정)	A B X 0 0 1 0 1 1 1 0 1 1 1 0
NOR 회로	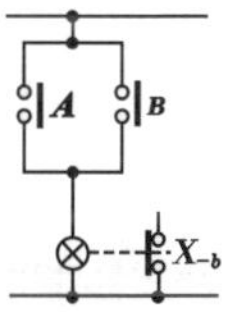	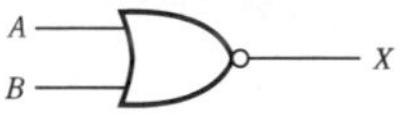 $X = \overline{A + B}$ 입력신호 A, B가 동시에 0일 때만 출력신호 X가 1이 된다. (OR회로의 부정)	A B X 0 0 1 0 1 0 1 0 0 1 1 0
Exclusive OR 회로	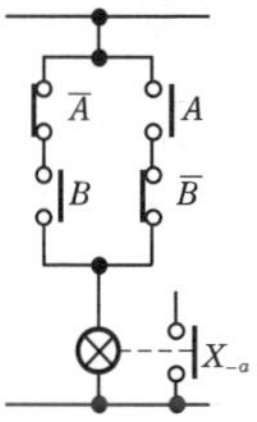	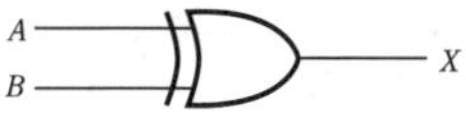 $X = A \oplus B = \overline{A}B + A\overline{B}$ 입력신호 A, B 중 어느 한쪽만이 1이면 출력신호 X가 1이 된다.	A B X 0 0 0 0 1 1 1 0 1 1 1 0
Exclusive NOR 회로	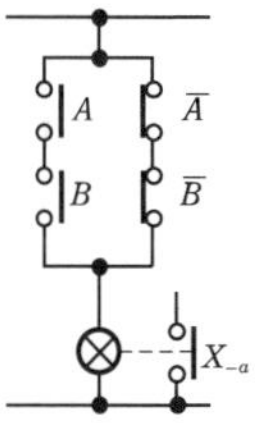	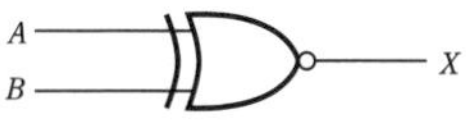 $X = \overline{A \oplus B} = AB + \overline{A}\,\overline{B}$ 입력신호 A, B가 동시에 0이거나 1일 때만 출력신호 X가 1이 된다.	A B X 0 0 1 0 1 0 1 0 0 1 1 1

(5) 전압변동률

$$\delta = \frac{V_{RO} - V_R}{V_R} \times 100\%$$

여기서, V_{RO} : 무부하시 수전단 전압[V]
V_R : 부하시 수전단 전압[V]

(6) 정류효율

$$\eta = \frac{P_{DC}}{P_{AC}} \times 100\%$$

여기서, P_{DC} : 직류출력전력의 평균값[W]
P_{AC} : 교류입력전력의 실효값[W]

(7) 맥동률

$$\gamma = \frac{V_{AC}}{V_{DC}} \times 100\%$$

여기서, V_{AC} : 직류출력전압의 교류분[V]
V_{DC} : 직류출력전압[V]

(8) 단상 반파 · 전파 정류회로

구 분	단상반파 정류회로	단상전파 정류회로
정류효율	40.6%	81.2%
맥동률	1.21	0.482

(9) 다이오드의 접속

직렬접속	병렬접속
과전압으로부터 보호	과전류로부터 보호

(10) 반도체소자

반도체소자	설 명
서미스터(Thermistor)	온도보상용 기억법 서온(서운해)
바리스터(Varistor)	서지전압에 대한 회로보호용, 계전기 접점의 불꽃제거 기억법 바리서계
UJT(단일접합트랜지스터)	펄스발생기로 성능 우수
실리콘정류기	고전압 대전류용으로 최고허용온도는 140~200℃이다.
게르마늄정류기	최고허용온도는 65~75℃이다.

(11) 변환요소

구 분	변환요소
정온식 감지선형 감지기	온도 → 임피던스
① 열전대식 감지기 ② 열반도체식 감지기	온도 → 전압
유압분사관	변위 → 압력
① 포텐셔미터 ② 차동변압기 ③ 전위차계	변위 → 전압

※ **열전대**는 온도를 전압으로 변환시키는 요소로서, 감지기 중 **열전대식 차동식 분포형 감지기**에 이용된다.

제 4 편

소방시설의 구조 원리

제 1 장 소화설비(기계분야)

1. 소화기구

(1) 대형소화기의 소화약제 충전량(소화기의 형식승인 및 제품검사의 기술기준 10조)

종 별	충전량
포(포말)	20l 이상
분말	20kg 이상
할로겐화합물	30kg 이상
이산화탄소	50kg 이상
강화액	60l 이상
물	80l 이상

(2) 소화기 추가설치개수(NFTC 101 2.1.1.3)

전기설비	보일러 · 음식점 · 의료시설 · 업무시설 등
$\frac{해당\ 바닥면적}{50m^2}$	$\frac{해당\ 바닥면적}{25m^2}$

(3) 소화기의 사용온도(소화기의 형식승인 및 제품검사의 기술기준 36조)

종 류	사용온도
• 분말 • 강화액	-20~40℃ 이하
• 그 밖의 소화기	0~40℃ 이하

기억법 분강-2(분강마이)

※ 강화액 소화약제의 응고점 : -20℃ 이하

(4) CO_2소화기

1) 저장상태 : **고압 · 액상**

2) 적응대상

① 가연성 액체류

② 가연성 고체

③ 합성수지류

(5) 물소화약제의 무상주수

① 질식효과 ② 냉각효과

③ 유화효과 ④ 희석효과

※ **무상주수** : 안개모양으로 방사하는 것

(6) 소화능력시험의 대상(소화기의 형식승인 및 제품검사의 기술기준 [별표 2, 3])

A급	B급
목재	휘발유

(7) 합성수지의 노화시험(소화기의 형식승인 및 제품검사의 기술기준 5조)

① 공기가열 노화시험

② 소화약제 노출시험

③ 내후성 시험

(8) 차량용 소화기(소화기의 형식승인 및 제품검사의 기술기준 9조)

① 강화액 소화기(안개모양으로 방사되는 것)

② 할로겐화합물 소화기

③ 이산화탄소 소화기

④ 포소화기

⑤ 분말소화기

(9) 호스의 부착이 제외되는 소화기(소화기의 형식승인 및 제품검사의 기술기준 15조)

소화기 종류	중 량
분말소화기	소화약제의 중량이 2kg 이하
이산화탄소 소화기	소화약제의 중량이 3kg 이하
액체계 소화기(액체소화기)	소화약제의 용량이 3l 이하
할로겐화합물 소화기	소화약제의 중량이 4kg 이하

(10) 여과망 설치 소화기(소화기의 형식승인 및 제품검사의 기술기준 17조)

① 물소화기 ② 산알칼리 소화기

③ 강화액 소화기 ④ 포소화기

2. 옥내소화전설비

(1) 펌프와 체크밸브 사이에 연결되는 것

① 성능시험배관
② 물올림장치
③ 릴리프밸브배관
④ 압력계

(2) 각 설비의 주요 사항

<table>
<tr><th>구 분</th><th>드렌처설비</th><th>스프링클러설비</th><th>소화용수설비</th><th>옥내소화전설비</th><th>옥외소화전설비</th><th>포소화설비, 물분무소화설비, 연결송수관설비</th></tr>
<tr><td>방수압</td><td>0.1 MPa 이상</td><td>0.1 ~1.2 MPa 이하</td><td>0.15 MPa 이상</td><td>0.17 ~0.7 MPa 이하</td><td>0.25 ~0.7 MPa 이하</td><td>0.35MPa 이상</td></tr>
<tr><td>방수량</td><td>80 l/min 이상</td><td>80 l/min 이상</td><td>800 l/min 이상 (가압송수장치 설치)</td><td>130 l/min 이상 (30층 미만 : 최대 2개, 30층 이상 : 최대 5개)</td><td>350 l/min 이상 (최대 2개)</td><td>75l/min 이상 (포워터 스프링클러 헤드)</td></tr>
<tr><td>방수구경</td><td>–</td><td>–</td><td>–</td><td>40mm</td><td>65mm</td><td>–</td></tr>
<tr><td>노즐구경</td><td>–</td><td>–</td><td>–</td><td>13mm</td><td>19mm</td><td>–</td></tr>
</table>

(3) 방수량

$$Q = 0.653 D^2 \sqrt{10P} = 0.6597\, CD^2 \sqrt{10P}$$

여기서, Q : 방수량[l/min]
D : 구경[mm]
P : 방수압[MPa]
C : 노즐에 흐름계수(유량계수)

(4) 수원의 저수량

1) 드렌처설비

$$Q = 1.6N$$

여기서, Q : 수원의 저수량[m^3]
N : 헤드의 설치개수

2) 스프링클러설비

① 폐쇄형

$Q = 1.6N$(1~29층 이하)
$Q = 3.2N$(30~49층 이하)
$Q = 4.8N$(50층 이상)

여기서, Q : 수원의 저수량[m^3]
N : 폐쇄형 헤드의 기준개수(설치개수가 기준개수보다 작으면 그 설치개수)

② 창고시설(라지드롭형)

$Q = 3.2N$(일반창고)
$Q = 9.6N$(랙식 창고)

여기서, Q : 수원의 저수량[m^3]
N : 가장 많은 방호구역의 설치개수(최대 30개)

참 고

※ 폐쇄형 헤드의 기준개수

<table>
<tr><th colspan="2">특정소방대상물</th><th>폐쇄형 헤드의 기준개수</th></tr>
<tr><td colspan="2">지하가 · 지하역사</td><td rowspan="4">30</td></tr>
<tr><td colspan="2">11층 이상</td></tr>
<tr><td rowspan="5">10층 이하</td><td>공장(특수가연물), 창고시설</td></tr>
<tr><td>판매시설(백화점 등), 복합건축물(판매시설이 설치된 것)</td></tr>
<tr><td>근린생활시설, 운수시설, 복합건축물(판매시설 미설치)</td><td rowspan="2">20</td></tr>
<tr><td>8m 이상</td></tr>
<tr><td>8m 미만</td><td>10</td></tr>
<tr><td colspan="2">공동주택(아파트 등)</td><td>10(각 동이 주차장으로 연결된 주차장 : 30)</td></tr>
</table>

② 개방형

㉠ **30개 이하**

$$Q = 1.6N$$

여기서, Q : 수원의 저수량[m^3]
N : 개방형 헤드의 설치개수

㉡ **30개 초과**

$$Q = K\sqrt{10P} \times N \times 20 \times 10^{-3}$$

여기서, Q : 수원의 저수량[m^3]
K : 유출계수(15A : 80, 20A : 114)
P : 방수압력[MPa]
N : 개방형 헤드의 설치개수

3) 옥내소화전설비

$Q = 2.6N$(1~29층 이하)
$Q = 5.2N$(30~49층 이하)
$Q = 7.8N$(50층 이상)

여기서, Q : 수원의 저수량[m^3]
N : 가장 많은 층의 소화전 개수(30층 미만 : 최대 2개, 30층 이상 : 최대 5개)

4) 옥외소화전설비

$$Q=7N$$

여기서, Q : 수원의 저수량[m³]

N : 옥외소화전 설치개수(최대 2개)

(5) 가압송수장치(펌프방식)

1) 스프링클러설비

$$H=h_1+h_2+10$$

여기서, H : 전양정[m]

h_1 : 배관 및 관부속품의 마찰손실수두[m]

h_2 : 실양정(흡입양정+토출양정)[m]

2) 물분무소화설비

$$H=h_1+h_2+h_3$$

여기서, H : 필요한 낙차[m]

h_1 : 물분무헤드의 설계압력환산수두[m]

h_2 : 배관 및 관부속품의 마찰손실수두[m]

h_3 : 실양정(흡입양정+토출양정)[m]

3) 옥내소화전설비

$$H=h_1+h_2+h_3+17$$

여기서, H : 전양정[m]

h_1 : 소방용 호스의 마찰손실수두[m]

h_2 : 배관 및 관부속품의 마찰손실수두[m]

h_3 : 실양정(흡입양정+토출양정)[m]

4) 옥외소화전설비

$$H=h_1+h_2+h_3+25$$

여기서, H : 전양정[m]

h_1 : 소방용 호스의 마찰손실수두[m]

h_2 : 배관 및 관부속품의 마찰손실수두[m]

h_3 : 실양정(흡입양정+토출양정)[m]

5) 포소화설비

$$H=h_1+h_2+h_3+h_4$$

여기서, H : 펌프의 양정[m]

h_1 : 방출구의 설계압력환산수두 또는 노즐단선의 방사압력환산수두[m]

h_2 : 배관의 마찰손실수두[m]

h_3 : 소방용 호스의 마찰손실수두[m]

h_4 : 낙차[m]

(6) 계기

압력계	진공계 · 연성계
펌프의 토출측 설치	펌프의 흡입측 설치

(7) 100l 이상

① 기동용 수압개폐장치(압력챔버)의 용적

② 물올림수조의 용량

(8) 옥내소화전설비의 배관구경(NFPC 102 6조, NFTC 102 2.3)

구 분	가지배관	주배관 중 수직배관
호스릴	25mm 이상	32mm 이상
일반	40mm 이상	50mm 이상
연결송수관 겸용	65mm 이상	100mm 이상

※ **순환배관** : 체절운전시 수온의 상승 방지

(9) 물올림장치의 감수원인

① 급수밸브 차단

② 자동급수장치의 고장

③ 물올림장치의 배수밸브 개방

④ 풋밸브의 고장

(10) 헤드 수 및 유수량

1) 옥내소화전설비

배관구경[mm]	40	50	65	80	100
유수량[l/min]	130	260	390	520	650
옥내소화전수	1개	2개	3개	4개	5개

2) 연결살수설비

배관구경[mm]	32	40	50	65	80
살수헤드수	1개	2개	3개	4~5개	6~10개

3) 스프링클러설비

급수관 구경 [mm]	25	32	40	50	65	80	90	100	125	150
폐쇄형 헤드수	2개	3개	5개	10개	30개	60개	80개	100개	160개	161개 이상

(11) 펌프의 성능(NFPC 102 5조, NFTC 102 2.2.1.7)

① 체절운전시 정격토출압력의 **140%**를 초과하지 아니할 것

② 정격토출량의 **150%**로 운전시 정격토출압력의 **65%** 이상이 되어야 한다.

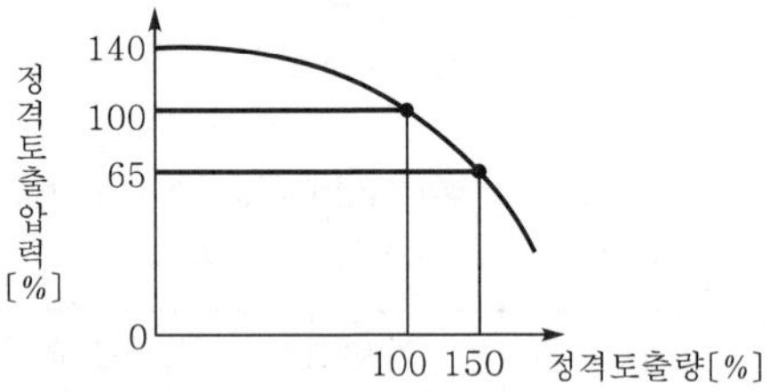

▌펌프의 성능곡선▐

(12) 옥내소화전함(NFPC 102 7조, NFTC 102 2.4)

구 분	설 명
소화전용 배관이 통과하는 부분의 구경	32mm 이상
문의 면적	0.5m^2 이상(짧은 변의 길이가 500mm 이상)

기억법 5내(오네가네)

(13) 옥내소화전설비

1) 구경

구 경	설 명
15mm 이상	급수배관 구경
20mm 이상 (정격토출량의 2~3% 용량)	순환배관 구경
25mm 이상 (높이 1m 이상)	물올림관 구경
50mm 이상	오버플로관 구경

2) 비상전원

구 분	설 명
설치 대상	① 7층 이상으로서 연면적 2000m^2 이상 ② 지하층의 바닥면적의 합계가 3000m^2 이상인 것
용량	① 20분 이상(1~29층 이하) ② 40분 이상(30~49층 이하) ③ 60분 이상(50층 이상)

3) 표시등과 발신기표시등의 식별

① 옥내소화전설비의 표시등(NFPC 102 7조 ③항, NFTC 102 2.4.3) ② 옥외소화전설비의 표시등(NFPC 109 7조 ④항, NFTC 109 2.4.4) ③ 연결송수관설비의 표시등(NFPC 502 6조, NFTC 502 2.3.1.6.1)	① 자동화재탐지설비의 발신기표시등(NFPC 203 9조 ②항, NFTC 203 2.6) ② 스프링클러설비의 화재감지기회로의 발신기표시등(NFPC 103 9조 ③항, NFTC 103 2.6.3.5.3) ③ 미분무소화설비의 화재감지기회로의 발신기표시등(NFPC 104A 12조 ①항, NFTC 104A 2.9.1.8.3) ④ 포소화설비의 화재감지기회로의 발신기표시등(NFPC 105 11조 ②항, NFTC 105 2.8.2.2.2) ⑤ 비상경보설비의 화재감지기회로의 발신기표시등(NFPC 201 4조 ⑤항, NFTC 201 2.1.5.3)
부착면과 15° 이하의 각도로도 발산되어야 하며 주위의 밝기가 0lx인 장소에서 측정하여 10m 떨어진 위치에서 켜진 등이 확실히 식별할 것	부착면으로부터 15° 이상의 범위안에서 10m 거리에서 식별
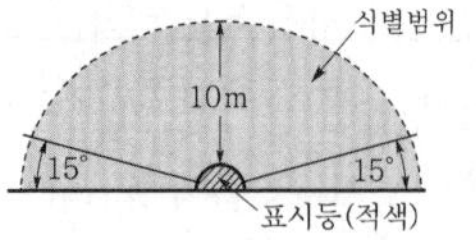 ▌표시등의 식별범위▐	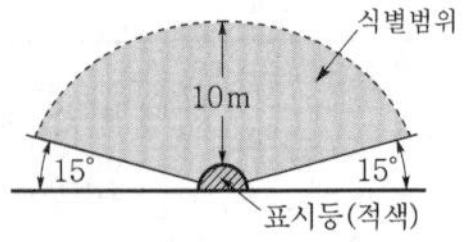 ▌발신기표시등의 식별범위▐

3. 옥외소화전설비

(1) 옥외소화전함의 설치거리(NFPC 109 7조, NFTC 109 2.4)

1) 설치거리

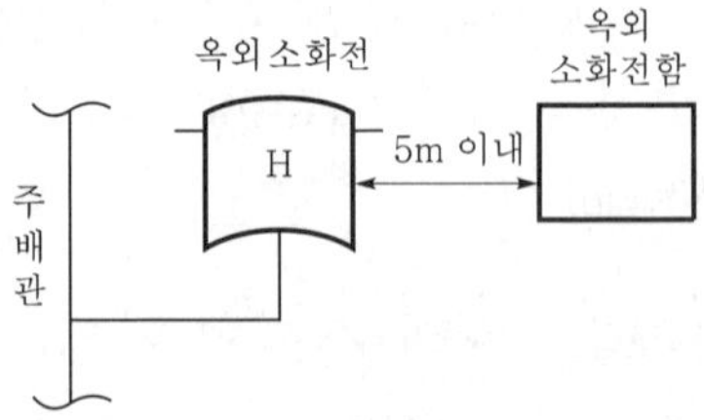

▌옥외소화전~옥외소화전함의 설치거리▐

2) 설치개수

옥외소화전 개수	옥외소화전함 개수
10개 이하	5m 이내마다 1개 이상
11~30개 이하	11개 이상 소화전함 분산 설치
31개 이상	소화전 3개마다 1개 이상

※ 지하매설 배관 : **소방용 합성수지배관**

(2) 소방시설 면제기준(소방시설법 시행령 [별표 5])

면제대상	대체설비
스프링클러설비	• **물분무등소화설비**
물분무등소화설비	• **스프링클러설비**
간이스프링클러설비	• 스프링클러설비 • 물분무소화설비 · 미분무소화설비
비상경보설비 또는 단독경보형 감지기	• 자동화재탐지설비
비상경보설비	• **2개 이상 단독경보형 감지기** 연동
비상방송설비	• 자동화재탐지설비 • 비상경보설비
연결살수설비	• 스프링클러설비 • 간이스프링클러설비 • 물분무소화설비 · 미분무소화설비
제연설비	• **공기조화설비**
연소방지설비	• 스프링클러설비 • 물분무소화설비 · 미분무소화설비
연결송수관설비	• 옥내소화전설비 • 스프링클러설비 • 간이스프링클러설비 • 연결살수설비
자동화재탐지설비	• 자동화재탐지설비의 기능을 가진 스프링클러설비 • 물분무등소화설비
옥내소화전설비	• 옥외소화전설비 • 미분무소화설비(호스릴방식)

4. 스프링클러설비

(1) 폐쇄형 스프링클러헤드(NFPC 103 10조, NFTC 103 2.7.3)

설치장소	설치기준
무대부 · 특수가연물(창고 포함)	수평거리 1.7m 이하
기타구조(창고 포함)	수평거리 2.1m 이하
내화구조(창고 포함)	수평거리 2.3m 이하
공동주택(아파트) 세대 내	수평거리 2.6m 이하

기억법
무특 17
기 1
내 3
공아 26

(2) 스프링클러헤드의 배치기준(NFPC 103 10조, NFTC 103 2.7.6)

설치장소의 최고 주위온도	표시온도
39℃ 미만	79℃ 미만
39~64℃ 미만	79~121℃ 미만
64~106℃ 미만	121~162℃ 미만
106℃ 이상	162℃ 이상

기억법
39 79
64 121
106 162

(3) 랙식 창고의 헤드 설치높이(NFPC 609 7조, NFTC 609 2.3.1.2)

3m 이하

(4) 헤드의 배치형태

1) 정방형(정사각형)

$$S = 2R\cos 45°, \quad L = S$$

여기서, S : 수평헤드간격
R : 수평거리
L : 배관간격

2) 장방형(직사각형)

$$S = \sqrt{4R^2 - L^2}, \quad S' = 2R$$

여기서, S : 수평헤드간격
R : 수평거리
L : 배관간격
S' : 대각선헤드간격

(5) 톱날지붕의 헤드 설치

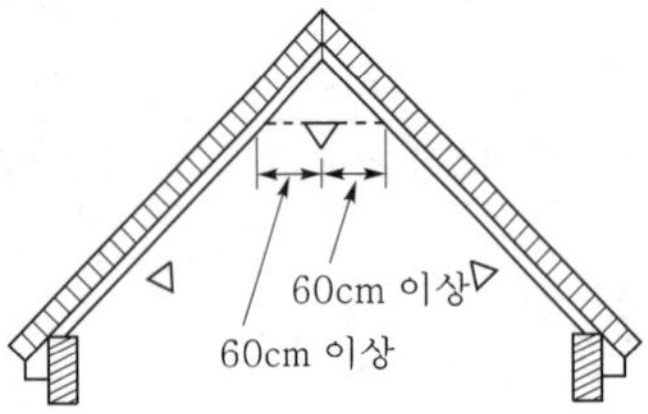

(6) 스프링클러헤드 설치장소(NFPC 103 15조, NFTC 103 2.1.2)

① 보일러실
② 복도
③ 슈퍼마켓
④ 소매시장
⑤ 위험물 취급장소
⑥ 특수가연물 취급장소
⑦ 거실
⑧ 불연재료인 천장과 반자 사이가 2m 이상인 부분

> **기억법** 위스복슈소 특보거
> (위스키는 복잡한 수소로 만들었다는 특보가 거실의 TV에서 흘러 나왔다)

(7) 리타딩챔버의 역할

① 오작동(오보) 방지
② 안전밸브의 역할
③ 배관 및 압력스위치의 손상보호

(8) 압력챔버(기동용 수압개폐장치의 형식승인 및 제품검사의 기술기준 2조·7조)

구 분	설 명
설치목적	모터펌프를 가동(기동) 또는 정지하기 위하여
이음매	① 몸체의 동체 : 1개소 이하 ② 몸체의 경판 : 이음매 없을 것

(9) 스프링클러설비의 비교

구 분 \ 방 식	습 식	건 식	준비작동식	부압식	일제살수식
1차측	가압수	가압수	가압수	가압수	가압수
2차측	가압수	압축공기	대기압	부압	대기압
밸브 종류	자동경보밸브(알람체크밸브)	건식 밸브	준비작동밸브	준비작동식 밸브	일제개방밸브(델류즈밸브)
헤드 종류	폐쇄형 헤드	폐쇄형 헤드	폐쇄형 헤드	폐쇄형 헤드	개방형 헤드

(10) 유수검지장치

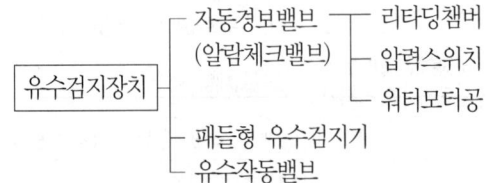

- 유수검지장치
  - 자동경보밸브(알람체크밸브)
    - 리타딩챔버
    - 압력스위치
    - 워터모터공
  - 패들형 유수검지기
  - 유수작동밸브

※ 패들형 유수검지장치 : 경보지연장치가 없다.

(11) 건식 설비의 가스배출 가속장치

① 액셀러레이터
② 익저스터

(12) 준비작동밸브의 종류

① 전기식
② 기계식
③ 뉴매틱식(공기관식)

(13) 스톱밸브의 종류

① 글로브밸브 : 소화전 개폐에 사용할 수 없다.
② 슬루스밸브
③ 안전밸브

(14) 체크밸브의 종류

① 스모렌스키 체크밸브
② 웨이퍼 체크밸브
③ 스윙 체크밸브

(15) **신축이음의 종류**

① 슬리브형
② 벨로스형
③ 루프형

(16) **강관배관의 절단기**

① 쇠톱
② 톱반(Sawing machine)
③ 파이프커터(Pipe cutter)
④ 연삭기
⑤ 가스용접기

(17) **강관의 나사내기 공구**

① 오스터형 또는 리드형 절삭기
② 파이프바이스
③ 파이프렌치

※ **전기용접** : 관의 두께가 얇은 것은 적합하지 않다.

고가수조에 필요한 설비 (NFPC 103 5조, NFTC 103 2.2.2.2)	압력수조에 필요한 설비	
① 수위계	① 수위계	② 배수관
② 배수관	③ 급수관	④ 맨홀
③ 급수관	⑤ 급기관	⑥ 압력계
④ 맨홀	⑦ 안전장치	
⑤ 오버플로관	⑧ 자동식 공기압축기	

(18) **개방형 설비의 방수구역**(NFPC 103 7조, NFTC 103 2.4.1)

① 하나의 방수구역은 **2개층**에 미치지 않을 것
② 방수구역마다 **일제개방밸브**를 설치할 것
③ 하나의 방수구역을 담당하는 헤드의 개수는 **50개** 이하로 할 것(단, 2개 이상의 방수구역으로 나눌 경우에는 **25개** 이상).
④ 표지는 '**일제개방밸브실**'이라고 표시할 것

(19) **가지배관을 신축배관으로 하는 경우**(스프링클러설비신축배관 성능인증 및 제품검사의 기술기준 7·8조)

① 최고 사용압력은 **1.4MPa** 이상이어야 한다.
② 최고 사용압력의 **1.5배** 수압을 **5분**간 가하는 시험에서 파손, 누수 등이 없어야 한다.

※ 배관의 크기 결정요소 : **물의 유속**

(20) **배관의 구경**(NFPC 103 8조, NFTC 103 2.5.10.1, 2.5.14)

교차배관, 청소구	수직배수배관
40mm 이상	50mm 이상(단, 수직배관의 구경이 50mm 미만인 경우에는 수직배관과 동일한 구경으로 할 수 있음)

기억법 교4청(교사는 청소 안하나?), 5수(호수)

(21) **행거의 설치**(NFPC 103 8조, NFTC 103 2.5.13)

가지배관	교차배관 · 수평주행배관	헤드와 행거 사이의 간격
3.5m 이내마다 설치	4.5m 이내마다 설치	8cm 이상

기억법 교4(교사), 행8(해파리)

※ **시험배관** : 유수검지장치(유수경보장치)의 기능점검

(22) **기울기**

기울기	설 명
$\frac{1}{100}$ 이상	연결살수설비의 수평주행배관
$\frac{2}{100}$ 이상	물분무소화설비의 배수설비
$\frac{1}{250}$ 이상	습식·부압식설비 외 설비의 가지배관
$\frac{1}{500}$ 이상	습식·부압식설비 외 설비의 수평주행배관

(23) **설치높이**

0.5~1m 이하	0.8~1.5m 이하	1.5m 이하
① 연결송수관설비의 송수구·방수구 ② 연결살수설비의 송수구 ③ 소화용수설비의 채수구	① 제어밸브 ② 유수검지장치 ③ 일제개방밸브	① 옥내소화전설비의 방수구 ② 호스릴함 ③ 소화기

5. 물분무소화설비

(1) 물분무소화설비의 적응제외 위험물

제3류 위험물, 제2류 위험물(금속분)

> ※ 제3류 위험물, 제2류 위험물(금속분)
> ① 마그네슘(Mg) ② 알루미늄(Al)
> ③ 아연(Zn) ④ 알칼리금속과산화물

(2) 물분무소화설비의 수원(NFPC 104 제4조, NFTC 104 2.1.1)

특정소방 대상물	토출량	최소 기준	비 고
컨베이어벨트	10L/min · m^2	–	벨트부분의 바닥면적
절연유 봉입변압기	10L/min · m^2	–	표면적을 합한 면적(바닥면적 제외)
특수가연물	10L/min · m^2	최소 50m^2	최대방수구역의 바닥면적 기준
케이블트레이 · 덕트	12L/min · m^2	–	투영된 바닥면적
차고 · 주차장	20L/min · m^2	최소 50m^2	최대방수구역의 바닥면적 기준
위험물 저장탱크	37L/min · m	–	위험물탱크 둘레길이(원주길이) : 위험물규칙 〔별표 6〕 II

※ 모두 20분간 방수할 수 있는 양 이상으로 하여야 한다.

> 기억법
> 컨절특케차
> 1 　1 2

(3) 물분무소화설비

1) 배관재료(NFPC 104 6조, NFTC 104 2.3.1)

1.2MPa 미만	1.2MPa 이상
• 배관용 탄소강관 • 이음매 없는 구리 및 구리합금관(단, 습식의 배관에 한함) • 배관용 스테인리스강관 또는 일반배관용 스테인리스강관 • 덕타일 주철관	• 압력배관용 탄소강관 • 배관용 아크용접 탄소강강관

2) 배수설비(NFPC 104 11조, NFTC 104 2.8)

① 10cm 이상의 경계턱으로 배수구 설치(차량이 주차하는 곳)

② 40m 이하마다 집수관, 소화피트 등 기름분리장치 설치

③ 차량이 주차하는 바닥은 $\frac{2}{100}$ 이상의 기울기 유지

④ 배수설비 : 가압송수장치의 최대송수능력의 수량을 유효하게 배수할 수 있는 크기 및 기울기

(4) 설치제외장소(NFPC 104 15조, NFTC 104 2.12)

① 물과 심하게 반응하는 물질 저장 · 취급장소

② **고온물질** 저장 · 취급장소

③ 운전시에 표면의 온도가 260℃ 이상되는 장소

> ※ 물분무소화설비 : **자동화재감지장치**(감지기)가 있어야 한다.

(5) 물분무헤드

1) 분류

① 충돌형 ② 분사형

③ 선회류형 ④ 디플렉터형

⑤ 슬리트형

2) 이격거리

전 압	거 리
66kV 이하	70cm 이상
67~77kV 이하	80cm 이상
78~110kV 이하	110cm 이상
111~154kV 이하	150cm 이상
155~181kV 이하	180cm 이상
182~220kV 이하	210cm 이상
221~275kV 이하	260cm 이상

> 기억법
> 66 → 70
> 77 → 80
> 110 → 110
> 154 → 150
> 181 → 180
> 220 → 210
> 275 → 260

6. 포소화설비

(1) 포소화설비의 특징

① 옥외소화에도 소화효력을 충분히 발휘한다.

② 포화 **내화성**이 커 대규모 화재소화에도 효과가 있다.

③ **재연소**가 예상되는 화재에도 적응성이 있다.

④ 인접되는 방호대상물에 연소방지책으로 적합하다.

⑤ 소화제는 **인체에 무해**하다.

(2) 포소화설비의 적응대상(NFPC 105 4조, NFTC 105 2.1)

특정소방대상물	설비종류
• 차고 · 주차장	• 포워터 스프링클러설비 • 포헤드 설비 • 고정포 방출설비 • 압축공기포 소화설비
• 항공기격납고 • 공장 · 창고(특수가연물 저장 · 취급)	• 포워터 스프링클러설비 • 포헤드 설비 • 고정포 방출설비 • 압축공기포 소화설비
• 완전개방된 옥상 주차장(주된 벽이 없고 기둥뿐이거나 주위가 위해방지용 철주 등으로 둘러싸인 부분) • 지상 1층으로서 지붕이 없는 차고 · 주차장 • 고가 밑의 주차장(주된 벽이 없고 기둥뿐이거나 주위가 위해방지용 철주 등으로 둘러싸인 부분)	• 호스릴포 소화설비 • 포소화전설비
• 발전기실 • 엔진펌프실 • 변압기 • 전기케이블실 • 유압설비	• 고정식 압축공기포 소화설비(바닥면적 합계 300m² 미만)

※ 포워터 스프링클러와 포헤드
- **포워터 스프링클러** : 포 디플렉터가 있다.
- **포헤드** : 포 디플렉터가 없다.

(3) 포챔버

지붕식 옥외저장탱크에서 포말(거품)을 방출하는 기구

(4) 개방밸브(NFPC 105 10조, NFTC 105 2.7.1)

① **자동개방밸브**는 **화재감지장치**의 작동에 따라 자동으로 개방되는 것으로 할 것

② **수동개방밸브**는 화재시 쉽게 접근할 수 있는 곳에 설치할 것

(5) 고정포 방출구 방식

① 고정포 방출구

$$Q = A \times Q_1 \times T \times S$$

여기서, Q : 포소화약제의 양[l]
A : 탱크의 액표면적[m^2]
Q_1 : 단위포소화수용액의 양[$l/m^2 \cdot$ 분]
T : 방출시간[분]
S : 포소화약제의 사용농도

② 보조 포소화전

$$Q = N \times S \times 8000$$

여기서, Q : 포소화약제의 양[l]
N : 호스 접결구 수(최대 3개)
S : 포소화약제의 사용농도

(6) 옥내포소화전방식 또는 호스릴방식

$$Q = N \times S \times 6000 \text{(바닥면적 } 200m^2 \text{ 미만은 } 75\%)$$

여기서, Q : 포소화약제의 양[l]
N : 호스 접결구 수(최대 5개)
S : 포소화약제의 사용농도

(7) 이동식 포소화설비

① 화재시 연기가 충만하지 않은 곳에 설치
② 호스와 포방출구만 이동하여 소화하는 설비
③ 화학포 차량

(8) 포 방출구(위험물안전관리에 관한 세부기준 133조)

탱크의 종류	포 방출구
고정지붕구조(콘루프탱크)	• Ⅰ형 방출구 • Ⅱ형 방출구 • Ⅲ형 방출구(표면하 주입식 방출구) • Ⅳ형 방출구(반표면하 주입식 방출구)
부상덮개부착 고정지붕구조	• Ⅱ형 방출구
부상지붕구조(플루팅루프탱크)	• 특형 방출구

기억법 특플(터프가이)

※ **포슈트** : 수직형이므로 토출구가 많다.

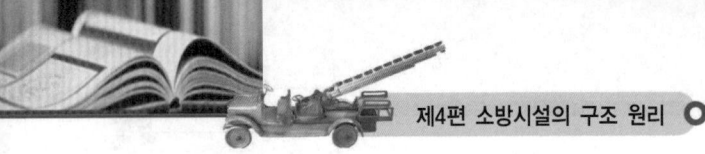

(9) 전역방출방식의 고발포용 고정포 방출구(NFPC 105 12조, NFTC 105 2.9.4)

① 해당 방호구역의 관포체적 $1m^3$에 대한 1분당 방출량은 특정소방대상물 및 포의 팽창비에 따라 달라진다.

② 포 방출구는 바닥면적 **500m²** 마다 1개 이상으로 할 것

③ 포 방출구는 방호대상물의 최고 부분보다 **높은 위치**에 설치할 것

④ 개구부에 **자동폐쇄장치**를 설치할 것

> **기억법** 고5(GO)

7. 이산화탄소 소화설비

(1) CO_2설비의 특징

① 화재진화 후 깨끗하다.

② **심부화재**에 적합하다.

③ 증거보존이 양호하여 화재원인 조사가 쉽다.

④ 방사시 **소음**이 **크다**.

(2) CO_2설비의 가스압력식 기동장치(NFPC 106 6조, NFTC 106 2.3)

구 분	기 준
비활성기체 충전압력	6MPa 이상(21℃ 기준)
기동용 가스용기의 체적	5l 이상
기동용 가스용기 안전장치의 압력	내압시험압력의 0.8배~내압시험압력 이하
기동용 가스용기 및 해당 용기에 사용하는 밸브의 견디는 압력	25MPa 이상

(3) CO_2설비의 충전비[l/kg]

기동용기	저장용기
고·저압식 : 1.5 이상	① 저압식 : 1.1~1.4 이하 ② 고압식 : 1.5~1.9 이하

(4) CO_2설비의 저장용기(NFPC 106 4조, NFTC 106 2.1.2)

자동냉동장치	2.1MPa 유지, −18℃ 이하	
압력경보장치	2.3MPa 이상, 1.9MPa 이하	
선택밸브 또는 개폐밸브의 안전장치	배관의 최소사용설계압력과 최대허용압력 사이의 압력	
저장용기	• 고압식 : 25MPa 이상 • 저압식 : 3.5MPa 이상	
안전밸브	내압시험압력의 0.64~0.8배	
봉판	내압시험압력의 0.8배~내압시험압력	
충전비	고압식	1.5~1.9 이하
	저압식	1.1~1.4 이하

(5) 약제량 및 개구부 가산량

1) CO_2소화설비(심부화재)(NFPC 106 5조, NFTC 106 2.2.1.2.1)

방호대상물	약제량	개구부 가산량 (자동폐쇄장치 미설치시)
전기설비(55m³ 이상)·케이블실	1.3kg/m³	10kg/m²
전기설비(55m³ 미만)	1.6kg/m³	
서고, 박물관, 목재가공품창고, 전자제품창고	2.0kg/m³	
석탄창고, 면화류창고, 고무류, 모피창고, 집진설비	2.7kg/m³	

> **기억법** 서박목전(선박이 목전에 있다.)
> 석면고모집(석면은 고모집에 있다.)

2) 할론 1301(NFPC 107 5조, NFTC 107 2.2.1.1.1)

방호대상물	약제량	개구부 가산량 (자동폐쇄장치 미설치시)
차고·주차장·전기실·전산실·통신기기실	0.32~0.64kg/m³	2.4kg/m²
사류·면화류	0.52~0.64kg/m³	3.9kg/m²

> **기억법** 차주전통할(전통활)
> 할사면(할아버지 사면)

3) 분말소화설비(전역방출방식)(NFPC 108 6조, NFTC 108 2.3.2.1)

종 별	약제량	개구부 가산량 (자동폐쇄장치 미설치시)
제1종	0.6kg/m^3	4.5kg/m^2
제2·3종	0.36kg/m^3	2.7kg/m^2
제4종	0.24kg/m^3	1.8kg/m^2

(6) 호스릴방식

1) CO_2 소화설비(NFPC 106 5조, 10조, NFTC 106 2.2.1.4, 2.7.4.2)

약제종별	약제저장량	약제방사량(20℃)
CO_2	90kg	60kg/min

2) 할론소화설비(NFPC 107 5조, 10조, NFTC 107 2.2.1.3, 2.7.4.4)

약제종별	약제량	약제방사량(20℃)
할론 1301	45kg	35kg/min
할론 1211	50kg	40kg/min
할론 2402	50kg	45kg/min

3) 분말소화설비(NFPC 108 6조, 11조, NFTC 108 2.3.2.3, 2.8.4.4)

약제종별	약제저장량	약제방사량
제1종 분말	50kg	45kg/min
제2·3종 분말	30kg	27kg/min
제4종 분말	20kg	18kg/min

※ 소화약제 저장용기는 호스릴을 설치하는 장소마다 설치한다.

8. 할론소화설비

(1) 할론소화설비

1) 배관(NFPC 107 8조, NFTC 107 2.5.1)

① 전용

②

강관 (압력배관용 탄소강관)	동관 (이음이 없는 동 및 동합금관)	
스케줄 40 이상	저압식	3.75MPa 이상
	고압식	16.5MPa 이상

③ 배관부속 및 밸브류 : 강관 또는 동관과 동등 이상의 강도 및 내식성 유지

2) 저장용기(NFPC 107 4조, NFTC 107 2.1.2)

구 분		할론 1211	할론 1301
저장압력		1.1MPa 또는 2.5MPa	2.5MPa 또는 4.2MPa
방출압력		0.2MPa	0.9MPa
충전비	가압식	0.7~1.4 이하	0.9~1.6 이하
	축압식		

(2) 호스릴방식[NFPC 102 7조(NFTC 102 2.4.2.1), NFPC 105 12조(NFTC 105 2.9.3.5), NFPC 106 10조(NFTC 106 2.7.4.1), NFPC 107 10조(NFTC 107 2.7.4.1), NFPC 108 11조(NFTC 108 2.8.4.1)]

수평거리 15m 이하	수평거리 20m 이하	수평거리 25m 이하
분말·포·CO_2 소화설비	할론소화설비	옥내소화전설비

(3) 할론 1301(CF_3Br)의 특징

① 여과망을 설치하지 않아도 된다.

② 제3류 위험물에는 사용할 수 없다.

(4) 국소방출방식

$$Q = X - Y\left(\frac{a}{A}\right)$$

여기서, Q : 방호공간 1m^{3}에 대한 할론소화약제의 양[kg/m^3]

a : 방호대상물 주위에 설치된 벽면적 합계[m^2]

A : 방호공간의 벽면적 합계[m^2]

$X \cdot Y$: 수치

9. 분말소화설비

(1) 분말소화설비의 배관(NFPC 108 9조, NFTC 108 2.6.1)

구 분	설 명
배관	전용

구 분	설 명
강관	**아연도금**에 의한 **배관용 탄소강관**
동관	고정압력 또는 최고 사용압력의 **1.5배** 이상의 압력에 견딜 것
밸브류	**개폐위치** 또는 **개폐방향**을 표시한 것
배관의 관부속 및 밸브류	배관과 동등 이상의 강도 및 내식성이 있는 것
주밸브 헤드까지의 배관의 분기	**토너먼트방식**
저장용기 등 배관의 굴절부까지의 거리	배관 **내경**의 **20배** 이상

(2) 저장용기의 내용적

약제종별	내용적[l/kg]
제1종 분말	0.8
제2·3종 분말	1
제4종 분말	1.25

(3) 압력조정기[NFPC 107 4조(NFTC 107 2.1.5), NFPC 108 5조(NFTC 108 2.2.3)]

할론소화설비	분말소화설비
2.0MPa 이하로 압력감압	2.5MPa 이하로 압력감압

※ **정압작동장치의 목적** : 약제를 적절히 보내기 위해

(4) 용기 유닛의 설치밸브

① 배기밸브
② 안전밸브
③ 세척밸브(클리닝밸브)

(5) 분말소화설비 가압식과 축압식의 설치기준(NFPC 108 5조, NFTC 108 2.2.4.1)

구분 / 사용가스	가압식	축압식
질소(N_2)	40l/kg 이상	10l/kg 이상
이산화탄소(CO_2)	20g/kg+배관청소 필요량 이상	20g/kg+배관청소 필요량 이상

(6) 분말소화설비의 방식

① 전역방출방식
② 국소방출방식
③ 호스릴(이동식)방식

(7) 약제 방사시간[NFPC 106 8조(NFTC 106 2.5), NFPC 107 10조(NFTC 107 2.7), NFPC 108 11조(NFTC 108 2.8), 위험물안전관리에 관한 세부기준 134~136조)]

소화설비		전역방출방식		국소방출방식	
		일반 건축물	위험물 제조소	일반 건축물	위험물 제조소
할론소화설비		10초 이내	30초 이내	10초 이내	30초 이내
분말소화설비		30초 이내	30초 이내	30초 이내	30초 이내
CO_2 소화설비	표면화재	1분 이내	60초 이내	30초 이내	30초 이내
	심부화재	**7**분 이내	60초 이내	30초 이내	30초 이내

기억법 심7(심취하다)

※

표면화재	심부화재
가연성 액체·가연성 가스	종이·목재·석탄·석유류·합성수지류

제2장 피난구조설비

(1) 피난기구

피난기구
- 완강기
- 피난사다리
- 구조대
- 소방청장이 정하여 고시하는 화재안전기준으로 정하는 것(미끄럼대, 피난교, 공기안전매트, 피난용 트랩, 다수인 피난장비, 승강식 피난기, 간이 완강기, 하향식 피난구용 내림식 사다리)

(2) 피난기구의 적응성(NFTC 301 2.1.1)

구분 \ 층별	3층
노유자시설	• 피난교 • 미끄럼대 • 구조대 • 다수인 피난장비 • 승강식 피난기

(3) 피난기구의 설치완화조건

① **층별구조**에 의한 감소

② **계단 수**에 의한 감소

③ **건널복도**에 의한 감소

(4) 피난사다리의 분류

피난사다리
- 고정식 사다리
  - 수납식
  - 신축식
  - 접는식(접어개기식)
- 올림식 사다리
- 내림식 사다리
  - 체인식
  - 와이어식
  - 접는식(접어개기식)

※ 올림식 사다리
- 사다리 상부지점에 **안전장치** 설치
- 사다리 하부지점에 **미끄럼방지장치** 설치

(5) 횡봉과 종봉의 간격

횡 봉	종 봉
25~35cm 이하	최외각 종봉 사이의 안치수가 30cm 이상

(6) 피난사다리의 표시사항(피난사다리의 형식승인 및 제품검사의 기술기준 11조)

① 종별 및 형식

② 형식승인번호

③ 제조연월일 및 제조번호

④ 제조업체명

⑤ 길이

⑥ 자체중량(고정식 및 하향식 피난구용 내림식 사다리 제외)

⑦ 사용안내문(사용방법, 취급상의 주의사항)

⑧ 용도(하향식 피난구용 내림식 사다리에 한하며, "**하향식 피난구용**"으로 표시)

⑨ 품질보증에 관한 사항(보증기간, 보증내용, A/S 방법, 자체검사필증 등)

(7) 수직강하식 구조대

본체에 적당한 간격으로 협축부를 마련하여 피난자가 안전하게 활강할 수 있도록 만든 구조

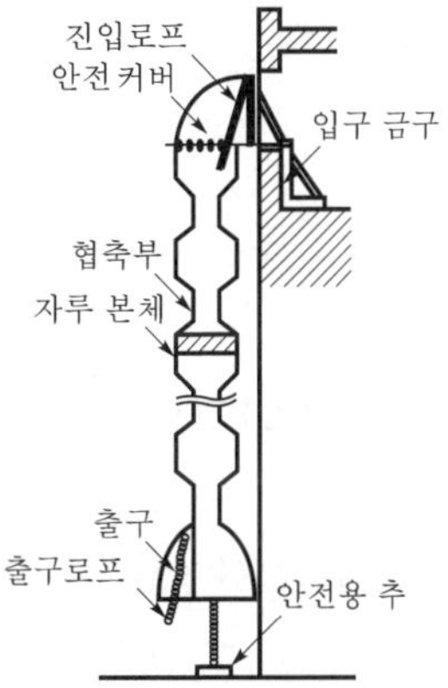

▮수직강하식▮

※ 사강식 구조대의 길이 : 수직거리의 1.3~1.5배

(8) 완강기

구 분	설 명
속도조절기	피난자가 **체중**에 의해 강하속도를 조절하는 것
로프	• 직경 3mm 이상 • 강도시험 : 3900N
벨트	• 너비 : 45mm 이상 • 최소원주길이 : 55~65cm 이하 • 최대원주길이 : 160~180cm 이하 • 강도시험 : 6500N
속도조절기의 연결부	–

기억법 로벨연

※ 완강기에 기름이 묻으면 강하속도가 현저히 빨라지므로 위험하다.

제3장 소화활동설비 및 소화용수설비

1. 제연설비

(1) 스모크타워 제연방식

① **고층빌딩**에 적당하다.
② 제연샤프트의 **굴뚝효과**를 이용한다.
③ 모든 층의 **일반 거실화재**에 이용할 수 있다.

※ 드래프트 커튼 : 스모크 해치효과를 높이기 위한 장치

(2) 제연구의 방식

① 회전식
② 낙하식
③ 미닫이식

(3) 배출량(NFPC 501 6조, NFTC 501 2.3.3)

1) 통로
예상제연구역이 통로인 경우의 배출량은 **45000m^3/h** 이상으로 할 것

2) 거실

바닥면적	직 경	배출량
400m^2 미만	–	5000m^3/h 이상
400m^2 이상	40m 이내	40000m^3/h 이상
	40m 초과	45000m^3/h 이상

(4) 제연구역의 구획(NFPC 501 4조, NFTC 501 2.1.1)

① 1제연구역의 면적은 <u>1000m^2</u> 이내로 할 것
② 거실과 통로는 **각각 제연구획**할 것
③ 통로상의 제연구역은 보행중심선의 길이가 <u>6</u>0m를 초과하지 않을 것
④ 1제연구역은 직경 <u>6</u>0m 원 내에 들어갈 것
⑤ 1제연구역은 **2개** 이상의 층에 미치지 않을 것

※ 제연구획에서 제연경계의 폭은 0.6m 이상, 수직거리는 2m 이내이어야 한다.

기억법 제10006(충북 <u>제천</u>에 <u>육</u>교 있음)

(5) 예상제연구역 및 유입구

① 예상제연구역의 각 부분으로부터 하나의 배출구까지의 수평거리는 **10m** 이내로 한다.
② 예상제연구역에 공기가 유입되는 순간의 풍속은 **5m/s** 이하가 되도록 한다.
③ 유입구의 구조는 유입공기를 상향으로 분출하지 않도록 설치해야 한다. (단, 유입구가 바닥으로 설치되는 경우에는 상향으로 분출이 가능하며 이때의 풍속은 1m/s 이하가 되도록 해야 한다.)
④ 공기 유입구의 크기는 **35cm^2·min/m^3** 이상으로 한다.

(6) 대규모 화재실의 제연효과

① 거주자의 피난루트 형성
② 화재진압대원의 진입루트 형성
③ 인접실로의 연기확산지연

(7) Duct(덕트) 내의 풍량과 관계되는 요인

① Duct의 내경
② 제연구역과 Duct와의 거리
③ 흡입댐퍼의 개수

(8) 풍속(NFPC 501 9조, 10조, NFTC 501 2.6.2.2, 2.7.1)

15m/s 이하	20m/s 이하
배출기의 흡입측 풍속	① 배출기 배출측 풍속 ② 유입풍도 안의 풍속

※ 연소방지설비 : **지하구**에 설치한다.

2. 연결살수설비

(1) 연결살수설비의 주요구성

① 송수구(단구형, 쌍구형)
② 밸브(선택밸브, 자동배수밸브, 체크밸브)
③ 배관
④ 살수헤드(폐쇄형, 개방형)

※ 송수구는 65mm의 **쌍구형**이 원칙이나 조건에 따라 **단구형**도 가능하다.

(2) 연결살수설비의 배관 종류(NFPC 503 5조, NFTC 503 2.2)

① 배관용 탄소강관
② 압력배관용 탄소강관
③ 소방용 합성수지배관
④ 이음매 없는 구리 및 구리합금관(**습식**에 한함)
⑤ 배관용 스테인리스강관
⑥ 일반용 스테인리스강관
⑦ 덕타일 주철관
⑧ 배관용 아크용접 탄소강강관

(3) 연결살수설비 헤드의 설치간격(NFPC 503 6조, NFTC 503 2.3.2.2)

스프링클러헤드	살수헤드
2.3m 이하	3.7m 이하

※ 연결살수설비에서 하나의 송수구역에 설치하는 개방형 헤드수는 **10개** 이하로 하여야 한다.

(4) 연결살수설비의 설치대상(소방시설법 시행령 [별표 4])

설치대상	조 건
지하층	• 바닥면적 합계 150m²(학교 700m²) 이상
판매시설 · 운수시설 · 물류터미널	• 바닥면적 합계 1000m² 이상
가스시설	• 30t 이상 탱크시설
전부	• 연결통로

3. 연결송수관설비

(1) 연결송수관설비의 주요구성

① 가압송수장치
② 송수구
③ 방수구
④ 방수기구함
⑤ 배관
⑥ 전원 및 배선

※ **연결송수관설비** : 시험용 밸브가 필요없다.

(2) 연결송수관설비의 부속장치

① 쌍구형 송수구
② 자동배수밸브(오토드립)
③ 체크밸브

(3) 설치높이(깊이) **및 방수압**

소화용수설비	연결송수관설비
① 가압송수장치의 설치깊이 : 4.5m 이상 ② 방수압 : 0.15MPa 이상	① 가압송수장치의 설치높이 : 70m 이상 ② 방수압 : 0.35MPa 이상

(4) 연결송수관설비의 설치순서(NFPC 502 4조, NFTC 502 2.1.1.8)

습식	건식
송수구 → 자동배수밸브 → 체크밸브	송수구 → 자동배수밸브 → 체크밸브 → 자동배수밸브 **기억법** 송자체자건

비교

연결살수설비식 자동밸브 및 체크밸브의 기준(NFPC 503 4조, NFTC 503 2.1.3)

구 분	폐쇄형 헤드 사용하는 설비	개방형 헤드 사용하는 설비
설치 순서	송수구 → 자동배수밸브 → 체크밸브 **기억법** 송자체폐	송수구 → 자동배수밸브

(5) 연결송수관설비의 방수구(NFPC 502 6조, NFTC 502 2.3)

① **층**마다 설치(**아파트**인 경우 3층부터 설치)
② **11층** 이상에는 **쌍구형**으로 설치(**아파트**인 경우 **단구형** 설치 가능)
③ 방수구는 **개폐기능**을 가진 것일 것
④ 방수구는 구경 65mm로 한다.
⑤ 방수구는 바닥에서 0.5~1m 이하에 설치한다.

※ **방수구의 설치장소** : 비교적 연소의 우려가 적고 접근이 용이한 **계단실**과 같은 곳

> **기억법** 연송65

(6) 연결송수관설비를 습식으로 해야 하는 경우(NFPC 502 5조, NFTC 502 2.2.1.2)

① 높이 **31m** 이상
② **11층** 이상

(7) 접합부위

송수구의 접합부위	방수구의 접합부위
암나사	수나사

4. 소화용수설비

(1) 소화용수설비의 주요구성

가압송수장치
② 소화수조
③ 저수조
④ 상수도 소화용수설비

(2) 소화용수설비의 설치기준(NFPC 401 4조, NFTC 401 2.1.1.3/NFPC 402 4조, 5조, NFTC 402 2.1.1, 2.2)

① 소화전은 특정소방대상물의 수평투영면의 각 부분으로부터 **140m** 이하가 되도록 설치할 것

> **기억법** 용14

② 소화수조 또는 저수조가 지표면으로부터의 깊이가 **4.5m** 이상인 지하에 있는 경우에는 소요수량을 고려하여 가압송수장치를 설치할 것
③ 소화수조 및 저수조의 채수구 또는 흡수관 투입구는 소방차가 **2m** 이내의 지점까지 접근할 수 있는 위치에 설치할 것
④ 소화수조가 **옥상** 또는 옥탑부분에 설치된 경우에는 지상에 설치된 채수구의 압력이 **0.15MPa** 이상 되도록 한다.

> **기억법** 옥15

(3) 소화수조 또는 저수조의 저수량 산출(NFPC 402 4조, NFTC 402 2.1.2)

구 분	기준면적
지상 1층 및 2층 바닥면적 합계 $15000m^2$ 이상	$7500m^2$
기타	$12500m^2$

$$\text{소화용수의 양}[m^3]=\frac{\text{연면적}}{\text{기준면적}}(\text{절상})\times 20m^3$$

(4) 채수구의 수

소화수조 용량	$20\sim40m^3$ 미만	$40\sim100m^3$ 미만	$100m^3$ 이상
채수구의 수	1개	2개	3개

제4장 경보설비의 구조 원리

(1) 경보설비의 종류

경보설비
- 자동화재탐지설비 · 시각경보기
- 자동화재속보설비
- 누전경보기
- 비상방송설비
- 비상경보설비(비상벨설비, 자동식 사이렌설비)
- 가스누설경보기
- 단독경보형 감지기
- 통합감시시설
- 화재알림설비

(2) 자동화재탐지설비의 구성요소

① 감지기
② 수신기
③ 발신기
④ 중계기
⑤ 음향장치
⑥ 표시등
⑦ 전원
⑧ 배선

(3) 자동화재탐지설비의 설치대상(소방시설법 시행령 [별표 4])

설치대상	조 건
① 정신의료기관 · 의료재활시설 ② 노유자시설	• 연면적 $400m^2$ 이상

설치대상	조 건
③ 근린생활시설 · 위락시설 ④ 의료시설(정신의료기관 또는 요양병원 제외) ⑤ 복합건축물 · 장례시설	• 연면적 $600m^2$ 이상
⑥ 목욕장 · 문화 및 집회시설, 운동시설 ⑦ 종교시설 ⑧ 방송통신시설 · 관광휴게시설 ⑨ 업무시설 · 판매시설 ⑩ 항공기 및 자동차관련시설 · 공장 및 창고시설 ⑪ 지하상가 · 운수시설 · 발전시설 · 위험물저장 및 처리시설 ⑫ 교정 및 군사시설 중 국방 · 군사시설	• 연면적 $1000m^2$ 이상
⑬ 교육연구시설 · 동식물관련시설 ⑭ 자원순환관련시설 · 교정 및 군사시설(국방 · 군사시설 제외) ⑮ 수련시설(숙박시설 있는 것 제외) ⑯ 묘지관련시설	• 연면적 $2000m^2$ 이상
⑰ 터널	• 길이 1000m 이상
⑱ 지하구 ⑲ 노유자생활시설	• 전부
⑳ 특수가연물 저장 · 취급	• 지정수량 500배 이상
㉑ 수련시설(숙박시설이 있는 것)	• 수용인원 100명 이상
㉒ 전통시장	• 전부
㉓ 발전시설	• 전기저장시설
㉔ 조산원 · 산후조리원	• 전부
㉕ 요양병원(정신병원과 의료재활시설 제외)	• 전부
㉖ 아파트 등 · 기숙사, 숙박시설	• 전부
㉗ 6층 이상인 건축물	• 전부

(4) 감지기의 종별

종 별	정 의
차동식 스포트형 감지기	주위 온도가 일정상승률 이상이 되는 경우에 작동하는 것으로서 **일국소**에서의 **열효과**에 의하여 작동하는 것
차동식 분포형 감지기	주위 온도가 일정상승률 이상이 되는 경우에 작동하는 것으로서 **넓은 범위**에서의 **열효과**에 의하여 작동하는 것
보상식 스포트형 감지기	**차동식 스포트형**과 **정온식 스포트형**의 성능을 **겸용**한 것으로서 차동식 스포트형 또는 정온식 스포트형의 한 기능이 작동되면 작동신호를 발하는 것

(5) 공기관식 감지기

1) 구성요소

감열부	검출부
공기관(두께 0.3mm 이상, 바깥지름 1.9mm 이상)	다이어프램, 리크구멍, 시험장치, 접점

※ **리크구멍** : 오동작 방지

2) 공기관 상호간의 접속
슬리브에 삽입한 후 납땜한다.

(6) 열전대식 감지기

1) 구성요소

감열부	검출부
열전대	미터릴레이

2) 고정방법
메신저와이어(Messenger wire) 사용할 때 **30cm** 이내

(7) 열반도체식 감지기

1) 구성요소

감열부	검출부
열반도체소자, 수열판	미터릴레이

2) 열반도체소자의 구성요소
① 비스무스(Bi)
② 안티몬(Sb)
③ 텔루륨(Te)

(8) 차동식 스포트형 감지기

공기의 팽창을 이용한 것	열기전력을 이용한 것
① 구성요소 : 감열실, 다이어프램, 리크구멍, 접점, 작동표시장치 ② 리크구멍 : 감지기의 오동작 방지	구성요소 : 감열실, 반도체 열전대, 고감도릴레이

(9) 정온식 스포트형 감지기의 구조

① 금속의 팽창을 이용한 것
② 금속의 용융을 이용한 것
③ 가용절연물을 이용한 것
④ 반도체의 열효과를 이용한 것

(10) 정온식 감지선형 감지기의 고정방법

구 분	설 명
단자부와 마감고정금구	10cm 이내
굴곡반경	5cm 이상

(11) 감지기의 부착높이(NFPC 203 7조, NFTC 203 2.4.1)

부착높이	감지기의 종류
8~15m 미만	• 차동식 분포형 • 이온화식 1종 또는 2종 • 광전식(스포트형 · 분리형 · 공기흡입형) 1종 또는 2종 • 연기복합형 • 불꽃감지기
15~20m 미만	• 이온화식 1종 • 광전식(스포트형 · 분리형 · 공기흡입형) 1종 • 연기복합형 • 불꽃감지기

기억법 1520불

(12) 연기감지기의 설치장소

① 계단 · 경사로 및 에스컬레이터 경사로

② 복도(30m 미만 제외)

③ 엘리베이터 승강로(권상기실이 있는 경우에는 권상기실) · 린넨슈트 · 파이프피트 및 덕트, 기타 이와 유사한 장소

④ 천장 또는 반자의 높이가 15~20m 미만의 장소

⑤ 다음에 해당하는 특정소방대상물의 취침 · 숙박 · 입원 등 이와 유사한 용도로 사용되는 거실

㉠ 공동주택 · 오피스텔 · 숙박시설 · 노유자시설 · 수련시설

㉡ 교육연구시설(합숙소)

㉢ 의료시설, 근린생활시설 중 입원실이 있는 의원 · 조산원

㉣ 교정 및 군사시설

㉤ 근린생활시설(고시원)

(13) 감지기의 설치기준

① 감지기(차동식 분포형 제외)는 실내로의 공기유입구로부터 1.5m 이상 떨어진 위치에 설치할 것

② 스포트형 감지기는 45° 이상 경사되지 아니하도록 부착할 것

③ 스포트형 감지기의 바닥면적

부착높이 및 소방대상물의 구분		감지기의 종류				
		차동식 · 보상식 스포트형		정온식 스포트형		
		1종	2종	특종	1종	2종
4m 미만	내화구조	$90m^2$	$70m^2$	$70m^2$	$60m^2$	$20m^2$
	기타구조	$50m^2$	$40m^2$	$40m^2$	$30m^2$	$15m^2$
4m 이상 8m 미만	내화구조	$45m^2$	$35m^2$	$35m^2$	$30m^2$	–
	기타구조	$30m^2$	$25m^2$	$25m^2$	$15m^2$	–

(14) 공기관식 감지기의 설치기준

① 노출부분은 감지구역마다 20m 이상이 되도록 할 것

② 각 변과의 수평거리는 1.5m 이하가 되도록 하고, 공기관 상호간의 거리는 6m(주요구조부를 **내화구조**로 된 특정소방대상물 또는 그 부분에 있어서는 9m) 이하가 되도록 할 것

③ 하나의 검출부분에 접속하는 공기관의 길이는 100m 이하로 할 것

④ 검출부는 5° 이상 경사되지 아니하도록 부착할 것

(15) 열전대식 감지기의 설치기준

① 하나의 검출부에 접속하는 열전대부는 4~20개 이하로 할 것

② 바닥면적

분 류	바닥면적
내화구조	$22m^2$
기타구조	$18m^2$

(16) 열반도체식 감지기의 설치기준

① 하나의 검출기에 접속하는 감지부는 2~15개 이하가 되도록 할 것

② 바닥면적

부착높이 및 소방대상물의 구분		감지기의 종류	
		1종	2종
8 m 미만	내화구조	$65m^2$	$36m^2$
	기타구조	$40m^2$	$23m^2$
8 m 이상 15 m 미만	내화구조	$50m^2$	$36m^2$
	기타구조	$30m^2$	$23m^2$

(17) 정온식 감지선형 감지기의 수평거리

1종	2종
3m(내화구조는 4.5m) 이하	1m(내화구조는 3m) 이하

(18) 연기감지기의 설치기준

① 복도 및 통로는 보행거리 30m(3종은 20m)마다 1개 이상으로 할 것

② 계단 및 경사로는 수직거리 15m(3종은 10m)마다 1개 이상으로 할 것

③ 감지기는 벽 또는 보로부터 0.6m 이상 떨어진 곳에 설치할 것

④ 바닥면적

부착높이	감지기의 종류	
	1종 및 2종	3종
4m 미만	$150m^2$	$50m^2$
4~20m 미만	$75m^2$	설치할 수 없다.

기억법 123, 155, 75

(19) 감지기의 설치제외장소

① 천장 또는 반자의 높이가 20m 이상인 장소

② 파이프덕트 등 2개층마다 방화구획된 것 또는 수평단면적이 $5m^2$ 이하인 것

(20) 차동식 분포형 감지기의 화재작동시험

공기관식	열전대식
펌프시험, 작동계속시험, 유통시험, 접점수고시험	화재작동시험, 합성저항시험

(21) 감지기의 형식승인 및 제품검사기술기준

1) 표시등

① 전구는 **2개** 이상을 **병렬**로 접속하여야 한다. 다만, **방전등** 또는 **발광다이오드**의 경우에는 그러하지 아니하다.

② 작동표시장치의 표시등은 주변 조도가 (500±25)lx인 조건에서 감지기 정면으로부터 6m 떨어진 위치에서 식별되어야 한다.

2) 음향장치

① 사용전압의 80%인 전압에서 음향을 발하여야 한다.

② 음압은 1m 떨어진 곳에서 85dB 이상이어야 한다.

3) 반복시험 : 6000회

4) 절연저항시험

정온식 감지선형 감지기	기타의 감지기
직류 500V 절연저항계, 1m당 1000MΩ 이상	직류 500V 절연저항계, 50MΩ 이상

(22) P형 수신기의 기능

① 화재표시작동 시험장치

② 수신기와 감지기 사이의 도통시험장치

③ 상용전원과 예비전원의 자동절환장치

④ 예비전원 양부시험장치

⑤ 기록장치

(23) R형 수신기의 특성

① 선로수가 적어 경제적이다.

② 선로길이를 길게 할 수 있다.

③ 증설 또는 이설이 비교적 쉽다.

④ 화재발생지구를 선명하게 숫자로 표시할 수 있다.

⑤ 신호의 전달이 확실하다.

(24) 수신기의 적합기준

① 특정소방대상물의 **경계구역**을 각각 표시할 수 있는 **회선수 이상**의 수신기를 설치할 것

② 특정소방대상물에 가스누설탐지설비가 설치된 경우에는 가스누설탐지설비로부터 가스누설신호를 수신하여 **가스누설경보**를 할 수 있는 **수신기**를 설치할 것(가스누설탐지설비의 수신부를 별도로 설치한 경우는 제외)

(25) 수신기의 성능시험

① 화재표시작동시험

② 회로도통시험

③ 공통선시험

④ 예비전원시험

⑤ 동시작동시험(5회선 동시작동)

⑥ 저전압시험
⑦ 회로저항시험
⑧ 비상전원시험

(26) 수신기의 형식승인 및 제품검사기술기준

P형·P형 복합식, GP형·GP형 복합식, R형·R형 복합식, GR형 또는 GR형 복합식 수신기의 수신완료까지의 소요시간은 5초 이내이어야 한다.

▮축적형 수신기▮

축적시간	화재표시감지시간	전원차단시간
30~60초 이하	60초	1~3초 이하

(27) 수신기의 절연저항시험

구 분	설 명
절연된 충전부와 외함간	직류 500V의 절연저항계, 5MΩ 이상(단, 중계기가 10 이상인 것은 교류입력측과 외함간을 제외하고 1회선당 50MΩ 이상)
교류입력측과 외함간	직류 500V의 절연저항계, 20MΩ 이상
절연된 선로간	직류 500V의 절연저항계로, 20MΩ 이상

(28) 발신기의 설치기준

① 조작이 쉬운 장소에 설치하고, 스위치는 바닥으로부터 **0.8~1.5m** 이하의 높이에 설치할 것
② 특정소방대상물의 **층**마다 설치하되, 해당 특정소방대상물의 각 부분으로부터 하나의 발신기까지의 수평거리가 **25m** 이하가 되도록 할 것

(29) 발신기의 형식승인 및 제품검사기술기준

1) 구조 및 기능 : 외함은 1.2mm 이상(강판 사용)
2) 반복시험 : **5000회**
3) 절연저항시험

절연된 단자간	단자와 외함간
직류 500V 절연저항계, 20MΩ 이상	직류 500V 절연저항계, 20MΩ 이상

(30) 중계기의 기능시험

① 상용전원시험
② 예비전원시험

(31) 중계기의 형식승인 및 제품검사기술기준

1) 수신개시로부터 발신개시까지의 시간 : **5초 이내**
2) 반복시험 : **2000회**
3) 절연저항시험

절연된 충전부와 외함간	절연된 선로간
직류 500V 절연저항계, 20MΩ 이상	직류 500V 절연저항계, 20MΩ 이상

(32) 자동화재탐지설비의 음향장치의 경보

▮11층(공동주택 16층) 이상인 특정소방대상물▮

발화층	경보층	
	11층(공동주택 16층) 미만	11층(공동주택 16층) 이상
2층 이상 발화	전층 일제경보	• 발화층 • 직상 4개층
1층 발화		• 발화층 • 직상 4개층 • 지하층
지하층 발화		• 발화층 • 직상층 • 기타의 지하층

(33) 음향장치의 구조 및 성능기준

① 정격전압의 **80%** 전압에서 음향을 발할 것(단, 건전지를 주전원으로 사용하는 음향장치는 제외)
② 음량은 **1m** 떨어진 위치에서 **90dB** 이상일 것
③ **감지기·발신기**의 작동과 **연동**하여 작동할 것

(34) 자동화재속보설비

1) 설치기준

① **자동화재탐지설비**와 연동으로 소방관서에 통보할 것
② 조작스위치는 바닥으로부터 **0.8~1.5m** 이하의 높이에 설치하고, 보기 쉬운 곳에 스위치임을 표시한 표지를 할 것

2) 설치대상

설치대상	조 건
① 수련시설(숙박시설이 있는 것) ② 노유자시설 ③ 정신병원 및 의료재활시설	• 바닥면적 500m² 이상
④ 목조건축물	• 국보 · 보물
⑤ 노유자생활시설 ⑥ 전통시장	• 전부
⑦ 조산원 · 산후조리원	• 전부
⑧ 의원, 치과의원, 한의원	• 입원실이 있는 시설
⑨ 종합병원, 병원, 치과병원, 한방병원 및 요양병원(정신병원과 의료재활시설 제외)	• 전부

기억법 5수노요병속

(35) 자동화재속보설비의 성능인증 및 제품검사기술기준 5조

20초 이내에 **3회** 이상 소방관서에 자동속보할 것

(36) 비상방송설비의 설치기준

① 확성기의 음성입력은 3W(실내 1W) 이상일 것

② 확성기는 **각 층**마다 설치하되, 각 부분으로부터의 수평거리는 25m 이하일 것

③ 음량조정기는 **3선식** 배선일 것

④ 조작스위치는 바닥으로부터 0.8~1.5m 이하의 높이에 설치할 것

⑤ 다른 전기회로에 의하여 **유도장애**가 생기지 아니하도록 할 것

⑥ 비상방송 **개**시시간은 10초 이하일 것

⑦ 다른 방송설비와 공용할 경우 화재시 비상경보 외의 방송을 차단할 수 있을 것

기억법 방3실1, 3음방(삼엄한 방송실), 개10방

(37) 설치대상

1) 비상경보설비(소방시설법 시행령 [별표 4])

설치대상	조 건
지하층 · 무창층	• 바닥면적 150m²(공연장 100m²) 이상
전부	• 연면적 400m² 이상
터널	• 길이 500m 이상
옥내작업장	• 50명 이상 작업

2) 비상방송설비

① 연면적 3500m² 이상

② **11층** 이상(지하층 제외)

③ **지하 3층** 이상

(38) 누전경보기의 구성요소

구성요소	설 명
영상변류기	**누설전류**를 **검출**한다.
수신기(차단기구 포함)	**누설전류**를 **증폭**한다.
음향장치	경보

기억법 변수음차

(39) 누전경보기의 수신부

설치장소	설치제외장소
옥내의 점검에 편리한 장소	① 습도가 높은 장소 ② 온도의 변화가 급격한 장소 ③ 화약류 제조 · 저장 · 취급장소 ④ **대전류회로** · **고주파 발생회로** 등의 영향을 받을 우려가 있는 장소 ⑤ 가연성의 증기 · 먼지 · 가스 · 부식성의 증기 · 가스 다량 체류장소

기억법 온습누가대화
(온도 습도가 높으면 누가 대화하나?)

(40) 누전경보기의 설치 방법

60A 초과	60A 이하
1급 누전경보기 설치	1급 또는 2급 누전경보기 설치

(41) 누전경보기의 전원기준

① 각 극에 **개폐기** 및 15A 이하의 **과전류차단기**를 설치할 것(배선용 차단기는 20A 이하)
② 분전반으로부터 **전용회로**로 할 것

(42) 누전경보기의 형식승인 및 제품검사기술기준 (7~8조 · 19조)

1) 공칭작동전류치 : **200mA 이하**
2) 감도조정장치의 조정범위 : **1A 이하**
3) 절연저항시험 : **직류 500V 절연저항계**
① 절연된 1차권선과 2차권선간의 절연저항
② 절연된 1차권선과 외부금속부간의 절연저항
③ 절연된 2차권선과 외부금속부간의 절연저항
→ 5MΩ 이상

(43) 가스누설경보기의 형식승인 및 제품검사기술기준 (3조 · 13조)

1) 경보기의 분류
① 단독형 : **가정용**
② 분리형 ┬ 영업용 : **1회로용**
　　　　└ 공업용 : 1회로 이상용
2) 분리형의 주위온도 시험범위
-(10±2)℃ 및 (50±2)℃에서 각각 12시간 방치하는 경우

제5장 피난구조설비 및 소화활동설비(전기분야)

(1) 객석유도등의 설치장소

① 공연장
② 집회장
③ 관람장
④ 운동시설

(2) 설치높이

설치높이	유도등 · 유도표지
1m 이하	• 복도통로유도등 • 계단통로유도등 • 통로유도표지
1.5m 이상	• 피난구유도등 • 거실통로유도등

기억법 계복1, 피유15상

(3) 조도

0.2lx 이상	1lx 이상
객석유도등	① 통로유도등 ② 비상조명등

(4) 표시색

통로유도등	피난구유도등
백색바탕에 녹색글씨 또는 문자	녹색바탕에 백색글씨 또는 문자

(5) 최소설치개수 산정식

구 분	설치개수
객석유도등	$\frac{\text{객석통로의 직선부분의 길이[m]}}{4} - 1$ **기억법** 객4
유도표지	$\frac{\text{구부러진 곳이 없는 부분의 보행거리[m]}}{15} - 1$ **기억법** 유15
복도통로유도등, 거실통로유도등	$\frac{\text{구부러진 곳이 없는 부분의 보행거리[m]}}{20} - 1$ **기억법** 통2

(6) 비상전원의 종류

구 분	비상전원 종류
유도등	축전지
비상콘센트설비	① 자가발전설비 ② 비상전원수전설비 ③ 축전지설비 ④ 전기저장장치
옥내소화전설비	① 자가발전설비 ② 축전지설비 ③ 전기저장장치

(7) 유도등의 형식승인 및 제품검사기술기준(3 · 23조)

1) 사용전압 : 300V 이하

2) 전선의 굵기 : 인출선 0.75mm² 이상

기억법 인75(인(사람) 치료)

3) 인출선의 길이 : 150mm 이상

4) 조도시험

유도등의 종류	시험방법
계단통로유도등	바닥면에서 2.5m 높이에 유도등을 설치하고 수평거리 10m 위치에서 법선조도 0.5lx 이상
복도통로유도등	바닥면에서 1m 높이에 유도등을 설치하고 중앙으로부터 0.5m 위치에서 조도 1lx 이상
거실통로유도등	바닥면에서 2m 높이에 유도등을 설치하고 중앙으로부터 0.5m 위치에서 조도 1lx 이상
객석유도등	바닥면에서 0.5m 높이에 유도등을 설치하고 바로 밑에서 0.3m 위치에서 수평조도 0.2lx 이상

5) 식별도시험

유도등의 종류	시험방법
• 피난구유도등 • 거실통로유도등	① 상용전원 : 10~30lx의 주위조도로 30m에서 식별 ② 비상전원 : 0~1lx의 주위조도로 20m에서 식별
• 복도통로유도등	① 상용전원 : 직선거리 20m에서 식별 ② 비상전원 : 직선거리 15m에서 식별

(8) 비상조명등의 설치대상

① 5층 이상으로서 연면적 3000m² 이상

② 지하층 또는 무창층의 바닥면적이 450m² 이상

③ 터널길이 500m 이상

(9) 비상전원 용량

설비의 종류	비상전원 용량
• 자동화재탐지설비 • 비상경보설비 • 자동화재속보설비	10분 이상
• 유도등 • 비상조명등 • 비상콘센트설비 • 물분무소화설비 • 제연설비 • 옥내소화전설비(30층 미만) • 특별피난계단의 계단실 및 부속실 제연설비(30층 미만) • 스프링클러설비(30층 미만) • 연결송수관설비(30층 미만)	20분 이상
• 무선통신보조설비의 증폭기	30분 이상
• 옥내소화전설비(30~49층 이하) • 특별피난계단의 계단실 및 부속실 제연설비(30~49층 이하) • 연결송수관설비(30~49층 이하) • 스프링클러설비(30~49층 이하)	40분 이상
• 유도등 · 비상조명등(지하상가 및 11층 이상) • 옥내소화전설비(50층 이상) • 특별피난계단의 계단실 및 부속실 제연설비(50층 이상) • 연결송수관설비(50층 이상) • 스프링클러설비(50층 이상)	60분 이상

(10) 반복시험 횟수

① 1000회 : 속보기

② 2000회 : 중계기

③ 5000회 : 전원스위치, 발신기

④ 6000회 : 감지기

⑤ 10000회 : 비상조명등, 기타의 설비 및 기기(수신기)

(11) 비상콘센트 전원회로의 설치기준(NFPC 504 4조, NFTC 504 2.1)

구 분	전 압	용 량	플러그접속기
단상 교류	220V	1.5kVA 이상	접지형 2극

① 1전용회로에 설치하는 비상콘센트는 10개 이하로 할 것

② 풀박스는 1.6mm 이상의 철판을 사용할 것

(12) 비상콘센트설비의 설치대상

① **11층** 이상의 층
② **지하 3층** 이상이고, 지하층의 바닥면적 합계가 1000m^2 이상은 지하층의 전층
③ 터널길이 **500m** 이상

(13) 설치높이

기타기기	시각경보장치
0.8~1.5m 이하	2~2.5m 이하(단, 천장높이 2m 이하는 천장에서 0.15m 이내)

기억법 시25(CEO)

(14) 무선통신보조설비의 구성요소

① 누설동축케이블 · 동축케이블
② 옥외안테나
③ 분배기
④ 증폭기

(15) 누설동축케이블의 설치기준

① 누설동축케이블 및 동축케이블은 화재에 따라 해당 케이블의 피복이 소실된 경우에 케이블 본체가 떨어지지 아니하도록 4m 이내마다 금속제 또는 자기제 등의 지지금구로 벽 · 천장 · 기둥 등에 견고하게 고정시킬 것(단, 불연재료로 구획된 반자 안에 설치하는 경우 제외)
② 누설동축케이블 및 안테나는 고압전로로부터 1.5m 이상 떨어진 위치에 설치할 것(해당 전로에 **정전기차폐장치**를 유효하게 설치한 경우에는 제외)

(16) 수평거리와 보행거리

1) 수평거리

수평거리	적용대상
수평거리 25m 이하	• 발신기 • 음향장치 • 비상콘센트(지하상가 또는 지하층 바닥면적 합계 3000m^2 이상)
수평거리 50m 이하	• 비상콘센트(기타)

기억법 음25(음이온)

2) 보행거리

수평거리	적용대상
보행거리 15m 이하	• 유도표지
보행거리 20m 이하	• 복도통로유도등 • 거실통로유도등 • 3종 연기감지기
보행거리 30m 이하	• 1 · 2종 연기감지기

기억법 보통2(보통이 아니네요)

(17) 분배기 · 분파기 · 혼합기의 임피던스

50Ω

제6장 소화 및 제연 · 연결송수관설비(전기분야)

(1) 옥내소화전설비의 표시등 설치기준(NFPC 102 7조, NFTC 102 2.4.3)

① **위치표시등**은 함의 상부에 설치하되 표시등의 불빛은 부착면으로부터 **15°** 이상의 각도로도 발산되어야 하며 주위의 밝기가 **0 lx**인 장소에서 측정하여 **10m** 떨어진 위치에서 켜진 등이 확실히 식별되어야 한다.
② 적색등은 사용전압의 **130%**인 전압을 **24시간** 가하는 경우 **단선, 현저한 광속변화, 전류변화** 등이 발생하지 아니할 것

(2) 스프링클러설비 제어반의 도통시험 및 작동시험을 할 수 있어야 하는 회로(NFPC 103 13조, NFTC 103 2.10.3.8)

① 기동용 수압개폐장치의 압력스위치회로
② 수조 또는 물올림수조의 저수위감시회로
③ 유수검지장치 또는 일제개방밸브의 압력스위치회로
④ 일제개방밸브를 사용하는 설비의 화재감지기회로
⑤ 개폐밸브의 폐쇄상태확인회로

(3) 할론, CO_2 분말소화설비의 전기식 기동장치[NFPC 106 6조(NFTC 106 2.3.2.2), NFPC 107 6조(NFTC 107 2.3.2.2), NFPC 108 5조, 7조(NFTC 108 2.2.2, 2.4.2.2)]

할론, CO_2 분말소화설비의 전기식 기동장치[NFPC 106 6조(NFTC 106 2.3.2.2), NFPC 107 6조(NFTC 107 2.3.2.2), NFPC 108 7조(NFTC 108 2.4.2.2)]	분말소화약제의 가압용 가스용기(NFPC 108 5조, NFTC 108 2.2.2)
7병 이상의 저장용기를 동시에 개방하는 설비는 **2병** 이상에 **전자개방밸브**를 설치할 것	가스용기를 **3병** 이상 설치한 경우 **2병** 이상에 **전자개방밸브**를 부착할 것

(4) 하나의 제연구역의 면적

$1000m^2$ 이내

제7장 소방전기설비

(1) 전원의 종류

종 류	설 명
상용전원	평상시 주전원으로 사용되는 전원
비상전원	상용전원 정전 때를 대비하기 위한 전원
예비전원	상용전원 고장시 또는 용량부족시 최소한의 기능을 유지하기 위한 전원

(2) 부동충전방식

전지의 자기방전을 보충함과 동시에 상용부하에 대한 전력공급은 충전기가 부담하되 부담하기 어려운 일시적인 대전류부하는 축전지가 부담하도록 하는 방식

(3) 세류충전(트리클충전)

자기방전량만 항상 충전하는 방식

(4) 부동충전방식의 2차 전류

2차 전류

$$=\frac{\text{축전지의 정격용량}}{\text{축전지의 공칭용량}}+\frac{\text{상시부하}}{\text{표준전압}}\text{[A]}$$

(5) 부동충전방식의 축전지의 용량

$$C=\frac{1}{L}KI\,[\text{Ah}]$$

여기서, C : 축전지 용량

L : 용량저하율(보수율)

K : 용량환산시간[h]

I : 방전전류[A]

(6) 축전지설비의 구성요소

① 축전지

② 충전장치

③ 보안장치

④ 제어장치

⑤ 역변환장치

(7) 발전기의 용량산정식

$$P_n>\left(\frac{1}{e}-1\right)X_LP\,[\text{kVA}]$$

여기서, P_n : 발전기 정격출력[kVA]

e : 허용전압강하

X_L : 과도리액턴스

P : 기동용량[kVA]

(8) 발전기용 차단용량

$$P_s=\frac{1.25P_n}{X_L}\,[\text{kVA}]$$

여기서, P_s : 발전기용 차단용량[kVA]

P_n : 발전기 용량[kVA]

X_L : 과도 리액턴스

(9) 대형 전동기의 기동방법

① Y-△ 기동

② 리액터 기동

③ 기동보상기에 의한 기동

(10) 내화배선 · 내열배선 공사방법

내화배선의 공사방법	내열배선의 공사방법
① 금속관공사 ② 2종 금속제 가요전선관공사 ③ 합성수지관공사	① 금속관공사 ② 금속제 가요전선관공사 ③ 금속덕트공사 ④ 케이블공사

(11) 자동화재탐지설비, 옥내소화전설비의 공사방법

① 금속제 가요전선관공사
② 합성수지관공사
③ 금속관공사
④ 금속덕트공사
⑤ 케이블공사

제8장 배선시공 및 설계기준

(1) 감지기회로의 말단설치

① 발신기
② 스위치
③ 종단저항

(2) 종단저항 설치목적

도통시험을 용이하게 하기 위하여

(3) 자동화재탐지설비의 감지기회로의 전로저항

50Ω 이하

(4) 전선의 구비조건

① 도전율이 클 것
② 내구성이 좋을 것
③ 비중이 작을 것
④ 기계적 강도가 클 것
⑤ 가설이 쉽고 가격이 저렴할 것

(5) 지지점거리

배 관	지지점거리
합성수지관	1.5m 이하
금속관	2m 이하
금속덕트	3m 이하

(6) 별도의 경계구역

① 계단
② 경사로
③ 엘리베이터 승강로(권상기실이 있는 경우 **권상기실**)
④ 린넨슈트
⑤ 파이프피트 및 덕트

(7) 경계구역

1) 경계구역의 설정기준

① 1경계구역이 2개 이상의 **건축물**에 미치지 않을 것
② 1경계구역이 2개 이상의 **층**에 미치지 않을 것
③ 1경계구역의 면적은 600m^2 이하로 하고, 1변의 길이는 50m 이하로 할 것

기억법 경600

2) 1경계구역

높이 45m 이하

3) 경계구역의 경계선

① 복도
② 통로
③ 방화벽

(8) 정온식 스포트형 감지기의 적응장소

① 영사실
② 주방·주조실
③ 용접작업장
④ 건조실
⑤ 조리실
⑥ 스튜디오
⑦ 보일러실
⑧ 살균실

(9) 연기감지기의 적응장소

① 계단·경사로
② 복도·통로
③ 엘리베이터 권상기실
④ 린넨슈트
⑤ 파이프덕트
⑥ 전산실
⑦ 통신기기실

제5편

위험물의 성질 · 상태 및 시설기준

제1장 위험물의 성질 · 상태

(1) 제1류 위험물

구 분	내 용
성질	**강산화성 물질**(산화성 고체)
종류	① 염소산염류 · 아염소산염류 · 과염소산염류 ② 브로민산염류 · 아이오딘산염류 · 과망가니즈산염류 ③ 질산염류 · 다이크로뮴산염류 · 삼산화크로뮴
특성	① 상온에서 **고체상태**이다. ② 반응속도가 대단히 빠르다. ③ 가열 · 충격 및 다른 화학제품과 접촉시 쉽게 분해하여 산소를 방출한다. ④ **조연성 · 조해성** 물질이다.
저장 및 취급방법	① 산화되기 쉬운 물질과 화재위험이 있는 것으로부터 멀리할 것 ② 환기가 잘되는 곳에 저장할 것 ③ 가연물 및 분해성 물질과의 접촉을 피할 것 ④ **습기**에 **주의**하며 **밀폐용기**에 **저장**할 것
소화방법	물에 의한 **냉각소화**(단, **무기과산화물**은 **마른모래** 등에 의한 질식소화)

※ 자체화재시에는 주위의 가연물에 대량의 물을 뿌려 연소확대를 방지한다.

(2) 제2류 위험물

구 분	내 용
성질	**환원성 물질**(가연성 고체)
종류	① 황화인 · 적린 · 황 ② 철분 · 마그네슘 · 금속분 ③ 인화성 고체
특성	① 상온에서 **고체상태**이다. ② 연소속도가 대단히 빠르다. ③ 산화제와 접촉하면 폭발할 수 있다. ④ **금속분**은 물과 접촉시 발열한다. ⑤ 화재시 유독가스를 많이 발생한다. ⑥ 비교적 낮은 온도에서 착화하기 쉬운 가연물이다.
저장 및 취급방법	① 용기가 파손되지 않도록 할 것 ② 점화원의 접촉을 피할 것 ③ 산화제의 접촉을 피할 것 ④ 금속분류는 물과의 접촉을 피할 것
소화방법	물에 의한 **냉각소화**(단, **황화인 · 철분 · 마그네슘 · 금속분**은 **마른모래** 등에 의한 질식소화)

용어

질식소화 : 공기 중의 산소농도를 **16%** 이하로 희박하게 하여 소화하는 방법

(3) 제3류 위험물

구 분	내 용
성질	**금수성 물질** 및 자연발화성 물질
종류	① 황린 · 칼륨 · 나트륨 · 생석회 ② 알킬리튬 · 알킬알루미늄 · 알칼리금속류 · 금속칼슘 · 탄화칼슘 ③ 금속인화물 · 금속수소화합물 · 유기금속화합물
특성	① 상온에서 **고체상태**이다. ② 대부분 불연성 물질이다(단, 금속칼륨, 금속나트륨은 가연성 물질이다). ③ 물과 접촉시 발열 및 가연성 가스를 발생하며, 급격히 발화한다.
저장 및 취급방법	① 용기가 부식 · 파손되지 않도록 할 것 ② 보호액 속에 보관하는 경우 위험물이 보호액 표면에 노출되지 않도록 할 것 ③ 화재시 소화가 용이하게 하기 위해 나누어서 보관할 것
소화방법	**마른모래** 등에 의한 질식소화(단, **칼륨 · 나트륨**은 주변 인화물질을 제거하여 연소확대를 막는다.)

※ 제3류 위험물은 **금수성 물질**이므로 절대로 물로 소화하면 안 된다.

(4) 제4류 위험물

구 분	내 용
성질	**인화성 물질**(인화성 액체)
종류	① 제1~4석유류 ② 특수인화물 · 알코올류 · 동식물유류
특성	① 상온에서 **액체상태**이다(**가연성 액체**). ② **인화성 증기**를 발생시킨다. ③ 연소범위의 폭발하한계가 낮다. ④ 물보다 가벼우며 물에 잘 녹지 않는다.
저장 및 취급방법	① 용기가 파손되지 않도록 할 것 ② 불티, 불꽃, 화기, 기타 열원의 접촉을 피할 것 ③ 온도를 인화점 이하로 유지할 것 ④ 운반용기에 '**화기엄금**' 등의 표시를 할 것
소화방법	포 · 분말 · CO_2 · 할론소화약제에 의한 **질식소화**

※ **알코올류**는 알코올포 소화약제를 사용하여 소화하여야 한다.

(5) 제5류 위험물

구 분	내 용
성질	**폭발성 물질**(자기반응성 물질)
종류	① 유기과산화물 · 나이트로화합물 · 나이트로소화합물 ② 질산에스터류 · 하이드라진유도체 ③ 아조화합물 · 다이아조화합물 ④ 하이드록실아민 · 하이드록실아민염류
특성	① 상온에서 **고체** 또는 **액체상태**이다. ② 연소속도가 대단히 빠르다. ③ 불안정하고 분해되기 쉬우므로 폭발성이 강하다. ④ **자기연소** 또는 **내부연소**를 일으키기 쉽다. ⑤ 산화반응에 의한 자연발화를 일으킨다. ⑥ 한번 불이 붙으면 소화가 곤란하다.
저장 및 취급방법	① 용기가 파손되지 않도록 할 것 ② 화재시 소화가 용이하게 하기 위해 나누어서 보관할 것 ③ 점화원 및 분해촉진물질과의 접촉을 피할 것 ④ 운반용기에 '**화기엄금**', '**충격주의**' 등의 표시를 할 것
소화방법	화재초기에만 대량의 물에 의한 **냉각소화**(단, 화재가 진행되면 자연진화되도록 기다릴 것)

※ 자기반응성 물질=자체반응성 물질=자기연소성 물질

(6) 제6류 위험물

구 분	내 용
성질	**산화성 물질**(산화성 액체)
종류	① 질산 ② 과염소산 · 과산화수소
특성	① 상온에서 **액체상태**이다. ② 불연성 물질이지만 강산화제이다. ③ 물과 접촉시 발열한다. ④ 유기물과 혼합하면 산화시킨다. ⑤ 부식성이 있다.
저장 및 취급방법	① 용기가 파손되지 않도록 할 것 ② 물과의 접촉을 피할 것 ③ 가연물 및 분해성 물질과의 접촉을 피할 것
소화방법	마른모래 등에 의한 **질식소화**(단, **과산화수소**는 다량의 물로 **희석소화**)

중요 물질의 화학반응식

물 질	화학반응식
무기과산화물	① $2K_2O_2 + 2H_2O \rightarrow 4KOH + O_2$ ② $2Na_2O_2 + 2H_2O \rightarrow 4NaOH + O_2$
금속분	$Al + 2H_2O \rightarrow Al(OH)_2 + H_2$
기타물질	① $2K + 2H_2O \rightarrow 2KOH + H_2$ ② $2Na + 2H_2O \rightarrow 2NaOH + H_2$ ③ $2Li + 2H_2O \rightarrow 2LiOH + H_2$ ④ $Mg + 2H_2O \rightarrow Mg(OH)_2 + H_2$

(7) **특수가연물**(화재예방법 시행령 [별표 2])

품 명		수 량
면화류		200kg 이상
나무껍질 및 대팻밥		400kg 이상
넝마 및 종이부스러기		1000kg 이상
사류(絲類)		
볏짚류		
가연성 고체류		3000kg
석탄 및 목탄		10000kg
가연성 액체류		$2m^3$ 이상
목재가공품 및 나무부스러기		$10m^3$ 이상
고무류 · 플라스틱류	발포시킨 것	$20m^3$ 이상
	그 밖의 것	3000kg 이상

(비고) 1. '**면화류**'란 불연성 또는 난연성이 아닌 **면상** 또는 **팽이모양**의 섬유와 마사(麻絲) 원료를 말한다.
2. 넝마 및 종이부스러기는 불연성 또는 난연성이 아닌 것(동식물유가 깊이 스며들어 있는 옷감 · 종이 및 이들의 제품 포함)에 한한다.
3. '**사류**'란 불연성 또는 난연성이 아닌 **실**(실부스러기와 솜털 포함)과 **누에고치**를 말한다.
4. '**볏짚류**'란 마른 볏짚 · 마른 북더기와 이들의 제품 및 건초를 말한다.

(8) 저장방법

물 질	저장방법
황린, 이황화탄소(CS_2)	물속
나이트로셀룰로오스	알코올 속
칼륨(K), 나트륨(Na), 리튬(Li)	석유류(등유) 속
아세틸렌(C_2H_2)	다이메틸프로마미드(DMF), 아세톤

(9) 저장제외물질

① 아세트알데하이드(CH_3CHO)
② 산화프로필렌(CH_3CHCH_2O)
③ 아세틸렌(C_2H_2)

→ **구리**(Cu), **마그네슘**(Mg), **은**(Ag), **수은**(Hg) 용기에 사용금지

기억법 구마은수

(10) 주수소화시 위험한 물질

구 분	설 명
무기과산화물	**산소** 발생
금속분·마그네슘	**수소** 발생
가연성 액체의 유류화재	**연소면**(화재면) **확대**

(11) 지정수량(위험물령 [별표 1])

지정수량	품 명	
50kg	• 염소산염류 • 과염소산염류	• 아염소산염류 • 무기과산화물
300kg	• 브로민산염류 • 아이오딘산염류	• 질산염류
1000kg	• 과망가니즈산염류	• 다이크로뮴산염류

※ **지정수량** : 위험물의 종류별로 위험성을 고려하여 대통령령으로 정하는 수량으로서 제조소 등의 설치허가 등에 있어서 최저의 기준이 되는 수량

참 고

제4류 위험물의 지정수량

지정수량	품 명
50 l	특수인화물
200 l	제1석유류(비수용성 액체)
1000 l	제2석유류(비수용성 액체)
2000 l	제3석유류(비수용성 액체)
6000 l	제4석유류

(12) 분해시작온도

분해시작온도	품 명
130℃	• 과염소산암모늄
250℃	• 무수크로뮴산
400℃	• 질산칼륨 • 과산화칼륨 • 염소산칼륨 • 염소산나트륨

참 고

위험물

위험물	설 명
무수크로뮴산(CrO_3)	**물, 알코올**에 잘 녹음
염소산칼륨	**온수, 글리세린**에 잘 녹음

(13) 조해성이 있는 물질

① 염소산나트륨 : 수산화나트륨과 중화된다.
② 염소산암모늄
③ 질산나트륨
④ 과염소산마그네슘

※ **조해성** : 공기 중에서 습기를 흡수하여 녹는 성질

(14) 수용성이 있는 물질(물에 잘 녹는 위험물)

① **과산**화**나**트륨
② **과망**가니즈산**칼**륨
③ **무**수크로뮴산(**삼**산화크로뮴)
④ **질산나**트륨
⑤ 질산**칼**륨
⑥ **초**산
⑦ **알**코올(에틸알코올)
⑧ **피**리딘
⑨ **아**세트알데하이드
⑩ **메**틸에틸케톤
⑪ **아**세톤
⑫ **초산메**틸
⑬ 초산**에**틸
⑭ 초산**프**로필
⑮ **산**화**프**로필렌
⑯ **글**리세린

기억법 물과산나과망칼 무삼질나칼 초알피아 메아초메에프 산프글

※ **수용성** : 물에 녹는 성질

(15) 피부를 부식시키는 물질

① 염소산칼륨
② 과산화나트륨
③ 무수크로뮴산(삼산화크로뮴)

(16) 물질의 색

색	물 질
백색	① 과산화나트륨 ② 과산화마그네슘 ③ 과산화칼슘 ④ 과산화바륨 ⑤ 브로민산칼륨(취소산칼륨)
암적색	무수크로뮴산(삼산화크로뮴)
적갈색	인화석회
오렌지색	과산화칼륨
흑자색	과망가니즈산칼륨

(17) 폭약(화약) 재료

① 질산칼륨(KNO_3)
② 질산나트륨($NaNO_3$)
③ 질산암모늄(NH_4NO_3)
④ 질산은($AgNO_3$)

(18) 금속분

① 아연분(Zn)
② 알루미늄분(Al)
③ 안티몬분(Sb) : 비중 6.69, 융점 630℃

(19) 황린 · 적린

연소시	공기 중
오산화인(P_2O_5) 발생	**포스핀**(PH_3) 발생

※ **황린 · 적린**의 불순물 제거시에는 **황산**을 사용한다.

(20) 칼륨(K), 나트륨(Na)

비 점	융 점
800℃	100℃
물보다 가볍다.	

(21) 금속수소화물

① NaH : 수소화나트륨
② $NaBH_4$: 수소화붕소나트륨
③ KH : 수소화칼륨
④ CaH_2 : 수소화칼슘
⑤ LiH : 수산화리튬
⑥ $Li(AlH_4)$: 수소화알루미늄리튬

(22) 물질의 일반성질

구 분	설 명
알킬알루미늄	탄소수가 많을수록 위험성 감소
초산에스터류 · 개미산 에스터	분자량이 증가할수록 ① 수용성 감소 ② 위험성 감소
알코올	분자량이 증가할수록 ① 수용성 감소 ② 위험성 감소 ③ 연소범위 축소 ④ 착화온도 하강
유지	아이오딘값이 클수록 ① 불포화도가 크다. ② 자연발화성이 크다. ③ 건조되기 쉽다. ④ 반응성이 크다.

※ **알코올**은 탄소수에 비해 **수소수가** 많기 때문에 **그을음이** 발생하지 않는다.

(23) 초산에스터류의 종류

수용성	불용성
① 초산메틸 ② 초산에틸 ③ 초산프로필	① 초산부틸 ② 초산아밀

(24) 물보다 무거운 물질

① 피크린산
② 크레졸
③ 이황화탄소(CS_2) : **고무**의 **용제**로 쓰임
④ 질산에틸
⑤ 초산
⑥ 중유
⑦ 크레오소트유, 클로로벤젠
⑧ 아세트산
⑨ 포름산
⑩ 나이트로벤젠
⑪ 과산화수소

(25) 이황화탄소(CS_2)가 녹이는 물질

① 유지
② 황, 황린
③ 생고무
④ 수지

(26) 독성이 없는 물질

① 빙초산
② 글리세린
③ 에틸알코올

(27) 콜로디온의 주성분

① 알코올
② 에터
③ 나이트로셀룰로오스

(28) 에스터의 주성분

① 산
② 알코올

※ **에스터류** : 특유한 과실냄새가 난다.

(29) 지정수량

지정수량	품 명
400 l	• 피리딘(수용성) • 에스터(수용성) • 메틸에틸케톤(수용성)

(30) 인화점

물 질	인화점
아세트알데하이드	−37.7℃
벤젠	−11℃
초산메틸 · 질산에틸	−10℃
메틸에틸케톤	−1℃
톨루엔	4℃
메틸알코올	11℃
에틸알코올	13℃
피리딘	20℃
클로로벤젠	32.2℃
동식물유류	250~350℃

(31) 착화점(발화점)

물 질	발화점
특수인화물	100℃ 이하
에틸에터	180℃
등유(케로신)	254℃
가솔린	300℃

(32) 비점

물 질	비 점
아세트알데하이드	21℃
특수인화물	40℃ 이하
메틸알코올	64℃
에틸알코올	78℃
크실렌	144℃

(33) 융점

초산 : 16.7℃

(34) 연소범위

물 질	연소범위
이황화탄소(CS_2)	1~44V%
가솔린	1.2~7.6V%
에터	1.7~48V%

물 질	연소범위
산화프로필렌	2.8~37V%
아세톤	2.6~12.8V%
아세트알데하이드	4~57V%

※ V% : 어떤 공간에 차지하는 부피를 백분율로 나타낸 것

(35) 장뇌유의 용도

장뇌유	용 도
① 감색유 ② 백색유	부유선광제, 방충방취제
③ 적색유	바닐린, 농약원료

(36) 부동액

① 글리세린[$C_3H_5(OH)_3$]

② 에틸렌글리콜[CH_2OH-CH_2OH]

참 고

크레오소트유 : 목재의 방부제로 쓰임

(37) 아이오딘값

불건성유	반건성유	건성유
100 이하(야자유, 팜유, 올리브유, 피마자기름, 땅콩기름)	100~130(채종유, 면실유, 쌀겨유, 옥수수기름, 콩기름)	130 이상(아마인유, 들기름, 정어리유, 해바라기유, 동유)

※ **아이오딘값** : 유지 100g에 흡수되는 아이오딘의 양을 g으로 나타낸 것

(38) 질산에스터류

① 나이트로글리세린 : **규조토** 흡수

② 나이트로셀룰로오스

③ 질산에틸

④ 질산메틸

(39) 셀룰로이드 연소시의 발생가스 : 유독성

① 산화질소

② 시안화수소

③ 일산화탄소

※ 셀룰로이드의 질소함유량은 11%이다.

(40) TNT 폭발시 발생가스

① 수소

② 질소

③ 일산화탄소

(41) TNT의 제조원료

① 톨루엔

② 질산

③ 황산

(42) 메틸에틸케톤 퍼옥사이드의 희석제

① 프탈산다이메틸

② 프탈산다이부틸

※ 메틸에틸케톤 퍼옥사이드 : MEKPO

(43) 과산화수소의 안정제

① 요소

② 글리세린

③ 인산나트륨

(44) 합성수지

열가소성 수지	열경화성 수지
열에 의하여 변형되는 수지 ① PVC수지 ② 폴리에틸렌수지 ③ 폴리스티렌수지 기억법 열가P폴	열에 의하여 변형되지 않는 수지 ① 페놀수지 ② 요소수지 ③ 멜라민수지

(45) 가연성 증기 발생물질(40~100℃ 미만)

① 보르네올

② 페놀

③ 파라프롬알데하이드, 파라톨루이딘

④ 에틸잔테드

⑤ 크레졸

(46) 승화성이 있는 물질

① 나프탈렌($C_{10}H_8$)

② 장뇌

③ 보르네올

(47) 물과 반응하여 아세틸렌을 발생하는 물질

① 탄화칼슘(CaC_2)

② 탄화리튬(Li_2C_2)

③ 탄화나트륨(Na_2C_2)

(48) 자연발화의 형성조건

① 열전도율이 낮다.

② 방열속도가 발열속도보다 **작다.**

③ 공기의 이동이 적다.

④ 분말상의 형태이다.

(49) 소방관련법령에서 규정한 나이트로화합물

① 트리나이트로 톨루엔(TNT) : $C_6H_2CH_3(NO_2)_3$

② 피크린산(TNP) : $C_6H_2(NO_2)_3OH$

③ 트리나이트로벤젠 : $C_6H_3(NO_2)_3$

④ 디나이트로나프탈렌(DNN) : $C_{10}H_6(NO_2)_2$

(50) 산소공급원

① 제1류 위험물

② 제5류 위험물

③ 제6류 위험물

※ **산소공급원** : 산소를 함유하고 있는 위험물

(51) 물에 의한 냉각소화가 가능한 위험물

① 제1류 위험물(**무기과산화물** 제외)

② 제2류 위험물(**금속분** 제외)

③ 제5류 위험물

(52) 위험물의 혼재기준(위험물규칙 [별표 19])

① 제**1**류 위험물+제**6**류 위험물

② 제**2**류 위험물+제**4**류 위험물

③ 제**2**류 위험물+제**5**류 위험물

④ 제**3**류 위험물+제**4**류 위험물

⑤ 제**4**류 위험물+제**5**류 위험물

기억법 1-6, 2-45, 3-4, 4-5

(53) CO_2 소화설비의 소화적응성(NFTC 101 2.1.1.1)

① 유류화재(B급 화재)

② 전기화재(C급 화재)

(54) 포소화설비의 소화적응성(NFTC 101 2.1.1.1)

① 일반화재(A급 화재)

② 유류화재(B급 화재)

(55) 위험물(위험물령 [별표 1])

유 별	성 질	품 명
제**1**류	**산**화성 **고**체	• 아염소산염류 • 염소산염류 • 과염소산염류 • 질산염류(질산칼륨) • 무기과산화물 **기억법** 1산고(일산GO)
제**2**류	가연성 고체	• **황화**인 • **적**린 • **황** • **마**그네슘 • 금속분 **기억법** 2황화적황마
제**3**류	자연발화성 물질 및 금수성 물질	• **황**린 • **칼**륨 • **나**트륨 • 금속의 수소화물 **기억법** 황칼나
제**4**류	인화성 액체	• 특수인화물 • 석유류(벤젠)(제1석유류 : 톨루엔) • 알코올류 • 동식물유류

유 별	성 질	품 명
제5류	자기반응성 물질	• 셀룰로이드 • 유기과산화물 • 질산에스터류(셀룰로이드) • 나이트로화합물 • 나이트로소화합물 • 아조화합물
제6류	산화성 액체	• 과염소산 • 과산화수소 • 질산

(56) 제4류 위험물의 일반성상

① 상온에서 액체이며, 인화성이 높다.

② 증기는 공기보다 **무겁다**(HCN 제외).

③ 증기는 공기가 약간만 혼합되어 있어도 연소한다.

④ 대부분 물보다 가볍고 물에 녹기 어렵다.

⑤ 착화온도가 낮은 것은 위험하다.

(57) 다이에틸에터의 일반성상

① 증기는 **마취성**이 있다.

② **무색 투명**하다.

③ 물에는 녹기 어려우나 알코올에는 잘 녹는다.

④ 전기 불량도체이므로 **정전기**가 발생하기 쉽다.

제2장 위험물의 시설기준

(1) 도로(위험물규칙 2조)

① 도로법에 의한 도로

② 임항교통시설의 도로

③ 사도

④ 일반교통에 이용되는 너비 2m 이상의 도로(자동차의 통행이 가능한 것)

(2) 위험물 품명의 지정(위험물규칙 3조)

품 명	지정물질
제1류 위험물	① 과아이오딘산염류 ② 과아이오딘산 ③ 크로뮴, 납 또는 아이오딘의 산화물 ④ 아질산염류 ⑤ 차아염소산염류 ⑥ 염소화아이소사이아누르산 ⑦ 퍼옥소이황산염류 ⑧ 퍼옥소붕산염류
제3류 위험물	염소화규소화합물
제5류 위험물	① 금속의 아지화합물 ② 질산구아니딘
제6류 위험물	할로겐간화합물

(3) 탱크의 내용적(위험물안전관리에 관한 세부기준 [별표 1])

1) 타원형 탱크의 내용적

① 양쪽이 볼록한 것

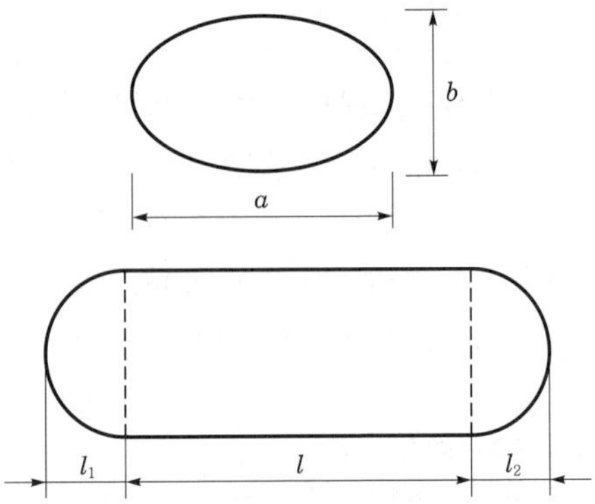

$$\text{내용적}=\frac{\pi ab}{4}\left(l+\frac{l_1+l_2}{3}\right)$$

② 한쪽은 볼록하고 다른 한쪽은 오목한 것

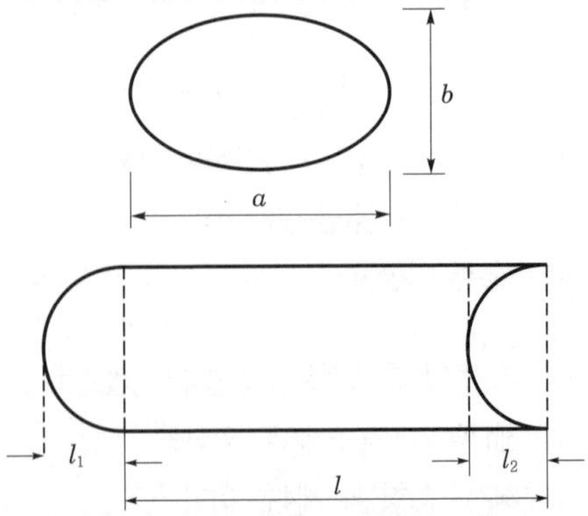

$$\text{내용적}=\frac{\pi ab}{4}\left(l+\frac{l_1-l_2}{3}\right)$$

2) 원형 탱크의 내용적

① 횡으로 설치한 것

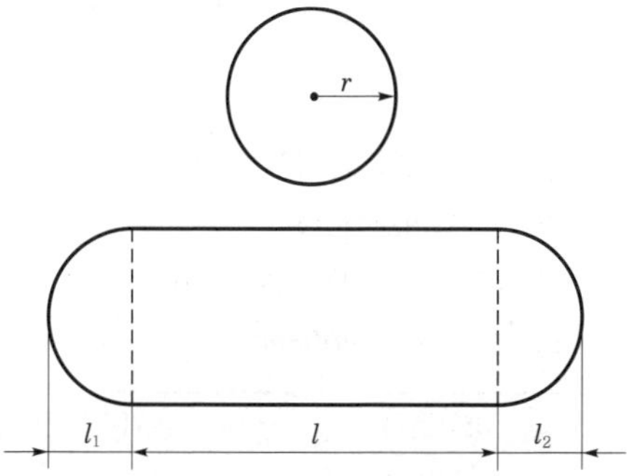

내용적 $=\pi r^2\left(l+\frac{l_1+l_2}{3}\right)$

② 종으로 설치한 것

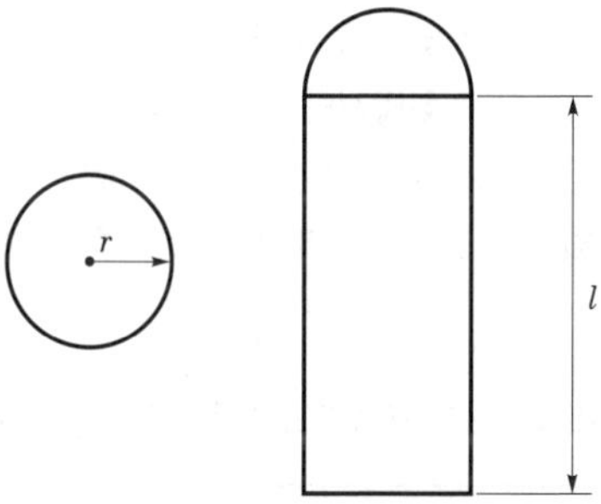

내용적 $=\pi r^2 l$

※ **탱크의 용량**=탱크의 내용적-탱크의 공간용적

(4) 위험물제조소의 안전거리(위험물규칙 [별표 4])

안전거리	대 상
3m 이상	• 7~35kV 이하의 특고압가공전선
5m 이상	• 35kV를 초과하는 특고압가공전선
10m 이상	• **주거용**으로 사용되는 것
20m 이상	• 고압가스 **제조**시설(용기에 충전하는 것 포함) • 고압가스 **사용**시설(1일 30m^3 이상 용적 취급) • 고압가스 **저장**시설 • 액화산소 **소비**시설 • 액화석유가스 제조·저장시설 • 도시가스 공급시설
30m 이상	• 학교 • 병원급 의료기관 • 공연장, • 영화상영관 — 300명 이상 수용시설 • 아동복지시설 • 노인복지시설 • 장애인복지시설 • 한부모가족 복지시설 • 어린이집 • 성매매 피해자 등을 위한 지원시설 • 정신건강증진시설 • 가정폭력피해자 보호시설 (아동복지시설~가정폭력피해자 보호시설: **20명** 이상 수용시설)
50m 이상	• 지정문화유산 • 천연기념물 등

(5) 위험물제조소의 보유공지(위험물규칙 [별표 4])

취급하는 위험물의 최대수량	공지의 너비
지정수량의 10배 이하	3m 이상
지정수량의 10배 초과	5m 이상

(6) 보유공지를 제외할 수 있는 방화상 유효한 격벽의 설치기준(위험물규칙 [별표 4])

① 방화벽은 **내화구조**로 할 것(단, 취급하는 위험물이 **제6류 위험물**인 경우에는 **불연재료**로 할 수 있다.)

② 방화벽에 설치하는 출입구 및 창 등의 개구부는 가능한 한 **최소**로 하고, 출입구 및 창에는 자동폐쇄식의 60분+**방화문 또는** 60분 **방화문**을 설치할 것

③ 방화벽의 양단 및 상단이 외벽 또는 지붕으로부터 50cm 이상 돌출하도록 할 것

(7) 위험물제조소의 표지(위험물규칙 [별표 4])

① 한 변의 길이가 0.3m 이상, 다른 한 변의 길이가 0.6m 이상인 직사각형일 것

② **바**탕은 **백색**으로, 문자는 **흑색**일 것

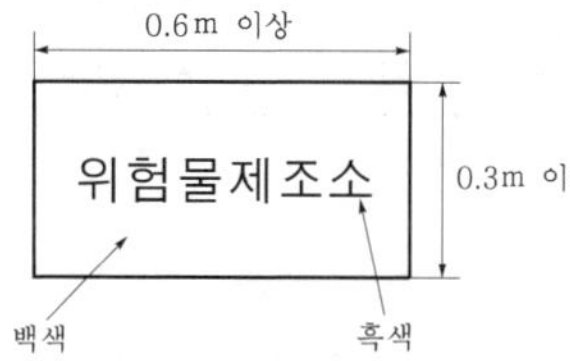

▌제조소의 표지▐

기억법 표바백036

(8) 위험물제조소의 게시판 설치기준(위험물규칙 [별표 4])

위험물	주의사항	비 고
• 제1류 위험물(알칼리금속의 과산화물) • 제3류 위험물(금수성 물질)	물기엄금	청색바탕에 백색문자
• 제2류 위험물(인화성 고체 제외)	화기주의	적색바탕에 백색문자
• 제2류 위험물(인화성 고체) • 제3류 위험물(자연발화성 물질) • 제4류 위험물 • 제5류 위험물	화기엄금	
• 제6류 위험물	별도의 표시를 하지 않는다.	

기억법 화4엄(화사함)

비교

위험물 운반용기의 주의사항(위험물규칙 [별표 19])

위험물		주의사항
제1류 위험물	알칼리금속의 과산화물	• 화기 · 충격주의 • 물기엄금 • 가연물 접촉주의
	기타	• 화기 · 충격주의 • 가연물 접촉주의
제2류 위험물	철분 · 금속분 · 마그네슘	• 화기주의 • 물기엄금
	인화성 고체	• 화기엄금
	기타	• 화기주의
제3류 위험물	자연발화성 물질	• 화기엄금 • 공기접촉엄금
	금수성 물질	• 물기엄금
제4류 위험물		• 화기엄금
제5류 위험물		• 화기엄금 • 충격주의
제6류 위험물		• 가연물 접촉주의

(9) 제조소 조명설비의 적합기준(위험물규칙 [별표 4])

① 가연성 가스 등이 체류할 우려가 있는 장소의 조명등은 **방폭등**으로 할 것

② 전선은 **내화 · 내열전선**으로 할 것

③ 점멸스위치는 **출입구 바깥부분**에 설치할 것(단, 스위치의 스파크로 인한 화재 · 폭발의 우려가 없는 경우는 제외)

(10) 위험물제조소의 환기설비(위험물규칙 [별표 4])

① 환기는 **자연배기방식**으로 할 것

② 급기구는 바닥면적 **150m^2**마다 1개 이상으로 하되, 그 크기는 **800cm^2** 이상일 것

바닥면적	급기구의 면적
60m^2 미만	150cm^2 이상
60~90m^2 미만	300cm^2 이상
90~120m^2 미만	450cm^2 이상
120~150m^2 미만	600cm^2 이상

③ 급기구는 **낮은 곳**에 설치하고, 가는 눈의 구리망 등으로 **인화방지망**을 설치할 것

④ 환기구는 지붕 위 또는 지상 **2m** 이상의 높이에 **회전식 고정 벤틸레이터** 또는 **루프팬방식**으로 설치할 것

(11) 채광설비 · 환기설비의 설치제외(위험물규칙 [별표 4])

채광설비의 설치제외	환기설비의 설치제외
조명설비가 설치되어 유효하게 조도가 확보되는 건축물	**배출설비**가 설치되어 유효하게 환기가 되는 건축물

※ 위험물제조소의 배출설비의 배출능력은 1시간당 배출장소 용적의 20배 이상인 것으로 할 것(단, 전역방식의 경우 18m^3/m^2 이상으로 할 수 있다.)

(12) 옥외에서 액체위험물을 취급하는 바닥기준(위험물규칙 [별표 4])

① 바닥의 둘레에 높이 **0.15m** 이상의 턱을 설치하는 등 위험물이 외부로 흘러나가지 아니하도록 할 것

② 바닥은 **콘크리트** 등 위험물이 스며들지 아니하는 재료로 하고, 턱이 있는 쪽이 낮게 경사지게 할 것

③ 바닥의 **최저부**에 **집유설비**를 할 것

④ 위험물(온도 20℃의 물 100g에 용해되는 양이 1g 미만인 것)을 취급하는 설비에 있어서는 해당 위험물이 직접 배수구에 흘러들어가지 아니하도록 집유설비에 **유분리장치**를 설치할 것

(13) 안전장치의 설치기준(위험물규칙 [별표 4])

① 자동적으로 압력의 상승을 정지시키는 장치
② 감압측에 안전밸브를 부착한 감압밸브
③ 안전밸브를 겸하는 경보장치
④ **파괴판** : 안전밸브의 작동이 곤란한 경우에 사용

(14) 위험물제조소 방유제의 용량(위험물규칙 [별표 4])

1개의 탱크	2개 이상의 탱크
방유제용량=탱크용량×0.5	방유제용량=탱크최대용량×0.5+기타 탱크용량의 합×0.1

비교

옥외탱크저장소의 방유제의 용량(위험물규칙 [별표 6])

1기 이상	2기 이상
탱크용량×1.1	탱크최대용량×1.1

※ 지정수량의 **10배** 이상의 위험물을 취급하는 제조소(**제6류** 위험물을 취급하는 위험물제조소 제외)에는 **피뢰침**을 설치하여야 한다.

(15) 아세트알데하이드 등을 취급하는 제조소의 특례
(위험물규칙 [별표 4])

① **은 · 수은 · 동 · 마그네슘** 또는 이들을 성분으로 하는 합금으로 만들지 아니할 것
② 연소성 혼합기체의 생성에 의한 폭발을 방지하기 위한 **불활성 기체** 또는 **수증기**를 봉입하는 장치를 갖출 것
③ 탱크에는 **냉각장치** 또는 **보냉장치** 및 연소성 혼합기체의 생성에 의한 폭발을 방지하기 위한 **불활성 기체**를 **봉입**하는 **장치**를 갖출 것

(16) 하이드록실아민 등을 취급하는 제조소의 안전거리
(위험물규칙 [별표 4])

$$D = 51.1\sqrt[3]{N}$$

여기서, D : 거리[m]
N : 해당 제조소에서 취급하는 하이드록실아민 등의 지정수량의 배수

(17) 옥내저장소의 안전거리 적용제외(위험물규칙 [별표 5])

1) **제4석유류** 또는 **동식물유류** 저장 · 취급장소(최대수량이 지정수량의 **20배** 미만)
2) **제6류** 위험물 저장 · 취급장소
3) 다음 기준에 적합한 지정수량 **20배**(하나의 저장창고의 바닥면적이 **150m²** 이하인 경우 **50배**) 이하의 장소
① 저장창고의 **벽 · 기둥 · 바닥 · 보** 및 **지붕**이 **내화구조**일 것
② 저장창고의 출입구에 수시로 열 수 있는 **자동폐쇄방식의 60분+방화문 또는 60분 방화문**이 설치되어 있을 것
③ 저장창고에 **창**을 설치하지 아니할 것

(18) 옥내저장소의 보유공지(위험물규칙 [별표 5])

위험물의 최대수량	공지너비	
	내화구조	기타구조
지정수량의 5배 이하	–	0.5m 이상
지정수량의 5배 초과 10배 이하	1m 이상	1.5m 이상
지정수량의 10배 초과 20배 이하	2m 이상	3m 이상
지정수량의 20배 초과 50배 이하	3m 이상	5m 이상
지정수량의 50배 초과 200배 이하	5m 이상	10m 이상
지정수량의 200배 초과	10m 이상	15m 이상

중요 보유공지

(1) 옥외저장소의 보유공지(위험물규칙 [별표 11])

위험물의 최대수량	공지의 너비
지정수량의 10배 이하	3m 이상
지정수량의 11~20배 이하	5m 이상
지정수량의 21~50배 이하	9m 이상
지정수량의 51~200배 이하	12m 이상
지정수량의 200배 초과	15m 이상

(2) 옥외탱크저장소의 보유공지(위험물규칙 [별표 6])

위험물의 최대수량	공지의 너비
지정수량의 500배 이하	3m 이상
지정수량의 501~1000배 이하	5m 이상
지정수량의 1001~2000배 이하	9m 이상
지정수량의 2001~3000배 이하	12m 이상
지정수량의 3001~4000배 이하	15m 이상
지정수량의 4000배 초과	해당 탱크의 수평단면의 **최대지름**(가로형인 경우에는 긴 변)과 **높이 중 큰 것**과 같은 거리 이상(단, 30m 초과의 경우에는 **30m 이상**으로 할 수 있고, 15m 미만의 경우에는 **15m 이상**)

(3) 지정과산화물의 옥내저장소의 보유공지(위험물규칙 [별표 5])

저장 또는 취급하는 위험물의 최대수량	공지의 너비	
	저장창고의 주위에 담 또는 토제를 설치하는 경우	기타의 경우
5배 이하	3.0m 이상	10m 이상
6~10배 이하	5.0m 이상	15m 이상
11~20배 이하	6.5m 이상	20m 이상
21~40배 이하	8.0m 이상	25m 이상
41~60배 이하	10.0m 이상	30m 이상
61~90배 이하	11.5m 이상	35m 이상
91~150배 이하	13.0m 이상	40m 이상
151~300배 이하	15.0m 이상	45m 이상
300배 초과	16.5m 이상	50m 이상

(19) 옥내저장소의 저장창고(위험물규칙 [별표 5])

① 위험물의 저장을 전용으로 하는 **독립**된 **건축물**로 할 것
② 처마높이가 **6m** 미만인 **단층건물**로 하고 그 바닥을 지반면보다 **높게** 할 것
③ **벽 · 기둥** 및 **바닥**은 **내화구조**로 하고, **보**와 **서까래**는 **불연재료**로 할 것
④ 지붕을 폭발력이 위로 방출될 정도의 가벼운 **불연재료**로 하고, 천장을 만들지 아니할 것
⑤ 출입구에는 **60분+방화문 · 60분 방화문** 또는 **30분 방화문**을 설치하되, 연소의 우려가 있는 외벽에 있는 출입구에는 수시로 열 수 있는 **자동폐쇄식**의 **60분+방화문 또는 60분 방화문**을 설치할 것
⑥ 창 또는 출입구에 유리를 이용하는 경우에는 **망입유리**로 할 것

(20) 옥내저장소의 바닥 방수구조 적용 위험물(위험물규칙 [별표 5])

유 별	품 명
제1류 위험물	• 알칼리금속의 과산화물
제2류 위험물	• 철분 • 금속분 • 마그네슘
제3류 위험물	• 금수성 물질
제4류 위험물	• 전부

(21) 옥내저장소의 하나의 저장창고 바닥면적 $1000m^2$ 이하(위험물규칙 [별표 5])

유 별	품 명
제1류 위험물	• 아염소산염류 • 염소산염류 • 과염소산염류 • 무기과산화물 • 지정수량 50kg인 위험물
제3류 위험물	• 칼륨 • 나트륨 • 알킬알루미늄 • 알킬리튬 • 황린 • 지정수량 10kg인 위험물
제4류 위험물	• 특수인화물 • 제1석유류 • 알코올류
제5류 위험물	• 유기과산화물 • 질산에스터류 • 지정수량 10kg인 위험물
제6류 위험물	• 전부

(22) 지정유기과산화물의 저장창고 두께(위험물규칙 [별표 5])

외 벽	격 벽
① 20cm 이상 : 철근 콘크리트조 · 철골 철근 콘크리트조 ② 30cm 이상 : 보강 콘크리트 블록조	① 30cm 이상 : 철근 콘크리트조 · 철골 철근 콘크리트조 ② 40cm 이상 : 보강 콘크리트 블록조

※ $150m^2$ 이내마다 격벽으로 완전구획하고, 격벽의 양측은 외벽으로부터 1m 이상, 상부는 지붕으로부터 50cm 이상일 것

(23) 옥외저장탱크의 외부구조 및 설비(위험물규칙 [별표 6])

압력탱크	압력탱크 외의 탱크
수압시험(최대 상용압력의 1.5배의 압력으로 10분간 실시)	**충수시험**

비교

지하탱크저장소의 수압시험(위험물규칙 [별표 8])

압력탱크	압력탱크 외
최대 상용압력의 1.5배 압력	70kPa의 압력
10분간 실시	

(24) 옥외저장탱크의 통기장치(위험물규칙 [별표 6])

밸브 없는 통기관	대기밸브 부착 통기관
① 지름 : 30mm 이상 ② 끝부분 : 45° 이상 ③ 인화방지장치 : 인화점이 38℃ 미만인 위험물만을 저장 또는 취급하는 탱크에 설치하는 통기관에는 화염방지장치를 설치하고, 그 외의 탱크에 설치하는 통기관에는 40메시(mesh) 이상의 구리망 또는 동등 이상의 성능을 가진 인화방지장치(단, 인화점 70℃ 이상의 위험물만을 해당 위험물의 인화점 미만의 온도로 저장 또는 취급하는 탱크에 설치하는 통기관은 제외)	① 작동압력 차이 : 5kPa 이하 ② 인화방지장치 : 인화점이 38℃ 미만인 위험물만을 저장 또는 취급하는 탱크에 설치하는 통기관에는 화염방지장치를 설치하고, 그 외의 탱크에 설치하는 통기관에는 40메시(mesh) 이상의 구리망 또는 동등 이상의 성능을 가진 인화방지장치(단, 인화점 70℃ 이상의 위험물만을 해당 위험물의 인화점 미만의 온도로 저장 또는 취급하는 탱크에 설치하는 통기관은 제외)

참 고

밸브 없는 통기관

간이탱크저장소 (위험물규칙 [별표 9])	옥내탱크저장소 (위험물규칙 [별표 7])
① 지름 : 25mm 이상 ② 통기관의 끝부분 ㉠ 각도 : 45° 이상 ㉡ 높이 : 지상 1.5m 이상 ③ 통기관의 설치 : 옥외 ④ 인화방지장치 : 가는 눈의 구리망 사용(단, 인화점 70℃ 이상의 위험물만을 해당 위험물의 인화점 미만의 온도로 저장 또는 취급하는 탱크에 설치하는 통기관은 제외)	① 지름 : 30mm 이상 ② 통기관의 끝부분 : 45° 이상 ③ 인화방지장치 : 인화점이 38℃ 미만인 위험물만을 저장 또는 취급하는 탱크에 설치하는 통기관에는 화염방지장치를 설치하고, 그 외의 탱크에 설치하는 통기관에는 40메시(mesh) 이상의 구리망 또는 동등 이상의 성능을 가진 인화방지장치(단, 인화점 70℃ 이상의 위험물만을 해당 위험물의 인화점 미만의 온도로 저장 또는 취급하는 탱크에 설치하는 통기관은 제외) ④ 통기관은 가스 등이 체류할 우려가 있는 굴곡이 없도록 할 것

(25) 옥외탱크저장소의 방유제(위험물규칙 [별표 6])

구 분	설 명
높 이	0.5~3m 이하
탱 크	10기(모든 탱크용량이 20만 l 이하, 인화점이 70~200℃ 미만은 20기) 이하
면 적	80000m^2 이하
용 량	① 1기 : **탱크용량**의 110% 이상 ② 2기 이상 : **탱크최대용량**의 110% 이상

(26) 옥외탱크저장소의 방유제와 탱크 측면의 이격거리 (위험물규칙 [별표 6])

탱크지름	이격거리
15m 미만	탱크높이의 $\frac{1}{3}$ 이상
15m 이상	탱크높이의 $\frac{1}{2}$ 이상

중요 수치 아주 중요!

길 이	설 명
0.15m 이상	**레버**의 길이(위험물규칙 [별표 10])
0.2m 이상	CS_2 옥외탱크저장소의 두께(위험물규칙 [별표 6])
0.3m 이상	지하탱크저장소의 철근 콘크리트조 **뚜껑 두께**(위험물규칙 [별표 8])
0.5m 이상	① **옥내탱크저장소**의 탱크 등의 **간격**(위험물규칙 [별표 7]) ② 지정수량 **100배** 이하의 지하탱크저장소의 상호간격(위험물규칙 [별표 8])
0.6m 이상	지하탱크저장소의 철근 콘크리트 뚜껑 크기(위험물규칙 [별표 8])
1m 이내	이동탱크저장소 측면틀 탱크 상부 **네 모퉁이**에서의 위치(위험물규칙 [별표 10])
1.5m 이하	황 옥외저장소의 **경계표시** 높이(위험물규칙 [별표 11])
2m 이상	주유취급소의 **담** 또는 **벽**의 높이(위험물규칙 [별표 13])
4m 이상	주유취급소의 **고정주유설비**와 **고정급유설비** 사이의 **이격거리**(위험물 규칙 [별표 13])
5m 이내	주유취급소의 주유관의 길이(위험물규칙 [별표 13])
6m 이하	옥외저장소의 **선반** 높이(위험물규칙 [별표 11])
50m 이내	이동탱크저장소의 **주입설비**의 길이(위험물규칙 [별표 10])

(27) 옥내탱크저장소 단층건물 외의 건축물 설치위험물 (1층 · 지하층 설치)(위험물규칙 [별표 7])

유 별	품 명
제2류 위험물	• 황화인 • 적린 • 덩어리상태의 황
제3류 위험물	• 황린
제4류 위험물	• 인화점이 38℃인 위험물만을 저장 또는 취급하는 것(경유, 등유 등)
제6류 위험물	• 질산

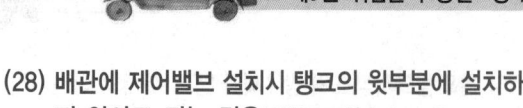

(28) 배관에 제어밸브 설치시 탱크의 윗부분에 설치하지 않아도 되는 경우(위험물규칙 [별표 8])

① 제2석유류 : 인화점 40℃ 이상
② 제3석유류
③ 제4석유류
④ 동식물유류

(29) 용량 절대 중요!

용 량	설 명
100l 이하	① 셀프용 고정주유설비 **휘발유 주유량**의 상한(위험물규칙 [별표 13]) ② 셀프용 고정주유설비 **급유량**의 상한(위험물규칙 [별표 13])
400l 이상	이송취급소 **기자재창고 포소화약제** 저장량(위험물규칙 [별표 15]) Ⅳ
600l 이하	① 간이 탱크저장소의 탱크 용량(위험물규칙 [별표 9]) ② 셀프용 고정주유설비 **경유** 주유량의 상한(위험물규칙 [별표 13])
1900l 미만	**알킬알루미늄** 등을 저장 · 취급하는 이동저장탱크의 용량(위험물규칙 [별표 10]) Ⅹ
2000l 미만	이동저장탱크의 방파판 설치제외(위험물규칙 [별표 10]) Ⅱ
2000l 이하	주유취급소의 폐유탱크 용량(위험물규칙 [별표 13])
4000l 이하	이동저장탱크의 칸막이 설치(위험물규칙 [별표 10]) Ⅱ
40000l 이하	일반취급소의 지하전용탱크의 용량(위험물규칙 [별표 16]) Ⅶ
60000l 이하	**고속국도** 주유취급소의 특례(위험물규칙 [별표 13])
50만~100만l 미만	**준특정 옥외탱크저장소**의 용량(위험물규칙 [별표 6]) Ⅴ
100만l 이상	① **특정 옥외탱크저장소**의 용량(위험물규칙 [별표 6]) Ⅳ ② 옥외저장탱크의 **개폐상황 확인장치** 설치(위험물규칙 [별표 6]) Ⅸ
1000만l 이상	옥외저장탱크의 **간막이둑** 설치용량(위험물규칙 [별표 6]) Ⅸ

(30) 이동탱크저장소의 두께(위험물규칙 [별표 10])

구 분	설 명
① 방파판	1.6mm 이상
② 방호틀	2.3mm 이상(정상부분은 50mm 이상 높게 할 것)
③ 탱크 본체	3.2mm 이상
④ 주입관의 뚜껑 ⑤ 맨홀	10mm 이상

※ **방파판의 면적** : 수직단면적의 50%(원형 · 타원형은 40%) 이상

(31) 이동탱크저장소의 안전장치(위험물규칙 [별표 10])

상용압력	작동압력
20kPa 이하	20~24kPa 이하
20kPa 초과	상용압력의 1.1배 이하

(32) 주유취급소의 게시판(위험물규칙 [별표 13])

주유중 엔진정지 : **황색**바탕에 **흑색**문자

중요 표시방식

구 분	표시방식
옥외탱크저장소	백색바탕에 흑색문자
주유취급소	황색바탕에 흑색문자
물기엄금	청색바탕에 백색문자
화기엄금 · 화기주의	적색바탕에 백색문자

(33) 주유취급소의 탱크용량(위험물규칙 [별표 13])

탱크용량	설 명
3기 이하	고정주유설비 또는 고정급유설비에 직접 접속하는 간이탱크
2000 l 이하	폐유저장을 위한 위험물탱크
10000 l 이하	보일러 등에 직접 접속하는 전용 탱크
50000 l 이하	① **고정급유설비**에 직접 접속하는 전용탱크 ② **자동차** 등에 주유하기 위한 **고정주유설비**에 직접 접속하는 전용탱크

(34) 주유취급소의 고정주유설비 · 고정급유설비 배출량(위험물규칙 [별표 13])

위험물	배출량
제1석유류	50l/min 이하
등유	80l/min 이하
경유	180l/min 이하

(35) 주유취급소의 고정주유설비 · 고정급유설비(위험물규칙 [별표 13])

주유관의 길이는 5m(현수식은 지면 위 0.5m의 수평면에 수직으로 내려 만나는 점을 중심으로 반경 3m) 이내로 할 것

※ 이동탱크저장소의 주유관의 길이 : 50m 이내

(36) 주유취급소의 특례기준(위험물규칙 [별표 13])

① 항공기 ② 철도

③ 고속국도 ④ 선박

⑤ 자가용

(37) 이송취급소의 설치제외장소(위험물규칙 [별표 15])

① **철도** 및 **도로**의 **터널 안**

② **고속국도** 및 **자동차전용도로**의 차도 · 갓길 및 중앙분리대

③ **호수 · 저수지** 등으로서 수리의 수원이 되는 곳

④ **급경사지역**으로서 붕괴의 위험이 있는 지역

(38) 이송취급소 배관 등의 재료(위험물규칙 [별표 15])

배관 등	재 료
배관	• 고압배관용 탄소강관 • 압력배관용 탄소강관 • 고온배관용 탄소강관 • 배관용 스테인리스강관
관이음쇠	• 배관용 강제 맞대기용접식 관이음쇠 • 철강재 관플랜지 압력단계 • 관플랜지의 치수허용차 • 강제 용접식 관플랜지 • 철강재 관플랜지의 기본치수 • 관플랜지의 개스킷 자리치수
밸브	• 주강 플랜지형 밸브

(39) 이송취급소의 지하매설배관의 안전거리(위험물규칙 [별표 15])

대 상	안전거리
• 건축물	1.5m 이상
• 지하가 • 터널	10m 이상
• 수도시설	300m 이상

(40) 이송취급소의 도로 밑 매설배관의 안전거리(위험물규칙 [별표 15])

대 상	안전거리
• 도로 밑	1m 이상

(41) 이송취급소의 철도부지 밑 매설배관의 안전거리(위험물규칙 [별표 15])

대 상	안전거리
• 철도부지의 용지경계	1m 이상
• 철도중심선	4m 이상
• 철도 · 도로의 경계선 • 주택	25m 이상
• 공공공지 • 도시공원 • 판매 · 위락 · 숙박시설(연면적 $1000m^2$ 이상) • 기차역 · 버스 터미널(1일 20000명 이상 이용)	45m 이상
• 수도시설	300m 이상

(42) 이송취급소의 해저설치배관의 안전거리(위험물규칙 [별표 15])

대 상	안전거리
• 타 배관	30m 이상

(43) 이송취급소의 하천 등 횡단설치배관의 안전거리(위험물규칙 [별표 15])

대 상	안전거리
• 좁은 수로 횡단	1.2m 이상
• 하수도 · 운하 횡단	2.5m 이상
• 하천 횡단	4.0m 이상

(44) 이송취급소 배관의 긴급차단밸브 설치기준(위험물규칙 [별표 15])

대 상	간 격
• 시가지	약 4km
• 산림지역	약 10km

※ **지진감지장치 · 강진계** : 25km 거리마다 설치

(45) 이송취급소 펌프 등의 보유공지(위험물규칙 [별표 15])

펌프 등의 최대 상용압력	공지의 너비
1MPa 미만	3m 이상
1~3MPa 미만	5m 이상
3MPa 이상	15m 이상

※ 이송취급소의 피그장치 : 너비 3m 이상의 공지 보유

(46) 이송취급소 이송기지의 안전조치(위험물규칙 [별표 15])

펌프 등의 최대 상용압력	거 리
0.3MPa 미만	5m 이상
0.3~1MPa 미만	9m 이상
1MPa 이상	15m 이상

(47) 온도 아주 중요!

온 도	설 명
15℃ 이하	**압력탱크** 외의 **아세트알데하이드**의 온도(위험물규칙 [별표 18] Ⅲ)
21℃ 미만	① 옥외저장탱크의 **주입구 게시판** 설치(위험물규칙 [별표 6] Ⅵ) ② 옥외저장탱크의 **펌프설비 게시판** 설치(위험물규칙 [별표 6] Ⅵ)
30℃ 이하	**압력탱크** 외의 **다이에틸에터 · 산화프로필렌**의 온도(위험물규칙 [별표 18] Ⅲ)
38℃ 이상	**보일러** 등으로 위험물을 소비하는 일반취급소(위험물규칙 [별표 16])
40℃ 미만	이동탱크저장소의 **원동기** 정지(위험물규칙 [별표 18] Ⅳ)
40℃ 이하	① **압력탱크**의 **다이에틸에터 · 아세트알데하이드**의 온도(위험물규칙 [별표 18] Ⅲ) ② **보냉장치**가 **없는 다이에틸에터 · 아세트알데하이드**의 온도(위험물규칙 [별표 18] Ⅲ)
40℃ 이상	① 지하탱크저장소의 배관 **윗부분** 설치 제외(위험물규칙 [별표 8]) ② **세정작업**의 일반취급소(위험물규칙 [별표 16]) ③ 이동저장탱크의 **주입구 주입호스** 결합 제외(위험물규칙 [별표 18] Ⅳ)
55℃ 미만	옥내저장소의 **용기수납** 저장온도(위험물규칙 [별표 18] Ⅲ)
70℃ 미만	**옥내저장소** 저장창고의 **배출설비** 구비(위험물규칙 [별표 5])
70℃ 이상	① 옥내저장탱크의 **외벽 · 기둥 · 바닥**을 **불연재료**로 할 수 있는 경우(위험물규칙 [별표 7]) ② **열처리작업** 등의 일반취급소(위험물규칙 [별표 16])
100℃ 이상	**고인화점** 위험물(위험물규칙 [별표 4] Ⅺ)
200℃ 이상	옥외저장탱크의 **방유제** 거리확보 제외(위험물규칙 [별표 6] Ⅸ)

(48) 소화난이도 등급 Ⅰ에 해당하는 제조소 등(위험물규칙 [별표 17])

구 분	적용대상
제조소, 일반취급소	연면적 1000m² 이상
	지정수량 100배 이상(고인화점 위험물만을 100℃ 미만의 온도에서 취급하는 것 및 화약류 위험물을 취급하는 것 제외)
	지반면에서 6m 이상의 높이에 위험물 취급설비가 있는 것(고인화점 위험물만을 100℃ 미만의 온도에서 취급하는 것 제외)
	일반취급소 이외의 건축물에 설치된 것
옥내저장소	지정수량 150배 이상
	연면적 150m²를 초과하는 것(150m² 이내마다 불연재료로 개구부 없이 구획된 것 및 인화성 고체 외의 제2류 위험물 또는 인화점 70℃ 이상의 제4류 위험물만을 저장하는 것은 제외)
	처마높이 6m 이상인 단층건물
	옥내저장소 이외의 건축물에 설치된 것
옥외탱크저장소	액표면적 40m² 이상
	지반면에서 탱크 옆판의 상단까지 높이가 6m 이상
	지중탱크 · 해상탱크로서 지정수량 100배 이상
	지정수량 100배 이상(고체위험물 저장)
옥내탱크저장소	액표면적 40m² 이상
	바닥면에서 탱크 옆판의 상단까지 높이가 6m 이상
	탱크 전용실이 단층건물 외의 건축물에 있는 것
옥외저장소	덩어리상태의 황을 저장하는 것으로서 경계표시 내부의 면적 100m² 이상인 것
	지정수량 100배 이상
암반탱크저장소	액표면적 40m² 이상
	지정수량 100배 이상(고체위험물 저장)
이송취급소	모든 대상

(49) 소화난이도 등급 Ⅱ에 해당하는 제조소 등(위험물규칙 [별표 17])

구 분	적용대상
제조소, 일반취급소	연면적 600m^2 이상
	지정수량 10배 이상(고인화점 위험물만을 100℃ 미만의 온도에서 취급하는 것 및 화약류 위험물을 취급하는 것 제외)
옥내저장소	단층건물 이외의 것
	지정수량 10배 이상
	연면적 150m^2 초과
옥외저장소	덩어리상태의 황을 저장하는 것으로서 경계표시 내부의 면적이 5~100m^2 미만
	인화성 고체, 제1석유류, 알코올류는 지정수량 10~100배 미만
	지정수량 100배 이상
주유취급소	**옥내주유취급소**
판매취급소	**제2종 판매취급소**

(50) 옥내저장소의 위험물 적재높이기준(위험물규칙 [별표 18])

대 상	높이기준
• 기타	3m
• 제3석유류 • 제4석유류 • 동식물유류	4m
• 기계에 의한 하역구조	6m

※ **옥외저장소**에서 위험물을 수납한 용기를 선반에 저장하는 경우에는 6m를 초과하여 저장하지 아니하여야 한다.

(51) 위험물을 꺼낼 때 불활성 기체 봉입압력(위험물규칙 [별표 18])

위험물	봉입압력
• 아세트알데하이드 등	100kPa 이하
• 알킬알루미늄 등	200kPa 이하

(52) 운반용기의 수납률(위험물규칙 [별표 19])

위험물	수납률
• 알킬알루미늄 등	90% 이하(50℃에서 5% 이상 공간용적 유지)
• 고체위험물	95% 이하
• 액체위험물	98% 이하(55℃에서 누설되지 않을 것)

(53) 위험물규칙 [별표 19]

1) 위험등급 Ⅰ의 위험물

위험물	품 명
제1류 위험물	• 아염소산염류 • 염소산염류 • 과염소산염류 • 무기과산화물 • 지정수량 50kg인 위험물
제3류 위험물	• 칼륨 • 나트륨 • 알킬알루미늄 • 알킬리튬 • 황린 • 지정수량 10kg 또는 20kg인 위험물
제4류 위험물	• 특수인화물
제5류 위험물	• 지정수량 10kg인 위험물
제6류 위험물	• 전부

2) 위험등급 Ⅱ의 위험물

위험물	품 명
제1류 위험물	• 브로민산염류 • 질산염류 • 아이오딘산염류 • 지정수량 300kg인 위험물
제2류 위험물	• 황화인 • 적린 • 황 • 지정수량 100kg인 위험물
제3류 위험물	• 알칼리금속(칼륨 · 나트륨 제외) • 알칼리토금속 • 유기금속화합물(알킬알루미늄 · 알킬리튬 제외) • 지정수량 50kg인 위험물

위험물	품 명
제4류 위험물	• 제1석유류 • 알코올류
제5류 위험물	• 위험등급 Ⅰ의 위험물 외

(54) 위험물의 혼재기준(위험물규칙 [별표 19])

① 제1류 위험물+제6류 위험물

② 제2류 위험물+제4류 위험물

③ 제2류 위험물+제5류 위험물

④ 제3류 위험물+제4류 위험물

⑤ 제4류 위험물+제5류 위험물

기억법 1-6, 2-45, 3-4, 4-5

2026 최신개정판

소방시설관리사 1차

2000. 7. 21. 초 판 1쇄 발행
2014. 1. 5. 1차 개정증보 10판 1쇄(통산 15쇄) 발행
2014. 1. 15. 1차 개정증보 10판 2쇄(통산 16쇄) 발행
2015. 1. 5. 2차 개정증보 11판 1쇄(통산 17쇄) 발행
2015. 2. 23. 2차 개정증보 11판 2쇄(통산 18쇄) 발행
2016. 1. 5. 3차 개정증보 12판 1쇄(통산 19쇄) 발행
2016. 1. 12. 3차 개정증보 12판 2쇄(통산 20쇄) 발행
2016. 3. 24. 3차 개정증보 12판 3쇄(통산 21쇄) 발행
2017. 1. 10. 4차 개정증보 13판 1쇄(통산 22쇄) 발행
2017. 3. 24. 4차 개정증보 13판 2쇄(통산 23쇄) 발행
2018. 1. 5. 5차 개정증보 14판 1쇄(통산 24쇄) 발행
2018. 3. 20. 5차 개정증보 14판 2쇄(통산 25쇄) 발행
2019. 1. 7. 6차 개정증보 15판 1쇄(통산 26쇄) 발행
2020. 1. 6. 7차 개정증보 16판 1쇄(통산 27쇄) 발행
2021. 1. 5. 8차 개정증보 17판 1쇄(통산 28쇄) 발행
2022. 1. 5. 9차 개정증보 18판 1쇄(통산 29쇄) 발행
2023. 1. 27. 10차 개정증보 19판 1쇄(통산 30쇄) 발행
2023. 4. 12. 10차 개정증보 19판 2쇄(통산 31쇄) 발행
2024. 1. 3. 11차 개정증보 20판 1쇄(통산 32쇄) 발행
2025. 1. 8. 12차 개정증보 21판 1쇄(통산 33쇄) 발행
2026. 1. 7. 13차 개정증보 22판 1쇄(통산 34쇄) 발행

지은이 | 공하성
펴낸이 | 이종춘
펴낸곳 | BM ㈜도서출판 성안당
주소 | 04032 서울시 마포구 양화로 127 첨단빌딩 3층(출판기획 R&D 센터)
10881 경기도 파주시 문발로 112 파주 출판 문화도시(제작 및 물류)
전화 | 02) 3142-0036
031) 950-6300
팩스 | 031) 955-0510
등록 | 1973. 2. 1. 제406-2005-000046호
출판사 홈페이지 | www.cyber.co.kr
ISBN | 978-89-315-1393-6 (13530)
정가 | **49,000원**(1 · 2권 SET, 해설가리개 포함)

이 책을 만든 사람들
기획 | 최옥현
진행 | 박경희
교정 · 교열 | 김혜린, 최주연
전산편집 | 이지연
표지 디자인 | 박현정
홍보 | 김계향, 임진성, 김주승, 최정민, 이해솜
국제부 | 이선민, 조혜란
마케팅 | 구본철, 차정욱, 오영일, 나진호, 강호묵
마케팅 지원 | 장상범
제작 | 김유석